地震记录处理技术

赵仲和　牟磊育　林向东◎编著

地震出版社
Seismological Press

图书在版编目（CIP）数据

地震记录处理技术／赵仲和，牟磊育，林向东编著．
—北京：地震出版社，2022.11（2024.4重印）
ISBN 978－7－5028－5380－8

Ⅰ.①地… Ⅱ.①赵… ②牟… ③林… Ⅲ.①地震记录－处理 Ⅳ.①P316

中国版本图书馆 CIP 数据核字（2021）第 225743 号

地震版 XM5775/P(6204)

地震记录处理技术

赵仲和 牟磊育 林向东◎编著

责任编辑：范静泊
责任校对：凌 樱

出版发行：地震出版社
北京市海淀区民族大学南路 9 号 邮编：100081
发 行 部：68423031 68467991 传真：68467991
总 编 办：68462709 68423029
编辑四部：68467963
http://seismologicalpress.com
E-mail: zqbj68426052@163.com
经销：全国各地新华书店
印刷：北京华强印刷有限公司

版（印）次：2022 年 11 月第一版 2024 年 4 月第二次印刷
开本：787×1092 1/16
字数：1023 千字
印张：41
书号：ISBN 978－7－5028－5380－8
定价：180.00 元

前言

PREFACE

在地震观测与地震记录处理的实践中，人们经常需要用到各种算法和程序。本书的主要目的就是为从事地震观测与地震记录处理的科技人员提供一本实用的参考书。

传统上，所谓“地震观测”，是指利用地震计作为传感器对地震波引起的地震动进行的观测；所谓“地震记录处理”是指对地震观测所获得的原始地震图（模拟地震图和数字地震波形记录）的处理以及为从地震记录中获得震相数据及更高层次的地震参数所进行的处理。在模拟地震观测时代，这种处理是基于手工计算或在专用底图上操作，而在当今的数字地震观测时代，则主要是通过计算机程序进行的人机交互式处理以及正在发展中的自动化处理。对于传统的模拟记录图，也可以通过对其记录波形数字化，进而在计算机中处理。需要说明的是，在地震行业标准《地震数据分类与代码》中，为了避免与其他地震数据混淆，把这里所指的地震记录称为“测震数据”，但考虑到叙述和理解的方便，我们这里仍采用“地震观测”和“地震记录数据”的传统内涵。

由于地震观测和地震记录处理涉及的算法和程序范围广、内容多样，仅凭我们的学识和能力，要在一本书中完全覆盖它们是不可能的。所以，在本书中只是以我们学过、用过、推导过的算法和程序为基础，再进一步对参考文献中的已经公开的算法和程序进行消化、分解，纳入本书，从而使本书的内容相对比较完整。

通常，算法是基于一定方法产生的，例如快速傅里叶变换的算法是基于傅里叶变换方法产生的。而程序则是算法的具体实现。在本书中，为了说明算法，自然要讲到该算法所基于的方法，但为了节省篇幅和实用性考虑，对方法的叙述将尽量简单，只说其然，不进一步论证其所以然（这种论证可在其他参考书中找到）。至于程序实现，在本书中选用了 Matlab 作为编程工具，其好处是易于理解和实现，而且我们可以把注意力集中到地震记录处理的个性方面，而把通用的算法和程序实现（例如奇异值分解）作为“黑盒子”加以利用，犹如我们直接利用数据采集器芯片而不必特别关心其中用了多少晶体管及其具体构成。

以我们的经验，不论采用何种计算机语言，一个大的程序系统总是由若干个较小的、实现单一功能的程序构成。这些小程序有时称作模块，大的程序系统由若干模块构成，一些具有相同或相似功能的模块可以互相替换。在Fortran程序中，这些小的程序以“子程序”的形式出现，由一个“主程序”调用。其结果，不论是子程序，还是主程序，每个程序都是一个功能单一的小程序。在本书中，我们将逐个地解析这些小程序，说明其算法和功能，特别是说明这些小程序及所基于的算法背后的基本假定、简化条件、适用性和局限性等人们往往忽略的方面。

我们希望，这本书能达到以下目的：

(1) 帮助读者理解他们（本书中泛指男士和女士）在从事地震记录处理工作中使用的一些程序或“软件”。

在我国地震行业推广的“软件”多为“黑盒子”。这种推广有利于更多的地震科技人员使用这些软件提高地震记录的分析能力和丰富产出内容，使用者也不必再费力气去开发类似的软件，这无疑是一件好事。但另一方面，仍然有相当多的人们不满足于此。他们希望了解这些“软件”背后的基本算法、基本假设、适用范围、参数设置，以及程序实现等方面。本书可能对这些不满足于简单使用现成地震记录处理软件的人们有所帮助。

(2) 提供在地震记录处理中常用的算法和程序，读者可以利用这些算法和程序，或参考所提供的程序，开发符合他们的特定需求的程序。

现成的软件固然好，使用方便，但不一定能满足使用者的特定环境和特定需求。一些有程序开发能力的地震科技人员希望能依照自己的构想开发出适用的程序。这样的读者可以在本书中找到他们所需要的大部分（肯定不是全部）程序构件。这样，他们可以将这些程序构件组合起来，建立自己的程序系统。我们希望，通过这种方式，能有更多的实用程序被开发出来，而且它们也是开放的、大家共享的。

(3) 帮助读者更好地利用国际上的地震记录处理软件资源。

国际上许多地震记录处理软件是在互联网上开放的。利用这些资源可以促进我国地震事业的发展。然而，简单地照搬有时是行不通的。利用本书，读者可以了解地震记录处理软件的基本构成和基本算法。这样，读者在理解从国际上引进的软件时，就可以集中精力去理解软件的核心算法和核心程序，从而有助于提高对国际上开放软件的利用效率，提高我国地震记录处理的水平。

地震记录来自地震台站及其组成的地震台网和/或台阵对地震波的观测，因此，书中给出的算法和程序涉及两个主要方面，即用于产生地震记录所进行的地震观测和地震观测所产生的地震记录。

在地震观测方面，无论是地震台站或台网的设计、勘选、建设和运行（包括试运行、考核运行和正式运行）还是台站或台网技术系统的维护，都需要进行必要的理论计算和对实际数据的处理，其中包括地震计响应特性计算、数字滤波器设计及响应特性计算、地震观测系统总体响应特性的计算、地震观测系统标定（校准）信号处理、地动噪声功率谱的计算、单个地震台站监测能力估计、地震台网的监测能力估计、地震台网的地震定位能力估计等。为了台站或台网勘选的目的所进行的短时间观测也会得到地震记录，在本书中把对这些记录的一般处理（例如地震定位）纳入地震记录处理部分。

在地震记录处理方面，首先是对原始记录波形记录的处理，包括地震记录波形记录的仪器校正、地震仪仿真、数字滤波、地震波形记录的频谱分析；地震定位包括单个地震定位、区域台网近震定位、区域台网远震定位、多地震联合定位；其他地震参数的测定包括地震震级、震源机制解、标量地震矩和地震矩张量。纳入地震记录处理部分的还有地球速度模型的获取与走时表的计算以及地震台阵记录处理。

书中把一些通用算法单独抽取出来，例如坐标换算、求目标函数极小值的最优化算法、时间序列分析等。这些算法可以在地震记录处理程序中选用。

总之，本书是讨论地震记录处理的方法、算法和程序，从本质上说，本书属于技术类，而不是理论性的地震学论著，因此得名《地震记录处理技术》。

本书选用下列主要参考书，本书读者可在阅读本书之前通读这几本参考书或在使用本书的过程中选读相关部分：

（1）中国科学院地球物理所编著的《近震分析》（1977），这是由张少泉教授执笔的一本关于地震分析的书，堪称地震分析方面的经典著作。

（2）万永革编著的《数字信号处理的 Matlab 实现》（2007），该书是我国地震台站岗位培训的基础教材，书中提供了大量用于数字信号处理的 Matlab 程序（配有源程序光盘）。我们在讲到地震波形记录处理时，凡涉及该书中讲到的内容和 Matlab 程序时，我们将直接引用，不再重复。因此，建议本书的读者一定要在手头有一本万永革教授编著的这本书。

（3）李汯鑑、斯图尔特著，唐美华译的《微震台网的原理及应用》（1984），这是一本对模拟地震台网和数字地震台网都适用的基础性参考书。

（4）彼得·鲍曼主编，中国地震局监测预报司组织翻译的《新地震观测实践手册》（2006）。在我们的书中讲到的一些算法和程序可在该书中找到对其基本原理的说明。

（5）Matlab 在线帮助，MathWorks Inc.。

现在，在多方支持和鼓励下，经过数年努力，几易其稿，终于完成了这本《地震记录处理技术》书稿，送地震出版社出版了。

在此，本书作者感谢中国地震局监测预报司、中国地震台网中心、北京市地震局和中国地震局地球物理研究所的各级领导对编著本书的大力支持，感谢他们对我们这三位写书新手抱有的信心和耐心，特别是中国地震局监测预报司和中国地震台网中心对编著和出版本书给予了持续的支持，没有这些支持，就没有本书的问世。我们还要特别感谢曾经和仍然活跃在地震观测第一线的许多老朋友和新朋友对我们编写此书的关心和帮助，在书稿的修改过程中吸取了他们的许多宝贵建议和具体修改意见。宋臣田、赵永、万永革、郑秀芬等多位专家对书稿进行了全文审读，他们认真负责的精神令我们十分感动。在本书编写的关键阶段，中国地震台网中心数据服务部在地震科学数据共享项目的框架下，专门立项支持我们以本书内容为基础开发 Matlab 程序以提供共享服务，并请梁建宏教授级高工担任项目负责人，在他的努力下，中国地震台网中心购置了 Matlab 系统，使我们能在新版 Matlab 环境中开发和测试编写的 Matlab 程序，并得到 MathWorks Inc. 公司的技术支持。还必须提到的是，本书能以现在的面貌呈现在读者面前，要感谢地震出版社领导和相关部门的支持，感谢薛广盈编审，感谢为本书的出版付出智慧和辛苦的幕后支持团队。

最后要说明的是，本书的每位读者可能会对它有不同的期望，但愿各位的期望值都不高，免得读后期望变失望。在我们看来，本书只是我们多年从事地震台网记录分析和相关计算机软件开发工作的“经验总结”，因而不免有其局限性；本书还是我们的“学习笔记”，记录了我们向先辈、向同行学习的收获和体会，因而不免有理解不深不透甚至错误表达的地方；本书又是我们的“家庭作业”，我们试图把书中涉及的方法通过自编的或引用的计算机程序实现出来，并写出我们的心得。我们想，各位读者正是检查我们的总结和笔记、批改我们的作业的好老师，我们期待着读者朋友对本书的批评指正。另外，本书中研发的 Matlab 程序将在互联网上与读者共享。

尽管新思想、新技术、新方法不断涌现，但我们相信，地震记录处理的传统理论和方法仍然具有生命力。我们将认真吸收各位读者提供的反馈意见，并将其融入未来的纸质的和/或电子的再版中。

谢谢各位对本书的关注。

赵仲和
中国地震台网中心
zhzhao@seis.ac.cn

牟磊育
中国地震局地球物理研究所
muly@cea-igp.ac.cn

林向东
北京市地震局
lin@bjseis.gov.cn

2022 年元月于北京

目　录
CONTENTS

第1章　绪　论

本书的主题是讨论地震记录的处理方法。这里所谓的地震记录，是指用地震观测仪器记录下来的地动信号。通常把地震观测仪器称为地震仪（seismograph），按传统的说法，地震仪乃是地震计（seismometer）和记录器（recorder）的组合。地震计又称拾震器，能把地震计所在位置的地面振动转换成可记录的信号，再由记录器将其记录下来，成为可以长期保存的地震记录。

传统的地震记录是模拟记录图，即连续的波形曲线。因此，直到如今，人们仍喜欢把地震记录称作地震图（seismogram）。在已经进入数字化地震观测时代的今天，地震记录通常以数字数（count，康特）的形式存储在计算机可读介质中，只有把数字地震记录再回放到模拟记录器的纸介质输出或计算机监视器的屏幕上，才能直观地看到地震波形。这就是说，我们今天所说的地震图，如在本书中经常用到的那样，并不一定是传统的纸介质地震图，更多的情况是指数字化的地震波形记录。

数字地震波形记录是以等时间间隔采样的离散数值时间序列。因此，数值化地震记录具有一般等时间间隔采样的离散数值时间序列（即数字信号）所具有的基本属性。这样，原则上讲，关于数字信号处理的各种算法都可用于数字地震记录。事实上也的确如此，有许多数字信号处理算法已经成功地应用于数字地震记录，最突出的例子当属对数字信号的傅里叶变换。本书将用少量篇幅讨论地震记录作为一般离散数字信号所具有的基本属性以及一般数字信号处理算法在地震记录处理中的应用，关于数字信号处理方法的更详细论述，可参阅相关参考书，例如万永革编著的《数字信号处理的 Matlab 实现》(万永革，2012)。

1.1　地震记录

1.1.1　确定性震源地震记录

这里把天然地震和人工地震等具有确定位置的震源所产生的地震记录称作确定性震源地震记录。除非特别说明，本书中所讨论的地震记录都是指确定性震源地震记录。但还有另一类地震记录，在这种记录中看到的地面振动并不是由某个确定性震源产生的，而是多个震动源共同作用的结果，这就是我们通常所说的地脉动（microseism）记录（当然台风、寒潮等记录也属于这一类）或称地动噪声（ground noise）。在下一小节中将进一步讨论地脉动记录，本小节只讨论确定性震源产生的地震记录。

不同类型的震源（例如构造地震和核爆炸）会产生有不同特征的地震波，地震波在通过地球介质时会发生几何扩散，又受到地球介质非完全弹性的影响而发生非弹性衰减，在穿过地球介质中的界面时可能产生地震波的透射、反射或折射等，还会发生地震波类型的转换，形成转换波，最后，在到达地面时又受到近地面介质以及地面的“放大”作用，最后形成的地面振动被地震仪器记录下来，构成确定性震源产生的地震记录。在记录确定性震源产生的地震记录的同时，在此期间出现的地脉动也被记录下来，两者以不那么简单的方式混合在一起，为我们的地震记录分析带来一些麻烦。

如果假定地球介质、接收器附近场地介质、地表、地震仪都可以看作是线性、时不变的因果系统，由它们作为子系统串联在一起，便构成了一个地震记录生成系统。震源产生的地震波是这一系统的输入，而地震记录则是这一系统的输出。于是，地震记录的生成过程可用图 1.1 所示模型来描述。

图 1.1　确定性震源地震记录的生成过程模型

如果用每个子系统的频率响应来描述各自的特性，则由震源产生的地震波造成的在地震计处的地动位移所产生的地震记录谱可表示为（参考赵翠萍，2013）：

$$U_{mn}(\omega)=(S_m(\omega)\cdot R_{mn})\cdot H_{mn}^{earth}(\omega)\cdot H_n^{site}(\omega)h_{mn}^{sur}\cdot H_n^{instru}(\omega) \tag{1.1}$$

式中，$U_{mn}(\omega)$是地动记录位移的复频谱；ω是角频率，$\omega=2\pi f$；f是信号频率；$S_m(\omega)$是震源 m 的震源时间函数谱；R_{mn}是从震源 m 到接收器（地震计）n 的地震波辐射花样；$H_{mn}^{earth}(\omega)$是从震源 m 到接收器 n 的地球介质路径对地震波的频率响应；$H_n^{site}(\omega)$是接收器 n 所在场地浅层介质的频率响应，也称场地效应；h_{mn}^{sur}是接收器 n 所在地面对来自震源 m 的地震信号的放大作用，$H_n^{instru}(t)$是接收器（地震仪）的频率响应；“·”号代表相乘。

根据傅里叶变换的性质，可将式（1.1）变换到时间域，得到如下表达式：

$$U_{mn}(t)=(S_m(t)\cdot R_{mn}) * H_{mn}^{earth}(t) * (H_n^{site}(t)\cdot h_{mn}^{sur}) * H_n^{instru}(t) \tag{1.2}$$

式中，$U_{mn}(t)$是震源 m 产生的地震波造成的在地震计 n 处的地动位移；t是时间；$S_m(t)$是震源 m 的震源时间函数；R_{mn}是从震源 m 到接收器(地震计)n 的地震波辐射花样；$H_{mn}^{earth}(t)$是从震源 m 到接收器 n 的地球介质路径对地震波的脉冲响应；$H_n^{site}(t)$是接收器 n 所在场地浅层介质的脉冲响应；h_{mn}^{sur}是接收器 n 所在地面对来自震源 m 的地震信号的放大作用；$H_n^{instru}(t)$是接收器（地震仪）的脉冲响应；“ * ”号代表卷积，“·”号代表相乘。

上述地震记录的产生过程告诉我们，地震记录波形上的各种特征不仅是由震源的特性决定的，还受地球介质（地震波传播路径）、接收器场地浅层介质、接收器所在地表以及地震仪器响应的联合作用。因此，地震记录处理的途径概括起来有两条，一是利用地震记录单独估计式（1.1）或式（1.2）中的某一项，而假定其他各项为已知的和确定不变的；二是对其中的几项进行联合测定，而假定其他各项为已知的和固定不变的。联合测定的好处是可以减少假定已知项的数量，一次求解多项，但缺点是由于待定参数之间的折中关系而增加了最终解的不确定性，因此需要更多的地震记录来约束这些待定项。

如本书以后各章中所见，在不同的问题中，式（1.1）和式（1.2）会有不同的表现形式，其中包含了不同的震源模型及对地球介质的不同简化假设。

1.1.2 脉动记录

如果说确定性震源地震记录是在时间和空间上的偶发事件，那么地脉动记录则是在任何场地任何时刻都会记录到的连续振动。地脉动记录具有两重性，一方面由于地脉动记录的存在，使同时记录的确定性震源地震记录受到了干扰，因此不利于对较小地震的观测，在这个意义上，地脉动记录是对地震观测有害的，被称为地动干扰或地动噪声，因此要在地震观测中尽量避开强地脉动干扰，有时还要通过井下地震观测来减小地面上人类活动及天气因素产生的地脉动干扰，还要使观测场地尽量远离大海，以减小海洋脉动的影响；对于已建立的地震台站要进行地脉动水平的连续监测以便及时了解地震台站监测能力的变化。

另一方面，地脉动记录也能提供地球内部特性及其变化的信息，这对于地震预测研究尤其具有特别的意义。因此，地脉动记录被越来越广泛地应用于对地球内部结构及其结构参数时空变化的探测，这已发展成为专门的研究领域，本书中不拟进一步讨论。

1.2 数字地震观测系统

数字化地震记录的诸多优点源自现代地震计和现代模拟－数字转换器的联合贡献。现代地震计的输出仍然是模拟的，即在时间上连续的电信号。要得到数字化的地震记录，还要通过模拟－数字转换器将连续的电信号变成在时间上是离散的、其信号幅值也是离散的数值编码，这一过程就是地震计输出的数字化过程。这里把产出数字化地震记录数据的整个系统称为数字地震观测系统。

1.2.1 数字地震观测系统的频带

人们普遍认为现代数字地震记录的一个优点是记录的频带宽。这一优点主要是现代宽频带地震计的贡献。如在我国地震台站采用的JCZ-1地震计，其BB通道速度平坦型输出频带为0.00278Hz(360s)~50Hz，LP通道加速度平坦输出的频带是360s-DC(直流)；国际上广泛采用的STS-1有速度平坦型输出频带0.00278(360s)~10Hz，STS-2有速度平坦型输出频带0.0083(120s)~50Hz（中国地震局监测预报司，2017）。图1.2显示我国模拟地震观测时代普遍采用的DD-1地震仪（见本书第3章）和在数字化时代采用的一种典型宽频带地震计JCZ-1的幅频特性和相频特性。

对于数字地震观测系统，值得一提的是，数字化记录的采样率限制了数字化记录频带的高频端。在我国数字地震台网的地震台站普遍采用100sps的采样率，因此，记录频带的高频端必定低于50Hz。由于迄今的地震波形分析主要是使用长周期的地震波形进行震源参数反演，并不关心高频记录，加上数据传输、数据存储、数据处理技术、设备、资金、运行与维护等条件的限制，现在还没有对高频带宽提出更高要求，但随着地震学研究的深入，特别是对于震前、震时和震后地下微破裂的研究，以及物质、技术条件成熟之后，必将会提出这一要求。

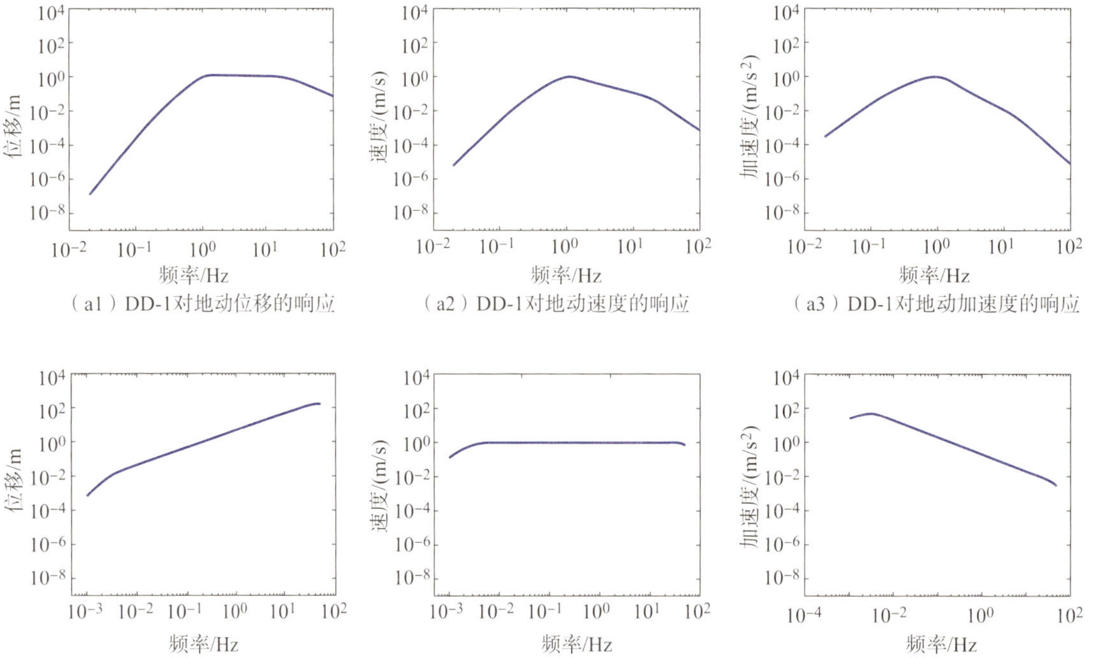

（a1）DD-1对地动位移的响应　（a2）DD-1对地动速度的响应　（a3）DD-1对地动加速度的响应

（b1）JCZ-1对地动位移的响应　（b2）JCZ-1对地动速度的响应　（b3）JCZ-1对地动加速度的响应

图 1.2　典型地震计的振幅频率响应。(a1～a3)DD-1 地震仪的振幅频率响应，归一化频率为 5Hz；(b1～b3)JCZ-1 地震计 BB 通道的振幅频率响应，归一化频率为 0.2Hz(图件生成所使用的程序：Matlab M01_instru_resp.m)

1.2.2　数字地震观测系统的动态范围

数字地震记录的质量直接受数字地震观测系统动态范围的影响。如果系统的动态范围不够大，则在记录较强地震时便可能出现限幅的情况。原本以为只有传统的模拟记录才有限幅的情况，在数字地震观测中，由于采用了大动态范围的地震计和 24 位的模数转换器，似乎已经不存在限幅问题；其实不然，在数字地震观测实践中仍会遇到地震记录限幅的问题。

数字地震观测系统的动态范围受地震计的动态范围和模数转换器的动态范围的限制。地震计的动态范围是能记录的最大信号与最小信号之比（Havskov and Alguacil，2007）。宽频带反馈地震计能记录的最小信号受地震计本身固有噪声的限制，通过测量地震计的固有噪声随频率的变化，可得到等效的输入加速度功率谱，从而可以与新的低噪声模型（NLNM，Peterson，1993）进行比较，结果表明，在某些频段，地震计的固有噪声等效加速度功率谱低于 NLNM 模型。数字地震观测系统的动态范围定义为（中国地震局，2001，附录 19）：

$$\text{系统动态范围} = 20\lg\left[\frac{\text{系统满量程(有效值)}}{\text{仪器(原阻抗)噪声(有效值)}}\right] \tag{1.3}$$

在我国评估地震台站的监测能力时，还引入了地震计和模数转换器组合系统的观测动态范围概念，定义为：

$$\text{观测动态范围} = 20\lg\left[\frac{\text{系统满量程(有效值)}}{\text{地脉动噪声(含仪器噪声)(有效值)}}\right] \tag{1.4}$$

式中，lg 是以 10 为底取对数。这一定义反映了地震台网的主要目的是监测地震，而希望背景地动噪声越小越好，这样才能对小地震进行有效的监测，得到可用的小地震记录数据。由于地震台站的地脉动噪声在大多数情况下高于地震仪器的固有噪声，所以地震台站的观测动态范围一般要小于系统动态范围。

1.2.3 数字地震观测系统的输出

在模拟地震观测时代，地震图上量出的振幅是以长度单位表示的，通常以毫米（mm）计，也就是说，地震记录的振幅具有长度量纲。与此不同的是，数字地震观测系统的输出是无量纲的数字数，要通过对数字记录进行地震仪器校正，以去掉仪器响应，才能得到具有物理量纲位移、速度或加速度的数字地震记录。

1.3 地震记录处理的内容

地震记录处理的内容十分丰富，而且在不断扩展，本书只是介绍了其中的一部分。以下是本书涉及的地震记录处理的主要内容。

1.3.1 地震记录预处理

数据预处理是数据处理的必要组成部分，但数据预处理本身只是一个相对的概念，是相对于后续的“数据处理”而言的。数据处理的目的不同，所需预处理包含的内容也会有所不同。

对于地震记录的预处理，就模拟记录图而言，首要任务是对地震记录图的数字化，因为只有对地震记录数字化了，才能对地震波形进行进一步的分析处理，如频谱分析等，否则，只能在模拟地震图上量取震相到时、振幅、周期等基本数据，不能满足对地震波形进行深入研究的要求。在当今的数字化时代，地震观测获得的地震记录已经是数字化时间序列，因此，对地震记录的预处理具有了全新的内容。

第 2 章中介绍了地震记录预处理涉及的主要内容，包括为适应后续处理软件的要求而进行的数据格式转换；为统一处理不同来源的地震记录数据或为了特定需要而进行的采样率变化；为改善记录波形数据质量而进行的去毛刺、去漂移等处理；以及为去掉不需要的频率成分而对地震记录进行的频率滤波。预处理的结果不产生实质性的新数据，但却改善了原始地震记录波形的质量，对不同观测系统的记录进行了同化，从而为其后的数据处理创造必要条件。

1.3.2 地震记录的仪器校正和仿真

为了从地震仪器记录的地震图转换成地动位移记录波形、或地动速度记录波形、或地动加速度记录波形，就要对地震图进行地震仪器校正。第 3 章中用几种典型的地震仪或地震计为例，分析了地震仪器对地动位移、速度和加速度的响应特性，介绍了在频率域和时间域进行地震仪器校正的具体算法。

第 3 章还介绍了在频率域和时间域进行地震仪器仿真的算法，这对于从现代的数字地震记录得到传统的模拟时代地震仪的记录图是必要的。通过仿真，可以得到符合传统地震仪响应特性的地震图，从而可以利用传统的算法求得震级，为地震目录中震级标度的连续性创造条件。

1.3.3 地震波形变换

广义而言，地震波形变换就是要根据给定的算法得到原始地震记录波形的一个特征函数，不同的变换所产生的特征函数突出了原始地震信号的某些特征，从而为其后的处理创造条件。在这个意义上，地震波形变换也是一种地震记录的预处理。在本书第4章中讨论了在地震波形分析中已经广泛应用的各种变换，包括傅里叶变换、短时傅里叶变换、小波变换、倒谱变换、希尔伯特变换等，特别是针对地震三分量记录，介绍了三分量记录的坐标旋转和偏振分析。

1.3.4 地动噪声谱、场地效应和台网监测能力

本书的第5章包括了相互独立却又彼此密切联系的三个部分：地动噪声谱、场地效应和台网监测能力。

对于地震监测而言，了解台站的地动噪声是了解台站监测能力及其变化的基本手段，而描述地动噪声的基本方法是估计其功率谱密度水平及其随时间的变化。本书第5章用较大篇幅讨论了地动噪声功率谱的估计方法，特别是明确了国际上遵循 Peterson（1993）新高噪声模型（NHNM）和新低噪声模型（NLNM）的台站地动噪声功率谱的标准算法。

第5章的另一部分是讨论台站的场地效应，如图1.1所示，这是接收器所在场地浅层介质对地震波的响应。对场地效应的正确估计，直接影响利用地震记录获取地震震源和介质参数的准确度。场地效应也称为场地响应或台站响应。

第5章的第三部分从两个方面讨论地震台网监测能力的估计：一是基于能否记录到给定震级的可定位地震来估计台网的能力，即通常所说的台网监测能力；二是从定位精度的角度来评估地震台网的能力，即通常所说的台网定位能力。

1.3.5 单个地震定位

不论是人机交互处理还是计算机自动处理，其基本产出是震相数据，包括震相类型、震相到时、初动极性、最大振幅及其周期等数据。其中的震相到时数据是进行地震定位的基本数据，主要用于地震定位，即测定震中经纬度、震源深度和发震时刻。鉴于地震定位对地震监测的重要性及其内容的丰富，本书在不同章中都涉及了地震定位问题。其中第6章介绍单个地震定位的基本原理、单个地震定位算法的具体实现以及与地震定位质量相关的一些问题，如定位误差的定量估计等。

1.3.6 震源深度

震源深度可以和震中经纬度、发震时刻同时测定，但在更多情况下，需要采取特殊的办法来更可靠和更准确地测定震源深度。在以往手工处理时代，曾经发展了不少利用震相到时差测定震源深度的方法，在广泛应用数字化地震记录的今天，更是出现了许多利用地震记录波形测定震源深度的新算法。然而，这些新的算法并不具有普适性，在某些情况下，一些算法成功，在另一些情况下，则有另一些算法成功。本书第7章中介绍了测定震源深度的不同

算法，并尽量指出不同算法的适用条件。

1.3.7 震源位置与速度结构的联合测定

Richards 等在其文章（Richards et el.，2006）中“不那么严格地”把波形分析和多地震联合定位称作“现代方法”，以区别于基于震相到时和逐个地震定位的“传统方法”，可见多地震联合定位在地震记录处理过程中的重要地位。然而，由于地壳模型是否接近真实地球，特别是在区域地震台网测定近震和地方震的时候，区域地壳速度模型是否符合台网所在地区的实际地壳构造，直接影响地震定位的准确度。因此，在多地震联合定位的时候，通常允许地球（地壳）速度模型的参数也做相应的改变，从而构成震源位置与速度结构联合测定问题。通过震源位置与速度结构的联合测定，不仅得到了一批地震的改善了的定位结果，而且得到改善了的地球（地壳）速度模型。这里，针对地球（地壳）速度模型，选取哪些参数作为联合测定中的可调整参数，取决于可能得到的震相到时数据的种类和空间分布。本书第 8 章将从多地震联合定位的角度和从反演地球（地壳）速度模型的角度，讨论联合测定方法，包括利用独立震相到时的传统方法，也包括利用“地震对”的到时差进行联合测定的双差定位方法和双差层析方法。

1.3.8 震源机制解的测定

早在模拟记录时代，利用震相的初动极性（即初动的正负号）用手工作图或后来的计算机处理来得到震源机制解就已经成为地震记录常规处理的一部分。为进一步约束震源机制解，后来还引入了利用不同震相的最大振幅之比估计震源机制解的方法。在数字地震观测的今天，通过地震波形拟合来测定震源机制已经被广泛应用于台网中心的常规处理。本书第 9 章介绍利用初动符号、不同震相的振幅比测定震源机制解的传统手工作图方法和计算机计算方法，以及利用地震波形拟合求震源机制解的方法。

1.3.9 地震矩张量反演

地震矩张量的常规测定是数字化地震记录应用的突出成果。正是由于宽频带大动态范围的数字化地震记录的出现，才使得在全球范围和区域范围常规测定地震矩张量成为可能。如今，地震矩张量已经成为描述震源特性的必选参数。在地震界也出现了多种地震矩张量反演的开放的计算机程序代码。本书的第 10 章在简要介绍测定地震矩张量原理的基础上，分别介绍一些典型的地震矩张量反演算法。

1.3.10 地震记录谱分析

对地震记录谱的分析可以得到震源参数和地球介质参数，如式（1.1）所示，对地震记录谱的单项测定或联合测定可以基于给定的震源模型得到（标量）地震矩、震源尺度、应力降等参数，尤其适用于对较小地震的分析；通过对多台站多地震的记录谱分析，还可得到地球介质的衰减参数和台站响应。本书第 11 章讨论地震记录谱的分析方法及产出的震源参数和地球介质参数。

1.3.11 震级的测定

在本书中，我们把震级的测定放在第 12 章，这是因为矩震级已被广泛采用，在讨论过地震矩张量反演和地震波谱分析之后，再来讨论矩震级便顺理成章。当然，对于传统的震级标度进行说明也是必要的，因为毕竟矩震级的应用时间还不够长，人们还希望利用传统震级标度来延续以往的地震目录，借以研究更长时间段的地震活动性。能量震级是另一个必须讨论的震级标度，尽管由于多种原因，能量震级并未被广泛采用，但由于能量震级本身的特性，相信今后会有更多的地震中心测定这一震级。

1.3.12 地震台阵数据处理

除了单个台站的地震记录处理和地震台网的多台地震记录处理之外，对地震台阵记录的处理也是地震记录处理的重要组成部分。这一方面是由于世界上有大量不同类型的地震台阵在运行，而采用的处理方法与通常的地震台网有所不同，还由于地震台阵的处理方法可以有条件地应用于通常的地震台网。因此，本书第 13 章集中讨论地震台阵的数据处理方法。

1.3.13 地震事件类型判别

地震事件可分为天然地震、人工地震和与人类活动有关的准天然地震三大类。天然地震可分成构造地震、火山地震和陷落地震；人工地震事件包括地下核爆炸、化学爆炸以及由于建筑物倒塌、建筑施工等原因造成的震动事件；与人类活动有关的准天然地震是指由于水库蓄水、深井注水等原因诱发的地震。准确鉴别地震事件的类型，对于国家安全（如核爆炸鉴别）、减轻诱发地震风险、保护人民生命财产安全都有重要意义。本书第 14 章讨论地震事件类型判别的方法，包括记录波形特征量的提取、特征量的统计特性和事件类型综合判据、地震矩张量特征分析等。

1.4 地震记录处理的方法、算法和程序

与一般数据的计算机处理一样，作为数字化数据的地震记录，在对其进行处理时也涉及处理方法（method）、算法（algorithm）和计算机程序（program）。

通常，算法是基于一定方法产生的，例如快速傅里叶变换的算法是基于傅里叶变换方法产生的，而计算机程序则是算法的具体实现。由于本书的主要目的在于实用，因此，在以后各章中主要介绍地震记录处理的各种算法。不过，为了说明算法，自然要讲到该算法所基于的方法，但本书中只是“点到为止”。至于算法的程序实现，本可以基于不同的计算机语言，在本书中凡我们自行编写的程序，均使用 Mathworks 公司提供的 Matlab 作为编程工具，其好处是易于理解和实现，而且我们可以把注意力集中到地震记录处理的个性方面，而把 Matlab 提供的通用算法和程序实现（例如奇异值分解）作为“黑盒子”加以利用，犹如我们直接利用数据采集器芯片而不必特别关心其中用了多少晶体管及其具体构成。

以我们的经验，不论采用何种计算机语言，一个大的程序系统总是由若干个较小的、实现单一功能的程序构成。这些小程序有时称作模块，大的程序系统由若干模块构成，一些具有相同或相似功能的模块可以互相替换。在 Fortran 程序中，这些小的程序以“子程序”的形式出现，由一个“主程序”调用。其结果，不论是子程序，还是主程序，每个程序都是一个功能单一的小程序。在 Matlab 中，它们都可以构成函数被主程序或其他函数调用。在

本书中，我们将对所编写的 Matlab 程序逐个说明其算法和功能，特别是说明这些程序及所基于的算法背后的基本假定、简化条件、适用性和局限性等人们往往忽略的方面。

在本书中涉及三类程序，第一类是通用程序，我们以 Matlab 通用程序为例说明在地震记录处理中的应用，如快速傅里叶变换（FFT）、功率谱密度（PSD）计算等，在书中没有详细说明具体算法，只是调用 Matlab 提供的相应函数；第二类是针对地震记录处理的需要自行编写的一些 Matlab 程序，包括一些 Matlab 函数，以这些程序为例，希望可以帮助读者根据自己的应用目的开发自己的应用程序；第三类程序是已在互联网上提供共享的一些地震数据处理专用程序，这些程序是无数地震科技工作者几代人的算法研究和程序开发的成果。我们只能以感激的心情学习和介绍这些程序并在此向这些程序的开发者致敬。

通过本书提供和介绍的程序，我们希望能达到以下目的：

(1) 帮助读者理解在其从事地震观测或地震数据处理工作中使用的一些程序或“软件”。在我国地震行业推广的“软件”多为“黑盒子”。一方面，这种推广有利于更多的地震科技人员使用这些软件提高地震数据的分析能力和丰富产出内容，使用者也不必再费力气去开发类似的软件，这无疑是一件好事；但另一方面，仍然有相当多的人们不满足于此。他们希望了解这些“软件”背后的基本算法、基本假设、适用范围、参数设置以及程序实现等，本书可能对这些不满足于简单使用现成地震数据处理软件的人们有所帮助。

(2) 提供在测震数据处理中常用的算法和程序，读者可以利用这些算法和程序，或参考所提供的程序，开发符合他们的特定需求的程序。现成的软件固然好，使用方便，但不一定能满足使用者的特定环境和特定需求。一些有程序开发能力的地震科技人员希望能依照自己的构想开发出适用的程序。这样的读者有可能在本书中找到他们所需要的一些（肯定不是全部）程序构件。这样，他们可以将这些程序构件组合起来，建立自己的程序。我们希望，通过这种方式，能有更多的实用程序被开发出来，而且它们也是开放的、共享的。

(3) 帮助读者更好地利用国际上的测震数据处理软件资源。国际上许多地震数据处理软件是在互联网上开放的。利用这些资源可以促进我国地震事业的发展。然而，简单地照搬有时是行不通的。本书将有助于读者了解常用地震数据处理软件的基本构成和基本算法。这样，读者在理解从国际上引进的软件时，就可以集中精力去理解软件的核心算法和核心程序，从而提高对国际上开放软件的利用能力，以提高我国测震数据处理的水平。

第 2 章　地震波形数据预处理

数据预处理是数据处理的必要组成部分，但数据预处理本身只是一个相对的概念，是相对于后续的“数据处理”而言的。数据处理的目的不同，所需预处理包含的内容也会有所不同。

对于地震记录的预处理，就模拟记录图而言，首要任务是对地震记录图的数字化，因为只有对地震记录数字化了，才能对地震波形进行进一步的分析处理，如频谱分析等，否则，只能在模拟地震图上量取震相到时、振幅、周期等基本数据，不能满足对地震波形进行深入研究的要求。在当今的数字化时代，地震观测获得的地震记录已经是数字化时间序列，因此，对地震记录的预处理具有了全新的内容。

本章中介绍的是地震记录预处理涉及的主要内容，包括为适应后续处理软件的要求而进行的数据格式转换；为统一处理不同来源的地震记录数据或为了特定需要而进行的采样率变化；为改善记录波形数据质量而进行的去毛刺、去漂移等处理；以及为去掉不需要的频率成分而对地震记录进行的频率滤波。

2.1　地震记录数据的格式转换

地震波形数据的原始格式可能与所用数据处理软件要求的输入数据格式不同，在这种情况下首先需要进行数据格式转换，以使数据处理软件能正确和高效率地使用地震波形数据。因此，地震波形数据预处理的第一件事是把原始地震波形数据记录格式转换成数据处理软件能够处理的格式。

2.1.1　数据格式概述

当今地震学界有许多不同的地震数据格式在使用，在我国也是如此。其中大多数可归于下列四类之一：①在单个地震台站或台网使用的本地格式；②在标准的或常用的分析软件中使用的格式；③为数据交换和存档而设计的格式；④为数据库系统设计的格式。

第③和第④类格式通常是设计者精心设计的，对格式结构的细微之处做过许多考虑，以期达到有效性、灵活性和可扩展性。当然，这种设计的代价是，这类格式往往比较复杂，需要专门设计的软件对这类格式的数据进行解释，以实现数据的读、写。

这四类格式显示出体系性结构。其中第④类格式构成其他类格式的“超集”，意思是可由它导出第①~③类格式的数据。第③类相对于第①和第②类也有同样的关系。在各地震数据中心进行的几乎所有格式转换都是在这个体系结构中从①类向④类运动，以进行数据存档和与其他数据中心进行数据交换，而软件工具则广泛用于从④→③→②类的转换。

在我国，随着数字化地震台网的发展，地震数据格式也逐渐趋于规范化。我国“九五”计划期间（1996—2000）建设的区域的和地方的数字地震台网，尽管硬件可能来自不同的制造商，台网数据接收和处理软件也可能不同，但生成的原始连续波形数据和地震事件波形数据基本上遵循了由北京港震机电技术有限公司最先推出的 evt 格式（北京港震机电技术有限公司，2005），从而在我国数字地震台网发展的初期阶段，为地震波形数据的存储和交换提供了一种实用格式。由于这种格式是企业制定的格式，其细节时有修改，也为使用这种格式的用户和软件开发者带来了不少麻烦。至今，evt 格式已趋于稳定，并被继续使用，这是上述第①类格式的典型代表。

上述第③类格式的典型代表当属国际上广泛使用的地震数据交换格式 SEED（Standard for the Exchange of Earthquake Data），这是由数字地震台网联盟（FDSN）、地震学研究联合会（IRIS）和美国地质调查局（USGS）共同发布的，最新版本是其 2.4 版的小修版（SEED Reference Manaul, SEED Format Version 2.4, August 2012, http://www.fdsn.org/seed_manual/SEEDManual_V2.4.pdf，最近一次访问在 2017 年 9 月）。中国地震局在 SEED 格式参考手册 2.3 版的 2002 年 2 月 22 日增补版本基础上，按照我国对行业标准的表述要求，制定了地震波形数据交换格式标准，即 DB/T 2—2003《地震波形数据交换格式》（中国地震局发布，2003）。在该标准中明确采用“SEED”作为标准的简称，以与国际上通用名称保持一致。现在，我国区域和地方数字地震台网汇集的地震波形数据都能够在各自的台网中心生成 SEED 格式地震波形数据文件。中国地震台网中心也能将所汇集的国家地震台网台站的数字地震波形数据转换成 SEED 格式，供用户使用。需要说明的是，SEED 2.4 版与 2.3 版有细微差别，因此，应对 DB/T 2—2003《地震波形数据交换格式》（中国地震局发布，2003）进行相应的修正。

上述第②类格式的典型代表是 SAC 格式，这是地震分析软件 SAC（Goldstein et al., 2003）功能强大并被全世界广泛使用的结果。由于 SAC 格式比 SEED 格式简单得多，许多地震分析软件也以 SAC 格式作为其可接受的外部格式，而对于 SEED 格式文件，则需要利用 SEED 格式读写工具先将数据文件转换成 SAC 格式。

为了便于管理和存储内容更丰富的地震数据，在我国“十五”规划（2001—2005）期间制定了《中国数字测震台网数据规范（VER1.0）》（高景春等，2007），为建立地震数据库提供了数据格式标准，属于上述第④类数据格式。在全国各省、自治区、直辖市地震台网中心推广的数字地震台网数据汇集与处理系统 JOPENS（广东省智源工程抗震科技公司，2008）遵循这一规范建立了台网基本数据、地震波形数据以及地震目录等产出数据的数据库。以该数据库为基础，在 JOPENS 下的人机交互处理软件 MSDP（广东省智源工程抗震科技公司，2008）可按 SEED 格式生成地震事件波形文件，用于区域地震台网地震波形数据的存档和交换。

2.1.2 SEED 格式

2.1.2.1 SEED 格式简介

SEED 格式的地震波形数据文件包括两个部分：第一部分是文件的头段，以 ASCII 码写成，其中包含了生成该段波形数据的台网信息、地震信息和波形数据本身的信息，可以总称为波形数据的元数据，即关于波形数据的数据；第二部分是波形数据本身，以二进制编码写成，通常是按一定算法生成的压缩数据。关于 SEED 地震波形数据文件的具体结构，可参阅 SEED 参考手册（SEED Reference Manaul，SEED Format Version 2.4，August 2012，http://www.fdsn.org/seed_manual/SEEDManual_V2.4.pdf）和 DB/T 2—2003《地震波形数据交换格式》（中国地震局发布，2003），这里不予重述。对于波形数据的使用者而言，需要做的事情是：掌握至少一种 SEED 格式数据的读出工具软件，从而能用它读出关于该段波形数据的元数据信息和把 SEED 格式波形数据转换成可由自己的程序读入的格式，例如 SAC 二进制或 ASCII 格式。现在有多种 SEED 格式数据读出软件，例如，可以从地震研究联合会数据管理中心（IRIS DMC）下载最新版本的 SEED 读出工具 rdseed（http://www.iris.edu/forms/rdseed_request.htm，最近一次访问在 2017 年 9 月 4 日）。

需要说明的是，在以 Intel 处理器为 CPU 的微机中，不论是 Windows 操作系统还是 Linux 操作系统，其中的每个二进制数据的字节排序是先小后大，即低地址存放最低有效字节，这称为“小尾”（little endian）序，而以 VAX 和 Motorola 68000 为 CPU 的机器中的字节排序为先大后小，即低地址存放最高有效字节，这称为“大尾”（big endian）序，SUN 工作站属于后一类。

因此，如果生成的 SAC 波形数据是适用于 SUN 工作站的，在用于 Intel 微机时应先对数据字节换序，反之亦然。在使用 SEED 读出工具 rdseed 的老版本生成 SAC 文件时，应注意生成的波形文件是“大尾”字节顺序还是“小尾”字节顺序。在新版本的 rdseed 中已能自动识别 CPU，从而生成适合本机器的 SAC 波形文件，但要把已经生成的波形文件在两种 CPU 的机器之间互换，还是要注意字节顺序的转换。

在我国，另一种作法是使用 JOPENS/MSDP 软件（广东省智源工程抗震科技公司，2008），将 SEED 格式的波形文件转换成 ASCII 码的波形数据文件。对于要在 JOPENS/MSDP 之外处理地震波形数据的人，ASCII 码的波形数据易于被自行开发的程序读取。当然，ASCII 码文件占用磁盘和内存空间大，但如果要处理的数据量不大，这是最简单易行的作法。

2.1.2.2 rdseed5.3.1

rdseed 5.3.1 版用于读 FDSN SEED 格式的数据文件，可从 SEED 格式转换成 SAC（二进制或 ASCII）等格式。在下载包 rdseedv5.3.1.tar.gz 中包含分别适用于 Mac OS X，Sun Solaris，Linux 以及其他 UNIX 平台的可执行程序。自 5.1 版，如果在 Windows 上安装了 CYGWIN（可从网站 http://www.cygwin.com/下载并安装，最近一次访问在 2017 年 9 月 4 日），则可在 Windows 上运行，这时，用户在 Windows 上如同在 Linux 环境中。

rdseed 的输出文件有 9 种格式，常用的有（其中的数字是选项代码）：

1 = SAC——（缺省值）SAC 二进制；

4 = miniSEED——只有数据的 SEED 记录；

5 = SEED——带有元数据的完全 SEED；

6 = SAC ALPHA——SAC 字母数字（ASCII）格式；

8 = 简单 ASCII（SLIST）——ASCII 码给出的单列采样值；

9 = 简单 ASCII（TSPAIR）——ASCII 码给出的时间和采样值列对。

关于 rdseed 的使用方法，可参见其使用手册 rdseed_manual.pdf，可在 rdseed 的下载包 rdseedv5.3.1.tar.gz 中找到，或可直接从 IRIS 网站下载（http://www.iris.edu/manuals/rdseed.htm，最近一次访问在 2017 年 9 月 4 日）。

2.1.3　SAC 软件和 SAC 格式

SAC（Seismic Analysis Code）软件是为分析顺序数据（特别是时间序列数据）而设计的通用交互式程序。重点放在为地震研究人员详细研究地震事件波形提供分析工具。所提供的分析能力包括一般数学运算、傅里叶变换、谱分析、IIR 和 FIR 滤波、信号叠加、抽取、内插、相关以及震相拾取等，SAC 还包含强有力的绘图功能（朱良保，2010）。

SAC 格式是 SAC 软件的专用波形数据输入格式，但有许多其他软件也采用 SAC 格式作为波形数据输入格式。在 SAC 用户指南（http://ds.iris.edu/ds/nodes/dmc/software/downloads/，最近一次访问在 2017 年 9 月 4 日）中具体描述了 SAC 波形数据输入格式。使用 SAC 软件可以读入 SAC 格式的波形数据。Matlab 函数 M02_01_read_SAC.m 可以读入 SAC 二进制格式波形数据，利用读入的数据，可以进一步做其他处理，如绘制波形图。

2.2　基本数据编辑

对波形数据进行的基本数据编辑包括基线校正和去掉“毛刺”等处理，其目的是去掉波形零点漂移和偶尔发生的波形异常变化。需要注意的是，进行这种数据编辑，多少是以分析人员的主观判断为依据，因此要格外谨慎，以免把有用的信号当成无用的干扰予以排除。

2.2.1　基线校正

有三种常用的基线校正方法，一是去滑动均值，二是去整体均值，三是去线性趋势。其中，去滑动均值的作用是降低信号中的低频成分；去整体均值就是所谓去掉信号中的“直流分量”，保留其波动部分；而去线性趋势是为了去掉波形的零点线性漂移。

McNamara 和 Buland（2004）在估计噪声功率谱时采用一种“平均斜率法”去掉其周期大于数据段时间长度的长周期趋势，详见 5.5.1.1 小节。

2.2.1.1　去滑动均值

对每个数据点 $x(k), k=1,2,\cdots,K$, K 为数据段长度，减去其滑动均值 $m(k)$ 得到去滑动均值后的波形数据，滑动均值 $m(k)$ 定义为：

$$m(k)=\frac{1}{2M+1}\sum_{n=-M}^{M}x(k-n) \tag{2.1}$$

得到去滑动均值后的数据序列，

$$x^{0}(k)=x(k)-m(k) \tag{2.2}$$

式中，k、n、M 为整数。

对于开始的 M 点和最后的 M 点，分别使用开始的 $2M+1$ 个点和最后的 $2M+1$ 个点计算 $m(k)$ 值。

式（2.1）给出的求滑动均值运算实质上是一种低通滤波，而从原始信号中减去滑动均值（式（2.2））的效果是去掉了信号中的低频部分，保留了高频部分。图 2.1 给出去滑动均值的一个示例，原始波形数据取自 1999 年 11 月 29 日岫岩地震主震辽宁省地震台网大连台北南向记录（辽宁地震台网提供），采样率 50sps。人为添加的低频正弦波为：20000sin(2πi/5000)，i 为采样序号，信号周期 100s（频率为 0.01Hz）(Matlab 程序：M02_02_demmean_test. m，调用程序 M02_02_demmean_func. m)。

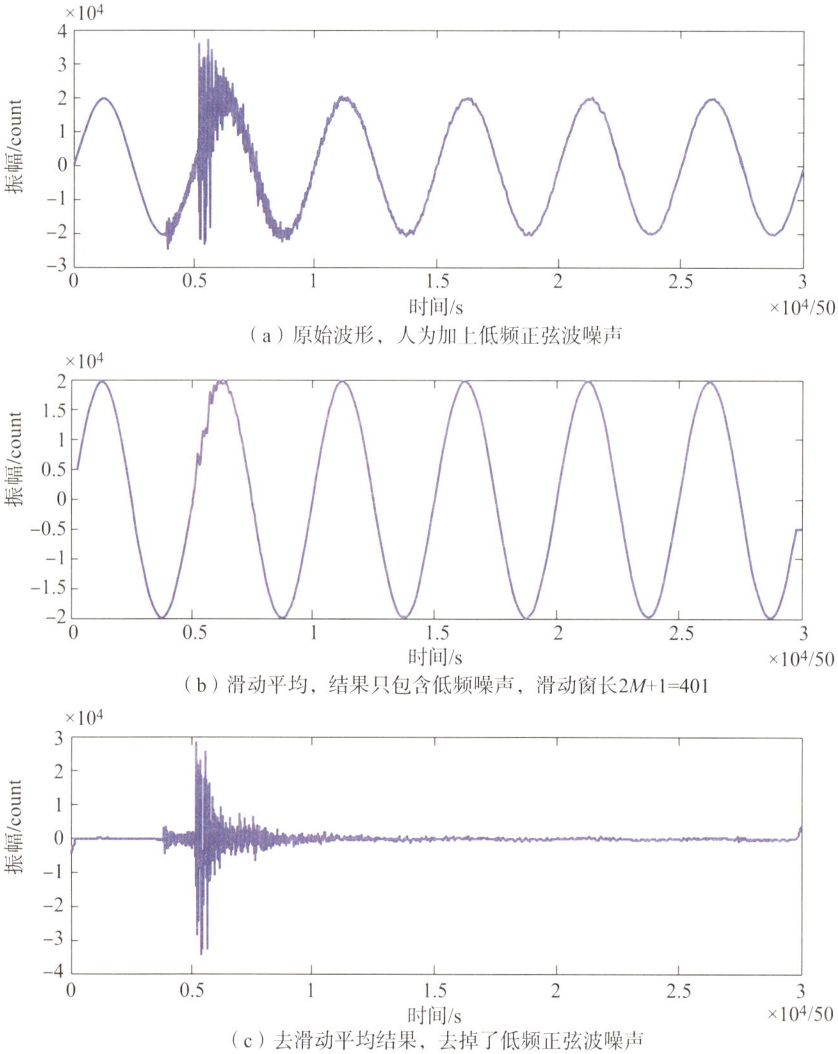

(a) 原始波形，人为加上低频正弦波噪声

(b) 滑动平均，结果只包含低频噪声，滑动窗长2M+1=401

(c) 去滑动平均结果，去掉了低频正弦波噪声

图 2. 1　去滑动平均示例

图 2. 2 显示去滑动平均造成的信号频谱变化，图 2. 3 显示将“去滑动平均”看作是滤波器所给出的振幅响应。从振幅响应曲线可以看出滑动段的长度参数 M 与低通滤波器拐角频率的关系，这可以提示我们如何选取 M 值。在本例中，取 $M = 200$，滑动窗长为 $2M+1=401$ 点，由于采样率为 50sps，对应的滑动时间窗长为 8. 02s，这对应于该等效低通滤波器的通带拐点的频率为 1/8. 02 =0. 125Hz（图 2. 3(a1)~(a3) 子图），从滤波器性能的角度分析，滑动平均和去掉滑动平均都不是好的滤波器。

2. 2. 1. 2　去整体均值

去整体均值是对整个记录长度计算均值，并从数据中减去。

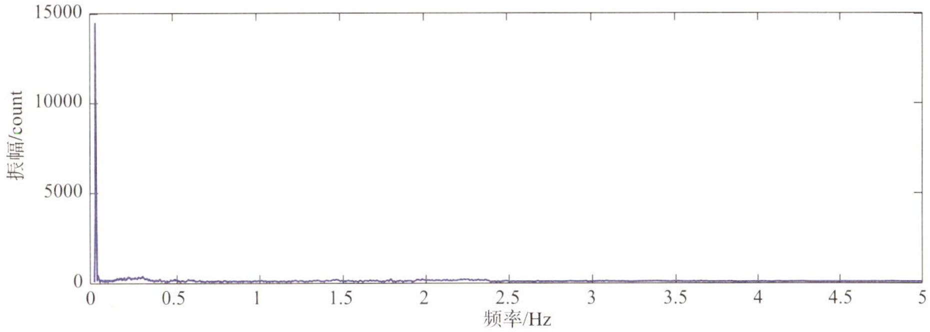

（a）原始带低频正弦波噪声的信号振幅谱

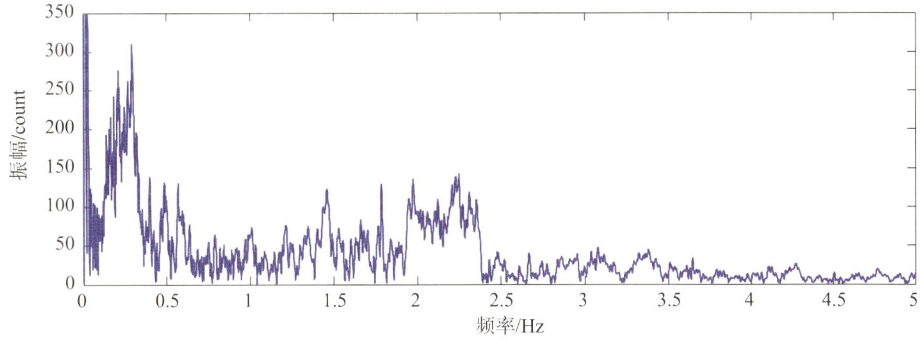

（b）原始带低频正弦波噪声的信号振幅谱

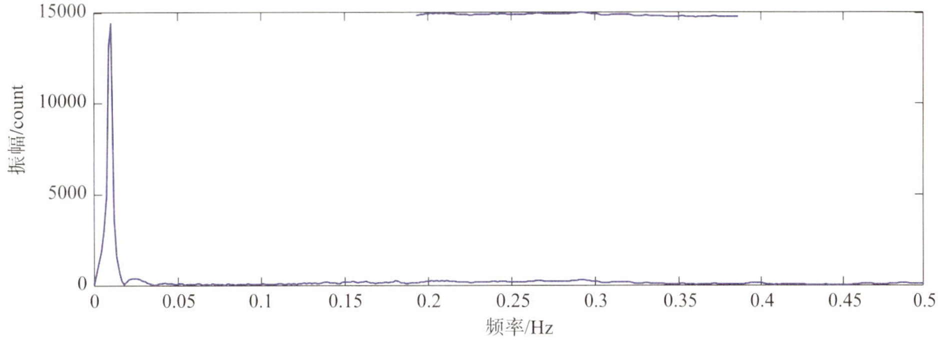

（c）原始带低频正弦波噪声的信号振幅谱

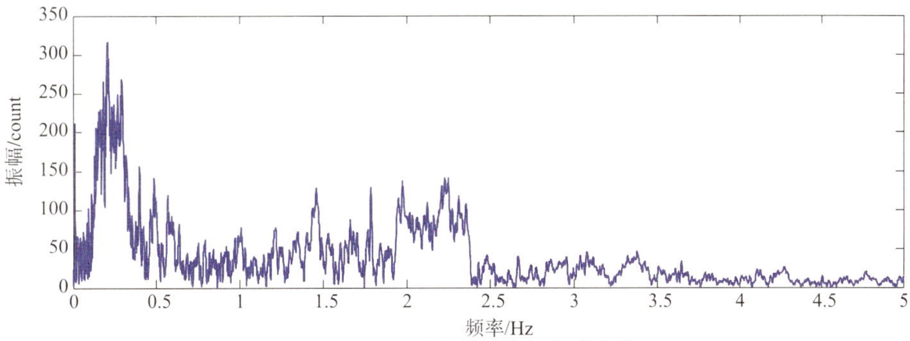

（d）去掉低频噪声后的振幅谱

图 2.2　图 2.1 示例波形的频谱分析。(b)同(a)，但纵坐标标度放大，以看清高频部分；(c)同(a)，但横坐标标度放大，图中可清楚看到 0.01Hz 的噪声信号振幅谱成分；(d)标度与(b)相同（在 Matlab 中调用 fft 函数并绘图）

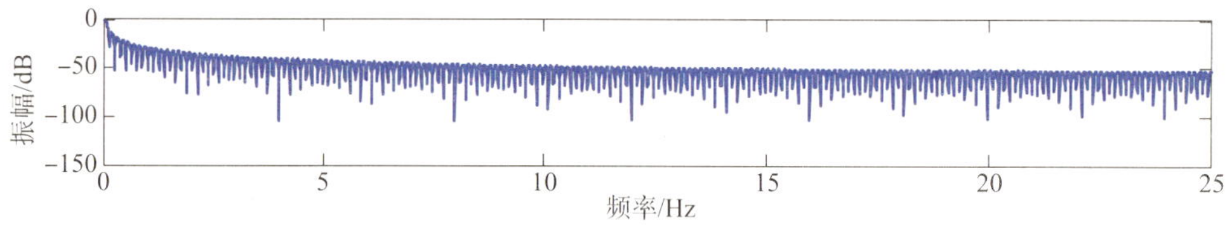

（a1）滑动平均的振幅频率响应

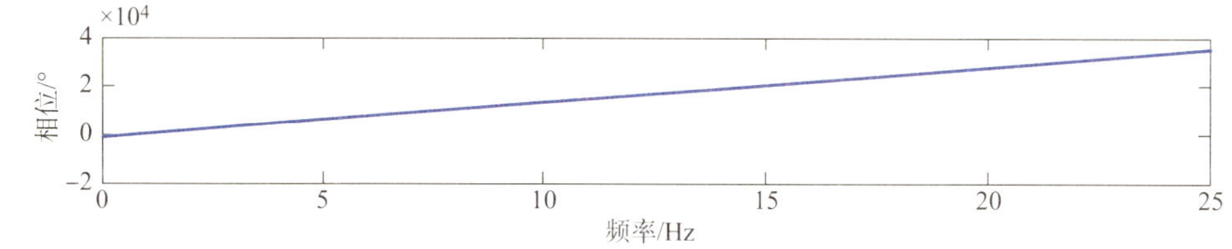

（a2）滑动平均的相位频率响应

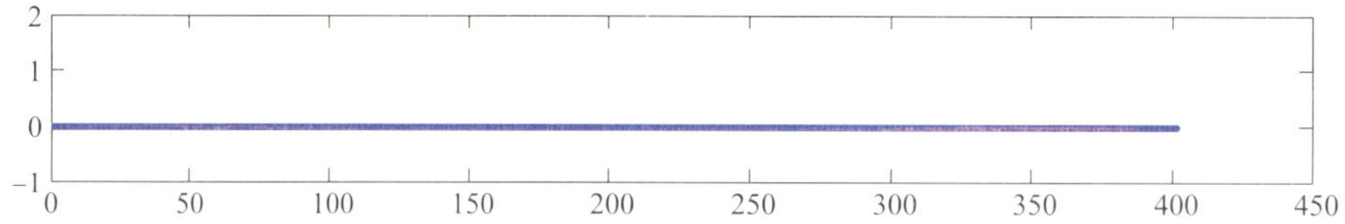

（a3）滑动平均的等效滤波器系数

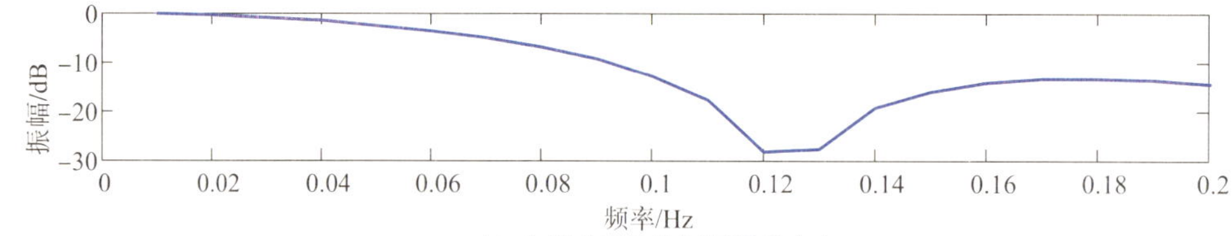

（b1）滑动平均的振幅频率响应

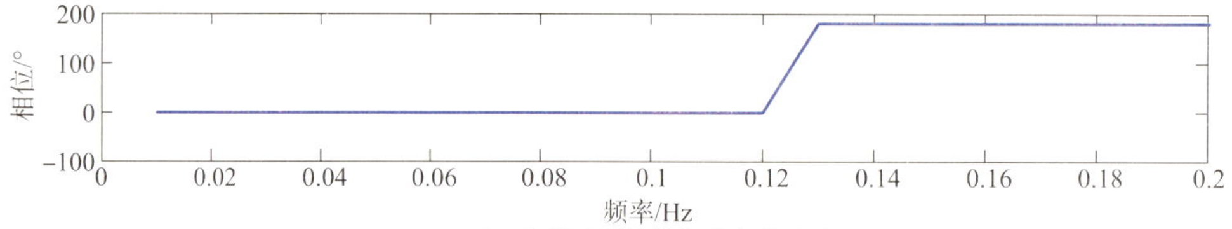

（b2）滑动平均的相位频率响应

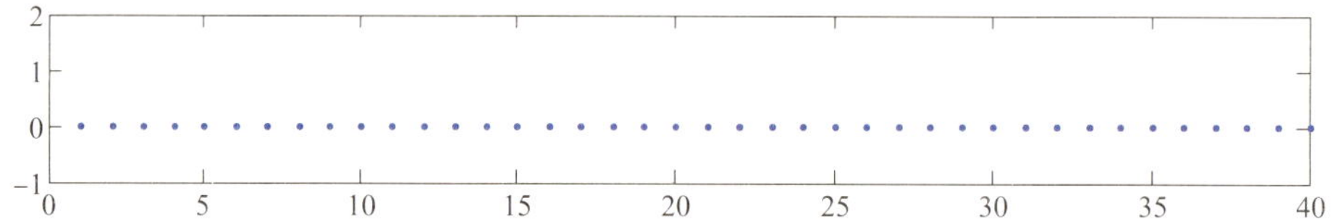

（b3）滑动平均的等效滤波器系数

图 2.3　滑动平均运算的频率响应（使用 Matlab 程序 M02_02_demmean_resp.m，也可直接套用 Matlab 函数 freqz.m），对应信号采样频率为 50sps，滑动平均窗长为 $2M+1$，本例中 $M=200$；（b1）~（b3）同（a1）~（a3）但横坐标标度不同

记 $x(k)$ 共有 K 个数据点，$k=1,2,\cdots,K$，该数据段的均值为，

$$a=\frac{1}{K}\sum_{k=1}^{K}x(k) \tag{2.3}$$

将 $x(k)$ 减去均值 a，得到，

$$x^0(k)=x(k)-a \tag{2.4}$$

对于地震记录波形，往往不是使用整个波形段计算其均值，而是使用地震信号到达之前的噪声段计算其均值，并作为整个记录段的均值，从整个信号段中减去。

2.2.1.3　去线性趋势

去线性趋势是对整个记录长度计算其线性趋势，并从数据中减去。为此，首先要计算出描述这一线性趋势的一条直线，这实质上是一个线性拟合问题。如果用 z_i 表示离散的时间点，$z_i=i\Delta t$，这里 Δt 是采样间隔，在去趋势计算中可令 $\Delta t=1$，不改变计算结果，$i=1,2,\cdots,N$ 为采样序号；x_i 为相应时间点的数据值，用 a 和 b 分别表示要拟合的直线的斜率和截距，则要求 a 和 b 满足，

$$x_i=az_i+b,\quad i=1,2,\cdots,N \tag{2.5}$$

用矩阵形式表示，则有，

$$\begin{bmatrix} z_1 & 1 \\ \vdots & \vdots \\ z_N & 1 \end{bmatrix}\begin{bmatrix} a \\ b \end{bmatrix}=\begin{bmatrix} x_1 \\ \vdots \\ x_N \end{bmatrix} \tag{2.6}$$

于是可以解出，

$$\left.\begin{aligned} a&=\frac{N\cdot\sum_{i=1}^{N}(z_i\cdot x_i)-\sum_{i=1}^{N}z_i\cdot\sum_{i=1}^{N}x_i}{c} \\ b&=\frac{-\sum_{i=1}^{N}z_i\cdot\sum_{i=1}^{N}(z_i\cdot x_i)+\sum_{i=1}^{N}z_i^2\cdot\sum_{i=1}^{N}x_i}{c} \end{aligned}\right\} \tag{2.7}$$

式中，

$$c=N\cdot\sum_{i=1}^{N}z_i^2-\left(\sum_{i=1}^{N}z_i\right)^2 \tag{2.8}$$

如果记，

$$\boldsymbol{Z}=\begin{bmatrix} z_1 & 1 \\ \vdots & \vdots \\ z_N & 1 \end{bmatrix},\quad \boldsymbol{X}=\begin{bmatrix} x_1 \\ \vdots \\ x_N \end{bmatrix},\quad \boldsymbol{A}=\begin{bmatrix} a \\ b \end{bmatrix} \tag{2.9}$$

则式（2.6）可表示为，

$$\boldsymbol{ZA}=\boldsymbol{X} \tag{2.10}$$

于是，去掉线性趋势后的数据值为，

$$x_i^0=x_i-(az_i+b),\quad i=1,2,\cdots,N \tag{2.11}$$

2.2.2　Matlab 中实现基线校正

2.2.2.1　用函数 demmean 去滑动均值

去滑动均值 Matlab 程序名为 M02_02_demmean_func.m，按式（2.1）和式（2.2）去滑动均值，格式是，

$$[Y,m]=\text{M02\_02\_demmean\_func}(X,M)$$

式中，$\boldsymbol{X}=(x_1,x_2,\cdots,x_N)^{\mathrm{T}}$ 为原始数据矢量；M 为给定正整数，求滑动平均的数据窗长度为 $2M+1$，$\boldsymbol{m}=(m_1,m_2,\cdots,m_N)^{\mathrm{T}}$ 为滑动平均矢量；$\boldsymbol{Y}=(y_1,y_2,\cdots,y_N)^{\mathrm{T}}$ 为去掉滑动均值后的数据矢量。

2.2.2.2 用函数 mean 去整体均值

Matlab 中使用函数 mean($\boldsymbol{X}$)，求均值，$\boldsymbol{X}$ 为数据矢量，$\boldsymbol{X}=(x_1,x_2,\cdots,x_N)^{\mathrm{T}}$。

去均值运算为 $\boldsymbol{X}^0=\boldsymbol{X}-\mathrm{mean}(\boldsymbol{X})$，式中 $\boldsymbol{X}^0=(x_1^0,x_2^0,\cdots,x_N^0)^{\mathrm{T}}$ 是去整体平均后的数据矢量。

2.2.2.3 用矩阵运算去线性趋势

在 Matlab 中，式（2.10）的求解过程可用以下矩阵运算得到，

$$\boldsymbol{A}=\boldsymbol{X}\backslash \boldsymbol{Z}$$

注意这里用的是向右的斜杠。于是，

$$\boldsymbol{X}^0=\boldsymbol{X}-\boldsymbol{Z}\cdot\boldsymbol{A}$$

2.2.2.4 Matlab 中的 detrend 函数

更一般地，在 Matlab 中可以用一个 Matlab 函数 detrend 实现去掉均值或线性趋势。在去掉线性趋势时可以一次完成分段地去掉线性趋势。y = detrend(x) 从矢量 x 中去掉最佳直线拟合，返回结果在 y 中。如果 x 是矩阵，则从每一列中去掉趋势，得到去趋势后的数据矩阵。y = detrend(x, 'constant') 从矢量 x 中去掉均值，如果 x 是矩阵，则从矩阵的每一列去掉均值。y = detrend(x, 'linear', bp) 从 x 中去掉连续分段线性趋势，如果 x 是矩阵，则从矩阵的每一列中去掉趋势，矢量 bp 包含相邻直线段之间折点的序号，两段之间的折点定义为两段的共用数据点（引自 Matlab help search"detrend"）。

例：程序 M02_03_detrend_test.m 给出一个示例（图 2.4）：

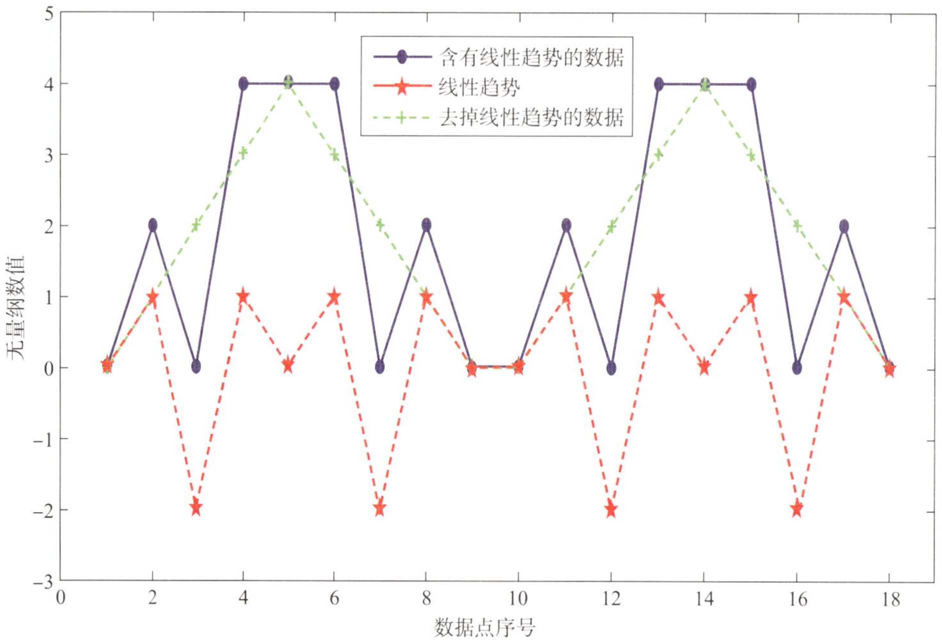

图 2.4　去线性趋势举例。图中蓝点为含有线性趋势的数据，绿色“+”字为线性趋势，红色“*”为去掉线性趋势的数据

```
%去掉分段线性趋势
sig=[0 1 -2 1 0 1 -2 1 0 0 1 -2 1 0 1 -2 1 0];   %不含线性趋势的信号
trend=[0 1 2 3 4 3 2 1 0 0 1 2 3 4 3 2 1 0];     %五段线性趋势
x=sig+trend;                                      %信号+趋势
y=detrend(x,'linear',[5 9 10 14])                %折点在第 5、9、10、14 个元素
plot(x,'b');hold on
plot(y,'r');hold on
plot(trend,'g')
```

结果去掉了信号 x 中的五段线性趋势 trend，只留下了不含线性趋势的信号 sig。注意：指定的折点在第 5、9、10、14 号元素，它们是相邻两段共用的数据点。当然，这要求指定的折点合适。

2.3　重采样

在波形数据处理时，经常会遇到不同采样率的信号组合到一起进行处理。例如，我国“九五”计划（1996—2000）期间建设的数字化台站通常采用 50sps 的采样率，而在“十五”规划（2001—2005）期间建设的数字化台站则采用 100sps 的采样率。如果将这两种采样率的波形数据放在一起处理，则需要将采样率统一，即对其中的一部分数据要进行重采样。

重采样过程有两种情况：向上重采样，即减小采样间隔，如上述情况中将 50sps 采样率的数据重采样为 100sps；向下重采样，即加大采样间隔，如上述情况中将 100sps 采样率的数据重采样为 50sps。

2.3.1　信号恢复与向上重采样

首先讨论将离散时间序列恢复到连续时间信号的问题，即所谓信号恢复。

对于连续的模拟信号 $x(t)$，采样过程使信号离散化。其效果相当于将连续信号乘上一个单位脉冲序列，

$$\delta_T(t)=\sum_{n=-\infty}^{\infty}\delta(t-nT) \tag{2.12}$$

式中，T 为采样间隔；n 为整数；当 $t=nT$ 时 $\delta(t-nT)=1$，当 $t\neq nT$ 时 $\delta(t-nT)=0$。于是采样结果为，

$$\hat{x}(t)=x(t)\cdot\delta_T(t)=\sum_{n=-\infty}^{\infty}x(t)\cdot\delta(t-nT)=x(nT) \tag{2.13}$$

采样定理说，当采样频率大于信号中所含最大频率的 2 倍时，采样后的数据可以不失真地描述信号，否则便会出现频率混叠。定义奈奎斯特频率（Nyquist frequency），其值为采样率的一半。因此说，当信号中的最大频率不大于奈奎斯特频率时，采样后的数据不失真地反映原始信号。

根据采样定理，当从模拟连续信号 $x(t)$ 得到离散信号 x_n 时，其采样间隔 T 应满足 $F_s=$

$1/T>2f_0$，其中 F_s 为采样率，是采样间隔的倒数，f_0 是信号的频率上限，即要求频率 $f \geq f_0$ 的信号能量为零。这时，可用下列公式从离散信号 x_n 无误差地内插得到 $x(t)$，

$$x(t)=\sum_{n=-\infty}^{\infty} x_n \frac{\sin \frac{\pi}{T}(t-nT)}{\frac{\pi}{T}(t-nT)}=\sum_{n=-\infty}^{\infty} x(nT)\cdot \operatorname{sinc}\left(\frac{t}{T}-n\right) \tag{2.14}$$

式中的 sinc 函数为，

$$\operatorname{sinc}(t)=\begin{cases}1, & t=0\\ \dfrac{\sin(\pi t)}{\pi t}, & t\neq 0\end{cases} \tag{2.15}$$

式（2.15）中的 t 在式（2.14）中具体化为（$t/T-n$），这相当于让离散信号 x_n 通过一个有无限多系数的理想滤波器。事实上，这个滤波器是一个低通滤波器（周辉、董正宏，2006）。

如果离散的数字波形数据满足采样定理，的确可以由它得到恢复后的原始波形。但是，如果不采取恢复原始波形的适当处理，仅仅是从数字化的离散点并不能看到信号的原貌。这是我们应该注意的，特别是当我们特别关心原始信号的波形时，应该进行由式（2.14）给出的波形数据恢复处理。

恢复信号的另一种方法是利用样条函数（spline function）进行内插。在 Matlab 中有进行样条函数内插的函数，因此实现起来比用 sinc 函数的方法更为简便。

我们的目的是要对这个恢复了的信号重新采样。设采样间隔为 τ，为便于讨论，先假定 $\tau<T$，就是说，重采样间隔小于原来的采样间隔，即这里所说的向上重采样。由于新的采样间隔小于原来的采样间隔，因此不违背采样定理。于是有，

$$y_m=y(m\tau)=\sum_{n=-\infty}^{\infty} x_n \frac{\sin \frac{\pi}{T}(m\tau-nT)}{\frac{\pi}{T}(m\tau-nT)}=\sum_{n=-\infty}^{\infty} x_n\cdot \operatorname{sinc}\left(\frac{m\tau}{T}-n\right) \tag{2.16}$$

由于当 $t\to\infty$ 和 $t\to-\infty$ 时，$\operatorname{sinc}(t)$ 趋于 0，上式可以截断为有限长度。因此，实际进行向上重采样时可采用如下公式，

$$x_m=x(m\tau)=\sum_{n=-N}^{N} x_n\cdot \operatorname{sinc}\left(\frac{m\tau}{T}-n\right) \tag{2.17}$$

式中，n 是原采样点的序号，对应的采样间隔是原来的采样间隔 T，信号被截断后保留的点数为 $2N+1$；m 是重采样后的采样点序号，对应的采样间隔是 τ。以采样率 50sps 变为 100sps 为例，这时 $\tau=T/2$，上式变为，

$$x_m=x(m\tau)=\sum_{n=-N}^{N} x_n\cdot \operatorname{sinc}\left(\frac{m}{2}-n\right) \tag{2.18}$$

在示例中，先造成一个数字波形信号，它包含两个正弦波成分，频率分别为 0.1Hz 和 30Hz。后者的振幅为前者的 1/2。为便于讨论，数据中没有引入随机噪声。以 100sps 进行采样，总数据点数为 4096 点。按其频率成分，该数据序列符合采样定理，因此可以用该数字序列恢复原始波形。

图 2.5 显示该数字序列的一小段，已经把波形充分展开，以便观察其细节。从细节图我

们看到，100sps 采样率（图中的红色连线）的数据并不能准确反映出附加在 0.1Hz 低频信号上的频率为 30Hz 的正弦波形（图中的红线是相邻采样点之间的连线）。利用数据恢复公式，我们得到了采样率为 500sps 的波形（图中的蓝点连线）。与采样率为 1000sps 的波形曲线（图中的绿线，我们认为这能反映原始波形）相比，已经重合得很好了。这说明，对于含有高频成分的数字信号波形，尽管它满足采样定理，但如果要看到波形的原貌，还需进行信号恢复处理，简单的线性内插是不够的。

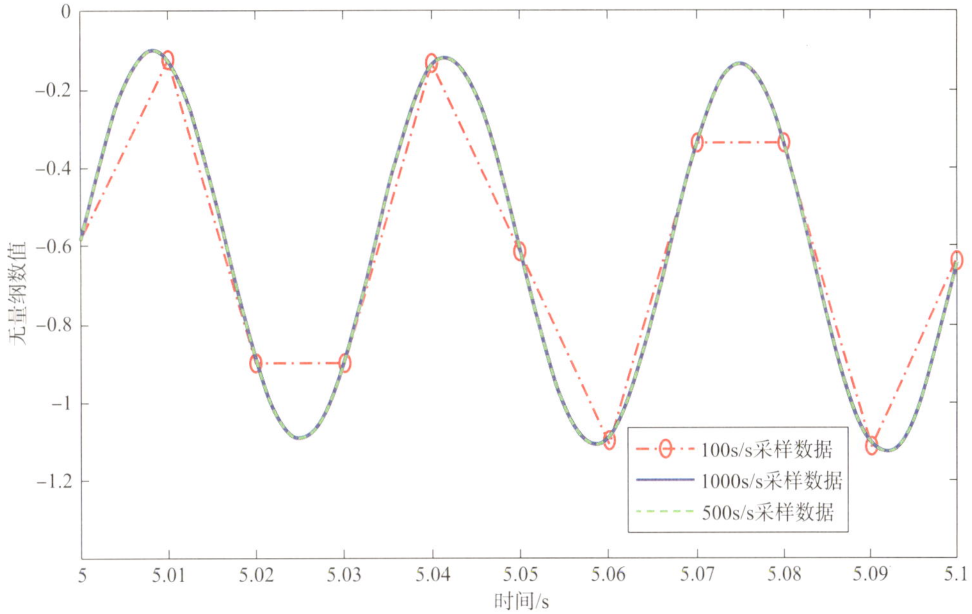

图 2.5　信号恢复示例。图中绿线为原始波形（用采样率 1000sps 的离散信号来近似），红线为 100sps 采样数据点（红点）的连线，可以看到模拟信号离散化造成的波形失真。蓝线是利用 100sps 数据通过信号恢复（见式（2.16））以 500sps 采样率得到的离散信号（使用程序 M02_04_resampling_up.m）

2.3.2　向下重采样

向下重采样时，采样率降低，即 $\tau > T$，这时需要事先限制原始数据 x_n 的频谱，以防止因降低采样率而造成虚假频率成分。为此，可采用两步重采样：第一步，对信号进行低通滤波，使信号中仅包含低于新采样率一半（奈奎斯特频率）的成分；第二步，进行重采样。然而，由于 2.3.1 小节中给出的求向上重采样的公式（2.18）实际上代表了一个低通滤波器的响应，因此可通过改变下式中的参数 ξ 来改变低通滤波器的截止频率，一步完成滤波和重采样，

$$x_m = x(m\tau) = \sum_{n=-N}^{N} x_n \cdot \mathrm{sinc}\left[\xi \cdot \left(\frac{m\tau}{T} - n\right)\right] \tag{2.19}$$

式中，N 是可选择的常数。

如果重采样前信号的截止频率为 f_0，重采样的采样间隔为 τ，新采样率为 $F_s = 1/\tau$，采样定理要求的截止频率不能高于 $F_s/2$，于是有，

$$\xi = \frac{F_s}{2f_0} = \frac{1}{2f_0\,\tau} \tag{2.20}$$

例如，如果重采样前的截止频率 $f_0 = 50\text{Hz}$，重采样的采样间隔 $\tau = 0.02s$，则参数 $\xi = 0.5$。

仍采用图 2.5 中所示波形，原采样率为 100sps，原始信号由 1Hz 和 30Hz 的正弦波组成。30Hz 低于重采样前的截止频率（50Hz），因此，尽管波形有一定失真，但仍能大致看出 30Hz 的振荡。而频谱分析表明，得到的频谱还是正确的（图 2.6）。但是，当采样率降到 50sps 时，截止频率变为 50/2 = 25Hz，30Hz 的信号超出了截止频率，结果造成频率混叠，波形也严重失真。

图 2.6 是不同采样率时得到的频谱。当采样率为 100sps 和 1000sps 时，奈奎斯特频率分别为 50Hz 和 500Hz，高于信号中的频率成分，频谱图中可以看到正确的谱分布（图 2.6 的(a)和(b)两幅图）。而当采样率降到 50sps 时，如果不预先做低通滤波，则 30Hz 的成分发生频率混叠，以奈奎斯特频率（25Hz）为轴，30Hz 反转到 20Hz，结果，在信号中出现了原本不存在的 20Hz 成分，如图 2.6(c)所示。如果在降低采样率之前进行低通滤波或与降低采样率同时进行了低通滤波（即向下重采样的一步法），则 30Hz 的频率成分不再存在，而 1Hz 的成分被保留（图 2.6(d)）。

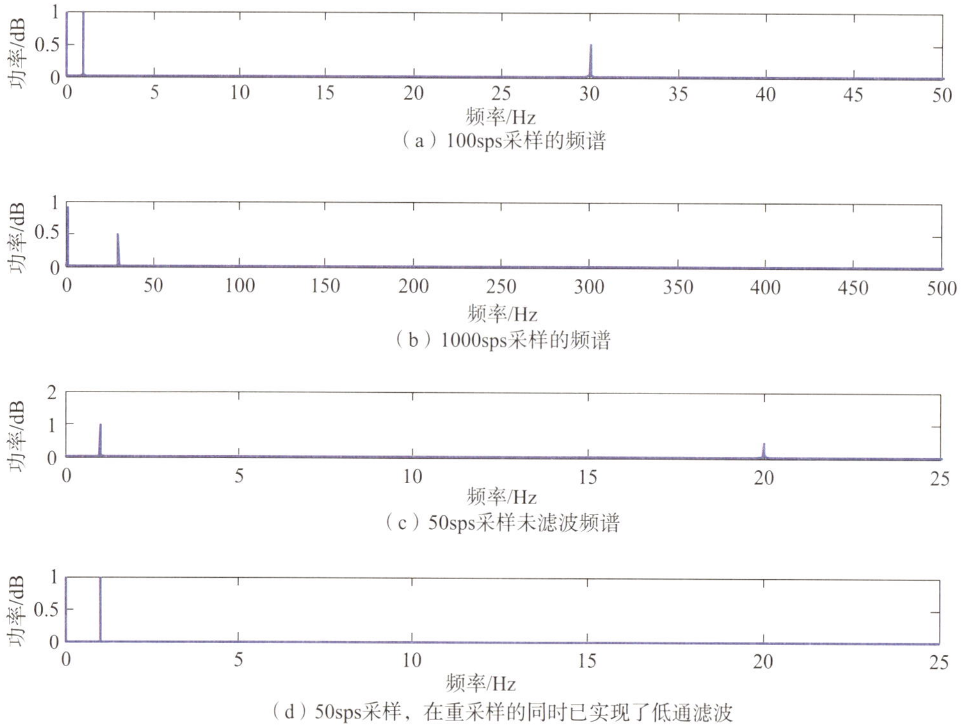

图 2.6 对 1Hz 和 30Hz 正弦波组成的信号，不同采样率时得到的频谱（使用程序 M02_04_resampling_down.m）

图 2.7 中显示的绿线是以高采样率（1000sps）画出的原始波形，红线是 100sps 采样的波形，上文已讨论了它的畸变。蓝线连接的是 50sps 采样率的点，按照式（2.19），在降低采样率的同时实现了去假滤波，滤掉了 30Hz 的高频信号，可以看出高频部分被滤掉了，只保留了低频信号（1Hz 的信号）。图 2.7(a)显示波形的全貌，而横坐标尺度放大后可更清楚

地看到细节（图 2.7(b)），可见在数据重采样中的低通滤波器起了作用。

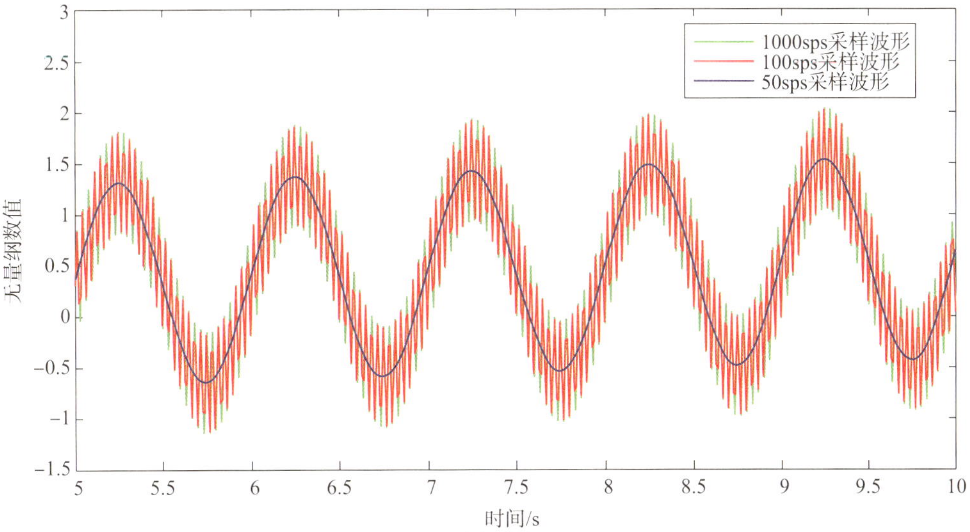

（a）时长=5s

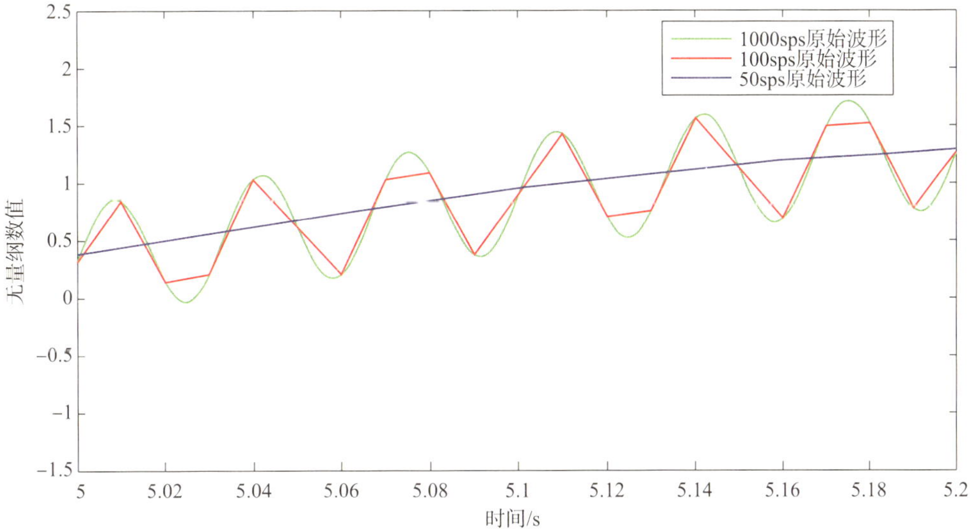

（b）时长=0.2s

图 2.7 对 1Hz 和 30Hz 正弦波组成的信号进行向下重采样示例。绿线是以高采样率（1000sps）画出的原始波形，红线是 100sps 采样的波形，蓝线连接的是 50sps 重采样后的点（使用程序 M02_04_resampling_down. m 绘图）

2.3.3 重采样的 Matlab 实现

Matlab 程序 M02_04_resampling_down. m 以一个由 1Hz 和 30Hz 正弦波组成的信号进行了重采样试验。结果见上节。

另外，如上节所述，还可以利用样条函数进行内插来恢复信号。利用三次样条函数内插恢复信号的 Matlab 语句是：$yy = \text{spline}(x, y, xx)$。在这里的应用中，$y$ 是要进行内插的信号在 x 给出的点位的值，xx 是要生成的新信号 yy 所在的点的位置。x 和 y 的长度相同，yy 和

xx 的长度相同。关于 spline(x,y,xx)的更多应用，参见 Matlab help 关于 spline 的解释。

图 2.8 给出利用三次样条（cubic spline）函数进行信号恢复的结果。

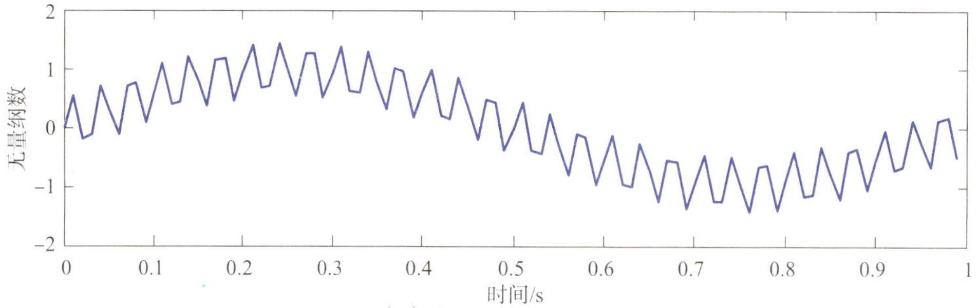

（a）sin(2π×1t)×0.5sin(2π×30t)

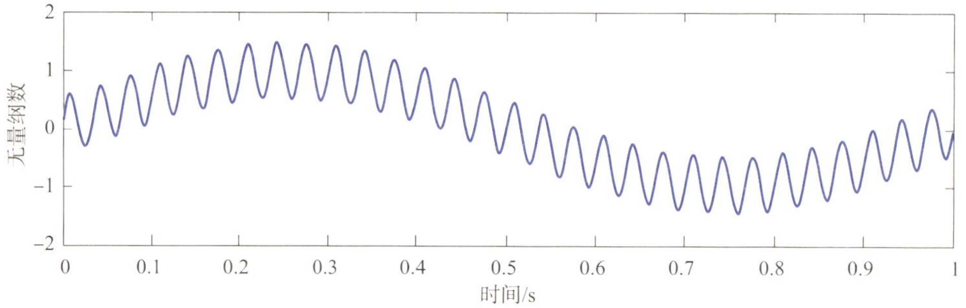

（b）用样条函数插值，由x恢复xa

图 2.8　用三次样条函数插值恢复信号示例。(a)为采样率 100sps 的离散时间序列；(b)为恢复后的波形（使用 Matlab 程序 M02_04_resampling_down.m，其中调用 Matlab 函数 yy = spline(x,y,xx)）

2.4　地震信号的傅里叶变换

由于在下文介绍的地震记录预处理方法中会经常用到傅里叶变换，在此先介绍傅里叶变换的有关内容。

通过傅里叶变换得到数字信号的频谱，是数字信号分析的重要内容。傅里叶变换在地震数据处理中的应用大致可分为以下几个方面：

（1）了解地震信号的频谱特征。不同的震源类型、不同的传播路径、不同的震中距、不同的震源深度、不同的台站场地等多种因素会使记录的地震波形有不同的频谱特征，分析这些特征能帮助我们了解这些影响因素，从而正确识别地震波形特征。

（2）为选择频率滤波器参数提供依据。为提高信噪比，往往要对原始记录波形进行频率滤波。在选取滤波器参数时，实际上是基于对不同类型地震记录样本以及噪声背景样本的频谱成分的统计分析结果。在处理一个地震的波形记录时，可以先对其进行频谱分析，在知道其频谱特征后选择最佳滤波参数。不过，实际工作中往往在波形图上凭经验估计滤波频带，这有时要通过多次尝试才能得到好的滤波效果。

（3）从地震波形记录的频谱中得到关于震源、传播介质和台站场地的信息。从地震波形记录谱得到地震震源波谱，进而提取震源参数，是在地震数据处理工作中获取震源参数的一个重要手段。在得到震源参数的同时，还能得到地震波传播介质和地震台站场地效应的信息（详见第 5 章地动噪声、场地响应和台网监测能力、第 11 章震源参数与介质参数的测定）。

（4）在一些数据处理应用中，将时间域信号分析转换成频率域分析可以简化处理过程。例如，为了计算信号的自相关函数和互相关函数，如果在时间域按相关函数的定义来计算相关函数，则需要大量的积分运算，但通过傅里叶变换可以在频率域进行计算，再返回时间域，节省了计算时间（见 4. 3 节地震信号的互相关分析）。

（5）对震源过程和地球结构进行反演的方法中有些是在频率域进行，例如在频率域的地震矩张量反演（见第 10 章地震矩张量反演）。

然而，如果不是由于 Cooley 和 Turky（1965）提出了快速傅里叶变换（FFT）算法，使得离散信号的傅里叶变换变得简单快速，离散信号的频谱分析也不会有如此广泛的应用。

2. 4. 1　傅里叶变换的基本公式

关于数字信号处理的专著中都会讨论傅里叶变换。不同参考文献中的相同公式可能采用不同的符号，下文中我们采用 Havskov 和 Alguacil（2007，第 118 页）中的符号。本节中仅列出几个基本公式，并提及应用 Matlab 函数进行傅里叶变换时要注意的几个问题。

2. 4. 1. 1　有限长连续时间信号的傅里叶变换和逆变换

首先考虑一个周期为 T 的连续函数 $x(t)$，可分解为傅里叶级数，

$$x(t) = a_0 + \sum_{n=1}^{\infty} (a_n \cos\omega_n t + b_n \sin\omega_n t) \tag{2.21}$$

式中，

$$\left.\begin{aligned} a_0 &= \frac{1}{T}\int_0^T x(t)\,\mathrm{d}t \\ a_n &= \frac{2}{T}\int_0^T x(t)\cos\omega_n t\,\mathrm{d}t \\ b_n &= \frac{2}{T}\int_0^T x(t)\sin\omega_n t\,\mathrm{d}t \end{aligned}\right\} \tag{2.22}$$

其中角频率 $\omega_n = 2\pi n/T, n=1,2,\cdots,\infty$。由式中可以看出，$a_0$ 是信号的平均水平，或称信号的直流分量。

定义谱振幅为，

$$A_n = \sqrt{a_n^2 + b_n^2} \tag{2.23}$$

一个长度为 T 的有限长的连续时间信号可以看作是一个周期为 T 的周期信号，在 0 ~ T 区间外是周期性的，从而可利用式（2. 21）和式（2. 22）实现上述傅里叶级数展开，进而得到谱振幅 A_n。

对于一个周期为 T 的连续信号，如果进行傅里叶展开的时间窗不是 T，而是大于 T 的某个值，例如 T_1，那么在式（2. 21）和式（2. 22）中用 T_1 代替 T，得到的傅里叶级数展开系数是不变的，就是说，谱振幅是按时间窗归一化的，扩展时间窗长度不会改变谱振幅。

式（2. 21）可改写成，

$$x(t) = a_0 + \sum_{n=1}^{\infty} [A_n \cos(\omega_n t + \Phi_n)] \tag{2.24}$$

式中的振幅 A_n 由式（2.23）给出，Φ_n 为信号的相位谱，

$$\Phi_n = \arctan\left(-\frac{b_n}{a_n}\right) \tag{2.25}$$

引入 $x(t)$ 的复数表达式，式（2.24）可简化成指数形式，

$$x(t)=a_0+\sum_{n=1}^{\infty} X_n e^{i\omega_n t} \tag{2.26}$$

式中，

$$X_n=A_n e^{i\Phi_n}=A_n\cos(\Phi_n)+iA_n\sin(\Phi_n) \tag{2.27}$$

现在的 X_n 是复谱，它的振幅 A_n 是真振幅谱，Φ_n 是相位谱。尽管这里的 $x(t)$ 在形式上是一个复数，但它的实部才是真实的信号。2.4.1 小节中的 $i=\sqrt{-1}$。

2.4.1.2　负频率

如果信号不限于实信号，而是一般的复数信号（当然，实信号也包括在内），则应采用更一般的傅里叶级数展开式，这时要引入负频率的概念。

欧拉公式给出，$e^{\pm ix}=\cos(x)\pm i\sin(x)$，$\sin(x)=\dfrac{e^{ix}-e^{-ix}}{2i}$，$\cos(x)=\dfrac{e^{ix}+e^{-ix}}{2}$，于是，式（2.21）可改写作，

$$x(t)=a_0+\sum_{n=1}^{\infty}F_n e^{i\omega_n t}+\sum_{n=1}^{\infty}F_{-n}e^{-i\omega_n t} \tag{2.28}$$

式中，$F_n=\dfrac{a_n-ib_n}{2}$，$F_{-n}=\dfrac{a_n+ib_n}{2}$，可见 F_{-n} 是 F_n 的复共轭。引入负的角频率 $\omega_{-n}=-2\pi n/T=-\omega_n$，有 $\sum\limits_{n=1}^{\infty}F_{-n}e^{-i\omega_n t}=\sum\limits_{n=-1}^{-\infty}F_n e^{i\omega_n t}$，于是，式（2.28）可简化为，

$$x(t)=\sum_{n=-\infty}^{\infty}F_n e^{i\omega_n t} \tag{2.29}$$

谱系数

$$F_n=\frac{1}{T}\int_0^T x(t)e^{-i\omega_n t}dt \tag{2.30}$$

由此得到，

$$F_0=\frac{1}{T}\int_0^T x(t)dt=a_0 \tag{2.31}$$

$$|F_n|=|F_{-n}|=\frac{\sqrt{a_n^2+b_n^2}}{2}=\frac{A_n}{2} \tag{2.32}$$

即

$$A_n=|F_n|+|F_{-n}|=2|F_n|,n=1,2,\cdots,\infty \tag{2.33}$$

由此可知，在将频率范围扩展到负频率之后，谱的真振幅应该是相应正频率的振幅加上相应负频率的振幅。这时如果只使用正频率的振幅，则真振幅应是正频率振幅的 2 倍。这个因子 2 是不应被忽略的。在第 5 章讨论地动噪声谱时还会提到负频率的问题。

2.4.1.3　离散时间信号的傅里叶变换和逆变换

我们分析处理的数字地震波形是有限长度的离散时间序列。对于有限长度的离散时间序

列，谱系数的积分公式（2.30）要用求和代替。假定在时间窗 T 中有 N 个采样点，且 N 为偶数，则有

$$F_n \approx \frac{1}{T}\sum_{k=0}^{N-1} x(k\Delta t)\mathrm{e}^{-\mathrm{i}\omega_n k\Delta t}\Delta t = \frac{\Delta t}{T}\sum_{k=0}^{N-1} x(k\Delta t)\mathrm{e}^{-\mathrm{i}\omega_n k\Delta t} = \frac{\Delta t}{T}\sum_{k=0}^{N-1} x_k \mathrm{e}^{-\mathrm{i}\omega_n k\Delta t} \tag{2.34}$$

由于离散时间序列采样率的限制，只有当离散时间序列的频率成分不高于采样率的 1/2（即奈奎斯特频率）时，得到的频谱才是正确的频谱，否则，不仅高于奈奎斯特频率的频谱成分是不正确的，而且还会影响低于奈奎斯特频率的频谱，造成频谱混叠。因此，这里可用的频谱范围是，

$$-\frac{N}{2}+1 \leqslant n \leqslant \frac{N}{2} \tag{2.35}$$

相应的傅里叶逆变换用下式代替式（2.29），

$$x(k\Delta t) = \sum_{n=-\frac{N}{2}+1}^{\frac{N}{2}} F_n \mathrm{e}^{\mathrm{i}\omega_n k\Delta t} \tag{2.36}$$

如果用 $m = n + \frac{N}{2} - 1$ 替换式（2.36）中的 n，则有，

$$x(k\Delta t) = \sum_{m=0}^{N-1} F_m \mathrm{e}^{\mathrm{i}\omega_m k\Delta t} \tag{2.37}$$

为了符号的一致性，我们用 n 代替式（2.37）中引入的 m，

$$x(k\Delta t) = \sum_{n=0}^{N-1} F_n \mathrm{e}^{\mathrm{i}\omega_n k\Delta t} \tag{2.38}$$

定义离散傅里叶变换为，

$$F_n^{\mathrm{DFT}} = \sum_{k=0}^{N-1} x(k\Delta t)\mathrm{e}^{-\mathrm{i}\omega_n k\Delta t} = \sum_{k=0}^{N-1} x_k \mathrm{e}^{-\frac{2\pi nk}{N}} \tag{2.39}$$

式中用到 $\omega_n k\Delta t = \frac{2\pi n}{T}k\frac{T}{N} = \frac{2\pi nk}{N}$，则有，

$$F_n = \frac{\Delta t}{T}\cdot F_n^{\mathrm{DFT}} \tag{2.40}$$

再定义振幅谱密度 F_n^{d} 为谱振幅 F_n 与时间窗长度 T 的乘积，

$$F_n^{\mathrm{d}} = TF_n = \Delta t F_n^{\mathrm{DFT}} \tag{2.41}$$

于是，当利用离散傅里叶逆变换得到原始信号时，如果使用振幅谱密度 F_n^{d} 或离散傅里叶变换系数 F_n^{DFT}，则有公式

$$x_k = x(k\Delta t) = \sum_{n=0}^{N-1} F_n \mathrm{e}^{\mathrm{i}\omega_n k\Delta t} = \frac{1}{T}\sum_{n=0}^{N-1} F_n^{\mathrm{d}} \mathrm{e}^{\mathrm{i}\omega_n k\Delta t} \tag{2.42}$$

$$x_k = x(k\Delta t) = \frac{1}{N\Delta t}\sum_{n=0}^{N-1} \Delta t F_n^{\mathrm{DFT}} \mathrm{e}^{\mathrm{i}\omega_n k\Delta t} = \frac{1}{N}\sum_{n=0}^{N-1} F_n^{\mathrm{DFT}} \mathrm{e}^{\frac{\mathrm{i}2\pi nk}{N}} \tag{2.43}$$

而离散时间序列的振幅谱的真振幅 A_n 可以用复振幅谱 F_n、振幅谱密度 F_n^{d} 或离散傅里叶变换系数 F_n^{DFT} 给出，

$$A_n = 2|F_n| = \frac{2}{T}|F_n^{\mathrm{d}}| \tag{2.44}$$

$$A_n = \frac{2\Delta t}{T}|F_n^{\mathrm{DFT}}| = \frac{2}{N}|F_n^{\mathrm{DFT}}| \tag{2.45}$$

式中，$n=1,2,\cdots,N-1$，当 $n=0, A_0=a_0=\frac{1}{N}|F_0^{\mathrm{DFT}}|$。

总之，本节中由式（2.39）、式（2.40）、式（2.41）、式（2.44）、式（2.45）给出有不同含义的傅里叶振幅谱，这实质上是对离散傅里叶变换振幅谱赋予不同的归一化因子的结果。

2.4.2 傅里叶变换的 Matlab 实现

Cooley 和 Tukey（1965）提出了进行快速傅里叶变换 FFT 的算法，使得傅里叶变换在数字序列分析中得到更加广泛的应用。当今，不论是 Fortran 语言还是各种 C 语言，FFT 早已成为现成的程序模块。一般使用者已经不需要去剖析具体实现 FFT 的技巧了。在 Matlab 中也是如此，直接调用函数 fft 就可得到离散时间序列的傅里叶变换（DFT），而 ifft 可实现其逆变换。当然，由于 FFT 算法的特点，如果时间序列的点数为 2 的幂次，则 FFT 的运算效率最高。

在 Matlab 中，使用函数 $y=\mathrm{fft}(x)$ 可得到时间序列 x 的快速傅里叶变换结果，存于 y 中。由于在 Matlab 中的数值序列的序号是以 1 开始，而不是以 0 开始，故在 Matlab 中使用的具体公式与式（2.38）和式（2.42）略有不同，但实质上是相同的，

$$X(k) = \sum_{i=1}^{N} x(i)\,\omega_N^{(i-1)(k-1)} \tag{2.46}$$

$$x(i) = \frac{1}{N}\sum_{k=1}^{N} X(k)\,\omega_N^{-(i-1)(k-1)} \tag{2.47}$$

式中，$k=1,2,\cdots,N$；$i=1,2,\cdots,N, \omega_N = \mathrm{e}^{(2\pi \mathrm{j})/N}$，这里 $\mathrm{j}=\sqrt{-1}$。由于 Matlab 中给出的是离散傅里叶变换（DFT），公式给出的谱系数对应于式（2.39）中的 F_n^{DFT}，在计算谱的真振幅时要选择式（2.45）。

下面的示例针对两类时间序列，使用 Matlab 程序 M02_05_fft_abs.m 分别求得这两类时间序列的离散傅里叶变换系数的绝对值 $|F_n^{\mathrm{DFT}}|$、按时间窗归一化的谱振幅绝对值 $|F_n|$、傅里叶振幅谱密度的绝对值 $|F_n^{\mathrm{d}}|$ 以及傅里叶谱的真振幅。这两类时间序列的一类是周期为 T 的持续的时间序列，另一类是能量集中的一段信号，例如地震记录。

给定的第一类信号是 $x(t)=3\sin(2\pi t)+2\sin(2\pi\times 5t)+2$，采样间隔 Δt 为 0.02s，$t=n\times\Delta t$，总采样点数为 4000，该信号包含常数 2。图 2.9(a) 是用于求傅里叶频谱的信号，时间窗长 80s，总数据点数 $N=4000$，图 2.9 左侧为总点数 $N=1000$ 的情况，右侧为总点数为 4000 的情况，其中图 2.9(b) 是用 Matlab 函数 $y=\mathrm{fft}(x)$ 得到的离散傅里叶变换系数的绝对值 $|F_n^{\mathrm{DFT}}|$，图 2.9(c) 是按式（2.40）计算出的按时间窗归一化的谱振幅绝对值 $|F_n|$，图 2.9(d) 是按式（2.41）计算出的傅里叶振幅谱密度的绝对值 $|F_n^{\mathrm{d}}|$，图 2.9(e) 是按式（2.45）计算出的谱真实振幅。图 2.10 是对一个地震波形示例的计算结果，与图 2.9 的含义相同，其左侧图为信号长度 8000 点（160s），右侧图为信号长度 16000 点（320s）。

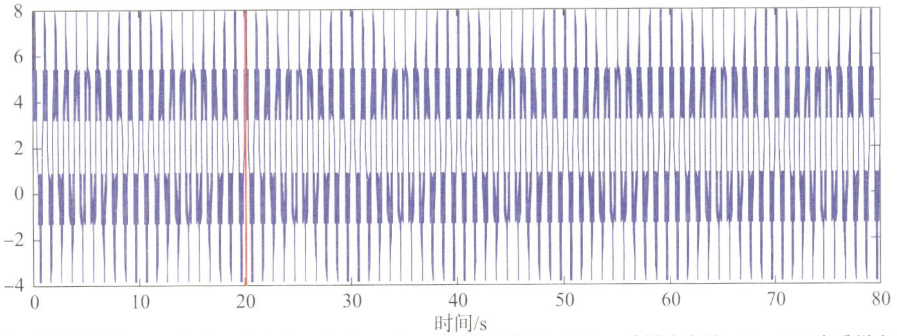

（a）原始波形，$x=4\sin(2\pi t)+2\sin(2\pi\times 5t)+2$，$t=\mathrm{d}t\times n$，采样间隔d$t$=0.02s，采样点序号$n=1,\cdots,N$,$N$为采样点数

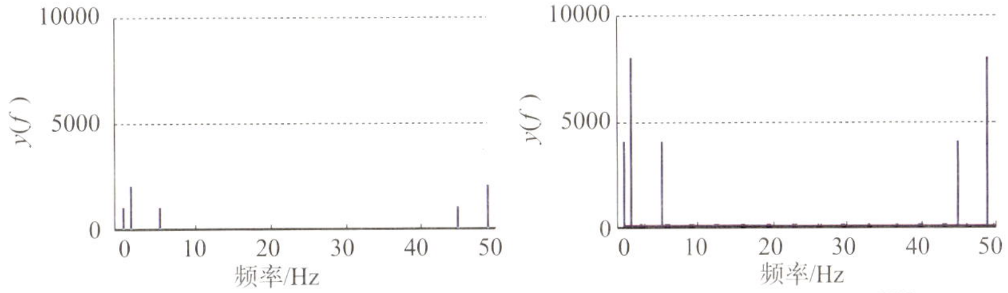

（b）用Matlab函数y=fft(x)得到的离散傅里叶变换系数的绝对值$|F_n^{\mathrm{DFT}}|$

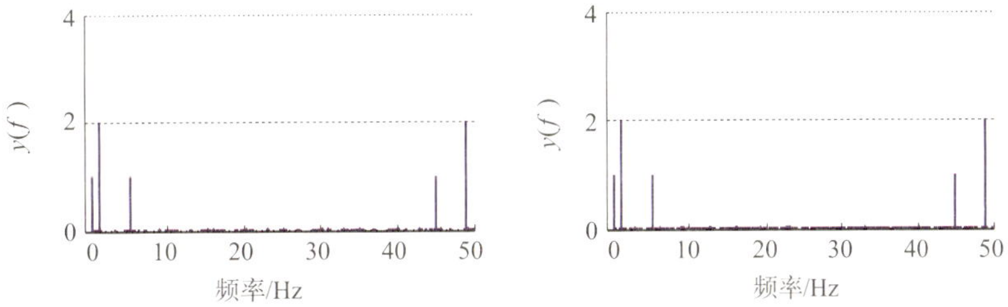

（c）按式（2.40）计算出的按时间窗归一化的谱振幅绝对值$|F_n|$

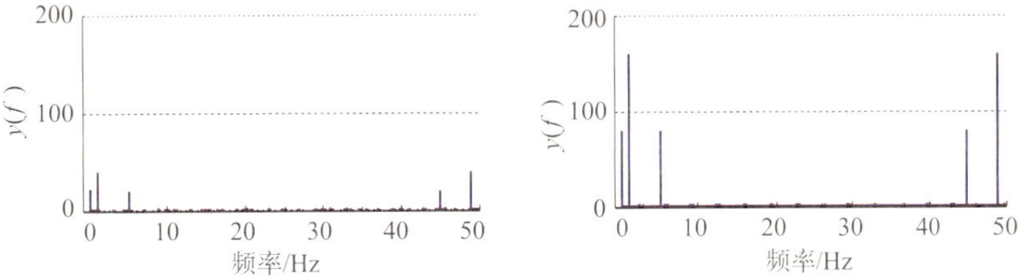

（d）按式（2.41）计算出的傅里叶振幅谱密度的绝对值$|F_n^{\mathrm{d}}|$

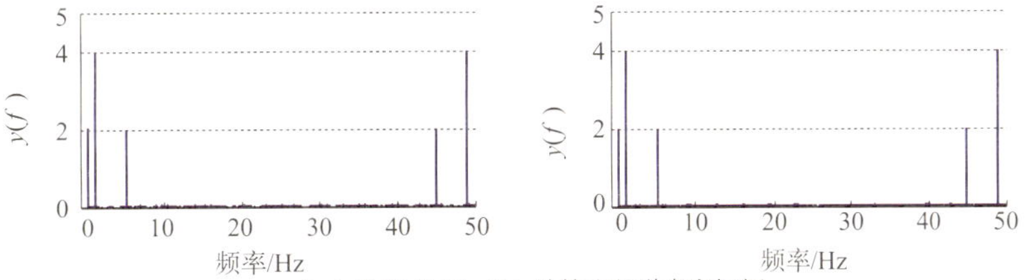

（e）是按式（2.45）计算出的谱真实振幅

图 2.9　对周期为 T 的持续时间序列，不同时间窗长度的不同类型傅里叶振幅谱。其中左侧图对应$N=1000$，右侧图对应 $N=4000$

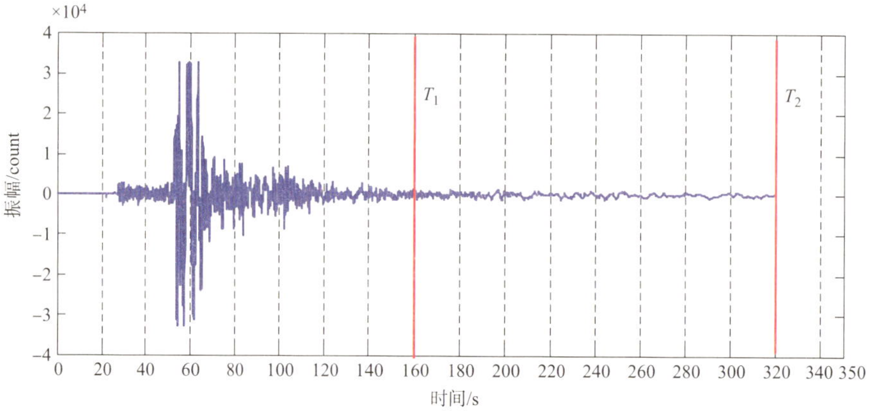

（a）原始波形，采用0~T_1和0~T_2两个长度不同的时间窗，分别为160s和320s，采样间隔dt=0.02s，采样点序号n=1,⋯,N,N为采样点数，示例地震波形x=M02_04_dalianE1（2501：N+2500）

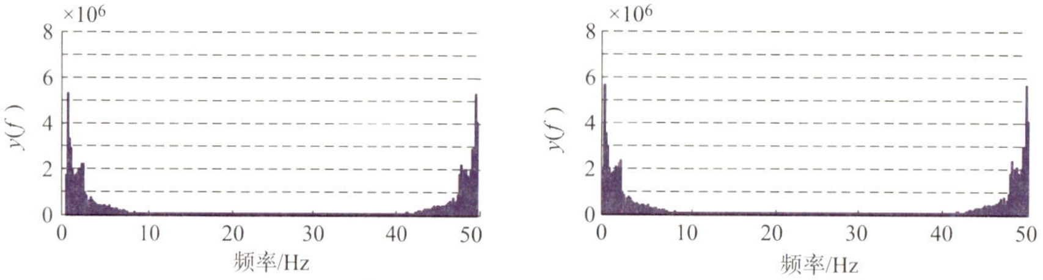

（b）用Matlab函数y=fft(x)得到的离散傅里叶变换系数的绝对值$|F_n^{\mathrm{DFT}}|$

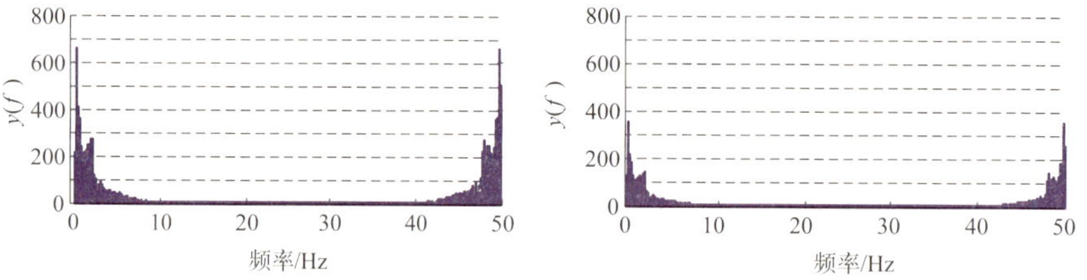

（c）按式（2.40）计算出的按时间窗归一化的谱振幅绝对值$|F_n|$

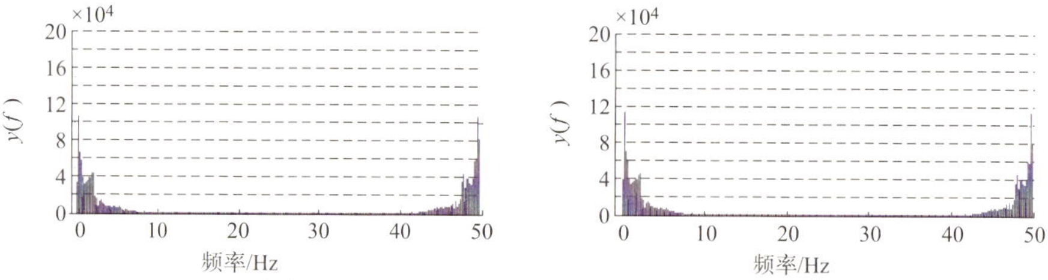

（d）按式（2.41）计算出的傅里叶振幅谱密度的绝对值$|F_n^{\mathrm{d}}|$

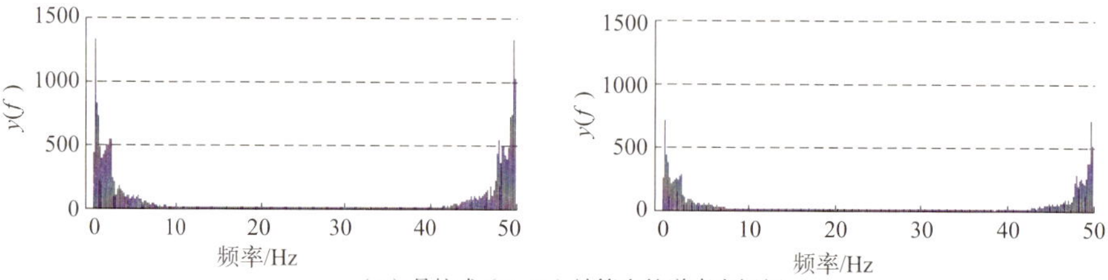

（e）是按式（2.45）计算出的谱真实振幅

图2.10　对能量集中的时间序列，不同时间窗长度的不同类型傅里叶振幅谱。(b)(c)(d)(e)的含义同图2.9，其中左侧图对应 N = 8000，右侧图对应 N = 16000

图 2.9 表明，对于有确定周期的长时持续信号，当改变傅里叶变换的时间窗时，通过快速傅里叶变换（FFT）得到的谱振幅 $|F_n^{\mathrm{DFT}}|$ 是不同的，其振幅与窗长度成正比（图 2.9(b)），而按时间窗长度归一化的谱振幅 $|F_n|$ 与时间窗长度无关（图 2.9(c)）。对于有确定周期的长时持续信号，其傅里叶振幅谱密度的绝对值 $|F_n^{\mathrm{d}}|$ 也与窗长度成正比（图 2.9(d)），而图 2.9(e) 表明，最终得到的振幅谱真振幅 A_n 与时间窗长度无关，计算得到的各正弦信号成分的振幅以及直流分量都与原始信号给出的振幅相同。

对于能量集中的有限持续时间信号，如地震波形记录，当使用不同时间窗时，上文讨论的几个不同定义的谱值则有不同的表现。如图 2.10 所示，对一个给定的地震波形示例，采用 $0\sim T_1$ 和 $0\sim T_2$ 两个长度不同的时间窗，分别为 160s 和 320s，采样率为 50sps，故分别有 8000 点和 16000 点。由于信号能量主要集中在 $0\sim T_1$ 段，$T_1\sim T_2$ 段只包含地震信号的尾波和地动噪声，对信号的总体能量贡献很小。图 2.10(b) 的左、右两幅小图表明，对不同时间窗，通过快速傅里叶变换（FFT）得到的谱振幅 $|F_n^{\mathrm{DFT}}|$ 基本相同，结果，按时间窗长度归一化的谱振幅 $|F_n|$ 与时间窗长度成反比，如图 2.10(c) 所示。但是，如果计算各自的傅里叶振幅谱密度的绝对值 $|F_n^{\mathrm{d}}|$，如图 2.10(d) 的两幅小图所示，不同时间窗给出的结果基本相同；而图 2.10(e) 表明，最终得到的振幅谱真振幅 A_n 受时间窗长度的影响，其表现与按时间窗长度归一化的谱振幅 $|F_n|$ 相同，基本上与时间窗长度成反比。

由 2.4.1 节给出的定义和 2.4.2 节给出的计算示例，可得出表 2.1 的基本结论。当然，由于时间窗的边缘效应、不同时间窗内原始信号的细小差别等因素的影响，表中给出的“正比”“反比”“相同”等提法只是近似的简单表述，其目的在于了解不同定义的谱振幅因其归一化因子的不同，对不同类型的信号会有不同的表现。因此，在实际应用傅里叶变换求信号振幅谱时，应根据实际问题的需要，选择合适的振幅谱类型。

表 2.1 不同振幅谱类型比较

振幅谱类型	定义	与 F_n^{DFT} 的关系	周期性持续信号	能量集中信号
离散傅里叶变换（$\lvert F_n^{\mathrm{DFT}}\rvert$）	$F_n^{\mathrm{DFT}}=\sum_{k=0}^{N-1}x_k e^{-\frac{i2\pi nk}{N}}$ (2.39)		与时间窗长度成正比	与时间窗长度无关
按时间窗归一化后的傅里叶变换谱（$\lvert F_n\rvert$）	$F_n=\frac{\Delta t}{T}\sum_{k=0}^{N-1}x_k e^{-i\omega_n k\Delta t}$ (2.33) $\left(\omega_n k\Delta t=\frac{2\pi nk}{N}\right)$	$F_n=\frac{\Delta t}{T}\cdot F_n^{\mathrm{DFT}}$ (2.40)	与时间窗长度无关	与时间窗长度成反比
振幅谱密度（$\lvert F_n^{\mathrm{d}}\rvert$）	$F_n^{\mathrm{d}}=TF_n$ (2.41)	$F_n^{\mathrm{d}}=TF_n=\Delta tF_n^{\mathrm{DFT}}$ (2.41)	与时间窗长度成正比	与时间窗长度无关
傅里叶级数展开的真振幅（A_n）	$x(t)=a_0+\sum_{n=1}^{\infty}[A_n\cos(\omega_n t+\Phi_n)]$ (2.24)	$A_n=\frac{2\Delta t}{T}\lvert F_n^{\mathrm{DFT}}\rvert=\frac{2}{N}\lvert F_n^{\mathrm{DFT}}\rvert$ (2.45)	与时间窗长度无关	与时间窗长度成反比

注：表中 T 为时间窗长度（s），Δt 为采样间隔（s），N 为时间窗内的采样点数，参见正文中对表中所引各公式的具体解释及关于图 2.9 和图 2.10 的讨论。

2.4.3 对使用 Matlab 函数 fft 进行频谱分析的说明

2.4.3.1 生成频谱的高频限

离散时间序列的采样率决定傅里叶变换谱的频率上限。采样率的 1/2 称作奈奎斯特（Nyquist）频率，是频谱的高频限。因此，如果原始的连续信号中存在高于 1/2 采样率的频率成分，则应通过去假频滤波器去掉高于 1/2 采样率的频率成分，否则，信号中高于 1/2 采样率的高频成分会“折叠”到低频部分，造成“假频”（见 2.3 节重采样）。

2.4.3.2 生成频谱的频率分辨力

通过傅里叶变换得到的离散时间序列的频谱，其频率分辨力取决于时间序列的时间长度 T_s。得到的频谱数据相邻点之间的频率间隔为 $1/T_s$。如果采样点总数为 N，采样率为 F_s（每秒采样点数），则序列的时间长度 $T_s=N/F_s$（单位为秒）。因此，除直流分量外，通过傅里叶变换能给出的最低频率是 $1/T_s$。

2.4.3.3 被归一化的频率

为便于对不同采样率的信号频谱进行绘图，在 Matlab 中绘制时间信号的频谱图或系统的频率响应时，其横坐标的频率是被归一化的频率（normalized frequency），其值是真实频率除以奈奎斯特频率，因此，真实频率等于被归一化的频率乘以奈奎斯特频率。

需要说明的是，另一种被归一化的频率是以采样率作为归一化因子，即被归一化的频率为真实频率除以采样率，注意采样率是奈奎斯特频率的 2 倍，对这个被归一化的频率乘以 2π 得到被归一化的角频率 ω_n（这里用符号 ω_n 以与通常定义的角频率 $\omega=2\pi f$ 区别），定义为

$$\omega_n=\frac{2\pi f}{F_s} \tag{2.48}$$

式中，f 为频率（单位 Hz）；F_s 为采样率（单位 s^{-1}）；ω_n 的单位为 rad/s（弧度/秒）。当 $f=\pm F_s$ 时，$\omega_n=\pm 2\pi$。在以后的讨论中会用到这样定义的被归一化角频率，好处是在分析滤波器特性时不需要针对特定的采样率。当针对具体的系统时，可利用采样率 F_s 从被归一化角频率 ω_n 得到真实的频率 f，

$$f=\frac{F_s}{2\pi}\omega_n \tag{2.49}$$

因此，在使用被归一化的频率时，应明确是使用哪一个归一化因子。在 2.5.2.3 小节中用到了这里定义的被归一化角频率 ω_n。

另有一个频率称作归一化参考频率（normalization frequency），与这里的被归一化频率含义不同，见 2.5.1.3 小节。

2.5 频率滤波

本节讨论的滤波过程是改变输入信号频率成分的过程，因此称为频率滤波。还有其他滤波过程，如偏振滤波（见第 4 章地震记录波形数据变换）、速度滤波（见第 13 章地震台阵数据处理）等。由于频率滤波应用最为广泛，所以通常所说滤波一般都指频率滤波，而在说到其他滤波过程时才加以具体限定。在关于数字信号处理的书中都会对滤波器的原理和设

计方法进行具体讨论。例如万永革（2012）在其书中用大量篇幅讲述了模拟滤波器和数字滤波器的设计方法和 Matlab 实现，并有多个程序实例。在这里，我们只针对地震记录处理的实际需要，对有关问题做一简要说明。

对于地震观测系统而言，其关键组成部分——地震计——是一个模拟系统，它实质上是一个模拟滤波器，同时，在数据采集器内部实现模数转换的过程中又使用了针对不同采样率的多级数字滤波器。因此，为了理解地震观测系统对所生成的地震记录的影响以及如何从数字化地震记录中去掉地震仪器的影响，即进行地震仪器校正，就不仅需要了解数字滤波器，还要了解模拟滤波器，以及如何从模拟滤波器转换成一个其特性与之相近的数字滤波器。再有，对于数字地震记录本身或已经进行过地震仪器校正的地震记录，进行适当的频率滤波，也是地震记录预处理的重要组成部分。

当含有不同频率成分的信号输入滤波器时，信号能通过滤波器的频带称为通带（passband），信号被抑制的频带称为阻带（stopband）。低通滤波器在低频部分为通带，高频部分为阻带；高通滤波器则在高频部分为通带，低频部分为阻带；而带通滤波器则在整个频带的低端部分和高端部分为阻带，在中间部分为通带；带阻滤波器则与带通滤波器相反，在频带的低端和高端部分为通带，在中间部分为阻带。人们希望得到的理想滤波器是要在通带的增益为一个常数，阻带的增益为 0，而且通带与相邻的阻带之间没有过渡带。但实际上，不论是模拟滤波器还是数字滤波器，都不可能实现理想滤波器，而且在强调某一指标的时候，往往不得不牺牲其他指标。

在数字处理技术出现以前，滤波器都是由硬件组成的，都是所谓“物理上可实现的”滤波器。在数字处理技术出现之后，新型的滤波器不仅包含硬件部分，还包含软件部分，特别是在计算机中处理数字信号的时候，使用的滤波器全是由软件实现的，这时，有些滤波器是物理上可以实现的，有些滤波器则是在物理上不可实现的，物理上不可实现的滤波器往往有一些特殊的性能。

2.5.1　模拟滤波器

模拟滤波器是一个连续系统，意思是它的输入是一个连续信号，输出也是一个连续信号。如果把地震计理解成一个滤波器，其输入是连续的地动信号，输出是提供给模数转换器的连续电信号。

一个模拟滤波器，在输入信号幅度满足线性度要求的范围内（即在此输入信号幅度范围内输出信号与输入信号之比可认为是常数，与输入信号的幅度无关），可被看成是线性系统，就是说，当输入信号乘以一个常数因子时，对应的输出信号也是原输出信号乘以该常数因子；当两个输入信号之和作为输入时，其输出也是原来两个输出之和。对于一个线性系统，设输入信号 $x_1(t)$ 和 $x_2(t)$ 对应的输出分别为 $y_1(t)$ 和 $y_2(t)$，则 $a_1x_1(t)+a_2x_2(t)$ 的输出为 $a_1y_1(t)+a_2y_2(t)$，a_1 和 a_2 为常数。

在相对较短的时间段内，一个模拟滤波器的特性参数可被认为是常数，不随时间改变，这样的系统称作时不变系统，这时，当对输入信号加一延时，则输出信号也有相应的延时。任何所谓时不变系统，都是相对的。例如，可以认为地震计是一个时不变系统，但其参数也不是永久不变的，因此要定时校准地震计参数。对于一个线性系统，设输入信号 $x(t)$ 对应的输出信号为 $y(t)$，则当对输入信号引入延时 t_0，变为 $x(t-t_0)$ 时，输出信号为 $y(t-t_0)$。

于是，在讨论模拟滤波器时，我们把它作为一个连续的线性时不变（Linear Time Invariant，LTI）系统。

在本章中将用较多篇幅讨论模拟滤波器，一方面是因为在地震波形数据处理中许多时候实际使用的是模拟滤波器频率响应的离散化值，另一方面是因为地震计本身实质上是一个模拟滤波器，在进行地震仪器校正和地震仪仿真的时候，实质上是要构成一个合适的模拟滤波器，然后在频率域处理波形数据，或者进一步由这个模拟滤波器近似生成数字的递归滤波器，进而在时间域处理地震波形数据。

2.5.1.1 模拟滤波器的频率响应

设模拟滤波器的输入信号为 $x(t)$，输出信号为 $y(t)$，相应的傅里叶频谱分别为 $X(f)$ 和 $Y(f)$，有，

$$X(f)=A_x(f)\cdot e^{\phi_x(f)} \tag{2.50}$$

$$Y(f)=A_y(f)\cdot e^{\phi_y(f)} \tag{2.51}$$

式中，$A_x(f)$ 和 $A_y(f)$ 分别为 $x(t)$ 和 $y(t)$ 的振幅谱；$\phi_x(f)$ 和 $\phi_y(f)$ 分别为 $x(t)$ 和 $y(t)$ 的相位谱，于是，

$$Y(f)=H(f)\cdot X(f) \tag{2.52}$$

式中的 $H(f)$ 即为该模拟滤波器的频率响应，

$$H(f)=\frac{Y(f)}{X(f)}=\frac{A_y(f)}{A_x(f)}e^{(\phi_y(f)-\phi_x(f))} \tag{2.53}$$

其振幅响应，

$$A_H(f)=|H(f)|=\frac{A_y(f)}{A_x(f)} \tag{2.54}$$

相位响应，

$$\phi_H(f)=\arg(H(f))=\phi_y(f)-\phi_x(f) \tag{2.55}$$

arg(*)代表(*)的相角。可见通过不同频率的输出信号与输入信号的振幅比，就可得到滤波器的振幅响应，或称幅频特性；通过测量不同频率的输出信号与输入信号的相位差，可得到滤波器的相位响应，或称相频特性。在实践中，我们正是这样来实际测定地震计（或地震仪）的幅频特性，但一般不去实际测定相频特性，一方面是因为测定相频特性比较麻烦，另一方面，如果滤波器满足最小相位条件，则可由幅频特性唯一确定相频特性，因此不必单独测量。

2.5.1.2 模拟滤波器的脉冲响应

模拟滤波器的脉冲响应，又称冲激响应，定义为滤波器频率响应的傅里叶逆变换，

$$h(t)=\int_{-\infty}^{\infty}H(f)\cdot e^{j2\pi ft}df \tag{2.56}$$

利用傅里叶逆变换将式（2.52）从频率域变回到时间域，得到，

$$y(t)=h(t)*x(t) \tag{2.57}$$

这是傅里叶变换的基本性质，式中 * 号代表卷积运算，$j=\sqrt{-1}$，上式的具体表达式为，

$$y(t)=\int_0^t x(\tau)h(t-\tau)\mathrm{d}\tau \tag{2.58}$$

如果输入信号 $x(t)$ 是在 $t=0$ 时刻的一个单位脉冲，可用 δ 函数表示为，

当 $t=0$ 时　　$\delta(t)=1$

当 $t\neq 0$ 时　　$\delta(t)=0$

于是式（2.58）变为，

$$y(t)=h(t) \tag{2.59}$$

即 $h(t)$ 是输入信号为单位脉冲时的输出信号。

2.5.1.3　模拟滤波器的传递函数

对滤波器的脉冲响应进行拉普拉斯变换，$s=2\pi f\mathrm{j}+\sigma=\omega\mathrm{j}+\sigma$，在本问题中令 $\sigma=0$，得到，

$$H(s)=\int_{-\infty}^{\infty} h(t)\cdot \mathrm{e}^{st}\mathrm{d}t \tag{2.60}$$

称为滤波器的传递函数。

通常，用一个有理分式表示传递函数，

$$H(s)=\frac{\sum_{i=1}^{m} b_i\cdot s^{(m-i)}}{\sum_{i=1}^{n} a_i\cdot s^{(n-i)}} \tag{2.61}$$

对此有理分式的分子和分母分别进行因式分解，得到，

$$Y(s)=H(s)\cdot X(s)=S\cdot A_0\frac{\prod_{i=1}^{M}(s-z_i)}{\prod_{i=1}^{N}(s-p_i)}\cdot X(s) \tag{2.62}$$

式中 $X(s)$、$Y(s)$ 分别为滤波器输入信号 $x(t)$ 和输出信号 $y(t)$ 的拉普拉斯变换。取滤波器振幅频率响应平坦范围内的某一频率作为滤波器传递函数的归一化参考频率 f_0，对比 2.4.3 小节中的被归一化频率，二者含义不同，s 为滤波器在频率 f_0 的灵敏度，A_0 是传递函数的归一化因子，定义为，

$$A_0=\left|\frac{\prod_{i=1}^{N}(s-p_i)}{\prod_{i=1}^{M}(s-z_i)}\right|_{f=f_0} \tag{2.63}$$

在式（2.62）和式（2.63）中的 z_i 是传递函数分子的 M 个根，称作零点，$i=1,2,\cdots,M$，p_i 是传递函数分母的 N 个根，称作极点，$i=1,2,\cdots,N$。在关于地震计的传递函数一节中我们会看到传递函数的具体表达式。若一个系统是稳定的，那么全部极点都应该在 s 平面上的左半部。

将 $s=\mathrm{j}\omega$ 代入式（2.62）则得到相应的频率响应。

有多种经典的模拟滤波器，如巴特沃斯型、切比雪夫Ⅰ型、切比雪夫Ⅱ型、椭圆型、贝塞尔型等（万永革，2012），下面以巴特沃斯滤波器为例进一步说明模拟滤波器的特性和程序实现。

2.5.1.4　巴特沃斯模拟滤波器

巴特沃斯模拟滤波器是各种模拟滤波器中的典型代表。巴特沃斯低通滤波器的增益 G_{low} 与角频率 ω 有如下关系，

$$G_{\mathrm{low}}^2(\omega)=|H(\mathrm{j}\omega)|^2=\frac{G_0^2}{1+\left(\dfrac{\omega}{\omega_c}\right)^{2n}} \tag{2.64}$$

式中，ω_c 是滤波器的截止角频率；n 是巴特沃斯滤波器的阶；G_0是直流增益。图 2.12 显示巴特沃斯低通滤波器的幅频特性随滤波器阶数 n 的变化。

当 $s=\mathrm{j}\omega$ 时，根据拉普拉斯变换的性质，有，

$$H(s)H(-s)=|H(s)|^2=G_{\mathrm{low}}^2(\omega)=\frac{G_0^2}{1+\left(\dfrac{-s^2}{\omega_c^2}\right)^{n}} \tag{2.65}$$

如果取 s 值使得 $1+\left(\dfrac{-s^2}{\omega_c^2}\right)^n=0$，即$\left(\dfrac{-s_k^2}{\omega_c^2}\right)=(-1)^{\frac{1}{n}}=\mathrm{e}^{\frac{\mathrm{j}(2k-1)\pi}{n}}$，$k=1,2,\cdots,n$

于是，巴特沃斯滤波器的极点，

$$s_k=\omega_c(-1)^{\frac{1}{2}}\mathrm{e}^{\frac{\mathrm{j}(2k-1)\pi}{2n}}=\omega_c\mathrm{e}^{\frac{\mathrm{j}(2k-1)\pi}{2n}+\mathrm{j}\frac{\pi}{2}},\ k=1,2,\cdots,n \tag{2.66}$$

这里用到$(-1)^{\frac{1}{2}}=\mathrm{e}^{\mathrm{j}\frac{\pi}{2}}$。有了极点，便可给出巴特沃斯低通滤波器的传递函数，它有 n 个极点，零个零点，

$$H_{\mathrm{low}}(s)=\frac{G_0}{\prod\limits_{k=1}^{n}\left(\dfrac{(s-s_k)}{\omega_c}\right)} \tag{2.67}$$

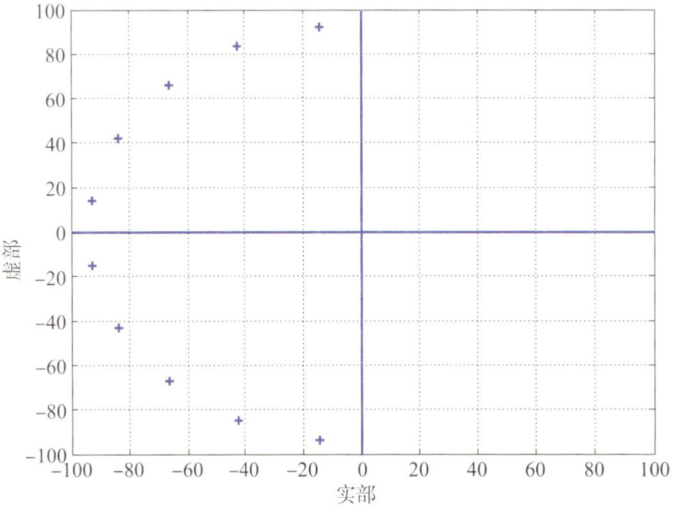

图 2.11　当 $n=5$ 时，巴特沃斯低通滤波器的 5 个极点在 s 平面上的位置，滤波器截止频率为 15Hz

图 2.11 显示当 $n=10$ 时，巴特沃斯低通滤波器的 10 个极点在 s 平面上的位置。极点全部位于 s 平面的左半部，表明该滤波器是稳定的。根据滤波器的零极点值，可得到滤波器的频率响应。图 2.12 显示巴特沃斯低通滤波器的特性随滤波器阶数 n 的变化，图 2.12(a)是滤波器的幅频特性，图 2.12(b)是相频特性。由图中可见，随着滤波器阶数 n 的增加，幅频特性在截止频率附近越陡峭，相频特性也随着 n 的增加变化越显著。

巴特沃斯高通、带通和带阻滤波器都是在低通滤波器原型的基础上变换得到的。利用 Matlab 函数[z,p,k] = butter(n,

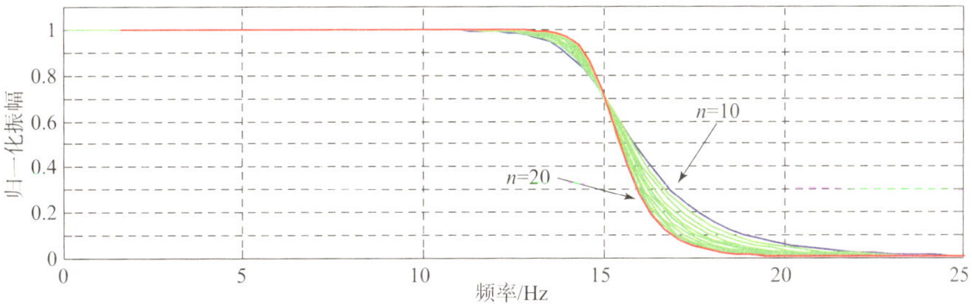

（a）幅频特征

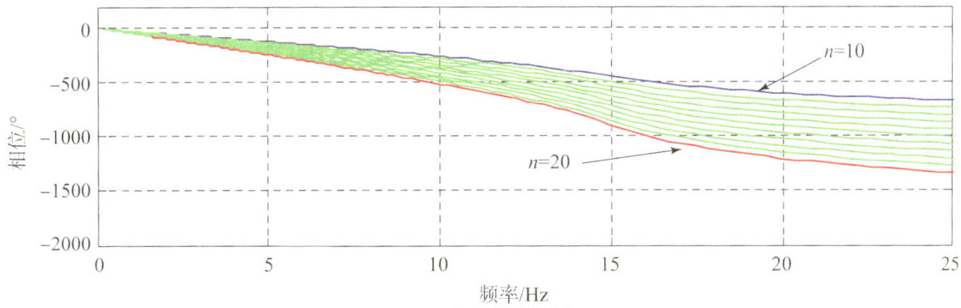

（b）相频特征

图2.12 巴特沃斯低通滤波器的幅频特性和相频特性随滤波器阶数 n 的变化，$n=10,11,\cdots,20$，截止频率 =15Hz，在截止频率处的增益为$\sqrt{2}/2\approx0.707$

wn,‘ftype’,‘s’），可根据给定的截止频率和滤波器阶数产生不同类型的巴特沃斯滤波器，其中，标记‘s’表示要设计的是模拟滤波器，z 是零点数组，p 是极点数组，k 是增益，n 是滤波器的阶，wn 是截止频率，若‘ftype’为‘high’，则高通截止频率为 wn，若‘type’为‘stop’，则阻带截止频率 wn =［w1,w2］,（w1 < w2）,’ftype’的缺省值是低通滤波器（此时 wn 是低通截止频率）或带通滤波器（此时 wn =［w1,w2］,w1 和 w2 分别为带通滤波器的低端和高端截止频率，w1 < w2），在截止频率处的增益为$\sqrt{2}/2\approx0.707$。

图2.13 显示当 $n=5$ 时，巴特沃斯高通滤波器的5个极点和5个零点在 s 平面上的位置。

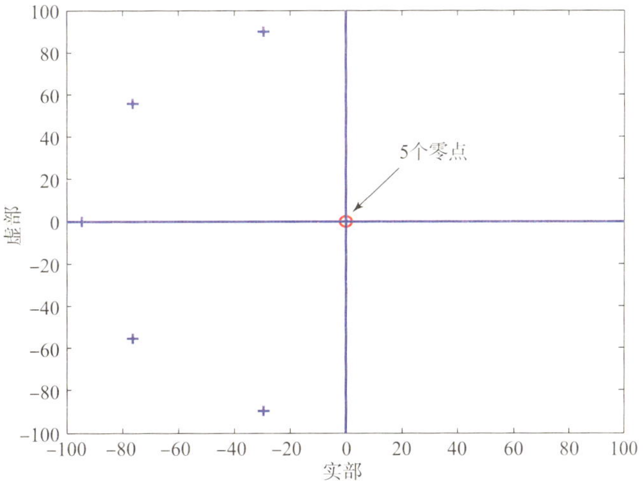

图2.13 当 $n=5$ 时，巴特沃斯高通滤波器的5个极点和5个零点在 s 平面上的位置，滤波器截止频率为5Hz

图 2.14 显示巴特沃斯高通滤波器的特性随滤波器阶数 n 的变化，图 2.14(a)是滤波器的幅频特性，图 2.14(b)是相频特性。由图中可见，随着滤波器阶数 n 的增加，幅频特性在截止频率附近越陡峭，相频特性也随着 n 的增加变化越显著。

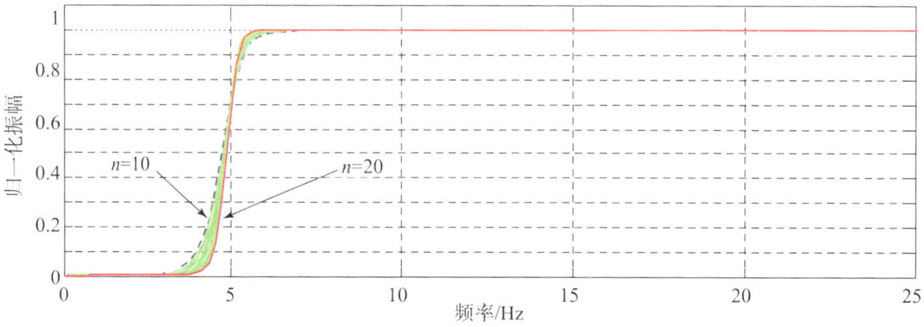

（a）幅频特征

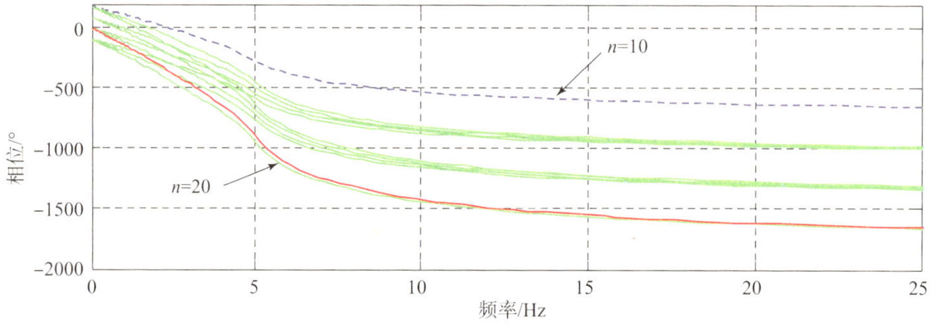

（b）相频特征

图 2.14　巴特沃斯高通滤波器的幅频特性和相频特性随滤波器阶数 n 的变化，$n=10,11,\cdots,20$，截止频率 =5Hz，在截止频率处的增益为 $\sqrt{2}/2\approx 0.707$

图 2.15 给出当使用 Matlab 函数[z,p,k] = butter(n,wn,‘ftype’,‘s’)求带通滤波器零

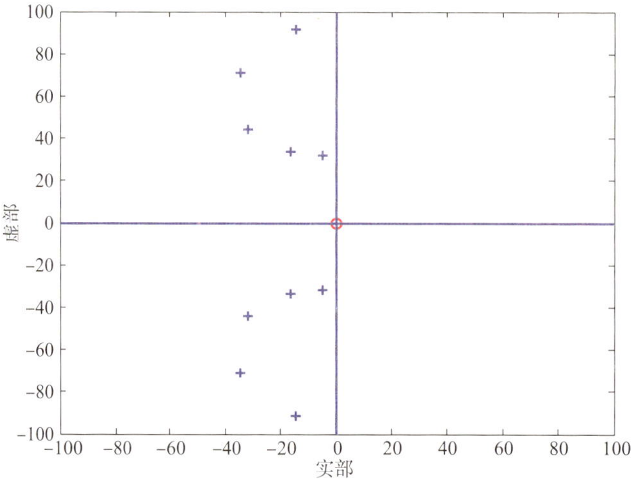

图 2.15　当 $n=5$ 时，巴特沃斯带通滤波器的 10 个极点(+)和 5 个零点（0）在 s 平面上的位置，其中 5 个零点重叠在一起

极点的结果。本例中 $n=5$，频带低端和高端截止频率分别为 5Hz 和 15Hz，即给定 wn = [5 15]，ftype 为 bandpass。图 2.16 给出当 $n=5,6,\cdots,10$ 时，滤波器频率特性随滤波器阶数的变化，对于带通滤波器，其滤波器阶数为 $2n$，这对应于图 2.12 和 2.14 所示同样阶数的低通和高通滤波器特性。图 2.11 ~ 图 2.16 都是使用 Matlab 程序 M02_06_butter_test.m 生成的。

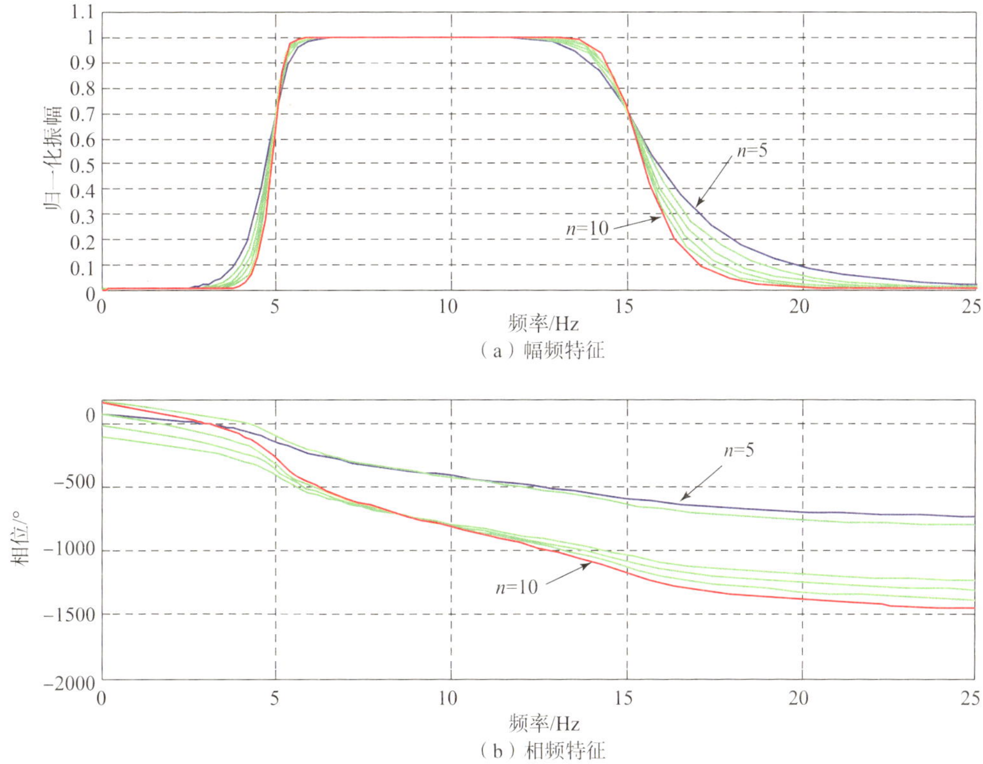

图 2.16　巴特沃斯带通滤波器的幅频特性和相频特性随滤波器阶数 $2n$ 的变化，$n=5,6,\cdots,10$，低端和高端截止频率分别为 5Hz 和 15Hz，在截止频率处的增益为 $\sqrt{2}/2\approx0.707$

2.5.1.5　模拟滤波器程序设计——以巴特沃斯滤波器为例

本小节以巴特沃斯滤波器为例，讨论模拟滤波器程序的设计。

(1) 滤波器技术指标。

在设计或评估一个实际的滤波器时，要考虑如下技术指标：

通带纹波(也称通带波纹，passband ripple) R_p，定义为通带中振幅频率响应最低点相对于最高点的下降值，以分贝(dB)表示，有，

$$R_p=20\lg\frac{A_{pmax}}{A_{pmin}} \tag{2.68}$$

式中，A_{pmax}是通带振幅频率响应的最大值；A_{pmin}是通带振幅频率响应的最小值，通常设 R_p 为 1 ~ 5dB。

阻带衰减(stopband attenuation) R_s，定义为阻带中振幅频率响应最高点相对于通带最高

点的下降值，以分贝(dB)表示，有，

$$R_s = 20\lg\frac{A_{pmax}}{A_{smax}} \tag{2.69}$$

式中，A_{pmax}是通带振幅频率响应的最大值；A_{smax}是阻带振幅频率响应的最大值，通常R_s要大于15dB。

通带边界频率ω_p，是通带振幅频率响应在通带边缘下降到通带纹波幅度R_p时所对应的频率。对于低通或高通滤波器，只有一个通带边界频率，对于带通滤波器，则有低端和高端两个通带边界频率，记为ω_{p1}和ω_{p2}。

阻带边界频率ω_s，是通带振幅频率响应在通带边缘下降到阻带衰减幅度R_s对应的频率。对于带通滤波器，则有低端和高端两个阻带边界频率，记为ω_{s1}和ω_{s2}。

过渡带宽是相邻通带和阻带边界频率之差，对于低通滤波器，过渡带宽是$\omega_s-\omega_p$；对于高通滤波器，过渡带宽是$\omega_p-\omega_s$；对于带通滤波器，则有两个过渡带宽，低端为$\omega_{p1}-\omega_{s1}$，高端为$\omega_{s2}-\omega_{p2}$。

在下文中还会遇到“截止频率（cutoff frequency）”ω_c，定义为通带振幅频率响应在通带边缘下降到通频带最大振幅的$\sqrt{2}/2\approx0.707$(按分贝定义，对应于振幅衰减3dB，这相当于信号功率下降到通带最大值的1/2)对应的频率。因此，如果设定低通滤波器的通带纹波为3dB（更准确值为$20\lg(\sqrt{2}/2)\approx3.0103$dB)，则设计的低通滤波器的截止频率$\omega_c$即为通带边界频率$\omega_p$。

图2.17以一个巴特沃斯低通滤波器为例，说明这些技术指标的含义。图中上部的两条

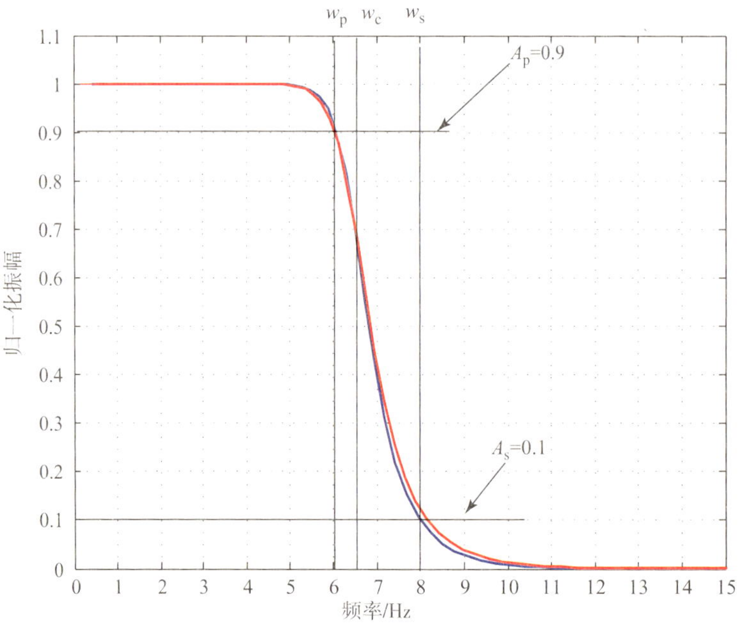

图2.17　滤波器技术指标示例，其中蓝线是按技术指标设计的9阶模拟巴特沃斯滤波器的归一化振幅频率响应，红线是8阶巴特沃斯滤波器的归一化振幅频率响应，图中w_p、w_s分别为技术指标通带边缘频率和阻带边缘频率，w_c是按技术指标设计出的滤波器截止频率（使用Matlab程序M02_06_butter_design.m）

曲线对应的低通滤波器的设计指标是：通带边界频率(ω_p)6Hz，阻带边界频率(ω_s)8Hz，通带纹波的幅度为通带振幅响应最大值的 0.9，由式（2.68）得到 $R_p = 0.9151$dB，阻带衰减后在阻带边界的振幅响应幅度为通带振幅响应最大值的 0.1，由式（2.69）得到$R_s = 20$dB。根据这些技术指标设计的最低阶数巴特沃斯滤波器有 9 阶，图中的蓝线是满足设计要求的最低阶巴特沃斯滤波器的幅频响应，红线是降低一阶（变成 8 阶）的巴特沃斯滤波器的幅频响应。可以看到，当阶数降低时，尽管在通带部分看不出明显差别，但在阻带部分，其阻带衰减已明显高于设计指标。图中显示的频率 wc 对应于滤波器的截止频率，wc = 6.6052Hz，可以看到，滤波器的截止频率不同于通带边界频率。

（2）使用 Matlab 函数确定巴特沃斯滤波器的最小阶数和截止频率。根据给定的技术指标，使用 Matlab 函数[N,Wc] = buttord(ωp,ωs,Rp,Rs,'s')确定巴特沃斯滤波器的最小阶数 N 和截止角频率 Wc，相应的截止频率 ωc = Wc/2π。其中 ωp、ωs 分别为通带边界频率和阻带边界频率，如果 ωp 和 ωs 为单个值，且 ωp < ωs，则为低通滤波器，如果 ωp > ωs，则为高通滤波器；如果 ωp 和 ωs 分别为二元数组，ωp = [ωp1　ωp2]，ωs = [ωs1　ωs2]，则为带通滤波器或带阻滤波器，对于带通滤波器，有 ωp1 < ωp2,ωs1 < ωp1,ωs2 > ωp2，对于带阻滤波器，有 ωs1 < ωs2,ωp1 < ωs1,ωp2 > ωs2；Rp 和 Rs 分别为通带纹波和阻带衰减(dB)。标记's'表示设计的是模拟滤波器。如果是低通或高通滤波器，Wc 为单一值，如果是带通或带阻滤波器，Wc 为二元组，Wc = [Wc1　Wc2]。

（3）借助 Matlab 函数设计巴特沃斯滤波器，Matlab 函数提供了设计巴特沃斯滤波器的函数 butter，从而简化了使用者设计滤波器的过程，利用前已得到的滤波器阶数 N 和截止角频率 Wc，代入函数[z,p,k]= butter(N,Wc,'s')，得到滤波器的零点矢量 z、极点矢量 p 和增益 k。进而利用函数[b,a]= zp2tf(z,p,k)得到传递函数有理分式的分子多项式系数矢量 b 和分母多项式系数矢量 a。

（4）利用 Matlab 函数 fregs 得到设计好的滤波器的频率响应。这样给出的是频率响应的离散值，其对应的频率可以预先给定或由函数自定。例如，当由上述第 3 步骤得到滤波器传递函数有理分式的分子多项式系数矢量 b 和分母多项式系数矢量 a 后，由 ω = linspace(ω1,ω2,npoint)设定计算频率响应的频点，其中 ω1，ω2 为角频率的起始和终止值，npoint 是包括起始角频率和终止角频率在内的频点点数，于是 y = freqs(b,a,w)给出对应频点 w 的频率响应，进而得到振幅响应 amp = abs(y)和相位响应 pha = unwrap(angle(y))×180/π(单位为度，这里用 unwrap 使相位响应展开，用 180/π 将弧度换算成度)。

Matlab 程序 M02_06_butter_design.m 完成了上述巴特沃斯滤波器设计的全过程。

2.5.1.6　利用模拟滤波器进行滤波的程序实现

这里所谓程序实现，是指并非使用物理的模拟滤波器进行滤波，而是在计算机里通过编好的程序来模仿物理的模拟滤波器的功能，通过程序运算，实现对输入信号的滤波，得到滤波后的输出信号。然而，在计算机中实现这一滤波过程时，其滤波器输入必定是一个离散的数值序列，其输出也必定是一个离散的数值序列。于是，在程序实现时，便有了两种不同的思路，并由此引出两种不同的作法。

在计算机中实现模拟滤波器滤波的第一种作法的思路是，认为整个滤波过程仍然是连续信号通过模拟滤波器的滤波过程，产生的也是连续信号输出，而离散输入序列和离散输出序列都是输入和输出连续信号的离散化结果；在这一离散化过程中，模拟滤波器的特性，不论是频率域的频率响应还是时间域的脉冲响应，也相应地被离散化。因此，在计算机中对离散数值序列的处理仅是对输入信号、输出信号以及滤波器特性的离散化处理，不涉及任何关于数字系统的概念。下面基于这一思路，讨论在频率域和时间域的滤波过程。

（1）频率域模拟滤波过程。

式（2.52）是针对连续信号导出的，如果已对一段输入信号 $x(t)$ 进行了离散化，得到离散时间序列 $x_k = x(k\Delta t), k = 0,1,2,\cdots,K-1$，$\Delta t$ 为采样间隔，则可以得到离散时间序列 x_k 的傅里叶频谱 $X_i = X(i\Delta f), i = 0,1,2,\cdots,N-1$，$\Delta f$ 为相邻频点之间的频率间隔，为了得到输出信号的频谱，对滤波器的频率响应做相应的离散化，就是说，滤波器频率响应离散化的各频点要与 X_i 的各频点一致，于是，得到式（2.52）的离散化表示，

$$Y_i = Y(i\Delta f) = H(i\Delta f) \cdot X(i\Delta f) = H_i \cdot X_i \tag{2.70}$$

在利用式（2.70）得到 Y_i 之后，便可对 Y_i 进行傅里叶逆变换，得到滤波器输出的离散时间序列 $y_k = y(k\Delta t)$，如果要从 y_k 恢复其连续信号，或改变其采样率，可参见 2.3 节。

附带说明，在讨论傅里叶变换时曾提到，离散谱的最小频率间隔 Δf 为截取信号时间窗长度 T 的倒数，即 $\Delta f = 1/T$；输入和输出序列的数据点数 $N = T/\Delta t$。

Matlab 程序 M02_07_analfilter_freq.m 实现频率域的模拟滤波，并以一个地震记录波形作为示例，展示通过一个二阶高通滤波器的滤波结果。图 2.18 显示一个二阶高通巴特沃斯模拟滤波器的离散化频率响应，其截止频率是 1Hz。

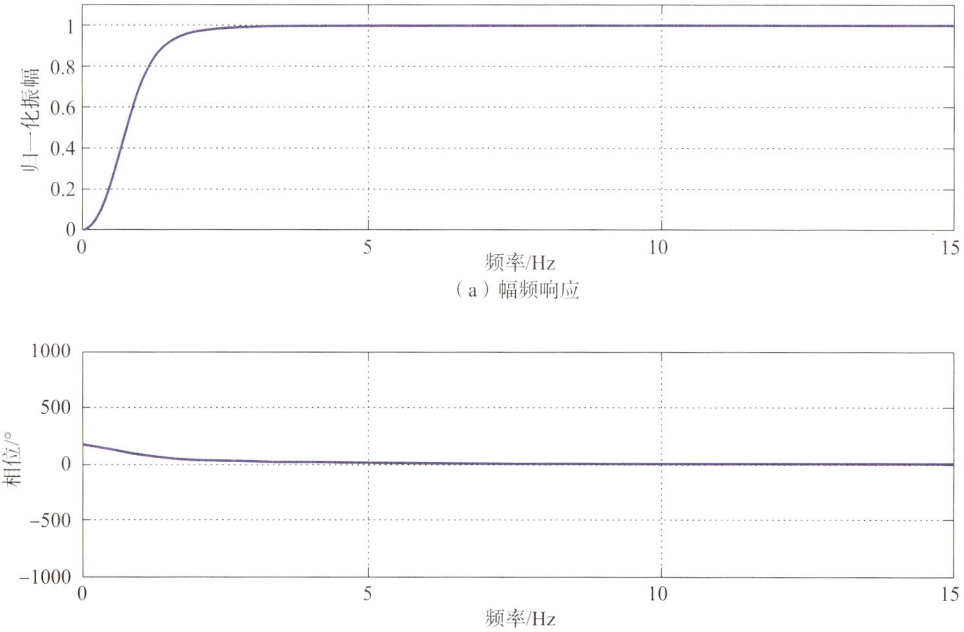

（a）幅频响应

（b）相频响应

图 2.18　一个二阶高通巴特沃斯模拟滤波器的离散化频率响应，截止频率为 1Hz

图 2.19(a)显示图 2.18 所示滤波器的输入信号，图 2.19(b)显示输入信号振幅谱；图 2.19(c)显示图 2.18 所示滤波器的输出信号，图 2.19(d)显示输出信号振幅谱。对比(a)(c)的滤波前后波形和(b)(d)的滤波前后信号的频谱，可以清楚看到高通滤波的作用。但由于只是一个二阶的高通滤波器，对低频部分的滤除效果并不很好。之所以选用二阶滤波器，是因为地震计的频率响应即等效于一个二阶高通巴特沃斯滤波器，对此，在下面讨论地震仪器校正时还会进一步讨论。

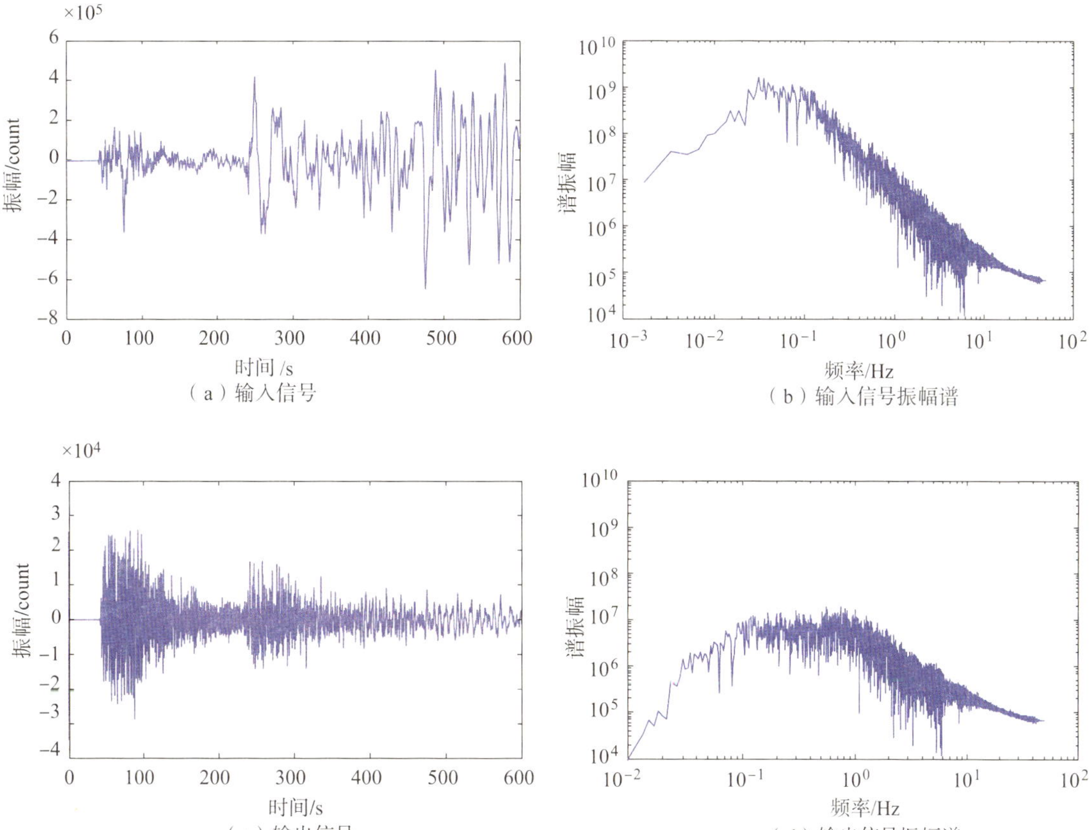

(a) 输入信号　(b) 输入信号振幅谱
(c) 输出信号　(d) 输出信号振幅谱

图 2.19　二阶滤波器效果示例

(2) 时间域模拟滤波。

为进行滤波，要对滤波器的脉冲响应进行离散化。由于通常用模拟滤波器的传递函数零极点描述模拟滤波器，所以首先要由传递函数变换成复频率响应，再通过对复频率响应进行傅里叶逆变换得到离散化的脉冲响应，也可以由传递函数的拉普拉斯逆变换直接得到离散化的脉冲响应。然后，利用卷积表达式（2.58）的离散化公式，得到滤波器输出，

$$y_i = \Delta t \cdot \sum_{k=1}^{i} x_k h_{i-k+1} \tag{2.71}$$

式中，$k=1,2,\cdots,i$，i 为信号段的当前点序号，$i=1,2,\cdots,K$，K 为信号段总点数。Matlab 程序 M02_07_analfilter_time.m 实现时间域的模拟滤波，并以图 2.19 所示相同的地震记录波形作

为示例，展示通过一个二阶高通滤波器的滤波结果。二阶高通巴特沃斯滤波器的频率响应是（Havskov & Alguasil，2007，第 127 页），

$$B(\omega)=\frac{-\omega^2}{\omega_0^2-\omega^2+\mathrm{i}\sqrt{2}\omega\omega_0} \tag{2.72}$$

这里的 $\mathrm{i}=\sqrt{-1}$。示例中的滤波器截止频率 f_0 为 1Hz，故 $\omega_0=2\pi(\mathrm{rad/s})$。图 2.20 显示图 2.18 所示二阶高通巴特沃斯模拟滤波器的离散化脉冲响应。图 2.21(a) 显示滤波器取脉冲响应长度为 300s 的输出信号，图 2.21(b) 显示取脉冲响应的长度为 300s 输出信号振幅谱；图 2.21(c) 显示滤波器取脉冲响应长度为 2s 的输出信号，图 2.21(d) 显示取脉冲响应长度为 2s 输出信号振幅谱。如果使用全部长度的脉冲响应，则要进行大量的乘法运算，计算时间长。因此，为节省计算时间，可适当截短脉冲响应。对于本例中的二阶巴特沃斯高通滤波器，取脉冲响应的长度为 300s，则完成滤波要 90s 左右，而取脉冲响应长度为 2s 时，计算时间锐减到 10s 左右。比较图 2.21 的(a)(b)和(c)(d)图，并不能发现有明显的差别。

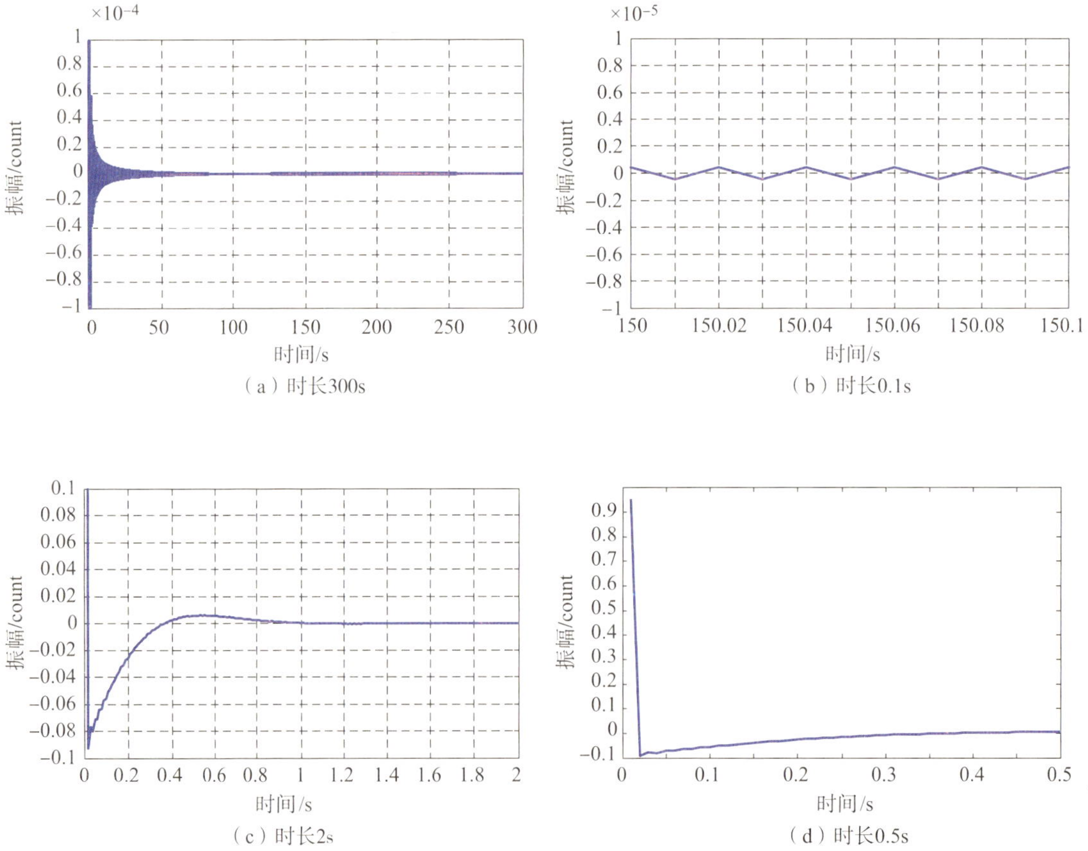

图 2.20　图 2.18 所示二阶高通巴特沃斯模拟滤波器的离散化脉冲响应，采样率 = 100sps

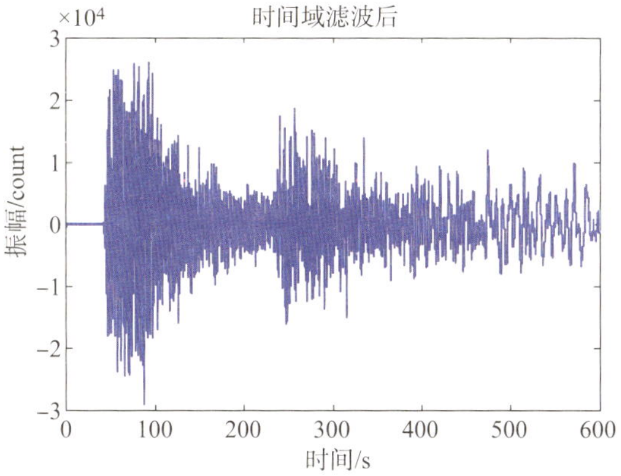

（a）脉冲响应为300s的滤波器输出信号

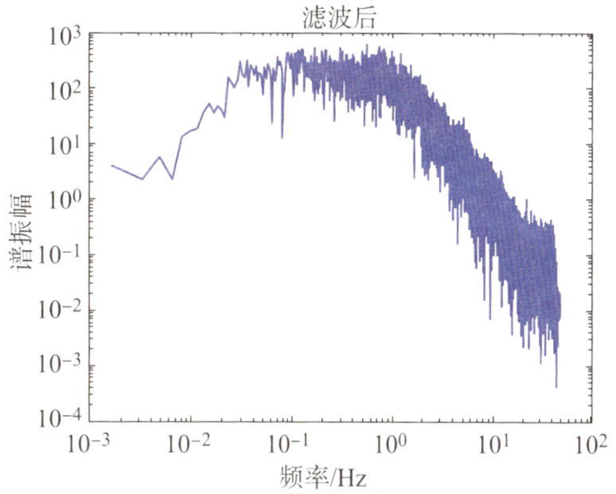

（b）输出信号振幅谱

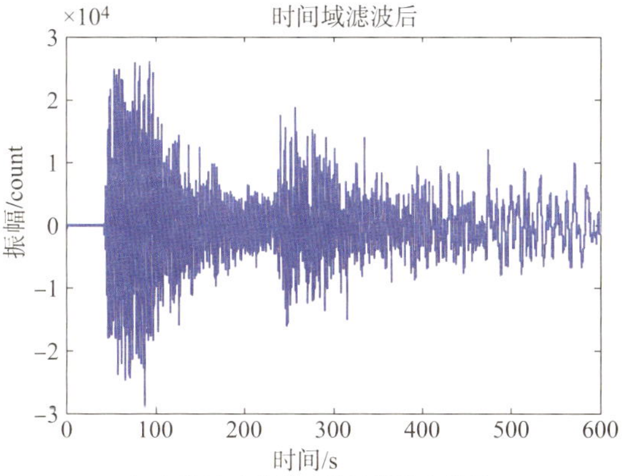

（c）脉冲响应为2s滤波器输出信号

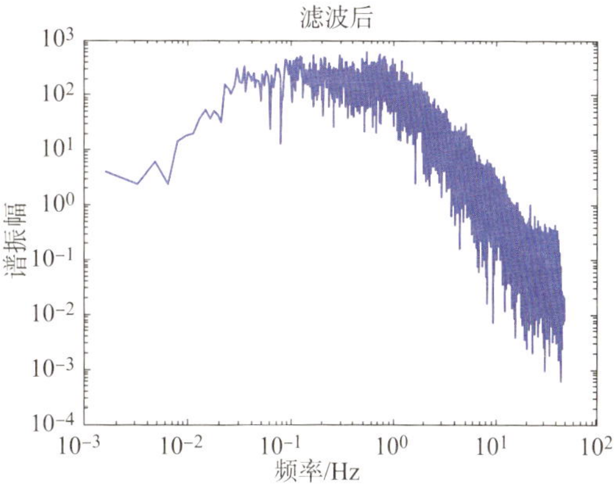

（d）输出信号振幅谱

图 2.21　时间域滤波效果示例

2.5.2　数字滤波器

在计算机中实现模拟滤波器滤波的第二种作法基于如下考虑：既然在计算机中要处理的输入信号已经是数字化的离散时间序列，输出信号也是数字化的离散时间序列，那么，整个滤波过程就应该是一个数字信号处理过程。因此，实现滤波的首要任务是要找到一个合适的数字滤波器，使其特性尽可能近似原来的模拟滤波器，然后，使用这一近似的数字滤波器对输入的离散时间序列进行数字滤波，进而得到输出的离散时间序列。根据不同的近似准则，可以生成小有差别的数字滤波器，为此已发展了从模拟滤波器到数字滤波器的不同近似方法。在下文将具体讨论如何由模拟滤波器生成近似的数字滤波器。

对原始地震记录进行数字滤波，是地震记录预处理的重要内容，这可以是对原始记录波形进行滤波，也可以是对进行了地震仪器校正（见第 3 章地震记录的仪器校正和仿真）的地震波形进行滤波。数字滤波的作用对象是离散时间序列，可在频率域或时间域进行。在时间域的滤波方法主要有两种，一种是卷积滤波，一种是递归滤波。

2.5.2.1　卷积滤波

设有时间序列 x_k，经滤波后的输出序列为 y_k，

$$y_k = \sum_{i=0}^{N} b_i x_{k-i} \tag{2.73}$$

因为输出序列表示为输入序列与序列$\{b_i\}$的卷积，故称为卷积滤波。$\{b_i\}$称为滤波因子，$N+1$称为滤波因子的长度，N为正整数。

设输入信号为复正弦波$x_k = \mathrm{e}^{\mathrm{j}2\pi fk\Delta t}$，式中$\Delta t$为采样间隔，$f$为频率，$k$为采样序号，$\mathrm{j}=\sqrt{-1}$，则输出，

$$\begin{aligned} y_k &= \sum_{i=0}^{N} b_i \mathrm{e}^{\mathrm{j}2\pi f(k-i)\Delta t} \\ &= \left(\sum_{i=0}^{N} b_i \mathrm{e}^{-\mathrm{j}2\pi fi\Delta t}\right)\mathrm{e}^{\mathrm{j}2\pi fk\Delta t} \end{aligned} \tag{2.74}$$

可见式中y_k仍为复正弦信号，但乘以复数因子，

$$H(f) = \sum_{i=0}^{N} b_i \mathrm{e}^{-\mathrm{j}2\pi fi\Delta t} \tag{2.75}$$

$H(f)$即为该卷积滤波器的频率响应。

2.5.2.2 递归滤波

输出序列还可以表示成递归公式，即不仅用到输入序列，还用到输出序列的以前值，这样的滤波称为递归滤波，其表示式是，

$$y_k = \sum_{i=0}^{N} b_i x_{k-i} - \sum_{i=1}^{L} a_i y_{k-i} \tag{2.76}$$

$\{b_i\}$和$\{a_i\}$为滤波因子。与式（2.74）类似，可以导出递归滤波器的频率响应，

$$H(f) = \frac{\sum_{i=0}^{N} b_i \mathrm{e}^{-\mathrm{j}2\pi fi\Delta t}}{1 + \sum_{i=1}^{L} a_i \mathrm{e}^{-\mathrm{j}2\pi fi\Delta t}} \tag{2.77}$$

因为计算y_k时不受输入序列k时刻后续项的影响，因此该滤波器是因果性的。序列a_i又称为自回归系数，序列b_i又称为滑动平均系数，它们共同控制滤波器的响应。如果$a_i(i=1,2,\cdots,L)$的数值为零，则递归滤波器退化为卷积滤波器。因此，可以把卷积滤波器看成递归滤波器的一个特例，下文中只讨论递归滤波器，不再单独讨论卷积滤波器。

2.5.2.3 数字滤波器的脉冲响应

利用式（2.77）给出的滤波器频率特性，可以导出数字递归滤波器的脉冲响应。对于数字滤波，滤波器的特性总是和滤波器输入信号的采样率相关联的。设数字信号的采样率为F_s，则数字滤波器的频率响应是以采样率F_s为周期的周期函数，因此，对任何一个频点f，$H(f)$可展开成傅里叶级数，

$$H(f) = \sum_{i=-\infty}^{\infty} h_i \mathrm{e}^{-\mathrm{j}2\pi fi\Delta t} \tag{2.78}$$

$H(f)$的傅里叶系数$\{h_i\}$为系统的脉冲响应，

$$h_i = \Delta t \cdot \int_{-\frac{1}{2\Delta t}}^{\frac{1}{2\Delta t}} H(f)\mathrm{e}^{\mathrm{j}2\pi fi\Delta t}\mathrm{d}f \tag{2.79}$$

采用式（2.48）定义的归一化角频率 ω_n，式（2.79）变为$\left(注意\ F_s=\dfrac{1}{\Delta t}\right)$，

$$h_i=\frac{1}{2\pi}\int_{-\pi}^{\pi}H(\omega_n)\mathrm{e}^{\mathrm{j}\omega_n i}\mathrm{d}\omega_n \tag{2.80}$$

设 $\{x_k\}$，$\{y_k\}$ 为系统的输入和输出序列，$\{h_i\}$ 为系统的脉冲响应，则有，

$$y_k=\sum_{i=-\infty}^{\infty}h_i x_{k-i} \tag{2.81}$$

当输入为零时刻的单位脉冲，即 $x_k=\begin{cases}1 & k=0\\ 0 & k\neq 0\end{cases}$ 时，得到，

$$y_k=h_k \tag{2.82}$$

说明脉冲响应是当输入为单位脉冲时的系统输出，并因此得名。注意数字滤波器的脉冲响应是离散的时间序列，而模拟滤波器的脉冲响应是时间的连续函数。

对照式（2.73）和式（2.81），可以看出卷积滤波器的滤波因子和脉冲响应是一致的。由于卷积滤波器的脉冲响应长度有限，故名为有限脉冲响应（FIR，或称有限冲激响应）滤波器。而递归滤波器是无限长脉冲响应（IIR，或称无限冲激响应）滤波器。

FIR 滤波器只用到输入信号，是一个稳定的滤波器。但为了得到预期的频率响应，往往需要较多的滤波器系数，因而需要较长的计算时间。而 IIR 滤波器只需要较少的系数便可能达到预期的滤波效果，因而计算时间比 FIR 滤波器要少，因此，在实时处理系统中往往使用 IIR 滤波器。但由于 IIR 滤波器要用到滤波器的输出信号作为其输入，会发生输出不稳定的情况。

在本节中没有引入 z 变换的概念便给出了数字滤波器的频率响应，但要进一步讨论数字滤波器的传递函数，则需要引入 z 变换。

2.5.2.4　数字滤波器的传递函数

在分析模拟滤波器的时候，采用拉普拉斯变换来表示滤波器的传递函数，给出了作为连续系统的模拟滤波器的零点和极点。数字滤波器不是连续系统，而是一个离散系统。对于离散系统，可采用 z 变换来表示其特性。记复数 $s=\mathrm{j}\omega+\sigma$，$\omega=2\pi f$，$f$ 是频率，σ 为实数，T 为数字时间序列的采样间隔（秒），定义，

$$z=\mathrm{e}^{sT} \tag{2.83}$$

序列 $x(k)$ 的 z 变换 $X(z)$ 为，

$$X(z)=\sum_{k=-\infty}^{\infty}x(k)z^{-k} \tag{2.84}$$

式中，k 为整数；z 是复数。

记 $y(k)$ 的 z 变换为 $Y(z)$，$x(k)$ 的 z 变换为 $X(z)$，根据 z 变换的移位特性：$Z[x(k-i)]=z^{-i}X(z)$，对式（2.76）的两边取 z 变换，得到，

$$Y(z)=X(z)\sum_{i=0}^{N}b_i z^{-i}-Y(z)\sum_{i=1}^{L}a_i z^{-i} \tag{2.85}$$

于是得到数字滤波器的传递函数，

$$H(z)=\frac{Y(z)}{X(z)}=\frac{\sum_{i=0}^{N} b_i \cdot z^{-i}}{1+\sum_{i=1}^{L} a_i \cdot z^{-i}} \tag{2.86}$$

分别对式（2.86）的分子和分母进行因式分解，

$$H(z)=A\cdot\frac{\prod_{i=0}^{N}(1-c_i z^{-1})}{\prod_{i=0}^{L}(1-d_i z^{-1})} \tag{2.87}$$

式中，A 是归一化因子；c_i是传递函数 $H(z)$ 的零点，即当 $z=c_i$时 $H(z)=0$，d_i是 $H(z)$ 的极点，即当 $z=d_i$时 $H(z)$ 趋于无穷大。对于一个稳定的数字滤波器，其极点应全部位于 z 平面上的单位圆内。对比模拟滤波器，那里的稳定条件是其极点全部位于 s 平面的左半部。

要注意的是，在描述模拟滤波器和数字滤波器的时候都使用了“零极点”的说法，但在模拟域和数字域所说的零点、极点的定义是不同的，虽然都是用复数表示零点和极点，但在模拟域，零极点是对变量 s 而言的，表现为在 s 平面上分布；而在数字域，零极点是对变量 z 而言的，表现为在 z 平面上分布。两种零极点的含义不同，因此作为复数的数值也不同，不可混淆。

2.5.2.5 时间域的数字滤波及其 Matlab 实现

2.5.2.1 小节中的式（2.73），

$$y_k=\sum_{i=0}^{N} b_i x_{k-i}$$

给出了卷积数字滤波器在时间域的滤波过程，2.5.2.1 小节的式（2.76），

$$y_k=\sum_{i=0}^{N} b_i x_{k-i}-\sum_{i=1}^{L} a_i y_{k-i}$$

给出了递归数字滤波器在时间域的滤波过程。如果式（2.76）中的 a_i 为零，则变为式（2.73）。因此，只要知道数字滤波器的自回归系数 $a_i(i=1,2,\cdots,L)$ 和滑动平均系数 $b_i(i=1,2,\cdots,N)$，便可以利用式（2.76）实现在时间域进行数字滤波。

注意到在 Matlab 中数组元素的序号从 1 开始，在 Matlab 中实际执行的运算公式是，

$$a_1 y_k=\sum_{i=1}^{N+1} b_i x_{k-i}-\sum_{i=2}^{L+1} a_i y_{k-i+1} \tag{2.88}$$

或

$$y_k=\frac{\sum_{i=1}^{N+1} b_i x_{k-i}-\sum_{i=2}^{L+1} a_i y_{k-i+1}}{a_1} \tag{2.89}$$

通常，滤波器系数 $a_1=1$。除了可以在 Matlab 中直接进行式（2.88）或式（2.89）的滑动求和运算以完成滤波外，在 Matlab 中还可调用函数 filter 或 filtfilt 来完成这里所述的滤波功能。

函数 $y=\text{filter}(b,a,x)$ 中的输入数组 x 为滤波器的离散输入信号，返回数组 y 为滤波器的离散输出信号，x 和 y 数组的长度相同。b 和 a 是滤波器系数数组。参考式（2.89），这里的

b 数组长度为 $N+1$，a 数组的长度为 $L+1$。如果是卷积滤波，则 $L=0$，滤波函数变为 $y=$ filter(b,1,x)，下一节中的 FIR 滤波器的滤波过程就使用这一调用。

在使用式（2.89）进行滤波时，如果计算输出序列的初始 M 个点，其中 $M=\max(N,L)$，则需要用到滤波器的初始状态数组 zi，否则，对 x 数组的滤波输出只能从 $k=n+1$ 开始，或者假定滤波器的初始状态数组为 0。在滤波结束时可得到滤波器的最终状态数组 zf，用于本段 x 数组的后续数组的滤波，即作为下一段数组使用的滤波器初始状态 zi。采用式（2.89）的符号，该段输出信号长度为 K，滤波器的最终状态数组 zf 的元素为 zf_m，

$$zf_m = \frac{\sum_{i=m}^{N+1} b_i x_{K+m-i} - \sum_{i=1+m}^{L+1} a_i y_{K+m-i+1}}{a_1},\quad m=1,2,\cdots,M \tag{2.90}$$

函数［y,zf］=filter(b,a,x) 除返回滤波输出 y 外，还给出滤波器的最终状态 zf。函数［y,zf］=filter(b,a,x,zi)还在函数的输入中给出滤波器的初始状态 zi。在下一节中，将以两个 FIR 滤波器为例，说明如何在 Matlab 中实现数字滤波，并比较了由式（2.89）给出的滤波器最终状态和由 Matlab 函数[y,zf]=filter(b,a,x)计算出的 zf。

当已知本段数据滤波输出的最终状态时，与本段相连的下一段数据的第 k 点（记为 $x1_k$）的滤波输出为 $y1_k(k=1,2,\cdots,M)$，

$$y1_k = zf_k + \frac{\sum_{i=1}^{N1} b_i x1_{k-i+1} - \sum_{i=2}^{L1} a_i y1_{k-i+2}}{a_1} \tag{2.91}$$

式中，$N_1=\min(k,N)$；$L_1=\min(k,L)$（参考式（2.89））。

在第 3 章讨论数据采集器中的滤波器时，将具体比较使用 filter 函数与直接用式(2.89)~式(2.91）计算的结果，特别是分段滤波和连接的结果比较（Matlab 程序 M02_08_filter test. m），可加深我们对滤波器初始状态和最终状态概念的理解。

Matlab 函数 filtfilt 完成正向和反向的 filter 运算，实现双向滤波，从而实现零相移，并比单向滤波增强了滤波效果，其用法同 filter。

2.5.3 从模拟滤波器到数字滤波器的转换

通过设计模拟滤波器，再将设计好的模拟滤波器转换成具有相似特性的数字滤波器，是设计数字滤波器的一种途径。在地震记录处理中，实现对地震记录的地震仪器校正需要构造对数字记录信号进行处理的校正滤波器，为此，首先要由模拟的地震计构造出模拟的仪器校正滤波器，再将其转换成数字滤波器。对地震记录进行地震仪仿真，也是先构成模拟的仿真滤波器，再将模拟的仿真滤波器变换成数字滤波器，这样才能作用于数字地震记录。因此，在讨论地震记录处理的这些实际问题之前，有必要讨论从模拟滤波器到数字滤波器的转换方法。

2.5.3.1 双线性变换法

用离散传递函数 $H(z)$ 近似一个模拟传递函数 $H_a(s)$ 的常用方法之一是双线性变换法。在这种情况下，$H_a(s)$ 和 $H(z)$ 之间的关系是明确的，而且其近似足够准确。

由于 z 变换的复变量 z 与拉普拉斯变换的复变量 s 以关系 $z=e^{sT}$（式中 T 为采样间隔，单

位为秒）彼此耦合（见式（2.83）），于是有，

$$s=T^{-1}\ln z \tag{2.92}$$

利用这一关系，能将任何 $H(s)$ 转换成 $H(z)$，这里 ln 代表对 z 取自然对数。在实际处理时，可将函数 $\ln z$ 展开成连续分式，在 z 平面上的单位圆附近，它的近似式是 z 的有理函数，

$$\ln z=2\left[\frac{z-1}{z+1}+\frac{1}{3}\left(\frac{z-1}{z+1}\right)^3+\frac{1}{5}\left(\frac{z-1}{z+1}\right)^5+\frac{1}{7}\left(\frac{z-1}{z+1}\right)^7+\cdots\right]\approx\frac{2(z-1)}{z+1} \tag{2.93}$$

由式（2.93）便得到拉普拉斯变量 $s=\sigma+\mathrm{j}\omega$ 的如下近似表达式，

$$s\approx u+\mathrm{j}v=\frac{1}{T}\ln z\approx\frac{2}{T}\cdot\frac{z-1}{z+1}=2f_{\mathrm{s}}\cdot\frac{z-1}{z+1} \tag{2.94}$$

式中 $f_{\mathrm{s}}=\dfrac{1}{T}$ 是数据的采样率，式（2.94）称作双线性变换（bilinear transformation）。

将 s 的近似表达式（2.94）代入模拟滤波器的传递函数表达式中，经过整理，可得到一个等效的递归滤波器。于是，可利用这个离散的递归滤波器实现与模拟滤波器近似的数字滤波。为了使生成的数字滤波器特性更接近于原来的模拟滤波器特性，一个修正措施是给出一个“预畸变频率”。

在 Matlab 中有实现双线性变换的函数 bilinear，可直接调用实现双线性变换，在已知模拟滤波器的零点、极点和增益的情况下，bilinear 函数的算法是，

$$H(s)=S\cdot A_0\frac{\prod_{i=1}^{M}(s-z_i)}{\prod_{i=1}^{N}(s-p_i)}=k\cdot\frac{\prod_{i=1}^{M}(s-z_i)}{\prod_{i=1}^{N}(s-p_i)} \tag{2.95}$$

这里将系数 $k=S\cdot A_0$ 称为增益。

对于零点，

$$s-z_i=\frac{2}{T}\cdot\frac{z-1}{z+1}-z_i=2f_{\mathrm{s}}\cdot\frac{z-1}{z+1}-z_i=\frac{2f_{\mathrm{s}}-z_i}{z+1}\cdot\left[z-\frac{1+\dfrac{z_i}{2f_{\mathrm{s}}}}{1-\dfrac{z_i}{2f_{\mathrm{s}}}}\right]=\frac{2f_{\mathrm{s}}-z_i}{z+1}\cdot(z-zd_i)$$

即 z 平面上的零点，

$$zd_i=\frac{1+\dfrac{z_i}{2f_{\mathrm{s}}}}{1-\dfrac{z_i}{2f_{\mathrm{s}}}} \tag{2.96}$$

对于极点，类似地可得到，

$$s-p_i=\frac{2f_{\mathrm{s}}-p_i}{z+1}\cdot\left[z-\frac{1+\dfrac{p_i}{2f_{\mathrm{s}}}}{1-\dfrac{p_i}{2f_{\mathrm{s}}}}\right]$$

即 z 平面上的极点，

$$pd_i = \frac{1 + \dfrac{p_i}{2f_s}}{1 - \dfrac{p_i}{2f_s}} \tag{2.97}$$

于是，

$$H(s)\big|_{s=2f_s\cdot\frac{z-1}{z+1}} = S\cdot A_0 \frac{\prod_{i=1}^{M}(s - z_i)}{\prod_{i=1}^{N}(s - p_i)} = k\cdot\frac{\prod_{i=1}^{M}(s - z_i)}{\prod_{i=1}^{N}(s - p_i)}$$

$$= \frac{k\cdot\prod_{i=1}^{M}(2f_s - z_i)\cdot\prod_{i=1}^{M}(z - zd_i)}{\prod_{i=1}^{N}(2f_s - p_i)\cdot\prod_{i=1}^{N}(z - zp_i)}\cdot\frac{\prod_{i=1}^{N}(z+1)}{\prod_{i=1}^{M}(z+1)}$$

$$= kd\cdot\frac{\prod_{i=1}^{M}(z - zd_i)}{\prod_{i=1}^{N}(z - zp_i)}\cdot\frac{\prod_{i=1}^{N}(z+1)}{\prod_{i=1}^{M}(z+1)} = kd\cdot\frac{\prod_{i=1}^{M}(z - zd_i)\cdot\prod_{i=1}^{N-M}(z+1)}{\prod_{i=1}^{N}(z - zp_i)}$$

$$H(z) = kd\cdot\frac{\prod_{i=1}^{M}(z - zd_i)\cdot\prod_{i=1}^{N-M}(z+1)}{\prod_{i=1}^{N}(z - zp_i)} \tag{2.98}$$

相应的数字滤波器增益 kd 为，

$$kd = \frac{k\cdot\prod_{i=1}^{M}(2f_s - z_i)}{\prod_{i=1}^{N}(2f_s - p_i)} \tag{2.99}$$

可以看到，在 $H(z)$ 表达式中增加了 $N-M$ 个其值为 -1 的零点（模拟滤波器的零点个数不能大于极点个数）。

于是，在已知模拟滤波器传递函数的零极点表示时，双线性变换的基本步骤是：①利用式（2.96）计算数字滤波器的零点值；②利用式（2.97）计算数字滤波器的极点值；③利用式（2.99）计算数字滤波器的增益；④增加 $N-M$ 个其值为 -1 的零点。

基于式（2.93）的双线性变换近似得到，

$$s \approx 2T^{-1}\frac{z-1}{z+1} = 2T^{-1}\frac{e^{j\Omega T}-1}{e^{j\Omega T}+1} = 2T^{-1}\frac{e^{\frac{j\Omega T}{2}} - e^{-\frac{j\Omega T}{2}}}{e^{\frac{j\Omega T}{2}} + e^{-\frac{j\Omega T}{2}}} = 2T^{-1}\frac{j\sin\dfrac{\Omega T}{2}}{\cos\dfrac{\Omega T}{2}} = j2T^{-1}\tan\frac{\Omega T}{2}$$

式中，Ω 是模拟信号的角频率，单位为 rad/s，式右侧的 ΩT 是由双线性变换近似得到的数字

信号的被归一化的角频率，记为 ω，

$$\omega=\Omega T=\frac{\pi f}{\frac{f_s}{2}}=\frac{\pi f}{f_n} \tag{2.100}$$

式中，f_s是数字信号采样率；f_n是奈奎斯特频率，当频率f达到f_n时，$\omega=\pi$。在一些文献中称 Ω 为模拟角频率，ω 为数字角频率（例如，见万永革，2012，第217页），于是，

$$\frac{\Omega}{2f_s}=\tan\frac{\omega}{2} \tag{2.101}$$

$$\omega=2\tan^{-1}\left(\frac{\Omega}{2f_s}\right) \tag{2.102}$$

可见双线性变换的数字角频率 ω 和模拟角频率 Ω 之间的关系是非线性的，只有当信号频率远小于奈奎斯特频率时，正切三角函数近似为线性函数，二者才可近似为线性关系，因此，双线性变换更适用于频率较低的情况，对于接近奈奎斯特频率的信号，双线性变换产生的数字滤波器与原来的模拟滤波器的特性会相差较大。

为了减小这种非线性带来的误差，一种措施是进行频率预畸变（frequency prewarping），在从模拟角频率 Ω 到数字角频率 ω 的映射关系中引入非线性畸变，变成，

$$\omega=2\tan^{-1}\left(\frac{\Omega}{2\pi f_p}\tan\left(\frac{\pi f_p}{f_s}\right)\right) \tag{2.103}$$

在频率f_p处，将 $\Omega=2\pi f_p$ 代入上式，得到 $\omega=\pi f_p/(f_s/2)$，从而使模拟滤波器和数字滤波器的频率响应在频率f_p处相匹配。为此，在进行双线性变换时，先将式（2.101）中的f_s用 $2\pi f_p/\tan(\pi f_p/f_s)$ 代替，然后再进行上述双线性变换的基本步骤。在 Matlab 中完成上述过程的函数是[zd,pd] = bilinear(z,p,fs,fp)，其中输入变量是模拟滤波器的零点数组 z、极点数组 p 和采样率 fs(sps)，以及预畸变频率 fp(Hz)。注意 z 和 p 要以列矢量的形式给出。

调用 Matlab 双线性变换函数的常用格式是，

```
[zd,pd,kd]= bilinear(z,p,k,fs)
            [zd,pd,kd]= bilinear(z,p,k,fs,fp)
[numd,dend]= bilinear(num,den,fs)
[numd,dend]= bilinear(num,den,fs,fp)
```

其中，输入变量 z 和 p 分别为模拟滤波器的零点和极点组成的列矢量，num 和 den 是有理分式传递函数的分子和分母的系数矢量（行矢量），注意分子的阶数不能大于分母的阶数，fs 是要变成的数字滤波器对应的采样率，k 是增益因子，返回矢量 zd 和 pz 是相应数字滤波器的等效零点和极点列矢量，kd 是等效数字滤波器的增益。如果在输入数据中给出 fp，则在进行双线性变换之前要进行双线性变换的预畸变，fp 是给定的预畸变频率。

2.5.3.2 脉冲响应不变法

顾名思义，脉冲响应不变法是使数字滤波器的脉冲响应序列 $h(n)$ 等于模拟滤波器的响应 $h_a(t)$ 的采样值，即令，

$$h(n)=h_a(t)\big|_{t=nT}=h_a(nT) \tag{2.104}$$

式中，T 为采样间隔。于是，数字滤波器的传递函数，

$$H(z)=Z[h(n)]=Z[h_a(nT)] \tag{2.105}$$

利用脉冲响应不变法，由模拟滤波器的传递函数 $H_a(s)$ 求相应的数字滤波器传递函数的具体步骤是（万永革，2012）：

（1）求模拟滤波器的单位脉冲响应 $h_a(t)$，即求 $H_a(s)$ 的拉普拉斯逆变换：

$$h_a(t)=\mathrm{L}^{-1}[H_a(s)] \tag{2.106}$$

或者，如果已知模拟滤波器的频率响应 $H(\omega)$，可通过傅里叶逆变换得到单位脉冲响应 $h_a(t)$（见 2.5.1.6 小节的时间域模拟滤波）

（2）利用式（2.104）求数字滤波器的脉冲响应序列 $h(n)$。

（3）对 $h(n)$ 进行 z 变换，得到传递函数 $H(z)$。

在 Matlab 中有实现脉冲响应不变法的函数 impinvar，可直接调用以实现脉冲响应不变法，调用格式是[bz,az] = impinvar(b,a,fs)，输入变量 b 和 a 分别为模拟滤波器的有理分式传递函数的分子和分母的系数，注意分子的阶数不能大于分母的阶数，fs 是要变成的数字滤波器对应的采样率，返回矢量 bz 和 az 是相应数字滤波器的分子和分母系数，该数字滤波器的脉冲响应与该模拟滤波器的脉冲响应采样值相同。

要注意的是，为得到好的结果，模拟滤波器在高于二分之一采样率的频段内的频率响应应该很小，小到可以忽略的程度，以免这些高频成分在采样时会混淆到较低频带中。所以，脉冲响应不变法适于低通和带通滤波器，但不适于高通和带阻滤波器。2.5.3.4 小节中将结合示例对此做进一步讨论。

2.5.3.3　计算递归滤波器系数的有限差分近似法

Anderson 和 Lees（2014）讨论在时间域对地震记录波形进行地震仪器校正时，认为采用有限差分近似构造递归滤波器的方法优于上述脉冲响应不变法和双线性变换法。下面介绍 Anderson 和 Lees（2014）给出的递归滤波器系数的有限差分近似。

前文曾给出模拟滤波器传递函数的零极点表示，

$$H(s) = S\cdot A_0\frac{\prod_{i=1}^{M}(s-z_i)}{\prod_{i=1}^{N}(s-p_i)} = \frac{\sum_{j=0}^{M}\beta_j s^j}{G\cdot\sum_{i=0}^{N}\alpha_i s^i} \tag{2.107}$$

式中，$G=1/(S\cdot A_0)$；s 为滤波器在给定频率 f_0 的灵敏度；A_0 是传递函数的归一化因子，见式（2.63），

$$A_0 = \left|\frac{\prod_{i=1}^{N}(s-p_i)}{\prod_{i=1}^{M}(s-z_i)}\right|_{f=f_0}$$

式中，z_i 是传递函数的 M 个零点，$i=1,2,\cdots,M$；p_i 是传递函数的 N 个极点，$i=1,2,\cdots,N$。

根据拉普拉斯变换的微分性质，式（2.62）可改写为微分方程，

$$G\cdot\sum_{i=0}^{N-1}\alpha_i y^{(i)}(t) = \sum_{j=0}^{M-1}\beta_j x^{(j)}(t) \tag{2.108}$$

式中，$y^{(i)}(t)$是$y(t)$对t的i阶导数；$x^{(j)}(t)$是$x(t)$对t的j阶导数；系数β_j和α_i可由式（2.107）的分子和分母多项式展开计算出来。对一阶导数的有限差分近似是，

$$y^{(1)}(n\Delta t)\approx\frac{y(n\Delta t)-y[(n-1)\Delta t]}{\Delta t}=(\Delta t)^{-1}\sum_{k=0}^{1}(-1)^k\binom{1}{k}y_{n-k}=y_n^1 \tag{2.109}$$

对二阶导数的有限差分近似是，

$$\begin{aligned}y^{(2)}(n\Delta t)&\approx\frac{y^{(1)}(n\Delta t)-y^{(1)}[(n-1)\Delta t]}{\Delta t}\\&\approx\frac{y(n\Delta t)-y[(n-1)\Delta t]}{\Delta t^2}-\frac{y[(n-1)\Delta t]-y[(n-2)\Delta t]}{\Delta t^2}\\&=\Delta t^{-2}(y_n\quad 2y_{n-1}+y_{n-2})=(\Delta t)^{-2}[(-1)^0y_n+(-1)^1 2y_{n-1}+(-1)^2y_{n-2}]\\&=(\Delta t)^{-2}\sum_{k=0}^{2}(-1)^k\binom{2}{k}y_{n-k}=y_n^2\end{aligned} \tag{2.110}$$

一般地，对i阶导数的有限差分近似是，

$$y^{(i)}(n\Delta t)\approx(\Delta t)^{-i}\sum_{k=0}^{i}(-1)^k\binom{i}{k}y_{n-k}=y_n^i \tag{2.111}$$

类似地，

$$x^{(j)}(n\Delta t)\approx(\Delta t)^{-j}\sum_{k=0}^{j}(-1)^k\binom{j}{k}x_{n-k}=x_n^j \tag{2.112}$$

以$\binom{m}{k}$表示二项式系数，等于m个元素中k个元素的组合，

$$\binom{m}{k}=\frac{m!}{(m-k)!k!} \tag{2.113}$$

式中“!”代表阶乘，$m!=m\cdot(m-1)\cdot(m-2)\cdots1$，式（2.111）中的$i$和式（2.112）中的$j$对应于这里的$m$。于是，方程（2.108）可改写为，

$$G\cdot\sum_{i=0}^{N-1}\alpha_i y_n^i(t)=\sum_{j=0}^{M-1}\beta_j x_n^j(t) \tag{2.114}$$

将式（2.111）和式（2.112）代入式（2.108），经重新组合并利用二项式系数的表达式，可得到如下形式的递归滤波器，

$$G\cdot\sum_{i=0}^{N-1}a_i y_{n-i}=\sum_{j=0}^{M-1}b_j x_{n-j} \tag{2.115}$$

其中的自回归系数a_i和滑动平均系数b_j为，

$$a_i=\sum_{k=i}^{N-1}\binom{k}{i}\alpha_k(\Delta t)^{-k} \tag{2.116}$$

$$\beta_j = \sum_{k=j}^{M-1} \binom{k}{j} \beta_k (\Delta t)^{-k} \tag{2.117}$$

然而，由于离散化效应，得到的数字滤波器的频率响应与原来的模拟滤波器的频率响应会有差别。这需要预先对式（2.107）的极点和零点（p 和 z）或式（2.114）的差分方程系数（α_i和β_j）或式（2.115）的滤波器系数（a_i和 b_j）进行适当的调整（Anderson and Lees, 2014）。

2.5.3.4　巴特沃斯数字滤波器

下面以一个二阶高通巴特沃斯滤波器为例，说明如何由一个模拟滤波器来构造一个数字滤波器。二阶高通巴特沃斯滤波器的传递函数为（对比频率响应式（2.72）），

$$\begin{aligned} B(s) &= \frac{s^2}{s^2 + \sqrt{2}\omega_0 s + \omega_0^2} \\ &= \frac{s^2}{(s-p_1)(s-p_2)} \end{aligned} \tag{2.118}$$

可见有两个值为 0 的零点，两个极点（式中 f_0 为滤波器截止频率），

$$p_{1,2} = -\frac{\sqrt{2}}{2}\omega_0(1 \pm \mathrm{i}) = (+4.4429 \mp 4.4429\mathrm{i})f_0 \tag{2.119}$$

式中的 $\mathrm{i} = \sqrt{-1}$。本章余下的公式中的 i 均为 $\sqrt{-1}$。

（1）采用双线性变换法。

设采样率 f_s=100sps，$f_0 = 1$Hz，于是 $\omega_0 = 2\pi f_0 = 6.2832$rad/s，由式（2.96），

$$zd_i = \frac{1 + \frac{z_i}{2f_s}}{1 - \frac{z_i}{2f_s}} = 1,\ i - 1,\ 2 \tag{2.120}$$

由式（2.97）得，

$$pd_{1,2} = \frac{1 - \dfrac{\frac{\sqrt{2}}{2}\omega_0(1 \pm \mathrm{i})}{2f_s}}{1 + \dfrac{\frac{\sqrt{2}}{2}\omega_0(1 \pm \mathrm{i})}{2f_s}} = 0.9556 \mp 0.0425\mathrm{i} \tag{2.121}$$

由式（2.99）得，

$$kd = \frac{k \cdot \prod_{i=1}^{M}(2f_s - z_i)}{\prod_{i=1}^{N}(2f_s - p_i)} = \frac{k \cdot 2f_s \cdot 2f_s}{\left(2f_s + \frac{\sqrt{2}}{2}\omega_0 - \frac{\sqrt{2}}{2}\omega_0 \mathrm{i}\right)\left(2f_s + \frac{\sqrt{2}}{2}\omega_0 + \frac{\sqrt{2}}{2}\omega_0 \mathrm{i}\right)} = 0.9566k \tag{2.122}$$

在计算 kd 时，复数运算结果是虚部为零，可以理解为 kd 是其计算结果的实部。于是，针对采样率 $f_s = 100$sps，截止频率为 1Hz 的二阶高通巴特沃斯滤波器通过双线性变换得到相

应的数字滤波器，其零极点表达式为，

$$B(z)=\frac{0.9566k\ (z-1)^2}{[z-(0.9556+0.0425\mathrm{i})][z-(0.9556-0.0425\mathrm{i})]} \tag{2.123}$$

图 2.22 为采用双线性变换由模拟二阶高通巴特沃斯滤波器构造的数字滤波器的零极点分布。

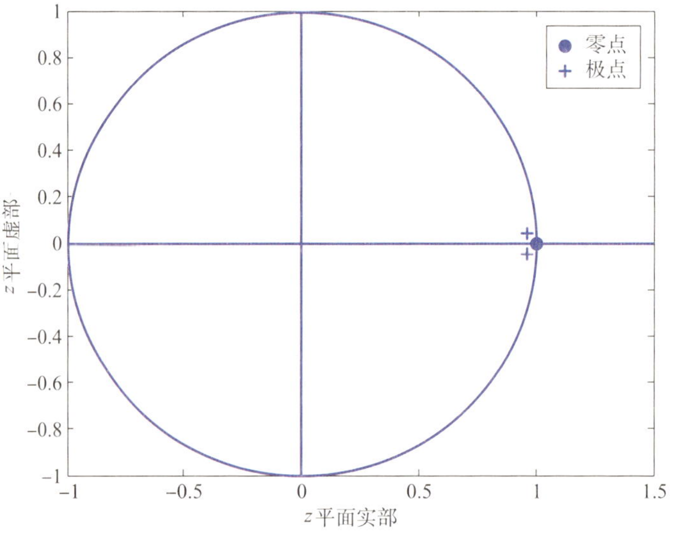

图 2.22　采用双线性变换由模拟二阶高通巴特沃斯滤波器构造的数字滤波器的零极点分布

（2）脉冲响应不变法。

前面已说明，脉冲响应不变法不适于高通滤波器和带阻滤波器。在二阶高通滤波器的情况下，使用脉冲响应不变法得到了一个不合理的结果，本来预期产生一个高通滤波器，结果却是一个低通滤波器。这个实例说明，不是在任何情况下都可以使用脉冲响应不变法。

为了说明脉冲响应不变法的应用，这里再举一个截止频率为 f_0 的二阶低通滤波器的例子。模拟二阶低通巴特沃斯滤波器的传递函数是，

$$\begin{aligned} B(s) &= \frac{-\omega_0^2}{s^2+\sqrt{2}\omega_0 s-\omega_0^2} \\ &= \frac{-\omega_0^2}{(s-p_1)(s-p_2)} \end{aligned} \tag{2.124}$$

$$p_{1,2}=-\frac{\sqrt{2}}{2}\omega_0(1\pm\mathrm{i})=(-4.4429\mp4.4429\mathrm{i})f_0 \tag{2.125}$$

利用 Matlab 函数 bilinear 和 impinvar 将模拟滤波器传递函数分子系数数组 b 和分母系数数组 a 转换成数字滤波器传递函数分子系数数组 bd 和分母系数数组 ad，再利用函数 freqs 和 freqz 分别得到模拟和数字滤波器的频率响应，其幅频响应示于图 2.23，图 2.23(a)~(e)对应截止频率分别为 1Hz、10Hz、20Hz、30Hz 和 40Hz。由图可见，随着截止频率的提高，脉冲响应不变法得到的数字滤波器的幅频响应与原模拟滤波器的幅频响应相差越来越大，到

40Hz 时，数字滤波器已不再是一个低通滤波器，而变成高通滤波器了。相比之下，双线性变换得到的数字滤波器的幅频特性更接近于原来的模拟滤波器。

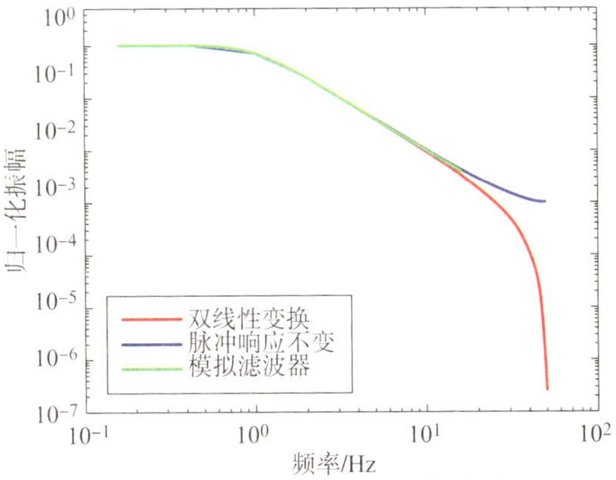

（a）低通滤波器振幅响应，截止频率=1Hz

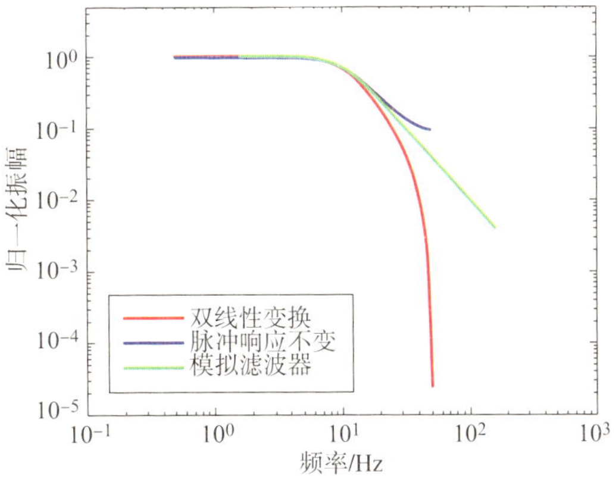

（b）低通滤波器振幅响应，截止频率=10Hz

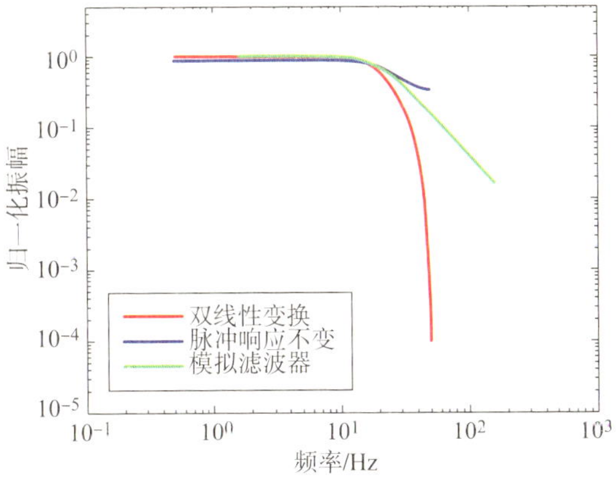

（c）低通滤波器振幅响应，截止频率=20Hz

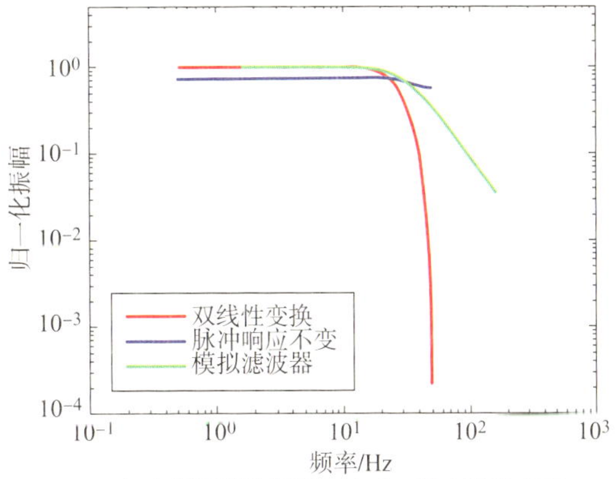

（d）低通滤波器振幅响应，截止频率=30Hz

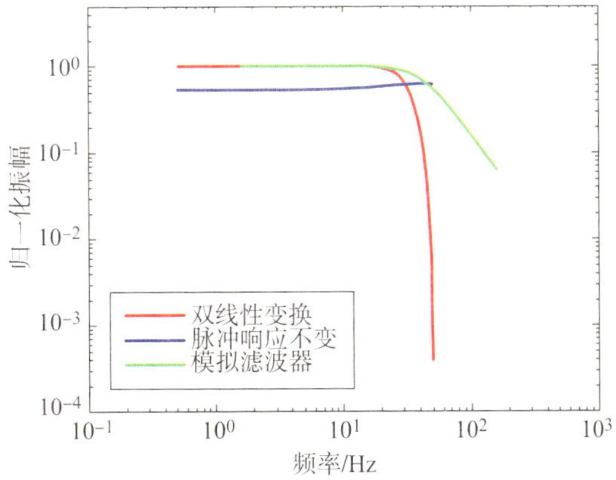

（e）低通滤波器振幅响应，截止频率=40Hz

图 2.23　不同截止频率的二阶低通模拟巴特沃斯滤波器及相应数字滤波器幅频特性的比较

（3）有限差分近似。

仍以二阶高通巴特沃斯滤波器为例，实现从模拟滤波器到数字滤波器的有限差分近似。由二阶高通巴特沃斯滤波器的传递函数，见式（2.118），

$$B(s)=\frac{s^2}{s^2+\sqrt{2}\omega_0 s+\omega_0^2}=\frac{s^2}{(s-p_1)(s-p_2)}$$

得到微分方程，

$$\frac{\mathrm{d}^2y}{\mathrm{d}t^2}+\sqrt{2}\omega_0\frac{\mathrm{d}y}{\mathrm{d}t}+\omega_0^2=G\frac{\mathrm{d}^2x}{\mathrm{d}t^2}\tag{2.126}$$

于是得到近似的差分方程，

$$(\Delta t)^{-2}(y_i-2y_{i-1}+y_{i-2})+\sqrt{2}\omega_0(\Delta t)^{-1}(y_i-y_{i-1})+\omega_0^2y_i=G(x_i-2x_{i-1}+x_{i-2})$$

$$[(\Delta t)^{-2}+\sqrt{2}\omega_0(\Delta t)^{-1}+\omega_0^2]y_i-[2(\Delta t)^{-2}+\sqrt{2}\omega_0(\Delta t)^{-1}]y_{i-1}+(\Delta t)^{-2}y_{i-2}=G(x_i-2x_{i-1}+x_{i-2})$$

$$y_i=\frac{G(x_i-2x_{i-1}+x_{i-2})+[2(\Delta t)^{-2}+\sqrt{2}\omega_0(\Delta t)^{-1}]y_{i-1}-(\Delta t)^{-2}y_{i-2}}{(\Delta t)^{-2}+\sqrt{2}\omega_0(\Delta t)^{-1}+\omega_0^2}$$

对照数字递归滤波器的一般公式（式2.76），有

$$y_i=\sum_{j=0}^{N}b_j\cdot x_{i-j}-\sum_{j=1}^{L}a_j\cdot y_{i-j}\tag{2.127}$$

式中，

$$b_0=\frac{G}{k}$$

$$b_1=\frac{-2G}{k}$$

$$b_2=\frac{G}{k}$$

$$a_0=1$$

$$a_1=-\frac{2(\Delta t)^{-2}+\sqrt{2}\omega_0(\Delta t)^{-1}}{k}$$

$$a_2=\frac{(\Delta t)^{-2}}{k}$$

$$k=(\Delta t)^{-2}+\sqrt{2}\omega_0(\Delta t)^{-1}+\omega_0^2$$

图2.24给出二阶高通模拟滤波器与其有限差分近似数字滤波器的幅频特性比较，这里给出两个示例，一个示例的截止频率为1Hz，另一个为10Hz（结果见图2.24）。

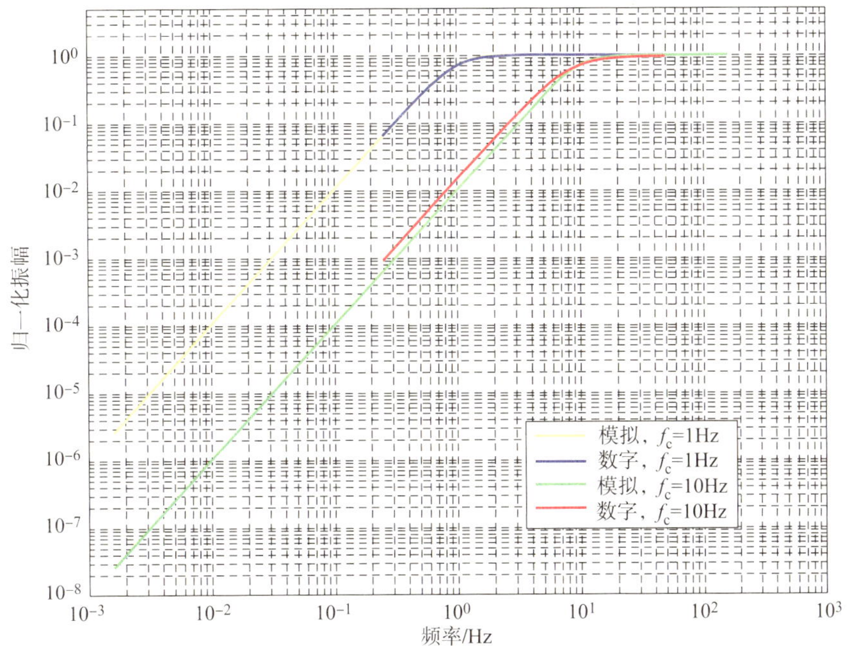

图 2.24　二阶高通模拟滤波器与其有限差分近似数字滤波器的幅频特性比较

2.6 结　　语

其实，地震波形数据预处理的内容还是很丰富的。由于章节的篇幅限制，关于为去掉地震仪器响应的影响而进行的地动恢复处理以及地震仪仿真的内容将在第 3 章中讨论。本章中讨论的数字滤波器的内容，可以作为理解第 3 章的基础。

第3章　地震记录的仪器校正和仿真

从地震记录处理的实际需要出发，可把地震仪分成模拟地震仪和数字地震仪两大类。模拟地震仪是指在数字地震观测发展之前广泛使用的能产生模拟地震记录的地震仪，包括地震计和模拟记录器两个主要组成部分。在今天，除了用于展示的目的之外，在常规地震观测中已很少使用，但由于测定传统震级的需要（GB 17740—2017《地震震级的规定》，中华人民共和国国家质量监督检验检疫局，中国国家标准化管理委员会发布（2017）），还要从现代数字地震记录仿真成选定类型的模拟地震仪记录。因此，即使仅仅为了进行对数字地震记录的处理，也仍然需要了解传统的模拟地震仪。更何况，前人还给我们留下了大量宝贵的模拟地震图，对这些地震图的有效开发，需要对生成这些模拟地震图的地震仪系统的特性有所了解。当然，这里仅从地震记录处理的需要来讨论地震仪的特性，对于模拟地震仪的工作原理及其物理结构，可参阅有关文献，例如《测震学原理与方法》（中国地震局监测预报司，2017）、《地震观测技术》（国家地震局科技监测司，1995）、《地震仪器概论》（中国科学院地球物理研究所，1975）、《地震观测系统的标定与检查》（王广福，1986），这里不再引述。

直到今天，数字地震仪的地震计部分仍然是模拟系统，其输出的电压信号经数据采集器中的模数转换器和一系列数字滤波器，产出数字地震记录。由于数字地震仪中包含了数字滤波器，在对数字地震记录进行地震仪器校正时，通常是分别考虑地震仪的模拟地震计部分和数据采集器中的数字滤波器部分。因此，即使是数字地震仪，首先要进行的也是消除模拟地震计部分对地震记录的影响。与传统的地震计相比，在现代数字地震仪采用的地震计中一般还包含了低通滤波器部分作为数字化之前的去假频滤波器。至于数据采集器中的数字滤波器对地震记录的影响，还仅限于研究地震记录的初动波形等特殊问题时考虑，在利用地震波形反演震源参数的问题中，通常只对模拟地震计部分对地震记录波形的影响进行校正，特别是，由于这类问题中使用的是较长周期的地震波形，为简化处理，尤其是为了实现实时或准实时处理，往往不是考虑地震计在全频段的特性，而只考虑其低频段，即忽略地震计中去假频滤波器的影响，从而把地震计看作是一个二阶的高通巴特沃斯滤波器。关于二阶高通滤波器，已在第2章中进行了较为充分的讨论。

3.1　地震仪的输入与输出

在讨论如何对地震仪记录数据进行仪器响应校正之前，有必要先分析一下地震仪的输入和输出。

3.1.1　地震仪的输入

地震仪的地震计部分安放在地震计墩上，地震计的底脚与地震计墩的表面密切耦合，从而使地震计能感知地震计墩的运动。安装在基岩上的地震计，地震计实际感知的是地面运动。至于安装在井下的地震计，也是通过地震计底座与井底的耦合或地震计外壳与井壁的耦合，来感知地震计周围基岩的运动。建在土层上的台，地震计实际感知的是附加了土层场地效应的地面运动。为叙述简明，以下统称地面运动，有时简称“地动（ground motion）”，不再特别说明地震计是在基岩或土层地震计墩上还是在井下。

对于地面运动，可以用不同的力学量来描述，有位移、速度、加速度、加加速度，甚至加加加速度，等等。这些量的关系是，自速度起，依次为前一个量的时间导数。记位移为$u(t)$，则速度为 $v(t)=\mathrm{d}u/\mathrm{d}t$，加速度为 $a(t)=\mathrm{d}v/\mathrm{d}t=\mathrm{d}^2u/\mathrm{d}t^2$，加加速度（又称“急动度（jerk）”）$j(t)=\mathrm{d}a/\mathrm{d}t=\mathrm{d}^2v/\mathrm{d}t^2=\mathrm{d}^3u/\mathrm{d}t^3$，等等。当然，实际上常用的只是位移、速度和加速度。这就是说，用上述任何一个量来描述地面运动都是唯一的，只不过选用其中的哪一个来描述地面运动，要考虑地动的频段。同样大小的位移，频率高的地动的速度要高于频率低的地动的速度，而加速度的差异则更大。例如，如果地动位移是单频率f的简谐运动，记为$u(t,\omega)=u_0\cos\omega t$，$\omega=2\pi f$，$f$为频率，则地动速度为$v(t,\omega)=\mathrm{d}u/\mathrm{d}t=\omega u_0\cos(\omega t+\pi/2)$，其振幅与频率成正比。地面运动加速度$a(t,\omega)=\mathrm{d}v/\mathrm{d}t=\mathrm{d}^2u/\mathrm{d}t^2=\omega^2u_0\cos(\omega t+\pi)$，其振幅与频率的平方成正比。如果用指数形式表示，有：$u(t,\omega)=u_0\mathrm{e}^{\mathrm{i}\omega t}$，$v(t,\omega)=\mathrm{d}u/\mathrm{d}t=\omega u_0\mathrm{e}^{\mathrm{i}\left(\omega t+\frac{\pi}{2}\right)}$，$a(t,\omega)=\mathrm{d}v/\mathrm{d}t=\mathrm{d}^2u/\mathrm{d}t^2=\omega^2u_0\mathrm{e}^{\mathrm{i}(\omega t+\pi)}$，要明确的是，实际的地动信号只是指数的实部。

总之，可以说地震仪的输入是地面运动，该地面运动可用位移、速度、加速度等描述。

3.1.2 地震计的输出

不论是传统的模拟地震仪，还是现代的数字地震仪，其地震计部分都是模拟系统，输出的是连续的随时间变化的电压量（伍德－安德森地震仪以及其他机械式地震仪除外），为与速度的符号v相区别，下文中用vol表示，其标准单位是“伏（volt）”，当把地震计的输出电压值vol与地动联系起来的时候，需要明确是与哪个描述地面运动的量发生关系，位移、速度还是加速度?

仍以单频率的简谐地动位移$u(t,\omega)=u_0\mathrm{e}^{\mathrm{i}\omega t}$为例，地震仪的输出电压与地动位移的关系是，

$$\begin{aligned}\mathrm{vol}(t,\omega)&=A_d(\omega)\mathrm{e}^{\mathrm{i}\Theta_d(\omega)}\cdot u(t,\omega)=A_d(\omega)\mathrm{e}^{\mathrm{i}\Theta_d(\omega)}\cdot u_0\mathrm{e}^{\mathrm{i}\omega t}\\&=A_v(\omega)\mathrm{e}^{\mathrm{i}\Theta_v(\omega)}\cdot\omega u_0\mathrm{e}^{\mathrm{i}\left(\omega t+\frac{\pi}{2}\right)}=\left(A_d(\omega)\mathrm{e}^{\mathrm{i}\left[\Theta_d(\omega)+\frac{\pi}{2}\right]}\cdot\omega\right)u_0\mathrm{e}^{\mathrm{i}\omega t}\end{aligned}\tag{3.1}$$

于是得到，

$$A_d(\omega)=A_v(\omega)\omega,\ \Theta_d(\omega)=\Theta_v(\omega)+\frac{\pi}{2}\tag{3.2}$$

类似地，得到，

$$A_d(\omega)=A_a(\omega)\omega^2,\ \Theta_d(\omega)=\Theta_a(\omega)+\pi\tag{3.3}$$

式（3.1）、式（3.2）和式（3.3）中的$A_d(\omega)\mathrm{e}^{\mathrm{i}\Theta_d(\omega)}$、$A_v(\omega)\mathrm{e}^{\mathrm{i}\Theta_v(\omega)}$、$A_a(\omega)\mathrm{e}^{\mathrm{i}\Theta_a(\omega)}$分别是地震计在角频率$\omega$的地动位移频率响应、速度频率响应和加速度频率响应，$A_d(\omega)$、$A_v(\omega)$、$A_a(\omega)$分别是地震计在角频率ω的地动位移振幅响应、速度振幅响应和加速度振幅响应，$\Theta_d(\omega)$、$\Theta_v(\omega)$、$\Theta_a(\omega)$分别是地震计在角频率ω的地动位移相位响应、速度相位响应和加速度相位响应。

3.1.3 模拟地震仪的输出

电流计光记录（例如基式（SK）地震仪）或动圈式记录笔笔绘记录（例如 DD－1 地震仪）模拟地震仪的输出是模拟的地震图，当量取图上记录曲线某点的幅度值时是以长度单位来标度的，例如多少毫米（mm），因此，往往把量取的幅度值与地动位移关联起来，如果电流计或记录笔的频率响应为 $B(\omega)e^{i\Phi(\omega)}$，则地震仪的输出为，

$$\begin{aligned} y(t,\omega) &= \mathrm{vol}(t,\omega)\cdot B(\omega)e^{i\Phi(\omega)} = A_d(\omega)e^{i\Theta_d(\omega)}\cdot u(t,\omega)\cdot B(\omega)e^{i\Phi(\omega)} \\ &= U_d(\omega)e^{i\Psi(\omega)}\cdot u(t,\omega) \end{aligned} \tag{3.4}$$

于是，

$$U_d(\omega)=A_d(\omega)\cdot B(\omega),\ \Psi_d(\omega)=\Theta_d(\omega)+\Phi(\omega) \tag{3.5}$$

类似地，

$$U_v(\omega)=A_v(\omega)\cdot B(\omega),\ \Psi_v(\omega)=\Theta_v(\omega)+\Phi(\omega) \tag{3.6}$$

$$U_a(\omega)=A_a(\omega)\cdot B(\omega),\ \Psi_a(\omega)=\Theta_a(\omega)+\Phi(\omega) \tag{3.7}$$

于是有，

$$U_d(\omega)=U_v(\omega)\omega=U_a(\omega)\omega^2 \tag{3.8}$$

式中，$U_d(\omega)$、$U_v(\omega)$、$U_a(\omega)$ 分别为模拟地震仪在角频率 ω 的地动位移振幅响应、速度振幅响应和加速度振幅响应；$\Psi_d(\omega)$、$\Psi_v(\omega)$、$\Psi_a(\omega)$ 分别为模拟地震仪在角频率 ω 的地动位移相位响应、速度相位响应和加速度相位响应。

这样，在模拟地震图时代的地震图分析中，便可以由近乎单频的（或者说近单色的）地震记录 $y(\omega)$ 估计地动位移 $u(\omega)$，

$$u(\omega)=\frac{y(\omega)}{U_d(\omega)} \tag{3.9}$$

$U_d(\omega)$ 传统上称为放大倍数，因为对于模拟记录器，式（3.9）给出地动位移被放大了多少倍。例如，如果地动位移是 0.001mm，而放大倍数是 10000，那么在纸记录地震图上的振幅将是 10000×0.001mm＝10mm。

类似地，如果想要确定地动速度，则有，

$$\dot{u}(\omega)=v(\omega)=\frac{y(\omega)}{U_v(\omega)} \tag{3.10}$$

式中，$U_v(\omega)$ 是速度振幅响应。

如果想要确定地动加速度，则有，

$$\ddot{u}(\omega)=a(\omega)=\frac{y(\omega)}{U_a(\omega)} \tag{3.11}$$

式中，$U_a(\omega)$ 是加速度振幅响应。

传统的模拟地震仪，如 DD－1、SK 等，在一定频段内其位移的放大倍数近似为常数，因此，位移响应 $U_d(\omega)$ 可表示为 $U_0U_1(\omega)$，其中 U_0 为地震仪频带内某指定频率的放大倍

数，称作静态放大倍数，而 $U_1(\omega)$ 是对应于该指定频率的归一化位移频率响应。由于在频带内的位移响应是接近平坦的，一般并不明确给出该指定频率。

这种简单的单频仪器响应校正曾被广泛地用于由模拟地震图测定最大地动位移以确定震级。这一测量假定信号几乎是单色的，即单一频率的简谐振动，对于传统的窄频带仪器往往是这样。图 3.1 是天津蓟县地震台短周期地震仪 DD－1 的 2008 年 5 月 12 日 14:49 至 15:58 记录地震图的一部分，记录了 2008 年 5 月 12 日汶川地震的部分波形。地震图的左上角标明了地震仪的静态放大倍数，3 个分向的放大倍数都达到 10 万倍以上。图 3.2 是我国 20 世纪 90 年代用于大地震速报的 DK－1 中长周期地震仪纸介质地震图举例，可以看到记录中的面波部分近乎单色，所以用上述振幅响应曲线给出的放大倍数，能得到几乎准确的地动位移。注意在图 3.1 和图 3.2 中可以清楚地看到由于记录笔的摆动造成的波形畸变，在利用模拟地震图的数字化波形时，应进行记录笔失真校正。

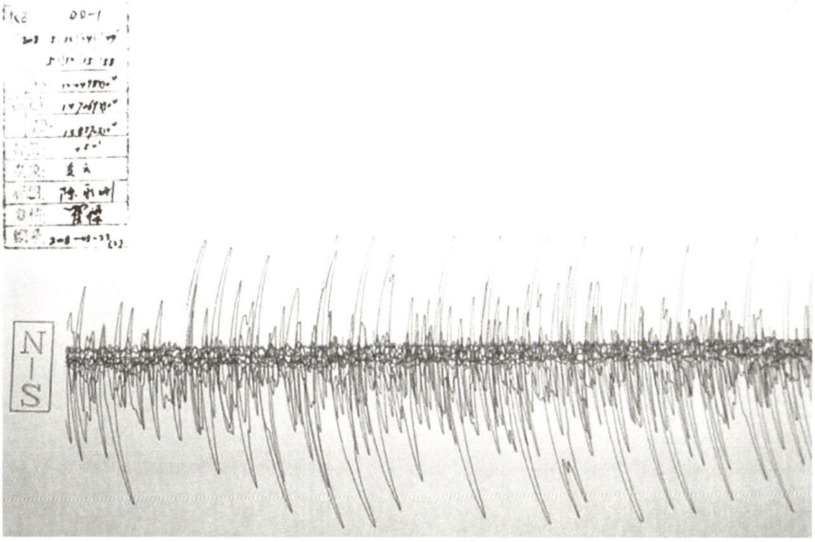

图 3.1 天津蓟县地震台短周期地震仪 DD－1 记录的地震图（2008 年 5 月 12 日 14:49 至 15:58）的一部分（天津蓟县地震台提供）

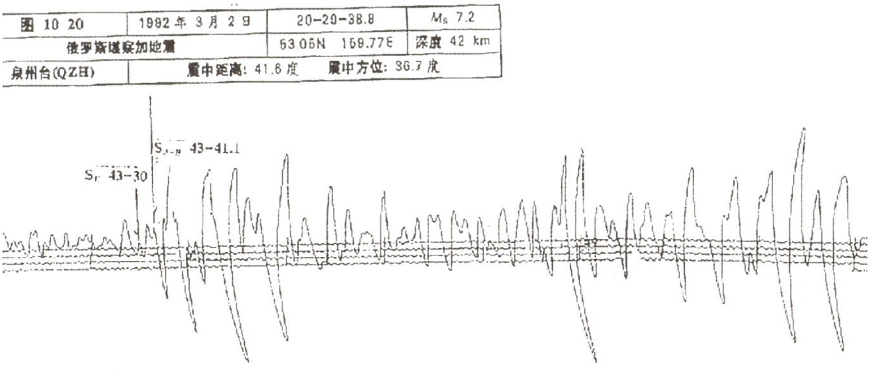

图 3.2 俄罗斯堪察加地震在泉州台 DK－1 中长周期地震仪上的纸介质记录图的一部分（取自王成凤、李丽制作、张少泉审核的《典型模拟地震波形图集》(电子版)，2003）

3.1.4 数字地震仪的输出

数字地震仪由模拟地震计和数据采集器两部分组成，其输出是离散的时间序列，是由数据采集器中的模数转换器根据给定的采样间隔对模拟地震计的输出电压进行采样，再对采样的电压值进行量化后，得到的一系列数值，通称数字数（count，在《地震及前兆数字观测技术规范（试行）——地震观测》（中国地震局，2001）第二篇第3条中曾使用“康特”）。这个数值实际上是地震计输出电压的采样值，只不过这个电压值的单位没有取伏（V）或毫伏（mV），而是一个要小得多的单位，

$$v_x = \frac{V_{p-p}}{2^n - 1}$$

式中，V_{p-p}是模数转换器的允许输入电压峰峰值；n是模数转换器的位数；v_x被称作数据采集器的量化因子。

$$\frac{1}{v_x} = \frac{2^n - 1}{V_{p-p}}$$

称作数据采集器的转换灵敏度。例如，一个24位数据采集器（$n=24$），如果工作量程为±10V（输入电压峰峰值为20V），则有，

$$v_x = \frac{20}{2^{24} - 1} = 1.192\mu V/count$$

而16位数据采集器（$n=16$），若工作量程为±10V（输入电压峰峰值为20V），则有，

$$v_x = \frac{20}{2^{16} - 1} = 305.18\mu V/count$$

可见量化因子不同的模数转换器产生的单位数字量（1个count）代表的电压值是不同的，就是说，在同一地震计墩上的两台同型号地震计尽管输出的电压值相同，但如果使用不同量化因子的模数转换器，则产生的count数是不同的，但它们代表相同的量化电压值，只不过采用的非标准电压单位不同。

由此看来，如果只讲数字地震仪的输出是数字数，且称之为无量纲的量，便多少给数字地震仪的输出蒙上了一点神秘色彩。然而，如上所述，可以把它理解为一个以某非标准电压单位为单位的电压值，也就是地震计输出电压的量化值。在这个意义上，可以说数字地震仪的输出是对模拟地震计输出电压的量化，其量化的电压值就是那个数字数，其单位是模数转换器的量化因子给出的电压值。因此，可以说数字地震仪的输出是有量纲的，量纲为电压。

当把对数字地震仪输出的解释回归到不过是地震计输出模拟电压的量化值，就可以得到所谓“简化型”数字地震仪，它的实质仍然是模拟地震计，只是对其输出进行了采样和量化。

但是，现代数字地震仪的数据采集器部分不只包含模数转换器，还包含一系列的数字滤波器，这使得总体上看，数字地震仪是一个数字系统，应该用数字系统和数字时间序列的理论与方法来分析数字地震仪及其输出数据。这时，数字地震仪的输出数据不仅受模拟地震计部分的影响，还受一系列数字滤波器的影响，还要考虑采样过程对数字序列的影响，可以把这样考虑的数字地震仪称作“混合型”数字地震仪。再有，在细化处理数字地震仪的输出时，有时要把模拟地震计近似为一个数字滤波器，从而构成完全的数字系统，可以称它为“完全型”数字地震仪。这样，同一套数字地震仪的输出可分成简化型、混合型和完全型三种数字地震仪输出，对每种输出采用的处理方法会不同，适用的问题也会不同。做这样分类

的目的在于能全面地理解在实际问题中对数字地震仪输出的不同处理方法以及不同作者从不同角度所强调的方面。

例如，对简化型数字地震仪的输出，有两种处理方式，一种是把数字地震仪的数据采集器仅看作是一个模数转换器，只是对地震计模拟量输出进行采样和量化，从而能在计算机中进行数据处理。这样，对地震仪的特性分析和对输出数据的处理完全是基于模拟系统分析（拉普拉斯变换）和连续时间序列处理的方法和理论。在这个意义上，可以说对简化型数字地震仪输出数据的分析只是模拟系统输出信号分析的数字计算机实现。这时，引入模数转换的好处是在地震计的输出端口实现了大动态范围的数字化，避免了远程模拟传输和模拟记录过程中引入的噪声和对动态范围的限制，与宽频带、大动态范围的地震计匹配，体现了地震仪的宽频带、大动态和高精度的优点。对于地震波形分析而言，这种处理方式是实践中的优选方式，例如，为测定震级 M_L 和 M_S 需进行地震仪仿真，在 GB 17740—2017《地震震级的规定》的宣贯教材（刘瑞丰等，2017）中介绍的频率域地震仪仿真可以理解为是基于对数字地震仪输出的这种简化处理方式。再有，为反演地震矩张量而进行的频率域滤波和去仪器响应，以及由地震震源谱估计震源参数等，也都是这种简化方式的体现。

第 2 章介绍过从模拟滤波器构造数字滤波器，与此类似，对简化型数字地震仪输出信号的第 2 种处理方式是用等效的数字滤波器来近似模拟地震计，进而在数字域中分析地震计或模拟地震仪对地动的影响，在数字域进行地震仪器响应校正和地震仪仿真。由于实现了数字滤波器，可以实现实时或准实时条件下对地震波形去仪器响应。例如 Kanamori 和 Rivera（2008）构造的递归滤波器用于在时间域从宽频带记录中得到 W 震相波形。

混合型数字地震仪的输出被看作是模拟地震计输出经模数转换器变成数字量，再通过数据采集器中的一系列数字滤波器，得到最终的地震仪输出。因此，通常所说数字地震仪实际上是一个混合型数字地震仪，基于这一认识所进行的地震仪器响应校正和地震仪仿真以及各种地震波形分析是最符合数字地震仪物理构成实际的处理方法。

至于对完全型数字地震仪输出的处理，首先如简化型数字地震仪输出的第 2 种处理那样，将模拟地震计转换成等效的数字滤波器，然后和数据采集器中的系列滤波器级联，构成完全的数字系统，进而构成该数字系统的反滤波器，于是，对数字地震记录的仪器校正转变为利用这一反滤波器对地震记录进行滤波。

3.2　地震仪的特性描述

在讨论地震仪器校正和地震仪仿真之前，还有必要从地震记录处理的角度分析地震仪的特性。这时，需要关心的不是地震仪各组成部分的物理构成，而是地震仪各组成部分的仪器常数以及这些常数对地震仪响应特性的贡献。

3.2.1　作为模拟系统的地震计和地震仪

如果不考虑地震计的内部结构特性，那么，地震计实质上是一个模拟高通滤波器或模拟带通滤波器。传统的模拟地震仪是地震计和记录器的组合，从而构成模拟带通滤波器，而现代数字地震仪则是模拟滤波器（地震计）与数据采集器中的数字滤波器的组合。第 2 章中用大量篇幅讨论模拟滤波器特性的目的之一就是为本章提供理论基础。

既然地震计是一个模拟的高通滤波器，便可以用地震计的基本参数导出地震计的频率特性、传递函数和脉冲响应来描述一个地震计的特性（参见 2.5.1 小节关于模拟滤波器的特性描述）。

上节已经说明，地震计的输入是地面运动，可以用位移、速度或加速度来描述，而输出量是电压信号，因此，在描述地震计特性时，必须明确是针对地动位移、针对地动速度还是针对地动加速度给出的地震计特性，否则将不能正确地从地震计的记录信号获得有确定物理量纲的地动信号。

传统的地震仪是由模拟地震计和模拟记录装置构成，模拟记录装置有用于光记录的电流计，如基式（SK）地震仪，有用动圈式记录笔的，如 DD-1、DK-1 地震仪，在地震计和记录装置之间还加有电子放大器之类耦合部件。因此，对传统的模拟地震仪的描述应包含地震计、记录装置以及二者之间的耦合部件的特性。

Matlab 程序 M03_01_td2paz.m 用地震仪中的地震计和记录器的固有周期与阻尼计算零极点值，Matlab 程序 M03_01_paz2td.m 进行逆运算。Matlab 程序 M03_01_paz2freqs.m 由地震计或地震仪的零极点参数计算其幅频响应和相频响应，并绘制幅频响应和相频响应图。

本节中以我国使用最广泛的短周期地震仪 DD-1、中长周期地震仪 SK 和国际上最有影响的地震计 STS-1 为例，讨论对地震计和地震仪特性的描述。

3.2.2 DD-1 地震仪

DD-1 地震仪是我国长期广泛使用的标准短周期地震仪，在数字化地震观测的今天，DD-1 地震仪的地震计部分 DS-1 及其改进型仍在使用。在《地震及前兆数字观测技术规范（试行）——地震观测》（中国地震局，2001）中也规定，在利用数字地震记录测定震级 M_L 时，应仿真成 DD-1 或 W-A 地震仪记录。由于在我国并没有过真正的 W-A 地震仪观测，而我国在模拟地震观测时代又长期以 DD-1 地震仪记录测定 M_L，因此，仿真 DD-1 记录更符合我国的实际，也有利于我国地震目录中 M_L 震级的延续。在 GB 7740—2017《地震震级的规定》中再次重申了在测定 M_L 震级时对仿真 DD-1 地震仪的要求。

DD-1 地震仪由地震计 DS-1、记录器 DJ-1 和连接这两部分的电子线路组成。

3.2.2.1 地震计 DS-1

地震计 DS-1 的标称常数是固有周期 $T_1=1.0\text{s}$，阻尼 $D_1=0.45$，针对地动速度的传递函数有理分式表示是，

$$H_1(s)=\frac{G_1C_1s^2}{s^2+2n_1D_1+n_1^2} \tag{3.12}$$

式中，$n_1=2\pi/T_1$；G_1 是地震计在给定参考频率 f_0 的灵敏度，标准单位是 V/(m/s)；C_1 是对给定参考频率 f_0 的传递函数归一化因子，相应的零极点表示是，

$$H_1(s)=\frac{G_1C_1s^2}{(s-p_1)(s-p_2)}$$

根据零点和极点的定义，零点是分子多项式 s^2 的根，由此得到 2 个其值为 0 的根，即 $z_1=z_2=0$。极点是分母表达式的根，由此得到，

$$p_{1,2}=\frac{1}{2}\left[-2n_1D_1\pm\sqrt{(2n_1D_1)^2-4n_1^2}\right]=-n_1D_1\pm n_1\sqrt{D_1^2-1} \tag{3.13}$$

由 $T_1 = 1.0\text{s}$ 得到 $n_1 = 2\pi/T_1 = 6.2832$，于是两个极点 p_1 和 p_2 为，

$$p_1 = -2.8274 + 5.6111\text{i}, \quad p_2 = -2.8274 - 5.6111\text{i}$$

其中 i 代表复数的虚部。由式（3.13）得到，

$$\left.\begin{aligned} p_1 + p_2 &= -2n_1 D_1 \\ p_1 \cdot p_2 &= n_1^2 \end{aligned}\right\} \tag{3.14}$$

于是可由极点 p_1 和 p_2 解出地震计参数 D_1 和 T_1。由下文给出的归一化频率 $f_0 = 7.60\text{Hz}$，得到 $C_1 = 0.9898$。

由地震计对地动位移的频率响应与对地动速度的频率响应的关系（参见式（3.5）），得到地震计对地动位移的传递函数，

$$H_1(s) = \frac{G_{1d} C_{1d} s^3}{(s - p_1)(s - p_2)} \tag{3.15}$$

对于给定的归一化频率 f_0，针对地动位移的传递函数的归一化因子 $C_{1d} = C_1 / 2\pi f_0$，$G_{1d} = G_1 \cdot 2\pi f_0$（单位 V/m），在数值上，$G_{1d} C_{1d} = G_1 C_1$。图 3.3 中的蓝线给出 DS－1 地震计针对地动位移的幅频特性，这里取 $G_{1d}=1$，归一化因子 $C_{1d} = 0.9898/(2\pi f_0) = 0.02073$，其中的归一化频率 $f_0 = 7.60\text{Hz}$。

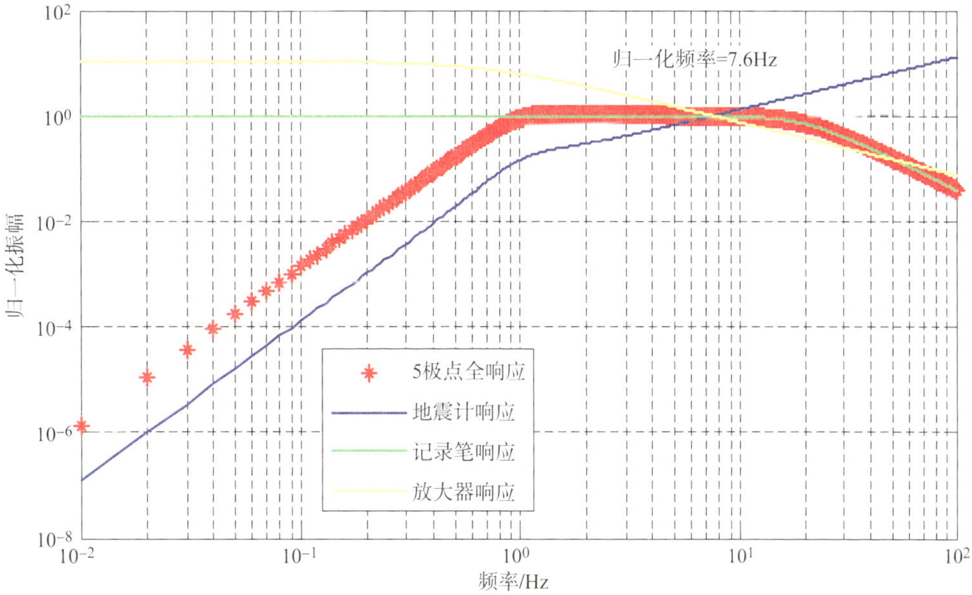

图 3.3 DD－1 地震仪的幅频响应（使用 Matlab 程序 M03_01_td2paz.m）。蓝线：地震计响应；黄线：1 极点放大器响应；绿线：记录笔响应，红色 * 点线：5 极点 DD－1 响应

3.2.2.2 记录器 DJ－1 的记录笔

记录器 DJ－1 的记录笔标称常数是固有周期 $T_2 = 0.05\text{s}$，阻尼 $D_2 = 0.707$，其传递函数的有理分式表示是，

$$H_2(s) = \frac{G_2 C_2 n_2^2}{s^2 + 2n_2 D_2 + n_2^2} \tag{3.16}$$

式中，$n_2 = 2\pi/T_2$，G_2 是记录笔在给定参考频率 f_0 的灵敏度；C_2 是对给定参考频率 f_0 的传递

函数归一化因子。相应的零极点表示是，

$$H_2(s)=\frac{G_2C_2n_2^2}{(s-p_3)(s-p_4)} \tag{3.17}$$

因此，记录笔有零个零点（换句话说，没有零点）。极点，

$$p_{3,4}=-n_2D_2\pm n_2\sqrt{D_2^2-1} \tag{3.18}$$

得到记录器两个极点 p_3 和 p_4 为，

$$p_{3,4}=-88.8442\pm 88.8711\mathrm{i}$$

与地震计的算法相同，可由极点 p_3 和 p_4 求出记录笔的固有周期 T_2 和阻尼 D_2。

图 3.3 中的绿线给出 DJ－1 记录笔的幅频特性，这里取 $G_2=1$，归一化频率 $f_0=7.6\mathrm{Hz}$，对应的 $C_2=1.0103$。

3.2.2.3　DD－1 的电子线路

对于 DD－1 的连接地震计和记录笔的电子线路参数，见诸文献的有两种：一种是积分常数为 0.22s 的积分放大器，见《地震仪器概论》（中国科学院地球物理研究所，1975）；另一种是王广福（1984）用复曲线拟合法确定的 DD－1 地震仪电子放大部分的传递函数。

按中国科学院地球物理研究所（1975）积分常数等于 0.22s 的积分放大器的传递函数为，

$$H_3(s)=\frac{G_3C_3}{s+\frac{1}{0.22}}=\frac{G_3C_3}{s+4.545} \tag{3.19}$$

图 3.4 中的红线和图 3.3 中的黄线给出积分常数为 0.22s 的放大器的幅频特性，这里的 G_3 和 C_3 均为 1。

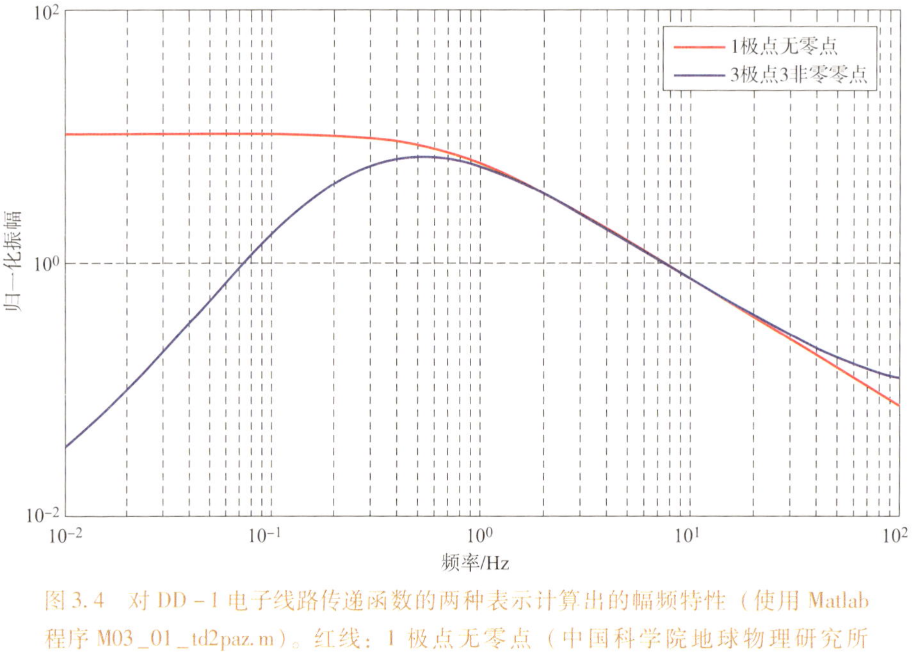

图 3.4　对 DD－1 电子线路传递函数的两种表示计算出的幅频特性（使用 Matlab 程序 M03_01_td2paz.m）。红线：1 极点无零点（中国科学院地球物理研究所（1975））；蓝线：3 极点 3 零点（王广福（1984），归一化频率为 7.6Hz）

按王广福（1984），对 DD－1 传递函数的电子线路部分用有理分式表示为，

$$H_3(s)=\frac{G_3C_3(b_0+b_1s+b_2s^2+b_3s^3)}{1+a_1s+a_2s^2+a_3s^3}$$
$$=G_3C_3\cdot\frac{b_3}{a_3}\cdot\frac{(s-z_4)(s-z_5)(s-z_6)}{(s-p_5)(s-p_6)(s-p_7)} \tag{3.20}$$

表3.1给出地震仪 DD－1 的电子线路传递函数有理分式的系数（王广福，1984），对式（3.20）给出的有理分式的分子和分母分别求 3 次方程的根，得到电子线路的 3 个零点是：－485.9846，－0.0654，0.0377；3 个极点是：－4.4771，－2.0594，－0.9806。其中极点－4.4771 正是对应于时间常数为 0.223s 的积分器。图 3.4 中的蓝线给出该电子线路的幅频响应。在使用式（3.20）计算该电子线路的频率响应时，如果使用其零极点值，则应该乘以因子 $b_3/a_3=0.2197$。

表 3.1　王广福（1984）给出的地震仪 DD－1 的电子线路传递函数有理分式的系数

b_0	b_1	b_2	b_3	a_1	a_2	a_3
－0.0291	0.3279	11.8101	0.0243	1.7287	0.8314	0.1106

3.2.2.4　DD－1 地震仪的传递函数和频率响应

综上所述，按中国科学院地球物理研究所（1975）给出的参数，DD－1 的传递函数可表示为，

$$H_{DD1\_5}(s)=\frac{GCn_2^2s^3}{(s-p_1)(s-p_2)(s-p_3)(s-p_4)(s-p_5)} \tag{3.21}$$

式中，G 为 DD－1 地震仪在归一化频率 f_0 的位移灵敏度，$G=G_{1d}G_2G_3$；C 是相应的传递函数归一化因子，$C=C_{1d}C_2C_3$；有 3 个零值零点；5 个极点：$p_1,p_2=-2.8274\pm5.6111i$，$p_3,p_4=-88.8442\pm88.8711i$，$p_5=-4.545$，结果的地动位移幅频和相频响应如图 3.5 中的红线所示（5 极点幅频特性也见图 3.3 中的粗红线）。

按王广福（1984）给出的参数，DD－1 的传递函数可表示为，

$$H_{DD1\_7}(s)=\frac{GCn_2^2s^3(s-z_4)(s-z_5)(z-z_6)}{(s-p_1)(s-p_2)(s-p_3)(s-p_4)(s-p_5)(s-p_6)(s-p_7)}\cdot\frac{b_3}{a_3} \tag{3.22}$$

式中，G，C 的含义同式（3.21）；6 个零点中，z_1,z_2,z_3 为零值零点，$z_4=-485.9846$，$z_5=-0.0654$，$z_6=0.0377$；7 个极点是 p_1，$p_2=-2.8274\pm5.6111i$，$p_3,p_4=-88.8442\pm88.8711i$，$p_5=-2.0594$，$p_6=-0.9806$，$p_7=-4.4771$。DD－1 的地动位移幅频和相频响应如图 3.5 中的蓝线所示。与 5 极点的振幅响应（红线）相比，二者在 1～20Hz 频段是基本相同的，只是在该频段两侧幅频响应的衰减略有不同，7 极点的幅频响应（蓝线）衰减得更快些。

王广福（1984）还给出了在我国曾广泛使用的中长周期地震仪 DK－1 的传递函数，也可以按上述方法求出其零极点值。

上述 DD－1 地震仪幅频响应是针对地动位移的，表现为 1～20Hz 频带内与地动位移成正比，业内简称为位移平坦型地震仪。

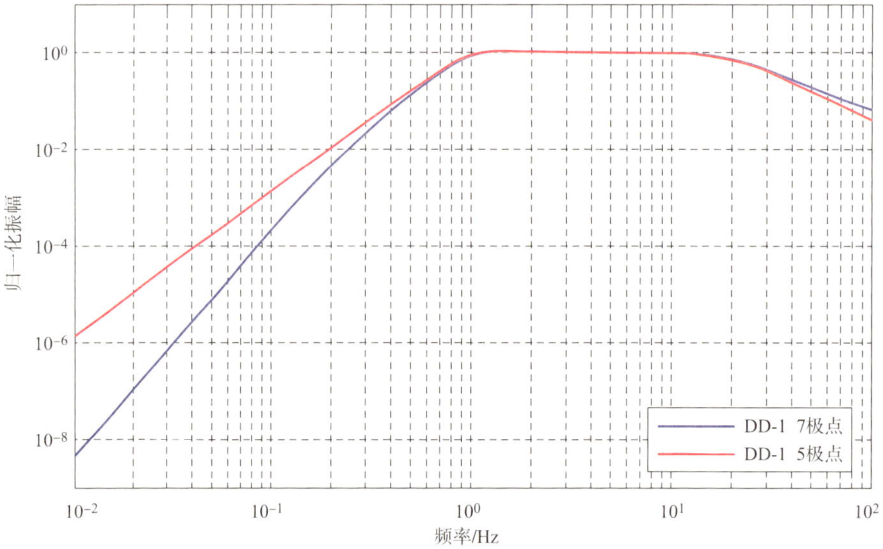

（a）幅频响应

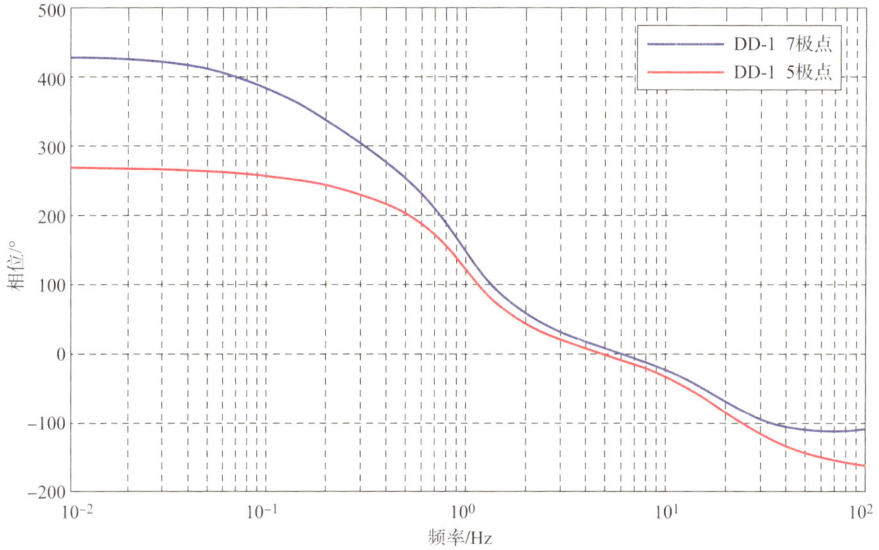

（b）相频响应

图 3.5 采用两种电子线路传递函数得到的 DD－1 地震仪幅频响应（a）和相频响应（b）（使用 Matlab 程序 M03_01_td2paz.m）红线对应于 5 极点传递函数（中国科学院地球物理研究所（1975）），蓝线对应于 7 极点传递函数（王广福（1984））

3.2.2.5 关于 DD－1 地震仪的灵敏度和归一化参考频率

凡讲到归一化因子，都应指出所参考的频率，即说明在哪个频点的幅频响应归一化为 1。对于“位移平坦型”地震仪，取频带内的任何一点的频率作为归一化频率都是可以的。不过，参考王广福（1986，第 80～81 页），可以取满足式（3.23）的 ω 作为归一化角频率 ω_0，

$$\mathrm{abs}\left[\frac{s^2}{(s-p_1)(s-p_2)}\cdot\frac{n_2^2}{(s-p_3)(s-p_4)}\right]=1 \tag{3.23}$$

式中，abs 表示求绝对值（下同）；$s=\omega \mathrm{i}=2\pi f\mathrm{i}$。将 DD－1 地震仪传递函数的头 4 个极点值及

记录笔参数 n_2($n_2=2\pi/T_2$)值代入，得到归一化角频率为 47.75rad/s，相应的归一化频率 $f_0=7.60\text{Hz}$。

如果以 7.60Hz 作为归一化频率，可以得到 DD－1 地震仪电子部分的归一化因子。对于 3 零点、3 极点的电子放大器（王广福，1984），由

$$\text{abs}\left[\frac{C_3(b_0+b_1s+b_2s^2+b_3s^3)}{1+a_1s+a_2s^2+a_3s^3}\right]\Bigg|_{f_0=7.6\text{Hz}}=1$$

得到 $C_3=0.4475$，于是，对于式（3.22）所示位移响应，归一化因子 $C=C_{1\text{d}}C_2C_3=0.02073\times1\times0.4475=0.009277$。对于式（3.19）所示积分电路，令

$$\text{abs}\left(\frac{C_3}{s+4.545}\right)\Bigg|_{f_0=7.6\text{Hz}}=1$$

得到 $C_3=47.9680$，于是，对于式（3.21）所示位移响应，归一化因子 $C=C_3/(2\pi f_0)=1.0045$。考虑到实际地震仪频率响应本身的准确度，可以认为这个归一化因子就是 1，因此。由式（3.21）给出的 $C=1$ 的传递函数正是 DD－1 地震仪针对地动位移的归一化传递函数，见《测震学原理与方法》(2017，第 105 页)。

至于式（3.21）和式（3.22）中的转换因子 G，它是整个地震仪的位移灵敏度在归一化频率的值。对于以往纸介质记录的地震仪，G 正是地震仪的“静态放大倍数”，例如，对于 10 万倍的地震仪，$G=0.1\text{mm/nm}$；对于仿真 DD－1 地震仪，在 IASPEI 震级工作组推荐的为测定 M_L进行地震仪仿真时，取仿真目标地震仪的增益为 1count/nm，据此，在下文要讨论的地震仪仿真中，设定 DD－1 的位移增益 G 为 1count/nm，相应的参考频率为 $f_0=7.60\text{Hz}$。

3.2.3 中国地震台站曾使用过的基式地震仪

基式地震仪家族中有不同频带宽度的多种型号。这里所说基式地震仪是曾在我国台站布设的中长周期基尔诺斯地震仪，简称 SK。SK 地震仪是电流计光记录地震仪，仪器常数有 5 个，它们是地震计固有周期 $T_\text{s}=12.5\text{s}$、地震计阻尼 $D_\text{s}=0.45$、电流计固有周期$T_\text{g}=1.2\text{s}$、电流计阻尼 $D_\text{g}=5.0$ 以及电流计与地震计之间的耦合系数 σ^2。垂直向 SK（SKZ）地震仪的耦合系数 $\sigma^2=0.3$，水平向 SK（SKH）地震仪的耦合系数 $\sigma^2=0.08$（王广福，1986）（或 0.1，刘瑞丰等，2017），由这 5 个常数可以计算出如果耦合系数 $\sigma^2=0$ 所对应的地震计等效固有周期 T_se、地震计等效阻尼 D_se、电流计等效固有周期 T_ge及电流计等效阻尼 D_se，下文中统称地震仪等效常数。反过来，在已知原有地震仪常数之一的情况下，可以由地震仪等效常数计算出另外 4 个地震仪常数。在王广福（1986）的 4.1 节具体给出了电流计记录地震仪参数与其等效参数之间的关系，用地震仪等效常数表示的传递函数为，

$$H(s)=\frac{s^2}{s^2+2n_\text{se}D_\text{se}s+n_\text{se}^2}\cdot\frac{2n_\text{ge}D_\text{ge}s}{s^2+2n_\text{ge}D_\text{ge}s+n_\text{ge}^2} \tag{3.24}$$

式中，$n_\text{se}=2\pi/T_\text{se}$；$n_\text{ge}=2\pi/T_\text{ge}$。

表 3.2 列出 SK 地震仪的标准常数值以及取不同耦合系数时得到的地震仪等效常数（据王广福，1986）（等效 SKZ 和 SKH1）以及 Matlab 程序 M03_02_seismograph_SK.m 给出的等效 SKH2 计算结果。作为对程序的检验，也计算了等效 SKZ 和 SKH1 的等效常数，与王广福（1986）给出的值相同。

表 3.2　SK 地震仪的标准常数值以及取不同耦合系数时得到的地震仪等效常数

地震仪型号	地震计		电流计		
	周期/s	阻尼	周期/s	阻尼	耦合系数
SKZ	12.5	0.45	1.2	5.0	0.3
等效 SKZ	11.2232	0.3722	1.3365	5.5726	0.0
SKH	12.5	0.45	1.2	5.0	0.08
等效 SKH1	12.1070	0.4319	1.2390	5.1627	0.0
SKH	12.5	0.45	1.2	5.0	0.1
等效 SKH2	12.0148	0.4270	1.2485	5.2025	0.0

注：据王广福（1986）（等效 SKZ 和 SKH1）以及 Matlab 程序 M03_02_seismograph_SK 给出的计算结果（等效 SKH2）。

按式（3.24），当频率为 1.20Hz 时，其幅频响应值为 1，对应于 0dB。将表 3.2 中的地震仪等效常数代入式（3.24），得到 SKZ 地震仪（$\sigma^2=0.3$）的传递函数，

$$H(s)=\frac{s^2}{s^2+0.4167s+0.3134}\cdot\frac{52.3961s}{s^2+52.3961s+22.1015} \tag{3.25}$$

可见有 3 个零值零点、4 个极点，相应的极点值是 $-0.2084+0.5196i$，$-0.2084-0.5196i$，-51.9708，-0.4253。

SKH 地震仪当 $\sigma^2=0.08$ 时的传递函数，

$$H(s)=\frac{s^2}{s^2+0.4483s+0.2693}\cdot\frac{52.3619s}{s^2+52.3619s+25.7168} \tag{3.26}$$

可见有 3 个零值零点、4 个极点，相应的极点是 $-0.2241+0.4681i$，$-0.2241-0.4681i$，-51.8661，-0.4958。

类似地，当 SKH 地震仪的 $\sigma^2=0.1$ 时的传递函数，

$$H(s)=\frac{s^2}{s^2+0.4466s+0.2735}\cdot\frac{52.3641s}{s^2+52.3641s+25.3269} \tag{3.27}$$

可见有 3 个零值零点、4 个极点，相应的极点是 $-0.2233+0.4729i$，$-0.2233-0.4729i$，-51.8758，-0.4882。这些结果与直接利用地震仪原始 5 个常数计算的传递函数（薛兵，2016，私人通信）一致。这里采用耦合系数为零的等效常数代入式（3.24）来计算传递函数，表达式较耦合系数不为零的情况来得简洁。式（3.26）和式（3.27）中的系数值相差极小。

Matlab 程序 M03_01_td2paz.m 按式（3.24）计算 SKZ 和 SKH 的传递函数，进而得到振幅响应和相位响应，如图 3.6 所示。

3.2.4　经典标准地震仪

国际上将伍德－安德森地震仪（WA）、世界标准地震仪台网（WWSSN）(Peterson and Hutt，2014）使用的短周期地震仪（WWSSN－SP）和长周期地震仪（WWSSN－LP）称作经典的标准地震仪（见 IASPEI，2013）。其中，WWSSN－LP 的标称常数 $T_s=1.00$s，$T_g=$

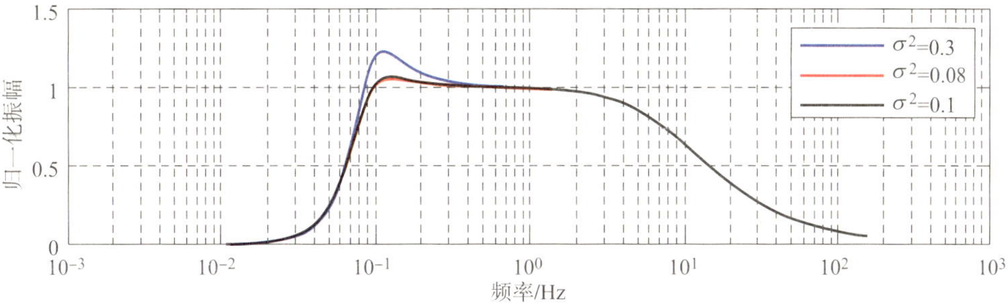

（a）幅频响应

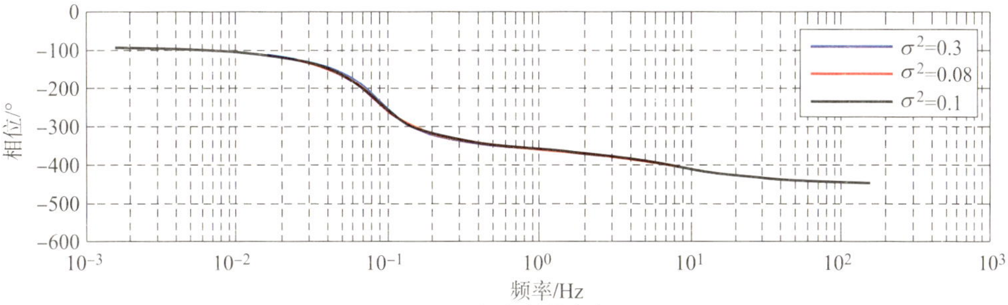

（b）相频响应

图 3.6 按式（3.24）计算出的 SK 地震仪的幅频响应和相频响应，不同颜色曲线对应不同的耦合系数 σ^2：蓝线 σ^2=0.3，红线 σ^2=0.08，黑线 σ^2=0.1（使用 Matlab 程序 M03_01_td2paz.m）

0.75s，WWSSN－LP 的标称常数 $T_s=15.0$s，$T_g=100.0$s。WWSSN－SP 和 WWSSN－LP 地震仪是电流计记录地震仪，在实际运行的地震仪中地震计和电流计之间的耦合系数不为零，但在数字地震记录处理中，往往使用耦合系数为零的等效常数。例如，表 3.3 列出 IASPEI 震级工作组（IASPEI，2013）给出的经典标准地震仪常数和零极点。由这些零极点给出的位移响应函数的归一化因子 A_0 及相应的参考频率 f_n 放在表 3.3 中。注意到这里给出的 W－A 地震仪常数与当初里克特（1935）提出震级 M_L 时给出的标准 W－A 地震仪常数略有不同，原来的常数是地震计固有周期 0.8s，阻尼 0.8。当阻尼为 0.8 时，得到的两个极点是（－6.2832，－4.7124），（－6.2832，＋4.7124）（括号内逗号前为极点的实部，逗号后为虚部），以 4Hz 作为参考频率，其归一化因子 $A_0=1.0318$，都与阻尼为 0.7 的情况稍有不同。相应地，如图 3.7 所示，各自的幅频响应在拐点附近略有差别，但阻尼为 0.7 的幅频响应在归一化频率附近更显得平坦。图 3.8 显示按表 3.3 给出的仪器常数计算的 WWSSN－SP 地震仪对地动位移的响应，其中图 3.8(a)图是幅频响应，图 3.8(b)是相频响应。图中红线为整个地震仪的响应，蓝线是地震计的响应，对应地震计常数和第 1、2 个极点及 3 个零点，绿线是电流计的响应，对应电流计常数和第 3、4 个极点但没有零点，黄线是由第 5 个极点给出的辅助低通滤波器响应，在给出的地震仪常数中没有表现出来。增加了这个低通滤波器，便修正了地震仪在 1Hz 以上的响应形状。图 3.9 显示按表 3.3 给出的仪器常数计算的 WWSSN－LP 地震仪对地动位移的响应，图 3.9(a)是幅频响应，图 3.9(b)是相频响应。图中红线为整个地震仪的响应，蓝线是地震计的响应，对应地震计常数和第 1、2 个极点及 3 个零点，绿线是电流计的响应，对应电流计常数和第 3，4 个极点但没有零点。

表 3.3　IASPEI 震级工作组（IASPEI，2013）给出的经典标准地震仪常数和零极点以及归一化因子和参考频率

地震仪	零点	极点	地震计		电流计		归一化因子参考频率 f_n/Hz	归一化因子 A_0
			周期/s	阻尼	周期/s	阻尼		
WWSSN－SP	(0.0,0.0) (0.0,0.0) (0.0,0.0)	(－3.72500,－6.22000) (－3.72500,6.22000) (－5.61200,0.00000) (－13.2400,0.00000) (－21.0800,0.00000)	0.867	0.5138	0.729	1.0935	1.0	532.14
WWSSN－LP	(0.0,0.0) (0.0,0.0) (0.0,0.0)	(－0.40180,－0.08559) (－0.40180,0.08559) (0.04841,0.00000) (－0.08816,0.00000)	15.29	0.978	96.18	1.045	0.04	0.97866
W－A	(0.0,0.0) (0.0,0.0)	(－5.49779,－5.60886) (－5.49779,5.60886)	0.8	0.7			4.0	1.0028
W－A 原始		(－6.2832,－4.7124) (－6.2832,＋4.7124)	0.8	0.8			4.0	1.0318

注：表中的零极点值逗号前为实部，逗号后为虚部。

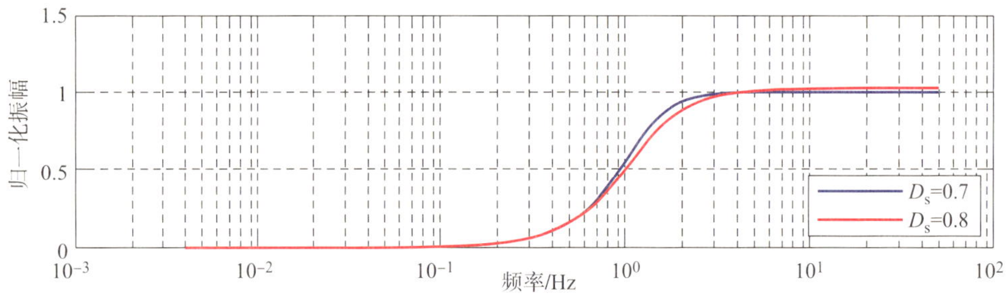

（a）幅频响应

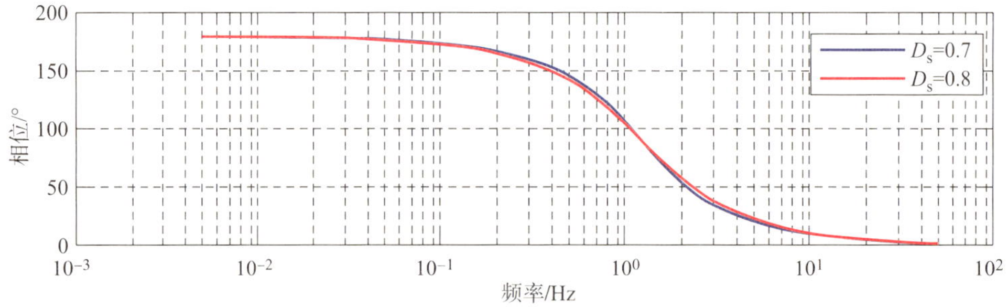

（b）相频响应

图 3.7　伍德－安德森（W－A）地震仪的归一化频率响应（使用 Matlab 程序 M03_01_td2paz.m 计算）。归一化参考频率为 4Hz；蓝线对应于阻尼 D_s＝0.7；红线对应于阻尼 0.8

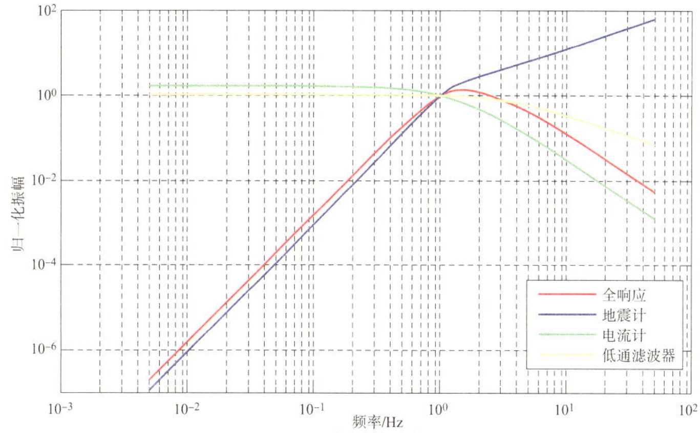

（a）幅频响应

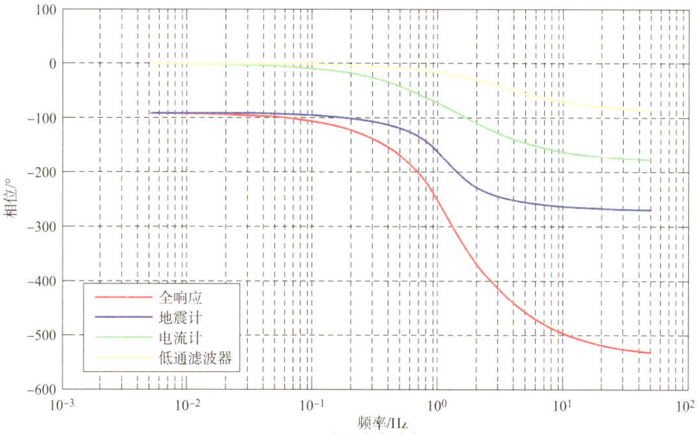

（b）相频响应

图 3.8　按表 3.3 给出的仪器常数计算的 WWSSN – SP 地震仪对地动位移的响应（使用 Matlab 程序 M03_01_td2paz.m 计算）。图中红线为整个地震仪的响应，蓝线是地震计的响应，绿线是电流计的响应，黄线是由第 5 个极点给出的辅助低通滤波器响应，归一化频率为 1.0Hz

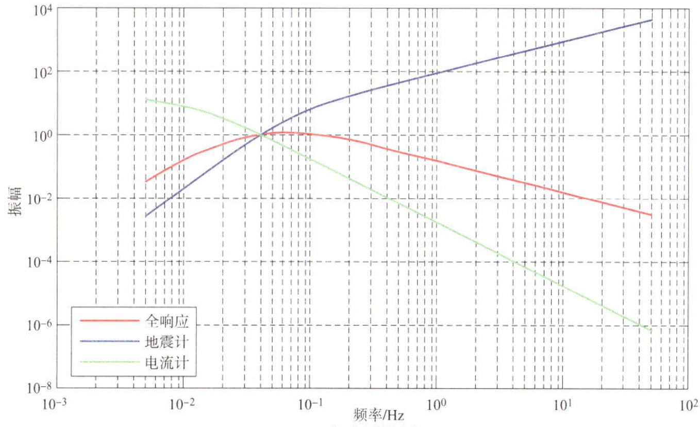

（a）幅频响应

图 3.9　按表 3.3 给出的仪器常数计算的 WWSSN – LP 地震仪对地动位移的响应（使用 Matlab 程序 M03_01_td2paz.m 计算）。图中红线为整个地震仪的响应，蓝线是地震计的响应，绿线是电流计的响应，归一化频率为 0.04Hz

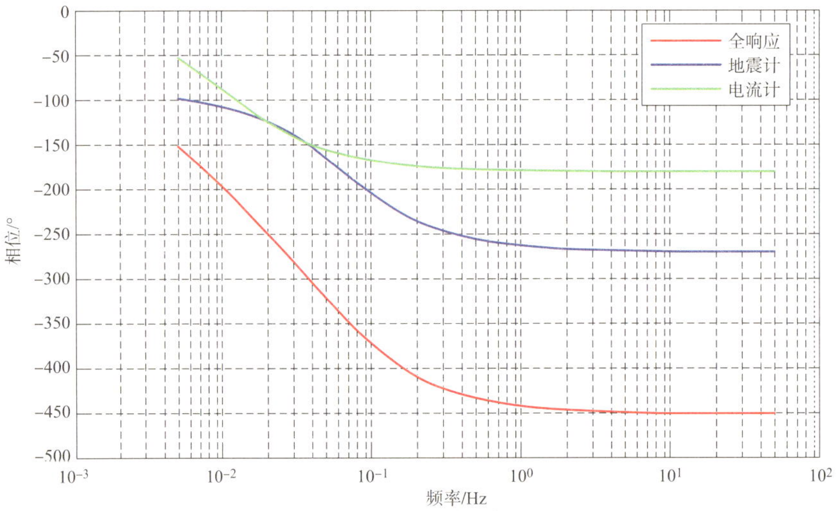

（b）相频响应

图 3.9（续图）

3.2.5 数字地震仪中使用的宽带地震计

根据任枭等（2009）的统计，我国数字地震台站配备的地震计有：超宽频带地震计 JCZ－1，STS－1；甚宽频带地震计 CTS－1，STS－2，BBVS－120，KS2000（120s），CMG－3ESP（120s），CMG－3TB；宽频带地震计 FBS－3，BBVS－60，KS2000（60s），CMG－3ESP（60s），DS－3K，JDF－2，BKD－2B；以及短周期地震计 FSS－3，JDF－1，DS－4A，CMG－40T－1，DS－4D 等。

在数字地震仪中的地震计多为有源地震计，其中除了地震计部分外，还包含去假频低通滤波器和隔直流高通滤波器，使得地震计具有带通滤波器的特性。在通频带内地震计对地动速度的振幅响应几乎不随频率改变，因此，形象地将这些地震计称作速度平坦型地震计，俗称是“记录地动速度”的地震计。下面以甚宽频带地震计 CTS－1 为例，分析其对地动速度的传递函数组成。《测震学原理与方法》（中国地震局监测预报司，2017）中给出 CTS－1 的传递函数为，

$$H(s)=\frac{Kms^2}{(s^2+K_{11}s+K_{12})(s^2+K_{21}s+K_{22})(s^2+K_{31}s+K_{32})(s^2+K_{41}s+K_{42})(s^2+K_{51}s+K_{52})} \tag{3.28}$$

式中，标称值 $K=1000\text{Vs/m}$，$m=2.4206\times10^{20}$（归一化参考频率为 0.1Hz），$K_{11}=0.074049$，$K_{12}=0.0027416$，$K_{21}=533.15$，$K_{22}=142123$，$K_{31}=667.62$，$K_{41}=488.71$，$K_{51}=178.88$，$K_{32}=K_{42}=K_{52}=119422$。对应的极点是：$-0.037025\pm0.037025i$，$-266.57\pm266.57i$，$-333.81\pm89.409i$，$-244.36\pm244.36i$，$-89.440\pm333.80i$，有两个零值零点。第 1 组共轭极点与两个零值零点构成地震计本身，可看作一个高通滤波器，其传递函数为，

$$H_v(s)=\frac{Km_1s^2}{s^2+K_{11}s+K_{12}} \tag{3.29}$$

相应的极点为0.037025±0.037025i，归一化因子 $m_1=1$。利用式（3.14）可得出地震计固有周期 $T_1=120\text{s}$，阻尼 $D_1=0.707$。

本章第3.1.4小节已经说明，对于24位数据采集器，当输入电压为±10V时，其转换灵敏度为 $A=1.192\mu\text{V/count}$，于是，从地动速度到CTS－1地震计数字记录（count）的转换灵敏度是，

$$C=\frac{K}{A}=(1000\div1.192)\times10^{6}\text{count/(m/s)}=838.93\times10^{-3}\text{count/(nm/s)} \tag{3.30}$$

于是，2零点、10极点的CTS－1加24位数据采集器的传递函数常数因子，

$$G_{\text{cts1v\_10}}=C\times m=838.93\times10^{-3}\text{count/(nm/s)}\times2.4206\cdot10^{20} \tag{3.31}$$

对于只含有两个极点和两个零点的地震计部分，

$$G_{\text{cts1v\_2}}=C\times m_1=838.93\times10^{-3}\text{count/(nm/s)} \tag{3.32}$$

其他4组极点构成4个去假频低通滤波器。图3.10显示地震计本身以及4个低通滤波器的幅频和相频响应以及CTS－1的总体幅频和相频响应。可以看出，如果只关心低频波形，则可忽略这4个低通滤波器，若进一步只关心通频带内的记录，则可把地震计看成有常数转换灵敏度 K 的速度平坦型地震计。按归一化振幅为0.707的频点作为频带的截止频率，则CTS－1的频带宽度为0.0083（周期120s）~50Hz。由于这一带宽允许部分频率大于50Hz的信号通过，所以，为了最后得到采样率100sps的信号，在数据采集器内进行去假频滤波是必要的。

对于传统的模拟地震仪，通常给出的是对地动位移的传递函数及相应的频率响应，对于数字地震仪中的地震计，则通常给出的是对地动速度的传递函数及相应的频率响应。除非特别说明，在一般场合都可以这样理解而不会混淆。然而，在讨论地震仪仿真时，则要特别注意这种一般性约定。由式（3.28）得到CTS－1地震计对地动位移的传递函数，

$$H(s)=\frac{Kms^3}{(s^2+K_{11}s+K_{12})(s^2+K_{21}s+K_{22})(s^2+K_{31}s+K_{32})(s^2+K_{41}s+K_{42})(s^2+K_{51}s+K_{52})} \tag{3.33}$$

图3.11(a)是由式（3.33）计算出的CTS－1地震计对地动位移的振幅响应（上图）和相位响应（下图）（使用Matlab程序M03_03_response_CTS1.m计算和绘图），图3.11(b)是取CTS－1传递函数的地震计部分（式（3.34））得到的CTS－1对地动位移的响应，其传递函数为，

$$\begin{aligned}H_d(s)&=s\cdot H_v(s)=\frac{Km_1s^3}{s^2+K_{11}s+K_{12}}=2\pi f_0K\cdot\frac{m_1}{2\pi f_0}\frac{s^3}{s^2+K_{11}s+K_{12}}\\&=K_d\frac{m_ds^3}{s^2+K_{11}s+K_{12}}\end{aligned} \tag{3.34}$$

式中，新的归一化因子 $m_d=m_1/(2\pi f_0)$，而CTS－1地震计加24位采集器构成的地震仪的位移转换灵敏度 $K_d=(2\pi f_0\cdot K/A)\text{count/m}$，其值依赖于参考频率 f_0，于是有，

$$G_{\text{cts1d\_2}}=\left(2\pi f_0\cdot\frac{K}{A}\right)\cdot\frac{m_1}{2\pi f_0}=\frac{Km_1}{A}=838.93\cdot10^{-3}\text{count/nm}$$

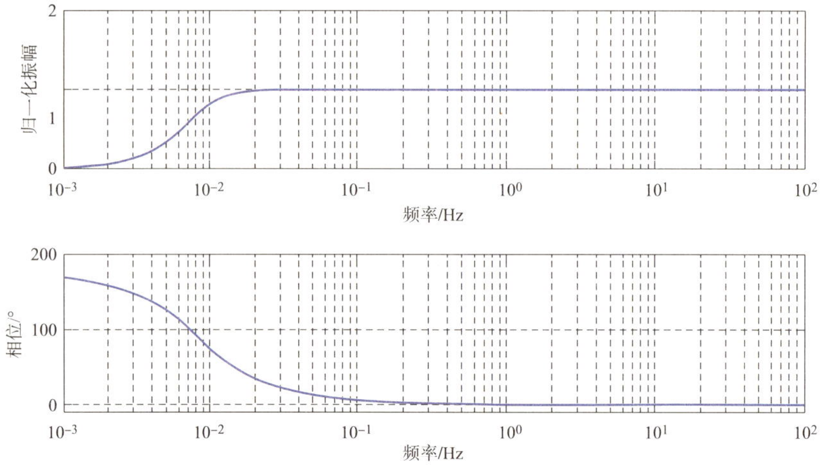

（a）CTS-1地震计本身 零点个数2，极点个数2，A_0=1.00002，f_0=0.1Hz

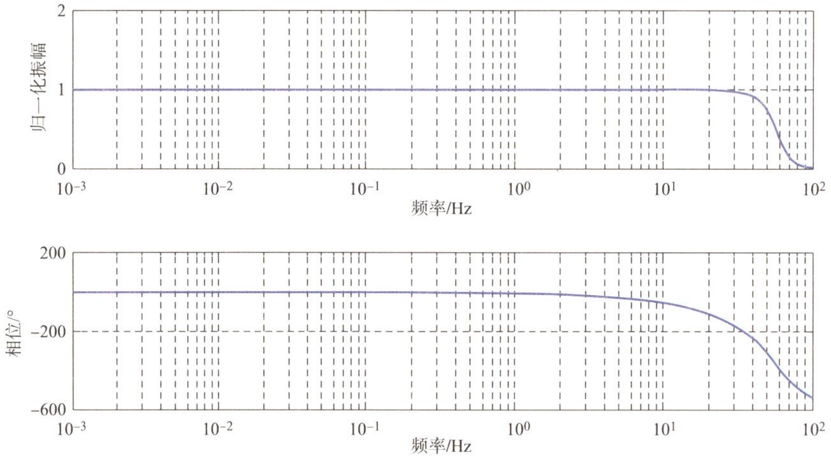

（b）4个低通滤波器对地动速度的幅频响应（上幅）和相频相应（下幅）。CTS-1地震计电子部分零点个数0，极点个数8，A_0=2.42056e+020，f_0=0.1Hz

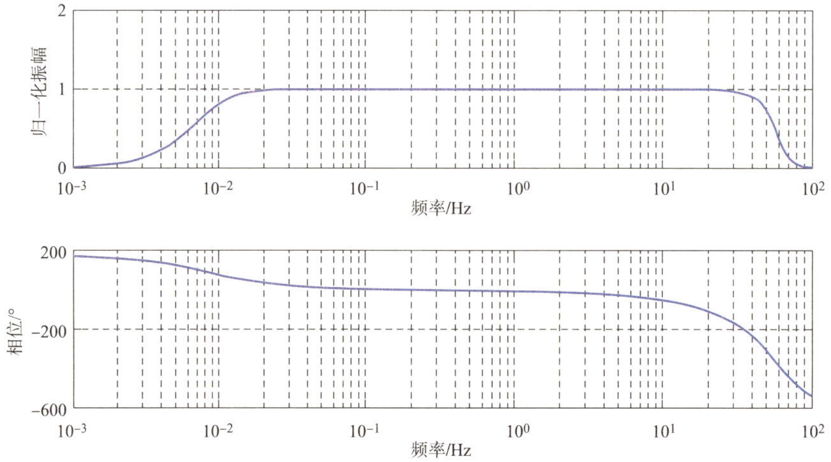

（c）CTS-1地震计经4个低通滤波器后对地动速度的幅频响应（上幅）和相频相应（下幅）。CTS-1地震计零点个数2，极点个数10，A_0=2.42061e+020，f_0=0.1Hz

图3.10　CTS－1地震计对地动速度的振幅响应和相位响应示例（使用Matlab程序M03_03_response_CTS1.m计算和绘图）

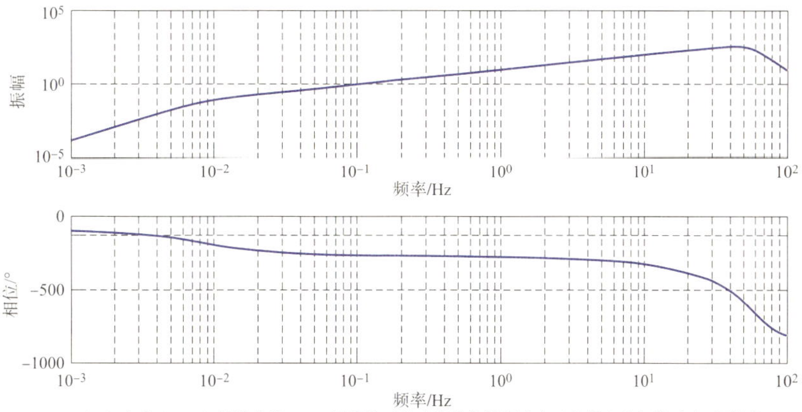

（a）由式（3.33）计算出的CTS-1地震计对地动位移的振幅响应（上幅）和相位响应（下幅）。
CTS-1地震计零点个数3，极点个数10，A_0=3.85253e+020，f_0=0.1Hz

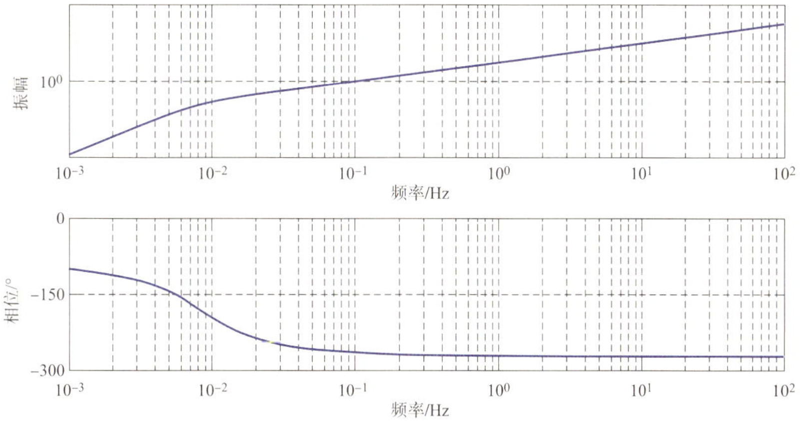

（b）由式（3.34）计算出的CTS-1地震计对地动位移的振幅响应（上幅）和相位响应（下幅）。
CTS-1地震计 零点个数3，极点个数2，A_0=1.59159，f_0=0.1Hz

图 3.11　CTS－1 地震计对地动位移的振幅响应和相位响应示例
（使用 Matlab 程序 M03_03_response_CTS1.m 计算和绘图）

因此，可用常数因子 G_{cts1d_2} 表示 CTS－1 地震计的位移响应，

$$H_{cts1d\_2}(s)=\frac{G_{cts1d\_2}s^3}{s^2+K_{11}s+K_{12}} \tag{3.35}$$

注意到，由于此时零点个数多于极点个数，当 s 趋于无限大时，$H_d(s)$ 会趋于无限大，因此，理论上说，该系统是不稳定的，当单独使用 CTS－1 地震计的位移响应时，应该采用 10 个极点的稳定系统（式（3.33））。

3.2.6　作为最小相位系统的地震仪

对于线性、时不变系统（LTI），其具有稳定性的条件是：零点个数不能大于极点个数，而且传递函数的极点必须位于 s 平面的左半平面。如果一个稳定的 LTI 系统的传递函数的零点只在 s 平面的左半平面或在原点，则该系统被称为最小相位系统。一个最小相位系统的特性能够只由它的实振幅响应或只由它的实相位响应完全确定，二者之间通过希尔伯特变换建立关系。记系统的振幅响应为 $a(\omega)$，相位响应为 $b(\omega)$，则 $a(\omega)$ 的自然对数（记为 ln）与 $b(\omega)$ 互为希尔伯特变换，

$$\ln a(\omega)=\frac{1}{\pi}\int_{-\infty}^{\infty}\frac{-b(\omega_0)}{\omega_0-\omega}\mathrm{d}\omega_0 \tag{3.36}$$

$$b(\omega)=\frac{1}{\pi}\int_{-\infty}^{\infty}\frac{\ln a(\omega_0)}{\omega_0-\omega}\mathrm{d}\omega_0 \tag{3.37}$$

王广福等（1984）论证了 DD－1 地震仪和 DK－1 地震仪为最小相位系统，并根据式(3.37)，通过数值积分，由 DD－1 和 DK－1 地震仪的实测幅频响应计算出相应的相频响应，其结果与实测相频响应吻合较好。

在 Matlab 中有计算实数序列的希尔伯特变换的函数，调用该函数可以方便地得到一个实数序列的希尔伯特变换。本书第 4 章中的第 4.5 节针对地震信号讨论了希尔伯特变换的定义和在 Matlab 中进行希尔伯特变换的方法。

利用 DD－1 地震仪的 3 零点和 5 极点传递函数：

$p=[\ -2.8274+5.6111i\quad -2.8274\quad -5.6111i\quad -4.5455\quad -88.8442+88.8711i\quad -88.8442-88.8711i\ ]$

$z=[0\quad 0\quad 0]$

可见 5 个极点全在 s 平面的左半边，3 个零点都位于 s 平面的中心，这符合最小相位系统的条件。类似地，SKZ 地震仪有 3 个零值零点和 4 个极点：

$p=[\ -0.2233+0.4729i\quad -0.2233\quad -0.4729i\quad -51.8758\quad -0.4882\ ]$

$z=[0\quad 0\quad 0]$

也符合最小相位系统的条件。利用 Matlab 函数调用，可得到相应的幅频响应和相频响应，进而用幅频特性的自然对数的希尔伯特变换得到相频响应，见图 3.12。Matlab 程序 M03_

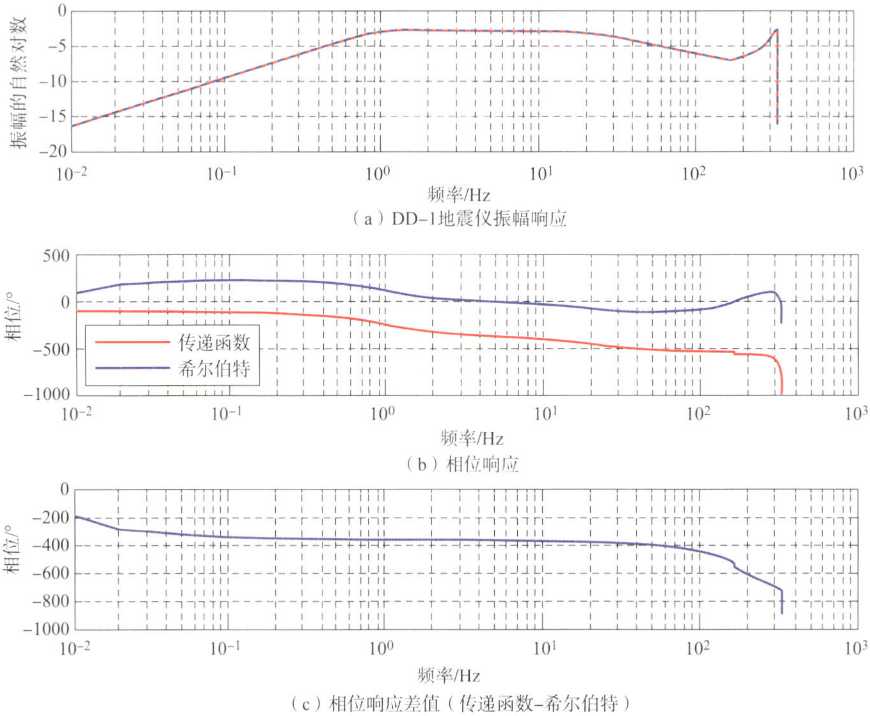

（a）DD-1地震仪振幅响应

（b）相位响应

（c）相位响应差值（传递函数-希尔伯特）

图 3.12　DD－1 地震仪的传递函数相位响应与利用其振幅响应通过希尔伯特变换得到的相位响应的比较（使用 Matlab 程序 M03_04_miniphase.m）

04_miniphase.m 可实现这一功能。

对 SKZ 地震仪进行了类似的计算，图 3.13 给出相应的结果。与王广福等（1984）的直接积分结果相比，Matlab 程序 M03_04_miniphase.m 用解析函数方法（调用 Matlab 函数 hilbert(x)）给出希尔伯特变换所得到的相位响应在仪器的通频带部分与直接计算出的相频响应相差 360°。

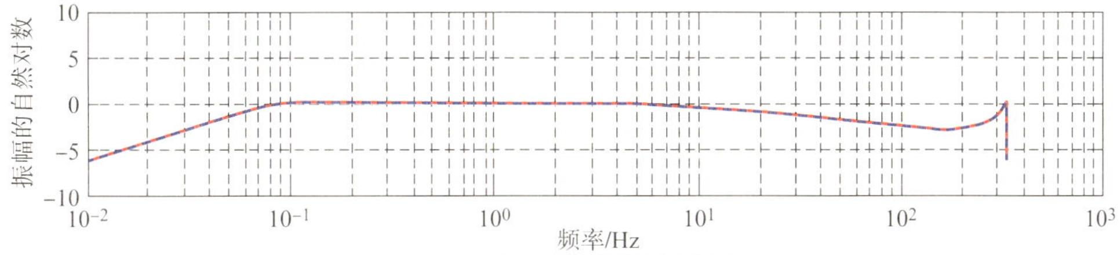

（a）SKZ地震仪振幅响应

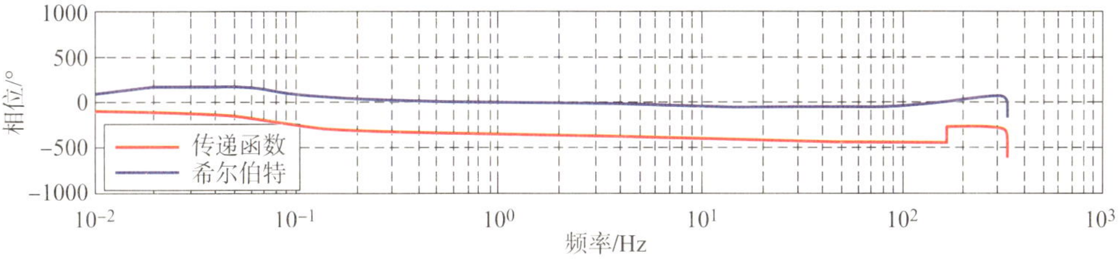

（b）相位响应

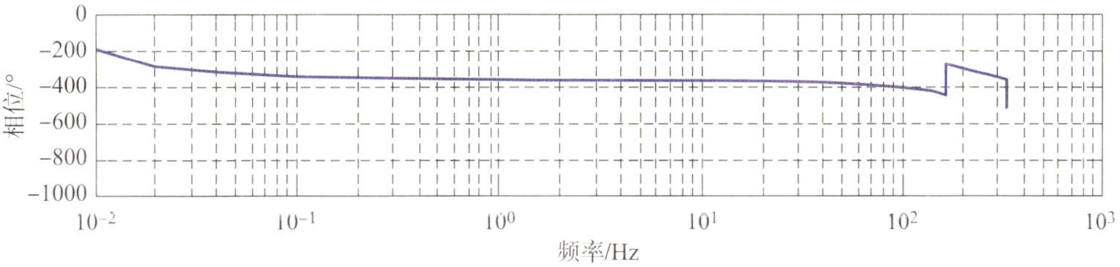

（c）相位响应差值（传递函数-希尔伯特）

图 3.13　SKZ 地震仪的传递函数相位响应与利用其振幅响应通过希尔伯特变换得到的相位响应的比较（使用 Matlab 程序 M03_04_miniphase.m）

3.3　地震仪器响应校正

在 3.1.3 小节讨论了由近单色地震记录估计地动位移，这是对地震记录进行地震仪器校正的最简单情况。由于可以用位移、速度或加速度描述地动，因此，在实现地震仪器校正时，必须明确说明要得到的是地动位移、速度，还是加速度。如 3.1 节所述，可以把同一个数字地震仪看成是简单型、混合型和完全型 3 种形态，对这 3 种情况的地震仪器校正有不同的处理流程。

仪器响应校正的目的是由地震仪记录信号尽可能地复原真实地动位移、地动速度或地动加速度。由于地震仪系统的频带是有限的，因此，实际上不可能完全地从地震记录恢复地面运动。但由于地震信号本身的优势频谱集中于一个有限频带，利用宽频带地震仪器可以获取地震信号的优势频谱成分，因此，近似地恢复地震造成的地面运动也是可能的。

在一些文献中把由地震波形记录得到地面运动称作地面运动恢复，在这里使用“仪器响应校正”的提法。

3.3.1 在频率域进行的地震仪器校正

地震仪器校正的一种简单和常用的方法是用离散记录波形数据的频谱除以模拟地震仪频率响应在相应频率的采样值。

由第2章的式（2.52），

$$Y(f)=H(f)\cdot X(f)$$

得到，

$$X(f)=\frac{Y(f)}{H(f)}=Y(f)\cdot H_{\mathrm{D}}(f) \tag{3.38}$$

于是有仪器校正滤波器，

$$H_{\mathrm{D}}(f)=\frac{1}{H(f)} \tag{3.39}$$

式中的频率f应理解为离散的频点，频率间隔为信号段长度的倒数。

于是，通过取记录信号的傅里叶谱并除以复地动位移响应得到复地动位移谱，再取复地动位移谱的实部，便得到地动位移振幅谱。这样，如果已知仪器响应的话，在理论上，就能通过傅里叶变换在任何频率上复原地动位移。

但是，实际上地震仪只能真实记录处于仪器频带内的地动，而在仪器的频带之外，仪器记录的可能只是电子噪声。在仪器频带以外，仪器记录信号已经与真实的地震信号无关，仪器校正将变得不稳定。因此，在实践中，需要将恢复地动位移的频带做适当限定，即采用附加的带通滤波器，对恢复地动速度和加速度，也应做类似处理。就是说，式（3.39）应为，

$$H_{\mathrm{D}}(f)=\frac{H_{\mathrm{P}}(f)}{H(f)} \tag{3.40}$$

式中的$H_{\mathrm{P}}(f)$是与$H(f)$匹配的一个带通滤波器。

由于频率域仪器校正要对整个波形段进行快速傅里叶变换，因此，后到的大波形（尤其是限幅的波形）会对先到小信号的处理结果波形造成影响，这是在频率域进行仪器校正的一个缺点。

下面以一个实际记录的地震波形，说明地震仪器校正的作用。该震例是北京时间2013年4月16日18时44分发生在伊朗—巴基斯坦交界的震级为7.7级、震源深度为70km的地震（数据来自中国地震台网中心），使用新疆巴楚地震台CTS－1地震计垂直向的记录，采样率为100sps，如图3.14所示，图(b)可更清楚地看到初动前地动噪声的波形形态。关于CTS－1地震计的特性，已在本章第3.2.5小节说明。

为在频率域进行地震仪器校正，首先要将已知的地震计传递函数的零极点表示或有理分式表示的分子与分母互换，构成仪器校正滤波器传递函数的零极点表示或有理分式表示，再利用$s=2\pi f\mathrm{i}$($\mathrm{i}=\sqrt{-1}$，全书同)，将其转换成仪器校正滤波器的频率响应。例如，可使用Matlab函数实现：

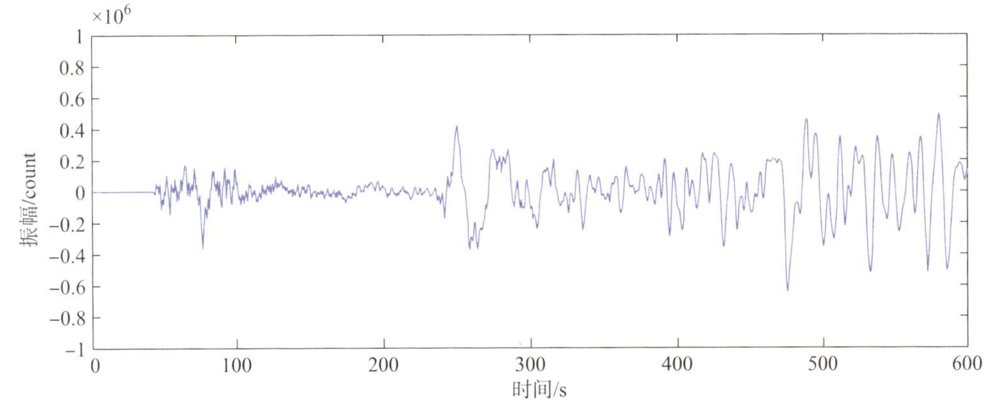

（a）CTS-1原始记录（时间：600s）

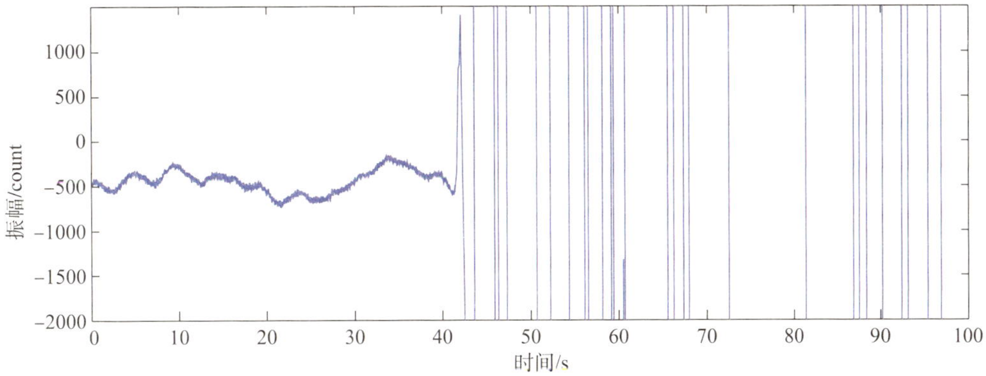

（b）CTS-1原始记录（时间：100s）

图3.14　新疆巴楚地震台CTS－1地震计记录到的北京时间2013年4月16日18时44分发生在伊朗—巴基斯坦交界，震源深度为70km，震级为7.7级地震的垂直分量

设定与记录波形频谱的频点f_wave对应的角频率点：w_cts1 =（[1:n1]）×2π×Fs/n1，其中Fs为采样率，n1为记录波形的总点数，f_wave = w_cts1/(2π)。设CTS－1地震计针对地动位移的地震仪器校正滤波器的零极点行矢量为zero和pole，其中zero包含10个零点，是CTS－1地震计传递函数的10个极点，pole包含3个零值极点，对应CTS－1地震计位移传递函数的3个零值零点（见3.2.5小节），执行Matlab函数，

[b_cts1,a_cts1] = zp2tf(zero',pole',m)；得到传递函数有理分式的分子和分母行矢量b_cts1和a_cts1，h_cts1 = freqs(b_cst1,a_cts1,w_cts1)；得到CTS－1仪器校正滤波器的频率响应。

由于对记录波形进行快速傅里叶变换（FFT）结果的数组结构中后一半是前一半的复共轭，为构建与之对应的滤波器频率响应，要执行以下步骤（万永革，2012，第429页）：

```
h1_cts1 =zeros(1,n1);
for ii =1:n1/2
h1_cts1(ii)=h_cts1(ii);
h1_cts1(n1 -ii +1)=conj(h_cts1(ii));
end
```

将由此得到的滤波器响应与信号的快速傅里叶变换（FFT）结果相乘，得到滤波后的频谱，再进行逆FFT变换并取其实部，便得到地震仪器校正后的地动波形：

```
Y_wave = real(ifft(fft(x_wave)*h1_cts1))/C
```

式中的常数 C 是 CTS－1 地震计加 24 位数据采集器的地动速度转换灵敏度，标称值为 $C=0.83893$ count/(nm/s)（见式 3.30），对本节和下节采用的地震记录波形实例，在 JOPENS/MSDP（广东省智源工程抗震科技公司，2008）的波形数据格式转换中提供的实际转换灵敏度为 1.04877count/(nm/s)，在本节和下节中的地动恢复计算均采用该实际值。

图 3.15 显示所用校正滤波器的频率响应。图 3.16 是校正后的地动位移波形，由于 CTS－1 地震计的截止频率为 0.0083Hz（截止周期 120s），经过仪器校正后得到的地动位移记录显示出强的低频噪声。试验用信号段的长度为 600s，故在频率域运算的最低频率是 0.001667Hz。

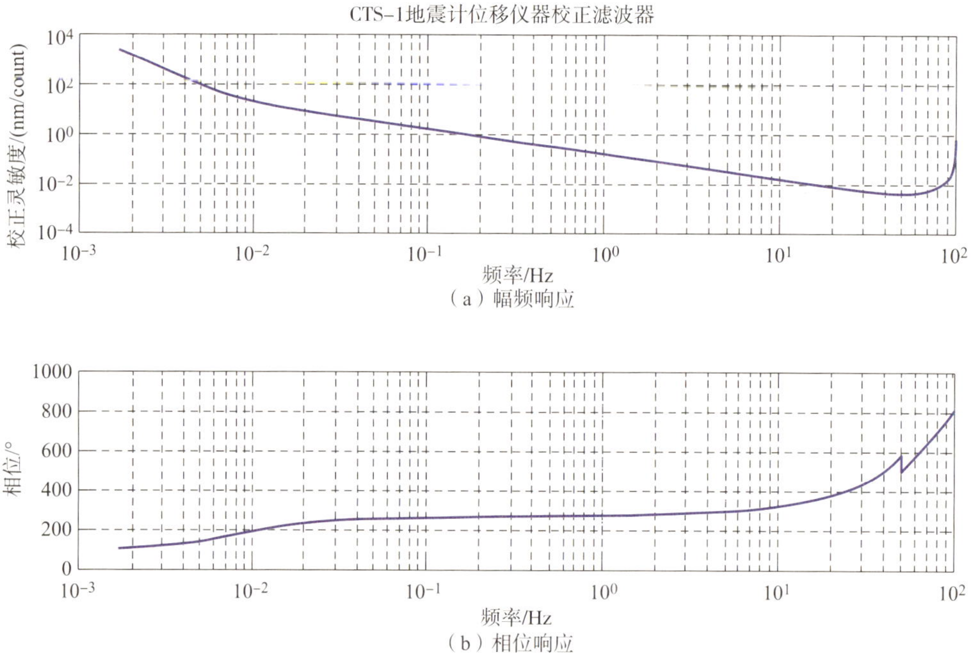

图 3.15　根据 CTS－1 的 3 零点、10 极点位移响应滤波器构造的地震仪器校正滤波器振幅响应和相位响应

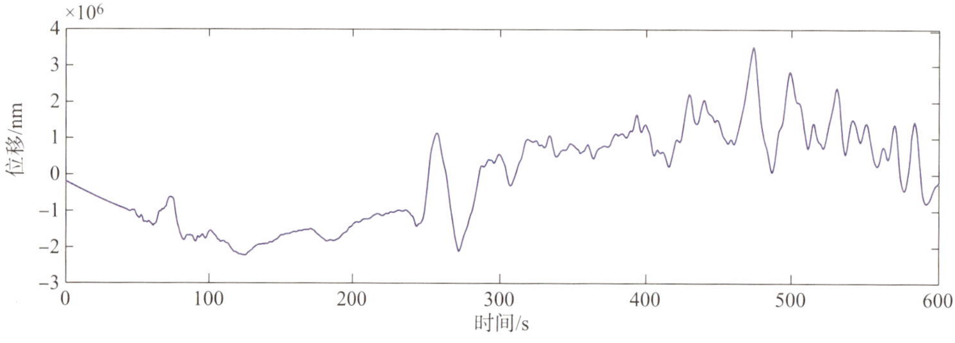

图 3.16　CTS－1 仪器校正后得到的地动位移波形（无频率截断），其中包含大的低频成分

为检验由短周期地震记录恢复较长周期地动位移的能力，以 CTS－1 恢复的地动位移作为原始信号，看被 DD－1 地震仪记录后，能否通过频率域的仪器校正再恢复成原来的地动

位移。图 3.17 显示用 DD－1 地震仪的传递函数构造的滤波器，在频率域对图 3.16 所示波形进行滤波得到的 DD－1 地震仪（仿真）记录波形。可以看到，DD－1 记录的地震波形中主要包含高频部分，而低频部分被强烈地抑制了。用上述对 CTS－1 记录进行地震仪器校正的同样方法，对这里的 DD－1 记录进行处理，得到图 3.18 所示地动位移波形。对比图 3.16 和图 3.18，可见波形基本一致，这表明即使是短周期记录，也能通过仪器校正，在合适的频带范围内恢复地动位移波形。

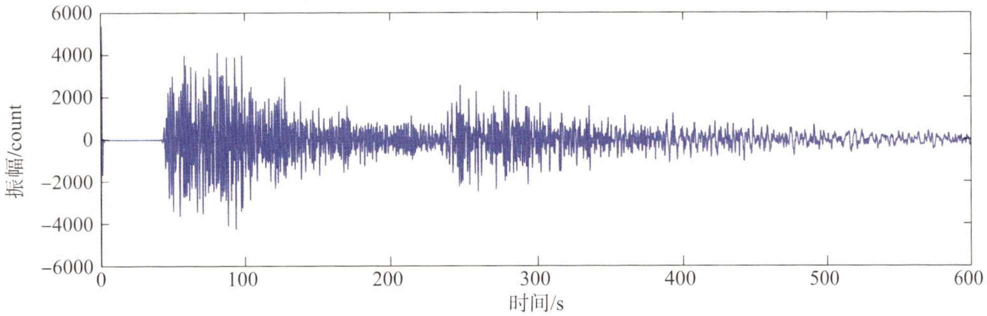

图 3.17 用 DD－1 地震仪的传递函数构造滤波器，在频率域对图 3.16 所示波形进行滤波得到的 DD－1 地震仪（仿真）记录波形，放大倍数＝1

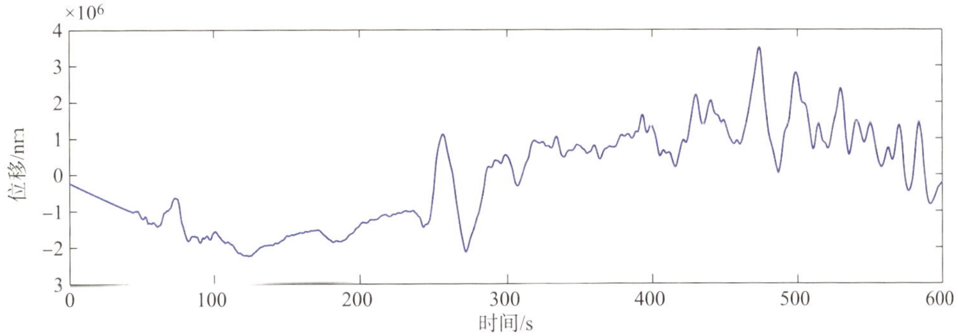

图 3.18 对图 3.17 所示 DD－1 记录波形进行地震仪器校正后得到的地动位移（无频率截断）

然而，如从所恢复的地动位移波形中看到的那样，其中包含了长周期的地动噪声。要得到可用的地震信号，还需要对恢复的地动波形进行频率滤波，去掉不需要的噪声；或者在进行仪器响应校正时就引入带通滤波器，以得到不包含大振幅低频噪声的地动位移信号。

接下来的试验表明，低频截断是必要的，但要适当，否则会产生虚假信号。图 3.19 显示 CTS－1 校正后的地动位移波形，与图 3.16 所示波形不同的是，图 3.19 所示波形的仪器校正滤波器响应在低于 0.0083Hz 频段被强制置零，因此在图 3.16 所示波形中的长周期噪声被滤掉。对图 3.19 所示位移记录通过 DD－1 地震仪记录（仿真），再对记录进行无频率截断的 DD－1 仪器校正得到的地动位移（图 3.20）与其输入波形（图 3.19）一致。图 3.21(a) 显示的是截止频率在 0.02Hz 时得到的地动位移；图 3.21(b) 显示当截止频率为 0.04Hz 时得到的地动位移。

Matlab 程序 M03_05_antifilter_freq.m 完成上述试验并生成图 3.14～图 3.21。

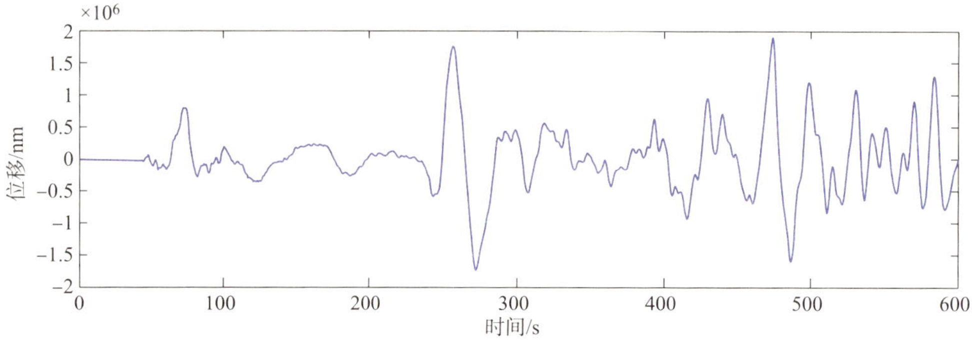

图 3.19　对 CTS－1 仪器校正滤波器响应在低于 0.0083Hz 频段强制置零后得到的校正后地动位移波形

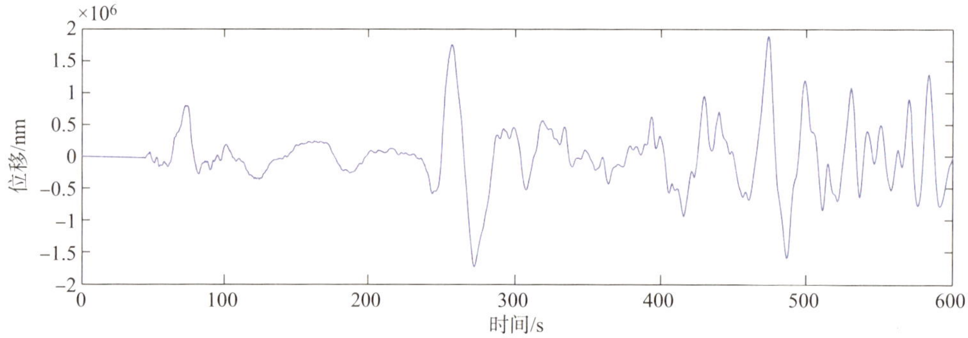

图 3.20　对图 3.19 所示位移记录通过 DD－1 地震仪记录，再对记录进行无频率截断的 DD－1 仪器校正得到的地动位移波形

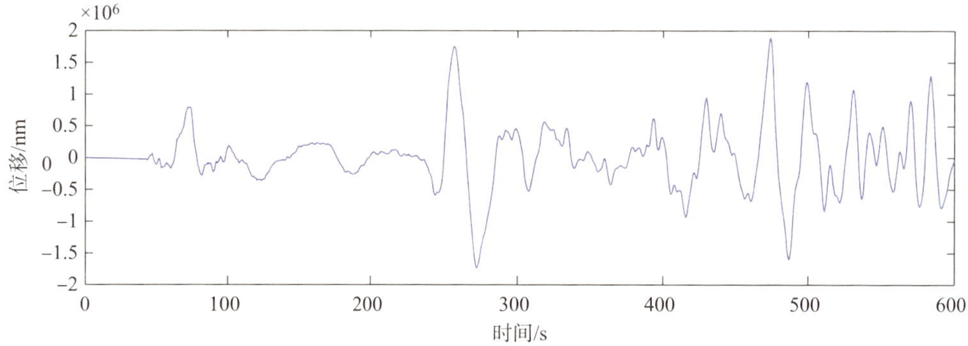

（a）CTS-1校正后的地动位移（低频截至0.02Hz）

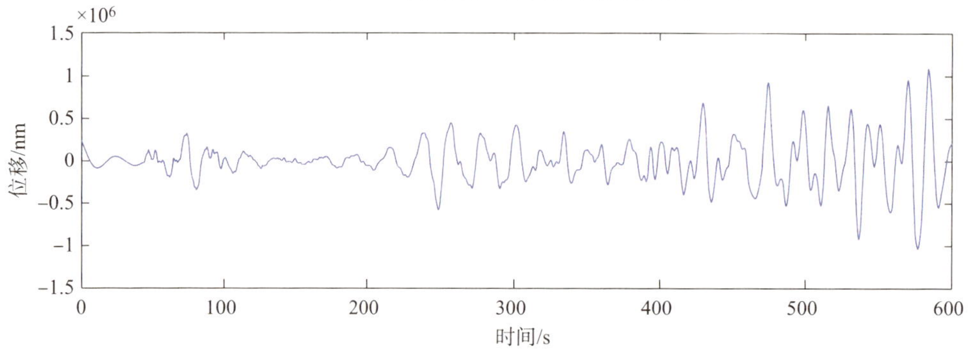

（b）CTS-1校正后的地动位移（低频截至0.04Hz）

图 3.21　不同低频截止频率校正后的地动位移波形

3.3.2　在时间域进行的地震仪器校正

在时间域使用卷积滤波器或递归滤波器进行仪器校正可以处理任何长度的记录波形，特别是递归滤波器因其运行速度快，占用计算机内存少，因而能对记录波形实现实时处理，并且在进行仪器校正时，波形中后到的大振幅信号（尤其是限幅的波形）不会对先到信号的校正结果产生影响。

3.3.2.1　有限脉冲响应法

在 2.5.1.6 小节曾讨论了利用模拟滤波器进行滤波的程序实现，其中介绍了在时间域进行滤波的解决方案，在已知滤波器的复频率响应的情况下，可通过傅里叶逆变换得到离散化的脉冲响应，如果已知滤波器的传递函数，则可通过逆拉普拉斯变换得到离散化的脉冲响应，然后对脉冲响应进行适当的截断，进行时间域卷积滤波：

$$y_i = \Delta t \cdot \sum_{k=i-K+1}^{i} x_k h_{i-k+1}$$

式中，x_k 是离散输入信号；Δt 是采样间隔；y_i 是滤波输出的离散信号；h_j 是有限长度的脉冲响应，其长度为 $K, j=1,2,\cdots,K$。

下面仍以 CTS－1 地震计为例，以图 3.14 所示地震记录波形为处理对象，说明采用有限脉冲响应法在时间域进行仪器校正的实现。如上节所述，为了对 CTS－1 仪器校正滤波器的复频率响应（图 3.15）作 FFT 逆变换，须首先对复频率响应数组的后半段变换成其前半段的复共轭，以符合进行逆 FFT 的数组结构，然后进行逆 FFT（IFFT）得到离散化的脉冲响应，进而通过卷积滤波，实现地震仪器校正。图 3.22(a) 显示 CTS－1 地震计针对地动位移

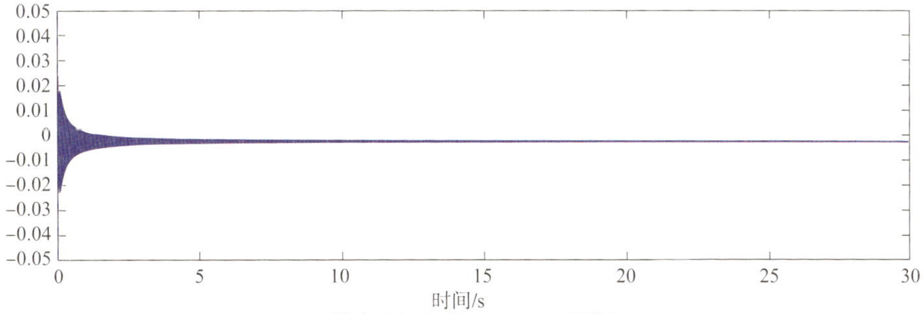

（a）脉冲响应（时间=200s），采样率=100sps

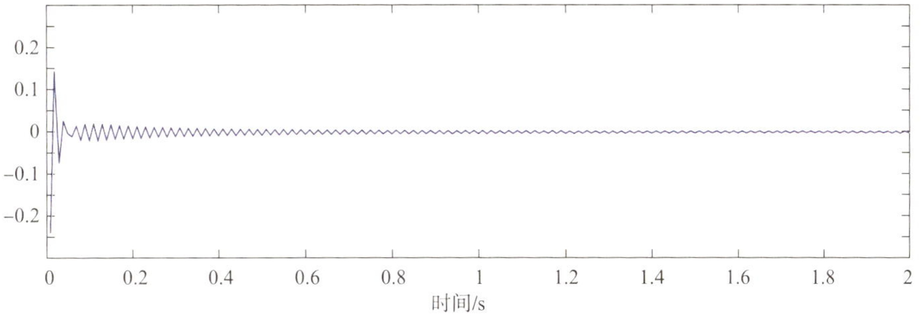

（b）脉冲响应（时间=2s），采样率=100sps

图 3.22　CTS－1 地震计针对地动位移的仪器校正滤波器的脉冲响应（复频率响应的逆 FFT 的实部）

的仪器校正滤波器的脉冲响应（复频率响应的逆 FFT 的实部）；图 3.22(b)是(a)图的头 2s 的展开；图 3.23 为有限脉冲响应卷积滤波结果，脉冲响应长度分别为 2s、20s、50s 和 100s。原始记录波形见图 3.14。

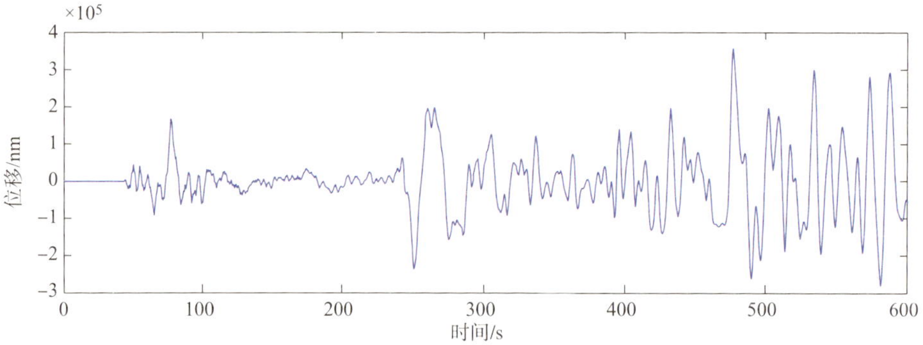

（a）时间域仪器校正后的波形，脉冲响应长度=2s

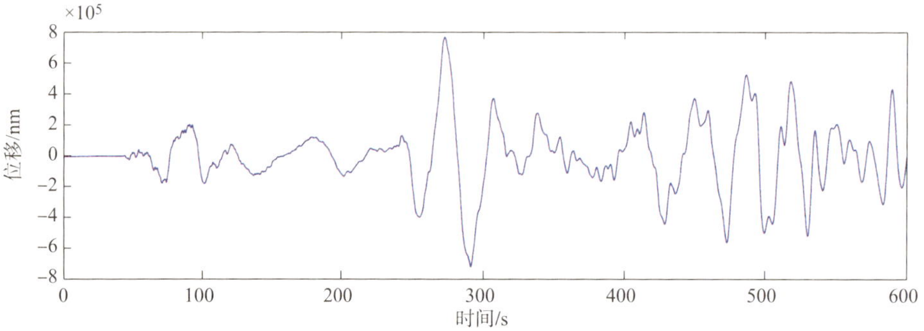

（b）时间域仪器校正后的波形，脉冲响应长度=20s

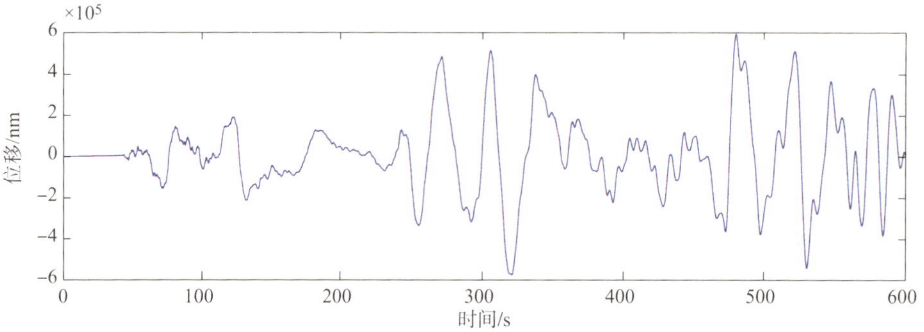

（c）时间域仪器校正后的波形，脉冲响应长度=50s

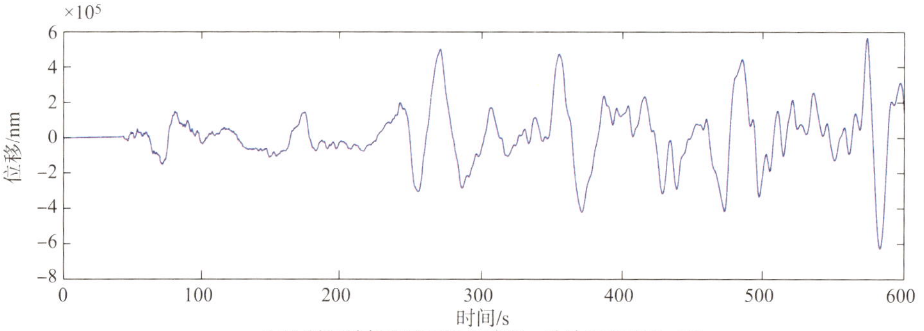

（d）时间域仪器校正后的波形，脉冲响应长度=100s

图 3.23　有限脉冲响应卷积滤波结果，原始记录波形见图 3.14

从图3.23可知，为了得到含有较低频率成分的地动位移信号，需要使用持续时间长的有限脉冲响应，这样进行卷积滤波需要较长的计算时间，这对处理大量数据是不利的。因此，在进行时间域地震仪器校正时，更多采用下一小节所述构造数字递归滤波器的方法。

3.3.2.2 构建数字递归滤波器

在2.5.3小节中讨论了如何从模拟滤波器构建数字滤波器，本节中将采用2.5.3小节中介绍的方法，对模拟地震计构建相应的数字递归滤波器，进而进行仪器响应校正处理。

在时间域进行地震仪器校正，首先要构建一个适于转换成数字滤波器的模拟反滤波器。从2.5.3小节可知，采用双线性变换或脉冲响应不变法生成数字滤波器时，原来的模拟滤波器的零点数不能大于极点数。因此，在理论上，在由地震计的传递函数生成反滤波器时，必须加入适当的带通滤波器，以补充反滤波器的极点，使之符合构造数字滤波器的要求。以CTS-1地震计为例，如果既考虑地震计本身，又考虑其去假滤波器，它的速度传递函数有2个零点和10个极点，如果变成反滤波器，则有10个零点和2个极点。因此，为构建相应的数字滤波器，需要引入一个模拟的16阶巴特沃斯带通滤波器（它有8个零值零点和16个极点）与CTS-1反滤波器组合，才能使仪器校正滤波器的零点数不大于极点数。

然而，试算表明，即使用双线性变换法或脉冲响应不变法能对如此高阶的仪器响应滤波器构建相应的数字滤波器，但其频率特性发生了很大的畸变，不能用于实现时间域滤波。图3.24为针对2零点、10极点的CTS-1传递函数引入16阶巴特沃斯带通滤波器得到的仪器响应校正滤波器。蓝线为模拟滤波器，红线为使用双线性变换法的Matlab函数得到的数字滤波器。可见在频率低于0.3Hz的低频部分，数字滤波器的响应出现明显的震荡，不能使用。

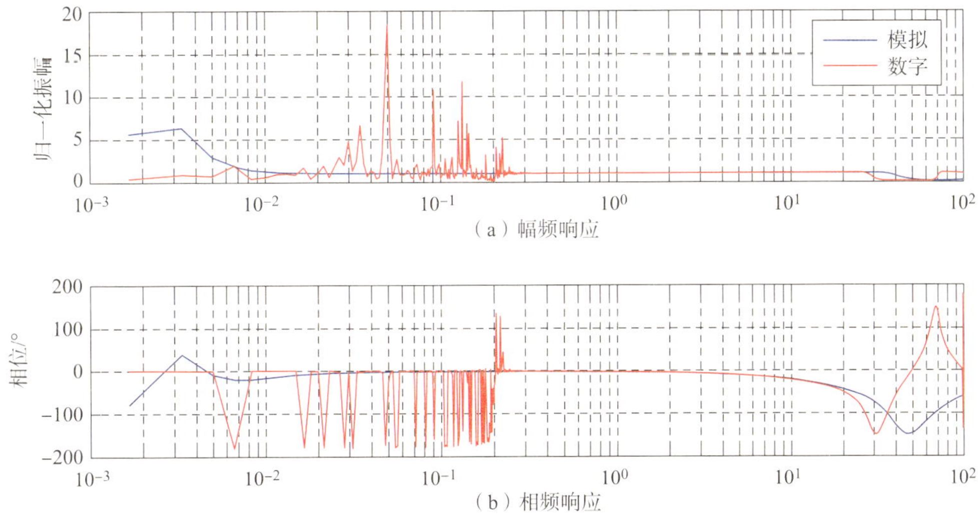

图3.24 针对2零点、10极点的CTS-1传递函数引入16阶巴特沃斯0.002~40Hz带通滤波器得到的仪器响应校正滤波器。蓝线为模拟滤波器，红线为使用双线性变换法的Matlab函数得到的数字滤波器

因此，在实现时间域仪器响应校正时，不是使用如CTS-1的10极点传递函数，而是只

使用 CTS－1 地震计部分的对地动速度的 2 极点 2 零点传递函数，如图 3.10(a)所示。这时，如果要得到地动速度的仪器响应校正，甚至可以不引入带通滤波器，或只引入低阶带通滤波器。下面仍以 3.3.1.1 小节使用的地震波形为例，说明时间域地震仪器响应校正过程及限制。

（1）针对地动速度的仪器响应校正。

使用 Matlab 程序 M03_05_antifilter_time_new.m 演示在时间域进行对地动速度的仪器响应校正。

利用第 3.2.5 小节给出的 CTS－1 地震计对地动速度的传递函数（式（3.29）），当不引入带通滤波器时，可由式（3.29）得到 CTS－1 仪器响应校正滤波器的传递函数为，

$$H_v^{-1}(s)=\frac{s^2+K_{11}s+K_{12}}{Km_1s^2} \tag{3.41}$$

建立数组 b_cts1 =［1　K_{11}　K_{12}］和 a_cts1 =［1　0　0］，利用 Matlab 双线性变换函数，有：［bz_cts1,az_cts1］= bilinear(b_cts1,a_cts1,Fs)，或脉冲响应不变法：［bz_cts1,az_cts1］= impinvar(b_cts1,a_cts1,Fs)，其中 Fs 为数字地震波形的采样率。可得到仪器响应校正滤波器传递函数有理分式的分子系数数组 bz_cts1 和分母系数数组 az_cts1，从而构成数字滤波器。当 K_{11} = 0.074049，K_{12} = 0.0027416（见式（3.28）的系数取值），用双线性变换得到的 bz_cts1 和 az_cts1 分别为 bz_cts1b =［1.0004　－2.0000　0.9996］；az_cts1b =［1　－2　1］；用脉冲响应不变法得到的是 bz_cts1i =［0.0107　－0.0207　0.0100］；az_cts1i =［1　－2　1］。对地震记录数组 wave 进行数字滤波，得到仪器响应校正后的地动速度波形：y_wave = filter(scale * bz_cts1,az_cts1,wave)，其中，对双线性变换法，scale = 1，对脉冲响应不变法 scale = Fs，本例中 Fs = 100。图 3.25 是式（3.41）所示仪器响应校正滤波器的幅频和相频响应，其中图(a)是不含带通滤波器的 CTS－1 仪器响应校正滤波器的幅频响应（上幅）和相频响应（下幅），其中蓝色“＊”显示的是 2 零点、2 极点 CTS－1 地震计的仪器校正滤波器的响应，红线是对其模拟响应进行双线性变换得到的数字滤波器的响应，黑线是对其模拟响应使用脉冲响应不变法得到的数字滤波器的响应。其频率下限 f_L 是由记录波形数据长度决定的，本实例中 f_L = 1/(600s) = 0.001667Hz。在图(b)中，振幅响应纵坐标展宽，可看到双线性变换（红线）和脉冲响应不变法（黑线）得到的振幅响应在约 2Hz 以上彼此一致，但在较低频段相差较大，而双线性变换法得到的响应更接近于地震计的模拟响应。

图 3.26 是经过时间域 CTS－1 仪器响应校正后的地动速度波形。蓝线是使用双线性变换得到的数字滤波器进行仪器校正的结果，红线是使用脉冲响应不变法得到的数字滤波器进行仪器校正的结果。为了由恢复的地动速度波形得到地动位移波形，对图 3.26 所示波形进行数值积分，

$$d_i=\Delta t\cdot\sum_{j=1}^{i}v_j=d_{i-1}+\Delta t\cdot v_i \tag{3.42}$$

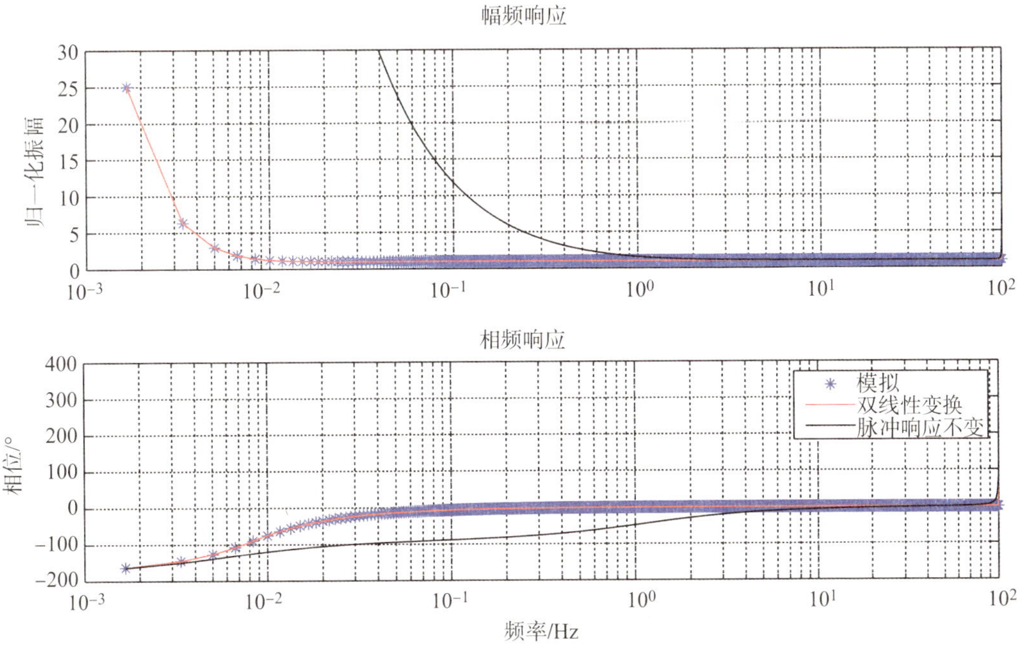

（a）CTS–1仪器校正滤波器（振幅范围=30），不含附加带通滤波器

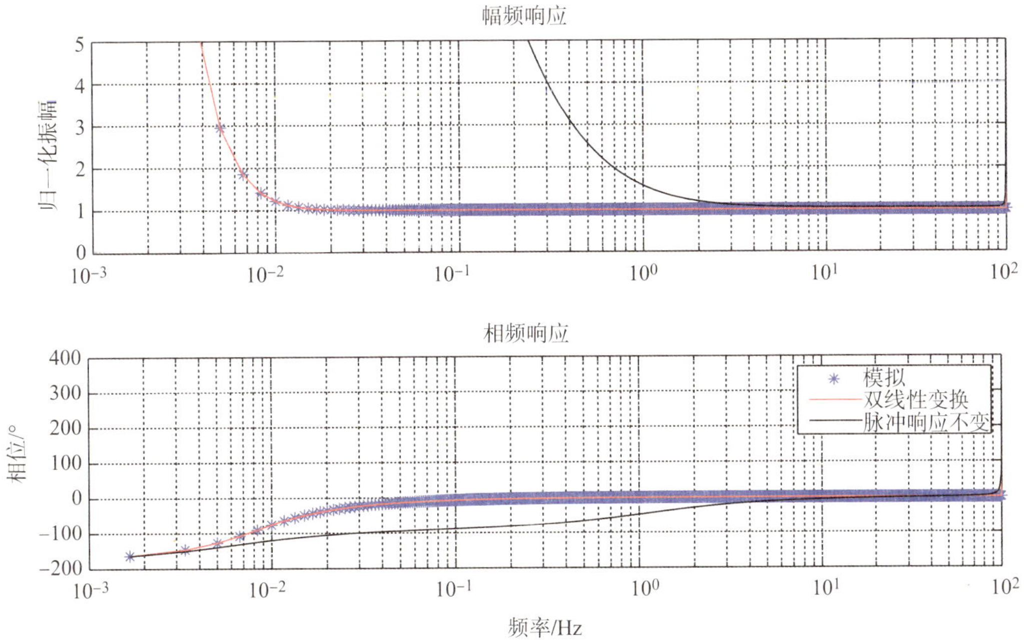

（b）CTS–1仪器校正滤波器（振幅范围=5），不含附加带通滤波器

图3.25 不含带通滤波器的CTS－1针对地动速度的仪器响应校正滤波器的幅频响应和相频响应，其频率下限是由记录波形数据长度决定的，$f_1 = 1/(600s) = 0.001667Hz$。(b)同(a)但振幅响应纵坐标展宽

图 3. 27 是对图 3. 26 所示地动速度波形积分得到的地动位移波形，是使用双线性变换得到的数字滤波器进行仪器校正的结果。在这种情况下，采用双线性变换得到的数字滤波器更接近原来的模拟滤波器。这与 2. 5. 3. 2 小节的讨论一致。

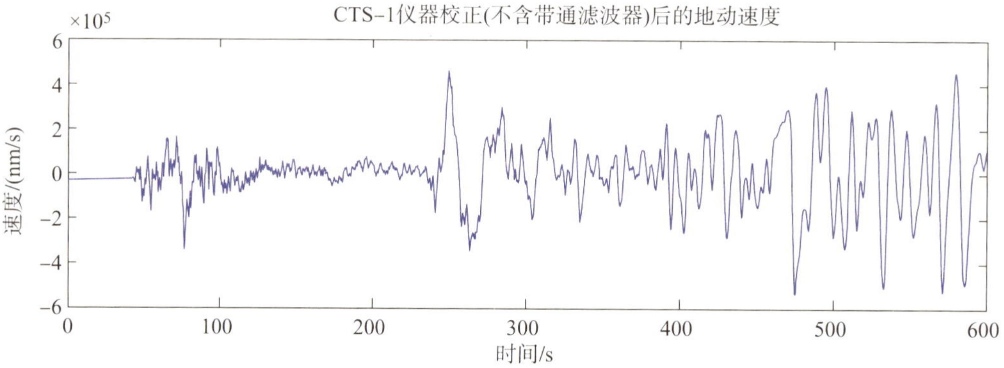

图 3. 26　CTS-1 仪器响应校正（不含带通滤波器）后的地动速度波形。蓝线是使用双线性变换得到的数字滤波器进行仪器校正的结果

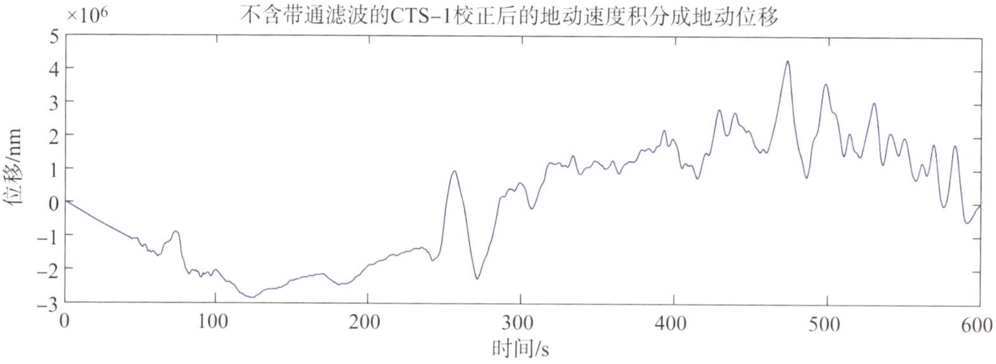

图 3. 27　对图 3. 26 所示地动速度波形积分得到的地动位移波形。蓝线是使用双线性变换得到的数字滤波器进行仪器校正的结果

如果引入带通滤波器来抑制 CTS-1 频带外的信号，情况会有所变化。选择 4 阶带通巴特沃斯滤波器，其截止频率为 0. 002Hz 和 40Hz，与 2 极点 CTS-1 地震计的响应校正滤波器结合，得到图 3. 28 所示模拟仪器校正滤波器和使用双线性变换得到的数字校正滤波器。结果得到图 3. 29 所示仪器响应校正后的地动速度波形，进行积分得到的位移波形示于图 3. 30。

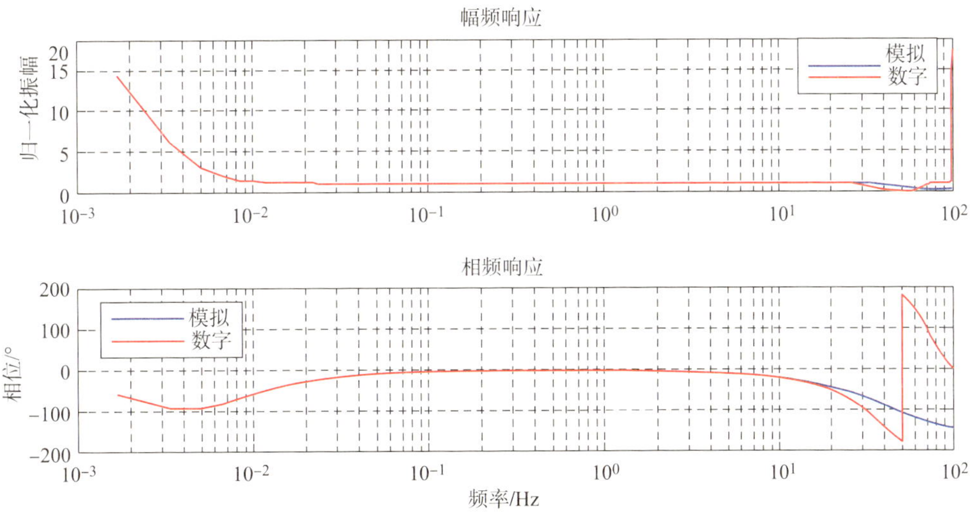

（a）针对2极点CTS–1的仪器校正滤波器（含4阶巴特沃斯0.002～40Hz带通滤波器，振幅范围=20）

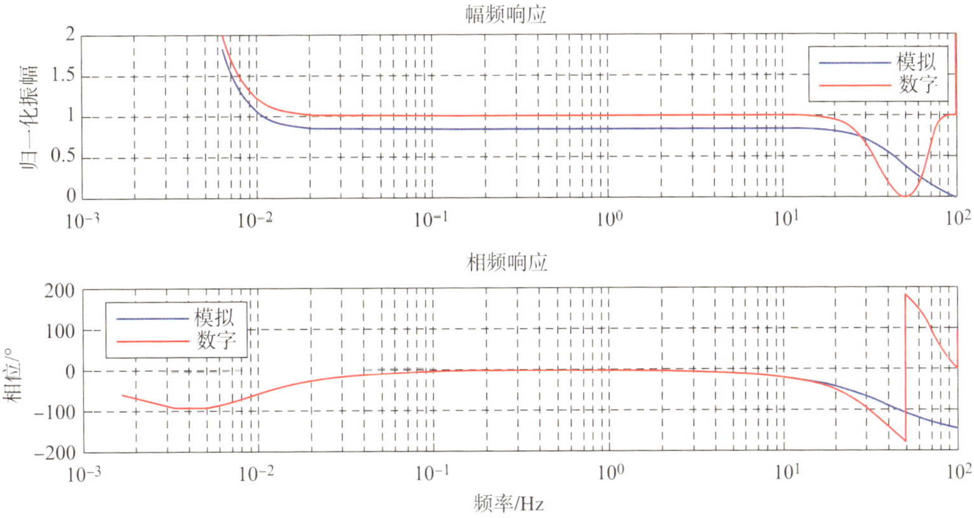

（b）针对2极点CT–S1的仪器校正滤波器（含4阶巴特沃斯0.002～40Hz带通滤波器，振幅范围=2）

图 3.28　含 4 阶带通滤波器的 CTS－1 仪器响应校正滤波器的幅频响应和相频响应，其数字滤波器响应是通过双线性变换得到的。（b）同（a）但振幅响应纵坐标展宽

上述在时间域针对地动速度的仪器响应校正计算和生成图 3.25～图 3.30 是用 Matlab 程序 M03_05_antifilter_time_vel.m 完成的，其中，从模拟滤波器到数字滤波器的变换是采用双线性变换方法。

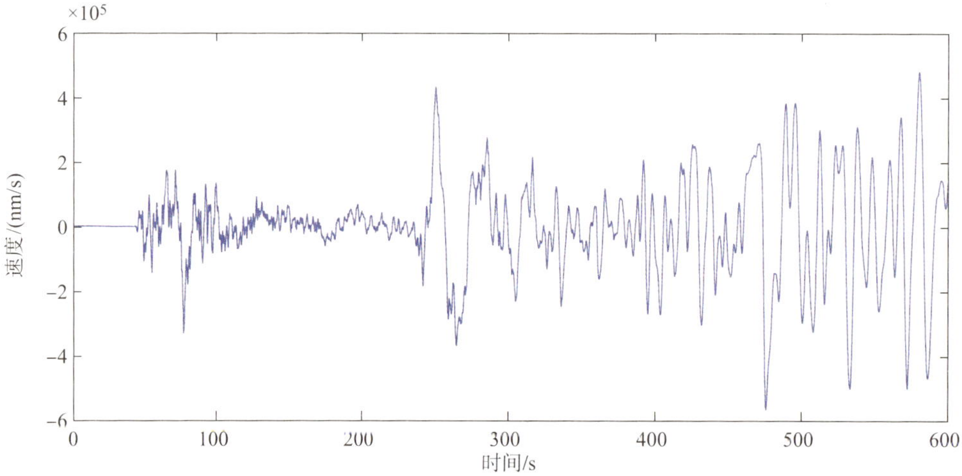

图 3.29　使用图 3.28 所示数字仪器校正滤波器在时间域得到的地动速度波形，2 极点 CTS－1 仪器校正（含 4 阶带通滤波器）后的地动速度，原始记录波形见图 3.14

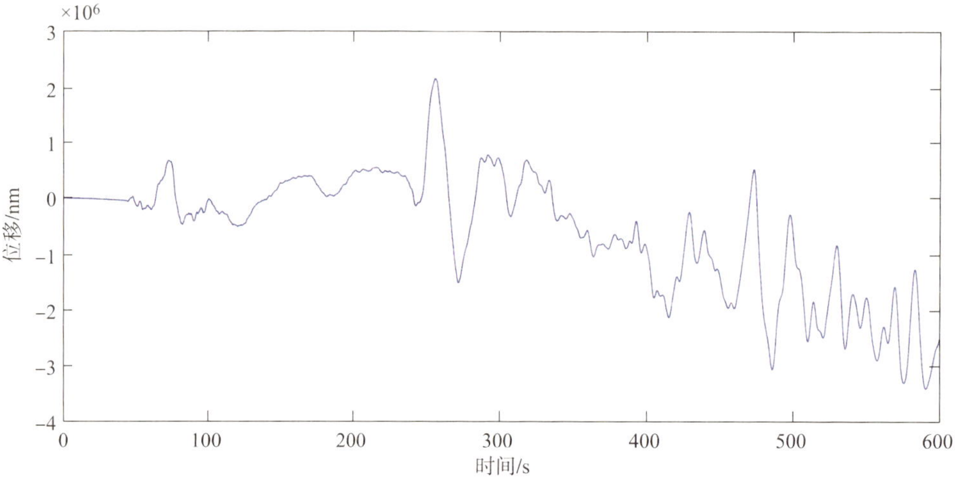

图 3.30　对图 3.29 所示速度波形的积分结果，得到地动位移波形，含 4 阶带通滤波的 2 极点 CTS－1 校正后的地动速度积分成地动位移

（2）针对地动位移的仪器响应校正。

如果不希望先恢复地动速度波形再进行积分，也可以直接由式（3.29）所示 CTS－1 地震计对地动速度的传递函数生成对地动位移的仪器响应校正滤波器，

$$H_d^{-1}(s)=\frac{H_v^{-1}(s)}{s}=\frac{s^2+K_{11}s+K_{12}}{G_d s^3} \tag{3.43}$$

式中，$G_d=838.93\times10^{-3}$count/nm（标称值，参见式（3.32）），该校正滤波器的频率响应示于图 3.31。

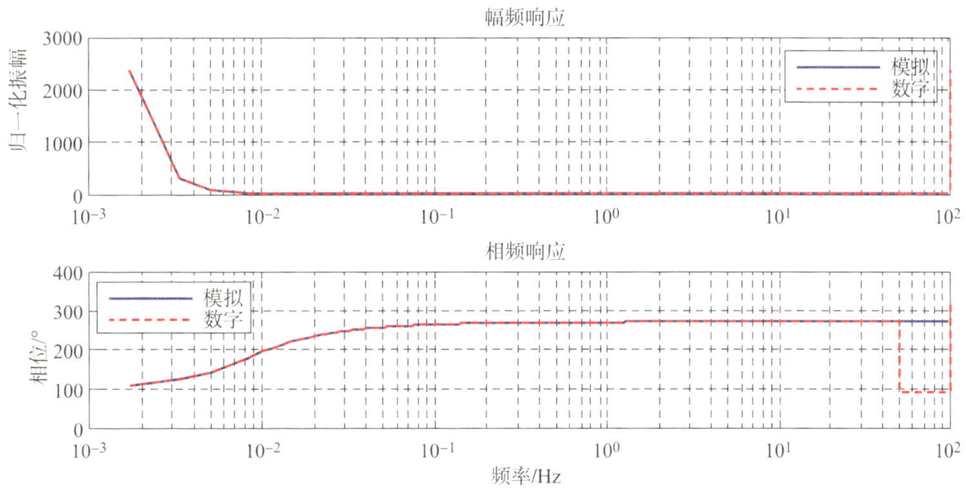

（a）CTS-1位移响应校正滤波器（振幅=3000），不含附加带通滤波器

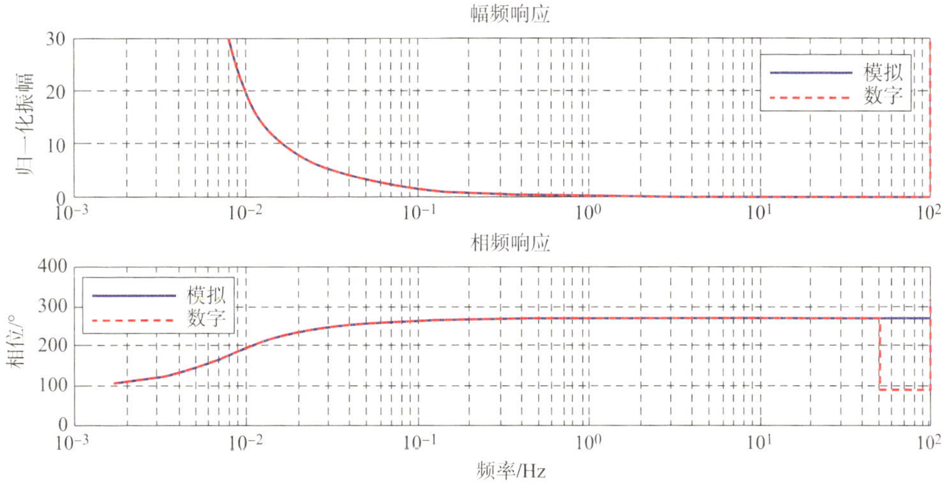

（b）CTS-1位移响应校正滤波器（振幅=30），不含附加带通滤波器

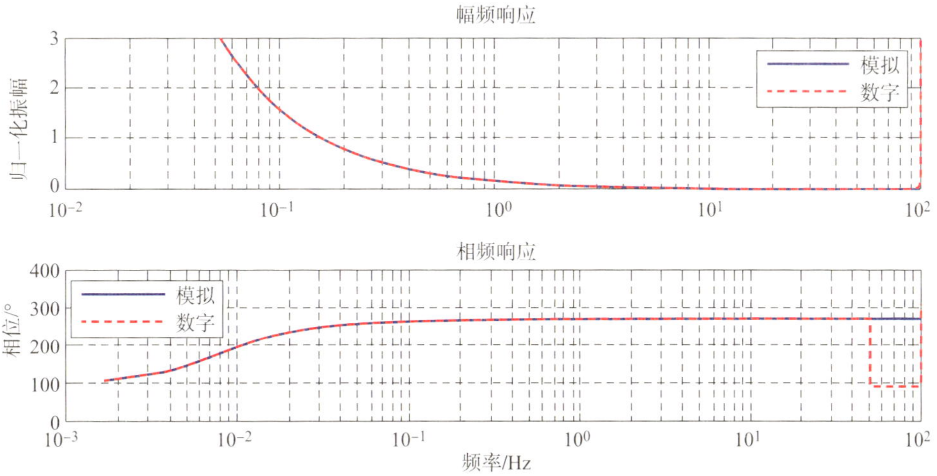

（c）CTS-1位移响应校正滤波器（振幅=3），不含附加带通滤波器

图 3.31　不含有带通滤波器的 CTS－1 地震计位移响应校正滤波器的幅频响应和相频响应。(b)和(c)同(a)但振幅响应的纵坐标展宽

仍以图 3.14 所示地震记录为例，采用前述关于地动速度仪器响应校正的类似方法，用 Matlab 程序 M03_05_antifilter_time_dis.m 可直接得到校正后的地动位移波形，如图 3.32 所示，可以看到极低频的噪声，计算中使用该波形数据的仪器信息，其 $G_d = 1048.77 \times 10^{-3}$ count/nm。

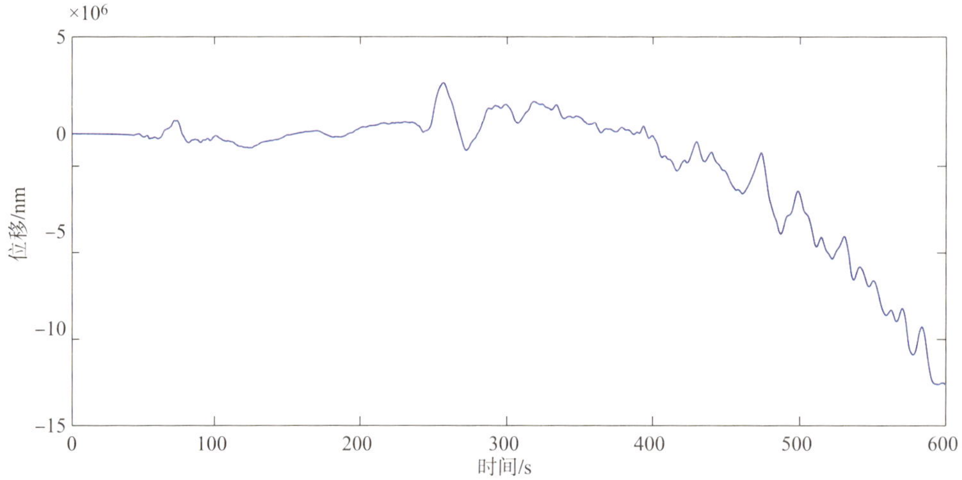

图 3.32　利用图 3.31 所示 CTS－1 位移响应校正滤波器得到的地动位移波形（不含带通滤波器）

与获得地动速度波形的情况类似，在 CTS－1 位移响应校正滤波器中加入 4 阶 0.002～40Hz 带通巴特沃斯滤波器，得到的频率响应示于图 3.33，以此得到的地动位移波形示于图 3.34。

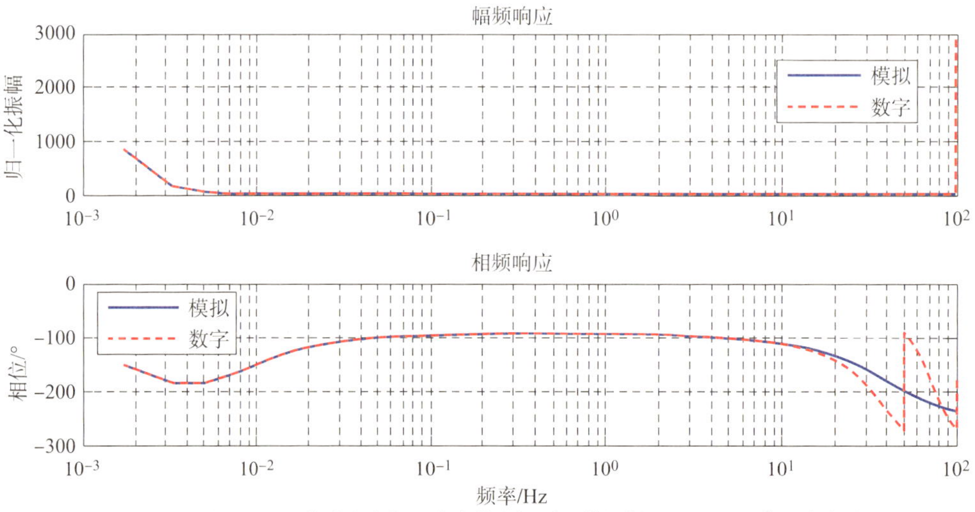

（a）CTS-1位移响应校正滤波器（含4阶巴特沃斯0.002～40Hz带通滤波器）

图 3.33　含 4 阶有带通滤波器的 CTS－1 地震计位移响应校正滤波器的幅频响应和相频响应。(b)和(c)同(a)但振幅响应的纵坐标展宽

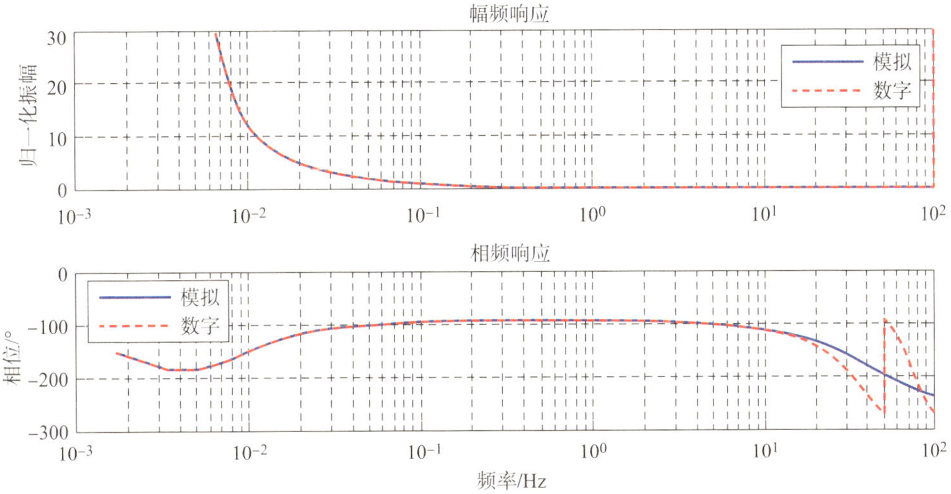

（b）CTS-1位移响应校正滤波器（含4阶巴特沃斯0.002～40Hz带通滤波器）

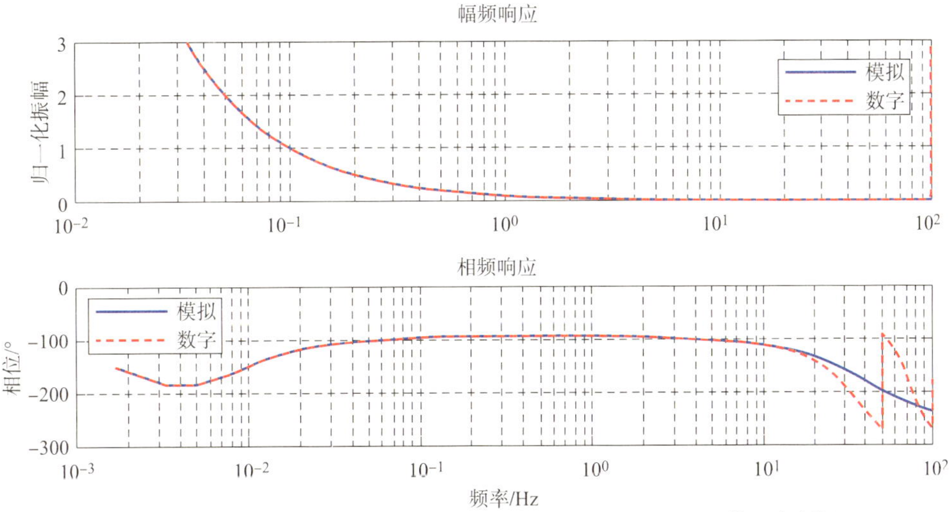

（c）CTS-1位移响应校正滤波器（含4阶巴特沃斯0.002～40Hz带通滤波器）

图 3.33（续图）

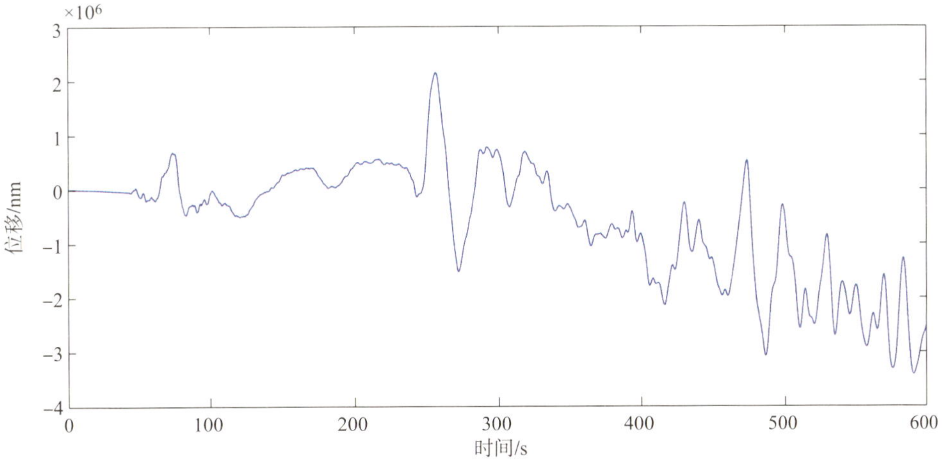

图 3.34　利用图 3.33 所示带有带通滤波器的 CTS－1 位移响应校正滤波器得到的地动位移波形（含 4 阶带通滤波器）

上述在时间域针对地动位移的仪器响应校正计算和生成图 3. 31 ~ 图 3. 34 是用 Matlab 程序 M03_05_antifilter_time_dis. m 完成的，其中，从模拟滤波器到数字滤波器的变换采用的是双线性变换方法。

（3）针对地动加速度的仪器响应校正。

2. 5. 3. 3 小节讨论了计算递归滤波器系数的有限差分近似法，这里利用这一方法由地震仪参数构造二阶递归滤波器。Kanamori 等（1999）使用递归滤波器产生伍德 - 安德森地震图，Kanamori 和 Rivera（2008）使用递归滤波器从超长周期记录中去掉仪器响应以提取 W 震相。在这些研究中采取的途径是使用增益、阻尼系数和固有频率 3 个参数来近似地震仪的响应，并使用这些系数构成一个二阶递归滤波器。这一途径适于某些简单的短周期地震计（仪），如伍德 - 安德森地震仪。当感兴趣的频带高频端的频率足够低于地震计频率响应高频拐角频率时，也能用于其他结构的宽频带仪器。

Kanamori 和 Rivera（2008）具体介绍了它们提取 W 震相时采用的时间域反卷积去掉仪器响应的方法，该方法适用于实时运行。由于需要提取的信号周期特别长，其低频部分的频率已经低于一些宽频带仪器响应的低频拐角频率，因此，必须使用尽可能准确的地震仪参数，以免因地震计参数误差影响对低于拐角频率信号的恢复。在感兴趣的频段，甚宽带（VBB）地震计的响应能写成类似于传统机械地震仪的形式（Wielandt and Streckeisen，1982），

$$\ddot{y}(t)+2h\omega_0\dot{y}(t)+\omega_0^2y(t)=G(t)\dddot{x} \tag{3.44}$$

式中，$x(t)$是地动位移；$y(t)$是地震仪输出；ω_0是地震仪的固有角频率；h 是阻尼常数；G 是增益因子。对于 CTS - 1 地震计，ω_0 和 h 分别为 $2\pi/120$(rad/s) 和 0. 707，$G=838.93\times10^{-3}$count/(nm/s)（标称值，参见式（3. 32））。对于 Streckeisen STS - 1 系统，其低频拐角周期为 360s，ω_0和h分别近似为$2\pi/360$s 和 0. 707。对于 Streckeisen STS - 2 系统，其低频拐角周期为 120s，ω_0 和 h 分别近似为 $2\pi/120$s 和 0. 707。为进行反卷积，引入地动加速度 $a(t)=\ddot{x}(t)$，重写式（3. 44），

$$\ddot{y}(t)+2h\omega_0\dot{y}(t)+\omega_0^2y(t)=G\dot{a}(t) \tag{3.45}$$

相应的差分方程是（参见式（2. 117）和式（2. 118）），

$$\frac{y_{i+2}-2y_{i+1}+y_i}{\Delta t^2}+2h\omega_0\frac{y_{i+2}-y_{i+1}}{\Delta t}+\omega_0^2y_{i+2}=G\frac{a_{i+2}-a_{i+1}}{\Delta t} \tag{3.46}$$

现在是要由地震计（仪）输出 $y(t)$得到地震计(仪)的输入加速度 $a(t)$，于是上式重写成以 $a(t)$为输出的递归滤波器形式，

$$a_{i+2}=a_{i+1}+c_2y_{i+2}+c_1y_{i+1}+c_0y_i \tag{3.47}$$

其中，滤波器系数 c_0、c_1、c_2由下式给出，

$$\begin{aligned} c_0&=\frac{1}{G\Delta t}\\ c_1&=-2\frac{1+h\omega_0\Delta t}{G\Delta t}\\ c_2&=\frac{1+2h\omega_0\Delta t+(\Delta t)^2\omega_0^2}{G\Delta t}\end{aligned} \tag{3.48}$$

于是，有递归滤波器的传递函数为，

$$H(z)=\frac{c_2+c_1z^{-1}+c_0z^{-2}}{1+z^{-1}} \tag{3.49}$$

以初始条件 $a_1=a_2=0$ 应用这一滤波器，得到加速度时间序列 $a_i(i=1,2,3\cdots,N)$，其中 N 是数据点总数。对这个滤波器的输出，使用带通巴特沃斯滤波器（通常使用4阶的滤波器）进行滤波。在滤波之后，对加速度时间序列积分两次，以得到带通滤波之后的位移记录。

下面仍以图3.14所示CTS－1地震计记录波形为例，说明如何实现这一仪器响应校正过程。由CTS－1地震计的不含低通滤波器的传递函数（式（3.29））换算得到的地震计常数是固有周期 $T=120\text{s}$，阻尼 $h=0.707$，得到 $\omega_0=2\pi/T=0.0524$，与Streckeisen STS－2的常数相同。计算中使用该波形数据的仪器信息，$G=1048.77\cdot10^{-3}\,\text{count/nm}$。本例中的数据采样率为100sps，有 $\Delta t=0.01\text{s}$，利用式（3.48）得到 c_0、c_1 和 c_2，其值为：$c_0=95.3498$，$c_1=-190.7702$，$c_2=95.4204$。相应的对地动加速度的频率响应示于图3.35。然后用递归公式（3.47）计算地动加速度，得到如图3.36所示地动加速度波形。

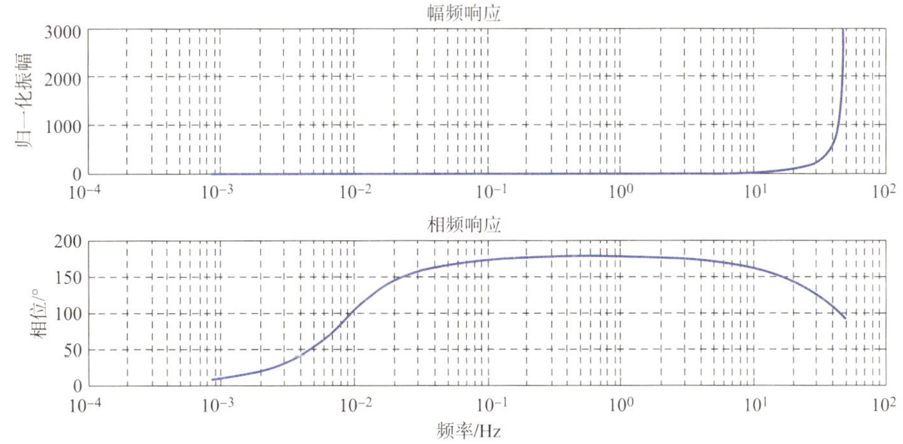

（a）CTS-1加速度校正递归滤波器频率响应（3000）

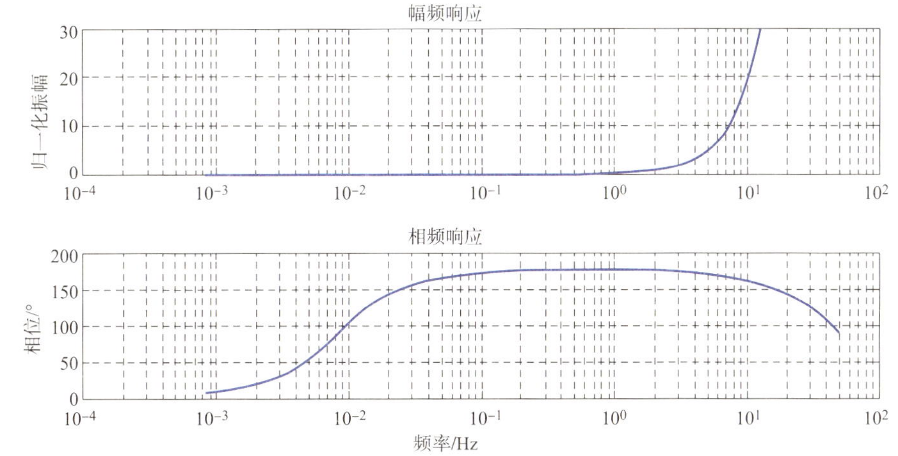

（b）CTS-1加速度校正递归滤波器频率响应（30）

图3.35　由式（3.49）给出的恢复地动加速度用递归滤波器的幅频响应和相频响应。(b)和(c)同(a)但振幅响应的纵坐标展宽

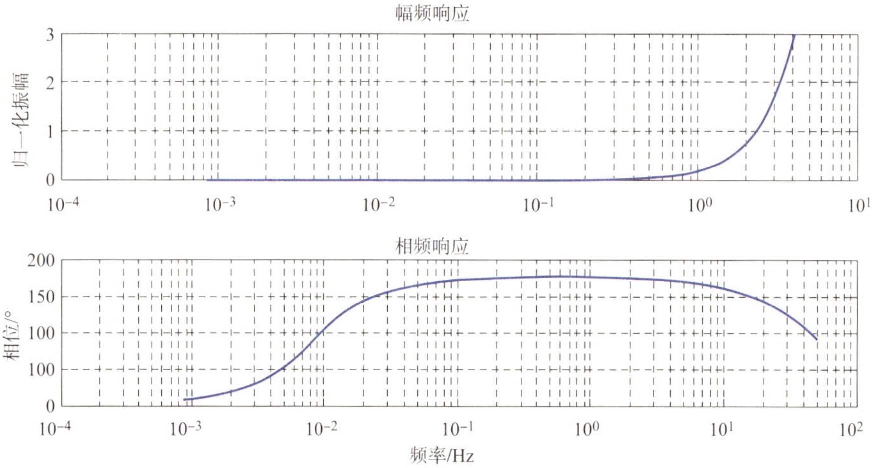

（c）CTS-1加速度校正递归滤波器频率响应（3）

图 3.35（续图）

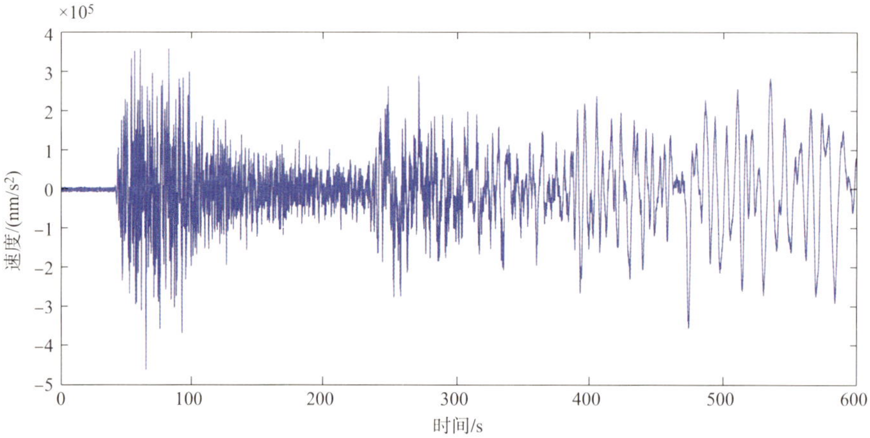

图 3.36　利用式（3.47）得到的地动加速度波形

对得到的地动加速度波形，使用 4 阶数字巴特沃斯带通滤波器进行滤波，然后进行一次积分，得到图 3.37 所示地动速度波形，再进行同样的滤波之后再进行一次积分，得到如图

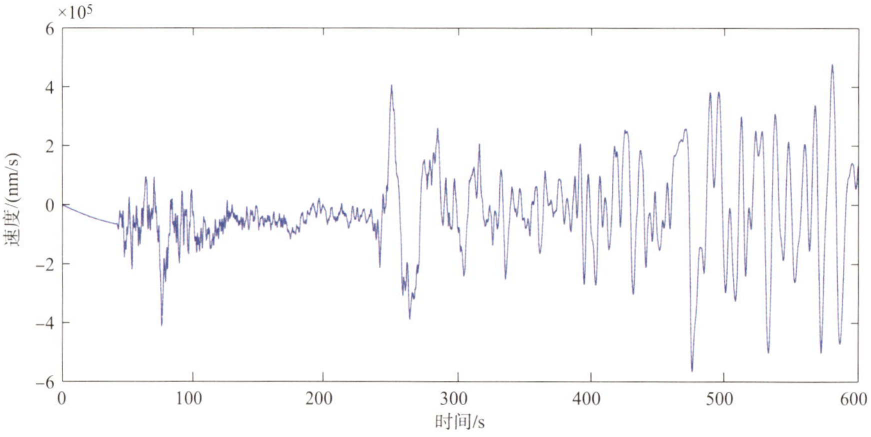

图 3.37　对地动加速度波形（图 3.36）积分得到的地动速度波形，在积分前已对加速度波形进行了 4 阶带通滤波

3.38 所示地动位移波形。这里使用的巴特沃斯滤波器的通频带是 0.002 ~ 40Hz，数字带通滤波器的频率响应示于图 3.39。

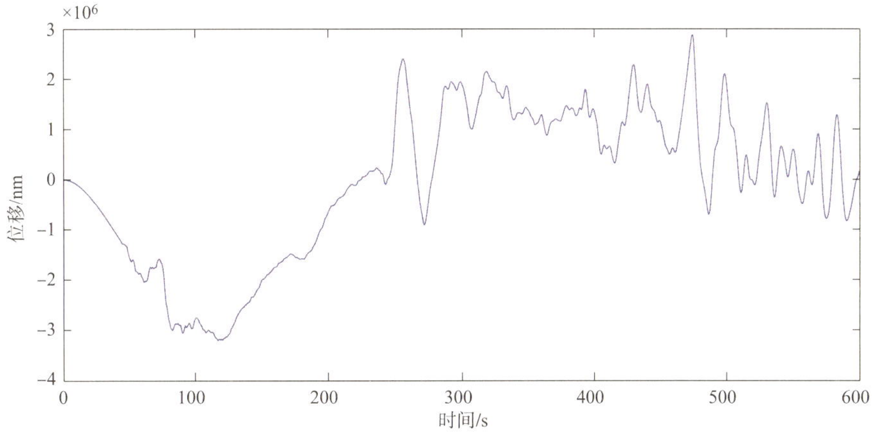

图 3.38　对地动速度波形（图 3.36）积分得到的地动位移波形，在积分前已对速度波形进行了带通滤波

在 CTS－1 地震计的情况中，地震计常数 ω_0、h 和 G 对应地震计传递函数中的头两个极点和零值零点，因此，即使只知道地震计的头两个极点，也能计算出地震计常数，进而构建仪器响应校正递归滤波器。当对地震计给出许多个零极点时，如果不能简单地从这些极点中直接找出可计算地震计常数的极点，也可以如 Kanamori 和 Rivera(2008)那样，用仪器零极点计算出的振幅响应谱与使用地震计参数计算的振幅响应谱在最小二乘意义上拟合，选取拟合最好的一组常数 ω_0、h 和 G 作为构建递归滤波器的仪器参数。

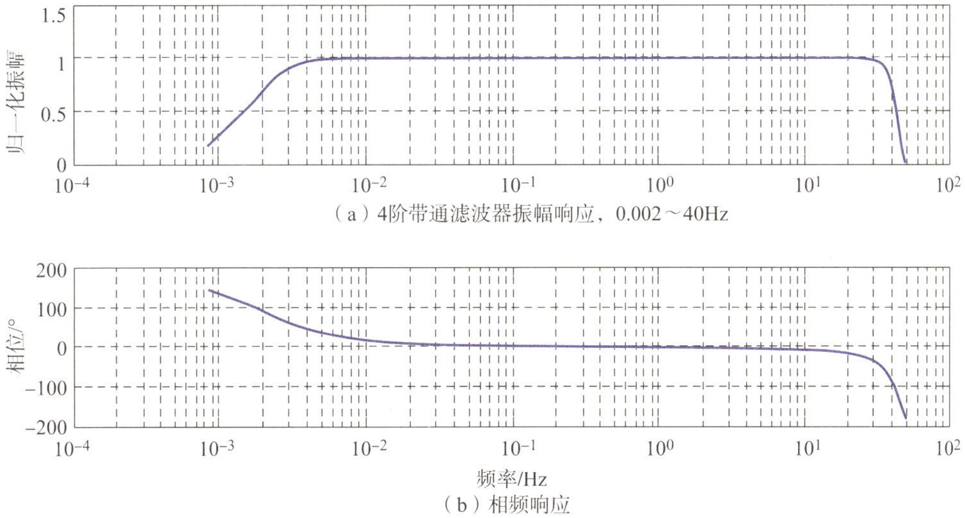

图 3.39　对地动波形进行积分之前使用的带通滤波器的幅频响应和相频响应

Matlab 程序 M03_05_antifilter_time_dif.m 实现了上述差分算法，并产生图 3.35 ~ 图 3.39。在 3.3 节中，针对 CTS－1 地震计的频带，选用了频带为 0.002 ~ 40Hz 的 4 阶巴特沃斯带通滤波器。事实上，在处理实际问题时，可根据对地震信号的具体频带要求，选用不同

频带的带通滤波器。例如选低频端截止频率较高一些的滤波器，从而更好地去掉甚低频率成分。

3.4 数据采集器中的FIR数字滤波器

如前所述，在数字地震记录的应用中，许多情况下并没有考虑与地震计连接的数据采集器对地震计记录波形的影响，仅仅把数据采集器看作是简单的模数转换器，用于对连续信号进行采样和量化。但是，在实际的数字地震仪系统中，数据采集器采用的过采样流程包括了从高采样率的采样和量化开始进行的一系列数据抽取和低通滤波处理，最终才得到了低采样率的数字地震记录，如在我国常规地震观测中产出的100sps采样率的数字地震记录。这一处理过程是完全数字化的处理过程，使用的滤波器是有限脉冲响应（FIR）滤波器，包括所谓线性相位滤波器和最小相位滤波器两类。顾名思义，前者对输入信号的不同频率成分引入的相位变化随频率的升高而线性增大，后者则对输入信号引入最小的相位变化。由于地震计中的低通滤波器不是很好的去假频滤波器，地震计输出信号中会残留高于奈奎斯特频率的频率成分。以最终产出100sps采样率的波形数据为例，如果地震计输出信号中存在高于50Hz的频率成分，若直接以100sps采样，必然会造成频率混叠，使低于50Hz的信号受到畸变。以高采样率采样，可以有效地克服这一问题。但是，在逐级滤波的过程中，虽然可以有效地滤掉高于50Hz的频率成分，但由于滤波器本身的固有限制，对原来的波形造成了一定影响。尽管对于大多数数字地震记录的应用而言，这种影响可以忽略，但在有些场合，这种影响是不能忽略的。一个公认的影响便是线性相位滤波器对地震波初至清晰度的影响，也正因为如此，在常规地震监测中，对地震数据采集器中的FIR滤波器，多选用最小相位滤波器，而放弃了线性相位滤波器。然而，最小相位滤波器也会对原始波形造成影响。当然，事后可以通过反滤波来恢复原来的波形，但通常都没有这样做。其原因可能是多方面的，例如在实际应用中对地震记录波形数据的保真度还没有提出那么高的要求；在常规处理软件中还没有提供适用的软件等。

下面以我国地震台站使用的24位数据采集器中曾经使用过的一组4级滤波器为例，讨论线性相位和最小相位两类滤波器的特性。表3.4和表3.5分别列出当最终输出采样率为100sps时，所使用的4级FIR最小相位和线性相位滤波器的名称、采样率、抽取因子和输出采样率。

表3.4 当最终输出采样率为100sps时，24位数据采集器所使用的4级FIR最小相位滤波器的名称、采样率、抽取因子和输出采样率

滤波器名称	输入采样率/Hz	抽取因子	输出采样率/Hz
firm1	256000	8	32000
firm2	32000	16	2000
firm3	2000	10	200
firm4	200	2	100

表 3.5　当最终输出采样率为 100sps 时、24 位数据采集器所使用的 4 级 FIR 线性相位滤波器的名称、采样率、抽取因子和输出采样率

滤波器名称	输入采样率/Hz	抽取因子	输出采样率/Hz
firl1	256000	8	32000
firl2	32000	16	2000
firl3	2000	10	200
firl4	200	2	100

3.4.1　线性相位和最小相位滤波器对被滤波波形的影响及其校正

本节中以表 3.4 和表 3.5 中所列最末级滤波器 firl4 和 firm4 为例，对线性相位滤波器和最小相位滤波器的性能及对信号波形的影响进行分析。

firl4 是 FIR 线性相位滤波器，有 135 个滤波器系数，采样率为 200sps。使用 Matlab 程序 M03_06_fir_resp. m 计算和显示该滤波器的特性（图 3.40）。从滤波器的系数值可以看到，线性相位滤波器的系数是相对于系数序列中间点前后对称的（图 3.40(c)）。中间点序号 $m=68$，系数序列表示为 $a(i), i=1,2,\cdots,135$。则有 $a(m-j)=a(m+j), j=1,2,\cdots,67$。在 z

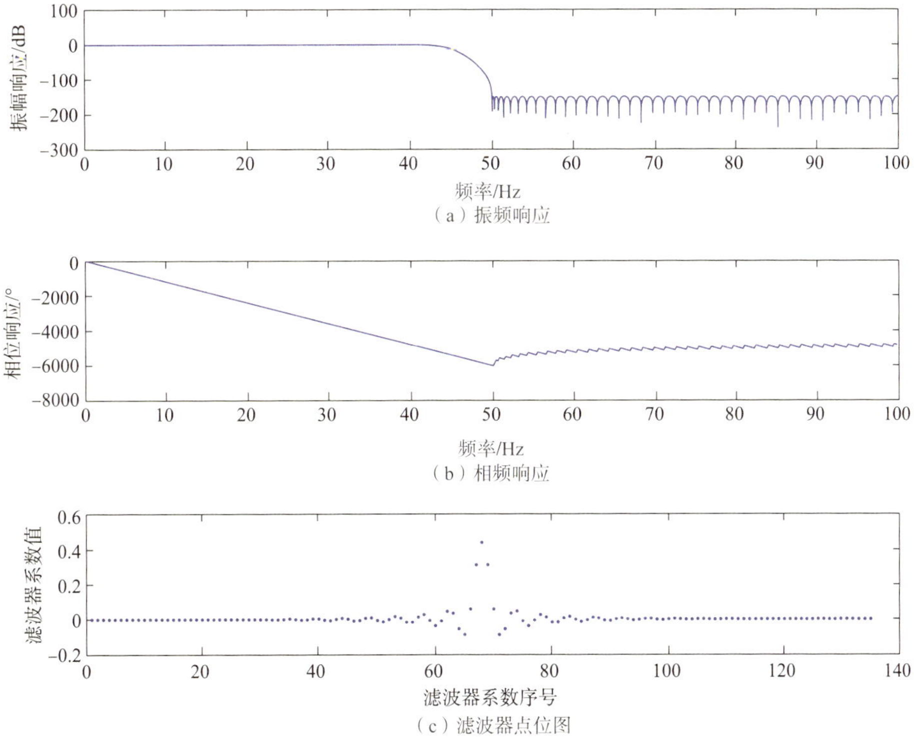

(a) 振频响应

(b) 相频响应

(c) 滤波器点位图

图 3.40　线性相位滤波器 firl4 的振幅响应(a)、相位响应（b）和滤波器点值图(c)。图中使用 Matlab 相位展平函数 unwrap（theta），使画出的相位曲线展开，采样率 = 200sps，滤波器系数个数 = 135

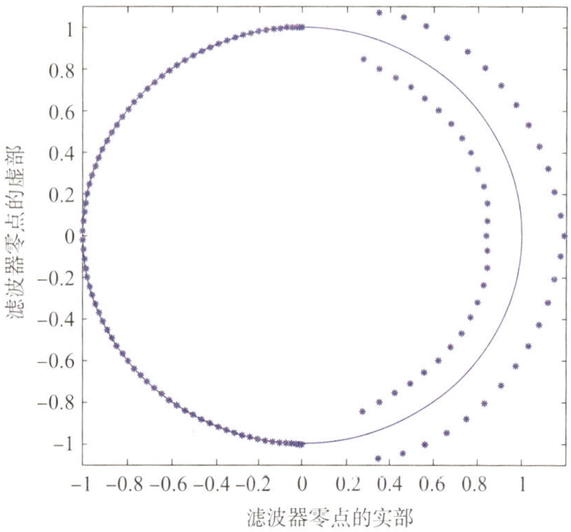

图 3.41 线性相位滤波器 firl4 在 z 平面上的零点分布

平面上滤波器的零点分布在单位圆的内外两侧或单位圆上，见图 3.41（使用 Matlab 程序 M03_06_fir_zero.m）。

firm4 是 FIR 最小相位滤波器，有 135 个滤波器系数，采样率为 200sps。也使用 Matlab 程序 M03_06_fir_resp. m 计算和显示该滤波器的特性（图 3.42）。从滤波器的系数值可以看到，最小相位滤波器的系数是非对称的（图 3.42(c)）。在 z 平面上滤波器的零点全部分布在单位圆的内侧或单位圆上，见图 3.43（使用 Matlab 程序 M03_06_fir_zero.m）。

Scherbaum（2001）在其《极点和零点：数字地震学基础》一书中详细分析了数字滤波器对信号波形的影响。下面以上节讨论的线性相位滤波器和最小相位滤波器为例，

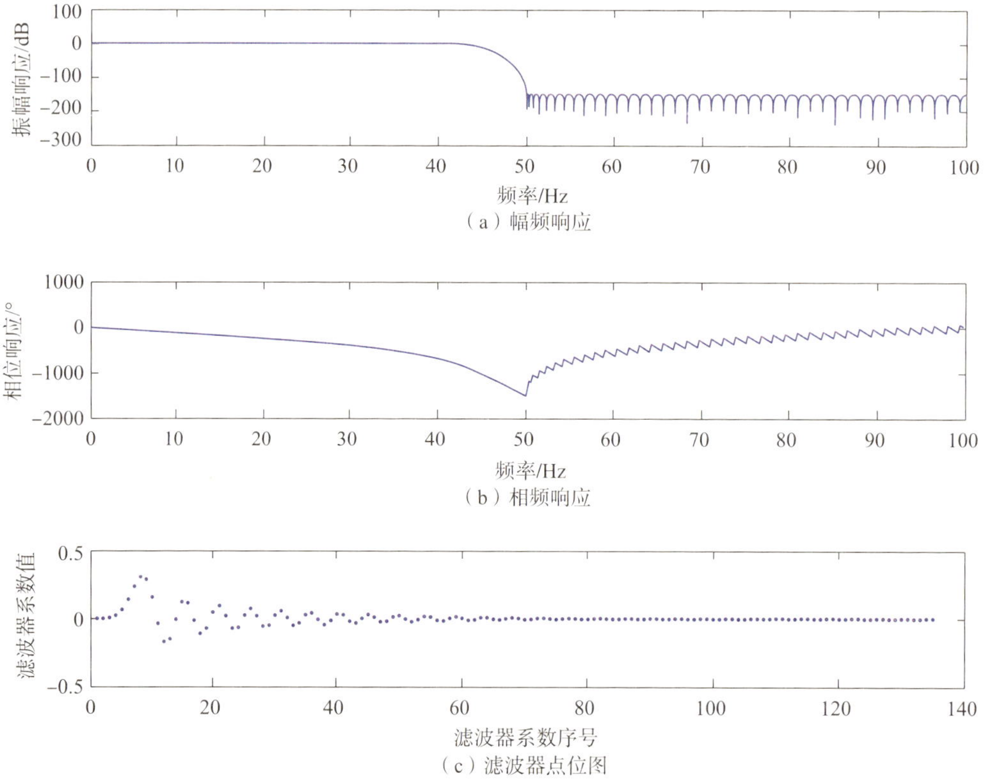

图 3.42 最小相位滤波器 firm4 的振幅响应(a)、相位响应(b)和滤波器点值图(c)。图中使用 Matlab 相位展平函数 unwrap(theta)，使画出的相位曲线展开

用阶跃信号和一个合成信号来比较两种滤波器对输入信号的影响。本节中的计算和绘图由 Matlab 程序 M03_06_fir_test.m 完成。

当线性相位滤波器 firl4 作用于一个采样率 200sps 的阶跃信号时，其原始波形和滤波结果见图 3.44。由图形可看出输出信号有延时 67 个采样点（滤波器长度为 135 点 =67×2+1）。可以看到，由于线性相位滤波器的脉冲响应（即滤波器系数，见图 3.40(c)）是以其峰值为中点左右对称的，导致滤波器输出信号在真正初至到达前的 0.335s(=67/200) 出现振鸣，使得初至的极性变得模糊不清，主体信号有时移 0.335s。由于这个延时值只与滤波器系数个数有关，在数据采集器输出中可以校正，不影响记录波形的时间服务。

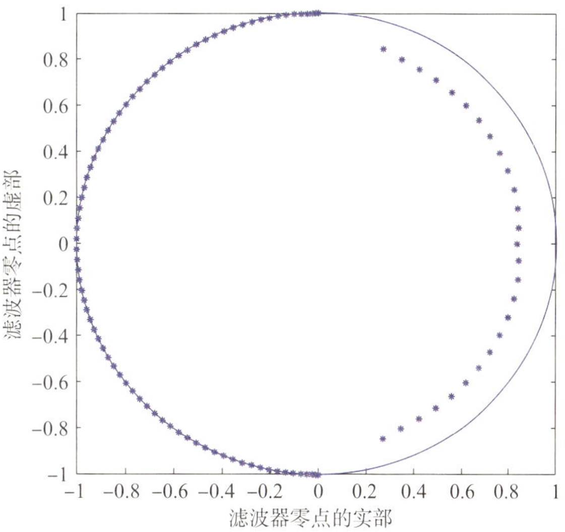

图 3.43　最小相位滤波器 firm4 在 z 平面上的零点分布（圆圈为 z 平面上的单位圆）

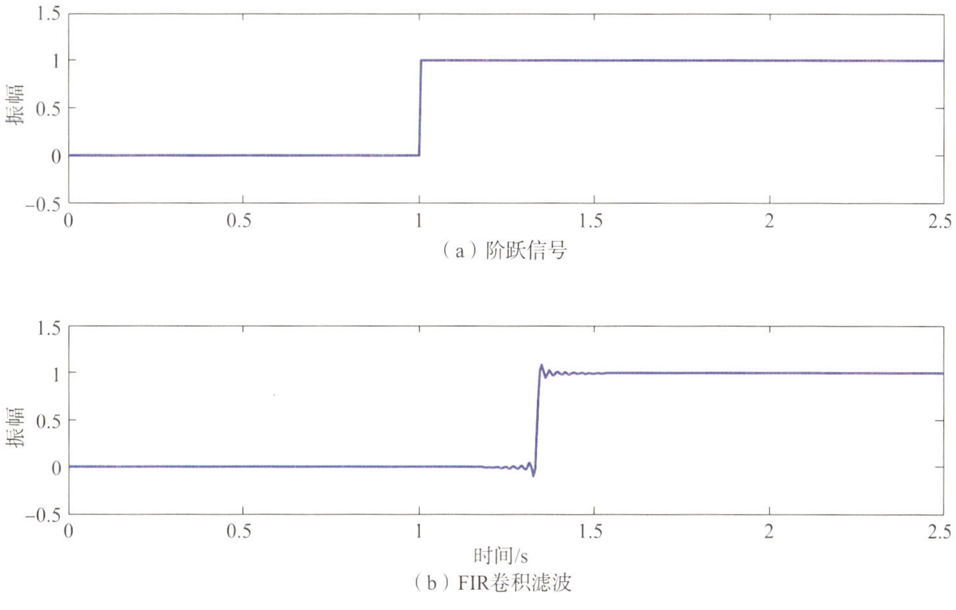

图 3.44　线性相位滤波器 firl4（Matlab 中的数据文件名为 M03_firln02_h.txt）作用于一个采样率 200sps 的阶跃信号

当最小相位滤波器 firm4 作用于同样的阶跃信号时，其原始波形和滤波结果见图 3.45。可见，最小相位滤波器的初始响应清晰，几乎没有延时，但存在较长的“后缀”，其持续时间对应于滤波器长度，这里是 135 个采样点，结果导致波形失真。

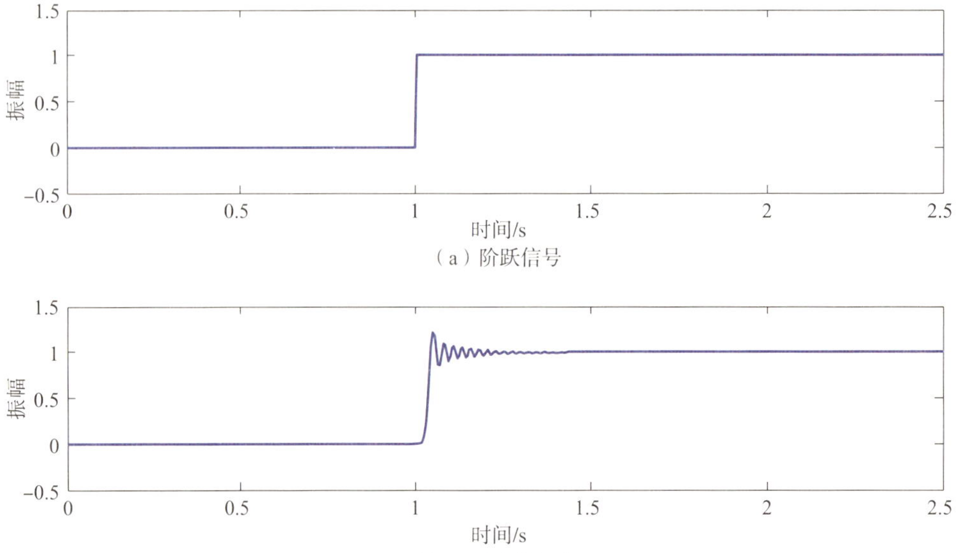

（a）阶跃信号

（b）FIR卷积滤波

图 3.45　最小相位滤波器 firm4（Matlab 中的数据文件名为 M03_firmn02_h.txt）作用于一个采样率 200sps 的阶跃信号

用 Matlab 函数[q,r]=deconv(y,fir)进行反卷积，从而实现反滤波，其中 y 是经过滤波器 fir 的输出，q 是反滤波的结果。以线性相位滤波器 firl4 系数作为 fir 代入该函数，采用图 3.44(b)所示滤波后信号作为 y，得到以采样点 200 起始的阶跃信号，见图 3.46。图 3.46 表明，反滤波后的结果与原始阶跃信号一致性很好。

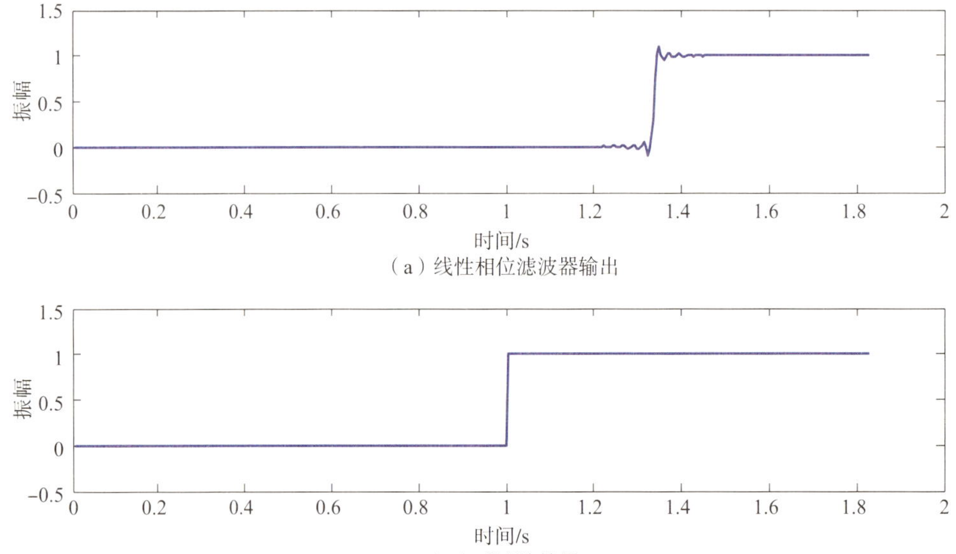

（a）线性相位滤波器输出

（b）反滤波结果

图 3.46　线性相位滤波器 firl4 的输出与反滤波结果

类似地，以最小相位滤波器 firm4 作为 fir 代入 Matlab 函数[q,r]=deconv(y,fir)，采用图 3.45(b)所示滤波后信号作为 y，得到以采样点 200 起始的阶跃信号，见图 3.47。图 3.47 表明，反滤波后的结果与原始阶跃信号一致性很好。

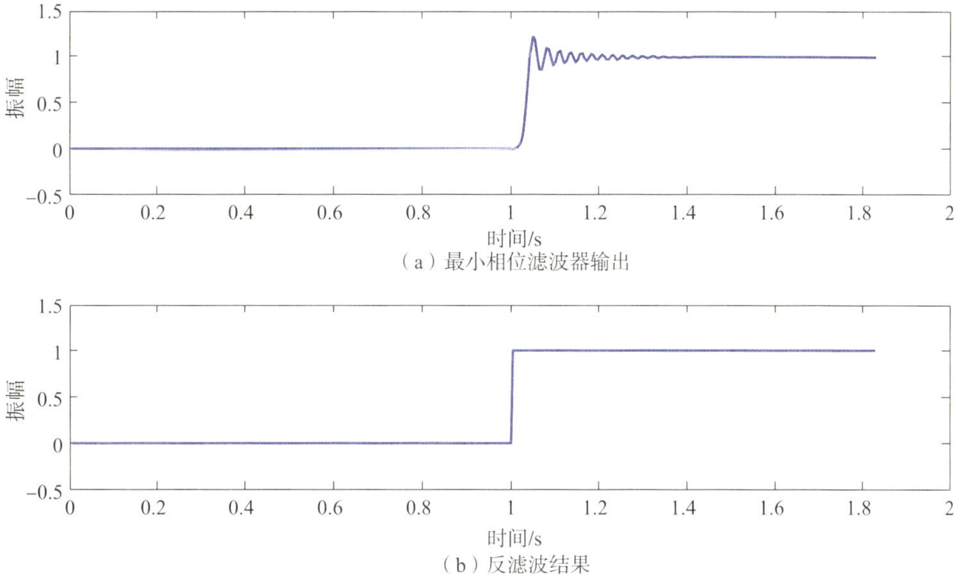

（a）最小相位滤波器输出

（b）反滤波结果

图 3.47　最小相位滤波器 firm4 的输出与反滤波结果

再使用合成信号 $x(i)$ 进行试验，当 $i=1,\cdots,200$ 时，$x(i)=0$，当 $i>200$ 时，

$$x(i)=\sin(2\pi\cdot 10iT)+0.5\sin\left(2\pi\cdot 20iT+\frac{\pi}{2}\right) \tag{3.50}$$

式中，$i=201,\cdots,500$；T 为采样间隔，$T=1/200$，利用上述线性相位滤波器 firl4 和最小相位滤波器 firm4 进行同样的滤波处理和反滤波，得到相应的图 3.48 ~ 图 3.51，并可得到与阶跃信号输入时同样的结论。

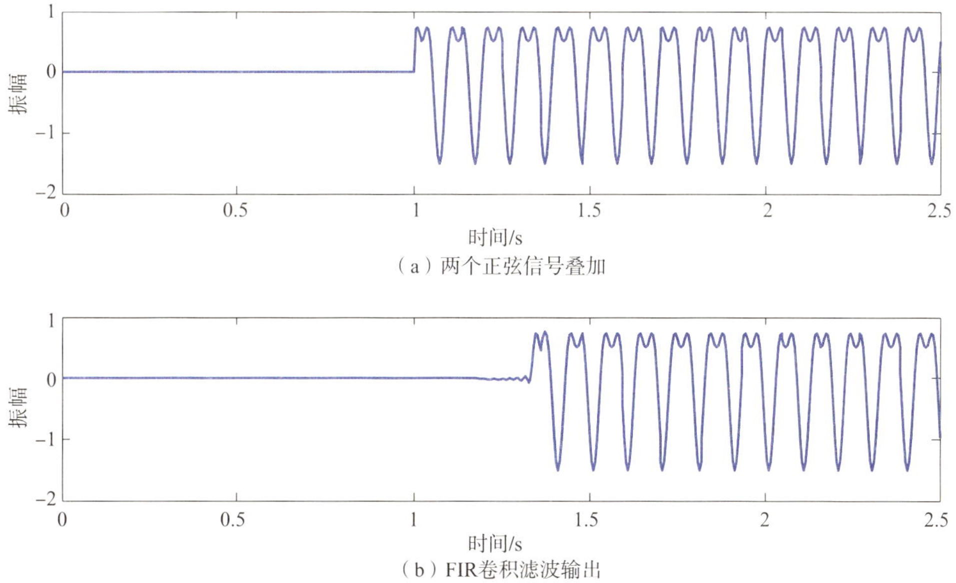

（a）两个正弦信号叠加

（b）FIR卷积滤波输出

图 3.48　线性相位滤波器 firl4（Matlab 中的数据文件名为 M03_firln02_h.txt）作用于一个采样率 200sps 的合成信号。

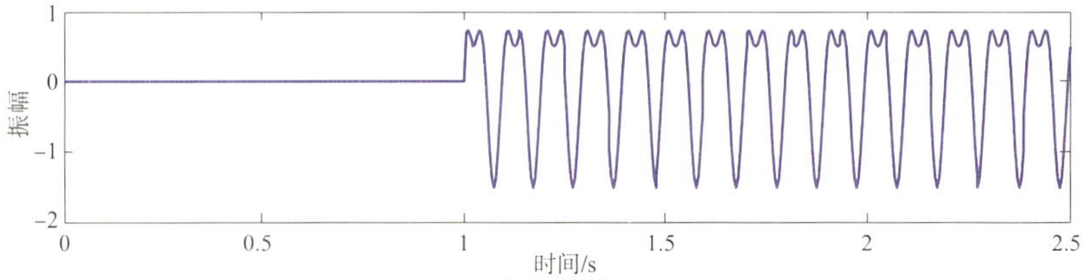

（a）两个正弦信号叠加

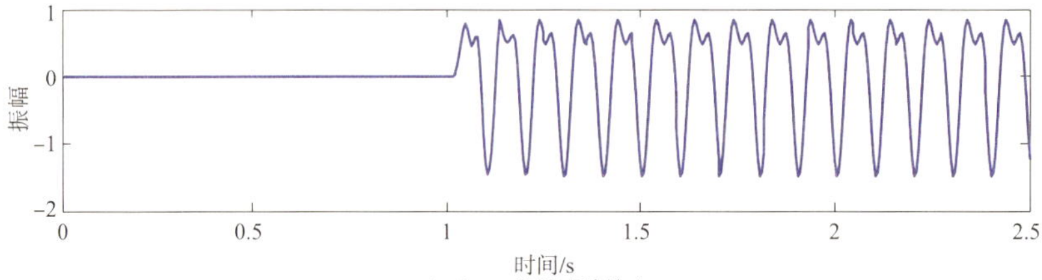

（b）FIR卷积滤波输出

图 3.49　最小相位滤波器 firm4（Matlab 中的数据文件名为 M03_firmn02_h.txt）作用于一个采样率 200sps 的合成信号

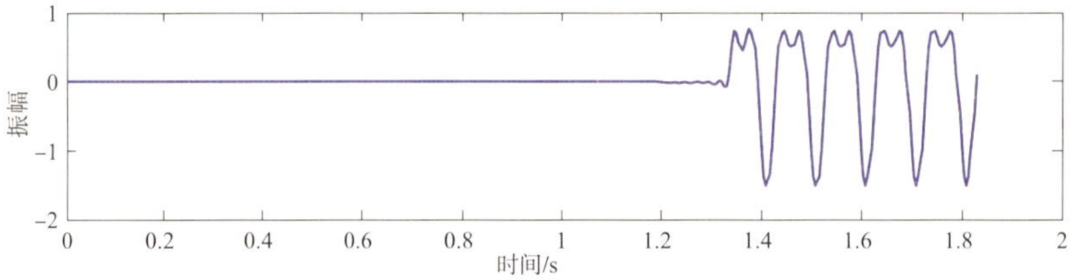

（a）线性相位滤波器输出

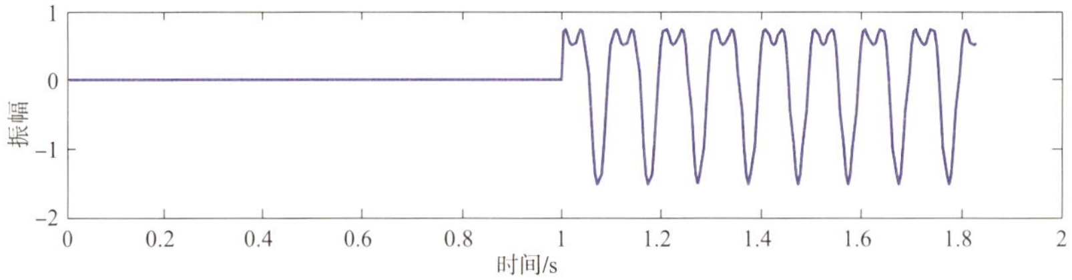

（b）反滤波结果

图 3.50　线性相位滤波器 firl4 的输出与反滤波结果

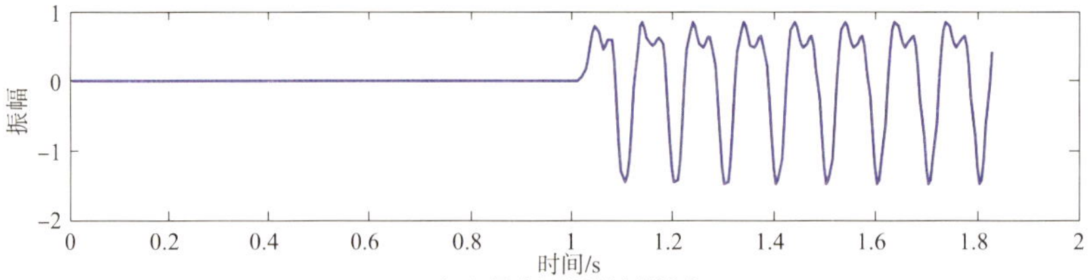

（a）最小相位滤波器输出

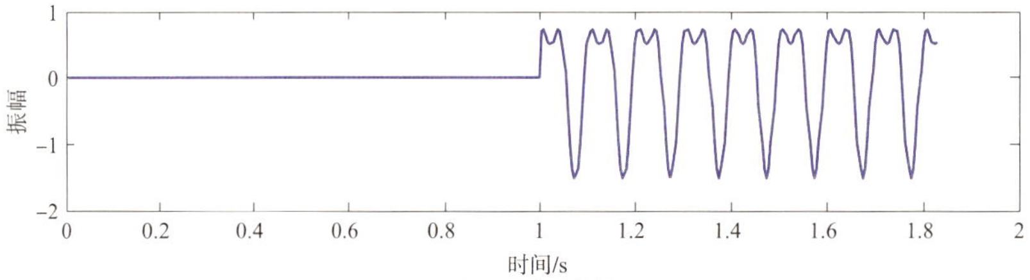

（b）反滤波结果

图 3.51　最小相位滤波器 firm4 的输出与反滤波结果

3.4.2　数据采集器中的滤波与抽取过程分析

本节以表 3.5 列出的数据采集器中的线性相位滤波器为例，分析数据采集器中的滤波和抽取过程。以一个带有随机噪声的合成波形作为输入信号，观察数据采集器中的 4 级线性相位滤波和抽取对输入信号的影响，使用的 Matlab 程序是 M03_7_fir_l24. m。图 3.52 显示表 3.5 所示第 1 级线性相位滤波器 firl1 的幅频响应和相频响应；图 3.53 显示表 3.5 所示第 2 级线性相位滤波器 firl2 的幅频响应和相频响应；图 3.54 显示表 3.5 所示第 3 级线性相位滤波器 firl3 的幅频响应和相频响应。表 3.5 所示第 4 级线性相位滤波器 firl4 的幅频响应和相频响应已示于图 3.40。

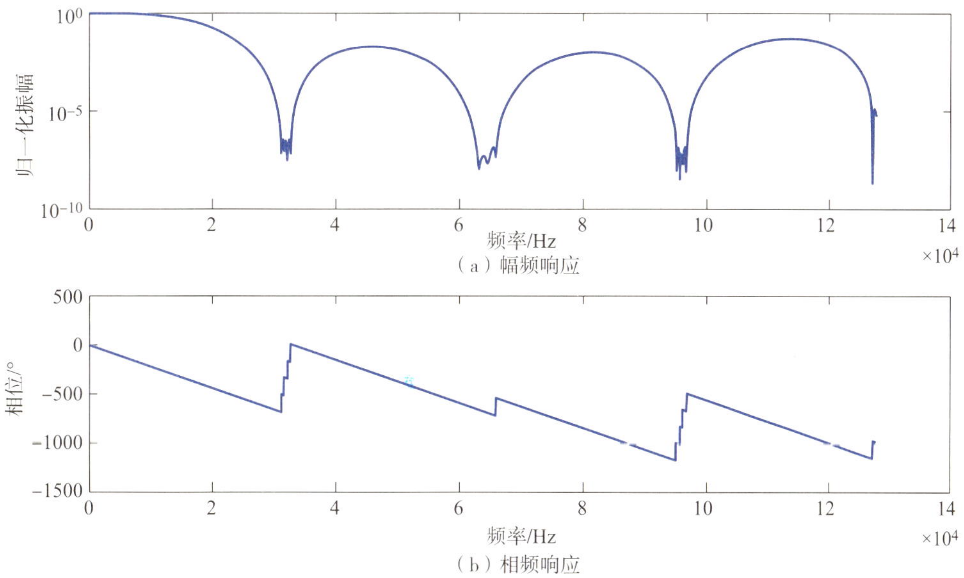

图 3.52　表 3.5 所示第 1 级线性相位滤波器 firl1 的幅频响应和相频响应

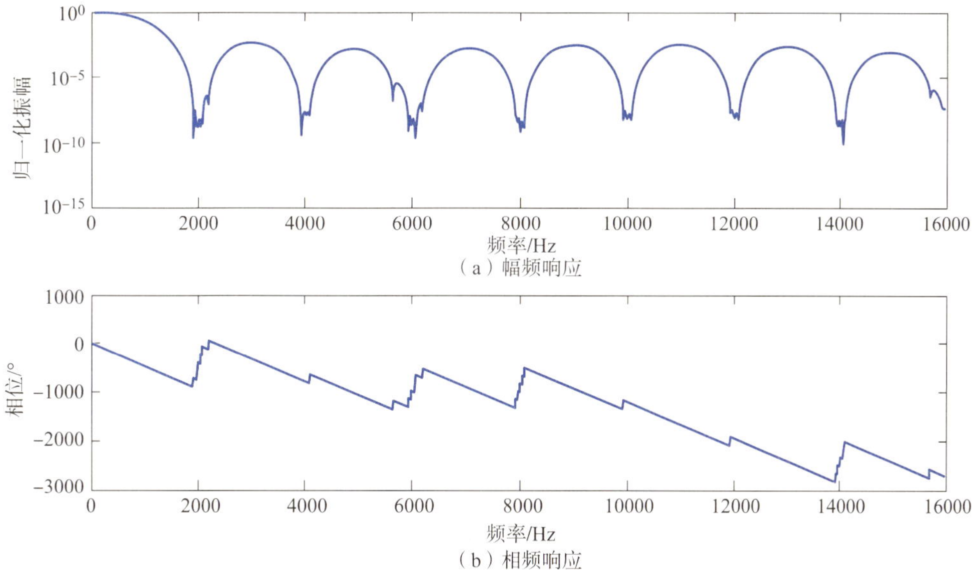

图 3.53　表 3.5 所示第 2 级线性相位滤波器 firl2 的幅频响应和相频响应

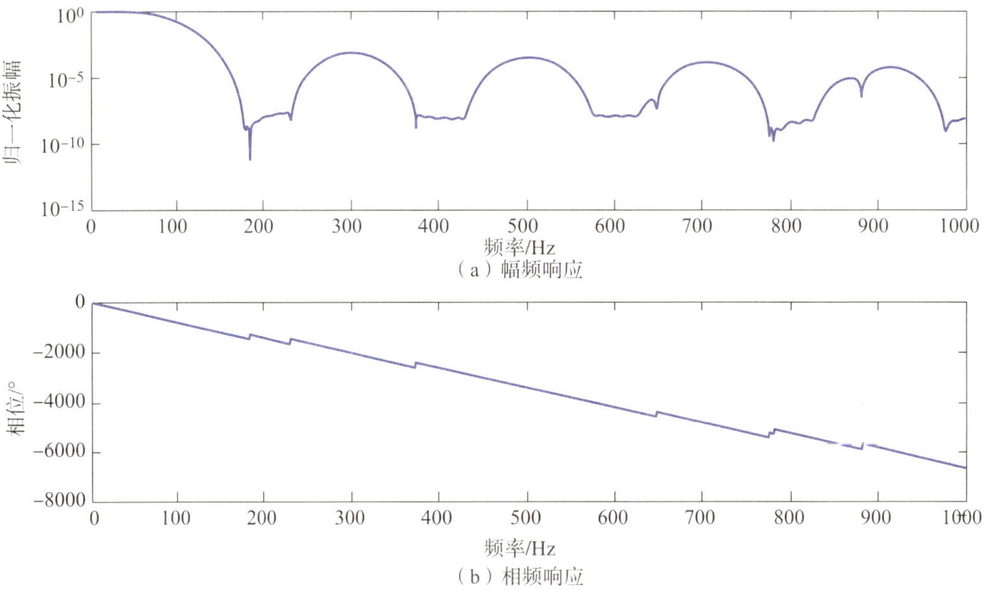

图 3.54　表 3.5 所示第 3 级线性相位滤波器 firl3 的幅频响应和相频响应

图 3.55 显示的是采样率为 256000sps 的一个合成试验信号，包含图中红线所示 20Hz 和 30Hz 组合的大幅度波形和开头及中间插入的小振幅 25Hz 正弦波形，并加上了图中蓝色曲线显示的随机噪声。大振幅波形与小振幅波形成分的振幅比约为 100∶1，可以看出在从小振幅波形到大振幅波形时的幅度突然变化。

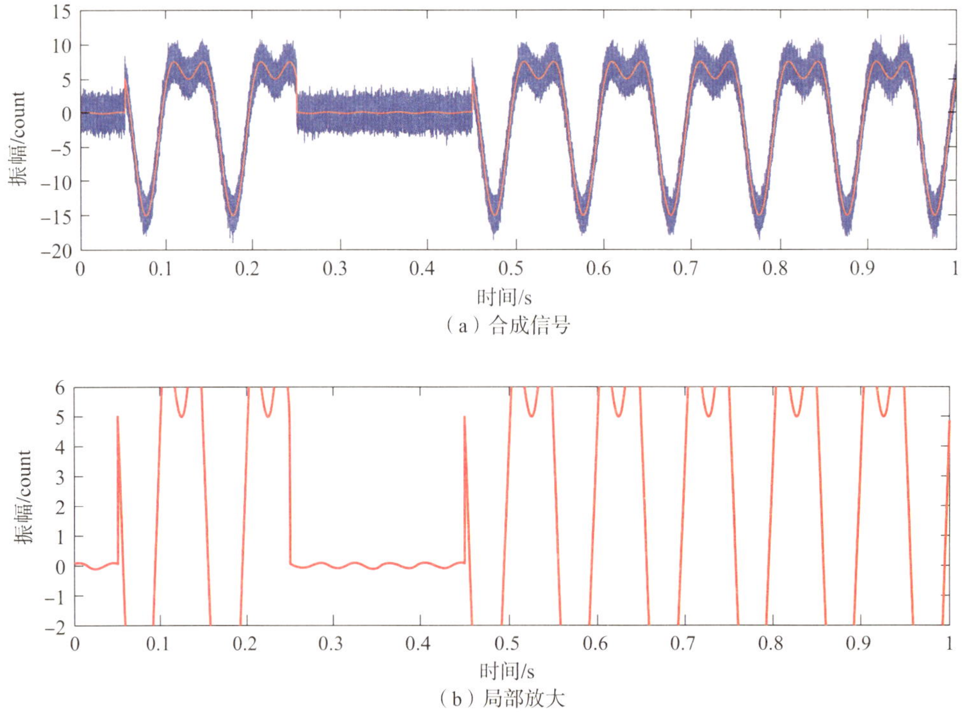

图 3.55　采样率为 256000sps 的合成信号(a)，(b)是(a)的局部放大，未加入噪声

图 3.56 是图 3.55 所示信号（黄线）经过第 1 级滤波器 firl1 滤波的结果（红线），再经过采样抽取，得到采样率为 32000sps 的波形（绿线），可以看到，原来在信号中的随机噪声已被滤掉了许多。

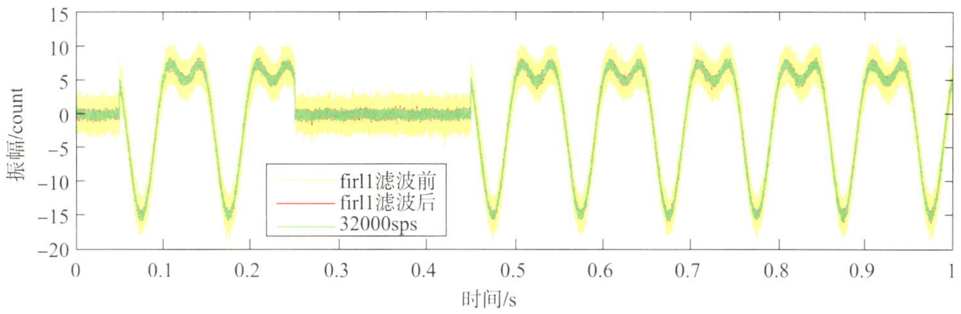

图 3.56　图 3.55 所示波形（本图中的黄线）被 firl1 滤波后的波形（红线）及抽取为 32000sps 的波形（绿线）

图 3.57 是图 3.56 所示第一次抽取后的波形被第 2 级滤波器 firl2 滤波后的波形（黄线）。可以看到，原来在信号中的随机噪声已基本上被滤掉了。

图 3.58 是图 3.57 所示滤波后的波形抽取为采样率 2000sps 后的波形。可以看到，采样率 2000sps 的波形与不含噪声的原始信号基本相同，由于是在高采样率进行的滤波，可以认为，第 1 级和第 2 级滤波器对原始波形造成的影响实际上可以忽略。

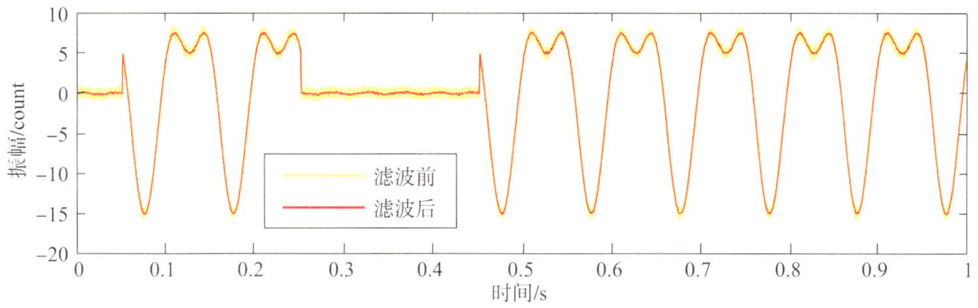

图 3.57　图 3.56 所示波形（本图中的黄线）被 firl2 滤波后的波形（红线）采样率 = 32000sps

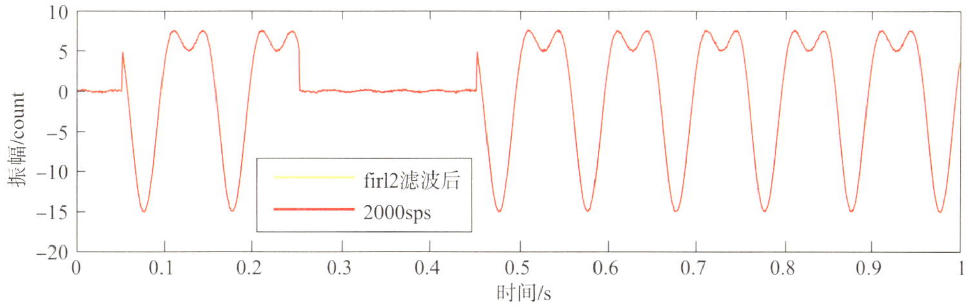

图 3.58　图 3.57 所示滤波后的波形（本图中的黄线）被抽取为采样率 2000sps 后的波形（红线，firl2 滤波）

图 3. 59 是图 3. 58 所示采样率为 2000sps 的波形被第 3 级滤波器 firl3 滤波后的信号。可以看到滤波对波形造成的延时。延时时间是第 3 级滤波器长度（89）的一半除以采样率，即 44/2000 = 0. 022s。图 3. 59(b)是图 3. 59(a)的时间轴被拉长后的一段，可以看到滤波前存在的尖锐初动被平滑了。图 3. 60 是图 3. 59 所示滤波后的波形被抽取为采样率 200sps 后的波形。图 3. 61 显示采样率为 200sps 的波形（本图中为蓝线）被第 4 级滤波器 firl4 滤波后的信号（红线），其中的图(b)和图(c)是图(a)的局部放大，可以清楚看到因滤波造成的前驱波。为便于比较，画图时已做了延时校正。

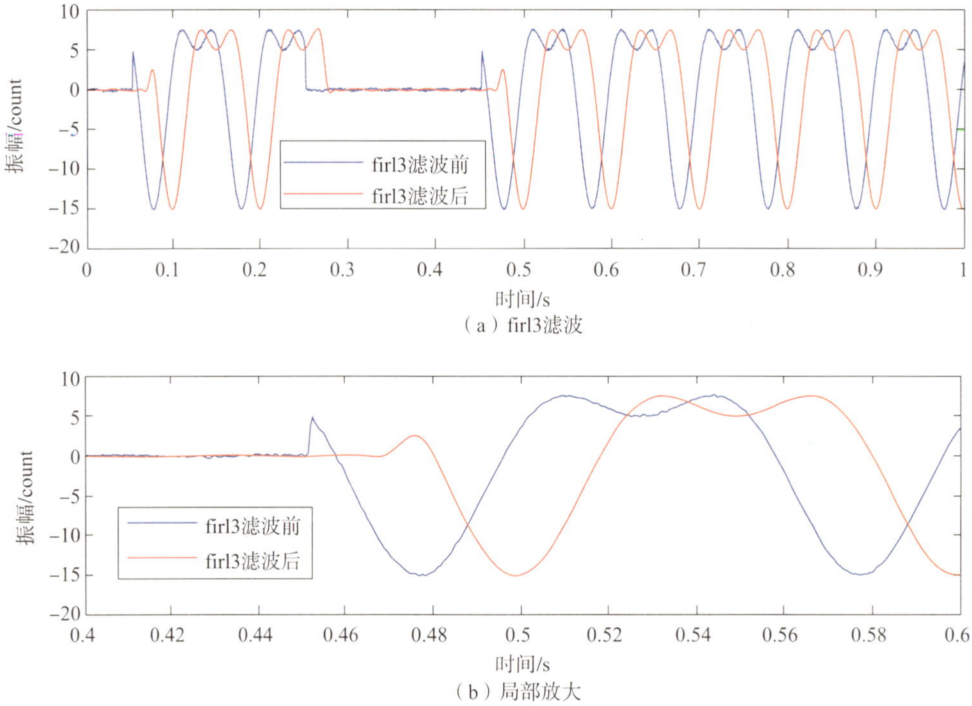

（a）firl3滤波

（b）局部放大

图 3. 59　图 3. 58 所示采样率为 2000sps 的波形（本图中为蓝线）被第 3 级滤波器 firl3 滤波后的信号（红线），(b)图是(a)图的时间轴被拉长后的一段，可以看到滤波前存在的尖锐初动被平滑了。画图时没有做延时校正

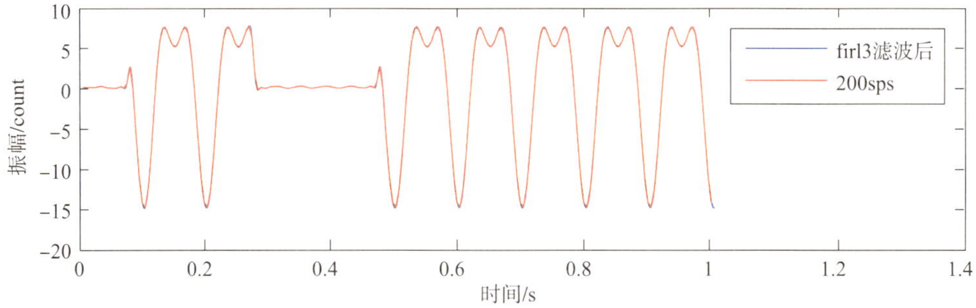

图 3. 60　图 3. 59 所示 firl3 滤波后的波形（本图中的蓝线）被抽取为采样率 200sps 后的波形（红线）

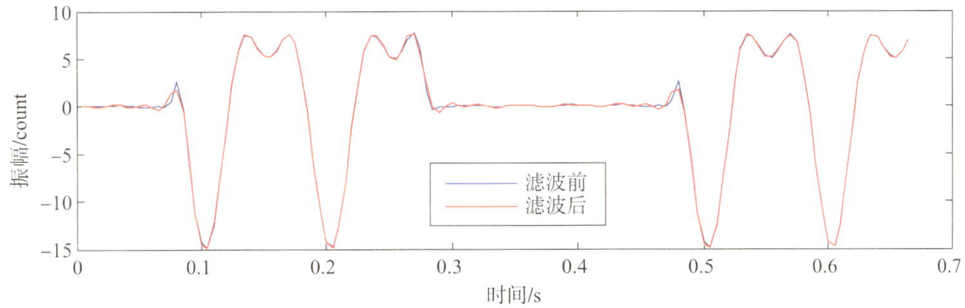

（a）firl4滤波，经延时校正

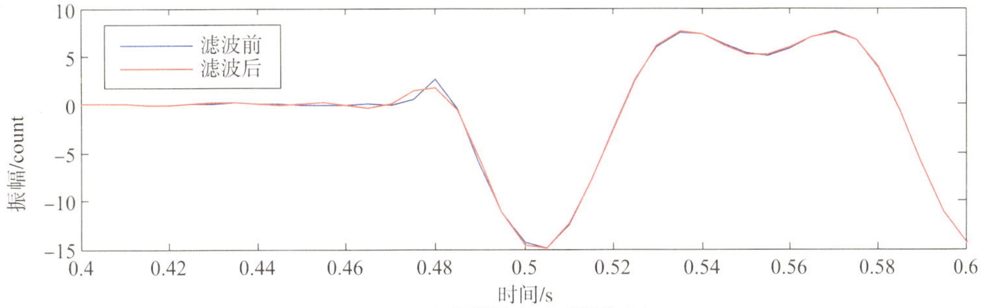

（b）局部放大（时间放大）

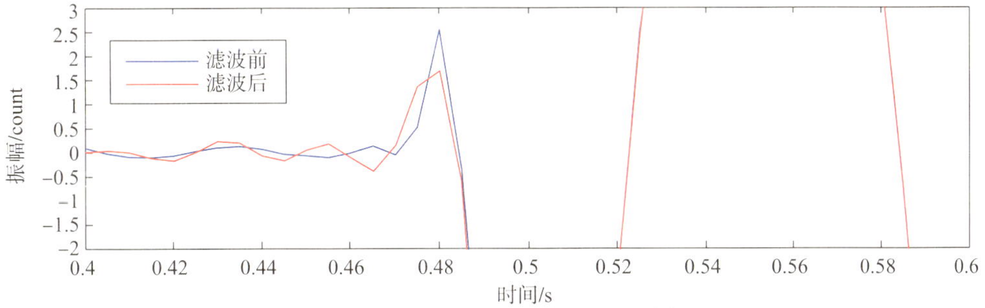

（c）局部放大（时间和振幅均放大）

图 3.61 采样率为 200sps 的波形（本图中为蓝线）被第 4 级滤波器 firl4 滤波后的信号（红线）(b) 和 (c) 是 (a) 的局部放大，可以清楚看到因滤波造成的前驱波。为便于比较，画图时已做了延时校正

图 3.62 显示经 firl4 滤波后的采样率 200sps 波形与抽取为采样率 100sps 波形，图(b)是图(a)的局部放大。对比图 3.63(a)和(c)，可以看到，当简单地显示抽取后的采样率 100Hz 波形时，会看到近 50Hz 的锯齿形波。

图 3.63 归纳了 4 级滤波和 4 次抽取给原始波形带来的变化，图(c)中凸显了线性滤波器造成的前驱波。以上图例至少可以说明以下几点：

（1）在数据采集器中的 4 级滤波中，高采样率的第 1 级和第 2 级显著滤掉了输入信号中可能存在的高频噪声，而且这两级滤波对于地震波形所在的频段没有造成可以看得见的影响，因此，在实际处理记录波形时是可以忽略的。可以认为，在实际考虑数据采集器中的数字滤波时，从对采样率 2000sps 的数据开始考虑滤波和抽取对波形的影响，已经足够了。

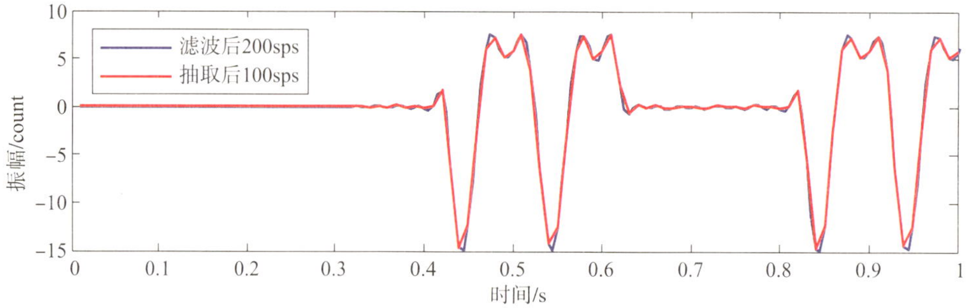

（a）fir14滤波和抽取

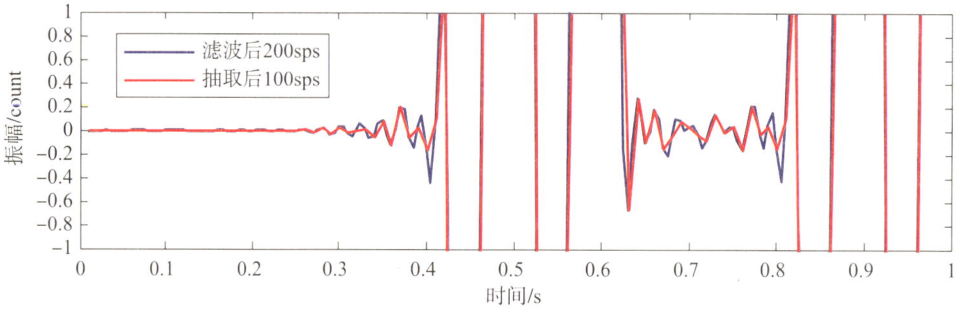

（b）fir14滤波和抽取

图 3.62　经 firl4 滤波后的采样率 200sps 波形与抽取为采样率 100sps 波形(a)，(b)同(a)但纵坐标展宽

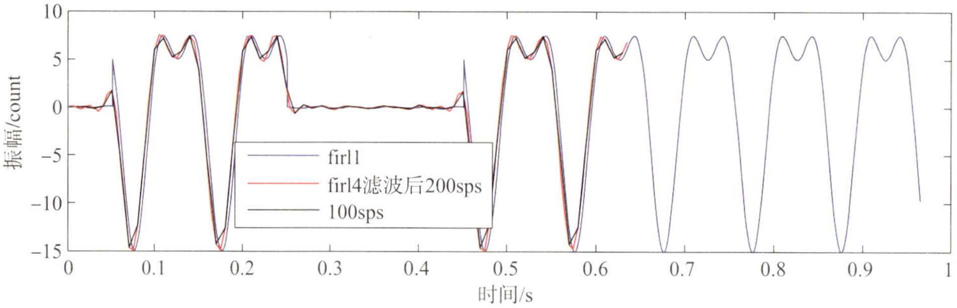

（a）4级滤滤并4次抽取前后比较，经延时校正

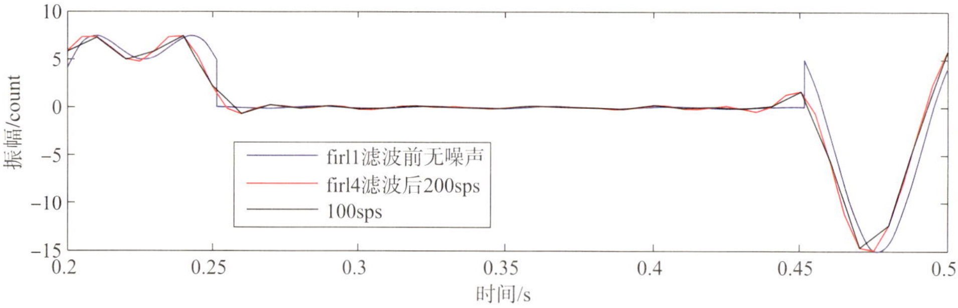

（b）局部放大（时间放大）

图 3.63　4 级滤波和 4 次抽取之前和之后的波形比较。图(b)和图(c)是图(a)的局部放大

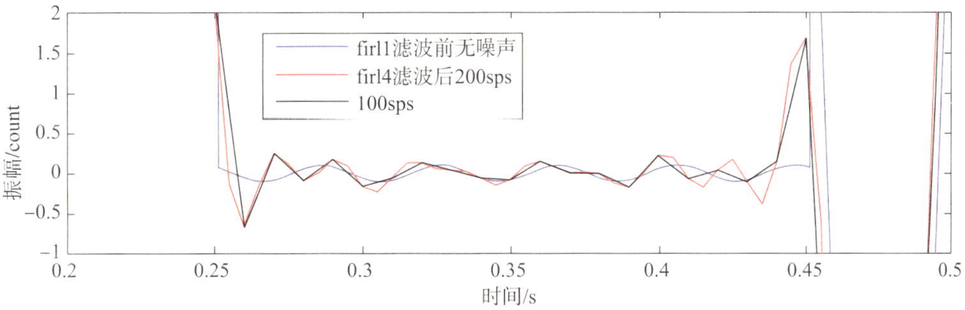

（c）局部放大（时间和振幅均放大）

图 3.63（续图）

（2）在第 3 级滤波中引入了可以看得见的延时。这一级滤波使尖锐的初动变得平缓，但因采样率高，这种影响还是可以忽略的。

（3）正如前一节讨论的那样，对记录波形影响最大的是第 4 级滤波（滤波器系数点数 135），它不仅造成了 67/200 = 0.335s 的延时，更主要的是对信号突然增强时刻和信号突然减弱时刻附近的波形造成畸变，前者被称为“前驱波”，后者似可称为“后继波”。对地震记录波形而言，会使地震波到达的初动变得模糊，影响初动到时的准确判读。这是在我国地震台站的数据采集器中选用最小相位滤波器而放弃线性相位滤波器的基本原因。

（4）最后一次抽取，使采样率从 200sps 减为 100sps，使原本看起来还有一点平缓变化的前驱波和后继波变成了似乎是 50Hz 的锯齿波形。这可能是在实际地震记录中有时会看到初动前存在近 50Hz 锯齿波的一个合理解释。

（5）在实际的数据采集器中，对滤波器造成的延时都做了校正，但滤波器对波形的影响，要由数据使用者在必要时进行校正。

在 3.4.1 小节还讨论了最小相位滤波器对被滤波波形造成的畸变。结果表明，采用最小相位滤波器可以避免对地震记录造成前驱波，但对于初至波形会造成畸变，因此，利用这样的地震记录分析初动波形特征时，理应进行最小相位滤波器校正。

3.5　地震仪仿真

地震仪仿真是将给定的一种地震图“映射”成（或者说，对应地转换成）另一种地震仪的地震图。在数字地震观测时代，地震仪仿真是连接历史和现实的纽带，也是连接“地震观测系统运行”与“地震数据分析”的纽带。如果没有地震仪器仿真，在现今的地震观测中若不继续运行传统的模拟地震仪便得不到由模拟地震仪记录的地震图，于是便无法利用传统地震图分析的经验进行震相识别和震相数据读取，也无法利用传统的震级定义进行震级测定（参见第 12 章震级的测定）。为了延续历史记录并保持震级测定的历史一致性，在事实上已由宽频带数字记录代替了传统的模拟地震仪记录的情况下，人们仍然希望通过地震仪仿真产生近似真实的传统模拟地震仪记录，从而进行传统的地震波形分析。因此，地震仪仿真已成为数字地震记录分析中不可缺少的工具，是对地震波形数据进行预处理的重要组成部分。

传统的地震仪，不论是短周期的 DD－1、W－A、WWSSN－SP，还是长周期的 763、WWSSN－LP，或是中长周期的 SK，与现代宽频带地震计相比，都是频带较窄的，分别适用于监测不同震中距的地震。历史上，这些地震仪的配套使用，使地震台网对大地震和小地震都有较好的监测能力。如今，有了宽频带、大动态的地震观测系统，多个地震计的能力合而为一，这在带来诸多优点的同时，却也为地震监测带来了一些问题。例如，对于小地震的监测，可能会因为宽频带噪声的存在，掩盖了小地震波形，使人们在粗看记录波形时就已经忽略了这些小事件，也就不可能进行后续的处理。在宽频带记录发展的初期，当时由于同时还有短周期记录进行对比，有经验的观测人员提出台网监测能力下降的问题。如今，没有传统的记录进行对比了，新的观测人员也没有历史的“包袱”，人们不再以今昔对比来讨论监测能力的问题，仅把提高监测能力的希望寄托在持续的台站加密。在这种情况下，如果通过地震仪仿真，特别是实时仿真，使分析人员第一时间看到的便是适合地震监测和分析的传统地震图，利用现代的计算机工具，定会从现代宽频带大动态记录中“挖掘”出许多被掩埋的信息，从而在寄希望于加密台站的同时，开辟出恢复和提高监测能力的另一渠道。

李万金（2013）为了适应传统地震分析的需要，开发了“单台全球地震快速分析软件”，在屏幕上同时显示不同地震仪的仿真记录图，以便于进行人机交互震相分析。

图 3.64 给出 2011 年 3 月 11 日日本 9.0 级地震（以下简称“3·11”大地震）在云南个旧地震台的 CTS－1 三分向记录以及仿真为 DD－1、DK－1 和 763 的记录。对这段记录，除了关注“3·11”大地震本身外，在 DD－1 仿真记录中可以在主震记录之后看到至少 3 个小事件（都是“3·11”大地震的早期余震，李万金，私人通信，2016），它们在宽频带的 CTS－1 记录中被主震的尾波掩盖，在 DK－1 和 763 的仿真记录中也看不到，可见地震仪仿真在事件监测方面的意义。再有，如果我们关注对本地区小地震的监测，那不仅要进行基于事件的仿真，还应进行连续的实时仿真，并对连续仿真的 DD－1 记录进行审读。当然，如果仅仅为了检测小事件，倒也不必一定仿真 DD－1 地震仪，仿真其他短周期地震仪也是可以的，甚至简单的窄带滤波也能突出高频小事件，但为了小事件的震相读取和震级测定，仿真成传统地震仪记录是有利的。

现在的地震分析软件中多提供地震仪仿真功能，这使地震仪仿真变得轻而易举，只要点击指定的菜单项就可以了。我国“九五”计划期间（1996—2000）推广的区域地震台网地震数据交互分析软件 EDSP－IAS（北京港震机电技术有限公司，2005）给出了几种典型地震仪的仿真功能，还可由用户自行设定仿真目标地震仪。“十五”规划（2001—2005）期间推广的交互分析软件 MSDP（广东省智源工程抗震科技公司，2008）也提供了几种地震仪的仿真功能。

一般地说，要高准确度和稳定地进行仿真，提供原始记录的地震计（仪）须满足以下条件：

①频带宽，其频带宽于仿真的目标地震仪；

②动态范围大，能记录完整的地震波形不限幅；

③分辨力高，能记录地震波的细节；

④地震仪固有噪声低，使得仿真结果受仪器噪声的影响小；

⑤地震仪运行环境好；

⑥已知源地震计（仪）和目标地震仪的确切的传递函数或其等价信息。

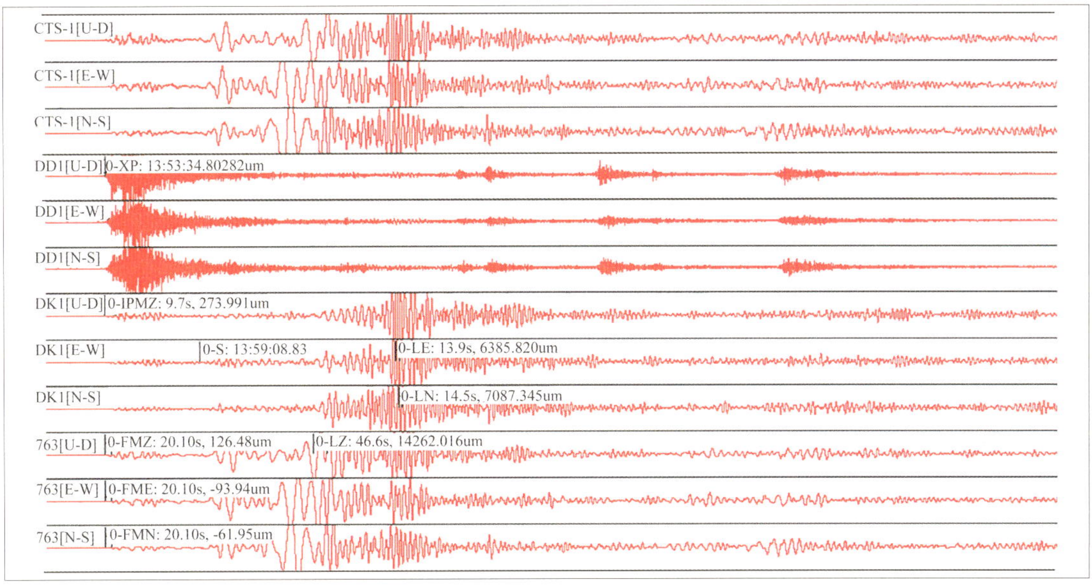

图 3.64　单台全球地震快速分析软件屏幕截图（李万金，2013）。显示 2011 年 3 月 11 日日本 9.0 级地震在云南个旧地震台的 CTS－1 三分向记录以及仿真为 DD－1、DK－1 和 763 的记录

本节将结合我国地震记录分析的实践，讨论关于地震仪仿真的一些基本问题。

3.5.1　构建仿真滤波器

第 2 章中关于模拟滤波器和数字滤波器的讨论与本章中关于地震计和地震仪作为滤波器的讨论，以及关于地震仪器响应校正的讨论，都是理解和实现地震仪仿真的基础。也就是说，理解了上述内容，再讨论地震仪仿真，就是水到渠成的事了。在下面的讨论中，把实际记录地面运动的地震计（仪）称作“源地震计（仪）”，用字母“S”作为下标，通过仿真滤波器要模仿的地震仪称作“目标地震仪”，用字母“D”作为下标，由源地震计（仪）到目标地震仪的仿真滤波器用“SD”作为下标。

如图 3.65 所示，源地震仪的响应特性能以不同的格式给出。

$H_S(s)$是模拟传递函数，用 s 平面上的零点和极点值给出，或用等效的有理分式分子与分母系数给出，用于给出模拟滤波器（如模拟地震计、模拟地震仪（地震计和记录器的组合）、模拟去假滤波器）的响应。

$H_S(z)$是数字传递函数，用 z 平面上的零点和极点值给出，例如有限脉冲响应滤波器系数（如在数据采集器中使用的 FIR 滤波器），或由地震计的模拟传递函数产生的地震计等效数字滤波器的传递函数。

$H_S(\mathrm{j}\omega)$是复频率响应，用频率、振幅、相位三元组给出模拟或数字滤波器或它们的组合的复频率响应，其中振幅的单位是“输出单位/输入单位”；可由实际标定得到地震仪幅频响应和相频响应，也可以把地震仪作为最小相位系统，由幅频响应计算出相频响应（参见本章 3.2.6 小节），也可由已知的 $H_S(s)$或 $H_S(z)$换算出来。

如图 3.65 所示，仿真滤波器可以是多个滤波器的级联，其中的每个滤波器都可以用上述格式之一给出。与源地震仪类似，仿真滤波器也可以表示为以 s、z 和 $\mathrm{j}\omega$ 为自变量的三种形式，记为 $F_{SD}(s)$、$F_{SD}(z)$ 和 $F_{SD}(j\omega)$，它们分别由源地震仪的反滤波器 $\tilde{H}_S^{-1}(s)$、$\tilde{H}_S^{-1}(z)$、$\tilde{H}_S^{-1}(j\omega)$ 和目标地震仪的响应特性 $H_D(s)$、$H_D(z)$、$H_D(j\omega)$ 结合而成。当把仿真滤波器作用于源地震仪输出的离散化记录，便产生了所希望得到的目标地震仪的仿真输出。

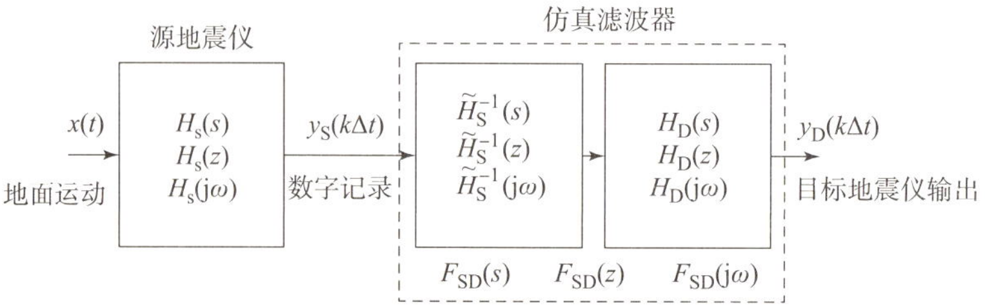

图 3.65 仿真过程示意图

下面根据源地震仪和目标地震仪的响应特性的不同形式，说明如何构成仿真滤波器和产生仿真滤波器输出。3.5.2 小节将具体展示地震仪仿真的 Matlab 程序实现。

3.5.1.1 由 $H_S(s)$ 和 $H_D(s)$ 构建仿真滤波器传递函数 $F_{SD}(s)$

当已知源地震计的传递函数 $H_S(s)$ 和目标地震仪的传递函数 $H_D(s)$ 时，可利用源地震计传递函数构成反滤波器 $\tilde{H}_S^{-1}(s)$，与目标地震仪的传递函数相乘，得到仿真滤波器传递函数 $F_{SD}(s)$，

$$F_{SD}(s)=\tilde{H}_S^{-1}(s)\cdot H_D(s) \tag{3.51}$$

不论 $H_S(s)$ 和 $H_D(s)$ 是以零极点形式给出，还是以有理分式形式给出，得到的 $F_{SD}(s)$ 都可以是零极点形式或有理分式形式，两者可以互换。以 CTS－1 地震计为例，通常给出的传递函数是对地动速度的传递函数，有两个零值零点，现在要与 DD－1 或 SK 配对，应转换成针对地动位移的传递函数，即增加一个零值零点；当然，不给 CTS－1 增加零点，而是给 DD－1 或 SK 减少一个零点，其效果是一样的。由于 CTS－1 地震计的传递函数中只有前两个极点对应于地震计本身，而其余极点对应于在高频端的去假频低通滤波器，去掉这些极点，保证了仿真滤波器的稳定性，同时不影响仿真滤波器的频率特性。

在生成了 $F_{SD}(s)$ 形式的仿真滤波器后，可像一般滤波器一样，在时间域或频率域对源地震计记录的数据进行仿真滤波，得到仿真后的目标地震仪输出。为此，可参考 2.5.1.6 小节，先由 $F_{SD}(s)$ 转换成 $F_{SD}(j\omega)$，在频率域或时间域进行滤波；或者参考 2.5.3 小节，将 $F_{SD}(s)$ 转换成 $F_{SD}(z)$，作为数字递归滤波器，参考 2.5.2.2 小节进行数字递归滤波。

对于数字地震仪中的 CTS－1 类宽频带地震计，在仿真传统的模拟地震仪，例如 DD－1 短周期地震仪时，由于 CTS－1 类地震计的宽频带特性，其低频截止频率远低于仿真目标地震仪的低频截止频率，而数据采集器中的去假频滤波器又使其高频截止频率显著大于目标地震仪的高频截止频率，因此，在实践中通常不考虑 CTS－1 类源地震计的频率特性影响，只利用地震计的灵敏度参数和数据采集器的转换灵敏度，这使得构造仿真滤波器的问题被大大简化（见《测震学原理与方法》，2017，第 105 页）。如果使用的 CTS－1 地震计传递函数是包含了附加去假频滤波器的完整的传递函数，例如有 10 个极点的传递函数（见《测震学原理与方法》，2017，第 114 页），当增加一个零值零点变成位移响应的传递函数后，仍满足系统稳定性条件，但构成反滤波器时，就变成不稳定的滤波器了。当与 DD－1 的位移传递函数组合成仿真滤波器时，由于现在给出的 DD－1 传递

函数或采用5极点或采用7极点（见本章第3.2.2小节），生成的仿真滤波器的零点个数仍大于极点个数，因此是一个不稳定的仿真滤波器。为解决这一问题，可以在输入信号进入该仿真滤波器之前，先通过一个带通滤波器，滤掉低频噪声，然后再进入这个不稳定的滤波器；或者，选择适当阶数的带通滤波器与该不稳定仿真滤波器组合成一个稳定的仿真滤波器。由于仿真目标地震仪DD－1的高频端截止频率显著低于CTS－1的高频端截止频率，在实践中并不需要考虑CTS－1附加的去假频滤波器的作用，也就是说，使用CTS－1的2极点传递函数已经足够了。

3.5.1.2　由$H_S(j\omega)$和$H_D(j\omega)$构建仿真滤波器复频率响应$F_{SD}(j\omega)$

当已知源地震计的复频率响应$H_S(j\omega)$和目标地震仪的复频率响应$H_D(j\omega)$时，可利用源地震计复频率响应通过逆FFT构成反滤波器复频率响应$\tilde{H}_S^{-1}(j\omega)$，与目标地震仪的复频率响应$H_D(j\omega)$相乘，得到仿真滤波器的复频率响应$F_{SD}(j\omega)$，

$$F_{SD}(j\omega)=\tilde{H}_S^{-1}(j\omega)\cdot H_D(j\omega)=\frac{H_D(j\omega)}{H_S(j\omega)} \tag{3.52}$$

于是，可参考2.5.1.6小节，在频率域或时间域进行滤波。

除了如上节所述由模拟传递函数$F_{SD}(s)$生成复频率响应，还可以直接利用以频率、振幅、相位三元组(FAP)的形式给出源地震计或目标地震仪的复频率响应。这时，有以下三种情况：

(1) 对源地震计和目标地震仪都给出实测FAP作为$F_S(j\omega)$和$F_D(j\omega)$。这时，对$F_S(j\omega)$做逆FFT，得到反滤波器复频率响应$\tilde{H}_S^{-1}(j\omega)$，利用式（3.52）得到仿真滤波器的复频率响应$F_{SD}(j\omega)$。

(2) 对源地震计给出FAP，对目标地震仪给出标称值模拟传递函数$H_D(s)$。这时，通过对源地震计的复频率响应进行逆FFT，得到反滤波器复频率响应$\tilde{H}_S^{-1}(j\omega)$，利用上节给出的方法，对目标地震仪的传递函数转换成$F_D(j\omega)$，利用式（3.52）得到仿真滤波器的复频率响应$F_{SD}(j\omega)$。

(3) 对源地震计给出模拟传递函数$H_S(s)$，对目标地震仪给出实测FAP作为$F_D(j\omega)$。这时，如上节所述由模拟传递函数$F_S(s)$生成复频率响应，进行逆FFT，得到反滤波器复频率响应$\tilde{H}_S^{-1}(j\omega)$，利用式（3.52）得到仿真滤波器的复频率响应$F_{SD}(j\omega)$。

在实际测定地震计或地震仪的频率响应时，通常只测量振幅频率响应，而不做相位响应的测量。这时，如果认定地震计或地震仪满足最小相位系统的条件，可以由振幅响应计算出相位响应（见3.2.6小节）。

3.5.1.3　由$H_S(z)$和$H_D(z)$构建数字仿真滤波器传递函数$F_{SD}(z)$

当已知源地震计的数字传递函数$H_S(z)$和目标地震仪的传递函数$H_D(z)$时，可利用源地震计传递函数构成反滤波器$\tilde{H}_S^{-1}(z)$，与目标地震仪的传递函数$H_D(z)$相乘，得到仿真滤波器传递函数$F_{SD}(z)$，

$$F_{SD}(z)=\tilde{H}_S^{-1}(z)\cdot H_D(z) \tag{3.53}$$

这是一个数字滤波器，可按2.5.2.2小节介绍的方法对数字记录波形进行滤波，实现时间域的数字地震仪仿真。

3.5.2 地震仪仿真的 Matlab 实现

在以下各小节，使用本章 3.3.1 小节中给出的 CTS－1 地震计记录震例波形（图 3.14），以仿真 DD－1 地震仪为例，说明地震仪仿真的 Matlab 实现。程序中调用的 Matlab 函数的用法已在前文的不同场合解释过，这里不再重复，要了解 Matlab 函数的更详细用法，可借助 Matlab 的 help 功能。

3.5.2.1 频率域地震仪仿真

记 $F_{DD1-502}$为使用 2 极点 CTS－1 地震计传递函数与 5 极点 DD－1 传递函数（见 3.2.2 小节）构成的 CTS－1 到 DD－1 仿真滤波器的传递函数。利用 Matlab 程序 M03_08_simulation_CTS1toDD1_freq.m 实现从 CTS－1 记录到 DD－1 记录的频率域仿真过程如下：

（1）读入待仿真波形：巴楚地震台 CTS－1 垂直向记录 2013 年 4 月 16 日伊朗—巴基斯坦交界 7.7 级地震的 ASCII 波形数据 XX_BCH_BHZ_2.txt（图 3.14）。

（2）由 2 极点、2 零点的 CTS－1 地震计速度传递函数和 5 极点、3 零点的 DD－1 位移传递函数（参见 3.2.2 小节和 3.2.5 小节），得到从 CTS－1 记录到 DD－1 记录的仿真滤波器的零点和极点：

Zcts1_dd1 = [－0.037025＋0.037025i　－0.037025－0.037025i]

Pcts1_dd1 = [－2.8274＋5.6111i　－2.8274－5.6111i　－88.8442＋88.8711i　－88.8442－88.8711i　－4.545]

（3）调用 Matlab 函数 zp2tf 将传递函数的零极点表示转换成有理分式表示，给出分子多项式系数数组 b 和分母多项式系数数组 a：[b,a] = zp2tf(Zcts1_dd1',Pcts1_dd1',G_{SD})，得到，

b = [0,0,0,1,0.0741,0.0027]

a = [1,187.8882,1.7669e+004,1.7283e+005,1.0612e+006,2.8335e+006]

即 $F_{DD1-502}(s)$

$$= \frac{G_{SD}(s+0.037025-0.037025i)(s+0.037025+0.037025i)15791}{(s+2.8274-5.6111i)(s+2.8274+5.6111i)(s+88.8442-88.8711i)(s+88.8442+88.8711i)(s+4.545)}$$

$$= \frac{G_{SD}(s^2+0.0741s+0.0027)15791}{(s^2+5.6548s+39.4786)(s^2+177.6884s+15791)(s+4.545)}$$

$$= \frac{G_{SD}(s^2+0.0741s+0.0027)15791}{s^5+187.8882s^4+17669s^3+172830s^2+1061200s+2833500} \tag{3.54}$$

式中，G_{SD}为仿真滤波器的位移灵敏度。如第 3.2.5 小节给出的那样，2 极点的 CTS－1 地震计位移响应的常数因子标称值为 $G_{cts1d}=0.83893$count/nm。当从 CTS－1 记录仿真成 DD－1 记录时，如果假定 DD－1 地震仪的位移灵敏度为 $K_{dd1}=1$ count/nm，则得到 CTS－1 到 DD－1 的仿真滤波器的标称灵敏度为 $G_{SD}=G_{dd1}/G_{cts1d}=(1/0.83893)=1.192$。此为一个无量纲的常数，表明从 CTS－1 记录的数字数（count）经仿真滤波器滤波后仍为数字数，只是变成了 DD－1 "数字" 地震仪记录的数字数。对于该实际记录波形，根据数字记录带有的有关信息，其实际值为 1/1.04877＝0.9535（参见前文第 84 页 1～5 行），式（3.54）中常数 15791 为 DD－1 记录笔的角频率的平方，即 $n_1=(2\pi/T_2)^2, T_2=0.05$s。

利用 Matlab 函数 freqs 得到滤波器的振幅响应和相位响应，如图 3.66 所示。

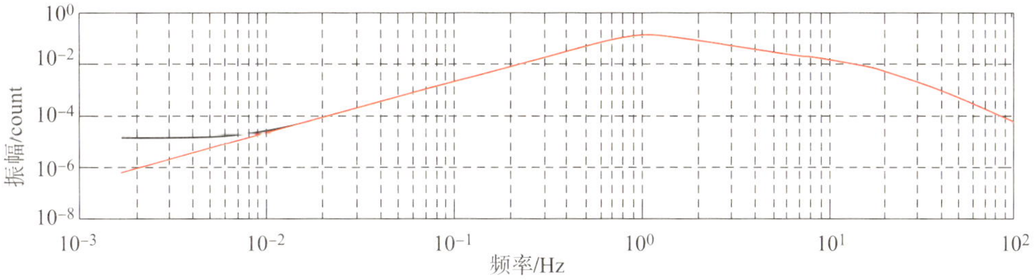

(a) CTS-1到DD-1仿真滤波器，振幅响应

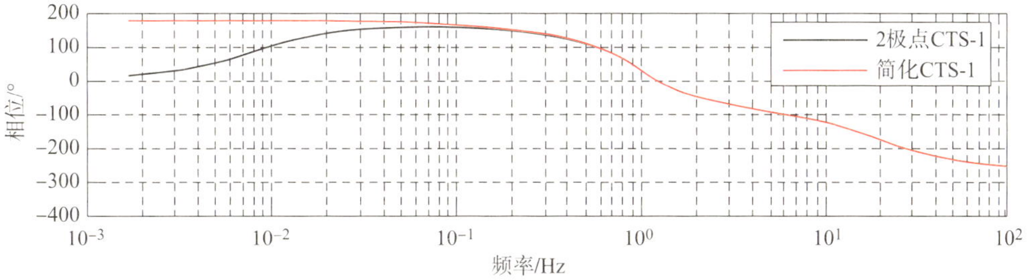

(b) 相位响应

图3.66 由CTS-1记录仿真DD-1记录的仿真滤波器 $F_{dd1-502}$（黑线，据式(3.54)）和 $F_{dd1-500}$（红线，据式(3.55)）的振幅响应和相位响应

由于DD-1地震仪为短周期地震仪，在做仿真时，实际上可以忽略CTS-1地震计低频特性的影响，于是，式（3.54）简化成式（3.55）：

$$F_{dd1-500}(s)=\frac{G_{SD}\cdot s^2\cdot 15791}{s^5+187.8882s^4+17669s^3+172830s^2+1061200s+2833500} \tag{3.55}$$

相应的频率响应如图3.66中的红线所示。下文中使用2极点的CTS-1到5极点DD-1的仿真滤波器。

（4）调用频率域滤波函数 Wcst1_dd1 = filt_freq(*b*, *a*, wave1, *F*s, *n*1)，其中 wave1 是CTS-1原始记录波形，Wcts1_dd1 是仿真滤波后生成的仿真 DD-1 记录，n_1 为波形数据的总点数。图3.67(a)是原CTS-1记录图（见图3.14），图(b)是仿真DD-1记录，图(c)是仿真DD-1记录的振幅谱。从振幅谱可以看到，尽管DD-1地震仪的位移响应通频带是1~20Hz，但由于其低频端并非急剧截止，因此在仿真记录图中仍包含相对丰富的低频成分。再次说明，这里取仿真DD-1的位移灵敏度为1count/nm，这符合IASPEI震级工作组对使用仿真地震仪时对地震仪灵敏度选取的建议（IASPEI，2013）

3.5.2.2 时间域地震仪仿真

与地震仪器校正的情况一样，地震仪仿真也可在时间域进行，为此，要构建时间域的仿真滤波器。一种办法是构造有限脉冲响应滤波器，对原始记录进行卷积滤波，另一种办法是通过双线性变换或脉冲响应不变法由模拟的仿真滤波器构建数字的仿真滤波器，在时间域进行递归滤波。由于在3.3.2小节中对时间域地震仪器校正的方法和实现已做了充分讨论，这里只以实例说明时间域仿真滤波的具体实现。

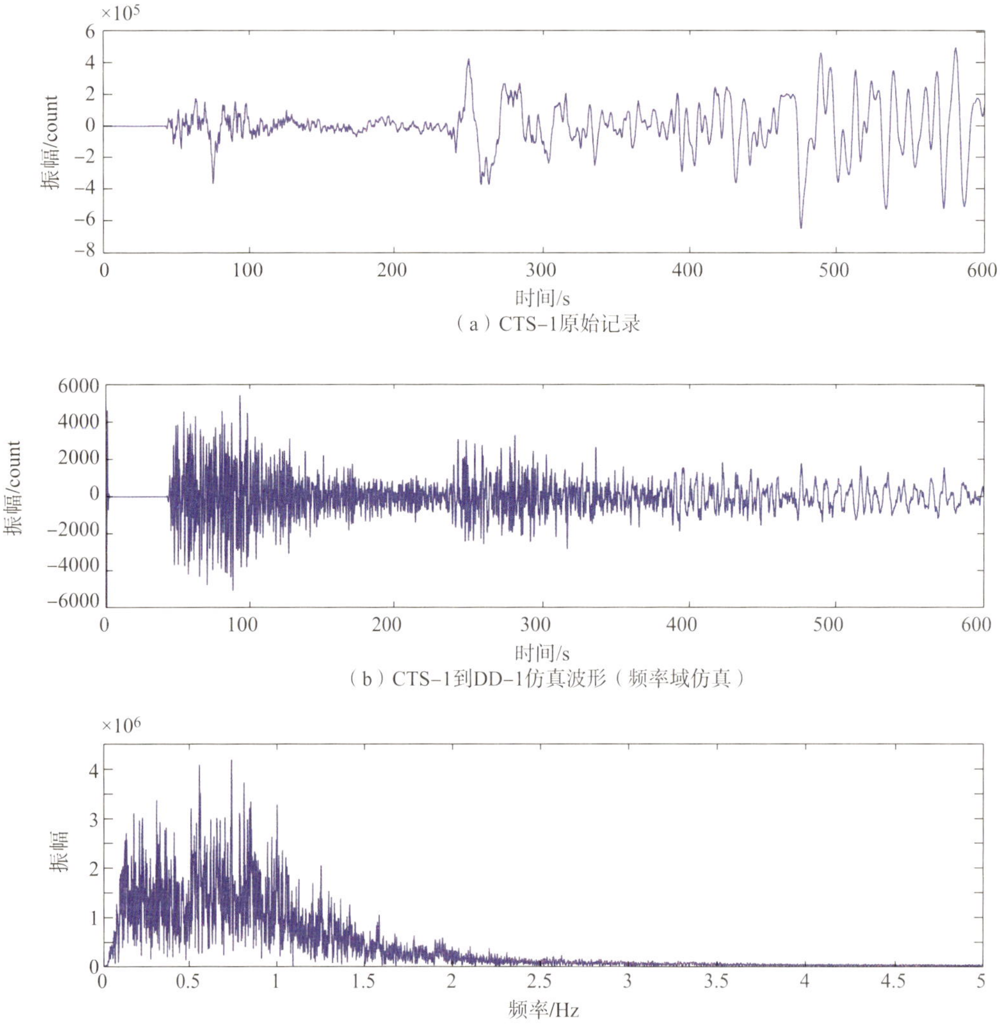

（a）CTS-1原始记录

（b）CTS-1到DD-1仿真波形（频率域仿真）

（c）CTS-1到DD-1仿真波形（频率域仿真）的振幅频谱

图 3.67　CTS－1 到 DD－1 的仿真滤波举例

（1） 有限脉冲响应法。

仍以 CTS－1 地震计作为源地震计，以 DD－1 地震仪作为目标地震仪，在 3.5.2.1 小节已得到其传递函数表达式（3.54），以此为出发点，构成有限脉冲响应。首先由传递函数式（3.54）得到其复频率响应（使用 Matlab 函数 freqs），须首先对复频率响应数组的后半段变换成其前半段的复共轭，以符合进行逆 FFT 的数组结构，然后进行逆 FFT（IFFT）得到离散化的脉冲响应，其采样率为 100sps，以与所用记录数据的采样率一致。图 3.68 显示所得到的离散化脉冲响应，图 3.68(b)是图 3.68(a)的头 2s 展开。仍以图 3.14 所示地震记录波形为处理对象，利用该有限脉冲响应，通过卷积滤波，实现地震记录的地震仪仿真。图 3.69 为有限脉冲响应卷积滤波结果，脉冲响应长度分别为 2s、20s、50s 和 100s。原始记录波形见图 3.14。

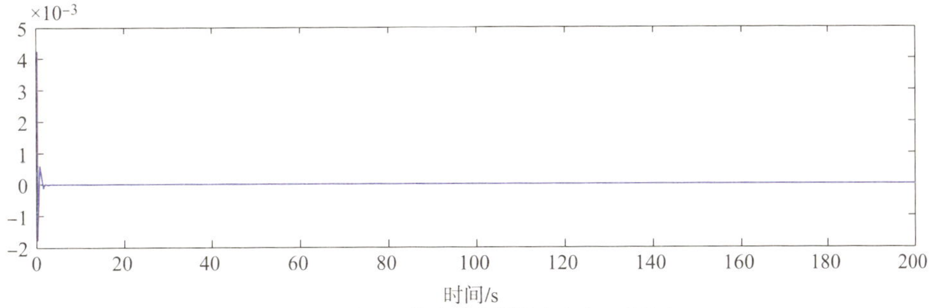

（a）CTS-1到DD-1仿真滤波器脉冲响应，采样率=100sps

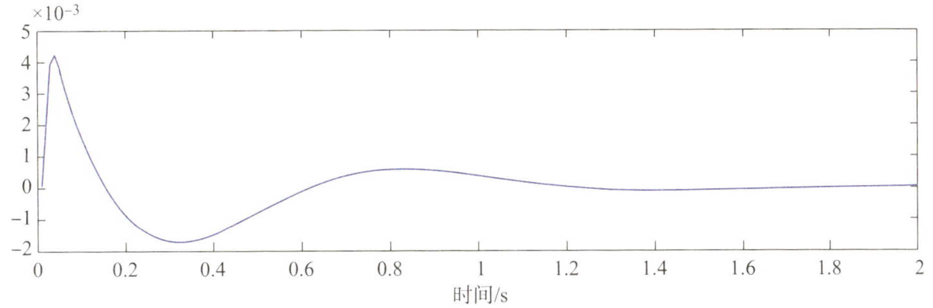

（b）局部放大（时间=2s）

图 3.68　CTS－1 地震计到 DD－1 地震仪的仿真滤波器的脉冲响应（复频率响应的逆 FFT 的实部）

与针对 CTS－1 甚长周期记录进行地震仪器校正的情况不同，由于 DD－1 的仿真结果是短周期记录，因此，对脉冲响应的长度并不要求很长，这可从图 3.69 各小图的比较中看出，其中(b)、(c)、(d)三图用肉眼看不出差别，它们与(a)图的差别也极小。

上述结果由 Matlab 程序 M03_08_simulation_CTS1toDD1_imp.m 完成。

（2）构建数字递归滤波器。

在 2.5.3 小节中讨论了如何从模拟滤波器构建数字滤波器，本节中将采用 2.5.3 小节中介绍的方法，对模拟的仿真滤波器构建相应的数字滤波器，进而进行地震仪仿真。

在时间域通过递归滤波进行地震仪仿真，首先要构建一个适于转换成数字滤波器的模拟仿真滤波器。从 2.5.3 小节可知，采用双线性变换或脉冲响应不变法生成数字滤波器时，原来的模拟滤波器的零点数不能大于极点数。以 CTS－1 地震计为例，如果不考虑其去假滤波器，它的速度传递函数有 2 个零点和 2 个极点，当与 DD－1 地震仪构成仿真滤波器，则有 2 个零点和 5 个极点，见式（3.54）。

下面仍以 3.3.1.1 小节使用的地震波形为例（图 3.14），说明时间域地震仪仿真的实现过程，使用的 Matlab 程序是 M03_08_simulation_CTS1toDD1_time.m。

由式（3.54）给出的 CTS－1 到 DD－1 的仿真滤波器传递函数，零极点为：

Zcts1_dd1 = [−0.0370 + 0.0370i　　−0.0370 − 0.0370i]

Pcts1_dd1 = [−2.8274 + 5.6111i　　−2.8274 − 5.6111i　　−88.8442 + 88.8711i
　　−88.8442 − 88.8711i　　−4.5450]

分子乘以系数 $n_2^2 = (2\pi/T_2)^2 = 15791$（$T_2$ 为 DD－记录笔周期，等于 0.05s）得到其有理分式表示的分子数组 b_cts1_dd1 = [　0　0　0　15791　1169.4　43.2952] 和分母数组 a_

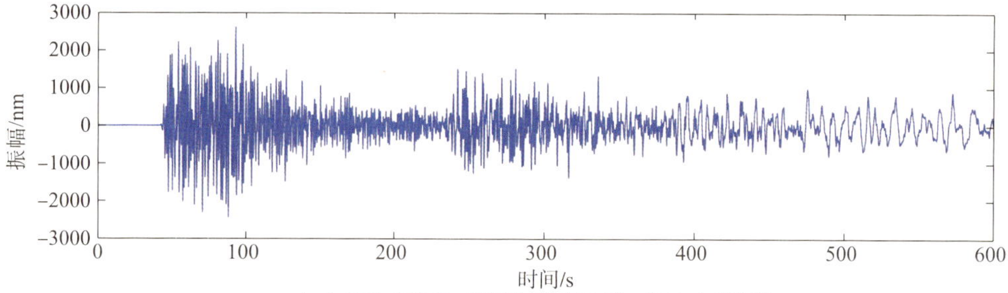

（a）CTS-1到DD-1时间域仿真波形，脉冲响应长度=2s

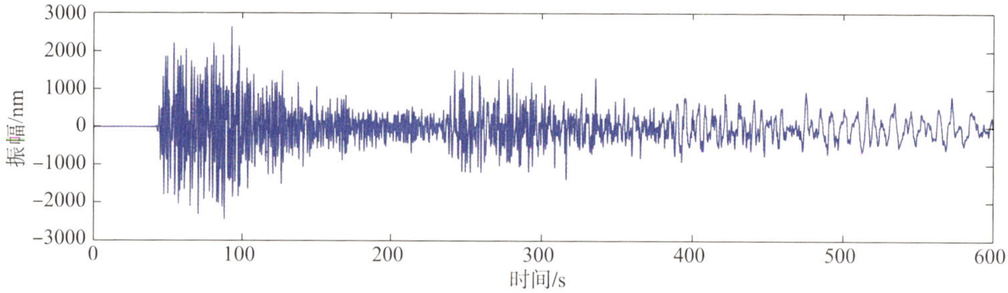

（b）CTS-1到DD-1时间域仿真波形，脉冲响应长度=20s

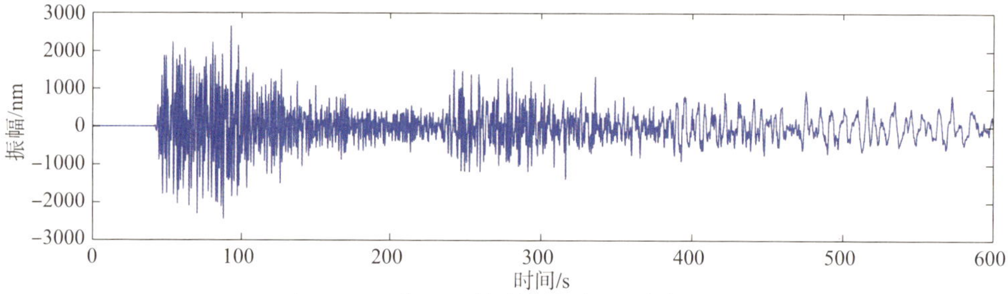

（c）CTS-1到DD-1时间域仿真波形，脉冲响应长度=50s

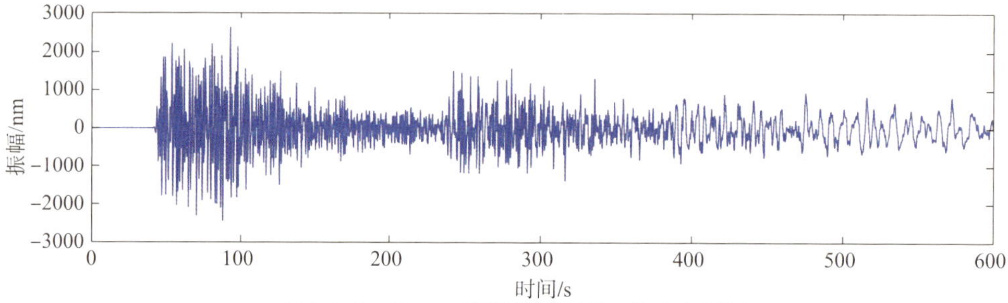

（d）CTS-1到DD-1时间域仿真波形，脉冲响应长度=100s

图 3.69　使用 CTS－1 到 DD－1 仿真滤波器的有限脉冲响应进行卷积滤波结果，脉冲响应长度分别为 2s、20s、50s 和 100s，原始记录波形见图 3.14

cts1_dd1 = [1187.8882　1.7669e+004　1.7283e+005　1.0612e+006　2.8335e+006]，利用 Matlab 双线性变换函数，有：

[bz_cts1_dd1_b,az_cts1_dd1_b]= bilinear(b_cts1_dd1,a_cts1_dd1,Fs)，或脉冲响应不变法：[bz_cts1_dd1_i,az_cts1_dd1_i]= impinvar(b_cts1_dd1,a_cts1_dd1,Fs)，可得到从 CTS－1 到 DD－1 数字仿真滤波器传递函数有理分式的分子系数数组和分母系数数组，从而构成数字滤波器。由式（3.54）给出的数据，用双线性变换得到的 bz_cts1_dd1_b 和 az_cts1_dd1_b 分别为：

bz _ cts1 _ dd1 _ b = [0.0008216　0.0008222　– 0.0016420　– 0.0016432　0.0008204　0.0008210]

az_cts1_dd1_b = [1.0000　–3.4269　4.5575　–3.0299　1.0997　–0.2003]

进而得到相应的 z 变换传递函数零极点：

零点 z_b = [0.9996 + 0.0004i　0.9996 – 0.0004i　– 1.0000 + 0.0001i　– 1.0000 – 0.0001i　–0.9999]

极点 p_b = [0.9706 + 0.0545i　0.9706 – 0.0545i　0.9556　0.2651 + 0.3892i　0.2651 – 0.3892i]

常数因子 k_b = 8.2159e –004

用脉冲响应不变法得到的是：

bz_cts1_dd1_i = [0　0.0040486　–0.0059620　–0.0002174　0.00213080]

az_cts1_dd1_i = [1.0000　–3.4153　4.4713　–2.8450　0.9419　–0.1528]

进而得到相应的 z 变换传递函数零、极点：

零点 z_i = [0　3.6467e +015　1.0004　0.9989　–0.5267]

极点 ppi = [0.9706 + 0.0545i　0.9706 – 0.0545i　0.9556　0.2593 + 0.3193i　0.2593 – 0.3193i]

常数因子 k_i = –1.1102e –018

对 CTS –1 记录数组 wave 进行仿真滤波，得到 DD –1 地震仪的仿真记录波形：*y*_wave = filter(bz_cts1_dd1_b, az_cts1_dd1_b, wave) 和 *y*_wave = filter(bz_cts1_dd1_i, az_cts1_dd1_i, wave)。图 3.70 是式（3.54）所示仿真滤波器的幅频响应和相频响应，黑线是模拟仿真滤波器的响应；蓝线是对模拟滤波器进行双线性变换得到的数字滤波器的响应；红线是对模拟滤波器使用脉冲响应不变法得到的数字滤波器的响应。

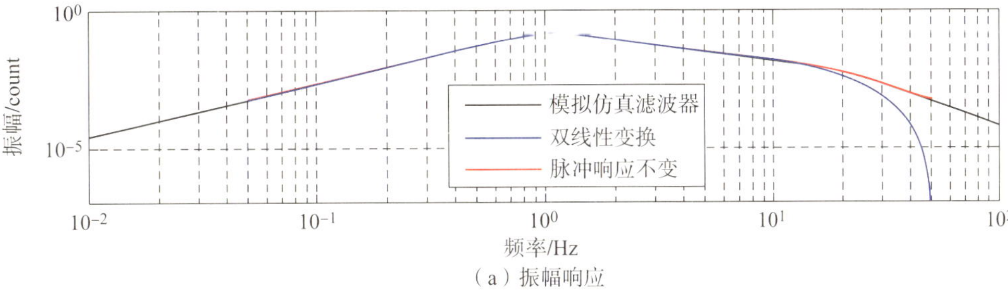

（a）振幅响应

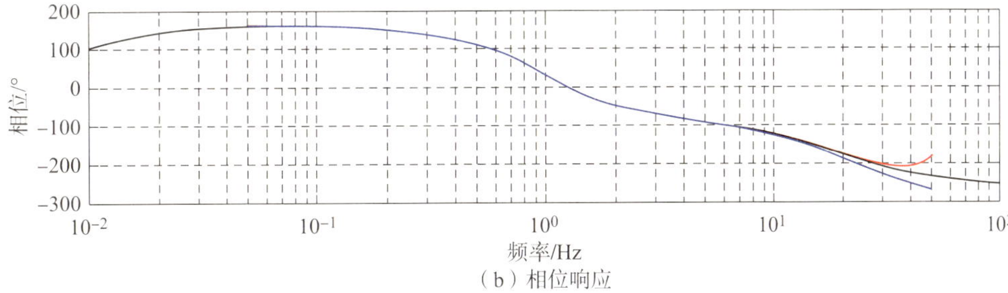

（b）相位响应

图 3.70　CTS –1 到 DD –仿真滤波器的幅频响应(a)和相频响应(b)。黑线：模拟仿真滤波器；蓝线：用双线性变换得到的数字仿真滤波器；红线：用脉冲响应不变法得到的数字仿真滤波器

由式（3.55）给出的 CTS－1 到 DD－1 的简化仿真滤波器传递函数，零极点为：

Zcts1_dd1 = [0　0]

Pcts1_dd1 = [−2.8274 +5.6111i　−2.8274 −5.6111i　−88.8442 +88.8711i　−88.8442 −88.8711i　−4.5450]

分子乘以系数 $n_2^2=(2\pi/T_2)^2=15791$（T_2 为 DD－记录笔周期，等于 0.05s），得到其有理分式表示的分子数组 b_cts1_dd1 = [0　0　0　15791　0　0] 和分母数组 a_cts1_dd1 = [1187.8882　1.7669e+004　1.7283e+005　1.0612e+006　2.8335e+006]，利用 Matlab 双线性变换函数，有：[bz_cts1_dd1_b,az_cts1_dd1_b] = bilinear(b_cts1_dd1,a_cts1_dd1,Fs)，或脉冲响应不变法：[bz_cts1_dd1_i,az_cts1_dd1_i] = impinvar(b_cts1_dd1,a_cts1_dd1,Fs)，可得到从 CTS－1 到 DD－2 数字仿真滤波器传递函数有理分式的分子系数数组和分母系数数组，从而构成数字滤波器。由式（3.55）给出的数据，用双线性变换得到的 bz_cts1_dd1_b 和 az_cts1_dd1_b 分别为 bz_cts1_dd1_b = [0.0008213　0.0008213　−0.0016426　−0.0016426　0.0008213　0.0008213]，az_cts1_dd1_b = [1.0000　−3.4269　4.5575　−3.0299　1.0997　−0.2003]，进而得到相应的 z 变换传递函数零极点：零点 z_b = [1.0000+0.0000i　1.0000 −0.0000i　−1.0000 +0.0001i　−1.0000 −0.0001i　−0.9999]，极点 p_b = [0.9706 +0.0545i　0.9706 −0.0545i　0.9556　0.2651 +0.3892i　0.2651 −0.3892i]，常数因子 k_b =8.2129e −004；用脉冲响应不变法得到的是 bz_cts1_dd1_i = [−0.0000　0.0040474　−0.0059637　−0.0002150　0.0021313　0]，az_cts1_dd1_i = [1.0000　−3.4153　4.4713　−2.8450　0.9419　−0.1528]，进而得到相应的 z 变换传递函数零、极点：零点 z_i = [0　3.6456e +015　1.0009　0.9992　−0.5266]，极点 pp_i = [0.9706 +0.0545i　0.9706 −0.0545i　0.9556　0.2593 +0.3193i　0.2593 −0.3193i]，常数因子 k_i = −1.1102e −018。

图 3.71 是式（3.55）所示简化仿真滤波器的幅频响应和相频响应，黑线是模拟仿真滤波

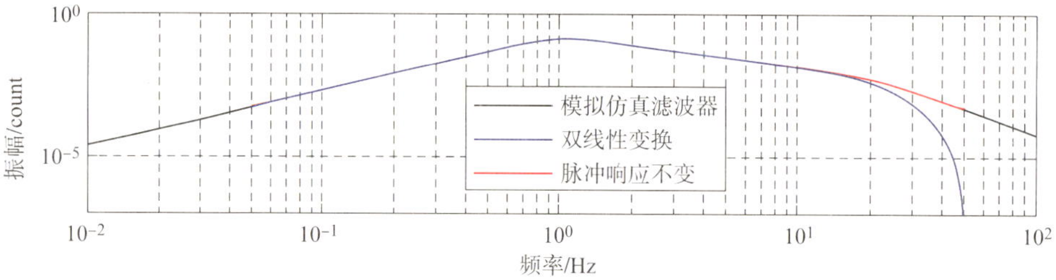

（a）振幅响应

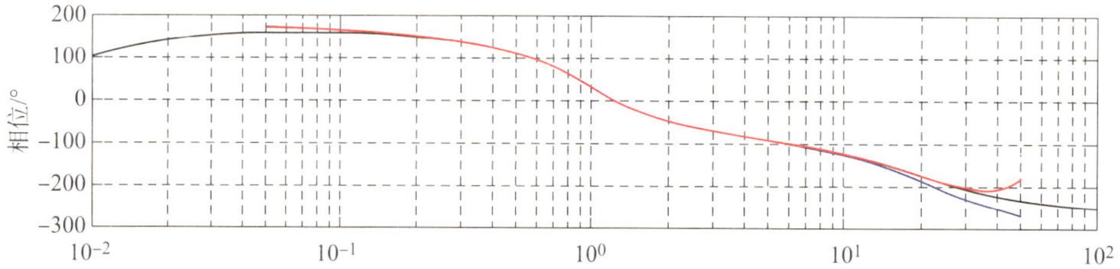

（b）相位响应

图 3.71　CTS－1 到 DD－1 简化仿真滤波器的幅频响应(a)和相频响应(b)。黑线：模拟仿真滤波器；蓝线：用双线性变换得到的数字仿真滤波器；红线：用脉冲响应不变法得到的数字仿真滤波器

器的响应；蓝线是对模拟滤波器进行双线性变换得到的数字滤波器的响应；红线是对模拟滤波器使用脉冲响应不变法得到的数字滤波器的响应。可以看到，在所示频带内，图3.71与图3.70基本相同。回顾图3.66，未简化和简化的模拟仿真滤波器只在甚低频段小有差别。

图3.72显示CTS-1到DD-1仿真后的DD-1记录波形。图(a)是使用双线性变换得到的数字滤波器进行仿真的结果；图(b)是使用脉冲响应不变法得到的数字滤波器进行仿真的结果；图(c)是图(a)和图(b)的叠加。由于是先画使用双线性变换得到的数字滤波器进行仿真的结果（黑线），再画使用脉冲响应不变法得到的数字滤波器进行仿真的结果（红线），因两个波形基本相同，故黑线被红线覆盖，只看到个别“黑点”。结果表明，在CTS-1到DD-1仿真的具体情况中，使用双线性变换和脉冲响应不变法得到的仿真滤波器可以生成基本相同的仿真波形，尽管这两个仿真滤波器的频率响应在高频段有些差别。

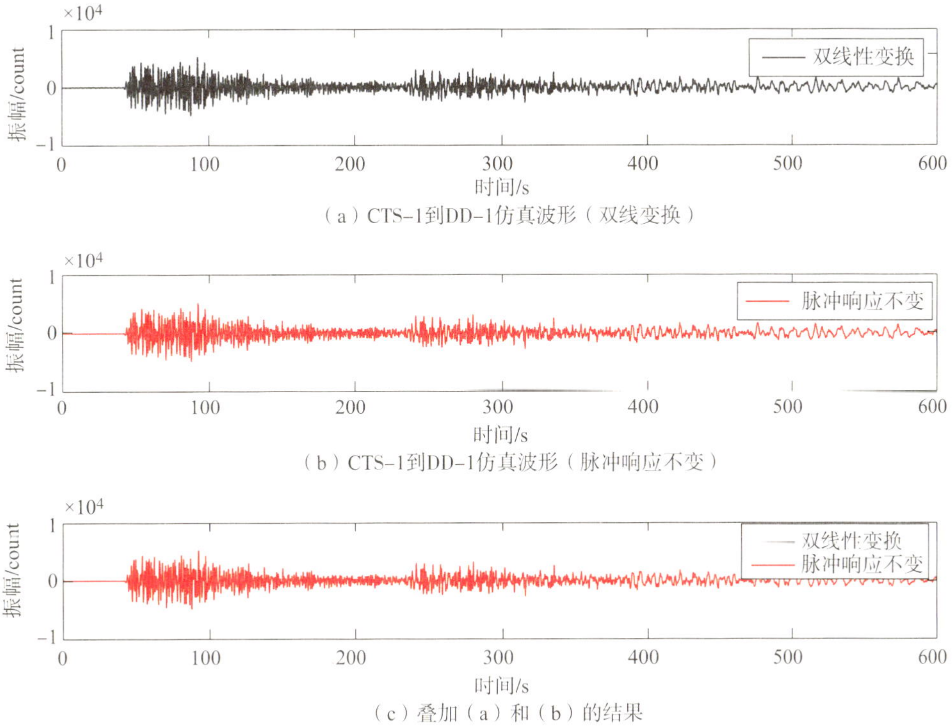

图3.72 CTS-1到DD-1仿真后的记录波形

利用上述数据，由式（3.55）给出的简化仿真滤波器的零极点，得到，

$$F_{\mathrm{dd1\_500}}(s)=\frac{G_{\mathrm{SD}}s^2\times 15791}{(s^2+5.6548s+39.4786)(s^2+177.6884s+15791)(s+4.545)} \tag{3.56}$$

这与《测震学原理与方法》(中国地震局监测预报司，2017，第106页）给出的式（2.5.7）一致。相应的脉冲响应不变法得到的 z 变换传递函数表达式是，

$$F_{\mathrm{dd1\_imp}}(z)$$
$$=\frac{G_{\mathrm{SD}}(1-3.6456\times 10^{15}z^{-1})(1-1.0009z^{-1})(1-0.9992z^{-1})(1+0.5266z^{-1})(-1.1102\times 10^{-18})}{(1-1.9412z^{-1}+0.94503z^{-2})(1-0.9556z^{-1})(1-0.5186z^{-1}+0.16919z^{-2})}$$

$$= \frac{G_{SD}(1-3.6456\times10^{15}z^{-1})(1-2z^{-1}+z^{-2})(1+0.5266z^{-1})(-1.1102\times10^{-18})}{(1-1.9412z^{-1}+0.94503z^{-2})(1-0.9556z^{-1})(1-0.5186z^{-1}+0.16919z^{-2})}$$

$$= \frac{G_{SD}4.0470\times10^{-3}z^{-1}(1-2z^{-1}+z^{-2})(1+0.5266z^{-1})}{(1-1.9412z^{-1}+0.94503z^{-2})(1-0.9556z^{-1})(1-0.5186z^{-1}+0.16919z^{-2})} \tag{3.57}$$

双线性变换得到的 z 变换传递函数是，

$$F_{dd1\_bi}(z) = \frac{G_{SD}(1-z^{-1})(1-z^{-1})(1+z^{-1})(1+z^{-1})(1+z^{-1})(8.2129\times10^{-4})}{(1-1.9412z^{-1}+0.94503z^{-2})(1-0.9556z^{-1})(1-0.5302z^{-1}+0.22175z^{-2})}$$

$$= \frac{G_{SD}(1-2z^{-1}+z^{-2})(1+2z^{-1}+z^{-2})(1+z^{-1})(8.2129\times10^{-4})}{(1-1.9412z^{-1}+0.94503z^{-2})(1-0.9556z^{-1})(1-0.5302z^{-1}+0.22175z^{-2})} \tag{3.58}$$

《测震学原理与方法》(中国地震局监测预报司，2017，第 106 页）给出的脉冲响应不变法得到的传递函数（式（2.5.8））是，

$$F_{dd1\_bi}(z) = \frac{G_{SD}(1-2z^{-1}+z^{-2})(1+z^{-1})(0.003068)}{(1-1.9412z^{-1}+0.94502z^{-2})(1-0.95557z^{-1})(1-0.51859z^{-1}+0.16914z^{-2})} \tag{3.59}$$

图 3.73 给出式（3.57）和式（3.59）计算出的仿真滤波器的频率响应。可见两结果小有差别，使用的 Matlab 程序是 M03_08_simulation_CTS1toDD1_time.m。

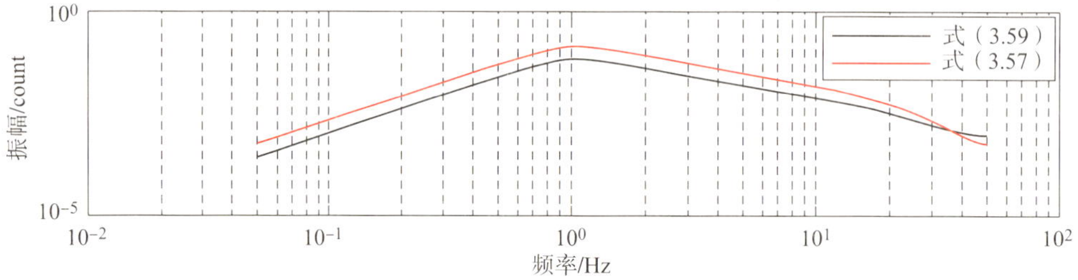

（a）CTS-1到DD-1简化仿真滤波器，振幅响应

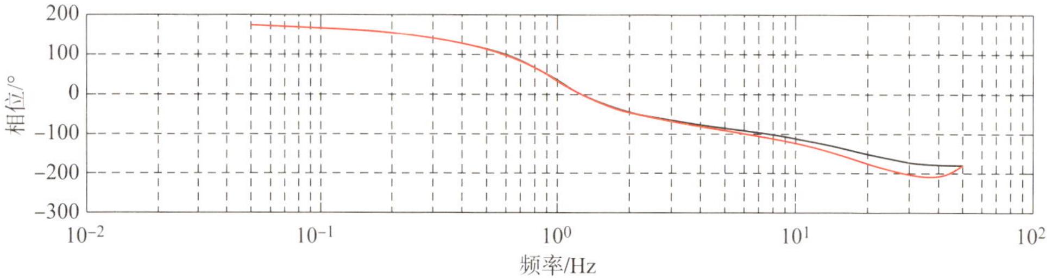

（b）相位响应

图 3.73　由式（3.57）和式（3.59）计算出的仿真滤波器的频率响应。红线：据式（3.57）计算；黑线：据式（3.59）计算

3.6 结　　语

本章中，除了其他内容外，还以 DD－1 地震仪和 SK 地震仪为例，讨论了作为最小相位系统的特性，并利用希尔伯特变换，试图从各自的振幅频率响应得到相位频率响应。尽管也得到了与预期结果类似的结果，但偏差仍然较大，不如王广福等（1984）给出的结果。笔者希望能找出问题以改进程序，也希望读者提出建议。

第4章　地震记录波形数据变换

在地震模拟观测时代，地震记录是留在纸上的连续曲线，因此，早期的地震分析只能在原始的记录图上设法提取关于震源和传播介质的信息。在有了计算机之后，尽管可以进行数值分析，但要对这样的地震波形记录曲线进行数值分析，则需要使用特殊的设备，如数字化仪，对连续曲线进行数字化，然后才能进行诸如傅里叶变换等处理。即使后来有了模拟磁带记录，也需要对模拟磁带记录的电信号进行数字化，才能得到数字化的地震波形记录。直到数字化地震观测技术出现（可以常规地获得数字化地震记录），才真正把地震记录作为一种数字时间序列进行分析。

数字记录的地震波形数据是等间隔采样的离散数值序列，包括叠加有地动噪声的地震事件波形和在没有地震事件时的地动噪声记录。可以认为地震事件波形是确定性的数字信号，而地动噪声在许多时候可作为随机信号进行分析。在这个意义上，一般的数字信号处理方法和技术在原则上都可以应用于数字地震波形分析。关于一般的数字信号处理，相关的参考书十分丰富。例如，为应用 Matlab 工具进行数字信号处理，可参考《Matlab 7. x 数字信号处理》(郭仕剑等，2006)、《Matlab 在数字信号处理中的应用》(薛年喜，2003) 等。特别是防灾科技学院万永革教授的《数字信号处理的 Matlab 实现》(第 2 版)(万永革，2012) 中重点针对地震学领域的应用，讲述了数字信号分析理论及其 Matlab 实现，并举出若干地震波形分析实例。本书参考了《数字信号处理的 Matlab 实现》中的基础资料，一些内容不再重复介绍。

在概率统计学科中的一个重要分支是“时间序列分析”，这里所说的时间序列是指随机时间序列，可以认为数字信号处理中的随机信号处理，是概率统计学科中的“时间序列分析”理论与方法的具体应用。《Matlab 在时间序列分析中的应用》(张善文等，2007) 介绍了如何利用 Matlab 进行时间序列分析。这些通用的数字信号分析方法和工具有助于我们对地震波形数据的分析。

与一般数字信号处理不同的是，通过地震台站和地震台网得到的数字地震波形是多道的。在单个地震台站，对于每一台三分量地震计，至少可以得到 3 道地震波形。一些宽频带地震计(例如 STS - 1)加上了不同的滤波器，于是可以生成短周期(SP)、长周期(LP)、宽频带(BB)的地震波形。对于一个地震台网或地震台阵（见本书第 13 章），可以获取多台站的多道地震波形。通过单台的三分量波形变换和台网及台阵的多道波形变换，可以得到关于震源和地球介质的更多、更准确的信息。因此，可以在引入和借鉴一般数字信号处理方法的同时，开发出地震波形分析特有的方法和计算机程序。

这里所说的“地震记录波形数据变换”，是指按一定的计算方法对单道或多道原始记录地震波形数据进行处理，以得到新的数字时间序列，从而强化或突出地震波形记录数据中具有某些特征的一类数据加工过程。有时把新生成的数字时间序列叫作原始数据的特征函数。除本章外，在地震台阵数据处理（见第 13 章）还会讨论一些更具体的、有针对性的地震记录波形数据变换方法。

本章介绍常用的地震波形数据变换算法，这些算法在本书以后各章中会得到具体应用。对于所述通用算法，由于已经有了丰富的参考资料，这里对方法原理不作详细说明。为了便于讨论数字滤波问题，已在 2.4 节中提前介绍了傅里叶变换，这里不再重复。

4.1 短时傅里叶变换

如 2.4 节所述，经典傅里叶变换在整体上将时间域的信号分解成不同的频率分量。在频率域中的频谱不包含关于该信号的时间信息，不能反映信号随时间变化的特征。同样，时间域的信号也不能给出不同时刻的信号频谱特征。因此，在经典傅里叶变换基础上发展出多种分析方法，用时间和频率的联合函数来表示信号，简称为信号的时频表示（葛学哲、陈仲生，2006）。本节讨论短时傅里叶变换，下节讨论小波变换。二者都是线性时频变换。

线性时频变换满足线性叠加性。假设 $x(t)=ax_1(t)+bx_2(t)$，记 $x(t)$、$x_1(t)$ 和 $x_2(t)$ 的线性时频表示分别为 $P(t,f)$、$P_1(t,f)$ 和 $P_2(t,f)$，则有，

$$P(t,f)=aP_1(t,f)+bP_2(t,f) \tag{4.1}$$

盖博（Gabor，1946）对傅里叶变换进行了修正，以便能分析一小段时间信号，这种技术就是对信号加窗，称作短时傅里叶变换（Short Time Fourier Transform 或 Short Term Fourier Transform，缩写为 STFT），它把一个信号映射成为时间和频率的二维函数。STFT 代表从时间上和从频率上观察信号的一种折中，它提供关于一个信号事件在何时和在哪个频率的信息。但所得信息的准确度有限，其准确度由所加窗的大小确定。在 STFT 处理中，一旦选定了特定大小的时间窗，则该时间窗对于所有频率保持不变，这是 STFT 的一个固有限制。

4.1.1 短时傅里叶变换的基本公式

根据定义，短时傅里叶变换是信号乘以适当的时间窗后再进行傅里叶变换，因此，对于连续的时间信号，有短时傅里叶变换，

$$\mathrm{STFT}\{x(t)\}(\tau,\omega)\equiv X(\tau,\omega)=\int_{-\infty}^{\infty}x(t)w(t-\tau)\mathrm{e}^{-\mathrm{j}\omega t}\mathrm{d}t \tag{4.2}$$

式中，$w(t)$ 是窗函数，例如以 $t=0$ 为中心的汉宁(Hann)窗或高斯钟形窗(Gaussian Bell)；$x(t)$ 是要变换的信号；$X(\tau,\omega)$ 实质上是 $x(t)w(t-\tau)$ 的傅里叶变换，代表在时刻 τ 和角频率 ω 的信号。

对于离散的时间信号，有，

$$\mathrm{STFT}\{x[n]\}(m,\omega)\equiv X(m,\omega)=\Delta T\cdot\sum_{n=-\infty}^{\infty}x[n]w[n-m]\mathrm{e}^{-\mathrm{j}\omega n} \tag{4.3}$$

式中，信号 $x[n]$ 和窗函数 $w[n]$ 是离散的数值序列；ΔT 是离散数据的采样间隔。公式中 m 是离散的，而 ω 是连续的。但在计算机计算中使用快速傅里叶变换(FFT)，结果两个变量 m

和 ω 都是离散的，n 取值不再是从 $-\infty$ 到 ∞，而是取有限长度。

这样得到的短时傅里叶变换结果是复数，为了使其可视化，采用“谱图（spectrogram）”来表现，它是短时傅里叶变换的振幅平方，

$$\text{spectrogram}\{x(t)\}(\tau,\omega)\equiv|X(\tau,\omega)|^2 \tag{4.4}$$

4.1.2 短时傅里叶变换的 Matlab 实现

当初盖博（Gabor，1946）选用的时间窗为高斯钟形窗。在 Matlab 中给出了可用于短时傅里叶变换（STFT）的 16 种窗函数，包括高斯钟形窗。

下面以示例说明短时傅里叶变换的时频特性。示例中的原始时间序列由 5 段正弦信号组成，频率依次为 1Hz、2Hz、5Hz、10Hz 和 20Hz，其振幅均为 1，在信号中加上一个幅度为 0.5 的直流分量，采样率为 80sps，波形见图 4.1(a)。图 4.1(b)显示其傅里叶变换频谱。

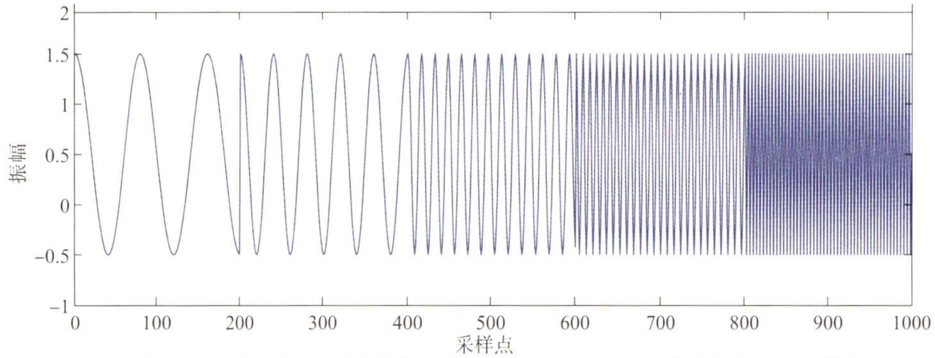

（a）原始时间序列，5段，频率依次为1hz、2hz、5hz、10hz、20Hz,直流分量=0.5，采样率=80

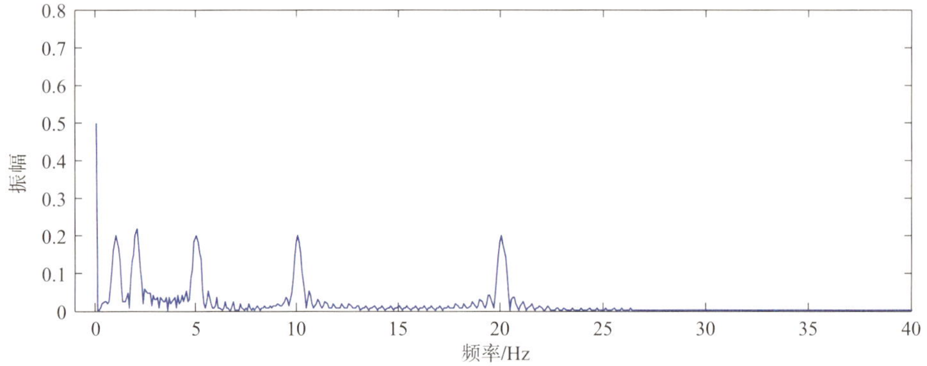

（b）傅里叶变换振幅谱

图 4.1 试验用原始时间序列(a)及其傅里叶变换频谱(b)

Matlab 短时傅里叶变换函数 S = spectrogram(x, window, numoverlap, nfft, fs)使用滑动窗计算加窗的离散傅里叶变换，x 是待变换的信号（波形点值数组），window 给出使用的时间窗，numoverlap 是每次滑动重叠的点数，nfft 指定计算 FFT 的长度，fs 是采样率，时间窗的宽度不能大于计算 FFT 的长度；返回数组 S 是输入信号矢量 x 的短时傅里叶变换矩阵。使用 spectrogram(x, window, numoverlap, nfft, fs) 可直接生成短时傅里叶变换谱图(spectrogram)。Matlab 程序 M04_01_stft_test.m 构造图 4.1 所示原始信号，并调用 Matlab 函数 spectrogram 生成短时傅里叶变换谱图（图 4.2）。

图 4. 2 表明，当取窗宽度为 320、300、240 和 200 点时，该短时傅里叶变换的时间分辨力由低向高，而频率分辨力由高向低。图 4. 2(e)表明，进一步缩短窗宽度，改为 100 点，可以看出时间分辨力进一步提高，而频率分辨力进一步变差，本为单频的信号段频谱展宽了。在图 4. 2(f)中，窗宽度减小到 80 点，窗移动时重叠 40 点，结果可看到原始波形各段之间的衔接处造成的信号突变，但频率分辨力进一步降低。

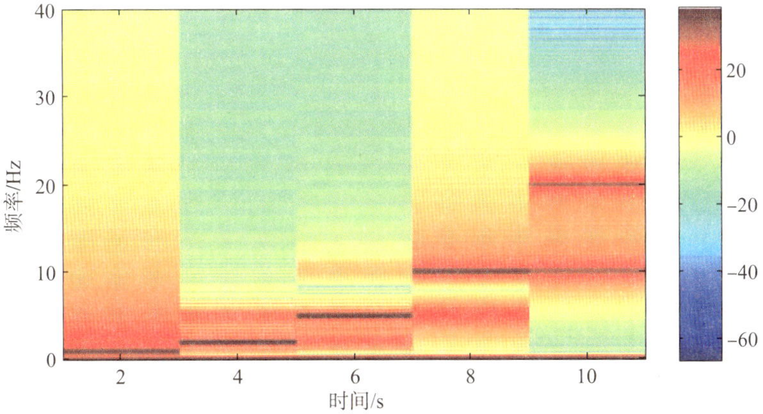

（a）短时傅里叶变换谱图，窗宽=320, 重叠点数=160

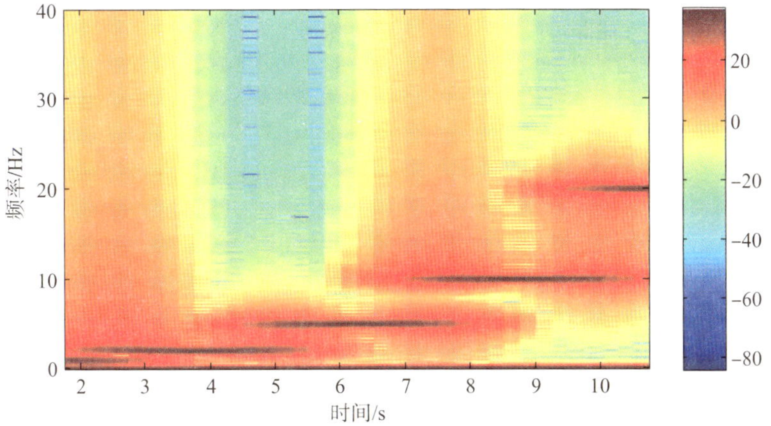

（b）短时傅里叶变换谱图，窗宽=300, 重叠点数=280

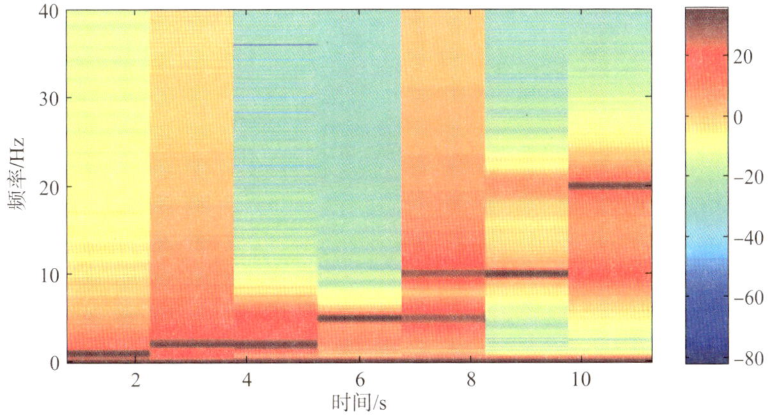

（c）短时傅里叶变换谱图，窗宽=240, 重叠点数=120

图 4. 2　不同窗宽度和重叠点数的短时傅里叶变换谱图

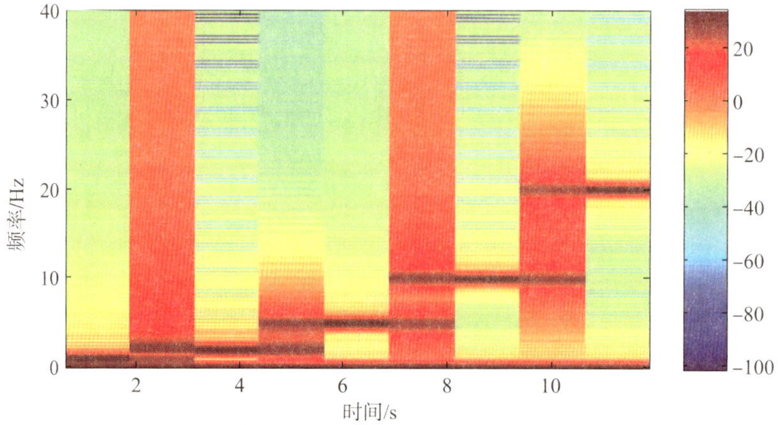

（d）短时傅里叶变换谱图，窗宽=200, 重叠点数=100

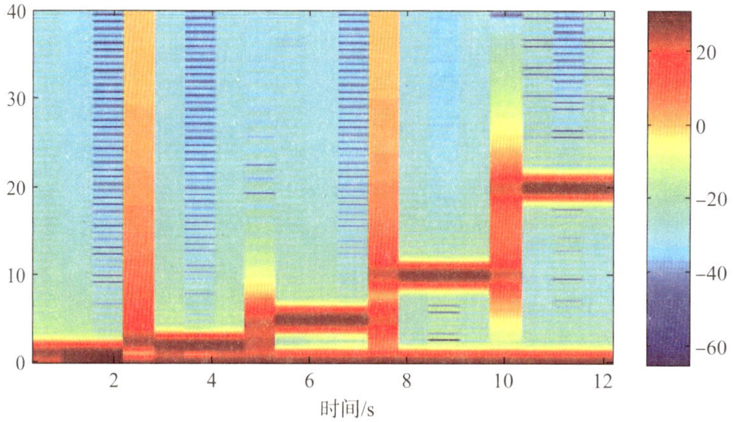

（e）短时傅里叶变换谱图，窗宽=100, 重叠点数=50

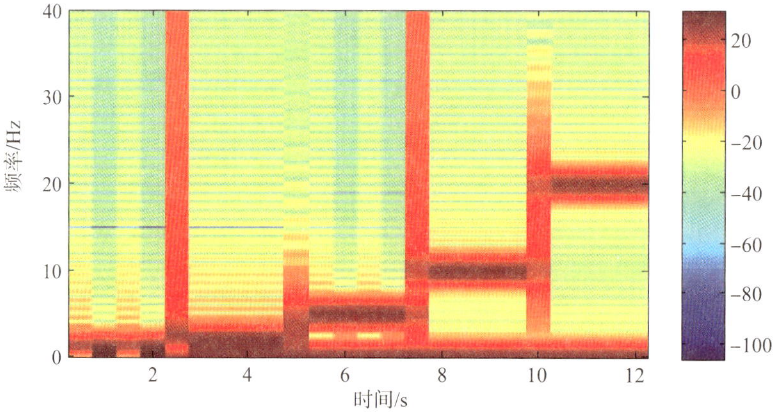

（f）短时傅里叶变换谱图，窗宽=80, 重叠点数=40

图 4.2（续图）

本节讨论的短时傅里叶变换提供了在时间—频率域中描述信号的一种手段。在第 14 章中将以地震和核爆炸的记录实例说明短时傅里叶变换在地震事件判别中的作用。然而，在进行短时傅里叶变换时，时间窗的宽度是预先给定的，不能达到时间分辨力和频率分辨力的最佳折中。对低频信号的分析允许有较宽的时间窗，而对高频信号的分析，则需要较窄的时间窗，以提高其时间分辨力。因此，在利用短时傅里叶变换进行信号分析时，要进行多次试验，以找出合适的时间窗宽度以及滑动窗的重叠宽度，并且可能要用多个时间窗进行短时傅里叶分析。下节讨论的小波分析可以克服短时傅里叶变换的这些局限。

4.2 小波变换

4.2.1 认识小波和小波分解

小波变换概念是 1984 年法国地球物理学家 J. Morlet 在分析处理地球物理勘探资料时提出来的，在其后的十几年里，迅速建立了小波变换的理论体系及计算方法，特别是提出了二进小波变换的快速算法，使小波变换走向实用化。在我国地震学领域，郑治真等开展了关于小波变换理论及其在地震学应用方面的开创性工作，在郑治真等编著的《小波变换及其 Matlab 工具的应用》(郑治真等，2001) 一书中，深入浅出地介绍了小波变换的主要内容和 Matlab 工具在小波变换中的应用。本节仅以一个 Matlab 程序示例来说明如何使用 Matlab 函数进行小波分析，并对连续小波变换和离散二进小波变换进行比较。

按照郑治真等（2001）的解释，小波（wavelet）是一个衰减的波形，它在有限的区域里存在（不为零），且其均值为零。因此，实际上“小波”本身只是一个一般意义的概念。如在地震图分析中的直达波震相，因其持续时间很短，可以认为是一个“小波”，而面波因其存在频散，其持续时间长，就不能认为是“小波”。然而，并非任何一个一般意义上的小波都可用于小波变换，在小波变换范畴内的“小波”有其自身的特性。

下面的讨论中假定小波 $\Psi(t)$ 是满足小波变换要求的一个小波，如下面示例中用到的小波 db5（图 4.3）。对于连续的时间信号 $f(t)$，t 为连续的时间，其连续小波变换（Continuous Wavelet Transform，缩写为 CWT）的数学表达式为，

$$\mathrm{CWT}_{a,b} = \int_{-\infty}^{+\infty} f(t)\,\overline{\Psi}_{a,b}(t)\,\mathrm{d}t \tag{4.5}$$

$$\Psi_{a,b}(t) = |a|^{-\frac{1}{2}}\Psi\left(\frac{t-b}{a}\right) \tag{4.6}$$

式中，$\Psi(t)$ 为小波；a 为尺度因子（scale，也称标度因子），其作用是将小波在保持波形相似的条件下“拉伸”(a 增大)或“压缩”(a 缩小)；b 为平移参数，作用是将小波波形沿时间轴平移；$\overline{\Psi}_{a,b}(t)$ 是 $\Psi_{a,b}(t)$ 的复共轭。

对比傅里叶变换的数学表达式，从表达式（4.5）可以看出，连续小波变换不是某种傅里叶变换，因为积分中没有傅里叶变换使用的正交基函数 $e^{-i\omega t}=\cos\omega t - i\sin\omega t$，而是使用小波 $\Psi(t)$ 作为变换的基函数。从式（4.5）和式（4.6）可知，对于给定的一对 a 和 b，得到一个积分值 $\mathrm{CWT}_{a,b}$。对于连续变化的平移参数 b，$\mathrm{CWT}_{a,b}$ 是时间的函数，相当于 $f(t)$ 与 $\Psi(t)$ 之间的互相关函数。在这个意义上，连续小波变换相当于一种相关滤波（见本章第 4.5 节）。

小波 $\Psi(t)$ 的傅里叶变换振幅最大值对应的频率是小波的中心频率，利用 Matlab 函数 centfrq 可以计算给定小波的中心频率。例如，使用如下一段 Matlab 程序计算小波 db5 的中心频率：

```
wname = 'db5';% 小波举例:db5
iter = 8;
cfreq = centfrq(wname,8,'plot')  % 计算中心频率并显示小波函数和基于中心频率的近似波形
```

其计算结果是：中心频率cfreq = 0.6667。

由图4.3可见，基于中心频率的近似波形抓住了该小波的主振动。所以，中心频率是表征小波优势频率的一种简单方便的参数。

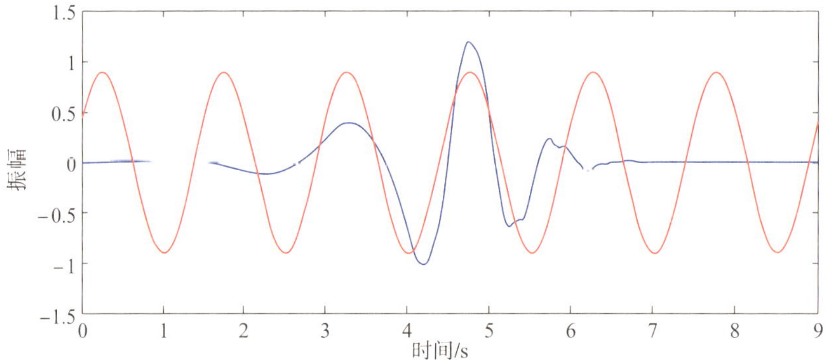

图4.3 小波db5(蓝色)及基于中心频率(0.667Hz)的正弦波近似(红色)

然而，只能在宽泛的意义上讨论小波变换的尺度因子与频率二者的关系，或者说是讨论与尺度因子对应的"伪频率（pseudo-frequency)"。当改变尺度因子 a 时，原来的小波被拉伸或压缩，这时，可根据小波的中心频率 F_c，利用式（4.7）计算相应的伪频率，

$$F_a = \frac{F_c}{a \cdot \Delta} \tag{4.7}$$

式中，a 是尺度因子；Δ 是采样周期（采样率的倒数）；F_c 是小波的中心频率(Hz)；F_a 是与尺度因子 a 对应的伪频率(Hz)。利用这一关系式，可以把给定的小波与一个频率为 F_c 的纯周期性信号关联以来。

Matlab 函数 scal2frq 根据式（4.7）计算给定小波的伪频率。F = scal2frq(A,'wname',DELTA)，返回的 F 是与尺度因子 A 对应的伪频率，小波函数由"wname"给出，DELTA 是采样周期。设采样率为80sps，则 DELTA = 1/80，使用小波函数 db5，取尺度因子 $a = 2^n, n = 1,2,\cdots,7$，于是得到伪频率及伪周期随尺度因子 a 的变化，如表4.1所示。

表4.1 伪频率、伪周期随尺度因子变化表

尺度因子	伪频率	伪周期
2.0000	26.6667	0.0375
4.0000	13.3333	0.0750
8.0000	6.6667	0.1500
16.0000	3.3333	0.3000
32.0000	1.6667	0.6000
64.0000	0.8333	1.2000
128.0000	0.4167	2.4000

在小波变换中，这些伪频率相当于对离散时间信号进行带通滤波的滤波器中心频率。

实际进行小波变换时只是对尺度因子 a 和平移参数 b 的离散值计算 $CWT_{a,b}$，于是有了离散小波变换（Discrete Wavelet Transform，简称 DWT）。对于 a、b 的离散取值为：$a=a_0^m$，$b=nb_0a_0^m$，其中 $a_0>0$，b_0 为实数，m、n 为正整数。最方便的作法是取 $a_0=2$，这就是二进小波和二进小波变换。再取 $b_0=1$，则为二进正交小波和二进正交小波变换。

离散时间信号 x 的离散小波变换实质上是让该信号通过一系列滤波器。首先是让信号通过一个低通和一个高通滤波器。下式中的 g 是一个低通滤波器的脉冲响应，h 是一个高通滤波器的脉冲响应（关于数字滤波器，见第 2 章），这两个滤波器互为正交镜像滤波器：

$$DWT_{1,n,\mathrm{low}}=\sum_{k=-\infty}^{\infty}f[k]g[n-k] \tag{4.8}$$

$$DWT_{1,n,\mathrm{high}}=\sum_{k=-\infty}^{\infty}f[k]h[n-k] \tag{4.9}$$

于是，得到与信号低频部分对应的小波变换系数 $DWT_{1,n,\mathrm{low}}$，称作近似部分，或称近似分量；得到与信号高频部分对应的小波变换系数 $DWT_{1,n,\mathrm{high}}$，称作细节部分，或称细节分量。经过低通滤波得到的近似部分只包含原信号频带中的低频那一半（高频那一半被滤掉，但实际上滤得并不干净，见下例），根据采样定理，在再次对低频的那一半进行类似的低通滤波和高通滤波之前，可将采样率减半。于是得到下一级的近似部分和细节部分，

$$DWT_{2,n,\mathrm{low}}=\sum_{k=-\infty}^{\infty}f[k]g[2n-k] \tag{4.10}$$

$$DWT_{2,n,\mathrm{high}}=\sum_{k=-\infty}^{\infty}f[k]h[2n-k] \tag{4.11}$$

由于采样率减半，使得时间分辨力减半，但输出频带是上次的一半，故频率分辨力加倍。如此继续下去，便有如图 4.4 上半幅所示级联的小波变换，其中的向下箭头表示采样率减半，下半幅是相应的频率域图形表示。表 4.2 给出了小波变换三级滤波的频带和分解前后的采样率。

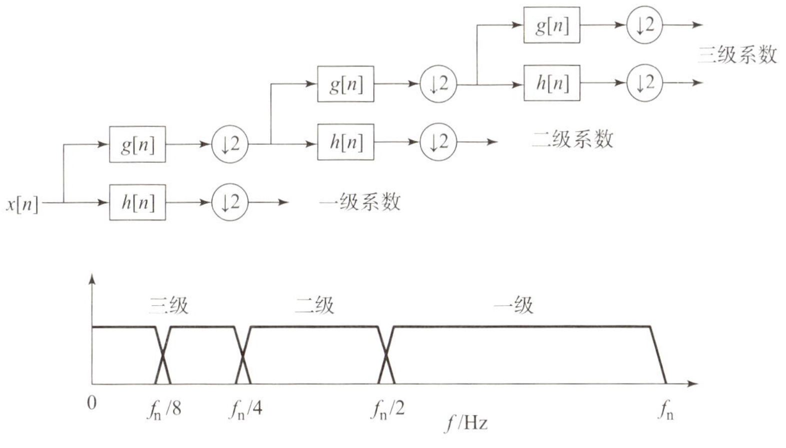

图 4.4 离散小波变换的三级滤波示意图（据 http://en.wikipedia.org/wiki/Discrete_wavelet_transform 附图，最近一次访问是在 2017 年 9 月 9 日），f_n 代表奈奎斯特频率

表 4.2 小波变换三级滤波的频带和分解前后的采样率

级别	频带	分解前采样率	分解后采样率
三级	$0\sim f_n/8$（近似部分）	$f_s/4$	$f_s/8$
	$f_n/8\sim f_n/4$（细节部分）		
二级	$0\sim f_n/4$（近似部分）	$f_s/2$	$f_s/4$
	$f_n/4\sim f_n/2$（细节部分）		
一级	$0\sim f_n/2$（近似部分）	f_s	$f_s/2$
	$f_n/2\sim f_n$（细节部分）		

说明：f_n 是奈奎斯特频率，它等于采样率 f_s 的一半，即 $f_n=f_s/2$。

因此，进行离散小波变换首先是要根据给定的小波函数，建立相应的低通和高通滤波器。然后利用所得到的滤波器进行逐级的小波变换。

下面的示例以 4.1 节使用的同样时间信号为例（图 4.1），说明离散小波变换和连续小波变换的实现，并讨论二者的对应关系。

4.2.2 小波变换的 Matlab 实现

在 Matlab 中有小波工具箱（Wavelet Toolbox），可用于小波分析。这里仅使用几个基本的小波分析函数，包括离散小波变换函数 dwt 和连续小波变换函数 cwt。

Matlab 程序 M04_02_wavelet_cwtdwt.m 给出对一个试验信号进行离散小波变换和连续小波变换的示例，画出图 4.5～图 4.15。

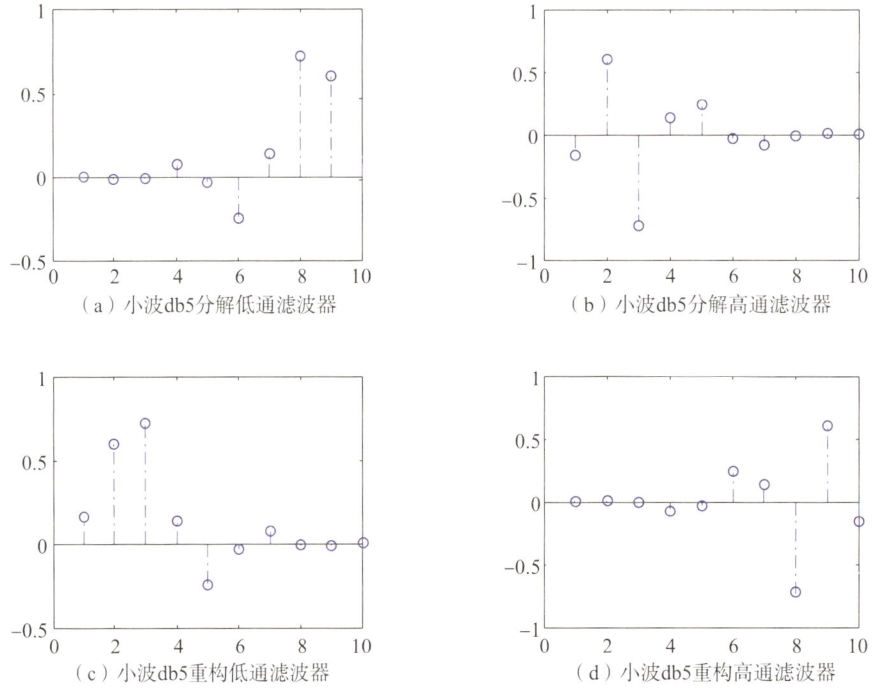

图 4.5 离散小波变换示例一（横坐标是滤波器系数点序号）

4.2.2.1　离散小波变换示例

试验中使用的原始信号及其频谱见 4.1 节中的图 4.1。设定原始信号采样率为 80sps，信号长度为 1000 点，即 1000/80 =12.5s。信号中包含 5 段，频率依次为 1Hz、2Hz、5Hz、10Hz 和 20Hz。图 4.5 是用[Lo_D,Hi_D,Lo_R,Hi_R]= wfilters(wname)函数生成的分解滤波器(低通的 Lo_D 和高通的 Hi_D)和重构滤波器(低通的 Lo_R 和高通的 Hi_R)，这是 FIR 滤波器（见 2.5 节）。本例中的小波是 db5，即 wname =‘db5’。

图 4.6 为分解用的低通滤波器的振幅响应和相位响应，图 4.7 为分解用的高通滤波器的振幅响应和相位响应。两个滤波器的归一化拐角频率（相对于平坦频段降低 3dB 的频点）都是 20Hz（即采样率 80sps 的 1/4）。

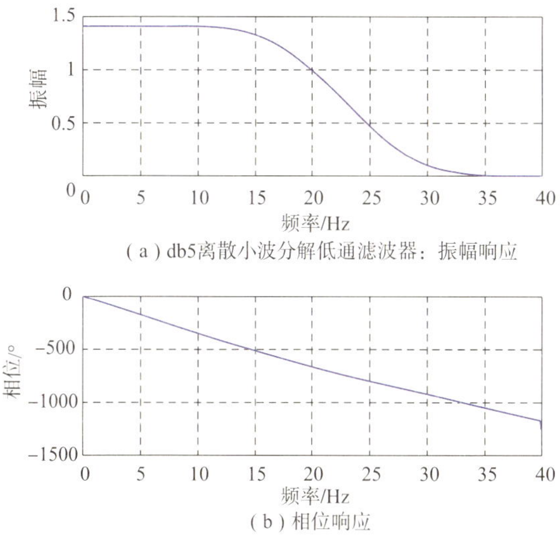

(a) db5离散小波分解低通滤波器：振幅响应
(b) 相位响应

图 4.6　离散小波变换示例二

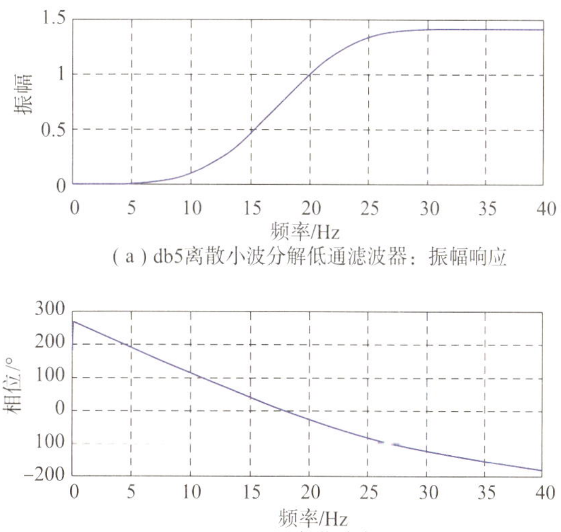

(a) db5离散小波分解低通滤波器：振幅响应
(b) 相位响应

图 4.7　离散小波变换示例三

在 Matlab 中利用图 4.5(a)和图 4.5(b)中所示两个分解滤波器对信号 *s*(图 4.8(a))进行小波分解[ca1,cd1]= dwt(*s*,Lo_D,Hi_D)，得到分解后的近似分量 ca1 和细节分量 cd1（图 4.8 中的(b)和(c)）。如果只关心变换结果而不关心具体采用的滤波器，可直接使用[ca1,cd1]= dwt(s，'db5')得到分解后的近似分量 ca1 和细节分量 cd1(图 4.8 中的(d)和(e))。两种作法的结果是一样的。图 4.8 中显示的波形对应于采样率 80sps。

对分解后的近似分量 ca1 进一步分解，得到 ca2 和 cd2，见图 4.9。注意此时 ca1 的采样率已经减半，由 80sps 减为 40sps。于是两个滤波器的真正拐角频率也减半。在 ca2 中已经看不到 20Hz 的那一段信号了。对分解后的近似分量 ca2 进一步分解，得到 ca3 和 cd3，见图 4.10。注意此时 ca2 的采样率再次减半，采样率变为 20sps。于是奈奎斯特频率为 10Hz。对分解后的近似分量 ca3 进一步分解，得到 ca4 和 cd4，见图 4.11。注意此时 ca3 的采样率再次减半，变为 10sps。对分解后的近似分量 ca4 进一步分解，得到 ca5 和 cd5，见图 4.12。注意此时 ca4 的采样率再次减半，变为 5sps，这时的采样率已经很低了，以致即使是 2Hz 和 1Hz 的部分，波形也有很大失真。

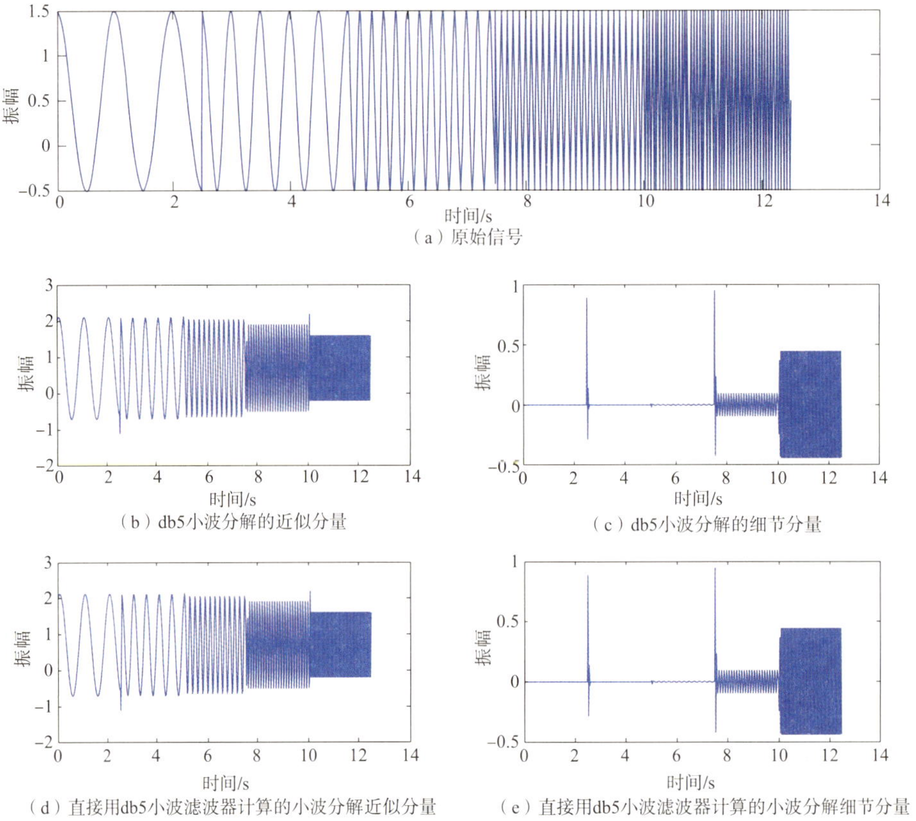

（a）原始信号

（b）db5小波分解的近似分量

（c）db5小波分解的细节分量

（d）直接用db5小波滤波器计算的小波分解近似分量

（e）直接用db5小波滤波器计算的小波分解细节分量

图 4.8 Matlab 中进行小波分解的两种方式

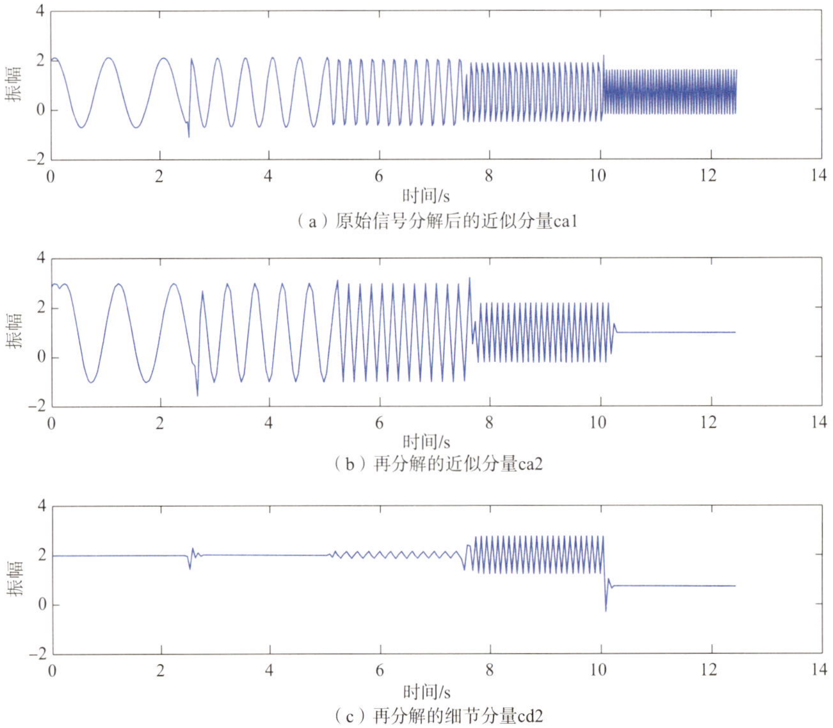

（a）原始信号分解后的近似分量ca1

（b）再分解的近似分量ca2

（c）再分解的细节分量cd2

图 4.9 原始信号分解结果

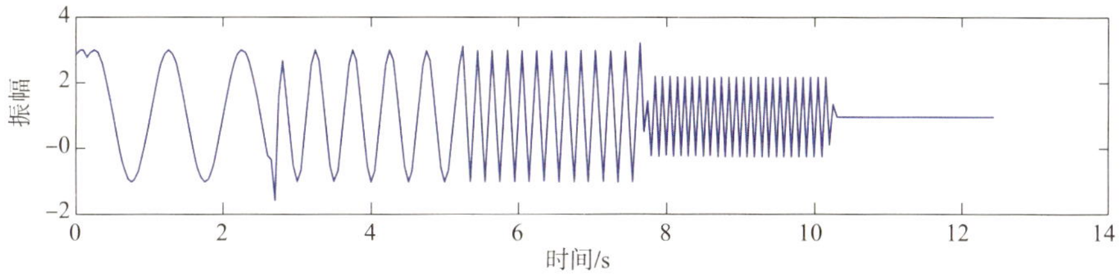

（a）cd1分解后的近似分量ca2

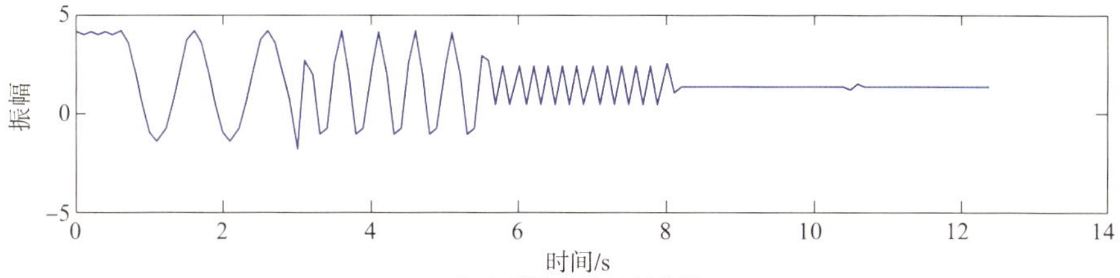

（b）再分解的近似分量ca3

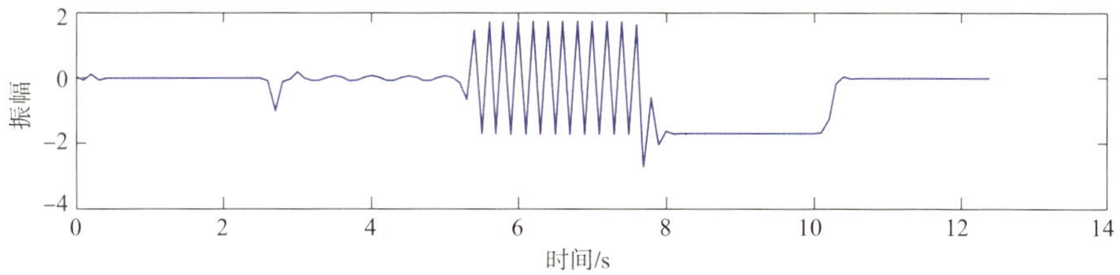

（c）再分解的细节分量cd3

图 4.10　cd1 分解结果

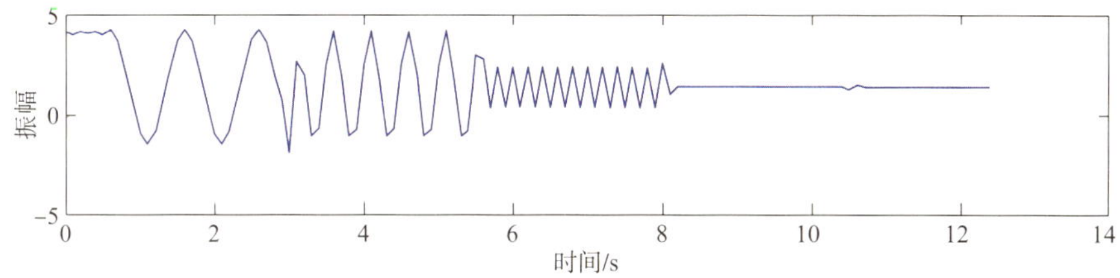

（a）cd2分解后的近似分量ca3

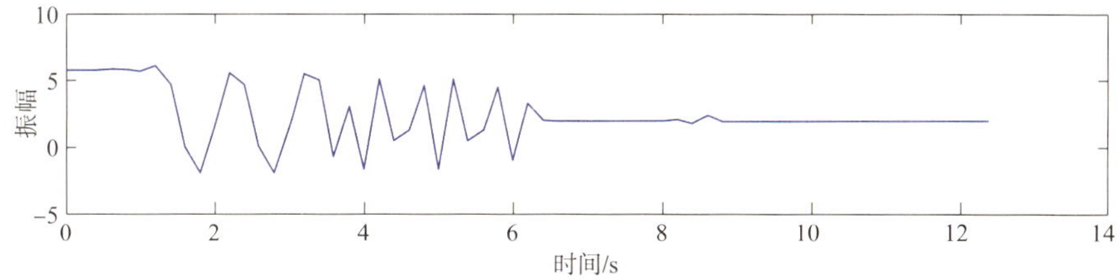

（b）再分解的近似分量ca4

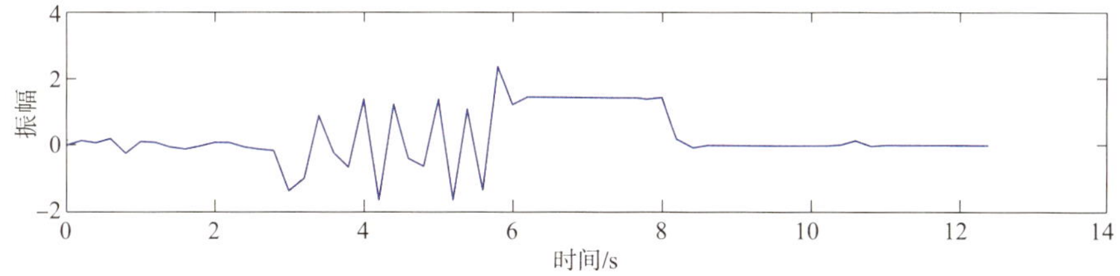

（c）再分解的细节分量cd4

图 4.11　cd2 分解结果

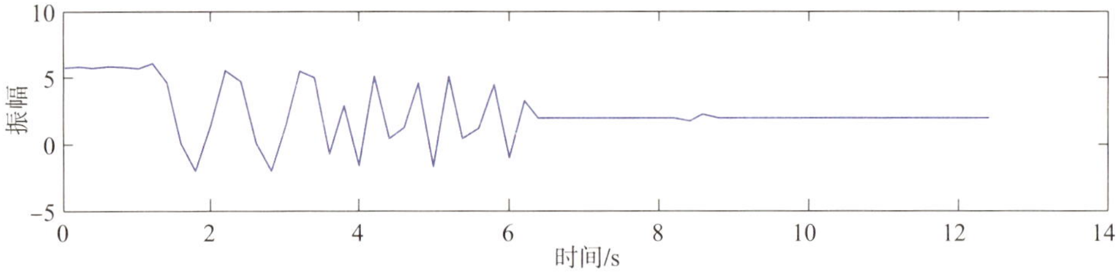

（a）cd3分解后的近似分量ca4

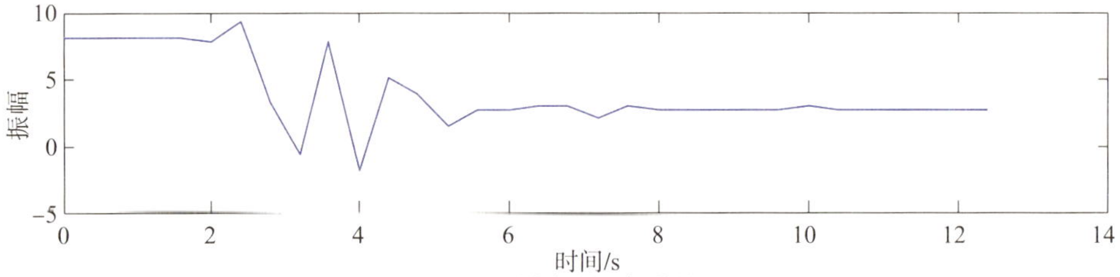

（b）再分解的近似分量ca5

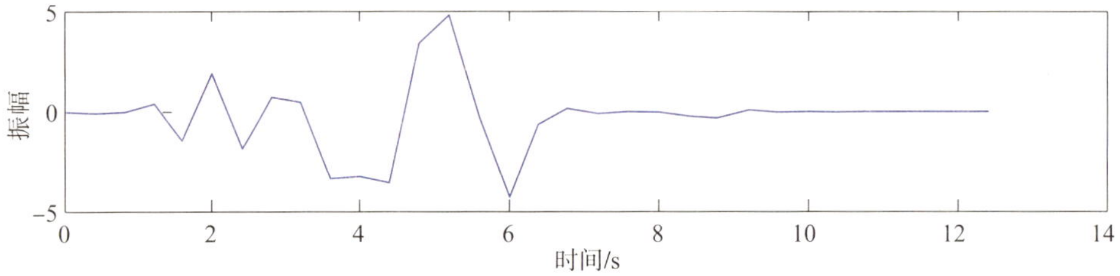

（c）再分解的细节分量cd5

图 4.12　cd3 分解结果

4.2.2.2　连续小波变换示例

连续小波变换相当于通过一系列带通滤波器。图 4.13 显示尺度因子为 2 的 n 次方，$n=1,2,3,4,5$ 的连续小波变换产生的波形。利用灰度图绘出连续小波变换的结果，见图 4.14。

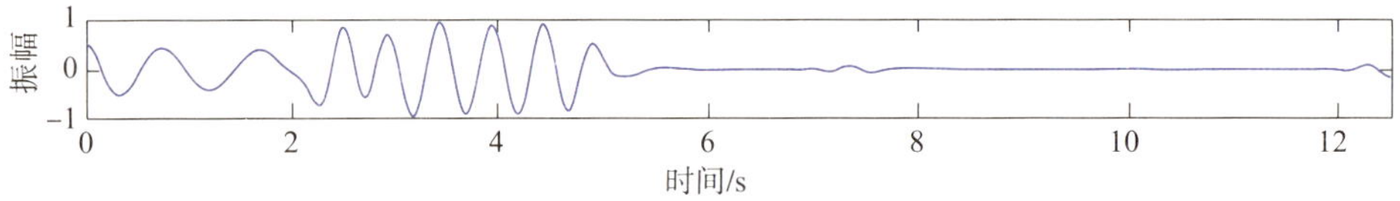

（a）连续小波变换，尺度因子=32

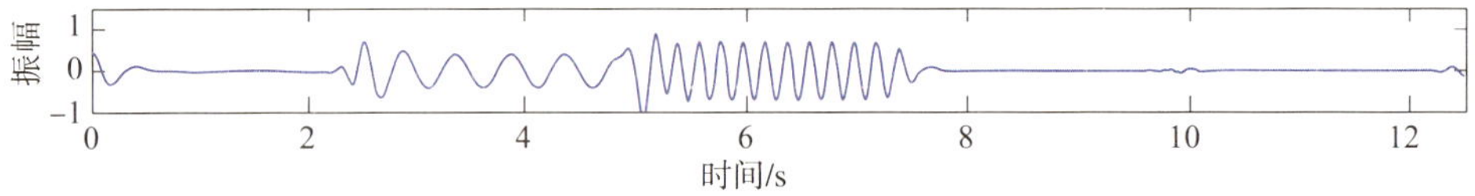

（b）连续小波变换，尺度因子=16

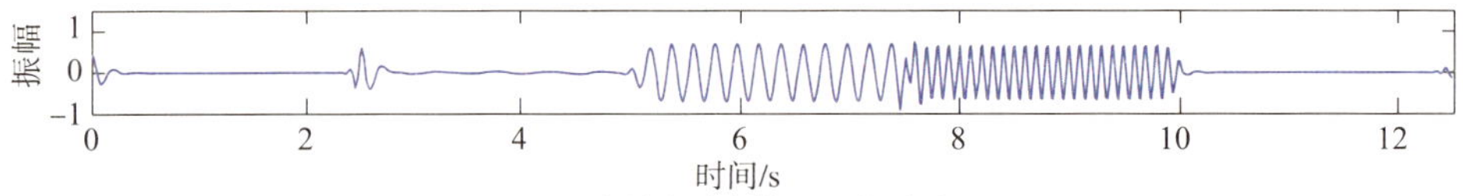

（c）连续小波变换，尺度因子=8

图 4.13　不同尺度因子的连续小波变换

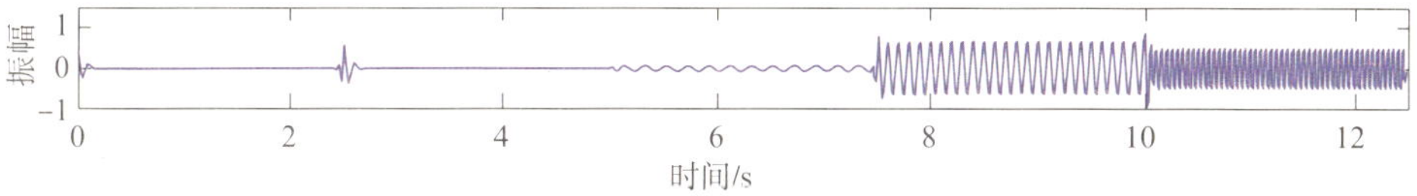

（d）连续小波变换，尺度因子=4

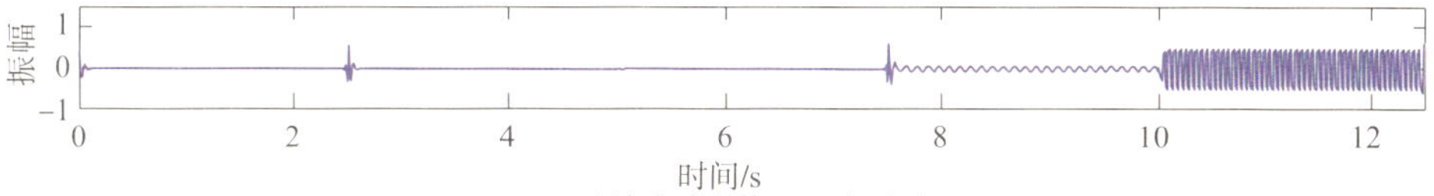

（e）连续小波变换，尺度因子=2

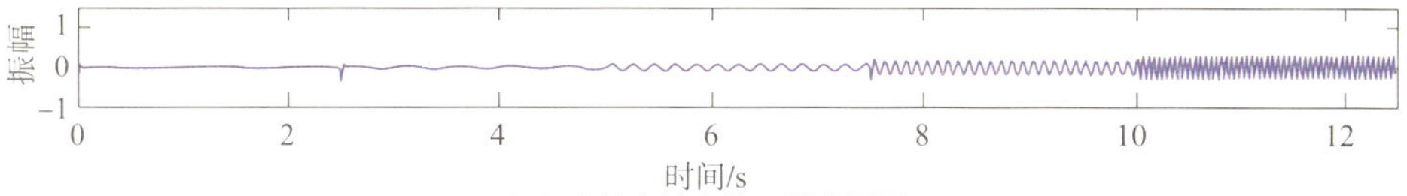

（f）连续小波变换，尺度因子=1

图 4.13（续图）

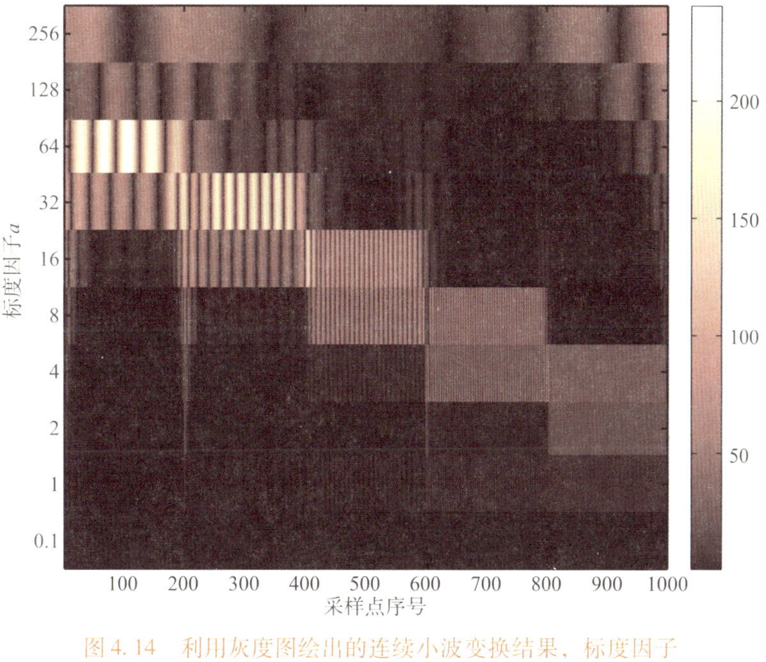

图 4.14　利用灰度图绘出的连续小波变换结果，标度因子 $a=0.1, 1, 2, \cdots, 256$ 的小波变换系数绝对值

4.2.2.3　离散小波变换与连续小波变换的比较

图 4.15 中对连续小波变换和二进离散小波变换进行了比较。为了便于比较，将图 4.13 的波形曲线按相应离散小波变换的采样率进行了重采样，其结果极为相似，但由于对连续小波变换结果重采样时简单地抽取，造成波形有小的差异（见 2.3 节重采样）。离散小波变换中的 n 级对应于连续小波变换中的尺度因子 2 的 n 次方。例如 1 到 5 级对应于尺度因子 2,4,8,16,32。

比较图 4.15 中的左右两组图，可以看出连续小波变换（左图）与离散小波变换（右图）的对应关系。在进行离散小波变换时，逐级采样率降低一半，于是本级的奈奎斯特频率也相应地降低一半，这导致原始波形中频率大于本级奈奎斯特频率的信号消失，而连续小波变换（图 4.14）中没有降低采样率，所以高频段只受滤波影响。

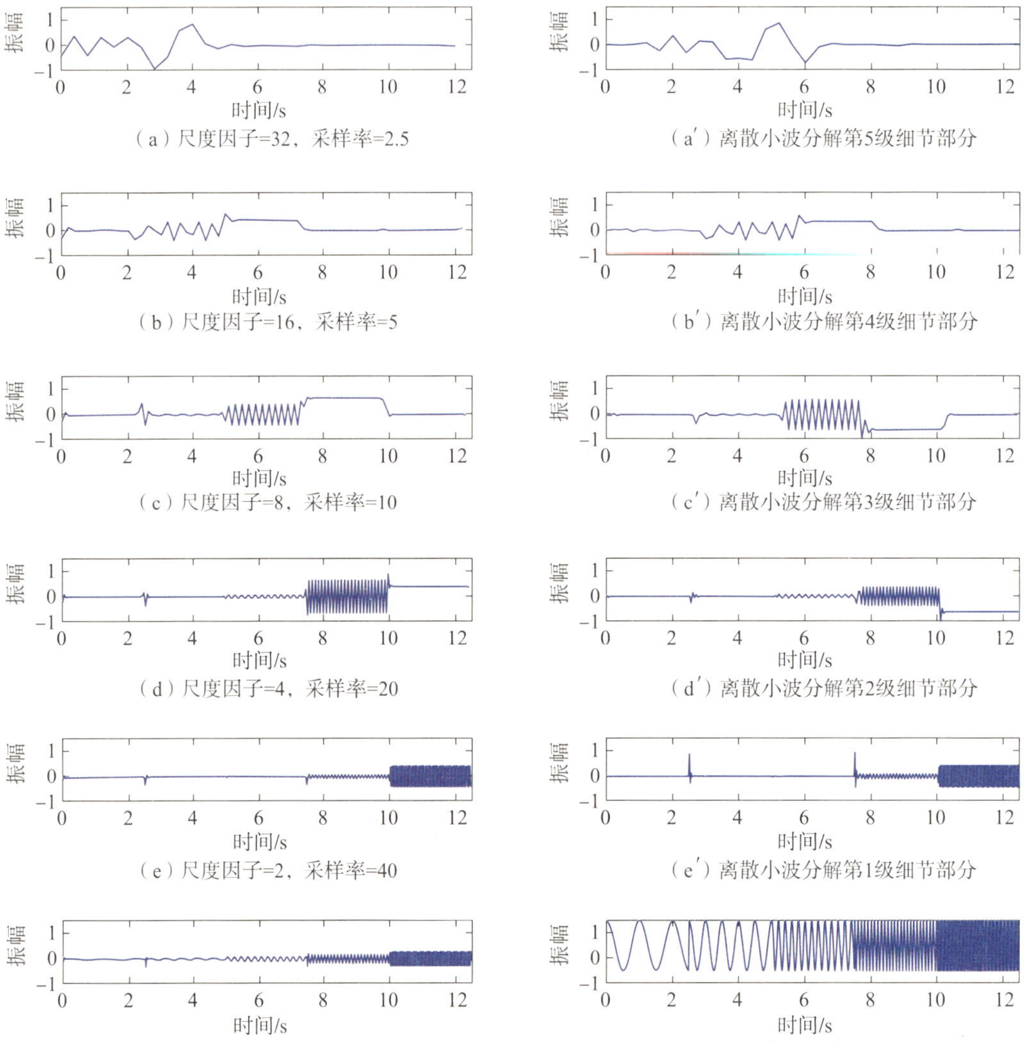

（a）尺度因子=32，采样率=2.5
（a′）离散小波分解第5级细节部分
（b）尺度因子=16，采样率=5
（b′）离散小波分解第4级细节部分
（c）尺度因子=8，采样率=10
（c′）离散小波分解第3级细节部分
（d）尺度因子=4，采样率=20
（d′）离散小波分解第2级细节部分
（e）尺度因子=2，采样率=40
（e′）离散小波分解第1级细节部分
（f）尺度因子=1，采样率=80
（f′）原始信号

图 4.15　连续小波变换结果（左图）和离散小波分解结果（右图）

4.2.3　小波包变换

从上小节可看到，在进行小波分解时，得到的高频部分（细节部分）和低频部分（近似部分）各占一半宽的频带，当再次分解时，则只对低频部分进行分解，而高频部分则认为已经得到了“细节”，故不再进一步分解。然而，在一些应用中，还需要对高频部分也进行分解，分解成两个部分，于是形成如图 4.16 所示的树状分解过程，这就是小波包分解。所谓小波包，可理解为一族小波，在小波分析中使用的小波函数只是其中的一组。关于小波包变换的一般原理，可参见郑治真等（2001）。这里只给出一个Matlab 实现的示例，使用程序 M04_02_wavelet_wpt.m。

Matlab 函数 X = wpcoef(T,N)返回对应于小波包树 T 的节点 N 的小波包系数。当取T = 3 和 N = 7 时，给出图 4.16 中所示小波包中的全部 15 组小波分解系数，其中的(1,1)、(2,1)和(3,1)见图 4.17，恰为离散小波分解中的第 1、第 2 和第 3 级分解的细节部分，与图 4.15 的左图相比是完全对应的。

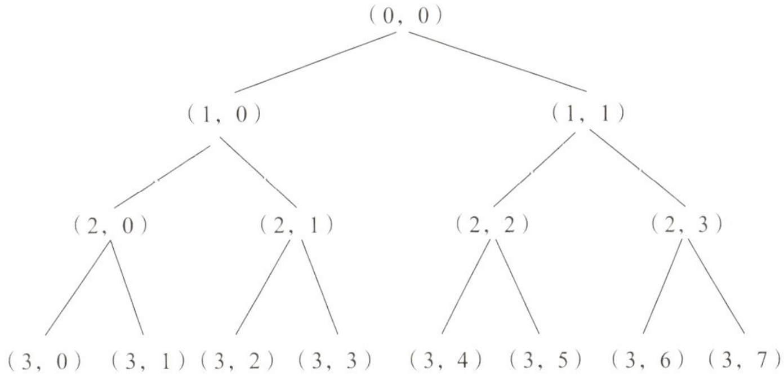

图 4.16 小波包分解的树状分解过程

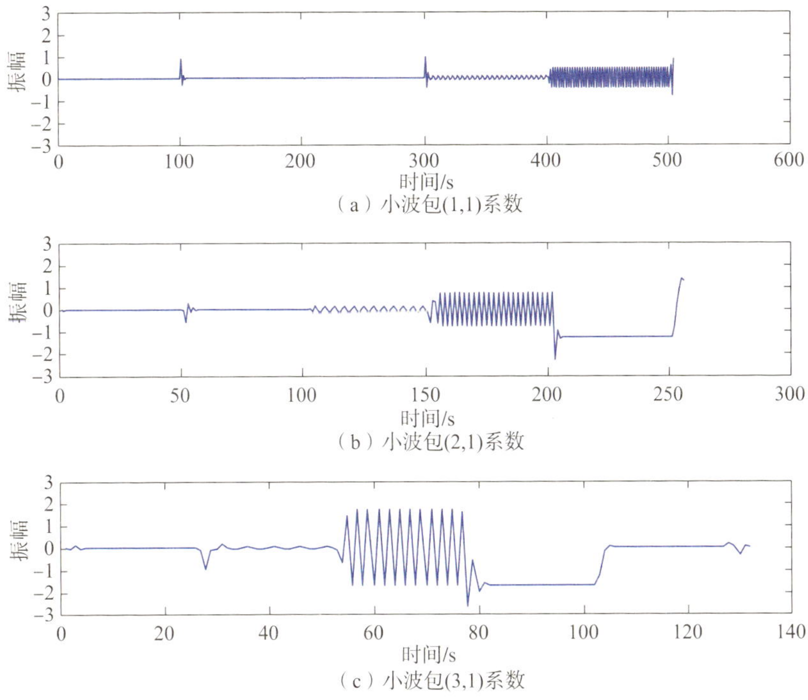

图 4.17 三组小波包分解系数

4.2.4 小波变换的应用

小波变换在地震信号分析中得到广泛的应用，郑治真等（2001）做了较全面的总结。其后，在地震判别方面又有许多应用，例如，刘希强等（2003，2005）、杨选辉等（2005）以及和雪松等（2006），在此不一一介绍。关于地震判别，在本书第 14 章中将进一步讨论。

在本节开头讲到“小波”的一般含义，与傅里叶变换相比，地震记录上的震相更适合作为瞬变的小波来分析。在震相分析中的一个应用是利用小波分析从地震记录中提取 W 震相（Lockwood and Kanamori，2006），以用于估计矩心矩张量 WCMT（第 10 章）。小波变换还用于地震尾波分析，以估计台站的场地效应（第 5 章）。

4.3 地震信号的互相关分析

在信号处理中，互相关函数是两个波形相似性的一种度量，作为一个信号对另一个信号的时间延迟（time-lag）的函数。它通常用于在一个持续时间很长的信号中寻找一个持续时间短的已知特征的信号。

4.3.1 互相关函数的数学表示

若 $x(t)$ 和 $y(t)$ 为两个连续函数，则它们的互相关函数定义为，

$$R_{xy}(t)=\int_{-\infty}^{\infty}x^{*}(\tau)y(t+\tau)\mathrm{d}\tau \tag{4.12}$$

式中，x^{*} 是 x 的复共轭，即若 $x=a+\mathrm{i}b$，则 $x^{*}=a-\mathrm{i}b$，式中 a 和 b 为实数，i 是 -1 的平方根。

类似地，对于离散函数，互相关函数定义为，

$$R_{xy}[m]=\lim_{N\to\infty}\sum_{n=0}^{N-1}x^{*}[n]y[m+n] \tag{4.13}$$

这里的 t 或 m 是一个信号相对于另一个信号的延迟（lag），即互相关函数是延迟的函数。互相关实质上是对每个给定的延迟 t 或 m，计算两个函数的卷积。

信号与其本身进行互相关，则得到该信号的自相关函数。因此，如果信号不是零信号的话，一定是在延迟为零时的自相关函数达到峰值。

若两个波形完全相同但其中一个相对于另一个有延迟 t_a，则互相关函数必在 $t=t_a$ 时达到峰值。

在实际估计互相关函数时，两个时间信号序列都是有限长度的，设长度为 N，此时的计算公式可写成，

$$R_{xy}[m]=\sum_{n=0}^{N-1-|m|}x^{*}[n]y[m+n] \tag{4.14}$$

式中，延迟 m 的取值为 $-(N-1),-(N-1)+1,\cdots,-1,0,1,\cdots,N-1$，故可得到的 $R_{xy}[m]$ 序列长度为 $2N-1$。

当一个短时间序列在一个长时间序列上“滑动”，以在长时间序列上找出与短时间序列相似的一段时，其互相关函数的表达式可改写为对于每个整数 p，计算 0 延迟互相关函数，

$$R_{xy}[0]=\sum_{n=0}^{N-1}x^{*}[n]y[p+n] \tag{4.15}$$

式中，时间序列 $x[n]$ 为短时间序列，长度为 N，而 $y[n]$ 为长时间序列，长度为 M，且 $M>N$，整数 p 的取值是 $0,1,\cdots,M-N$，每次计算的互相关函数则是对应于延迟 $m=0$。

式（4.14）是没有归一化的互相关函数。如果用得到的互相关函数序列中的最大值除以互相关函数序列中的每一个值，得到的序列即为归一化的互相关函数序列，从而保证它的最大值为 1。

需要说明的是，在定义互相关函数时并不需要对信号是确定性信号还是随机信号做出假定。例如，当对地震事件波形进行互相关分析时，认为地震记录波形是确定性信号；但在对地动背景噪声进行互相关分析时，则认为地动噪声是平稳随机过程。对于平稳随机过程的相关分析可以给出地动噪声的特性，例如通过计算互相关函数来估计地动噪声的功率谱密度（见第 5 章）。

如果计算互相关函数的两个时间信号是“各态遍历的广义平稳随机信号”，则互相关函数有“有偏估计”和“无偏估计”之分。有偏估计的计算公式为，

$$\hat{R}_{xy}[m]=\frac{1}{N}\sum_{n=0}^{N-1-|m|}x^{*}[n]y[m+n] \tag{4.16}$$

无偏估计的计算公式为，

$$\hat{R}_{xy}[m]=\frac{1}{N-|m|}\sum_{n=0}^{N-1-|m|}x^{*}[n]y[m+n] \tag{4.17}$$

如果记 m_x 和 m_y 为序列 $x[n]$ 和 $y[n]$ 的均值，分别定义为，

$$m_x=\frac{1}{N}\sum_{n=0}^{N-1}x[n] \tag{4.18}$$

$$m_y=\frac{1}{N}\sum_{n=0}^{N-1}y[n]$$

则随机序列 $x[n]$ 和 $y[n]$ 的协方差 $C_{xy}[m]$ 定义为，

$$C_{xy}[m]=\sum_{n=0}^{N-1-|m|}(x^{*}[n]-m_x)(y[m+n]-m_y) \tag{4.19}$$

尽管协方差的概念是针对随机序列引入的，但对于确定性信号也可以计算其协方差，例如在三分量地震记录波形分析中就会用到。

如果时间序列 $y[n]$ 和 $x[n]$ 为同一序列，则可计算自相关函数及其变体：不归一化的、归一化的、有偏估计的以及无偏估计的自相关函数。

4.3.2　求互相关函数的 Matlab 实现

Matlab 信号处理工具箱（Signal Processing Toolbox）中有函数 xcorr 用于计算两信号之间的互相关函数。设 x 和 y 序列长度为 $N(>1)$，c=xcorr(x,y) 返回长度为 $2N-1$ 的互相关序列。如果 x 和 y 的长度不等，则短者补零，使其与长者长度相同。计算出的互相关函数未归一化，见式（4.14）。c=xcorr(x) 返回 x 的自相关序列。c=xcorr(x,y,'option') 返回 x 和 y 的互相关序列，其中的‘option’选项有：‘biased’，计算有偏估计，见式（4.16）；‘unbiased’，计算无偏估计，见式（4.17）；‘coeff’，计算归一化互相关函数。c=xcorr(x,'option') 返回 x 的自相关序列，选项含义与 c=xcorr(x,y,'option') 中的 option 相同。当选‘coeff’时，延迟为零的自相关值为 1。c=xcorr(x,y,maxlags) 返回 x 和 y 的互相关序列，maxlags 给出计算互相关序列的延迟范围[-maxlags:maxlags]，返回的互相关序列长度为 2 * maxlags + 1。c=xcorr(x,maxlags)；返回 x 的自相关序列，maxlags 的作用同上。c = xcorr(x,y,maxlags,'option') 和 c = xcorr(x,maxlags,'option') 的参数含义同上。还有[c,lags] = xcorr(…)，参

数含义同上，返回的 lags 是 c 序列各值对应的序列标号。

Matlab 函数 xcov 计算互协方差函数，等于去掉均值的互相关函数，见式（4.19）。xcov 与 xcorr 的用法相同。

4.3.3 计算互相关函数的应用示例

应用互相关函数，可以从低信噪比的记录中找出所期望的信号并确定信号位置。

为便于说明问题，假定已知被埋在噪声中的信号的确切形状。设信号为一个衰减的正弦波：

$$x(t)=a\sin(2\pi ft)\cdot e^{-\frac{t}{\tau}}$$

令 $f=5\text{Hz}$，衰减因子 $\tau=0.2$，信号振幅 $a=20.0$，短信号长度为 100 点，采样率 = 100sps，将信号埋入随机噪声中，随机信号为 $y_1=2\times \text{randn}(N,1)$，$N$ 是噪声总长度，y_1 均值 =-0.1363，y_1 标准偏差=2.0037（接近 2）。应用 Matlab 程序 M04_02_correlation_test.m 计算互相关结果，其最大值及所在位置见图 4.18。用希尔伯特变换得到的包络线则在该极值点达到极大。关于希尔伯特变换，见 4.5 节。

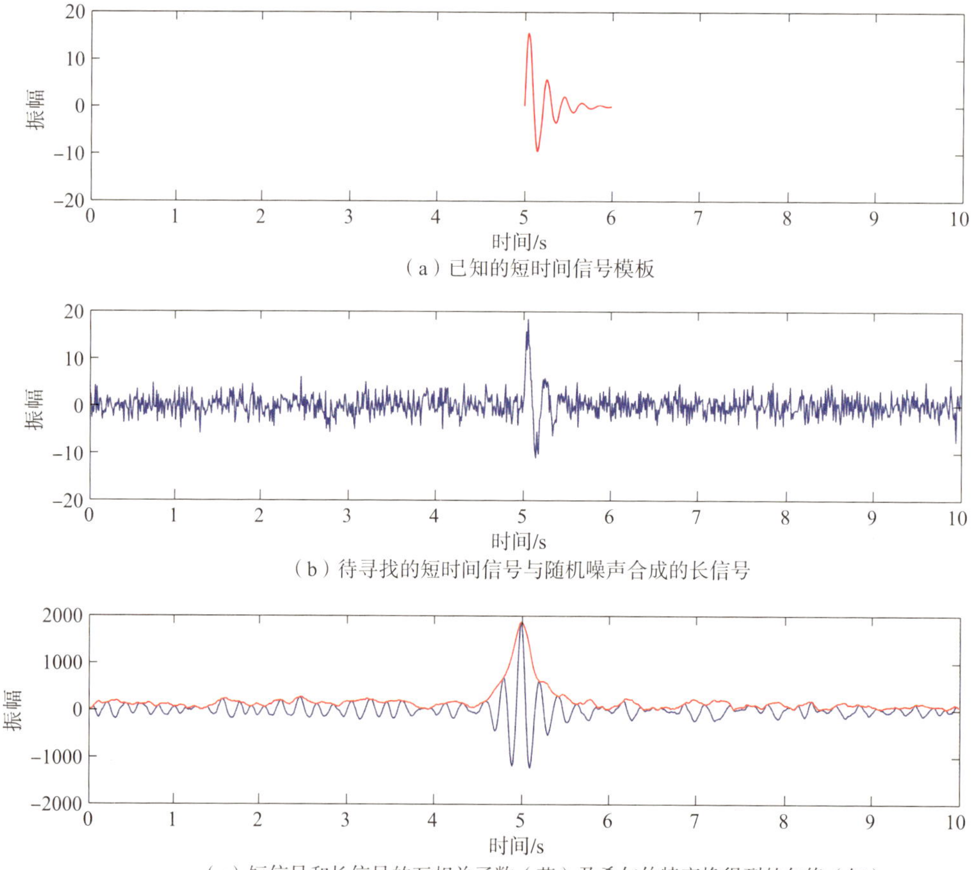

（a）已知的短时间信号模板

（b）待寻找的短时间信号与随机噪声合成的长信号

（c）短信号和长信号的互相关函数（蓝）及希尔伯特变换得到的包络（红）

图 4.18　互相关结果

在本例中，一个时间序列的长度小于另一个序列的长度。Matlab 函数 xcorr 允许两个序列长度不同。这时，短序列要在后面补零，使其达到长序列的长度，然后计算互相关。这里长

序列的长度为 N 点，则得到的互相关函数的长度为 $2N-1$，互相关函数的序号从 1 到 $2N-1$，对应于一个序列相对于另一序列的延迟为 $-N+1,\cdots,-1,0,+1,\cdots,N-1$。示例中 $N=1000$，故互相关序列长度为 $2N-1=1999$。延迟 0 对应于互相关函数中序号 N 点。

在图 4.19 所示示例中，随机噪声 $y_1=2\times \mathrm{randn}(N,1)$，$y_1$ 均值 $=0.0565$，y_1 标准偏差 $=7.6231$（接近 8），信号被完全埋没在噪声中，由于本例中要寻找的信号与滑动的信号波形模板完全相同，使得互相关函数的峰值明显大于其他值，寻找起来也并不困难。所以，利用互相关法寻找信号的关键是要有与待寻信号尽可能相似的波形模板。但在实际处理中，相近台站的波形记录并不完全相同，即使是初动部分，也只有很短的一段波形相似。区域地震台网两个台站记录的远震信号，在其初动部分较为相似，用互相关法得到的两台到时差要比单独读取初动到时再相减来得准确。因此，在用区域台网对远震定位的波阵面法中，可以用互相关方法确定各台站的初动到时差（第 6 章）。地震台阵各子台的远震记录波形初动部分更为相似，互相关法可得到更好的结果，可用来与台阵的聚束结果相比较（见本书第 13 章）。在多地震联合定位的双差算法中，使用同一地震的记录台站对的到时差，由于两台波形的相似性，利用互相关方法可提高求得的到时差读数的准确度（见第 8 章）。

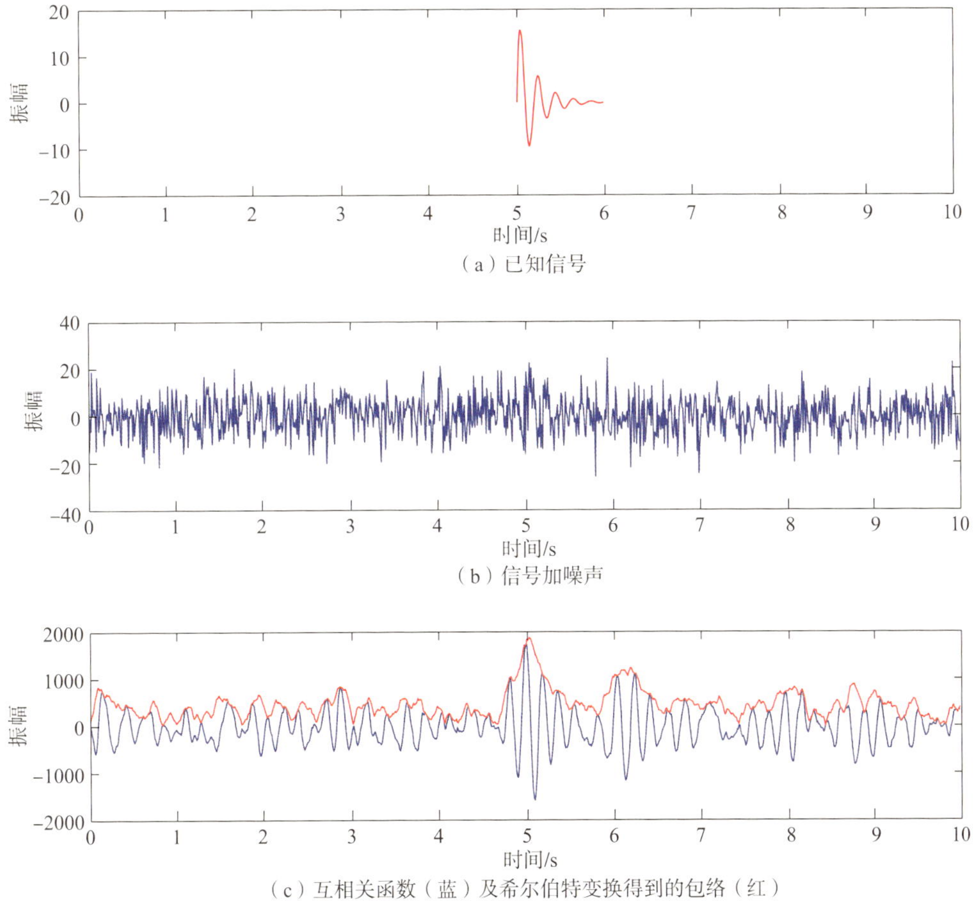

图 4.19　待寻找的信号完全埋没在噪声之中的情况，(a)(b)(c)三图的含义同图 4.18

4.4 地震信号的倒谱变换

Bogert 等（1963）在研究天然地震与人工爆炸的深度和能量释放方式时，观测到地震信号记录的功率谱对数当中存在由于回波信号引起的可加性周期分量，由此开创性地引进了倒谱分析（cepstrum alanysis）方法，并首创了 cepstrum 一词，其前 4 个字母正是 spectrum（频谱）一词前 4 个字母的反序，意在强调倒谱不是基于频率的表达，它实际上是在时间域的表达。在地震信号处理中，应用倒谱变换，给出了地震与核爆炸的判别判据以及小震级地震与非天然地震事件的判别判据（见本书第 14 章）。倒谱分析还能帮助识别 P 到时之后的 pP 震相，从而可以改善震源深度的测定能力（见本书第 7 章）。本节简要介绍倒谱的定义和用 Matlab 函数计算信号倒谱的方法。

4.4.1 倒谱的定义

倒谱有复倒谱和实倒谱之分。对实数序列 x 的傅里叶变换 $X(\mathrm{e}^{\mathrm{j}\omega})$ 取复自然对数，即取其傅里叶变换实部的对数作为实部，取其傅里叶变换虚部的对数作为虚部，再对得到的结果序列进行傅里叶逆变换，便得到复倒谱，

$$\hat{x}(n)=\frac{1}{2\pi}\int_{-\pi}^{\pi}\ln[X(\mathrm{e}^{\mathrm{j}\omega})]\mathrm{e}^{\mathrm{j}\omega n}\mathrm{d}\omega \tag{4.20}$$

实倒谱是对序列 x 的傅里叶变换 $X(\mathrm{e}^{\mathrm{j}\omega})$ 的幅值取自然对数，再对得到的结果序列进行傅里叶逆变换，

$$c_x(n)=\frac{1}{2\pi}\int_{-\pi}^{\pi}\ln|X(\mathrm{e}^{\mathrm{j}\omega})|\mathrm{e}^{\mathrm{j}\omega n}\mathrm{d}\omega \tag{4.21}$$

由于在计算实倒谱时没有用到傅里叶变换谱的相位信息，使得不能再利用逆变换恢复原始序列。但实倒谱的计算比复倒谱的计算简单得多，所以更为实用。实倒谱有时简称为“倒谱”。

倒谱的自变量具有时间的量纲，称为“倒频率”(quefrency)(陈运泰等，2000，第 45 页)。于是，可构成以“倒频率”为自变量的倒谱图。

4.4.2 倒谱变换的 Matlab 实现

Matlab 程序 M04_04_ceps_test.m 给出计算倒谱的不同示例。试验信号为 1Hz 的正弦信号，在第 301 ~ 700 点（信号的第 6s 至第 14s）内振幅增大为原来的 1.5 倍，如图 4.20 所示。图 4.21 显示信号的振幅谱和相位谱。

图 4.22 显示按复倒谱的定义计算出的复倒谱的实部(a)和虚部(b)。图中横坐标有时间的量纲，但已不是传统意义的时间，而是“倒频率”。注意到在第 6s 和第 14s 处的复倒谱实部的突变，清楚地显示了原始信号在这两个时刻振幅的变化，显示出倒谱对事件检测的意义。

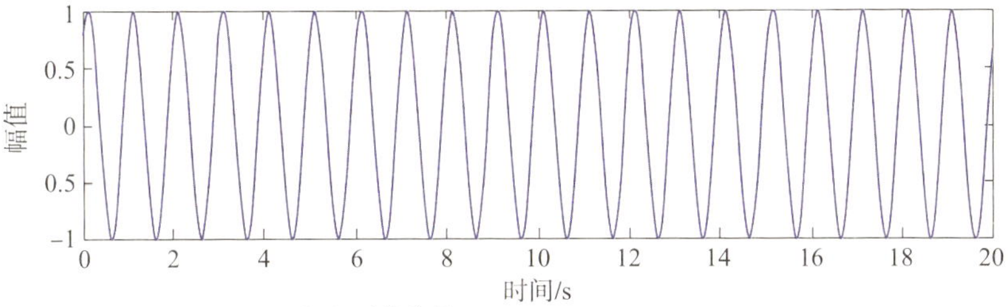

(a) 正弦信号 $x=\sin(2\pi n/F_s+\pi/4)$，F_s=50sps

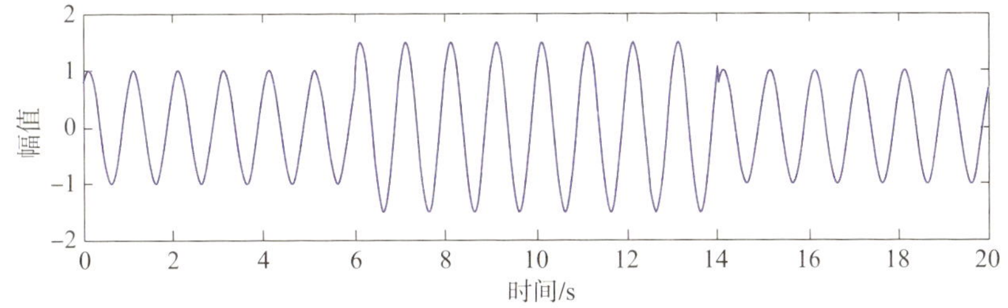

(b) 在第301～700点（信号的第6s至第14s）内振幅放大为1.5倍

图 4.20 倒谱的计算示例结果

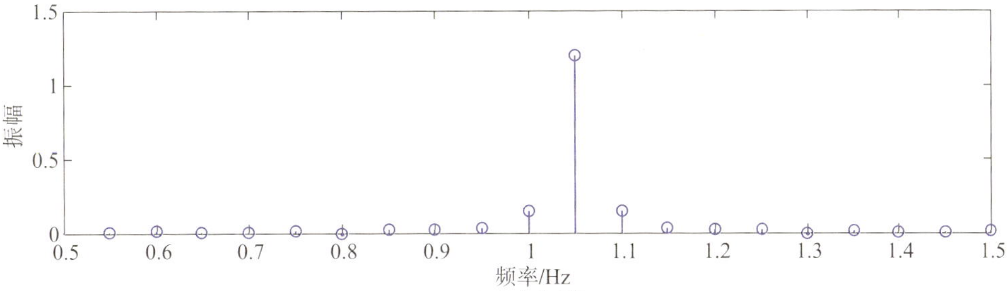

(a) 振幅谱

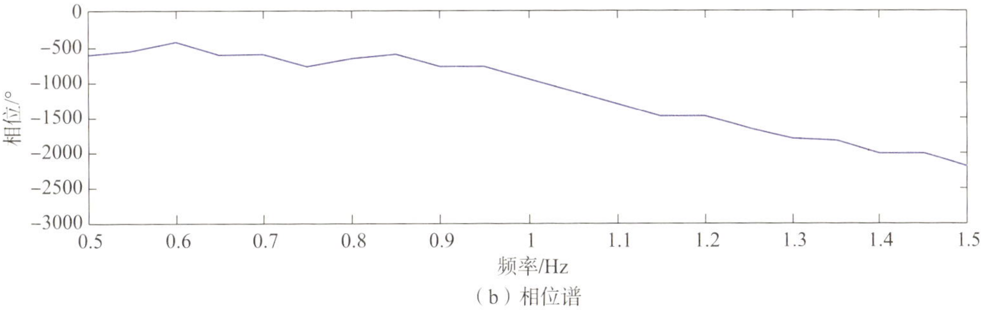

(b) 相位谱

图 4.21 信号的振幅谱和相位谱，可以看到对于给定波形段的 FFT 分析得到的是峰值在 1.05Hz 的振幅谱

图 4.23 是利用 Matlab 函数计算的复倒谱，其中，图(a)是用函数 cceps 计算的复倒谱的实部，图(b)是用函数 rceps 计算的实倒谱。值得注意的是，这两个结果中都没有显示出在第 6s 和第 14s 处原始信号的变化，而用原始定义得到的复倒谱实部显示出这种变化。

图 4.24 显示复倒谱的逆变换具有信号恢复能力，图(a)中的延迟时间点数是在求复倒

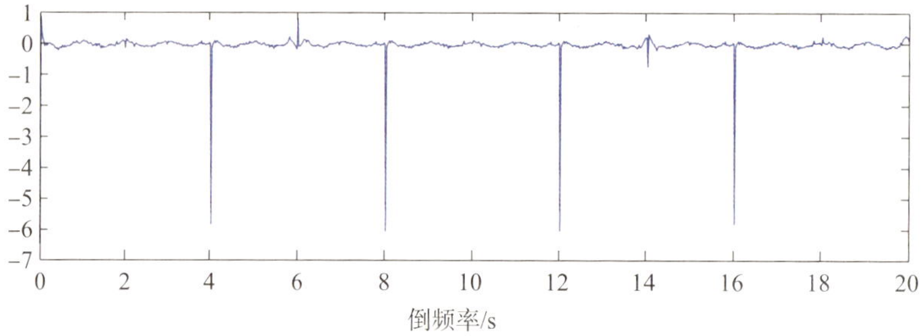

（a）FFT的自然对数的IFFT（倒谱）的实部

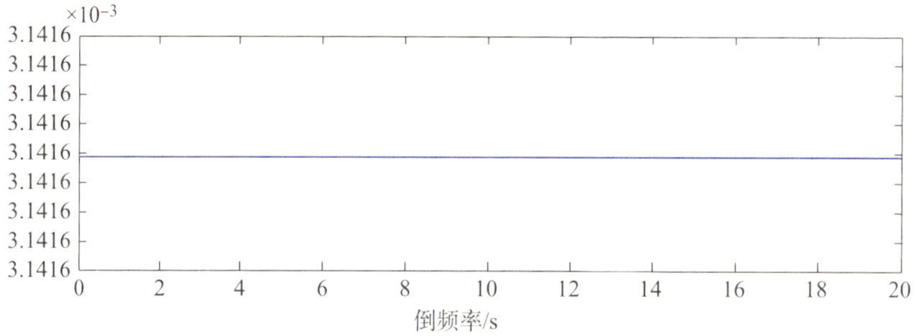

（b）FFT的自然对数的IFFT（倒谱）的虚部

图 4.22　试验信号的复倒谱

谱时得到的（使用[xhat,nd]=cceps(x)计算复倒谱和延迟点数 nd）。图 4.24 表明，当使用不合适的延迟点数时，得到的波形相对于原始波形有一个延迟。

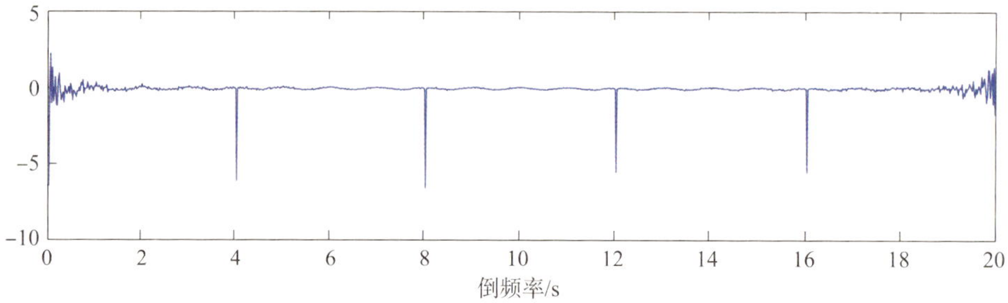

（a）用cceps函数得到的复倒谱的实部

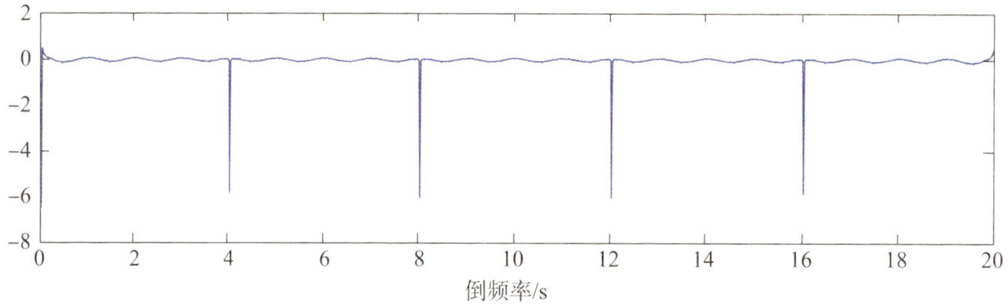

（b）用rceps函数得到的实倒谱

图 4.23　利用 Matlab 函数计算的倒谱

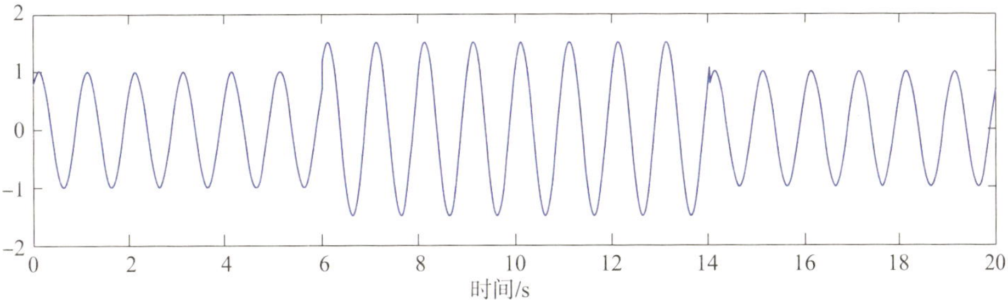

（a）用icceps恢复原始信号，使用求倒谱时得到的nd=−210

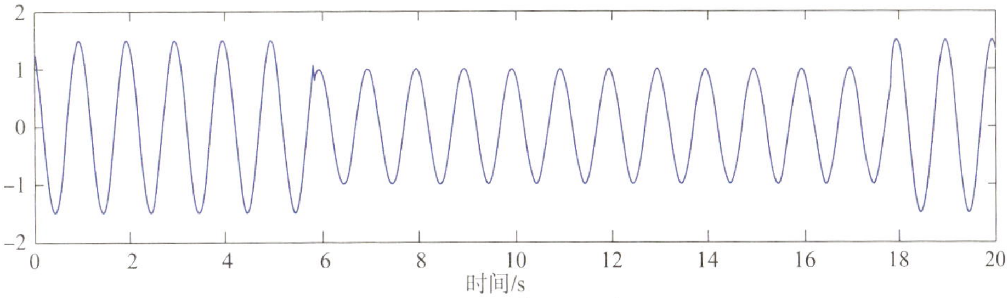

（b）用icceps恢复原始信号，指定nd=200

图 4.24　用 icceps 恢复原始信号示例（x=icceps（xhat，nd））

4.4.3　关于倒谱计算的讨论

这些计算示例表明：

（1）可根据倒谱定义，利用 Matlab 中的计算 FFT 和 IFFT 以及取自然对数的函数计算出复倒谱，也可直接使用 Matlab 函数 cceps 计算出复倒谱（图 4.23）。但二者在细节上小有差别。实际上，在 Matlab 中，如果用函数[xhat，nd，xhat1]=cceps(x)求复倒谱，那么返回的 xhat 为 y=cceps(x)返回的复倒谱，而返回的 xhat1 为采用另一种算法得到的复倒谱，二者也是略有差异。

（2）复倒谱的实部和实倒谱的图形表明它们大体上相同，但细节上也小有差别。

（3）通过对复倒谱进行逆变换 icceps，可以恢复原始序列，但如果用实倒谱，用 icceps 得到的逆变换与原始序列相差较大，表明实倒谱丢失了原始信号中的信息。

（4）倒谱不是在频率域的序列，也不是在时间域的序列，或可称之为“倒谱域”。若把倒谱的自变量看成是时间，也能与原始信号在时间域的某些变化特征（如上例中在400 点处的振幅变化）相对应。但从计算结果看，这种时间上的对应并不敏感。还是应该从倒谱的总体特征来分析信号的特征。

（5）对原始信号采用矩形窗或余弦镶边矩形窗，对倒谱没有明显的影响。

（6）在用 cceps 求复倒谱时，可以返回一个整数 nd，是在求倒谱之前给原始序列加上的一个延迟（用数据点数表示），其目的是使其频谱在 $-\pi$ 和 $+\pi$ 处具有零相位特性。在倒谱逆变换时，如果给定一个 nd，与求倒谱时的 nd 不同，可看到由此造成的信号“循环”延迟。

4.5 地震信号的希尔伯特变换

在地震数据处理中，希尔伯特变换（参见 Kanasewich，1981，第 21 章）有广泛的应用，本节作简要介绍。

4.5.1 希尔伯特变换的基本公式

函数 $f(t)$ 在时间域的希尔伯特变换（Hilbert Transform）$\hat{f}(t)$ 定义为希尔伯特变换算子 $1/(\pi t)$ 与函数 $f(t)$ 的卷积，即对于所有 t，当积分存在时，有 $\hat{f}(t)$，

$$\hat{f}(t)=\frac{1}{\pi}P\int_{-\infty}^{\infty}\frac{f(\tau)}{t-\tau}\mathrm{d}\tau \tag{4.22}$$

由于该积分在 $\tau=t$ 处有极点，该积分为反常积分，在积分式前面的 P 表示取该反常积分的柯西主值，即把积分区间分成两段，从两侧逼近 $\tau=t$ 点，只要这两段积分存在，两段积分相加即为整个积分的柯西主值，从而使该积分可以求值。

希尔伯特反变换，

$$f(t)=-\frac{1}{\pi}P\int_{-\infty}^{\infty}\frac{\hat{f}(\tau)}{t-\tau}\mathrm{d}\tau \tag{4.23}$$

对希尔伯特变换的另一种定义方式是引入“解析函数”的概念。已知实函数 $f(t)$ 的傅里叶变换为 $F(\omega)$，则解析函数 $z(t)$ 定义为，

$$z(t)=f(t)+\mathrm{i}g(t) \tag{4.24}$$

式中，$\mathrm{i}=\sqrt{-1}$，条件是 $z(t)$ 的傅里叶变换 $Z(\omega)$ 与 $F(\omega)$ 有如下关系，

$$Z(\omega)=F(\omega)+\mathrm{sgn}(\omega)F(\omega) \tag{4.25}$$

其中，

$$\mathrm{sgn}(\omega)=\begin{cases}1, & 当\ \omega>0\\ 0, & 当\ \omega=0\\ -1, & 当\ \omega<0\end{cases} \tag{4.26}$$

就是说，对于全部正频率，$Z(\omega)=2F(\omega)$，而对于全部负频率，$Z(\omega)=0$。在这样的条件下，可以证明，实函数 $g(t)$ 就是实函数 $f(t)$ 的希尔伯特变换。

因此，要计算 $f(t)$ 的希尔伯特变换，当然可以从时间域的定义式（式（4.22））出发进行数值积分，但要在数值积分的积分间隔和计算量之间进行权衡。对于离散序列，则采用离散傅里叶变换，由 $f(t)$ 的傅里叶变换构建函数 $f(t)$ 的解析函数 $z(t)$ 的傅里叶变换 $Z(\omega)$，再对 $Z(\omega)$ 求傅里叶逆变换 $z(t)$，这就是复的解析函数，它的实部是原始的 $f(t)$，而它的虚部就是 $f(t)$ 的希尔伯特变换。该虚部是原始实序列中的各频率成分都经过 90°相移后的结果。所以，正弦时间序列被变换成余弦时间序列，反之亦然。希尔伯特变换序列与原始的实函数有相同的振幅和频率成分，并包括相位信息，该相位信息依赖于原始数据的相位。

希尔伯特变换用于计算时间序列的瞬时属性，特别是振幅和频率。瞬时振幅是复希尔伯

特变换的振幅，它是时间的函数；瞬时频率是复希尔伯特变换的相位（式（4.27）中的 $\phi(t)$）随时间的变化速率，反映了信号相位变化的快慢。瞬时频率定义为，

$$tf(t)=\frac{1}{2\pi}\cdot\frac{d}{dt}[\phi(t)] \tag{4.27}$$

根据这一定义，在 Matlab 中是这样计算的：tf(i)=(u(i+1)-u(i))×Fs/(2π)，式中，tf(i)是第 i 个采样点处的瞬时频率，u(i)是复希尔伯特变换在第 i 个采样点的相位，Fs 是采样率。

对于纯正弦信号，瞬时振幅和瞬时频率都是常数。然而，瞬时相位是锯齿形，反映了一个周期上局部相角的线性变化。对于多个不同频率的正弦信号的混合，其瞬时振幅和瞬时频率是在不超过 2~3 个数据点上的短时平均。

4.5.2 希尔伯特变换的 Matlab 实现

调用 Matlab 信号处理工具箱中的函数 hilbert(xr)进行希尔伯特变换：x = hilbert(xr) 或 x = hilbert(xr,n)，其中，x = hilbert(xr) 从实数据序列(xr)返回一个复的解析信号序列 x，x = xr + i × xi，其实部 xr 是原始数据，虚部 xi 包含希尔伯特变换。x = hilbert(xr,n) 使用 n 点 FFT 计算希尔伯特变换，如果输入数据长度小于 n 则输入数据被补 0 至长度 n；如果输入数据长度大于 n 则被截断至长度 n。Matlab 程序 M04_05_hilbert_test.m 给出希尔伯特变换示例，结果见图 4.25 ~ 图 4.30。

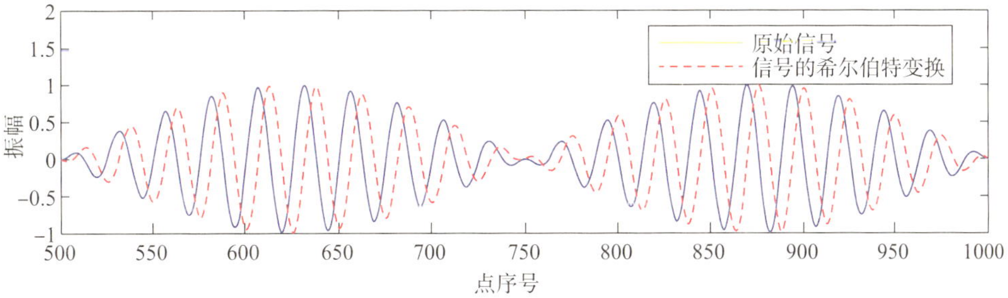

（a）信号（蓝线）及其希尔伯特变换（红虚线）

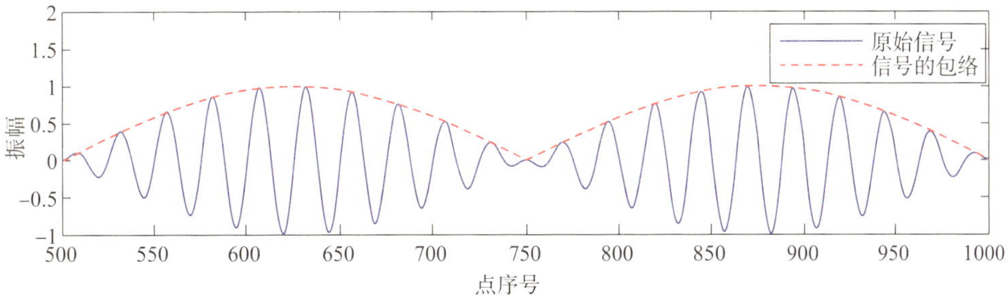

（b）信号（蓝线）以及由其解析函数振幅给出的信号包络（红虚线）

图 4.25 用快速傅里叶变换（FFT）和逆变换（IFFT）计算的希尔伯特变换示例一

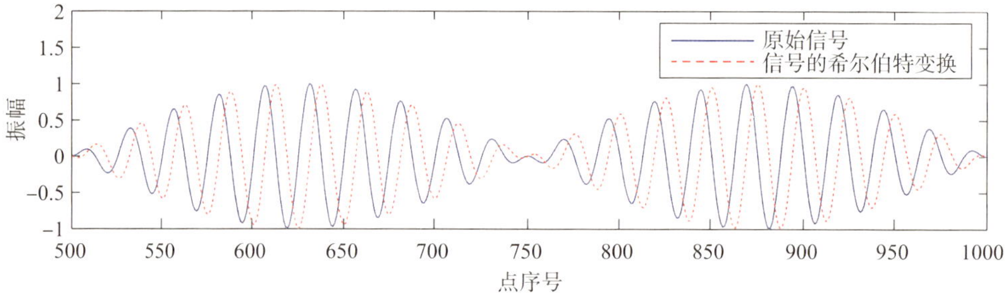

（a）信号（蓝线）及其希尔伯特变换（红虚线）

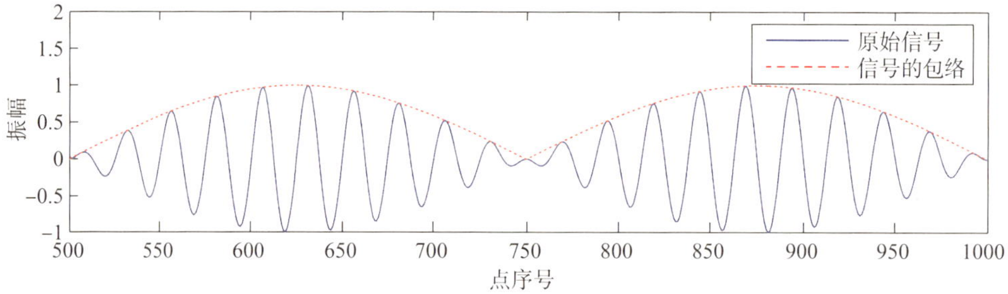

（b）信号（蓝线）以及由其解析函数振幅给出的信号包络（红虚线）

图 4.26　对图 4.25（a）蓝线给出的信号，用 Matlab 函数 y = hilbert（x）计算的希尔伯特变换示例

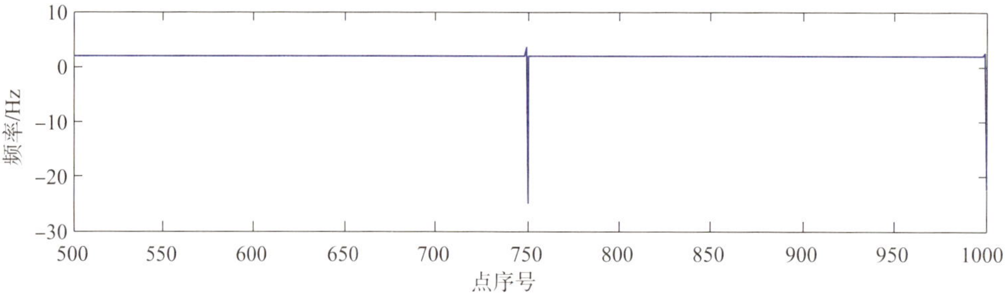

（a）信号的瞬时频率

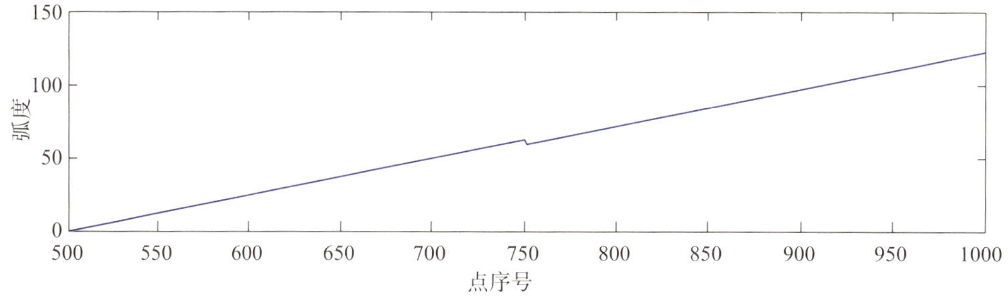

（b）信号的瞬时相位

图 4.27　对图 4.25（a）蓝线给出的信号，由希尔伯特变换得到的信号瞬时频率（a）和瞬时相位（b）

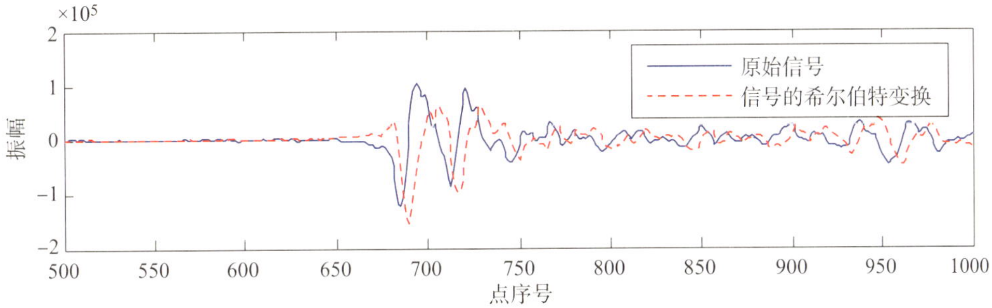

（a）信号（蓝线）及其希尔伯特变换（红虚线）

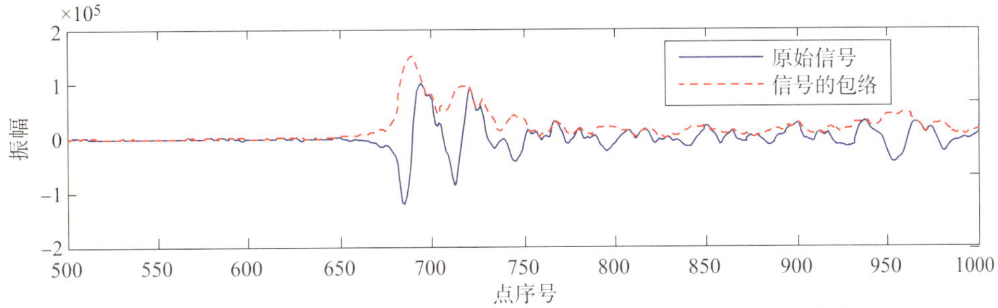

（b）信号（蓝线）以及由其解析函数振幅给出的信号包络（红虚线）

图 4.28　用快速傅里叶变换（FFT）和逆变换（IFFT）计算的希尔伯特变换示例二

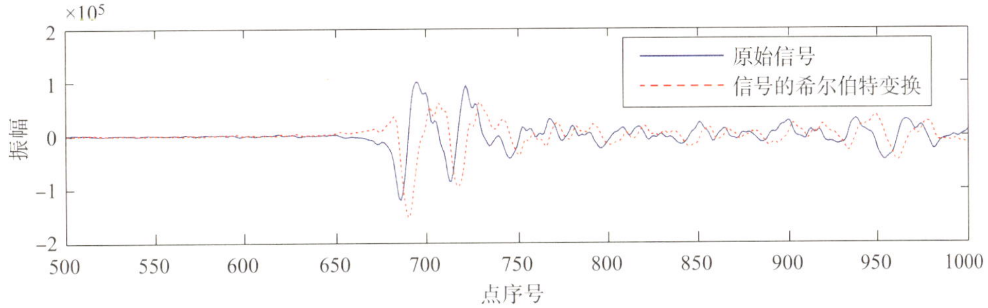

（a）信号（蓝线）及其希尔伯特变换（红虚线）

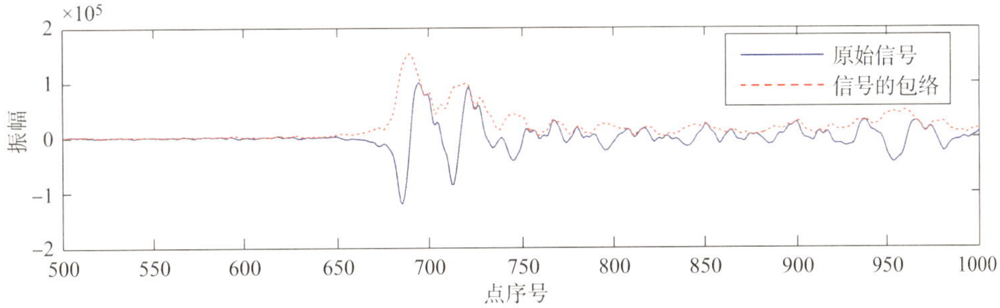

（b）信号（蓝线）以及由其解析函数振幅给出的信号包络（红虚线）

图 4.29　对图 4.28（a）蓝线给出的信号，用 Matlab 函数 y = hilbert（x）计算的希尔伯特变换示例

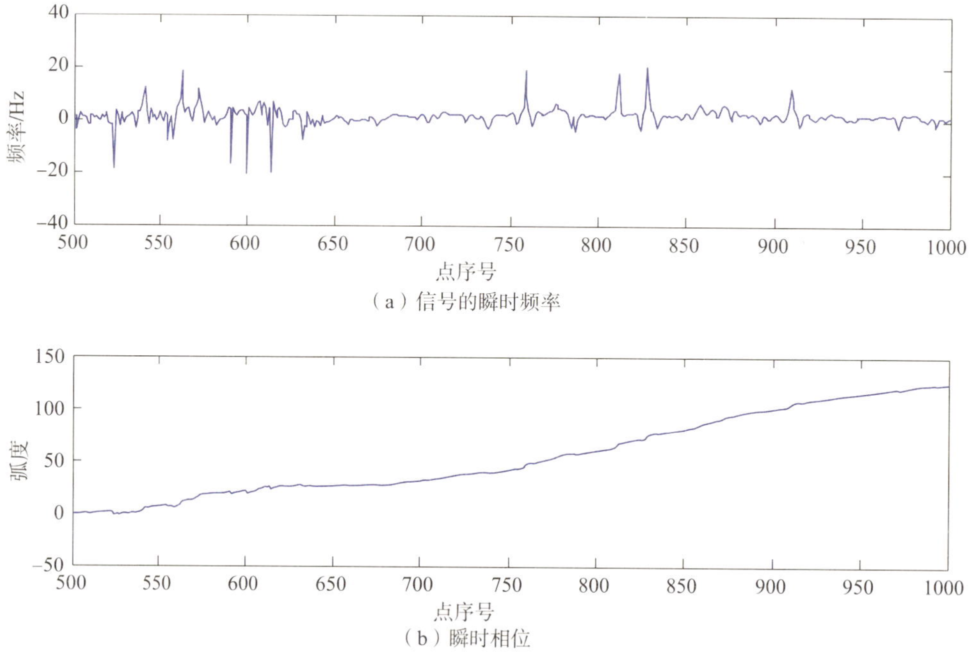

图 4.30　对图 4.28(a)蓝线给出的信号，由希尔伯特变换得到的信号瞬时频率和瞬时相位

从示例中可知，时间信号的希尔伯特变换是原始信号 90°相移后的信号。对原始信号与希尔伯特变换后的信号求平方和，然后开方，得到复希尔伯特变换的振幅，也就是原始信号的解析函数的振幅，从而构成原始信号的包络。

4.5.3　希尔伯特变换的应用示例

图 4.19 在说明求互相关函数的应用的同时，也说明了希尔伯特变换的一个应用。为了精确测定同一震相在两个相近台站的到时差，一种作法是计算这两个到达波的互相关函数，以互相关函数的最大值所在位置对应的延迟作为到时差。由于地震信号的波动性，得到的互相关函数也是波动的。利用希尔伯特变换可求出互相关函数的包络线，而包络的峰值对应的延时就是该震相到达这两个台站的到时差。该峰值位置可能与互相关函数最大值的位置小有差别。

4.6　三分量地震波形分析

所谓三分量地震波形是指在同一个地震计墩上放置的 3 个正交地震传感器输出的 3 道地震波形。即使这 3 个传感器的敏感方向可能不是北—南、东—西、上—下，但 3 个传感器的最终输出通常都是在北—南、东—西和上—下这 3 个基本方向上的分量。

本节列举了不同作者从三分量地震波形中导出的多个参数，给出了它们的定义，以一个实际地震记录计算了这些参数随时间的变化，并对其特征进行初步讨论。要有效利用这些参数，例如用于震相识别，还需要做进一步深入研究。

4.6.1　三分量记录的坐标旋转

4.6.1.1　基本公式

由 3 个正交的传感器记录的三分量数据，在经过仪器响应校正后，可以通过变换 Ro 从一个坐标系 $\boldsymbol{U}$ 旋转到另一个坐标系 $\boldsymbol{W}$：

$$\boldsymbol{W} = \mathrm{Ro}\boldsymbol{U} \tag{4.28}$$

式中，Ro 是旋转矩阵，$\boldsymbol{W}$ 和 $\boldsymbol{U}$ 为每个时间采样的数据矢量。通常记录三分量地震数据的系统由垂直分量 Z(正向为上)和两个水平分量 E(正向为东,对应右旋坐标系的 X 轴)和 N(正向为北，对应右旋坐标系的 Y 轴)构成。如果 ϕ 为从接收器到震源的大圆弧与正北方向的夹角（反方位角(backazimuth)，也简称方位角）则如下操作，

$$\begin{bmatrix} Z \\ R \\ T \end{bmatrix} = \begin{bmatrix} 1 & 0 & 0 \\ 0 & \cos\phi & \sin\phi \\ 0 & -\sin\phi & \cos\phi \end{bmatrix} \begin{bmatrix} Z \\ N \\ E \end{bmatrix} \tag{4.29}$$

将数据水平旋转，从原来的坐标系(Z,N,E)转到新的坐标系(Z,R,T)，其中垂直分量 Z 不变，R 是径向分量(radial component)，T 是横向分量(transverse component)。在这一变换中，坐标系(Z,R,T)中的 R 和 T 两分量都在水平面内，R 的正向是从接收器指向震源的大圆弧方向，T 的方向与 R 的方向垂直，其正向是从径向 R 顺时针旋转 90° 所指的方向。图 4.31(a)显示 N、E 轴绕 Z 轴顺时针旋转 ϕ 角，形成 R、T 轴，图中 Z 轴正方向是从纸面向外。

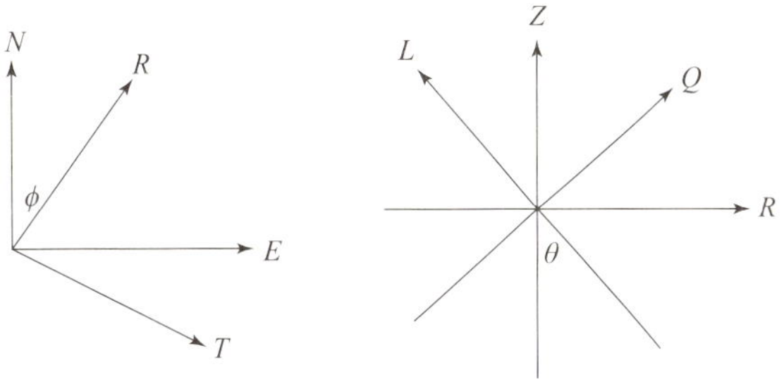

（a）顺时针旋转ϕ角　　（b）逆时针旋转θ角

图 4.31　三分量旋转的坐标轴关系，(a)N、E 轴绕 Z 轴顺时针旋转 ϕ 角，形成 R、T 轴，图中 Z 轴从纸面向外；(b)Z、R 轴绕 T 轴逆时针旋转 θ 角，形成 L、Q 轴，图中 T 轴从纸面向外

进一步，若 θ 为入射角(incidence angle)，使坐标系(Z,R,T)绕 T 轴旋转 θ 角，得到新的坐标系(L,Q,T)(Z 轴绕 T 轴正方向逆时针转 θ 角，成为 L 轴；同时，R 轴与 Z 轴一起逆时针转 θ 角，成为 Q 轴)，构成“射线坐标系”。沿这 3 个坐标轴的分量与(Z,R,T)分量的关系是，

$$\begin{bmatrix} L \\ Q \\ T \end{bmatrix} = \begin{bmatrix} \cos\theta & -\sin\theta & 0 \\ \sin\theta & \cos\theta & 0 \\ 0 & 0 & 1 \end{bmatrix} \begin{bmatrix} Z \\ R \\ T \end{bmatrix} \tag{4.30}$$

图 4.31(b)显示 Z、R 轴绕 T 轴逆时针旋转 θ 角，形成 L、Q 轴，图中 T 轴正方向是从纸面向外。注意 R 的正方向指向震源，而 L 的正方向是射线方向。

将上二式合并，得到由(Z,N,E)到(L,Q,T)的直接旋转，

$$\begin{bmatrix} L \\ Q \\ T \end{bmatrix} = \begin{bmatrix} \cos\theta & -\sin\theta\cos\phi & -\sin\theta\sin\phi \\ \sin\theta & \cos\theta\cos\phi & \cos\theta\sin\phi \\ 0 & -\sin\phi & \cos\phi \end{bmatrix} \begin{bmatrix} Z \\ N \\ E \end{bmatrix} \tag{4.31}$$

式中，L 分量是沿地震射线方向的分量，以射线方向为正方向；Q 方向在垂直于 T 轴的平面内，其正方向是 L 正方向顺时针旋转 90°所指方向。由于 P 波质点是沿射线方向振动，因此，P 波能量集中在 L 分量上，而 S 波是沿垂直于射线方向振动，并可分解为在穿过射线的竖直面上的 SV 波和垂直于该竖直面的 SH 波，因此，SV 能量集中在 Q 分量上，SH 能量集中在 T 分量上。当入射角 θ 很小时，射线近垂直入射，若将 L 分量分解成水平分量和垂直分量，则垂直分量占主要部分，因此 P 波垂直向发育，而 Q 分量的垂直分量很小，水平分量相对较大，因此，在小入射角的情况下，SV 波的垂直分量不发育，而水平分量发育。又 SH 波本来只有水平分量，结果，小入射角时，S 波垂直分量不发育，水平分量发育。

理论上，可由台站位置和震源位置计算反方位角 ϕ，而入射角 θ 不仅依赖台站和震源的位置，还依赖于台站下方的地震波速度结构。在第 6 章中对水平分层地壳结构给出具体计算公式。

4.6.1.2 Matlab 实现

以广东地震台网一台站记录的一次地方震作为示例，利用 Jopens/msdp（广东省智源工程抗震科技公司，2008）处理软件截取 60s 波形数据，如图 4.32 所示。利用随波形数据提供的参数文件所提供的信息，对记录波形数据进行地震仪器校正（关于地震仪器校正参见第 3 章），得到如图 4.33 所示三分量地动速度波形。Matlab 程序 M_04_06_3comp_test.m 调用程序 M04_06_rota_2.m 和 M04_06_rota_t.m，根据式（4.29）、式（4.30）对地动速度波形进行旋转，得到图 4.34，其中(a)和(b)是水平分量旋转后的 R、T 分量；(c)和(d)是三分量旋转后得到的 L、Q 分量。其中，旋转使用的射线方位角 223°是根据台站和震中位置计算得到的［用赵仲和、牟磊育（2005）的方法，用两个水平分量自动得到的射线方位角是 221.4°］，旋转使用的入射角 84°是根据台站的震中距和震源深度计算出来的。

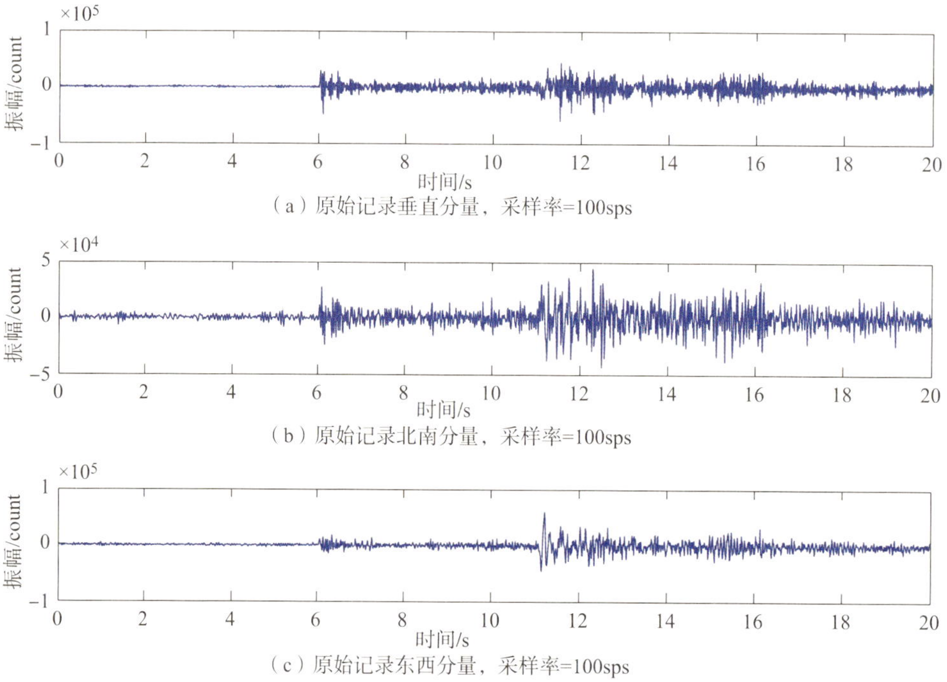

（a）原始记录垂直分量，采样率=100sps

（b）原始记录北南分量，采样率=100sps

（c）原始记录东西分量，采样率=100sps

图 4.32 三分量分析示例波形（原始记录）

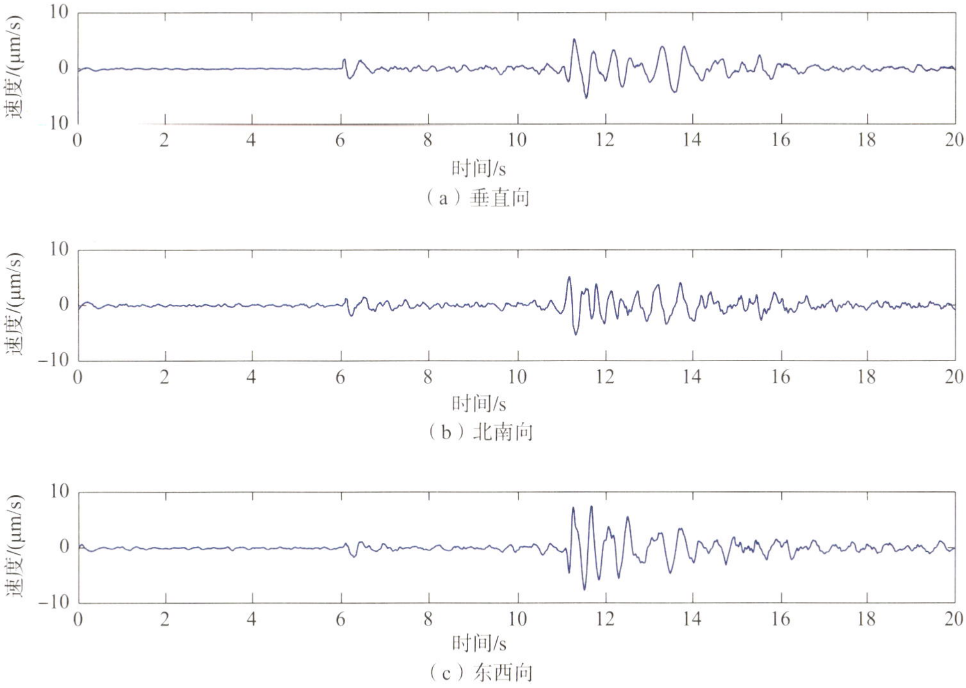

（a）垂直向

（b）北南向

（c）东西向

图 4.33　经仪器校正和带通滤波(1 ~ 3Hz)后的三分量示例地动速度波形

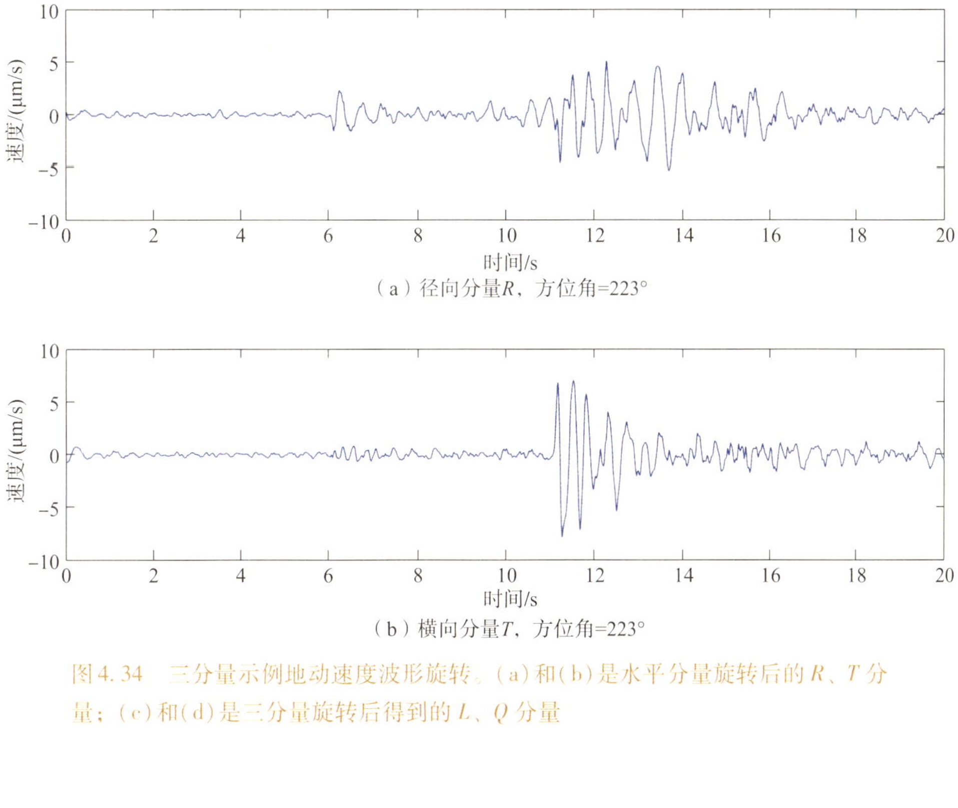

（a）径向分量R、方位角=223°

（b）横向分量T、方位角=223°

图 4.34　三分量示例地动速度波形旋转。(a)和(b)是水平分量旋转后的R、T分量；(c)和(d)是三分量旋转后得到的L、Q分量

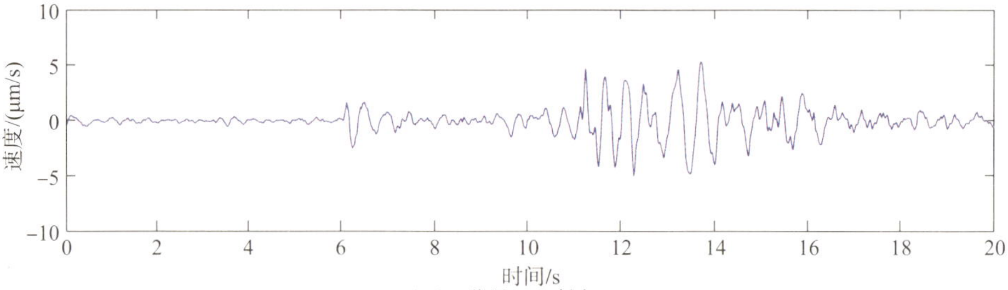

（c）L分量，入射角=84°

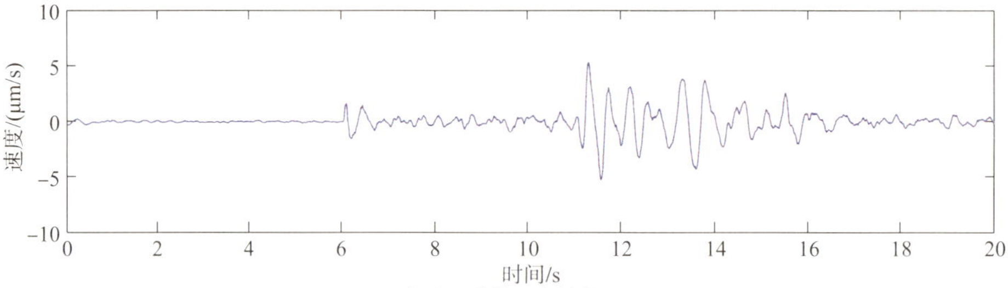

（d）Q分量，入射角=84°

图 4.34（续图）

4.6.2 三分量波形的能量参数

4.6.2.1 基本公式

绘出滑动时间窗中的多分量合成振幅随时间的变化是多分量地震图可视化的一种简单手段，可以看出地震波场总能量随时间的变化。式（4.32）给出三分量地震图上每一个时间采样的绝对振幅平方和，

$$R_j^2 = X_j^2 + Y_j^2 + Z_j^2 \tag{4.32}$$

R_j^2与时间采样(X_j, Y_j, Z_j)处波场的能量成正比。在 N 个采样的滑动时间窗中的平均能量给出更平滑的能量变化曲线，

$$R_{Nj}^2 = \frac{1}{N}\sum_{i=1}^{N}(X_{j-N+i}^2 + Y_{j-N+i}^2 + Z_{j-N+i}^2) \tag{4.33}$$

其平方根也叫 RMS 振幅。在 N 个采样的滑动时间窗中横向能量与总能量之比是，

$$H_j = \frac{\sum_{i=1}^{N}(Q_{j-N+i}^2 + T_{j-N+i}^2)}{\sum_{i=1}^{N}(L_{j-N+i}^2 + Q_{j-N+i}^2 + T_{j-N+i}^2)} \tag{4.34}$$

这里(L_i, Q_i, T_i)代表三分量地震图的时间采样矢量旋转到射线坐标系后的三个分量（见 4.6.1 小节）。H 值在 0 和 1 之间，对于初始到达的 S 波，该比值 H 接近 1，而对于初始 P 波，H 接近 0。对于地表台站，因为 P 波能量往往主要集中在垂直向的 Z 分量，为简单计，还可以不进行分量旋转，直接计算水平能量与总能量之比，

$$\hat{H}_j = \frac{\sum_{i=1}^{N}(X_{j-N+i}^2 + Y_{j-N+i}^2)}{\sum_{i=1}^{N}(X_{j-N+i}^2 + Y_{j-N+i}^2 + Z_{j-N+i}^2)} \tag{4.35}$$

式（4.34）和式（4.35）给出的能量比可用于 S 震相的自动拾取（Diehl et al.，2009）。

4.6.2.2　Matlab 实现

Matlab 程序 M04_06_3comp_test.m 调用程序 M04_06_energy.m，按式（4.32）~式（4.35）计算三分量记录信号的能量或能量比随时间的变化。仍以图 4.32 所示地震记录波形为例，使用仪器校正后的地动速度波形（图 4.33）进行计算，结果示于图 4.35。图 4.35(a)是按式（4.32）计算的三分量地震图上每一个时间采样的绝对振幅平方和；图(b)是按式（4.33）计算的滑动时间窗中的平均能量随时间的变化，已按时间窗长度归一化；图(c)是按式（4.34）计算的滑动时间窗中横向能量与总能量之比随时间的变化；图(d)是按式（4.35）计算的水平能量与总能量之比随时间的变化。由于地动噪声的存在以及震相尾波偏振特性的复杂性，图(c)和(d)所示能量比呈现出随时间的复杂变化，但在 P 波初至（图中的第 6s 附近）处比值显著减小，反映出在 P 波初至处的地震波能量主要在垂直向和纵向。

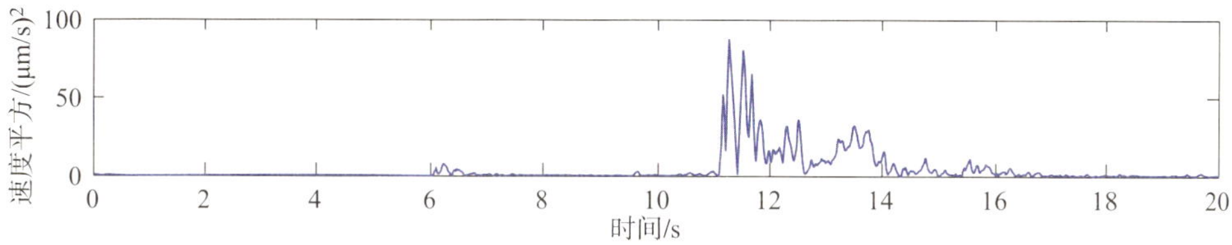

（a）三分量单采样平方和

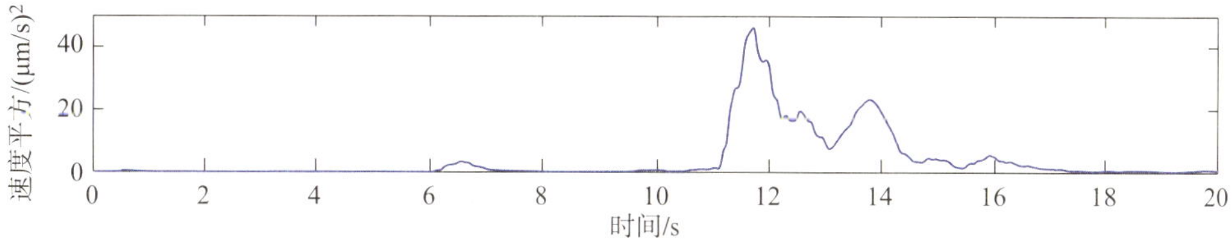

（b）三分量滑动平方和（已按窗长归一化）

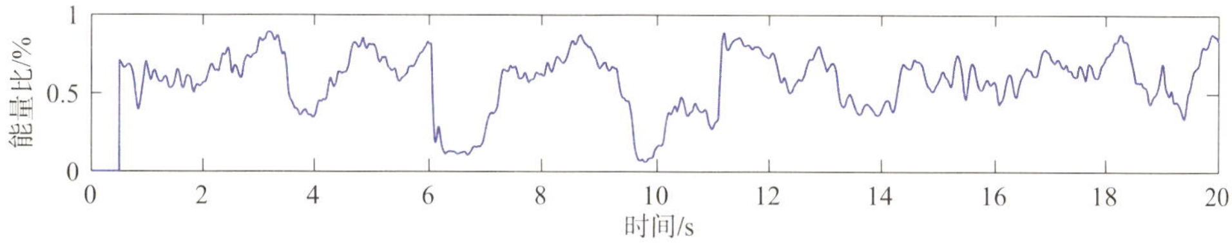

（c）横向能量与总能量之比

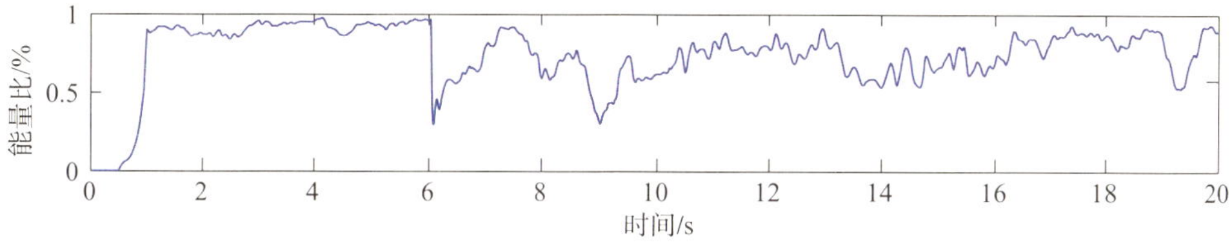

（d）水平向能量与总能量之比

图 4.35　三分量记录信号的能量及能量比随时间的变化结果。(a)按式(4.32)计算的三分量地震图上每一个时间采样的绝对振幅平方和；(b)按式(4.33)计算的滑动时间窗中的平均能量随时间的变化；(c)按式(4.34)计算的滑动时间窗中横向能量与总能量之比随时间的变化；(d)按式(4.35)计算的水平能量与总能量之比随时间的变化

4.6.3 偏振分析

地震波的偏振分析又称极化分析，是指分析地震波造成的质点运动（包括振幅和方向）与地震波传播方向之间的关系。P 波和 S 波表现出高度的线性偏振，而瑞利波一般是椭圆偏振（Montalbetti and Kanasewich，1970）。P 波的质点运动与传播方向一致，S 波的质点运动垂直于波传播方向。瑞利波的质点运动在垂直—径向平面内，而勒夫波在水平面内垂直于传播方向偏振。由于信号产生的反射和散射等影响，在地震图上观测到的是复杂的质点运动轨迹（所谓"矢端图（hodograph）"），而不是纯偏振状态。对三分量记录的地震信号进行协方差分析，能在最小二乘意义下用一个椭球拟合矢端图。

4.6.3.1 基本定义

取一段三分量记录波形，在进行仪器校正后已化为地动位移，记为 X_i^j，其中 $j=1,2,3$ 分别代表 Z（垂直向）、N（北南向）、E（东西向）分量信号，i 为波形数据采样点序号 $i=1,2,\cdots,N$，N 为波形段总点数。于是，定义两个分量信号之间的滑动协方差为（见 4.3.1 小节），

$$a_i^{jk} = \frac{1}{M}\sum_{m=1}^{M}\left[\left(X_{i-M+m}^{j} - r_i^j\right)\left(X_{i-M+m}^{k} - r_i^k\right)\right] \tag{4.36}$$

式中 $j,k=1,2,3$ 分别代表 Z、N、E 分量信号，M 为计算协方差矩阵所用数据点数，$M \leqslant N$，如果 $M=N$，则是对 N 个点的整段信号计算协方差；r_i^j 为第 j 分量 M_r 个数据点的平均值，

$$r_i^j = \frac{1}{M_r}\sum_{m=1}^{M_r} X_{i-M_r+m}^{j} \tag{4.37}$$

即所谓信号的直流分量；$M_r \geqslant M$，若 $M_r = N$，则为取整个信号段的平均值。

这里引入 3 个参数 N、M、M_r 进行求和计算，使计算协方差矩阵的公式一般化。如果在式（4.37）中固定 $i=i_0$，则计算均值时固定在 i_0 点之前的一段信号，例如，用地震信号到达前的一段噪声计算均值，从而不受地震信号到达的影响。于是，得到 3×3 维的协方差矩阵，

$$\boldsymbol{A}_i = \begin{bmatrix} a_i^{11} & a_i^{12} & a_i^{13} \\ a_i^{21} & a_i^{22} & a_i^{23} \\ a_i^{31} & a_i^{32} & a_i^{33} \end{bmatrix} \tag{4.38}$$

由 a_i^{jk} 的定义可知，$a_i^{jk} = a_i^{kj}$，即 $\boldsymbol{A}$ 为对称矩阵，有实的非负本征值，其本征矢量是在最小二乘意义下最佳拟合数据的椭球的 3 个主轴。

下面参考《矩阵分析》（刘丁酉，2003，第 78～82 页），计算矩阵 $\boldsymbol{A}$ 的本征值和相应的本征矢量。

按通常的表示习惯，记，

$$\boldsymbol{A} = \begin{bmatrix} a_{11} & a_{12} & a_{13} \\ a_{21} & a_{22} & a_{23} \\ a_{31} & a_{32} & a_{33} \end{bmatrix}$$

采用不太严格的定义，对于矩阵 $\boldsymbol{A}$，设 λ 为常数，$\boldsymbol{V}$ 为一矢量，如果有关系，

$$AV = \lambda V \quad V \neq 0 \tag{4.39}$$

或,

$$(\lambda E - A)V = 0 \quad V \neq 0 \tag{4.40}$$

式中，E 是单位矩阵，由于 $V \neq 0$，因而齐次方程组（4.40）有非零解的充分必要条件是其系数矩阵（$\lambda E - A$）的行列式为零，即,

$$|\lambda E - A| = \begin{vmatrix} \lambda - a_{11} & -a_{12} & -a_{13} \\ -a_{21} & \lambda - a_{22} & -a_{23} \\ -a_{31} & -a_{32} & \lambda - a_{33} \end{vmatrix} = 0 \tag{4.41}$$

称 $|\lambda E - A| = 0$ 为 A 的本征方程。矩阵 A 的本征方程的根 λ 称为 A 矩阵的本征值，而相应于齐次线方程组（4.39）的非零解矢量称为 A 的属于本征值 λ 的本征矢量。

根据行列式的定义，式（4.41）可展开为一个一元三次方程,

$$\lambda^3 - \lambda^2(a_{11} + a_{22} + a_{33}) + \lambda(a_{11}a_{22} + a_{11}a_{33} + a_{22}a_{33} - a_{13}a_{31} - a_{23}a_{32} - a_{12}a_{21}) + \\ (a_{11}a_{23}a_{32} + a_{12}a_{21}a_{33} + a_{13}a_{22}a_{31} - a_{12}a_{23}a_{31} - a_{13}a_{21}a_{32} - a_{11}a_{22}a_{33}) = 0 \tag{4.42}$$

解此方程，可得到 3 个根：$\lambda_1, \lambda_2, \lambda_3$。将 $\lambda_j, j = 1,2,3$,代入式（4.39）得到,

$$\begin{bmatrix} a_{11} & a_{12} & a_{13} \\ a_{21} & a_{22} & a_{23} \\ a_{31} & a_{32} & a_{33} \end{bmatrix} \begin{bmatrix} x_1 \\ x_2 \\ x_3 \end{bmatrix} = \lambda_j \begin{bmatrix} x_1 \\ x_2 \\ x_3 \end{bmatrix} \tag{4.43}$$

于是,

$$\left.\begin{aligned} a_{11}x_1 + a_{12}x_2 + a_{13}x_3 &= \lambda_j x_1 \\ a_{21}x_1 + a_{22}x_2 + a_{23}x_3 &= \lambda_j x_2 \\ a_{31}x_1 + a_{32}x_2 + a_{33}x_3 &= \lambda_j x_3 \end{aligned}\right\} \tag{4.44}$$

或写成,

$$\left.\begin{aligned} (a_{11} - \lambda_j)x_1 + a_{12}x_2 + a_{13}x_3 &= 0 \\ a_{21}x_1 + (a_{22} - \lambda_j)x_2 + a_{23}x_3 &= 0 \\ a_{31}x_1 + a_{32}x_2 + (a_{33} - \lambda_j)x_3 &= 0 \end{aligned}\right\} \tag{4.45}$$

此为三元一次联立方程，可解出对应于 λ_j 的本征矢量 $V_j = (v_{j1}, v_{j2}, v_{j3})^{\mathrm{T}}$, T 为矩阵转置符号。这里的 V_j 是经过归一化的（因此其三分量代表本征矢量在直角坐标系中的三个方向余弦），即：设由三元联立方程解出的本征矢量为 $V'_j = (V'_{j1}, V'_{j2}, V'_{j3})^{\mathrm{T}}$，则归一化本征矢量 V_j 为,

$$V_j = \frac{V'_j}{|V'_j|} \tag{4.46}$$

其中 $|V'_j|$ 为矢量 V'_j 的长度，其值为,

$$|V'_j| = \sqrt{(V'_{j1})^2 + (V'_{j2})^2 + (V'_{j3})^2} \tag{4.47}$$

对解出的本征值按其大小排序，记为 $\lambda_1 \geqslant \lambda_2 \geqslant \lambda_3$，其最大本征值 λ_1 对应的本征矢量 $V_1 = (V_{11}, V_{12}, V_{13})^{\mathrm{T}}$ 即为地震波的主偏振方向。相应本征值的平方根为偏振椭球每个主轴的长度。

选择被分析信号的时间窗长度和频带时，要权衡分辨力和稳定性。短时间窗和窄频带可避免不同震相上的平均，可分辨出依赖于频率的偏振，而较长时间窗和较宽频带可产生更稳定的偏振估计。时间窗（N 个采样点）应至少包括一个优势周期。还有，对于三个分量，偏振分析前的滤波应该相同，而且不应造成显著的信号畸变，例如，可采用零相位带通滤波（见第 2 章）。

4.6.3.2 偏振方向

代表主偏振方向的本征矢量 $\boldsymbol{V}_1$ 的 3 个分量是该矢量的 3 个方向余弦。该方向可由水平方位角 Φ 和相对于垂直方向的倾斜角（视入射角）Θ 描述，

$$\Phi = \arctan\left(\frac{y_1}{x_1}\right) \tag{4.48}$$

$$\Theta = \arctan\left(\frac{\sqrt{x_1^2 + y_1^2}}{z_1}\right) \tag{4.49}$$

或，

$$\Theta = \arccos(|z_1|) \tag{4.50}$$

式中，x_1 和 y_1 代表本征矢量 $\boldsymbol{V}_1$ 的两个水平分量；z_1 代表垂直分量。为解决计算方位角的 180° 不确定性，可利用 $\boldsymbol{V}_1$ 垂直分量的符号来判断。具体计算时要注意三个分量的取向。用 4.6.1 小节给出的坐标系（Z,N,E），则 Θ 角给出 P 波的入射角。如果数据已旋转到射线坐标系（L,Q,T），则角 Θ 可解释为从 P 波传播方向（即 L 方向）的倾斜，这时，对于 P 波，$\Theta=0$，而对 S 波，则达到最大值（Cichowicz，1993）。通常用度或弧度给出 Θ 和 Φ，但有时给出归一化值，归一化的长轴倾角和短轴倾角可写作：

$$\mathrm{Inc}_1 = \frac{2}{\pi}\arccos(|z_1|) \tag{4.51}$$

和

$$\mathrm{Inc}_3 = \frac{2}{\pi}\arccos(|z_3|) \tag{4.52}$$

式中，z_1 和 z_3 分别为偏振椭球长轴和短轴与垂直向（Z 轴）夹角的方向余弦（Wang and Teng，1997）。

4.6.3.3 偏振椭球的形状参数

可用形状参数描述偏振椭球的形状及其线性偏振或平面偏振的程度。这些参数不依赖于三分量地震图的坐标系。假定本征值 λ_j 按降序排列。可在长度为 M 的滑动时间窗上计算这些参数。

（1）椭圆度（ellipticity）。

偏振椭圆两轴长度之比称作椭圆度，用于描述椭球的形状。有三个椭圆度：

$$\left.\begin{aligned} e_{21} &= \sqrt{\frac{\lambda_2}{\lambda_1}} \\ e_{31} &= \sqrt{\frac{\lambda_3}{\lambda_1}} \\ e_{32} &= \sqrt{\frac{\lambda_3}{\lambda_2}} \end{aligned}\right\} \tag{4.53}$$

分别称为主椭圆度、次主椭圆度和横椭圆度，其值在0和1之间。对于纯线性偏振，有 $e_{21}=e_{31}=0$，而 e_{32} 无定义；对于纯椭圆偏振，有 $e_{31}=e_{32}=0$，而 $0<e_{21}\leqslant 1$。

（2）线性度（rectilinearity）。

线性度RL是三分量信号线性偏振程度的度量。Montalbetti 和 Kanasewich（1970）给出RL的定义，

$$\mathrm{RL}=1-\left(\frac{\lambda_2}{\lambda_1}\right)^Q \tag{4.54}$$

式中，λ_1 和 λ_2 是两个最大本征值，且 $\lambda_1\geqslant\lambda_2$。定义的RL值在0和1之间，RL=0为椭圆偏振，而RL=1(此时 $\lambda_2=0$)则为严格的线性偏振。Jurkevics(1988)定义的线性度考虑全部3个本征值，其定义是，

$$\mathrm{RL}'=1-\left(\frac{\lambda_2+\lambda_3}{2\lambda_1}\right)^Q \tag{4.55}$$

式（3.54）和（3.55）中的 Q 称作对比因子(contrast factor)，通常取 $Q\leqslant 1$。式（4.55）表明，若 RL′=0，则表明没有偏振，而RL′=1表明为纯线性偏振。

（3）全局偏振参数（global polarization parameter）。

全局偏振参数 τ(偏振度)作为信号偏振线性度的另一度量，可用椭圆度 e_{21} 和 e_{31}（式（4.53））或三个本征值 λ_1，λ_2，λ_3 给出 τ 的定义：

$$\left.\begin{aligned}
\tau^2&=\frac{(1-e_{21}^2)^2+(1-e_{31}^2)^2+(e_{21}^2-e_{31}^2)^2}{2(1+e_{21}^2+e_{31}^2)^2}\\
\tau^2&=\frac{\left(1-\frac{\lambda_2}{\lambda_1}\right)^2+\left(1-\frac{\lambda_3}{\lambda_1}\right)^2+\left(\frac{\lambda_2}{\lambda_1}-\frac{\lambda_3}{\lambda_1}\right)^2}{2\left(1+\frac{\lambda_2}{\lambda_1}+\frac{\lambda_3}{\lambda_1}\right)^2}\\
\tau^2&=\frac{(\lambda_1-\lambda_2)^2+(\lambda_1-\lambda_3)^2+(\lambda_2-\lambda_3)^2}{2(\lambda_1+\lambda_2+\lambda_3)^2}
\end{aligned}\right\} \tag{4.56}$$

τ 值在0和1之间，纯线性偏振($\lambda_2=\lambda_3=0$；$e_{21}=e_{31}=0$)的 $\tau=1$，圆偏振($\lambda_1=\lambda_2,\lambda_3=0;e_{21}=1,e_{31}=e_{32}=0$)的 $\tau=0.5$，球形偏振的 $\tau=0$。τ 值被用于空间滤波（Benhama et al.，1988）和S震相的自动拾取（Cichowics，1993；Diehl et al.，2009）。

（4）线性度系数（linearity coefficient）。

线性度系数 L_1(Cliet and Dubesset，1988）是线性偏振的另一个度量，用椭圆度来定义：

$$L_1=1-\frac{3(e_{21}+e_{31})}{2(1+e_{21}+e_{31})} \tag{4.57}$$

其取值范围是 $0\leqslant L_1\leqslant 1$。$L_1=1$ 对应严格的线性偏振，$L_1=0.25$ 则为平面上的圆，$L_1=0$ 则为不定(undetermined)偏振。

（5）平面度系数（flatness coefficient）。

平面度系数 F_1 确定平面偏振程度（Benhama et al.，1988），定义为：

$$F_1 = \frac{\sqrt{\lambda_1} + \sqrt{\lambda_2} - 2\sqrt{\lambda_3}}{\sqrt{\lambda_1} + \sqrt{\lambda_2} + \sqrt{\lambda_3}} = 1 - \frac{3e_{31}}{1 + e_{21} + e_{31}} \tag{4.58}$$

其值在 0 和 1 之间。平面偏振的 $F_1=1$，不定偏振的 $F_1=0$。

（6）平面度（planarity measure）。

Jurkevics（1988）用 PL 描述偏振的平面度：

$$\mathrm{PL} = 1 - \frac{2\lambda_3}{\lambda_1 + \lambda_2} \tag{4.59}$$

其值也是在 0 和 1 之间，而且当 PL＝1 时为严格的平面偏振，PL＝0 时为不定偏振。

（7）其他偏振参数。

Wu 和 Horiuchi（2008）提出一些偏振参数，目的是实现在自动检测到 P 波到时后进一步自动检测 S 波到时，为此，将初至 P 波方向矢量 $\boldsymbol{V}_\mathrm{P}$ 作为已知量，纳入要测量的偏振参数中。设 λ_j 为三分量地震记录的协方差矩阵（式（4.38））的本征值，按降序排列，相应的本征矢量为 $\boldsymbol{V}_j$。引入调整因子 a，其值为背景噪声的最大本征值，初动 P 波矢量 $\boldsymbol{V}_\mathrm{P}$ 和对应 λ_1 的本征矢量 $\boldsymbol{V}_1$ 均为单位长度的矢量，即 $|\boldsymbol{V}_\mathrm{P}|=|\boldsymbol{V}_1|=1$，定义，

$$k_\mathrm{P} = \frac{\lambda_1 - \lambda_2}{\lambda_1 + a} \tag{4.60}$$

$$k_1 = \frac{2}{\pi}\arccos(|\boldsymbol{V}_\mathrm{P} \cdot \boldsymbol{V}_1|) \tag{4.61}$$

$$k_2 = \frac{(\lambda_1 - \lambda_3)^2 + (\lambda_2 - \lambda_3)^2}{\lambda_1^2 + \lambda_2^2 + \lambda_3^2 + a^2} \tag{4.62}$$

它们的值都在 0 和 1 之间。k_P 和 k_2 描述偏振程度，k_1 是归一化的偏转角。另一个参数，

$$k_3 = 1 - \frac{\sum_{i=1}^{N} |\boldsymbol{V}_\mathrm{P} \cdot \boldsymbol{U}_i|^2}{\sum_{i=1}^{N} |\boldsymbol{U}_i|^2} \tag{4.63}$$

式中，$\boldsymbol{U}_i$ 是在 N 个采样的时间窗内第 i 个采样的三分量数据矢量。Wu 和 Horiuchi（2008）用 $k = k_1^2 \cdot k_2^2 \cdot k_3^2$ 实现 S 震相自动检测算法。

4.6.3.4 偏振参数测定举例

Matlab 程序 M04_06_3comp_test.m 调用程序 M04_06_pola_para.m，计算 4.6.3.1 小节中定义的偏振参数。在示例中给定两种情况，一是固定计算协方差矩阵的时间窗长度，其时间窗起点随时间递增，考察各偏振参数随时间的变化，二是将时间窗起点固定在地震波形的 P 波初至附近，令其窗长度按给定步长递增，考察各偏振参数与计算协方差矩阵的时间窗长度的关系。仍以图 4.33 显示的地震动速度波形为例进行计算，固定计算协方差矩阵时间窗长度的计算结果示于图 4.36～图 4.42。图 4.36 给定固定计算协方差矩阵时间窗长度为 0.5s，即 50 个采样点，窗起点沿时间轴逐点移动，得到的协方差矩阵参数。图 4.37 同图 4.36，但

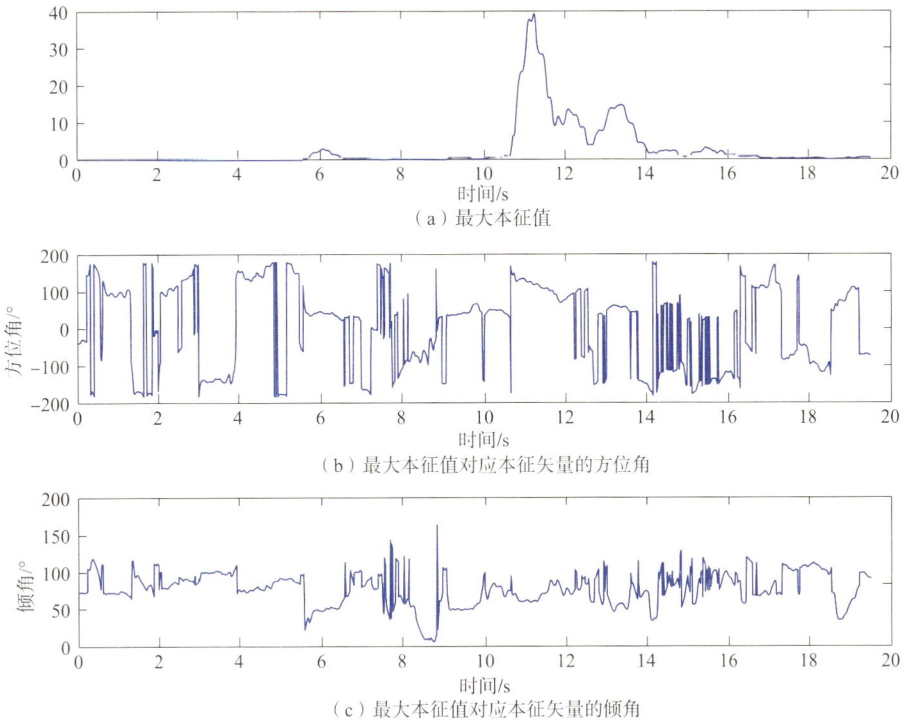

图4.36　固定计算协方差矩阵时间窗长度为0.5s，即50个采样点，窗起点沿时间轴逐点移动，得到的协方差矩阵参数

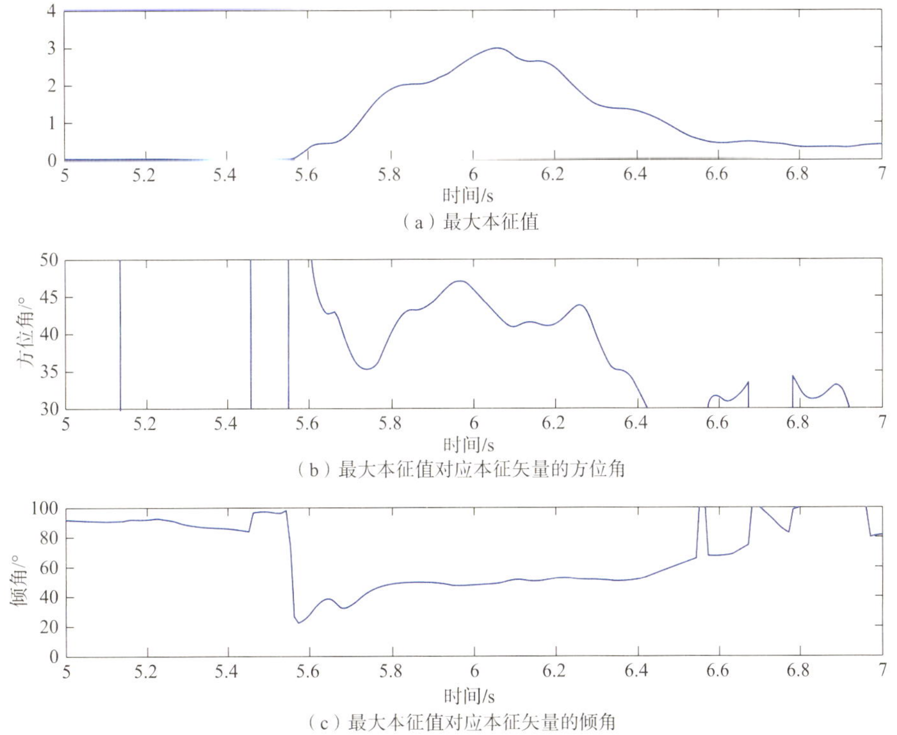

图4.37　同图4.36，但横坐标（时间）尺度被放大了。图中的第6s是P波初至到达时刻

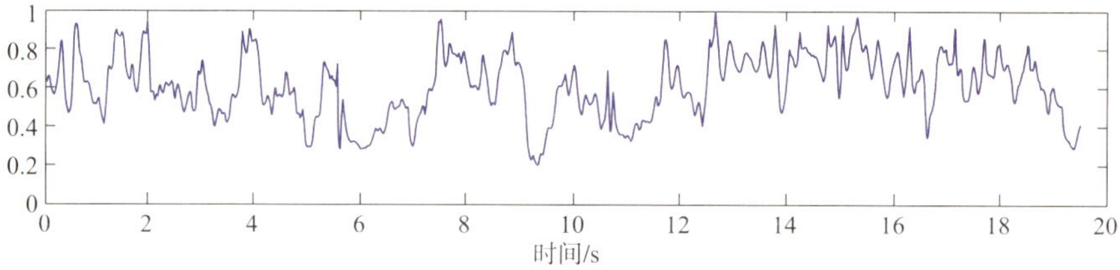

（a）主椭圆度e_{21}

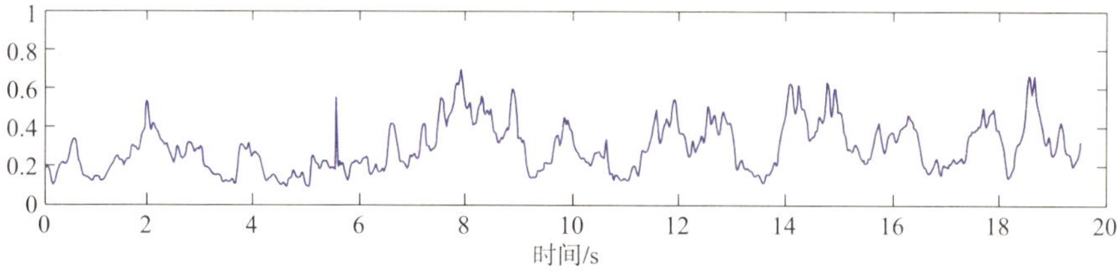

（b）次椭圆度e_{31}

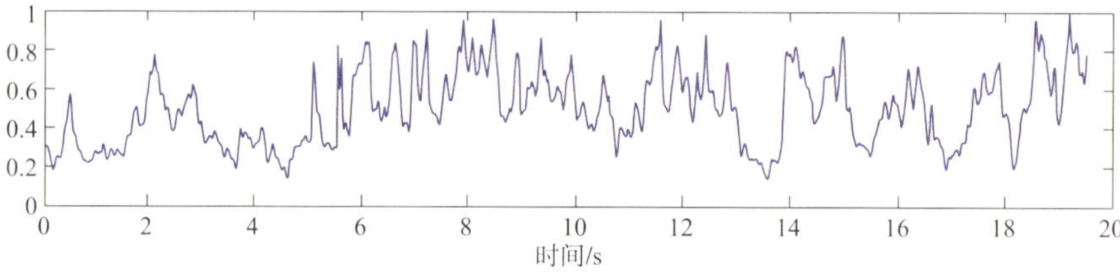

（c）横椭圆度e_{32}

图4.38　由协方差矩阵本征值导出的偏振参数随计算时间窗起点移动的变化，见式（4.53）

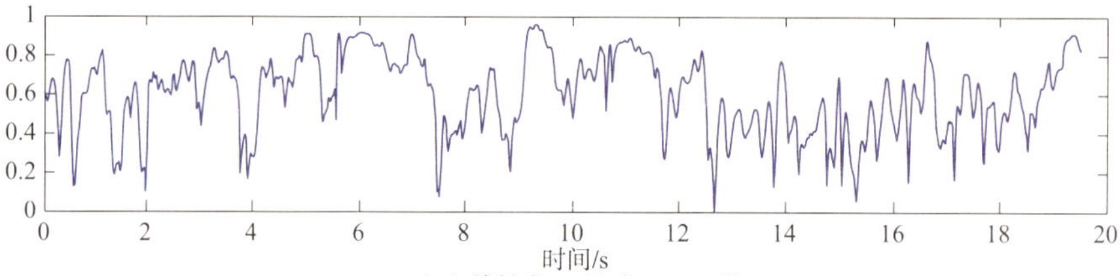

（a）线性度RL(见式(4.54)，取Q=1)

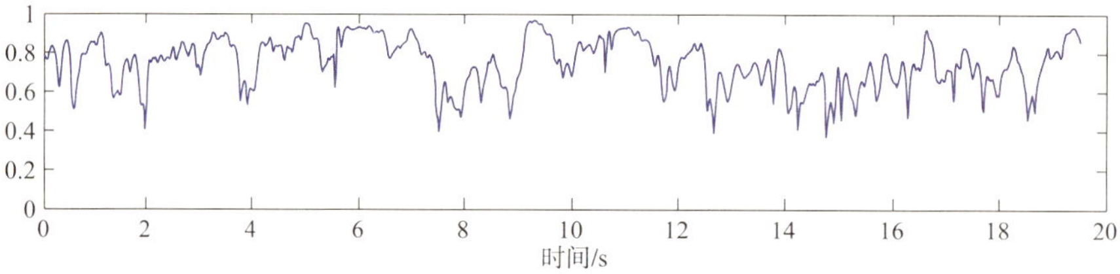

（b）线性度RL′(见式(4.55)，取Q=1)

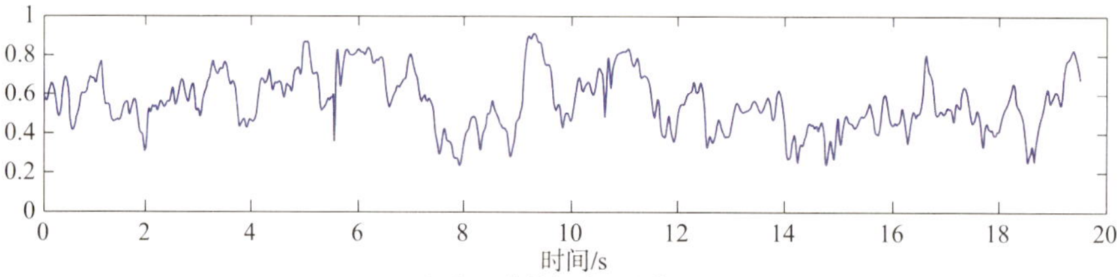

（c）三维偏振度τ(见式(4.56))

图4.39　由协方差矩阵本征值导出的偏振参数随计算时间窗起点移动的变化

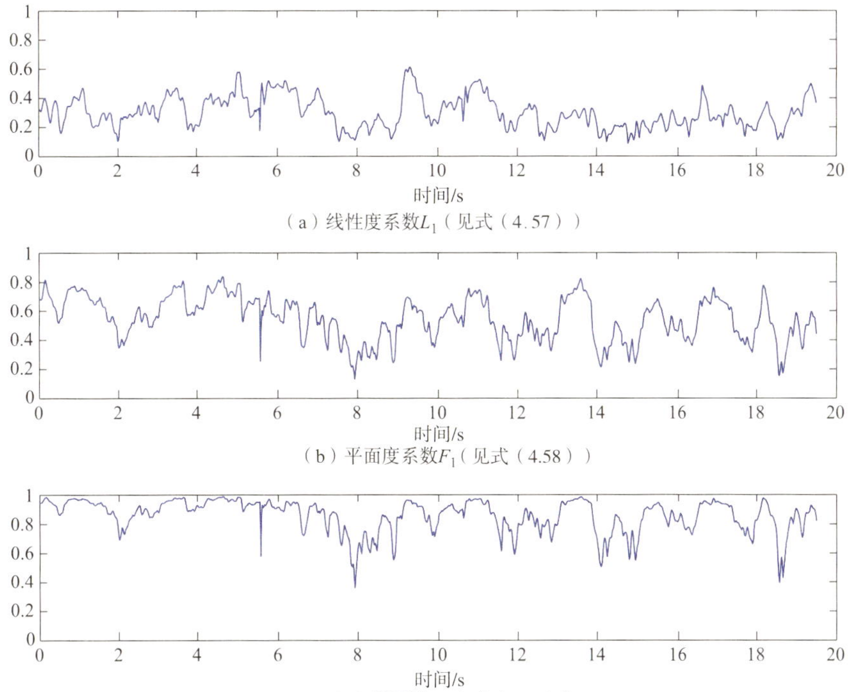

（a）线性度系数L_1（见式（4.57））

（b）平面度系数F_1（见式（4.58））

（c）平面度PL（式（4.59））

图 4.40 由协方差矩阵本征值导出的偏振参数随计算时间窗起点移动的变化

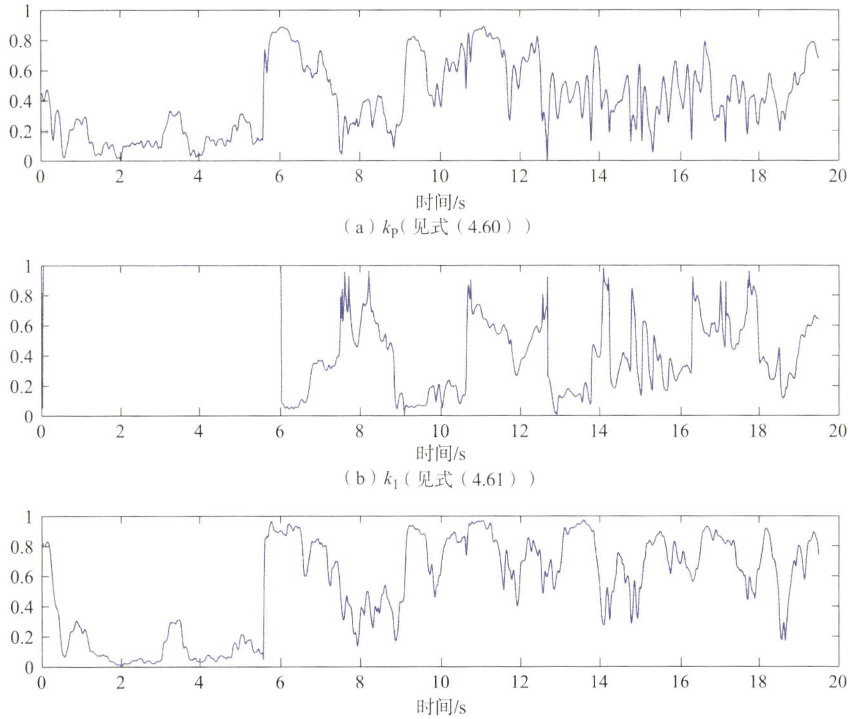

（a）k_P（见式（4.60））

（b）k_1（见式（4.61））

（c）k_2（见式（4.62））

图 4.41 由协方差矩阵本征值导出的偏振参数随计算时间窗起点移动的变化

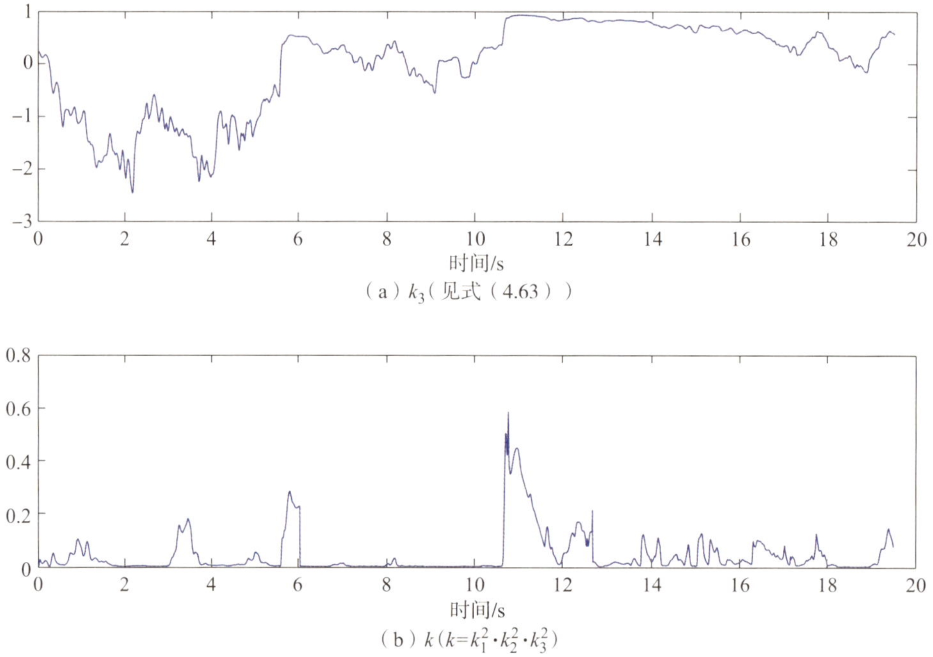

图 4.42　由协方差矩阵本征值导出的偏振参数随计算时间窗起点移动的变化

时间尺度被放大，可以看到，协方差矩阵起点在 P 波初至到达时刻（第 6s）附近的方位角和倾角值都比较稳定。从计算示例可以看到，不同作者提出的这许多参数当中，只有极少数能单独表现出与地震震相的关联，大多数受地动噪声和震相尾波的影响，需要多个参数结合才能达到预期目的。图 4.42 中显示的 k 值清楚地给出 S 波到达的位置，是将组合偏振参数用于 S 震相检测的一个成功示例（Wu and Horiuchi，2008）。图 4.43 显示的是第二种情况，

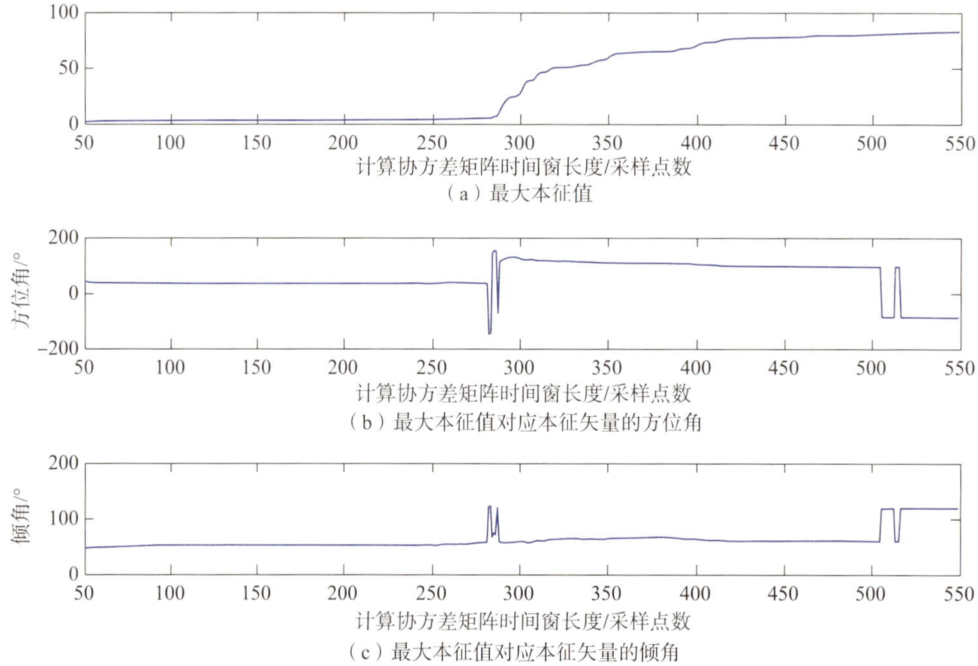

图 4.43　固定起点（第 601 点）、递增时间窗长度（步长 1 点）计算得到的协方差矩阵参数

即固定起点（第 601 点）、递增时间窗长度（步长 1 点）计算协方差矩阵参数。图 4.44 同图 4.43，但时间尺度被放大，可以看到，当计算协方差矩阵的时间窗长度从 50 个采样点逐渐增大时，最初 3 个参数没有出现明显变化，直到时间窗长度增大到 283 个采样点时，3 个参数都发生了突变。对比图 4.37 所示固定窗长的本征值随时间变化曲线，可以看到地震波形在这一时刻的偏振特性发生了显著变化，可以说地震波形从 P 波段开始过渡到 S 波段，这时，如果计算协方差矩阵的时间窗包含了两种震相，便会造成计算参数的不稳定，再长则计算结果会主要受到大振幅的 S 波控制，其结果已经不再反映 P 波段的偏振特性，这在图 4.43(b)中表现最为明显，在时间窗长度超过 288 点之后，所示本征矢量的方位角与先前的方位角相比扭转了近 100°。

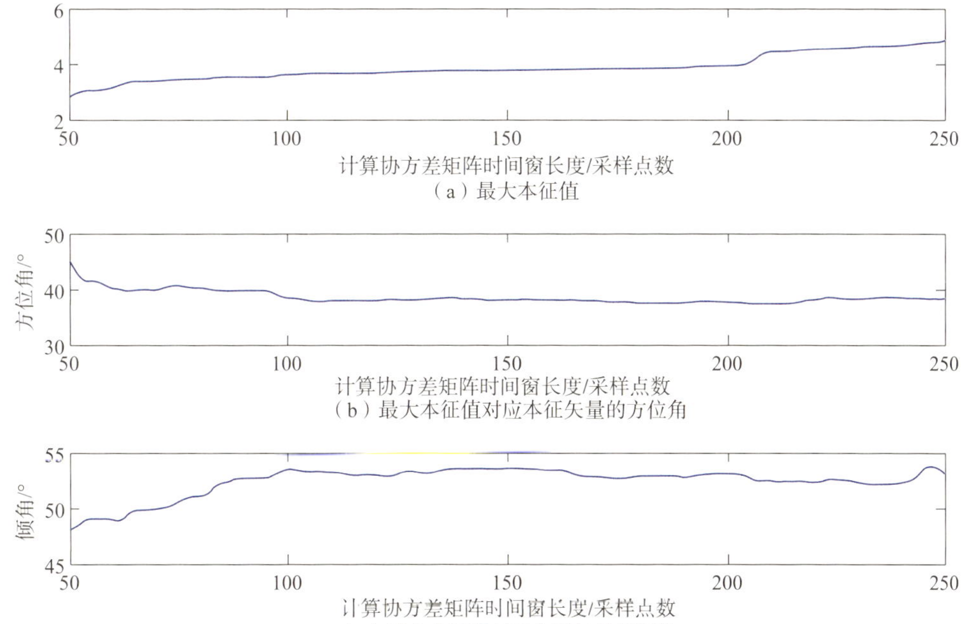

（a）最大本征值

（b）最大本征值对应本征矢量的方位角

（c）最大本征值对应本征矢量的倾角

图 4.44 同图 4.43，但横坐标尺度被放大，可清楚看到随着计算协方差矩阵的波形段长度增大得到的方位角和倾角的变化

4.6.3.5 时间域偏振滤波器

下面参考 *Time Sequence Analysis in Geophysics*(Kanasewich，1981) 19.3 节，简要介绍时间域偏振滤波器。

偏振椭球的线性度和空间取向参数可用于构成简单的偏振滤波器，这是一种加权的方向滤波器。定义在每个时间采样点 t_i 的加权函数，

$$R(t_i)=[F(\lambda_1,\lambda_2,\lambda_3)]^J \tag{4.64}$$

式中，$F(\lambda_1,\lambda_2,\lambda_3)$ 是偏振度的度量，例如，可以是 RL 或 RL′(式(4.54) 和式 (4.55))，或全局偏振参数τ（式 (4.56)）。J 是加权用的指数，例如可简单地取 $J=1$。

对应于最大本征值 λ_1 的本征矢量 $\boldsymbol{V}_1$ 的三个分量是确定偏振方向的三个方向余弦。记 $\boldsymbol{V}_1=(\boldsymbol{V}_{1x},\boldsymbol{V}_{1y},\boldsymbol{V}_{1z})$(已知$|\boldsymbol{V}_1|=1$)，可对每个时间采样 t_i 和每个分量 $j=x,y,z$ 定义三个方向函数，

$$D_j(t_i)=(|\boldsymbol{V}_{i,j}|)^K \tag{4.65}$$

$R(t_i)$和$D_j(t_i)$又称滤波算子，将它们与原始数据相乘即得到滤波结果。可在长度为M的时间窗上对滤波算子进行平滑，以减小异常尖峰的影响，平滑后的滤波算子是，

$$\tilde{R}=\frac{1}{M}\sum_{k=-L}^{L}R(t_i+k) \tag{4.66}$$

$$\tilde{D}_j=\frac{1}{M}\sum_{k=-L}^{L}D_j(t_i+k) \tag{4.67}$$

式中，$L=(M-1)/2$。于是，对于三分量原始数据$X(t)$,$Y(t)$,$Z(t)$,滤波结果为：

$$\left.\begin{aligned}X_f(t)=X(t)\,\tilde{R}(t)\,\tilde{D}_x(t)\\Y_f(t)=Y(t)\,\tilde{R}(t)\,\tilde{D}_y(t)\\Z_f(t)=Z(t)\,\tilde{R}(t)\,\tilde{D}_z(t)\end{aligned}\right\} \tag{4.68}$$

通常在偏振滤波前先进行零相移的带通滤波，以限制波形数据的频谱成分，平滑长度M可取波形的一两个卓越周期，加权指数J和K可分别取1和2。

4.6.3.6 时间域偏振滤波器的Matlab实现

按照4.6.3.5小节给出的计算公式，在Matlab程序M04_06_3comp_test.m中实现了一个时间域偏振滤波器，图4.45显示该滤波器的滤波算子$\tilde{R}$（图4.44(a)）和$\tilde{D}_j$($j=u,n,e$，分别见图4.45(b)、(c)、(d))，取平滑长度为51采样点。仍以图4.33所示经过地震仪器校正和带通滤波的地动速度波形为例，利用式（4.68）进行偏振滤波，图4.46给出滤波结果。

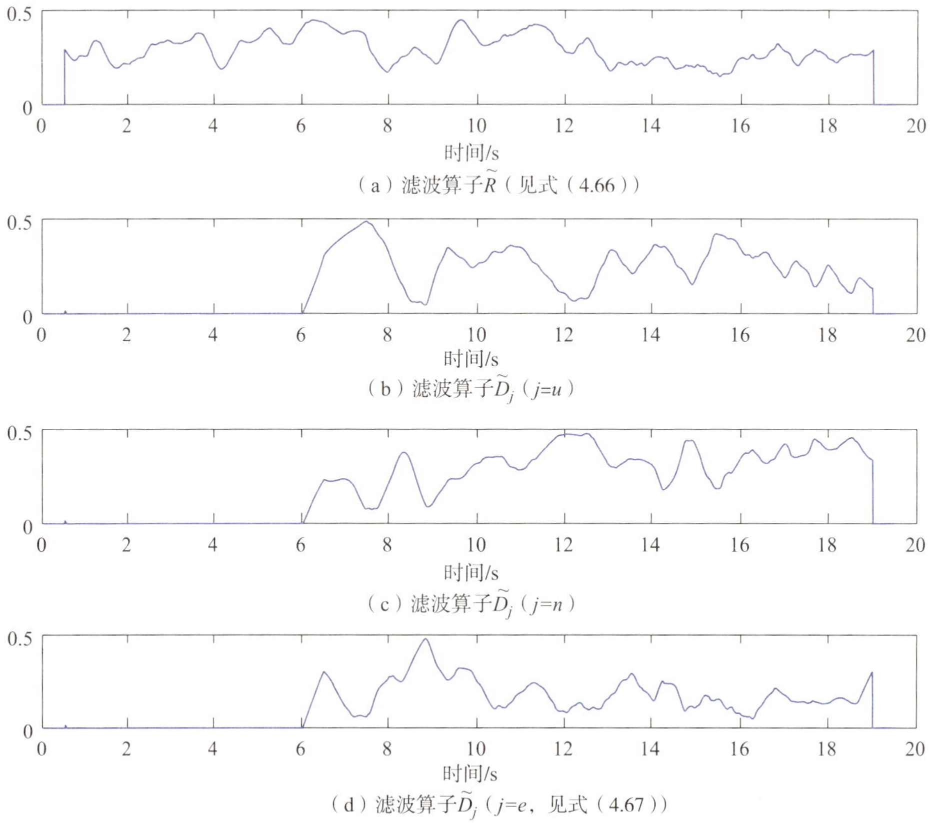

(a) 滤波算子$\tilde{R}$（见式（4.66））

(b) 滤波算子$\tilde{D}_j$（$j=u$）

(c) 滤波算子$\tilde{D}_j$（$j=n$）

(d) 滤波算子$\tilde{D}_j$（$j=e$，见式（4.67））

图4.45　偏振滤波器的滤波算子

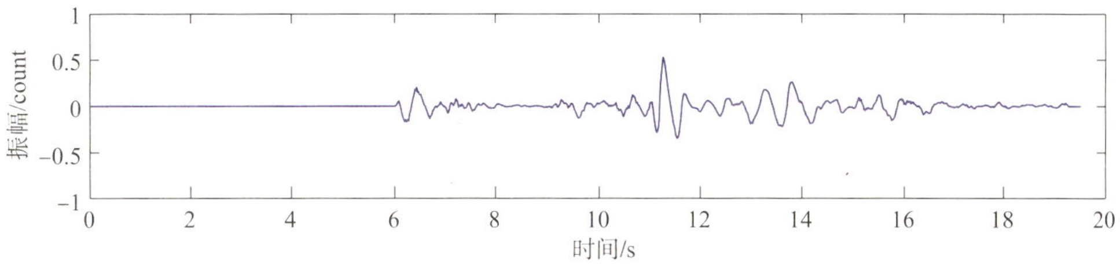

（a）垂直分量

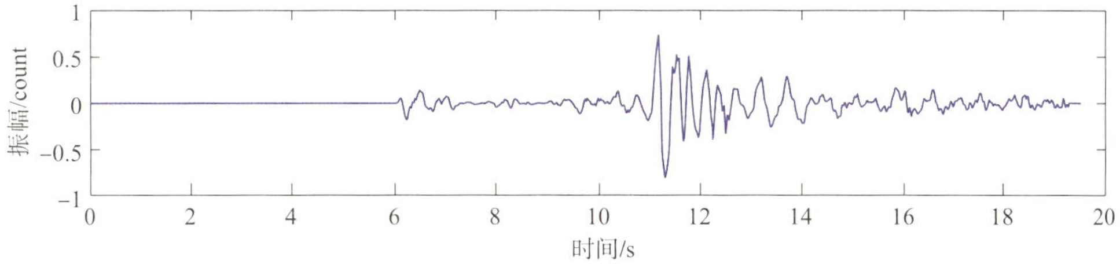

（b）北南分量

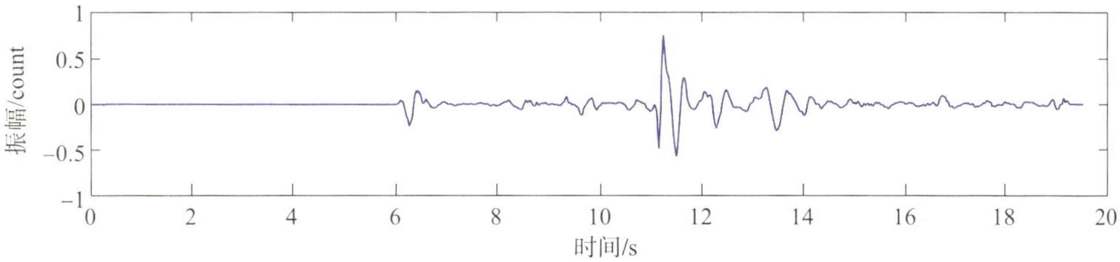

（c）东西分量

图 4.46　对图 4.33 所示地动速度波形进行偏振滤波的结果

4.7　结　　语

在本书以后各章中经常会用到本章介绍的波形变换方法，希望在阅读后面各章时注意文中关于参见第 4 章相关章节的提示。把本章介绍的算法原理与实际应用联系起来，可以加深对本章内容的理解和开拓对本章介绍方法的应用范围。

第5章　地动噪声、场地响应和台网监测能力

本章讨论关于地震台站和台网的三个相互关联的问题，即地震台站的地动噪声、台站场地响应和地震台网监测能力的估计。地震台站的地动噪声特性和场地响应是描述地震台站特性的重要参数，因此，估计地震台站的这两类参数是地震数据处理的一项重要内容，而地震台网的监测能力则与组成台网的每个台站的地动噪声水平紧密相关。

可在频率域或时间域描述地震台站的地动噪声特性，本章第一部分（第5.1～5.7节）介绍估计台站地动噪声水平的方法。由于地动噪声的随机性，在频率域采用功率谱密度（PSD，Power Spectral Density）来描述噪声数据采样时段的地动噪声特性，给出不同频段的噪声平均功率水平；在时间域，则用给定频带内地动噪声在有限时间段内的均方根（RMS）振幅来描述地动噪声水平。

无论是频率域的功率谱密度，还是时间域的均方根振幅，都是在给定时间段内获取的。为了了解地动噪声特性的昼夜变化和季节变化，需要对不同时段的噪声进行测量。因此，除了在台站勘选期间进行短时段噪声测量外，还需要在地震台网中心根据连续地震记录常规地测量台站的地动噪声特性，例如，每月对选定时段测定噪声功率谱，或在自动处理的基础上连续不断地测定每小时全记录的地动功率谱，即在测定功率谱时使用不排除地震事件的完整记录。

为便于叙述，本章中将测量地震台站地动噪声功率谱密度的算法分为4种：

第一种算法是遵循Peterson（1993）提出的所谓估计地动噪声功率谱密度的“标准算法”，给出的功率谱密度能与Peterson的新低、高噪声模型（NLNM和NHNM）进行比较。这种标准算法已在全世界广泛采用，还被我国纳入国家标准GB/T 19531.1—2004《地震台站观测环境技术要求 第1部分：测震》（中华人民共和国质量监督检验检疫总局和中华人民共和国标准化管理委员会，2004）。在实际计算中选择不包含地震事件和其他突发震动事件的地动噪声记录进行分析。

第二种算法也是采用上述标准算法计算功率谱密度，但处理的对象是连续数字化地震台站记录，不剔除任何地震事件以及其他任何非平稳突发事件，从而持续产出滑动时间段的地动功率谱密度。这种方法已在一些台网和台阵的常规地动噪声测量中得到应用，例如美国北加利福尼亚地震台网、挪威NORSAR台阵等。

第三种算法是在第二种算法的基础上对以年尺度时间段内的多个时段噪声功率谱密度进行统计分析，得到描述各台站噪声功率谱密度的新表现形式，例如IRIS DMC对全球地震台网GSN台站的噪声分析。

第四种算法是近年来发展和推广的一种算法，它采用第一种标准算法计算功率谱密度，又和第二、三种算法类似地使用全记录数据，不做任何剔除，然后，在计算出的各台站多时段

地动功率谱密度（PSD）的基础上计算不同水平功率谱密度的概率密度函数（PSD－PDF），从而以新的指标来评估台站的噪声水平，使用发生概率最高的功率谱密度来评价台站地动噪声水平，而不是传统地以平静时段的功率谱密度来评价。在PSD－PDF基础上建立的评价指标体系能更客观地反映台站实际运行期间的地动噪声特性。

在估计地动噪声特性时，鉴于一般地震台站的地动噪声水平总是显著高于仪器固有噪声，所以常规方法一般忽略了地震计固有噪声的影响。本章将简要介绍一种可在台站上进行的地震计固有噪声测定方法。

本章第二部分（第5.8节）介绍估计台站场地响应的方法。与地动噪声特性估计不同，估计台站场地响应除可利用地动噪声记录外，更多的是利用地震事件记录波形。根据使用的地震震相波形段的不同，估计场地响应的算法可分为基于S波的算法和基于尾波的算法。两类算法中的联合反演算法包括震源参数、介质参数和场地响应的联合反演以及在已知介质参数的条件下震源参数和场地响应的联合反演，联合反演要面对的一个共同问题是这些参数之间的不完全独立性。就是说，它们的取值会彼此相互补偿。如果能用其他方法独立地测定震源参数和介质参数，则可以得到可靠的台站响应估计。对于震源参数、介质参数和台站场地响应这三类参数，不同作者可能强调不同参数，因此，除本章以台站响应为主要参数来讨论其联合反演外，在第11章（震源参数与介质参数的测定）中还将从测定震源参数与介质参数的角度再次讨论联合反演，也会涉及台站场地响应。

本章第三部分（第5.9～5.10节）讨论地震台网监测能力的估计。地震台网的监测能力包括三个方面，一是基于能否记录到给定震级的可定位地震来估计台网的能力，即通常所说的台网监测能力；二是从定位精度的角度来评估地震台网的能力，即通常所说的台网定位能力；三是从地震台网产出的地震目录来评估台网的能力，即评估其产出完整地震目录的最小震级（完整性震级）。

5.1 地动噪声功率谱密度

台站地动噪声功率谱密度（PSD）是描述台站环境地动噪声的重要参数，有时简称噪声功率谱。在我国，随着数字化地震观测技术的广泛应用，测量地动噪声功率谱已成为台址勘选的必须步骤，也是地震台网运行中监视台站运行状态的一个重要手段。

5.1.1 估计地动噪声功率谱的标准算法

对地动噪声定量化的常用方法是计算噪声功率谱密度（PSD）。一般情况下，可以把地动背景噪声看作平稳随机过程，对其估计PSD的最通用方法是直接傅里叶变换法。该方法通过对原始数据进行有限长度的快速傅里叶变换（FFT）（见2.4节）来计算PSD，其优点是计算效率高。McNamara和Buland（2004）对Peterson（1993）计算新低、高噪声模型（NLNM和NHNM）时采用的计算方法（见5.2节）作了进一步明确说明，并将其称作“标准算法”，意思是，如果要将所得到的台站噪声功率谱密度与Peterson（1993）的新低噪声模型（NLNM）和新高噪声模型（NHNM）进行比较，就必须遵循这一算法。当然，如果不想与NLNM及NHNM进行比较，只是要建立自己的地动噪声评估体系，那么采取其他算法或使用不同的归一化因子，也未为不可。下面给出的公式是在 McNamara 和 Buland（2004）中列出的“标准算法”公式。

时间序列 $y(t)$ 的有限长度傅里叶变换由式

$$Y(f,T_r)=\int_0^{T_r} y(t)\,e^{-i2\pi ft}\,dt \tag{5.1}$$

给出，其中 T_r 是时间序列段的长度，f 是频率。

对于离散频率值 $f_k=k/(N\Delta t),k=1,2,\cdots,N-1$，傅里叶频谱分量定义为，

$$Y_k=\frac{Y(f_k,T_r)}{\Delta t} \tag{5.2}$$

式中，Δt 是采样间隔；N 是该时间序列段中的采样点数，即 $N=T_r/\Delta t$。这里的 Y_k 是快速傅里叶变换算法（FFT）给出的离散傅里叶变换（DFT）分量。注意到它与连续傅里叶变换结果的差别在于因子 Δt。使用上式定义的傅里叶分量，总功率谱密度估计值定义为，

$$P_k=\frac{2\Delta t}{N}\,|Y_k|^2 \tag{5.3}$$

由式（5.3）可见，总功率谱密度 P_k 就是 FFT 振幅谱的平方乘以归一化因子 $2\Delta t/N$。当把 PSD 估计值与 Peterson（1993）的新低、高噪声模型（NLNM 和 NHNM）进行比较时，使用这个标准归一化因子至关重要。

在实际计算时，先要对记录噪声段去掉直流分量，然后再去掉仪器响应的影响，得到地动速度（见第 3 章），进而得到地动速度功率谱密度，由此可换算成地动加速度功率谱密度。任枭等（2004）用类似的方法计算了国家数字地震台网台站地动噪声功率谱密度，他们选取比较安静时间段的数据样品，一般在夜间 22 时到次日凌晨 4 时之间，并且保证所选取的数据中没有地震记录，每个记录选取 131072 个记录点（$131072=2^{17}$，按 100sps 采样率，则约 22 分钟）。

5.1.2 PSD 的数学定义

一般地说，功率谱密度是描述平稳随机过程的一个重要参数。在数学上的定义可表述为如下基本运算：

$$x(n\Delta t)\rightarrow X(m\Delta f) \tag{5.4}$$

$$Z(m\Delta f)=X(m\Delta f)\cdot X^*(m\Delta f) \tag{5.5}$$

式中，$x(n\Delta t)$ 为信号；n 为数据点序号；Δt 为采样间隔；$X(m\Delta f)$ 为其傅里叶变换；m 为频率序号；Δf 为频率间隔；$Z(m\Delta f)$ 为功率谱；* 表示复数的共轭（见中国国家标准 GB 10084—88《振动、冲击数据分析和表示方法》7.3.2.1）。

在国家标准 GB/T 19531.1—2004《地震台站观测环境技术要求 第 1 部分：测震》（中华人民共和国国家质量监督检验检疫总局和中华人民共和国标准化管理委员会，2004）中引用了这一定义。

由于 $X(m\Delta f)=\Delta t\cdot \mathrm{FFT}$，故有 $Z(m\Delta f)=(\Delta t)^2\cdot|\mathrm{FFT}|^2$，如果引入数据段时间长度 $T=N\Delta t$ 对结果归一化，则得到，

$$Z(m\Delta f)=\frac{(\Delta t)^2\cdot|\mathrm{FFT}|^2}{N\Delta t}=\frac{\Delta t}{N}|\mathrm{FFT}|^2 \tag{5.6}$$

这时的归一化因子是 Peterson（1993）归一化因子（见式（5.3））的1/2。

5.1.3　PSD的工程学定义

Peterson（1993）在计算地球新高噪声模型（NHNM）和新低噪声模型（NLNM）时使用的不是按式（5.6）给出的功率谱密度数学表达式（用正体P表示），而是所谓工程学表达式（用斜体 P 表示），二者有如下关系（彼得·鲍曼，2006，第157页），

$$P=2\mathrm{P} \tag{5.7}$$

由此可知，如果计算功率谱密度时采用数学表达式得到P，那么在把这样得到的功率谱密度与 Peterson（1993）的 NHNM 和 NLNM 比较（画在一张图上）时，应该将P换成2P，否则，在以分贝（dB）表示的图上将比“标准值”约小3dB，因为，$10\cdot\lg2\approx3.01$。反之，如果计算出的功率谱密度是用工程学表达式计算出的 P，但把它作为数学表达式中的P带入求地动噪声均方根振幅，则得到的地动噪声均方根振幅为“标准值”的$\sqrt{2}$倍（见5.1.5小节）。

在彼得·鲍曼（P. Bormann）主编的《新地震观测实践手册》中译版（彼得·鲍曼，2006）中，由彼得·鲍曼编写的第4章和E. Wielandt编写的第5章中都指出了功率谱密度的工程学表示与数学表示二者的差别，彼得·鲍曼引入了 $P=2\mathrm{P}$，从而在计算信号噪声的均方根振幅时有所区别（见5.1.5小节）；E. Wielandt从信号 $f(t)$ 的复数表示出发，指出，“按工程师的方法（例如 Peterson（1993）的低噪声模型）计算出的功率谱认为全部功率都是由正频率贡献的，因此是在数学表达式中出现的正频率功率谱的2倍”。这就是在本章5.1.1小节中的归一化因子（见式（5.3））中2的由来。

大概是发现单用正体和斜体来区分工程定义和数学定义的功率谱容易混淆，在彼得·鲍曼主编的英文版《新地震观测实践手册》2012版中将工程定义的功率谱用 P_e 表示。在下文中将以单字母 P 表示数学上的功率谱，以字母 P 加下角标e组成的 P_e 代表工程上的功率谱，即 Peterson（1993）定义的功率谱。

5.1.4　功率谱密度的分段滑动平均

为画出功率谱密度随频率的变化，往往对功率谱密度在频率域进行分段滑动平均，对功率谱密度的分段滑动平均一般以“n分之1倍频程”或“n分之1十倍频程”为滑动步长，其均值标记在每段的中心频率处。

“n分之1倍频程”是“n分之1二倍频程”的简称。若 n 分之1倍频程有低频端 f_d，高频端为 f_u，该频段的中心频率为 f_c，则有：

$$\left.\begin{aligned}f_u&=f_d\cdot2^{\frac{1}{n}}\\f_c&=(f_d\cdot f_u)^{\frac{1}{2}}\end{aligned}\right\} \tag{5.8}$$

设起始频率为 f_0，则第1段：

$$\left.\begin{aligned}f_{1\mathrm{d}}&=f_0\\f_{1\mathrm{u}}&=f_0\cdot2^{\frac{1}{n}}\\f_{1\mathrm{c}}&=(f_{1\mathrm{d}}\cdot f_{1\mathrm{u}})^{\frac{1}{2}}=f_0\cdot2^{\frac{1}{2n}}\end{aligned}\right\}\tag{5.9}$$

第 2 段：

$$\left.\begin{aligned}f_{2\mathrm{d}}&=f_{1\mathrm{u}}=f_0\cdot2^{\frac{1}{n}}\\f_{2\mathrm{u}}&=f_{2\mathrm{d}}\cdot2^{\frac{1}{n}}=f_0\cdot2^{\frac{2}{n}}\\f_{2\mathrm{c}}&=(f_{2\mathrm{d}}\cdot f_{2\mathrm{u}})^{\frac{1}{2}}=f_0\cdot2^{\frac{3}{2n}}\end{aligned}\right\}\tag{5.10}$$

第 i 段：

$$\left.\begin{aligned}f_{i\mathrm{d}}&=f_0\cdot2^{\frac{i-1}{n}}\\f_{i\mathrm{u}}&=f_0\cdot2^{\frac{i}{n}}\\f_{i\mathrm{c}}&=f_0\cdot2^{\frac{2i-1}{2n}}\end{aligned}\right\}\tag{5.11}$$

设 $n=3$，$f_{1\mathrm{c}}=1\mathrm{Hz}$，则有初始频率 $f_0=2^{-\frac{1}{6}}=0.8909\mathrm{Hz}$；于是 1/3 倍频程的第 i 个中心频率为，

$$f_{i\mathrm{c}}=f_0\cdot2^{\frac{2i-1}{2\times3}}=2^{-\frac{1}{6}}\cdot2^{\frac{2i-1}{6}}=2^{\frac{i-1}{3}}\tag{5.12}$$

频率依次为 1.0，1.2599，1.5874，2.0，2.5198，…（Hz）。

n 分之 1 十倍频程与 n 分之 1 倍频程的差别是用 10 的幂次代替 2 的幂次。

5.1.5 由功率谱密度估计地动噪声的均方根振幅

根据 Aki 和 Richards（2002，第 609～611 页）（见该书第一版的中译本：安艺敬一和理查兹，1986，第一卷第 548～551 页），在 $t=0$ 处一个小波 $f(t)$ 的最大振幅可以粗略地由振幅谱密度和小波带宽的乘积表示，即：

$$f(t)_{t=0}=|F(\omega)|2(f_{\mathrm{u}}-f_{\mathrm{l}})\tag{5.13}$$

式中，f_{u} 和 f_{l} 分别是带通信号的上拐点和下拐点频率，因子 2 的引入是因为要包括正频率和负频率的谱密度。同样，如果噪声功率谱密度在 $-\infty<\omega<+\infty$ 范围内按式（5.14）定义为自相关函数 $p(\tau)=\langle f(t)f(t+\tau)\rangle$ 的傅里叶变换，即

$$P(\omega)=\int_{-\infty}^{\infty}p(\tau)\exp(-\mathrm{i}\omega\tau)\mathrm{d}\tau\tag{5.14}$$

符号〈〉表示对 t 平均，于是，对于在 $\omega_{\mathrm{d}}<|\omega|<\omega_{\mathrm{u}}$ 范围内 $P(\omega)=P=$ 常数，而在此范围外 $P(\omega)=0$ 的情况，在时间域的噪声均方振幅为

$$\langle f^2(t)\rangle=2P(f_{\mathrm{u}}-f_{\mathrm{d}})\tag{5.15}$$

这样，功率谱密度（PSD）必须在滤波器的通带上积分以在滤波器的输出端得到功率（或均方振幅）。这一功率的平方根是均方根（RMS）振幅或有效滤波器振幅

$$a_{RMS}=\{2P(f_u-f_d)\}^{\frac{1}{2}} \tag{5.16}$$

所以，如果没有定义带宽，用 RMS 振幅来给出地动噪声是没有意义的。然而，如果噪声功率 P 不是按照基于复数表达式的数学方法计算，而是只从正频率计算，因为 $P(-\omega)=P(+\omega)$，则得到 $P_e=2P$，于是，

$$a_{RMS}=\{P_e(f_u-f_d)\}^{\frac{1}{2}} \tag{5.17}$$

式中的 P_e 代表工程学上定义的功率谱。

Matlab 程序 M05_01_psdRMS.m 实现上述由功率谱密度（PSD）计算地动噪声均方根振幅。

5.2　地动噪声模型——NLNM 和 NHNM

美国地质调查局（USGS）的 Peterson（1993）及其所领导的研究小组观测和研究了全世界各地的正常地球噪声，得到了地球正常噪声模型，包括新高噪声模型和新低噪声模型。各地正常地动噪声水平处在新高噪声模型（NHNM）和新低噪声模型（NLNM）之间，见图 5.1。图 5.2 是 Peterson 用全球范围 75 个不同地点（台站）的地面运动记录得到的加速度功率谱密度曲线集，由它的包络得到地球正常噪声模型。命名为“新”噪声模型，是为了与 Peterson 等在 20 世纪 80 年代初得到的低和高噪声模型（LNM 和 HNM）相区别。

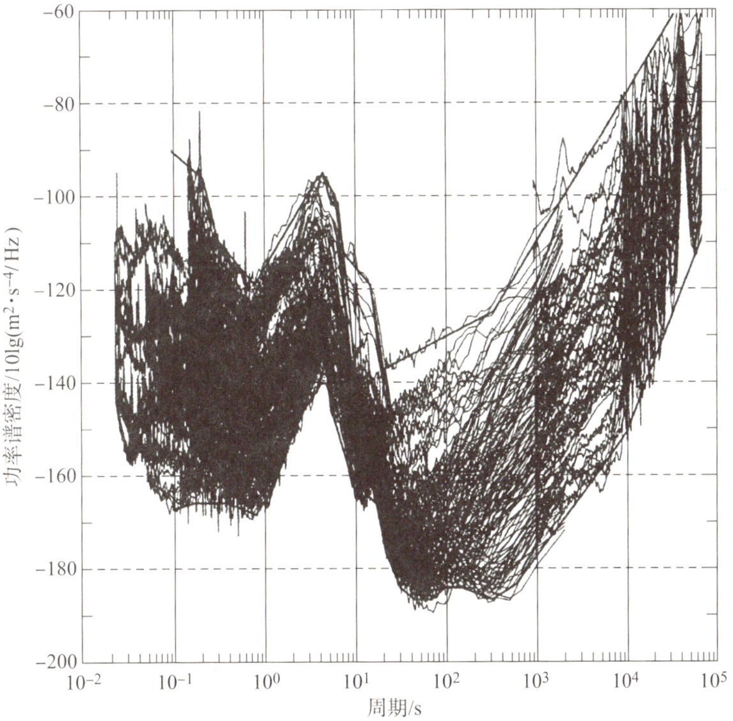

图 5.1　用加速度功率谱给出的地球噪声模型（Peterson，1993，图 13）(GB/T 19531.1—2004 附录 A 中的图 A.1)

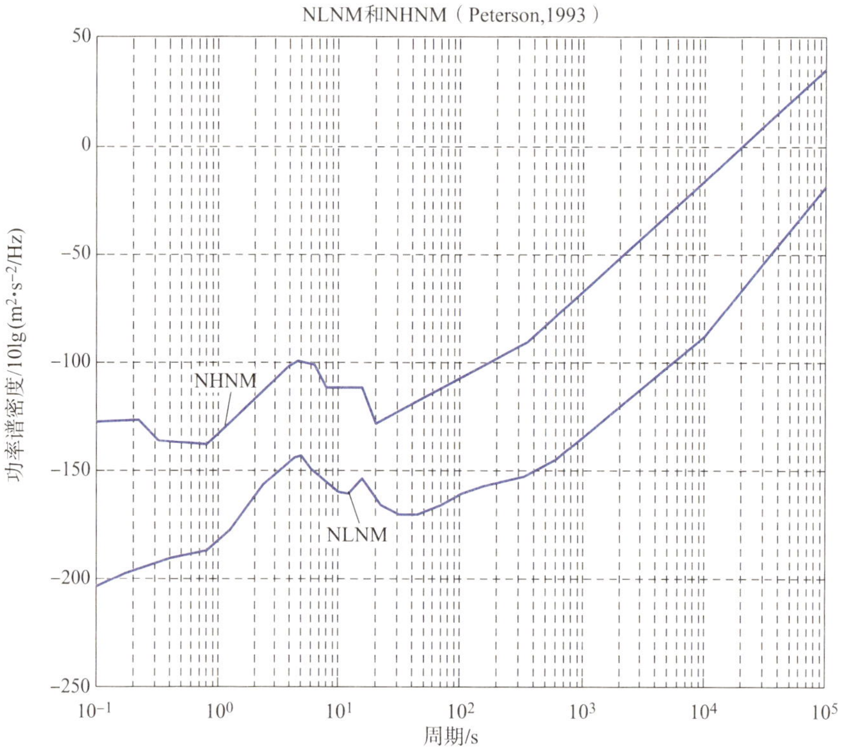

（a）用速度功率谱绘制

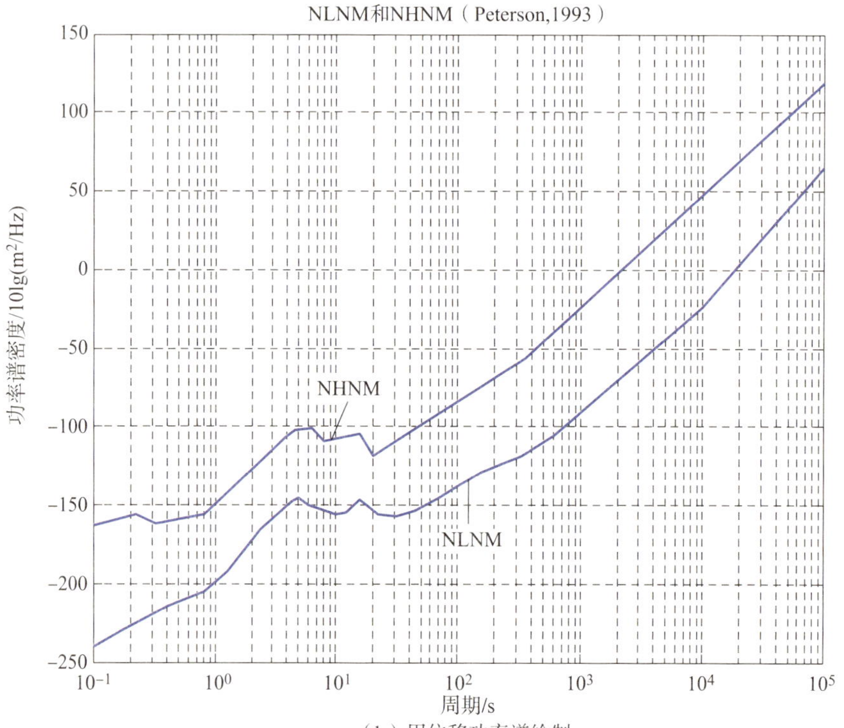

（b）用位移功率谱绘制

图 5.2　用速度功率谱(a)和用位移功率谱(b)绘出的地球噪声模型——NLNM 和 NHNM（使用 Matlab 程序 M05_02_nlnm_nhnm.m）

表 5.1 和表 5.2 分别给出 Peterson（1993）的新低噪声模型（NLNM）和新高噪声模型（NHNM）在一些特定周期的加速度功率谱密度 P_a，通过用线性内插方法在 PSD $-\lg T$ 图上可得到相邻周期内其他周期点上的加速度功率谱密度值 P_a。加速度功率谱密度 P_a、速度功率谱密度 P_v 以及位移功率谱密度 P_d 有如下转换关系，

$$P_a(\omega)=P_v\omega^2=P_d\omega^4 \tag{5.18}$$

表 5.1 和表 5.2 中给出利用式（5.18）由加速度功率谱 P_a 得到的速度功率谱密度 P_v 和位移功率谱密度 P_d，式中 $\omega=2\pi/T$，T 为周期。表中还给出对应的分贝(dB)值(=10lg(以物理单位表示的功率谱密度值))，对于加速度功率谱密度，其 0dB 对应于 $P_a=1\mathrm{m^2 \cdot s^{-4}/Hz}$；对于速度功率谱密度，其 0dB 对应于 $P_v=1\mathrm{m^2 \cdot s^{-2}/Hz}$；对于位移功率谱密度，其 0dB 对应于 $P_d=1\mathrm{m^2/Hz}$。

表 5.1　Peterson 的 NLNM 模型（取自彼得·鲍曼（2006）表 4.1，解释见正文）

T/s	P_a/(m²·s⁻⁴/Hz)	P_a/dB	P_v/(m²·s⁻²/Hz)	P_v/dB	P_d/(m²/Hz)	P_d/dB
0.10	1.6×10^{-17}	−168.0	4.1×10^{-21}	−203.9	1.0×10^{-24}	−239.9
0.17	2.1×10^{-17}	−166.7	1.6×10^{-20}	−198.1	1.1×10^{-23}	−229.4
0.40	2.1×10^{-17}	−166.7	8.7×10^{-20}	−190.6	3.5×10^{-22}	−214.6
0.80	1.2×10^{-17}	−169.2	1.9×10^{-19}	−187.1	3.2×10^{-21}	−214.5
1.24	4.3×10^{-17}	−163.7	1.7×10^{-18}	−177.8	6.5×10^{-20}	−191.9
2.40	1.4×10^{-15}	−148.6	2.0×10^{-16}	−157.0	3.0×10^{-17}	−165.3
4.30	7.8×10^{-15}	−141.1	3.6×10^{-15}	−144.4	1.7×10^{-15}	−147.7
5.00	7.8×10^{-15}	−141.1	4.9×10^{-15}	−143.1	3.1×10^{-15}	−145.1
6.00	13×10^{-15}	−149.0	1.1×10^{-15}	−149.4	1.0×10^{-15}	−149.8
10.00	4.2×10^{-17}	−163.8	1.0×10^{-16}	−159.7	2.7×10^{-16}	−155.7
12.00	2.4×10^{-17}	−166.2	8.7×10^{-17}	−160.6	3.2×10^{-16}	−155.0
15.60	6.2×10^{-17}	−162.1	3.8×10^{-16}	−154.2	2.3×10^{-15}	−146.3
21.90	1.8×10^{-18}	−177.5	2.2×10^{-17}	−166.7	2.6×10^{-16}	−155.8
31.60	3.2×10^{-19}	−185.0	7.9×10^{-18}	−171.0	2.0×10^{-16}	−156.9
45.00	1.8×10^{-19}	−187.5	9.1×10^{-18}	−170.4	4.7×10^{-16}	−153.3
70.00	18×10^{-19}	−187.5	2.2×10^{-7}	−166.6	2.8×10^{-15}	−145.6
101.00	3.2×10^{-19}	−185.0	9.7×10^{-17}	−160.9	2.1×10^{-14}	−136.8
154.00	3.2×10^{-19}	−185.0	1.8×10^{-16}	−157.2	1.1×10^{-13}	−129.4
328.00	1.8×10^{-19}	−187.5	4.9×10^{-16}	−153.1	1.3×10^{-12}	−118.7
600.00	3.5×10^{-19}	−184.4	3.2×10^{-15}	−144.8	3.0×10^{-11}	−105.2
10^4	6.5×10^{-16}	−151.9	3.5×10^{-14}	−87.9	4.1×10^{-3}	−23.8
10^5	4.9×10^{-11}	−103.1	1.2×10^{-2}	−19.1	2.6×10^{6}	+65.0

表 5.2 Peterson 的 NHNM 模型（取自彼得·鲍曼（2006）表 4.2，解释见正文）

T/s	P_a/(m^2·s^{-4}/Hz)	P_a/dB	P_v/(m^2·s^{-2}/Hz)	P_v/dB	P_d/(m^2/Hz)	P_d/dB
0.10	7.1×10^{-10}	-91.5	1.8×10^{-13}	-127.5	4.5×10^{-17}	-163.4
0.22	1.8×10^{-10}	-97.4	2.2×10^{-13}	-126.5	2.7×10^{-16}	-155.6
0.32	8.9×10^{-12}	-110.5	2.3×10^{-14}	-136.4	6.6×10^{-17}	-162.2
0.80	1.0×10^{-12}	-120.0	1.6×10^{-14}	-137.9	2.6×10^{-16}	-155.8
3.80	1.6×10^{-10}	-98.0	5.8×10^{-11}	-102.4	2.1×10^{-11}	-106.7
4.60	2.2×10^{-10}	-96.5	1.2×10^{-10}	-99.2	6.4×10^{-11}	-101.9
6.30	7.9×10^{-11}	-101.0	8.0×10^{-11}	-10i.0	7.9×10^{-11}	-101.0
7.90	4.5×10^{-12}	-113.5	7.1×10^{-12}	-111.5	1.4×10^{-11}	-109.5
15.40	1.0×10^{-12}	-120.0	6.0×10^{-12}	-112.2	3.6×10^{-11}	-104.4
20.00	1.4×10^{-14}	-138.5	1.4×10^{-13}	-128.4	1.4×10^{-12}	-118.4
354.80	2.5×10^{-13}	-126.0	8.0×10^{-10}	-91.0	2.6×10^{-6}	-55.9
10^4	9.7×10^{-9}	-80.1	2.5×10^{-2}	-16.1	6.2×10^{4}	+47.9
10^5	1.4×10^{-5}	-48.5	3.6×10^{3}	+35.5	9.0×10^{11}	+119.6

根据 Peterson（1993）给出的 NLNM 和 NHNM 的加速度功率谱密度值，基于式（5.18）可计算出表 5.1 和表 5.2 中的其他列数据（Matlab 程序 M05_02_nlnm_nhnm.m）。

5.3 地动噪声功率谱密度的连续观测

估计地震台站地动噪声功率谱的另一种作法是连续计算其地动噪声功率谱，这时不对地动波形记录做任何预处理，不去剔除记录中的地震事件。

下面给出的实例是位于挪威的 NORSAR 地震台阵中心（见本书第 13 章）在其网站（http://www.norsardata.no/NDC/spectraplot/，最近一次访问在 2017 年 9 月）发布的 NORSAR 子台地动噪声功率谱月变化图。NORSAR 台阵中心使用 Welch 算法（见本章第 5.6 节）对每个通道计算每小时功率谱密度（PSD），具体作法是：把 1 小时时间窗分成 200 秒长的多个时段，相邻段重叠 50%（100 秒）（即总共 35 段），计算每段的周期图（periodogram）（即 FFT 并取振幅平方），并对 35 个周期图取平均，得到每小时的 PSD。在计算 PSD 之前没有对地震图进行仪器校正，所以 PSD 的单位是 count^2/Hz。

对台阵每个子台的每个通道，每月产生一张图，显示每小时地动噪声功率谱（PSD）的对数值（lg）（图 5.3）。横轴为时间（天），纵轴为频率（Hz），用色标表示 PSD（蓝色：低振幅；红色：高振幅）。为了提高图的动态分辨力，所示振幅都已减掉了由图中全部小时 PSD 计算出的平均 PSD。平均 PSD 由图中的红线表示。图中上、下边缘的红色短标记给出该平均值红线的标度。

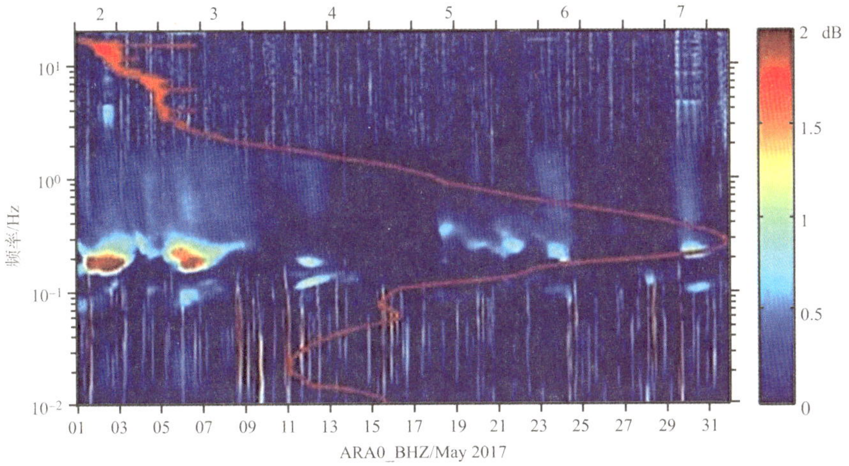

图 5.3　NORSAR 月功率谱密度图示例

5.4　IRIS GSN 地动噪声模型

Berger 等（2004）利用 IRIS 数据管理中心（IRIS DMC）汇集的全球地震台网（GSN）所属台站的连续波形记录，分析了自 2001 年 7 月至 2002 年 6 月期间运行的 118 个 GSN 台站的数据。由这些台站的数据计算了 738000 个小时的谱估计，基于这些谱估计建立了一个稳健的地动噪声模型。他们的分析方法包括了仪器正确运行时的全部数据，不需要专门寻找平静时段。

Berger 等（2004）对每一段数据，采用如下步骤计算其功率谱密度：

（1）从时间序列中去掉均值和趋势；

（2）计算傅里叶变换 $\mathrm{FT}(f)$；

（3）去仪器响应，得到以地动物理单位表示的频谱；

（4）应用 1/7 十倍频程带宽（近似于 1/2 倍频程）高斯滤波器作用于傅里叶变换结果，实现频率域的加权平均，以减小谱估计的方差（关于降低谱估计的方差，见 5.7 节）。每个频带的上端、中央和下端周期由式（5.19）给出：

$$\left.\begin{aligned} T_{\mathrm{u}} &= 10^{4-\frac{n}{14}} \\ T_{\mathrm{c}} &= 10^{4-\frac{n-1}{14}} \\ T_{\mathrm{d}} &= 10^{4-\frac{n-2}{14}} \end{aligned}\right\} \tag{5.19}$$

式中，n 是频带序号，当 $n=1$ 时有中央周期 10000s。这样，对每个频带，其分数带宽为，

$$\left|\frac{\Delta T}{T_{\mathrm{c}}}\right| = \left|\frac{\Delta f}{f_{\mathrm{c}}}\right| = 10^{\frac{1}{14}} - 10^{-\frac{1}{14}} = 0.3304 \tag{5.20}$$

而且每个频带与其相邻频带重叠 50%。对傅里叶变换结果 $\mathrm{FT}(f)$ 进行高斯滤波的计算公式是，

$$\bar{F}(f_{\mathrm{c}}) = \frac{\displaystyle\int_{f_{\mathrm{c}}-\Delta f}^{f_{\mathrm{c}}+\Delta f} \mathrm{FT}(f)\,\mathrm{e}^{-\frac{(f-f_{\mathrm{c}})^2}{2}}\mathrm{d}f}{\displaystyle\int_{f_{\mathrm{c}}-\Delta f}^{f_{\mathrm{c}}+\Delta f} \mathrm{e}^{-\frac{(f-f_{\mathrm{c}})^2}{2}}\mathrm{d}f} \tag{5.21}$$

上述过程的最终产品是超过738000个谱估计构成的数据集。图5.4给出台站TUC(Tucson, Arizona)的VHZ-00通道(STS-1垂直分量)在单个周期316s的观测结果作为时间的函数，图5.4(a)显示谱估计值(每个值的信号时段为24小时，50%重叠样本)作为时间

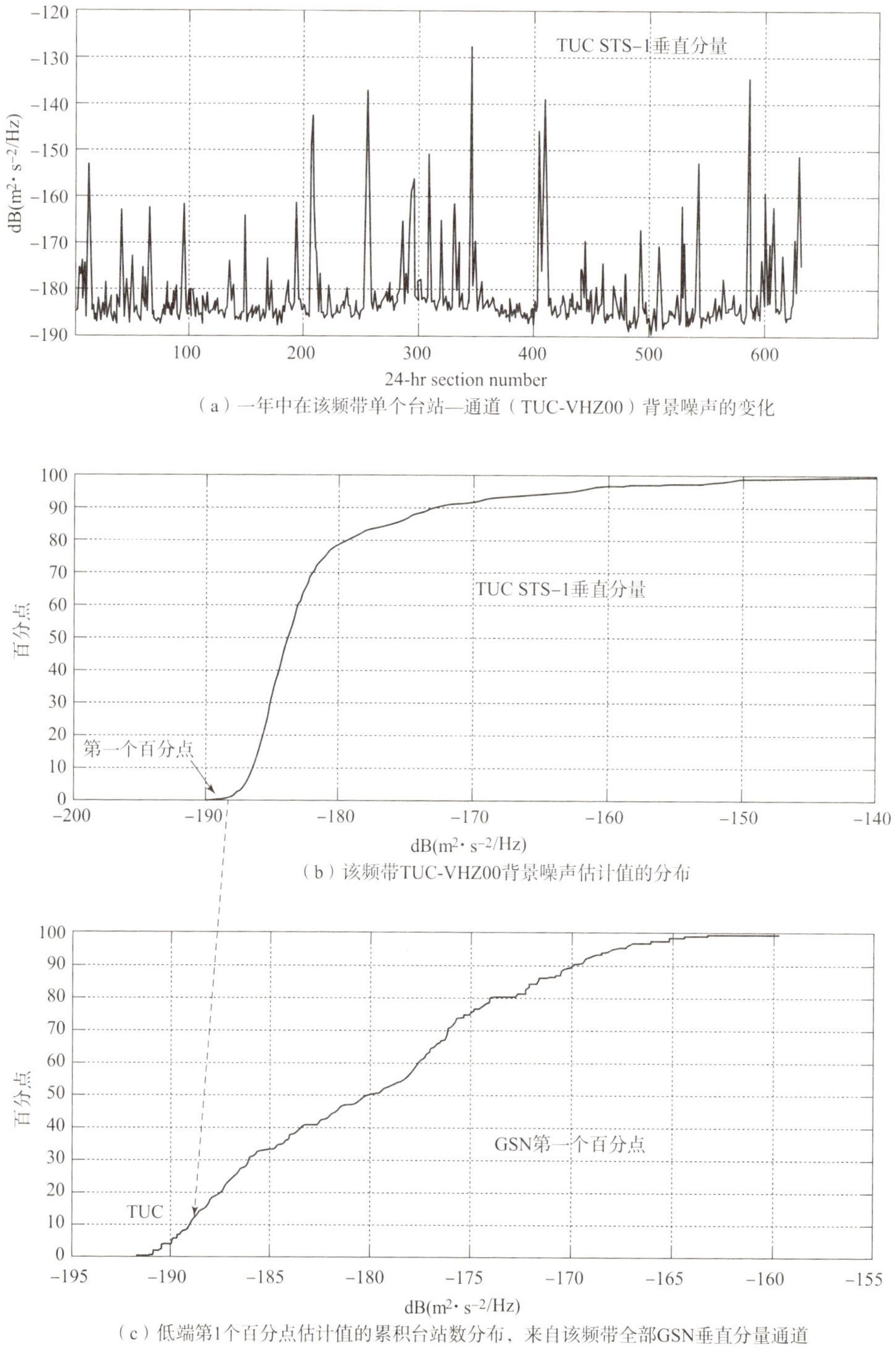

图5.4　台站TUC(Tucson, Arizona)的VHZ00通道(STS-1垂直分量)在单个周期316s的观测结果(Berger et al., 2004)

的函数，明显的峰值代表有地震到达台站的能量，因为在计算时没有从数据集中消除地震信号。虽然噪声背景随气候和其他因素的贡献而变化，但总体上该台站的性能在整个一年里都相当好。图 5.4(b)中画出这些估计值作为百分数的累积分布，横坐标是噪声功率谱（dB值），纵坐标是累积样本数占全部样本（超过 738000 个）的百分数。因此，曲线上的点对应的纵坐标给出低于其横坐标所示功率谱密度的样本数占总样本数的百分比。80% 估计值落入 -180dB 以下，说明在这一频带 TUC 是一个很平静的台站。落入 -160 ~ -80dB 的观测值所占比例不到 7%，主要是地震信号造成的。图 5.4(c)中画出全部 GSN 台站垂直分量的所有低端第 1 个百分点噪声谱估计。即从每个台站通道中取出代表其分布的第 1 个百分点的分贝值，从小到大排序，得到低于横坐标给定分贝值以下台站数占台站总数的百分数，作为图中的纵坐标。可由此评估单个台站与整个台网的性能。

对每个频带（用中心周期代表，如图 5.4 中的 316s），每个台站通道都可得到相应的低端 1% 功率谱密度分贝值，取这些台站中的最小值，构成所谓 GSE 噪声模型，它对应于图 5.5 中的 1% 曲线，可以看出，对于 GSN 台站覆盖的大部分频带，低端 1% 噪声谱值显著低于 Peterson 低噪声模型 NLNM（图中的短划线）（Berger et al.（2004）将其称作 PLNM），但周期小于约 0.4s 的例外。在小于 0.4s 时 GSN 噪声模型显著高于 PLNM。如 Peterson（1993）指出，对于周期小于 0.5s 缺少合适的数据确定噪声模型，当时所用数据集只取自两个台，每个由 4096 个样本构成的一段数据。图 5.5 中还画出了 5%、25% 和 50% 曲线，其含义与

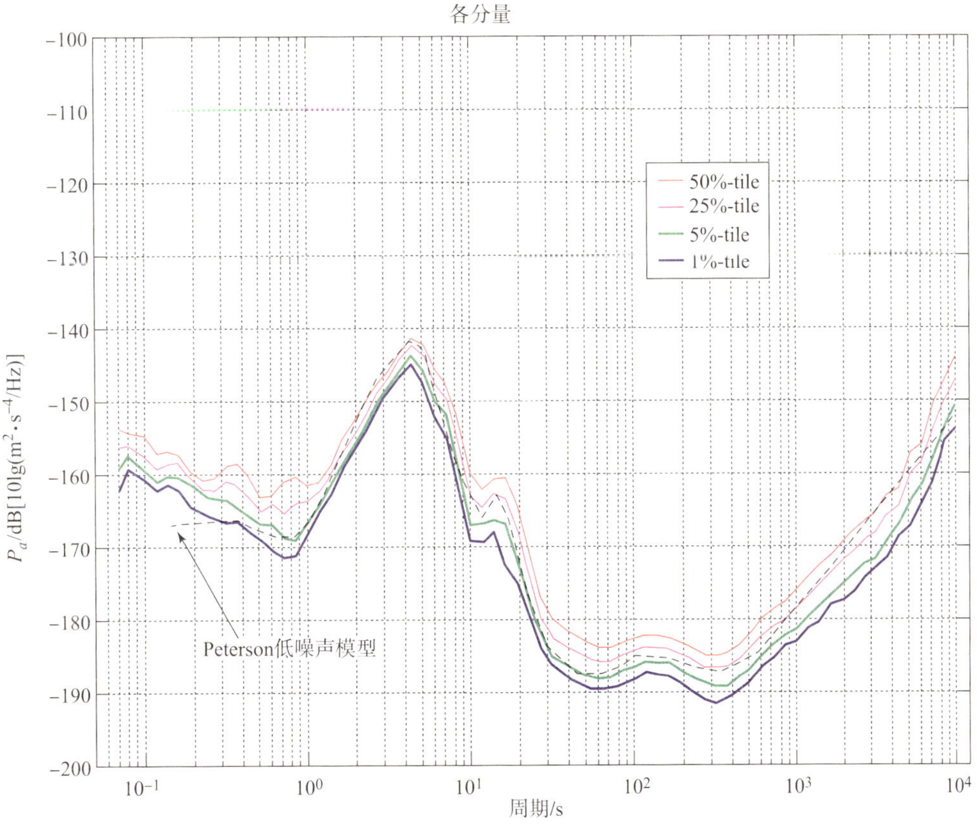

图 5.5　GSN 全部台站和通道在 1%、5%、25% 和 50% 的最低噪声水平，以 Peterson 低噪声模型（PLNM）作为参考（Berger et al.，2004）

1% 的含义相同。

5.5 地动噪声功率谱的概率密度函数估计及美国地动噪声模型(MLNM)

McNamara 和 Buland（2004）利用向美国地质调查局（USGS）的国家地震信息中心（NEIC）实时传送数据的美国国家地震台网（USNSN）、全球地震台网（GSN）以及各区域地震台网（RSN）的宽频带台站记录的数据，获取地震波谱信息，借以分析全美国大陆的地动噪声特征。他们采用 Perterson（1993）的标准算法对全记录数据进行功率谱密度计算，然后，在计算出的各台站多时段地动功率谱密度的基础上计算不同功率谱密度水平的概率密度函数（PDF）。使用发生概率最高的功率谱密度来评价台站地动噪声水平，而不是传统地以平静时段的功率谱密度来评价。在 PSD 的 PDF 基础上建立评价指标体系能更客观地反映台站实际运行期间的地动噪声特性。

5.5.1 地动噪声功率谱的概率密度函数估计

McNamara 和 Buland（2004）计算 PSD 的 PDF 具体处理步骤如下。

5.5.1.1 预处理

McNamara 和 Buland（2004）把每个台站分量的连续时间序列以 1 小时为时间序列段长度，以半小时为滑动步长（重叠 50%），波形采样率为 40sps，每 1 小时时间序列段总计 144000 个数据点，计算 PSD 的预处理包括：

（1）每个时间序列段中的采样点数被截断到 2^{17}；数据点数 $N=131072$，从而减少运算次数，改善快速傅里叶变换（FFT）的速度。

（2）截断后的约 55 分钟时间序列再被分成 13 段，按 75% 重叠；每段数据点数 $N=2^{15}=32768$，从而进一步减小最终 PSD 估计值的方差（见 5.7 节）。

（3）对数据去掉均值，并通过“平均斜率法”去掉长周期趋势，使长周期污染减至最小，具体作法是：

如果 u_n 是长度为 T_r 的时间序列 $u(t)$ 中的数据值，均值由式（5.22）给出，

$$u_{\text{mean}}=\frac{1}{N}\sum_{n=1}^{N}u_n \tag{5.22}$$

式中，N 是时间序列的数据点数。

长周期趋势 T_{lp} 定义为其周期大于记录长度 T_r 的任何频率成分，

$$T_{\text{lp}}(t)=a_u\cdot\left(t-\frac{T_r}{2}\right) \tag{5.23}$$

其中，$0\leqslant t\leqslant T_r$，而且，

$$a_u=\frac{1}{\left(\frac{T_r}{3}\right)\left(\frac{2T_r}{3}\right)}\left[\int_{\frac{2T_r}{3}}^{T_r}u(t)\,\mathrm{d}t-\int_{0}^{\frac{T_r}{3}}u(t)\,\mathrm{d}t\right] \tag{5.24}$$

从原始时间序列 $u(t)$ 中减去 u_{mean} 和 $T_{lp}(t)$，产生新的时间序列 $x(t)$，它有零均值而且已去掉了长周期趋势，

$$x(t)=u(t)-u_{mean}-T_{lp}(t) \tag{5.25}$$

(4) 为压低结果 FFT 的边瓣泄漏，对每个被截断和去趋势的时间序列段的两端应用 10% 正弦窗。对时间序列两端加窗的作用是使 FFT 平滑和使时间序列起点和终点之间的不连续效应最小化。

5.5.1.2　计算噪声功率谱密度

为计算地动噪声功率谱密度，首先通过 Peterson（1993）的标准方法计算地动噪声功率谱密度（PSD）(见 5.1 节)。然后，对 PSD 估计值乘以因子 1.142857，以补偿先前应用 10% 正弦窗造成的功率谱损失。

最后，在频率域内用地震计对加速度的传递函数除以 PSD 估计值，以去掉地震计的仪器响应，得到以 $(m/s^2)^2/Hz$ 为单位的功率谱密度 P_a。为了直接与 NLNM 比较，将 PSD 估计值 P_a 转换为相应的分贝(dB)值 P_{dB}：

$$P_{dB}=10\cdot \lg P_a \tag{5.26}$$

这里为什么要对 PSD 估计值乘以常数 1.142857 呢?

对于汉宁窗，功率谱的窗函数造成的增益是 3/8（见 5.6 节），即加汉宁窗后得到的功率谱仅为不加窗功率谱的 3/8。现在是在波形段的两侧各 10% 加正弦窗，这相当于将汉宁窗分成两半加到数据段的两端，中间的 80% 没有受加窗的影响。由于窗函数造成的增益是 $8/10+(2/10)\times(3/8)=8/10+3/40=7/8$。因此，对加窗 PSD 的校正因子应该是 7/8 的倒数，即 $8/7=1.142857$。

一般地，设两侧所加正弦窗各占 $x\%$，未受影响部分则是 $1-2x\%$，受影响部分的窗函数增益是 $(3/8)\times 2x\%$，于是总的窗增益是 $1-2x\%+(3/8)\times 2x\%$。本例中 $x=10$。因此得到的窗增益是 $1-20\%+(3/8)\times 20\%=7/8$，故窗增益校正因子为 $8/7=1.142857$。

5.5.1.3　概率密度函数 PDF

为了估计给定台站噪声的真正变化，使用按上述方法得到的数千个 PSD 来产生地动噪声概率密度函数（PDF）。为了适当地取样 PSD，按 1/8 倍频程间隔取频率点作为 1/8 倍频程的中心频率，进行 1 个倍频程宽度的平均。这一过程使频率点个数减至原来的 1/169，频点数从 16385（FFT 频点数为 $N/2+1$，N 为进行 FFT 的时间序列所包含的数据点数）减至 97。这样，功率谱在短周期（高频）拐点 T_s 和长周期（低频）拐点 $T_l=2T_s$ 之间平均，其中心周期 $T_c=(T_s\cdot T_l)^{1/2}$ 是在倍频程内的几何平均周期。于是，几何均值在 log 空间中均匀分布。将每个倍频程的平均功率与相应的中心周期 T_c 一一对应。然后，T_s 增量一个 1/8 倍频程，使得下一个 T_s 等于当前 T_s 乘以 $2^{1/8}$，为下一个周期段计算平均功率。重新计算 T_l 和 T_c，在这下一个周期段 T_s 至 T_l 内得到平均功率，过程继续到最长可分辨周期（约为 T_r 的 1/10），见图 5.6。

对每 1 小时 PSD 估计值重复这一过程，得到每个台站分量的数千个 PSD 估计值。然后对每个 PSD 按 1dB 间隔累积，产生频度分布图（柱状图）(图 5.7)。从图中可看到每个周期有确定得很好的低功率噪声本底（即图中对应每个周期的频度分布曲线的左侧第一个峰值），同时较长周期（10s 和 100s）的频度分布曲线也有第二个峰值，这是由于系统的瞬时变化和自然噪声造成的。

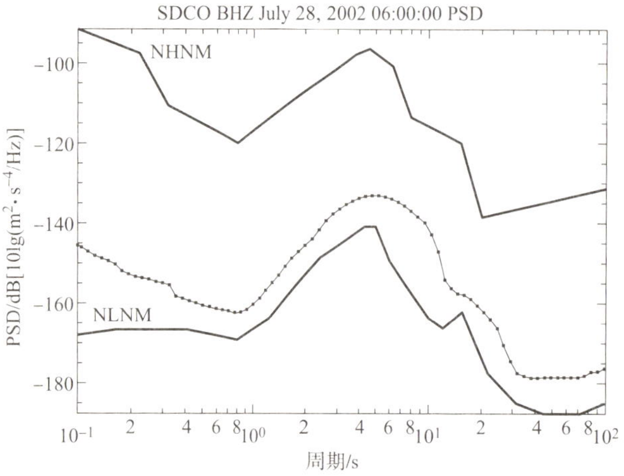

图 5.6 台站 SDCO 的宽频带垂直向 2002 年 7 月 28 日 06:00:00 起近一小时的 PSD。以 1/8 倍频程间隔在一个倍频程上对功率谱进行平均，图中曲线上的圆点是进行功率谱平均的中心点（McNamara and Buland（2004），Fig. 2）

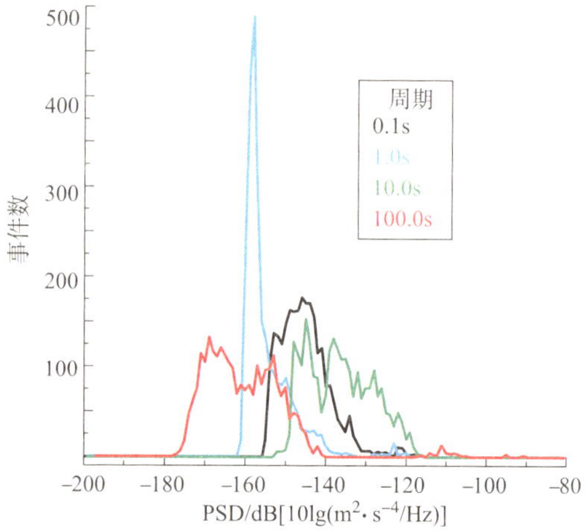

图 5.7 台站 AHID 的 BHZ 分量的单独 4 个周期段（给出 4 个中心频率）的 1dB 间隔柱状图（McNamara and Boaz（2005），Fig. 3）

对于给定的中心周期 T_c，概率密度函数（PDF）可按下式估计，

$$P(T_c)=\frac{N_{PT_c}}{N_{T_c}} \tag{5.27}$$

式中，N_{PT_c} 是中心周期为 T_c 的谱估计值落入给定 1dB 功率间隔内的个数，其范围 -200～-80dB；N_{T_c} 是中心周期为 T_c 的谱估计值在全部功率谱上的个数。然后以色标显示出在特定周期给定功率谱密度的发生概率，用于直接和高、低噪声模型比较（图 5.8）。对每个周期间隔

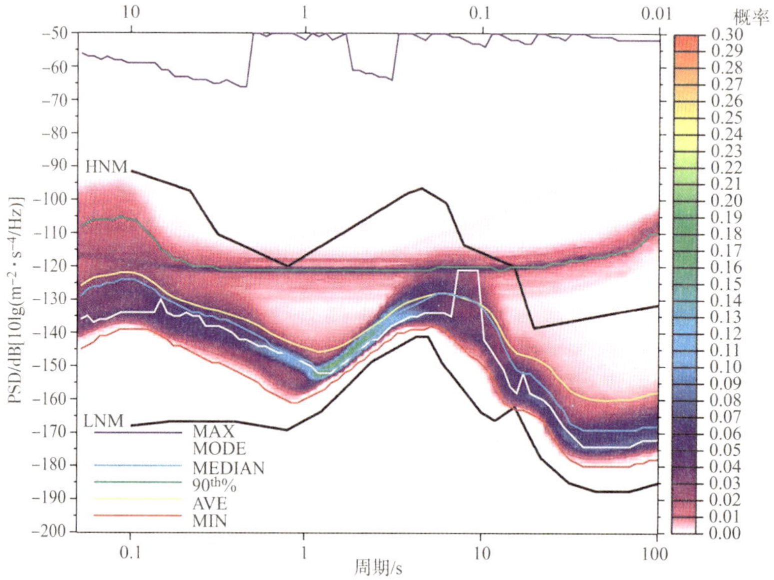

图 5.8 台站 AHID BHZ 的 PDF，使用 2000 年 9 月至 2003 年 9 月期间的 19432 个 PSD 值构成（McNamara and Buland，2004，Fig. 4）

计算和画出极小值（MIN）、均值（AVE）、中位值（MEDIAN）、众数（MODE）、第 90 百分位值（$90^{th}\%$）和最大（MAX）功率谱密度值。

5.5.2　美国地动噪声模型（MLNM）

如上一节所述，McNamara 和 Buland（2004）扩展了 Peterson（1993）噪声估计方法，他们使用求概率密度函数（PDF）的方法考察 PSD 的分布。在此基础上，根据概率最高的噪声水平（众数，Mode）而不是 Peterson（1993）提出的平静时段噪声值来计算美国地质调查局（USGS）的新型国家地震观测系统 ANSS（Advanced National Seismic System）的一个新噪声模型，称作 PDF 众数低噪声模型 MLNM（Mode Low Noise Model）。

5.5.2.1　美国大陆的 MLNM

McNamara 和 Buland（2004）对美国大陆的每个台站分量通过 PDF 计算噪声水平的众数进行统计，它代表给定台站最高概率的噪声水平（图 5.8）。然后根据众数水平计算新的噪声模型 MLNM。MLNM 是由每个倍频程观测到全部台站分量的 PDF 众数噪声最小值构成，并相对于 Peterson（1993）的标准高、低噪声模型画出（图 5.9）。由图中可见，从 0.1～20s（10～0.05Hz）MLNM 比 Perterson 的 NLNM 高约 10～15dB。对于常规监测，众数低噪声模型 MLNM 或许更能代表符合实际的噪声水平。

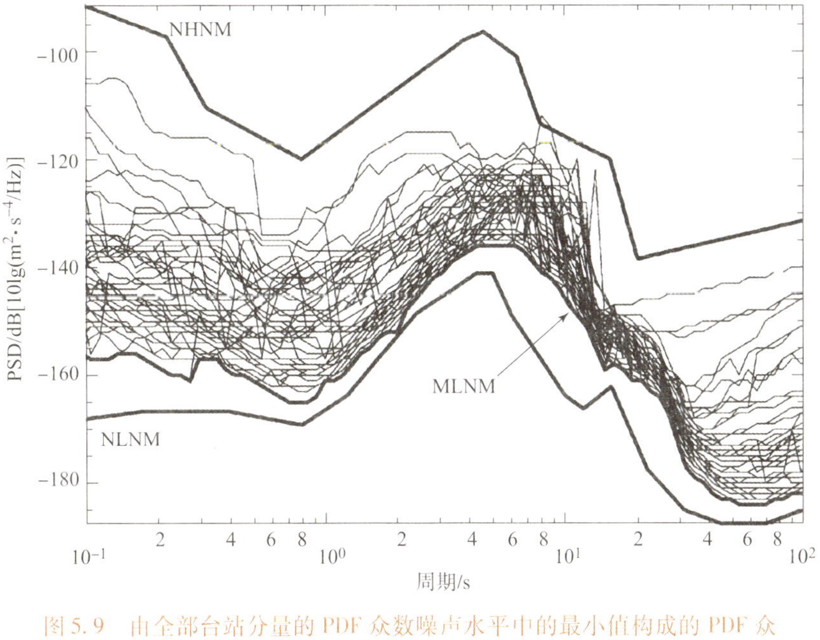

图 5.9　由全部台站分量的 PDF 众数噪声水平中的最小值构成的 PDF 众数低噪声模型 MLNM（McNamara and Buland（2004），Fig.12），图中的 NLNM 和 NHNM 曲线是 Peterson（1993）新低、高噪声模型

5.5.2.2　PSD－PDF 方法的应用和推广

起初，McNamara 和 Boaz（2005）按上述算法开发了使用功率谱密度概率密度函数（PSD－PDF）分析地动噪声的独立软件包 PDFSA。后来，PSD－PDF 方法被纳入开源软件包 PQLX（PASSCAL Quick Look eXtended）（Boaz and McNamara，2008）。当前，PQLX 软件包在国际上的一些单位如 USGS 国家地震信息中心（NEIC）、IRIS 数据管理中心（DMC）以及新西

兰的 GeoNet，作为噪声评估工具，用于地震台网的数据质量控制。

PQLX 软件包可从 IRIS 数据管理中心下载，网址为：http://ds.iris.edu/ds/nodes/dmc/forms/pqlx/（最近一次访问在 2017 年 9 月）。

廖诗荣和陈绯雯（2008）应用概率密度函数方法自动处理了地震台站勘选的测试数据；Rastin 等（2012）应用概率密度函数方法分析了新西兰北岛国家地震台网观测到的 5 年（2005—2009 年）记录。图 5.10 为由新西兰北岛噪声 PDF 得到的众数低噪声模型（MLNM）。

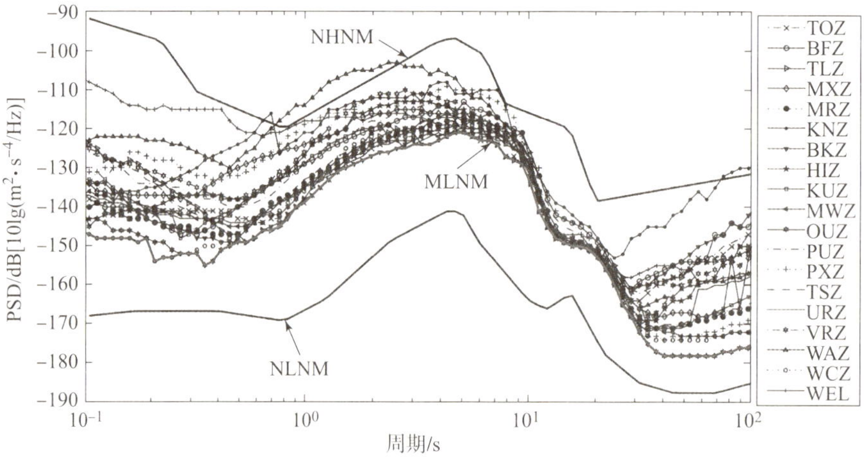

图 5.10　由新西兰北岛噪声 PDF 得到的众数低噪声模型（MLNM）
（Rastin et al. 2012，Fig. 5）

王俊等（2013）开发了基于 Matlab 的准实时背景噪声计算分析软件，实现了对江苏地震台网台站背景噪声的准实时监测。

5.6　在 Matlab 中实现噪声功率谱估计

Matlab 提供了周期图法计算 PSD 以及在此基础上的若干改进算法（万永革，2012）。

在 Matlab 中的约定是：对于实信号，PSD 是关于零频率对称的，因此，对于归一化圆频率 ω 在 $0 \leqslant \omega < \pi$ 计算的 $P_{xx}(\omega)$ 足以完全表征 PSD。然而，为了得到在整个奈奎斯特频率间隔内给定频带的平均功率，必须引入单边 PSD 的概念。单边 PSD 由下式给出：

$$P_{\text{onesided}}(\omega)=\begin{cases}0, & -\pi \leqslant \omega < 0 \\ 2P_{xx}(\omega), & 0 \leqslant \omega < \pi\end{cases} \tag{5.28}$$

使用单边 PSD，则在频带 $[\omega_1, \omega_2]$（其中 $0 \leqslant \omega_1 \leqslant \omega_2 \leqslant \pi$）上信号的平均功率是，

$$\bar{P}_{[\omega_1,\omega_2]} = \int_{\omega_1}^{\omega_2} P_{\text{onesided}}(\omega)\,\mathrm{d}\omega \tag{5.29}$$

由式（5.29）可知，在 Matlab 中计算的单边 PSD 正是 5.1.3 小节中讨论的工程学定义

的 PSD。

再次说明，这里的 ω 是所谓归一化频率，$\omega = 2\pi f/f_s$，f_s 是采样率，f 是物理频率。$\omega = \pi$ 时对应 $f = f_s/2$，该频率为奈奎斯特频率。

Matlab 提供的 Welch 算法 pwelch 可以完成 Peterson（1993）地动噪声功率谱（PSD）的标准计算过程。

```
[Pxx, f] = pwelch(x,window,noverlap,nfft,fs,'range')
```

其中：x 是随机序列；nfft 为 FFT 点数（段长）；fs 是采样率；window 为指定窗函数，缺省值为汉明窗；noverlap 代表重叠点数；'range' 选项为'onesided'或'twosided'）。

Pwelch 使用 Welch 方法（万永革，2012，第 349 页）计算功率谱密度，具体步骤是：

（1）根据给定的窗长度（window）和重叠点数（noverlap），将输入信号矢量分成 k 个重叠段。

（2）对 x 的每段应用指定的（或缺省的）窗函数。

（3）对加窗的数据应用 FFT，点数为 nfft。

（4）对每个信号段计算未加窗（修正）周期图（功率谱），

$$S(e^{j\omega}) = \frac{1}{n}\left|\sum_{l=1}^{n} x_l e^{-j\omega l}\right|^2 \tag{5.30}$$

或加窗后的周期图，

$$S(e^{j\omega}) = \frac{\dfrac{1}{n}\left|\sum_{l=1}^{n} w_l x_l e^{-j\omega l}\right|^2}{\dfrac{1}{n}\sum_{l=1}^{n}\left|w_l\right|^2} \tag{5.31}$$

加窗后的周期图通过式（5.31）中的分母项考虑了加窗造成的功率谱损失，对不同的窗函数都适用。对于汉宁窗，根据其定义进行定积分，得到值为 3/8，在 Matlab 中对给定长度 L 的汉宁窗(h = hann(L))计算的确得到这一结果，这在 5.5.1.2 中曾经讨论过。

如果'range' = 'onesided'，则得到工程学定义的功率谱。如果'range' = 'twosided'则得到数学定义的功率谱（见 5.1.2 小节）。

（5）对得到的一组修正的周期图进行平均，得到功率谱估计 $S(e^{j\omega})$。

（6）对得到的谱估计进行标度，得到功率谱密度 $S(e^{j\omega})/F$，如果使用 pwelch 时没有提供采样率，则 F 等于 2π；如果提供了采样率，则 F 等于采样率 f_s。注意 $\Delta t = 1/f_s$ 为采样间隔，这里除以 f_s 相当于乘以 Δt。

由上述步骤可知，采用单边（onesided）选项并给定采样率时由 pwelch 函数计算得到的功率谱密度符合 Peterson（1993）定义的“标准”功率谱密度（PSD），并且已经补偿了因加窗造成的功率谱损失。

5.7　PSD 估计值的误差估计

本节引用 Van Baren（2012）的文章内容，讨论对 PSD 估计值的误差估计和减小 PSD 估计值方差的方法。这里的讨论不限于地动噪声的功率谱分析，而是适用于一般高斯随机过程。所谓高斯随机过程（即正态随机过程），是指这样的随机过程，对其任意选取 n 个时刻，相应的 n 个变量值服从高斯分布，n 越大，分布越接近高斯分布。因此，可用其均值和方差来描述一个高斯随机过程。（对高斯随机过程的详细讨论可参考《随机过程导论》，周荫清，1987）

5.7.1 基本原理

高斯随机波形的 PSD 是用快速傅里叶变换（FFT）计算的。FFT 是一个线性变换，当它的输入是一个高斯随机波形时，FFT 在每个频率的输出结果是一个复数，具有高斯实部和高斯虚部，两者的平方和即为幅值，所以 FFT 输出的平方幅值是具有两个自由度（DOF）的卡（Chi）平方分布随机变量。为计算平均 PSD，对 F 个时间段每段计算 FFT，然后对各段的平方幅值进行平均。结果，高斯波形的平均 PSD 是自由度为 $2\times F$ 的卡平方分布随机变量。

在实践中，意味着能从定义卡平方分布的公式直接计算 PSD 置信水平和概率。已知 n 个自由度的卡平方分布有如下概率密度函数（PDF），

$$f(w,n)=\frac{w^{\frac{n-2}{2}}\mathrm{e}^{-\frac{w}{2}}}{2^{\frac{n}{2}}\Gamma\frac{n}{2}},\quad 当\ w\geqslant 0 \tag{5.32}$$

和累积分布函数（CDF），

$$F(w,n)=P\left(\frac{w}{2},\frac{n}{2}\right) \tag{5.33}$$

其中 w 是服从卡平方分布的随机变量值，n 是其自由度，$\Gamma(a)$ 是伽玛函数（叶其孝、沈永欢，2006，第 656～660 页），定义为，

$$\Gamma(a)=\int_0^{\infty}\mathrm{e}^{-t}t^{a-1}\mathrm{d}t \tag{5.34}$$

式（5.33）中出现的 $P(a,x)$ 是归一化低端不完全伽玛函数，定义为，

$$P(a,x)=\frac{1}{\Gamma(a)}\int_0^{x}\mathrm{e}^{-t}t^{a-1}\mathrm{d}t \tag{5.35}$$

使用这一关系和给定的自由度（DOF）值，可给出从平均值算起超过给定 dB 水平的概率。注意到卡平方随机变量的均值等于其自由度 n，于是，对于 dB <0，使用，

$$\Pr[x<\mathrm{dB}]=\mathrm{gammainc}(10^{\wedge}(\mathrm{dB}/10)*\mathrm{DOF}/2,\mathrm{DOF}/2,\text{'lower'}) \tag{5.36}$$

对于 dB >0，使用，

$$\Pr[x>\mathrm{dB}]=\mathrm{gammainc}(10^{\wedge}(\mathrm{dB}/10)*\mathrm{DOF}/2,\mathrm{DOF}/2,\text{'upper'}) \tag{5.37}$$

Matlab 中有函数 gammainc，根据给定的 DOF 和容限 dB 便可计算出 PSD 值超过该容限的概率。例如，在 Peterson（1993）中使用了 12 段平均，故自由度为 2×12 =24，于是得到当容限 dB = +3，+1.5，-1.5，-3dB 时，PSD 值超过容限 dB 的概率分别为 0.26%，8.64%，

15.09%，2.04%。若 DOF =80，容限 dB 为 +1.5 和 -1.5，则 PSD 值超过容限 dB 的概率分别为 0.892% 和 2.214%；若 DOF =120，容限 dB 为 +1.5 和 -1.5，则 PSD 值超过容限 dB 的概率分别为 0.199% 和 0.647%。

5.7.2　PSD 的置信区间

基于 5.7.1 小节的基本原理，可以计算在给定概率值时 PSD 的 dB 误差限，通常表示为 90%，99%，99.9% 的置信区间，其含义是 PSD 真实值在给定置信水平下将落入这一区间范围。例如，90% 的置信区间给出覆盖概率曲线中央 90% 部分的 dB 值范围，换言之，有 5% 的概率小于下限，有 5% 的概率大于上限，而 90% 概率处于所述界限内。这些置信区间可作为自由度（DOF）的函数列表或画图。

前面已能计算超过给定上限的概率和低于给定下限的概率。当给定置信水平时，相当于给定了超过上限的概率和低于下限的概率均为(1 - CL)/2，CL 为置信水平，在这一条件下找出相应的上限 dB 值和下限 dB 值。

一种办法是给定公式中 dB 的一个小的初值和适当的步长，计算相应的概率值，当最接近于所要求的概率值，例如 5%（相当于置信水平 90%）或 2.5%（相当于置信水平 95%），那么此时的两个 dB 值就是所求的置信区间上下限。Matlab 程序 M05_03_psddof.m 可以实现这一过程。例如，给定置信水平为 99% 和自由度 120，用 M05_03_psddof.m 计算得到置信区间上界为 1.344dB，下界为 -1.553dB。表 5.3 列出给定自由度（DOF）的 PSD 值置信区间（dB）。

表 5.3　给定自由度（DOF）的 PSD 值置信区间（dB）

DOF =	80	100	120	140	160	180	200	220	240	260	280	300	说明
99.9%	2.05	1.85	1.70	1.59	1.49	1.41	1.34	1.28	1.23	1.19	1.15	1.11	
99%	1.63	1.47	1.35	1.25	1.18	1.11	1.06	1.01	0.97	0.94	0.90	0.87	上界
90%	1.05	0.95	0.87	0.81	0.76	0.72	0.68	0.65	0.62	0.60	0.58	0.56	
90%	-1.22	-1.08	-0.98	-0.91	-0.84	-0.79	-0.75	-0.71	-0.68	-0.65	-0.63	-0.61	
99%	-1.94	1.72	-1.56	-1.43	-1.33	-1.25	-1.18	-1.13	-1.08	-1.03	-0.99	-0.96	下界
99.9%	-2.52	-2.23	-2.01	-1.85	-1.72	-1.62	-1.53	-1.45	-1.39	-1.33	-1.28	-1.23	

5.7.3　减小 PSD 估计值的方差

从上两节的讨论可知，要减小 PSD 估计值的方差，就要增大估计 PSD 的自由度。通过分段平均，可使自由度增大为段数的 2 倍。为得到尽可能多的段数，每段又足够长，可将相邻段重叠，但注意重叠比例太高会减少自由度。一个简单的经验法则是：对于 50% 重叠并使用窗函数，仍能达到几乎是参与平均段数 2 倍的 DOF；对于 75% 重叠，达到的 DOF 是段数的 1 倍左右，但由于在数据总长度不变的情况下增加了参与平均的段数，因而增加了自由度数，所以对于减小 PSD 估计方差也是有意义的。这一结果的实践意义是，能使用 50% 重叠使有效 DOF 加倍。NORSAR 的 PSD 计算就采用了 50% 重叠（图 5.3）。

基于上述分析，对于台站地动噪声功率谱密度的估计，有如下建议：

(1) 明确用于计算噪声功率谱的信号长度、分段数、相邻段重叠百分比、窗函数以及谱平滑点数，以使各台站噪声功率谱密度估计有统一标准。

（2）计算功率谱和 RMS 振幅时，对 PSD 定义的约定要统一，最好统一使用单边 PSD 定义，使之能与 Peterson（1993）的 NLNM 和 NHNM 比较。

（3）对计算的 PSD，给出 95% 置信度误差估计值（Peterson，1993）或在 PSD 曲线图上给出给定置信度的误差限线段长度（Holcomb，1989）。

5.8 台站场地响应评估方法

地震台站的场地响应（site response），或称场地效应（site effect），是指地震台站的局部地下介质对地震信号的放大作用，例如基岩台站的场地响应接近于 1，而地表土层台站则可能高达 10 以上，而且对不同频率的信号，场地响应不同，也就是说，场地响应是地震信号频率的函数。

在地震工程学上，场地响应是评估地震对建筑物破坏程度的重要参数。了解不同地区，特别是城镇地区的场地放大效应，可指导减灾规划和抗震设防。根据大地震时强震动观测得到的峰值加速度（PGA）和峰值速度（PGV）变化，可以得到基岩场地的震动图。但对于沉积层覆盖的地区，需要考虑场地放大效应，才能对地震的震动效应给出正确的估计，从而为地震应急减灾和震害评估提供可靠信息。因此，估计场地放大效应对于防震减灾具有实际意义。

由于数字地震观测技术和数据处理技术的发展，使得原本是地震工程学范畴的场地效应估计，也已成为地震数据处理的一部分。通过对地震观测数据的处理，无论是对地震记录波形的处理还是对地动噪声记录的处理，都可以得到关于场地响应的有用信息。另一方面，对越来越小地震的震源参数分析需要对记录信号进行场地响应校正。可靠地估计台站场地响应对于地震波形反演获取震源参数以及地震震级测定等都具有重要意义。因此，就震源参数和地球介质参数的准确测定而言，也需要对观测台站的场地响应进行估计。场地响应估计已经不再为工程地震学领域所独有，它也成为现代地震数据处理的一项重要内容，可靠的台站场地响应是地震台网的重要基础数据之一。

自刘杰等（2003）开展的相关工作以来，在我国许多地区先后开展了对区域地下介质的品质因子 Q 值（见第 11 章）和台站场地响应的反演，给出了一系列结果。利用 Moya 方法计算台站响应的计算机程序是 ISDP 软件包的功能之一（中国地震局分析预报中心，河北省地震局，2004）。

可将场地响应评估方法分为针对 S 波段、尾波段和地动噪声段 3 类方法。3 类方法互有交叉，且波形段的截取也有重叠。例如，S 波段的波形截取可能从 P 波到达开始，也可能延伸到包含一部分尾波，而尾波分析的波形段可能从 S 波的到达开始。

国际上关于不同地区台站场地响应的研究文章很多，采用的方法也各有不同。下面的归纳主要参考 Galluzzo 等（2009）的附录 A。有兴趣的读者可以参考文中给出的参考文献，尝试采用不同的方法估计本地区地震台站的场地响应。

5.8.1 以 S 波段为主的场地响应评估方法

本节讨论以 S 波段为主的场地响应评估方法。

5.8.1.1　直接谱比（Direct Spectral Ratio、DSR）

直接谱比方法是以一个参考台站的场地响应或多个参考台站的平均场地响应作为基准，计算其他台站的 S 段波形振幅谱与这个参考场地响应的比值，作为该台站的场地响应。为获得稳定可靠的场地响应估计，采用多地震记录所得比值的平均值，方法的基本步骤概括如下。

在频率域，地震图可表示为源、路径、场地、仪器响应的乘积，

$$A_{ij}(f)=K_i(f)\cdot P_{ij}(f)\cdot S_j(f)\cdot I_j(f)\cdot R_{ij}^{\theta\phi} \tag{5.38}$$

式中，K_i代表第 i 个事件的震源项；P_{ij}是路径项（包括第 i 事件和第 j 台站之间的几何扩散和衰减）；$S_j(f)$是第 j 台站的场地项；$I_j(f)$是第 j 台站的仪器响应项；$R_{ij}^{\theta\phi}$ 是辐射花样函数；下标 i 和 j 分别指事件和台站($i=1,2,\cdots,n;j=1,\cdots,N$)；谱振幅 $A_{ij}(f)$ 是北南向和东西向分量谱振幅的对数平均。首先对 $A_{ij}(f)$ 进行仪器响应 $I_j(f)$ 校正，再用该地区测得的路径项 $P_{ij}(f)$校正 A_{ij}（f）。这样，式（5.38）可重写为，

$$\frac{A_{ij}(f)}{P_{ij}(f)\cdot I_j(f)}=K_i(f)\cdot S_j(f)\cdot R_{ij}^{\theta\phi} \tag{5.39}$$

使用有不同震源机制的地震平均掉辐射花样效应，$R_{ij}^{\theta\phi}$ 趋于平均值 0.55（Boore and Boatwright，1984），于是可写出，

$$\bar{A}_{ij}(f)=K_i(f)\cdot S_j(f) \tag{5.40}$$

式中，$\bar{A}_{ij}(f)$ 是式（5.39）中等号左边项经过平均辐射花样项校正后的结果。取式（5.40）的自然对数，得到，

$$\ln[\bar{A}_{ij}(f)]=\ln[K_i(f)]+\ln[S_j(f)] \tag{5.41}$$

取式（5.41）对下标 i 的平均，得到，

$$\langle\ln[\bar{A}_{ij}(f)]\rangle_i=\langle\ln[K_i(f)]\rangle_i+\ln[S_j(f)] \tag{5.42}$$

然后再对 j 求平均，于是得到，

$$\langle\ln[\bar{A}_{ij}(f)]\rangle_{ij}=\langle\ln[K_i(f)]\rangle_i+\langle\ln[S_j(f)]\rangle_j \tag{5.43}$$

式（5.43）中的$\langle\ln[S_j(f)]\rangle_j$假定为场地参考谱的估计值，换言之，假定可使用平均谱来近似参考谱。从式（5.42）中减去式（5.43），得到，

$$\langle\ln[\bar{A}_{ij}(f)]\rangle_i-\langle\ln[\bar{A}_{ij}(f)]\rangle_{ij}=\ln[S_j(f)]-\langle\ln[S_j(f)]\rangle_j \tag{5.44}$$

使用式（5.44）便可估计 $S_j(f)$，它是第 j 个台站相对于平均参考值的场地响应。

在上述直接谱比方法中，要指出的是：

（1）谱振幅 $A_{ij}(f)$是北南向和东西向分量谱振幅的对数平均。

（2）谱振幅 $A_{ij}(f)$对各地震平均，然后再对台站平均都是对数平均，因此，采用的辐射花样平均也是采用辐射花样的对数平均，而不是均方根平均。对于 S 波，辐射花样的对数平均值是 0.55（Boore and Boatwright，1984）。关于 P、S、SV 和 SH 波辐射花样的不同平均，参见第 9 章。

（3）利用其他方法求得路径项，如几何扩散和非弹性衰减，见第 11 章。

（4）计算场地参考谱的估计值 $\langle \ln[S_j(f)] \rangle_j$ 可以选单个好的基岩台站，也可以选几个基岩台站的平均值，甚至如式（5.44）那样对全部参加台站求平均值。

（5）如果采用式（5.44）求解，则应该是一个迭代过程。场地参考谱的初值选为1，其对数为0，代入式（5.44），求解各台站的场地响应，取其平均值作为参考值，进行下一轮迭代，直至解趋于稳定。

（6）对场地项 $S_j(f)$ 的误差估计，可由该均值的标准偏差（对下标 i 计算）来评估。

（7）关于对原始记录谱的获取，不同作者可能有不同的处理方式。

5.8.1.2 标准谱比（Standard Spectral Ratio，SSR）

标准谱比（SSR）方法其实与上述直接谱比（DSR）方法原理相同，只是预先假定参考场地与被测场地彼此相近，因此这两个场地记录地震波形的震源和路径效应相同，使得问题变得简单。

标准谱比（SSR）技术是最普及和广泛应用的标准参考场地技术之一，定义为一个沉积层场地与一个基岩参考场地的频谱比，最早由 Borcherdt（1970）引入。SSR 方法假定参考场地（一般是安装在出露基岩上的台站）的记录中包含与其他场地记录相同的震源和传播路径效应。因此，两点的傅里叶振幅谱比只表示在具体场地的局部土壤状况的效应，这一技术已用于许多地质环境评价。然而，在许多情况下难于选择参考场地，而且基岩出露场地通常被风化，造成的地表速度梯度能影响“参考”地动。

SSR 方法通过频谱比来比较邻近场地的记录，这时，假定这两个场地的记录中震源和路径效应是相同的。如果“参考场地”满足以下两个条件，则这些频谱比构成对场地响应的可靠估计：首先，参考场地应距被检验台站足够近，以保证场地之间的差异只是由于场地状况，而不是由于震源辐射和传播路径，当震源距大于台网孔径约10倍（不得已时5倍也可以接受）时，这一条件一般可以保证；其次，参考场地还应不受任何类型的场地效应的影响，即参考场地本身的场地放大可以忽略，可以认为，当参考场地位于无风化基岩上时便是这种情况。Steidl 等（1996）通过地面与井下记录的对比，认为基岩内的井下记录比地表岩石场地记录更适合作为参考场地。

SSR 方法得到的频谱比为，

$$S_R = \frac{H_S}{H_R} \tag{5.45}$$

式中，H_S 和 H_R 分别代表在感兴趣场地和参考场地的水平分量振幅谱。如果参考场地有不可忽略的场地响应，则频谱比变成估计相对场地响应。

5.8.1.3 广义反演方法（Generalized Inversion Method on S Waves，GIS）

Andrews（1986）将 SSR 改造成广义反演技术，用于联合反演多台记录的多个事件，可同时确定震源、场地和路径效应。广义反演技术要有一个参考场地来约束解，台网平均（Phillips and Aki，1986；Galluzzo et al.，2009）、两个基岩台站的平均（Hartzell，1992）或几个基岩台站的平均（Bonilla et al.，1997）都可作为参考场地。

S 波广义反演方法的基本步骤概括如下：

对于固定的频率，式（5.41）可写作，

$$a_{ij}(f) = k_i(f) + s_j(f) \tag{5.46}$$

式中，$a_{ij}(f)$ 代表式（5.41）的等号左边项，即已经经过路径校正和平均辐射花样校正之后

的观测振幅谱的自然对数。$k_i(f)$和$s_j(f)$分别为震源和场地放大项的自然对数。式（5.46）表示成，

$$\boldsymbol{d}(f)=\boldsymbol{D}(f)\cdot\boldsymbol{m}(f) \tag{5.47}$$

式中，$\boldsymbol{m}(f)$是模型空间的矢量，由$k_i(f)$和$s_j(f)$构成；$\boldsymbol{d}(f)$是包含数据（谱振幅）$a_{ij}(f)$的矢量；$\boldsymbol{D}(f)$是关联$\boldsymbol{m}(f)$和$\boldsymbol{d}(f)$的矩阵。

式（5.47）是对每个频点给出的，将各频点的式（5.47）组合到一起，便得到如下的矩阵形式，

$$[\boldsymbol{d}]=[\boldsymbol{D}]\cdot\boldsymbol{m} \tag{5.48}$$

限定场地项$S_j(f)$之和为零，于是式（5.48）可重写为，

$$\begin{bmatrix}\boldsymbol{d}\\0\end{bmatrix}=\begin{bmatrix}\boldsymbol{D}\\\boldsymbol{F}\end{bmatrix}\cdot\boldsymbol{m} \tag{5.49}$$

值得说明的是，作为一级近似，$\boldsymbol{F}\cdot\boldsymbol{m}=0$等效于将平均场地响应$\langle S_j(f)\rangle_j$, $j=1,2,\cdots N$，约束为单位 1。在$S_j(f)$接近于 1 的情况下，可以写出$\ln S_j(f)=S_j(f)-1$（即在$S_j(f)=1$附近进行泰勒级数展开，并截取第一项），于是$\sum\ln S_j(f)=0$，等效于$\sum S_j(f)=N$，或者说$\langle S_j(f)\rangle_j=1$。这一假设类似于把所研究区域全部振幅谱的平均值作为参考谱。实际上，这一假定不一定对所有场地都成立，因为有些台站可能位于具有强烈和尖锐放大峰值的场地上，这里不考虑这些台站。式（5.49）可改写成更紧凑的形式，

$$\boldsymbol{d}_{\mathrm{C}}=\boldsymbol{D}_{\mathrm{C}}\cdot\boldsymbol{m} \tag{5.50}$$

在最小二乘意义上矢量$\boldsymbol{m}$的解，

$$\boldsymbol{m}_{\mathrm{best}}=[(\boldsymbol{D}_{\mathrm{C}}^{\mathrm{T}}\cdot\boldsymbol{D}_{\mathrm{C}})^{-1}\cdot\boldsymbol{D}_{\mathrm{C}}^{\mathrm{T}}]\cdot\boldsymbol{d}_{\mathrm{C}} \tag{5.51}$$

这实质上是由式（5.50）建立正规方程，

$$\boldsymbol{D}_{\mathrm{C}}^{\mathrm{T}}\cdot\boldsymbol{d}_{\mathrm{C}}=\boldsymbol{D}_{\mathrm{C}}^{\mathrm{T}}\cdot\boldsymbol{D}_{\mathrm{C}}\cdot\boldsymbol{m} \tag{5.52}$$

如果$(\boldsymbol{D}_{\mathrm{C}}^{\mathrm{T}}\cdot\boldsymbol{D}_{\mathrm{C}})$非奇异，即存在其逆矩阵，则以其逆矩阵左乘式（5.52）等号两侧，便得到式（5.51）。考虑到$(\boldsymbol{D}_{\mathrm{C}}^{\mathrm{T}}\cdot\boldsymbol{D}_{\mathrm{C}})$可能会是奇异矩阵，会不适于采用式（5.51）求解。因此，现在一般采用广义逆矩阵求解方法（史海霞，2009），即所谓奇异值分解最小二乘法。设$\boldsymbol{D}_{\mathrm{C}}$为$m\times n$实矩阵，$m>n$，$\boldsymbol{D}_{\mathrm{C}}^{+}$为其广义逆矩阵，则有，

$$\boldsymbol{m}_{\mathrm{best}}=\boldsymbol{D}_{\mathrm{C}}^{+}\cdot\boldsymbol{d}_{\mathrm{C}} \tag{5.53}$$

这里，对$\boldsymbol{D}_{\mathrm{C}}$进行奇异值分解，有$\boldsymbol{D}_{\mathrm{C}}=\boldsymbol{USV}^{\mathrm{T}}$, $\boldsymbol{U}^{\mathrm{T}}\boldsymbol{U}=\boldsymbol{I}_m$, $\boldsymbol{V}^{\mathrm{T}}\boldsymbol{V}=\boldsymbol{I}_n$，于是，$\boldsymbol{D}_{\mathrm{C}}$的广义逆矩阵$\boldsymbol{D}_{\mathrm{C}}^{+}$为，

$$\boldsymbol{D}_{\mathrm{C}}^{+}=\boldsymbol{VS}^{+}\boldsymbol{U}^{\mathrm{T}} \tag{5.54}$$

其中，

$$S=\begin{pmatrix}\sigma_1&0&0&0&0&0\\0&\sigma_2&0&0&0&0\\0&0&\cdot&0&0&0\\0&0&0&\cdot&0&0\\0&0&0&0&\cdot&0\\0&0&0&0&0&\sigma_n\\ \hdashline 0&0&0&0&0&0\\ \cdots&\cdots&\cdots&\cdots&\cdots&\cdots\\0&0&0&0&0&0\end{pmatrix}_{m\times n}\begin{matrix}\left.\right\} n\text{ 行}\\ \left.\right\} m-n\text{ 行}\end{matrix} \tag{5.55}$$

σ_i是 $\boldsymbol{D}_C^{\mathrm{T}}\boldsymbol{D}_C$ 的本征值的非负平方根，$\sigma_1\geqslant\sigma_2\geqslant\cdots\geqslant\sigma_n$，

$$S^+=\begin{pmatrix}\sigma_1^+&0&0&0&0&0&0&\vdots&0\\0&\sigma_2^+&0&0&0&0&0&\vdots&0\\0&0&\cdot&0&0&0&0&\vdots&0\\0&0&0&\cdot&0&0&0&\vdots&0\\0&0&0&0&\cdot&0&0&\vdots&0\\0&0&0&0&0&\sigma_n^+&0&\vdots&0\end{pmatrix}_{n\times m}$$

$$\underbrace{\qquad\qquad\qquad}_{m-n\text{ 列}}\quad\underbrace{\qquad\quad}_{n\text{ 列}} \tag{5.56}$$

式中，$\sigma_i^+=\dfrac{1}{\sigma_i}$。

关于广义逆的进一步讨论，可参见《微震台网的原理与应用》第5章（李汯鑑和斯图尔特，1984），也可以采用其他最优化方法求解，如遗传算法。

关于误差估计，如果采用式（5.51）求解，模型参数 m 的误差由式（5.57）给出，

$$\sigma_m^2=\boldsymbol{D}_C^{-1}\cdot\sigma^2\cdot[\boldsymbol{D}_C^{-1}]^{\mathrm{T}} \tag{5.57}$$

如果采用广义逆反演，式（5.53），则模型参数 m 的误差由式（5.58）给出，

$$\sigma_m^2=\sigma^2\cdot\boldsymbol{V}\cdot(\boldsymbol{S}^+)^2\cdot\boldsymbol{V}^{\mathrm{T}} \tag{5.58}$$

式中，σ 是数据的标准偏差。

史海霞等（2009）依据各道记录谱的信噪比，引入记录谱加权，此时，式（5.48）中的各元素都要相应地乘以加权因子。

Tramelli 等（2010）称该方法为广义反演技术（GIT），其中，对振幅谱进行几何扩散和品质因子 $\boldsymbol{Q}$ 校正。对 S 波，有，

$$A_{ij}(f)=\frac{\bar{A}_{ij}(f)}{R_{ij}\mathrm{e}^{\frac{-\pi R_{ij}f}{Q_S(f)v}}I_j} \tag{5.59}$$

式中，$\bar{A}_{ij}(f)$是事件 i 在台站 j 的地震图谱振幅；R_{ij}是震源距，用以考虑几何扩散；v 是沿地震波路径的平均 S 波速，I_j是仪器传递函数，Q_S是依赖于频率的 S 波品质因子。例如，Tramelli 等（2010）根据前人的工作成果选定 $v=1.8\mathrm{km/s}$，$Q_S(f)=21f^{0.6}$。于是，要求解的线性问题是，

$$\ln[A_{ij}(f)]=\ln[K_i(f)]+\ln[S_j(f)] \tag{5.60}$$

式中，$K_i(f)$是震源项；$S_j(f)$是场地项。考虑全部事件－台站对，对每个要分析的频率窗，问题可表示为 $\boldsymbol{Gm}=\boldsymbol{d}$。

采用奇异值分解技术求解。通过对式（5.59）的参数(R_{ij}和 Q_s)不确定性的传播，估计$\ln[A_{ij}(f)]$的标准偏差(σ)。Tramelli 等（2010）对数据不确定性的取值是：震源距(R_{ij})的误差为200m(地方震)，Q_s的误差取 Q_s值的 10%，认为频率和速度无误差。这样估计的标准偏差(σ)用下式映射到模型参数的误差，

$$\sigma_m = \sqrt{\boldsymbol{G}^{-1}\sigma^2[\boldsymbol{G}^{-1}]^{\mathrm{T}}} \tag{5.61}$$

Tramelli 等（2010）使用自助法（bootstrap method）(Moore et al., 2009）估计解的稳定性：对式（5.60）方程组的求解过程（通过奇异值分解方法）进行 700 次，每次去掉矩阵 $\boldsymbol{G}$ 中 30% 行；对得到的 700 个解取平均值，并将 700 个解及其均值画图，可以看到这些结果与完全方程组的解覆盖得很好（图 5.11）。在进行自助法检验时，保证不去掉含有台网平均

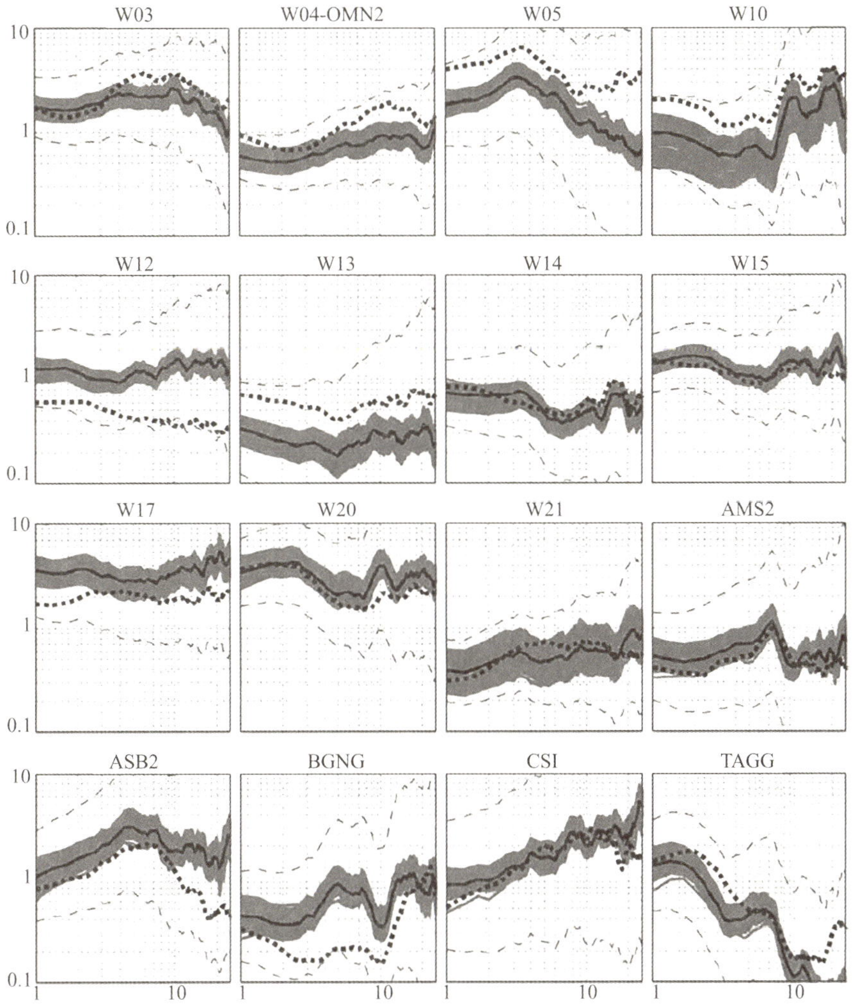

图 5.11　对 S 波（黑线）和尾波（黑点线）窗口使用 GIT 方法计算的场地放大函数。取平均场地作为参考场地，虚线显示 S 波解的误差(±1σ)，灰线显示对 S 波窗口应用自助法得到的解（Tramelli et al., 2010, Fig.4）。横向坐标代表频率，单位为 Hz；纵向坐标代表振幅

场地传递函数（STF）等于1的约束行。由此得出结论，除2个台例外，几乎全部台站的结果是稳定的。

5.8.1.4 估计台站场地响应的Moya方法

Moya等（2000）提出的方法（以下简称Moya方法）采用遗传算法搜索每次地震的布龙（Brune，1970，1971）震源谱参数（零频幅值Ω_{0i}和拐角频率f_{ci}），而把多地震得到同一台站场地响应的一致性作为搜索判据。假定每个台站的场地响应对于各次地震事件是一样的，因此，运用遗传算法，使由不同事件得到的台站场地响应的标准偏差最小，由此寻找各地震的震源谱参数。得到了震源谱参数之后，通过由不同地震得到的各台站场地响应进行平均，便得到各台站的场地响应。

在使用Moya方法估计场地响应时，实际上是场地响应和震源参数的联合测定，其中假定路径效应是已知的。因此，需要用其他方法首先确定所研究地区地震波传播的路径效应，包括几何扩散和非弹性衰减（见第11章）。

Moya方法的具体步骤如下（刘杰等，2003；中国地震局分析预报中心、河北省地震局，2004）：

（1）对第i次地震在第j台观测到的S波傅里叶速度谱振幅$O_{ij}(f)$进行几何扩散校正(R_{ij})和非弹性衰减校正(使用该地区的$Q(f)$值)，并除以$2\pi f$，从速度谱转换成位移谱，

$$O_{ij}^{\text{corr}}(f)=O_{ij}(f)R_{ij}\mathrm{e}^{\frac{\pi R_{ij}f}{Q(f)V_{\mathrm{s}}}}\cdot\frac{1}{2\pi f} \tag{5.62}$$

式中，V_{s}是本地区的S波速度。

（2）设定每个震源的震源谱参数(Ω_{0i}和f_{ci})，可得到每个地震i的理论震源谱，

$$S_i(f)=\frac{\Omega_{0i}}{1+\left(\dfrac{f}{f_{ci}}\right)^2} \tag{5.63}$$

这样在第k个频率上，第i个地震对第j个台站的场地响应为，

$$G_{ij}(f_k)=\frac{O_{ij}^{\text{corr}}(f_k)}{S_i(f_k)} \tag{5.64}$$

（3）在第k个频率上，计算第j个台站的由不同地震i得到的场地响应平均值$\text{mean}(G_{ij}(f_k))$和标准偏差$\text{std}(G_{ij}(f_k))$，并计算，

$$\delta_{jk}=\frac{\text{std}(G_{ij}(f_k))}{\text{mean}(G_{ij}(f_k))} \tag{5.65}$$

（4）利用遗传算法，调整所有地震的震源谱参数，使式（5.66）极小，

$$\text{residual}=\sum_j\sum_k\delta_{jk} \tag{5.66}$$

由此得到各地震的震源参数。

（5）在震源参数确定的情况下，计算各台站的场地响应$G_j(f_k)$，

$$G_j(f_k)=\frac{\sum\limits_{i=1}^{m_j}G_{ij}(f_k)}{m_j} \tag{5.67}$$

式中，m_j是第 j 台站使用的地震记录个数。

在 Moya 方法中，为了得到正确的震源谱参数，还应该针对所选用的波形类型和取平均的具体算法，采用适当的震源辐射花样平均因子（Boore and Boatwright，1984）。

正如刘杰等（2003）指出的那样，应用 Moya 方法时的一个限制是每次地震的震源谱参数初值必须小于基岩台站的震源谱振幅低频水平，它隐含的一个假定就是基岩台站的场地响应接近于 1。由于地震台网的台站大多数位于基岩上，这一假定符合实际情况，因此，在用遗传算法搜索时得到最佳结果是合理的。然而，设想在一片土层上布设的一个临时台网，这时，用 Moya 算法的最优化判据将仍然是场地响应的多台均值接近于 1，而地震的震源谱零频幅值被高估，结果会出现系统偏差。可以认为，Moya 方法的适用条件是所用台网的绝大多数台站处在基岩上。否则，得到的结果只是相对于全部台站场地响应平均值的一个相对值，而这个平均值是未知的，除非用其他方法（例如波形反演矩张量方法，见第 10 章）对参加计算的一部分地震进行了校准，从而得到全部台站场地响应平均值的绝对水平。

5.8.1.5　水平与垂直谱比（Horizontal-to-Vertical Spectral Ratio，HVSR）

水平与垂直谱比法不依赖参考场地，该方法由 Nakamura（1989）提出，原本使用的是噪声水平与垂直频谱比（见 5.8.3 小节）。Lermo 和 Chavez - Garcia（1993）计算了直达 S 波的水平与垂直频谱比（HVSRs）。用于 S 波的 H/V 方法基于如下假设：地面质点运动的垂直分量不受局部结构的影响，而水平分量包含由台站下方地质结构造成的 P 到 S 的转换波。通过将地动分解成垂直分量和水平分量来得到场地响应。在频率域，在第 j 台站的 H 与 V 的比值由下式给出，

$$\left(\frac{\mathrm{H}}{\mathrm{V}}\right)_j = \left\langle \frac{A_{\mathrm{H}ij}(f)}{A_{\mathrm{V}ij}(f)} \right\rangle_i \tag{5.68}$$

式中，$A_{\mathrm{H}ij}(f)$是两水平分量 S 波窗傅里叶谱的平均；$A_{\mathrm{V}ij}(f)$是垂直分量 S 波窗的傅里叶谱，是第 j 台站记录的第 i 个事件。通过对全部可用波形（脚标 i）确定平均值和标准偏差，得到第 j 台的 H 与 V 比值及相对误差。

关于对两水平分量傅里叶谱的平均，不同作者给出不同方法。例如，所谓 S 波窗内傅里叶谱的对数算术平均（Galluzzo et al.，2009），就是通常所说的几何平均，设两分量的谱振幅为 A_N 和 A_E，平均谱振幅为 A_H，按对数平均的含义，

$$\lg(A_\mathrm{H}) = [\lg(A_\mathrm{N}) + \lg(A_\mathrm{E})]\cdot\frac{1}{2} = \lg[(A_\mathrm{N}\cdot A_\mathrm{E})^{\frac{1}{2}}] \tag{5.69}$$

故有，

$$A_\mathrm{H} = (A_\mathrm{N}\cdot A_\mathrm{E})^{\frac{1}{2}} \tag{5.70}$$

求 $A_{\mathrm{H}_{ij}}(f)$的另一种作法是计算全局水平谱（global horizontal spectrum）（Lachet，1996）。这是以两分量波形段 NS 和 EW 作为实部和虚部构成一个复波形段 CH，对其进行傅里叶变换（CFT），得到复谱 CHS，取其谱振幅，除以因子$\sqrt{2}$，得到全局水平谱 A_H：

$$\left.\begin{aligned} &\mathrm{CH} = \mathrm{NS} + \mathrm{i}\mathrm{EW} \\ &\mathrm{CHS} = \mathrm{CFT}[\mathrm{CH}] \\ &A_\mathrm{H} = \frac{|\mathrm{CHS}|}{\sqrt{2}} \end{aligned}\right\} \tag{5.71}$$

根据傅里叶变换的线性性质，这种平均的实质是对两分量的谱振幅求其均方根。不同的是，直接求两谱振幅的均方根要分别对两分量进行傅里叶变换，而这里计算全局谱只需进行一次傅里叶变换，节省了计算时间，对于多震多台记录波形的分析处理是有意义的。上节讨论的方法，如果使用水平分量，也可用这种方法计算水平分量组合谱。

Tramelli 等（2010）进行地震 HVSR 时，用两个水平谱的对数算术平均值除以垂直分量谱。使用矩形滑动窗（5 点滑动窗上的算术平均，20% 重叠），对 S 和尾波分别计算。对 HVSR 结果曲线给出 $\pm 1\sigma$ 的误差范围。

5.8.2 基于尾波分析的方法

5.8.2.1 对尾波的广义反演方法（Generalized Inversion Method on Coda Waves，GIC）

依赖于时间和频率的尾波振幅可表示为（Aki and Chouet，1975），

$$A_{ij}(f,\ t)=K_i(f)\cdot S_j(f)\cdot I_j(f)\cdot C(f,\ t) \tag{5.72}$$

式中，$A_{ij}(f,t)$ 为第 j 台记录的第 i 事件流逝时间（elapse time）为 t 的尾波傅里叶振幅；$K_i(f)$ 代表第 i 个事件的震源项；$S_j(f)$ 是第 j 台站的场地项；$I_j(f)$ 是第 j 台站的仪器响应项；$C(f,t)$ 与尾波衰减曲线关联，遵循单次反向散射模型，由（5.73）给出（Aki and Chouet，1975），

$$C(f,t)=(t^{-1})\cdot\exp\left(\frac{-\pi ft}{Q_c}\right) \tag{5.73}$$

式中，Q_c 是尾波的品质因子。在所有台站具有共同的尾波衰减 $C(f,t)$ 的假定下，可在对式（5.72）两边取对数之后用反演 S 波谱的同样步骤求解，从而能得到场地放大项 $S_j(f)$。

5.8.2.2 尾波小波变换方法（Wavelet Transform Method on Coda Waves，WLC）

在 Birgoren 和 Irikura（2005）中详细描述了使用离散小波变换估计场地效应函数的过程。关于小波变换，见第 2 章地震记录波形数据变换，在此不再重复。

5.8.3 基于噪声的 H/V 方法

如以上几节所述，为了理解场地状况，最好的途径是直接观测由地震引起的地面运动。但这种研究局限于地震活动性相对较高的地区，一些方法只在高地震活动区和能够得到适当的参考场地的情况下才能使用，而地脉动（微动，microtremor）是估计地下浅层地质结构对地震动影响的方便工具，无需其他地质信息。基于噪声的 H/V 技术很适于这种要求，因其方法简单和能快速提供关于地面和结构的动态特性信息，得到全世界的广泛关注。虽然一些专家认为该方法的理论背景尚不清楚，但对这种方法已进行了许多成功的试验。这种方法的吸引人之处在于易于收集数据和能应用于地震活动性低甚至无地震活动的地区。

Nakamura 将各种场地地质状况的井下观测与强震动记录分析结合，开发出 H/V 技术（Nakamura，1989）。该技术对于识别沉积层的基波谐振频率是有效的，包含的放大因子比从沉积层场地对岩石场地的比值得到的放大因子更符合实际。按照 Nakamura（1989）的解释，地脉动的 H/V 在其峰值频率附近的表现可用垂直入射的 SH 波来解释。Nakamura（1989）还指出，地脉动的 H/V 频谱比与地震记录得到的 H/V 频谱比相似。

陈棋福等（2008）利用 2007 年夏天在北京市开展的脉动背景噪声观测所获得的北京市五环内间距 1～2km 的 600 多个点位的地脉动观测记录，采用 H/V 谱比分析法得到了北京城

区高分辨的沉积层卓越频率和放大倍数以及沉积盖层厚度分布。其结果与地表地形和新构造运动的分布较为相符，得到的沉积盖层厚度与早期基于有限钻孔资料给出结果总体上较为一致，但分辨精度明显提高。这些结果为北京市规划和抗震设防提供了重要的基础资料，为城市地球物理探测获取地下三维结构资料探索了可行的途径。在具体的数据获取和处理过程中，为了得到更为准确的 H/V 峰值频率，使用长短时窗平均振幅比算法（STA/LTA）来剔除瞬变信号，保留稳态的地脉动数据。处理中长时窗取 25s，短时窗取 1.0s，STA/LTA 比最小值设为 0.2，最大值设为 4.0。预处理后的稳态地脉动数据以 25s 窗长进行分段处理，分别计算垂直向和水平向傅里叶谱（由东西向和南北向信号谱均方根得到），并应用 Konno-Ohmachi 平滑算法（Konno and Ohmachi，1998），其平滑函数为，

$$W_{\mathrm{B}}(f, f_{\mathrm{c}})=\left[\frac{\sin\left(\lg\left(\frac{f}{f_{\mathrm{c}}}\right)^{b}\right)}{\lg\left(\frac{f}{f_{\mathrm{c}}}\right)^{b}}\right]^{4} \tag{5.74}$$

式中，b, f, f_{c} 分别为带宽系数（平滑系数）、频率和拐角频率。引入该平滑函数，计算每个时窗的 H/V 谱比，最后对得到的所有时窗 H/V 谱比平均得到每个观测点的 H/V 谱比曲线。对于单峰明显的 H/V 曲线，采用自动方式识别峰值频率；对于地下存在多个较突出的波阻抗界面，H/V 曲线出现多峰情况，使用人工方式并结合附近的钻孔资料识别峰值频率；对识别出来的 H/V 谱比峰值频率，利用频率－厚度关系推算沉积盖层的厚度。

5.8.4 多方法的联合使用

近些年来，越来越多的研究者在估计场地响应时采用多种方法，并对所得到的结果进行比较，从而得到对所研究区域场地响应更客观、更可信的认识。下面给出一些实例。Galluzzo 等（2009）对意大利 Mt. Vesuvius 的地方震（$0.9 \leqslant M_{\mathrm{D}} \leqslant 3.6$）估计了经过场地校正的震源标度关系。使用的数据是 1993 年、1996 年和 1999 年 14 个 3 分量地震台记录的 35 个小到中等地方震。

由 S 波和尾波的频谱以及 H/V 谱比估计了 1～25Hz 频段的场地响应（该文中称作“场地传递函数 Site－transfer function”）。对 S 波采用直接谱比方法，其中将平均谱作为参考；对 S 波和尾波应用反演方法，在尾波段的场地放大还与使用小波变换得到的场地放大进行了比较。对所有使用的方法，计算了试验结果的标准偏差。

结果表明，各方法之间总体上一致，场地响应表现出的特征是：对于高程较低的场地，在低于 12Hz 有最高放大；对于在火山顶部的大多数场地，相对于基于 S 波的方法而言，基于尾波的方法给出最高的放大。H/V 谱比与其他方法的总体一致性差，特别是在火山顶部的场地，结果间的差异还可能是由于各分析方法应用的归一化算法不同。

Tramelli 等（2010）对意大利 Campi Flegrei 火山区的场地响应进行了详细研究。Campi Flegrei 是意大利南部的一个活火山口，人口高度密集，数十万人口生活在这一地区，其特征是地震活动和地形变的周期性，称作“缓震（bradyseism）”。因此，这一地区属于高度危险类地区，意大利民防局要求进行详细的场地效应估计。为确定大量场地的地震波本地放大效应，分析了不同时段在 Campi Flegrei 地区布设的 3 个地震台网的地震记录。第 1 个台网是在 1982—1984 年缓震危机期间布设的，选择在此期间记录的 22 个震级相对较大的地震；另 22

个地震选自2006年起在 Campi Flegrei 地区运行的流动台网记录的地震；第3个数据集包含2001年9月 ACTIVE SERAPIS 试验期间布设的34个地震台记录的噪声。对头两个地震台网记录的地震的S波和尾波应用广义反演技术和 H/V 频谱比方法，以确定记录台站的场地响应。使用 Nakamura 的技术分析了第3个台网记录的地动噪声。结果表明，位于火山口内的场地地貌和地质的高度不均匀性对地震波的放大有重要影响，即使在彼此靠近的场地，场地响应也会不同。位于火山口外的场地，那里由于有更规则的地貌和地质构造，其场地响应要规则得多。

华卫等（2010）以2003年7月21日云南大姚6.2级地震序列为例，分别利用 Moya 方法、水平与垂直向频谱比法（Nakamura 方法）和参考台站法（SSR）研究大姚地区场地响应特征。他们得到的主要结论有：①Moya 方法计算的场地响应结果表明，大姚地区场地的放大作用是比较明显的，平均在3~20倍，最高达到40倍；卓越频率位于3~6Hz之间，但在高频处（约10Hz以上）场地响应衰减得比较明显；不同岩性台基的台站，其场地响应结果存在一定的差别，台基为风化砾岩的场地响应结果比较平缓，其场地响应值比台基为土层的小一些。②入射角在40°以上和以下范围，Nakamura 方法得到的场地响应形态有差异，但在各自范围内，场地响应与入射角的依赖关系不明显。③利用同一台站不同时间记录到的地震资料，由三种方法各自得到的场地响应都具有较好的稳定性；由于垂直分量仍具有放大作用（在10Hz以下），Moya 方法的结果大于 Vakamura 方法的结果，但两者形态上一致性较好；参考台站法由于受参考台站的影响，计算得到的场地响应形态和其他两种方法差异较大。④Moya 方法是依赖于震源模型的方法，它能给出绝对的场地响应值，其他两种方法的结果是一种相对场地响应，受参考对象的影响较大。

由于 Moya 方法中存在场地响应与路径效应和震源谱参数的紧密关系，因此，华卫等（2010）的结论中所说“绝对的场地响应”的前提是必须有路径效应和震源谱参数的无偏估计。

5.8.5 “绝对场地效应”

在上述广义反演算法和 Moya 算法中，虽然能联合测定震源参数和场地响应，但都对场地响应作了约束，也就是引入了参考场地，因此不能说得到了“绝对”场地响应。如果不对场地响应进行约束，而是对震源进行约束，例如对于地震波形数据集中的一个或几个地震，通过波形反演的方法得到标量地震矩，则有可能得到期望的“绝对”场地响应。Malagnini（2004）中提出了一种利用尾波导出的震源矩率谱（moment - rate spectra）估计S波“绝对场地响应”的方法，Malagnini 等（2006）进一步应用了这种方法。这似乎是一条能得到“绝对场地响应”的途径，值得深入研究和应用。获得“绝对场地响应”的前提是能够通过独立的方法测定所研究地区的路径衰减效应和研究中使用的地震震源矩率谱。关于这一问题，将在第11章震源参数与介质参数的测定中进一步讨论。

5.9 地震台网的监测能力估计

本章的引言中已经说明，地震台网的监测能力包括两个方面：一是基于能否记录到给定震级的可定位地震来估计台网的能力，即通常所说的台网监测能力；二是从定位精度的角度来评估地震台网的能力，即通常所说的台网定位能力。本节讨论第一个方面，即通常所说的地震台网监测能力。

在规划和设计一个地震台网时，总是要对拟建设的地震台网进行监测能力评估。由于没有可行的办法从预期的监测能力反演出拟建台网应有的台站个数和布局，只好采用正演的方法，即给定台站个数和台站分布，通过理论计算得到该设定台网的监测能力估计。通过对不同台站个数和不同台站分布的若干个设定台网进行监测能力估计，进而比较这些设定台网的监测能力估计结果，并综合考虑台站的交通、通信、维修、后勤保障条件、投资等因素，可以从中选出一个“最佳”的台站个数和台站布局。当然，可供比较的设定台网个数越多，选出真正称得上“最佳”设计的可能性也就越大。

在地震台网的规划和设计阶段，要估计台网的监测能力，所能依据的实际数据只有对候选台址进行勘选时记录到的有限时间段内的背景噪声数据。根据观测的背景噪声记录波形或噪声功率谱，得到地动背景噪声在给定频段的位移均方根（RMS）值（见 5.1.5 小节和 5.1.6 小节），作为估计每个单台地震检测能力的依据。

要估计地震台网的监测能力，需要了解台网所在地区的地震波衰减状况。通常，我国区域地震台网或地方地震台网在设计与勘选阶段给出的台网监测能力图，采用我国测定震级 M_L时使用的地震波衰减关系，即 M_L震级量规函数 R。在模拟记录时代，对 62、64 型等短周期地震仪使用量规函数 $R1$，对 SK 型（基式）等中长周期仪器使用量规函数 $R2$（见第 12 章），从而在估计台网监测能力时略去了对拟建台网所在地区地震波衰减情况的调查。如果在拟建台网地区有已经运行的地震台站，新建或扩建的地震台网用于加密台站分布和改善台网布局，这时可以利用该地区已有台站的记录数据估计本地区的地震波传播与衰减特性。例如，可以得到该地区平均的介质品质因数 Q 值，进而得到该地区的地震波衰减规律。

在台网的运行过程中，个别台站可能会搬迁或中断运行，还可能增加新的台站，台站环境的变化会改变台址的地动噪声水平，这些都会影响台网的实际监测能力；随着数据处理方法的改进，对于检测并定位地震事件所需最少台站个数可能会减少，从而表现出台网监测能力的提高；另一方面，通过了解台网的监测能力，可以追踪台网的运行状况。因此，应该对运行中的地震台网监测能力进行近实时的跟踪分析，以便及时掌握地震台网的运行状况和监测能力变化。

本章中，对整个地震台网，使用“监测能力（monitoring capability）”来描述，而对单个地震台站，则使用“检测能力（detecting capability）”来描述。称监测能力还是检测能力，没有实质性差别，在《测震学原理与方法》（中国地震局监测预报司，2017）第六章第三节（薛兵编写）讨论台网监测能力时，对台站和台网都使用“监测能力”描述，在《数字遥测地震台网建设与运行》（吴书贵、蒋秀琴主编，2003）中对台网使用“监控能力”描述。另外，对于地震台阵，相对于远震而言它相当于一个强有力的单台，因此本章中也用“检测能力”来描述。

5.9.1　单台地震检测能力估计

单台地震检测能力是估计台网监测能力和定位能力的基础。判定一个地震事件是否被某台站检测到，要看在该台站的地震仪上是否记录到该事件的完整波形。所谓“完整”，是指能在地震图上看到该事件波形的初至，读取的初至到时应在允许的误差范围内，其记录波形幅度最大的部分没有被地震仪限幅，能看到相对完整的尾波（地震记录的尾波最终总是要被地动噪声掩盖一部分）。因此，在评估地震台站的检测能力时，不仅要评估对小地震的检测能力，即检测震级下限，还要评估对大地震的检测能力，看是否被限幅，这是评估其检测能力上限。估计一个台站的单台地震检测能力可有两个途径：一是理论估计，这是在台站设计阶段要进行的；二是经验估计，这是在台站运行一段时间之后基于实际观测资料进行的统计分析。下面以台站对地方震和近震的检测能力为例加以说明。郝春月等分析了台站和台阵对远震的检测能力（郝春月等，2006），单台检测能力取决于台站的地动噪声水平和地区地震波衰减特性。

5.9.1.1 理论估计单台地震检测能力的传统方法

理论估计单台地震检测能力的传统方法源自模拟地震观测时代使用短周期位移平坦型地震仪记录的地震台站。该方法的基本假定是：已知台站地动位移噪声的平均振幅，记为 A_n，单位为微米；给定震相（例如直达 P 波初至）的位移振幅与背景地动噪声平均振幅之比的最小允许值，即能够可靠地读出该震相到时所要求的最小信噪比 r_{fn}，例如 2；给定 S 波最大振幅与指定震相（例如直达 P 波初至）振幅之比 r_{sf}，这是一个大致的估计值，例如取为 3。这样，上述两个比值给出该台站最小可检测到的 S 波最大振幅 $A_{max} = r_{fn} \cdot r_{sf} \cdot A_n$，单位为微米。在模拟记录时代，通常是把地震图上地动噪声记录的平均单振幅水平控制在 0.5mm，如果短周期近震记录初动单振幅达到 1mm，即噪声单振幅的两倍，一般可以读出初至到时，对于放大倍数为 10 万倍短周期地震仪（1~20Hz 位移平坦）的台站，对应于地动位移噪声平均单振幅 $A_n = 0.5\text{mm}/100000 = 0.1\mu\text{m}$，若取 $r_{fn} \cdot r_{sf} = 6$，则 $A_{min} = r_{fn} \cdot r_{sf} \cdot A_n = 6 \times 0.1\mu\text{m} = 0.6\mu\text{m}$。

然后，利用该最小可读出的 S 波振幅用近震震级公式（本书第 12 章）估计在给定震中距 Δ 可检测到的最小事件震级 M_L，式（5.75）。如果是基于水平向地动噪声水平（两水平向记录地动位移噪声振幅平均值），则式中的 α 为零；如果是基于垂直向地动噪声水平，则 α 是垂直向测定 M_L 震级的校正值，例如在原北京遥测地震台网，$\alpha = 0.4$。近震震级公式（中国地震局监测预报司，2007，第二章第一节），

$$M_L = \lg A_{min} + R(\Delta) + \alpha \tag{5.75}$$

式中，$R(\Delta)$为量规函数，Δ 为震中距。对于给定的震级 M_L 和最小可检测 S 波振幅 A_{min}，得到，

$$R(\Delta) = M_L - \lg A_{min} - \alpha \tag{5.76}$$

查相应的量规函数表，可得到与 $R(\Delta)$值对应的震中距 Δ，这就是对给定震级 M_L 的地震事件的检测距离。当使用短周期地震仪时，$R(\Delta)$是指 $R_1(\Delta)$，见表 12.3。

由于在原始 M_L 震级的定义中假定地震的震源深度在十几千米左右，所以这里的估计没有特别考虑对较深地震的检测能力。表 5.4 举例给出对不同 M_L 震级得到的单台检测距离估计值，从中可得到关于单台检测能力的直观认识。反过来，利用同样的地震波衰减关系，对给定的震中距，计算能检查到的最小地震事件的震级，利用 Matlab 程序 M05_04_detect_single.m，得到表 5.5。

表 5.4　对不同 M_L 震级得到的单台检测距离估计值

$r_{fn} \cdot r_{sf}$	A_n/μm	A_{min}/μm	最小震级 M_L	单台检测距离/km	最小震级 M_L	单台检测距离/km	最小震级 M_L	单台检测距离/km
6	0.2	1.2	2	10	3	45	4	190~200
	0.1	0.6		23		60~70		270~280
	0.05	0.3		30		110		330~370
	0.01	0.06		60~70		270~280		750~900

表 5.5　给定震中距和地动噪声水平时，查到的最小地震事件的震级（设 $r_{fn} \cdot r_{sf}=6$）
（使用 Matlab 程序 M05_04_detect_dist.m）

噪声水平 A_n/μm	震中距/km	最小震级 M_L
0.2	10	2.0
	20	2.2
	30	2.6
	50	3.1
	100	3.5
0.1	10	1.7
	20	1.9
	30	2.3
	50	2.8
	100	3.2
0.05	10	1.4
	20	1.6
	30	2.0
	50	2.5
	100	2.9
0.01	10	0.7
	20	0.9
	30	1.3
	50	1.8
	100	2.2

5.9.1.2　数字地震观测时代对单台地震检测能力的理论估计

由于数字化地震记录通常是所谓速度平坦型记录，因此有两种方式估计可检测到的 S 波最大位移振幅，一种是通过地震仪仿真，将数字地震仪记录的宽频带速度平坦型记录转换成仿真的短周期位移记录（本书 3.5 节），以此估计其平均地动位移噪声水平单振幅 A_n（下文中为与速度记录的噪声水平区别，位移记录的噪声水平记为 RMSd，而速度记录的噪声水平

记为 *RMSv*）；另一种是直接在速度记录上估计其地动速度噪声水平单振幅 A_{nv}，并假定地震记录的优势频率为已知，记为 f_e（Hz），于是得到可检测到的最小震级地震的 S 波位移最大振幅（微米）$A_{max}=r_{fn}\cdot r_{sf}\cdot A_{nv}/2\pi f_e$，这里的 A_{nv} 单位是微米/秒。实际上，由于地震记录的优势频率 f_e（Hz）与震级、震中距都有关系，这种估计方法会有一定偏差。

如果要考虑地震记录优势频率的影响，可以根据本地区已有地震记录统计出 S 波优势周期随震级和震中距的变化。对于不同震级和不同震中距的地震记录，其 S 波最大振幅对应的周期变化范围相当大，因此，针对速度记录，采用传统的 M_L 震级公式估计台站的检测能力，其不确定范围会是相当大的。

对于数字化的速度平坦型记录，针对地动噪声，通常选择台站勘选记录中的平静时段的 N 个采样点，计算其去直流分量之后的均方根值 RMSv，

$$\mathrm{RMSv}=\sqrt{\frac{\sum_{i=1}^{N}(x_i-\bar{x})^2}{N}} \tag{5.77}$$

式中，$\bar{x}=\sqrt{\left(\sum_{i=1}^{N}x_i\right)\Big/N}$，是数字噪声记录采样值 x_i 的 N 点平均值。假定可用高斯噪声来近似地动速度噪声，则可取其峰值因数 a_n 为 3 ~4（中国地震局监测预报司，《测震学原理与方法》第六章第四节，薛兵，2017），于是得到地动速度噪声平均振幅水平 $A_{nv}=a_n\cdot\mathrm{RMSv}$。

在我国区域数字地震台网台站布设的地震计为宽频带或甚宽频带地震计，因此，选取怎样的频带直接影响对地动噪声 RMS 值的估计。如果在理论估计台站检测能力时采用窄频带的短周期记录估计噪声 RMS，那么在台网实际运行时，只有在经过短周期窄频带带通滤波的记录上，才能以理论估计的能力检测到地震事件；反之，如果是在宽频带的原始记录中检测地震事件，就会有小地震事件波形埋没在宽频带噪声中，结果便达不到预期的检测能力。这说明，估计台站检测能力时采用的地震记录频带应与建成后常规运行时用于检测地震事件的连续波形记录频带一致。具体地说，如果在估计地动噪声时采用了 DD－1 地震仪仿真记录，那么在运行该台站进行事件检测时应该保持对连续记录进行 DD－1 地震仪仿真，并在仿真记录上进行事件检测，第 3 章中的图 3.64 可清楚说明这一点。

如前所述，对 RMSd 或 RMSv 的估计可有两种方法，一种是直接在地动噪声记录上计算其均方根值，另一种方法是在计算出地动噪声功率谱之后，估计给定频段的地动噪声均方根值，具体计算方法见 5.1.5 小节和 5.1.6 小节。

由于台站的噪声背景水平是随时间变化的，存在明显的 24 小时日变化和春夏秋冬季节变化，因此，所采用的台站噪声背景均方根值实际上是在某时段的平均。例如，在台站勘选阶段记录的地动背景噪声的白天和夜间平均值。对于已经运行一年以上的台站，已经得到了台站背景噪声水平的四季记录，因此，可以得到台站背景噪声 RMS 值的季节变化，从而估计出台站检测能力的季节变化。类似地，可估计台站检测能力的日变化。

本章前几节中给出对台站噪声水平的不同描述。在 Peterson（1993）给出的台站噪声功率谱（PSD）标准算法基础上，McNamara 和 Buland（2004）给出了 PSD 的概率密度函数（PDF），用以更全面地描述台站背景噪声水平。他们给出的概率密度 1% 的低噪声水平反映了该台站最平静时段的噪声水平。如果以它为依据，得到的台站检测能力则是该台站最平静时段的检测能力。然而，这并不能代表该台站检测能力的一般水平。McNamara 和 Buland

(2004）提出的取概率分布的“众数（mode)”，即把出现概率最大的 PSD 作为对台站噪声水平的描述则更符合台网常规运行实际，由此得到的台站检测能力应该能反映台站检测能力的一般状况。因此，对于已常规运行的台站，可参考 McNamara 和 Buland（2004）的作法，先估计台站噪声 PSD 的 PDF，再依此估计最平静噪声水平和最可能噪声水平甚至最高噪声水平时段的台站检测能力，这样会更全面地反映台站地震检测能力的实际状况。

需要指出的是，上述是在给定诸多假设参数及简化之后估计出单台检测能力的，因此它只是一个大概的估计，如果给定的假设条件偏严，则给出台站检测能力的“保守”估计；反之，如果给定的假设条件偏宽，则给出其“乐观”估计。总之，不能对结果的具体数值看得太重，在依据其检测能力评估台站时，结论应当留有余地。

5.9.1.3　单台地震检测能力估计的 Matlab 实现

(1）选取一段地动噪声记录，利用 Matlab 程序 M05_01_psdRMS.m 由地动噪声功率谱估计地动噪声均方根振幅，或利用 Matlab 程序 M05_01_tdRMS.m 在时间域由地动噪声记录直接估计其均方根振幅。

(2）给定合适的可检测地震事件判据：最小可检测初至振幅与地动噪声 RMS 之比 r_{fn}，例如设 $r_{fn}=2$；相应 S 波最大振幅与初至振幅之比 r_{sf}，例如设 $r_{sf}=3$。

(3）对台站所在地区，选择合适的地震波随震中距衰减关系，利用选定的衰减关系对给定震级的设定地震计算能检测到符合给定判据的最小地震的最大距离，形成表 5.3。这里取利用短周期记录 S 波最大振幅测定震级 M_L 的量规函数 $R_1(\Delta)$（第 12 章表 12.3）。

(4）利用同样的地震波衰减关系，对给定的震中距，由 Matlab 程序 M05_04_detect_single. m，计算能检查到的最小地震事件的震级，得到表 5.4 给出的结果。

5.9.1.4　单台地震检测能力的经验估计

下面参考赵仲和（1983a）提出的一种方法说明如何利用台站已有的观测资料估计单台检测能力。“单台检测能力”是指从某一台站的记录图上读出震相到时的能力。对于直达 P 波，用两个参数 r_0 和 β 来表征。下面以北京遥测地震台网的上房山台为例，说明它们的意义和求法。

在北京台网 1979 年观测报告中列出的可定位地震共 212 个，上房山台给出直达 P 波到时 110 个。定义变量 A，

$$A=M_L+\lg V-6 \tag{5.78}$$

式中，M_L 是地震的地方震震级；V 是地震仪系统的放大倍数，根据仪器系统幅频特性的平坦部分估定的，上房山台放大倍数为 250×10^3。lg 是以 10 为底的对数，常数 6 的引入使 r_0 的意义更为直观。对于每一次地震，均可算出该台的震中距 r 及相应 M_L 的 A 值，在 A–lg$r$ 平面上便有相应的一点。如果从该台记录中读出了直达 P 到时，则该点对应的 $y(A,r)$ 取值 +1，否则取 -1。在本例中，$A-\lg r$ 平面上便有 212 个点给出 $y(A,r)$ 值，其中 110 个点上 $y(A,r)$ 值为 +1，其余点值为 -1。将 $A-\lg r$ 平面分成若干网格，A 轴上间距 0.5，lg$r$ 轴上间距 0.1，对每个网格区间，求 $y(A,r)$ 的算术平均值，并标注在 $A-\lg r$ 平面上，便得到图 5.12 中的上图。作为一级近似，可以用一条直线将正号区和负号区分开。该直线由下式表示，

$$A=\beta\lg\frac{r}{r_0} \tag{5.79}$$

式中，β 是该直线的斜率；r_0 是该直线与 lg$r$ 轴交点($A=0$)的 r 值。对于放大倍数为 100×10^3

的台站，r_0 是能读出震级 $M_L=1$ 地震直达 P 波到时的最大震中距。

求出台站的 r_0 和 β 值，即可预测该台站是否能给出某一震级 M_L、震中距为 r 的直达 P 波到时。为此，根据 M_L 和台站仪器放大倍数 V，可得到 A，故在 $A-\lg r$ 平面上可得一点。若该点位于 $A=\beta\lg(r/r_0)$ 直线的左上方，即 $y(A,r)$ 的正号区，则说明该台能给出该地震的直达 P 到时，否则不能。注意到图 5.12 上图中右上角的两个 -1.0，可能是由于地震太大造成 P 波限幅，而在此距离上直达 P 又在折射 P(Pn)之后出现，因而没有读出。在下面的讨论中只涉及微震范围（震级为 1 至 3 级）的定位能力，可以不考虑这一点，但若讨论更大震级事件，则应考虑由于仪器系统限幅造成的台站检测能力上限。图中还有其他一些矛盾符号，这主要是由于观测报告中的到时数据实际上不够完全所致。

对于直达 S 波，可以得到类似的 β 和 r_0 值，但对于折射 P 波，则有不同的情况。如图 5.12 中的下图所示，不能用一条直线将正 y 区和负 y 区分开，只能用两条平行于 A 轴和 $\lg r$ 轴的直线来划分，从而有 A_m 和 r_m 两个量。当 $A>A_m$ 和 $r>r_m$ 时，该台记录便能给出折射 P 波到时（对台网范围内的地震而言）。

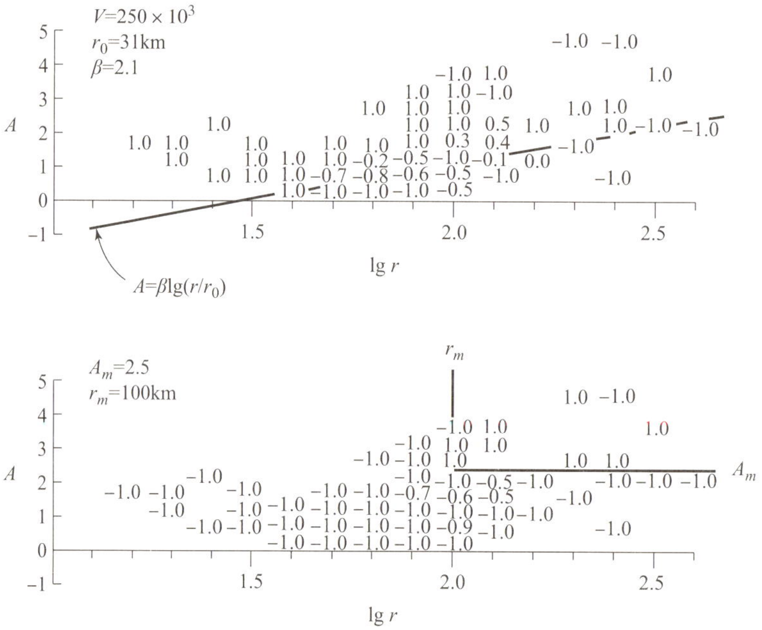

图 5.12　估计单台检测能力实例（北京遥测地震台网上房山台，放大倍数 250×10^3，212 个地震，上图：直达 P 波，读出 110 个数据；下图：折射 P 波，读出 22 个数据。引自赵仲和，1983a，图 1）

利用这里提出的方法，不仅可以估计单台对直达 P 到时的检测能力，还可以估计对直达 S 波、折射 P 波到时的检测能力。当然，上述估计是基于地震观测报告中包含了全部能读出的震相数据这一假定。如果观测报告中不能包含全部可读出的到时数据，则为了能正确估计单台检测能力，应补全可读出的震相到时数据。

上述方法是基于模拟记录地震台网的地震仪器系统。对于数字记录系统，应对地震记录仿真成位移记录，然后给出地震仪器系统放大倍数的正确估计值。

在上述经验估计方法中虽然没有直接用到台站背景噪声水平，但由于使用了实际仪器放大倍数，实际上是体现了台站背景噪声水平对台站检测能力的影响。

5.9.1.5　进一步说明

地震台网监测能力的估计是以单台检测能力为基础的。由于目前尚没有计算地震台网监测能力的统一约定，在向台网数据使用者提供地震台网监测能力图时，应给出估计单台检测能力时使用的基本数据。如果使用理论估计的单台检测距离，则应给出使用的地动背景噪声 RMS 值，并说明其测定时段（由于地动噪声存在季节变化和日夜变化）、可检测地震信号最大振幅与地动背景噪声 RMS 值的比值（如有的台网用 4 倍计算，有的用 6 倍计算，对震级估计可相差近 0.2 级）以及在用速度平坦型地震计记录波形换算成地动位移时对相应频率的设定（有的台网只考虑优势频率随震中距的改变，有的台网还考虑优势频率随震级的改变）；如果使用实际记录数据统计出的单台检测距离，则应给出参与统计的地震个数及确定检测距离的标准，例如在此距离内的可检测地震占地震总数的百分比。

5.9.2　地震台网监测能力的估计

基于单台的检测能力，可以进一步得到对地震台网监测能力的理论估计。这时要给出估计台网监测范围所要求的能检测到给定震级地震的最少台站数，4 个还是 3 个，甚至 2 个或 1 个，这些数据可使人们了解所给出的台网监测能力图是对台网监测能力的乐观估计或是保守估计。以图 5.13 给出地震台网监测能力的理论估计图为例，图中的台站是假想台站，借

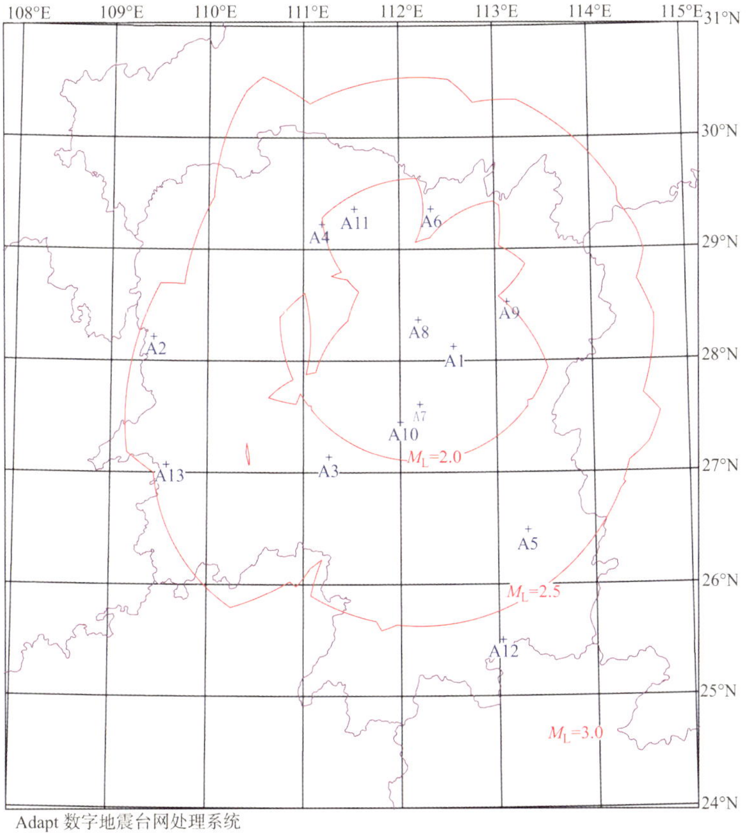

图 5.13　地震台网监测能力图示例。图中台站位置和台站代码均为假设数据，设定检测到地震的最少台站数为 4 个，初动信噪比设为 2。珠海市泰德企业有限公司提供台网监测能力估计和绘图软件包（2008）

以说明在实际台网未建设之前便可根据台网的台站初步设计位置给出监测能力的理论估计，从而可以根据不同的台站位置，优选出最符合台网监测能力设计要求的台站分布。在图 5.13 中，设定检测到地震的最少台站数为 4 个，地震波初动的最小要求信噪比为 2。如果改变设定参数，给出的监测能力图就会不同。作为比较，图 5.14 给出的是与图 5.13 同样的台站分布，但要求检测到地震的最小台站数减为 3 个。比较图 5.13 和图 5.14，可以看到，由于设定的要求不同，给出的监测能力图也不同。图 5.14 给出的监测能力明显“提高”，这说明，在给出监测能力图的时候要明确说明设定的参数。另一方面也说明，如果选用合适的地震定位程序，使得利用 3 个台站也能较好地测定地震的震源位置和发震时刻，那么在不提高台网的台站密度的情况下也能提高台网的监测能力。

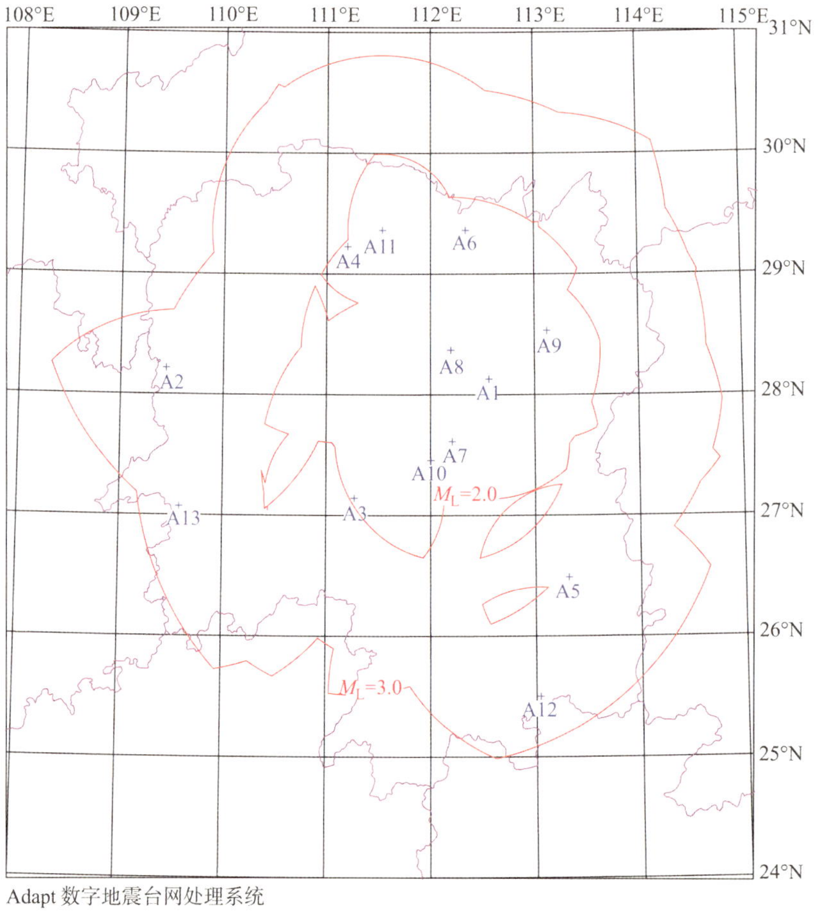

图 5.14　图名和内容及说明同 5.13，但设定检测到地震的最少台站数为 3 个

在台网运行一段时间后，可利用获得的地震目录，按震级区段绘制震中分布图，从而在各震中分布图上勾画出不同震级区段的台网监测范围。积累的数据越多，越能勾画出可靠的监测范围。在积累足够多地震定位结果后，可参考不同震级地震的震中分布图，来检验台网监测能力图的合理性。

5.10　区域地震台网定位能力的理论估计

按照上述监测能力的估计判据，能够记录到并能定位的地震，不一定在地震目录中给出好的地震定位结果，因此，不应忽视对地震台网定位能力的总体了解和对单个地震定位精度的了解。在估计台网的监测能力时只是考虑台网能记录到地震事件，并没有给出其定位能力的误差估计，也就是说，没有给出对台网定位能力的评估，这使得对台网总体性能的描述不够全面。在本节中讨论台网的定位能力估计。

在我国，已在若干地区建立了区域性地震台网，认识这些台网的定位能力、分析其台站布局是否合理、估计新建或改建地震台网的可能定位能力等，对于改进台网和合理使用台网测定的地震时空参数都是有意义的。

精确可靠的地震时空参数数据，是分析区域地震活动、研究地震发生与活动断层的关系、探索地震发生规律乃至寻找可用于预报地震的前兆特征的基础。因此，精确测定地震时空参数成为区域地震台网的主要任务之一。然而，地震时空参数的测定精度受多种因素的影响，例如，震相判读的可靠性与精度，使用的地球速度模型是否正确，是否采用适当的地震定位方法，以及台站的几何分布是否合理等。赵仲和（1983a）利用北京区域地震台网数据估计了北京台网的地震定位能力，讨论了观测到时数据的误差及台站的几何分布对地震定位精度的影响，方法详情如下。

在分析台网定位能力时，采用如下基本假设：①假定所用的地球速度模型是正确的。为节省计算时间而又尽量接近真实情况，可采用平均分层模型，不采用台站走时校正值或分区模型；②假定读数误差是随机的，服从高斯分布；③假定各震相（直达 P、绕射 P 和直达 S）凡能读出到时的均有相同的误差水平，并用预先设定到时数据标准误差表征。由于实际情况与这些假设条件有一定差异，得到的分析结果只是在一定程度上反映了台网的实际定位能力，要全面评价一个地震台网地震定位的准确度，尚需考虑其他许多因素。

对于小台网或者地方性台网，在分析台网定位能力时，假定所有台站都能记到台网范围内的地震，即讨论的是固定的台网几何分布。对于小台阵或地方性台网，这种假定看来是合理的；但对于较大的区域性台网，便不能假定对所有台网区域内的地震，各台站都能给出到时读数。也就是说，对于不同位置和不同震级的地震，应考虑不同几何分布的子台网，即考虑台网的动态几何分布。

对每个给定震级的地震，根据各台站的单台检测能力，可确定相应的台站组合，并利用单个地震的地震定位程序（例如 HYPO81 – BJ，赵仲和，1983b）中使用的误差估计方法，给出震源位置参数的误差估计值。

为了了解台网地区的任一点发生地震时台网的定位能力，直观有效的方法是绘制误差分布等值线图。将台网所在地区按给定间距分成网格，假设在每个网格端点下方给定深度发生一个给定震级的地震，利用合适的地震定位程序，可算出该点的震源坐标误差。

在求得各点误差估计值后，通过简单内插，绘出等值线图，对于任一给定震级和数据标准误差，可计算出相应的估计误差分布。改变设定的数据标准误差，不会改变误差分布等值线图像及误差的相对大小，仅改变整个误差水平。在分析区域台网定位能力时，的确应该针对不同位置不同震级地震考虑不同的台站组合，还要分别研究台网对不同震级地震的定位能力。

针对具体的地震台网，可分别对不同震级和使用不同震相（例如使用 P、S 震相及只用 P 震相）时震源坐标及震中位置的误差分布，这些图件可作为台网日常分析工作及确定扩建台网方案的辅助手段。此外，对于合理使用台网定位结果也可给予一定指导，使研究人员在选用地震数据来分析地震活动图像或反演速度结构时，对可选用地震的空间范围和震级范围能够心中有数。

图 5. 15 给出北京台网定位能力等值线图的一个典型实例，其中，数据标准误差设为 0. 15s，震源深度设为 15km。图 5. 15 是对 M_L2. 0 计算的，图中小黑点是均匀网格顶点，大黑点是 1979 年北京台网测定地震所在位置，等值线上的数字是震中位置标准误差估计值的 2 倍，图上锯齿线外面的区域（锯齿指向的区域）是到时数据少于 4 个因而不能测定震源参数的地区，图上的“ + ”是台站所在地。

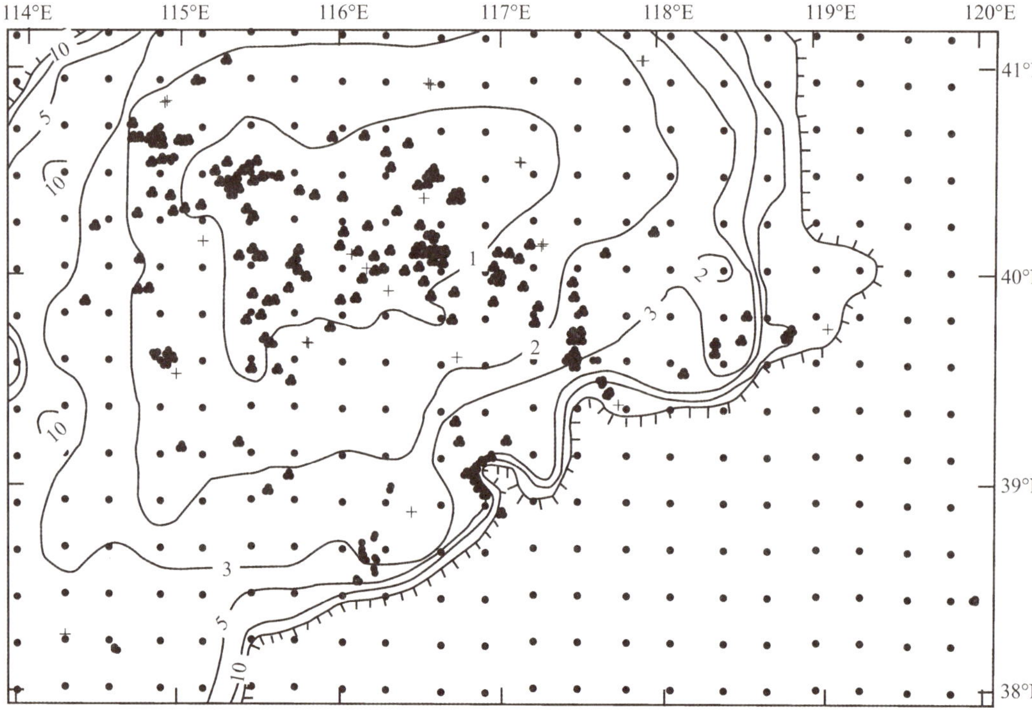

图 5. 15　北京台网设定 M_L = 2. 0、震相到时数据标准误差为 0. 15s 时的震中误差等值线图（使用 P 波到时和 S 波到时，见赵仲和，1983a，图 2）

利用这种方法，不仅可以对已有的地震台网估计其定位能力，还可对设计的台网预先估计可能的定位能力，是对现在常用的台网监测能力估计（见 5. 9. 2. 1 小节）的一个补充。

影响台网地震定位能力的因素很多，上述给出的误差等值线图主要反映了台站几何分布的影响，同时还可以看出到时数据精度如何影响整个台网定位精度水平，使用 S 震相的重要性，以及选择好的台址从而获得高放大倍数以提高单台检测能力的意义。此分析中假定台网下速度模型是正确的，而实际上速度模型是否合适，是否既能反映台网地下地震波速度随深度的变化也能反映出速度结构的横向差异，都对定位精度有影响。因此，研究台网地下速度结构，改善定位用的速度模型，也是提高台网定位能力的重要方面。

分析中假定到时数据误差服从高斯分布。实际上有些数据中存在因识别震相不当等原因造成的错误，使之误差分布偏离高斯分布。在一些定位程序中，通过适当加权，可以去掉或减小这些个别错误数据的影响。

以上所讨论的还只是正演问题，即给定台网布局后分析其定位能力。人们自然会想到反演问题，即把台站位置作为可调整的参数，根据某种最佳化准则，例如使台网区全部取样点的加权误差平方和为最小，来确定所谓“最佳台站分布”。但当台站数量大时可调整的参数太多，实际中要求得全局极小解很难实现，甚至极小化过程会不收敛。因此，这种反演过程必须以正演问题为基础，在若干方案中选取较好方案作为最佳化反演问题的初始值，然后在较小的可调整范围内修正台站位置。

5.11　结　　语

本章中很多内容涉及地动噪声，从地震台网的监测能力和定位能力的角度，总是希望地震台站的地动噪声越小越好。不过，地动噪声也提供了关于地球内部结构的丰富信息，成为现今研究地球结构的重要手段。因此，看了本章的内容之后，千万不要误把地动噪声看作是“坏东西”，尤其是地动噪声是持续存在的，不受地震活动强弱的影响，更有其独特优点，所以，发掘地动噪声中的有用信息也应该是地震记录处理的一个组成部分。

第6章　单个地震定位的基本方法

单个地震定位是地震数据处理的重要内容，本章讨论其基本方法，并举例介绍一些单个地震定位程序。

6.1　地震定位概述

"地震定位"通常是指利用地震台网测定的震相到时计算震中坐标、震源深度和发震时刻，即测定地震的时空参数。利用单个地震台站3分向记录得到的震中方位角和由多震相到时得到的震中距也可测定震中位置。在一些定位方法中，各台站相对于震中的方位角和射线参数（视慢度）也能作为地震定位的数据。

地震定位是观测地震学中的一个基本问题。准确测定震源位置和发震时刻涉及震源对地震波的激发特性，涉及地震波在地球介质中的传播，还涉及地震波接收系统，即地震传感器。对震源、地球介质的认识和地震观测技术与地震观测系统的进步，都有助于地震定位准确度的提高。

另一方面，地震定位问题又是一个古老的最优化问题。最优化方法的发展进步，使计算机定位问题拥有了更强有力的数学工具，而计算机的广泛应用和计算机系统的处理与存储能力的飞速提高，又为采用更有效的地震定位方法创造了客观条件。

6.1.1　宏观震中与微观震中

除了爆炸滑坡和地面塌陷形成的震源可认为有0km震源深度外，一般天然地震的震源都在地面以下数千米至数十千米，甚至数百千米。震源在地面的投影点为地震的震中，震源到震中的距离为震源深度。这里的"震中"指由各地震台记录的地震波到达时间计算得到的位置，通常称为"仪器震中"或"微观震中"。人们通过调查地震造成的宏观破坏，固定地表受破坏最严重的小区域，为"宏观震中"。一个地震的微观震中和宏观震中通常不在同一个位置，与它们定义的差别，断层面可能倾斜以及测量误差等因素有关。对于较小的地震，没有造成地面破坏，甚至没有人感觉到，这样的地震只能用地震仪器观测到的数据确定微观震中位置。

根据震中区宏观破坏状况的分布可确定不同地点的地震烈度，从而画出地震的等震线。由烈度随震中距的衰减程度可利用经验公式推算出宏观震源深度。而对于较小的地震，只能靠仪器观测来测定震源深度。然而，在地震台网得到大力发展的今天，即使是大地震，也依然主要靠地震仪器测定的数据来估计震源深度。

6.1.2 地震定位中的点源假设

在上文的说明中，实质上隐含了地震震源为一个点源的假定。因为只有在时间和空间构成的四维空间中的一个点，才能用其空间坐标（例如笛卡尔（直角）坐标系中的 x、y、z）和时间坐标来表示。但实际上震源总是有一定尺度的，而且发震时震源的破裂是一个过程，因此，在地震定位问题中给出的震源位置只是在震源体中的一个特定点，而发震时刻只是在发震过程中的一个特定时刻。

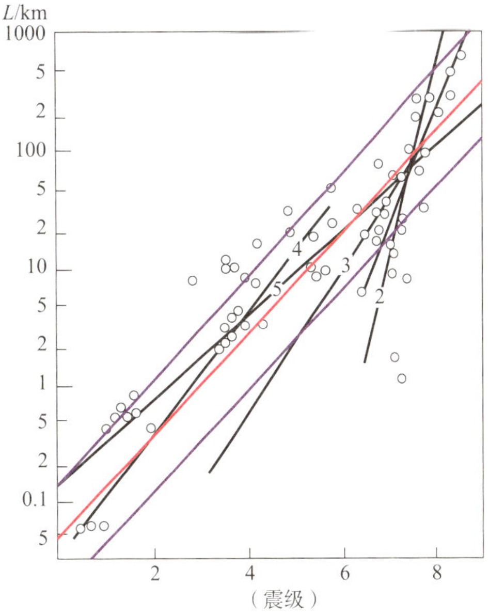

图 6.1 震源长度与震级的关系（据彼得·鲍曼，2006，图 3.41 重绘）

图 6.1 给出根据不同研究者的研究结果归纳出的震源长度与震级的关系。中间的没有标出数字的直线是原作者给出的不同统计结果的平均，在其两侧的两条平行线给出其不确定范围（1 倍标准偏差）。尽管不同作者对不同环境下的事件给出的关系往往有很大的不同，但图中表明，震源长度 L 的确相当大，而且震级越高震源的长度越大，因此震源在空间上不能认为是单个点。

图 6.2 中的红星是汶川地震的震中位置，即地震定位的结果，该位置并不是在汶川地震过程中破坏最严重的地方。图中显示汶川地震的破裂过程持续了 80s，破裂长度超过 200km，表明由地震定位给出的震源位置和发震时刻只是这一破裂过程的起始位置和起始时刻。

如果震源至台站的距离 R 比震源尺度 L 大得多（$R \gg L$），就可以把震源当作是空间中的一点；如果地震波的周期 T 比完成破裂过程所花费的时间 L/V_f 大得多（$T \gg L/V_f$，这里 V_f 为平均破裂速度），就可以不考虑破裂传播的细节，把它当作时间轴上的一个点，破裂速度 V_f 是和地震波传播速度 C 相当的量，所以 $T \gg L/V_f$ 意味着地震波长 λ 比震源尺度 L 大得多（$\lambda \gg L$）。在 $R \gg L$ 和 $\lambda \gg L$ 这两个条件下，才能把地震的震源当作时间上和空间上的一个点，于是假定各台站接收到的震相初至来自同一个时空点（点源）。这就决定了地震定位问题实质上是要定一个震源体的代表点的位置，它处于震源破裂面的一端还是中部，取决于震源破裂方式。在下面的讨论中只是涉及测定震源体的这一代表时空位置点，而不再讨论这个点究竟与震源体有何关系。在讨论地震矩张量反演时也用到类似的点源假设（见第 10 章）。

6.1.3 地震定位技术的演变

在广泛采用电子计算机之前，人们只能以手工方式进行地震定位，由此产生了一系列通过手工作图辅以简单计算实现的地震定位方法。虽然现今已很少采用手工方法进行地震定位，但手工进行地震定位曾经是观测地震学发展的一个重要阶段，而这一阶段积累的各种方法和经验是一笔宝贵的财富，在当今的计算机和网络时代，如果以新视角去学习和研究手工方法中的原理和技巧，将会对现代地震定位问题有很大帮助。关于手工定位方法，可见

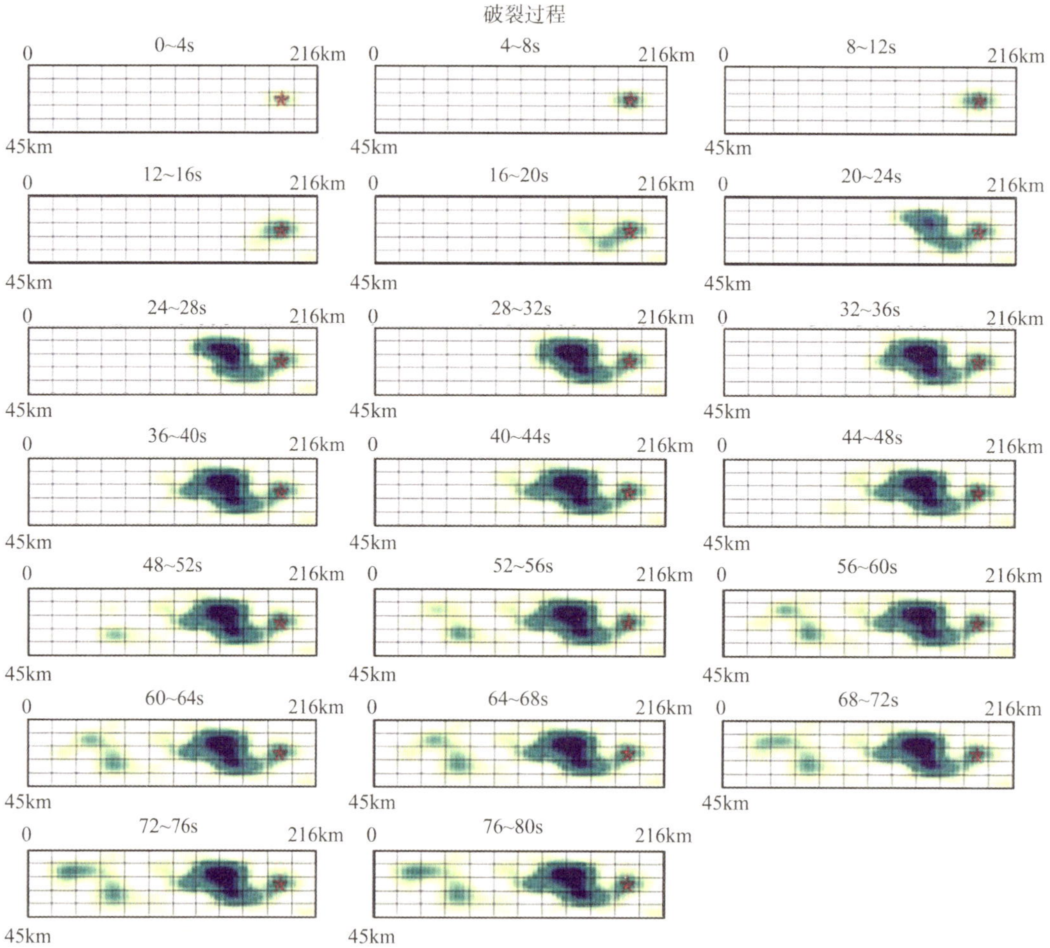

图 6.2　2008 年 5 月 12 日汶川 8.0 级地震的震源破裂过程。破裂持续时间 80s，破裂长度 216km，破裂走向 229°，倾角 32°（王为民、姚振兴，赵连锋，从 http://www.csi.ac.cn 下载）

《地震学教程》（傅淑芳等，1980）和《近震分析》（中国科学院地球物理研究所，1977）。

现今，由于数字化地震台网覆盖全球（但台站分布不均匀），计算机网络使任何一个物理的或虚拟的台网中心能够及时地（实时或近实时）获得所需台站的数字化地震波形记录，而计算机的处理能力急速增强，使得利用计算机系统进行人机交互的地震定位成为地震定位实践中的主流。另一方面，不要人工干预的自动定位技术也在不断发展，已达到实用化的程度，从而显著提高了地震发生后的快速处理能力。除了通过实现自动定位来提高大地震速报能力外，提高地震定位准确度仍是一个没有完全解决的问题，这涉及地震定位算法中的各个环节。

6.1.4　地震定位结果的描述

地震定位时，最终给出的结果通常包括发震时刻（年、月、日、时、分、秒）、震中经度和纬度（度或度、分、秒）以及震源深度（km）。在没有特别说明的情况下，定位结果给出的震中经纬度是指震中的地理经度和地理纬度。由于地球不是严格意义的球体，有一定的扁率，接近于一个围绕两极轴线的旋转椭球体，因此，地理纬度不同于地心纬度，但地理经度近似于地心经度。在利用球面三角学确定出震中的地心纬度后，应利用地心纬度与地理纬度的关系转换成地理纬度，具体的转换关系见 6.2 节。

根据震源深度的定义，震源深度是相对于震中所在地的平均地面测定的。因此，如果在地震定位程序中是以大地水准面为基准测定震源相对于大地水准面的深度，则还需要转换成相对于震中的深度，这在海拔较高的地区是必须考虑的。例如，在青藏高原，地面海拔高度平均在 4km 左右，这时，如果定位结果给出震源相对于大地水准面的深度为 10km，那么该地震应在地面以下 14km，就是说震源深度应为 14km。

关于发震时刻，涉及人们采用的时间基准。这就要注意给出的发震时刻是国际协调时（UTC）还是当地的地方时。在我国，由于采用统一的北京时间，使用北京时给出发震时刻对于国人不会造成混淆。但对同一地震来自不同机构的定位结果进行比较时，要注意这些机构提供的定位结果使用的是某地区的地方时还是 UTC。比较全球不同台网定位结果时，最好把发震时刻都转换成 UTC 时间，北京时间 = UTC 时间 + 8 小时。

此外，地震定位结果还给出一些附加信息，例如关于单个地震定位结果的质量评价和地震所在分区的地名等。

尽管地震定位程序给出的定位结果中总会给出一个震源深度值，但在不同情况下震源深度值的可信度会有很大不同，有些地震定位程序会根据定位结果给出震源深度可信度的提示信息。对于近震或地方震，一些地震定位程序中，当不满足给定的震源深度测定条件时会使用程序中的设定深度，例如给出震源深度为程序中设定的 10km 或 15km 等，该设定值往往是基于该地区以往记录地震的平均震源深度。而对于远震定位，类似情况是给出震源深度为 33km，新闻媒体在报道相关地震时也会照抄这一结果，部分公众还真以为测定的震源深度是 33km，其实，这个深度值只是源自 J－B 地壳模型的地壳平均厚度，是在远震定位程序中的设定值。当然，它也给出一点信息，说明该地震是发生在地壳内的地震，不是处于上地幔的中、深源地震。

值得一提的是，在地震定位程序给出的定位结果中往往省去了一些约定的信息，例如经度是东经还是西经，纬度是北纬还是南纬，有时只是以正、负号表示，正号表示东经和北纬，负号表示西经和南纬。尽管地震定位程序的输出结果可能只是供地震工作人员使用，但在综合不同来源的定位结果和进行地震编目工作时，应该注意这些隐含的约定。在向外发布地震消息时，更应将这些约定信息予以明确说明。

提供震中所在地的参考地名是地震定位程序中的一项额外功能，但这与地震定位的算法没有关系，在这里就不再讨论了。

6.2　坐标系约定与坐标转换

在地震定位程序中，对于台站位置和震源位置的描述总是离不开坐标系。对于区域地震台网，一般采用直角坐标系；而大尺度的地震台网和远震定位，都是采用地球坐标系。在我国的区域地震台网或地方地震台网的情况中，对于台站位置的描述，往往首先给出的是台站的经纬度和高程，然后根据在台网地区建立的直角坐标系将其转换成(x,y,z)坐标，并在该直角坐标系中求解出震源位置的(x,y,z)坐标。但在发布定位结果和编辑地震目录时，需要将震源位置的(x,y,z)坐标转换成震中经纬度和震源深度。因此，在地震定位程序中都要包含从经纬度到(x,y)坐标的转换以及逆转换的功能模块。在远震定位中，例如在单台定位时（见6.4节），要将测定的震中相对于台站的方位角和震中距（地球大圆弧长度）转换成地心经纬度及其逆转换，还需要由地心经纬度转换成地理经纬度及其逆转换。本节将给出这些坐标转换的计算方法及其 Matlab 实现。

6.2.1　区域台网的坐标系约定

本书在讨论区域地震台网的地震定位问题时，采用的直角坐标系统一为右旋笛卡尔坐标系，其x,y,z轴指向北、东、下，见图6.3。读者在阅读本章或使用相应的 Matlab 程序时，请注意该约定。

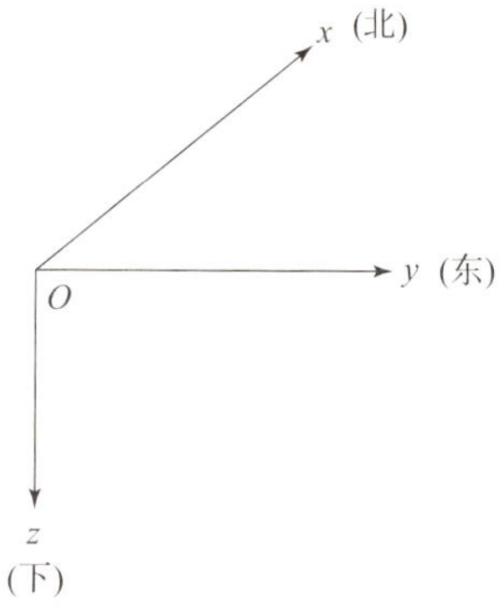

图6.3　直角坐标系约定

在区域地震台网（台网孔径约几百千米）和地方地震台网（台网孔径约几十千米）的近震、地方震定位问题中，大多使用直角坐标系，取台网中的某一点作为坐标原点，例如选坐标原点的x坐标为各台站x坐标的平均值，y坐标为各台站y坐标的平均值，这样得到的是台网的几何中心的位置。通常台网的台站坐标以经纬度给出，并近似地以各台站的经度平均值作为坐标原点的经度，以各台站纬度的平均值作为坐标原点的纬度。

6.2.2　经纬度与直角坐标的相互转换

6.2.2.1　最简单的情况

设该坐标系原点的经、纬度为(λ_0,ϕ_0)（单位为度），其高程为0km。选定x,y,z轴指向北、东、下（见6.2.1小节中的约定）。台网中的另一点，例如某台站A，其经、纬度为(λ_1,ϕ_1)（单位为度），高程为h_1(km)。在最简单的情况下，忽略两点高程差的影响，也不考虑地球形状的影响，于是可用下列简单的公式计算该点的直角坐标(x_1,y_1)（单位 km），

$$x_1=(\phi_1-\phi_0)\cdot d \tag{6.1}$$

$$y_1=(\lambda_1-\lambda_0)\cdot d\cdot\cos\left(\phi_0\frac{\pi}{180}\right) \tag{6.2}$$

如果进一步考虑A点与原点的纬度差异，可将式（6.2）修改成，

$$y_1=(\lambda_1-\lambda_0)\cdot d\cdot\cos\left((\phi_0+\phi_1)\frac{\pi}{360}\right) \tag{6.3}$$

即在计算中用A点与原点的纬度平均值代替原点的纬度。

在以上各式中的常数d是地球表面大圆弧1°的平均长度千米数，等于60海里（1国际海里为1852m），即111.12km。式中的经纬度都应是以度为单位的数值，取北纬和东经为正，南纬和西经为负。

反过来由A点的直角坐标(x_1,y_1)可转换出该点的经纬度(λ_1,ϕ_1)，

$$\phi_1=\frac{x_1}{d}+\phi_0 \tag{6.4}$$

$$\lambda_1 = \frac{y_1}{d \cdot \cos\left(\phi_0 \cdot \frac{\pi}{180}\right)} + \lambda_0 \tag{6.5}$$

由于利用式（6.4）求出了 ϕ_1，因此可利用下面的式（6.6）求 λ_1，从而考虑了 ϕ_0 与 ϕ_1 之差，

$$\lambda_1 = \frac{y_1}{d \cdot \cos\left((\phi_0 + \phi_1) \cdot \frac{\pi}{360}\right)} + \lambda_0 \tag{6.6}$$

同样，注意式中各量的单位，计算出的经纬度以度为单位，直角坐标以 km 为单位。

在张少泉等编著的《近震分析》(中国科学院地球物理研究所，1977，第 29 ~ 30 页）中采用了上述公式，其适合于在手工进行地震分析的年代，此种情况不需要在坐标变换上使用更复杂的公式。

6.2.2.2　复杂的计算之一

李汯鑑和斯图尔特在《微震台网的原理及应用》(李汯鑑和斯图尔特，1984，第 131 页）中引用里克特描述的方法（Richter，1958，701 ~ 705），在北纬 70°和南纬 70°之间，纬度为 ϕ、经度为 λ、高程为 h 的一点相对于坐标原点（纬度为 ϕ_0，经度为 λ_0，海拔高度为零）的 (x,y,z) 坐标为：

$$x = 60 \cdot B \cdot (\phi - \phi_0) \tag{6.7}$$

$$y = 60 \cdot A \cdot (\lambda - \lambda_0) \tag{6.8}$$

$$z = -0.001h \tag{6.9}$$

式中，x,y,z 的单位是 km；$\lambda,\lambda_0,\phi,\phi_0$ 的单位是度；h 的单位是 m。这里的 x,y,z 对应的正方向是北、东、下。A 和 B 是纬度的函数：

$$A \approx (1.8553654 + 0.0062792\sin^2\Phi + 0.0000319\sin^4\Phi)\cos\Phi \tag{6.10}$$

$$B \approx 1.8428071 + 0.0187098\sin^2\Phi + 0.0001583\sin^4\Phi \tag{6.11}$$

式中，$\Phi = \frac{1}{2}(\phi + \phi_0)$，单位是度。

需要说明的是，中译本《微震台网的原理及应用》(李汯鑑和斯图尔特，1984）中与式（6.10）对应的公式是第 132 页的式（6.3），其中漏掉了 $\cos\Phi$（对照原书：Lee and Stewart，1981，第 131 页，可从以下网站自由下载该书：（usgs.gov/staff-profiles/william-lee/lee_and_stewart_1981.zip，在该网站还有地震定位程序 HYPO71 供下载，最近一次访问在 2017 年 9 月)。

反过来，如果已知一点的(x,y,z)坐标，则可用式（6.7）、式（6.8）和式（6.9）所对应的下列公式求出该点的经、纬度(单位为度)和高程(单位为 m)：

$$\lambda = \frac{y}{60 \cdot A} + \lambda_0 \tag{6.12}$$

$$\phi = \frac{x}{60 \cdot B} + \phi_0 \tag{6.13}$$

$$h = -z \cdot 1000 \tag{6.14}$$

式中，A 和 B 由式（6.10）和（6.11）给出。注意到在计算 A、B 时使用了 $\Phi=(\phi+\phi_0)/2$，

而在使用 A、B 代入式（6.12）~式（6.14）之前 ϕ 是未知的，因此，在使用式（6.12）~式（6.14）时，可用 ϕ_0 代替 Φ 先计算出 A 和 B，进而求出 ϕ。用这样得到的 ϕ 与 ϕ_0 求出 $\Phi=(\phi+\phi_0)/2$，重新计算 A 和 B，再用式（6.13）重新计算 ϕ。在 HYPO81BJ（赵仲和，1983b）地震定位程序中使用了这种转换公式。

需要说明的是，李汯鑑和斯图尔特（1984）使用的直角坐标系是 x 指东、y 指北、z 指下，而本章中是 x 指北、y 指东、z 指下，故使用的转换公式（6.7）和（6.8）与李汯鑑和斯图尔特（1984）的式（6.2）有所不同。

6.2.2.3 复杂的计算之二

在《地震学中的计算方法》（朱介寿等，1988，第 243 ~ 244 页）中选用了高斯－克吕格（Gauss-Kruger）投影坐标系的一级近似（使用本书中的约定，x、y、z 指向北、东、下）。注意，下面式（6.15）~式（6.18）中的经纬度是以弧度为单位，以度为单位的经纬度应作相应的变换：1 度 = π/180 弧度 = 0.0174532 弧度。

$$\left.\begin{aligned} y &= R_n(\lambda-\lambda_0)\cdot\cos\phi_0 \\ x &= R_m(\phi-\phi_0)+\frac{y^2\tan\phi_0}{2R_n} \end{aligned}\right\} \tag{6.15}$$

式中参数，

$$\left.\begin{aligned} R_n &= \frac{a}{(1-e^2\sin^2\phi_0)^{\frac{1}{2}}} \\ R_m &= \frac{a(1-e^2)}{(1-e^2\sin^2\phi_0)^{\frac{3}{2}}} \end{aligned}\right\} \tag{6.16}$$

参数 R_n 和 R_m 中的常数 e 为地球的偏心率，

$$e^2=\frac{a^2-b^2}{a^2} \tag{6.17}$$

式中，a 为地球长轴半径；b 为地球短轴半径。表 6.1 给出两个大地坐标系 WGS72 和 WGS84 采用的地球椭圆参数，全球定位系统 GPS 采用 WGS84。

表 6.1 地球椭球参数

（据 http://en.wikipedia.org/wiki/World_Geodetic_System，最近一次访问在 2017 年 9 月）

产生年代	大地坐标系	地球长半径 a/m	扁率 f 的倒数	地球短半径 $b=a(1-f)$/m
1972	WGS72	6378135.0	298.26	6356750.5
1984	WGS84	6378137.0	298.257223563	6356752.3

反过来，将直角坐标 x，y 化成经纬度 λ，ϕ 的转换式为：

$$\left.\begin{aligned} \lambda &= \frac{y}{R_n\cos\phi_0}+\lambda_0 \\ \phi &= \frac{x}{R_m}-\frac{y^2\tan\phi_0}{2R_mR_n}+\phi_0 \end{aligned}\right\} \tag{6.18}$$

李桂华等（2005）开发的 KMSN－N 地震定位程序中采用了这一转换公式。

6.2.3　用于经纬度与直角坐标转换的 Matlab 程序

本书提供了进行经纬度与直角坐标转换的 Matlab 程序，它们是：

程序 ll2xy1.m：利用 6.2.2.1 小节中的式（6.1）和式（6.3）由经纬度转换直角坐标；

程序 xy2ll1.m：利用 6.2.2.1 小节中的式（6.4）和式（6.6）由直角坐标转换经纬度；

程序 ll2xy2.m：利用 6.2.2.2 小节中的式（6.7）~式（6.11）由经纬度转换直角坐标；

程序 xy2ll2.m：利用 6.2.2.2 小节中的式（6.12）~式（6.14）由直角坐标转换经纬度；

程序 ll2xy3.m：利用 6.2.2.3 小节中的式（6.15）~式（6.17）由经纬度转换直角坐标；

程序 xy2ll3.m：利用 6.2.2.3 小节中的式（6.18）由直角坐标转换经纬度。

Matlab 程序 M06_02_xyll_test.m 给出调用这些程序的试算举例，下面是一个示例的结果。

$x-y$ 坐标原点纬度 olat_d＝40.0°，经度 olon_d＝116.0°，第 1 个台站的纬度 slat_d＝41.5°，经度 slon_d＝118.2°，第 2 个台站的纬度 slat1_d＝39.5°，经度 slon1_d＝114.5°，调用程序 ll2xy1、ll2xy2、ll2xy3，得到三个结果，见表 6.2。可见不同公式得到的 $x-y$ 坐标是有差别的。

表 6.2　三种算法给出的坐标转换结果比较示例

	s_x1/km	s_x2/km	s_x3/km	s_y1/km	s_y2/km	s_y3/km
台站 1	166.6800	166.5727	168.8703	185.1974	185.8020	187.8665
台站 2	－55.5600	－55.5145	－54.8112	－128.1506	－128.5615	－128.0908
台站 2－台站 1	－222.2400	－222.0872	－223.3099	－313.3479	－314.3635	－315.9573

由此计算台站 1 和 2 的间距 dis，由程序 ll2xy1.m 得到 dis1＝384.1582km，由程序 ll2xy2.m 得到 dis2＝384.8989km，由程序 ll2xy3.m 得到 dis3＝386.9061km，得到的台站间距是不同的。6.2.2.1 小节和 6.2.2.2 小节的算法给出的结果相差较小，在 1km 的范围内，而与 6.2.2.3 小节中算法的结果相差达数千米，因此，在我们关注不同地震定位程序的基本算法的同时，也要注意采用的坐标转换算法的差别。就是说，不同的程序，由于不同的坐标转换算法的差别，也会造成千米级的差别。

6.2.4　经纬度与大圆距和方位角的转换

首先求解的是球面三角学问题（叶其孝等，2006，第 51~52 页）。在球面上，用通过球心 O 的平面截球面，所得的截线称为大圆，大圆的半径即为球的半径 R。球面上两点 A、B 间在球面上的最短距离是大圆弧 $\overline{AB}$，它是大圆的一部分。设 $\overline{AB}$ 所对的圆心角为 α（以弧度为单位），则 $\overline{AB}=R\alpha$。如果用度表示圆心角，记为 $\alpha°$，则，

$$\overline{AB}=\frac{R\cdot\pi}{180}\cdot\alpha° \tag{6.19}$$

三个两两相交的大圆弧所围成的球面上的部分称为球面三角形。在球面三角形的三个顶点，分别由相邻两边（两个大圆弧）构成球面角，记为 A、B、C，其对应的边分别为 a、b、c，是三个大圆弧。于是有如下球面三角形公式（叶其孝等，2006，第 52 页）：

$$\frac{\sin a}{\sin A}=\frac{\sin b}{\sin B}=\frac{\sin c}{\sin C} \quad （正弦定理） \tag{6.20}$$

$$\cos a=\cos b\cdot\cos c+\sin b\cdot\sin c\cdot\cos A \quad （边的余弦定理） \tag{6.21}$$

$$\cos A=-\cos B\cdot\cos C+\sin B\cdot\sin C\cdot\cos a \quad （角的余弦定理） \tag{6.22}$$

在地球表面，当已知一点 B（例如震中）相对于另一点 A（例如某地震台站）的方位角 α（大圆弧$\overline{AB}$与过 A 点的经线之间的夹角，自经线由北向东，范围是 0°~360°）和两点间的大圆弧$\overline{AB}$的弧长 D（例如震中和台站之间的震中距）时，如果已知 A 点的经纬度，则可利用上列正弦定理和余弦定理计算出 B 点的经纬度。

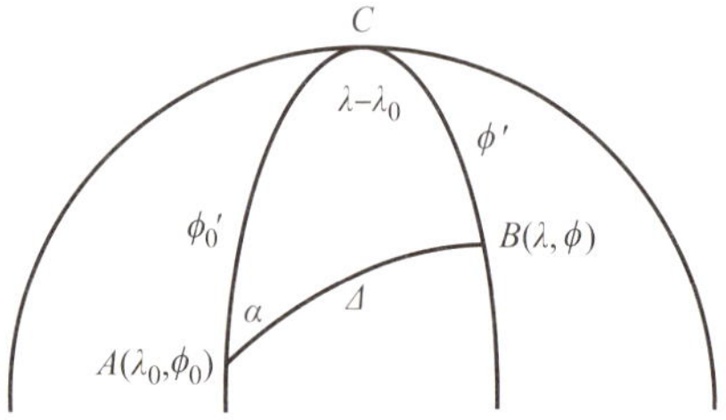

图 6.4　经纬度与大圆距和方位角的转换关系示意图

在计算过程中，首先要把 A 点的纬度 ϕ_0（这是地理纬度）转换成地心纬度 ϕ_A'，再进一步得到地心纬度的余纬度 ϕ_0'。关于地理纬度与地心纬度的差异及转换公式在 6.2.6 小节中进一步说明。

根据上述球面三角形公式，得到经纬度与大圆距、方位角之间的具体转换关系，公式中的符号参见图 6.4，

$$\left.\begin{aligned}
&\cos\phi'=\cos\Delta\cdot\cos\phi_0'+\sin\Delta\cdot\sin\phi_0'\cdot\cos\alpha\\
&\sin(\lambda-\lambda_0)=\sin\alpha\cdot\frac{\sin\Delta}{\sin\phi'}\\
&\cos(\lambda-\lambda_0)=\frac{\cos\Delta-\cos\phi_0'\cdot\cos\phi'}{\sin\phi_0'\cdot\sin\phi'}
\end{aligned}\right\} \tag{6.23}$$

于是得到 B 点的经度 λ 和纬度 $\phi=90°-\phi'$。反过来，

$$\left.\begin{aligned}
&\cos\Delta=\cos\phi_0'\cdot\cos\phi'+\sin\phi_0'\cdot\sin\phi'\cdot\cos(\lambda-\lambda_0)\\
&\cos\alpha=\frac{\cos\phi'-\cos\Delta\cdot\cos\phi_0'}{\sin\Delta\cdot\sin\phi_0'}\\
&\sin\alpha=\sin(\lambda-\lambda_0)\cdot\frac{\sin\phi'}{\sin\Delta}
\end{aligned}\right\} \tag{6.24}$$

于是得到 B 点的大圆弧距离 λ 和方位角 α。注意单位的转换，用三角公式的反余弦得到的是弧度，乘以 $180/\pi$ 变成以度为单位的大圆弧距离。

6.2.5　经纬度与大圆距和方位角之间转换的 Matlab 实现

Matlab 程序 ad2ll.m：利用 6.2.4 小节中的公式（6.23）由方位角和大圆距转换成经纬度。

程序 ll2ad.m：利用 6.2.4 小节中的公式（6.24）由经纬度转换成方位角和大圆距。

M06_02_adll.m 给出调用这些程序的试算举例。

6.2.6　地理纬度与地心纬度的转换

下面根据椭圆方程来推导地理纬度与地心纬度的转换关系。

如图 6.5 所示，在一个二维平面上，椭圆原点为 O，半长轴（semi-major axis）为 a，半

短轴（semi-minor axis）为 b，坐标轴 x 沿半长轴方向，y 轴沿半短轴方向，则椭圆方程为，

$$\frac{x^2}{a^2}+\frac{y^2}{b^2}=1 \tag{6.25}$$

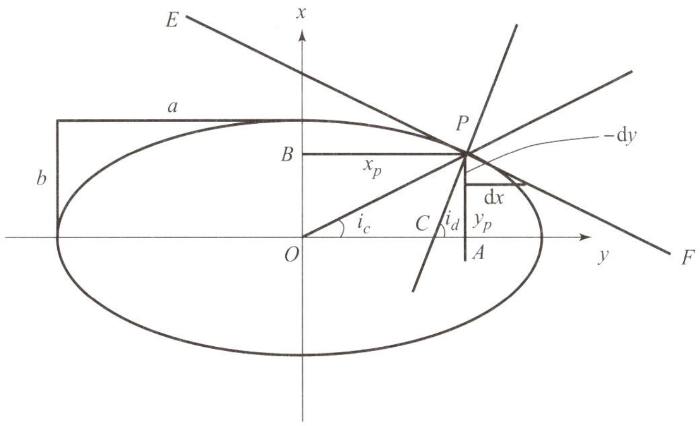

图 6.5　推导地理纬度与地心纬度转换关系用的角度关系示意图

在椭圆上的 P 点处有切线 EF，在 P 点的法线为 PC，PC 与 OX 的交角为 i_d，PO 与 OX 的交角为 i_c，于是有，

$$\tan i_d=-\frac{\mathrm{d}x}{\mathrm{d}y}, \tag{6.26}$$

由椭圆方程得到，

$$\frac{2x\mathrm{d}x}{a^2}+\frac{2y\mathrm{d}y}{b^2}=0, \tag{6.27}$$

于是得到，

$$\tan i_d=-\frac{\mathrm{d}x}{\mathrm{d}y}=\frac{y_p}{x_p}\frac{a^2}{b^2} \tag{6.28}$$

式中，x_p 和 y_p 为 P 点在 x 轴和 y 轴上的投影长度（即 P 点在 xOy 坐标系中的 x 坐标和 y 坐标）。再看角 i_c，

$$\tan i_c=\frac{y_p}{x_p} \tag{6.29}$$

于是，

$$\tan i_d=\frac{a^2}{b^2}\tan i_c \tag{6.30}$$

令 $f=\dfrac{a-b}{a}$，即椭圆的扁率（flattening，oblateness），则有，

$$\frac{a^2}{b^2}=\left(\frac{a}{b}\right)^2=\left(\frac{b}{a}\right)^{-2}=(1-f)^{-2} \tag{6.31}$$

于是，

$$\tan i_d = \tan i_c \cdot \frac{a^2}{b^2} = \tan i_c \cdot (1-f)^{-2} \tag{6.32}$$

$$\tan i_c = \tan i_d \cdot (1-f)^2 \tag{6.33}$$

假定地球为围绕通过南北极的地轴旋转的旋转椭球体，称为地球椭球体。通过地心、北极和地球表面一点的平面与地球椭球体的交线为椭圆，椭圆的半长轴为地球的赤道半径，半短轴为地球的极半径。在该点的地理纬度就是图 6.5 中所示角 i_d，地心纬度是角 i_c。因此可用式（6.32）和式（6.33）进行彼此的转换。

根据定义，地球的偏心率 e 与扁率 f 有如下关系，

$$e^2 = \frac{a^2 - b^2}{a^2} = 1 - \frac{b^2}{a^2} = 1 - \left(\frac{b}{a}\right)^2 = 1 - (1-f)^2 \tag{6.34}$$

这样定义的偏心率 e(eccentricity) 也称为第一偏心率，是椭圆两焦点距离与长轴长度之比。所以，$1-e^2=(1-f)^2$，于是，如果使用偏心率进行地心纬度和地理纬度的转换，则有

$$\tan i_d = \tan i_c \cdot \frac{a^2}{b^2} = \tan i_c \cdot (1-e^2)^{-1} \tag{6.35}$$

在使用转换公式时应明确使用的是偏心率还是扁率，由二者的定义可知，偏心率 e 的平方约为扁率 f 的 2 倍，因为，

$$e^2 = \frac{a^2 - b^2}{a^2} = \frac{(a+b)(a-b)}{a^2} = f \cdot \frac{a+b}{a} \approx 2f$$

由下式定义的 e_2 称为第二偏心率，

$$e_2^2 = \frac{a^2 - b^2}{b^2} = \frac{a^2}{b^2} - 1 = \left(\frac{a}{b}\right)^2 - 1 = (1-f)^{-2} - 1 \tag{6.36}$$

再有，hypoDD 双差定位程序（Waldhauser，2001）进行地理纬度到地心纬度的转换中使用下列公式将一点的地理纬度(ϕ)转换成地心纬度(β)，

$$\beta = \phi - \sin(2\phi) \cdot f \tag{6.37}$$

然后计算地心纬度和地理纬度的正切之比，

$$r = \frac{\tan\beta}{\tan\phi} \tag{6.38}$$

这样，在该点附近其他点的地心纬度和地理纬度的转换便可利用这一比值，从而简化计算。于是地心纬度的正切，

$$\tan\beta = \tan\phi \cdot r \tag{6.39}$$

在上面的公式中，实际上是用 $\sin(2\phi)\cdot f$ 近似 ϕ 和 β 角之差，记为 α，由于地理纬度和地心纬度的差值为一个小角度，故有如下近似（以弧度为单位，1 弧度 = π/180 度）：

$$\alpha \approx \tan\alpha = \tan(\phi - \beta) = \frac{\tan\phi - \tan\beta}{1 + \tan\phi \cdot \tan\beta} \tag{6.40}$$

$$\tan\beta = \tan\phi \cdot (1-f)^2 = \tan\phi \cdot (1 - 2f + f^2) \approx \tan\phi \cdot (1 - 2f) \tag{6.41}$$

将式（6.41）代入式（6.40），得到，

$$\alpha \approx \sin(2\phi) \cdot f \tag{6.42}$$

不同地理纬度处地理纬度和地心纬度的最大差值在纬度 45°处约 11.5′，对应于地面距离约 22km，在纬度 30°~60°范围内地理纬度与地心纬度之差大于 10′，转换成地面距离则约为 18km，对于准确的地震定位而言，应该考虑这一差值。因此，在地震定位过程中，将台站的地理纬度转换成地心纬度和将定位结果的震中地心纬度转换成地理纬度，都是必要的。

6.2.7　地理纬度与地心纬度之间转换的 Matlab 实现

Matlab 程序 gra2cen.m 利用 6.2.6 小节中的公式（6.33）将地理纬度转换成地心纬度，程序 cen2gra.m 利用 6.2.6 小节中的公式（6.32）将地心纬度转换成地理纬度，程序 M06_02_cengra_test.m 给出调用这些程序的试算举例。

6.3　地震定位的基本原理——以区域地震台网的近震定位为例

本节以区域地震台网的近震（包括地方震）定位为例，说明地震定位的基本原理。

对于区域地震台网，一般尺度不超过几百千米，地球曲率的影响可以忽略，因此可以采用直角坐标系(x,y,z)，并以网内某一点为坐标原点。例如取某一台站的位置，或取台网的几何中心，或其他认为方便的某一点。如果该点在台网范围内，可认为对于定位结果没有影响。x 轴正向指北，y 轴正向指东，z 轴正向向下，均以 km 为单位（见图 6.1）。设震源坐标用矢量 $\boldsymbol{X}_0$ 表示，它是四维空间中的一个矢量，

$$\boldsymbol{X}_0 = (x_0, y_0, z_0, t_0)^{\mathrm{T}} \tag{6.43}$$

式中，t_0 为发震时刻；(x_0, y_0, z_0) 为震源位置；上标 T 代表转置。

设已知一组观测到时$\tau_k, k=1,2,\cdots,m$，m 是震相到时数据总数，相应的台站坐标为(x_k, y_k, z_k)。同一台站的记录中可能提供不只一个震相到时，因此，若τ_i和τ_j为同一台站记录的两个不同震相，例如 Pg 和 Sg，那么相应台站坐标(x_i, y_i, z_i)与(x_j, y_j, z_j)指同一台站。目的是求出该地震的震源位置(x_0, y_0, z_0)和发震时刻 t_0，即求出震源矢量 $\boldsymbol{X}_0 = (x_0, y_0, z_0, t_0)^{\mathrm{T}}$。

如果已知该地震的震源位置(x_0, y_0, z_0)为(x^*, y^*, z^*)，那么根据已知的地球速度结构可以计算出震源(x^*, y^*, z^*)到某一台站(x_k, y_k, z_k)的相应震相走时 $T_k = T(x^*, y^*, z^*, x_k, y_k, z_k)$。这里认为地球速度模型是确定的和已知的。实际上地震波走时中包含了速度模型的信息，在想要利用地震波到时同时测定震源和地球速度结构时，走时应表示成速度模型参数的函数，即 $T_k = T(x^*, y^*, z^*, x_k, y_k, z_k, \alpha_1, \alpha_2, \cdots, \alpha_q)$，$\alpha_1, \alpha_2, \cdots, \alpha_q$ 为速度模型参数，关于地震震源位置与速度结构的联合测定，见第 8 章。于是相应的第 k 个震相到时，

$$t_k = t^* + T(x^*, y^*, z^*, x_k, y_k, z_k), \quad k = 1, 2, \cdots, m \tag{6.44}$$

这是所谓“正问题”，即当已知震源位置和发震时刻时，计算出给定台站的震相到时。有时将这一计算走时称作理论走时，相应的计算到时称作理论到时。

在定位问题中，求解的是式（6.44）的反问题，即在已知台站观测到时的条件下求解震源位置和发震时刻。

在某些简单的情况下，可对式（6.44）直接求解其反问题，此时式（6.44）中的 t_k 换

成观测到时 τ_k，求解 x^*,y^*,z^*,t^*。例如在均匀无限半空间中求解式（6.44）的“Inglada 方法”（见 6.7.1.2 小节中的讨论）。但一般情况下，由于计算走时 T_k 为震源和台站坐标的非线性函数，需要采用修定的方法，即从某一尝试震源的位置和发震时刻出发，不断修正该尝试震源的位置和发震时刻，直至满足一定条件为止。于是可设尝试震源(x^*,y^*,z^*,t^*)的计算到时 t_k 与观测到时 τ_k 之差为，

$$r_k=\tau_k-t_k,\quad k=1,2,\cdots,m \tag{6.45}$$

称作到时残差。调整震源，要求使 r_k 满足其目标函数 $F(x^*,y^*,z^*,t^*)$ 为极小的条件。通常目标函数 F 定义如下，

$$F(x^*,y^*,z^*,t^*)=\sum_{k=1}^{m}(w_k\cdot r_k)^2 \tag{6.46}$$

使式（6.46）达到极小，即“最小二乘条件”，式中的 w_k 是基于观测到时数据和台站的一个加权因子。

目标函数 $F(x^*,y^*,z^*,t^*)$ 之值是一个标量，求其极小值的过程称为最优化过程。

最优化问题是应用数学中相当广泛的一类，已经有许多求解最优化问题的数学方法。可以说，地震定位问题是最优化方法的一个具体应用。在以下讨论的定位方法中，网格搜索法、单纯形法、遗传算法和鲍威尔方法只需要计算走时，不需要计算走时的空间偏导数，而盖革法等迭代算法则需要计算走时和走时偏导数。

6.3.1 地震定位的盖革法

1910 年，28 岁的盖革（Ludwig Carl Geiger，1882—1966）用德文发表了他的关于地震定位的经典文章（Geiger，1910），后被 Peebles 和 Corey 翻译成英文发表在美国圣路易斯大学学报上，题为“只用到时确定地震震中的概率方法”。从此，特别是现代计算机问世之后，以盖革命名的地震定位方法——盖革法及其变体在全世界地震观测中被广泛应用，为地震学发展和地震观测的社会服务作出了突出贡献。

1907—1910 年间，盖革在德国格廷根地球物理研究所负责编辑格廷根观象台的年度地震报告。在当时，人们使用横波(S)和纵波(P)的到时差来估计从观象台到震源的距离。盖革在观测工作的同时还要产出格廷根观象台的地震报告，实践使他认识到确定 S 波是困难的，误差大而且有时是不可能的，所以他寻找只用准确 P 到时进行定位的其他可能性，于是提出了一种利用多台 P 到时定位的概率方法——盖革法（Geiger，1910；1912）。

前已说到，在地震定位问题中，观测到时数据和所求的震源时空坐标之间并没有简单的线性关系，在这个意义上，地震定位问题是高度非线性的。盖革法表述为一个线性反演问题，从一个猜想的震中（经度和纬度）和发震时刻 t 出发，使用泰勒级数展开和最小二乘反演找到一个系统性的解。当时的方法隐含着震源深度为零的假设，因为当时还没有考虑深震的发生。由于当时所有的计算只能手工完成，所以盖革给出了一些手工容易完成的简化办法。盖革还在其定位方法中包括了计算误差区间的过程。

傅淑芳等（1980，第 236~240 页）把盖革法作为远震定位的一种修定方法，做了详细而完整的描述。修定远震震中是盖革当初提出的定位方法的本来功能。

虽然盖革在 1910 年引入了基于最小二乘法的地震定位算法，但直到 20 世纪 60 年代数字计算机广泛使用之后才成为一个可实用的算法。之后出现的一系列地震定位程序还针对盖

革法中的困难，引入了新的最优化技术，如直接解决地震定位非线性问题的单纯形法和遗传算法等。然而，这些方法始终保持了盖革法的精髓，即寻找一个最优解，使台站观测到时与计算到时（预测到时）之差在总体上达到极小。

6.3.1.1 盖革法的一般推导

对地震定位问题的求解应是非线性的。通过对观测方程组的线性化，进行一系列线性的迭代过程，使其解收敛到到时残差的加权均方根（RMS）极小值，它所对应的解是震源位置和发震时刻的最佳估计。RMS 称作迭代过程的目标函数（式（6.46））。目标函数可以有其他形式，见6.4节。

下面以区域台网为例，说明盖格法的一般推演过程，盖格法的推演过程可有两个途径。

（1）从观测方程组出发，首先将观测方程组线性化。

由式（6.45）给出的残差，

$$\begin{aligned} r_k &= \tau_k - t_k \\ &= \tau_k - t^* - T(x^*, y^*, z^*, x_k, y_k, z_k), \quad k=1,2,\cdots,m \end{aligned} \tag{6.47}$$

设初始尝试值（x^*, y^*, z^*, t^*）在真值（x_0, y_0, z_0, t_0）附近，则在真值处的走时可用尝试值处的走时及其偏导数表示成泰勒级数，并只保留到一阶导数项。

记，$T_k = T(x^*, y^*, z^*, x_k, y_k, z_k)$，$T_{k0} = T(x_0, y_0, z_0, x_k, y_k, z_k)$

于是，

$$T_{k0} = T_k + \frac{\partial T_k}{\partial x}\Delta x + \frac{\partial T_k}{\partial y}\Delta y + \frac{\partial T_k}{\partial z}\Delta z \tag{6.48}$$

式中，

$$\left.\begin{aligned} \Delta x &= x_0 - x^* \\ \Delta y &= y_0 - y^* \\ \Delta z &= z_0 - z^* \end{aligned}\right\} \tag{6.49}$$

将 T_k 代入式（6.47）得到，

$$r_k = \tau_k - t^* - T_{k0} + \frac{\partial T_k}{\partial x}\Delta x + \frac{\partial T_k}{\partial y}\Delta y + \frac{\partial T_k}{\partial z}\Delta z \tag{6.50}$$

而 $t_0 = \tau_k - T_{k0}$，令发震时刻真值与尝试值之差 $\Delta t = t_0 - t^*$，得到，

$$r_k = \frac{\partial T_k}{\partial x}\Delta x + \frac{\partial T_k}{\partial y}\Delta y + \frac{\partial T_k}{\partial z}\Delta z + \Delta t \quad k=1,2,\cdots,m \tag{6.51}$$

或写成矢量形式，

$$\boldsymbol{A}\Delta\boldsymbol{X} = \boldsymbol{r} \tag{6.52}$$

式中系数矩阵 $\boldsymbol{A}$ 为 $m \times 4$ 矩阵，

$$\boldsymbol{A} = \begin{bmatrix} \frac{\partial T_1}{\partial x} & \frac{\partial T_1}{\partial y} & \frac{\partial T_1}{\partial z} & 1 \\ \frac{\partial T_2}{\partial x} & \frac{\partial T_2}{\partial y} & \frac{\partial T_2}{\partial z} & 1 \\ \vdots & \vdots & \vdots & \vdots \\ \frac{\partial T_m}{\partial x} & \frac{\partial T_m}{\partial y} & \frac{\partial T_x}{\partial z} & 1 \end{bmatrix} \tag{6.53}$$

$\boldsymbol{r}$ 为残差矢量，

$$\boldsymbol{r}=(r_1,r_2,\cdots,r_m)^{\mathrm{T}} \tag{6.54}$$

$\Delta\boldsymbol{X}$ 为震源校正量，

$$\Delta\boldsymbol{X}=(\Delta x,\Delta y,\Delta z,\Delta t)^{\mathrm{T}} \tag{6.55}$$

对于线性方程组（6.52），当 m >4 时可用最小二乘法求解。方法之一是将（6.52）式化成正规方程组，

$$\boldsymbol{A}^{\mathrm{T}}\boldsymbol{A}\Delta\boldsymbol{X}=\boldsymbol{A}^{\mathrm{T}}\boldsymbol{r} \tag{6.56}$$

当 $\boldsymbol{A}^{\mathrm{T}}\boldsymbol{A}$ 非奇异时，可解出，

$$\Delta\boldsymbol{X}=(\boldsymbol{A}^{\mathrm{T}}\boldsymbol{A})^{-1}\boldsymbol{A}^{\mathrm{T}}\boldsymbol{r} \tag{6.57}$$

由此得到，

$$\boldsymbol{X}_0=\boldsymbol{X}^*+\Delta\boldsymbol{X} \tag{6.58}$$

实际上由于是线性化近似，得到的 $\boldsymbol{X}_0$ 不会是真值，它可作为下一次迭代的尝试值。

（2）从目标函数出发。

目标函数（6.46）式可用矩阵形式表示为，

$$f=f(x^*,y^*,z^*,t^*)=\boldsymbol{r}^{\mathrm{T}}\boldsymbol{r}=\sum_{i=1}^{m}r_i^2 \tag{6.59}$$

将 f 在 (x^*,y^*,z^*,t^*) 附近展开成泰勒级数，并保留至二阶导数项，用矢量形式表示，有，

$$f(\boldsymbol{X}+\Delta\boldsymbol{X})=f(\boldsymbol{X})+\boldsymbol{g}^{\mathrm{T}}\Delta\boldsymbol{X}+\frac{1}{2}\Delta\boldsymbol{X}^{\mathrm{T}}\boldsymbol{H}\Delta\boldsymbol{X} \tag{6.60}$$

式中，$\boldsymbol{X}=(x^*,y^*,z^*,t^*)^{\mathrm{T}}$

$$\left.\begin{aligned}g&=-2\boldsymbol{A}^{\mathrm{T}}\boldsymbol{r}\\ \boldsymbol{H}&=2[\boldsymbol{A}^{\mathrm{T}}\boldsymbol{A}-(\nabla\boldsymbol{A}^{\mathrm{T}})\boldsymbol{r}]\end{aligned}\right\} \tag{6.61}$$

∇是矢量梯度算子，$\boldsymbol{A}$ 由式（6.53）定义，对 f 极小化，即要求，

$$\frac{\partial f}{\partial x}=0,\frac{\partial f}{\partial y}=0,\frac{\partial f}{\partial z}=0,\frac{\partial f}{\partial t}=0 \tag{6.62}$$

于是得到，

$$\begin{aligned}\Delta\boldsymbol{X}&=-\boldsymbol{H}^{-1}\boldsymbol{g}\\ &=[\boldsymbol{A}^{\mathrm{T}}\boldsymbol{A}-(\nabla\boldsymbol{A}^{\mathrm{T}})\boldsymbol{r}]^{-1}\boldsymbol{A}^{\mathrm{T}}\boldsymbol{r}\end{aligned} \tag{6.63}$$

若按此求解即为牛顿法，它要用到函数的二阶导数。而盖格法（高斯—牛顿法）略去了含有走时二阶偏导数的项$\nabla\boldsymbol{A}^{\mathrm{T}}$，于是得到前面给出式（6.57），即，

$$\Delta\boldsymbol{X}=(\boldsymbol{A}^{\mathrm{T}}\boldsymbol{A})^{-1}\boldsymbol{A}^{\mathrm{T}}\boldsymbol{r}$$

这就是盖格法求地震时空位置校正量的基本公式。

为避免迭代过程出现不收敛的情况，可在迭代过程中对校正量加以约束，一种办法是引入阻尼因子 p，式（6.57）变为，

$$\Delta\boldsymbol{X}=(\boldsymbol{A}^{\mathrm{T}}\boldsymbol{A}+p\boldsymbol{I})^{-1}\boldsymbol{A}^{\mathrm{T}}\boldsymbol{r} \tag{6.64}$$

式中，$\boldsymbol{I}$ 为单位矩阵，对于求解震源位置和发震时刻的四维问题，$\boldsymbol{I}$ 应为 4×4 方阵，这就是

所谓“阻尼最小二乘法”。

盖格法的全过程可归纳为如下步骤：

①给定一个震源位置和发震时刻的初始值；

②在当前震源位置和发震时刻建立线性化的观测方程组；

③沿着使残差均方根（RMS）极小化的方向计算一个校正矢量；

④采用该校正矢量或它的一个修正量，得到新的震源位置和发震时刻；

⑤重复步骤②到④，直至解收敛，或者说满足某些迭代终止判据。

另一种作法是在上述第 2 步建立了观测方程组后，采用广义逆矩阵求解方法，即奇异值分解最小二乘法。关于广义逆矩阵求解的进一步讨论，参见李泫鑑和斯图尔特（1984）。

6.3.1.2　迭代终止判据

由于目标函数形式的复杂性，迭代求解是不可能得到目标函数的严格极小值。但迭代过程又不能无限地进行下去，因此，必须给出适当的迭代终止判据。下面是几种常采用的判据。

①目标函数判据。

设上一次迭代结束时得到的目标函数值为 f_{i-1}，本次迭代结束时目标函数值为 f_i，则当

$$f_{i-1}-f_i<e_{\mathrm{f}} \tag{6.65}$$

时迭代结束，式中 e_{f} 为一个小量。这一条件意味本次迭代与上次迭代相比，目标函数的减小量要不小于 e_{f}。如果设 e_{f} 为零，则只要本次迭代得到的目标函数小于上次迭代得到的目标函数，迭代就将继续下去；若 e_{f} 取为正小量，则不仅要求本次迭代的目标函数减小，而且要求减小量足够大（不小于 e_{f}），才能继续迭代。有时取 e_{f} 为一个相对值，即取 $e_{\mathrm{f}}=e_{\mathrm{f0}}\cdot f_{i-1}$，$e_{\mathrm{f0}}$ 为一正小量。在实际计算中还有时会遇到这种情况，即迭代过程中偶尔出现本次迭代的目标函数达到了在 $e_{\mathrm{f}}\geq 0$ 时的终止判据，但结果并不满意，如果继续迭代，却有可能达到满意的结果。为此也曾试用过取 e_{f} 为一绝对值不大的负值，但这时要有其他终止判据配合，否则会使迭代次数过多。

②校正量判据。

如果本次迭代得到的校正量 ΔX 的各分量均小于各自的终止标准，即，

$$\left.\begin{aligned}|\Delta x|&<e_x\\|\Delta y|&<e_y\\|\Delta z|&<e_z\\|\Delta t|&<e_t\end{aligned}\right\} \tag{6.66}$$

则终止迭代，因为再迭代下去，对结果的改进已没有实际意义。一般取 e_t、e_x、e_y、e_z 为允许的定位误差范围（正小值）。

③当上述①②两判据同时满足时终止迭代。

④当迭代次数达到一定值时终止迭代。

实际使用时，可以要求上述①②④中的一个条件满足时便终止迭代，也可要求在上述③④中的一个条件满足时便终止迭代。

这些迭代终止判据没有直接对目标函数本身给出确定标准，也无从估计结果值是否与真值之差在允许误差范围内。所以终止迭代时的结果并不一定是真正满意的结果，只能说再迭代下去对结果的改进已无多大意义。

6.3.1.3 迭代计算与网格搜索的结合

有时迭代计算不能达到 RMS 的全局极小值。一种解决办法是在迭代计算得到的位置周围的一个小立方体中进行网格搜索以帮助得到更好的结果。HYPO71 (Lee and Lahr, 1975) 使用这一过程，见图 6.6，图中的中心红点为迭代计算结果震源位置，取该点为中心的小立方体，计算其 8 个顶点的目标函数值，与中心点的目标函数值进行比较，如果某顶点（例如图中的红色顶点）的目标函数值更小，则把该点作为新的最佳位置，如此继续，直到新立方体的全部顶点的目标函数都不大于其中心点为止，取此时的中心点为最终结果。

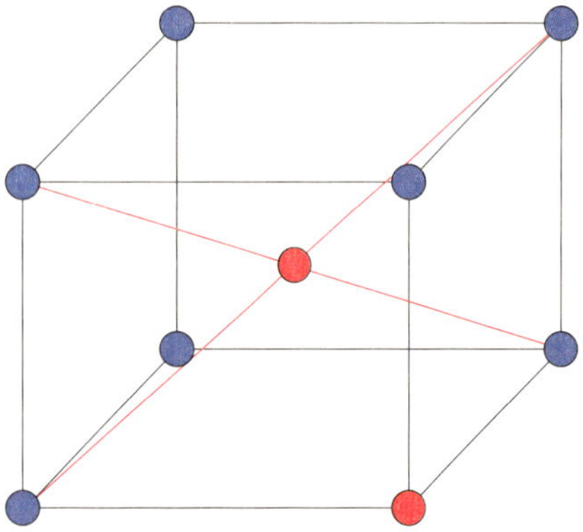

图 6.6 HYPO71 中的网格搜索过程示意图

6.3.1.4 大区域台网单个地震定位

对于大区域的地震台网，已不适用直角坐标系，代之以地球中心为中心的球坐标系，假设地球为圆球，则可采样盖革法的原始形式，此时要固定深度，取球坐标，于是线性化残差方程可表示为，

$$F_n = \frac{\partial T_n}{\partial \lambda_0} \cdot \delta\lambda_0 + \frac{\partial T_n}{\partial \phi_0} \cdot \delta\phi_0 + \delta t_0 \tag{6.67}$$

或，

$$F_n = a_n \delta\lambda_0 + b_n \delta\phi_0 + c_n \delta t_0 \tag{6.68}$$

式中，

$$a_n = \frac{\partial T_n}{\partial \Delta_n} \cdot \frac{\partial \Delta_n}{\partial \lambda_0}, \quad b_n = \frac{\partial T_n}{\partial \Delta_n} \cdot \frac{\partial \Delta_n}{\partial \phi_0}, \quad c_n = 1 \tag{6.69}$$

查走时表可得到走时对震中距的偏导数 $\frac{\partial T_n}{\partial \Delta_n}$，即走时表中给出的“表尾差”。由式（6.24）的第 1 式，按此处角标符号，变为，

$$\cos\Delta_n = \sin\phi_s \cdot \sin\phi_0 + \cos\phi_s \cdot \cos\phi_0 \cdot \cos(\lambda_s - \lambda_0) \tag{6.70}$$

式中，ϕ_s是台站的纬度；λ_s是台站经度；ϕ_0是待定震中的纬度；λ_0是待定震中的经度，于是有，

$$\frac{\partial \Delta_n}{\partial \lambda_0} = \frac{\cos\phi_s \cdot \cos\phi_0 \cdot \sin(\lambda_0 - \lambda_s)}{\sin\Delta_n} \tag{6.71}$$

$$\frac{\partial \Delta_n}{\partial \phi_0} = \frac{\cos\phi_s \cdot \sin\phi_0 \cdot \cos(\lambda_0 - \lambda_s) - \sin\phi_s \cdot \cos\phi_0}{\sin\Delta_n} \tag{6.72}$$

进而可利用最小二乘法求解线性化残差方程组，详见傅淑芳等（1980）书中 236~240 页。

6.3.1.5 关于盖革法的补充说明

盖革法可用于远震定位，也可用于近震和地方震定位。为用好盖革法，有两个问题要解决好。其一是初值的选取，如果初值选取得不好，其解可能会落入目标函数的局部极小值的位置，而不是目标函数的全局极小值，导致不好的甚至错误的结果；其二是要计算走时的空间偏导数，这要求给定的走时表或速度结构模型能适合于计算走时的空间偏导数。由于计算机能力的提高，计算时间已不再是选择地震定位方法时需要考虑的主要因素，因此，在新开发的地震定位程序中往往不再使用传统的盖革法，转而使用各种搜索法或其他最优化方法。然而，以盖革法为代表的线性化最小二乘法求解方法仍然具有很强的生命力，其主要原因是线性化方法能给出搜索法达不到的精细定位结果，而且能给出解的误差估计。因此，将非线性的搜索类方法与线性化方法结合，相互补充，是开发新一代地震定位算法和软件的一个主攻方向。

本章中提到的在我国曾经广泛使用和现在使用的基于盖革法基本原理的地震定位程序有 BLOC86（姜燕，1986）及其变体 NC91（赵仲和等，1993）、HYPO81 的中国版 HYPO81BJ（赵仲和，1983b）、通过 Jopens/Msdp（广东省地震监测中心，2016）引入中国的 HYP2000（Hypoinverse，2000；Klein，2002）、LocSat（Bratt and Bache，1988；Bratt and Nagy，1991）、HypoSat（中文版《新地震观测实践手册》中 11.1 给出的 HypoSat 用户手册）、iscLoc（Bondár and Storchak，2011）等。其中，除 BLOC86 及其变体 NC91 外，所列其他程序都使用了奇异值分解最小二乘法。

6.3.1.6　地震定位奇异值分解最小二乘法的 Matlab 实现

李洸鑑和斯图尔特（1984）详细讨论了矩阵的奇异值分解（SVD）和奇异值分解最小二乘法（SVDLSQ）。在 Matlab 中有进行矩阵奇异值分解的函数 svd，以此为基础，编写了 Matlab 中的地震定位程序，其中，M06_03_svdlsqLoc.m 是奇异值分解最小二乘法地震定位的主程序。输入数据文件包括 station25（由 25 个台站构成的一个假想台网的台站坐标文件）、model_z（分层速度模型文件）和 syn2015001.pha（一个假想地震的震相到时文件）。主程序调用的程序有 getStns.m（读台站坐标文件）、ll2xy1.m（将经纬度换算成 x、y 坐标（使用的是最简单公式，见 6.2.3 小节）、travel_time.m（计算分层模型的直达波和折射波走时）、arrival_rms.m（计算到时残差均方根作为目标函数）、sderivate.m（计算震源处的走时偏导数）、svdlsq.m（实现奇异值分解最小二乘法）、inglada.m（Inglada 方法计算震源位置和发震时刻初值）、inglada_xy.m（先用 S－P 到时差定发震时刻初值，再用 Inglada 方法定震中位置初值）、loc_err.m（估计定位结果误差，见 6.8 节）以及 ellipse.m（画误差椭圆）。

程序 M06_03_svdlsqLoc.m 的输出文件 svdlsqLoc_final.pha 包含定位结果以及震相信息。图 6.7 是程序 M06_03_svdlsqLoc.m 的输出图件示例，其中右图是左图的部分放大，可更清楚

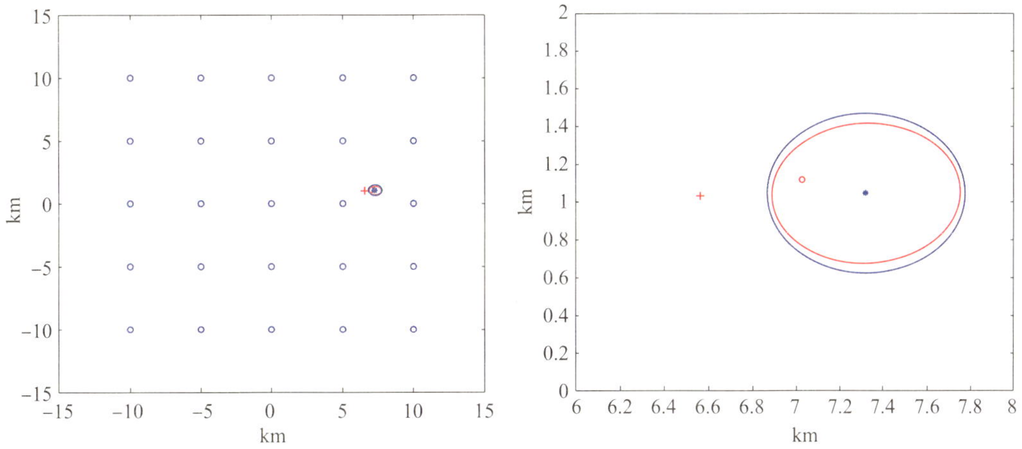

图 6.7　程序 M06_03_svdlsqLoc.m 定位结果示例。红色“o”：合成震中；红色“+”：定位初值；蓝色“*”：定位结果。误差范围：红色为两变量误差椭圆；蓝色为三变量误差椭球在地面投影

地观察误差椭圆以及合成震中位置(红色“o”)、震中初值位置(红色“+”, 本例使用 Inglada 方法)和最终结果的震中位置。图中的蓝色椭圆是对震中坐标 x、y 两变量构成的误差椭圆,红色椭圆是对震中坐标 x、y 和震源深度 z 三个变量构成的误差椭球在地面的投影。

在这里给出的示例中,对合成的“准确”到时数据引入了随机误差,随机误差的均值为零,标准偏差为0.1s。关于合成数据的准备,在本章最后做进一步说明。在估计定位误差时,使用的置信水平是95%,在给出水平误差时没有利用先验知识(ercof = 1, rderr = 0, 详见6.8节)。

6.3.2 地震定位的网格搜索法

6.3.2.1 基本原理

如果计算机能力足够强大,一种直接的地震定位方法就是对震源位置和发震时刻所在的解空间进行网格搜索,将网格的每个节点作为可能的震源,计算在每个台站相应的走时和到时,所求的震源位置和发震时刻便是观测到时与计算到时一致性最好的那一点。为此,需要一个对所谓“一致性”的某种度量,特别是在观测数据很多的情况下更是如此。

最常用的度量标准是式(6.46)给出的“最小二乘”判据,即寻找 m 个观测数据的残差加权平方和即 $F(x^*, y^*, z^*, t^*)$ 的极小值。一旦在全部网格节点计算出了这个目标函数,便可以将目标函数最小的节点作为问题的解。

由于网格的节点间距决定了网格搜索法的分辨力,所以希望在台网定位能力允许的情况下尽可能地采用密集的网格。但这样做会大大增加网格搜索的计算量,一种折衷的办法是分成两个或多个阶段进行搜索:初始阶段采用较粗的网格进行大范围的搜索;在搜索到一个好的结果后,在这一结果的周围较小范围内进行较密的搜索;如果必要的话,可以这样逐级加密网格和缩小搜索范围,直至达到满意的分辨力。

6.3.2.2 目标函数设计

宋锐等(2001)在中国国家数字地震台网中心的实时处理及大地震速报软件系统中,采用网格搜索法进行地震定位,在搜索时还使用了其他形式的目标函数。表6.3是在宋锐等(2001)基础上的一个扩展。

表6.3 地震定位网格搜索法中使用的目标函数以及与几何法的对照(宋锐等, 2001, 表2, 进行了扩展)

使用震相	定位方法	
	搜索法目标函数	几何法
P	$\sum_{i=1}^{n}\sum_{j=i+1}^{n}(\Delta T_{Pij} - \Delta t_{Pij})^2$	双曲线相交
S - P	$\sum_{i=1}^{n}(\Delta T_{SPi} - \Delta t_{SPi})^2$	圆相交
S - P, P	$\sum_{i=1}^{n}\left[\sum_{j=i+1}^{n}(\Delta T_{Pij} - \Delta t_{Pij})^2 + W_{SPi}(\Delta T_{SPi} - \Delta t_{SPi})^2\right]$	双曲线、圆相交
震中 方位角 A	$\sum_{i=1}^{n}(A_i - a_i)^2$	直线相交

续表

使用震相	定位方法	
	搜索法目标函数	几何法
S－P，震中方位角 A	$\sum_{i=1}^{n}[(\Delta T_{SPi}-\Delta t_{SPi})^2+W_{Ai}(A_i-a_i)^2]$	圆和直线相交
S－P，P，震中方位角 A	$\sum_{i=1}^{n}\left[\sum_{j=i+1}^{n}(\Delta T_{Pij}-\Delta t_{Pij})^2+W_{SPi}(\Delta T_{SPi}-\Delta t_{SPi})^2+W_{Ai}(A_i-a_i)^2\right]$	双曲线、圆和直线相交

注：表中，ΔT_{Pij}为 i 台和 j 台观测的 P 到时差；Δt_{Pij} 为 i 台和 j 台计算的 P 到时差；ΔT_{SPi} 是 i 台的观测 S 与 P 到时差，Δt_{SPi} 是 i 台的计算 S 与 P 到时差；A_i 是 i 台利用三分向记录或小型地震台阵测定的震中方位角；a_i 是 i 台的计算震中方位角；W_{SPi} 是将 S－P 与其他数据组合时使用的权重；W_{Ai} 是将方位角与其他数据组合时使用的权重。

6.3.2.3　地震定位网格搜索法的 Matlab 实现

Matlab 中网格搜索法地震定位的主程序是程序 M06_03_SearchLoc.m。取各台到时的残差平方和作为网格搜索的目标函数，进行地方震和近震的搜索。其输入文件、走时计算等与 M06_03_svdlsgLoc.m 相同，但不需要计算走时的空间偏导数，主程序调用 search_rms.m，搜索目标函数的极小点。

图 6.8 显示程序 M06_03_SearchLoc.m 定位结果示例。图中蓝色“+”是使用的台站位置，红色“*”是按合成到时数据给定的预期震中位置，黑色“○”是搜索到的震中位置。

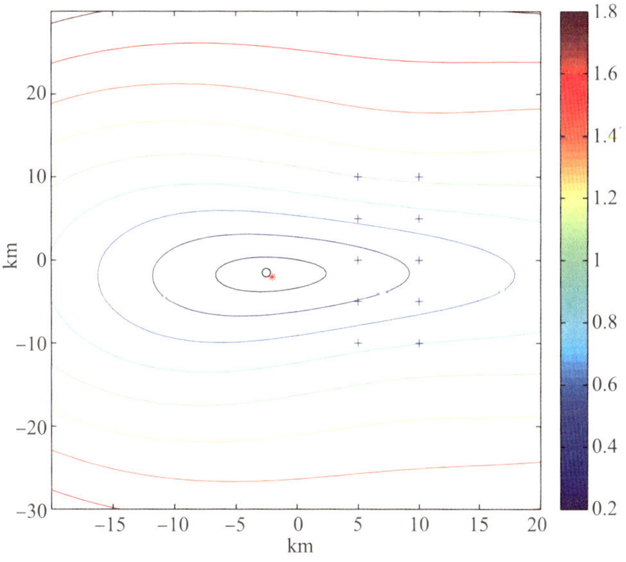

图 6.8　程序 M06_03_SearchLoc.m 定位结果示例。红色“*”代表预期位置；黑色“o”代表搜索结果

本例使用的合成到时数据文件是 SimpLoc.pha，搜索时固定震源深度在预期的 13km，在实际搜索定位过程中，可根据台网对地震震源深度的分辨能力给定不同的震源深度值进行震中位置搜索，最后残差均方根最小的震源深度作为深度搜索结果。在到时数据中引入了随机误差，随机误差的标准偏差约为 0.1s。尽管台站偏在震中的一侧，但由于采用了直达 P 和 S 震相，定位结果足够好。发震时刻是利用各台震相数据的残差平均值计算出来的，就是说，不需要把发震时刻作为一个搜索参数，从而节省了搜索时间。残差均方根 rms_final＝0.11s，这与引入的随机误差水平（0.1s）一致。搜索间隔的大小限定了搜索法的空间分辨力，自然，搜索间隔越小，搜索法本身的分辨力越强，其代价是增加了搜索时间。就搜索过程本身而言，x、y 两坐标的搜索间隔减至原来的一半，则搜索时间增大为 2 的平方，即时间是原来的 4 倍。本例中的搜索间隔是 0.5km。

目标函数等值线的形状反映台网的定位能力，台站相对于震中的几何分布决定目标函数等值线的形状。在上述讨论中使用的是针对给定地球速度模型正演计算出来的，因此，本例计算没有考虑速度模型的影响。

6.3.3 地震定位的单纯形法

单纯形法是众多最优化方法之一。利用单纯形法的地震定位程序是我国区域地震台网普遍使用的 JOPENS/MSDP 地震数据汇集与处理系统中内置的地震定位程序（JOPENS 开发小组，2013），已被各区域地震台网中心广泛使用。这里对单纯形法进行一般性讨论，可能与 JOPENS/MSDP 的单纯形法程序中的具体处理有所不同。

6.3.3.1 单纯形和单纯形法

单纯形（simplex，注意，不是“单纯型”，而是“单纯形”）是一个几何形体，其顶点个数比要确定的参数个数多一个。例如，二维空间中的单纯形是一个三角形，在三维空间中的单纯形则是一个四面体。地震定位问题要测定 4 个参数，故相应的单纯形有 5 个顶点。

单纯形法是一种直接搜索法，与网格搜索法的区别在于它们的搜索规则不同，不如网格搜索那样直接。单纯形法通过在解空间构造单纯形来逼近目标函数极小点。每构造一个单纯形，计算其各顶点的目标函数值，并确定其目标函数最大和最小的点，然后通过扩展、压缩、反射等算法构造新的单纯形，以使目标函数的极小点能包含在单纯形内。

6.3.3.2 单纯形法的参数设定

在单纯形法中要设定以下参数(龚纯等，2009，第 138 页)：

①反射系数 alpha(又称“映射系数”，其值 >1，例如 1.2)；

②收缩系数 beta(其值介于 0 和 1 之间，例如 0.3)；

③扩展系数 gama(其值 >1，例如 2.0)；

④紧缩系数 sita(又称“多重收缩系数”，其值介于 0 和 1 之间，例如 0.5)；

⑤精度 eps：当单纯形各顶点的目标函数与单纯形上去掉目标函数最大点后各顶点位置平均点的目标函数之差的均方根小于该值则停止迭代。

6.3.3.3 单纯形法的基本步骤

下面参考图 6.9，具体说明单纯形法的基本步骤。

①给定初始 $n+1$ 个顶点的单纯形，

$$\{x^0, x^1, \cdots, x^n\} \tag{6.73}$$

n 为未知量的维数，例如地震定位中 $n=4$。如果初始单纯形设得不好，则会对结果造成不良影响，所以，单纯形法对初值的选取有一定依赖性。其中的每个顶点 $x^i, i=1,2,\cdots,n$，用 n 维矢量表示。对于地震定位，$x^1=(x_0, y_0, z_0, t_0)^{\mathrm{T}}$就是地震定位的初值，而其他顶点矢量的各元素是在 x^1附近随机给定的，如图 6.9(a)。

②将单纯形的 $n+1$ 个顶点按目标函数 f 值的大小重新编号，使顶点的编号满足，

$$f(\boldsymbol{x}^0) \leqslant f(\boldsymbol{x}^1) \leqslant \cdots \leqslant f(\boldsymbol{x}^{n-1}) \leqslant f(\boldsymbol{x}^n) \tag{6.74}$$

式中 $\boldsymbol{x}^0$点有最小目标函数，下文称“最好点”，$\boldsymbol{x}^n$有最大目标函数，下文称“最差点”，而 $\boldsymbol{x}^{n-1}$在下文中称“次差点”。

③令，

$$\boldsymbol{x}^{n+1} = \frac{1}{n}\sum_{j=0}^{n-1} \boldsymbol{x}^j \tag{6.75}$$

即建立的新顶点位于有较小目标函数的 n 个顶点（下文称它们为“较好点”）的重心，即去掉最差点后的各点位置的平均点，如图6.9(b)。

若，
$$\left[\frac{1}{n+1}\sum_{j=0}^{n}\left(f(\boldsymbol{x}^j)-f(\boldsymbol{x}^{n+1})\right)^2\right]^{1/2}\leqslant \mathrm{eps} \tag{6.76}$$

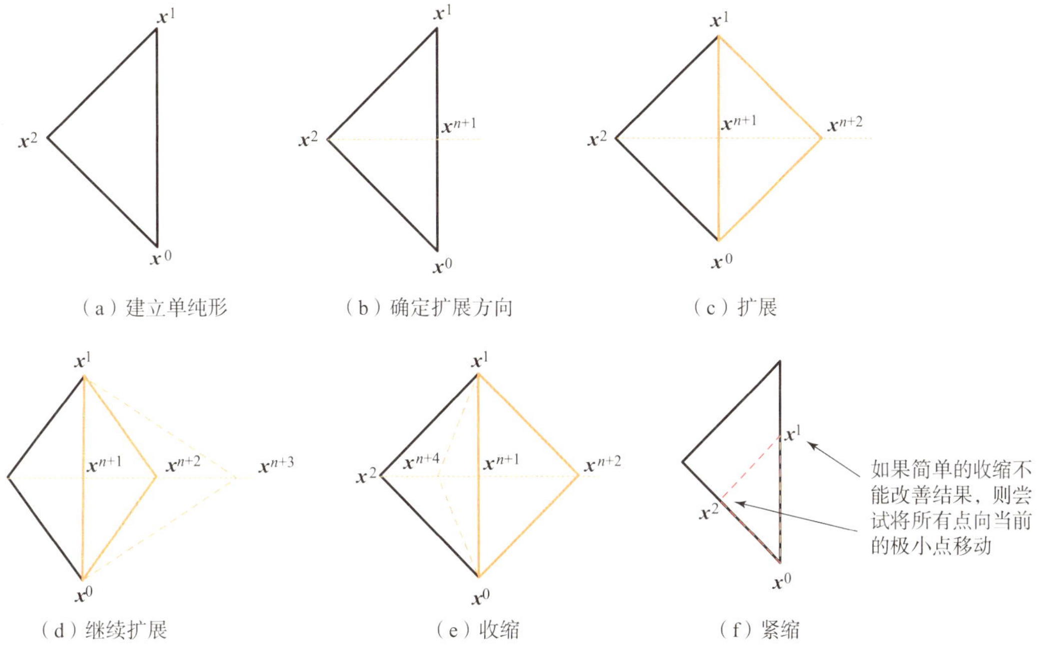

图6.9　单纯形法的基本步骤

即单纯形各顶点的目标函数与较好点重心目标函数之差的均方根小于精度eps，则停止迭代，此时的 $\boldsymbol{x}^0$ 为所求结果；否则转④。

④计算，
$$\boldsymbol{x}^{n+2}=\boldsymbol{x}^{n+1}+\alpha(\boldsymbol{x}^{n+1}-\boldsymbol{x}^n) \tag{6.77}$$

从最差点出发向较好点的重心出发，进行单纯形扩展，α 为反射系数，如图6.9(c)，若，
$$f(\boldsymbol{x}^{n+2})<f(\boldsymbol{x}^0) \tag{6.78}$$

即新点目标函数小于最好点的目标函数，则转⑤继续扩展，如图6.9(d)；否则，当，
$$f(\boldsymbol{x}^{n+2})<f(\boldsymbol{x}^{n-1}) \tag{6.79}$$

即新点目标函数小于次差点的目标函数，则转⑥，取该点代替原最差点；若不小于次差点，即当，
$$f(\boldsymbol{x}^{n+2})\geqslant f(\boldsymbol{x}^{n-1}) \tag{6.80}$$

则转⑦，取 $\boldsymbol{x}^{n+2}$ 点与最差点二者中较好者为最差点，进行反向收缩，如图6.9(e)。

⑤继续扩展，计算，
$$\boldsymbol{x}^{n+3}=\boldsymbol{x}^{n+1}+\gamma(\boldsymbol{x}^{n+2}-\boldsymbol{x}^{n+1}) \tag{6.81}$$

式中，γ 为扩展系数。若 $f(\boldsymbol{x}^{n+3})<f(\boldsymbol{x}^0)$ 取新点，令，
$$\boldsymbol{x}^n=\boldsymbol{x}^{n+3} \tag{6.82}$$

即用目标函数最小的点 $\boldsymbol{x}^{n+3}$ 代替原来目标函数最大的顶点 $\boldsymbol{x}^{n}$，形成新的单纯形，作为新的初始单纯形，转②；否则停止扩展，转⑥。

⑥取该点代替原最差点，即令，

$$\boldsymbol{x}^{n}=\boldsymbol{x}^{n+2} \tag{6.83}$$

形成新的单纯形，作为新的初始单纯形，转②。

⑦取与最差点二者中较好者为最差点，即令，

$$\boldsymbol{x}^{n}=\{\boldsymbol{x}^{i}\mid f(\boldsymbol{x}^{i})=\min[f(\boldsymbol{x}^{n}),f(\boldsymbol{x}^{n+2})]\} \tag{6.84}$$

进行反向一维收缩，计算，

$$\boldsymbol{x}^{n+4}=\boldsymbol{x}^{n+1}+\beta(\boldsymbol{x}^{n}-\boldsymbol{x}^{n+1}) \tag{6.85}$$

若收缩后的点较最差点好，即若，

$$f(\boldsymbol{x}^{n+4})<f(\boldsymbol{x}^{n}) \tag{6.86}$$

则采用，即令，

$$\boldsymbol{x}^{n}=\boldsymbol{x}^{n+4} \tag{6.87}$$

形成新的单纯形作为新的初始单纯形，转②；否则转⑧。

⑧进行单纯形紧缩，

$$\boldsymbol{x}^{j}=\boldsymbol{x}^{0}+\theta(\boldsymbol{x}^{j}-\boldsymbol{x}^{0}),\quad j=0,1,\cdots,n \tag{6.88}$$

形成新的单纯形作为新的初始单纯形，如图 6.9(f)，转②。

6.3.3.4 关于地震定位单纯形法的补充说明

单纯形法可用于远震定位，也可用于地方震和近震的定位。需要说明的是，单纯形法本身不能给出定位结果的水平误差和垂直误差估计，需要采取其他辅助方法估计定位结果误差。再有，初值的选取对单纯形法定位结果有一定影响，因此要尽量给出较好的初值。最后，由于初始单纯形的构成具有随机性，因此，在使用同样到时数据重复定位时，每次的结果会稍有不同。

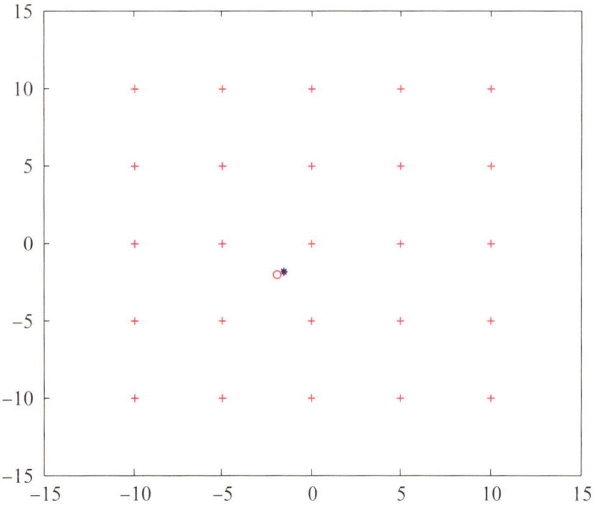

图 6.10 程序 M06_03_SimpLoc.m 定位结果示例。图中红色“o”：合成震中；红色“+”：定位初值；蓝色“*”：定位结果

6.3.3.5 地震定位单纯形法的 Matlab 实现

用单纯形法定位震源位置和发震时刻的 Matlab 主程序 M06_03_SimpLoc.m，其单纯形法取自《精通 Matlab 最优化计算》(龚纯等，2009，第 137～141 页)。取各台到时的残差平方和作为单纯形法的目标函数，其输入文件、走时计算等与 M06_03_svdlsgLoc.m 相同，但不需要计算走时的空间偏导数。

图 6.10 显示程序 M06_03_SimpLoc.m 定位结果示例。图中蓝色

"+"给出使用台站位置，红色"o"是合成震中，红色"+"是定位初值，蓝色"*"是定位结果。

本例使用的合成到时数据文件是 SimpLoc.pha，在到时数据中引入了随机误差，随机误差的标准偏差约为 0.1s。取最小到时台为单纯形搜索的初始点，定位结果给出震中位置、震源深度和发震时刻。

6.3.4 地震定位的遗传算法

在我国"九五"计划期间推广的 EDSP－IAS 数据处理系统（北京港震机电技术有限公司，2005）和在"十五"规划（2001—2005）期间推广的 JOPENS/MSDP 数据处理系统（JOPENS 开发小组，2013）中都有内置的遗传算法地震定位程序。本节介绍地震定位遗传算法的原理及其 Matlab 实现。

6.3.4.1 遗传算法原理

遗传算法（雷英杰等，2004）是一种模仿生物进化过程的随机方法。在该方法中首先要对解空间进行离散化，即将给定范围内的连续解空间离散化为有限个可能解，对每个可能解给予一个唯一编码。可用二进制编码，也可用十进制编码。二进制编码的位数越多，或十进制编码的取值范围越大，则表明在给定范围内可选解越多，因而求解的分辨力越高。这种编码过程称为"从解的表现型到基因型的映射"。从解空间中随机选择多个可能解，构成所谓初始种群。对种群中的每个个体计算其适应度值（fitness values）。根据个体的适应度进行选择，适应度高者为优者，适应度低者为劣者，进行优胜劣汰，并通过交叉和变异，生成一个新的种群，此为新一代种群。经过给定的遗传代数，得到最后一代种群中的一个最优个体，为所求解。

（1）交叉。

所谓交叉，也称重组，就是根据父代两个个体的种群信息，即基因型编码，产生新的个体，以 8 位二进制编码为例，设有个体 1 和个体 2 的编码为：

个体 1 编码：1 0 1 1 0 0 1 1

个体 2 编码：0 1 0 1 1 1 0 1

若取第 4 位处为切点，其后面的部分彼此互换，此为交叉，得到：

新一代个体 1：1 0 1 1 1 1 0 1

新一代个体 2：0 1 0 1 0 0 1 1

于是生成新一代中的两个个体。另一个简单的例子是，设两个单变量个体构成初始种群，表现型值为 5 和 3，二进制编码用 3 位，分别为 101 和 011，以第 1 位处为切点，进行交叉，即两个体编码的其后 2 位互换，得到 111 和 001，转换成表现型值为 7 和 1，构成下一代种群中的新个体。

值得注意的是，这样生成的新个体可能比父代的个体优越，但也可能不优越。

（2）变异。

所谓变异，就是在原值附近的微小调整。仍以二进制编码为例，变异是根据变异概率（这是一个小概率，例如在 0 到 0.05 之间）将子代某个位的值反转（0 变为 1，或 1 变为 0）。例如经交叉产生的一个子代个体编码为，

1 0 1 1 1 1 0 1

将其第3位反转，得到新的个体，其编码为，

1 0 0 1 1 1 0 1

但变异后的个体也未必比变异前优越，即适应度不一定提高。

（3）选择。

所谓选择，就是按某种规则选择父代某个体作为父体，其适应度高的个体被选中的概率高，但随机选择母体。然后通过交叉和变异产生子代个体，由于父体的适应度高，得到的子代个体优越的可能性就大。

6.3.4.2 适应度与目标函数

在遗传算法中，使用“适应度”来判定种群中个体的优劣，适用度高的个体优于适应度低的个体。对于求目标函数极小值的最优化问题，最简单的作法是用目标函数的倒数作为适应度函数。由于各个个体的目标函数可能相差很小，为提高选择效率，要拉开个体适应度的差距，为此，对目标函数要进行某种标度变换。

6.3.4.3 遗传算法的一般过程及定义的参数

遗传算法的一般过程是：

创建初始种群（随机生成指定个数的初值）；

设定遗传代数；

代计数器置零；

计算初始种群个体的适应度（例如取最优化问题的目标函数值，如地震定位问题的到时残差均方根的倒数）；

根据目标函数值，赋予每个个体一个适应度值（步骤A）；

选择；

重组（交叉）；

变异；

代计数器加1，如达到遗传代数，则计算结束，取末代中适应度最高的个体作为最终结果，否则，进入下一代；

计算子代目标函数值，返回步骤A。

为此，需在算法的开头定义如下参数：

```
NIND(例如40)：          %种群中的个体数目(Number of individuals)
MAXGEN(例如500)：       %最大遗传代数(Maximum number of generations)
NVAR(例如4)：           %变量的维数(震源位置x、y、z和发震时刻t)
PRECI(例如20)：         %变量的二进制位数(Precision of variables)
GGAP(例如0.9)：         %代沟(Generation gap)(本代只保留上一代种群个体中
                        适应度高的一部分(90%),再补入一部分个体(10%)
```

有许多种改进的遗传算法，感兴趣的读者可参考《Matlab遗传算法工具箱及应用》（雷英杰等，2004）和《精通Matlab最优化计算》（龚纯等，2009，313～345）。

6.3.4.4 关于地震定位遗传算法的补充说明

遗传算法可用于远震定位，也可用于地方震和近震的定位。需要说明的是，和单纯形法一样，遗传算法本身不能给出定位结果的水平误差和垂直误差估计，需要采取其他辅助方法估计定位结果误差。遗传算法随机选取多个初值构成初始种群，因此初值不会影响结果的质

量。但由于初始种群是随机选取的，因此对同一组到时数据，每次运算的结果可能有微小差别。

6.3.4.5　地震定位遗传算法的 Matlab 实现

以“多元单峰函数的优化实例”为蓝本（雷英杰等，2004，第 111 页），M06_03_GALoc.m 为主程序，实现在 Matlab 环境中利用遗传算法地震定位。其输入文件、走时计算等与程序 M06_03_svdlsgLoc.m 相同，但不需要计算走时的空间偏导数。

图 6.11 显示程序 M06_03_GALoc.m 定位结果示例。图中蓝色“o”是使用台站位置，红圆圈是合成震中，红十字是定位初值（即初始种群），蓝星是定位结果。

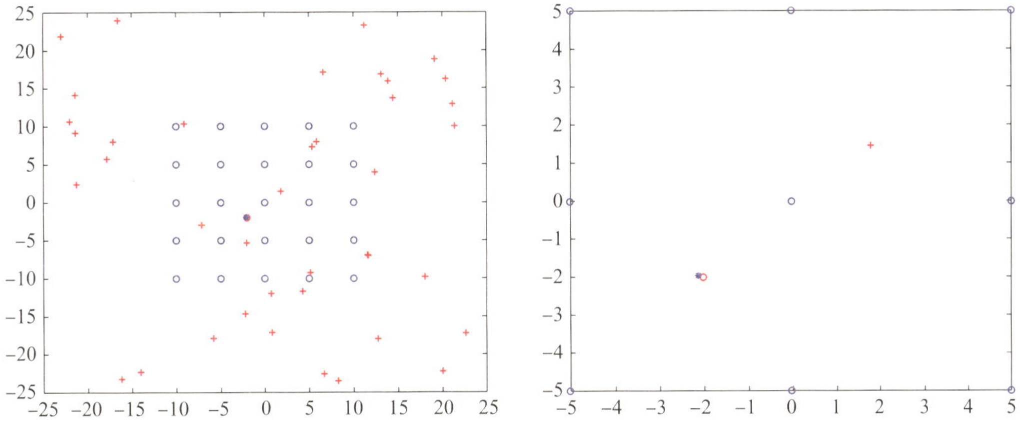

图 6.11　程序 M06_03_GALoc.m 定位结果示例。红色“o”：合成震中；红色“+”：定位初值；蓝色“*”：定位结果；蓝色“o”：地震台站

本例使用的合成到时数据文件是 SimpLoc.pha，在到时数据中引入了随机误差，随机误差的标准偏差约为 0.1s。定位结果给出震中位置、震源深度和发震时刻。

6.3.5　地震定位的鲍威尔方法

1976 至 1982 年间，在我国实施了一项区域电信传输地震台网建设工程，简称“768 工程”，该工程新建了上海、兰州、沈阳、成都、昆明共 5 个区域电信传输地震台网，改建了已经存在的北京台网，每个台网的台站记录的模拟信号通过电话线路传送到各自的台网中心，实现了本台网统一计时和在中心计算机中对模拟信号进行数字化，进而在计算机中对地震波形数据和震相到时进行处理。为此，开发了电信传输地震台网数据处理软件系统（赵仲和等，1984），其中包括由当时在复旦大学任教的唐国兴（1979）开发的计算机地震定位程序，名称为 LOC－768（张关生，1984），由于采用的最优化方法是鲍威尔（Powell）方法，在本节称该程序为鲍威尔定位程序。

在鲍威尔地震定位程序中，先用同时有 P 和 S 到时的台站得到发震时刻，然后分别对给定的震源深度用鲍威尔方法进行搜索，得到对应最小目标函数值的震中经纬度，再取不同震源深度对应的目标函数值中最小的一个所对应的震中经纬度和震源深度，作为最终的定位结果。因此，在鲍威尔地震定位程序中实际上进行的是二维搜索，从而大大简化了搜索过程。

鲍威尔方法是一种直接搜索目标函数极小值的方法。与本章介绍的其他搜索法定位程序一样，具有搜索法的一般优点：对初值的要求比较低，一般只要用到时最小的台站位置作为计算初值；在计算过程中只需要知道目标函数（唐国兴，1979，该文献称作准则函数）本身的值，不需要计算其导数。当然，也有直接搜索法的缺点，即不能靠鲍威尔定位程序本身给出震中位置和震源深度的误差估计。

6.3.5.1 鲍威尔定位程序的一般考虑

鲍威尔定位程序采用以地球中心为球心的球坐标，而且不考虑地球的扁度，以台站的地理经纬度作为地心经纬度，记台站 i 的纬度为 ϕ_i，经度为 $\lambda_i, i=1,\cdots,m, m$ 为使用台站总数，记待定位地震的地震波到达 i 台站的第 j 种震相到时为 $t_{ij}, j=1,\cdots,L, L$ 是可使用的震相种类。记待定位地震的发震时刻为 o，纬度为 ϕ，经度为 λ，深度为 h，则在不考虑地球扁度的情况下，第 i 个台站的震中距 Δ_i 为，

$$\Delta_i=\Delta_i(\phi,\lambda)=\arccos[A_i(B_i+C_i)+D_i] \tag{6.89}$$

式中，

$$\left.\begin{aligned} A_i&=\cos\phi_i\cos\phi \\ B_i&=\cos\lambda_i\cos\lambda \\ C_i&=\sin\lambda_i\sin\lambda \\ D_i&=\sin\phi_i\sin\phi \end{aligned}\right\} \tag{6.90}$$

记第 i 台第 j 种震相的走时为 $T_j(\Delta_i,\ h)$，h 为震源深度，则观测到时与计算到时之差，即到时残差为，

$$\varepsilon_{ij}=t_{ij}-o-T_j(\Delta_i,h) \tag{6.91}$$

由此构成目标函数，

$$Q_S(o,\phi,\lambda,h)=\sum_{i=1}^{m}\sum_{j=1}^{L}\varepsilon_{ij}^2 \tag{6.92}$$

地震定位问题变成求该目标函数的极小值问题。由式（6.91）、式（6.92），得到，

$$Q_S(o,\phi,\lambda,h)=\sum_{i=1}^{m}\sum_{j=1}^{L}[t_{ij}-o-T_j(\Delta_i,h)]^2 \tag{6.93}$$

在唐国兴（1979）的鲍威尔地震定位程序中，针对不同震源深度 h_k 查走时表得到计算走时($k=1,2,\cdots,K,K$ 为走时表对应的震源深度个数)，进而计算出目标函数的极小值，

$$Q_S^{(k)}(o,\phi,\lambda)=\sum_{i=1}^{m}\sum_{j=1}^{L}[t_{ij}-o-T_j(\Delta_i,h_k)]^2 \tag{6.94}$$

由式（6.91），最佳发震时刻应满足，

$$o=\bar{t}-\bar{T}^{(k)} \tag{6.95}$$

其中，

$$\bar{t}=\frac{1}{mL}\sum_{i=1}^{m}\sum_{j=1}^{L}t_{ij} \tag{6.96}$$

$$\bar{T}^{(k)}(\phi,\lambda)=\frac{1}{mL}\sum_{i=1}^{m}\sum_{j=1}^{L}T_j(\Delta_i,h_k) \tag{6.97}$$

将式（6.95）代入式（6.93），得到只针对震中纬度 ϕ 和经度 λ 的目标函数，实现了目标函数的降维（参见 6.7.2.1 小节），

$$Q_S^{(k)}(\phi,\lambda)=\sum_{i=1}^{m}\sum_{j=1}^{L}[t_{ij}-\bar{t}-(T_j(\Delta_i,h_k)-\bar{T}^{(k)}(\phi,\lambda))]^2 \tag{6.98}$$

6.3.5.2　鲍威尔搜索法

一般地考虑求一个连续函数 $f(x)$ 的极小值问题。设 $\boldsymbol{X}=(x_1,\cdots,x_d)$ 是 d 维空间的点，也可理解为一个向量，期望求 $\boldsymbol{X}^*=(x_1{}^*,\cdots,x_d^*)$，使 $f(\boldsymbol{X}^*)=\min\limits_{X}f(\boldsymbol{X})$。若 $f(\boldsymbol{X})$ 只有一个极小值，则求 $\boldsymbol{X}^*$ 的鲍威尔方法可用框图 6.12 说明。这是一种迭代算法，对二维情况的迭代过程，参见图 6.13，相当于地震定位中对震中位置的搜索。

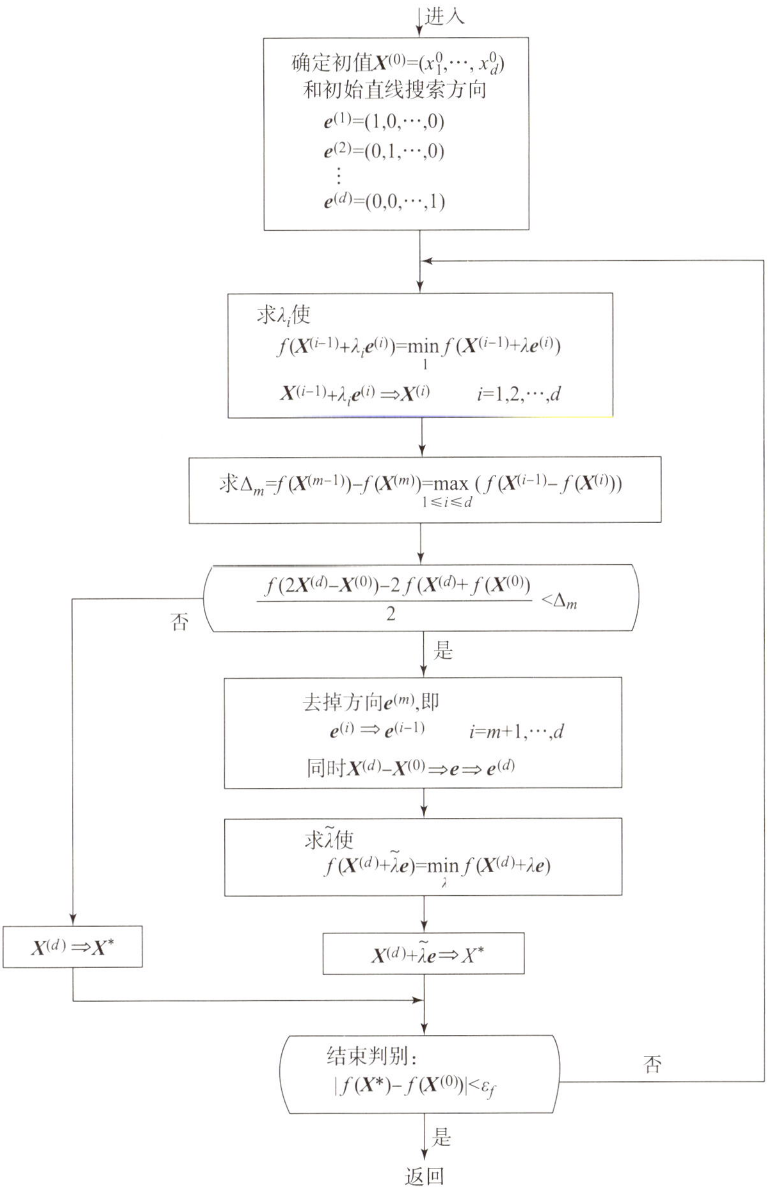

图 6.12　鲍威尔方法框图（唐国兴，1979，图 1）

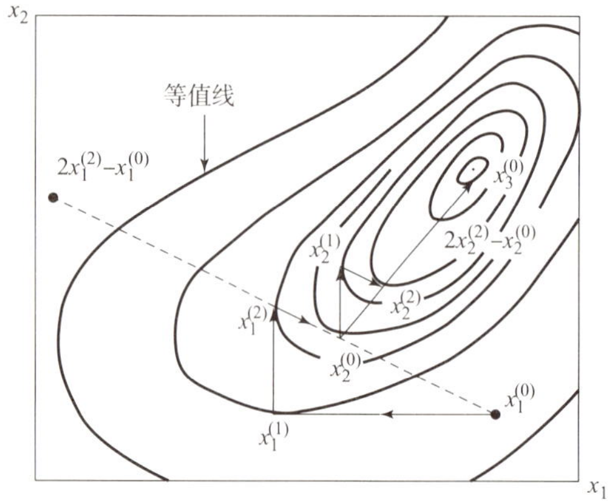

图 6.13　鲍威尔方法搜索路线（下标为搜索次数）(唐国兴，1979，图 2)

根据唐国兴（1979），对图 6.12 所示框图做如下说明：

（1）初始直线搜索方向 $\boldsymbol{e}^{(1)},\cdots,\boldsymbol{e}^{(d)}$，可以是任意选取的独立方向，一般取为坐标轴方向。

（2）求 $\min f(\boldsymbol{X}^{(i-1)}+\lambda\boldsymbol{e}^{(i)})$ 的过程为从 $\dfrac{\lambda}{\boldsymbol{X}^{(i-1)}}$ 出发沿着方向 $e^{(i)}$ 的直线搜索。由于此时 $\dfrac{\lambda}{\boldsymbol{X}^{(i-1)}}$ 和 $\boldsymbol{e}^{(i)}$ 是确定的，所以 $f(\boldsymbol{X}^{(i-1)}+\lambda\boldsymbol{e}^{(i)})$ 只是 λ 的函数，记为 $\rho(\lambda)(-\infty<\lambda<\infty)$。求使 $\rho(\lambda)$ 得到极小 λ 的方法是：先选取适当的步长 γ，比较 $\rho(\gamma)$ 和 $\rho(0)$ 的大小，若 $\rho(\gamma)>\rho(0)$，这表明极小值在 $-\boldsymbol{e}^{(i)}$ 方向上，因此用 $-e^{(i)}$ 代替原来的 $e^{(i)}$。然后，对 $k=0,1,2,\cdots$ 求 $\rho(k_r)$ 的值，直到找到一个 k，使

$$\left.\begin{aligned}\rho((k-1)_r)>\rho(k_r)\\ \rho((k+1)_r)>\rho(k_r)\end{aligned}\right\}\tag{6.99}$$

为止。这时表明，$\rho(\lambda)$ 的极小值点位于 $(k-1)_r$ 和 $(k+1)_r$ 之间。然后，用通过点 $A:((k-1)_r,\rho(k-1)_r)$，$B:(k_r,\rho(k_r))$，$C:((k+1)_r,\rho(k+1)_r)$ 的抛物线

$$g(\lambda)=a_0+a_1\lambda+a_2\lambda^2\tag{6.100}$$

的极小值点作为 $\rho(\lambda)$ 的极小值点。

由于通过 A,B,C 三点，因此，

$$\left.\begin{aligned}\rho_{-1}&=\rho((k-1)r)=a_0+a_1(k-1)r+a_2((k-1)r)^2\\ \rho_0&=\rho(kr)=a_0+a_1kr+a_2(kr)^2\\ \rho_1&=\rho((k+1)r)=a_0+a_1(k+1)\end{aligned}\right\}\tag{6.101}$$

由此可解得 a_0,a_1,a_2。因此 $g(\lambda)$ 的极小值点对应的 λ 为，

$$\lambda=-\frac{a_1}{2a_2}=kr-\frac{\rho_1-\rho_{-1}}{2(\rho_{-1}-2\rho_0+\rho_{-1})}r\tag{6.102}$$

（3）直线搜索步长 r 的选取同具体问题中自变量的度量单位有关。一般说来，如果 $\boldsymbol{p}=(p_1,\cdots,p_d)$ 是一个搜索方向，则可取 $r=E\cdot(p_1^2+\cdots+p_4^2)^{-\frac{1}{2}}$ 作为步长，在定位计算中，自变量的单位是弧度，取 $E=10^{-3}$，这样的步长相当于地面距离 5km 左右，对于较远的地震，甚至可取 $E=10^{-2}$ 或更大一些。

另外，如果在直线搜索中，一开始有 $\rho(r)>\rho(0)$，同时 $\rho(-r)>\rho(0)$。这表明在搜索方向上的极小值就在 $\lambda=0$ 附近，这时可以把步长 r 缩小一半，反复进行这一缩小过程，直到 $\rho(r)>\rho(0)>\rho(-r)$ 或者 $\rho(-r)<\rho(0)<\rho(r)$ 为止。

（4）结束判别还可以采用欧氏距离，

$$\|\boldsymbol{X}^*-\boldsymbol{X}^{(0)}\|=\left(\sum_{i=1}^{d}(x_i^*-x_i^{(0)})\right)^{\frac{1}{2}}<\varepsilon_f\tag{6.103}$$

或

$$\max_{1\leqslant i\leqslant d}\left|x_i^* - x_i^{(0)}\right| < \varepsilon_f \tag{6.104}$$

在计算中，由于 $f(\boldsymbol{X})$ 的单位是 s^2，所以取 $\varepsilon_f = 10^{-2} \sim 10^{-3}$；$\boldsymbol{X}$ 的单位是弧度，因此 $\varepsilon_f = 10^{-3} \sim 10^{-4}$。

6.3.5.3　地震定位鲍威尔搜索法的 Matlab 实现

以《精通 Matlab 最优化计算》(龚纯等，2009) 141～144 页给出的鲍威尔方法 Matlab 程序为基础，引入自编的计算到时残差均方根和发震时刻的函数 arrival_rms_P2.m，并与前几节介绍的其他 Matlab 地震定位程序类似地进行数据准备，形成了 Matlab 地震定位鲍威尔搜索法程序 M06_03_PowellLoc.m。程序根据给定的搜索深度范围和步长，对每个深度用鲍威尔

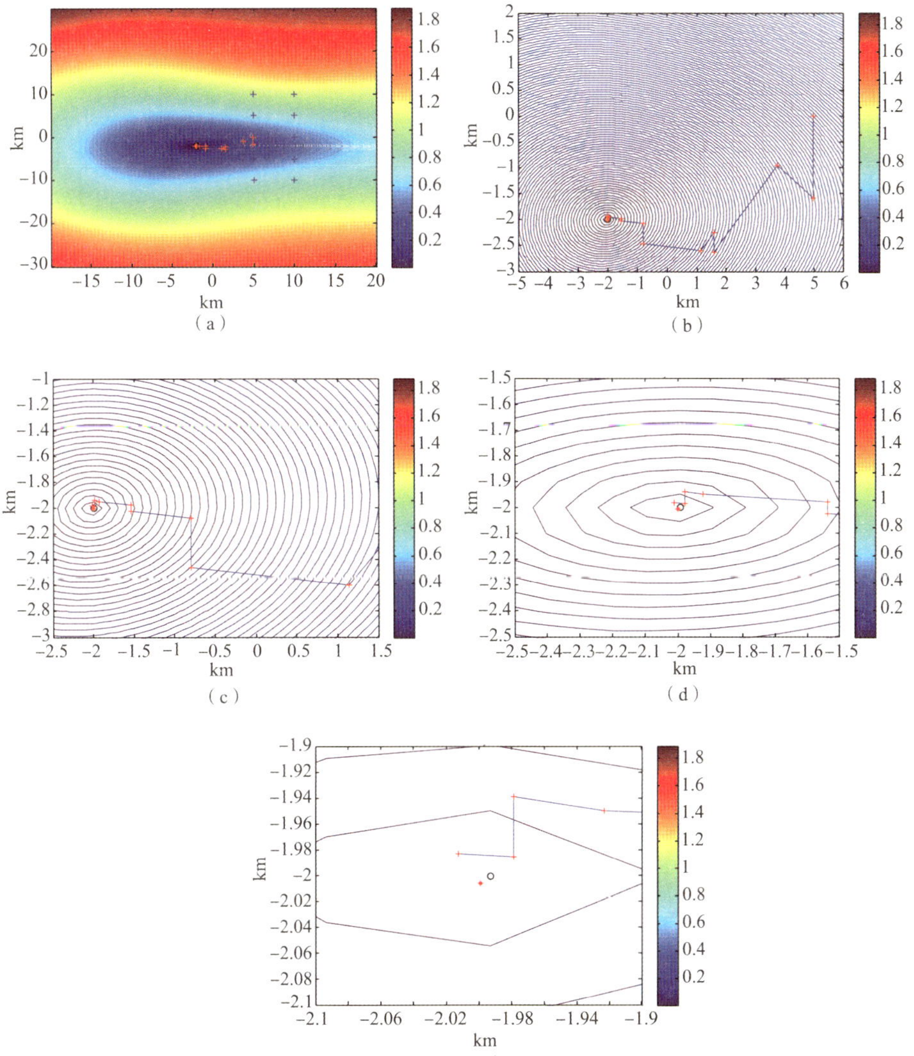

图 6.14　地震定位鲍威尔搜索法的 Matlab 实现示例。给出了目标函数等值线（用程序 M06_03_searchLoc.m 画出）与鲍威尔方法（程序 M06_03_PowellLoc.m）的搜索路径，图(a)～(e)的坐标尺度不同；各图中红星：预期位置；黑圈：搜索结果

方法搜索最佳震中位置的 x、y 并保留其目标函数值；对不同深度的鲍威尔搜索结果，取其目标函数最小的结果为最终解；用式（6.95）计算发震时刻。当在搜索法定位程序 M06_03_searchLoc.m 中设定与程序 M06_03_PowellLoc.m 相同的使用台站以及合成数据加入的误差水平时，可将使用程序 M06_03_searchLoc.m 搜索法画出的目标函数等值线与鲍威尔方法的搜索路径叠加显示，图 6.14 地震定位鲍威尔搜索法的 Matlab 实现示例，其中，图(a)～(e)给出目标函数等值线与鲍威尔方法的搜索路径，各小图的坐标尺度不同，可看出搜索路径概貌和细节。图 6.14(a)中的蓝色"+"是台站位置，红色"+"是鲍威尔搜索节点，以蓝线代表搜索矢量，最终红色"+"为鲍威尔搜索结果；红色"*"是合成到时数据给出的预期震中位置，黑圈是网格搜索法得到的震中位置。本例中对到时数据没有加入随机误差，为看清鲍威尔方法的搜索路径与目标函数等值线的关系，在运行网格搜索法时设定搜索间距为 0.1km，这导致在笔记本电脑中运行了 3 小时 12 分。画等值线时设定 500 条等值线。

6.3.6 台偶时差法

在没有引入计算机进行地震定位之前，地震科技工作者设计了许多通过手工作图进行地震定位的方法，其中包括"两台中线法"（中国科学院地球物理研究所，1977），可以说，台偶时差法（Romney，1957）是两台中线法在计算机中的实现。本节参考赵珠和曾融生（1987）及丁志峰和曾融生（1990）给出的计算公式，讨论台偶时差法。

6.3.6.1 赵珠和曾融生（1987）的算法

忽略地球扁度，在球坐标下推导，以地心为球坐标的中心。设震中位置的真值为纬度 ϕ_e，经度 λ_e，令，

$$\left.\begin{aligned} a_e &= \cos\phi_e\cos\lambda_e \\ b_e &= \cos\phi_e\sin\lambda_e \\ c_e &= \sin\phi_e \end{aligned}\right\} \tag{6.105}$$

设台站位置为纬度 ϕ_s，经度 λ_s，令，

$$\left.\begin{aligned} a_s &= \cos\phi_s\cos\lambda_s \\ b_s &= \cos\phi_s\sin\lambda_s \\ c_s &= \sin\phi_s \end{aligned}\right\} \tag{6.106}$$

则台站到震中的距离 Δ 为，

$$\cos\Delta = a_e a_s + b_e b_s + c_e c_s$$

设 i_j、k_j 台组成台偶，$j=1,\cdots,n$，构成 n 对，每对中两台的震中距余弦相减，有，

$$\cos\Delta_{i_j} - \cos\Delta_{k_j} = a_e(a_{i_j} - a_{k_j}) + b_e(b_{i_j} - b_{k_j}) + c_e(c_{i_j} - c_{k_j}) \tag{6.107}$$

由

$$a_e^2 + b_e^2 + c_e^2 = 1$$

三个未知量中只有两个独立，因此上式化成，

$$\frac{a_e}{c_e}(a_{i_j} - a_{k_j}) + \frac{b_e}{c_e}(b_{i_j} - b_{k_j}) = \frac{1}{c_e}(\cos\Delta_{i_j} - \cos\Delta_{k_j}) - (c_{i_j} - c_{k_j}) \tag{6.108}$$

式中，$j=1,\cdots,n$。由此构成矛盾方程组，

$$\boldsymbol{AX} = \boldsymbol{b} \tag{6.109}$$

式中，未知量为，

$$\boldsymbol{X}=\begin{bmatrix}\dfrac{a_{\mathrm{e}}}{c_{\mathrm{e}}}\\ \dfrac{b_{\mathrm{e}}}{c_{\mathrm{e}}}\end{bmatrix} \tag{6.110}$$

系数矩阵为，

$$\boldsymbol{A}=\begin{bmatrix}a_{i_1}-a_{k_1} & b_{i_1}-b_{k_1}\\ a_{i_2}-a_{k_2} & b_{i_2}-b_{k_2}\\ \cdots & \cdots\\ a_{i_n}-a_{k_n} & b_{i_n}-b_{k_n}\end{bmatrix} \tag{6.111}$$

常数项 $\boldsymbol{b}$ 为，

$$\boldsymbol{b}=\begin{bmatrix}\dfrac{1}{c_{\mathrm{e}}}(\cos\Delta_{i_1}-\cos\Delta_{k_1})-(c_{i_1}-c_{k_1})\\ \dfrac{1}{c_{\mathrm{e}}}(\cos\Delta_{i_2}-\cos\Delta_{k_2})-(c_{i_2}-c_{k_2})\\ \cdots\\ \dfrac{1}{c_{\mathrm{e}}}(\cos\Delta_{i_n}-\cos\Delta_{k_n})-(c_{i_n}-c_{k_n})\end{bmatrix} \tag{6.112}$$

而

$$(\cos\Delta_{i_j}-\cos\Delta_{k_j})=\cos\Delta'_{i_j}-\cos(\Delta_{i_j}+V(t_{i_j}-t_{k_j})) \tag{6.113}$$

式中，Δ'_{i_j} 是第 j 对台偶中第 i 台到试验震中的震中距；V 为台偶的两台间的平均视速度；$(t_{i_j}-t_{k_j})$ 是第 j 个台偶中的第 i、k 台之间的到时差。解此矛盾方程组，得到 $\boldsymbol{X}$，则震中经纬度：

$$\left.\begin{aligned}\lambda_{\mathrm{e}}&=\arctan\left(\frac{b_{\mathrm{e}}/c_{\mathrm{e}}}{a_{\mathrm{e}}/c_{\mathrm{e}}}\right)\\ \phi_{\mathrm{e}}&=\arcsin\left(\frac{1}{\sqrt{1+(a_{\mathrm{e}}/c_{\mathrm{e}})^2+(b_{\mathrm{e}}/c_{\mathrm{e}})^2}}\right)\end{aligned}\right\} \tag{6.114}$$

参见图 6.15。

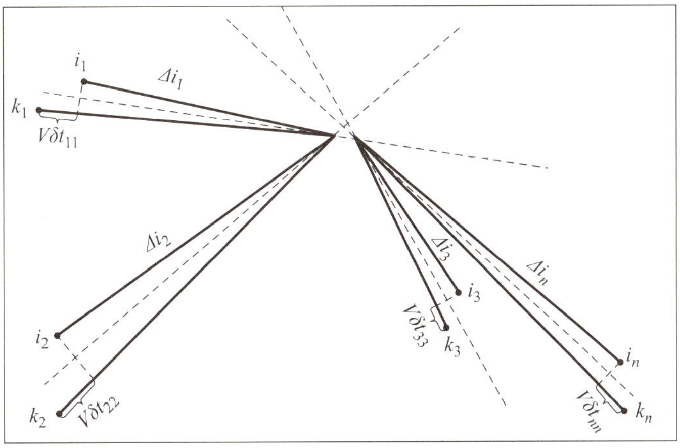

图 6.15　台偶时差说明图（赵珠、曾融生，1987，图 1）

6.3.6.2 丁志峰和曾融生（1990）的算法

设有 M 个台站，按图6.16，设 O^* 为初始震中，O 为待定震中，r 为震中位置的修正量，θ 是震中位置的调整方向，φ_i是台站 S_i 相对于 O^* 的方位角，可由台站坐标和试验震中坐标计算出来（在区域台网的情况下，可用球坐标计算（见6.2.4小节），也可用直角坐标计算）有公式如下，

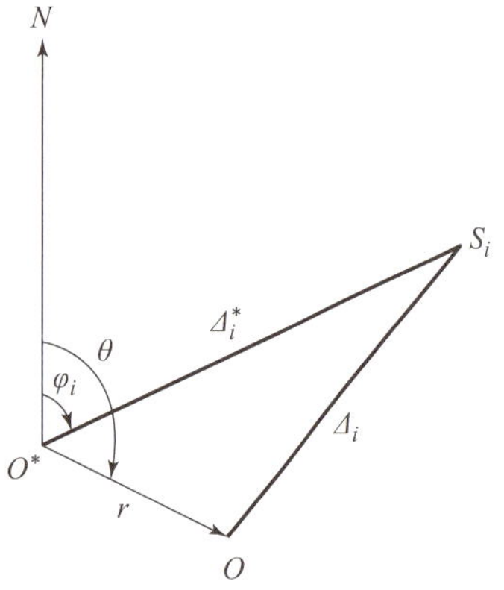

图6.16 台偶时差法原理示意图（丁志峰曾融生，1990，图1）

$$\Delta_i = \Delta_i^* - r\cos(\theta - \varphi_i) \tag{6.115}$$

设有与其相邻的台站 S_j，有，

$$\Delta_j = \Delta_j^* - r\cos(\theta - \varphi_j) \tag{6.116}$$

两式相减，得，

$$\Delta_i - \Delta_j = \Delta_i^* - \Delta_j^* - r\cos(\theta - \varphi_i) + r\cos(\theta - \varphi_j) \tag{6.117}$$

设 V 为地震波到达台站 i、j 的平均视速度，台偶的震中误差为 d_{ij}，则当台偶的两台间距与震中距相比足够小时，有如下近似公式，

$$\Delta_i - \Delta_j = V(t_i - t_j) + d_{ij} \tag{6.118}$$

组合式（6.117）和（6.118），并展开式中的差角余弦函数，得到，

$$d_{ij} = r\cos\theta(\cos\varphi_i - \cos\varphi_j) + r\sin\theta(\sin\varphi_i - \sin\varphi_j) - (\Delta_i^* - \Delta_j^*) + V(t_i - t_j) \tag{6.119}$$

式中，$r(\cos\theta, \sin\theta)$ 为待求参数。当有 n 对台站组合且 $n > 2$，则可构成目标函数，

$$d = \sum_{i=1}^{n}\sum_{j=1}^{n} w_{ij} d_{ij}^2 \tag{6.120}$$

式中，当 i 台与 j 台组对时，权重 $w_{ij}=1$，当不组对时，$w_{ij}=0$。

选用一种最优化方法，使目标函数 d 达到极小的 $(r\cos\theta, r\sin\theta)$ 即为所求的震中位置校正量。

6.3.6.3 讨论

在6.3.6.1和6.3.6.2给出的求解公式中，尽管表现形式不同，其共同点是要求有一个比较好的试验震中作为求解的出发点。

台偶时差法受地壳结构不均匀的影响较小，但选定的视速度是否合适，也会影响定位结果的准确度。对于莫霍面折射P波(Pn)，其视速度即为莫霍面附近上地幔P波速度，是比较稳定的值，但对于震中距较小的直达波，到达台站时的视速度随震中距和震源深度而改变，需要根据试验震中和试验震源深度来给出视速度的估计值。

台偶时差法本身不能给出震源深度，要求利用能得到的到时数据采取其他方法测定震源深度，进而得到发震时刻，这是台偶时差法的一个弱点。

6.4 三分向单台地震定位

可利用三分向单台的地震波形记录测定地方震、近震和远震的震源位置。当然，不能期

望单台定位能达到有适当分布的地震台网所能达到的定位准确度。本节的讨论中假定地震为浅源地震。

6.4.1　利用三分向单台进行地震定位的一般流程

利用三分向单台进行地震定位的一般流程如下：

（1）根据地震记录的特征判定该地震是地方震、近震或远震，从而明确可能出现的震相；

（2）读取震相到时；

（3）利用后续震相和初至震相的到时差确定震中距，如果有多个后续震相到时，还可测定震源深度（见第 7 章）；

（4）利用三分向初动振幅或 P 波段质点偏振特性确定震中相对于台站的方位角；

（5）由震中距和震中方位角计算震中经纬度。

其中，利用后续震相与初至震相的到时差确定震中距是地震分析中的常规作法，可以直接利用到时差数据查表，例如《震相走时便查表》(国家地震局地球物理研究所，1980)。

6.4.2　利用三分向初动振幅测定震中方位角

在模拟记录地震图时代，利用单台三分向记录的两水平向地震波形初动振幅比估算震中方位角是台站分析的重要手段。图 6.17 给出利用三分向记录的水平分向初动振幅比计算震中方位角的原理，图中表达式中的振幅是进行了地震仪振幅响应校正后的振幅。计算时需参考垂直向的初动方向，如果垂直向的初动方向向下（图 6.17 中的垂直向波形 Z_1），则震中方位角由 AZI_1 给出；如果垂直向的初动方向向上（图 6.17 中的垂直向波形 Z_2），则震中方位角由 AZI_2 给出。表 6.4 给出垂直向初动方向与方位角范围的关系。

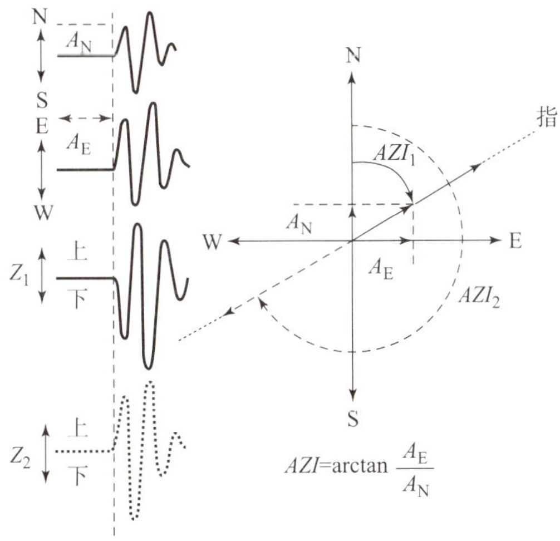

图 6.17　利用三分向记录的水平分向初动振幅比并参考垂直向初动方向测定震中方位角（彼得·鲍曼，2006，练习 11.2 之图 1，图中表达式中的振幅应是进行了地震仪振幅响应校正后的振幅）

表 6.4　垂直向初动方向与方位角范围的关系（据中国地震局监测预报司，2007，表 2.12）

垂直向初动（+/-）	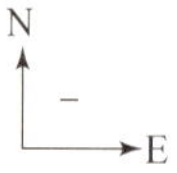	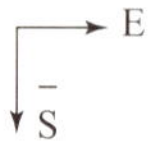	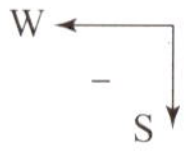	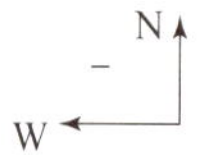
	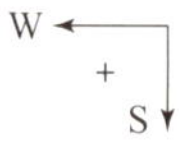	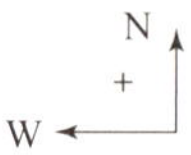	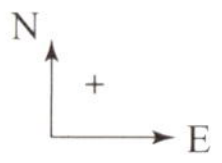	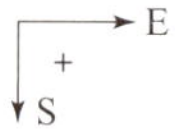
方位角范围	0 ~ 90	90 ~ 180	180 ~ 270	270 ~ 360

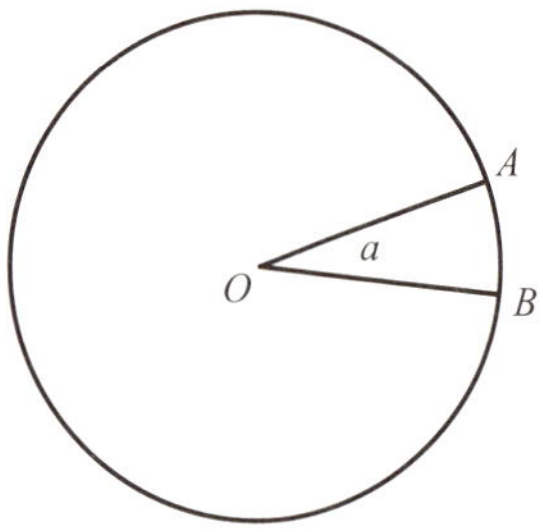

图 6.18　方位角误差与所造成的震中位置误差的关系示意图

方位角的测定误差对震中位置误差的影响与震中距成正比，图 6.18 示意性显示方位角误差与所造成的震中位置误差的关系。由图 6.18 可见，当方位角误差不大时，可有如下近似关系：

$$AB = OA \times a \times \frac{\pi}{180} = OA \times a \times 0.017 \qquad (6.121)$$

式中，a 是方位角误差（度）；OA 是震中距（km）；AB 是由于方位角误差造成的震中误差（km）。例如，如果震中距 $OA = 100$km，方位角误差 $a = 5°$，则由此造成的震中位置误差约为 $AB = 500 \times 0.017 = 8.7$km；如果震中距为 1000km，则震中误差为 87km。而方位角误差决定于两水平分向初至波振幅的读数误差，台站本地的地下结构可能在方位角测定结果中引入系统偏差，台站三分量地震计的安装方位的误差也会给方位角的测定造成误差。

6.4.3　利用三分向初动振幅测定视速度

当震中距足够大时，在地震台站处的地震波波前面近似为平面。图 6.19 中显示波前面在入射垂直面上的投影。设台站附近地下介质中的地震波速为 c(km/s)，在时间间隔 Δt 内，波前前进一个距离 $c\Delta t$。此时，波前与水平面的交切面以速度 v 前进距离 Δx。称速度 v 为视速度，称其倒数 p 为视慢度。由图 6.19 中的几何关系可看出视速度 v、视慢度 p 和地震波传播速度 c 的关系，

$$p = \frac{1}{v} = \frac{\sin i}{c} \qquad (6.122)$$

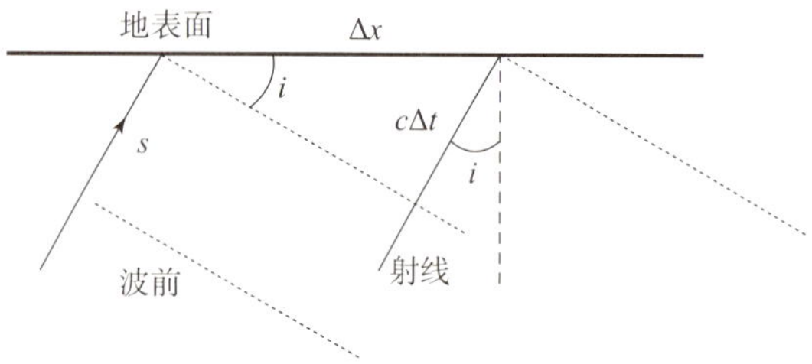

图 6.19　视速度的定义

式中，i 为射线的入射角，即地震射线与入射界面法线之间的夹角。

如果能测定入射角 i，便能得到视速度 v 和视慢度 p。视出射角 e_a 为地动位移与地表面之间的夹角。由地震记录去掉地震仪器响应后的水平分量 A_H（北南分量与东西分量的矢量和）和垂直分量 A_Z 之比得到视出射角 e_a，

$$e_a = \arctan\frac{A_Z}{A_H} = \arctan\frac{Az}{(A_N^2 + A_E^2)^2} \tag{6.123}$$

视出射角 e_a 和真出射角 e 的关系是（图 6.20）（布伦和博尔特，1988，第 214 页），

$$\cos e = \frac{v_P}{v_S}\cos\left(\frac{90° + e_a}{2}\right) \tag{6.124}$$

由此得到真出射角 e，而入射角 $i = 90° - e$。

对于地方震，其初至 P 波的射线可近似为直线，因此，如图 6.20 所示，如果已经知道了震中距 CO 和入射角 e，便可得到震源深度；或者，如果已知震源距（例如用 S－P 到时差得到）和入射角 e，可得到震源深度和震中距。因此，由三分量地震记录得到视出射角，进而得到真入射角，可用于参加地震定位，特别是对测定震源深度有辅助作用（李稳等，2009；何斌等，2014）。

对于远震，根据式（6.122），由入射角可求得视慢度 p 或视速度 v，查表 6.4，可得到浅源地震的震中距。图 6.21 是据 IASP91 地球速度模型（Kennett，1993）绘出的震源深度 15km 的视速度随震中距变化图。当然，与利用后续震相和 P 波初至的到时差得到的震中距相比，用视速度得到的震中距误差较大。但也不失为一种辅助手段，至少它能给出一个大致的震中距范围，可对后续震相的识别提供参考。

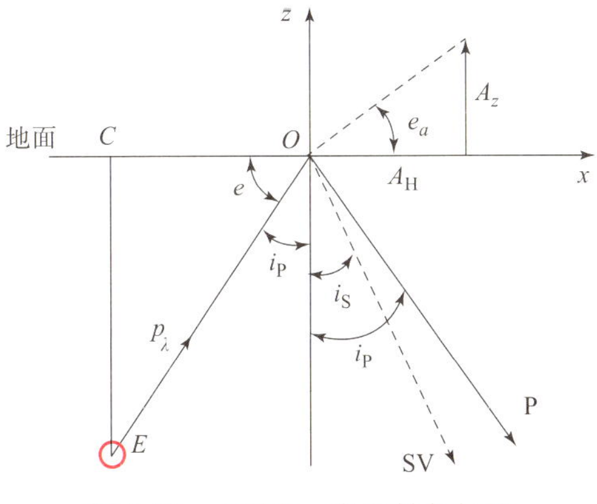

图 6.20　入射角、真出射角与视出射角的关系示意图

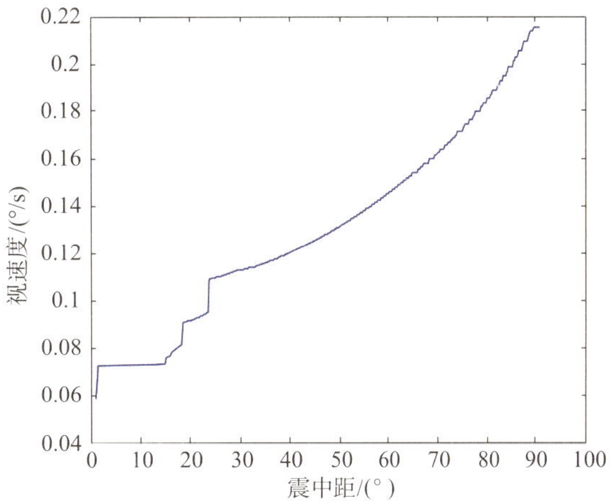

图 6.21　震源深度 15km 的视速度随震中距变化图（Matlab 程序 M06_04_apar_vel.m，采用 IASP91 速度模型、利用 taupTime 函数计算 P 波走时，进而用 +／－0.1 度走时计算视速度）

6.4.4 利用 P 波段的质点偏振特性测定震中方位角

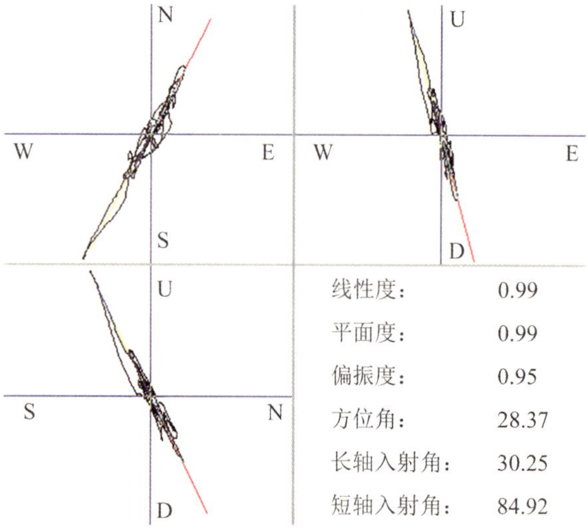

图 6.22 偏振分析结果示例（JOPENS 开发小组，2013，附图）

4.6 节中讨论了三分量波形数据的偏振分析方法及偏振参数的定义。图 6.22 是 Jopens/msdp 系统（JOPENS 开发小组，2013）利用偏振分析单台测定方位角的一个实例。图中给出的参数提供了对方位角测定结果质量的一个评定，其中线性度、平面度和偏振度的定义见式（4.55）、式（4.59）和式（4.62）（沈玉松，2016，个人通信）。

赵仲和、牟磊育（2005）提出了利用 P 波段水平分向记录旋转测定震中方位角的方法，在此不作具体介绍。

6.5 地方台网远震定位

对于地方地震台网而言，远震是网外地震。采用一般地方台网定网内地震或网缘地震的方法会有较大误差。本节介绍的方法是在手工作图波阵面法（傅淑芳等，1980，第 212～215 页）基础上的计算机实现。

6.5.1 基本假定

（1）假定台网尺度与震中距相比甚小，而且台网下的结构无横向不均匀性，因此可以认为：P 波波阵面为平面，波阵面法线方向指示震源所在方位；P 波视速度在台网内可视为常数。

（2）可略去地面曲率的影响，在台网所在平面内，取一直角坐标系进行计算。

（3）本方法为初定震中，不作台站高度校正、地球椭球校正等，只作地理纬度与地心纬度的转换。

（4）地震为浅源地震。

6.5.2 数据

定震中所需要的原始数据是：

（1）坐标原点 O 的地理经纬度，应选在台网中心附近；

（2）各台站的地理经度 λ_j 和地理纬度 $\phi_j, j=1,2,\cdots,M$；

（3）视慢度表：例如震中距 10°～100°的以 1°为间隔的视慢度－震中距表（表 6.5）；

（4）三个以上台站的 P 到时分别为 $T_i, i=1,2,\cdots,N$。

$3 \leqslant N \leqslant M$，$M$ 为台站总数，N 为该次定位时使用的台站数目。

表6.5　震源深度15km的P波视慢度和视速度表

（《IASPEI 1991地震走时表》，B.Kennett著，陈培善编译1993）

震中距/（°）	视速度/（°/s）	视慢速/（s/°）	震中距/（°）	视速度/（°/s）	视慢速/（s/°）	震中距/（°）	视速度/（°/s）	视慢速/（s/°）
1.0	0.0586	17.0524	31.0	0.1135	8.8081	61.0	0.1472	6.7934
2.0	0.0727	13.7532	32.0	0.1142	8.7584	62.0	0.1487	6.7246
3.0	0.0727	13.7496	33.0	0.1147	8.7170	63.0	0.1500	6.6670
4.0	0.0728	13.7450	34.0	0.1154	8.6653	64.0	0.1519	6.5839
5.0	0.0728	13.7447	35.0	0.1162	8.6050	65.0	0.1543	6.4819
6.0	0.0728	13.7386	36.0	0.1171	8.5401	66.0	0.1553	6.4382
7.0	0.0729	13.7252	37.0	0.1179	8.4843	67.0	0.1572	6.3598
8.0	0.0729	13.7230	38.0	0.1186	8.4290	68.0	0.1581	6.3238
9.0	0.0729	13.7103	39.0	0.1196	8.3622	69.0	0.1601	6.2449
10.0	0.0730	13.6977	40.0	0.1205	8.2991	70.0	0.1628	6.1429
11.0	0.0731	13.6851	41.0	0.1215	8.2331	71.0	0.1641	6.0951
12.0	0.0732	13.6664	42.0	0.1225	8.1654	72.0	0.1670	5.9889
13.0	0.0732	13.6664	43.0	0.1234	8.1043	73.0	0.1689	5.9192
14.0	0.0733	13.6338	44.0	0.1246	8.0238	74.0	0.1716	5.8282
15.0	0.0752	13.2908	45.0	0.1258	7.9489	75.0	0.1730	5.7809
16.0	0.0773	12.9421	46.0	0.1268	7.8852	76.0	0.1747	5.7235
17.0	0.0797	12.5484	47.0	0.1281	7.8073	77.0	0.1775	5.6346
18.0	0.0812	12.3214	48.0	0.1292	7.7412	78.0	0.1801	5.5534
19.0	0.0911	10.9714	49.0	0.1304	7.6690	79.0	0.1827	5.4726
20.0	0.0916	10.9126	50.0	0.1316	7.5982	80.0	0.1856	5.3891
21.0	0.0926	10.7983	51.0	0.1329	7.5272	81.0	0.1888	5.2963
22.0	0.0937	10.6704	52.0	0.1339	7.4674	82.0	0.1895	5.2771
23.0	0.0946	10.5678	53.0	0.1356	7.3743	83.0	0.1930	5.1801
24.0	0.1094	9.1387	54.0	0.1368	7.3094	84.0	0.1960	5.1011
25.0	0.1100	9.0919	55.0	0.1382	7.2356	85.0	0.1991	5.0237
26.0	0.1102	9.0721	56.0	0.1397	7.1573	86.0	0.2032	4.9216
27.0	0.1111	9.0039	57.0	0.1409	7.0983	87.0	0.2058	4.8598
28.0	0.1120	8.9291	58.0	0.1426	7.0111	88.0	0.2098	4.7672
29.0	0.1127	8.8727	59.0	0.1438	6.9520	89.0	0.2141	4.6706
30.0	0.1131	8.8450	60.0	0.1454	6.8794	90.0	0.2156	4.6379

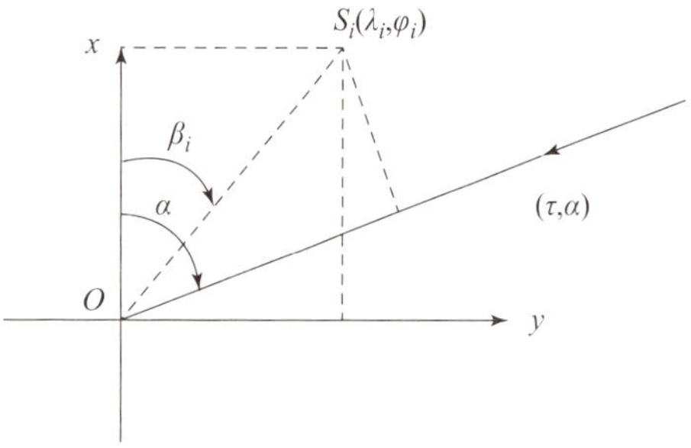

图 6.23　波阵面法定震中的几何关系

6.5.3　基本公式

（1）建立观测方程组：图 6.23 示意说明波阵面法定震中的几何关系。设地震波以视慢度 τ 、方位角 α（由原点指向震源的方向与正北方向之间的夹角）到达台网。台站 S_i 的到时为 T_i，台站直角坐标为(x_i, y_i)，台网中心（原点 O）到时为 T_0，台站 S_i 相对于原点的方位角为 β_i，台站 S_i 到原点距离为 L_i。因地震波（视为平面波）在 $T_0 - T_i$ 的时间内，以视慢度 τ 行进了 $L_i\cos(\alpha-\beta_i)$的距离，所以有，

$$T_0 - T_i = \tau L_i \cdot \cos(\alpha - \beta_i) \tag{6.125}$$

将 $\cos(\alpha-\beta_i)$展开，并以，

$$\tau_x = \tau\cos\alpha, \quad \tau_y = \tau\sin\alpha$$
$$x_i = L_i\cos\beta_i, \quad y_i = L_i\sin\beta_i$$

带入式（6.125），则有，

$$T_i = T_0 - \tau_x \cdot x_i - \tau_y \cdot y_i, \quad i = 1, 2, \cdots, N \tag{6.126}$$

共有 N 个方程式，构成测定方程组，要求 $N \geqslant 3$。其中τ_x、τ_y 为τ的 x 分量和 y 分量，x_i、y_i 可以直接在原始数据中给出或由子台的经纬度转换得出。

写成矩阵形式，

$$\begin{bmatrix} -x_1 & -y_1 & 1 \\ -x_2 & -y_2 & 1 \\ \vdots & \vdots & \vdots \\ -x_{N-1} & -y_{N-1} & 1 \\ -x_N & -y_N & 1 \end{bmatrix} \begin{bmatrix} \tau_x \\ \tau_y \\ T_0 \end{bmatrix} = \begin{bmatrix} T_1 \\ T_2 \\ \vdots \\ T_{N-1} \\ T_N \end{bmatrix} \tag{6.127}$$

或，

$$\boldsymbol{A} \cdot \boldsymbol{X} = \boldsymbol{R}$$

（2）化成正规方程组，求解正规方程组：

$$\left.\begin{aligned} \boldsymbol{A}^{\mathrm{T}}\boldsymbol{A}\boldsymbol{X} &= \boldsymbol{A}^{\mathrm{T}}\boldsymbol{R} \\ \boldsymbol{X} &= (\boldsymbol{A}^{\mathrm{T}}\boldsymbol{A})^{-1}\boldsymbol{A}^{\mathrm{T}}\boldsymbol{R} \end{aligned}\right\} \tag{6.128}$$

得到 $\boldsymbol{X}$ 的 3 个元素τ_x，τ_y，T_0。

（3）计算各到时残差及残差均方根 RMS。

各台观测到时 T_i 减去计算到时为残差 e_i，

$$e_i = T_i - (T_0 - x_i\tau_x - y_i\tau_y)$$

残差均方根，

$$\mathrm{RMS} = \sqrt{\frac{\sum_{i=1}^{N} e_i^2}{N}} \tag{6.129}$$

式中，T_0，τ_x，τ_y为计算所得的原点到时及视慢度分量。利用 e_i和 RMS 可以分析原始数据 T_i 的离散程度，给出结果精确度的数值估计。

(4) 计算视慢度和方位角。

视慢度，

$$\tau = \sqrt{\tau_x^2 + \tau_y^2} \tag{6.130}$$

求方位角 α 时，先求，

$$\alpha_0 = \arcsin \frac{\tau_y}{\tau} \tag{6.131}$$

$$\left.\begin{array}{l} \text{若} \tau_x \geqslant 0 \text{ 且 } \alpha_0 < 0, \text{ 则 } \alpha = 2\pi + \alpha_0 \\ \text{若} \tau_x \geqslant 0 \text{ 且 } \alpha_0 \geqslant 0, \text{ 则 } \alpha = \alpha_0 \\ \text{若 } \tau_x < 0, \text{ 则 } \alpha = \pi - \alpha_0 \end{array}\right\} \tag{6.132}$$

将单位为弧度的结果化为度，即可得到（震中）方位角的角度值。

(5) 由视慢度τ求震中距 Δ。

利用视慢度表（表 6.4，图 6.21，可用 Matlab 程序 M06_04_apar_vel.m 计算，见 6.4.3 小节），即 $\tau - \Delta$ 表，查表并作线性内插。

(6) 由方位角 α 和震中距 Δ 求震中地心经纬度，再转换成地理经纬度，转换公式见 6.2.4 小节和 6.2.6 小节。

(7) 如果用其他方法求得震中距 Δ，可以由这个已知的 Δ 以及用视慢度得到的方位角，求出震中经纬度。

如果已知中心子台的到时，则可利用各子台与中心子台的到时差计算视慢度矢量的两个分量：

$$\begin{bmatrix} x_1 & y_1 \\ x_2 & y_2 \\ \vdots & \vdots \\ x_{N-1} & y_{N-1} \end{bmatrix} \begin{bmatrix} \tau_x \\ \tau_y \end{bmatrix} - \begin{bmatrix} T_0 - T_1 \\ T_0 - T_2 \\ \vdots \\ T_0 - T_{N-1} \end{bmatrix} \tag{6.133}$$

可以此式代替式（6.127）进行其后的计算。

Matlab 程序 M06_05_telloc.m 实现上述算法。示例中使用合成数据文件 syn_tel01.pha，假定震中位置为纬度 60°、经度 132°、震源深度 15km，利用 IASP91 地壳模型针对假定台网进行计算。台网文件 station25，台网中心坐标纬度 40.0899°，经度 116.1174°。在试算中给到时数据加了随机误差，随机误差的标准偏差为 0.2s 左右。计算结果是震中纬度 lat = 55.9020°，震中经度 lon = 130.1858°，相对于台网中心的震中距 dis_d = 18.3500°，震中方位角 azi_d = 25.7760°。其台网台站分布和震中方位线如图 6.24 左图所示，定位结果给出的各台站到时的均方根为 RMS = 0.1851s，与到时数据中引入的随机误差水平相近。图 6.24 的右图给出 25 个台站 P 到时数据与定位结果的计算到时之差，即残差。图中在 0.2 和 -0.2 附近的两条直线对应正/负一倍残差均方根值，在这两条线以内的残差个数占全部数据的 18/25 = 72%，接近于统计估计的 68%，详见 6.8 节关于误差估计的讨论。

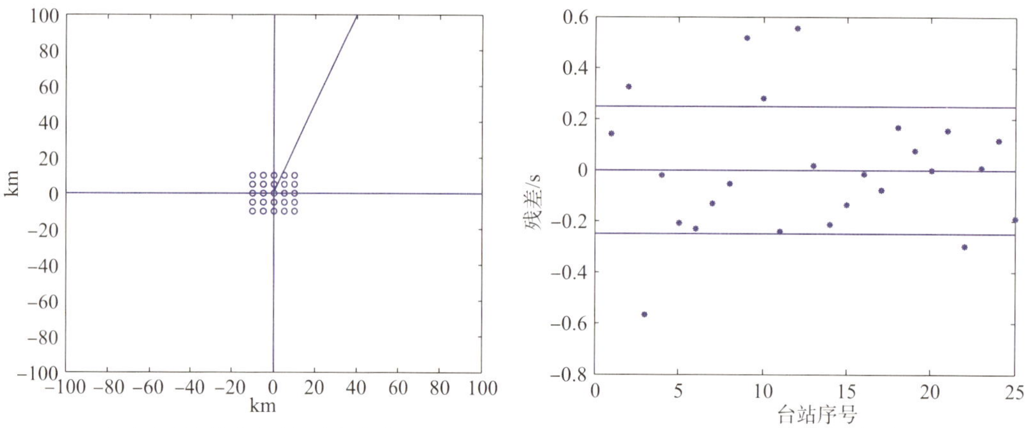

（a）台网台站分布和震中方位线　　（b）25个台站P到时数据的残差

图 6.24　地方台网定远震程序 M06_04_telloc.m 的计算结果示例

6.6　走时和射线离源角的计算

在区域台网或地方台网定位时通常使用直角坐标系，使用水平分层的地壳模型。然后根据给定的地壳模型计算不同震相的地震波走时及其偏导数，或者事先根据给定的地壳模型计算出各个震相的走时表。在常规地震定位处理中，一般仍使用一维的水平分层地壳速度模型。

在求解定位问题时需要计算从震源到台站的地震波走时，在已有方法中，对于远震定位，由于震相多样，路径多样，若每次地震定位时利用分层地壳模型计算不同深度震源的地震波走时需较多的计算机时间。因此，在远震定位程序中一般利用全球地震走时表数据，采用查表和内插方式求地震波走时，用走时表中相邻数据之差计算走时的空间偏导数。在有些算法中，将走时表按震中距分段，对每一段用一个多项式近似，由此可以节省计算机内存空间。

在区域地震定位中也有采用走时表的，如曾在我国各电信传输地震台网使用的鲍威尔方法定位程序（唐国兴，1979）中利用了区域的 J－B 走时表。由于各地区的差异，可能使用不同的走时表，这给程序的适用性带来限制。因此，在区域地震定位程序中多采用给定速度模型参数，在定位过程中直接计算地震波走时。这样，针对不同地区，只要改变速度模型参数就可以使用了。关于水平分层模型假定下更多震相走时的计算，见第 7 章。

最常用的地壳模型是水平分层模型，下伏均匀无限半空间，这种模型略去了地壳结构的横向不均匀性，可以用台站走时校正值对速度结构的横向不均匀性作部分补偿。

在一些定位程序中把直达波的射线假定为直线，并取单一的速度值，这实质上是取单层均匀地壳模型，在模拟地震观测时代，是通常的假定（中国科学院地球物理研究所，1977）。下面具体讨论水平分层模型的直达 P 波和折射 P 波的走时及其一阶偏导数的计算方法，对于相应的 S 震相，计算方法相同，只要用 S 波速度代替 P 波速度就可以了。

6.6.1　水平分层均匀速度模型

对于水平分层速度模型，要求给出每一层的厚度和地震波速度，这里以 P 波为例，记为 $V_n, n=1,2,\cdots,N$，共有 $N-1$ 层，相应的层顶深度为 D_n，V_N 为下伏无限半空间中的速度，相应于地球上地幔中的波速。在下面讨论中假定 $V_{n+1} \geqslant V_n$，即认为无低速层。实际上，当存在低速层时，只要射线能达到台站，仍可按无低速层时的同样公式计算走时。

由于各台站的海拔高度不同，在计算走时要予以考虑。一般台站在给定模型的第 1 层内，则该台站的第 1 层厚度应从台站到第 1 层底计算，这样可以不必另行引入台站高程校正值，如在 BLOC86（赵仲和等，1993）、HYPO81 - BJ（赵仲和，1983b）等定位程序中都是如此处理。

设震源坐标为 x_0, y_0, z_0，台站坐标为 x, y, z，坐标轴以北、东、下为正。震中距，

$$\Delta = \sqrt{(x-x_0)^2 + (y-y_0)^2} \tag{6.134}$$

如果震源在第 j 层中，即，

$$D_j < z_0 < D_{j+1}$$

由震源到所在层顶的距离为，

$$d_z = z_0 - D_j$$

各层的厚度为，

$$d_i = D_{i+1} - D_i, \qquad i = 1, 2, \cdots, N-1$$

式中假定 d_1 中已包含了上述的台站高程校正。

6.6.2　水平分层均匀速度模型中的折射波

6.6.2.1　折射波走时

设震源在第 j 层，在第 m 层（$m > j$）顶面发生折射，到台站的走时为 $T(\Delta)$，图 6.25 给出折射波的射线示意图，图中震源在第 2 层，从第 4 层顶面发生折射，即 $j=2$，$m=4$，且层数 $N=4$。

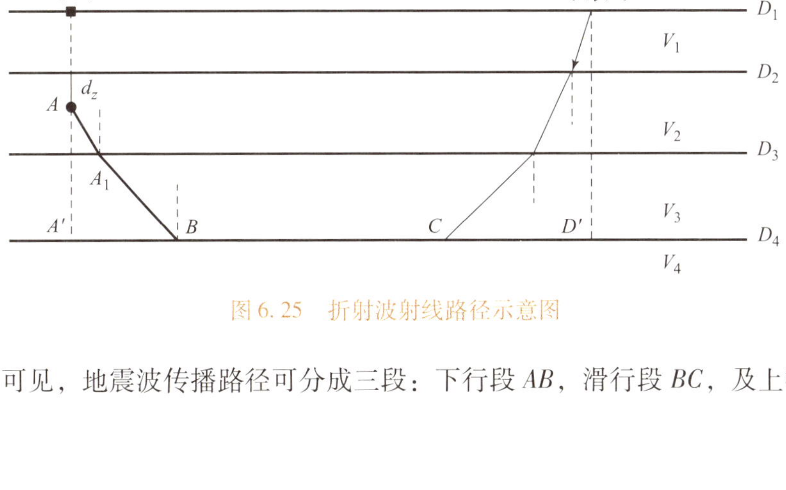

图 6.25　折射波射线路径示意图

图 6.25 可见，地震波传播路径可分成三段：下行段 AB，滑行段 BC，及上行段 CD，其走时

$$T(\Delta)=T_{AB}+T_{BC}+T_{CD}$$

为地震波在 AB、BC、CD 三段上的走时之和，根据斯奈尔定律，在整个路径上，各层中的入射角之间有如下关系，

$$\frac{\sin\theta_{ml}}{V_l}=\frac{\sin\theta_m}{V_m}=\frac{1}{V_m} \tag{6.135}$$

式中，θ_{ml} 为第 m 层顶折射波在第 l 层的入射角；θ_m 是由第 $m-1$ 层到第 m 层时的折射角，由于在 m 层顶全反射，$\theta_m=90°$，因此，对于折射波，有简单的关系式，

$$\sin\theta_{ml}=\frac{V_l}{V_m} \tag{6.136}$$

$$\cos\theta_{ml}=\frac{\sqrt{V_m^2-V_l^2}}{V_m} \tag{6.137}$$

对于下行段，$j\leqslant l<m$，对于上行段 $1\leqslant l<m$。下行波穿过第 l 层的走时，

$$\begin{aligned}T_l&=a_l\sin\theta_{ml}+d_l\cos\theta_{ml}\\&=\frac{a_l}{V_m}+d_l\cdot\frac{\sqrt{V_m^2-V_l^2}}{V_l\cdot V_m}\end{aligned} \tag{6.138}$$

上式利用了式（6.137），式中 a_l 是第 l 层内射线段在水平面上的投影，d_l 为第 l 层厚度，$d_l=D_{l+1}-D_l$ 在第 j 层内，地震波从震源到 j 层底的一段可以看作是厚度为 d_j-d_z，d_z 是震源到所在层顶的距离。

由此得到下行段走时，

$$T_{AB}=\frac{\overline{A'B}}{V_m}+\sum_{l=j}^{m-1}\left(\frac{d_l}{V_l\cdot V_m}\cdot\sqrt{V_m^2-V_l^2}\right)-\frac{d_z}{V_jV_m}\cdot\sqrt{V_m^2-V_j^2} \tag{6.139}$$

类似地，上行段走时，

$$T_{CD}=\frac{\overline{CD'}}{V_m}+\sum_{l=1}^{m-1}\left(\frac{d_l}{V_l\cdot V_m}\cdot\sqrt{V_m^2-V_l^2}\right) \tag{6.140}$$

而滑行段走时，

$$T_{BC}=\frac{\overline{BC}}{V_m}$$

以上各式中，$\overline{A'B}$、$\overline{CD'}$ 分别为 AB 段和 CD 段在水平面上的投影。注意到 $\overline{A'B}+\overline{BC}+\overline{CD'}=\Delta$，即震中距，于是得到整个折射波的走时，

$$T(\Delta)=\frac{\Delta}{V_m}+T_{jm} \tag{6.141}$$

式中，T_{jm} 称为折射波走时中的时间项，脚标 jm 表示震源在第 j 层、在第 m 层顶折射。于是，

$$T_{jm}=\sum_{l=j}^{m-1}\left(\frac{d_l}{V_l\cdot V_m}\cdot\sqrt{V_m^2-V_l^2}\right)+\sum_{l=1}^{m-1}\left(\frac{d_l}{V_l\cdot V_m}\cdot\sqrt{V_m^2-V_l^2}\right)-\frac{d_z}{V_j\cdot V_m}\cdot\sqrt{V_m^2-V_j^2} \tag{6.142}$$

对于双层地壳模型，设震源在第 1 层中，则有 $j=1$，$m=3$，式（6.142）变为，

$$T_{13}=\sum_{l=1}^{3-1}\left(\frac{d_l}{V_l\cdot V_3}\cdot\sqrt{V_3^2-V_l^2}\right)+\sum_{l=1}^{3-1}\left(\frac{d_l}{V_l\cdot V_3}\cdot\sqrt{V_3^2-V_l^2}\right)-\frac{d_z}{V_1\cdot V_3}\cdot\sqrt{V_3^2-V_1^2} \tag{6.143}$$

可表示为，

$$T(\Delta)=\frac{\Delta}{V_3}+T_{13} \tag{6.144}$$

式中，

$$T_{13}=\frac{2d_1-d_z}{V_1\cdot V_3}\cdot\sqrt{V_3^2-V_1^2}+\frac{2d_2}{V_2\cdot V_3}\cdot\sqrt{V_3^2-V_2^2} \tag{6.145}$$

或，

$$T_{13}=(2d_1-d_z)\cdot\sqrt{\frac{1}{V_1^2}-\frac{1}{V_3^2}}+2d_2\cdot\sqrt{\frac{1}{V_2^2}-\frac{1}{V_3^2}} \tag{6.146}$$

6.6.2.2　折射波的“盲区”范围 Δ_c

设震源在第 j 层中，要能在台站上收到第 m 层（$m>j$）顶面上产生的折射波，震中距 Δ 必须满足条件：

$$\Delta>\Delta_c$$

Δ_c 称为折射波的“盲区”范围。由图 6.25 知，

$$\Delta_c=\overline{A'B}+\overline{CD'}$$

利用上一小节中的关系式可导出，

$$\Delta_c=D_{jm}-\frac{d_zV_j}{\sqrt{V_m^2-V_j^2}} \tag{6.147}$$

式中，

$$D_{jm}=2\sum_{l=j}^{m-1}\frac{d_lV_l}{\sqrt{V_m^2-V_l^2}}+\sum_{l=1}^{j-1}\frac{d_lV_l}{\sqrt{V_m^2-V_l^2}} \tag{6.148}$$

对于双层地壳模型，设震源在第 1 层中，则有 $j=1$，$m=3$，式（6.147）可表示为，

$$\Delta_c=\frac{(2d_1-d_z)V_1}{\sqrt{V_3^2-V_1^2}}+\frac{2d_2V_2}{\sqrt{V_3^2-V_2^2}} \tag{6.149}$$

6.6.2.3　折射波的走时空间偏导数

本节讨论的空间偏导数反映了台站位置固定而使震源位置有一小变动时产生的走时变动。将走时表达式（6.141）式对震中距 Δ 及震源深度 z 求偏导数，得到，

$$\frac{\partial T}{\partial\Delta}=\frac{1}{V_m} \tag{6.150}$$

$$\frac{\partial T}{\partial z}=\frac{\partial T}{\partial d_z}=-\frac{\sqrt{V_m^2-V_j^2}}{V_m\cdot V_j} \tag{6.151}$$

进而得到，

$$\frac{\partial T}{\partial x_0}=\frac{\partial T}{\partial \Delta}\cdot\frac{\partial \Delta}{\partial x_0}=\frac{1}{V_m}\cdot\frac{x_0-x}{\Delta}=-\frac{1}{V_m}\cdot\sin\alpha \tag{6.152}$$

$$\frac{\partial T}{\partial y_0}=\frac{\partial T}{\partial \Delta}\cdot\frac{\partial \Delta}{\partial y_0}=\frac{1}{V_m}\cdot\frac{y_0-y}{\Delta}=-\frac{1}{V_m}\cdot\cos\alpha \tag{6.153}$$

式中，α 是台站对于震中的方位角，由北向东计量。

6.6.2.4　射线离源角

离源角是地震波射线与向下垂线之间的夹角，在第 9 章中求解震源机制解时会用到。折射波是下行波，其离源角等于式（6.136）给出的 θ_{ml}。

6.6.3　水平分层均匀速度模型中的直达波

6.6.3.1　直达波走时

记震源位置为(x_0,y_0,z_0)，台站位置为(x,y,z)。如果震源在第 1 层中（图 6.26 中的 S_1），则有，

$$T(\Delta)=\frac{\sqrt{z_0^2+D^2}}{V_1} \tag{6.154}$$

式中，D 是震中距(Δ)；z_0是震源深度。

当震源在第 1 层以下时（图 6.26 中的 S_2），找不出作为震中距 Δ 函数的走时显式表达式。但走时和震中距都可以用射线到达所在层顶的入射角作为参变量，给出解析表达式来。下面作简单推导。

设震源在第j层，到第j层顶厚度 $d_j=z_0-D_j$，其中 z_0是震源深度，D_j是第j层顶的深度，直达波路径如图 6.26 所示。在第j层中的入射角记为 θ_j，在第 l 层中的入射角为 θ_{jl}，由斯奈尔定律，

$$\left.\begin{aligned}\sin\theta_{jl}&=\frac{V_l}{V_j}\cdot\sin\theta_j\\ \cos\theta_{jl}&=\frac{V_l}{V_j}\cdot\sqrt{\left(\frac{V_j}{V_l}\right)^2-\sin^2\theta_j}\\ \tan\theta_{jl}&=\frac{\sin\theta_j}{\sqrt{\left(\frac{V_j}{V_l}\right)^2-\sin^2\theta_j}}\end{aligned}\right\} \tag{6.155}$$

直达波在第 l 层（$1\leqslant l<j$）中的走时，

$$T_l=\frac{d_l}{\cos\theta_{jl}\cdot V_l}$$

d_l为该层厚度，而第 l 层中路径在水平面上的投影为 $d_l\cdot\tan\theta_l$，于是从震源到台站穿过各层的总走时为，

$$T=\sum_{l=j-1}^{1}\frac{d_l}{\cos\theta_{jl}\cdot V_l}+\frac{d_j}{\cos\theta_j\cdot V_j} \tag{6.156}$$

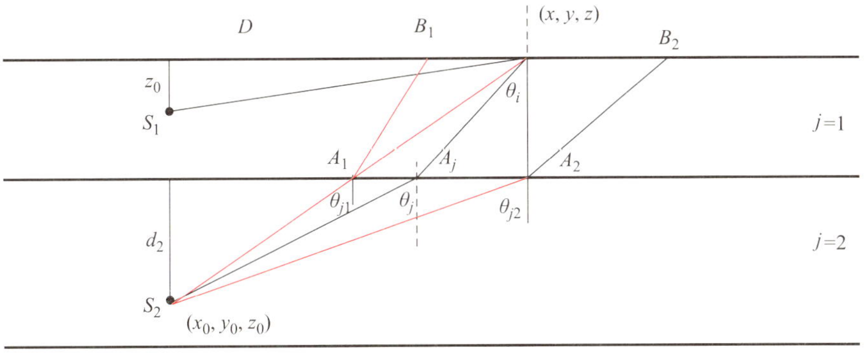

图 6.26　直达波射线路径示意图

而震中距，

$$\Delta = \sum_{l=j-1}^{1} d_l \cdot \tan\theta_{jl} + d_j \cdot \tan\theta_j \tag{6.157}$$

利用式（6.155），得到以第 j 层入射角 θ_j 为参变数的直达波走时与震中距表达式，

$$T = \sum_{l=j-1}^{1} \frac{d_l}{\left(\frac{V_l}{V_j}\right) \cdot \sqrt{\left(\frac{V_j}{V_l}\right)^2 - \sin^2\theta_j} \cdot V_l} + \frac{d_j}{\sqrt{1-\sin^2\theta_j} \cdot V_j} \tag{6.158}$$

$$\Delta = \sum_{l=j-1}^{1} \frac{d_l \cdot \sin\theta_j}{\sqrt{\left(\frac{V_j}{V_l}\right)^2 - \sin^2\theta_j}} + \frac{d_j \cdot \sin\theta_j}{\sqrt{1-\sin^2\theta_j}} \tag{6.159}$$

对于双层地壳模型，设震源在第 2 层中，则有 $j=2$（图 6.26），于是式（6.158）和式（6.159）变为，

$$T = \frac{d_1}{\frac{V_1}{V_2} \cdot \sqrt{\left(\frac{V_2}{V_1}\right)^2 - \sin^2\theta_2} \cdot V_1} + \frac{d_2}{\sqrt{1-\sin^2\theta_2} \cdot V_2} = \frac{d_1}{\cos\theta_1 \cdot V_1} + \frac{d_2}{\cos\theta_2 \cdot V_2}$$

或，

$$T = \frac{d_1}{\cos\theta_1 \cdot V_1} + \frac{d_2}{\cos\theta_2 \cdot V_2} \tag{6.160}$$

$$\Delta = \frac{d_1 \cdot \sin\theta_2}{\sqrt{\left(\frac{V_2}{V_1}\right)^2 - \sin^2\theta_2}} + \frac{d_2 \cdot \sin\theta_2}{\sqrt{1-\sin^2\theta_2}} = d_1 \cdot \tan\theta_1 + d_2 \cdot \tan\theta_2 \tag{6.161}$$

由于没有 T 作为 Δ 函数的显式式，在实际求走时 T 时，是利用式（6.158）和式（6.159），通过最优化方法调整参变量 θ_j 之值。下面是一种迭代求解方法的具体迭代步骤：

①在震源位置(x_0, y_0, z_0)和台站位置(x, y, z)所在垂直面内（见图 6.26），连接震源和台站的直线与震源所在层 j 的层顶相交于 A_1 点，与过该点的交角为 θ_{j1}，以此作为 θ_j 的低端初

值，有，

$$\sin\theta_{j1} = \frac{D}{\sqrt{z_0^2 + D^2}} \tag{6.162}$$

②自台站向下引垂线，与震源所在层 j 的层顶交于 A_2 点，与过该点的交角为 θ_{j2}，以此作为 θ_j的高端初值，有，

$$\sin\theta_{j2} = \frac{D}{\sqrt{d_0^2 + D^2}} \tag{6.163}$$

③分别利用①②给出的 θ_j两个初值，用式（6.159）计算到达地面时的震中距，记为 D_1 和 D_2，与地面交点记为 B_1 和 B_2。得到与震中距 D 的差值 ΔD_1 和 ΔD_2。

④在 θ_{j1}和 θ_{j2}之间，利用两点间的一维最优化方法，例如黄金分割（0.618）法（龚纯王正，2009，96～98），搜索 θ_j，其目标函数是计算出的震中距与 D 之差。

⑤当计算出的震中距与 D 之差小于给定判据值（视台网定位能力而定，例如一般区域地震台网，可设为0.1～0.2km），搜索结束。利用最后的 θ_j值用式（6.158）计算出最终的直达波走时。

在李泫鉴和斯图尔特（1984）中采用图6.26中的 A_j 作为参变量，进行迭代搜索，代替搜索入射角 θ_j。这样可以避免在震源接近界面使入射角 θ_j接近90°时因数值计算困难导致的偏差或解不收敛到正确的走时。

引入射线参数 $p=\sin\theta_j/V_j$，带入式（6.158）和（6.159），得到：

$$\begin{aligned}
T &= \sum_{l=j-1}^{1} \frac{d_l}{\dfrac{V_l}{V_j}\cdot\sqrt{\left(\dfrac{V_j}{V_l}\right)^2 - \sin^2\theta_j\cdot V_l}} + \frac{d_j}{\sqrt{1-\sin^2\theta_j}\cdot V_j} \\
&= \sum_{l=j-1}^{1} \frac{d_l}{\sqrt{\left(\dfrac{1}{V_l}\right)^2 - p^2\cdot V_l^2}} + \frac{d_j}{\sqrt{\left(\dfrac{1}{V_j}\right)^2 - p^2\cdot V_j^2}} \\
&= \sum_{l=j-1}^{1} \frac{d_l}{\sqrt{1-p^2V_l^2}\cdot V_l} + \frac{d_j}{\sqrt{1-p^2V_j^2}\cdot V_j}
\end{aligned} \tag{6.164}$$

$$\begin{aligned}
\Delta &= \sum_{l=j-1}^{1} \frac{d_l\cdot\sin\theta_j}{\sqrt{\left(\dfrac{V_j}{V_l}\right)^2 - \sin^2\theta_j}} + \frac{d_j\cdot\sin\theta_j}{\sqrt{1-\sin^2\theta_j}} \\
&= p\left(\sum_{l=j-1}^{1} \frac{d_l}{\sqrt{\left(\dfrac{1}{V_l}\right)^2 - p^2}} + \frac{d_j}{\sqrt{\left(\dfrac{1}{V_j}\right)^2 - p^2}}\right) \\
&= p\left(\sum_{l=j-1}^{1} \frac{d_l\cdot V_l}{\sqrt{1-p^2V_l^2}} + \frac{d_j\cdot V_j}{\sqrt{1-p^2V_j^2}}\right)
\end{aligned} \tag{6.165}$$

田玥、陈晓非（2005）从更一般化的角度给出了水平分层速度模型直达波射线追踪问题的解，是将直达波求解和反射波求解都统一到一个表达式中。刘双庆据此方法编制了Matlab程序（刘双庆，2016，个人通信）。

6.6.3.2　直达波走时空间偏导数

对式（6.158 和 6.159）以 $\sin\theta_j$ 作为自变量求其偏导数，则有，

$$\frac{\partial T}{\partial \sin\theta_j}=\frac{\sin\theta_j}{V_j}\left(\sum_{l=1}^{j-1}\frac{d_l}{\cos^2\theta_{jl}\cdot\sqrt{\left(\frac{V_j}{V_l}\right)^2-\sin^2\theta_j}}+\frac{d_j}{\cos^3\theta_j}\right) \tag{6.166}$$

$$\frac{\partial \Delta}{\partial \sin\theta_j}=\sum_{l=1}^{j-1}\frac{d_l}{\cos^2\theta_{jl}\cdot\sqrt{\left(\frac{V_j}{V_l}\right)^2-\sin^2\theta_j}}+\frac{d_j}{\cos^3\theta_j} \tag{6.167}$$

于是，

$$\frac{\partial T}{\partial \Delta}=\frac{\dfrac{\partial T}{\partial \sin\theta_j}}{\dfrac{\partial \Delta}{\partial \sin\theta_j}}=\frac{\sin\theta_j}{V_j} \tag{6.168}$$

或者，设射线路径为 S，则有，

$$\frac{\partial T}{\partial \Delta}=\frac{\partial T}{\partial S}\frac{\partial S}{\partial \Delta}=\frac{1}{V_j}\sin\theta_j \tag{6.169}$$

$$\frac{\partial T}{\partial Z_0}=\frac{\partial T}{\partial S}\frac{\partial S}{\partial Z_0}=\frac{1}{V_j}\cos\theta_j \tag{6.170}$$

进一步求出，

$$\frac{\partial T}{\partial x_0}=\frac{\partial T}{\partial \Delta}\cdot\frac{\partial \Delta}{\partial x_0}=\frac{\sin\theta_j}{V_j}\cdot\frac{x_0-x}{\Delta} \tag{6.171}$$

$$\frac{\partial T}{\partial y_0}=\frac{\partial T}{\partial \Delta}\cdot\frac{\partial \Delta}{\partial y_0}=\frac{\sin\theta_j}{V_j}\cdot\frac{y_0-y}{\Delta} \tag{6.172}$$

6.6.3.3　直达波射线离源角

直达波是上行波，当震源在地壳的第一层时，可简单地用震中距和震源深度得到 $\theta=\arctan(D/z_0)$，离源角 $=180°-\theta$。当震源不在地壳的第一层时，要通过迭代算法（或其他最优化方法）得到。如 6.6.3.1 所述，在求解直达波走时的同时，得到直达波射线在震源所在层到该层层顶的入射角 θ_j，根据离源角的定义，离源角 $=180°-\theta_j$。

6.6.4　计算走时和走时偏导数的 Matlab 实现

本章介绍的定位方法的 Matlab 实现中进行走时计算时使用函数[td, tr] = travel_time(model, xa, ya, za0, xb, yb, zb0, flag)，其中 model 是分层地壳速度模型文件名，xa、ya、za0 给出震源直角坐标，xb、yb、zb0 给出台站直角坐标，flag = 1 为 P 震相，flag = 2 为 S 震相，返回参数 td 为直达波走时，如果存在折射波的话，则 tr 给出折射波走时。在定位程序 M06_03_svdlsqLoc.m 中计算直达波走时的空间偏导数使用函数 Ai = sderivate(model, xa, ya, za0, xb, yb, zb0, flag)，其中的输入参数含义同走时计算函数，返回直达波走时的空间偏导数。

6.7 改善定位结果的若干措施

由于台站地震计位于地面或深度几百米以内的井中，而地震处于地下几千米至几十千米甚至几百千米处，因此地震台站不可能在三维空间中包围震源。即使在平面范围内，也不能保证台站总是包围震中。这样就给数学处理带来很大困难，使地震定位结果不能总是令人满意。因此，除了根据情况选用适当的最优化方法外，还在一些定位程序中采取了一些措施，以期改善定位结果。

6.7.1 给定适当的震源初值

线性化的地震定位方法都需要从某一尝试震源出发，逐次求修正量，最后得到修正的结果。所以通常把这些方法称为修定方法，而确定尝试震源的方法称为初定方法。由于修定方法往往得到只满足局部极小化条件的解，对初值有很大依赖性，因此，适当确定初值是很重要的。在台网的台站较密，且地震又发生在台网范围内时，可以简单地取地震波最先到达的台站的位置作为尝试震中位置。为避免修定中出现除零溢出，一般取其台站坐标加一个小量作为震中初值，而震源深度初值取台网地区震源平均深度，发震时刻初值取最先到达台到时减去一个常数（该常数一般取平均深度除以地壳上部平均速度），例如 HYPO81 - BJ（赵仲和，1983b）。利用人工作图方法测定的结果作为初值也是有效的，只是花费时间。

对于初定方法的要求是，定出的震源位置可以有一定误差，但不能有大错，例如本该是网内的地方震，却定成了网外的近震，或相反情况；又如大方向错误，把台网一侧的地震定到了另一侧等，都会导致修定时出现错误的结果。因为是初定，震源深度是预先给定的。下面介绍几种区域地震定位初值的计算方法。

6.7.1.1 替换参数法

《近震分析》(中国科学院地球物理研究所，1977）第五章介绍了一种初定方法，称作替换参数法。该方法采用均匀无限半空间模型，利用直达 P 波建立观测方程，

$$(X-x_k)^2+(Y-y_k)^2+h^2=(P_k-O)^2V^2$$
$$k=1,2,\cdots,m \quad m\geqslant n \tag{6.173}$$

式中，n 是求解的未知数个数，当把速度 V 作为未知数时 $n=5$，V 作为已知数时 $n=4$；式中 (X,Y,h) 为震源坐标；O 为发震时刻；P_k 为 P 波在第 k 台到时，第 k 台坐标为$(x_k,y_k,0)$，忽略台站高程的差异。将方程展开，并进行未知量代换，变成了线性方程，进而可用最小二乘法求解出未知量：

引入新的变量 X_1,X_2,X_3,X_4,X_5，代入式（6.173)，得到线性方程组，

$$a1_kX_1+a2_kX_2+a3_kX_3+a4_kX_4+a5_kX_5+b_k=0$$
$$k=1,2,\cdots,m \quad m\geqslant 5 \tag{6.174}$$

式中，

$$\left.\begin{aligned}X_1 &= (OV)^2 - (X^2 + Y^2 + h^2)\\ X_2 &= X\\ X_3 &= Y\\ X_4 &= V^2\\ X_5 &= (OV)^2\end{aligned}\right\}\qquad(6.175)$$

相应系数,

$$\left.\begin{aligned}a1_k &= 1\\ a2_k &= 2x_k\\ a3_k &= 2y_k\\ a4_k &= P_k^2\\ a5_k &= -2P_k\\ b_k &= -(x_k^2 + y_k^2)\end{aligned}\right\}\qquad(6.176)$$

对于方程组(6.174),可采用求解线性方程的最优化方法求解。例如,当 $m > 5$ 时可化成正规方程组求解,参见式(6.56)和式(6.57)。

需要说明的是,所形成的线性方程组很容易成为病态方程组,使结果偏差较大,为此,应注意以下几点:

(1)注意到系数 $a2_k = 2x_k$、$a3_k = 2y_k$ 为台站坐标,故坐标原点应选在台网的中部,最好是台网的几何中心,这样各台坐标相对差异较大,以改善系数矩阵的性质。如果取台网外某点为原点,则各台的 x_k 几近相同,各台 y_k 也几近相同,导致 $a2_k$、$a3_k$ 与 $a1_k$ 分别构成的列向量彼此近乎平行,使系数矩阵严重病态。

(2)如果可能,应把 S 震相到时或其他震相到时利用上。若有直达波 S 到时,会改善 $a4_k$、$a5_k$ 两列。

(3)公式中给出的 P_k 为第 k 台的直达 P 波到时,这就有一个计时原点的问题,与坐标原点的情况类似,P_k 到时以各台 P 到时的平均值作为计时原点会改善方程的状态。

6.7.1.2 Inglada 方法

Inglada 方法(布伦和博尔特,1988,第 263 页)是在常速度情况下的一种不需迭代的方法。

对于给定的台站,有方程式,

$$(x_i - x_o)^2 + (y_i - y_o)^2 + z_o^2 = V^2(t_i - t_o)^2 \quad i = 1, 2, \cdots, m \qquad (6.177)$$

式中,x_o, y_o, z_o 为震源坐标;t_o 为发震时刻;x_i, y_i 为台站坐标,不计台站高程差;t_i 为直达波 P 到时;V 为 P 波速度,设为已知值。

将方程组(6.177)依次两两方程相减,得到$(m-1)$个线性方程:

$$\begin{aligned}&(x_i - x_{i-1})x_o + (y_i - y_{i-1})y_o - V^2(t_i - t_{i-1})t_o\\ &= \frac{1}{2}[(x_i^2 + y_i^2) - (x_{i-1}{}^2 + y_{i-1}{}^2) - V^2(t_i^2 - t_{i-1}^2)] \quad i = 2, 3, \cdots, m\end{aligned} \qquad (6.178)$$

式(6.178)中以 x_o, y_o, t_o 为未知数，当 $m>4$ 时可用最小二乘法求解。

对于其他震相，如直达波 S，只要有两个以上，都可两两相减形成线性方程，与式(6.178)共同求解，只要形成的线性方程总数大于 3 即可用最小二乘法求解，若线性方程总数等于 3 则直接求解。

牟磊育等（2006）将 Inglada 方法作为初定方法与盖革法（Geiger，1912）相结合，开发了适用于区域地震台网近震定位的 Matlab 定位程序 Hypomat。

6.7.1.3 初定发震时刻法

当至少有一个台站（例如第 i 台）有 S－P 到时差的时候，假定地下为均匀无限半空间，已知 V_P 和 V_S 分别为 P 波和 S 波速度，可利用该到时差算出震源距 D_i，

$$D_i = V_\varphi (t_{Si} - t_{Pi}) \tag{6.179}$$

式中，t_{Si} 和 t_{Pi} 分别为第 i 台的直达 S 和 P 到时，$V_\varphi = \dfrac{V_P V_S}{V_P - V_S}$ 为虚波速度，进而求出发震时刻，

$$t_o = t_{Pi} - \frac{D_i}{V_P} \tag{6.180}$$

若有多台 S－P 数据，可求其发震时刻的平均值，代入方程组（6.178），使方程组变成只含 x_o，y_o 的方程组，对求解大有好处。利用 S－P 到时差对 P 到时作图，构成和达曲线，该曲线（实为直线）与 P 轴交点给出发震时刻。在 6.7.2 小节所讨论的降维方法中也可使用这一发震时刻。

6.7.1.4 Eaton 定初值方法

在 BLOC86 地震定位程序（姜燕，1986；赵仲和等，1993）中，引用 Eaton 在 HYPO-LAYR 定位程序中使用的初定位方法（Eaton，1969），并扩展到 Lg1 和 Lg2 震相，实现了利用不同震相到时数据的初定位。

如果多种震相并用，则首先要对于各种震相的到时数据建立统一的观测方程。假定地球为一层地壳模型，层内 P 波和 S 波速度分别为 V_P、V_S，上地幔 P 波和 S 波速度分别为 V_{Pn}、V_{Sn}，设 x_o, y_o, z_o 为震源坐标，t_o 为发震时刻，x_i, y_i, z_i 为台站坐标，$i=1,2,\cdots,m$，m 为台站总数，则有如下关系：

对于直达 P 波，设 t_{di} 为直达波 P 到时，忽略 z_i 之间的微小差量，有，

$$(x_i - x_o)^2 + (y_i - y_o)^2 = V_P^2 (t_{di} - t_o)^2 - z_o^2 \tag{6.181}$$

对于折射 P 波，设 t_{ni} 代表到时，有，

$$(x_i - x_o)^2 + (y_i - y_o)^2 = V_{Pn}^2 \left[t_{ni} - t_o + (2H - z_o) \frac{\sqrt{(V_{Pn}^2 - V_P^2)}}{V_P V_{Pn}} \right]^2 \tag{6.182}$$

式中，H 代表地壳厚度。

直达 S 波与折射 S 波的观测方程式与相应 P 波的形式相似，只是把 V_P、V_{Pn} 换成 V_S、V_{Sn}。

对于 Lg2 波，设 t_{Lg2i} 代表到时有，

$$t_{Lg2i} - t_o = \frac{\Delta_i}{V_{Lg2}} - b \tag{6.183}$$

式中，b 为常数；Δ_i 是震中距，$\Delta_i^2=(x_i-x_o)^2+(y_i-y_o)^2$，代入化简后，得到，

$$(x_i-x_o)^2+(y_i-y_o)^2=V_{\mathrm{Lg2}}^2(t_{\mathrm{Lg2}i}-t_o+b)^2 \tag{6.184}$$

Lg1 波可有与 Lg2 波相类似的表达式。

比较以上各震相的观测方程，可统一写为，

$$(x_i-x_o)^2+(y_i-y_o)^2=V_x^2(\tau_i-t_o)^2+d_i \tag{6.185}$$

式中，V_x为波速；τ_x，d_x为参量。具体地说，对于直达 P 波，$\tau_i=t_{\mathrm{d}i}$，$d_i=-z_o^2$；对于折射波 Pn，$\tau_i=t_{\mathrm{n}i}+(2H-z_o)\sqrt{(V_{\mathrm{Pn}}^2-V_{\mathrm{P}}^2)}/(V_{\mathrm{P}}V_{\mathrm{Pn}})$，$d_i=0$；对于 Lg2 波，$\tau_i=t_{\mathrm{Lg2}i}+b$，$d_i=0$。对于同一震相的各方程。$V_x$与 d_x皆相同。对具有相同震相的两台的观测方程相减，化简得，

$$(x_{i+1}-x_i)x_o+(y_{i+1}-y_i)y_o-V^2(\tau_{i+1}-\tau_i)t_o=\frac{1}{2}[r_{i+1}^2-r_i^2-V^2(\tau_{i+1}^2-\tau_i^2)] \tag{6.186}$$

式中，$r_i=\sqrt{x_i^2+y_i^2}$，则形成关于 x_o，y_o，t_o的一组线性方程式（不同震相到时形成的线性方程可列入），可把 z_o暂设为一个固定值，再分以下几种情况解线性方程组。

（1）有 3 个台站，4 个或更多个到时数据。至少可构成两个线性方程（参见 6.7.1.2 小节），加之至少一个台有 S－P 或 Pn－P 或 Lg－P。把 P 到时最小的台站定为第 1 台，坐标记为（x_1,y_1,z_1），记第 1 台走时 $T_1=t_{\mathrm{P1}}-t_o$，则得到，

$$(x_i-x_1)x_o+(y_i-y_1)y_o+V^2(\tau_i-\tau_1)T_1=\frac{1}{2}[r_i^2-r_1^2-V^2(\tau_i-\tau_1)^2] \tag{6.187}$$

首先，从 S－P 或 Pn－P、或 Lg－P 求 t_o（参见 6.7.1.3 小节）。对于有 S－P 的情况，

$$t_o=t_{\mathrm{P}i}-\frac{T_{(\mathrm{S-P})i}}{R_0-1} \tag{6.188}$$

式中，$t_{\mathrm{P}i}$为第 i 台 P 到时，$R_0=V_{\mathrm{P}}/V_{\mathrm{S}}$。对于有 Pn－P 的情况，

$$t_o=t_{\mathrm{Pn}i}-\left[T_{(\mathrm{Pn-P})i}-(2H-z_o)\frac{\sqrt{V_{\mathrm{Pn}}^2-V_{\mathrm{P}}^2}}{V_{\mathrm{Pn}}V_{\mathrm{P}}}\right]\left(\frac{V_{\mathrm{P}}}{V_{\mathrm{Pn}}}-1\right) \tag{6.189}$$

对于有 Lg－P 的情况，

$$t_o=t_{\mathrm{Lg}i}-\frac{T_{(\mathrm{Lg-P})i}+b}{\dfrac{V_{\mathrm{P}}}{V_{\mathrm{Lg}}}-1} \tag{6.190}$$

如有多个到时差，可求出平均发震时刻作为 t_o。于是求出 $T_1=t_{\mathrm{P1}}-t_o$，则可再从方程组解出 x_o，y_o。令，

$$\left.\begin{aligned}
&R_{\mathrm{P2}}=\frac{1}{2}[r_2^2-r_1^2-V^2(\tau_2-\tau_1)^2]\\
&R_{\mathrm{P3}}=\frac{1}{2}[r_3^2-r_1^2-V^2(\tau_3-\tau_1)^2]\\
&\mathrm{DET3}=(y_3-y_1)(x_2-x_1)-(y_2-y_1)(x_3-x_1)\\
&G_1=[(y_2-y_1)(\tau_3-\tau_1)-(y_3-y_1)(\tau_2-\tau_1)]V^2/\mathrm{DET3}\\
&G_2=[(y_3-y_1)R_{\mathrm{P2}}-(y_2-y_1)R_{\mathrm{P3}}]/\mathrm{DET3}\\
&G_3=[(x_3-x_1)(\tau_2-\tau_1)-(x_2-x_1)(\tau_3-\tau_1)]V^2/\mathrm{DET3}\\
&G_4=[(x_2-x_1)R_{\mathrm{P3}}-(x_3-x_1)R_{\mathrm{P2}}]/DET3
\end{aligned}\right\} \tag{6.191}$$

于是有，

$$\left.\begin{aligned} x_o &= G_1 \cdot T_1 + G_2 \\ y_o &= G_2 \cdot T_1 + G_4 \\ z_o &= \text{固定深度} \\ t_o &= t_{P1} - T_1 \end{aligned}\right\} \tag{6.192}$$

（2）有 3 个台的总共 3 个到时数据，形成两个线性方程，无 S－P，Lg－P，Pn－P 数据。

把 x_o，y_o 由 T_1 表示出的式子代入第 1 台的观测方程，则有，

$$G_5 \cdot T^2 + G_6 \cdot T_1 + G_7 = 0 \tag{6.193}$$

式中，

$$G_5 = G_1^2 + G_3^2 - V^2$$

$$G_6 = -2(G_1(x_1 - G_2) + G_3(y1 - G_4))$$

$$G_7 = (x_1 - G_2)^2 + (y1 - G_4)^2 + \mathrm{ZTR}^2$$

令，

$$G_8 = G_6^2 - 4G_5 \cdot G_7$$

$$G_9 = \sqrt{G_8}$$

于是，

$$T_{1\mathrm{Pn}} = \frac{-G_6 - G_9}{2G_5} \tag{6.194}$$

$$T_{1\mathrm{P}} = \frac{-G_6 + G_9}{2G_5} \tag{6.195}$$

把这两个根代入观测方程中，取其中残差较小者，若其残差小于给定小值时，则作为 T_1，按式（6.192）求出 x_o，y_o，T_o。否则，不能定出初值，取近台坐标 x_1, y_1 作为震中初值，即，

$$\left.\begin{aligned} x_o &= x_1 \\ y_o &= y_1 \\ z_o &= \text{固定深度} \\ T_o &= t_{d1} - 2 \end{aligned}\right\} \tag{6.196}$$

上式对 T_o 加了 2s 修正值。

（3）当有 4 个或更多台站时，可用 6.7.1.2 的 Inglada 方法求解初值。

6.7.1.5　人机结合调整初值

可在计算机中实现手工定位年代常用的图解法，通过人机交互调节地震定位初值。计算机显示计算出（或给定）的初值位置，操作员通过操作命令移动光标，调整初值的位置；然后，通过程序读取这一位置信息，从而得到修正的震中初值。这种方法直观，并引入了分析人员的判断，使初值结果更为可靠。BLOC86（姜燕，1986；赵仲和等，1993）中采用了这一补充手段，方法如下。

（1）画台偶震中轨迹线。

如图 6.27 所示，设 A、B 两台相同震相的到时相近。以到时较晚的台 B 为圆心两台到

时差与该震相速度的乘积为半径作圆。然后，从 A 台引此圆之切线与圆相切于 C、D 两点，分别作 AC 和 AD 的中垂线 EF 和 EG，则当 A、B 两台之间的距离与此半径相比较大时，震中近似位于此二中垂线之一上。该方法易于在计算机屏幕上显示，可给操作人员直观的提示。

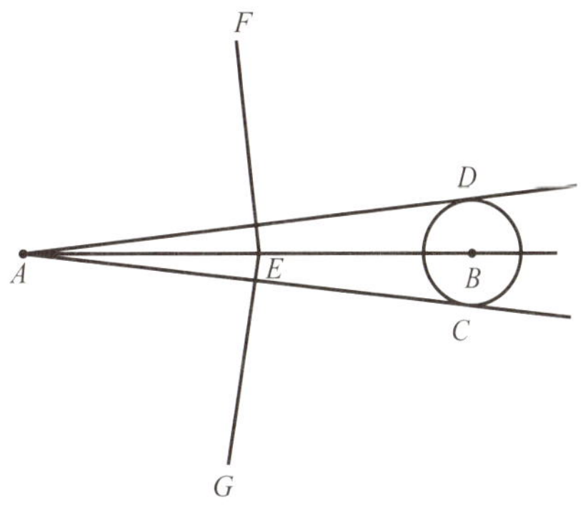

图 6.27　台偶中线示意图

（2）画单台震中轨迹圆。

利用 S－P 或 Lg－P 计算单台震中距（固定深度）Δ 值，则震中应在以该台为圆心，Δ 为半径的圆上。如果能生成多个震中轨迹圆，则这些圆的交点区域应是震中初值所在区域。

与作为交切法在屏幕上显示交切图得到定位结果的作法不同，在 BLOC86 中通过交切图（包括交切圆和台偶中线）检验和修正震中初值，并通过程序读取屏幕信息得到修正的震中位置作为初值，以进行其后的最小二乘反演，实现初定和修定的"无缝"连接。利用上述作法，可以为需要较好初值条件的地震定位方法（如最小二乘法解线性方程组类的定位程序）提供好的初值。

6.7.1.6　以搜索类定位程序的定位结果作为盖革类定位程序的初值

搜索类定位方法可以不依赖初值给出全局最优解，但搜索类方法不能给出对定位结果的误差估计，因此，将搜索类定位方法与线性化最小二乘定位方法结合，是一种最佳组合。这种组合的一个典型实例是国际地震中心（ISC）推广使用的 iscLoc（Bondár and Storchak，2011）。该程序中以搜索类的 NA 定位程序（Sambridge and Kennett，2001）的定位结果作为后续盖革法定位的初值，改善了 ISC 的全球地震定位能力。

6.7.1.7　计算定位初值的 Matlab 实现

本节介绍的计算定位初值方法的程序实现包含在奇异值分解最小二乘法定位程序 M06_03_svdlsqLoc.m 的主程序中，可供使用者选择。特别是当把搜索类的鲍威尔定位程序的定位结果作为初值，可以获得两类定位程序的综合优点，鲍威尔方法见 6.3.5 小节。

6.7.2　降维

在最优化方法中未知数越多，其解不稳定的可能性越大。因此，有些程序中采取一些办法先去掉一二个未知数，让剩下的未知数参与最小二乘求解。

6.7.2.1　目标函数降维

设第 i 个观测到时为 t_i，发震时刻 t_o，计算走时为 T_i，残差，

$$r_i = t_i - t_o - T_i \tag{6.197}$$

目标函数，

$$f(x_o, y_o, z_o, t_o) = \sum_{i=1}^{m} r_i^2 \tag{6.198}$$

为使目标函数达到极小，则应有，

$$\frac{\partial f}{\partial t_o} = 2\sum_{i=1}^{m}\left(r_i \frac{\partial r_i}{\partial t_o}\right) = -2\sum_{i=1}^{m}(t_i - t_o - T_i) = 0 \tag{6.199}$$

由此解得，

$$t_o = \bar{t} - \bar{T} \tag{6.200}$$

其中，

$$\bar{t} = \frac{1}{m}\sum_{i=1}^{m} t_i, \quad \bar{T} = \frac{1}{m}\sum_{i=1}^{m} T_i$$

将式（6.200）代入式（6.198），得到，

$$f(x_o, y_o, z_o, t_o) = \sum_{i=1}^{m}\left[t_i - \bar{t} - (T_i - \bar{T})\right]^2 \tag{6.201}$$

于是目标函数中只含有三个未知数 x_o, y_o, z_o，实现了目标函数降维。在唐国兴（1977）开发的鲍威尔方法定位程序中将震源深度固定在给定的不同深度，使目标函数进一步降维，变成其只包含地震的震中位置（见 6.3.5 小节）。鲍威尔方法属于搜索类定位方法，比求解线性方程组的定位程序需要更多计算时间，采用降维方法，可以使计算时间减少。

6.3.2.3 介绍的 Matlab 搜索法定位程序 M06_03_SearchLoc.m 中采用了这一降维方法。

6.7.2.2 观测方程组降维

在 HYPO81BJ（赵仲和，1983b）中，由线性化的观测方程组：

$$\Delta t + \frac{\partial T_i}{\partial x}\Delta x + \frac{\partial T_i}{\partial y}\Delta y + \frac{\partial T_i}{\partial z}\Delta z = r_i \quad i = 1, 2, \cdots, m \tag{6.202}$$

对其求和，得到，

$$m\Delta t + \left(\sum_{i=1}^{m}\frac{\partial T_i}{\partial x}\right)\Delta x + \left(\sum_{i=1}^{m}\frac{\partial T_i}{\partial y}\right)\Delta y + \left(\sum_{i=1}^{m}\frac{\partial T_i}{\partial z}\right)\Delta z = \sum_{i=1}^{m} r_i$$
$$i = 1, 2, \cdots, m \tag{6.203}$$

将式（6.203）除以 m 后从式（6.202）中减去，得，

$$\left(\frac{\partial T_i}{\partial x} - \frac{1}{m}\sum_{i=1}^{m}\frac{\partial T_i}{\partial x}\right)\Delta x + \left(\frac{\partial T_i}{\partial y} - \frac{1}{m}\sum_{i=1}^{m}\frac{\partial T_i}{\partial y}\right)\Delta y + \left(\frac{\partial T_i}{\partial z} - \frac{1}{m}\sum_{i=1}^{m}\frac{\partial T_i}{\partial z}\right)\Delta z = r_i - \frac{1}{m}\sum_{i=1}^{m} r_i$$
$$i = 1, 2, \cdots, m \tag{6.204}$$

由此可以解出 Δx，Δy 和 Δz，代入式（6.203）得到发震时刻校正量，

$$\Delta t = \frac{1}{m}\left(\sum_{i=1}^{m} r_i - \left(\sum_{i=1}^{m}\frac{\partial T_i}{\partial x}\right)\Delta x - \left(\sum_{i=1}^{m}\frac{\partial T_i}{\partial y}\right)\Delta y - \left(\sum_{i=1}^{m}\frac{\partial T_i}{\partial z}\right)\Delta z\right)$$
$$i = 1, 2, \cdots, m \tag{6.205}$$

式（6.204）有 m 个方程，但只有 $m-1$ 个独立方程，为求 Δx、Δy 和 Δz，至少应有 4 个观测方程。

Matlab 程序 M06_03_svdlsqLoc3.m 实现了这一降维方法。

6.7.3 加权

定位过程中，由于各台站到时的清晰度不同，台站到震源的距离不同等因素，各个到时对迭代过程的贡献有所不同，因此引出加权问题。实际上，所谓“抛台”，就是对由该台到

时建立的方程赋予零权重。加权就是对每个观测方程的各个系数乘以不同的常数权重。通常赋予各方程的权重之后，要使，

$$\sum_{i=1}^{m} W_i = 1 \tag{6.206}$$

即对权重进行归一化，式中 W_i 为对第 i 个方程的加权。

尽管在一些程序中设计了多种加权，但由于一些权值是基于迭代过程中本次迭代结果对应的到时残差，这些残差是由本次迭代的定位结果算出的，就是说，如果这个定位结果本身有较大误差，那么给出的残差就不能正确反映相应到时的误差状况，就有可能“冤枉”了好的台站而“纵容”了差的台站。再有，当次迭代中被舍弃的台站在下一次迭代中应被重新审查，如果满足条件，应可重新回到可用台站之列。

6.7.3.1　HYPO81BJ 中的震相数据加权

本小节以 HYPO81BJ（赵仲和，1983b）为例，说明对观测方程组中各观测方程加权的一般考虑。通常，给予 P 或 S 到时的实际权重是若干权重因子的乘积，这些权重因子包括：

（1）震相清晰度加权。由分析人员给出，共分五级，相应权值为，

$$W_{C_i} = 1 - \frac{C_i}{4}, \quad C_i = 0, 1, 2, 3, 4 \tag{6.207}$$

在实践中，传统的清晰震相(标记 i)取 $C_i=0$，质量极差不可用的震相数据取 $C_i=4$，中间再分三级。

（2）台站加权。指定不参加运算的台站 $W_{S_i}=0$，参加运算者 $W_{S_i}=1$。

（3）震中距加权。远台数据误差往往大于近台，故使用如下分段线性加权公式：

$$W_{D_i} = \begin{cases} 1 & \text{当 } \Delta_i \leqslant X_n \\ \dfrac{X_f - \Delta_i}{X_f - X_n} & \text{当 } X_n < \Delta_i < X_f \\ 0 & \text{当 } \Delta_i \geqslant X_f \end{cases} \tag{6.208}$$

式中，Δ_i 为该到时数据相应台站的震中距，X_n 和 X_f 是给定控制参数，$X_n < X_f$。例如设 $X_n = 50\text{km}$，$X_f = 100\text{km}$，则表明震中距达 100km 或更远的台站被抛掉。

（4）残差加权。通常认为本次迭代中残差较大的到时在下次迭代中应给予较小的权，并且对残差大于某一标准的数据应予舍弃。首先想到的舍台标准是残差的均方根，例如可设定残差大于本次迭代中的残差均方根二倍的台站要舍弃，但这只有当残差服从高斯分布时才合理。到时数据中除了含有随机误差，还会有由于震相判读错误甚至数据录入（模拟地震观测时代由人向计算机中录入震相到时数据）错误造成的误差，会对残差均方根值带来很大影响。因此，在 HYPO81BJ 中不用残差均方根，而用残差绝对值按大小排队后居于中间之值（即中位值）作为基本标准，从而不对残差的统计分布做任何假设。设残差绝对值总个数为 n，当按其大小排队以后，若 n 为奇数则取第$(n+1)/2$ 个值，若 n 为偶数则取第 $n/2$ 和第 $n/2+1$ 个值的平均值。残差加权公式可以有所不同。这里给出“双平方加权”方法，

$$W_{B_i}=\begin{cases}0 & \text{如果}\ |e_i|\geqslant C_b\cdot \mathrm{MAD}\\ \left[1-\left(\dfrac{|e_i|-\mathrm{MAD}}{(C_b-1)\mathrm{MAD}}\right)^2\right]^2 & \text{如果}\ C_b\cdot \mathrm{MAD}>|e_i|>\mathrm{MAD}\\ 1 & \text{如果}\ |e_i|\leqslant \mathrm{MAD}\end{cases} \tag{6.209}$$

式中，C_b 为给定控制参数（$C_b>1$）；MAD 是残差绝对值的中位值；$|e_i|$ 是到时残差 e_i 的绝对值。

如前所述，震中距加权及残差加权都是以上次迭代结果作为本次加权的依据，这有其不合理性，即上次迭代结果残差大的台不一定就是到时数据误差大的台，特别当上次迭代结果与真值相差较大时更是如此。因此，比较稳妥的作法是这后两种加权只是在迭代到一定程度，结果已接近真值时才使用。例如当残差均方根值小到一定程度时再使用这两种加权。再有，为了不轻易丢掉数据，本次迭代中被抛掉的数据在下次迭代中可以被捡回。

6.7.3.2 在 HYP2000 中对 P 和 S 到时的加权

地震定位程序 HYP2000（Klein，2002）中的权重因子包括：

（1）台站权重。根据台站的噪声背景、运行状况等因素，对每个地震台站赋予一个权重，其值在 1 和 0 之间，增量为 0.25。

（2）对 S 波到时赋予的权重。对 S 到时全都给予这一权重，以考虑 S 波到时的准确度不如 P 到时等差异。例如，可设 S 的权重为 0.5。

（3）读数质量加权。权重代码 0－4 给出从 1.0 到 0.0 的权重，代码 0－3 的预设值为增量 0.25。

（4）距离权重。随距离增大，权重从 1.0 减至 0.0。

（5）残差权重。随着走时残差绝对值的增大，权重从 1.0 减至 0.0。

关于距离加权，HYP2000 的距离加权函数是近台 1.0，远台 0.0，在近和远之间的过渡区遵循余弦函数削减（图 6.28）。由 4 个参数控制距离加权：ITRDIS（从第几次迭代开始进行距离加权，例如 4），DISCUT（对权重进行削减的基础距离，例如 50km），DISW1（标度

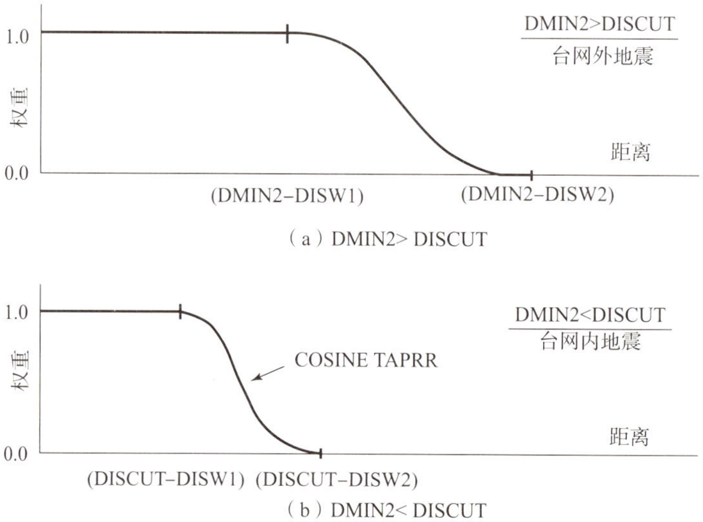

图 6.28 HYP2000 的距离加权函数（Klein，2002，Fig.6）

系数 1，例如 1.0）和 DISW2（标度系数 2，例如 3.0）。当震中到次近台的距离 DMIN2 大于 DISCUT 时，比 DMIN2 – DISW1 近的台站取权值 1，比 DMIN2 – DISW2 远的台站权重为 0。当震中到次近台的距离 DMIN2 小于 DISCUT 时，比 DISCUT – DISW1 近的台站取权值 1，比 DISCUT – DISW2 远的台站权重为 0。对于台网外的地震，可按到次近台的距离 DMIN2 来扩展余弦削减区域的两端，从而能利用尽可能多的台站参与网外地震定位。

残差加权的目的是降低有大残差到时的权重，残差大可能反映读数误差大或者速度模型差。HYP2000 的残差加权函数是小残差到时的权为 1.0，大残差到时的权为 0.0，在小和大残差之间的过渡区遵循余弦函数削减（图 6.29）。残差大和小的边界按残差均方根(RMS)标度,由 4 个参数控制残差加权（括号内为示例值）：ITRRES 给出从第几次迭代开始进行残差加权(4)，RMSCUT(0.10s)，RMSW1(1.0)和 RMSW2(3.0)。当 RMS 大于 RMSCUT 时，则用 RMS 进行过渡区两端残差的标度，比 RMS – RMSW1 小的残差有满权重 1，比 RMS – RMSW2 大的残差权重为 0。当 RMS 小于 RMSCUT 时，比 RMSCUT – RMSW1 小的残差有满权重 1，比 RMSCUT – RMSW2 大的残差权重为 0。

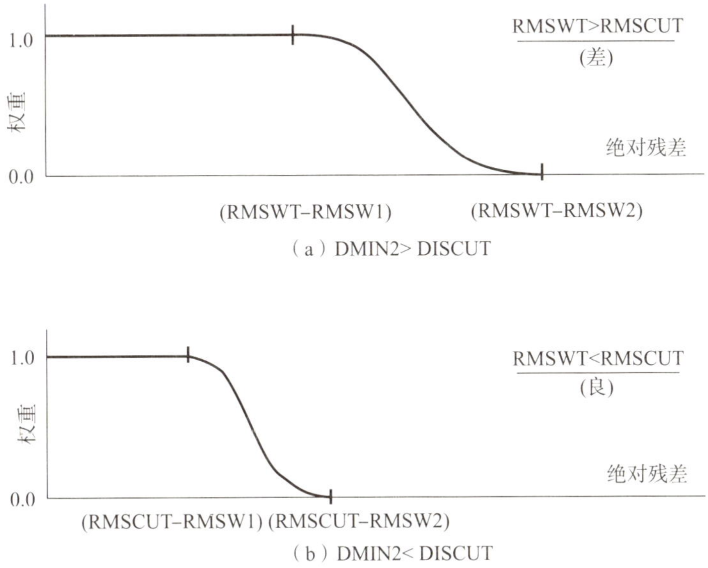

图 6.29　HYP2000 的残差加权函数（Klein，2002，Fig.7）

这样，当 RMS 大时，大多数台站有满的残差权重，但随着迭代和收敛的进程，RMS 变小，于是大残差的权重将减小。设定 RMSCUT 可防止抛台的恶性循环，如果不设定 RMSCUT，而是仍然使用 RMS 来标度加权值，于是较大残差被抛掉，使 RMS 减小，进而造成更多较大残差被抛掉，如此循环，会不断地抛台。注意，HYP2000 程序中有两个不同的 RMS 值：RMSWT 是在应用残差加权之前计算的 RMS 残差，是残差加权的基础值；标为 RMS 的输出变量是在应用残差加权后计算的 RMS 值，用于迭代过程中的收敛测试和作为最终的质量度量。

6.7.4　多重模型与台站校正值

在常规分析中，一般不采用复杂的三维速度结构模型。但地壳结构确实会存在横向不均匀性，为了在地震定位过程中对这种横向不均匀性的影响给以适当补偿，同时又不明显增加计算量，可采用多重模型与台站校正值。

所谓多重模型，就是在一个台网所在地区内划定几个区域，每个区域给定一个速度模型。一种作法是针对所在台站设定速度模型，见 6.7.4.1 小节，这样做的结果相当于每个台以自己的模型应用于全台网所在区的地震定位，以此方式，台站所在各小区域的速度结构差异（主要地壳上部结构）可通过各自的速度模型反映在定位过程中；另一种作法是针对地震所在地区设定速度模型，见 6.7.4.2 小节。

在我国少数地区已得到了三维速度模型，因此可以直接利用三维地壳速度模型进行地震定位，例如在 Jopens/msdp 中已经引入了使用川滇地区三维速度模型的定位程序 Loc3dSB，还将 HypoSat 改造成可以使用用户自行提供的三维速度模型的定位程序 HypoSat 3D（广东省地震监测中心，2017）。

6.7.4.1 针对所在台站设定速度模型

将 HYPO81BJ 应用于北京遥测地震台网时（赵仲和，1983b），使用了通过震源与速度模型联合反演得到的北京地区速度模型（赵仲和，1983c），详见第 8 章。该模型将北京地区分成三块：西北部山区、东南部沉积区和中间过渡区，图 6.30 和图 6.31，这三个区的深部速度模型相同，而浅部不同。各区的台站使用各自的模型，这种方法比较简单。

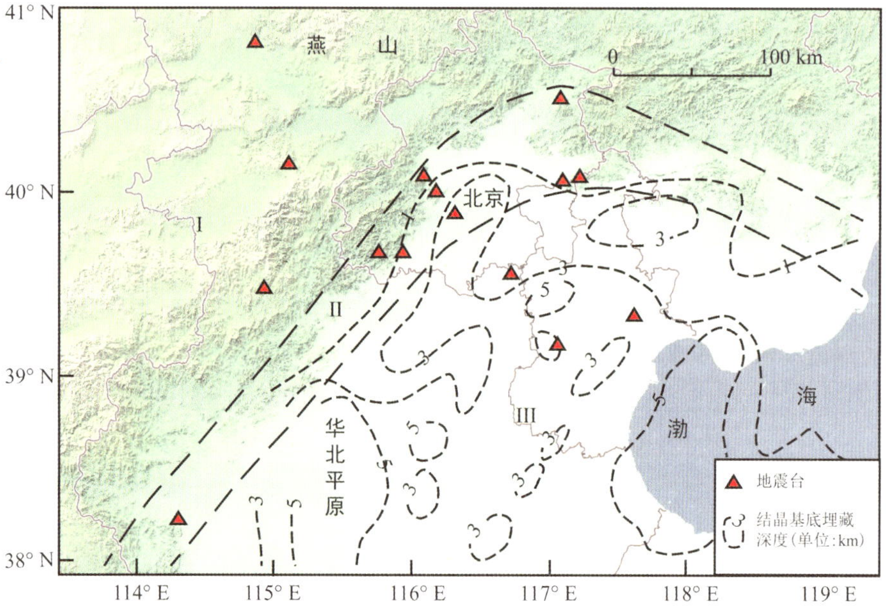

图 6.30　北京地区速度模型分区（根据赵仲和，1983b，图 1 重绘），长虚线为分区大致边界

6.7.4.2 针对地震所在地区设定速度模型

HYP2000（Klein，2002）采用水平分层速度模型，可采取措施补偿地壳横向不均匀性对走时的影响。HYP2000 可以对不同地区给定不同的地壳模型，每个模型赋予不同区域的震中而不是赋予台站，是针对震中所在地区的地壳横向不均匀性采取的弥补措施。通过定义过渡区来实现相邻模型之间的平滑过渡，在过渡区内使用对 2 个或 3 个不同模型的加权平均走时、走时偏导数和台站延时。没有对穿过不同模型的射线进行复杂的计算，只是对走时和走时偏导数进行简单的数值加权。这样，如果对模型 1 得到的走时是 1.10s，对模型 2 是

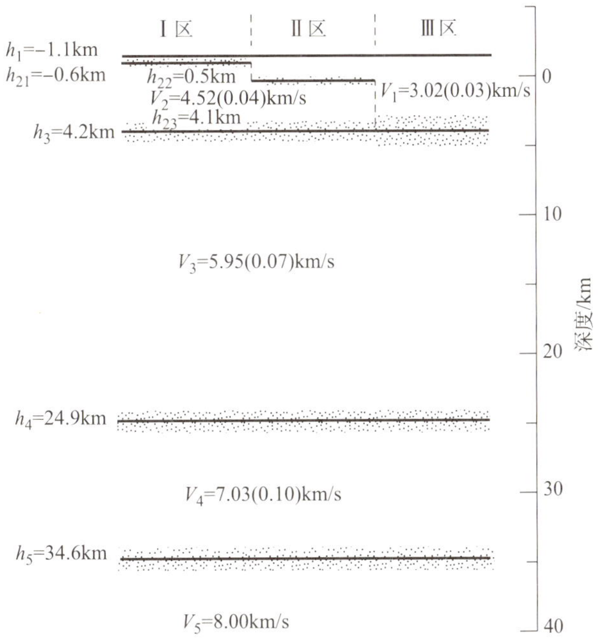

图 6.31　北京地区多重速度模型 MDBJ81（赵仲和，1983c，图 4），括号内数值为速度估计误差，界面周围的阴影代表界面深度的估计误差

1.20s，而且模型 1 的权是 20%，模型 2 是 80%，则使用的走时是 1.18s。

对不同区域赋予的模型是由“节点”（地图上点）的列表给出的。对每个节点赋予一个模型，并给出使用该模型的圆的半径。对同一模型可赋予多个节点，如果有这种情况，则这些圆圈往往会重叠，这样便有可能定义不规则形状的区域作为若干圆的并集。

确定所用地壳模型的算法是：如果震中位于包围某个节点的圆内，则只使用该模型。对每个节点还必须定义一个外圆，描述该模型向外的影响有多远。如果震中位于内圆和外圆之间，则对这个模型接受一个部分“权”。该权是在内圆（权 1）和外圆（权 0）之间的平滑余弦削减。对于给定的地震位置，对每个节点进行测试，看该震中是否位于该节点的外圆之内，当发现震中位于 3 个外圆之内时测试停止。如果总权值大于 1.0，则这些权值被归一化到 1.0，如果总权值小于 1.0，则差值部分用默认模型（模型 1）补上，使得总权值总是为 1.0。如果震中位于所有圆圈之外，则使用默认模型。模型的混合是由每次迭代确定的，震中可以从一个模型迁移到另一个模型。

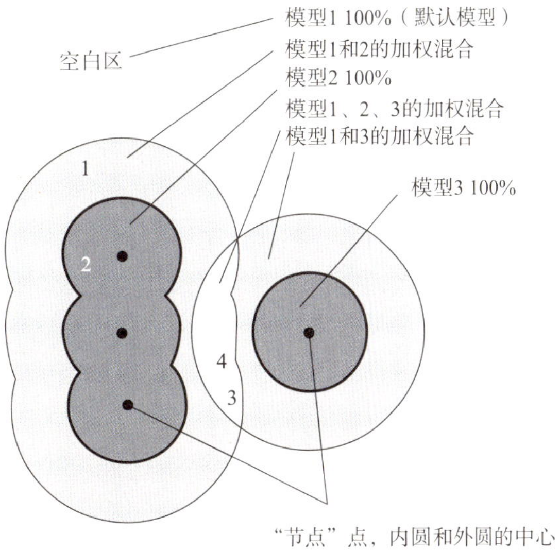

图 6.32　两个地壳模型区和它们之间过渡区的定义举例（Klein，2002，图 1）

图 6.32 给出两个地壳模型区和它们

之间过渡区的定义举例。

对于每一个地壳模型，HYP2000 可以是均匀层地壳模型和使用走时表的线性梯度模型。模型由 2~15 个点构成，用户指定每个点所在的深度和所在深度的速度，并假定由线性速度梯度连接相邻点。最后一个点给出模型下方均匀半空间的速度，它必须是各速度值中最大的，以保证沿半空间顶面能生成折射波。使用 HYP2000 程序包带有的程序 TTGEN，由给定的线性梯度模型计算出相应的走时表，其后 HYP2000 直接使用走时表，不必每次用地壳模型计算走时。

由上文的描述可知，在 HYP2000 中，通过多重模型来考虑震源区的地下结构对走时的影响，通过台站延时来考虑台站的高程和台站所在地的地下结构对走时的影响。通过这两个方面，考虑了台站和地震所在地区的地壳横向不均匀性。

6.7.4.3 台站走时校正值

台站校正值也是反映台站局部结构差异对走时影响的一种方式。曾有一种简单的估计台站校正值的方法，即对多个地震单独定位结果给出的台站残差求其平均值，作为该台站的台站校正值。但这种作法并不恰当，尽管引入台站校正值后再重新测定这些地震时的残差会减小，但由于这些定位结果是在存在横向不均匀结构情况下测定的，因而定位结果存在偏差，于是由此估计出的台站校正值主要反映了这个定位偏差的影响，并没有真正反映出台站局部结构差异的影响。正确的作法是先设法求得一批较精确的震源位置（例如采用密集小台网定位、联合定位等），再以此为准，估计出台站校正值，详见第 8 章。

还需要说明的是，地下结构横向不均匀性对走时的影响来自源区、台站所在区及传播路径三部分。为了反映出源区及路径的影响，应针对不同的地区建立不同的台站校正值。于是，对同一台站而言，来自不同地区的地震应采用不同的台站校正值。台站校正值是一种切实可行的补偿速度结构横向不均匀性的方法，但需要处理大量地震数据才可能得到合适的台站校正值。

6.7.5 利用多种震相到时数据和其他数据

由于不同震相或其射线路径不同（如从震源处上行的直达 P 波和下行的折射波 P_n），或其传播速度不同（如 P 波和 S 波），在形成如盖格法中的系数矩阵时，其走时偏导数之值会相差较大，从而降低各列向量的平行程度，有利于改善方程组的状态。因此，现代定位方法都设法尽量多地利用不同震相到时。对于后续震相，由于其初至处在前面震相的尾部，不如初至震相清晰可靠，但应用了后续震相可有助于使结果不出大错。对于 S 到时，由于其速度低于 P 波，其读数精度要求可以相应降低。因此，当观测条件不好时，如震中位于网外或台站较稀，应尽量利用后续震相到时。当然，不可靠的震相不能用。利用不同震相的到时差可以对震源距加以约束，这对网外地震的定位大有好处。在第 7 章中进一步说明了采用多种震相对测定震源深度的独特作用。

在 LocSat（Bratt and Bache，1988，Bratt and Nagy，1991）方法程序中，不仅利用震相到时数据，还利用了台阵（以及三分向单台）给出的震中方位角。为此，在线性化观测方程组中引入方位角的空间偏导数。

参考图 6.33，根据球面三角学的正弦定理（叶其孝等，2006），得到式（6.210）和式（6.211），其中偏导数项的单位是“度/千米”，因此有乘数因子 0.0090°。

$$\frac{\partial \alpha}{\partial x} = -\frac{\cos(\alpha_e)}{\sin(\Delta)} \frac{0.0090°}{\mathrm{km}} \tag{6.210}$$

$$\frac{\partial \alpha}{\partial y} = \frac{\sin(\alpha_e)}{\sin(\Delta)} \frac{0.0090°}{\mathrm{km}} \tag{6.211}$$

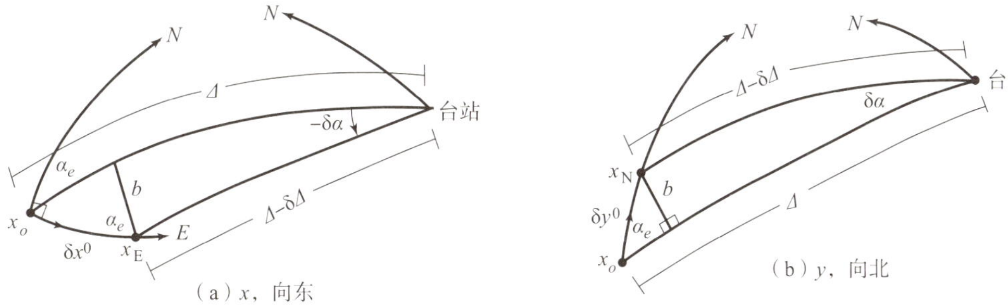

图 6.33　确定方位角 α 相对于直角坐标的偏导数（Bratt and Bache，1988，Fig.1）

在 HypoSat 程序中可利用的数据包括震相到时、台站（台阵）方位角和地震波到达台站（台阵）的视慢度（或射线参数），见 HypoSat 使用手册（《新地震观测实践手册》，彼得·鲍曼，2006）。

6.8　定位结果的误差估计

在地震定位结果中给出定位误差描述的意义可概括为以下三点：

（1）在给出测量结果的同时还给出对测量结果的误差估计，是正确使用该测量结果的基本保证，地震目录是研究地区地震活动性的基本数据，正确判断地震时空分布的特征、分析地震活动与断层活动的可能关系等都需要了解定位结果的误差水平。

（2）对结果误差估计值的分析，有助于发现测量中存在的问题，从而改进测量方法和改进观测条件。

（3）对各地区定位结果误差估计的统计分析，可以比较各地区不同时间段的观测质量和数据分析水平，从而促进地震观测质量的提高。

6.8.1　地震定位误差的描述方法

在 6.3.1 中讨论了以观测方程组线性化为基础的迭代最小二乘法地震定位方法，其中描述地震定位误差的通行作法是首先计算线性化观测方程组 $\boldsymbol{AX}=\boldsymbol{b}$ 中 4 个待求变量的协方差矩阵 C_4 和震相到时的残差均方根 rms，为便于叙述，约定变量顺序为震中的 x(向北为正)、y(向东为正)和震源深度 z(向下为正)这 3 个空间坐标以及发震时刻 t，式中 $\boldsymbol{X}$ 为 4 个待求变量的校正量构成的矢量，$\boldsymbol{b}$ 为各震相到时的残差，$\boldsymbol{A}$ 为地震波走时的空间偏导数矩阵，具体算法可参考赵仲和（1983b）、Klein（2002）等。由此构成关于震源位置(x,y,z)的协方差矩阵 C_3，是在 C_4 中去掉关于 t 的第 4 行和第 4 列后得到的 3×3 矩阵。进而，可得到关于震中位置的协方差矩阵 C_2，是 C_4 中去掉与 z 和 t 有关元素后得到的 2×2 矩阵。

在采用遗传算法、单纯形法、网格搜索法、鲍威尔（Powell）方法等搜索类方法的地震定位程序中，由于不计算走时空间偏导数，只给出到时残差的均方根 rms 值，因此只能以 *rms* 值加上对地震台网的简单描述（例如使用的台站个数、最近台站的震中距以及反映台网包围震中情况的台站空隙角）来评定定位结果的误差等级，不能明确给出震源位置的水平和垂直估计误差。为了给出与线性迭代定位方法类似的误差估计，可利用奇异值分解方法计算待求变量的协方差矩阵。

在可以计算待求变量协方差矩阵的情况下，为了给出误差估计，需设定以下参数：

误差置信水平 cofl：该值给出给定个数待求变量的真正值会有多大的概率落入估计的误差范围内。

变量个数 m：该值给出估计误差范围时要考虑的变量个数。如果 $m=1$，则在估计一个变量的误差范围时不考虑其他变量的可能取值范围。例如，在估计震源深度误差时，如果说真正震源深度在给定置信水平下落入震源深度误差范围时，并不要求震中位置以多大概率落入震中误差范围。相比之下，如果 $m=3$，则震源位置以给定置信水平落入震源误差椭球中，此时由震源误差椭球给出的震源深度误差范围将大于只考虑震源深度的单变量情况，即使在两种情况下设定的置信水平相同。

参数 cofl 和 m 决定了估计误差范围的一个标度因子，称作置信水平标度因子 f。表 6.6 给出单变量（$m=1$）、二变量（$m=2$）和三变量（$m=3$）时不同置信水平的标度因子。

表 6.6　(a) 在利用协方差矩阵进行误差估计时、不同置信水平 cofl 和不同变量个数 m 对应的标度因子 f（利用 Matlab 程序 M06_08_errscale.m）

置信水平（cofl）	变量个数 $m=1$ 时的标度因子（f）	变量个数 $m=2$ 时的标度因子（f）	变量个数 $m=3$ 时的标度因子（f）
50%	0.6745	1.1774	1.5382
90%	1.6449	2.1460	2.5003
95%	1.9600	2.4478	2.7955
99%	2.5759	3.0349	3.3683
99.9%	3.2906	3.7171	4.0333

表 6.6　(b) 在利用协方差矩阵进行误差估计时、不同标度因子 f 和不同变量个数 m 对应的置信水平 cofl（利用 Matlab 程序 M06_08_errscale.m）

标度因子（f）	变量个数 $m=1$ 时的置信水平（cofl）	变量个数 $m=2$ 时的置信水平（cofl）	变量个数 $m=3$ 时的置信水平（cofl）
1.0	68.27%	39.35%	19.87%
2.0	95.45%	86.47%	73.85%
3.0	99.73%	98.89%	97.07%

描述误差范围的另一个标度因子是与观测数据误差有关的标度因子 W^2。Klein（2002）定义的标度因子 W^2 是，

$$W^2 = \mathrm{RDEER}^2 + (\mathrm{ERCOF} \cdot \mathrm{RMS}^2) \tag{6.212}$$

式中，RMS 是到时残差均方根；RDEER 代表非速度模型引起的到时误差的总和，包括估计的读数误差（以秒为单位），是根据先前大量地震定位结果得到的先验估计；ERCOF 是一个加权因子，用于对 W^2 中 RMS 的贡献进行加权。另一种定义是（赵仲和，1983b），

$$W^2 = \mathrm{RMS}^2 \tag{6.213}$$

该参数是解的协方差矩阵中包含的一个乘数因子，每次进行地震定位时由到时数据和定位结果计算得到。该式的误差估计只与本次计算中的到时残差均方根平方成比例，与台网定位能力的先验知识无关。

单变量标度因子和置信水平之间的关系符合正态分布的概率函数。标准正态分布（均值 $\mu=0$，标准偏差 $\sigma=1$）函数值，

$$\rho(t)=\frac{1}{\sqrt{2\sigma^2\pi}}\mathrm{e}^{-\frac{(t-\mu)^2}{2\sigma^2}} \tag{6.214}$$

定义（叶其孝和沈永欢，2006，第 509 页）：

$$\Phi_1(x)=\int_0^x\rho(t)\,\mathrm{d}t=\int_0^x\frac{1}{\sqrt{2\sigma^2\pi}}\mathrm{e}^{-\frac{(t-\mu)^2}{2\sigma^2}}\mathrm{d}t,\quad x\geqslant 0 \tag{6.215}$$

按式（6.214）计算得到当 $\mu=0$ 和 $\sigma=1$ 时的 $\rho(t)$ 分布曲线，如图 6.34 所示。由式（6.215）计算得到当 $x=\sigma=1$ 时 $\Phi_1(x=1)=0.3413$。也可在数学手册中查 $\Phi_1(x)$ 表，如《实用数学手册》中的数值表 2（叶其孝、沈永欢，2006，第 509 ~ 511 页）。因此，在均值两侧 1 倍 σ 范围内（$x=-1$ 和 $x=+1$ 之间）的概率是 2 倍 $\Phi_1(x=1)$，即 0.6827，即通常所说 68% 置信水平误差落入 ±1 倍标准偏差范围内；类似地，在均值两侧 2 倍 σ 范围内（$x=-2$ 和 $x=+2$ 之间）的概率是 2 倍 $\Phi_1(x=2)$，即 0.9545；在均值两侧 3 倍 σ 范围内（$x=-3$ 和 $x=+3$ 之间）的概率是 2 倍 $\Phi_1(x=3)$，即 0.9973，这就是所谓“68 - 95 - 99.7 法则”。

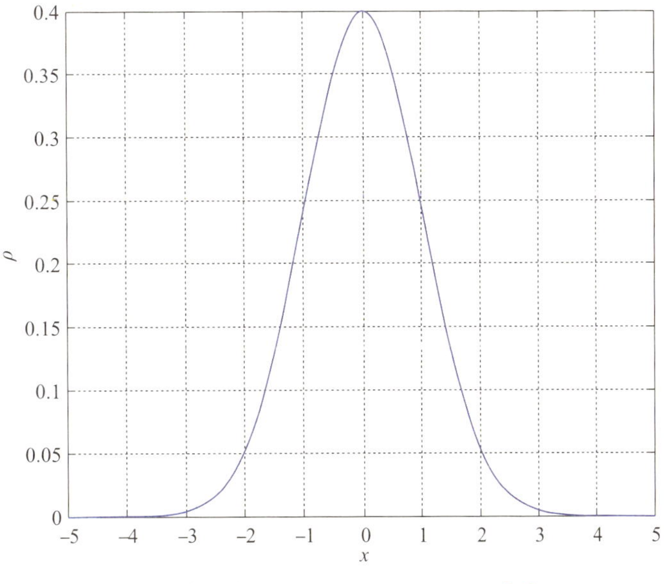

图 6.34　正态分布函数 $\rho(\mu=0,\sigma=1)-x$。x 落在 -1σ、$+1\sigma$ 之间的概率为 0.6827，在 -2σ、$+2\sigma$ 之间的概率为 0.9545，在 -3σ、$+3\sigma$ 之间的概率为 0.9973（使用 Matlab 程序 M06_08_normal.m 计算并绘图）

更一般的情况是可以给定不同的置信水平 cofl 和针对不同的变量个数 m，来计算相应的标度因子 f。为此，可利用 F 统计变量的累积分布函数的逆函数求得。在 Matlab 中的具体算法是 f = sqrt(m * (finv(cofl, m, 100000)))。例如，当给定置信水平 cofl 为 50%，90%，95%，99%，99.9%，当变量数 m 为 1,2,3 时的标度因子 f 如表 6.5(a) 所示。如果希望得到给定的标度因子 f，例如 $f=1.0, 2.0, 3.0$，也可计算出当变量数 m 为 1,2,3 时的置信水平，如表

6.5(b)所示。在 Matlab 中的具体算法是 cofl = fcdf(f^2/m,m,100000)。两式中的大数 100000 是用来代表“无穷大”的。关于 Matlab 中对 f 和 cofl 的计算，可参考 Matlab 相应的 help，本文从略。

利用上述算法，可以计算任意给定置信水平(0 < cofl < 1)和变量个数(> 0)的标度因子，也可计算任意给定标度因子(> 0)和变量个数(> 0)的置信水平。

6.8.2 有关参数的不同取值对误差估计的影响

(1) 给定变量数时，置信水平取值的作用。

参考表6.5，当变量数为 1 时，如果标度因子为 1，则置信水平为 68.27%，以纬度为例，有 68.27% 的概率，震中纬度的真值落入测定纬度 ± 一个标准偏差的范围内。该标准偏差 = $C(1,1)^{1/2}$，$C(1,1)$ 是上述协方差矩阵中与 x 对应的元素。同样，有 68.27% 的概率，震中经度的真值落入测定经度 ± 一个标准偏差的范围内，该标准偏差 = $C(2,2)^{1/2}$。需要说明的是，在给出某一变量的估计误差范围时，并没有对其他变量施加任何约束。如果要把置信水平从 68.27% 提高到95%，则标度因子变为1.96，即给出的估计误差范围接近于置信水平为 68.27% 时的 2 倍。假如 68.27% 时的估计误差范围是 ±3km，现在变成了将近 ±6km。如果进一步提高置信水平，例如 99.90%，可以很有把握地说真值几乎肯定落在给定的估计误差范围内，但代价是此时的估计误差范围超过了置信水平 68.27% 时的 3 倍，达到 3.29 倍，其估计误差范围达到 ±9km 以上。通常，取置信水平为 90%。

当变量数为 2 时，如果标度因子为 1，则置信水平为 39.35%。如果要把置信水平从 39.35% 提高到95%，则标度因子变为 2.4477，即给出的误差范围约为置信水平 39.35% 时的 2.4 倍。如果进一步提高置信水平，例如 99.90%，可以很有把握地说真值几乎肯定落在给定误差范围内，其代价是误差范围达到了置信水平 39.35% 时的 3.7 倍。如果这两个变量为震中坐标的两个分量，给定的置信水平是当这两个分量的真值都落入这一误差范围的概率，即真值落入给定误差椭圆内的概率。

当变量数为 3 时，如果标度因子为 1，其置信水平仅为 19.87%。如果要把置信水平从 19.87% 提高到95%，则标度因子变为 2.7955，即给出的误差范围约为置信水平 19.87% 时的 2.8 倍。如果进一步提高置信水平，例如 99.90%，此时的误差范围超过了置信水平 19.87% 时的 4 倍。如果这三个变量为震源坐标的三个分量，则给定的置信水平是当这三个分量的真值都落入这一误差范围的概率，即真值落入给定测定震源位置为中心的一个误差椭球内的概率。

(2) 给定置信水平时，变量个数的作用。

从上述讨论可以看出，变量数越多，意味着受约束的变量个数越多，在同样置信水平上给出的误差范围越大。如果给定置信水平为 95%，单变量时的标度因子为 1.9600，二变量时为 2.4477，而三变量时为 2.7955。表明如果希望知道震源位置以多大概率落入给定的空间范围，要采用三变量的误差估计，得到的误差估计范围要显著大于只考虑单变量的情况。

6.8.3 地震定位结果中误差描述的 Matlab 实现

基于 6.8.1 中概述的方法，编写了描述定位结果误差的 Matlab 程序，其功能要点如下：

（1）由结果震源位置、台站坐标和地壳速度模型，计算走时 T_i 的空间偏导数矩阵 A 的元素，

$$A_{ij}=\frac{\partial T_i}{\partial x_j}$$

其中 $i=1,2,\cdots,n$，n 为到时数据个数；$j=1,2,3,4$。

（2）对矩阵 $\boldsymbol{A}$ 进行奇异值分解：使用 Matlab 函数 $[\boldsymbol{U},\boldsymbol{S},\boldsymbol{V}]=\mathrm{svd}(\boldsymbol{A})$，返回矩阵 $\boldsymbol{U}$，$\boldsymbol{S}$，$\boldsymbol{V}$，满足 $\boldsymbol{A}=\boldsymbol{USV}^{\mathrm{T}}$。

（3）计算协方差矩阵 $\boldsymbol{C}$：

$$\boldsymbol{C}=w^2\boldsymbol{VS}^{-2}\boldsymbol{V}^{\mathrm{T}} \tag{6.216}$$

其中 $W^2=\mathrm{RDEER}^2+(\mathrm{ERCOF}\cdot\mathrm{RMS}^2)$（见式（6.212）），参数 RDEER 是根据先验的到时读数误差水平设定的，RMS 为到时残差均方根，对每个地震，要根据定位结果和速度模型来计算。

（4）计算给定变量个数 m 和给定置信水平 cofl 的标度因子 f：

$$f=(m\times F(\mathrm{cofl},\mathrm{m},\infty))^{1/2} \tag{6.217}$$

其中 m 为变量个数。cofl 为置信水平，例如 0.95。

使用 Matlab 函数：$F=\mathrm{finv}(\mathrm{cofl},m,100000)$，得到 $F(\mathrm{cofl},m,\infty)$

（5）计算误差椭球：取 $m=3$，计算去掉发震时刻项之后的协方差矩阵 $\boldsymbol{C}_3$ 的本征值和本征矢量。使用 Matlab 函数 [eig_vector3, eig_value3] = eig(c3)，得到 3 个本征矢量为矩阵 eig_vactor3 的 3 个列矢量；函数返回的矩阵 eig_valuc3 的 3 个对角元素为相应的木征值。以本征值的平方根乘以标度因子 f，构成误差椭球的 3 个半轴的长度，相应本征矢量的 3 个分量为 3 个主轴的方向余弦。

（6）取椭球的 3 个半轴在水平面上投影长度最大的一个作为震中位置的水平误差 ERH，取 3 个半轴在垂直线上的投影长度最大的一个作为震源深度误差 ERZ。

（7）以 3 个半轴在水平面的投影长度最大和次大值作为半长轴和半短轴长度，并用相应的本征矢量对 x、y 轴的方向余弦确定主轴取向，由此绘出误差椭圆。

（8）以二变量计算平面上的误差椭圆，以椭圆半长轴的长度作为震中的水平误差 ERH，以单变量计算震源深度误差。

当在地震定位的主程序中计算出走时空间偏导数矩阵 A 并进行奇异值分解 $A=USV^{\mathrm{T}}$，得到 $\boldsymbol{S}$ 和 $\boldsymbol{V}$ 之后，可调用函数 $c=\mathrm{loc\_err}(\mathrm{ercof},\mathrm{rderr},\mathrm{isigma},\mathrm{epi\_final},\mathrm{rms\_final},\boldsymbol{V},\mathrm{colf})$，完成上述其他功能。函数中的输入参数 ercof 和 rderr 为式（6.212）中的 ERCOF 和 RDERR，isigma 是矩阵 $\boldsymbol{S}$ 的对角元素，epi_final 是定位最终结果(x,y,z,t)，rms_final 是对应最终定位结果的到时残差均方根，$\boldsymbol{V}$ 是奇异值分解 $\boldsymbol{A}=\boldsymbol{USV}^{\mathrm{T}}$ 给出的矩阵 $\boldsymbol{V}$，cofl 是给定的置信水平。在地震定位程序 svdlsqLoc.m 中调用该函数，给出的误差椭圆举例见图 6.7。

6.8.4　一些地震定位程序的结果误差描述

以盖革法（Geiger，1910；1912）为基础的 HYPO81BJ 地震定位程序（赵仲和，1983b）、BLOC86（姜燕，1986）和 Jopens/msdp（广东省智源工程抗震科技公司，2008）中的 3 个外挂定位程序 Hypo2000（Klein，2002）、HypoSAT（彼得·鲍曼，2006）及 Loc-

SAT（Bratt and Nagy，1991）都能产生基于协方差矩阵的定位结果误差估计，但具体产出方式有所不同。这种差别可概括为表 6.7。

表 6.7　一些地震定位程序的定位误差估计

	置信水平的设置	定位误差类型	协方差矩阵中的方差因子 W^2
HYPO2000	程序设定为 95%	3 变量误差椭球，根据 3 个半长轴在水平面投影长度最大值为水平误差；在垂直向上投影最大值为垂直误差	$W^2 = RDEER^2 + (ERCOF \cdot RMS^2)$（式（6.212））
LocSAT	程序设定为 90%	可选二变量误差椭圆	根据“先验”的数据标准偏差和单个定位结果的“后验”标准偏差计算，根据积累经验的多少来设定二者的比值
HypoSAT	可由用户在 68.3% 至 99.99% 之间（含）设定。当用户设定值小于 68.3% 时，默认为 68.3%	按给定的置信水平，以单变量标度因子计算纬度（北）、经度（东）和垂直向的误差。可选（默认）输出二变量误差椭圆	系数因子涉及待求定位参数的“先验”标准偏差、“后验”标准偏差、到时残差标准偏差以及奇异值矩阵的对角元素值
HYPO81BJ			$W^2 = RMS^2$（式（6.213））

在 HYPO81BJ 中使用的单个地震定位误差估计的具体算法如下：

设测定的震源位置为(x,y,z)，线性化的条件方程组是，

$$\boldsymbol{A}\Delta\boldsymbol{X} = \boldsymbol{b} \tag{6.218}$$

式中，$\boldsymbol{A}$ 为 $m \times n$ 维系数矩阵，其元素是地震波走时的空间导数的线性组合；$\boldsymbol{b}$ 是到时数据残差矢量；$\Delta\boldsymbol{X}$ 为震源处的震源位置改正量。用震源处 $\Delta\boldsymbol{X}$ 的误差估计来代表震源位置本身的误差估计，只有当估计的震源位置十分靠近真正震源位置时才合理，因为只有在真震源附近，震源坐标的非线性条件方程才可以合理地近似为震源坐标改正量的线性条件方程。

利用奇异值分解技术，系数矩阵 $\boldsymbol{A}$ 可分解成，

$$\boldsymbol{A} = \boldsymbol{U}\boldsymbol{S}\boldsymbol{V}^{\mathrm{T}} \tag{6.219}$$

式中，$\boldsymbol{U}$ 为 $m \times m$ 维矩阵；列向量为 $\boldsymbol{A}\boldsymbol{A}^{\mathrm{T}}$ 的 m 个正交归一本征矢量；$\boldsymbol{V}$ 为 $n \times n$ 维矩阵，其列向量为 $\boldsymbol{A}^{\mathrm{T}}\boldsymbol{A}$ 的正交归一本征矢量；$\boldsymbol{S}$ 是 $m \times n$ 维对角矩阵，$\boldsymbol{S}$ 矩阵的元素 $S_{ii} = \sigma_i$ 为 $\boldsymbol{A}^{\mathrm{T}}\boldsymbol{A}$ 的本征值的非负平方根，$\sigma_1 \geqslant \sigma_2 \geqslant \cdots \geqslant \sigma_n \geqslant 0$，而当 $i \neq j$ 时，$S_{ij} = 0$；上标 T 代表矩阵转置。$\boldsymbol{A}$ 的广义逆矩阵，

$$\boldsymbol{A}^{\dagger} = \boldsymbol{V}\boldsymbol{S}^{\dagger}\boldsymbol{U}^{\mathrm{T}} \tag{6.220}$$

式中，$\boldsymbol{S}^{\dagger}$ 矩阵的元素 $S_{ij}^{\dagger} = \sigma_i^{\dagger}$，而当 $i \neq j$ 时，$S_{ij}^{\dagger} = 0$，　　(6.221)

$$\sigma_i^{+} = \begin{cases} 1/\sigma_i & 当\ \sigma_i \geqslant r_e\sigma_1 \\ 0 & 当\ \sigma_i < r_e\sigma_1 \end{cases} \tag{6.222}$$

r_e 为给定值，确定 σ_i 的有效值范围。试算中取 r_e 足够小，以便计算在分辨矩阵实际上为单位

矩阵时的参数误差。而在利用定位程序实际测定震源参数时，则取 r_e 为适当值，以限制参数误差的放大量，但此时的分辨矩阵将偏离单位矩阵。

式（6.218）中 $\Delta \boldsymbol{X}$ 的无标度协方差矩阵，

$$\boldsymbol{C} = \boldsymbol{V}(\boldsymbol{S}^{\dagger})^2 \boldsymbol{V}^{\mathrm{T}} \tag{6.223}$$

震中坐标 x、y 和深度 z 的标准误差分别为，

$$\left.\begin{aligned} e_x &= e_r \cdot \sqrt{C_{11}} \\ e_y &= e_r \cdot \sqrt{C_{22}} \\ e_z &= e_r \cdot \sqrt{C_{33}} \end{aligned}\right\} \tag{6.224}$$

式中，e_r 为到时单次观测的标准误差；C_{11}、C_{22} 和 C_{33} 分别为协方差矩阵 $\boldsymbol{C}$ 的三个主对角元素。震中位置的标准误差为，

$$e_h = (e_x^2 + e_y^2)^{\frac{1}{2}} \tag{6.225}$$

在 HYPO81BJ 程序中，给出发震时刻、震中经纬度、震源深度的误差同时还给出以下信息以说明结果的可信程度：

（1）与台站分布有关的量：使用到时数据数目 No.；最近台的震中距 DMIN；相邻台站相对于震中的最大张角 GAP（空隙角）；以及基于这些量得出的台站分布质量评价 QD，QD 分为 A、B、C、D 四级。

（2）描述结果统计误差的量：加权残差均方根值 RMS；震中位置标准差 ERH；震源深度标准差 ERZ；基于这些量得出的震源位置测定质量评价 QS，QS 也分为 A、B、C、D 四级。QD、QS 的分级标准见表 6.8。

（3）对定位结果质量的综合评价 Q。（若 QS 与 QD 相同，则 Q 取同值；若 QS 与 QD 差一级，则 Q 取较低者；若差二级则取中间级；差三级则取 Q 等于 C。）

（4）在震相数据表中列出各台到时、计算走时、残差、加权、数据重要性指标、震中距、方位角以及离源角等数据。

表 6.8 HYPO81BJ 定位结果质量评价标准（赵仲和，1983b）

	QS	RMS/s（加权残差均方根）	ERH/km（震中标准误差）	ERZ/km（震源深度标准误差）
定位质量统计评价标准 QS	A	<0.15	≤1.0	≤2.0
	B	<0.30	≤2.5	≤5.0
	C	<0.50	≤5.0	
	D	其他情况		
	QD	**No.（使用数据总数）**	**GAP/(°)（相邻台站对震中最大张角）**	**DMIN/km（近台震中距）**
台站分布质量评价标准 QD	A	≥6	≤90	≤深度或 5
	B	≥6	≤135	≤2 倍深度或 10
	C	≥6	≤180°	≤50
	D	其他情况		

在 BLOC86 程序中，根据我国国情，为了延续以往的地震定位质量评价标准，只根据估计的水平误差，套用我国地震定位质量的类别标准，对定位结果的精度确定为 1~4 类(定位误差 <5km, 5~15km, 15~30km, >30km)，从而给出定位误差估计。

BLOC86 程序除了参照中国地震局关于地震编目的规范要求给出定位结果类别外，还给出定位使用的台网质量类别，这一类别是综合考虑参加定位台站数目，包围震中的程度、最近台站到震中的距离等因素的结果。结合我国地震台网的实际情况，对台网质量类别的划分标准列于表 6.9。

表 6.9　BLOC86 程序中采用的台网质量评定标准（姜燕，1986）

台网质量类别	评定标准
1	$N>5$ 而且 GAP<90°
2	不满足 1 类条件，但 $N>4$ 而且 GAP<180°
3	不满足 1、2 类条件，但 $N>3$ 而且 GAP<270°
4	不满足 1、2、3 类条件的情况

注：N 代表参加定位台站数；GAP 为相对于震中而言的台站之间最大空隙角。

6.8.5 《地震编目规范》中列出的定位质量参数

在康英等起草的地震行业标准 DB/T 66—2016《地震编目规范》(中国地震局，2016)中，给出了定位精度的定义和等级划分。规范中定义定位精度是指在一定置信度下描述定位结果的误差估计，并指出，定位精度应根据定位程序计算出的水平误差以及参与定位台站分布得到的统计水平误差综合判断。在 90% 的置信区间下，根据定位精度的大小，将定位精度分为 4 类，分别用阿拉伯数字 1~4 表示，并在其附录 D(规范性附录)中给出具体的地震精度类别。下文中，最大空隙角是指两相邻台站分别与震中位置连线所形成的最大夹角；最大次空隙角(sgap)是指两个台站之间有且仅有一个其他台站时，两个台站分别与震中位置连线所形成的最大夹角；台站分布方位均匀度 dU 定义为台站实际分布方位与最佳分布方位之间的平均绝对偏差。

1 类精度：对于 150km 之内参与定位的台站，同时具备以下条件：dU≤0.35，最大次空隙角 sgap≤160°，距离震中最近的台站的震中距小于 10km，且定位的反演水平误差估计小于 5km

2 类精度：对于所有的参与定位的台站，sgap≤180°，且定位的反演水平误差估计小于 15km；

3 类精度：对于所有的参与定位的台站，sgap≤240°，且定位的反演水平误差估计小于 30km；

4 类精度：其他。

其中 dU 代表台站分布方位均匀度，并按式（6.226）(《地震编目规范》附录 D 中的式(D.1))计算，

$$\mathrm{dU}=\frac{4\sum_{i=1}^{N}\left|esaz_i-(unif_i+b)\right|}{360N},\quad 0\leqslant \mathrm{dU}\leqslant 1 \tag{6.226}$$

式中，

$$unif_i = \frac{360i}{N}, \qquad (i=0,\cdots,N-1)$$

$$b = \mathrm{avg}(esaz_i) - \mathrm{avg}(unif_i)$$

式中，N 为台站数；$esaz_i$ 为台站相对于事件的方位角；dU 为 0 时表示台站在方位上均匀分布，dU 为 1 时表示台站都分布在同一个方位上。

在规范中还列出了在地震目录中宜包括的描述地震定位质量的若干参数，这些参数是：

最大空隙角和最大次空隙角，单位为度（°）；

定位台站数；

最近台站震中距和最远台站震中距，单位为度（°）；

台站分布的方位均匀度；

水平误差椭圆的半长轴、半短轴，单位为千米（km）；

水平误差椭圆长轴的方位角，单位为度（°）；

震源深度误差，单位为千米（km）；

走时残差均方根，单位为秒（s）；

定位方法名称和深度测定方法名称。

6.9 结　　语

本章讨论的单个地震定位方法是基于震相到时的方法。随着我国数字地震观测的发展和台站布局的优化，使得及时获取数字化地震波形和从中提取更多信息成为可能，这将为克服地震定位的固有困难，即克服台网不能三维包围震源的问题提供有利条件。如果把本章介绍的方法与第 7 章介绍的测定震源深度的专用方法有机结合起来，开发实用的计算机程序并用于常规处理，相信会显著改善地震台网的地震定位效能，满足各方面对地震速报和地震编目质量的需要。

除了介绍单个地震的定位方法外，本章还用了较大篇幅讨论定位结果的误差及其描述方法，期望得到关注。

第7章 震源深度测定

在我国的模拟地震观测时代，传统的震源深度测定方法是基于单层地壳速度模型或双层地壳速度模型，建立简化的地震波走时方程，并在此基础上生成利用多震相到时差测定震源深度的列线图，供分析人员进行手工处理时使用。这些方法曾经在我国地震监测实践中发挥了很好的作用。在《近震分析》(中国科学院地球物理研究所，1977)、《地震分析基础》(张诚，1988)、《地震工作手册》(时振梁等，1990)、《地震学与地震观测》(中国地震局监测预报司，2007)、《实用数字地震分析》(中国地震局监测预报司，2009) 和《测震学原理与方法》(中国地震局监测预报司，2017) 中，都对测定震源深度的这些传统方法做了具体介绍。本章虽不重述这些方法，但这些方法的基本思路在数字地震观测时代仍有实用价值。对于近震震源深度测定，本章遵循这些传统方法的基本思路，基于多层均匀速度模型，利用更具一般性的走时方程，建立同台记录不同震相的到时差与震源深度的关系式，并通过计算机编程，生成震相到时差与震源深度关系列线图，或采用震源深度搜索方法，利用多台记录的多种震相到时，得到最佳震源深度。基于本章所述算法和程序，在不同地区，可以根据本地区的多层速度模型，利用多台的震相到时，用计算机程序实现震源深度测定；也可以针对本地区的多层地壳速度模型，生成各类列线图，在计算机屏幕上通过人机交互处理使用列线图确定深度。对于远震震源深度的测定，本章对传统方法实现了计算机化，从而服务使用者选用自认为合适的地壳模型测定震源深度。

地震图上的深度震相是原始 P 波在近源地面的反射波，表现为原始 P 波的“回声”，深度震相对于近震和远震的震源深度测定都具有重要作用。当识别出深度震相时，利用深度震相与原始 P 波震相的到时差和近源地球介质的地震波速度分布，便能确定震源深度。然而，由于识别 pP 和 sP 等深度震相依赖于在记录台站深度震相到达的振幅、震源机制和路径效应，特别是地球表面的反射系数不仅控制深度震相的振幅，还控制 P 波尾波的振幅，而深度震相恰是出现在 P 波的尾波中，这给深度震相的识别带来了很大困难。本章将对深度震相的识别方法进行专门介绍。

作者希望，通过本章介绍和所提供的 Matlab 程序实例，读者能开发自己的计算机程序，与现有的地震台网常规处理程序衔接，实现对震源深度的精细测定，从而提高地震台网对震源深度的测定能力。

利用记录地震波形联合反演震源机制/矩张量和震源深度的方法，例如 CAP 方法、时间域矩张量反演（TDMT)、矩心矩张量反演（CMT）等，在给出震源机制或矩张量的同时，还给出与矩心对应的震源深度，这样得到的震源深度与本章利用震相到时得到的震源深度有不同的含义。关于利用地震波形记录联合反演震源机制/矩张量和震源深度的方法，将在第 9 章和第 10 章中讨论。

7.1　震源深度测定的一般考虑

在 GB/T 18207.1—2008《防震减灾术语　第 1 部分：基本术语》中，给出“震源”的定义是“产生地震的源”，“震中”是“震源在地面上的投影”。GB/T 18207.2—2005《防震减灾术语　第 2 部分：专业术语》中，给出“震源深度”的定义是“震源与震中的距离”。在维基百科地震篇中对这 3 个术语的解释是：震源——地震发生的位置；震中——震源在地面上的垂直投影；震源深度——震中到震源的深度。（维基百科 http://zh.wikipedia.org/wiki/地震）。上述定义均没有对震源是一个“点”还是一个“体”作任何假定，这也符合对震源的一般认识。

但在测定震源的基本参数和震源力学参数时，必须对震源模型作出明确的假定。利用从地震记录图上读出的震相到时测定震源位置（震中经纬度和震源深度）时，假定震源为一个点。为了对这个点赋予一定的物理意义，定义这个点是震源体的初始破裂点，震源深度则认为是地震初始破裂点的深度。但也可能没有那么准确，或许仅仅是在地震定位算法中能满足给定判据的一个“最佳点”，例如使各震相到时的残差均方根达到极小的那个点。也就是说这个点可能是震源体的初始破裂点，也可能不是，需要进一步研究。仍是点源假设，在利用地震波形反演矩心矩张量时，对基于地震台网震相到时得到的震源位置进行了修订，得到了矩心（centroid）的位置（见第 10 章）。那么矩张量反演得到的“矩心深度”的物理意义是什么？一种说法是：矩张量反演获得的深度体现的是震源的一种矩心，既不是震源的几何中心，也不是简单的震源体的“质量”中心（高原、周蕙兰，1997）。不同意义下的震源深度可以相互比较，但不能彼此替代。高原等（1997）对测定震源深度的意义进行了讨论。吴忠良等（2002）基于哈佛大学的全球 CMT 目录（1977 年 1 月至 1998 年 12 月）对利用台站震相到时测定的震源深度与 CMT 矩心深度进行了比较。图 7.1 所示为震源深度与矩心深度之差随矩心深度的变化，从图中可以清楚地看出，对于浅源地震，震源深度明显地大于矩心深度，而对于中深源地震却没有这样的情况，这两种分布的交界在矩心深度约 50km 处（吴忠良等，2002）。因此，不能简单地认为这两种深度相同才是正确的。在我国常规地震速报和地震目录中给出的震源深度是利用震相到时数据测定的震源深度。

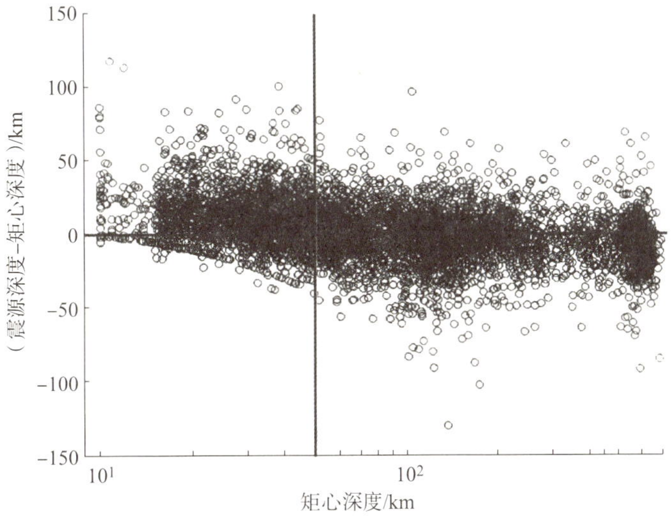

图 7.1　震源深度与矩心深度之差随矩心深度的变化（吴忠良等，2002）

7.1.1 测定震源深度的意义

测定地震基本参数（发震时刻、震中经纬度、震源深度和震级）是地震观测的一项基本任务，而测定震源深度是其中的重要组成部分。可靠、准确地测定震源深度具有重要的科学意义和社会意义，主要有：

（1）可以帮助推断地震可能造成的破坏程度和影响范围。

（2）可以帮助推断具体地震的成因以及地球内部的构造和运动。

（3）是判断地震类型的重要依据，特别是在核爆炸以及其他非天然地震的识别方面，震源深度成为决定性判据之一（见第14章）。

（4）可靠的震源深度是进一步测定其他地震参数（如震源机制解）的基础，也直接关系到如矩张量反演、震源过程反演等的起始点源位置。

7.1.2 测定震源深度的固有困难

地震台网不能三维地包围震源是测定震源深度的固有困难。

如果把震中位置（地理经纬度 λ，ϕ 或在区域台网情况下相对于台网中心的直角坐标 x，y）、震源深度和发震时刻作为4个参数求解，由于地震台网不是在三维意义上的包围震源，使得发震时刻与震源深度这两个参数彼此不独立，出现相互折中的情况（参见第6章）。

在线性化求解的情况下，表现为走时空间偏导数矩阵中对应于震源深度的一列元素都接近于1，而对应于发震时刻的一列总是为1，这导致矩阵接近奇异，由于到时读数误差的存在，使迭代不能收敛于正确解。

在搜索类定位方法中，则表现为其目标函数有多个相对极小值，对应于不同深度和发震时刻的组合，也是由于到时读数误差的存在，使得目标函数极小值对应的结果可能并非所期望的合理结果。

7.1.3 影响震源深度测定的诸多因素

尽管在地震速报目录和地震正式目录中几乎都会给出地震的震源深度，但由于诸多因素的影响，给出的震源深度并不总是可靠的，这些影响因素包括：

（1）地震台网。即台网相对于地震事件的几何分布，台站的噪声水平，台站的地震计配置（频带，动态范围，灵敏度），以及时间服务。

（2）震相数据。即可得到的震相数据种类，震相识别的正确性，以及震相到时的读数准确度。

（3）震源深度测定方法和计算机程序。即能否充分利用可得到的到时数据，自动处理能力，以及人机交互分析能力。

（4）允许的处理时间。即快和准的矛盾。

（5）地球（地壳）速度模型（走时表）的准确程度和精细程度。

7.1.4 对震源深度测定结果可用性的提示和约束

由于不能总是给出准确、可靠的震源深度测定结果，但在许多情况下又不得不给出一个震源深度值，因此，需要对定位结果中的震源深度可用性提供一些提示和约束，指出在一些情况下地震定位程序给出的震源深度是不可用的。

在给定台网和给定数据的限定下，如果没有能力给出可靠的震源深度，则给出的深度误差估计可能是一个无法接受的大值。例如，地震定位程序BLOC86（姜燕，1986）及其变体（赵仲和等，1993）在实际推广应用时，原本输出结果中包括对震源深度误差的估计，但在台网不利分布的情况下，该台网已不具备可靠测定震源深度的能力，因此定位程序输出一个很大的震源深度误差。然而，人们接受不了这个太大的误差值，只好修改程序，仅给出水平误差估计，掩去了震源深度误差估计，由此失掉了对震源深度可用性的一个判断依据。作为弥补措施，程序给出深度可用性提示，避免了在地震速报和编目中误用本不可靠的震源深度测定值。

《区域台网地震月报目录与地震观测报告编报技术规范》（国家地震局，1997）规定，地震月报目录中要尽可能地提供震源深度值，定位精度在一类（即震中估计误差不大于5km）且有近台记录（最近台的震中距≤50km）的地震必须测定震源深度值，数据表示到个位（单位km）。20世纪80—90年代，北京地震台网定位结果输出中，对于不满足上述要求的地震给出提示，指出其震源深度“不可用”，于是在地震目录中该地震的震源深度栏空白。

一些地震定位程序中给出对定位结果的误差估计，如：基于线性误差理论得到的协方差矩阵，由此得到给定置信水平（例如90%）下的误差椭球或水平误差和深度误差估计。例如我国区域地震台网使用的Jopens/msdp数据处理系统（广东省智源工程抗震科技公司，2007）中外挂的HYP2000（Klein，2002）等地震定位程序，可以给出震源深度同时给出其误差估计，可供使用震源深度值时参考，见6.8节。

一些地震定位程序能对震源深度测定能力进行判断，在不利的情况下将震源深度限定为一个预先给定的值，通常是该地区所发生地震震源深度的大致平均值，例如在一些地区给定为10km，在另一些地区给定为20km，并在输出结果中予以注明。可惜在地震速报或甚至在一些地震目录中并没有说明这一点，结果，使用数据者，不论是专业人员还是社会大众，都可能误以为是对该地震实际测定的震源深度，这是需要注意的。

搜索类定位程序通常都只给出到时残差均方根作为搜索效果的指标，并不给出定位结果的误差估计，因为搜索类算法的特点（也是一个优点）是不需计算走时的空间偏导数，而线性误差估计的基础是在震源处的走时空间偏导数矩阵。因此，一种解决方案是开发独立的定位结果线性误差估计程序，作为这类定位程序的补充。另一种解决方案是采用非线性误差估计方法，如自助法或刀切法。

因地震定位程序不同，地震速报和地震目录中给出的震源深度可能是“海拔”深度（我国现行“1985国家高程基准”，是依据青岛外黄海平均海平面确定的），而不是从震中地面算起的深度。例如，在平均海拔4.5km的藏北高原，震源深度应该是“海拔”深度+4.5km。HYP2000（Klein，2002）中给出的震源深度是相对参与定位台站的平均平面的深度，其更符合震源深度的定义。

7.1.5 提高震源深度测定能力

早在张少泉执笔编写的《近震分析》（中国地震局地球物理研究所，1977）一书中，提出提高震源深度测定能力的四个方面，即：适当加密台网；搞清本地区的地壳结构，逐步建立三维地壳速度模型；增加参与定位的震相类型并提高震相识别的正确性和到时读数准确度；改进测定方法。

就地震定位方法和程序而言，需要针对不同情况，实现灵活的定位方法，充分利用所能得到的震相数据，不能停留在通用的最优化方法和程序上，特别需要研发专门针对震源深度的测定方法和软件。

7.2 近震震源深度测定方法

本节讨论近震震源深度的传统测定方法，也就是使用近震震相的到时或到时差测定震源深度。按 IASPEI 标准震相命名法（Storchak et al.，2003），用于测定震源深度的近震震相有 Pg、Pb、PmP、Pn、sPn、sPmP、Sg、Sb 等。为在走时公式中表示方便，把 Pg 和震源在下地壳中产生的上行 Pb 以及震源在上地幔产生的上行 Pn 统称为上行 P 波，记为 Pu，而 Pb 在这里仅指震源在上地壳下行 P 波沿康拉德界面滑行的折射波，Pn 在这里仅指震源在地壳中下行 P 波沿莫霍界面滑行的折射波。对于 S 震相，也作类似约定。

如果台站的震中距不超过震源深度 2 倍，则称其为近台。由于事先并不知道一个具体地震的震源深度，假定平均震源深度为 20km 左右，因此，可以认为震中距不超过 40 ~ 50km 的台站为近台。

在下面的讨论中采用上述关于上行波和近台含义的约定。

7.2.1 基于水平分层均匀速度模型的近震震相走时计算

在 6.6 节中介绍了上行 P 波和 S 波以及折射波 Pn、Sn 走时的计算方法。本节补充其他近震震相的走时计算公式，构成完整统一的一套计算公式，便于编程计算。

在本节中，作为示例，采用表 7.1 所示 IASP91 地壳模型。读者可将自己的速度模型代入本节提供的 Matlab 程序，用于震源深度测定。需要说明的是，真正的 IASP91 地壳模型（Kennett and Engdah，1991）中自莫霍间断面向下，P 波和 S 波的速度是随深度改变的，并非均匀分层，而示例是以莫霍面附近的上地幔 P 波和 S 波速度代表莫霍面以下均匀无限半空间的 P 波和 S 波速度。因此，严格地说，表 7.1 是一个“修正的”IASP91 地壳模型。

表 7.1 数值试验用水平分层地壳速度模型（Kennett and Engdah，1991）

层序号	层顶深度 /km	层内 P 波速度 /(km/s)	层内 S 波速度 /(km/s)	界面标记
1	0	5.8	3.36	0
2	20	6.5	3.75	1
3	35	8.04	4.47	2

注：“界面标记”栏中，0 代表上地壳；1 代表康拉德间断面；2 代表莫霍间断面。程序计算要读入这一栏的数字。

在建立震相走时方程时，不论上行波还是下行波，都以地震射线到达所在层界面时的入射角（射线与界面法线之间的夹角）作为自变量，记为 θ_j，其中 j 是震源所在层的序号，在图 7.2 中对应 $j=2$，为便于叙述，下文中称作初始入射角。根据斯内尔定律，建立近震震相的射线走时和震中距方程，进而算出给定震源深度和震中距的震相走时。

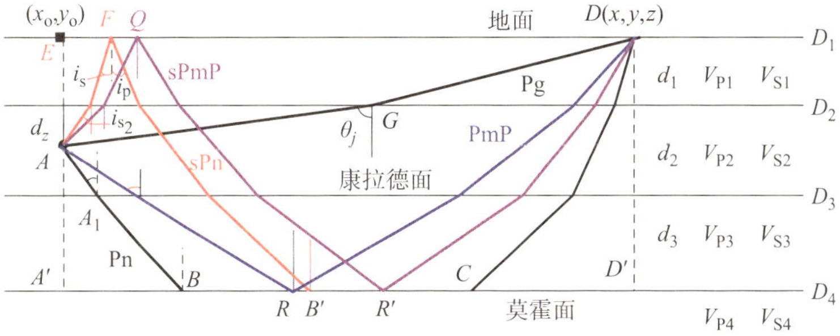

图 7.2 水平分层地壳速度模型的部分近震震相射线路径示意图。d_1、d_2、d_3 为层厚度，V_{P1}、V_{P2}、V_{P3} 是层内的 P 波速度，V_{S1}、V_{S2}、V_{S3} 是层内的 S 波速度，V_{P4} 和 V_{S4} 是上地幔的 P 波和 S 波速度

7.2.1.1 上行 P 波和 S 波走时

上行 P 波走时作为初始入射角 θ_j 的函数：

$$T_P(\theta_j) = \sum_{l=j-1}^{1} \frac{d_l}{\cos\theta_l \cdot V_{Pl}} + \frac{d_z}{\cos\theta_j \cdot V_{Pj}} \tag{7.1}$$

相应的震中距 Δ 作为初始入射角 θ_j 的函数：

$$\Delta = \sum_{l=j-1}^{1} (d_l \cdot \tan\theta_l) + d_z \cdot \tan\theta_j \tag{7.2}$$

式中，d_z 是震源到所在层顶的距离，d_l 是第 l 层的厚度。

由斯内尔定律，

$$\sin\theta_l = \sin\theta_j \cdot \frac{V_{Pl}}{V_{Pj}}, \quad l=j-1,\cdots,1$$

$$\cos\theta_l = \sqrt{1-\sin^2\theta_l} = \sqrt{1-\sin^2\theta_j \cdot \left(\frac{V_{Pl}}{V_{Pj}}\right)^2}$$

$$= \frac{V_{Pl}}{V_{Pj}} \cdot \sqrt{\left(\frac{V_{Pj}}{V_{Pl}}\right)^2 - \sin^2\theta_j}, \quad l=j-1,\cdots,1$$

$$\tan\theta_l = \frac{\sin\theta_l}{\sqrt{1-\sin^2\theta_l}} = \frac{\sin\theta_l}{\sqrt{1-\sin^2\theta_j \cdot \left(\frac{V_{Pl}}{V_{Pj}}\right)^2}}$$

$$= \sin\theta_j \cdot \frac{V_{Pl}}{V_{Pj}} \cdot \sqrt{\left(\frac{V_{Pj}}{V_{Pl}}\right)^2 - \sin^2\theta_j}, \quad l=j-1,\cdots,1$$

在上式中用 V_{Sj} 代替 V_{Pi}，可给出上行 S 波的走时和震中距。可以看到，如果各层中的 P 波和 S 波的波速比不同，会导致上行 P 波和 S 波的射线不重合。

7.2.1.2 莫霍面反射波走时

下行的莫霍面反射波 PmP 分成下行段和上行段，两段在莫霍面的交汇点是射线的反射

点，其入射角等于反射角，因此有 PmP 走时方程，

$$T_{\mathrm{PmP}}(\theta_j)=\sum_{l=j+1}^{m}\frac{d_l}{\cos\theta_l\cdot V_{\mathrm{P}l}}+\sum_{l=m}^{1}\frac{d_l}{\cos\theta_l\cdot V_{\mathrm{P}l}}+\frac{d_j-d_z}{\cos\theta_j\cdot V_{\mathrm{P}j}} \tag{7.3}$$

式中 m 是地壳内的层数。相应的震中距，

$$\Delta_{\mathrm{PmP}}=\sum_{l=j+1}^{m}(d_l\cdot\tan\theta_l)+\sum_{l=m}^{1}(d_l\cdot\tan\theta_l)+(d_j-d_z)\cdot\tan\theta_j \tag{7.4}$$

PmP 下行段的入射角：

$$\sin\theta_l=\sin\theta_j\cdot\frac{V_{\mathrm{P}l}}{V_{\mathrm{P}j}},\quad l=j+1,\cdots,m$$

$$\cos\theta_l=\sqrt{1-\sin^2\theta_l}=\sqrt{1-\sin^2\theta_j\cdot\left(\frac{V_{\mathrm{P}l}}{V_{\mathrm{P}j}}\right)^2}$$

$$=\frac{V_{\mathrm{P}l}}{V_{\mathrm{P}j}}\cdot\sqrt{\left(\frac{V_{\mathrm{P}j}}{V_{\mathrm{P}l}}\right)^2-\sin^2\theta_j},\quad l=j+1,\cdots,m$$

$$\tan\theta_l=\frac{\sin\theta_l}{\sqrt{1-\sin^2\theta_l}}=\frac{\sin\theta_l}{\sqrt{1-\sin^2\theta_j\cdot\left(\frac{V_{\mathrm{P}l}}{V_{\mathrm{P}j}}\right)^2}}$$

$$=\sin\theta_j\cdot\frac{V_{\mathrm{P}l}}{V_{\mathrm{P}j}}\cdot\sqrt{\left(\frac{V_{\mathrm{P}j}}{V_{\mathrm{P}l}}\right)^2-\sin^2\theta_j},\quad l=j+1,\cdots,m$$

利用莫霍面反射角等于入射角，得到上行段射线到达 m 层顶的入射角为 θ_m，于是得到，

$$\sin\theta_l=\sin\theta_m\cdot\frac{V_{\mathrm{P}l}}{V_{\mathrm{P}m}},\quad l=m-1,\cdots,1$$

$$\cos\theta_l=\sqrt{1-\sin^2\theta_l}=\sqrt{1-\sin^2\theta_m\cdot\left(\frac{V_{\mathrm{P}l}}{V_{\mathrm{P}m}}\right)^2}$$

$$=\frac{V_{\mathrm{P}l}}{V_{\mathrm{P}m}}\cdot\sqrt{\left(\frac{V_{\mathrm{P}m}}{V_{\mathrm{P}l}}\right)^2-\sin^2\theta_m},\quad l=m-1,\cdots,1$$

$$\tan\theta_l=\frac{\sin\theta_l}{\sqrt{1-\sin^2\theta_l}}=\frac{\sin\theta_l}{\sqrt{1-\sin^2\theta_m\cdot\left(\frac{V_{\mathrm{P}l}}{V_{\mathrm{P}m}}\right)^2}}$$

$$=\sin\theta_m\cdot\frac{V_{\mathrm{P}l}}{V_{\mathrm{P}m}}\cdot\sqrt{\left(\frac{V_{\mathrm{P}m}}{V_{\mathrm{P}l}}\right)^2-\sin^2\theta_m},\quad l=m-1,\cdots,1$$

对于多层地壳模型，直达波和反射波的走时都不是震中距的显式函数，和震中距同为射线从震源到所在层界面的入射角的函数。因此，需要通过寻找合适的入射角 θ_j，得到对应于给定震中距的走时，参见 6.6 节描述的迭代求解过程。

7.2.1.3 莫霍面折射波 Pn 和 Sn 走时

参考图 7.2，下行的 Pn 波分成下行段、滑行段和上行段，相应的走时方程是：

下行段，

$$T_{\mathrm{Pn1}}(\theta_j)=\sum_{l=j+1}^{m}\frac{d_l}{\cos\theta_l\cdot V_{\mathrm{P}l}}+\frac{d_j-d_z}{\cos\theta_j\cdot V_{\mathrm{P}j}}$$

由于 Pn 在莫霍面发生全反射，即，

$$\sin\theta_m=\frac{V_{\mathrm{P}m}}{V_{\mathrm{P}m+1}}$$

式中，$V_{\mathrm{P}m+1}$是上地幔 P 波速度，在图 7.2 中是 V_{P4}。于是，

$$\sin\theta_l=\frac{V_{\mathrm{P}l}}{V_{\mathrm{P}m+1}},\quad l=j+1,\cdots,m$$

$$\cos\theta_l=\sqrt{1-\sin^2\theta_l}=\sqrt{1-\left(\frac{V_{\mathrm{P}l}}{V_{\mathrm{P}m+1}}\right)^2},\quad l=j,\cdots,m$$

滑行段，

$$T_{\mathrm{Pn2}}(\theta_j)=\frac{\Delta}{V_{\mathrm{P}m+1}}-\frac{1}{V_{\mathrm{P}m+1}}\left[\sum_{l=j+1}^{m}(d_l\cdot\tan\theta_l)+\sum_{l=m}^{1}(d_l\cdot\tan\theta_l)+(d_j-d_z)\cdot\tan\theta_j\right]$$

其中，

$$\tan\theta_l=\frac{\sin\theta_l}{\sqrt{1-\sin^2\theta_l}}=\frac{\dfrac{V_{\mathrm{P}l}}{V_{\mathrm{P}m+1}}}{\sqrt{1-\left(\dfrac{V_{\mathrm{P}l}}{V_{\mathrm{P}m+1}}\right)^2}}$$

$$=\frac{V_{\mathrm{P}l}}{\sqrt{V_{\mathrm{P}m+1}^2-V_{\mathrm{P}l}^2}},\quad l=m-1,\cdots,1$$

上行段，

$$T_{\mathrm{Pn3}}(\theta_j)=\sum_{l=m}^{1}\frac{d_l}{(\cos\theta_l\cdot V_{\mathrm{P}l}}$$

经过代换，得到折射波 Pn 走时，

$$T_{\mathrm{Pn}}=\frac{\Delta}{V_{\mathrm{P}m+1}}+\sum_{l=j+1}^{m}\left(\frac{d_l}{V_{\mathrm{P}l}\cdot V_{\mathrm{P}m+1}}\cdot\sqrt{V_{\mathrm{P}m+1}^2-V_{\mathrm{P}l}^2}\right)+\sum_{l=1}^{m}\left(\frac{d_l}{V_{\mathrm{P}l}\cdot V_{\mathrm{P}m+1}}\cdot\sqrt{V_{\mathrm{P}m+1}^2-V_{\mathrm{P}l}^2}\right)-\frac{d_z}{V_{\mathrm{P}j}\cdot V_{\mathrm{P}m+1}}\cdot\sqrt{V_{\mathrm{P}m+1}^2-V_{\mathrm{P}j}^2}\tag{7.5}$$

可见利用各层中的 P 波速度可直接计算折射波 Pn 走时。类似地，可得到 Sn 走时。

7.2.1.4 深度震相 sPn 走时

参考图 7.2，上行 S 波在近源地面转换成 P 波反射下行并在莫霍面形成折射波 sPn，其射线在地面反射点 F 处入射 S 波的入射角 i_{s} 与反射 P 波的反射角 i_{p} 之间的关系遵从斯内尔定律：

$$\frac{\sin i_{\mathrm{S}}}{V_{\mathrm{S1}}}=\frac{\sin i_{\mathrm{P}}}{V_{\mathrm{P1}}}=\frac{1}{V_{\mathrm{P}m+1}}$$

$$\frac{\sin i_S}{V_{S1}} = \frac{\sin i_{S_2}}{V_{S2}} = \cdots = \frac{\sin i_{Sj}}{V_{Sj}}$$

$$\sin i_S = \frac{V_{S1}}{V_{Pm+1}}$$

$$\cos i_S = (1 - \sin^2 i_S)^{\frac{1}{2}} = \left[1 - \left(\frac{Vs_1}{V_{Pm+1}}\right)^2\right]^{\frac{1}{2}} = \frac{(V_{Pm+1}^2 - Vs_1^2)^{\frac{1}{2}}}{V_{Pm+1}}$$

$$\tan i_S = \frac{\sin i_S}{\cos i_S} = \frac{V_{S1} \cdot V_{Pm+1}}{V_{Pm} \cdot (V_{Pm+1}^2 - Vs_1^2)^{\frac{1}{2}}} = \frac{V_{S1}}{(V_{Pm+1}^2 - Vs_1^2)^{\frac{1}{2}}}$$

$$a_1 = d_1 \cdot \tan i_S = \frac{d_1 \cdot V_{S1}}{(V_{Pm+1}^2 - V_{S1}^2)^{\frac{1}{2}}}$$

$$\frac{\sin i_S}{V_{S1}} = \frac{\sin i_{S2}}{V_{S2}} = \cdots = \frac{\sin i_{Sj}}{V_{Sj}}$$

$$\sin i_{Sj} = \frac{V_{S1}}{V_{Pm+1}} \cdot \frac{V_{Sj}}{V_{S1}} = \frac{V_{Sj}}{V_{Pm+1}}$$

$$\cos i_{Sj} = (1 - \sin^2 i_{Sj})^{\frac{1}{2}} = \left[1 - \left(\frac{V_{Sj}}{V_{Pm+1}}\right)^2\right]^{\frac{1}{2}} = \frac{(V_{Pm+1}^2 - V_{Sj}^2)^{1/2}}{V_{Pm+1}}$$

$$a_l = d_l \cdot \tan i_{Sl} = \frac{d_l \cdot V_{Sl}}{(V_{Pm+1}^2 - V_{Sl}^2)^{\frac{1}{2}}}$$

$$EF = \sum_{l=1}^{j-1} \frac{d_l \cdot V_{Sl}}{\sqrt{(V_{Pm+1}^2 - V_{Sl}^2)}} + \frac{d_z \cdot V_{Sj}}{\sqrt{(V_{Pm+1}^2 - V_{Sj}^2)}}$$

$$FD = ED - EF$$

从 F 到 D 的 P 折射波走时的时间项：

$$T_{1m} = 2 \cdot \left(\sum_{l=1}^{m} \frac{d_l}{V_{Pl} \cdot V_{Pm+1}} \cdot \sqrt{V_{Pm+1}^2 - V_{Pl}^2} \right)$$

$$FD = ED - EF = \Delta - \sum_{i=1}^{j-1} \left(\frac{d_i \cdot V_{Si}}{\sqrt{(V_{Pm+1}^2 - V_{Si}^2)}} + \frac{d_z \cdot V_{Sj}}{\sqrt{(V_{Pm+1}^2 - V_{Sj}^2)}} \right)$$

sPn 从 F 到 D 的走时为，

$$T_{2sPn} = \frac{FD}{V_{Pm+1}} + T_{1m} = \frac{\Delta}{V_{Pm+1}} - \frac{1}{V_{Pm+1}} \sum_{i=1}^{j-1} \frac{d_i \cdot V_{Si}}{\sqrt{(V_{Pm+1}^2 - V_{Si}^2)}} - \frac{1}{V_{Pm+1}} \frac{d_z \cdot V_{Sj}}{\sqrt{(V_{Pm+1}^2 - V_{Sj}^2)}} + 2 \cdot \sum_{l=1}^{m} \left(\frac{d_l}{V_{Pl} \cdot V_{Pm+1}} \cdot \sqrt{V_{Pm+1}^2 - V_{Pl}^2} \right) \tag{7.6}$$

从震源到近源地面反射点的走时 T_{1sPn}，

$$T_{1\text{sPn}}=\sum_{l=1}^{j-1}\frac{d_l\cdot V_{\text{P}m+1}}{V_{\text{S}l}\cdot\sqrt{(V_{\text{P}m+1}^2-V_{\text{S}l}^2)}}+\frac{1}{V_{\text{S}j}}\frac{d_z\cdot V_{\text{P}m+1}}{\sqrt{(V_{\text{P}m+1}^2-V_{\text{S}j}^2)}} \tag{7.7}$$

sPn 总走时，

$$T_{\text{sPn}}=T_{1\text{sPn}}+T_{2\text{sPn}} \tag{7.8}$$

可见与 Pn 的走时计算一样，sPn 走时作为震中距的显函数，可对给定的震中距直接计算出 sPn 走时。类似地，可对给定的震中距计算出 pPn 震相的走时。

7.2.1.5　sPmP 震相走时

sPmP 震相的射线路径是上行 S 波在近源地表反射时转换成 P 波再从莫霍面反射到台站，如图 7.2 中的紫色线所示。利用在地面和莫霍面的入射角与反射角的关系，参考 7.2.1.2 和 7.2.1.4 的方法，可得到从震源到近源地面反射点的走时 $T_{1\text{sPmP}}$，

$$T_{1\text{sPmP}}=\sum_{l=1}^{j-1}\frac{d_i}{V_{\text{S}l}\cdot\cos i_{\text{S}l}}+\frac{1}{V_{\text{S}j}}\frac{d_z}{\cos i_{\text{S}j}} \tag{7.9}$$

式中，j 为震源所在层序号。

$$\sin i_{\text{S}l}=\sin i_{\text{S}j}\frac{V_{\text{S}i}}{V_{\text{S}j}}$$

$$EQ=\sum_{l=1}^{j-1}d_l\cdot\tan i_{\text{S}l}+d_z\cdot\tan i_{\text{S}j}$$

$$QD=ED-EQ=\Delta-\left(\sum_{l=1}^{j-1}d_l\cdot\tan i_{\text{S}i}+d_z\cdot\tan i_{\text{S}j}\right)$$

从 Q 到台站 D 的莫霍面反射 P 波走时，

$$T_{\text{PmP}}(QD)=2\sum_{l=m}^{1}\frac{d_l}{\cos\theta_l\cdot V_{\text{P}l}} \tag{7.10}$$

其中，

$$\sin\theta_1=\frac{\sin i_{\text{S}1}\cdot V_{\text{P}1}}{V_{\text{S}1}}$$

$$\sin\theta_l=\sin\theta_{l-1}\frac{V_{\text{P}l}}{V_{\text{P}l-1}}=\sin\theta_{l-2}\cdot\frac{V_{\text{P}l-1}V_{\text{P}l}}{V_{\text{P}l-2}V_{\text{P}l-1}}$$

$$=\sin\theta_{l-2}\cdot\frac{V_{\text{P}l}}{V_{\text{P}l-2}}=\cdots=\sin\theta_1\cdot\frac{V_{\text{P}l}}{V_{\text{P}1}}=\frac{\sin i_{\text{S}1}\cdot V_{\text{P}l}}{V_{\text{S}1}},\quad l=2,\cdots,m$$

$$\cos\theta_1=\sqrt{1-\sin^2\theta_1}=\sqrt{1-\sin^2 i_{\text{S}1}\cdot\left(\frac{V_{\text{P}1}}{V_{\text{S}1}}\right)^2}$$

$$\cos\theta_l=\sqrt{1-\sin^2\theta_l}=\sqrt{1-\sin^2 i_{\text{S}1}\cdot\left(\frac{V_{\text{P}l}}{V_{\text{S}1}}\right)^2}$$

于是，给定一个上行 S 波入射角 $i_{\text{S}j}$，便可依次得到上行各层的入射角，直至 $i_{\text{S}1}$，再由 $i_{\text{S}1}$ 得到反射波 PmP 的初始入射角 θ_1，直至 θ_l。同时，得到与 $i_{\text{S}j}$ 对应的震中距，

$$\Delta_{sPmP} = \sum_{l=1}^{j-1} d_l \cdot \tan i_{Si} + d_z \cdot \tan i_{Sj} + 2\sum_{l=m}^{1} d_l \cdot \tan\theta_l \tag{7.11}$$

与 PmP 的情况类似，调整上行入射角 i_{Sj}，使 Δ_{sPmP} 与台站震中距 Δ 的差值达到足够小，其对应的走时便是所求 sPmP 走时。

7.2.1.6 走时计算的 Matlab 实现

Matlab 程序 M07_01_travel_time_ps.m 计算上行 P 震相和 S 震相走时，以及符合 IASPEI 标准定义的 Pg、Pb、Pn、PmP、sPn 等震相的走时。图 7.3 和图 7.4 分别给出震源深度 18km 的一些 P 类震相和一些 S 类震相的走时随震中距的变化。

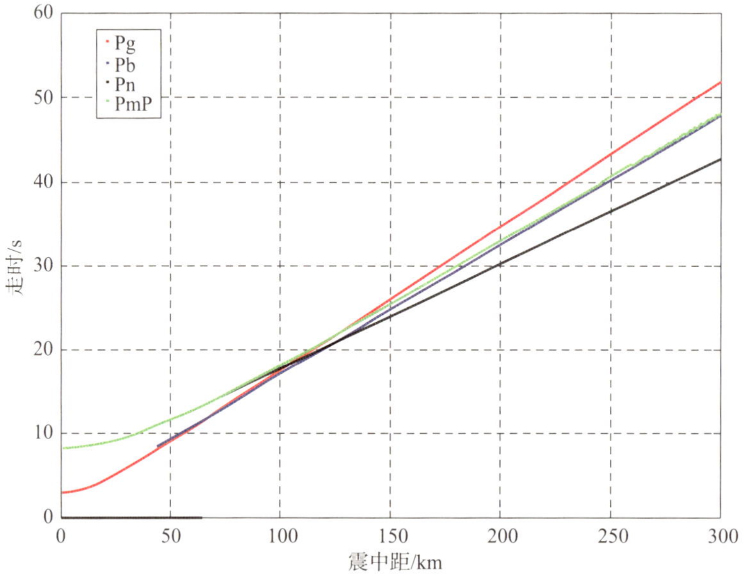

图 7.3 震源深度 18km 的 Pg、Pb、Pn、PmP 震相走时随震中距的变化。所用地壳模型为 IASP91（见表 7.1）

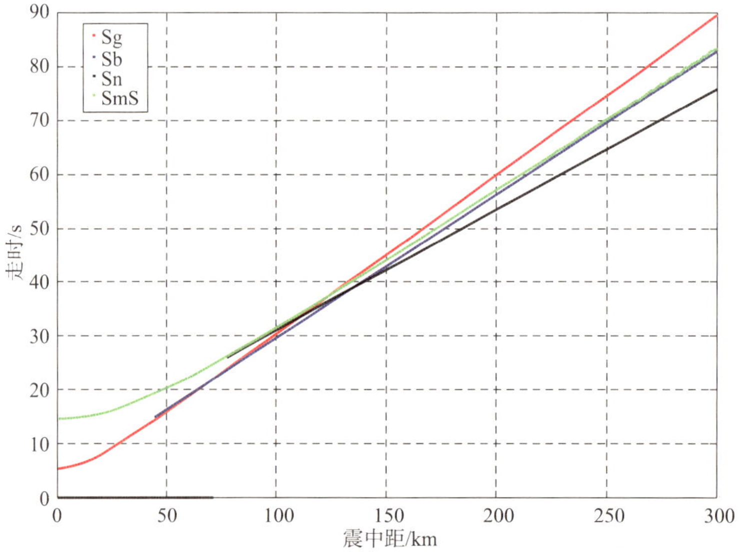

图 7.4 震源深度 18km 的 Sg、Sb、Sn、SmS 震相走时随震中距的变化。所用地壳模型为 IASP91（见表 7.1）

7.2.2　密集台网测定地震震源深度

如果有 4 个或更多近台包围震中(空隙角 <180°)，则可使用各台的上行 P 和上行 S 到时，利用地震定位的通用算法，联合测定地震的震中位置(x,y)、震源深度(z)和发震时刻(t)。在这种条件下的震源深度测定，已包含在地震定位算法中，参见第 6 章。图 7.5 给出空隙角的定义，当空隙角 <90°时，表明台网的台站包围震中，在 4 个象限中都有台站，有利于地震定位；当 90° <空隙角 <180°时，虽然地震仍在网内，但台站分布不够好；如果空隙角 >180°，则为网外地震，这时不仅测定深度困难，而且震中位置的误差也会显著增大。因此，往往把改善震源深度测定能力作为加密台网的一个重要理由。

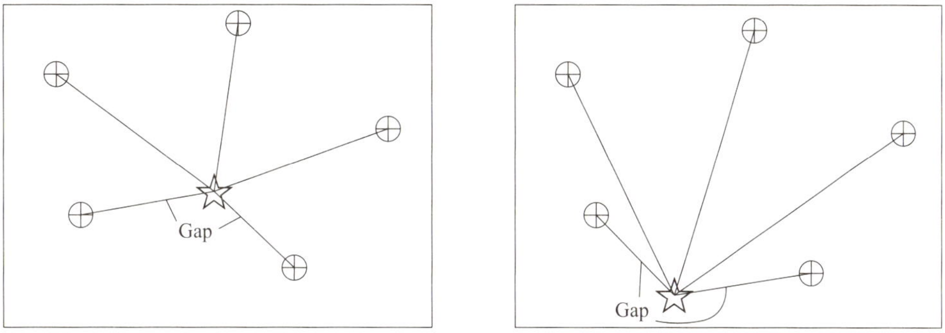

（a）Gap<180°　　（b）Gap>180°

图 7.5　空隙角(Gap)的定义。图中“☆”代表地震震中；圆圈中“＋”代表台站

7.2.3　台站包围震中但近台个数少于 4 个

如果空隙角 <180°，即认为满足台站包围震中的条件。此时，如果近台个数少于 4 个，已不能单靠近台完成近震定位，于是要在利用全部台站定位之后，固定震中位置，再利用这少数近台的上行 P 和上行 S 到时测定震源深度。关于固定震中位置的震源深度测定方法，具体见下节。

如果重新测定的震源深度与多台定位时得到的震源深度（或原已固定的震源深度）相差较大，则应以新的震源深度作为固定的震源深度，用多台定位方法重新定位，得到校正的震中位置。当然，如果震中位置校正较大，则还要依此震中位置重新测定震源深度，如此循环，直至震中位置和震源深度结果都趋于稳定为止。

7.2.4　利用一台或多台的多震相到时

采用第 6 章介绍的一般定位方法得到震中位置之后，可利用一些特殊方法进一步测定震源深度。本节所述方法源自模拟地震观测时代手工定位时采用的测定震源深度方法，利用简单计算或利用预先准备的列线图测定深度，曾发挥了重要的历史作用，例如《近震分析》(中国地震局地球物理研究所，1977，第 5 章)。当今，在数字化地震记录和计算机处理时代，可通过计算机编程和人机交互处理实现这些方法。

本节中，基于多层均匀速度模型计算近震震相走时，并通过 Matlab 编程实现算法的计算机化。读者可利用其他编程语言实现这些算法与现有常规地震定位程序的链接，从而在常规地震记录处理中也能方便地应用这些算法来改善区域地震台网的震源深度测定能力。

7.2.4.1 利用多台上行 S 和 P 波到时差

在测定台站到震中的距离（震中距）之后，可利用近台的上行 S 和 P 波到时差确定震源深度。

设有 N 个台站($N \geqslant 1$)提供了上行 S 和 P 波到时差，记为 $T_i(h, d_i)$，是震中距 d_i 和震源深度 h 的函数。对于给定的地壳速度模型，例如多层均匀地壳速度模型，可按 7.2.1.1 给出的公式计算出给定震中距和震源深度对应的上行 S 和 P 波走时，进而得到到时差，于是可构成如下目标函数：

$$\mathrm{ob1}_j = \sum_{i=1}^{N} \mathrm{abs}[T_i(h, d_i) - T_i^{\mathrm{cal}}(h_j, d_i)] \tag{7.12}$$

或

$$\mathrm{ob2}_j = \sum_{i=1}^{N} [T_i(h, d_i) - T_i^{\mathrm{cal}}(h_j, d_i)]^2 \tag{7.13}$$

式中，$\mathrm{ob1}_j$或 $\mathrm{ob2}_j$对应于震源深度 $h_j, j = 1, \cdots, M$。采用震源深度格点搜索法，在 M 个可能深度 h_j中找到一个 $h_{j=k}$，使目标函数 $\mathrm{ob1}_j$或 $\mathrm{ob2}_j$达到极小，则对应的 $h_{j=k}$即为所求震源深度。由此可见，只要有一个台站提供了 S 和 P 到时差，就可以得到震源深度，当然，前提是已知台站的震中距。如果有多台的 S 和 P 到时差，则可提高结果的可靠性和精度。在实际编程时，可以根据本地区台网状况，选择适当的震源深度搜索步长 d_step 和震源深度搜索范围 d_range，从而确定 M 个 h_j。如果有多个 S－P 到时差，采用其他最优化方法也是可行的，例如遗传算法。如果预先构成了针对不同震源深度的 P 波和 S 波走时表，也可在求解过程中通过查询走时表得到计算到时差，无需计算走时。

回顾 7.2 引言中对 S 和 P 上行波含义的约定，用本小节方法测定震源深度时无需预先假定震源在上地壳内还是在下地壳内。即使震源在上地幔中，也可以用此约定估计震源深度。当然，如果测定的震源深度表明震源在上地幔中，则按 IASPEI 标准震相名的定义，可认定该上行 P 波和 S 波震相就是 Pn 和 Sn 震相。

如果假定均匀无限半空间速度模型，并引入 S－P 虚波速度 V_ϕ，V_ϕ 可以作为已知参数，也可以把 V_ϕ 作为未知参数，与震源深度一起被搜索，从而得到震源深度和 V_ϕ。当然，这需要有多个地震联合测定，才能得到可靠结果，于是问题变成了一个震源位置与速度结构联合测定问题。关于震源位置与速度结构的联合测定，可参阅第 8 章。

Matlab 程序 M07_01_spdepth.m 实现使用 S－P 到时差拟合震源深度 h 和 S－P 虚波速度，其中假定均匀半空间地壳模型，数值试验程序是 M07_01_spdepth_test.m。

7.2.4.2 利用 Moho 界面反射波 PmP 震相

对于区域地震台网的记录，直达 P 和 S 震相是上行波，单使用这些上行波震相到时，当震中距较大（例如大于 100～200km）时，对深度的控制能力变差。如果能引入下行波的到时，则会大大提高对震源深度的控制能力。莫霍面反射波震相 PmP 是常用的下行波震相，其到时与上行波震相到时结合，可对测定震源深度予以有效约束。

利用 7.2.1.1 和 7.2.1.2 给出的公式，计算在给定震源深度下，对应一系列震中距 Δ 的 $T_{\mathrm{PmP}} - T_{\mathrm{Pu}}$，将这些对应值画到以 Δ 为横轴、$T_{\mathrm{PmP}} - T_{\mathrm{Pu}}$ 为纵轴的直角坐标系中，即得到一条该深度

下的 $\Delta-(T_{PmP}-T_{Pu})$ 曲线，不同的深度值，可得不同的 $\Delta-(T_{PmP}-T_{Pu})$ 曲线，用此方法可制出使用 $\Delta-(T_{PmP}-T_{Pu})$ 测定深度的列线图，见图 7.6（使用 Matlab 程序 M07_02_pmp_pg_plot.m 实现）。当采用人工处理方法时，使用该列线图可以方便地得到震源深度，这是在模拟记录时代的常用方法。具体作法是：用某台记录到的 $T_{PmP}-T_{Pu}$ 值及该台的 Δ 值，查图 7.6，即得深度值。若有多个台记录，则分别查出 h 值后，取平均值作为震源深度。

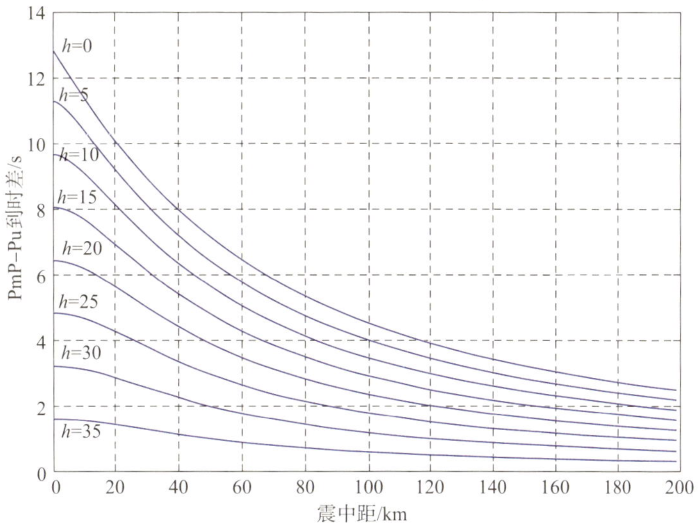

图 7.6　PmP－Pu 到时差随震源深度变化列线图，图中标出各条曲线对应的震源深度 h，单位 km，使用的水平分层速度模型见表 7.1（由 Matlab 程序 M07_02_pmp_pg_plot.m 产出）

与 7.2.3.1 的 S－P 到时差的情况类似，采用式（7.12）或式（7.13），通过计算机程序，可利用一台或多台的 $T_{PmP}-T_{Pu}$ 数据求解震源深度。Matlab 程序 M07_02_pmppgdepth.m 使用单层地壳模型，实现利用 $T_{PmP}-T_{Pu}$ 数据搜索震源深度，程序 M07_02_pmppgdepth_test.m 给出调用程序 M07_02_pmppgdepth.m 的数值试验示例，给定三个台的震中距是 60km、80km、150km，结果见图 7.7。Matlab 程序 M07_02_pmppgdepth_mullayer.m 使用分层均匀地壳模型，实现利用 $T_{PmP}-T_{Pu}$ 数据搜索求深度，程序 M07_02_pmppgdepth_mullayer_test.m 给出调用程序 M07_02_pmppgdepth.m 的数值试验示例，结果见图 7.8。

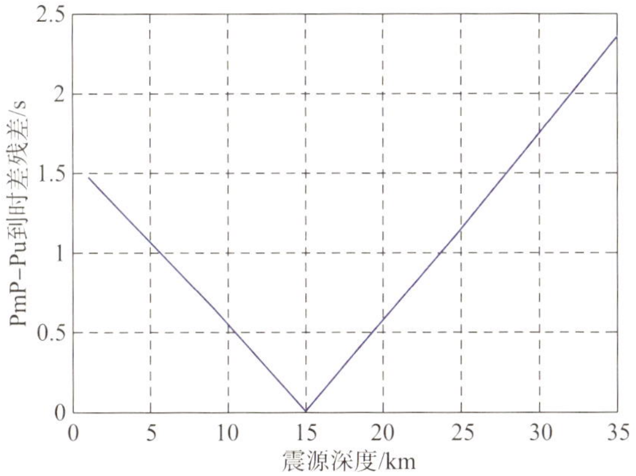

图 7.7　用 PmP－Pu 到时差搜索震源深度的数值试验示例，采用单层地壳模型。使用程序 M07_02_pmppgdepth_test.m，调用程序 M07_02_pmppgdepth.m

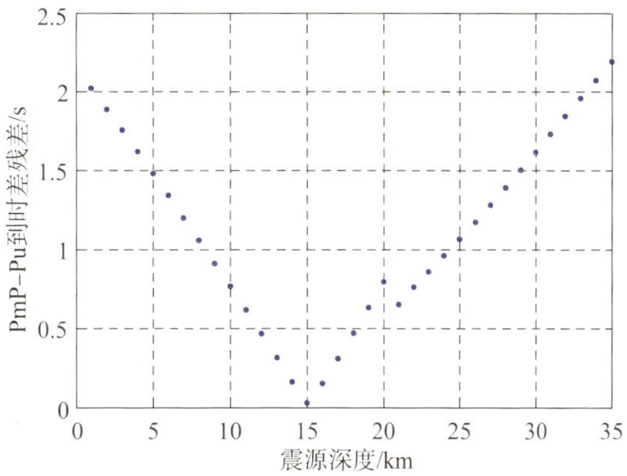

图 7.8　用 PmP－Pu 到时差搜索震源深度的数值试验示例，采用分层均匀地壳模型，见表 7.1。使用程序 M07_02_pmppgdepth_mullayer_test.m，调用程序 M07_02_pmppgdepth.m

7.2.4.3 利用 Moho 界面折射波 Pn 震相

莫霍（Moho）面折射波震相 Pn 是另一种下行波震相，其到时与上行波 Pu 震相到时结合，可对震源深度予以有效约束。7.2.1.3 给出水平分层速度模型的 Pn 走时计算公式，不同的震源深度和震中距 Δ 对应不同的 $T_{Pu}-T_{Pn}$，因此，在已知 Δ 及 $T_{Pu}-T_{Pn}$ 的情况下，可利用式（7.12）或式（7.13）定义的目标函数寻找震源深度值。在手工操作年代，将这种对应关系制成如图 7.9 的列线图，可以看到，如果仅使用一个台站，在特定震中距的特定到时差会给出两个震源深度值，因此，应使用多台求解。图 7.10 是利用 5 个台站的 Pu－Pn 到时差估计震源深度的计算示例，图中给出 5 个台站观测到时差与计算到时差的差值均方根随深度的变化，其最小值对应所求震源深度。使用的“观测数据”是根据 IASP91 地壳模型对震源深度 15km 和给定震中距的 5 个台站计算出来的，并对给定的震中距加标准偏差 5km 的随机误差，对 Pu(上行波)和 Pn(下行波)到时分别加标准偏差 0.1s 的随机误差(0.1×randn(1)，这里 randn(1)是 Matlab 函数，产生均值为 1 的随机数)，结果，得到的震源深度是 16km，5 个台站观测到时差与计算到时差的差值均方根是 0.17s。注意 20km 是康拉德间断面的深度，出现到时差均方根值的跳跃。

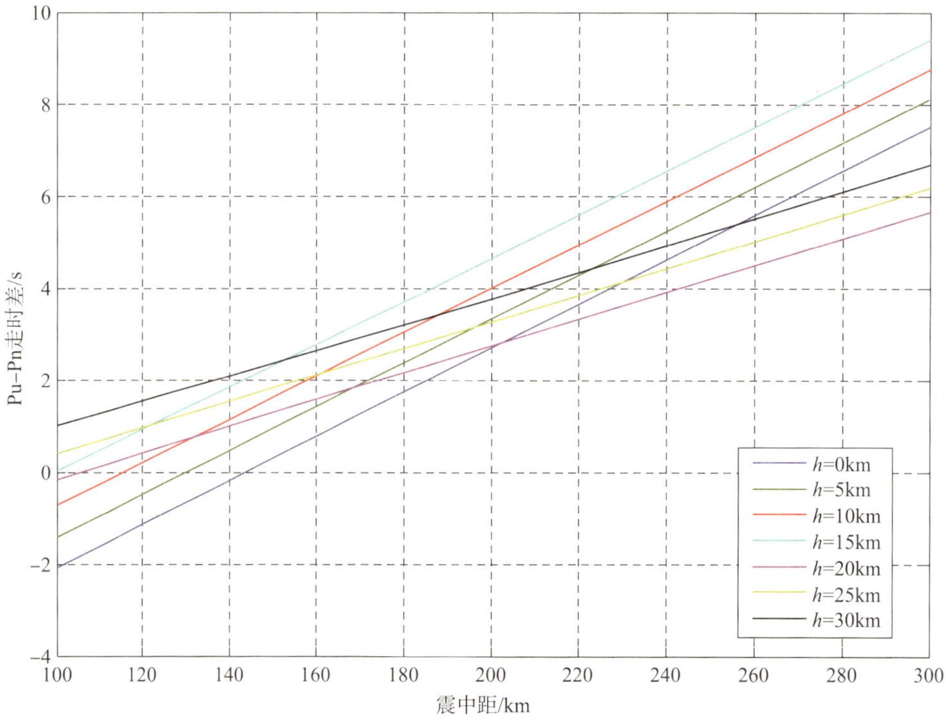

图 7.9　Pu－Pn 到时差随震源深度变化列线图。速度模型为 model_IASP91，见表 7.1，使用程序 M07_02_pnpgdepth_mullayer_dis.m

如果有同一台站的上行 Pu、上行 Su 和折射波 Pn 的到时，可以将 Su－Pu 到时差和 Pu－Pn 到时差结合使用，这时不需要预先知道震中距，而是借助这两个到时差的结合，测定震源深度。图 7.11 给出一个计算示例，其中的台站到时数据是假定震源深度为 15km，根据给定的 5 个台站震中距和表 7.1 所示速度模型计算出的值，然后对走时数据分别加 0.1×randn(1)随机误差。一次计算的结果是震源深度为 14km，到时差的残差均方根是 0.64s，这是使用的数据中引入了随机误差的结果。由于每次计算加入的随机误差不同，故结果也会不同。

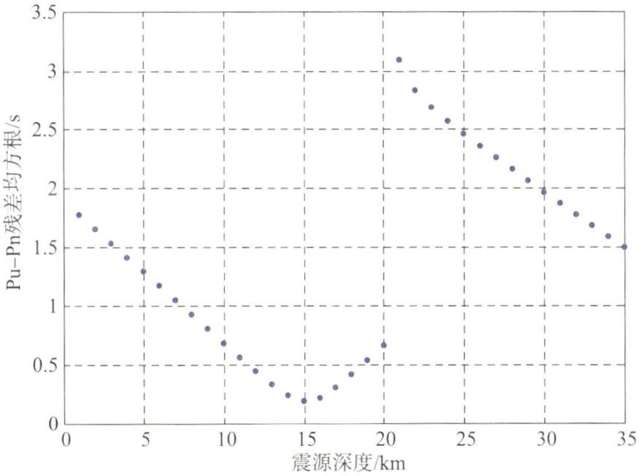

图 7.10　利用 Pu – Pn 到时差估计震源深度的计算示例。使用程序 M07_02_pnpgdepth_mullayer_test.m，调用程序 M07_02_pnpgdepth_mullayer.m

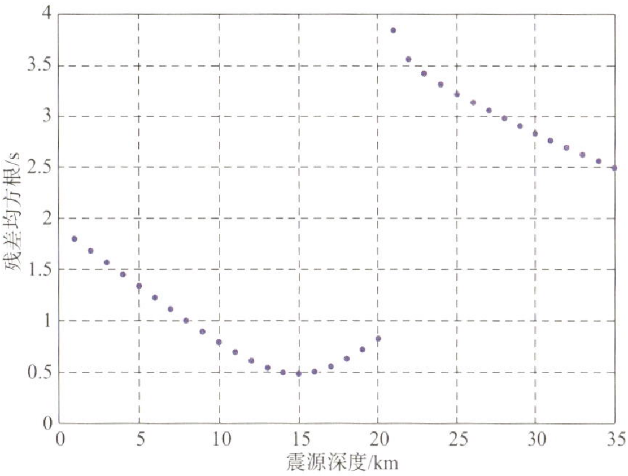

图 7.11　使用 Su – Pu 到时差和 Pu – Pn 到时差测定震源深度示例。使用程序 M07_02_pnpgsgdepth_mullayer_test.m，调用程序 M07_02_pnpgsgdepth_mullayer.m

7.2.4.4　利用区域深度震相 sPn

在用 sPn 到时估计震源深度时利用的是 sPn – Pn 到时差，利用 7.2.1.4 小节给出的计算 sPn 公式和 7.2.1.3 小节给出的计算折射波 Pn 走时公式，经直接推导，可得到，

$$T_{\mathrm{sPn}}-T_{\mathrm{Pn}}=h\cdot k_j+\sum_{i=1}^{j-1}d_i\cdot(k_i-k_j) \tag{7.14}$$

式中，h 是震源深度；d_i是第 i 层的厚度，$i=1,\cdots,j-1$，震源在第 j 层中。

$$k_i=\frac{\sqrt{(V_{\mathrm{P}m+1}^2-V_{\mathrm{S}i}^2)}}{V_{\mathrm{S}i}V_{\mathrm{P}m+1}}+\frac{\sqrt{V_{\mathrm{P}m+1}^2-V_{\mathrm{P}i}^2}}{V_{\mathrm{P}i}\cdot V_{\mathrm{P}m+1}}$$

$$k_j=\frac{\sqrt{(V_{\mathrm{P}m+1}^2-V_{\mathrm{S}j}^2)}}{V_{\mathrm{S}j}V_{\mathrm{P}m+1}}+\frac{\sqrt{V_{\mathrm{P}m+1}^2-V_{\mathrm{P}j}^2}}{V_{\mathrm{P}j}\cdot V_{\mathrm{P}m+1}}$$

式中，$V_{\mathrm{P}m+1}$是上地幔的 P 波速度，上式是通常使用的计算 sPn – Pn 的公式（洪星等，2006）。

当假定为单层地壳模型，式（7.14）简化为：

$$T_{\mathrm{sPn}}-T_{\mathrm{Pn}}=h\cdot k_1=h\cdot\frac{1}{V_{\mathrm{P1}}}\cdot\left(\sqrt{\left(\frac{V_{\mathrm{P1}}}{V_{\mathrm{S1}}}\right)^2-\left(\frac{V_{\mathrm{P1}}}{V_{\mathrm{P2}}}\right)^2}+\sqrt{1-\left(\frac{V_{\mathrm{P1}}}{V_{\mathrm{P2}}}\right)^2}\right) \tag{7.15}$$

或

$$T_{\mathrm{sPn}}-T_{\mathrm{Pn}}=h\cdot k_1=h\cdot\left(\frac{\sqrt{V_{\mathrm{P2}}^2-V_{\mathrm{S1}}^2}}{V_{\mathrm{P2}}V_{\mathrm{S1}}}+\frac{\sqrt{V_{\mathrm{P2}}^2-V_{\mathrm{P1}}^2}}{V_{\mathrm{P2}}V_{\mathrm{P1}}}\right) \tag{7.16}$$

式中，V_{P1} 和 V_{S1} 是地壳内的平均 P 波速度和 S 波速度；V_{P2} 是上地幔的 P 波速度。如果假定地壳介质为泊松介质（泊松比为 0.25，$\lambda=\mu$），于是有，

$$\left(\frac{V_{\mathrm{P1}}}{V_{\mathrm{S1}}}\right)^2=3$$

得到进一步简化的 sPn – Pn 计算公式（Ma，2010；王俊等，2013），

$$T_{sPn}-T_{Pn}=h\cdot\frac{1}{V_{P1}}\cdot\left(\sqrt{3-\left(\frac{V_{P1}}{V_{P2}}\right)^2}+\sqrt{1-\left(\frac{V_{P1}}{V_{P2}}\right)^2}\right) \tag{7.17}$$

式（7.14）~式（7.17）各式表明，如果真实地壳结构是水平均匀的，则 sPn 和 Pn 二者的到时差随震源深度变化，而与震中距无关，因此可用来测定震源深度。

图 7.12(a)是根据式（7.14）画出的 sPn – Pn 到时差与震源深度关系曲线，采用如表 7.1 所示的速度模型。图 7.12(b)是使用江苏地壳模型 js4（王俊等，2013）由 sPn – Pn 到时差和 pPn – Pn 到时差估计震源深度曲线。

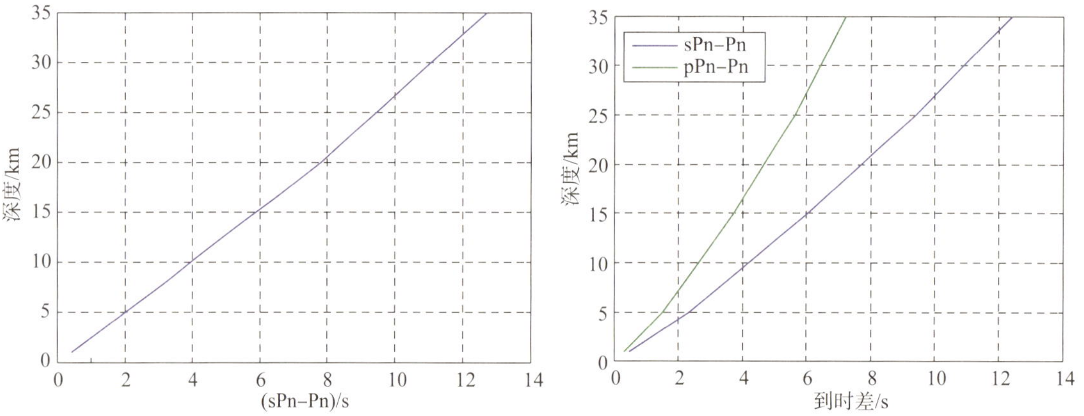

(a) 根据式（7.14）画出的到时差与震源深度关系曲线，采用如表 7.1 所示的速度模型。使用程序 M07_02_spn_pn_model.m

(b) 由 sPn – Pn 到时差和 pPn – Pn 到时差估计震源深度曲线，速度模型为 js4.asc（江苏地壳模型，王俊等，2013）。使用程序 M07_02_sPn_pPn_Pn_model.m

图 7.12　到时差与震源深度关系曲线

7.2.4.5　利用区域深度震相 sPmP – PmP

与 sPn 和 Pn 到时差可用于测定震源深度类似，利用 sPmP 和 PmP 到时差也能测定震源深度。为此，对给定的震源深度范围和震源深度步长，利用 7.2.1.2 节和 7.2.1.5 节的公式，分别计算 PmP 和 sPmP 走时，得到理论到时差，与观测到时差进行比较，得到最优震源深度。图 7.13 显示给定震源深度，在不同震中距的 PmP 和 sPmP 理论到时差，可见随震中距有小的变化。图 7.14 给出一个假想示例的计算结果，采用的地壳模型如表 7.1 所示，使用的“观测数据”是根据 IASP91 地壳模型对震源深度 15km 和给定震中距的 5 个台站计算出来的，并对给定的震中距加标准偏差 5km 的随机误差，对 sPmP(上行波)和 PmP(下行波)分别加标准偏差 0.1 的随机误差，结果，得到的震源深度是 15km，5 个台站观测到时差与计算到时差的差值均方根是 0.14s。注意 20km 是康拉德间断面的深度，出现到时差均方根值的跳跃，与 7.2.4.3 小节中所述 Pu – Pn 的情况类似（图 7.11）。

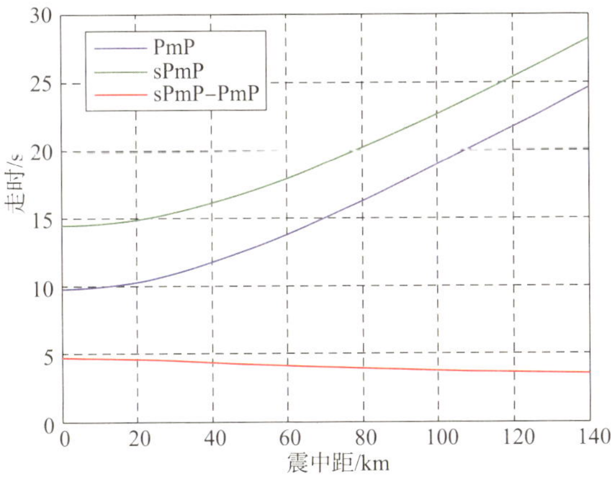

图 7.13　震源深度为 10km，不同震中距的 PmP 和 sPmP 理论走时及到时差，采用地壳模型为 IASP91（见表 7.1），使用程序 M07_02_spmp_pmp_depth_test.m，调用程序 M07_02_spmp_pmp.m

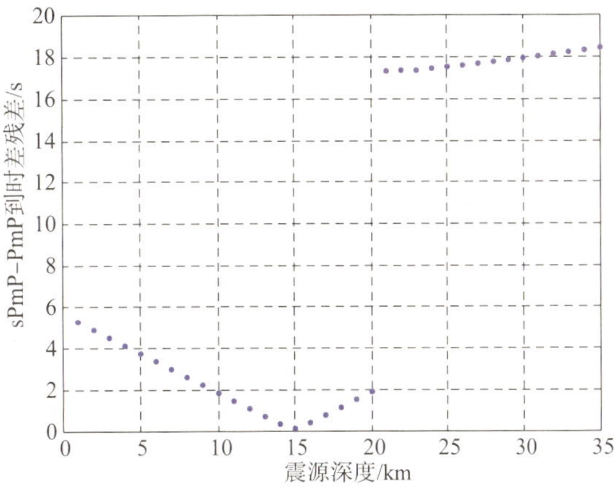

图 7.14　利用 PmP 和 sPmP 到时差搜索震源深度的一个假想示例。采用地壳模型为 IASP91（见表 7.1），使用程序 M07_02_sPmP_PmP_depth_mullayer_test.m，调用程序 M07_02_spmp_pmp_depth_mullayer.m 和 M07_02_spmp_pmp.m

7.2.4.6　用震相到时差估计震源深度算法的 Matlab 实现

以下对 7.2.4 中出现的 Matlab 程序进行一个归纳。

程序 M07_01_spdepth.m 实现使用 S－P 到时差拟合震源深度 h 和 S－P 虚波速度，其中假定均匀半空间地壳模型。程序 M07_01_spdepth_test.m 给出调用程序 M07_01_spdepth.m 的数值试验示例。算法见 7.2.4.1。

程序 M07_02_pmppgdepth.m 使用单层地壳模型，实现利用 TPmP－TPu 数据搜索震源深度。程序 M07_02_pmppgdepth_test.m 给出调用程序 M07_02_pmppgdepth.m 的数值试验示例。程序M07_02_pmppgdepth_mullayer.m 使用分层均匀地壳模型，实现利用 TPmP－TPu 数据搜索求深度。程序 M07_02_pmppgdepth_mullayer_test.m 给出调用程序 M07_02_pmppgdepth.m 的数值试验示例。程序 M07_02_pmp_pg_plot.m 产出 PmP－Pu 到时差随震源深度变化列线图。算法见 7.2.4.2 小节。

程序 M07_02_pnpgdepth_mullayer.m 使用分层均匀速度模型，利用 Pu－Pn 到时差估计震源深度。程序 M07_02_pnpgdepth_mullayer_dis.m 调用程序 M07_02_pnpgdepth_mullayer.m 画出 Pu－Pn 到时差随震源深度变化列线图，速度模型为 model_IASP91。程序 M07_02_pnpgdepth_mullayer_test.m 给出调用程序 M07_02_pnpgdepth_mullayer.m 的数值试验示例。算法见 7.2.4.3 小节。

程序 M07_02_pnpgsgdepth_mullayer.m 使用分层均匀速度模型，利用同一台站的上行 Pu、上行 Su 和折射波 Pn 的到时测定震源深度，程序 M07_02_pnpgsgdepth_mullayer_test.m 给出调用程序 M07_02_pnpgsgdepth_mullayer.m 的数值试验示例。算法见 7.2.4.3 小节。

程序 M07_02_sPn_pPn_Pn_model.m 使用分层均匀速度模型计算 sPn－Pn 到时差随震源深度的变化，计算 pPn－Pn 到时差随震源深度的变化。算法见 7.2.4.4 小节。

程序 M07_02_spmp_pmp.m 使用分层均匀速度模型计算 sPmP－PmP 到时差对应的震中距。程序 M07_02_spmp_pmp_test.m 调用程序 M07_02_spmp_pmp.m 计算 sPmP－PmP 到时差

随震源深度的变化。程序 M07_02_spmp_pmp_depth_mullayer.m 用多台 sPmP－PmP 到时差测定震源深度。程序 M07_02_spmp_pmp_depth_mullayer_test.m 给出调用程序 M07_02_spmp_pmp_depth_mullayer.m 的数值试验示例。算法见 7.2.4.5 小节。

7.2.5 P 波初动到时差方法（PTD）

朱元清等（1990）提出 P 波初动到时差方法，后简称为 PTD 方法（朱元清等，1997），适用于地壳内发生的近震，要求区域台网包围震中，而且既有初至为上行 P 震相的台站，也有初至为下行莫霍面折射波 Pn 震相的台站。该方法的优点是：①利用初至震相到时，避免了后续震相受初至震相尾波干扰使到时读数误差偏大的问题；②由于只用初至震相，便于实现自动读取震相到时，进而实现自动测定震源深度，适于在自动地震速报系统中应用；③在测定震源深度的能力方面，由于同时利用上行波和下行波，提高了到时数据对深度的约束能力。目前，该方法已纳入 Jopens6.0 处理系统（广东省地震监测中心，2017）。

7.2.5.1 PTD 方法原理

朱元清等（1990）的 PTD 方法分成以下步骤：

（1）利用常规地震定位方法得到待定深度地震的震中位置，从而得到记录到初至震相各台站的震中距。

（2）根据台站震中距和地壳速度模型，结合记录初至震相特征，将记录到初至的台站划分为初至为上行波 Pg（对应本章约定的上行 P 波 Pu）和初至为下行波 Pn 的两类台站，各为 n1 和 n2 个台站。由于震源深度是未知的，因而这种划分也是粗略的。

（3）对两类台站进行组合，构成 n1×n2 个“台站对”。

（4）对每个台站对，计算其“转换到时差”。对于上行波记录台站的震中距大于下行折射波“盲区”距离 D_1 的台站，（“盲区”距离与震源深度有关，此步骤是粗略判定），Pn 的“转换到时”是转换到相应上行波台站震中距的 Pn 到时，记原 Pn 到时为 T^i_{Pn}，则“转换到时”为 $T^i_{\mathrm{Pn}}-(D^i_{\mathrm{Pn}}-D^j_{\mathrm{Pu}})/V_{\mathrm{Pn}}$，其中 D^i_{Pn} 是 Pn 台站的震中距，D^j_{Pu} 是 Pu 台站的震中距，V_{Pn} 是上地幔 P 波速度，记上行 Pu 第 j 台站的初至到时为 T^j_{Pu}，于是有转换到时差，

$$T_{ij}=T^i_{\mathrm{Pn}}-\frac{D^i_{\mathrm{Pn}}-D^j_{\mathrm{Pu}}}{V_{\mathrm{Pn}}}-T^j_{\mathrm{Pu}} \tag{7.18}$$

对于上行波记录台站的震中距不大于下行折射波“盲区”距离的台站，Pn 的“转换到时”是转换到“盲区”距离 D_0 的 Pn 到时，于是有转换到时差，

$$T_{ij}=T^i_{\mathrm{Pn}}-\frac{D^i_{\mathrm{Pn}}-D_0}{V_{\mathrm{Pn}}}-T^j_{\mathrm{Pu}} \tag{7.19}$$

（5）用每个台站对的上行波记录台站的震中距和相应的转换到时差，查“转换到时差表”，得到对应于该台站对的震源深度。n1×n2 个台站对可得到同样数目的候选震源深度，采用不同的加权平均方法，可得到“最佳”震源深度。

PTD 方法基于查“转换到时差”表，该表的每一列对应一个震中距，每一行对应一个震源深度。建立该表除了给定地壳分层模型的每层厚度和 P 波速度，还要给出上地幔 P 波速度。尽管“盲区”距离和震中距有关，在 PTD 方法中要求预先给定一个“盲区”距离，例

如，朱元清（1990）给定 J－B 模型的盲区距离为 85km。

7.2.5.2　PTD 方法的扩展

PTD 处理方法的独特之处在于引进了 Pn 转换到时的概念，使得原本要查 $T_{\mathrm{Pu}}(D_{\mathrm{Pu}},h)$ 和 $T_{\mathrm{Pn}}(D_{\mathrm{Pn}},h)$ 两个走时表的问题变成了只需查一个 $T_{\mathrm{Pn}}(D_{\mathrm{trans}},h)-T_{\mathrm{Pu}}(D_{\mathrm{Pu}},h)$ 到时差表的问题。其中，D_{Pn}是有初动 Pn 的台站的震中距，D_{Pu}是有初动 Pu 的台站的震中距，设 D_0为 Pn 的盲区距离，当 $D_{\mathrm{Pn}}>D_0$时，$D_{\mathrm{trans}}=D_{\mathrm{Pu}}$；当 $D_{\mathrm{Pn}}\leqslant D_0$，$D_{\mathrm{trans}}=D_0$，从而简化了运算过程，而且，以 D_{Pu}和震源深度 h 为自变量的 $T_{\mathrm{Pn}}(D_{\mathrm{trans}},h)-T_{\mathrm{Pu}}(D_{\mathrm{Pu}},h)$ 到时差表更便于人工检索。

遵循 PTD 方法的基本原理，在计算机处理中可以对 PTD 方法加以扩展，本文提出一个可供参考的处理流程。

设有 N 个初动到时，记为 Toi，相应的震中距为 $\Delta_i, i=1,2,\cdots,N$。不需要预先判定各初至 P 的具体震相，也不需预先设定震源在地壳内或上地幔。将 N 个初至到时两两组成一对，共得到 $N\times(N-1)/2$ 个到时对，于是构成 $N\times(N-1)/2$ 个观测的初动到时差，记为 $T_{ij}, i=1,2,\cdots,N-1, j=i+1,i+2,\cdots,N$；然后，对给定的震源深度范围（例如 0～40km）和搜索步长（例如 1km），计算与各“台站对”对应的计算初动到时差，与观测到时差构成类似式（7.12）和式（7.13）的目标函数：

$$\mathrm{ob1}_k=\frac{1}{M}\sum_{i=1}^{N-1}\sum_{j=i+1}^{N}\mathrm{abs}(T_{ij}(h,\Delta_i,\Delta_j)-T_{ij}^{\mathrm{cal}}(h_k,\Delta_i,\Delta_j)) \tag{7.20}$$

或

$$\mathrm{ob2}_k=\frac{1}{M}\sum_{i=1}^{N-1}\sum_{j=i+1}^{N}(T_{ij}(h,\Delta_i,\Delta_j)-T_{ij}^{\mathrm{cal}}(h_k,\Delta_i,\Delta_j))^2 \tag{7.21}$$

式中，M 是到时差对的总数。$\mathrm{ob1}_k$或 $\mathrm{ob2}_k$对应于震源深度 $h_k, k=1,\cdots,K$，K 由深度搜索范围和步长 h_d决定，$h_k=(k-1)\times h_d$。

采用搜索法，例如最简单的直接搜索法，可得到使目标函数达到极小的震源深度 h_k，作为所求震源深度。

由于不要求事先预判初至震相是上行波震相还是下行波震相，这使地震图分析或自动识别变得简单，但要在计算程序中进行必要的判断：

首先，要通过计算在给定震源深度和震中距的初至震相走时并得到相应的震相名，可以采用传统的作法，即计算出在此震源深度和震中距全部可能的震相走时，取其最小者，并由此知道是上行波震相还是下行波震相。

如果“到时差对”中的两个震相同为上行波，即震源在上地壳时的两个 Pg，或震源在下地壳时的两个 Pb，或震源在上地幔时的两个 Pn，则应赋予小的权重，因为这类到时差对对于震源深度的控制作用不大，已偏离了 PTD 方法的基本思想。

在朱元清等（1997）给出的例 2 中使用的到时数据已不限于初至到时（朱元清等，1997，表 2），在该文附录中给出的深度－走时差表中的震中距范围也超出了上行波震相为初至的震中距范围，表明朱元清等（1997）已将 PTD 方法扩展到可以利用不是初至的震相到时，由此失去了利用初至到时的好处，但换来的是可以构成更多的到时差对，包括同一台站记录中读出的 Pg 和 Pn 到时差（参见 7.2.4.3 小节）。

总之，可以利用同台或不同台的近震震相到时差来控制震源深度，既可以都预先给定具体的震相名，也可以只认定为初至。

7.3 利用同台记录震相到时差测定远震震源深度

在我国的地震观测领域，如果地震到台站的距离大于10°左右，则对于该台站而言，认为此地震是远震。利用单个台站的远震记录可以独立测定地震的震源深度。当然，由于远震记录震相识别的复杂性和地球速度结构的不均匀性，与利用地方台网和区域台网定震源深度的能力相比，利用单台记录震相到时测定远震震源深度的分辨率不够高，测量误差也比较大。但从全球地震定位和单台地震定位的角度看，利用好远震的台站记录的后续震相到时，对于改善地震台站和台网的震源深度测定能力仍具有实际意义。例如全球远震定位算法EHB（Engdahl et al.，1998）通过利用后续震相到时，显著改善了震源深度测定能力。

7.3.1 利用深度震相和初至P震相的到时差

对于远震，深度震相包括pP，pPKP，sS，sPKP等近源地表反射震相。在利用其他数据得到震中距之后，利用深度震相与初至P震相的到时差，可以测定震源深度。由于深度震相与初至P震相的到时差对震中距的变化不敏感，而对震源深度的变化敏感，因此，只要粗略给出震中距，便可利用走时表查出对应于该到时差的震源深度。如果能读出几个深度震相的到时，则可得到几个震源深度估计值，通过比较，可从中选出“最佳”结果。例如，在去掉明显错误的结果（由于误认了震相）之后，取剩余结果的平均值。如果有多个台站以这种方法得到了震源深度，可取其加权平均。

如果仅使用深度震相与P初至震相到时差测定震源深度，需要预先知道震中距，而单台估计震中距的常用方法是根据S－P到时差查走时表，但此时要给定震源深度，因为S－P到时差不仅是震中距的函数，还是震源深度的函数，因此，如果得到的震源深度与使用S－P得到震中距时使用的深度相差较大，则需要根据新测定的震源深度重新用S－P测定震中距，如此反复修正震中距和震源深度。若采用下面介绍的震中距与震源深度的联合测定方法，则可一次性获得满意的震源深度。

7.3.2 利用同台站三震相的时差交点法

如果在同一台站得到初至P到时、S到时和至少一个其走时对震源深度敏感的震相到时，则可以利用S到时和对震源深度敏感震相的到时与初至P到时，联合测定该地震到台站的震中距和震源深度。这里所说对震源深度敏感的震相，除了近源地表反射的深度震相外，还包括ScS和ScP等地核反射震相以及PP等地表多次反射震相。图7.15给出这种方法的原理图，图中给出ScS－P和S－P两个到时差对应的震中距与震源深度关系曲线，两曲线交点的震中距和震源深度就是所求的震中距和震源深度。本例中的两个到时差（ScS－P到时差681.3s和S－P到时差220.1s）是根据给定的震中距20°和震源深度100km，用IASP91模型计算出来的，在震中距－震源深度坐标系中画出给定ScS－P和S－P的地震震中距和震源深度关系图，可以看到两条曲线交点的震中距为20°、震源深度为100km，符合给定ScS－P和S－P到时差值的预想结果。

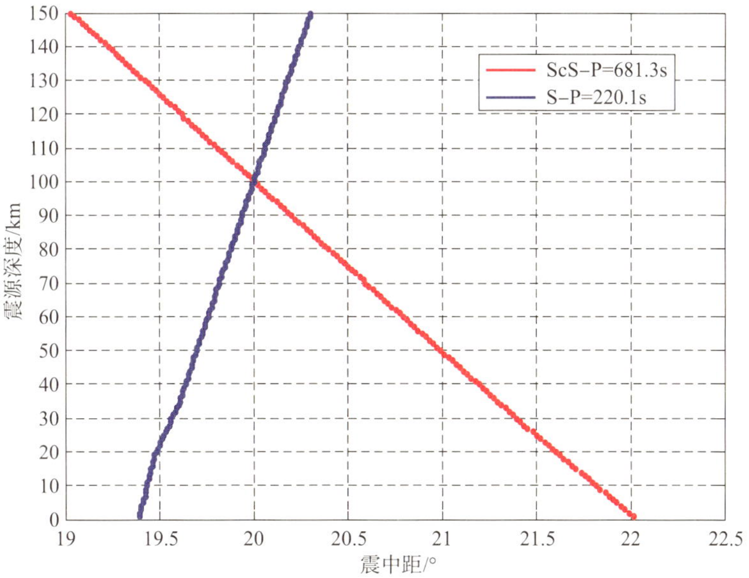

图 7.15　给定 ScS – P 和 S – P 到时差的震中距和震源深度关系示例。本例使用 IASP91 地球模型，使用程序 M07_02_scs_s_plot.m，调用数据文件 disScS.txt 和 disS.txt

在人工分析地震时代，为了便于利用同台站三震相时差联合测定震中距和震源深度，会根据震相走时表（例如我国常用的 J – B 走时表，国家地震局地球物理研究所，1980）绘出 3 震相走时差列线图。图 7.16 和图 7.17 是用程序 M07_02_scs_scp_plot.m 分别画出的 ScP – P 与S – P 列线图和 ScS – P 与 S – P 列线图，计算采用 IASP91 地球模型，程序调用计算走时的

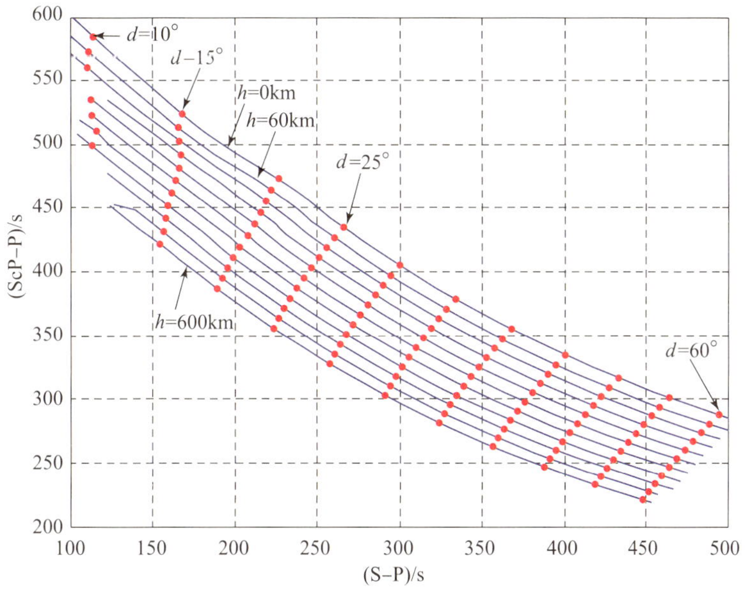

图 7.16　用 M07_02_scs_scp_plot.m 画出的 ScP – P 和 S – P 列线图，采用 IASP91 地球模型，图中 *h* 为震源深度（km），*d* 为震中距（°）

函数 TauPTime（Qin Li，2002），其中使用了 TauPtoolkit（Crotwell et al.，1999）。从图中可以看到，在使用 IASP91 地壳模型的情况下，有一些震中距和震源深度，没有相应震相。图 7.16 中，蓝色线是给定震源深度的 ScP－P 到时差与 S－P 到时差的关系曲线，自上而下，各条曲线对应的震源深度是 0～600km，间隔 60km，共 11 条，用红点表示震中距，最左一排对应震中距 10°，自左向右，间隔 5°，最右一排红点对应震中距 60°。在图 7.17 中，蓝色线是给定震源深度的 ScS 线－P 到时差与 S－P 到时差的关系曲线，自上而下，各条曲线对应的震源深度是 0～600km，间隔 60km，共 11 条，用红点表示震中距，最左一条红线对应震中距 20°，自左向右，间隔 5°，最右一条红线对应震中距 80°。可对照《测震学原理与方法》（中国地震局监测预报司，2017）中的图 10.2.18 和图 10.2.19 进行理解。

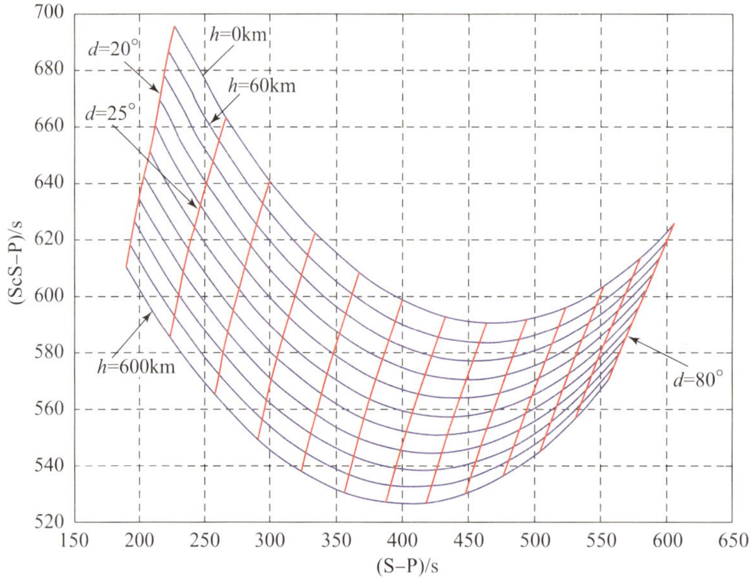

图 7.17　用程序 M07_02_scs_scp_plot.m 画出的 ScS－P 和 S－P 列线图，采用 IASP91 地球模型，图中 h 为震源深度（km），d 为震中距（°）

7.4　深度震相的识别方法

不论是近震还是远震，如果能借助分析人员的经验，人工识别出一个或几个台站记录的深度震相，便可利用深度震相与相应 P 震相的到时差，使用走时表或计算公式得到震源深度。关于深度震相的特征，可参考《宽频带数字地震记录震相分析》（刘瑞丰等，2014）和《中国数字地震仪台网（CDSN）典型震相图集（1990—2012）》（许健生等，2014）。

由于深度震相被掩埋在相应 P 震相的尾波和地动噪声之中，仅靠人工识别常会造成误判，特别是对于地壳内地震，因其震源深度浅，深度震相紧跟相应的 P 震相，被 P 震相尾波掩盖得更加严重，使得在原始记录图上人工识别深度震相变得十分困难，甚至不可能做到。因此，自有数字地震记录以来，地震工作者一直在寻找和试验各种借助时间序列数字处理技术识别或确认深度震相的方法，并取得了明显的成效。在一些情况下，甚至可以实现自动识别深度震相和利用深度震相自动测定震源深度。

然而，尽管开发的每种识别深度震相的方法都有成功的案例来证明其有效性，但各种识别方法又都有自身的局限性，在另一些案例中会表现不佳。于是试图采用已有的多种方法，相互佐证，最后通过自动或人工的综合判断，得到最可能的识别结果。因此，对本节中分述的各种方法，都可理解成在一些条件下是有效的，在另一些条件下又是表现不佳甚至无效的。在本节的最后，介绍综合应用这些方法的解决方案。

7.4.1　倒谱识别方法

7.4.1.1　地震波形的倒谱模型

4.4 节讨论了倒谱的定义和如何计算时间信号的倒谱。倒谱被定义为时间域信号频谱的自然对数的傅里叶变换，其原理利用了当原始信号中存在回声时功率谱中出现的周期性。在地震记录中，直达 P 和深度震相（pP 和 sP）之间的干涉，会在地震波谱中存在周期性，原则上利用倒谱能检测到这种周期性。

根据 Cakir 等（2010），初至 P 震相和后续的近源地表反射震相 pP、sP 可有如下简化数学模型，

$$s(t)=f(t)+af(t-t_0)+bf(t-t_1) \tag{7.22}$$

式中，$f(t)$ 是初至 P 震相；$af(t-t_0)$ 是 pP 震相，与初至 P 震相有延时 t_0，其振幅为初至 P 振幅的 a 倍；$bf(t-t_1)$ 是 sP 震相，与初至 P 震相有延时 t_1，其振幅为初至 P 振幅的 b 倍。例如，图 7.18 所示波形，图中初至波，

$$f(i)=\sin\frac{2\pi i\times fre}{F_s}\times\exp\left(\frac{-i}{q}\right) \tag{7.23}$$

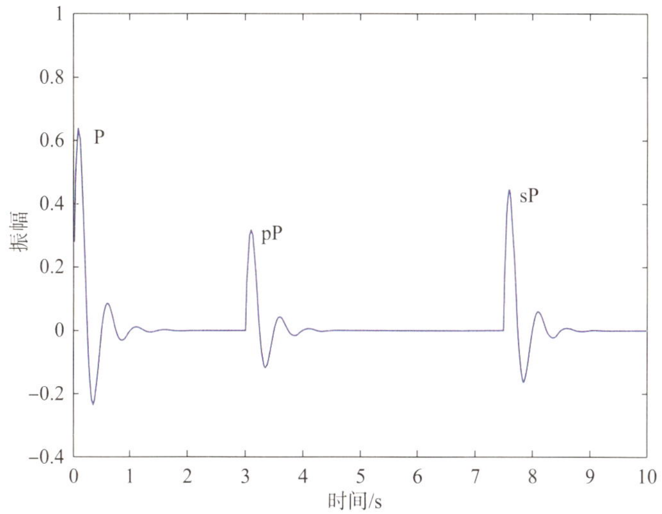

图 7.18　初至 P 震相及其后续 pP 和 sP 震相波形模型示意图

式中，i 为采样点序号；fre 为正弦信号频率，设 $fre=2$；F_s 是采样率，本例中 $F_s=40$sps；q 是衰减因子，取 $q=10$。模拟 pP 震相的 $a=0.5$，$t_0=3.0$s，模拟 sP 震相的 $b=0.7$，$t_1=7.5$s（这里的 pP 和 sP 与 P 的到时差为任意设定，不对应任何地震）。

利用 Matlab 程序 M07_03_cceps.m 得到复倒谱的绝对值，如图 7.19 所示。可以看到在倒

频率 3.0s 和 7.5s 处出现峰值（倒频谱的量纲是时间），表明与后续到达震相的延时一致。但由于信号的相互作用，还出现了一些小的倒谱线。

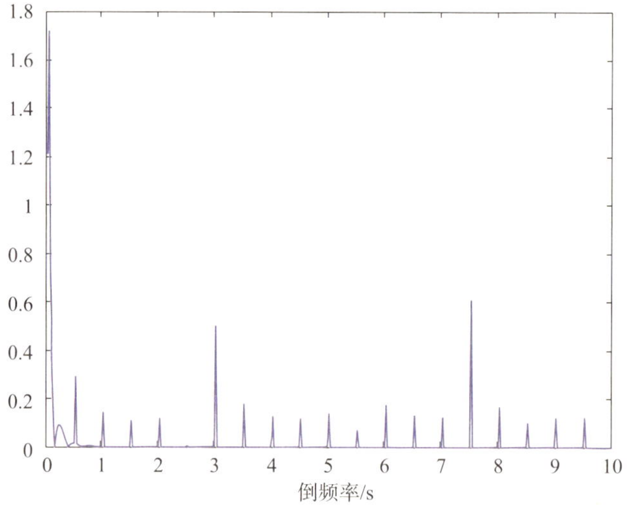

图 7.19 图 7.18 所示波形的复倒谱绝对值

在深度震相识别的实际问题中，由于信号波形的复杂性，会出现多个谱线，如何从中找出正确的谱线，成为倒谱法能否实际应用的关键。

7.4.1.2 倒谱叠加方法

为了增强由于深度震相造成的倒谱线，Cakir 等（2010）提出一种倒谱叠加法（Cepstral Stacking Method，CSM）。

下面以 2012 年 5 月 13 日 07:28:44.1（北京时间）阿富汗—塔吉克斯坦边境地区 6.1 级地震在我国昆明地震台的宽频带垂直向记录为例，说明倒谱叠加法的基本思路。使用的 Matlab 程序是 M07_03_csm_wave_test1.m。

图 7.20(a)是 IRIS 数据服务网站提供的昆明台记到的阿富汗—塔吉克斯坦边境地区 6.1 级地震的波形数据，震中距为 30.42°（http://ds.iris.edu/wilber3/find_event）。该地震事件作为浅源远震实例载入《宽频带数学地震记录震相分析》(刘瑞丰等，2014，图 6-18)。图 7.20(a)是对原始波形进行低通滤波后的波形，滤波器的拐角频率为 1Hz。

图 7.20(b-b′)中标出了两个震相位置，是根据下述 CSM 方法推断出的深度震相到达位置。

CSM 方法将 P 波段分成若干子窗口，这里给定窗长 30s，每个子窗口相对于前一个子窗口的延时时间是子窗口长度的 60%，对每个子窗口计算其倒谱，并与其前面的各子窗口的倒谱叠加。图 7.21(a)是自 P 初至（本例中相对于波形段起始为 61.8s）起 30s 子窗口内低通滤波波形的复倒谱绝对值曲线（蓝实线）和滑动平滑曲线（蓝虚线，滑动窗长 1s）以及去滑动平均后的倒谱曲线（红实线），可以看到 1s 后第一峰值出现在 3.4s 附近。图 7.21(b)是 10 个子窗口波形的复倒谱绝对值叠加的结果，图 7.21(c)是 20 个子窗口波形的复倒谱绝对值叠加的结果，图 7.21(d)是(c)时间尺度放大后的结果。倒谱叠加 20 段后给出多个峰值，其中延时 1s 之后的第 1 高峰延时 4.8s，第 2 高峰延时 2.0s，第 3 高峰延时 3.4s。对照根据 IASP91 地壳模型计算的 pP-P 和 sP-P 到时差（图 7.22），可认为第 1 高峰对应 sP，

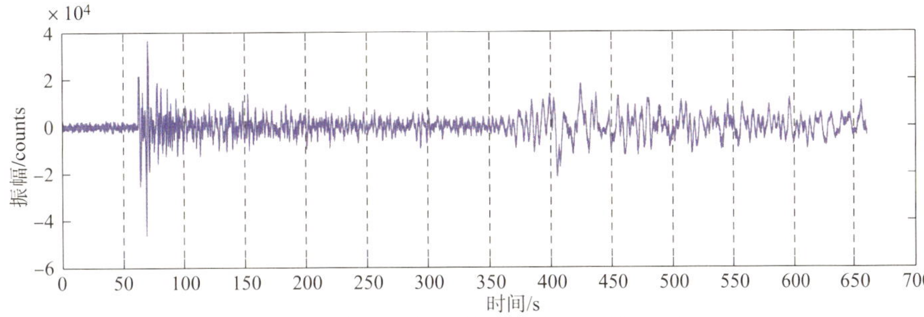

（a）原始记录图（昆明台，时长700s）

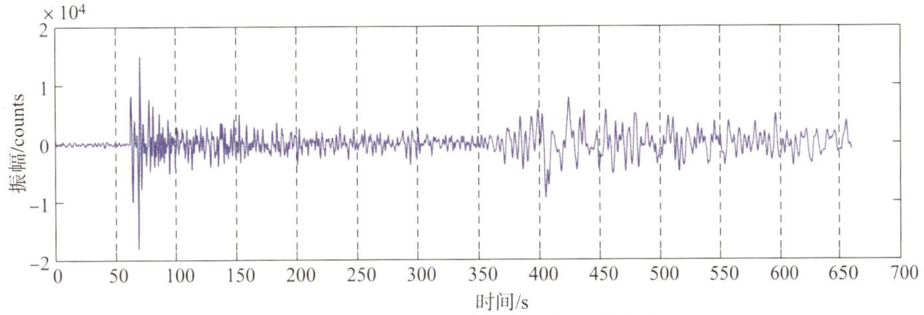

（a′）低通滤波后波形，滤波器拐角频率1Hz

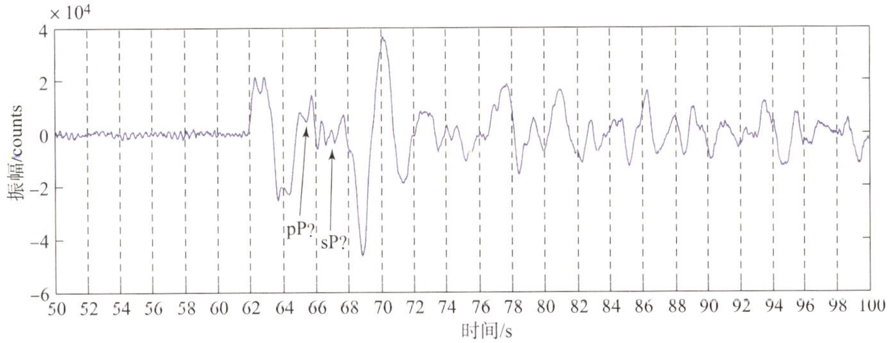

（b）原始记录图（昆明台，时长50s）

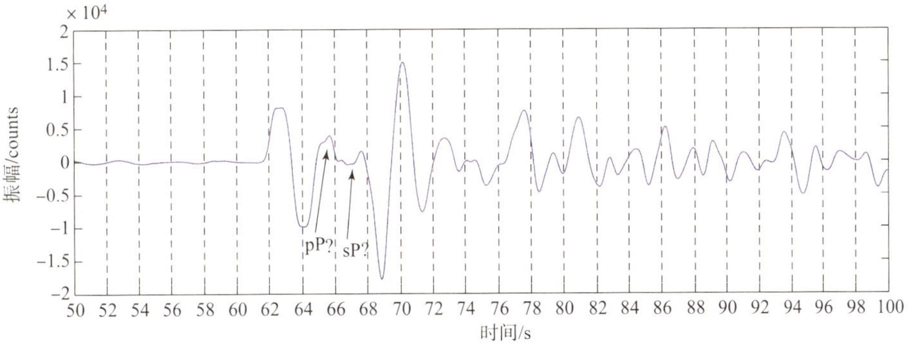

（b′）低通滤波后波形，滤波器拐角频率1Hz

图 7.20 2012 年 5 月 13 日 07:28:44.1（北京时间）阿富汗—塔吉克斯坦边境地区 M_S6.1 地震在我国昆明地震台的 BHZ 宽频带垂直向记录和对原始波形(a)进行低通滤波后的波形(a′)。图(b)和(b′)中标出的带问号的 pP 和 sP 位置是根据 CSM 方法推断出的深度震相到达位置；(b)和(b′)同图(a)和(a′)但时间尺度被放大

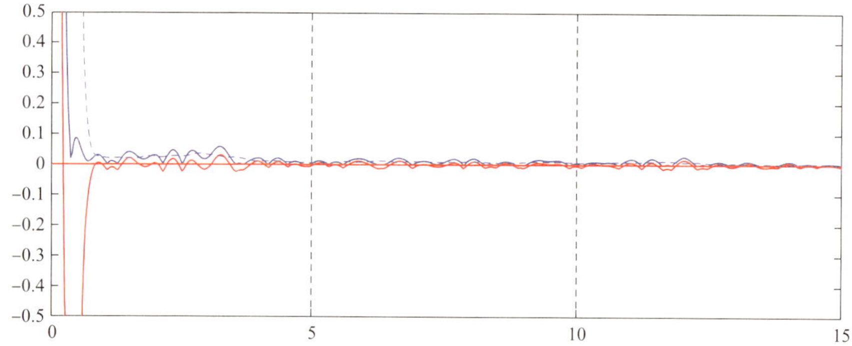

（a）倒谱叠加，段数=1

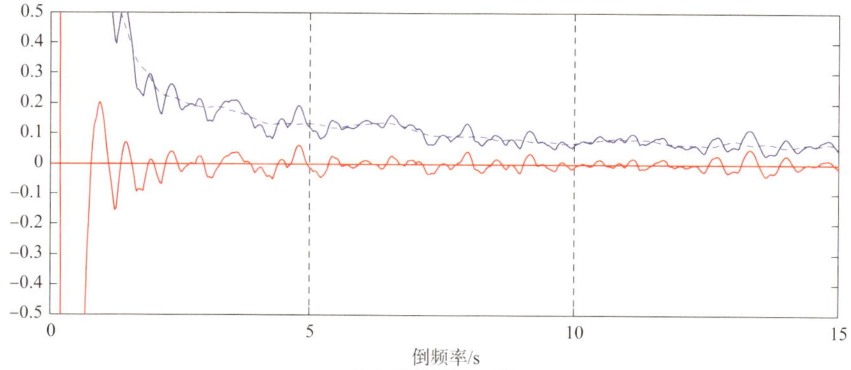

（b）倒谱叠加，段数=10

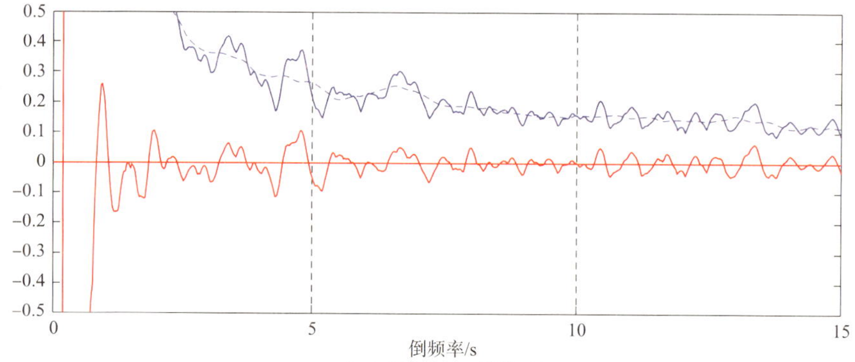

（c）倒谱叠加，段数=20

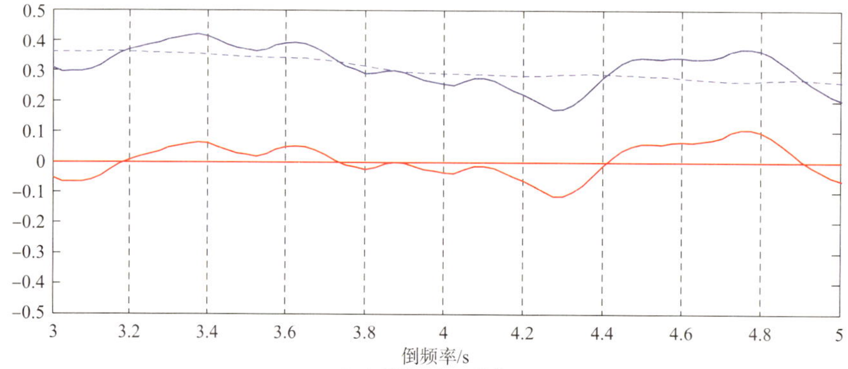

（d）倒谱叠加，段数=20

图 7.21　图 7.20 的倒谱叠加曲线

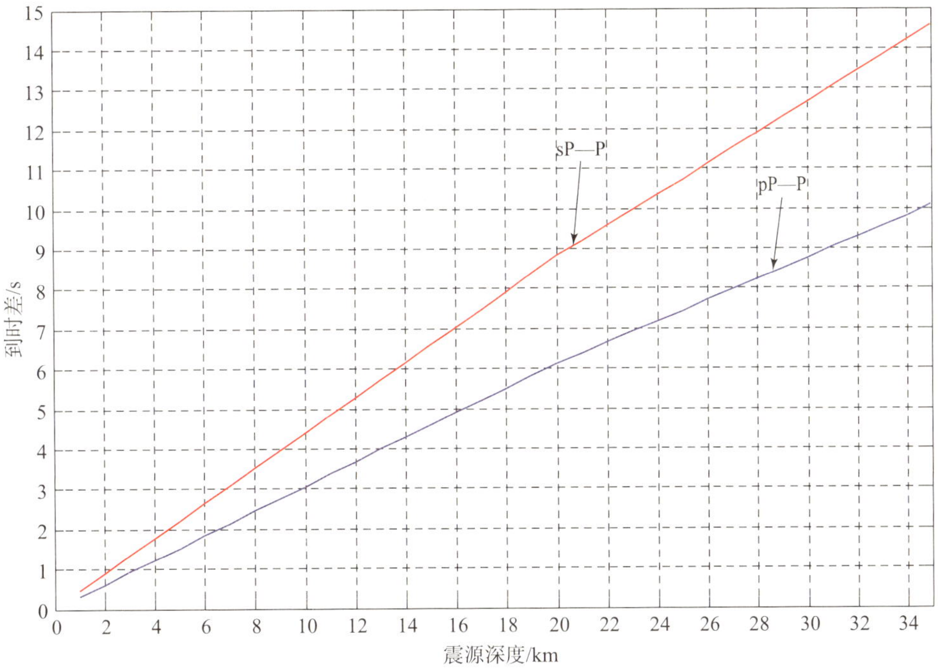

图 7.22 根据 IASP91 地球模型绘出的震中距 30°时 sP－P 到时差和 pP－P 到时差随震源深度的变化曲线

第 3 高峰对应 pP，得到震源深度为 11km。至于第 2 高峰和其他许多峰值则很难给出明确解释。

7.4.1.3 倒谱方法的改进

上述示例计算得到的倒谱包含太多的峰值，难于肯定地判定哪个是深度震相，其中的主要原因是噪声的影响。因此，Bonner 等（2002）曾提出计算倒谱的另一种方法，首先采用立方样条函数对功率谱的对数去掉其趋势，然后对其加窗，即进行带通滤波，去掉窗口外的噪声谱，之后进行傅里叶变换得到倒谱。下面使用 Matlab 程序 M07_03_csm_wave_test2.m 的运行结果来说明这一方法。仍使用图 7.20(a′)和(b′)中滤波后的波形数据，对所得到的振幅谱对数进行去趋势处理并带通滤波。本例中使用去滑动均值方法去趋势（见 2.2.1.1 小节），滑动窗长 41 点，折合 1.025Hz，带通滤波的通频带是 0.5～2.0Hz，得到图 7.23 去趋势并加频率窗的振幅谱对数。对于已修正的振幅谱对数，采用上节所述 CSM 方法计算多段倒谱并叠加，得到如图 7.24 所示的修正复倒谱绝对值曲线（蓝实线）和滑动平滑曲线（蓝虚线）以及去滑动平均后的倒谱曲线（红实线）。可以看到，通过对对数功率谱进行去趋势处理并加窗滤掉高频噪声，在倒谱域中更有利于对深度震相延时的识别。以上是使用 Matlab 程序 M07_03_csm_wave_test2.m 实现的，其中调用程序 M07_03_ceps_func3.m，在该函数中又调用去趋势函数 demmean.m 和滤波函数 filt.m，实现对功率谱对数的带通滤波。

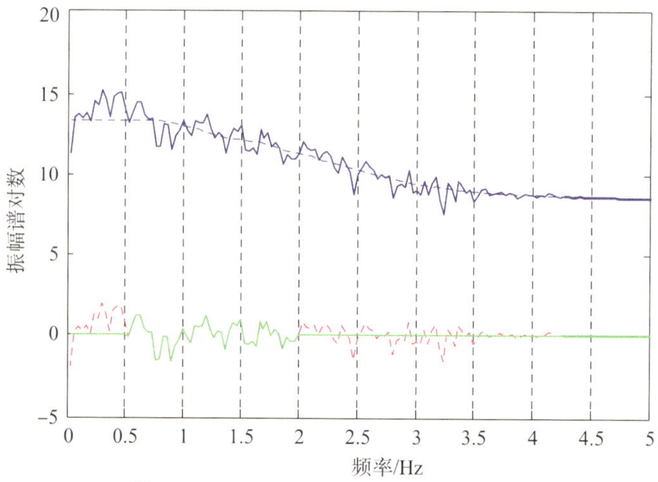

（a）第1段振幅谱对数，频率窗为0.5 ~ 2.0Hz。图中蓝实线为振幅谱对数原值，蓝虚线为滑动均值，绿实线是去趋势后在频率窗内的振幅谱对数，红虚线是去趋势后在频率窗外的振幅谱对数

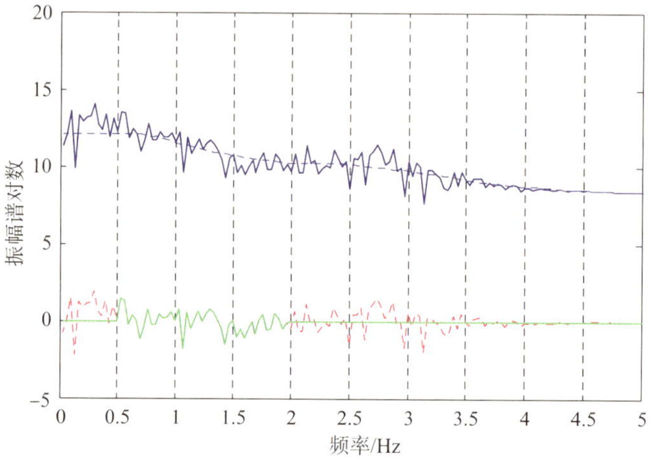

（b）第10段振幅谱对数，频率窗为0.5 ~ 2.0Hz。解释同（a）

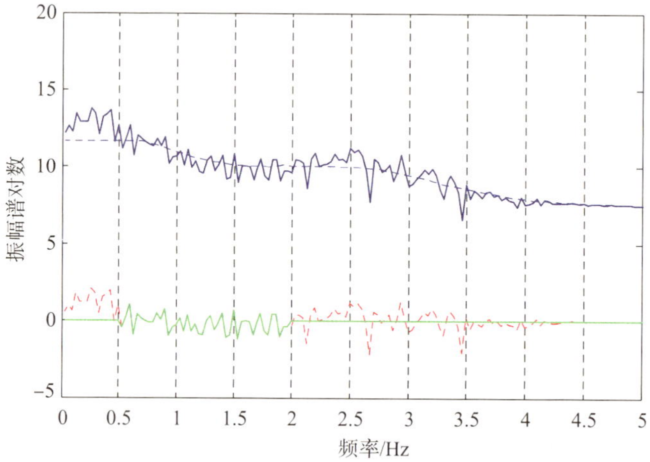

（c）第20段振幅谱对数，频率窗为0.5 ~ 2.0Hz。解释同（a）

图 7.23　使用图 7.20(a′)(b′)的波形数据，对振幅谱用对数进行去趋势处理

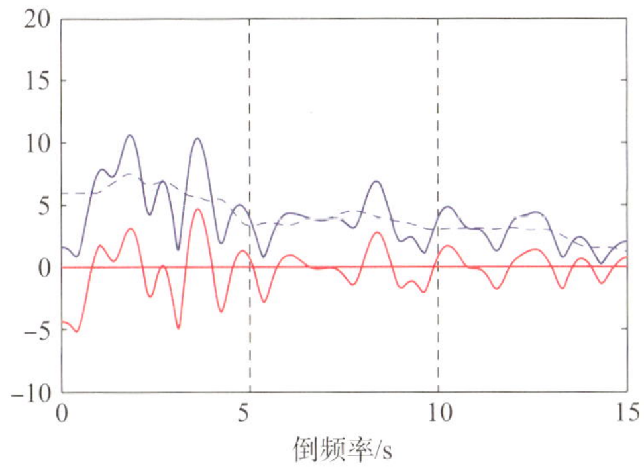

（a）自P初至（本例中相对于波形段起始为61.8s）起30s子窗口内低通滤波波形的修正复倒谱绝对值曲线（蓝实线）和滑动平滑曲线（蓝虚线）以及去滑动平均后的倒谱曲线（红实线），可以看到1s后第一峰值出现在3.4s附近

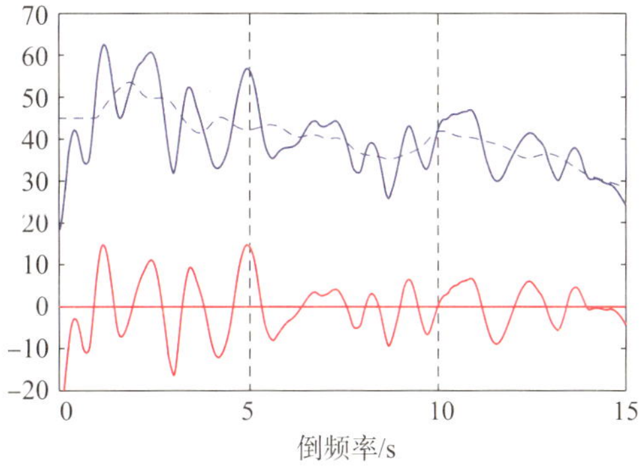

（b）10个子窗口波形的复倒谱绝对值叠加结果。各曲线含义同（a）

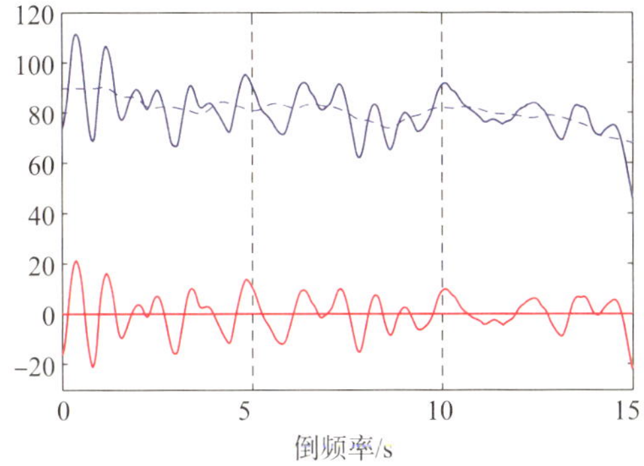

（c）20个子窗口波形的复倒谱绝对值叠加的结果。各曲线含义同（a）

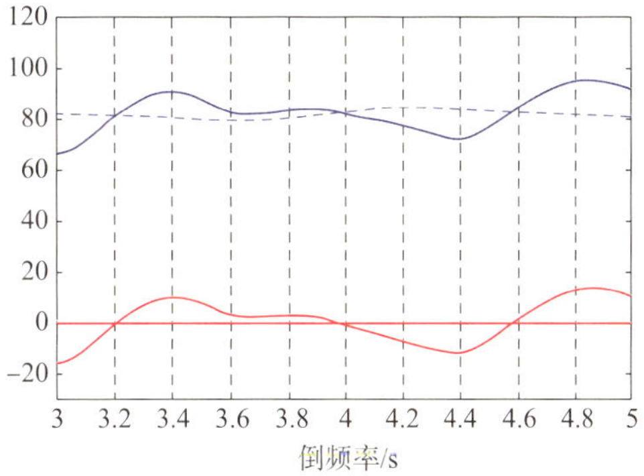

（d）图（c）的时间尺度放大后的曲线。各曲线含义同（a）

图 7.24　对图 7.23 已修正的振幅谱对数采用 CSM 方法的倒谱叠加曲线

7.4.2　平方和判据与 *F* 统计量方法

上节讨论的倒谱方法固然能提取关于深度震相的一些有用信息，但单靠倒谱分析还不足以证明倒谱中的某个峰值一定对应某深度震相的延时，而另一个峰值则不是。因此需要其他手段，其中之一是利用 *F* 统计量。*F* 统计量方法可以单独使用，例如唐明帅和王海涛（2011）使用的方法，但更多的情况是 *F* 统计量和倒谱结合使用。

7.4.2.1　卡平方分布与 *F* 统计量

如果随机变量 x 为正态分布，记为 $N(0,\sigma^2)$，其中 0 为期望值，σ^2 为方差。现有 x_1，x_2，…，x_N 共 N 个独立的正态随机变量，其统计特性均为 $N(0,\sigma^2)$，由这 N 个随机变量的组合构成新的一个随机变量，

$$S = \frac{\sum_{i=1}^{N} x_i^2}{\sigma^2} \tag{7.24}$$

这时的 S 具有自由度为 N 的卡平方分布，记为$\chi^2_{N,0}$。具有卡平方分布的随机变量 S 的均值为 N，方差为 $2N$。

如果随机变量 S 是一个正态分布为 $N(0,\ \sigma^2)$ 的随机变量 x 与一个非随机变量 $B(B_i =$

$B_1,B_2,\cdots,B_N$)的组合，则

$$S=\frac{\sum_{i=1}^{N}(x_i+B_i)^2}{\sigma^2} \tag{7.25}$$

为具有自由度为 N、非中心参量为 λ 的卡平方分布，记为 $\chi^2_{N,\lambda}$，由于 x 的均值为0，其非中心参数为，

$$\lambda=\left(\sum_{i=1}^{N}B_i^2\right)^{\frac{1}{2}} \tag{7.26}$$

设有随机变量 $X1$ 和 $X2$，分别服从卡平方分布 $\chi^2_{N_1,\lambda}$ 和 $\chi^2_{N_2,0}$，引入新的随机变量 F，定义，

$$F|_{N_1,N_2,\lambda}=\frac{\frac{X_1}{N_1}}{\frac{X_2}{N_2}} \tag{7.27}$$

则称随机变量 F 的分布是自由度为 N_1、N_2 而非中心参量为 λ 的非中心 F 分布。如果 $\lambda=0$，则为中心 F 分布。F 统计量常用于判断两个随机变量是否具有相同的统计特性。

对于随机离散时间序列，当序列足够长时，可以认为时间序列样本的总和代表了该随机变量的全部样本集合。因此，时间序列的均值近似于变量的期望值，而其标准偏差的平方近似于变量的方差。如果其均值和方差都不随时间改变，则该随机时间序列服从正态分布(高斯分布)。按上述定义，一个长度为 N 的有正态分布的时间序列 x 可构成具有卡平方分布的随机变量 X，如果有两个这样的时间序列 x_1 和 x_2，其中 x_1 是由正态分布 $N(0,\sigma_1^2)$ 的随机变量（地震背景噪声）与非随机变量（地震信号）构成的随机过程，具有非中心卡平方分布，其非中心参量 λ 由式（7.26）给出，而 x_2 为正态分布 $N(0,\sigma_2^2)$ 的随机过程（例如以地震背景噪声为主，均值近似为零），则可由这两个随机变量 x_1 和 x_2 构成随机变量 F。

设有随机离散时间序列 $x_1=(x_{1,1},x_{1,2},\cdots,x_{1,N})$，共有 N 个数据点，已知其采样率是 F_s(单位是 sps，即每秒的采样点数)，则该时间序列的时间长度是 $T=N/F_s$，单位是秒。如果该段时间信号已经过带通滤波，通频带的低频拐点为 f_1，高频拐点为 $f_2=f_1+(M-1)/T$，根据巴士瓦定理，该时间序列的各点值的平方和，即该段时间序列的“总能量”，

$$P_1=\sum_{i=1}^{N}x_1^2(i)=\sum_{f=f_1}^{f_2}\mathrm{FFT}(f)\cdot\mathrm{FFT}^*(f)=\sum_{f=f_1}^{f_2}\mathrm{PSD}_1(f) \tag{7.28}$$

式中，$\mathrm{PSD}_1(f)$是时间序列 x_1 的功率谱密度，频率 f 取值从 f_1 到 f_2，共有 M 个独立的功率谱密度值，又由于每个谱密度值由其实部和虚部组成，其平方和为谱值的平方，具有2个自由度（见5.7.1小节），因此，“总能量” P_1 有 $2M$ 个自由度。由于带宽 $F=f_2-f_1+1/T=M/T$(通常计算带宽时，只是简单地取 f_2-f_1，但对于离散的频点，带宽应是从 $f_1-\Delta f/2$ 到 $f_2+\Delta f/2$，其中 Δf 是频点间距，等于信号长度 T 的倒数)，故 $M=FT$，因此，对 P_1 的另一种描述是 P_1 有 $2FT$ 个自由度，其中 F 是带宽，T 是时间序列的长度（Heyburn and Bowers，2008；唐明帅和王海涛，2011）。对比式（7.24）和（7.28）得知，由式（7.28）构成的给定通频带的时间序列的“总能量”是遵从卡平方分布的随机变量，其自由度为 $2FT$。

7.4.2.2 单道波形的平方和检测判据

一类地震事件检测算法正是利用信号的滑动窗“平方和”或“绝对和”作为信号的特征函数，在其超过给定阈值时即报告检测到地震信号，现在常用的短时绝对均值（STA）与长时绝对均值（LTA）之比判据（STA/LTA）正是这类检测算法的延伸。在STA/LTA判据中以LTA作为分母，以利用相对值的阈值指标。类似地，在使用平方和判据时，也需要一个适当的分母。由于希望在分母中尽量不包含或少包含信号部分，因此，在单道信号分析中，取平时的地动噪声背景构成可供比较的噪声滑动窗平方和，或如STA/LTA那样，对单道波形同时取短时窗和长时窗平方和，用时窗长度（数据点数）进行归一，从而得到短时平方均值与长时平方均值之比判据。一般地，可有，

$$F_j = \frac{\mathrm{STA2}_j}{\mathrm{LTA2}_j} \tag{7.29}$$

其中，

$$\mathrm{STA2}_j = \frac{1}{N_1} \cdot \sum_{i=j-N_1+1}^{j} x_{1,i}^2 \tag{7.30}$$

$$\mathrm{LTA2}_j = \frac{1}{N_2} \cdot \sum_{i=k-N_2+1}^{k} x_{2,i}^2 \tag{7.31}$$

式中，$j=1,2,\cdots,J$，J为滑动窗的个数，滑动时间步长$=m\Delta t$，其中Δt是时间序列的采样时间间隔，$x_{1,i}$和$x_{2,i}$是去掉零点漂移后的时间序列。如果$m=1$则对时间序列逐点计算短时平方均值与长时平方均值之比，从而使检测判据具有最高的时间分辨力，当然，这增加了运算时间，在实时检测中可使用递归公式计算。

从随机过程分析的角度，式（7.29）定义的时间序列正是F统计量，因此，在下文讨论的F统计量方法实质上是利用平方和判据进行信号检测。但是，如果仅仅给出针对式（7.29）的触发阈值，例如2或3或其他值，则不能对触发的显著性给予定量描述，当引入了F统计概念，便能够说明以多高的显著性水平认定该检测是信号到达而不是随机噪声所致。

7.4.2.3 利用台阵记录识别深度震相的 *F* 统计量方法

在对台阵记录波形计算F统计量时，采用如下定义（Heyburn and Bowers，2008；唐明帅和王海涛，2011）：

考虑台阵的N个子台在时刻t的输出$u_i(t)$，该输出已按预先给定的一个慢度矢量引入了适当的延时，因此有台阵聚束波形，

$$\hat{u}(t) = \frac{1}{N} \cdot \sum_{i=1}^{N} u_i(t) \tag{7.32}$$

定义，

$$\begin{aligned} F_0 &= (N-1) \cdot \frac{\sum_{t=1}^{M} \hat{u}(t)^2}{\frac{1}{N} \cdot \sum_{i=1}^{N} \left(\sum_{t=1}^{M} u_i(t)^2 - \sum_{t=1}^{M} \hat{u}(t)^2 \right)} \\ &= (N-1) \frac{\sum_{t=1}^{M} \hat{u}(t)^2}{\frac{1}{N} \cdot \sum_{t=1}^{M} \sum_{i=1}^{N} u_i(t)^2 - \sum_{t=1}^{M} \hat{u}(t)^2} \end{aligned} \tag{7.33}$$

式中，$t=1, 2, \cdots, M$，M 是 T 秒矩形时间窗内的采样点数。由式（7.33）可知，F_0 值的分子是聚束的功率，分母是单道功率与聚束功率之差的全台阵 N 个子台平均值。在式（7.33）中，当到达信号的慢度矢量与聚束所用慢度矢量相近时，由于分子中的聚束功率增大，而分母会减小到剩余噪声，因此 F 值便会增大；如果没有信号而只有非相关的噪声，则分子和分母成正比变化，此时 F 值接近于 1。

式（7.33）给出的 F 值作为一个统计量，其统计特性对深度震相识别有用。当没有信号时，该 F 值有中心 F 分布，当存在信号时，为非中心 F 分布。F 统计理论成立的条件是：①在每道记录中存在的信号是相同的确定性的、独立的信号；②背景噪声是具有稳态自回归特性的、有相同分布的高斯噪声。

应用 F 统计理论，有可能检验如下假设是否成立：如果能适当满足上述①和②两个条件，则存在具有给定信噪比的信号。对于 T 秒观测信号，由式（7.33）计算出 F_0 值，则判定假设成立，即信号存在的概率是：

$$P[F(N_1, N_2, \lambda) < F_0] \tag{7.34}$$

式中，N_1 和 N_2 是（7.33）分子和分母的自由度；λ 是 F 统计的非中心参数。在利用式（7.33）时，$N_1=2B \cdot T$，$N_2=2B \cdot T(N-1)$，$\lambda=2B \cdot T(\mathrm{SNR})^2$，其中 B 是频率带宽（单位 Hz），T 是用于计算 F 的时间窗（单位 s），$(\mathrm{SNR})^2$ 是聚束波形的信噪功率比。

式（7.34）实际上是 F 值从 0 到 F_0 的累积概率，为便于计算，要利用非中心 F 与中心 F 的变换关系（转引自 Abramowitz and Stegun，1964，第 948 页式 26.6.26），

$$P[F(N_1, N_2, \lambda) < F_0] \approx P[F(N_1^*, N_2, 0) < F_0^1] \tag{7.35}$$

其中，

$$F_0^1 = \frac{N_1}{N_1+\lambda} F_0 \tag{7.36}$$

$$N_1^* = \frac{(N_1+\lambda)^2}{N_1+2\lambda} \tag{7.37}$$

在实际计算该概率值时，用式（7.33）得到 F_0 值，用式（7.36）将 F_0 变换成 F_0^1，再用式（7.37）由 N_1 得到 N_1^*，于是可计算自由度为 N_1^*、N_2 的中心 F 分布概率值小于 F_0^1 的累积分布函数（CDF）。

在 Matlab 中，可使用函数 fcdf(x, n1, n2) 计算该概率值，将 F_0^1、N_1^*、N_2 代入，得到所求“记录波形中存在信号”的概率为 $P=\mathrm{fcdf}(\mathrm{F}_0^1, \mathrm{N}_1^*, \mathrm{N}_2)$。

将时间窗按给定步长滑动，便得到随时间变化的 F_0 值和概率曲线。如果给定显著性水平，例如 95%，则认为概率值大于 0.95 的 F_0 时间窗对应于信号的到达。而概率值小于该显著性水平的时间窗，尽管可能包含 F_0 的一个峰值，但因显著性水平没有达到要求而被舍弃。这样，通过给定显著性水平，便能够从多个 F_0 峰值中找出最有可能对应深度震相信号的峰值。

以上海佘山地震台阵记录的 2014 年 8 月 3 日云南鲁甸地震为例，该地震的目录参数是：发震时刻 2014-08-03 16:30:12.0（UTC），震中位置北纬 27.11°，东经 103.33°（云南省昭通市鲁甸县），震源深度 10km，震级 $M_S6.6$（中国地震台网中心正式目录）。利用佘山台阵的 7 道垂直向记录波形计算 F 值，希望能得到深度震相相对于 P 波初至的延时，进而估计其震源深度。由于佘山台阵尺度较小，且所用道数较少，难于仅靠台阵本身的数据得到好的

聚束波形。鉴于已知地震的震中位置，可以计算出相对于台阵中心的方位角和视速度，因此可得到台阵各子台初至到达相对于台阵中心的延时，据此得到聚束波形。图7.25显示上海佘山台阵被使用子台布局，其中包括台阵外面的两个台站。

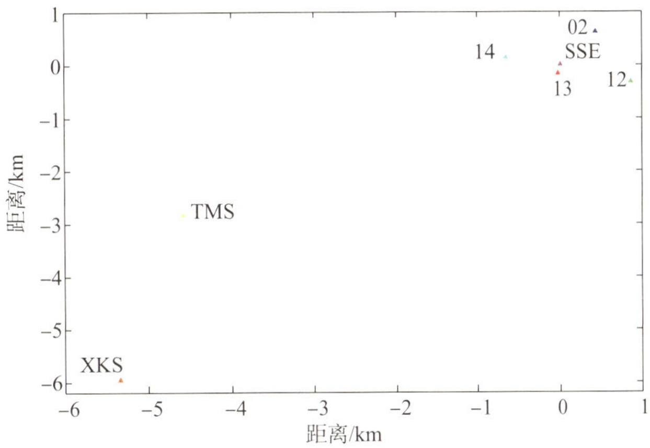

图7.25　上海佘山台阵被使用子台布局

图7.26(a)是佘山台阵7道经积分、去趋势、滤波（0.5~3.0Hz）并延时后的波形及其聚束波形，图7.26(b)台阵中心子台波形与聚束波形之差，代表了每个子台引入延时后波形与聚束波形之差的形态，可以说是各道记录去掉信号后得到的残余噪声；图7.26(c)是按式（7.33）计算的F_0值随时间变化曲线，图中的横线为肯定信号存在的概率为0.95、0.99和0.999的临界线，凡F_0值超过临界线，则表明以95%、99%或99.9%的显著性水平认定在该处存在信号；图7.26(d)将聚束波形与F统计量画在一起，借以比较聚束波形与F统计量的变化关系。

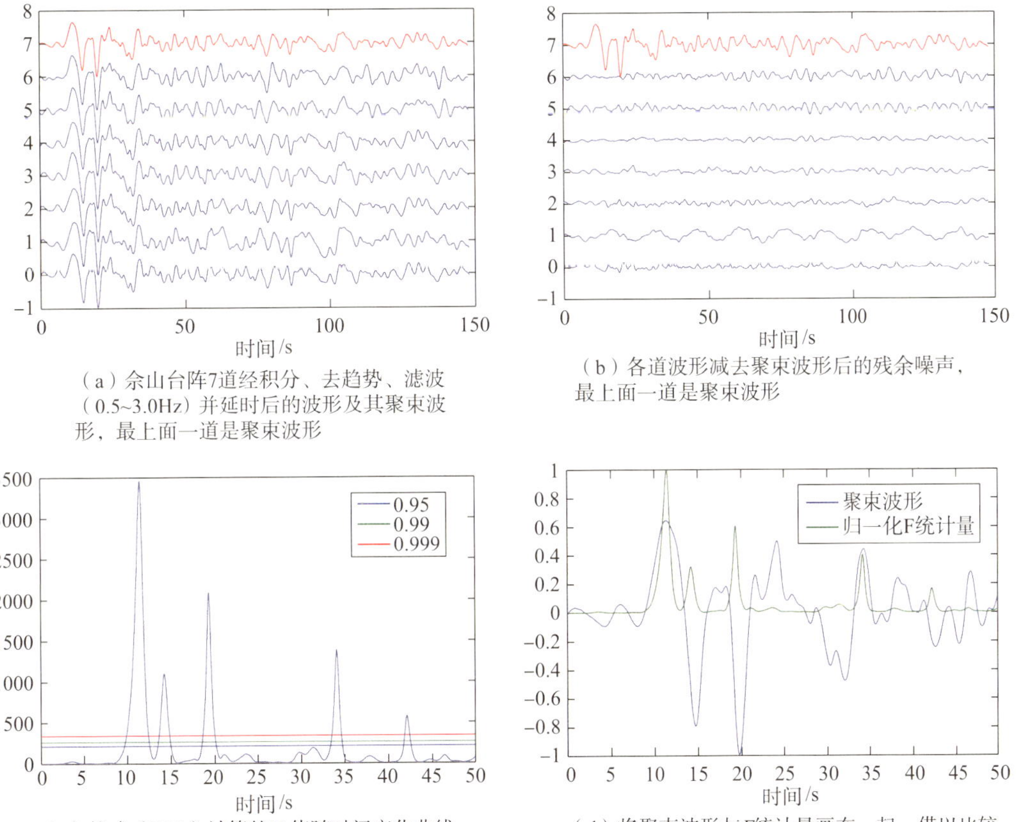

（a）佘山台阵7道经积分、去趋势、滤波（0.5~3.0Hz）并延时后的波形及其聚束波形，最上面一道是聚束波形

（b）各道波形减去聚束波形后的残余噪声，最上面一道是聚束波形

（c）按式（7.33）计算的F_0值随时间变化曲线，图中的横线为肯定信号存在的概率为0.95（蓝）、0.99（绿）和0.999（红）的临界线

（d）将聚束波形与F统计量画在一起，借以比较聚束波形与F统计量的变化关系

图7.26　上海佘山台阵记录波处理结果示例

7.4.2.4 利用台阵记录识别深度震相的倒谱 F 统计量方法（CFSM）

在地震信号的倒谱中会发现多个峰值，给深度震相的确认带来困难，Bonner 等（2002）提出使用一个 F 统计量来给出各倒谱峰值的统计显著性（statistical significance），从而改善了识别的分辨率并给出对倒谱中峰值的统计显著性。

仍然利用上节分析的佘山台阵记录鲁甸地震的实例。按照 7.4.1 的方法，可计算出波形聚束的倒谱序列，再对倒谱序列构成 F 序列，记为 F_c，参照式（7.33），有，

$$F_c = (N-1)\cdot\frac{\sum_{t=1}^{M} C_{\hat{u}}(t)^2}{\frac{1}{N}\cdot\sum_{i=1}^{N}\left(\sum_{t=1}^{M} C_{u_i}(t)^2 - \sum_{t=1}^{M} C_{\hat{u}}(t)^2\right)}$$

$$= (N-1)\cdot\frac{\sum_{t=1}^{M} C_{\hat{u}}(t)^2}{\frac{1}{N}\cdot\sum_{t=1}^{M}\sum_{i=1}^{N} C_{u_i}(t)^2 - \sum_{t=1}^{M} C_{\hat{u}}(t)^2} \tag{7.38}$$

式中，$C_{\hat{u}}(t)$是台阵聚束 $\hat{u}(t)$的倒谱序列；$C_{u_i}(t)$是第 i 子台记录波形 $u_i(t)$的倒谱序列。

7.4.3 利用单台三分量记录识别深度震相

在 P 波的尾波中 pP 和 sP 的能量占很大比例，二者的偏振特性接近于线性且其偏振主方向与初至 P 震相的偏振主方向接近。基于 pP 和 sP 的这些特性，可利用三分量的单台地震波形记录，在 P 波的尾波中找到深度震相 pP 和 sP 的到达。

Виллемсон 和 Овчинников（1996）给出一种利用三分量单台记录波形识别深度震相的具体算法。该算法处理了 71 个地震，其中 57 个算出的深度与 ISC 报告的深度一致。

7.4.3.1 基本算法

滑动时间窗 $T=N\Delta t$，N 是时间窗 T 中的数据点数，Δt 是采样间隔，在此时间窗上的协方差矩阵元素为，

$$G_{jk} = \frac{1}{N}\cdot\sum_{i=1}^{N} u_{ij}u_{ik} \tag{7.39}$$

式中，j，k=1，2，3。由方程式

$$(\boldsymbol{G}-\lambda_m^2\boldsymbol{I})\boldsymbol{e}_m = 0 \tag{7.40}$$

可求出特征矢量 $\boldsymbol{e}_m$和归一化特征值 λ_m（$m=1,2,3$，$\boldsymbol{I}$ 是单位矩阵），λ_m中最大的一个所对应的特征矢量给出质点运动能量最大的方向，为时间间隔 T 上的优势方向。定义时间函数为，

$$G_1(t) = \frac{2}{N}\cdot\sum_{i=-\frac{N}{4}}^{\frac{N}{4}}\left(1-\left(\lambda_2(t+i\Delta t)+\frac{\lambda_3(t+i\Delta t)}{2\lambda_1(t+i\Delta t)}\right)\right] \tag{7.41}$$

式中，λ_m是瞬时特征值，且 $\lambda_1(t)\geqslant\lambda_2(t)\geqslant\lambda_3(t)$，对于理想的线性偏振，$G_1(t)=1$。再定义，

$$G_2(t)=\frac{2}{N}\cdot\sum_{i=-\frac{N}{4}}^{\frac{N}{4}}(\boldsymbol{e}_{\mathrm{p}}\cdot\boldsymbol{e}_T(t+i\Delta t))\tag{7.42}$$

式中，$\boldsymbol{e}_{\mathrm{p}}$是 P 波初至震相偏振主方向的特征矢量；$\boldsymbol{e}_T(t)$是时间窗 T 中相应于最大特征值的特征向量的瞬时值，两矢量进行内积运算。G_2（t）反映在 $T/2$ 区间上 P 波尾波中的瞬时偏振主方向与初至震相偏振主方向的偏差，如果瞬时偏振主方向与 P 波初至震相偏振主方向一致，则 $G_2(t)=1$。

令 $P(t)=(\boldsymbol{e}_{\mathrm{p}}\cdot\boldsymbol{u}(t))$，这是三分量记录地动位移 $\boldsymbol{u}(t)$在 P 波初至震相偏振主方向 e_{p}上的投影，定义函数，

$$D_1(t)=\frac{1}{N}\sum_{i=-\frac{N}{2}}^{\frac{N}{2}}P^2(t+i\Delta t)\tag{7.43}$$

$$D_2(t)=P(t)\tag{7.44}$$

于是构成特征函数（为避免与前文讨论的 F 统计量混淆，这里把 Виллемсон 和 Овчинников（1996）提出的两个特征函数名称 FP 和 F 改成 CF_1和 CF_2）：

$$CF_1(t)=G_1^n(t)G_2^m(t)D_1(t)\tag{7.45}$$

$$CF_2(t)=G_1^n(t)G_2^m(t)D_2(t)\tag{7.46}$$

式中的幂次 n 和 m 都取偶数，在 Виллемсон 和 Овчинников（1996）的试验中取 $n=80$，$m=8$，以强烈压制在 P 波中混有的其他震相，如 PP 等。

Виллемсон 和 Овчинников（1996）给出初至 P 和 pP 震相的入射角有如下关系：

对于 $15°\leqslant\Delta\leqslant150°$ 和 $0\leqslant h\leqslant300$km，有，

$$|i_{\mathrm{P}}(\Delta,h)-i_{\mathrm{pP}}(\Delta,h)|<10°\tag{7.47}$$

当 $\Delta<15°$时，有，

$$|i_{\mathrm{P}}(\Delta,h)-i_{\mathrm{pP}}(\Delta,h)|>10°\tag{7.48}$$

7.4.3.2　计算示例

按照上述给出的公式编写了 Matlab 程序 M07_04_polarization_depth.m，计算特征函数 CF_1 和 CF_2。图 7.27 给出对 7.4.1.2 小节所举震例（昆明台记录到的 2012 年 5 月 13 日 07：28：44.1（北京时间）阿富汗—塔吉克斯坦边境地区 M_S6.1 级地震的宽频带三分量记录）的处理结果。原始波形经 0.5～3Hz 带通滤波，计算 CF_1 和 CF_2 时给定 $n=8$，$m=4$，图 7.27（a）、（b）和（c）显示滤波后的信号波形以及 D_1、G_1、G_2、CF_1、CF_2 时间序列。

4.6.3 小节对三分量记录的偏振特性及各种偏振参数进行了较详细的讨论，估计这些参数随时间的瞬时变化特征，对识别深度震相会提供有用的信息，可以试验。这里不再进一步讨论。

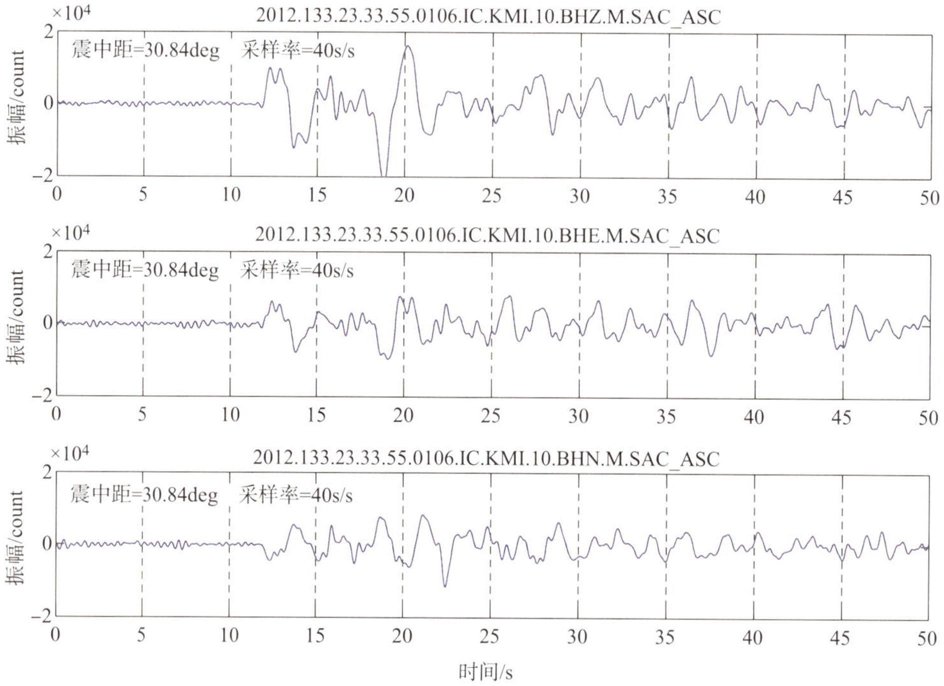

（a）2012年5月13日07：28：44.1（北京时间）阿富汗—塔吉克斯坦边境地区M_S6.1地震在我国昆明地震台的宽频带三分量记录。上图：垂直分量，中图：东西分量，下图：北南分量

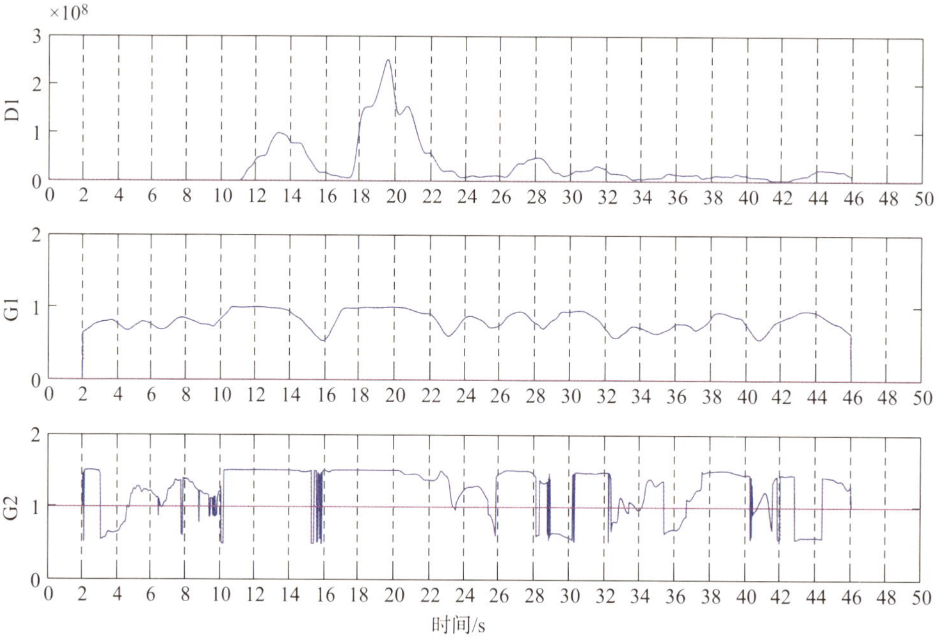

（b）对图(a)所示三分量记录，根据式（7.43）、式（7.41）和式（7.42）计算的D_1（上图）、G_1（中图）和G_2（下图）

图 7.27　M_S6.1 地震昆明台宽频带三分量记录波形与处理结果

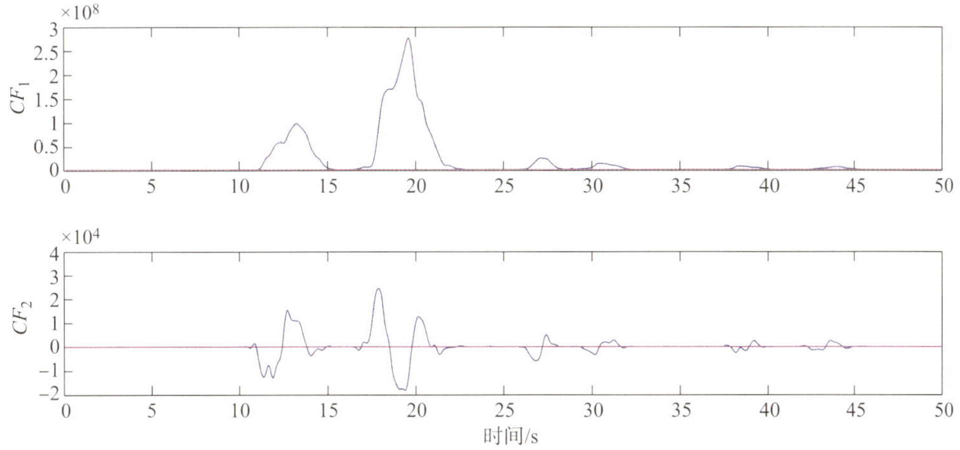

（c）对图(a)所示三分量记录，根据式（7.41）~ 式（7.46）计算的CF_1（上图）和CF_2（下图）

图 7.27（续图）

7.4.4 近震深度震相 sPn 的识别和利用

前几节介绍的方法主要适用于远震，原则上也可用于近震，但须采取一些辅助措施。例如，在将 7.4.2.4 小节介绍的倒谱 F 统计量方法（CFSM）应用到近震距离（这里粗略地将初至震相为 Pn 的震中距称作近震距离）时，为了在多个可能的候选峰值中选出对应于深度震相的峰值，必须额外的证据来认证被 CFSM 检测到的震相是否是实际的深度震相。当前的作法主要是利用小型地震台阵估计直达波到达和可疑的表面反射两者的视速度、振幅和频率成分，以帮助确认或排除区域深度震相到达的倒谱检测结果。Stroujkova 和 Reiter（2006）提出的增强型倒谱 F 统计量方法（ECFSM）在已有倒谱 F 统计量方法（CFSM）的基础上，采取了若干辅助措施，例如，对记录波形进行一些预处理，以提高信噪比，包括去毛刺、傅里叶滤波、小波去噪声（见第 2 章和第 4 章）；使用各种台阵处理方法来估计 Pn 尾波达到的视速度和方位角，包括聚束、相似性（semblence）分析、多种信号分类（MUSIC）（Schisselé et al.，2004）和互相关等。

利用 sPn－Pn 到时差测定近震震源深度的关键在于如何正确识别 sPn 震相。通过分析人员对多台记录的 sPn 震相进行追踪，可帮助识别 sPn 震相（洪星等，2006）。但由于震源机制的影响，不同震中距和方位台站记录的 pPn 和 sPn 震相的发育程度有很大差异，许多时候仅靠目测和经验难于识别 pPn 和 sPn 震相。

下面介绍识别近震深度震相 sPn 的滑动时窗互相关叠加方法。

滑动时窗互相关叠加技术被用来提取 sPn 震相（张瑞青等，2008；王俊等，2013），利用的数据是处于近震距离的多个台站的记录波形，可以采用垂直分量，也可采用两水平分量合成的径向分量，在对波形扣除线性趋势和仪器响应并进行适当的频率滤波等波形数据预处理（见第 2 章）后，读取各道的首波 Pn 到时。由于对所分析地震已经进行过地震定位，已知各台站的震中距，故可以用区域走时表预测 Pn 到时，由分析人员目测，或可采用计算互相关函数的方法找出各道的相对到时差（见第 4 章），依此到时差对各道信号进行时移，形成新的以 Pn 到达时刻对齐的波形，对两两台站的“波形对”计算滑动窗互相关系数时间序列，然后对互相关系数时间序列进行叠加并以其最大值进行归一化，得到归一化叠加互相关系数时间序列。具体计算过程如下：

记 Pn 对齐后的波形为 x_{ij}，i 是台站标号，$i=1,2,\cdots,N,N$ 是总道数；j 是数据点序号，$j=1,2,\cdots,M,M$ 是总数据点数。给定滑动时窗长度为 K 点，则有叠加的局部归一化互相关系数时间序列，

$$C_j^{\mathrm{local}} = \sum_{i=1}^{N}\sum_{m=i+1}^{N}\frac{\sum_{k=1}^{K}(x_{i,(j-1+k)}\cdot x_{m,(j-1+k)})}{\left(\sum_{k=1}^{K}x_{i,(j-1+k)}^2\cdot\sum_{k=1}^{K}x_{m,(j-1+k)}^2\right)^{\frac{1}{2}}} \tag{7.49}$$

式中，$j=1,2,\cdots,M-K$。另一种算法是先计算未归一化的相关系数，

$$C_j^{\mathrm{ori}} = \sum_{i=1}^{N}\sum_{m=i+1}^{N}\sum_{k=1}^{K}x_{i,(j-1+k)}\cdot x_{m,(j-1+k)} \tag{7.50}$$

再用 C_j^{ori} 时间序列中的最大绝对值 $C_{\max}^{\mathrm{ori}}$ 进行归一化，得到，

$$C_j^{\mathrm{globle}} = \frac{C_j^{\mathrm{ori}}}{C_{\max}^{\mathrm{ori}}} \tag{7.51}$$

由式（7.49）和式（7.50）可以看到，对于 N 道记录波形，可以得到 $N(N-1)/2$ 个滑动时窗互相关系数时间序列，然后再叠加到一起。

由于地壳内地震的深度震相与 Pn 的到时差近似与震中距无关，只与震源深度有关，因此，叠加的结果使深度震相对应的互相关系数峰值得到增强。

滑动窗互相关方法的关键是选好滑动窗的宽度，可对若干候选时间窗宽度进行测试和择优。王俊等（2013）指出，窗长的取值一般为信号最大周期的 1/2，Pn 波的周期一般约为 0.5～3s，故取滑动窗长为 1.5s。

图 7.28 给出 6 道合成数据，用于计算滑动窗互相关系数，使用 Matlab 程序 M07_04_corre_synthetic.m。所用信号是三段周期为 1s 的正弦信号，三段的振幅分别为 7，2，5，起始时刻为 3s，5s，7s，都以 0 相位起始，持续时间 1s，见图 7.28(a)的上图。图 7.28(a)是各道合成波形数据，每道有相同的信号，各道加入有同样水平的高斯随机噪声（a × randn(1)），试算中取 a=4，各段信号的信噪比为 1.75、0.5 和 1.23，可见第 2 段信号已被埋入噪声中。图 7.28(b)的最上面一道是各道波形的简单叠加，可以看到对随机噪声的压制作用。图 7.28(c)的上图是按式（7.49）计算的局部归一化互相关系数叠加结果；下图是按式（7.50）和式（7.51）计算的全局归一化互相关系数叠加结果。

该示例表明，两种归一化算法的结果还是有区别的。局部归一化算法突出了两道波形在滑动时窗内的相关度，对时窗内波形的强度（幅度）不那么敏感，而全局归一化算法即反映了两段波形的相关度，也反映了波形的强度信息，其结果是对于幅度较小的信号不够敏感，给出的相关系数值不如局部归一化相关系数那样显著。可以说，局部归一化结果更有助于提高对较弱信号的识别能力。

Matlab 程序 M07_04_corre.m 实现滑动窗波形互相关，估计 sPn 与 Pn 到时差，套用走时计算程序 M07_01_travel_time_ps.m 计算 Pn 走时，套用滤波程序 filt.m 进行带通滤波。

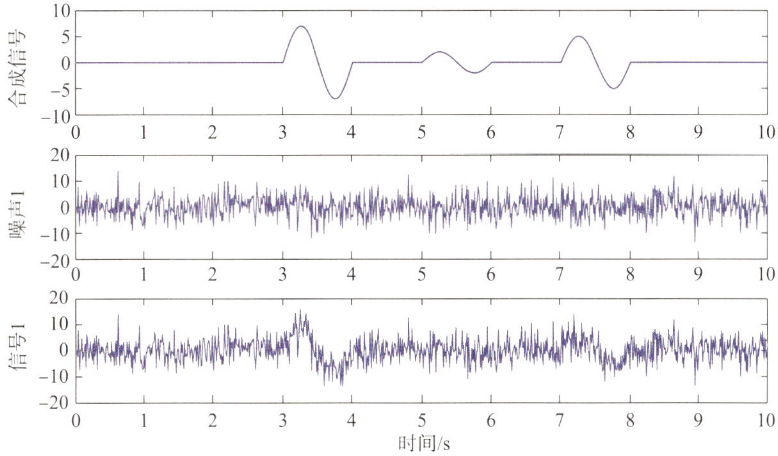

（a）上图：试验用合成波形数据，每道有相同的信号；中图：高斯随机噪声；下图：加入随机噪声的第1道合成信号

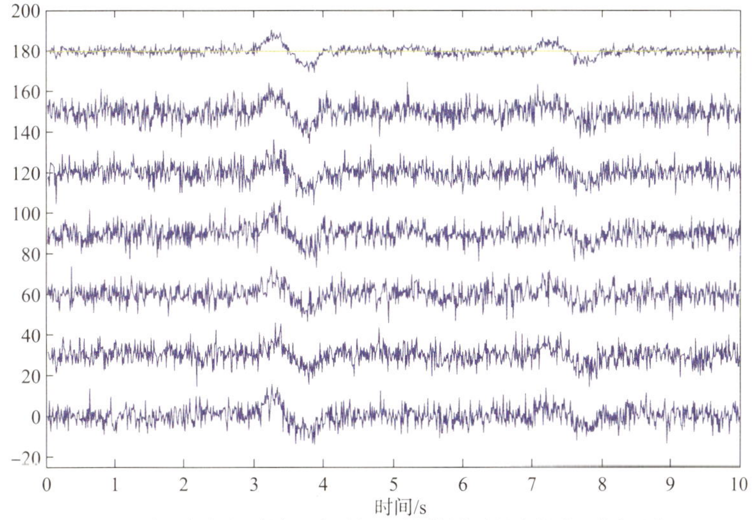

（b）试验用合成波形数据，各道加入有同样水平的高斯随机噪声（自下而上为1~6道），最上面的一道是各道波形的简单叠加

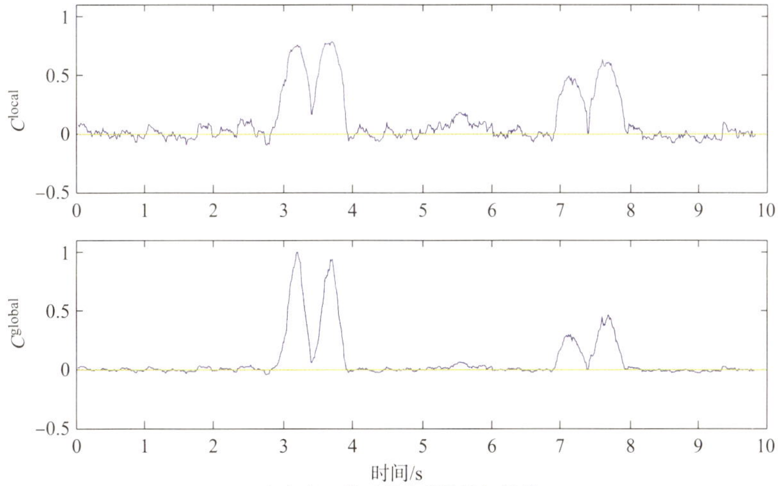

（c）归一化互相关系数叠加结果

图 7.28　多道数据合成与随机噪声

图7.29和图7.30是2012年7月20日宝应—高邮4.9级地震江苏省地震台网原始垂直向记录波形的滤波波形和滑动窗互相关叠加处理结果。选该地震作为试算例，是因为王俊等（2013）已采用滑动窗互相关叠加方法得到了该地震的震源深度，并给出了该地震的震源机制解及所用地壳模型，故可作为检验本文所用程序的参考。图7.29是对原始垂直向记录波形进行滤波、按走时表Pn到时粗对齐、再按Pn段波形互相关进行精细对齐后的波形（针对本试算目的，没有进行去仪器响应处理），遵循前文给出的处理过程和计算公式，

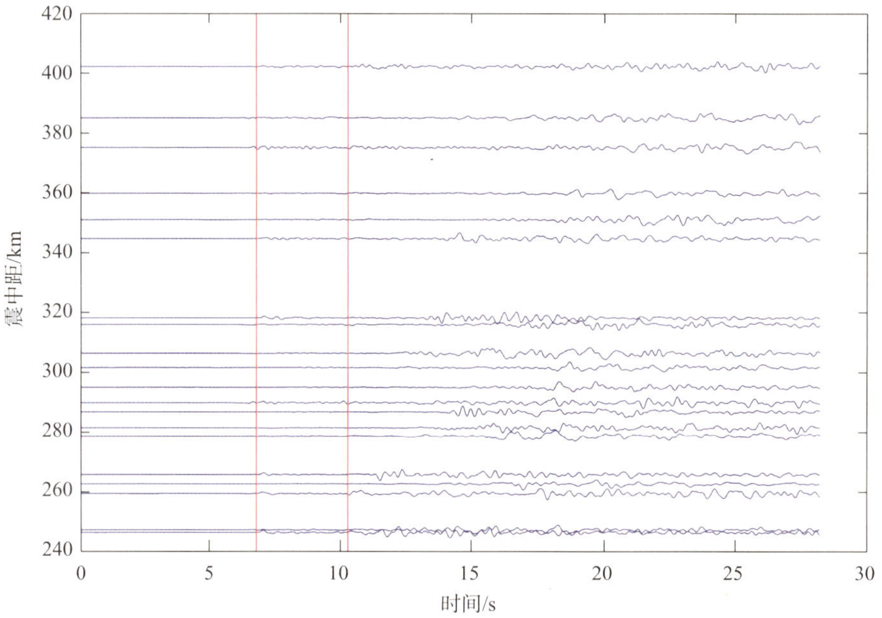

图7.29　2012年7月20日宝应—高邮4.9级地震江苏省地震台网原始垂直向记录波形的滤波波形，两条红线对应时刻6.8s和10.3s，作为Pn和sPn相对于对齐波形起点的时刻

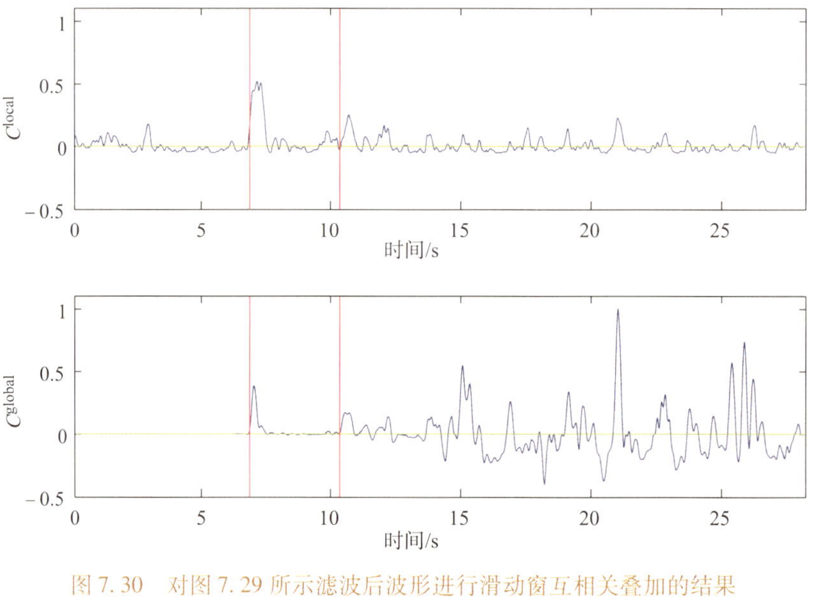

图7.30　对图7.29所示滤波后波形进行滑动窗互相关叠加的结果

得到图 7.30 所示滑动窗互相关系数叠加结果时间序列。根据图 7.30 所示峰值，给出估计的 Pn 和 sPn 到达时刻，并以红线示于图 7.29 和 7.30 中。相对于波形起点，得到的 Pn 和 sPn 的位置是 6.8 和 10.3s，到时差为 3.5s。用 js4 模型，得到震源深度 8.2km，用 IASP91 地壳模型（表 7.1），则得到震源深度 9.0km。使用的 js4 模型是王俊等（2013）提供的江苏地区一维地壳模型（王俊等，2013，表 1）加上 IASP91 地壳模型的上地幔速度，见表 7.2。

表 7.2　计算所用的 js4 地壳模型

层序号	层顶深度	层内 P 波速度/（km/s）	层内 S 波速度/（km/s）	界面标记
1	0	5.10	2.95	0
2	5	6.03	3.49	0
3	15	6.40	3.70	1
4	25	6.75	3.90	0
5	35	8.04	4.47	2

注：“界面标记”栏中，0 代表上地壳；1 代表康拉德间断面；2 代表莫霍间断面。程序计算要读入这一栏的数字。

7.5　基于合成地震图的震源深度测定

利用理论（合成）地震图与记录地震图的拟合，帮助识别近震的深度震相并得到震源深度，也是一种有发展前景的方法（Ma，2010；罗艳等，2011）。波形拟合方法利用了整个波形的信息来测定深度，有助于加深对一个地区近震深度震相的认识。但如何将波形拟合的方法用于常规处理，还需进一步研究。

7.5.1　观测地震图与合成地震图对比法

Ma（2010）提出区域深度震相模拟（RDPM）算法，所进行的研究不限于近震，也包括震中距更近的地方震，文章中给出对于近震波形拟合 PmP 和 sPmP 的示例。

使用合成地震图方法估计震源深度，需要已知地壳模型、地震位置和震源机制。因为震源机制不决定震相的到时，而地壳结构决定到时，所以在产生合成的区域深度震相时，地壳结构是关键因素。Ma（2010）所研究地区的地震震源机制大多为逆冲型，故取一个逆冲型震源机制作为预设震源机制，对产生合成地震图提供了方便。因为区域深度震相在位移记录上更易于鉴别，故合成位移波形。Ma（2010）使用的是垂直分量记录地震图和相应的合成地震图。

仍以 2012 年 7 月 20 日宝应—高邮 4.9 级地震为例，使用地方震记录波形，进行波形拟合试验。选 JS.YC.BHZ 记录波形，该台站的震中距为 57km，相对于震中的方位角是 48°，波形拟合的专注震相是 sPg。水平均匀分层模型下的 sPg 是 S 波上行至地面，以临界角转换成 P 波，然后该 P 波沿着或接近地面传播至台站。利用 fk3.0(Lupei Zhu,http://www.eas.slu.edu/People/LZhu/home.html,2015 年新版为 fk3.2)，按王俊等（2013）给出的震源机制解走向 292°、倾角 81°、滑动角 11°，给定震源深度 1，2，3，4，6，8，10，12，14，16，18，20(km)，合成地震图，示于图 7.31，图中合成图和记录图都是速度型，进行了带通滤波，图中红线给出 JS.YC.BHZ 地震图，并根据波形特征放在了震源深度 13km 的位置。

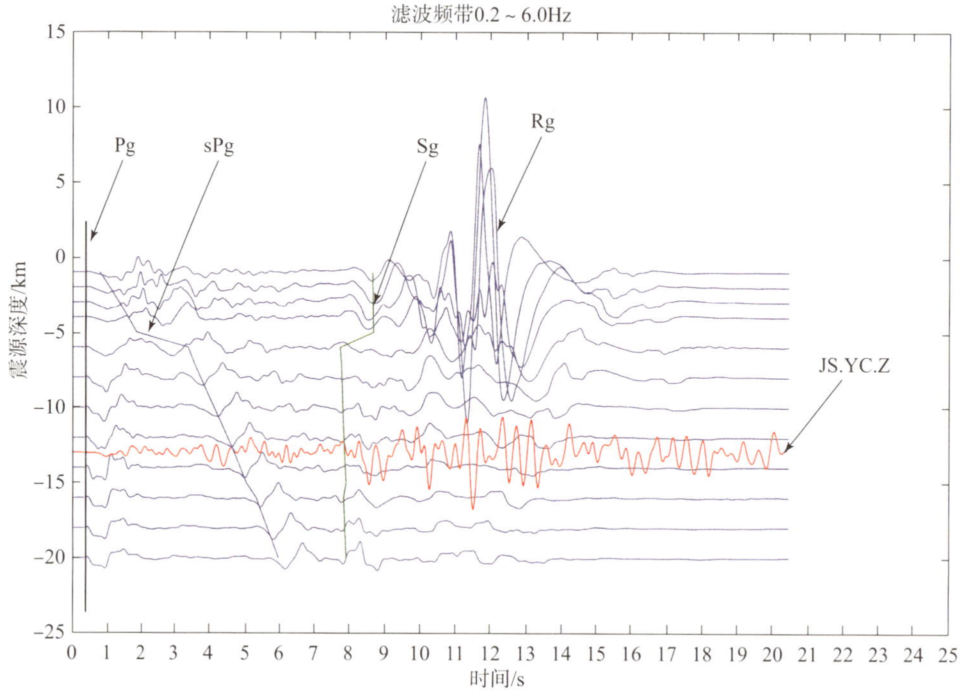

图 7.31 不同震源深度的合成地震图。图中给出的 sPg 到时和 Sg 到时折线是根据 js4 地壳模型计算的，注意到由于模型中在地下 5km 处存在速度间断面，导致 sPg – Pg 和 Sg – Pg 在 5km 处跳跃式变化

Matlab 程序 M07_05_wave_modeling.m 实现本节介绍的波形模拟和下节介绍的利用 Rg/Sg 最大功率谱比估计震源深度方法。

7.5.2 用 Rg/Sg 最大功率谱比测定浅源小地震的震源深度

如果地方震的记录波形中短周期面波 Rg 特别发育，该事件很可能是爆炸而非天然地震。因此，短周期面波 Rg 被作为判断震源深度和判别事件性质的一个重要判据。但在实践中，还只限于定性地分析，没有建立 Rg 发育程度与震源深度之间的定量关系。

Rg 震相是指在地壳的花岗岩层（上地壳）传播的短周期基型瑞利波，频率范围约 0.4 ~ 2.5Hz。Rg 振幅随震源深度呈指数衰减（Kafka，1990），基于这一特性，Bath（1975）提出把 Rg 作为震源深度的判别因子。而其他震相，如 Pg 和 Sg，则对深度不那么依赖，所以，可利用 Rg 相对于这些震相的振幅来估计震源深度。

Ma 和 Motazedian（2012）提出了利用 Rg/Sg 最大功率谱比（MPSR）估计震源深度的方法，该方法利用 Rg 对 Sg 的相对大小而不用 Rg 的绝对大小，因此不需要预先测定事件的地震矩，这在原理上简单明了，但在实践中，由于地方震和近震地震图的复杂性，还要解决许多实际问题。

利用 Ma 和 Motazedian（2012）提出的利用 Rg/Sg 最大功率谱比（MPSR）估计震源深度的方法，对 7.5.1 中使用的记录进行分析。参见图 7.32，由于利用的是 Rg/Sg 最大功率谱比值，故不必关心记录波形的绝对幅度。取 Sg 段为波形上的 8 ~ 10s，Rg 段取 10 ~ 14s，计算 Sg 段和 Rg 段的功率谱。对 maxrg/medsg 进行直线拟合时，取不同的震源深度范围，得到的拟合直线有所不同，因而得到的震源深度会有所不同。可以看到，对于合成地震图，当震源深度大于 14km 时，Rg 部分波形已趋于稳定，其功率谱不再呈指数衰减。因此，取 1～14km 段拟合似乎更合理些。

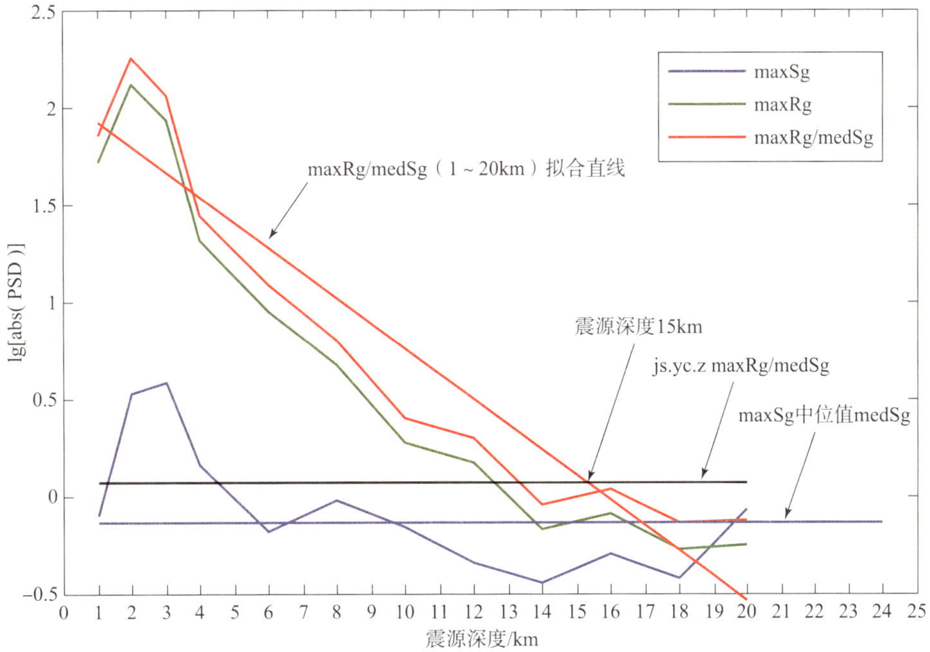

（a）对maxrg/medsg直线拟合时，取震源深度范围1～20(km)

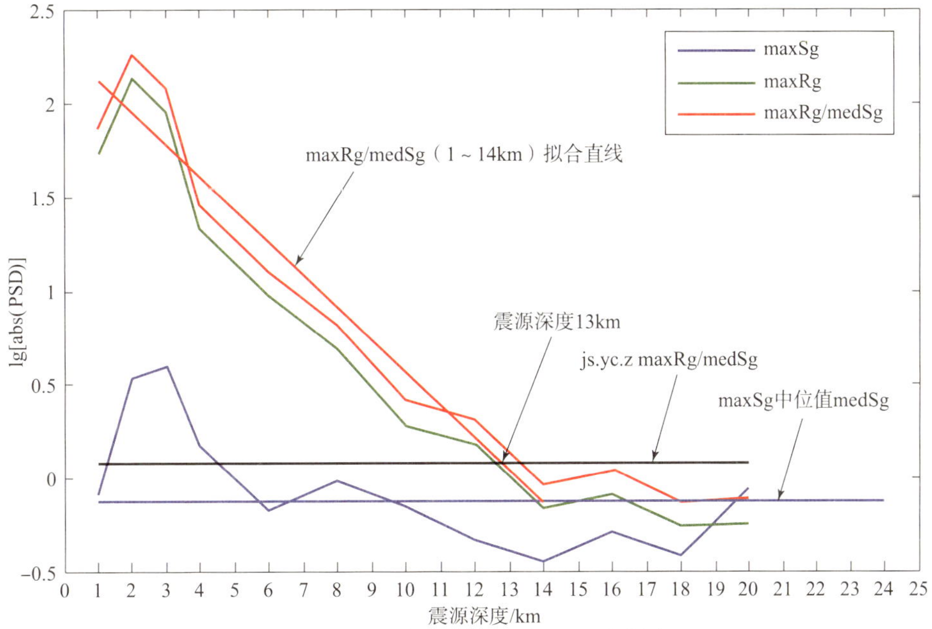

（b）对maxrg/medsg直线拟合时，取震源深度范围1～14(km)

图 7.32　利用 Rg/Sg 功率谱比估计震源深度示例。对不同震源深度的合成地震图，计算 Sg 段和 Rg 段的功率谱峰值等，图中的蓝色折线给出 Sg 段功率谱峰值 maxSg，蓝色直线是其中位值 medSg，绿色折线给出 Rg 段功率谱峰值 maxRg，红色折线给出 maxRg 与 maxSg 之比，红色直线是其拟合直线。黑线是由记录波形 JS.YC.BHZ 得到的 Rg/Sg 最大功率谱比（标为 js.yc.z maxRg/maxSg）(使用程序 M07_05_wave_modeling.m)

李志伟等（2015）采用 Rg 波和 P 波的振幅比来估计近震震源深度，也取得了较好的结果。

7.6 结　　语

由于地震台网布局的限制等原因，测定震源深度一直是地震定位中的最大难题。如本章介绍的那样，提出了很多办法，但往往是对于不同的震例，有成功，也有失败。随着数字化地震资料的广泛应用，尽量在地震波形上试图寻找新的信息。例如运用 Rg 波和 P 波的振幅比来估计近震的震源深度，还通过识别深度震相 sPL，利用 sPL 与 P 的到时差估计震源深度等（崇加军等，2010；项文月等，2014；詹小艳等，2014；李志伟等，2015），但还需要更多的应用实例来验证不同方法的效能和适用条件。

第8章 震源位置与地球速度结构参数的联合测定

20世纪60年代出现了监测全球地震活动的全球地震台网（WWSSN）（Peterson and Hutt，2014）和若干个监测选定地区小地震活动的微震台网（李汯鑑和斯图尔特，1984），包括当时的北京遥测地震台网。现在，我国已建立了国家地震台网、省（直辖市、自治区）级区域地震台网及以大中城市为中心的地方性台网，还有为监测诱发地震而建设的水库、油田地区的专用地震台网以及地震应急或科学研究用的流动台网等，而且都是数字化地震台网，数字化地震波形数据被实时送到地震台网中心的数据汇集与处理系统中，实现了以计算机为基础的自动处理和人机交互处理。通过这些地震台网，收集了大量高质量的地震震相到时数据，这些数据远远超出了仅为求解单个地震4个基本参数的需要（见第6章）。大量的震相到时数据同时提供了关于震源位置和地球内部速度结构的信息，利用这些信息，能够联合反演震源位置和地球速度结构，这就是所谓联合测定问题。

在第6章讨论的定位方法中都是假定地震波传播介质的速度模型是正确的。实际上，由于横向不均匀性的存在，均一的速度模型不能真实地反映一个地区的速度结构，因此，在一些地震定位程序中引入台站的走时校正值，借以反映速度结构的横向差异。所以，联合测定问题的最简单情况是联合测定多个地震的震源位置和台站走时校正值，称作联合震源定位（JHD）（Douglas，1967；Dewey，1972；王椿镛等，1993）。这种方法以一维速度模型为基础计算地震波走时，并利用多个地震提供的到时数据，在联合定位过程中获得台站校正值，并利用获得的台站校正值修正计算出的走时，从而使计算走时更符合台网下方的实际地壳速度结构，进而提高地震定位准确度。联合定位获得的台站校正值可用于其后的常规单个地震定位。当台网不足以联合确定多地震的震源深度时，可以根据先验知识预先固定震源深度，于是联合震源测定简化为联合震中测定（JED）。在联合震源测定中，除了得到台站校正值外，如果还允许对某些速度模型参数进行校正，问题便演进为震源位置和速度模型的联合测定（赵仲和，1983），而三维速度结构和震源位置的联合反演则是这一问题的自然延伸。

在震源位置与速度结构的联合测定算法中，有些算法的重点在于获得改善的震源位置测定结果，有些算法的重点则在于获得改善的地球或区域地壳速度结构。

在利用地震台网记录的震相到时数据时，如果以测定区域地壳-上地幔速度结构为主要目的，会注意引入一些已知的震源位置，或作为产生速度模型的基本输入数据，或作为对结果速度模型的检验数据。例如，如果有本区域的人工爆破记录震相数据，而且这些爆破的震源位置和发震时刻是已知的，则在联合测定过程中这些爆破的位置被固定，只反演速度结构参数，将显著提高速度结构参数反演的可信度。在多数情况下，用于反演的震相到时数据来源于人工爆破和天然地震，对于后者，除非有其他办法给出了更准确的震源位置和发震时刻，否则，这些地震的震源位置和发震时刻也要成为反演过程中进行修正的参数。这时的反演结果包括修正的地壳 - 上地幔速度结构参数和修正的多地震震源位置参数。而且，往往以修正后的多地震震源位置的合理性作为所得到的地壳 - 上地幔速度结构合理性的佐证。例如，修正后的震源位置是否能更好地与该地区的断层系统关联，是所得到地壳 - 上地幔速度结构合理性的判据之一。

对于地震震源位置和地球速度参数的联合测定，Crosson （1976a，b） 解出了一维问题，Aki 和 Lee （1976） 发表了三维反演方法。几乎同时，Aki 等 （1977） 提供了使用地方台网记录的远震到时数据求解速度结构的三维方法。在过去的 40 年间，联合测定方法得到了长足的发展，并出现了一批开放的应用软件。本章中将对地震震源位置和地球速度参数联合测定的一般方法及一些代表性软件做介绍。

另一类多地震联合定位方法是相对定位法，例如震源重心分解法 （Hypocentroid Decomposition，HD）（Jordan and Sverdrup，1981）、主事件法 （Fitch，1975；周仕勇等，1999） 以及针对震源的台站项方法 （SSST）（Lin and Shearer，2005；邵磊等，2010） 和双差定位算法 （Waldhauser and Ellsworth，2000） 等，在定位过程中并不调整地球速度结构参数。而双差层析方法 （Zhang，2003） 则是另一类震源位置与速度结构的联合测定方法。

8.1 震源位置与地球速度结构参数联合测定概述

8.1.1 联合测定的必要性

以一个简单的实例 （Thurber，1993） 说明地震震源位置与速度结构联合测定的必要性。假设一个一维 “地球” （一条直线），有 4 个台站跨过一个 “断层”，跨断层速度不连续地从 5km/s 变到 6km/s。如果假想地震发生在 “断层” 上，并使用速度为 5.5km/s 的均匀速度模型对该事件定位，则其计算位置将从断层向右移 0.75km。如果利用先验信息将速度间断放在断层处，但忽略震源与速度结构之间的耦合，即保持事件位置固定在初始计算处的位置，则得到的模型是在断层左侧的波速为 5.44km/s，断层右侧为 5.56km/s。反之，如果进行最小二乘联合反演，则地震被重定位到距断层 0.06km 之内，得到的模型是在断层左侧 5.04km/s，在断层右侧 6.06km/s。这样，单步 “断层” 反演对断层两侧速度差异的估计偏小近一个速度单位，而联合反演几乎完全准确地恢复了真实结构和事件位置。这一实例表明，如果忽略震源与速度结构的耦合，不论是使用固定的简单速度模型进行地震定位，还是将震源位置固定在可能不准确的位置来反演速度结构，都不可能得到好的结果。

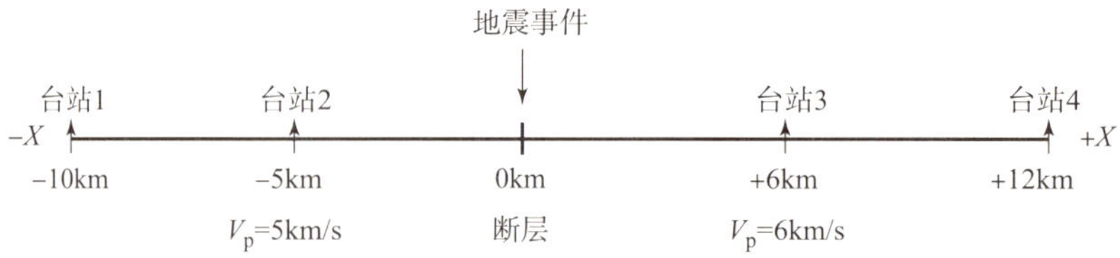

图 8.1 假想一维 “地球” 模型，在 $X=0$ 处速度间断穿过 “断层”，有 4 个台站，一个地震发生在断层上 （Thurber，1993，图 20.5）

8.1.2　联合测定问题的公式化

以利用地方震到时数据进行联合测定为例，说明联合测定的基本思想。在本章中，有时借用“层析”的提法，但其实质是震源位置和速度结构的联合测定。

假定有 n 个地震，用脚标 $j=1,2,\cdots,n$ 表示。一个地震的震源位置参数包括震中位置（纬度、经度或 x 坐标、y 坐标）、震源深度和发震时刻。对 n 个地震，将其震源位置参数排起来构成一个包含 $4n$ 个元素的长的矢量，记为，

$$\boldsymbol{X}=(x_1^0,y_1^0,z_1^0,t_1^0,x_2^0,y_2^0,z_2^0,t_2^0,\cdots,x_n^0,y_n^0,z_n^0,t_n^0)^{\mathrm{T}} \tag{8.1}$$

设有 L 个速度参数，记为 $V_1,V_2,\cdots,V_L$，于是可以把震源位置参数和速度参数组合成一个大矢量：

$$\boldsymbol{\xi}=(x_1^0,y_1^0,z_1^0,t_1^0,x_2^0,y_2^0,z_2^0,t_2^0,\cdots,x_n^0,y_n^0,z_n^0,t_n^0,V_1,V_2,\cdots V_L)^{\mathrm{T}} \tag{8.2}$$

在该矢量中的元素总数是 $4n+L$。接下来，定义一个试验参数矢量 $\boldsymbol{\xi}^*$，其与式（8.2）中的矢量 $\boldsymbol{\xi}$ 有相同的形式，但包含的是所有参数的猜想值或者说估计值，

$$\boldsymbol{\xi}^*=(x_1^*,y_1^*,z_1^*,t_1^*,x_2^*,y_2^*,z_2^*,t_2^*,\cdots,x_n^*,y_n^*,z_n^*,t_n^*,V_1^*,V_2^*,\cdots V_L^*)^{\mathrm{T}} \tag{8.3}$$

求解所有这些参数，知道的信息是台站坐标和震相到时。假定第 j 个地震的记录台站数为 m_j，每个台站有一个到时数据，用脚标 $k=1,\ 2,\ \cdots,\ m_j$ 表示，于是，正如对地震地位问题的公式化一样，要计算一组残差。对于第 j 个地震，其在第 k 个台站的到时残差可定义为，

$$r_{jk}(\boldsymbol{\xi}^*)=\tau_{jk}-T_{jk}(\boldsymbol{\xi}^*)-t_j^*,\qquad k=1,2,\cdots,m_j;\ j=1,2,\cdots,n \tag{8.4}$$

式中，τ_{jk} 是第 j 个地震在第 k 个台站观测到的到时；$T_{jk}(\xi^*)$ 是相应的从第 j 个地震的试验震源位置 (x_j^*,y_j^*,z_j^*) 到第 k 个台站的理论走时；t_j^* 是第 j 个地震的试验发震时刻。对于每个台站－地震对，计算出一个残差。残差方程的总个数是 $m_n=\sum\limits_{j=1}^{n}m_j$，其中 m_j 是第 j 个地震的记录台站个数。需要确保 m_n 比 $4n+L$ 大得多，从而能有一个超定方程组。

在联合反演中使用的最小二乘极小化目标函数是，

$$F(\boldsymbol{\xi})=\sum_{j=1}^{n}\sum_{k=1}^{m_j}(r_{jk})^2 \tag{8.5}$$

式中到时残差 r_{jk} 由式（8.4）给出，记 m_n 维矢量 $\boldsymbol{r}$ 的分量为，

$$\boldsymbol{r}=\begin{bmatrix} r_1\\ r_2\\ \vdots\\ r_{n-1}\\ r_n \end{bmatrix} \tag{8.6}$$

其中，
$$\boldsymbol{r}_j = \begin{bmatrix} r_{j1} \\ r_{j2} \\ \vdots \\ r_{j(m_j-1)} \\ r_{jm_j} \end{bmatrix} \tag{8.7}$$

校正矢量是，

$$\Delta\boldsymbol{\xi} = (\Delta x_1, \Delta y_1, \Delta z_1, \Delta t_1, \Delta x_2, \Delta y_2, \Delta z_2, \Delta t_2, \cdots, \Delta x_n, \Delta y_n, \Delta z_n, \Delta t_n, \Delta V_1, \Delta V_2, \cdots, \Delta V_L)^{\mathrm{T}} \tag{8.8}$$

令，
$$\Delta\boldsymbol{X} = (\Delta x_1, \Delta y_1, \Delta z_1, \Delta t_1, \Delta x_2, \Delta y_2, \Delta z_2, \Delta t_2 \cdots, \Delta x_n, \Delta y_n, \Delta z_n, \Delta t_n)^{\mathrm{T}} \tag{8.9}$$

$$\Delta\boldsymbol{V} = (\Delta V_1, \Delta V_2, \cdots, \Delta V_{\mathrm{L}})^{\mathrm{T}} \tag{8.10}$$

在地震地位问题中，在时间 t 和 x、y、z 坐标中的校正量通过走时 T_{ji} 的空间偏导数与残差关联，同样，对联合反演也能这样做。为此，建立关联参数矩阵、校正矢量和残差矢量的矩阵方程：

$$\boldsymbol{r}_j = \boldsymbol{A}_j \Delta\boldsymbol{X}_j + \boldsymbol{B}_j \Delta\boldsymbol{V} \quad j = 1, 2, \cdots, n \tag{8.11}$$

式中，

$$\boldsymbol{A}_j = \begin{bmatrix} \dfrac{\partial T_{j1}}{\partial x_j} & \dfrac{\partial T_{j1}}{\partial y_j} & \dfrac{\partial T_{j1}}{\partial z_j} & 1 \\ \vdots & \vdots & \vdots & \\ \dfrac{\partial T_{jm_j}}{\partial x_j} & \dfrac{\partial T_{jm_j}}{\partial y_j} & \dfrac{\partial T_{jm_j}}{\partial z_j} & 1 \end{bmatrix}_{m_j \times 4} \tag{8.12}$$

$$\boldsymbol{B}_j = \begin{bmatrix} \dfrac{\partial T_{j1}}{\partial V_1} & \dfrac{\partial T_{j1}}{\partial V_2} & \cdots & \dfrac{\partial T_{j1}}{\partial V_L} \\ \vdots & \vdots & & \vdots \\ \dfrac{\partial T_{jm_j}}{\partial V_1} & \dfrac{\partial T_{jm_j}}{\partial V_2} & \cdots & \dfrac{\partial T_{jm_j}}{\partial V_L} \end{bmatrix}_{m_j \times L} \tag{8.13}$$

与单个地震定位的最小二乘法一般流程类似，联合测定问题的求解包括以下步骤：

①给定地震位置和速度模型参数的初值；

②从给定的初值出发，求解方程（8.11），得到校正量 $\Delta\boldsymbol{X}_j$ 和 $\Delta\boldsymbol{V}$；

③将校正量 $\Delta\boldsymbol{X}_j$ 和 $\Delta\boldsymbol{V}$ 加到参数初值上，完成一次迭代；

④如果满足停止迭代条件，则停止迭代，以最后一次校正后的结果作为最终结果；否则，以校正后的参数值作为下次迭代的初值，返回步骤 2，继续迭代。

在联合测定问题中，对一个地震，一个实际台站可能给出不只一个震相到时，例如有直达 P 波到时，还有直达 S 波到时。为便于讨论以及对所述公式编程，引入“虚拟台站”和“虚拟台网”的概念，就是说，如果参与联合定位的到时数据对应几种震相，则一个实际台站变成几个虚拟台站。作为准备工作，要利用实际台站列表和拟使用的震相种类，建立虚拟台网的台站列表，或建立等效的索引表。在下面的讨论中，所谓第几号台站，就是虚拟台网中的台站序号，相应的台站校正值则是该虚拟台站对应的实际台站相应震相的台站校正值。这样便不必关心是那种震相和第几号实际台站，因为虚拟台网列表或索引中已经同时包含了实际台站和到时的震相信息。下文中所说台站，都是指包含震相信息的虚拟台站。

在联合测定中可以根据可用到时数据的情况和联合测定的首要目的，选取不同的速度模型参数。一般有如下三种情况：一种是固定地壳速度结构，以台站校正值作为可调节参数；另一种是以地壳速度模型中的某个或某些参数作为可调节参数；第三种作法则是把速度模型参数和台站校正值都作为可调节参数。然而，作为一种地球物理反演算法，如果可调节的参数数量太多，则很可能出现结果不稳定的情况。这在很大程度上依赖于地震台网相对于所研究地区的分布情况、数据的数量及其在各台站的分布以及可靠程度和准确度。因此，一般选取关键性的少数地壳结构参数，针对待定的速度模型参数，计算出相应的走时偏导数。

在联合测定技术发展的最初阶段，即使是要反演三维速度结构，也是使用分层速度模型计算地震波走时和走时的空间偏导数，随着三维速度模型中走时计算方法和软件的发展，才真正进入了三维速度结构反演的阶段，在李汯鑑和斯图尔特(1984)的第 4 章中已讨论了在非均匀介质中的射线追踪问题，Thurber(1983)发展了一种快速而简单的搜索技术——伪弯曲法（见 8.9 节），得到了广泛应用。

在建立方程组时，每个到时数据可建立一个方程，到时数据不限于一种震相，只要能根据给定的速度模型计算出理论到时，从而和相应的观测到时构成到时残差。由于不同震相类型的到时读数误差不同，不同台站记录的到时数据的可靠程度也会不同，为考虑这一情况，在式（8.11）中可引入权重 $\boldsymbol{W}_j$ 来体现不同数据有不同的重要性，如初至 P 到时与后续的 S 到时应该引入不同的权重，于是式（8.11）变为，

$$\boldsymbol{W}_j\boldsymbol{r}_j=\boldsymbol{W}_j\boldsymbol{A}_j\Delta\boldsymbol{X}_j+\boldsymbol{W}_j\boldsymbol{B}_j\Delta\boldsymbol{V}\quad j=1,2,\cdots,n \tag{8.14}$$

式中，$\boldsymbol{W}_j$ 是 $m_j\times m_j$ 矩阵，

$$\boldsymbol{W}_j=\begin{bmatrix} w_{j1} & 0 & \cdots & 0\\ & \ddots & & \\ 0 & 0 & \cdots & w_{jm_j}\end{bmatrix}_{m_j\times m_j} \tag{8.15}$$

8.1.3　联合测定的几种情况讨论

针对待测定的速度模型参数的不同，联合测定问题可分为以下几种情况。

8.1.3.1　单个地震定位

当速度模型参数（包括台站校正值）均固定时，$\Delta V_l=0$，方程（8.14）变成

$$\boldsymbol{W}_j\boldsymbol{r}_j=\boldsymbol{W}_j\boldsymbol{A}_j\Delta\boldsymbol{X}_j\quad j=1,2,\cdots,n \tag{8.16}$$

于是解除了各地震方程组之间的耦合，每个地震的方程组可以自行求解，成为单个地震定位问题，n 是要定位地震的个数。

在单个地震定位程序的基础上，可以形成对一批地震进行处理的程序，不过此时的“批处理”实质上是对多个地震的逐个处理，每个地震的定位过程和定位结果不会影响其他地震的定位过程和定位结果。因此，可以说单个地震定位是联合测定问题中的一个特例。

8.1.3.2　校准事件法

当速度模型参数中只有台站校正值可以调整时，$\Delta\boldsymbol{V}$ 只包含台站校正值的改正量，$\Delta\boldsymbol{V}$

的系数矩阵 $\boldsymbol{B}_j$ 的元素为：

$$B_{j,ki}=\begin{cases}1 & \text{当残差 } r_{jk} \text{ 源自台站 } i\\ 0 & \text{否则}\end{cases}\qquad k=1,2,\cdots,m_j,i=1,2,\cdots,n \tag{8.17}$$

这时，如果选定某地震或爆炸作为校准事件（calibration event），即认为它的地震参数准确度高于台网所能测定的准确度，因而在多地震求解时该地震的参数保持不变。不失一般性，取第1号地震为校准事件，则由方程（8.14）得到，

$$\boldsymbol{W}_1\boldsymbol{r}_1=\boldsymbol{W}_1\boldsymbol{A}_1\Delta\boldsymbol{X}_1+\boldsymbol{W}_1\boldsymbol{B}_1\Delta\boldsymbol{V} \tag{8.18}$$

由于校准地震的地震参数固定，即 $\Delta\boldsymbol{X}_1=0$，于是，

$$\boldsymbol{r}_1=\boldsymbol{B}_1\Delta\boldsymbol{V} \tag{8.19}$$

一种简单的情况，当使用了全部虚拟台站，即得到了全部实际台站记录的全部所用震相的到时，于是，

$$\boldsymbol{B}_1=\begin{bmatrix}1 & 0 & \cdots & 0\\ 0 & 1 & \cdots & 0\\ \vdots & \vdots & \vdots & \vdots\\ 0 & \cdots & 0 & 1\end{bmatrix} \tag{8.20}$$

式（8.19）变为，

$$\boldsymbol{r}_1=\Delta\boldsymbol{V} \tag{8.21}$$

即由第一组方程确定了全部台站校正值的校正量 $\Delta\boldsymbol{V}$。如果初始台站校正值均为零，则校正值的校正量 $\Delta\boldsymbol{V}$ 即为台站校正值本身，对于其他地震，即 $j=2,\cdots,n$，方程化为，

$$\boldsymbol{W}_j(\boldsymbol{r}_j-\Delta\boldsymbol{V})=\boldsymbol{W}_j\boldsymbol{A}_j\Delta\boldsymbol{X}_j \tag{8.22}$$

各地震的方程组之间解除耦合，化成了单个地震定位问题，这就是校准事件法。其中的校准事件对地球速度模型进行了“校准”，或者说“标定”，通过得到的台站校正值考虑了地震台网所在地区的速度结构横向不均匀性。

由于校准事件的作用是确定台站走时校正值，所以校准事件的震级应该足够大，以保证能在所有参与定位的台站有清晰的震相记录，从而得到准确的到时数据，这样才能在定位其他地震事件时使用由校准事件给出的台站校正值。

选定的校准事件可以是已知准确位置的有足够大当量的爆破，也可以是由包围事件的小台网准确测定的事件。例如，在大地震发生之后，如果在主震周围布设临时密集台网，之后记录的一次强余震便可以作为校准事件。

用一次地震事件作为校准事件得到的台站校正值对于校准事件附近的其他事件是有效的，但对于距离校准事件较远的事件，则由于地壳速度结构不均匀性的影响，台站校正值的效能会下降，甚至会有相反的作用。因此，使用由单个校准事件得到的台站校正值时要小心。如果在台网所在地区能得到多个校准事件，便可得到每个校准事件周围区域适用的台站校正值，从而对整个台网实现校准。

8.1.3.3 主事件相对定位法

如果8.1.3.2中的待定事件在已知事件的附近，即已知事件和待定事件形成一丛，丛集

的范围相对于台站到丛集中心的距离而言可认为很小。这时，可以用已知事件的位置作为所有待定事件的初始位置。于是，一般情况下，利用式（8.22）一次求得待定事件位置的改变量，便可以得到相对于已知事件的位置，无须进一步迭代求解。由于所有待定事件都是相对于一个已知事件确定的，因此，该已知事件被称作主事件（master event）。

待定事件的发震时刻与主事件的发震时刻总是有较大差别，在实际计算时，要以主事件的发震时刻为参照，对待定事件的震相观测到时进行相应的归一化（如果待定事件在后，则减掉一个常数，如果待定事件在前，则加上一个常数），待得到定位结果后，再对发震时刻进行相应的修正。

如果不能满足主事件定位法的条件，即待定事件的位置相对于已知事件较为分散，此时一次求解得到校正量便不能满足要求，于是要进行迭代计算。这时的主事件定位已经转化成上节所述的校准事件法了。

周仕勇等（1999）对主事件法进行了改进，其方法使用从主事件到每个台站路径的地震波传播平均速度。这样做的好处是不需要知道主事件附近的地壳速度结构，直接利用主事件本身的时空位置和台站到时就能计算出所需要的台站平均速度，从而进行其后的计算。周仕勇等（1999）没有采用上述主事件法得到的震源深度，这与主事件法的基本假设有关。主事件法要求待求事件与主事件集成一丛，台站在该集丛的外部而且距台站的距离要显著大于集丛的分布距离，这时，直达波走时对震源深度已不敏感。因此，周仕勇等（1999）采用主事件和待定事件的 Pn 到时数据测定震源深度（见第 7 章），以提高震源深度测定的准确度。

远震的主事件方法对于地下核试验的监测特别有用。在地下核试验监测中，由于进行监测的一方难以在被检查的地下核试验场区架设地震台站，常规的地震定位方法不能独立地测定一次核试验的准确位置。但如果已知某次以往核试验的准确位置，便可以采用单台主事件定位方法测定新发生核试验的准确位置。由于核试验近地面，因此可设已知的核试验（主事件）和待定事件的震源深度为 0km，于是问题简化为只计算待定事件对主事件的平面相对位置。主事件处的走时空间偏导数是查走时表中相应震中距的视慢度乘以台站方位角的方向余弦，见图 8.2。

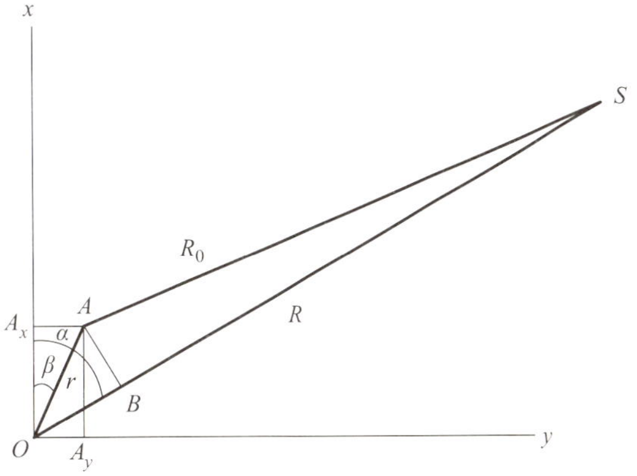

图 8.2　单台主事件定位原理示意图

图 8.2 中 S 是远方的一个台站，坐标原点 O 是主事件位置，A 是待定事件位置，由于台站距主事件足够远，而待定事件与主事件足够近，两事件到台站 S 的走时差可近似为，

$$
\begin{aligned}
t_j &= \frac{\partial T_j}{\partial \Delta} \cdot r\cos(\alpha_j - \beta) \\
&= \frac{\partial T_j}{\partial \Delta} \cdot r \cdot (\cos\alpha_j \cdot \cos\beta + \sin\alpha_j \cdot \sin\beta) \\
&= \frac{\partial T_j}{\partial \Delta} \cdot r\cos\beta \cdot \cos\alpha_j + \frac{\partial T_j}{\partial \Delta} \cdot r\sin\beta \cdot \sin\alpha_j
\end{aligned}
$$

$$
\begin{aligned}
&= \frac{\partial T_j}{\partial \Delta} \cdot \cos\alpha_j \cdot A_x + \frac{\partial T_j}{\partial \Delta} \cdot \sin\alpha_j \cdot A_y \\
&= \frac{\partial T_j}{\partial x} \cdot A_x + \frac{\partial T_j}{\partial y} \cdot A_y \\
&= \frac{\partial T_j}{\partial x} \cdot \Delta x + \frac{\partial T_j}{\partial y} \cdot \Delta y
\end{aligned} \tag{8.23}
$$

另一方面，记主事件和待定事件的观测到时分别为 T_j 和 T_{m_j}，发震时刻分别为 T_0 和 T_{m_0}，则有主事件和待定事件到台站 S 的观测走时差为，

$$
\begin{aligned}
t_j &= (T_j - T_0) - (T_{m_j} - T_{m_0}) \\
&= (T_j - T_{m_j}) - (T_0 - T_{m_0}) \\
&= (T_j - T_{m_j}) - \Delta T_0
\end{aligned} \tag{8.24}
$$

合并式（8.23）和（8.24），得到待定事件和主事件的到时差，

$$
T_j - T_{m_j} = \frac{\partial T_j}{\partial x} \cdot \Delta x + \frac{\partial T_j}{\partial y} \cdot \Delta y + \Delta T_0 \quad j = 1, 2, \cdots, M \tag{8.25}
$$

式中，M 是待定事件个数。到时差和发震时刻改变量可同时减去一个合适的值，从而避免因两事件发震时刻相差较大给计算带来的困难。

8.1.3.4 JHD 或 JED 定位

如果只允许调整台站校正值，但不引入校准事件或主事件，此时式（8.17）成立。将式（8.17）代入式（8.14），得到，

$$
\boldsymbol{W}_j \boldsymbol{r}_j = \boldsymbol{W}_j \boldsymbol{A}_j \Delta \boldsymbol{X}_j + \boldsymbol{W}_j \Delta \boldsymbol{V} \quad j = 1, 2, \cdots, n \tag{8.26}
$$

每个地震对应的方程组（共有 n 个）通过 $\Delta \boldsymbol{V}$ 耦合在一起，这就是联合测定震源位置及台站校正值问题（JHD）(Douglas，1967；Dewey，1972；王椿镛等，1993)。如果在迭代过程中地震震源深度固定于初值，就变成联合定震中问题（JED）。

在求解 JHD 或 JED 问题时，需要有附加条件，例如，要求固定一个台站的校正值或者要求各台站校正值之和为零，否则校正值的结果不确定。

这种方法的基础是已经有了该地区的平均速度结构模型，通过计算台站校正值，可以在其后的地震定位时，利用台站校正值来部分地消除地区平均速度结构横向不均匀性对地震定位的影响。例如首先获得台网所在地区的最小一维速度模型（见 8.4 节），然后采用 JHD 方法得到台站校正值。

8.1.3.5 最一般情况

最一般的情况是 ΔV 中不仅包含台站走时校正值，还包含有描写速度结构的参数，例如分层模型中的各层速度（一般取速度的倒数即慢度作为可调整参数）(赵仲和，1983b)，或分块模型中的各块中的速度（Aki and Lee，1976），或三维网格节点的速度（见 8.6.2 小节）等，都属于速度结构与震源位置联合测定问题的一般情况。

8.2 联合反演算法

联合反演算法与第 6 章介绍的单个地震定位算法在原理上和具体实现上基本相同，只是

在震源位置与速度结构的联合反演中涉及的数据量大，影响结果稳定性的因素多，因此需要采取一些特别措施，来保证结果的稳定性和可信度。为了叙述的完整性，下文中会有与第 6 章重复之处。

8.2.1　最小二乘法

8.2.1.1　无阻尼最小二乘法

为便于讨论，可将式（8.14）重写为，

$$\boldsymbol{A}\boldsymbol{x}=\boldsymbol{b} \tag{8.27}$$

式中，$\boldsymbol{A}$ 是加权偏导数矩阵；$\boldsymbol{x}$ 和 $\boldsymbol{b}$ 分别为待定参数的校正量和加权残差。矩阵 $\boldsymbol{A}$ 的维度是 $m_n\times(4n+L)$，其中 n 是地震事件数，L 是速度模型参数个数，m_n 是到时数据个数，也就是式（8.27）方程组中包含的方程个数，其中 m_j 是第 j 个地震的记录台站个数，即“虚拟台站”个数，就是说，如果某真实台站提供了 k 个到时，那这个台站就是 k 个虚拟台站。通过这种方式，将多个到时的应用隐含到单个台站单个震相的表达式中，以后不再说明。

假定式（8.27）是超定的，即方程个数大于未知数个数（要求 $m_n>>(4n+L)$），且 $\boldsymbol{A}$ 为非奇异矩阵，求解式（8.27）的一种简单方法是解最小二乘正规方程，

$$\boldsymbol{A}^{\mathrm{T}}\boldsymbol{A}x=\boldsymbol{A}^{\mathrm{T}}\boldsymbol{b} \tag{8.28}$$

式（8.28）表明，联合测定问题要求解的方程组已被简化成求解一个方阵对称方程组，并保证有一个使残差均方根最小的解。

8.2.1.2　阻尼最小二乘法

然而，矩阵 $\boldsymbol{A}$ 一般有小的奇异值，因此，$\boldsymbol{A}^{\mathrm{T}}\boldsymbol{A}$ 通常是高病态的。处置这一情况的一种途径是使用 Levenberg-Marquandt 方法（Crosson，1976a），并以如下方式用一组附加约束来扩展式（8.27）中的方程组：

$$\begin{bmatrix}\boldsymbol{A}\\ \lambda\boldsymbol{I}\end{bmatrix}\boldsymbol{x}=\begin{bmatrix}\boldsymbol{b}\\ 0\end{bmatrix} \tag{8.29}$$

式中，$\lambda\boldsymbol{I}$ 是一个 $(4n+L)\times(4n+L)$ 的单位矩阵 $\boldsymbol{I}$ 乘以常数 λ；$(4n+L)$ 是目标模型参数的个数。得到一个受阻尼的最小二乘解，使 $\|\boldsymbol{A}x-\boldsymbol{b}\|^2+\lambda^2\|\boldsymbol{x}\|^2$ 达到极小。常数 λ 称为阻尼，λ 越大则迫使本次迭代的相应改变量减小。

由原来的超定方程组简化成正规方程组的作法简化了计算，又通过引入阻尼提高了解的稳定性，但任何收益都是要付出代价的，由此造成的一些损失是：①失掉了原方程组的奇异值信息；②由于解对阻尼选择的敏感性，需在实际计算中谨慎选择阻尼；③使被反演矩阵的条件数（condition number）增大，成为原来条件数的平方，从而损害了方程组的品质。

在 8.4 讨论的反演最小一维模型的不同步骤中，对速度模型和震源位置及发震时刻参数的校正量使用了不同的阻尼。

8.2.2　分离变量算法

为了能适应使用大量地震到时数据的情况，可以采用分离变量法将求解震源位置和求解速度模型参数的过程分开，本节介绍分离变量法的基本原理，8.5 则给出在震源位置和速度

结构联合测定问题中应用分离变量法的一个实例。

8.2.2.1 基本公式

式（8.11）中有 n 个事件，给出 n 个方程组，第 j 个方程组中包含 m_j 个方程，一般情况下，每个地震的到时数据个数不同，所以实质上台站个数应是依赖于事件 j 的。这些方程通过速度结构参数校正量 ΔV(矢量)耦合起来。因此，如果按一般最小二乘法求解，是要求解一个含有 $4n+L$ 个未知数，$m=m_1+m_2+\cdots+m_n$ 个方程组成的矛盾方程组。其中 $m_j\geqslant 4$，$m\geqslant 4n+L$，L 是速度结构参数的数目。为了使求解过程易于实现，减少对计算机存贮空间的需要量，可采用分离变量方法，把式（8.11）中每个地震的参数与速度结构参数分开，如果采用式（8.14）计算方法是一样的，为便于展现，采用不加权的式（8.11）。方法要点如下。

对式（8.11）中的矩阵 $\boldsymbol{A}_j$ 作 QR 分解，其中 $\boldsymbol{R}_j$ 为 4×4 上三角矩阵，$\boldsymbol{O}$ 代表零矩阵，

$$\boldsymbol{A}_j=\boldsymbol{Q}_j\begin{bmatrix}\boldsymbol{R}_j\\ \boldsymbol{O}\end{bmatrix} \tag{8.30}$$

得到矩阵 $\boldsymbol{Q}_j$，$\boldsymbol{Q}_j$ 为 $m_j\times m_j$ 矩阵，$\boldsymbol{Q}_j$ 为“正交酉矩阵”，具有如下特性：

$$\boldsymbol{Q}_j^{\mathrm{T}}\boldsymbol{Q}_j=\boldsymbol{Q}_j\boldsymbol{Q}_j^{\mathrm{T}}=\boldsymbol{E}$$

式中 $\boldsymbol{E}$ 为单位矩阵。令 $\boldsymbol{U}_j=\boldsymbol{Q}_j^{\mathrm{T}}$，则有，

$$\boldsymbol{U}_j\boldsymbol{A}_j=\boldsymbol{Q}_j^{\mathrm{T}}\boldsymbol{A}_j=\begin{bmatrix}\boldsymbol{R}_j\\ \boldsymbol{O}\end{bmatrix}\begin{matrix}\}4\times4\\ \}(m_j-4)\times4\end{matrix} \tag{8.31}$$

记，

$$\boldsymbol{U}_j=\begin{bmatrix}\boldsymbol{U}_j^1\\ \boldsymbol{U}_j^0\end{bmatrix}\begin{matrix}\}4\times m_j\\ \}(m_j-4)\times m_j\end{matrix} \tag{8.32}$$

由式（8.30）可知，$\boldsymbol{U}_j^0$ 满足下式，

$$\boldsymbol{U}_j^0\boldsymbol{A}_j=\boldsymbol{O} \tag{8.33}$$

将 $\boldsymbol{U}_j^0$ 作用于式（8.11），得到关于 $\Delta\boldsymbol{V}$ 的方程组，

$$\boldsymbol{U}_j^0\boldsymbol{r}_j=\boldsymbol{U}_j^0\boldsymbol{B}_j\Delta\boldsymbol{V},\quad j=1,2,\cdots,n \tag{8.34}$$

共有 $\sum_{j=1}^{n}(m_j-4)$ 个方程，可以最小二乘法解出 $\Delta\boldsymbol{V}$，而对于每一个地震，由于 $\boldsymbol{R}_j$ 为上三角矩阵，可以由回代法求解，

$$\boldsymbol{R}_j\Delta\boldsymbol{X}_j=\boldsymbol{U}_j^1\boldsymbol{r}_j-\boldsymbol{U}_j^1\boldsymbol{B}_j\Delta\boldsymbol{V} \tag{8.35}$$

或者，利用已得到的 $\Delta\boldsymbol{V}$ 使式（8.11）化成，

$$\boldsymbol{A}_j\Delta\boldsymbol{X}_j=\boldsymbol{r}_j-\boldsymbol{B}_j\Delta\boldsymbol{V},\quad j=1,2,\cdots,n \tag{8.36}$$

用单个地震定位方法解出震源校正矢量 $\Delta\boldsymbol{X}_j$。

由 Thurber 开发的算法 SIMUL3（见 8.11.1 小节），以三维节点网格代表速度结构来使用上述方法，在许多地方震层析（LET）问题中得到应用。

8.2.2.2 计算步骤

实际计算过程分成以下步骤。

（1）单个地震定位。

通过对选定地震的单个地震定位，得到每个地震各台站的走时残差和各台站－地震对的走时 T_{jk} 相对于 x_j, y_j, z_j, t_j 的偏导数，形成 $m_j \times 4$ 的偏导数矩阵 $\boldsymbol{A}_j$，$j=1,2,\cdots,m_j$，m_j 为该地震的到时数据个数，表明各地震的到时个数是不同的，$k=1$，2，…，n，n 为参加联合测定的地震事件总数。

（2）QR 分解。

通过对矩阵 $\boldsymbol{A}_j$ 进行 QR 分解，得到式（8.30）所示矩阵 $\boldsymbol{Q}_j$，于是得到式（8.32）中的 $\boldsymbol{U}_j^0$。使用对非奇异矩阵 $\boldsymbol{A}$ 进行 QR 分解的标准程序，例如 Matlab 中的函数调用[Q,R]=qr(A)，返回矩阵 $\boldsymbol{A}$ 的 QR 分解结果：$\boldsymbol{Q}$ 矩阵和 $\boldsymbol{R}$ 矩阵。

（3）求解速度结构参数。

由式（8.32）解出 $\boldsymbol{U}_j^0$，得到 $\boldsymbol{U}_j^0\boldsymbol{r}_j$ 和 $\boldsymbol{U}_j^0\boldsymbol{B}_j$，从而建立关于速度结构参数的超定方程组（8.34）。

求解式（8.34）给出的超定方程组的方法可以是通常的最小二乘法，也可以采用奇异值分解最小二乘法，于是得到速度结构参数校正量 $\Delta\boldsymbol{V}$。

（4）利用调整后的速度结构参数重新定位的数据。

一般来说，在求出速度结构校正值 $\Delta\boldsymbol{V}$ 之后，按式（8.35）或式（8.36）对每个地震进行单独定位，从而得到震源位置。

（5）重复上述过程。

只进行上述一个循环，不一定得到最好的结果。因此，可以在新的速度模型下重复上述过程，直至满足给定的结束迭代判据。

8.2.3 求解大型稀疏线性方程组的其他方法

有若干方法求解层析成像中产生的大型稀疏线性方程组，如代数重建技术、共轭梯度法、LSQR 算法等，在此不一一介绍。

8.3 多地震联合定位方法的一些变体

8.3.1 增加对台站校正项的约束——修正的联合震源定位（MJHD）

Hurukawa 和 Imoto（1992）对 JHD 方法进行了修正，提出了修正的 JHD 方法——MJHD，其中对台站校正值附加了更多约束，借以保证求解过程的稳定性。因使用地方台网针对网外的地震集丛进行联合定位，遇到地壳结构很不均匀，而且震源深度大的情况时，台站校正与震源深度的相互折中问题突出，使结果不可靠，于是，对 JHD 台站校正值做了更多约束。记第 i 台站的校正值为 S_i，传统的 JHD 要求台站校正的均值为零，即，

$$\sum_{i=1}^{n} S_i = 0 \tag{8.37}$$

除了式（8.37）的要求外，MJHD 还要求：

$$\sum_{i=1}^{n} S_i D_i = 0 \tag{8.38}$$

$$\sum_{i=1}^{n} S_i \cos\theta_i = 0 \tag{8.39}$$

$$\sum_{i=1}^{n} S_i \sin\theta_i = 0 \tag{8.40}$$

式中，S_i是台站 i 的台站校正；D_i是台站 i 到地震集丛区域中心的距离；θ_i是从集丛区域中心到台站 i 的方位角；n 是台站个数。这些条件使 JHD 方法稳定，其代价是绝对震源位置的准确度受到影响。

8.3.2　震源重心分解（HD）

震源重心分解（Hypocentroid Decomposition，缩写为 HD）是为改善相对定位结果的绝对位置而采用的一种方法。HD 方法是 Jordan 和 Sverdrup（1981）提出的，其基本思想是，对于一个地震集丛，其中每个地震的绝对位置矢量可表示为该地震集丛的震源重心矢量（hypocentroid）与集丛中每个地震震源位置相对于该震源重心的矢量（集丛矢量，cluster vector）之和，通过投影变换，可以在求解震源位置校正量时，将震源重心校正量与集丛矢量分开求解，从而改善相对定位结果的绝对位置。该方法适用于地震集丛，当地震分散分布时，则效能不佳。

8.3.3　静态台站项（ST）方法

静态台站项（ST）方法是一种简化的联合定位法，在迭代求解过程中依次交替固定台站校正和震源位置，从而简化了计算过程。首先，将各台站的台站项（台站走时校正）固定为 0 或以前用其他方法得到的值，作为台站项的初值，各地震的方程组彼此解除耦合，因此可单独求解每个地震的位置校正量，不需求解整个大的方程组。待解出每个地震的位置校正量后，固定地震位置，计算台站项，如此重复迭代数次之后可收敛到一组台站项和校正后的震源位置。如果定位的地震位置集中，则各台站的台站项代表了地震集丛到该台站的路径异常校正。但此时，由于台站分布和真实速度结构的影响，地震集丛的绝对位置可能存在偏倚，不如上节所述 HD 方法能校正集丛重心的位置。静态台站项方法不限于地震集丛，当地震分布较为分散时，由于各地震到同一台站的路径差异很大，台站项只能反映台站下方地壳速度差异，即使在这样的情况下也能改善地震的绝对位置，因此，这种计算静态台站项的方法仍得到广泛应用。

8.3.4　针对震源的台站项（SSST）

针对震源的台站项（SSST）方法是上节所述 ST 方法的一般化，可克服 ST 方法的局限性。Lin 和 Shearer（2005）、邵磊等（2010）对该方法做了详细描述。

8.4　最小一维速度模型的构建

如果通过适当的反演步骤，在已有先验速度模型的基础上，利用所收集的震相到时数据，反演出一个好的一维速度模型，并可在许多常规地震定位程序中应用，则能改善常规地震定位质量。因此，即使在现今，一维模型本身仍具有实用价值，对于每一个区域或地方地震台网，都应该建立自己的好的一维速度模型。

另一方面，为了得到好的三维地壳速度模型，首先要有一个好的一维初始模型。Kissling 等（1994）提出了一种方法，用于为地方震地壳层析成像提供好的初始参考模型，称作“最小一维速度模型（Minimum 1 - D velocity model）”，并开发了程序 VELEST,（http://faldersons.net/Software/Velest/Velest.html，最近一次访问在 2017 年 12 月）。赵旭等（2007）采用 VELEST 为三峡库首区建立了“最小”一维速度模型，孙安辉等（2011）用 VELEST 为北天山区域建立了“最小化”一维速度模型。所说“最小”或“最小化”一维速度模型，即 Kissling 等（1994）命名的“minimum 1 - D velocity model”，意思是使得参与反演一维速度模型的全部地震事件的走时残差均方根达到极小的一维速度模型，可见“minimum”作为速度模型一词的定语，并非指模型本身是“最小”的，或“最小化”的。这里姑且把 Kissling 等（1994）提出构建的模型称作最小一维速度模型。

按 Kissling 等（1994）提出的方法确定最小一维速度模型的过程是一个试错过程，需要分析人员的充分介入，分析每个阶段的计算结果。最好是从收集和选择关于地下结构的先验信息（即在进行一维或三维反演之前已知的信息）开始。因为由先验信息可能归纳出不只一个先验一维模型，所以需要视情况调整反演控制参数并对相应结果进行评估。下面介绍构建最小一维速度模型的基本步骤。

8.4.1　建立先验一维模型

尽可能收集关于所研究地区构造的先验信息，包括速度、分层厚度等，进而简化成多层地壳模型，每层有均匀速度，下层的速度大于上层。在上地壳（康拉德界面之上的地壳）中每层的厚度应在 2km 左右，在下地壳（康拉德界面与莫霍面之间的地壳）分层厚度约为 4km 到 5km。根据先验信息或一般地壳模型给出每层的速度，如果信息不完全或不一致，或者如果所考虑的区域包括两个或更多明显不同的构造单元，可建立若干个一维模型。选择有全部或几近全部地震事件记录的一个台站，作为估计台站校正值的参考台站。其必须是一个可靠的台站，最好位于台网中心而且不应表现出极端的场地效应，即最好是在基岩上（见第 5 章）。这些模型和参考台站称作先验一维模型。如果建立了若干个显著不同的先验一维模型，则对每个模型分别重复下述步骤，详见 8.4.2 小节至 8.4.5 小节。

8.4.2　一维模型的分层布局和速度参数

在数据集中选择具有最高质量 P 到时的一组事件，并覆盖所考虑的整个地区。Kissling 等（1994）选择约 500 个最好的事件，用程序 VELEST 重新定位，运行中对震源参数和台站校正值使用阻尼系数 0.01，对速度参数使用阻尼系数 0.1。第 1，3，5…次迭代反演震源参数，第 2，4，6…次迭代反演台站校正值及速度参数，在每次迭代中利用一维模型中更新了的速度、台站校正值以及更新的震源位置（见 8.3.3 小节）。如果可能，还通过将速度相近的相邻层组合来减少层数，并重复这一过程。除非数据清楚地表明存在低速层，否则，在大多数情况下最好避免低速层，因为低速层通常会引入不稳定性。

Kissling 等（1994）建议，在一维模型反演中不应包括爆炸数据。由于已知爆炸源的位置，按常理应该充分利用它们进行一维速度模型反演，但考虑到爆炸源在地面上或地面附近，结果射线的两端都靠近地面，因此其走时受地面附近不均匀性的影响要大于有一定深度的地震，所以，在反演一维模型时以不使用爆炸数据为好。这类数据只应该用于设置近表面速度和在震源定位时用于检验所得到的模型的性能。

这是一个试错过程，目的是建立合理的地壳模型分层布局及相应的速度参数和台站校正值。再有，这一过程提供了关于数据质量的有价值的认识。当在试错过程中地震位置、台站校正值和各层速度值不再有显著变化，全部事件的总残差均方根（RMS）相对于初始的常规地震位置有显著减小，而且计算出的一维速度模型和一组台站校正具有某种地质意义（例如，具有负走时残差的台站相对于参考台站应位于局部高速区等）而且不违背先验信息时，可进行下一步骤。如果所有这些要求都得到满足，所得结果可称为“具有相应台站校正值的更新后的先验一维模型”。

8.4.3 重定位和最终选择事件

采用这上一步骤得到的“具有相应台站校正值的更新后的先验一维模型”，使用常规定位程序，如 HYP071（Lee and Lahr，1975）、HYPOINVERSE（Klein，2002）、HYPOELLIPSE（Lahr，1999）或单个事件模式的 VELEST（固定台站和速度参数），对全部事件重新定位。考虑空隙角、观测值个数、到次近台的距离等因素，重新选择最好的事件，这些事件应很好分布于所研究空间。如果能提取出不只一个这样的事件子集，则可分别进行步骤 8.4.4 小节的内容，但不同数据子集得到的结果应该类似。

8.4.4 为一个数据子集计算最小一维模型

概括来说，就是用更新后先验一维模型和台站残差，以对震源 0.01 阻尼、对台站 0.1 阻尼和对速度参数 1.0 阻尼，重复 8.4.2 小节的步骤。这一步骤的目的是计算一个一维模型（速度参数和台站残差），使总的定位误差估计达到极小。通过系统地和随机地移动震源和使速度参数无阻尼来测试结果的稳定性。如果对解的性能满意，则通过使用“过阻尼”来固定被更新的速度参数，从而计算台站残差。所得到的速度模型连同相应的台站残差构成最小一维模型。

8.4.5 对若干数据子集计算最小一维模型

如果提取出若干个具有足够多（例如 500 个左右）事件的子集，测试所得到的最小一维模型对特定数据的依赖性。找出最佳拟合全部子集结果的一维模型和台站残差，混合来自不同子集的数据，重复步骤 8.4.4 小节的内容。如果结果仍不满意，则用步骤 8.4.6 小节中所述过程来评估最小一维模型。

8.4.6 对同一地区评估不同的最小一维模型

如果建立了若干显著不同的先验一维模型，并对它们都成功地完成了 8.4.2 至 8.4.5 小节所述步骤，则可依据下述性能测试选出一个最小一维模型：从矿山爆破或爆炸（即已知位置的震源）选出全部走时数据，并对不同的最小一维模型重定位这些事件，但在定位过程中固定深度。如果已知几个台站的近地表速度，则将台站残差与平均层速和这几个台站的本地速度之差进行比较，以判断台站残差的合理性。最后选择与先验信息最相似的最小一维模型。

8.5　分块模型与震源位置的联合测定举例

如果联合测定问题不满足于上述震源位置与水平分层速度模型的联合测定，但由于震相到时数据的数量和质量以及台站分布密度的限制，不足以构建真正意义的三维速度模型，可以考虑较为简单的分块速度模型。赵仲和（1983b）曾尝试在北京及周边地区构建一个分成三块的区域地壳速度模型，并获得了一组改善的震源位置结果。在联合测定问题中采用了 8.2.2 小节所述分离变量法，分离变量后求解线性方程组时采用奇异值分解最小二乘法（见第 6 章）。

8.5.1　速度模型参数选择

赵仲和（1983b）对水平分层速度模型赋予一种新的模型参数组合，其中各层的地震波速度和层面位置均可在反演过程中加以调整，特别将上面的两层分成若干块，以反映浅部构造的横向差异。在这一模型中的可调参数有：每层中的 P 波速度 V_l($l=1,2,\cdots,L$, V_L为下面半空间中的 P 波速度)、第二层层顶深度 h_{2b}($b=1,2,\cdots,B$, B 为上面两层的分块数目)、其他各层层顶深度 h_l($l=3,4,\cdots,L$)、全区平均 P 波 S 波速度比 γ 以及 P 波(分别针对直达 P 波和折射 P 波)、S 波台站校正值。

8.5.2　初始模型

联合测定北京地区地震位置和速度模型时，使用的初始速度模型是以滕吉文等（1979）提出的北京地区平均速度模型（称之为 MDBJ79）为基础修改成的。考虑到北京地区的地貌地质特征将所研究地区划分成三个区（图 8.3）：第 Ⅰ 区位于西北部山区，该区中有大

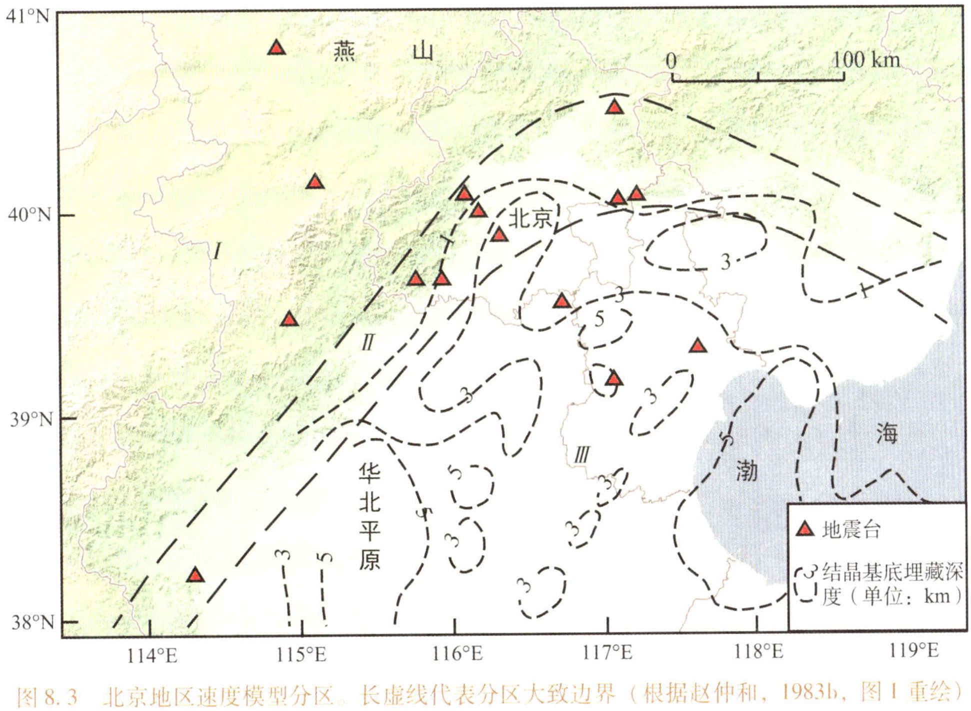

图 8.3　北京地区速度模型分区。长虚线代表分区大致边界（根据赵仲和，1983b，图 1 重绘）

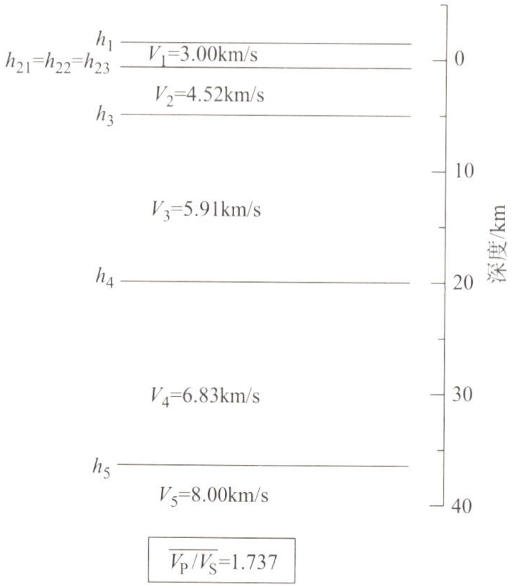

图 8.4　联合测定北京地区地震位置与速度模型。初始速度模型采用滕吉文等提出的平均速度模型

片结晶基底出露；第Ⅲ区为东南部平原区，结晶基底埋藏深度达 3～5km；而第Ⅱ区是山区和平原之间的过渡区。这样构成的初始模型如图 8.4 所示。

8.5.3　分步求解

试算表明，为了控制模型参数的标准差在合理范围内（如控制深度标准差在 1km 左右），在用奇异值分解最小二乘法求解方程组时限制其方程组条件数不超过 20。为了使迭代过程中参数的分辨矩阵元素值不致过低（关于分辨矩阵的意义，参见李汯鑑和斯图尔特，1984），实际求解过程分八步进行，见表 8.1。这是由于观测数据的数目和精度所限，不得已而采用的一种求解方法，类似于 8.4.2 小节所述 ST 过程。

表 8.1　北京地区地震位置与速度结构联合测定步骤（赵仲和，1983，表 1，表中所指图 2 在本文中为图 8.4）

步骤	使用震相种类	使用到时数据数目	速度模型初值	地震参数初值	可调整模型参数数目	说明
1	$\bar{P}$，Pn	608	见图 2	由图 2 模型测定	7	层顶深度 h_{21}，h_{22}，h_{23}，h_3，h_4，h，及第一层慢度 $u_1(=1/V_1)$ 可调
2	$\bar{P}$，Pn	608	第 1 步结果	第 1 步结果	10	除半空间慢度 $u_5(=1/V_5)$ 及平均波速比 V_P/V_S 外各参数可调
3	$\bar{P}$，Pn，$\bar{S}$	1017	第 2 步结果	第 2 步结果	1	只平均波速比 V_P/V_S 可调
4	$\bar{P}$，Pn，$\bar{S}$	1017	第 2 步结果	第 2 步结果	11	固定半空间慢度 u_5
5	$\bar{P}$，Pn，$\bar{S}$	878	第 4 步结果	第 4 步结果	0	去掉部分残差较大地震；固定模型参数
6	$\bar{P}$，Pn，$\bar{S}$	878	第 5 步结果	第 5 步结果	7	同步骤 1 说明
7	$\bar{P}$，Pn，$\bar{S}$	878	第 6 步结果	第 6 步结果	11	同步骤 4 说明
8	$\bar{P}$，Pn，$\bar{S}$	836	第 7 步结果	第 7 步结果	11	同步骤 4 说明

表 8.2 中列出计算过程中每一步骤最后一次迭代时模型参数校正量的标准差和分辨矩阵元素值，分别是协方差矩阵对角元素的平方根和分辨矩阵的对角元素。从图 8.5 可见，层深度校正量的标准差多为 1～2(km)，最大为 2.9km；慢度校正量的最大标准差为 0.013s/km；波速比校正量的标准差为 0.004 左右。表明对解的标准差的控制是有效的，但这是以牺牲解的分辨力为代价。数据不够充分，数据精度不够高，给计算带来了困难。

表 8.2　表 8.1 所示各步骤中模型参数校正量的标准差和分辨矩阵元素值（赵仲和，1983b，表 3）

步骤	参量	Δh_{21}	Δh_{22}	Δh_{23}	Δh_3	Δh_4	Δh_5	$\Delta\left(\frac{1}{V_1}\right)$	$\Delta\left(\frac{1}{V_2}\right)$	$\Delta\left(\frac{1}{V_3}\right)$	$\Delta\left(\frac{1}{V_4}\right)$	$\Delta\left(\frac{V_P}{V_S}\right)$
1	标准差	0.5	0.4	1.3	1.5	2.9	2.2	0.005				
	分辨	1.00	1.00	0.81	0.55	0.74	0.11	0.80				
2	标准差	0.6	0.4	0.1	0.1	0.1	0.1	0.001	0.001	0.001	0.013	
	分辨	<0.01	<0.01	1.00	1.00	0.72	<0.01	0.29	1.00	<0.01	<0.01	
3	标准差											0.004
	分辨											0.37
4	标准差	0.4	0.3	0.1	0.1	0.1	0.1	0.001	0.001	0.001	0.005	0.004
	分辨	<0.01	<0.01	0.01	0.98	0.99	0.06	0.67	0.86	0.91	0.85	0.45
5												
6	标准差	0.4	0.3	1.0	0.4	0.9	1.0	0.004				
	分辨	1.00	1.00	1.00	0.79	0.53	0.58	0.11				
7	标准差	0.3	0.3	0.1	0.1	0.1	0.1	0.001	0.001	0.001	0.001	0.003
	分辨	<0.01	<0.01	0.02	0.97	0.99	0.07	0.70	0.82	0.06	0.84	0.42
8	标准差	0.3	0.2	0.1	0.1	0.1	0.1	0.001	0.001	0.001	0.001	0.003
	分辨	<0.01	<0.01	0.02	0.98	1.00	0.08	0.67	0.82	0.10	0.81	0.44

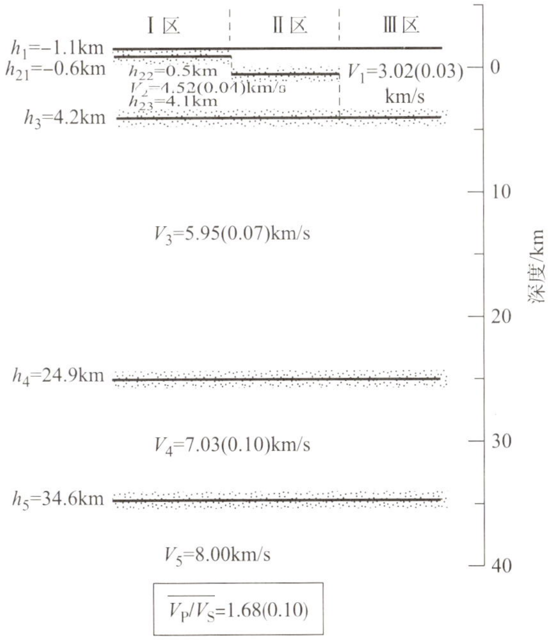

图 8.5　北京地区多重速度模型 MDBJ81。括号内数值及阴影代表估计误差（赵仲和，1983b，图 4）

8.5.4 模型 MDBJ81

最后得到的北京地区速度结构模型 MDBJ81 由三部分组成，见图 8.5：①MDBJ81 的 P 波速度结构；②平均 P 波 S 波速度比；③直达 P、S 和 Pn 震相到时台站校正值。

图 8.5 中，速度较低的第一层可与地表至结晶基底的沉积层相对应，第二层可与花岗岩层上部的结晶基底相对应。对照图 8.5 与图 8.3，可以看出模型 MDBJ81 的浅层结构与该区的地貌地质特征相吻合。但图 8.3 中给出的各区边界只能理解为相邻分区之间的一个过渡带。

联合测定得到的地震震中位置较重定位前更接近于地质构造图上给出的断层线，可以作为速度模型合理性的一个佐证，见图 8.6。

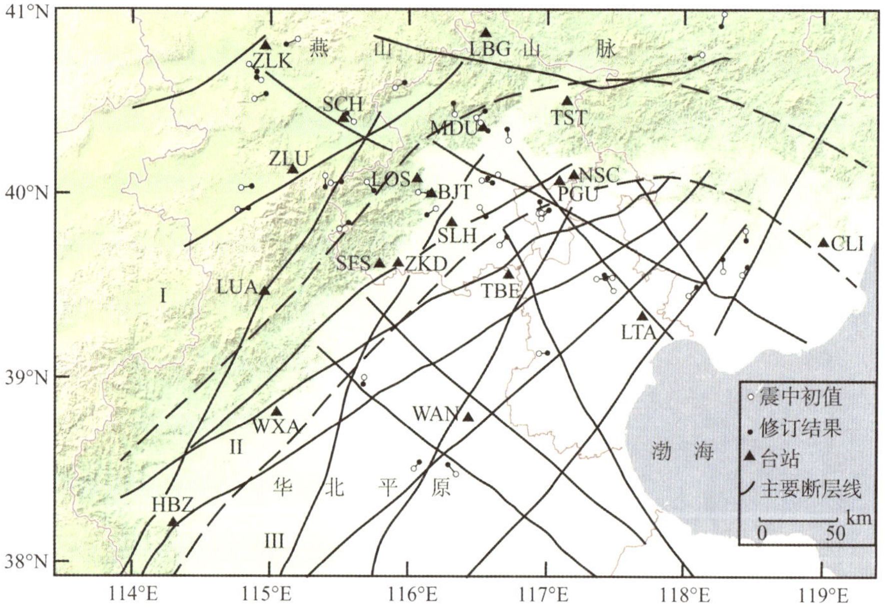

图 8.6 联合测定用地震震中分布图（根据赵仲和，1983b，图 3 重绘）

8.6 三维速度结构反演的速度模型参数化

在反演速度结构时，首先要确定以什么方式描述待求解的全球或区域的地下速度结构。采用的速度模型描述方式直接关系到采用的走时计算方法和为反演速度模型所准备的数据集的情况。在区域速度模型反演的早期，采用的是三维分块速度模型，但近年来，采用更多的是用网格化的节点速度值和节点间的内插来描述连续介质速度模型。对于速度间断面，则根据间断面之间介质速度的描述方式来确定间断面的描述方式。此外，计算耗时也是模型参数化时要考虑的一个因素。

8.6.1 三维分块速度模型

三维分块速度模型有常数速度（或慢度）块（Aki et al.，1977；Nakanishi，1985；Williamson，1990；Saltzer and Humphreys，1997）和三角形或四面体网眼，在其内速度是常数或速度梯度是常数（White，1989；Sambridge and Faletic，2003）。随着网格模型的发展，分块模型已很少使用。

8.6.2　频率域离散参数化

基于分块模型，朱露培等（1990a）提出一种新的模型参数化方法——空间频率域离散参数化方法，这种方法将待求的速度函数按其空间频率展开，反演其各阶频率系数。朱露培等（1990a）认为，采用这种空间频率级数展开参数化方法的一个明显好处是，无需事先选择块体的大小，可以放心地展开到足够高的阶数，而不必担心给反演结果带来人为的畸变。数值模拟的结果证实了理论上的结论，表明这种参数化方法在异常体的形态与幅度方面，都比以前的分块参数化方法更好地恢复了真实的结构。朱露培等（1990b）通过对搜集到的北京地震传输台网的 2000 多个远震 P 波到时数据进行分析，采用空间频率域参数化方法反演了京津唐张地区的地壳与上地幔深部结构。

8.6.3　三维网格速度模型

构建目标区域的速度节点网格，使用预定函数对其内插（Thomson and Gubbins，1982；Thurber，1983；Cerveny et al.，1984；Virieux and Farra，1991；Zhao et al.，1992；Neele et al.，1993），借以描述连续介质，从而可以用较少参数描述速度的平滑变化。一种简单的插值是“伪线性内插”，在三维直角坐标系中表示为，

$$v(x,y,z)=\sum_{i=1}^{2}\sum_{j=1}^{2}\sum_{k=1}^{2}V(x_i,y_j,z_k)\left(1-\left|\frac{x-x_i}{x_2-x_1}\right|\right)\left(1-\left|\frac{y-y_j}{y_2-y_1}\right|\right)\left(1-\left|\frac{z-z_k}{z_2-z_1}\right|\right) \tag{8.41}$$

式中，$V(x_i,y_j,z_k)$是围绕(x,y,z)的 8 个网格点的速度。对于式（8.41），速度是连续的，但速度梯度不连续，称作 C^0 连续性。

在数值求解射线追踪或程函方程（见 8.7.2 小节）的方案中，通常希望速度场有连续的一阶和二阶导数（称作 C^2 连续性），这时需要更高阶内插。有许多种样条函数能用于内插，其中三次 B 样条特别有用，因为它们提供 C^2 连续性。

8.6.4　不规则参数化

不规则参数化已被应用于基于射线追踪和基于网格计算走时的两种震源位置与速度结构联合测定方案中。在求解程函方程的基于网格方案中，不规则网格的潜力在于根据波前曲率来改变网格分辨力从而提高计算效率（Kimmel and Sethian，1998；Qian and Symes，2002）。采取不规则网格的另一个动因来自地震层析成像，对于很多大的数据集，路径分布会高度不均匀，造成分辨能力的空间变化。利用某种形式的不规则网眼能使参数化针对这些变化进行“调优”，从而具有若干潜在好处，包括提高计算效率（由于未知数减少），改善反演问题的稳定性和改善对构造信息的提取等（Rawlinson and Sambridge，2003a；Sambridge and Rawlinson，2005）。

8.7 震源到接收器的走时——程函方程与射线方程

实现震源位置和速度结构的联合测定，关键在于在复杂结构中对震相走时的计算方法。下面要讨论的走时计算方法都服从所谓“高频近似”，即假定传播的地震波的波长显著小于所穿过的地球介质的不均匀性尺度，从而，关于几何光学的原理和定律便可以借用到地震波分析当中，利用地震射线来描述地震波的传播路径。至于怎样才算“显著小于”，一种说法是，当应用的地震波记录的最大波长比需要考虑的介质空间不均匀尺度小1个数量级时，可以认为是“显著小于”，因而可以采用高频近似（周仕勇和许忠淮，2010，第43页）。

对于水平分层的地壳速度模型，直达波、折射波和反射波的走时计算方法已在第6章（单个地震定位的基本方法）中给出，这里不再重复。

以下内容主要引自 Rawlinson 等（2007）的综述文章，各节中出现的公式绝大多数引自该综述文章，文中不再一一注明。

8.7.1 程函方程的基本概念

程函方程（eikonal equation）(也称“短时距方程”或“几何光学方程”）是波传播问题中遇到的一个非线性偏微分方程，它提供了物理（波动）光学和几何（射线）光学之间的连接。下面从各向同性连续变化介质中的波动方程导出程函方程。更详细的推导过程可参见周仕勇和许忠淮（2010）的3.1节或 Shearer（2008）的附录3。注意，在周仕勇和许忠淮（2010）的书中使用了“程函方程”这一术语，而在 Shearer（2008）中被翻译成“短时距方程”。

对于各向同性介质中的P波，弹性波方程可写为（周仕勇和许忠淮，2010；中国地震局监测预报司，2007）：

$$\nabla^2\Phi-\frac{1}{\alpha^2}\frac{\partial^2\Phi}{\partial t^2}=0 \tag{8.42}$$

式中，Φ 代表P波的标量势；α 是P波速度；t 是时间。引用 Rowlinson 等（2007）给出的推导：假定式（8.42）的解有如下一般形式，

$$\Phi=A\exp[-\mathrm{i}\omega(T(x)+t)] \tag{8.43}$$

式中，$A=A(x)$是振幅；ω 是角频率；T 是位置 x 处等相位表面对应的走时。则标量势的拉普拉斯运算是，

$$\begin{aligned}\nabla^2\Phi=&\nabla^2A\exp[-\mathrm{i}\omega(T+t)]-\mathrm{i}\omega\nabla T\cdot\nabla A\exp[-\mathrm{i}\omega(T+t)]-\\&\mathrm{i}\omega\nabla A\cdot\nabla T\exp[-\mathrm{i}\omega(T+t)]-\mathrm{i}\omega A\nabla^2T\exp[-\mathrm{i}\omega(T+t)]-\\&\omega^2A\nabla T\cdot\nabla T\exp[-\mathrm{i}\omega(T+t)]\end{aligned} \tag{8.44}$$

Φ 对时间的二阶导数是，

$$\frac{\partial^2\Phi}{\partial t^2}=-\omega^2A\exp[-\mathrm{i}\omega(T+t)] \tag{8.45}$$

将以上两个表达式代入式（8.42），约去各项中包含的指数部分，得到，

$$\nabla^2 A-\omega^2 A\ |\nabla T|^2-\mathrm{i}[2\omega\ \nabla A\cdot\nabla T+\omega A\ \nabla^2 T]=\frac{-A\omega^2}{\alpha^2} \tag{8.46}$$

它可分成实部和虚部。如果取实部并除以 $A\omega^2$，则有，

$$\frac{\nabla^2 A}{A\omega^2}-|\nabla T|^2=\frac{-1}{\alpha^2} \tag{8.47}$$

应用高频近似($\omega\to\infty$)则产生程函方程，

$$|\nabla T|=\frac{1}{\alpha}=s \tag{8.48}$$

式中，$s=1/\alpha$ 是慢度。T 是一个时间函数（程函），当 T 为常数时能描述等相位表面（波前）。若取式（8.46）的虚部并除以 ω，则得到传输方程（transport eguation）

$$2\ \nabla A\cdot\nabla T+A\ \nabla^2 T=0 \tag{8.49}$$

可用于计算传播波的振幅。

将采用适当的一般 S 波矢量势，将其代入 S 波的弹性方程，则能导出完全相同的程函方程和传输方程表达式，式（8.48）和式（8.49）对于慢度为 s 的任何高频体波都成立。

下面对式（8.44）做进一步说明：根据拉普拉斯算子∇^2的定义，

$$\nabla^2=\frac{\partial^2}{\partial x^2}+\frac{\partial^2}{\partial y^2}+\frac{\partial^2}{\partial z^2}=\left(\frac{\partial}{\partial x}\boldsymbol{i}+\frac{\partial}{\partial y}\boldsymbol{j}+\frac{\partial}{\partial z}\boldsymbol{k}\right)\cdot\left(\frac{\partial}{\partial x}\boldsymbol{i}+\frac{\partial}{\partial y}\boldsymbol{j}+\frac{\partial}{\partial z}\boldsymbol{k}\right)=\nabla\cdot\nabla \tag{8.50}$$

令 $\Phi=f_1\cdot f_2$，$f_1=A(\boldsymbol{x})$，$f_2=\exp\{-\mathrm{i}\omega[T(\boldsymbol{x})+t]\}$，$\boldsymbol{x}=x\boldsymbol{i}+y\boldsymbol{j}+z\boldsymbol{k}$，于是，式（8.44）可表示为，

$$\begin{aligned}\nabla^2\Phi&=\nabla^2(f_1\cdot f_2)=\nabla\cdot\nabla(f_1\cdot f_2)=\nabla\cdot((\nabla f_1)f_2+f_1(\nabla f_2))\\&=(\nabla^2 f_1)f_2+(\nabla f_1)\cdot\nabla f_2+(\nabla f_1)\cdot\nabla f_2+f_1\ \nabla^2 f_2\end{aligned} \tag{8.51}$$

式中前 3 项是式（8.44）中的前 3 项，第 4 项可进一步展开为，

$$\begin{aligned}\nabla^2 f_2&=\nabla^2(\exp(-\mathrm{i}\omega(T+t)))\\&=\nabla\cdot(\nabla\exp(-\mathrm{i}\omega(T+t)))\\&=\nabla\cdot(\exp(-\mathrm{i}\omega(T+t))(-\mathrm{i}\omega\nabla T)\\&=-\mathrm{i}\omega\exp(-\mathrm{i}\omega(T+t))\ \nabla T\cdot(-\mathrm{i}\omega\ \nabla T)+\exp(-\mathrm{i}\omega(T+t))(-\mathrm{i}\omega)\ \nabla^2 T\end{aligned} \tag{8.52}$$

恰是式（8.44）的最后两项。

8.7.2　由程函方程导出射线方程

由程函方程可以进一步导出波传播的射线方程。参考图 8.7，如果 $\boldsymbol{r}$ 代表波前上一点的位置矢量，l 是随着波前演化过程这一点的移动路径曲线的长度，因为 $\mathrm{d}\boldsymbol{r}/\mathrm{d}l$ 和$\nabla T/s$ 二者都是平行于路径的单位矢量，故有，

$$\frac{\mathrm{d}\boldsymbol{r}}{\mathrm{d}l}=\frac{\nabla T}{s} \tag{8.53}$$

走时沿路径的变化率就是慢度，

$$\frac{\mathrm{d}T}{\mathrm{d}l}=s \tag{8.54}$$

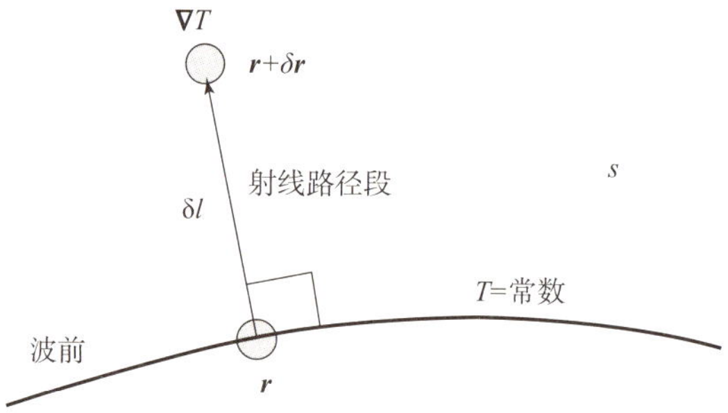

图 8.7　用于描述波前和射线的变量。T 是走时，$\boldsymbol{r}$ 是波前上一点的位置矢量，l 是射线路径长度，s 是慢度（据 Rowlinson et al.，2007，图 2）

取两边的梯度$\left(\text{注意 d/d}l \text{ 和}\nabla\text{的计算，}\nabla=\frac{\partial}{\partial x}\boldsymbol{i}+\frac{\partial}{\partial y}\boldsymbol{j}+\frac{\partial}{\partial z}\boldsymbol{k}\text{，}\boldsymbol{i},\boldsymbol{j},\boldsymbol{k}\text{ 是沿三个坐标轴的单位矢量}\right)$，

$$\frac{\mathrm{d}\,\nabla T}{\mathrm{d}l}=\nabla s \tag{8.55}$$

可结合式（8.53）和（8.54），以去掉∇T，于是给出，

$$\frac{\mathrm{d}}{\mathrm{d}l}\left[s\frac{\mathrm{d}\boldsymbol{r}}{\mathrm{d}l}\right]=\nabla s \tag{8.56}$$

式（8.56）是运动学射线方程，描述在平滑变化的各向同性介质中射线路径轨迹。后面将说明如何将式（8.56）变成适于初值和边值射线追踪的形式。

根据费马原理，使用变分法（calculus of variations）导出运动学射线方程。费马原理（Fermat's Principle）也称稳定时间原理（Principle of stationary time），是指光从某点传播到另一点将遵循这样一条路径：光沿着这条路径传播所需要的时间是稳定的，即同这两点间的其他路径比起来，或者是所需时间最小，或者是最大，或者相同，而多数情况下是最小，即射线路径对应于积分

$$T=\int_L s\mathrm{d}l \tag{8.57}$$

的极值曲线，其中 L 代表路径。若对进一步推导感兴趣，可参见周仕勇和许忠淮（2010）附录 3.2。

当存在速度间断时，式（8.56）不能使用，因为∇s 没有定义。但此时可以使用斯内尔定律（Snell's law），其最简单形式可表示为，

$$\frac{\sin\theta_i}{v_i}=\frac{\sin\theta_0}{v_0} \tag{8.58}$$

式中，θ_0和 v_0是入射射线的角和波速，θ_i和 v_i是出射射线的角和波速，这里的角是射线与速度间断面法线的夹角。对于反射射线，$v_1=v_2$，于是 $\theta_1=\theta_2$，但对于透射射线，如果存在波速间断，则通常不会有 $\theta_1=\theta_2$。

8.8　射线追踪的试射法

所谓射线追踪，就是要在已知震源与接收器这两点位置情况下，找出一条恰好介于该两点之间的满足射线方程的地震射线。射线追踪的试射法在概念上简单，试射法把式（8.56）公式化为一个初值问题，如果给定射线路径的初始方向矢量，则允许追踪完全的射线路径，当存在任何界面时则要适当地应用斯内尔定律。于是，寻找震源至接收器路径的两点问题变为一个反演问题，即边值问题（参见 8.8.2 小节），其中的未知量是射线的初始方向矢量，而要极小化的函数是对射线端点与接收器之间距离的度量。在求解边值问题的过程中，需要进行“正演”，即要用到下面 8.8.1 小节中所述求解初值问题的方法。

顺便提及，在使用水平分层均匀速度模型进行地方震和近震定位时，对直达波走时的计算实际上就是采取的试射法，只是其中的正演问题比较简单（见 6.6.3.1 小节）。

8.8.1　初值问题

射线追踪的初值问题是指给定射线起点的初始方向矢量，根据射线方程，获得完全的射线路径及地震波走时。为此，要将射线方程式（8.56）变换成适当的形式。

8.8.1.1　以路径长度为独立变量的数值求解

虽然对少数特殊情况可能有射线追踪的解析解，但在一般情况下需要用数值方法解式（8.56）。通常需要将式（8.56）变成方便的一阶初值方程组，例如，考虑沿射线方向的单位矢量 $\boldsymbol{r}=(x,y,z)$，

$$\frac{\mathrm{d}\boldsymbol{r}}{\mathrm{d}l}=(\sin\theta\cos\phi,\sin\theta\sin\phi,\cos\phi) \tag{8.59}$$

式中，θ 是射线相对于垂直向（z 轴，向上为正）的倾角；ϕ 是射线的方位角，即射线与 $x-y$ 平面内 x 轴正方向（北）之间的夹角。将此表达式代入式（8.56），并应用对乘积求导数的规则，得到慢度 s 的空间导数，

$$\left.\begin{aligned}
\frac{\partial s}{\partial x}&=s\cdot\cos\theta\cos\phi\frac{\mathrm{d}\theta}{\mathrm{d}l}-s\cdot\sin\theta\sin\phi\frac{\mathrm{d}\phi}{\mathrm{d}l}+\sin\theta\cos\phi\frac{\mathrm{d}s}{\mathrm{d}l}\\
\frac{\partial s}{\partial y}&=s\cdot\cos\theta\sin\phi\frac{\mathrm{d}\theta}{\mathrm{d}l}+s\cdot\sin\theta\cos\phi\frac{\mathrm{d}\phi}{\mathrm{d}l}+\sin\theta\sin\phi\frac{\mathrm{d}s}{\mathrm{d}l}\\
\frac{\partial s}{\partial z}&=-s\cdot\sin\theta\frac{\mathrm{d}\theta}{\mathrm{d}l}+\cos\theta\frac{\mathrm{d}s}{\mathrm{d}l}
\end{aligned}\right\} \tag{8.60}$$

由这三个方程消去 $\mathrm{d}s/\mathrm{d}l$ 项，并解出关于 $\mathrm{d}\theta/\mathrm{d}l$ 和 $\mathrm{d}\phi/\mathrm{d}l$ 的表达式，与式（8.59）一起产生如下方程组：

$$\left.\begin{aligned}
&\frac{\mathrm{d}x}{\mathrm{d}l}=\sin\theta\cos\phi,\ \frac{\mathrm{d}y}{\mathrm{d}l}=\sin\theta\sin\phi,\ \frac{\mathrm{d}z}{\mathrm{d}l}=\cos\theta\\
&\frac{\mathrm{d}\theta}{\mathrm{d}l}=\frac{\cos\theta}{s}\left[\cos\phi\frac{\partial s}{\partial x}+\sin\phi\frac{\partial s}{\partial y}\right]-\frac{\sin\theta}{s}\frac{\partial s}{\partial z}\\
&\frac{\mathrm{d}\phi}{\mathrm{d}l}=\frac{1}{s\cdot\sin\theta}\left[\cos\phi\frac{\partial s}{\partial y}-\sin\phi\frac{\partial s}{\partial x}\right]
\end{aligned}\right\} \tag{8.61}$$

上式，如果给定某一初始位置和轨迹，则通过求解这一耦合方程组，例如使用龙格－库塔（Runge－Kutta）算法（龚纯、王正林，2008），便能得到射线路径（Kreyszig，1993），该射线路径用位置矢量 $\boldsymbol{r}=(x,y,z)$ 和 θ、ϕ 角共5个独立变量来描述。

8.8.1.2 以走时为独立变量的数值求解

由方程组（8.61）给出的运动学射线追踪方程初值公式，使用路径长度作为独立变量，然而，往往更方便的是使用走时作为独立变量。将方程组（8.61）变换成使用 t 作为独立变量并以速度 v 代替慢度 s 的形式（使用速度还是慢度往往是一个习惯问题，但对某些类问题有实际意义，如 Rawlinson and Sambridge，2003b），通过如下一组简单关系来实现：

$$\left.\begin{aligned}&\frac{\mathrm{d}\theta}{\mathrm{d}l}=s\cdot\frac{\mathrm{d}\theta}{\mathrm{d}t}\\&\frac{\mathrm{d}\phi}{\mathrm{d}l}=s\cdot\frac{\mathrm{d}\phi}{\mathrm{d}t}\\&\frac{\mathrm{d}x}{\mathrm{d}l}=s\cdot\frac{\mathrm{d}x}{\mathrm{d}t}\\&\frac{\partial s}{\partial x}=-\frac{1}{v^2}\cdot\frac{\partial v}{\partial x}\end{aligned}\right\}\tag{8.62}$$

由此得到如下方程组：

$$\left.\begin{aligned}&\frac{\mathrm{d}x}{\mathrm{d}t}=v\cdot\sin\theta\cos\phi\\&\frac{\mathrm{d}y}{\mathrm{d}t}=v\cdot\sin\theta\sin\phi\\&\frac{\mathrm{d}z}{\mathrm{d}t}=v\cdot\cos\theta\\&\frac{\mathrm{d}\theta}{\mathrm{d}t}=-\cos\theta\left[\cos\phi\frac{\partial v}{\partial x}+\sin\phi\frac{\partial v}{\partial y}\right]-\sin\theta\frac{\partial v}{\partial z}\\&\frac{\mathrm{d}\phi}{\mathrm{d}t}=\frac{1}{\sin\theta}\left[\sin\phi\frac{\partial v}{\partial x}-\cos\phi\frac{\partial v}{\partial y}\right]\end{aligned}\right\}\tag{8.63}$$

上式方程组与式（8.61）方程组有类似形式，所以能使用同类技术求解，例如，可以使用龙格－库塔算法（龚纯、王正林，2008）。

8.8.2 边值问题的基本原理

8.8.1中所述射线追踪的试射方法通常用于求解边值问题，作法是以初值路径试探介质，然后利用从计算出的路径得到的信息调整试射方向，以更好地找准接收器位置。

如果在三维介质中射线以方位角 θ_0 和离源角 ϕ_0 从震源点发出，其目标是要求在接收器平面(z＝常数)上的射线端点(x_e,y_e)与接收器位置(X_r,Y_r)重合，于是边值问题相当于寻找两个非线性联立方程

$$\left.\begin{aligned}x_e(\theta_0,\ \phi_0)=X_r\\y_e(\theta_0,\ \phi_0)=Y_r\end{aligned}\right\}\tag{8.64}$$

的解(θ_0,ϕ_0)。图8.8在二维图中说明上述基本概念，在本例中初始射线轨迹（图中“初始”）

被多次更新，图中标出的序号 1→2→3→4→5→6，直至收敛到接收器位置（图中“最终”）。

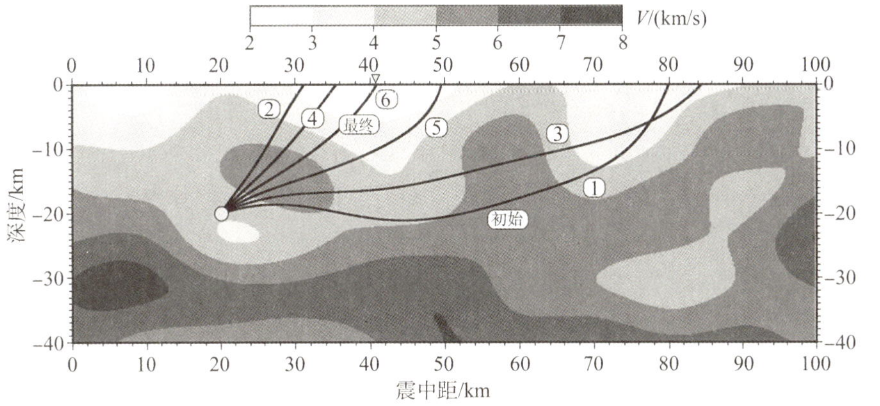

图 8.8 试射方法原理。(Rawlinson et al.，2007，图 7)

对于大多数速度场，(x_e, y_e) 不能以显式式表示为 (θ_0, ϕ_0) 的函数，因此通常的情况是将边值问题变成最优化问题，将射线端点与其预期目标之间距离的某种度量作为要最小化的拟合偏差函数。因为最优化问题是非线性的，有多种迭代非线性方案和完全非线性方案可供选用。

Julian and Gubbins（1977）提出求解式（8.64）的两种迭代非线性方案。第一种是牛顿法，它归类于一种简单的线性化（Julian and Gubbins，1977）：

$$\begin{bmatrix} \dfrac{\partial x_e}{\partial \theta_0} & \dfrac{\partial x_e}{\partial \phi_0} \\ \dfrac{\partial y_e}{\partial \theta_0} & \dfrac{\partial y_e}{\partial \phi_0} \end{bmatrix} \begin{bmatrix} \theta_0^{n+1} - \theta_0^n \\ \phi_0^{n+1} - \phi_0^n \end{bmatrix} = \begin{bmatrix} X_r - x_e(\theta_0^n, \phi_0^n) \\ Y_r - y_e(\theta_0^n, \phi_0^n) \end{bmatrix} \tag{8.65}$$

由此，如果给定某一初始轨迹 θ_0^0，ϕ_0^0，式（8.65）的解提供更新了的初始轨迹 θ_0^1，ϕ_0^1，重复这一过程，直至满足适当的容差判据。这一方案的成功在很大程度上取决于两个因素：①偏导数矩阵的准确计算；②给出一个合适的初始猜想射线，在局部线性的假定下它将收敛于正确极小点。这两个要求都难以满足，特别是对于复杂介质。

Julian and Gubbins（1977）提出的第二种迭代非线性方案是错误位置法（the method of false position）。Rawlinson 等（2001a，b）发现，在求解大型三维层析反演问题的正问题步骤中使用它是足够稳健的。

除了使用射线的离源角和方位角描述射线轨迹，还能使用射线方向（或慢度）矢量 $\boldsymbol{p} = \nabla T$。于是，使用这一矢量作为代入变量，即 $T = s \cdot \mathrm{d}\boldsymbol{r}/\mathrm{d}l$，便可简单地从运动学射线方程式（8.56）导出一个一阶方程组，

$$\left.\begin{aligned} \frac{\mathrm{d}\boldsymbol{r}}{\mathrm{d}l} &= v\boldsymbol{p} \\ \frac{\mathrm{d}\boldsymbol{p}}{\mathrm{d}l} &= \nabla\frac{1}{v} \end{aligned}\right\} \tag{8.66}$$

它是由 6 个方程组成的方程组。能以前述相同的方式用走时 t 代替独立变量 s，得到，

$$\left.\begin{aligned}\frac{\mathrm{d}\boldsymbol{r}}{\mathrm{d}t}&=v^2\boldsymbol{p}\\ \frac{\mathrm{d}\boldsymbol{p}}{\mathrm{d}t}&=-\frac{1}{v}\nabla v\end{aligned}\right\}\tag{8.67}$$

虽然式（8.63）要计算的独立变量比式（8.67）少一个，但它包含三角函数，在计算上不如式（8.67）。唯一描述射线在三维空间中的位置和轨迹的6维矢量（$\boldsymbol{r},\boldsymbol{p}$）有时被称作相位空间（phase space）矢量（Chapman，2004），而它的5维对应物（$\boldsymbol{r},\theta,\phi$）有时被称作简约相位空间矢量（reduced phase space vector）。

成功的迭代非线性试射方法要求有足够准确的初始猜想射线，这能以多种方式达到，包括沿接收阵列的总方向射出宽的射线扇形，然后（如果必要的话）向包含接收器的区间射出更加指向目标的射线群，直至得到有适当准确度的初始射线（Virieux and Farra，1991；Rawlinson et al.，2001a）。另一途径是使用对模型横向平均近似得到正确的两点射线作为初始猜想射线（Thurber and Ellsworth，1980；Sambridge，1990）。

8.8.3 近轴射线追踪

近轴（Paraxial）射线近似是射线理论的一个重要领域（Virieux and Farra，1991）。这里介绍由Virieux（1991）开发的采用哈密尔顿扰动理论的近轴射线近似射线追踪算法，该算法由Florian Haslinger纳入simul地震层析软件，形成simulps14并称该射线追踪程序为RKP（Runge－Kutta＋Pertubation，龙格－库塔算法＋扰动）追踪器（Haslinger，1999）。Haslinger在simulps中引入RKP射线追踪器的目的是要将该追踪算法与在simulps家族中采用的伪弯曲算法进行比较，关于simulps14，见8.11.1.2小节。这里简要介绍近轴射线追踪方法的基本原理

如前文所述，射线追踪的试射法是通过改变震源处的初始方位角ϕ和离源角θ来寻找连接台站和震源的射线。但如何改变这两个初始角才能使产生的射线尽快地达到台站，Virieux（1991）等采用的是一阶扰动理论，简述如下：

引入垂直于波前的慢度矢量$\boldsymbol{p}=\nabla T$，前面介绍的程函方程$(\nabla T)^2=u^2=v^{-2}$(式中T是走时，u是慢度标量，v是速度标量)可写成哈密尔顿表达式，

$$H(x,\boldsymbol{p},\tau)=\frac{1}{2}[\boldsymbol{p}^2-u^2(\boldsymbol{x})]\tag{8.68}$$

式中，$\boldsymbol{x}(\tau)$是沿射线的位置，τ是沿射线的取样参数，由下式定义，

$$\mathrm{d}T=\boldsymbol{p}\mathrm{d}\boldsymbol{x}=u^2\mathrm{d}\tau\tag{8.69}$$

程函方程意味着沿射线$H=0$，于是由哈密尔顿正则方程给出射线追踪方程，

$$\left.\begin{aligned}\dot{\boldsymbol{x}}&=\nabla_pH=\boldsymbol{p}\\ \dot{\boldsymbol{p}}&=-\nabla_xH=\frac{1}{2}\nabla_xu^2\end{aligned}\right\}\tag{8.70}$$

式中的点代表对采样参数τ求导数，∇_x和∇_p分别代表相对于矢量$\boldsymbol{x}$和$\boldsymbol{p}$的梯度。式（8.70）中的两个表达式不是彼此独立的。于是，要以给定的初始值（试射方位角和离源角）求解方程组（8.70）得到$\boldsymbol{x}(\tau)$和$\boldsymbol{p}(\tau)$，并通过对$\boldsymbol{p}(\tau)$积分得到走时。试射通常意味着对初始

猜想值进行调整，从而使试射以要求的准确度达到地面上接近台站（接收器）的一点。为此，引入近轴射线的概念。用 $\boldsymbol{x}_c(\tau)$ 和 $\boldsymbol{p}_c(\tau)$ 代表一个已追踪到的射线，称作中央射线（*central ray*），则可由下式给出近轴射线的位置和慢度：

$$\left.\begin{aligned}\boldsymbol{x}(\tau) &= \boldsymbol{x}_c(\tau)+\delta\boldsymbol{x}(\tau)\\ \boldsymbol{p}(\tau) &= \boldsymbol{p}_c(\tau)+\delta\boldsymbol{p}(\tau)\end{aligned}\right\} \tag{8.71}$$

式中，$\delta\boldsymbol{x}(\tau)$ 和 $\delta\boldsymbol{p}(\tau)$ 是中央射线位置和慢度的扰动。这些扰动要满足近轴射线追踪方程：

$$\begin{bmatrix}\delta\dot{\boldsymbol{x}}\\ \delta\dot{\boldsymbol{p}}\end{bmatrix}=\begin{bmatrix}\nabla_p\nabla_x H & \nabla_p^2 H\\ -\nabla_x^2 H & -\nabla_x\nabla_p H\end{bmatrix}\begin{bmatrix}\delta\boldsymbol{x}\\ \delta\boldsymbol{p}\end{bmatrix} \tag{8.72}$$

这是对式（8.71）进行一阶线性扰动得到的，其中的 H 及其导数是对中央射线计算的。为了使式（8.72）的解能代表一条近轴射线，必须满足约束条件 $\delta H=0$。为更新试射角度，必须有 $\delta\boldsymbol{x}(0)=0$（源点的位置不变）的两条近轴射线，一条的 $\delta\boldsymbol{p}(0)$ 与初始方位角 ϕ 的改变对应，另一条的 $\delta\boldsymbol{p}(0)$ 与初始离源角 θ 的改变对应。根据这些近轴射线在地面的状况和中央射线地面点到台站的距离，可估计方位角 ϕ 和离源角 θ 的改变量，由此改变量得到两条近轴射线的初始 $\delta\boldsymbol{p}(0)$，而初始 $\delta\boldsymbol{x}(0)=0$，利用式（8.72）和式（8.70），可得到这两条近轴射线。经过几次迭代，这一过程一般能收敛到台站（接收器）。

求解射线方程（8.72）和（8.70）需要对一组差分方程积分求解。在 simulps14 的射线追踪器 RKP 算法中使用四阶龙格－库塔算法（龚纯、王正林，2008，440 页）。要求平方慢度（u^2）一阶导数连续，而且二阶导数有一定平滑度，以保证数值计算的稳定性，为此使用四阶基数 B 样条（cardinal B－spline of order four）来表示平方慢度分布（龚纯、王正林，2008，97 页）。

8.8.4　完全非线性试射法

使用迭代非线性途径求解边值问题的试射法在中等不均匀介质中往往很有效，但随着介质的复杂性增强，一般会变得不那么稳健。Velis and Ulrych（1996）描述了一种射线追踪的完全非线性试射法，使用模拟退火法定位全局极小路径。与更传统的射线追踪方案相比，该方案显示出若干好处，特别是提高了定位全局极小解的稳定性。然而，对于要找出全部路径，该方法还不实用，而且往往比迭代非线性求解器的计算量大。

8.9　射线追踪的弯曲法和伪弯曲法

射线追踪的弯曲法和伪弯曲法都是要在连接震源和接收器的所有可能路径中寻找出真正的射线路经。

8.9.1　弯曲法基本原理

射线追踪的弯曲法的原理是，迭代调整连接震源和接收器的初始任意路径的几何形状，直到变为真正的射线路径，即满足稳定时间的费马原理，见图 8.9。实现弯曲法的一种通用作法是先提取运动学射线追踪方程的边值信息，然后对方程进行迭代求解。有许多方法能做到，例如最先由 Julian and Gubbins（1977）设计的方案。震源 S 和接收器 R 之间的一条射线路径的走时 T 可用积分表示，

$$T=\int_{\mathrm{S}}^{\mathrm{R}} s\mathrm{d}l \tag{8.73}$$

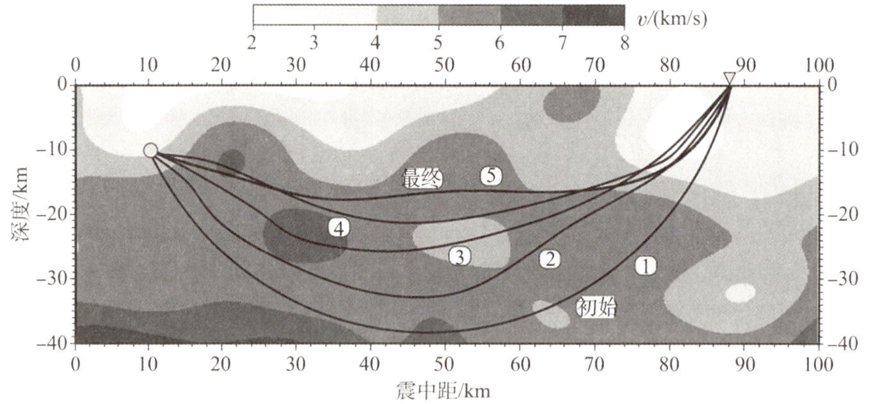

图 8.9 弯曲法原理图（Rawlinson 等，2007，图 11）

式中，s 是慢度；l 是路径长度。射线路径可用一个单调函数 λ 予以参数化描述，λ 是归一化射线长度($\lambda=l/L$，其中 L 是射线总长度)，射线上一点的位置矢量 $\boldsymbol{r}=\boldsymbol{r}(\lambda)$。所以射线路径的扰动可写作，

$$\frac{\mathrm{d}l}{\mathrm{d}\lambda}=\sqrt{\dot{\boldsymbol{r}}\cdot\dot{\boldsymbol{r}}}=\sqrt{\dot{x}^2+\dot{y}^2+\dot{z}^2}=F \tag{8.74}$$

式中上圆点表示对 λ 求导数，使用归一化路径长度意味着 $F=L$ 和 $\mathrm{d}F/\mathrm{d}\lambda=0$。使用这一表达式，式（8.73）可重写为，

$$T=\int_{\mathrm{S}}^{\mathrm{R}} sF\mathrm{d}\lambda \tag{8.75}$$

利用变分法（例如 Jeffreys and Swirles，1966）对这一积分取极值，便能得到射线追踪方程。对任何被积函数 $G(\lambda,\boldsymbol{r}(\lambda),\dot{\boldsymbol{r}}(\lambda))$，欧拉－拉格朗日（Euler－Lagrange）方程是，

$$\frac{\partial G}{\partial \boldsymbol{r}}-\frac{\mathrm{d}}{\mathrm{d}\lambda}\left(\frac{\partial G}{\partial \dot{\boldsymbol{r}}}\right)=0 \tag{8.76}$$

在本文的情况中，被积函数是 $G=sF=s\sqrt{\dot{\boldsymbol{r}}\cdot\dot{\boldsymbol{r}}}$，将其代入式（8.76），得到

$$s\ddot{\boldsymbol{r}}+(\dot{\boldsymbol{r}}\cdot\nabla s)\dot{\boldsymbol{r}}-(\dot{\boldsymbol{r}}\cdot\dot{\boldsymbol{r}})\nabla s=0 \tag{8.77}$$

这些方程式中只有两个是独立的，而且有一个可以忽略而不失一般性。这导致两个方程有 3 个未知数 $\boldsymbol{r}=(x,y,z)$；最终约束来自 $\mathrm{d}F/\mathrm{d}\lambda=0$，于是 $(\dot{\boldsymbol{r}}\cdot\ddot{\boldsymbol{r}})=0$。这样，便能以显式写出由 3 个独立的非线性二阶微分方程组成的方程组：

$$\left.\begin{aligned}
&s\ddot{x}+s_y\dot{y}\dot{x}+s_z\dot{z}\dot{x}-s_x(\dot{y}^2+\dot{z}^2)=0\\
&x\ddot{y}+s_x\dot{x}\dot{y}+s_z\dot{z}\dot{y}-s_y(\dot{x}^2+\dot{z}^2)=0\\
&\dot{x}\ddot{x}+\dot{y}\ddot{y}+\dot{z}\ddot{z}=0
\end{aligned}\right\} \tag{8.78}$$

其中，$\nabla s=(s_x,s_y,s_z)$。这一问题的边界条件是 $\boldsymbol{r}(0)=\boldsymbol{r}_S$ 和 $\boldsymbol{r}(1)=\boldsymbol{r}_R$，如果给出路径的某个初始估计 $\boldsymbol{r}(\lambda)^0$，进行迭代非线性求解，于是一般有 $\boldsymbol{r}(\lambda)^{n+1}=\boldsymbol{r}(\lambda)^n+\delta\boldsymbol{r}(\lambda)^n$。将这一表达式代入式（8.78）并使结果方程对 $\delta\boldsymbol{r}(\lambda)^n$ 线性化，于是可用二阶有限差分等技术求解。继续迭代过程，直到某种适当的收敛判据（基于沿射线积分的路径扰动）得到满足为止。

8.9.2 伪弯曲法基本原理

伪弯曲法在原理上类似于弯曲法方案，但避免了直接求解射线方程。最早的方案之一是由 Um and Thurber（1987）开发的，基于由一组线性内插点代表的射线路径。给定某个初始任意路径，其目标是顺序调整每个点的位置，从而使路径更好地满足射线方程。通过定位射线路径法线，直接利用稳定时间的费马原理，则能相当有效地实现这一方案。

用 $\boldsymbol{m}_t$ 和 $\boldsymbol{m}_n$ 分别表示在某点 $\boldsymbol{r}$ 射线路径的切线和法线矢量，见图 8.10(a)，则有，

$$\boldsymbol{m}_t=\frac{\mathrm{d}\boldsymbol{r}}{\mathrm{d}l},\quad \boldsymbol{m}_n=\frac{\mathrm{d}\boldsymbol{m}_t}{\mathrm{d}l} \tag{8.79}$$

式中，$\boldsymbol{m}_t$ 是单位矢量。使用式（8.53），$\boldsymbol{m}_n$ 可写成，

$$\boldsymbol{m}_n=\frac{\mathrm{d}}{\mathrm{d}l}\left(\frac{\nabla T}{s}\right)=\frac{1}{s}\frac{\mathrm{d}\,\nabla T}{\mathrm{d}l}+s\,\nabla T\frac{\mathrm{d}}{\mathrm{d}l}\left(\frac{1}{s}\right) \tag{8.80}$$

利用式（8.55），于是 $\boldsymbol{m}_n$ 可完全用 s 和 $\boldsymbol{m}_t$ 表示，

$$\boldsymbol{m}_n=\frac{\nabla s}{s}+\nabla T\frac{\mathrm{d}}{\mathrm{d}\boldsymbol{r}}\left(\frac{1}{s}\right)\cdot\frac{\mathrm{d}\boldsymbol{r}}{\mathrm{d}l}=\frac{1}{s}[\nabla s-(\nabla s\cdot\boldsymbol{m}_t)\boldsymbol{m}_t] \tag{8.81}$$

令 $\boldsymbol{n}$ 代表在 r 处射线路径的逆法线单位矢量，并用速度 v 代替慢度 s，则有，

$$\boldsymbol{n}=\frac{\nabla v-(\nabla v\cdot\boldsymbol{m}_t)\boldsymbol{m}_t}{|\nabla v-(\nabla v\cdot\boldsymbol{m}_t)\boldsymbol{m}_t|} \tag{8.82}$$

这样，矢量 $\boldsymbol{n}$ 定义射线路径曲率的方向。

由 Um and Thurber（1987）设计的 3 点扰动方案沿路径顺序更新点，参考图 8.10(b)，它显示 3 个点 $\boldsymbol{r}_{i-1}$、$\boldsymbol{r}_i$ 和 $\boldsymbol{r}_{i+1}$。目标是以改进的估计 $\boldsymbol{r}_i^{\text{new}}$ 代替初始猜想点 $\boldsymbol{r}_i^{\text{old}}$。考虑对位于 $\boldsymbol{r}_{i-1}$ 和 $\boldsymbol{r}_{i+1}$ 之间的中点 $\boldsymbol{r}_{\text{mid}}$ 的扰动，用

$$\boldsymbol{m}_t'=\frac{\boldsymbol{r}_{i+1}-\boldsymbol{r}_{i-1}}{|\boldsymbol{r}_{i+1}-\boldsymbol{r}_{i-1}|} \tag{8.83}$$

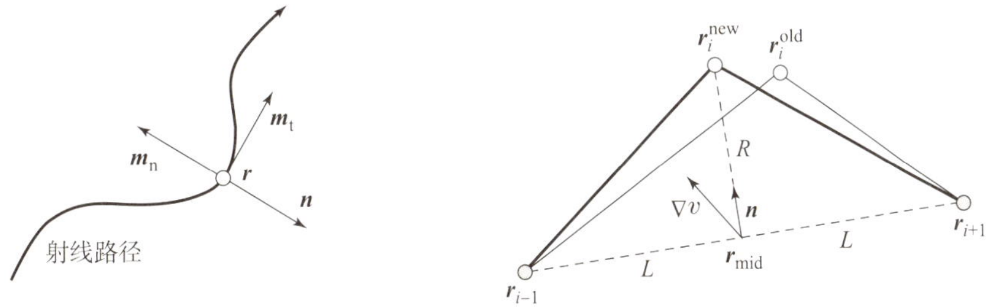

（a）在沿射线路径的一点 r 处射线切线矢量 $\boldsymbol{m}_t$、射线法线矢量 $\boldsymbol{m}_n$ 和逆法线单位矢量 $\boldsymbol{n}$ 的定义

（b）3点扰动方案的模板

图 8.10 示意性表示在伪弯曲法中使用的参数（Rawlinson 等，2007，图 12）

近似矢量 $\boldsymbol{m}_t$，并由式（8.82）计算逆法线单位矢量 $\boldsymbol{n}$，它指向弯曲方向。沿方向 $\boldsymbol{n}$ 的距离 R 是点 $\boldsymbol{r}_{mid}$ 到 $\boldsymbol{r}_i^{new}$ 的距离，从而能改进路径。使用定积分近似求值的梯形法则，可得到 $\boldsymbol{r}_{i-1}$ 和 $\boldsymbol{r}_{i+1}$ 之间走时 $T(R)$ 的近似解析表达式，

$$T(R)=\sqrt{L^2+R^2}\left[\frac{1}{v_i^{new}}+\frac{1}{2}\left(\frac{1}{v_{i-1}}+\frac{1}{v_{i+1}}\right)\right] \tag{8.84}$$

稳定时间费马原理要求 $\mathrm{d}T/\mathrm{d}R=0$，

$$\begin{aligned}\frac{\mathrm{d}T}{\mathrm{d}R}&=\sqrt{L^2+R^2}\,\frac{\mathrm{d}}{\mathrm{d}R}\left(\frac{1}{v_i^{new}}\right)+\left(\frac{1}{v_i^{new}}+c\right)\frac{R}{\sqrt{L^2+R^2}}\\&=(L^2+R^2)\frac{\mathrm{d}v_i^{new}}{\mathrm{d}R}-Rv_i^{new}(cv_i^{new}+1)=0\end{aligned} \tag{8.85}$$

式中，$c=(1/v_{i-1}+1/v_{i+1})/2$；量 v_i^{new} 是未知量，但根据在 $\boldsymbol{r}_{mid}$ 处的速度和速度梯度能给出按 R 改变的一级近似：

$$v_i^{new}\approx v_{mid}+(\boldsymbol{n}\cdot\nabla v_{mid})R \tag{8.86}$$

将此表达式代入式（8.82），得到，

$$[c(\boldsymbol{n}\cdot\nabla v_{mid})^2]R^3-[2cv_{mid}(\boldsymbol{n}\cdot\nabla v_{mid})]R^2-[v_{mid}(cv_{mid}+1)]R+(\boldsymbol{n}\cdot\nabla v_{mid})L^2=0 \tag{8.87}$$

Um and Thurber（1987）忽略 R 的三次项，得到一个有 2 个根的二次方程。产生正实走时的解是，

$$R=\frac{-v_{mid}(cv_{mid}+1)+\sqrt{v_{mid}^2(cv_{mid}+1)^2+8cv_{mid}(\boldsymbol{n}\cdot\nabla v_{mid})^2L^2}}{4cv_{mid}(\boldsymbol{n}\cdot\nabla v_{mid})} \tag{8.88}$$

上述伪弯曲法的更新过程简单而且计算效率高，因为它只需要求解两个比较简单的方程式（8.82）和式（8.88）。在实践中，Um and Thurber（1987）同时从射线两端到中心点应用该更新方案，重复这一过程直至满足收敛判据。虽然能以各种方式近似初始路径，但一种简单的选择是从连接震源和接收器的一条 3 点射线开始。一旦中心点已被扰动。则引入两个新点，用于二分每个线段。图 8.11 显示 Um and Thurber（1987）伪弯曲法原理。在此示意性算例中，由 3 点定义初始猜想射线。中心点被扰动以满足费马稳定时间原理，然后路径段个数加倍，重复这一过程。

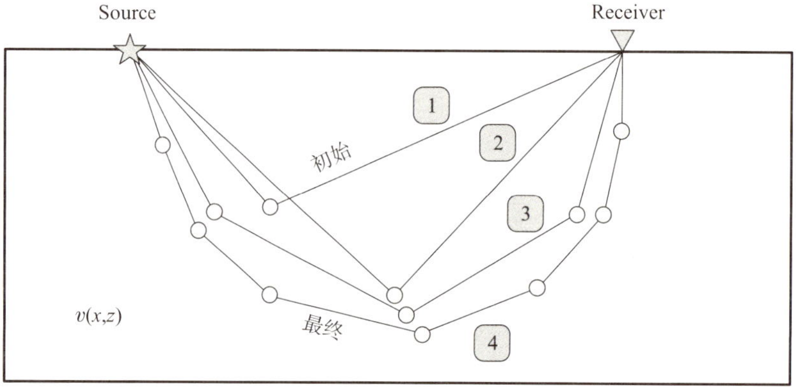

图 8.11 Um and Thurber（1987）伪弯曲法原理（Rawlinson et al.，2007，Fig.13）

尽管在伪弯曲法中所做的近似比较粗糙，但 Um and Thurber（1987）发现它比传统的弯曲方案的计算效率高得多，对于需要预测大的走时数据集的问题，该方案的应用相当普遍，例如地震层析成像。赵大鹏等（1992）修改了 Um and Thurber（1987）的三点扰动方案，以允许存在界面，在这种情况下，离散地定义路径的点序列包括射线经过的每个界面上的点，当更新方案达到这些点时，这些点被沿着界面扰动（而在界面每一侧的相邻点保持固定）直至满足斯内尔定律。

8.10 波前快速推进法

追踪震源和接收器间射线的另一种作法是计算波传播过程中波前到达介质网格所有点的走时。完全的走时场隐含着作为时间函数的波前位置（即走时 $T(x)$ 的等时线）以及所有可能的射线路径轨迹（由 ∇T 指定）。与传统的射线追踪试射法（Julian and Gubbins，1977）和弯曲方法（Um and Thurber，1987）相比，基于网格的走时方案有若干明显的优点：①大多数方案能计算到达介质所有点的走时，而且能对射线影区内的绕射进行定位；②射线试射和弯曲二者的非线性意味着可能会不收敛于真正的两点路径，而大多数基于网格的方案高度稳定，而且即使在强烈不均匀介质中也会找到正确解；③基于网格的方案能有效地计算走时和路径信息，达到实际问题所需准确度水平，而如果解的非线性显著，则射线追踪方案效率会很低；④大多数基于网格的方案能一致性地找到连续介质中的第一个到达，而射线追踪往往难于肯定所定位的路径是第一个到达还是后续到达。

但基于网格的方案之前也存在若干限制。这些限制包括：①准确度是网格间距的函数，在三维网格中使网格间距减半将使计算时间至少增大 8 倍，如果需要高准确度的走时，计算时间会变得很长；②大多数实际方案只计算第一个到达，这样便不能预测波前的一些特性，如回折性；③难以准确计算走时以外的其他量，例如地震波的振幅。为了计算与走时有关的其他量，要首先取得路径几何形状，再应用基于射线的技术。在过去几十年出现了两种基于网格的方案，即有限差分求解程函方程法和最短路径法，下面只介绍求解程函方程的方法之一：波前快速推进法。其他方法可参考 Rawlinson 等（2007）及该文列出的参考文献。

8.10.1 基本原理

近来开发的基于网格的程函求解器之一是波前快速推进法，简称 FMM，该方法原来是在计算数学领域开发的，用于求解各类界面演化问题，现今已应用于物理科学的多个领域。

在用有限差分方法求解程函方程时，遇到的一个困难是：第一到达的走时场不是在每一点都空间可微，即式（8.48）中的 ∇T 项不是在任何地方都有定义，在复杂介质中更是如此。克服这一问题的办法之一是在计算式（8.48）中的梯度 ∇T 时，考虑信息流的方向，只使用逆风（upwind）有限差分，也就是只使用已经被波前扫过的那些节点来计算给定节点处波前的到时。这一逆风方案可表示如下（Sethian and Popovici，1999；Chopp，2001；Popovici and Sethian，2002）：

$$\left(\max(D_a^{-x}T,\ -D_b^{+x}T,0)^2+\max(D_c^{-y}T,\ -D_d^{+y}T,0)^2+\max(D_e^{-z}T,\ -D_f^{+z}T,0)^2\right)_{i,j,k}^{\frac{1}{2}}=s_{i,j,k} \tag{8.89}$$

式中，T 是走时，(i,j,k) 是在任何正交坐标系(x,y,z)中的网格增量变量，整数变量 a、b、c、d、e、f 定义在六种情况中每种情况使用的逆风有限差分算子的准确度阶数。例如，在直角坐标系中，$D^{-x}T_i$的一阶和二阶算子是，

$$\left.\begin{aligned} D_1^{-x}T_{i,j,k} &= \frac{T_{i,j,k} - T_{i-1,j,k}}{\delta x} \\ D_2^{-x}T_{i,j,k} &= \frac{3T_{i,j,k} - 4T_{i-1,j,k} + T_{i-2,j,k}}{2\delta x} \end{aligned}\right\} \tag{8.90}$$

式中，δx 是沿 x 方向的网格间距；一阶准确度方案只使用 D_1算子；二阶准确度方案优选使用 D_2算子。严格地说，二阶方法实际上是混合阶，因为当因果关系不允许使用所需算子时，则将使用一阶近似。例如，如果利用二阶方法，并且 $T_{i-1} > T_{i-2}$，那么所用算子将是 $D_2^{-x}T_i$；若 $T_{i-1} < T_{i-2}$，那就不得不依靠 $D_1^{-x}T_i$。也能设计出使用 D_3甚至更高阶算子的混合方案，但在实践中，偶尔需要依靠 D_1算子就意味着总体准确度的改善通常是不显著的。还应该指出，已经证明，一阶 FMM 方案是无条件稳定的，但对高阶方案还没有这样的证明。

由式（8.89）给出的逆风方案描述如何使用周围格点的已知走时来计算新走时。成功实现这一方案要求被更新节点的顺序与信息流的方向一致，就是说，要从 T 的较小值到 T 的较大值。FMM 通过以顺风向方式从已知值系统地构造走时来实现这一点，而这些已知值是利用一个窄带方法逆风向得到的。“窄带”概念示于图 8.12，为便于可视化，以二维的情况为例。图中的“活动（alive）”点有正确计算出的值，“闭合（close）”点位于窄带内且有由式（8.89）只用“活动”点值计算出的试用值，“远离（far）”点没有计算值。根据定义，活动点位于闭合点的逆风处。通过识别有极小走时的闭合点，窄带在演化，该闭合点改标记为活动点，然后更新任何相邻的闭合点和远离点，更新后的远离点改标记为闭合点。使用这一步骤，窄带的形状近似于第一到达波前的形状，其想法是这个窄带通过网格传播，直到所有点都变成活动点，于是可计算出到所有节点的走时。FMM 中使用堆排序（heap sorting）算法在窄带内识别具有全局极小走时的节点，这意味着 FMM 的计算次数为 $O(M\lg M)$，其中 M 是网格点总数。因此，为了在实际应用中实现最高效率（特别是在三维中），应选择数据不确定性所允许的最大网格间距。

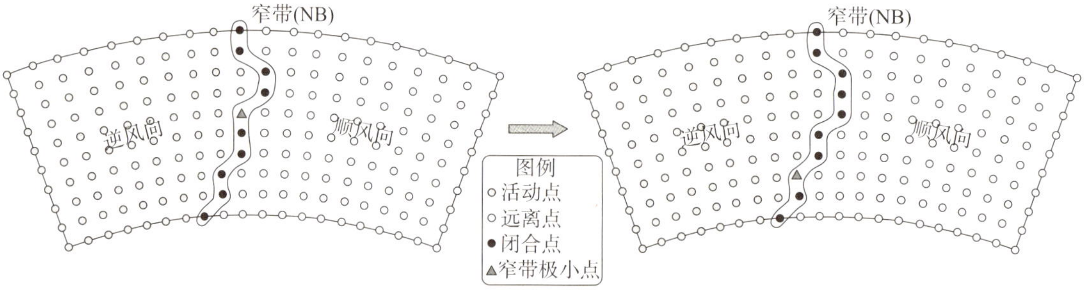

图 8.12　用于网格点有序更新的窄带（NB）演化方案。“闭合”点具有使用式（8.89）计算的试验走时，窄带从具有极小走时的“闭合”点局部地前进（Rawlinson et al.，2007，Fig.18）

8.10.2　改进震源附近的准确度

点源是走时场的逆风奇异点，由于在源附近波前的高曲率，会是有限差分程函求解器总体误差的主要贡献者。使用规则走时网格的方案往往对这一曲率的近似很差，而造成的误差被携带到其后的计算中。对此，已有多种解决方案。

在 FMM 方面，Rawlinson and Sambridge（2004a）开发了一个网格细化策略，显著改善了 CPU 时间对准确度之间的关系。该方案只使用单级细化，而被细化的网格边缘最终与第一到达波前的形状一致。这后一性质保证方案的稳定性不被折中掉。图 8.13 示意性显示计算前锋如何经过细化网格演化，然后当波前达到细化区域边缘时便映射回到较粗的网格。Rawlinson and Sambridge（2004a）方法表明，在二维中能以增加少量的计算时间使准确度改善一个量级。孙章庆等（2007）用近 8 点计算走时，代替原来的近 4 点计算走时，提高了走时计算准确度，而总体计算量并没有明显增加。

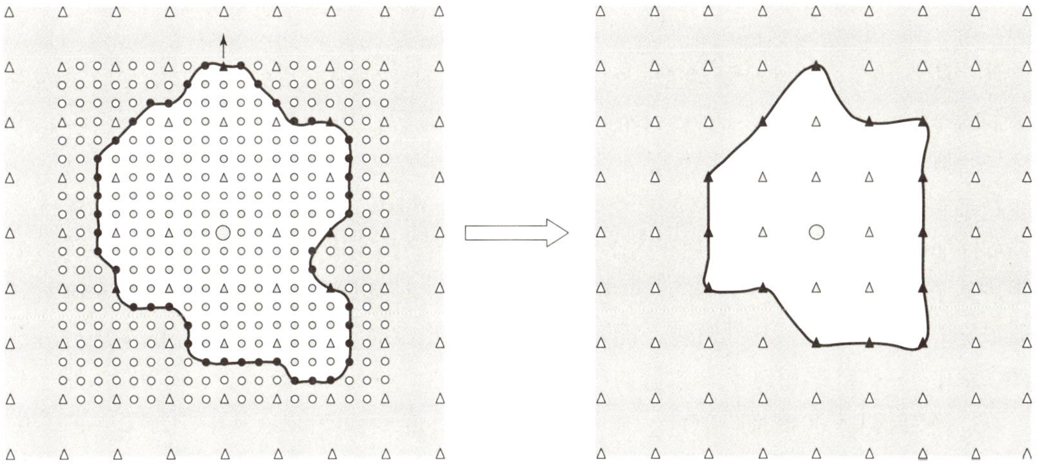

图 8.13　当计算前锋近似于第一到达波前时实现震源 - 网格细化；当窄带到达细化网格边缘时，在继续演化之前它被映射到背后的粗网格上（Rawlinson et al.，2007，Fig.20）

8.10.3　多级 FMM 及其实现

基于网格的程函求解器大多用于计算连续介质中的第一到达走时场，事实上，大多数方法不能自然地扩展到追踪后续震相，因为它们通过只计算单值走时场才达到它们的高效率。然而，计算反射和透射震相从而允许模拟更完全的波场也是可能的。当计算反射和折射震相时，需要克服两个主要困难：①准确地描述嵌入的界面；②正确地传播折射和反射波前。Rawlinson and Sambridge（2004a，b）的多级 FMM 已成功地应用于复杂的速度模型，并允许路径包含任何数量的要追踪的反射和透射段。Kool 等（2006）将多级 FMM 方案扩展到三维球坐标，新的方案利用了 Rawlinson and Sambridge（2004a）的二维直角坐标版本中使用的基本原理，但进行了若干改进。

可从以下网站获取由 Kool 等开发的 FMM 软件（Kool et al.，2006）：

http://rses.anu.edu.au/seismology/soft/fmmcode（最近一次访问在 2017 年 12 月）

8.11 震源位置和速度结构联合测定的程序实现

有不少在互联网上可以获取的开放软件，用于进行震源位置和速度结构的联合测定，本节介绍其中的一部分。可按软件原作者提供的网址下载使用，并应遵循原作者的版权要求。

8.11.1 simul 家族

simul 家族速度结构反演软件是 Cliff Thurber 等开发的利用地方震到时数据进行三维速度结构和震源位置联合反演的软件，也称地方震层析（LET）软件。最早的开发版本可追溯到 1985 年的 simul3（Thurber，1985）。Simul3 算法使用来自台网记录的地方震以及矿山爆破（quarry blast，已知位置但不知爆破时刻）或爆炸（shot，已知位置和爆炸时刻）的初至 P 波到时，导出台网下方地壳的三维地震波速度模型。使用迭代过程求解，同时还确定修正的震源位置。地壳模型由构成三维网格的的一组点处的速度给出，在网格点之间通过内插得到速度值。使用伪弯曲算法计算地壳模型中的地震波走时，使用参数分离来减小对计算机存储能力的需求。Simul3 限于在地方台网应用，Thurber 提醒，如果要应用在大于 50km × 50km 的区域台网，应该进行仔细的测试。

经过多年发展，到 simulps12 已经比较成熟，simulps12 是 Thurber 的地方震和爆炸层析反演程序 simul3 的派生程序，用于对 P 波速度(V_P)和 P 波与 S 波波速比(V_P/V_S)成像，其使用手册见 Evans、Eberhart – Phillips 和 Thurber（1994），而以前的版本分别反演 V_P 和 V_S。输入数据是 P 波走时和 S – P 到时差，而现在版本使用 P 走时和 S 走时。这一版本还允许改变震源求解中 S – P 数据相对于 P 数据的权重。在每次迭代中用 V_P 和 V_P/V_S 作为输入用于计算 V_S。该程序包是 USGS 的推广软件。在 simulps12 之后是 simul2000，其中增加了一些新的功能，是目前应用最广泛的 simul 软件。

8.11.1.1 simul2000

simul2000 具有的新特点是：①允许“灵活”划分网格，使用主节点（master node）和从节点（slave node)(Thurber and Eberhart – Phillips，1999)；②可进行 Q 值反演，为地壳的衰减结构建模。输入的数据是由三维 V_P 反演得到的震源到台站的地震波走时 t，在反演 Q 值时把输入的震源作为爆炸处理，即已知震源位置和发震时刻，在反演 Q 值时保持固定。Simul2000 仍使用伪弯曲射线追踪。2004 年版的 simul2000nc 是为适应北加利福尼亚研究的需要，采用 6 字符台站名和 5 位台站坐标。

simul2000 的主页是 http://www.geology.wisc.edu/~ thurber/simul2000（最近一次访问在 2017 年 12 月）。下载 simul2000 的网址是 ftp://ftp.geology.wisc.edu/thurber（最近一次访问在 2017 年 12 月）。现在该网站提供的版本是 simul2000_UNIX.tar(UNIX)和 simul2000nc_mac_H2.tar(mac/linux)(13/11/11)

8.11.1.2 simulps14

simulps14 是 Florian Haslinger 于 1998 年 9 月完成的，于 1999 年 4 月发布，它基于 1998 年 3 月 Donna Eberhart – Phillips 生成的 simulps13q，引入的新特点是可以选用 RKP（Runge – Kutta + perturbation）射线追踪器代替 simulps12 中使用的伪弯曲近似射线追踪。Simulps14 可

进行 Q 值反演，但缺少灵活划分速度网格功能。

从 http://faldersons.net/Software/simulps/simulps.html 可下载 Windows 下运行的程序包“simulps14 PC WIN.zip”（最近一次访问在 2017 年 12 月），其中包括可执行程序 simmulps14.exe 以及 Fortran 源程序和测试数据。在 Florian Haslinger 的 Short Readme and Description of simulps14 中说明了开发 simulps14 的主要目的是对射线追踪器的性能进行比较。文中指出，Simulps 原来的射线追踪子程序是近似射线追踪+伪弯曲（approximate ray tracing + pseudo - bending，ART_PB），是经过广泛测试而且快速的，但当射线长度超过约 60km，ART_PB 结果可能不准确，需要设法评估由于不准确射线追踪对层析结果的影响。一个直观的途径是比较使用两种完全不同的正向求解技术得到的层析反演结果，因此，在 simulps14 中使用了近轴射线（paraxial ray）和扰动理论的三维投射方法 RKP（Virieux，1991）。

Haslinger 和 Kissling（2001）利用 simulps14，采用 ART_PB 和 RKP 两种算法进行射线追踪，使用合乎实际的不均匀合成速度模型，对两种算法计算的走时和其他参数进行了比较。结果表明，对于射线长度小于约 60km 的情况，两种射线追踪得到的走时精确到 ±10ms 以内，而且射线路径在适当菲涅耳体积内是相同的。然而，对于更长的路径，RKP 方法产生的误差显著小于 ART_PB 算法。即使到 80km 射线长度，对于实际层析成像，两个射线追踪器的差别也是不明显的。但对于同一反演问题，由两种不同的射线追踪器计算的分辨矩阵有不同，而且射线的离源角有显著不同。这说明，如果要精确地进行层析成像，有必要选择更好的射线追踪器。

Florian Haslinger 还开发了将输出结果转换成 GMT 适用格式的程序 sim2gmt。

8.11.2 LOTOS

LOTOS（Local Tomography Software）是俄罗斯地球物理学家 Ivan Koulakov 博士设计的一个地震层析算法，用于 P 和 S 速度结构(或 V_P 和 V_P/V_S)及震源坐标的联合反演(I.Koulakov，2009)。可以从 LOTOS 的因特网主页（http://www.ivan-art.com/science/LOTOS/，最近一次访问在 2017 年 12 月）自由下载 LOTOS 代码，包括全部源程序。LOTOS 有 Windows 和 Linux 两种版本。Linux 版本包括 GMT 脚本用于结果的自动可视化。Windows 版本对全部反演步骤自动产生 PNG 图像供预览。新版为 2012 年发布的 LOTOS12。

8.11.2.1 LOTOS 的基本步骤

根据 Koulakov(2012)，LOTOS 包括以下步骤：

（1）确定最优一维速度模型和初始震源位置。

①从地震目录中选取尽可能随深度均匀分布的一组地震；

②利用已知的震源位置和已知信息给定的一个一维速度模型，计算不同深度的走时表；

③通过网格搜索，对地震事件定位，过程中利用走时表，提高了计算速度；

④构建走时偏导数矩阵；

⑤采用 LSQR 算法联合反演一维速度模型和震源位置；

⑥重复②~⑤步 2~4 次，得到最优一维速度模型和震源初始位置。

上述过程类似于 8.4 节中所述过程。

（2）用节点对模型参数化。

在地图平面上画均匀网格，但可选几个网格取向，独立构成节点网格，分别进行反演，最后对结果进行平均以消除网格取向对结果的影响。在每一个地图平面节点画垂直线，在线上以不同深度间隔放置节点。在没有射线穿过的深度区域不设节点，射线密集的区域则节点加密，但不能小于给定的最小间距。

节点总数可以大于射线数，这不会给反演造成困难，因为这些节点的速度值是不独立的，通过平滑块链接。节点间距显著小于预期速度异常的尺度，使得反演结果几乎不依赖于节点的分布，在这个意义上，可认为这里的参数化是准连续的。一次构成节点分布，其后的迭代中保持不变。

LOTOS 的一个重要特点是可采用节点方式对速度模型参数化，也可以采用分块方式。

（3）利用三维模型的定位算法对震源定位。此时不再使用搜索法，因为计算太慢，改用梯度法（Koulakov and Sobolev，2006），速度快，但不如网格搜索稳健。

（4）计算一阶导数矩阵和反演 V_P、V_S。

使用三维模型下震源定位得到的射线路径计算一阶导数矩阵。矩阵元素 $A_{ij}=\partial t_i/\partial v_j$ 是由于在第 j 个节点或块的单位速度扰动沿第 i 射线造成的走时变化。

使用迭代 LSQR 代码对整个稀疏矩阵进行反演（Paige and Saunders，1982）。矩阵中包含 P 和 S 速度参数和震源校正参数以及台站校正。反演过程中用矩阵中的两个附加块控制解的幅度和平滑度。第一块是一个对角矩阵，每行只有一个元素，且在数据矢量中为零，增大这一块的权重会减小导出的 P 和 S 速度异常的幅度；第二块控制解的平滑，这一块的每一行有两个大小相等符号相反的非零元素，对应速度参数网格中相邻节点或块的全部组合，这一块中的数据矢量也是零，增大这一块的权重会减小相邻节点解之差，使计算出的速度场平滑。

（5）迭代循环。

对具有不同取向的若干网格进行构建网格、计算矩阵和反演。将全部网格导出的速度异常进行组合，并加到上次迭代中使用的绝对速度分布，然后重复震源三维定位、矩阵计算和反演。

（6）通过合成模拟对反演参数的最佳值进行评估。

8.11.2.2 LOTOS 采用的射线追踪算法

LOTOS 中的三维射线追踪算法与在 simulps12 中使用的伪弯曲算法（Um and Thurber，1987）类似，见 8.9.2 小节。

8.11.3 FMTOMO

FMTOMO 软件包（http://rses.anu.edu.au/~nick/fmtomo.html，最近一次访问在 2017 年 12 月）用于地方的、区域的和半全球的三维走时层析。软件中使用多级波前快速前进算法（FMM）（见 8.10 节）求解预测走时的正演问题。据 FMTOMO 开发者 Nick Rawlinson 介绍，FMTOMO 程序包有如下特点：

（1）用球坐标系中的多个次级水平层代表模型结构，在一层内，允许速度沿全部三个方向平滑变化，也可以对整个研究区域介质指定连续的速度变化，即没有界面。

（2）各层边界面也可以变化，从而允许代表多种结构，例如俯冲板片（subduction slab）。

（3）追踪的震相可包含任何数量的反射和折射分支，包括 P－S 转换波。

（4）可通过球对称地球参考模型计算远震震相到三维模型区域边缘的走时，然后使用 FMM 算法追踪剩下的传播路径。

（5）在反演中可单独或联合约束速度和界面结构以及震源位置。

（6）可有多种数据集来约束待定的三维速度结构，包括人工震源的反射测量及广角测量、地方震和远震，还可以多种数据集联合反演。

（7）使用球坐标，因此可应用于地方的、区域的和半全球的层析成像（未考虑在地球两极坐标系的周期性和退化）。

（8）提供了 GMT 脚本，用于由输出的解模型绘制截面图。

（9）随软件一起提供了三个实例，以帮助理解软件包的操作。

FMTOMO 软件包中包含了 Kool 等（2006）开发的三维 FMM 软件。

8.12　双差定位

Waldhauser and Ellsworth（2000）提出了针对地震集丛的一种新的相对定位方法。因该方法的最优化判据不是使到时残差的均方根达到极小，而是使每个“地震对”的两到时残差之差达到极小，故得名“双差（double difference）算法”。

8.12.1　双差算法的基本原理

由 8.1.2 小节给出的残差方程线性化表达式（8.11）为，

$$\boldsymbol{r}_j=\boldsymbol{A}_j\Delta\boldsymbol{X}_j+\boldsymbol{B}_j\Delta\boldsymbol{V}\quad j=1,2,\cdots,n$$

式中，n 是地震个数；残差矢量 $\boldsymbol{r}_j=(r_{j1},r_{j2}\cdots,r_{jm_j})^{\mathrm{T}}$，其中，$m_j$是第 j 个地震的记录台站个数；震源位置和发震时刻校正量 $\Delta\boldsymbol{X}_j=(\Delta x_j,\Delta y_j,\Delta z_j,\Delta t_j)^{\mathrm{T}}$；模型参数校正量 $\Delta\boldsymbol{V}=(\Delta V_1,\Delta V_2,\cdots,\Delta V_L)^{\mathrm{T}}$，其中 L 是待校正的模型参数个数。

在双差定位问题中，地球速度模型参数是固定的，即 $\Delta\boldsymbol{V}=0$。于是上式简化为，

$$\boldsymbol{r}_j=\boldsymbol{A}_j\Delta\boldsymbol{X}_j\quad j=1,2,\cdots,n \tag{8.91}$$

对于第 i 事件，有，

$$\boldsymbol{r}_i=\boldsymbol{A}_i\Delta\boldsymbol{X}_i\quad i=1,2,\cdots,n \tag{8.92}$$

根据 Waldhauser and Ellsworth（2000），对地震事件 i 和地震事件 j，可定义双差矢量：

$$\boldsymbol{r}_{ij}=(\boldsymbol{r}_i-\boldsymbol{r}_j)=\boldsymbol{A}_i\Delta\boldsymbol{X}_i-\boldsymbol{A}_j\Delta\boldsymbol{X}_j\quad i,j=1,2,\cdots,n \tag{8.93}$$

或，

$$(\boldsymbol{r}_i-\boldsymbol{r}_j)_{m\times 1}=(\boldsymbol{A}_i\quad -\boldsymbol{A}_j)_{m\times(4+4)}\begin{pmatrix}\Delta\boldsymbol{X}_i\\ \Delta\boldsymbol{X}_j\end{pmatrix}_{(4+4)\times 1}\quad i,j=1,2,\cdots,n \tag{8.94}$$

式中，取各地震的记录台站数同为 m。如果这 n 个地震的任何两个都能组成一对，那么由式（8.94）可得到对于全部震源校正量 $\Delta\boldsymbol{X}_j=(\Delta x_j,\Delta y_j,\Delta z_j,\Delta t_j)^{\mathrm{T}}$ 的线性方程组：

$$\boldsymbol{WG}\Delta\boldsymbol{X}=\boldsymbol{Wd} \tag{8.95}$$

其中，

$$
\boldsymbol{G}=\begin{bmatrix}
A_1 & -A_2 & \boldsymbol{O} & \cdots & \boldsymbol{O} \\
A_1 & \boldsymbol{O} & -A_3 & \boldsymbol{O} & \boldsymbol{O} \\
\vdots & \vdots & \vdots & \vdots & \vdots \\
A_1 & \boldsymbol{O} & \cdots & \boldsymbol{O} & -A_n \\
\boldsymbol{O} & A_2 & -A_3 & \boldsymbol{O} & \cdots \\
\vdots & \vdots & \vdots & \vdots & \vdots \\
\boldsymbol{O} & A_2 & \boldsymbol{O} & \cdots & -A_n \\
\vdots & \vdots & \vdots & \cdots & \cdots \\
\vdots & \vdots & \vdots & \vdots & \vdots \\
\boldsymbol{O} & \cdots & \boldsymbol{O} & A_{n-1} & -A_n
\end{bmatrix}_{M\times 4n} \tag{8.96}
$$

是一个 $M\times 4n$ 的稀疏矩阵，其中的子块 $\boldsymbol{O}$ 代表 $m\times n$ 的零元素矩阵，$M=N\times m$，N 是地震对的个数，m 是台站数，n 是地震个数。如果全部地震都能两两配对，则地震对的个数为 $N=\mathrm{C}_2^n=n(n-1)/2$（C 代表组合）。待求解的震源位置和发震时刻校正量

$$
\Delta\boldsymbol{X}=\begin{bmatrix}
\Delta X_1 \\
\Delta X_2 \\
\vdots \\
\vdots \\
\Delta X_n
\end{bmatrix}_{4n\times 1} \tag{8.97}
$$

$$
\boldsymbol{d}=(\boldsymbol{r}_i-\boldsymbol{r}_j)_{M\times 1}=\begin{bmatrix}
r_1-r_2 \\
r_1-r_3 \\
\vdots \\
r_1-r_n \\
r_2-r_3 \\
\vdots \\
r_2-r_n \\
\vdots \\
r_{n-1}-r_n
\end{bmatrix}_{M\times 1} \tag{8.98}
$$

$\boldsymbol{W}$ 是加权因子，为 $M\times M$ 的对角矩阵，其对角元素是对应于逐个地震对、逐个台站的加权值，非对角元素均为零。

为了使结果稳定，对校正量 $\Delta\boldsymbol{X}$ 要加以约束：

$$
\sum_{i=1}^{n}\Delta\boldsymbol{X}_i=0 \tag{8.99}
$$

即，

$$
\sum_{i=1}^{n}\Delta x_i=0,\ \sum_{i=1}^{n}\Delta y_i=0,\ \sum_{i=1}^{n}\Delta z_i=0,\ \sum_{i=1}^{n}\Delta t_i=0 \tag{8.100}
$$

在每次校正震源位置和发震时刻时，其校正量的总和为 0，式（8.95）中的 $\boldsymbol{G}$ 为，

$$\boldsymbol{G}=\begin{bmatrix} A_1 & -A_2 & \boldsymbol{O} & \cdots & \boldsymbol{O} \\ A_1 & \boldsymbol{O} & -A_3 & \boldsymbol{O} & \boldsymbol{O} \\ \vdots & \vdots & \vdots & \vdots & \vdots \\ A_1 & \boldsymbol{O} & \cdots & \boldsymbol{O} & -A_n \\ \boldsymbol{O} & A_2 & -A_3 & \boldsymbol{O} & \cdots \\ \vdots & \vdots & \vdots & \vdots & \vdots \\ \boldsymbol{O} & A_2 & \boldsymbol{O} & \cdots & -A_n \\ \vdots & \vdots & \vdots & \cdots & \cdots \\ \boldsymbol{O} & \cdots & \boldsymbol{O} & A_{n-1} & -A_n \\ \boldsymbol{I} & \cdots & \boldsymbol{I} & \boldsymbol{I} & \boldsymbol{I} \end{bmatrix}_{(M+4)\times 4n} \tag{8.101}$$

式中，$\boldsymbol{I}$ 为 4×4 单位矩阵，

$$\boldsymbol{I}=\begin{bmatrix} 1 & 0 & 0 & 0 \\ 0 & 1 & 0 & 0 \\ 0 & 0 & 1 & 0 \\ 0 & 0 & 0 & 1 \end{bmatrix}_{4\times 4} \tag{8.102}$$

式（8.95）中的 $\boldsymbol{d}$ 为，

$$\boldsymbol{d}=\begin{bmatrix} r_1-r_2 \\ r_1-r_3 \\ \vdots \\ r_1-r_n \\ r_2-r_3 \\ \vdots \\ r_2-r_n \\ \vdots \\ r_{n-1}-r_n \\ 0 \\ 0 \\ 0 \\ 0 \end{bmatrix}_{(M+4)\times 1} \tag{8.103}$$

$\boldsymbol{W}$ 变为 $(M+4)\times(M+4)$ 方阵，最右下方元素为对约束条件的加权因子。

如果要基于双差算法编制自己的双差定位程序，通过上述矩阵展开来具体理解方程组中的矩阵结构是必要的。

8.12.2　双差算法的求解流程

在 8.1.2 中给出的是震源位置和发震时刻的校正量线性方程组。当满足观测数据个数 M

大于未知数个数 $4n+L$ 时，成为求解线性超定方程组问题。双差算法的求解流程类似于本章 8.1.2 中的联合定位求解问题和第 6 章单个地震定位的最小二乘法求解流程。

8.12.2.1 给出待定位地震集丛的初始位置

在双差定位算法中对校正量的约束，决定了双差算法的相对定位性质，也决定了地震集丛初始位置的重要性。利用双差算法进行地震“精定位”的基础是其初始位置，因此，利用双差算法进行“精定位”的第一步应该是尽可能地定好待定地震集丛的初始位置，即这些地震的绝对位置。只有有了好的绝对位置，才能在此基础上利用双差算法进行“微调”，得到更好的结果。Waldhauser and Ellsworth(2000)提出双差算法时就强调了初始位置的重要性，在数值试验(Waldhauser and Ellsworth，2000，图 8)中，初值沿水平向的总体偏移不仅导致震中位置的总体偏移，同时还导致震源深度的显著偏差。但是，通过调整约束与数据的相对权重，可以弱化约束，从而使双差定位的结果向绝对位置靠近，因此，一些作者认为在一定条件下双差算法可以进行绝对定位，在笔者的数字试验中也说明了这一点。然而，即使如此，初值的选取仍然是重要的，这和任何通过求解未知量校正值的迭代算法类似。

因此，在进行双差运算之前，要对所采用的初始位置进行检验，必要时要重新测定，甚至要从校核测定初始位置的到时数据、选择速度模型开始。不能设想利用常规地震目录和常规震相报告运行一下双差定位程序，便能给出“精定位”结果。

8.12.2.2 迭代过程

由于求解的线性方程组是对震源位置和发震时刻校正量进行的，因此求解过程是一个迭代过程。在迭代的每一轮，要求解式（8.95）给出的方程组。如在第 6 章介绍的那样，采用奇异值分解（SVD）最小二乘法的好处是可以同时给出对结果的误差估计。对于大量数据，采用奇异值分解（SVD）最小二乘法的效率低，在这种情况下，双差定位程序 hypoDD 中选用针对稀疏矩阵的共轭梯度法（LSQR，Least Square QR－factorization），其中采用了 QR 分解和利用共轭梯度方向作为搜索方向的阻尼最小二乘法（Paige and Saunders，1982）。

8.12.3 hypoDD 程序包的运行

双差算法程序包 hypoDD 是由 FelixWaldhauser 开发的开放程序（Waldhauser，2001），hypoDD V1.3 的下载网站 http://www.ldeo.columbia.edu/~felixw/hypoDD.html，最近一次访问在 2017 年 12 月。可向作者发电子邮件以获取其 2.0b 版，其中包含 3D 模型和射线追踪。

郑钰、杨建思（2008）对 hypoDD 涉及的参数进行了解析。对 hypoDD 详细说明可参见程序包中的相关文档（Waldhauser，2001）。下面对 hypoDD V1.3 的用法做简要说明。

8.12.3.1 数据准备

执行 ph2dt，将观测报告数据转换为“地震对”的台站走时差。执行 ph2dt ph2dt.inp，从控制文件 ph2dt.inp 读取程序运行所需各个参数。输入控制文件 ph2dt.inp 包括 3 行：①台站参数文件名，例如 station.dat；②震相数据文件名，例如 phase.dat；③运行控制参数。

台站参数文件中每行包含台站代码（Sta_lable）、台站纬度（Lat）和经度（Lon），并没有包含台站高程，也就是说，在双差算法中认为台站高程对计算走时空间偏导数的影响可以忽略不计，不过，在 hypoDD 的 2.0b 版中的确考虑了台站高程。

震相数据文件中包含地震信息行和震相数据行。每行地震信息给出一个地震的初始信息，后接数行该地震的震相数据。

在运行控制参数行要给出以下 7 个参数值，依次为：

①MINWGHT 到时读数最小权重［0～1］，1 为最好，如果给出的读数权重小于 10^{-5}，则在 hypoDD 中不予考虑；

②MAXDIST 事件对到台站的最大距离（km），抛掉远台数据；

③MAXSEP 各地震对之间的最大震源距（km），相距较远的地震对不能归于同一个集丛，而要归于不同的集丛；

④MAXNGH 每个地震的“相邻地震”最大数量，一个地震不能和太多的邻居配对；

⑤MINLNK 定义一个“强邻居”所需的最小“链接”数，这里的“链接”是指这两个事件构成了一个震相对；

⑥MINOBS 每个地震对采用的最小“链接”数；

⑦MAXOBS 每个地震对采用的最大“链接”数，当地震太多时，构成的链接太多，会造成计算困难，为此要加以限定。

运行 ph2dt 生成的地震对走时差文件 dt.ct 和地震事件文件 event.dat，是下一步 hypoDD 程序的输入。

8.12.3.2　运行双差定位主程序 hypoDD

执行 hypoDD　hypoDD.inp

从控制文件 hypoDD.inp 读取程序运行所需各个参数，包括台站参数文件名、输入数据文件名、输出数据文件名、各种选择控制参数以及水平分层速度模型。

表 8.3 给出 hypoDD 的两个输出文件的内容，其中 .loc 给出事件初值，.reloc 给出重新定位结果。表中 i＝1，…，nev，nev 是事件总数。

表 8.3　hypoDD 生成的两个输出文件（Felix Waldhauser，2001）

事件初值输出（.loc）	DD 修订结果输出（.reloc）	文件说明
ev_cusp(i)	src_cusp(i)	事件标识号
ev_lat(i)	src_lat(i)	事件纬度
ev_lon(i)	src_lon(i)	事件经度
ev_dep(i)	src_dep(i)	事件深度
ev_x(i)	src_x(i)	事件 *X* 坐标①
ev_y(i)	src_y(i)	事件 *Y* 坐标①
ev_z(i)	src_z(i)	事件 *Z* 坐标①
ev_herr(i) * 1000	src_ex(i)	(*X* 方向）水平误差（m）
ev_herr(i) * 1000	src_ey(i)	(*Y* 方向）水平误差（m）
ev_zerr(i) * 1000	src_ez(i)	垂直误差（m）
int(ev_date(i)/10000)	int(ev_date(i)/10000)	年
int(mod(ev_date(i),10000)/100)	int(mod(ev_date(i),10000)/100)	月
mod(ev_date(i),100)	mod(ev_date(i),100)	日
int(ev_time(i)/1000000)	int(ev_time(i)/1000000)	时
int(mod(ev_time(i),1000000)/10000)	int(mod(ev_time(i),1000000)/10000)	分

续表

事件初值输出(.loc)	DD 修订结果输出(.reloc)	文件说明
mod(real(ev_time(i)),10000)/100	mod(real(ev_time(i)),10000)/100	秒
ev_mag(i)	ev_mag(i)	震级
	NCCP	互相关 P 波数据个数
	NCCS	互相关 S 波数据个数
	NCTP	地震目录 P 波到时数据个数
	NCTS	地震目录 S 波到时数据个数
	RCC	互相关数据的 rms 残差
	RCT	地震目录数据的 rms 残差
iclust	CID	集群编号

注：①表示相对于集丛质心的坐标。

8.12.4 hypoDD 数值试验

为加深对双差算法的理解，笔者利用 hypoDD V1.3 进行了数值试验。采用合成数据测试了在使用双差算法时震源初值集丛的质心偏差对定位结果的影响、震相数据误差对结果的影响以及速度模型对定位结果的影响。

8.13 双差层析

Zhang(张海江) and Thurber (2003) 将双差定位算法 (Waldhauser and Ellsworth, 2000) 中的双差概念引入到层析成像的反演过程中，形成了“双差层析”，并公开了所开发的双差层析程序包 TomoDD(Zhang, 2003)。“双差层析”将传统的利用多地震绝对观测到时进行三维速度结构与震源位置联合反演和利用“地震对”的走时差进行三维速度结构与震源位置联合反演结合起来，在这个意义上可以说“双差层析”实质上是一种“混合式”联合反演，即在反演过程中联合使用单个地震的绝对震相到时和“地震对”的走时差。如在双差定位中那样 (Waldhauser and Ellsworth, 2000)，这些走时差可以是基于地震对中两地震的独立到时，也可以是采用诸如波形互相关 (WCC) 方法得到的地震对中两地震的走时差。因此，为了能够通过“双差层析”得到好的结果，即稳健和可靠的三维速度结构以及修正后的准确绝对震源位置，首先是要满足传统的地震层析成像对独立到时数据的要求。而为了进一步突显“双差层析”的作用，不仅利用已有独立到时构建地震对的走时差，还应充分利用数字化地震波形通过互相关技术得到准确度高的走时差数据。因此，与只使用到时差进行双差定位不同，“双差层析”的目标是同时使用绝对到时和高精度相对到时来准确确定地震的相对和绝对位置，并清晰地给出速度结构的三维特征。在双差层析程序 tomoDD 的最初版本中使用了三维速度模型，并采用伪弯曲法计算震源到台站之间的走时。

8.13.1　双差层析基本原理

用射线理论把从地震事件 i 至地震台 k 的体波到时 T 表示为一个路径积分，

$$T_k^i = \tau^i + \int_i^k u \mathrm{d}s \tag{8.104}$$

式中，τ^i 是事件 i 的发震时刻；u 是慢度场；$\mathrm{d}s$ 是路径长度元。事件的震源坐标 (x_1, x_2, x_3)、发震时刻、射线路径以及慢度场都是未知的。到时 T 和震源位置之间的关系是高度非线性的，所以通常用截断的泰勒级数展开来线性化方程式（8.104），于是将观测到时和预测到时之间的拟合偏差（misfit）r_k^i 与对震源和速度结构参数的扰动线性关联起来，

$$r_k^i = \sum_{l=1}^{3} \frac{\partial T_k^i}{\partial x_l^i} \Delta x_l^i + \Delta \tau^i + \int_i^k \delta u \mathrm{d}s \tag{8.105}$$

与式（8.105）类似的表达式是式（8.11），如果不考虑速度结构的扰动，式（8.105）右侧第 3 项变为零，公式简化为单个地震的定位问题，这在第 6 章已进行过详细讨论。

对台站 k 和事件 j，可以有与式（8.105）类似的关系式，

$$r_k^j = \sum_{l=1}^{3} \frac{\partial T_k^j}{\partial x_l^j} \Delta x_l^j + \Delta \tau^j + \int_j^k \delta u \mathrm{d}s \tag{8.106}$$

从式（8.105）中减去式（8.106），于是有，

$$r_k^i - r_k^j = \sum_{l=1}^{3} \frac{\partial T_k^i}{\partial x_l^i} \Delta x_l^i + \Delta \tau^i + \int_i^k \delta u \mathrm{d}s - \sum_{l=1}^{3} \frac{\partial T_k^j}{\partial x_l^j} \Delta x_l^j - \Delta \tau^j - \int_j^k \delta u \mathrm{d}s \tag{8.107}$$

还可写为，

$$\mathrm{d}r_k^{ij} = r_k^i - r_k^j = (T_k^i - T_k^j)^{\mathrm{obs}} - (T_k^i - T_k^j)^{\mathrm{cal}} \tag{8.108}$$

式中，$\mathrm{d}r_k^{ij}$ 是所谓的双差（Waldhauser and Wllsworth，2000），是两个事件的观测与计算的到时之差的差值。假定这两个事件彼此相近，使得从事件到共同台站的路径几乎相同，而且速度结构已知，那么式（8.107）可简化为，

$$\mathrm{d}r_k^{ij} = r_k^i - r_k^j = \sum_{l=1}^{3} \frac{\partial T_k^i}{\partial x_l^i} \Delta x_l^i + \Delta \tau^i - \sum_{l=1}^{3} \frac{\partial T_k^j}{\partial x_l^j} \Delta x_l^j - \Delta \tau^j \tag{8.109}$$

以式（8.109）为基础，迭代求解震源位置和发震时刻校正量，便是 8.12 中讨论的双差算法；以式(8.107)为基础，联合测定震源位置校正量和速度结构参数，便是双差层析。

在这一过程中，当事件之间距离超过速度变化的尺度长度时，地震定位可能会发生偏移。Waldhauser and Ellsworth（2000）应用距离加权因子来减少或排除来自相距远的事件对的数据的影响。虽然可以排除来自这类事件的到时差数据，但在反演过程中其影响仍能通过一系列中间事件对链接起来。例如，如果包括了两个事件对的 $T_k^i - T_k^m$ 和 $T_k^m - T_k^j$，则事件对 $T_k^i - T_k^j$ 能被链接起来。

在 TomoDD 中，实际上是联合使用式（8.105）、式（8.106）和式（8.107），以求能准确地联合确定速度结构和相对事件位置以及绝对事件位置，即联合求解

$$\left.\begin{aligned} r_k^i &= \sum_{l=1}^{3} \frac{\partial T_k^i}{\partial x_l^i}\Delta x_l^i + \Delta\tau^i + \int_i^k \delta u \mathrm{d}s \\ r_k^j &= \sum_{l=1}^{3} \frac{\partial T_k^j}{\partial x_l^j}\Delta x_l^j + \Delta\tau^j + \int_j^k \delta u \mathrm{d}s \\ r_k^i - r_k^j &= \sum_{l=1}^{3} \frac{\partial T_k^i}{\partial x_l^i}\Delta x_l^i + \Delta\tau^i + \int_i^k \delta u \mathrm{d}s - \sum_{l=1}^{3} \frac{\partial T_k^j}{\partial x_l^j}\Delta x_l^j - \Delta\tau^j - \int_j^k \delta u \mathrm{d}s \end{aligned}\right\} \tag{8.110}$$

8.13.2 反演过程中的分层次加权方案

在反演中使用了三种数据：绝对到时、目录差分到时和波形互相关（WCC）数据。为把这三种数据组合到一个系统中，与 hypoDD 类似，在反演过程中应用分层次的加权方案（hierarchical weighting scheme）。通常只在相同集群中的事件对之间进行波形相关，来自不同集群的两个事件之间的相对位置应由有较大事件间距的目录差分数据来控制。因此，在开始反演时，对目录数据（差分的和绝对的目录数据）应用较大的权重以建立大尺度的结构（绝对数据的权为 1，差分权为 0.1，波形互相关差分数据的权为 0.01）。然后，对目录差分数据加更大的权以精化（refine）各震源区附近的事件位置和速度结构（差分目录数据的权为 1，绝对目录数据的权为 0.1，互相关数据的权为 0.01）。如果有 WCC 数据的话，在最后步骤它们将有比差分目录数据更大的权（互相关 WCC 数据的权为 1，差分目录数据权为 0.01，绝对目录数据的权为 0.001）以进一步精化震源区附近的事件位置和速度结构。在反演的这一最后阶段差分目录数据的权被降低 100 倍，因为互相关数据至少比人工读取到时的精度高一个量级（Waldhauser and ELLsworth，2000）。

8.13.3 讨论

双差层析算法中兼顾了独立到时和地震对相对到时差的使用，通过调整数据的权重，控制在迭代过程中独立到时和到时差数据在联合反演中的作用，即保持了独立到时在地震绝对位置和速度结构联合测定中的作用，又通过地震对到时差使得震源相对位置和震源区速度结构精细化。

双差层析算法中联合测定震源位置和三维速度结构，肯定了震源集丛区域外部速度结构对震源位置测定的影响，通过确定三维介质中的地震射线，精细计算震源处的射线离源角和方位角，进而得到精确的走时空间偏导数，改善了震源位置测定，可以说，通过双差层析算法的发展，一定程度上纠正了当初对双差定位的一种不准确认识，即认为地震集丛区域外部的地壳速度结构对双差定位没什么影响，并把此作为双差算法的突出优点。事实上，hypoDD 的 2.0 版已经采用了三维速度结构和三维射线追踪算法。

8.14 结　语

从利用独立到时进行单个地震定位到多地震联合定位再到多地震震源位置和速度结构的联合测定，不仅提高了地震定位结果的质量，更充分利用了地震波到时信息，获取关于地球或地壳速度结构的信息。随着三维介质地震波走时计算技术的进步，使得联合测定三维速度结构成为可能。双差算法的出现，提高了测定地震集丛中地震相对位置的准确度，特别是利用波形互相关技术精确测定地震对的相对到时差，实现了利用地震波到时数据进行地震定位能力的新飞跃。由于双差层析算法的发展，进一步克服了在双差定位算法中隐含的一些问题，为震源位置和速度结构的联合测定开辟了一条新的途径。

Richards 等（2006）在其文章中把基于震相到时读数和一次一个地震的定位方法称作“传统方法”，而把通过波形互相关得到震相到时差和用双差算法对多事件进行联合定位称作地震定位的“现代方法”。尽管如作者所言，这只是一种粗略的提法，并不那么严格，但的确反映了地震定位方法发展的趋势。结合本节对双差层析和双差算法的对比分析，考虑到独立到时和相对到时差在多地震联合定位中的不同作用，以及地球或地壳模型对地震定位准确度的影响，可以勾勒出地震定位的“现代方法”的如下方案：

对到时数据集的一次性处理：采用双差层析算法，得到改善的三维速度结构和准确的绝对和相对震源位置。

对新地震事件的处理：在常规的日常处理中，新的地震事件不断发生，可将新发生的地震事件的震相到时数据（独立到时和 WCC 到时差）放入已经存在的数据集中，再对生成的新数据集进行双差定位或双差层析。

第9章　震源机制解的测定

震源机制解是描述地震震源特性的重要数据。随着求震源机制解的计算机程序的推广应用，利用地震波形记录反演震源机制解已成为我国区域地震台网中心的一项常规任务。对于适当大小的地震（通常指台网所在地区的3~6级地震），可以使用Jeopens/msdp中的TDMT（Dreger，2003）或CAP（Zhu and Helmberger，1996）的改进型程序（沈玉松，2016；崔仁胜，2016）等比较容易地得到其震源机制解。

在地震学发震历史中，曾经发展了多种方法，可以使用地震图上记录的不同信息测定震源机制解，而这些方法在今天仍有其实用价值，值得去继承和进一步发展，这些方法直接给出震源机制解，无需引入地震矩张量的概念，称作震源机制解的直接测定方法。

本章中，在介绍震源机制解的基本概念之后，回顾利用地震记录图上获得的信息反演震源机制解的一些成功的方法，并分析不同方法的长处和短处。这些方法包括利用P波初动符号的方法；利用垂直向P波和S波振幅比的方法；利用三分量记录的P波与SV波、SH波振幅比的方法；利用地震记录波形反演震源机制解的方法；以及这些方法的综合应用。这些方法不仅可以用于反演单个地震的震源机制解，还可以用于利用一个地区多个小地震的记录来反演地区的综合节面解，从而推断地区的发震构造应力场及其随时间的演化。在第10章中将讨论地震矩张量和震源机制解的关系，并说明通过获得地震矩张量可以进一步得到震源机制解。

9.1　震源机制解的描述

9.1.1　剪切错动源

地震断层由断层的上盘、下盘和断层面构成，其中上盘在断层面的上侧，下盘在断层面的下侧。多数浅源地震为断层的剪切错动，即上盘与下盘之间的相对错动。地震断层通常用断层的走向Φ_S、倾角δ和滑动角λ三个参数来描述。历史上，由于没有统一的约定，造成对震源机制解的理解产生歧义，给震源机制解的应用带来不少麻烦。安艺敬一和理查兹曾提出对震源机制解参数定义的建议（安艺敬一和理查兹，1986，第一卷，第116~117页），其后国际地震界逐步接受了他们的建议，成为国际通用的约定。这样，在提供震源机制解时，便不必每次都说明各参数的定义，使用震源机制解也可以基于这一约定正确地理解震源机制解参数。李鸿吉（1993a）曾对1993年以前测定的中国地震震源机制解结果进行了收集整理并进行了规范化，其规范化的基础就是安艺敬一和理查兹（1986）提出的建议（李鸿吉，1993b）。下面对安艺敬一和理查兹（1986）提出的震源机制解参数定义的约定作说明。

倾角δ：断层面与水平面的夹角，$0°\leq\delta\leq90°$。

走向 Φ_S：当倾角 δ 不为 0°时，存在断层面与水平面的交线，该断层面与水平面交线的方向即为走向，但此交线有两个方向。为唯一性，当 δ 不为 90°时，按以下原则确定其中之一为断层的走向方向：观察者沿走向看去，断层上盘在右。走向用从正北方向顺时针量至走向方向的角度 Φ_S 表示，$0° \leqslant \Phi_S < 360°$。

滑动角 λ：断层上盘相对于下盘的运动方向称作滑动方向，用滑动角 λ 描述滑动方向，在断层面上度量。从走向方向逆时针量至滑动方向的角度为正，顺时针量至滑动方向的角度为负，$-180° \leqslant \lambda \leqslant 180°$。

根据安艺敬一和理查兹的建议（1986，第一卷，117 页），对倾角 $\delta = 90°$ 的断层，必须约定断层的哪一侧为上盘、哪一侧为下盘。当断层错动含有上下滑动（倾滑）分量时，约定下降的一盘为下盘，上升的一盘为上盘，走向的选取仍是使上盘在观察者的右侧。所以，当倾角 $\delta = 90°$时的“纯”倾滑断层总是约定为“逆”断层（断层上盘相对于下盘向上方错动）。当倾角 $\delta = 90°$ 且为纯走滑断层时，先任意选择两个可能走向中的一个作为断层走向，然后根据这一走向确定将断层的哪一盘定义为上盘：观察者沿走向看去，右侧的一盘为上盘，并以此上盘相对于下盘的滑动方向确定滑动角。于是，$\lambda = 0°$是左旋走滑（断层水平错动，人在断层一侧面对断层，另一侧向左滑动），$\lambda = \pm 180°$是右旋走滑（断层水平错动，人在断层一侧面对断层，另一侧向右滑动），与图 9.1 中的约定一致。

当倾角 $\delta = 0°$时，断层错动是水平错动，断层面与水平面没有交线，因此也就无所谓断层走向。但在应用地震波辐射花样公式时，可取断层的滑动方向作为走向。

走向 Φ_S 和倾角 δ 是断层的几何参数，二者规定了断层的产状；滑动角 λ 是断层的运动参数，由该参数的具体数值，可描述断层的各种运动类型，例如图 9.1 中显示的几个特例。

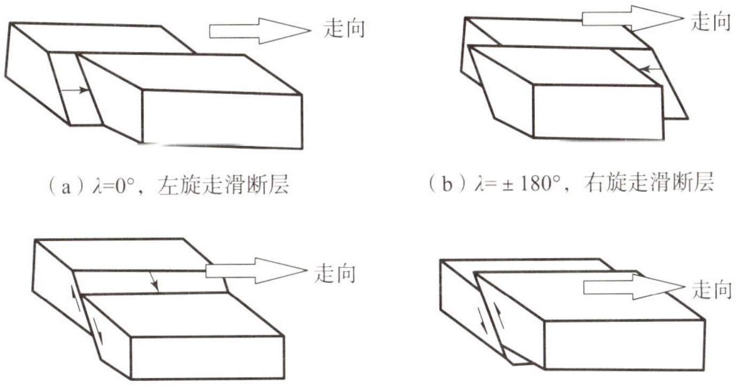

（a）λ=0°，左旋走滑断层　（b）λ=±180°，右旋走滑断层

（c）λ=−90°，正断层　（d）λ=+90°，逆断层

图 9.1　不同滑动角对应的断层类型

9.1.2　地震震源的双力偶模型

地震成因之一是“断层错动说”。支持断层错动说的一个观测事实是许多地震辐射的 P 波在地震台站记录的初动交替地分成压缩与扩张四个象限。所谓压缩或扩张是指初至波压向台站（压缩）还是远离台站（扩张），对于垂直向记录，压缩对应于初动向上，而扩张对应于初动向下。四个象限由两个正交平面分开，其中一个即是地震断层面，另一个垂直于断层面，称为辅助面。从台站记录 P 波初动垂直向的符号分布特征来看，可以把这种震源用一个等效的单力偶点源来表示。单力偶即大小相等、方向相反、距离很近的一对力。但单力偶模

型与 S 波观测事实不一致，而相互垂直的两个力偶（无矩双力偶）模型可以同时解释 P 波初动符号和 S 波偏振特征，因此，现今被广泛接受的断层错动源力学模型是双力偶模型，而不是单力偶模型。

图 9.2 说明单力偶与双力偶的区别。力矩 **M** 为，

$$\boldsymbol{M}=\frac{1}{2}\boldsymbol{d}\times\boldsymbol{f} \tag{9.1}$$

式中，力矩 **M**、力 **f** 和力臂 **d**/2 均为矢量，“×”表示矢量之间的矢量积，所得到的矢量方向遵守右手（顺时针）定则。图 9.2 的左图中单力偶的两个力矩指向纸面内，虽合力为零，但合力矩不为零；图 9.2 的右图中所示双力偶的合力和合力矩都为零。图中由一对力 $\boldsymbol{f}_1$ 构成的力偶的力矩指向纸面外，由一对力 $\boldsymbol{f}_2$ 构成的力偶的力矩指向纸面内，两个力偶的和力矩为零。所以，双力偶模型不仅可以解释 P 波和 S 波的观测事实，在理论上，双力偶模型满足净力和净力矩都等于零的约束，这是由地球内部的内力导致地震的震源力学模型所必须满足的约束条件。

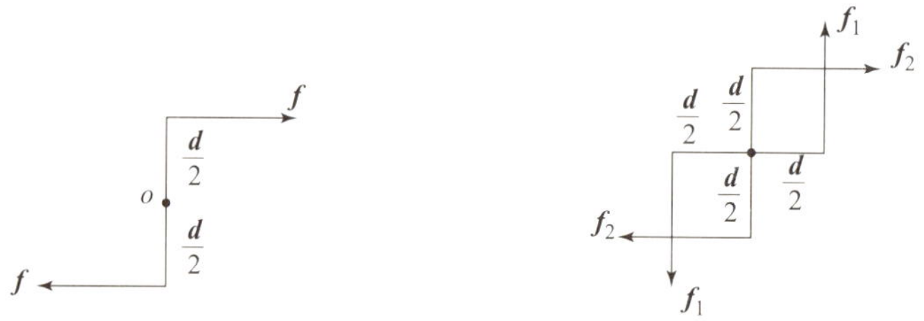

（a）单力偶：净力为零，净力矩不为零　（b）双力偶：净力和净力矩都为零

图 9.2　单力偶和双力偶示意图

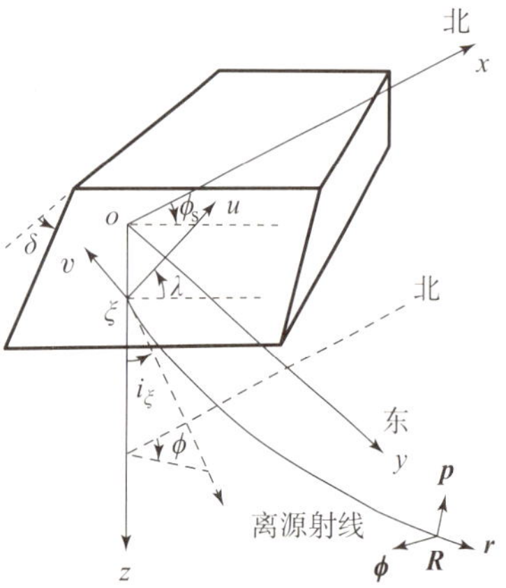

图 9.3　求 P、SV、SH 辐射花样与 $(\phi_S,\delta,\lambda,i_\xi,\phi)$ 的显式关系时使用的笛卡尔坐标系 (x,y,z)，原点取在震中，震源在 $(0,0,h)$，h 是震源深度，ϕ_s 是断层走向，δ 是断层倾角，λ 是断层滑动角，i_ξ 是射线离源角，ϕ 是射线方位角（据安艺敬一和理查兹，1986，第一卷第 126 页图 4.20）

9.1.3　均匀介质中双力偶点源的远场位移和辐射花样

在各向同性介质中有限尺度平面断层的错动在力学上与分布于断层面上的双力偶是等效的，所谓等效，是指它们在远处产生的地动位移相同。因此，当可将震源近似看成点源时，双力偶点源模型就成为描述剪切错动震源的常用模型。利用双力偶点源模型可以求出地震断层面的解，即震源机制解。本节给出在均匀介质中双力偶点源的远场位移和辐射花样表达式（引自安艺敬一和理查兹，1986）。

9.1.3.1　一般表达式

对于任意的断层取向（用走向 ϕ_S 和倾角 δ 描述）和断层滑动方向（用滑动角 λ 描述），采取图 9.3 所示地理坐标系统，取地震点源的震中作为坐标原点，坐标轴的方向是：x 轴正向指北，y 轴正向指东，z 轴正向指下，构成右旋坐标系。地震射线从断层面上一点向外辐射，取假想的震源球，其球心在

震源处，当震源球半径足够小时，到达震源球上一个观测点的射线为一直线，观测点在震源球上的位置可用球坐标(r,i_ξ,ϕ)表示，其中 r 为震源球半径，i_ξ 为射线的离源角，定义为射线与 z 轴(正向向下)之间的夹角，ϕ 为观测点的方位角，定义为震源到观测点的地震射线所在垂直面与正北方向之间的夹角，从正北方向顺时针度量。于是，观测点的球坐标矢量 $\boldsymbol{r}$、$\boldsymbol{p}$、$\boldsymbol{\phi}$ 分别代表 r、i_ξ、ϕ 的增加方向，与 $x-y-z$ 轴方向单位矢量的关系是：

$$\left.\begin{aligned}\boldsymbol{r}&=\sin i_\xi\cos\phi\boldsymbol{x}+\sin i_\xi\sin\phi\boldsymbol{y}+\cos i_\xi\boldsymbol{z}\\ \boldsymbol{p}&=\cos i_\xi\cos\phi\boldsymbol{x}+\cos i_\xi\sin\phi\boldsymbol{y}-\sin i_\xi\boldsymbol{z}\\ \boldsymbol{\phi}&=-\sin\phi\boldsymbol{x}+\cos\phi\boldsymbol{y}\end{aligned}\right\}\tag{9.2}$$

在下文中都是约定这三个矢量方向分别为 P 波、SV 波和 SH 波的质点位移正方向。均匀地球介质中，以矢量形式表示的远场 P 波位移为，

$$\boldsymbol{u}^{\mathrm{P}}(R,t)=\frac{2(\boldsymbol{r}\cdot\boldsymbol{v})(\boldsymbol{r}\cdot\dot{\boldsymbol{u}})\mu A\boldsymbol{r}}{4\pi\rho\alpha^3 r}\tag{9.3}$$

远场 S 波位移矢量为，

$$\boldsymbol{u}^{\mathrm{S}}(R,t)=\frac{[(\boldsymbol{r}\cdot\boldsymbol{v})\dot{\boldsymbol{u}}+(\boldsymbol{r}\cdot\dot{\boldsymbol{u}})\boldsymbol{v}-2(\boldsymbol{r}\cdot\boldsymbol{v})(\boldsymbol{r}\cdot\dot{\boldsymbol{u}})\boldsymbol{r}]\mu A}{4\pi\rho\beta^3\boldsymbol{r}}\tag{9.4}$$

式中，$\boldsymbol{r}$ 是从源点位置 ξ 到接收点位置 R 的沿射线指向的方向；$\boldsymbol{v}$ 是断层法向量；r 是从 ξ 到 x 的距离；$\dot{\boldsymbol{u}}$ 是源点的质点速度，是在断层面积上取平均得到的，$\dot{\boldsymbol{u}}$ 是时间的函数，对于 t 时刻的 P 波和 S 波位移矢量（式（9.3）和（9.4）），$\dot{\boldsymbol{u}}$ 应取在时间$(t-r/\beta)$时的值；μ 是震源处介质的剪切模量；A 是断层面的面积。根据地震矩的定义（见第 10 章），$\dot{M}_0(t)=\mu A\dot{\boldsymbol{u}}(t)$，$\dot{M}_0(t)$ 为地震矩率函数，还可表示为 $\dot{M}_0(t)=M_0\cdot\dot{g}(t)$，$M_0$ 为标量地震矩，$\dot{g}(t)$为震源时间函数。α 和 β 分别为 P 波和 S 波速度，ρ 是介质密度。

利用断层走向 ϕ_{S}、倾角 δ 和断层滑动角 λ，可给出断层法向矢量 $\boldsymbol{v}$ 和滑动矢量 $\boldsymbol{w}$ 的表达式，其中 $\boldsymbol{w}$ 是 $\dot{\boldsymbol{u}}$ 方向的单位矢量，$\boldsymbol{w}=\dot{\boldsymbol{u}}/|\dot{\boldsymbol{u}}|$。

$$\boldsymbol{v}=-\sin\delta\sin\phi_{\mathrm{S}}\boldsymbol{x}+\sin\delta\cos\phi_{\mathrm{S}}\boldsymbol{y}-\cos\delta\boldsymbol{z}\tag{9.5}$$

$$\begin{aligned}\boldsymbol{w}=&(\cos\lambda\cos\phi_{\mathrm{S}}+\cos\delta\sin\lambda\sin\phi_{\mathrm{S}})\boldsymbol{x}+\\&(\cos\lambda\sin\phi_{\mathrm{S}}-\cos\delta\sin\lambda\cos\phi_{\mathrm{S}})\boldsymbol{y}-\\&\sin\lambda\sin\delta\boldsymbol{z}\end{aligned}\tag{9.6}$$

根据 SV 波和 SH 波的定义，利用式（9.4）可进一步把 S 波位移分解为 SV 波和 SH 波，它们分别是 S 波位移在观测点处 $\boldsymbol{p}$ 方向和 $\boldsymbol{\phi}$ 方向的投影矢量，得到 SV 和 SH 的远场辐射位移矢量为：

$$\boldsymbol{u}^{\mathrm{SV}}(R,t)=(\boldsymbol{u}^{\mathrm{S}}\cdot\boldsymbol{p})\boldsymbol{p}=\frac{[(\boldsymbol{r}\cdot\boldsymbol{v})(\dot{\boldsymbol{u}}\cdot\boldsymbol{p})+(\boldsymbol{r}\cdot\dot{\boldsymbol{u}})(\boldsymbol{v}\cdot\boldsymbol{p})]\mu A}{4\pi\rho\beta^3 r}\boldsymbol{p}\tag{9.7}$$

$$\boldsymbol{u}^{\mathrm{SH}}(R,t)=(\boldsymbol{u}^{\mathrm{S}}\cdot\boldsymbol{\phi})\boldsymbol{\phi}=\frac{[(\boldsymbol{r}\cdot\boldsymbol{v})(\dot{\boldsymbol{u}}\cdot\boldsymbol{\phi})+(\boldsymbol{r}\cdot\dot{\boldsymbol{u}})(\boldsymbol{v}\cdot\boldsymbol{\phi})]\mu A}{4\pi\rho\beta^3 r}\boldsymbol{\phi}\tag{9.8}$$

利用图 9.3 给出的坐标系，由以上远场位移表达式，可用（$\phi_{\mathrm{S}},\delta,\lambda,i_\xi,\phi$）给出无量纲的辐射花样：

$$\mathcal{R}^{\mathrm{P}}=\frac{2(\boldsymbol{r}\cdot\boldsymbol{v})(\boldsymbol{r}\cdot\dot{\boldsymbol{u}})}{|\dot{\boldsymbol{u}}|}=2(\boldsymbol{r}\cdot\boldsymbol{v})(\boldsymbol{r}\cdot\boldsymbol{w})$$
$$=\cos\lambda\sin\delta\sin^2 i_\xi\sin2(\phi-\phi_S)-\cos\lambda\cos\delta\sin2i_\xi\cos(\phi-\phi_S)+$$
$$\sin\lambda\sin2\delta(\cos^2 i_\xi-\sin^2 i_\xi\sin^2(\phi-\phi_S))+$$
$$\sin\lambda\cos2\delta\sin2i_\xi\sin(\phi-\phi_S) \tag{9.9}$$

$$\mathcal{R}^{\mathrm{SV}}=\frac{(\boldsymbol{r}\cdot\boldsymbol{v})(\dot{\boldsymbol{u}}\cdot\boldsymbol{p})+(\boldsymbol{r}\cdot\dot{\boldsymbol{u}})(\boldsymbol{v}\cdot\boldsymbol{p})}{|\dot{\boldsymbol{u}}|}$$
$$=(\boldsymbol{r}\cdot\boldsymbol{v})(\boldsymbol{p}\cdot\boldsymbol{w})+(\boldsymbol{r}\cdot\boldsymbol{w})(\boldsymbol{p}\cdot\boldsymbol{v})$$
$$=\sin\lambda\cos2\delta\cos2i_\xi\sin(\phi-\phi_S)-\cos\lambda\cos\delta\cos2i_\xi\cos(\phi-\phi_S)+$$
$$\frac{1}{2}\cos\lambda\sin\delta\sin2i_\xi\sin2(\phi-\phi_S)-$$
$$\frac{1}{2}\sin\lambda\sin2\delta\sin2i_\xi[1+\sin^2(\phi-\phi_S)] \tag{9.10}$$

$$\mathcal{R}^{\mathrm{SH}}=\frac{[(\boldsymbol{r}\cdot\boldsymbol{v})(\dot{\boldsymbol{u}}\cdot\boldsymbol{\phi})+(\boldsymbol{r}\cdot\dot{\boldsymbol{u}})(\boldsymbol{v}\cdot\boldsymbol{\phi})]}{|\dot{\boldsymbol{u}}|}$$
$$=(\boldsymbol{r}\cdot\boldsymbol{v})(\boldsymbol{\phi}\cdot\boldsymbol{w})+(\boldsymbol{r}\cdot\boldsymbol{w})(\boldsymbol{\phi}\cdot\boldsymbol{v})$$
$$=\cos\lambda\cos\delta\cos i_\xi\sin(\phi-\phi_S)+\cos\lambda\sin\delta\sin i_\xi\cos2(\phi-\phi_S)+$$
$$\sin\lambda\cos2\delta\cos i_\xi\cos(\phi-\phi_S)-$$
$$\frac{1}{2}\sin\lambda\sin2\delta\sin i_\xi\sin2(\phi-\phi_S) \tag{9.11}$$

利用辐射花样 $\mathcal{R}^{\mathrm{P}}$，$\mathcal{R}^{\mathrm{SV}}$，$\mathcal{R}^{\mathrm{SH}}$，相应的远场位移矢量可表示为：

$$\boldsymbol{u}^{\mathrm{P}}(R,t)=\frac{\mathcal{R}^{\mathrm{P}}\mu A}{4\pi\rho\alpha^3 r}\dot{\boldsymbol{u}}\left(t-\frac{r}{\alpha}\right)\boldsymbol{r} \tag{9.12}$$

$$\boldsymbol{u}^{\mathrm{SV}}(R,t)=\frac{\mathcal{R}^{\mathrm{SV}}\mu A}{4\pi\rho\beta^3 r}\dot{\boldsymbol{u}}\left(t-\frac{r}{\beta}\right)\boldsymbol{p} \tag{9.13}$$

$$\boldsymbol{u}^{\mathrm{SH}}(R,t)=\frac{\mathcal{R}^{\mathrm{SH}}\mu A}{4\pi\rho\beta^3 r}\dot{\boldsymbol{u}}\left(t-\frac{r}{\beta}\right)\boldsymbol{\phi} \tag{9.14}$$

以上引述的公式构成利用地震波到达观测点的 P、SV、SH 初动符号或振幅比 SV/P、SH/P、SV/SH 确定震源机制解的理论基础。利用辐射花样表达式，可以得到给定点源震源机制（断层走向 ϕ_S、倾角 δ 和滑动角 λ）在观测点（方位角 ϕ、离源角 i_ξ）的预测初动符号；利用远场位移表达式，可以计算出 S 波的偏振角以及 SV、SH 和 P 波到达的振幅比预测值。通过理论预测值和观测值的拟合，可以得到地震震源机制解。

9.1.3.2 震源坐标系中的地震波辐射花样表达式之一

如果采用与断层取向和滑动方向相关联的坐标系，则会给出地震波辐射花样的不同表达式。笠原庆一（1984）给出如图 9.4 的坐标系（中国地震局监测预报司，2003），图中所示坐标系是以点源震源为原点，依照断层面及滑动方向而确定的坐标系，在此坐标系中，位于原点的剪切位错面在 $x-z$ 平面内或 $y-z$ 平面内。这里设定在 $x-z$ 平面内（此时 $y-z$ 平面称作辅助面，在辐射地震波的意义上，断层面和辅助面可以互换），于是 x 轴方向就是断层错动矢量的方向，就是说，从坐标原点出发的滑动矢量方向就是辅助面的法线方向。这一坐标系称作“震源坐标系”，每个震源有自己特定的震源坐标系。

在震源坐标系中，用球坐标表示观测点的位置，于是观测点 P 可表示为（r，θ，ϕ），其中 r 是观测点到震源坐标系原点的距离，θ 是 $\boldsymbol{r}$ 矢量与 z 轴之间的夹角($0 \leqslant \theta \leqslant 180°$)，$\phi$ 是 $z-r$ 平面与 $x-z$ 平面之间的夹角($0 \leqslant \phi < 360°$)。

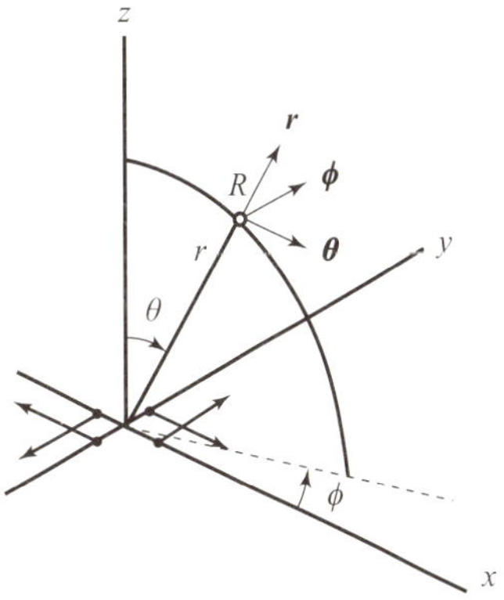

图 9.4 震源坐标系 $x-y-z$ 和观测坐标系 $r-\theta-\phi$(笠原庆一，1984，第 33 页，图 3.3)。在坐标原点处粗黑箭头所示为一组双力偶位于 $x-y$ 平面内

在此坐标系中，观测点的三个坐标方向 $\boldsymbol{r}$，$\boldsymbol{\theta}$，$\boldsymbol{\phi}$ 在 $x-y-z$ 坐标系中的方向余弦是（参见式（9.2））：

$$\left.\begin{aligned}\boldsymbol{r} &= \sin\theta\cos\phi\boldsymbol{x} + \sin\theta\sin\phi\boldsymbol{y} + \cos\theta\boldsymbol{z} \\ \boldsymbol{\theta} &= \cos\theta\cos\phi\boldsymbol{x} + \cos\theta\sin\phi\boldsymbol{y} - \sin\theta\boldsymbol{z} \\ \boldsymbol{\phi} &= -\sin\phi\boldsymbol{x} + \cos\phi\boldsymbol{y}\end{aligned}\right\} \tag{9.15}$$

在均匀各向同性介质中，由图 9.4 中所示双力偶震源辐射的远场（即震源距>>震源尺度）地震波位移在观测点 $P(r,\theta,\phi)$ 处的分量表达式为（笠原庆一，1984，第 34 页）：

$$u_r = \frac{1}{4\pi\rho\alpha^3 r}\dot{M}\left(t-\frac{r}{V_{\mathrm{P}}}\right)\sin^2\theta\sin2\phi \tag{9.16}$$

$$u_\theta = \frac{1}{4\pi\rho\beta^3 r}\dot{M}\left(t-\frac{r}{V_{\mathrm{s}}}\right)\sin\theta\cos\theta\sin2\phi \tag{9.17}$$

$$u_\phi = \frac{1}{4\pi\rho\beta^3 r}\dot{M}\left(t-\frac{r}{V_{\mathrm{s}}}\right)\sin\theta\cos2\phi \tag{9.18}$$

三个位移分量的正方向分别为图中三个单位矢量 $\boldsymbol{r}$，$\boldsymbol{\theta}$，$\boldsymbol{\phi}$ 所示方向。式中 ρ 是介质密度，α 和 β 分别是 P 波和 S 波传播速度，r 是表达位移的点（观测点）到震源的距离，t 是时间，$t=0$ 是力矩开始作用的时间，即断层开始错动的时间，$\dot{M}(t)$是双力偶中一个力偶强度对时间的微商，即地震矩率函数，$\dot{M}(t)=M_0 \cdot \dot{g}(t)$，$M_0$ 是标量地震矩，$\dot{g}(t)$是震源时间函数。如果以原点为中心，r 为半径做一球面，则 $\boldsymbol{r}$ 是垂直于球表面的 r 增大方向，$\boldsymbol{\theta}$ 为在 $r-z$ 平面内的与球面相切并指向 θ 增加方向的矢量，而 $\boldsymbol{\phi}$ 为与球面相切、垂直于 $r-z$ 平面并指向 ϕ 增加方向的矢量。由 $\boldsymbol{r}$，$\boldsymbol{\theta}$，$\boldsymbol{\phi}$ 矢量构成的直角坐标系称作观测坐标系，它随着观测点相对于震源坐标系的坐标(r,θ,ϕ)而改变。由上式可知，u_r 是 P 波表达式，u_θ 和 u_ϕ 分别是 SV 波和 SH 波的表达式。各表达式中的三角函数部分称作震源的辐射图形，它描述在任一给定半径 r 的球面上，辐射波位移的方向和振幅大小随空间方位的分布。

式（9.9）~式（9.11）给出的 P、SV、SH 的辐射花样为：

$$\mathcal{R}_1^{\mathrm{P}} = \sin^2\theta\sin2\phi \tag{9.19}$$

$$\mathcal{R}_1^{\mathrm{SV}} = \sin\theta\cos\theta\sin2\phi \tag{9.20}$$

$$\mathcal{R}_1^{\mathrm{SH}} = \sin\theta\cos2\phi \tag{9.21}$$

按此辐射图形，P 波和 S 波位移的方向和振幅大小显示出四象限的特征。

图 9.5 给出在 $\theta=90°$的平面内 P 波和 S 波位移随方位的分布图及辐射图形玫瑰图。在辐

射图形玫瑰图中，从原点向外的任一方向上，原点至玫瑰线的线段长度表示该方向上振幅的相对大小（取最大振幅值为1）。用 Matlab 程序画出 P 波和 S 波的辐射图形（M09_01_radiiation.m），当 $\theta=90°$时，由式（9.19）~式（9.21）可知，此时 $\sin\theta=1$，$\cos\theta=0$，因此 $u_\theta=0$，即在 $\theta=90°$的平面上辐射的 S 波只有 SH 波。

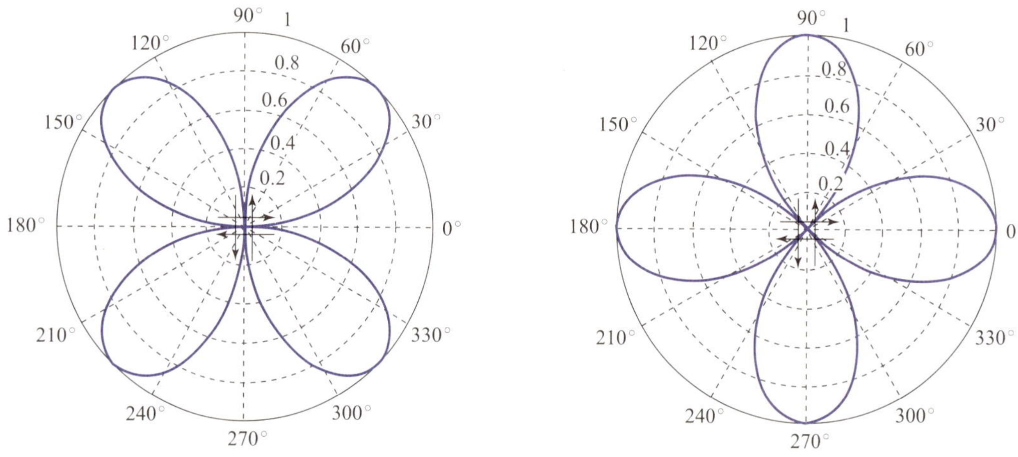

（a）P波的辐射图形　　（b）S波的辐射图形

图 9.5　双力偶点源在力偶所在平面内的辐射图形

对于 P 波如图 9.5（a）所示，断层面的延伸平面（$x-z$ 平面）和垂直于断层面的平面（$y-z$ 平面，辅助面）是位移等于零的平面，称为 P 波的两个节面。Ⅰ、Ⅲ两个象限辐射出去的 P 波初始振动是使波通过的介质被压缩，称作压缩波，传到台站后使垂直向地震仪记录到初动向上的地动位移，记录的两水平向位移的合成方向是从震中指向台站的方向。Ⅱ、Ⅳ两个象限辐射出去的 P 波初始振动是使波通过的介质被拉伸，使介质发生“膨胀”，称作膨胀波，传到台站后使垂直向地震仪记录到初动向下的地动位移，记录的两水平向位移的合成方向是从台站指向震中的方向（参见第 6 章表 6.4）。因此，可根据三分向地震记录的两个水平分量初动符号，来检验垂直分量初动符号的正确性。

在Ⅰ、Ⅲ象限内，其象限平分线方向，即与 x 和 y 轴夹角为 45°的方向，为压缩 P 波辐射最强的方向，该方向称作双力偶点源的 T 轴（也称张力轴）方向。在Ⅱ、Ⅳ象限内，相应的象限平分线方向为拉伸 P 波辐射最强的方向，该方向是双力偶点源的 P 轴（也称压力轴）方向。由此可知，P 轴和 T 轴所在平面（$x-y$ 平面）与断层面垂直，也与辅助面垂直，因而与两节面的交线垂直，该节面交线即图 9.4 中的 z 轴，相应于式（9.19）~式（9.21）中 $\theta=0°$的情况，在此方向上 P 波和 S 波辐射位移的振幅都为零，所以 z 轴又称零轴，通常记为 N 轴或 B 轴。地震可能发生在已经存在的断层面上，因此张力轴和压力轴不一定刚好是在断层面解四象限的平分线上。

在地理坐标系中，P、T、B 轴矢量可用与地理坐标系的三个坐标轴之间的方向余弦来表示，也可用各自的方位角和俯角表示，在下文中作进一步讨论。

双力偶点源辐射的 S 波也呈四象限分布（图 9.5 右图），但 S 波辐射的强、弱分布正好与 P 波相差 45°。

回顾式（9.9）~式（9.11）给出的 P 波和 S 波的辐射花样，当断层走向 $\phi_S=0°$，倾角

$\delta=90°$，滑动角 $\lambda=0°$，由式（9.9）~式（9.11）给出 P 波和 S 波的辐射花样简化为：

$$\mathcal{R}^{\mathrm{P}}=\sin^{2}i_{\xi}\sin 2\phi \tag{9.22}$$

$$\mathcal{R}^{\mathrm{SV}}=\frac{1}{2}\sin 2i_{\xi}\sin 2\phi=\sin i_{\xi}\cos i_{\xi}\sin 2\phi \tag{9.23}$$

$$\mathcal{R}^{\mathrm{SH}}=\sin i_{\xi}\cos 2\phi \tag{9.24}$$

注意到图 9.3 中的离源角 i_{ξ} 与图 9.4 中的 θ 角互为补角，有 $\sin i_{\xi}=\sin\theta$，记图 9.4 中的 ϕ 为 ϕ_1，与图 9.3 中的方位角 ϕ 的关系是 $\phi_1+\phi=90°$（如果 $\phi_1\leqslant 90°$）或 $\phi_1+\phi=90°+360°$（如果 $360°>\phi_1>90°$），于是有 $\sin 2\phi=\sin 2\phi_1, \cos 2\phi=-\cos 2\phi_1$。比较图 9.3 和 9.4 的 ϕ 矢量方向，可知两个 ϕ 矢量方向相反。就是说，在这两个坐标系中，SH 位移的正方向刚好相反，因此，两个坐标系中的表达式给出的 SH 波位移辐射花样是一样的。

需要说明的是，由于式（9.16）~式（9.18）和式（9.22）~式（9.24）是在特定震源坐标系中给出的辐射花样公式（笠原庆一，1984），利用这些公式是求不出震源本身的震源机制解的，求震源机制解使用的辐射花样表达式应是在地理坐标系中给出的式（9.9）~式（9.14）。

9.1.3.3 震源坐标系中的地震波辐射花样表达式之二

图 9.6 所示坐标系与图 9.4 所示坐标系相同，但断层面的位置改为 $x-y$ 平面，相当于图 9.3 中的断层有倾角 $\delta=0°$，滑动角 $\lambda=0°$，上盘向东滑动。由于水平滑动断层的断层面与水平面并无交线，因此无确定的走向，故设滑动方向为断层走向（见 9.1.1 小节），于是有 $\phi_s=90°$。将给定的断层参数代入式（9.9）~式（9.11），得到：

$$\mathcal{R}_2^{\mathrm{P}}=\sin 2i_{\xi}\sin\phi \tag{9.25}$$

$$\mathcal{R}_2^{\mathrm{SV}}=\cos 2i_{\xi}\sin\phi \tag{9.26}$$

$$\mathcal{R}_2^{\mathrm{SH}}=-\cos i_{\xi}\cos\phi \tag{9.27}$$

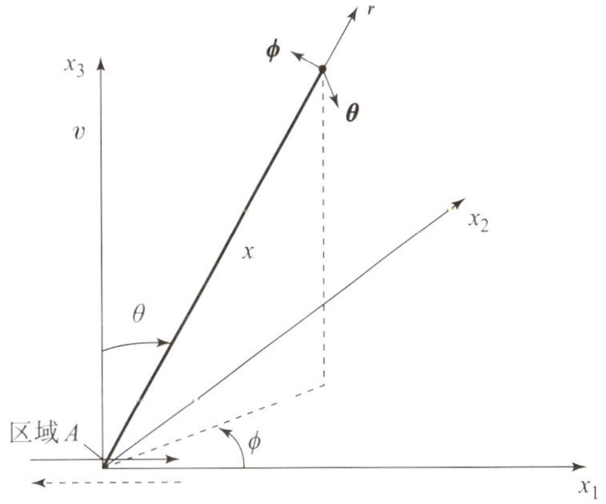

图 9.6 同图 9.4，$\delta=0°$，$\lambda=0°$，上盘向东滑（据安艺敬一和理查兹，1986，第一卷第 88 页，图 4.4）

记图 9.6 中的 ϕ 为 ϕ_2，与图 9.3 中的方位角 ϕ 的关系是 $\phi_2+\phi=90°$（如果 $\phi_2\leqslant 90°$）或 $\phi_2+\phi=90°+360°$（如果 $360°>\phi_2>90°$），于是有 $\sin\phi=\cos\phi_2, \cos\phi=\sin\phi_2$。注意到图 9.3 中的离源角 i_{ξ} 与图 9.6 中的 θ 角互为补角，有 $\sin 2i_{\xi}=\sin 2\theta, \cos i_{\xi}=-\cos\theta$，但比较图 9.3 和 9.6 的 $\boldsymbol{\phi}$ 矢量方向，可知两个 $\boldsymbol{\phi}$ 矢量方向相反。就是说，在这两个坐标系中，SH 位移的正方向刚好相反，因此，在图 9.6 所示坐标系中的水平断层剪切错动的 P、SV、SH 辐射花样为：

$$\mathcal{R}_2^{\mathrm{P}}=\sin 2\theta\cos\phi_2\boldsymbol{r} \tag{9.28}$$

$$\mathcal{R}_2^{\mathrm{SV}}=\cos 2\theta\cos\phi_2\boldsymbol{\theta} \tag{9.29}$$

$$\mathcal{R}_2^{\mathrm{SH}}=-\cos\theta\sin\phi_2\boldsymbol{\phi} \tag{9.30}$$

这正是安艺敬一和理查兹（1986）式（4.33）给出的剪切错动的远场 P 波、SV 波、SH 波的辐射花样。与 9.1.3.2 小节的情况相同，这些公式仅用于说明相对于特定震源坐标系的辐射花样，不能用于求解震源机制。

9.1.4 描述震源机制解的参数

前已说明，描述震源机制解的参数有两个节面（节面 I 和节面 II）的走向、倾角和滑动角，以及 *P*、*T*、*B* 轴的走向和俯角。这 12 个参数中只有 3 个是独立的，其余参数可由给定的 3 个参数求得。

在图 9.3 所示北－东－下($x-y-z$)地理坐标系中，*P*、*T*、*B* 轴的单位矢量可以用各自与三个坐标轴之间的方向余弦给出，

$$\boldsymbol{V}_{xyz} = v_x\boldsymbol{x} + v_y\boldsymbol{y} + v_z\boldsymbol{z} \tag{9.31}$$

式中，$\boldsymbol{V}_{xyz}$ 代表 *P*、*T* 或 *B* 轴的单位矢量；v_x，v_y，v_z 为单位矢量在 $x-y-z$ 轴上的投影，即矢量与三轴之间夹角的余弦值(方向余弦)。通常用单位矢量的走向和俯角表示，走向 ϕ 是该单位矢量在 $x-y$ 平面投影与 x 轴(北)之间的夹角，自 x 轴顺时针度量($0°\leqslant\phi<360°$)，俯角 δ 是该单位矢量与水平面的夹角($0°\leqslant\delta\leqslant90°$)，于是有，

$$\boldsymbol{V}_{xyz}(\phi,\delta) = \cos\phi\cos\delta\boldsymbol{x} + \sin\phi\cos\delta\boldsymbol{y} + \sin\delta\boldsymbol{z} \tag{9.32}$$

利用式（9.31）和式（9.32），可实现 *P*、*T*、*B* 三轴的方向余弦和走向、俯角之间的转换。在下文的讨论中会看到，所说 *P* 和 *T* 轴各代表大小相等、方向相反的一对力，*P* 轴代表的一对力指向震源，*T* 轴代表的一对力从震源向外，在这里给定的坐标系中，如果计算得到的俯角小于 0°，则要取相反方向的矢量，于是要俯角变号，走向反向。

万永革（2016）具体说明了这些参数之间的转换关系并给出相应的 Matlab 程序：an2dsr_wan.m 根据滑动矢量和节面法向得到断层的走向、倾角和滑动角；dsrin.m 采用地震震源机制的一个节面的走向 *str*、倾角 *dip* 和滑动角 *rake* 求其他参数的值，包括 *P* 轴走向和俯角、*T* 轴走向和俯角、*B* 轴走向和俯角以及第二个节面的走向、倾角和滑动角；pt2ds.m 采用震源机制的 *P* 轴和 *T* 轴的走向和俯角求解震源机制的其他表示形式，包括震源机制两个节面的走向、倾角和滑动角以及 *B* 轴的走向和俯角。在本章接下来的讨论中会调用这些程序。

9.2 在投影网上显示震源机制解

尽管可以用计算机程序直接得到震源机制解的参数，但仍需要将震源机制解的结果显示在传统的震源球平面投影图上，称作沙滩球投影，或在我国俗称西瓜皮投影，以便于对震源机制解进行直观的比较。或者，同时画出用于求震源机制解的初动符号，以帮助分析人员判断震源机制解的可靠程度。下面介绍在投影网上显示震源机制解及其他数据的算法及计算机实现。

9.2.1 乌尔夫网与斯密特网

为了将三维的震源球投影到平面上，可利用不同的投影技术。最常用的是乌尔夫投影

（极射赤面投影）和斯密特投影（等面积投影）。在手工分析测定震源机制解的年代，通常使用乌尔夫投影，它是一种等角投影，球面上曲线的交角投影到平面上后保持不变，球面上的圆投影到平面上后仍是一个圆，但在表示球面上的图形时，网心部分常过于集中，边缘部分则较稀疏。斯密特投影是一种等面积投影，球面上面积相等的区域投影到平面上后仍保持面积相等，用该投影，网上的图形分布相对比较均匀。在利用计算机程序进行震源机制解分析中，多采用斯密特投影，例如，在 HYPO71 地震定位程序中的一个选项是在打印纸上以斯密特投影画出各台站的初动符号分布。图 9.7 给出乌尔夫网和斯密特网，手工操作使用的实际工作底图有更密的网格，以提高手工作图的分辨力。

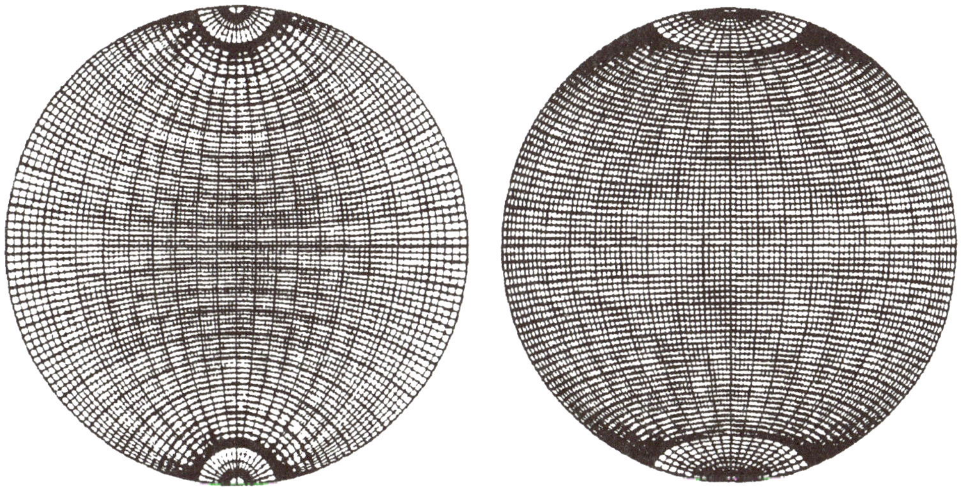

（a）乌尔夫网　　　　（b）斯密特网

图 9.7　乌尔夫网和斯密特网的比较

用(R,α,β)表示震源球面上的一点，其中 R 是震源球的半径，α 是方位角，β 是离源角。r，θ 为平面上投影点的极坐标，即 r 为投影点到投影面坐标原点（震源球心在投影面上的投影点）的距离，θ 是在投影面上的方位角，与震源球上点的方位角约定相同，自北方向顺时针量起，取值范围为 $0°\leqslant\theta<360°$。于是，对于斯密特网，其投影关系由如下公式给出：

$$\left.\begin{aligned} r &= \sqrt{2}\cdot R\cdot\sin\frac{\beta}{2} \\ \theta &= \alpha \end{aligned}\right\} \tag{9.33}$$

而对于乌尔夫网，其投影关系是，

$$\left.\begin{aligned} r &= R\cdot\tan\frac{\beta}{2} \\ \theta &= \alpha \end{aligned}\right\} \tag{9.34}$$

在用乌尔夫网或斯密特网作图时，通常设大圆的半径 R 等于 1。

需要指出的是，将震源球投影到平面上时，有上半球投影和下半球投影之分。如果取下半球投影，对于下行地震射线，其离源角 $\beta<90°$，那么，对于上行射线，由于离源角 $\beta>90°$，在投影时需要用$(180°+\alpha)$代替方位角 α，用$(180°-\beta)$代替离源角 β。实践中，下半球投影优于上半球投影，因为在下半球投影中观察断层面会更加自然。但要注意，有的作者可能使用上半球投影，而且不加说明。

在本书中采用下半球投影，并使用斯密特网投影绘制震源机制解图。

9.2.2 以斯密特投影画震源机制解及初动符号分布的 Matlab 实现

给出使用一组 Matlab 程序，以斯密特投影画震源机制解及初动符号分布的示例。程序 M09_02_pltcircle.m 画出斯密特投影底图，程序 M09_02_ab2xy.m 将给定台站的方位角和离源角变换成斯密特投影图上的 x、y 坐标，从而可将初动符号画在斯密特投影图上的相应位置。M09_02_Nodac.m 根据节面法线的 Azi、H、R 角得到节面的走向和倾角，进而画出震源机制解的 P 轴、T 轴和 B 轴的出头点在斯密特投影底图上的位置 P、T、B 以及两节面法线（自震源球心出发）与震源球交点在斯密特投影底图上的位置 A 和 C。M09_02_pltnodline.m 画震源机制解的节线，节线之一穿过 A 点，另一节线穿过 C 点。图 9.8 是利用假想数据绘出的震源机制解投影图。

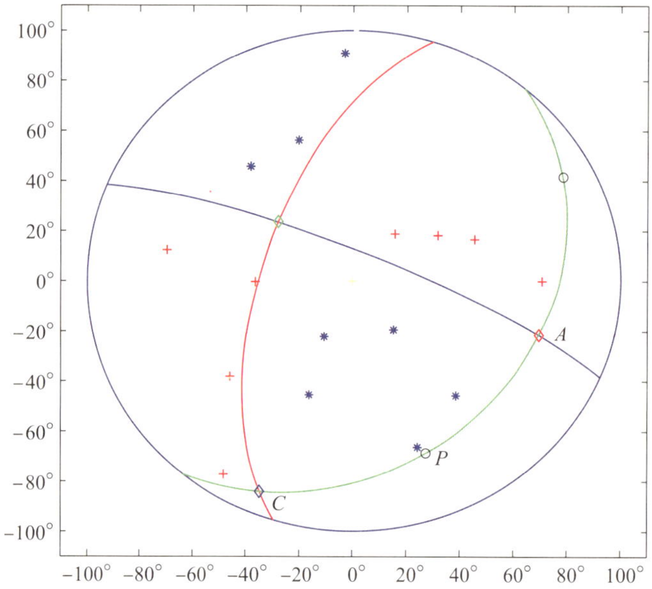

图 9.8 利用假想数据绘出的震源机制解投影图示例，下半震源球，施密特投影。“+”表示初动向上；“*”表示初动向下

万永革（2016）给出采用等面积投影（施密特投影）和极射赤面投影（乌尔夫投影）绘制震源机制解的 Matlab 程序 beachball_ea.m 和 beachball_wf.m。

9.2.3 对沙滩球的解释

图 9.9 给出通常显示的震源机制解沙滩球表示。震源机制解图形一般遵从如下约定：选震源球的下半球投影；节面的走向遵从对断层走向的约定，即当观察者骑在断层线上且面向走向时，断层上盘在观察者右侧；对 T 轴所在象限染色，P 轴所在象限保持白色。在这些约定下，可以简便地从震源机制解图上认识震源特征（中国地震局监测预报司，2017，第 445 页）：①如果初动符号的四象限分布较好，为走滑型地震；②如果不存在四象限分布，为正

断层或逆断层地震。具体地说，如果圆心为有颜色区（张力轴 T 轴所在区），为逆断层型地震；如果圆心在无颜色区（压力轴 P 轴所在区），为正断层型地震；③存在四象限分布，圆心在有颜色区，为走滑兼逆断层型地震；④存在四象限分布，圆心在无颜色区，为走滑兼正断层型地震。然后，再根据测定的滑动角值，可进一步判断断层特性，见图 9. 10。

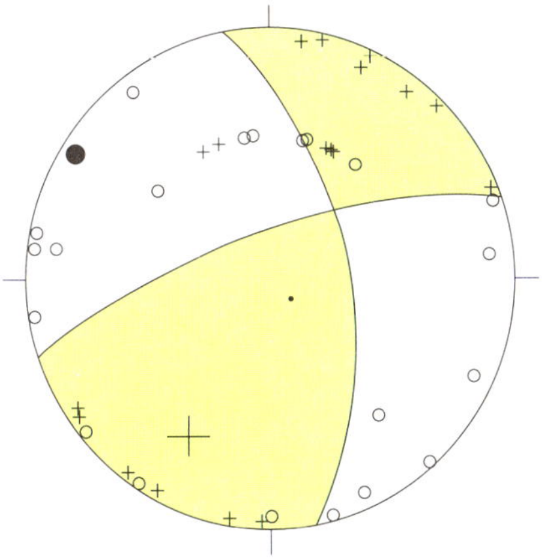

图 9. 9　通常显示的震源机制解沙滩球（等面积投影）。图中的圆圈代表初动符号为负，小"+"代表初动符号为正，大"＋"为 T 轴出头点，大"·"为 P 轴出头点

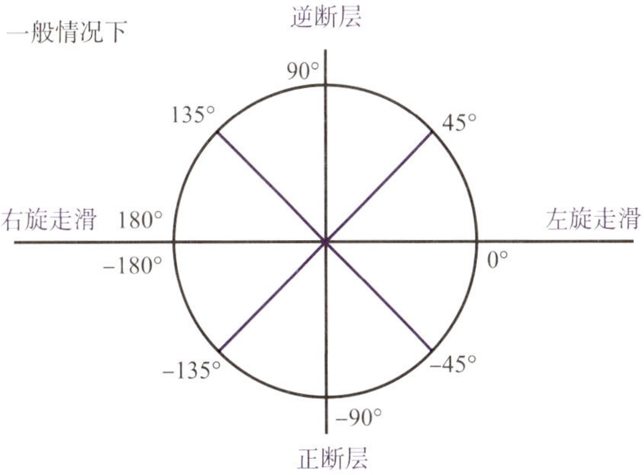

图 9. 10　根据滑动角值判断地震断层的特性（刘杰，2015）

9. 2. 4　在震源机制解的沙滩球上画出滑动矢量

不管用何种方法获取单个地震的震源机制解，都会给出两个节面的走向、倾角和滑动角，进而算出 T、P、B 轴的走向和俯角，但在直观显示机制解的沙滩球投影中，通常只显示两条节线和三轴在震源球上的出露点位置，并不显示滑动矢量，就是说，震源机制解节面的三个参数在图中只显示了两个（图 9. 9）。然而，直观显示滑动矢量，对于认识地震断层错动的性质十分重要，因此，在教科书中讲解震源机制解的沙滩球表示时，会在投影图中清楚地画出滑动矢量，例如彼得·鲍曼（2006）给出的图 3. 31（本书图 9. 11）。而当利用通常不显示滑动矢量的沙滩球投影图分析地震断层错动特性时，只能根据中心点是在膨胀区还是压缩区来粗略地判断地震断层是正断层还是逆断层，是以走滑为主还是以倾滑为主。这表明，尽管用沙滩球投影表示震源机制解已有几十年的历史，但仍有改进的空间。如果在原有沙滩球投影上，再添加滑动矢量表示，那么就可以更直观地了解地震断层的错动特性（赵仲和、牟磊育，2018）。

9. 2. 4. 1　在沙滩球投影中滑动矢量的表示

图 9. 11 是彼得·鲍曼（2006）中的图 3. 31，在投影网中显示断层面的走向 ϕ、倾角 δ 和滑动角 λ。填色区是初动符号为正的正号区，未填色区是初动符号为负的负号区。关于滑动角 λ，当投影网中心位于初动符号的正号区（填色区）时，表明地震断层有逆断层分量，$\lambda = 180° - \lambda^*$，其中 λ^* 是图中指出的角度；当投影网中心位于初动符号的负号区时，表明地震断层有正断层分量，$\lambda = -\lambda^*$。图中以节面 FP1 作为断层面，FP2 作为辅助面，由于投影中心位于填色区，画出的滑动矢量方向是从 P_2 点指向投影中心（如果投影中心位于未填色区，则滑动矢量是从投影中心指向 P_2 点），P_2 点是节面 FP2 的法线矢量在震源球上的出

露点（9.1.3.2 小节中曾说明断层滑动方向是辅助面的法线方向）。由于是节面的投影图，图中所示角 λ^* 的大小不是在纸面上量出的角度，而是由走向起点（图中 30°）到 P_2 点的大圆弧的度数给出角 λ^* 的大小。在该图中，如果画出从投影图中心沿走向反方向的直线，那么该直线与滑动矢量的夹角（$180-\lambda^*$）即滑动角 λ。

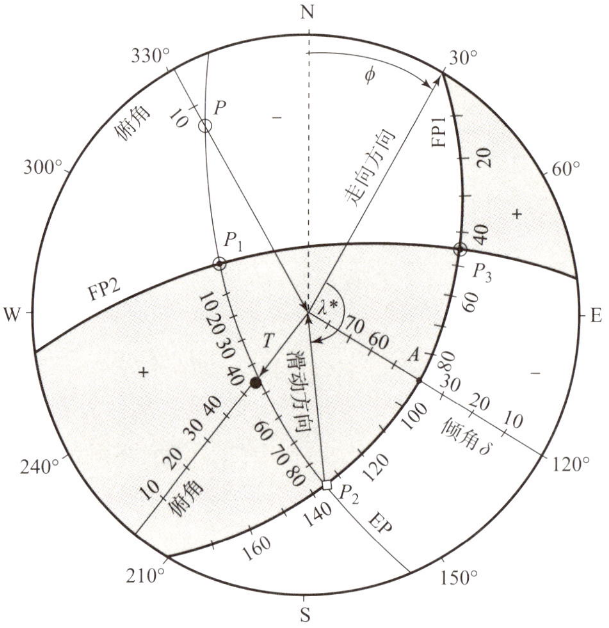

图 9.11　在投影网中显示断层面的走向 ϕ、倾角 δ 和滑动角 λ（彼得·鲍曼，2006，图 3.31）

9.2.4.2　添加滑动矢量的沙滩球投影图

调用 Matlab 程序 M09_02_slip_vec.m 在 Matlab 环境中实现了在沙滩球投影中添加滑动矢量。图 9.12 和图 9.13 是笔者建议的包括了滑动矢量的可选沙滩球投影图实例，在各图中，T 轴所在区域被填色，两图中的（a）包含了有初动符号数据的台站地震射线在震源球上的出露点分布，初动符号为正者以“+”表示，负者以黑圆圈表示。（b）（c）和（d）中不包含初动符号，其中，图（b）是没有指定哪一个节面为断层面的情况，于是画出了两个可能的滑动矢量；图（c）中，假定已经根据其他数据判定节面 1 为断层面，绘出了相应的滑动矢量；图（d）中，假定已经根据其他数据判定节面 2 为断层面，绘出了相应的滑动矢量。图 9.12 中使用的是 2014 年 10 月 1 日四川越西 M_S5.2 地震的震相数据（承蒙四川地震台网中心提供）中给出的初动符号，采用 Jeopens/msdp V6.0（广东省地震监测中心，2016）提供的四川双层地壳模型，利用遗传算法反演得到的一个震源机制解。具体参数是：节面 1 走向 251.6°，倾角 74.8°，滑动角 153.0°；节面 2 走向 349.2°，倾角 64.0°，滑动角 16.9°；P 轴走向 302.2°，俯角 7.2°；T 轴走向 208.0°，俯角 29.7°；B 轴走向 44.4°，俯角 59.3°。

从图 9.12 看到，投影中心位于 T 轴所在区，即填色区。两个可能滑动矢量的起点是 C 和 A，都指向投影中心，其中的 C 点和 A 点与 P 点和 T 点处在同一大圆面上，该大圆面以 B 轴为法向矢量，A 点位于第 1 节线上，C 点位于第 2 节线上。若认为第 1 节面为断层面，第 2 节面为辅助面，则从 A 点到投影中心的矢量为滑动矢量；若认为第 2 节面为断层面，第 1

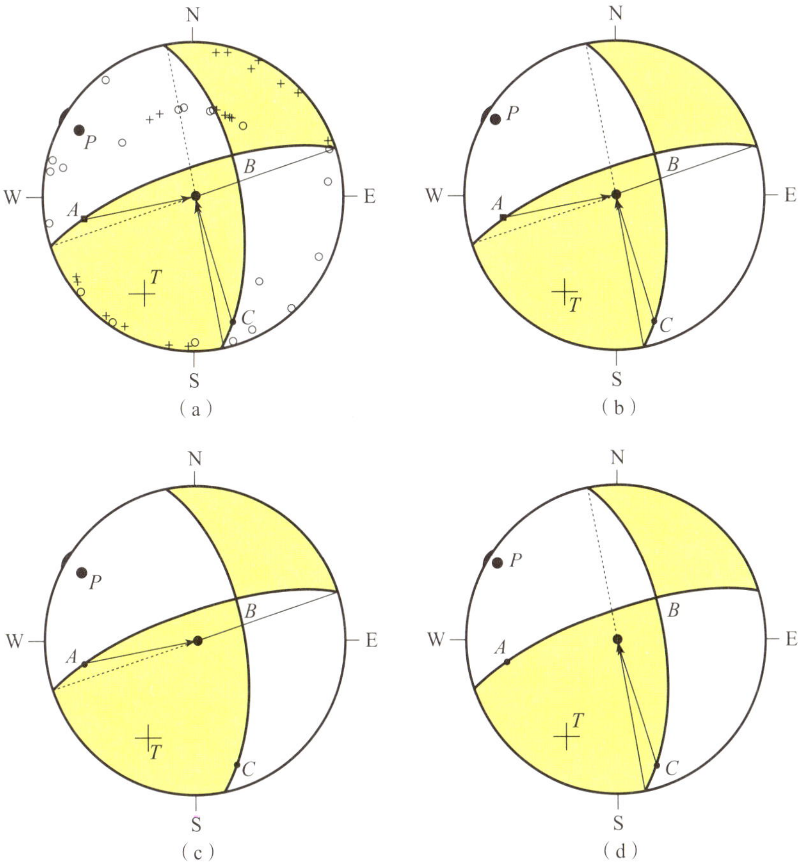

图 9.12　震源机制解沙滩球表示举例之一

节面为辅助面，则从 C 点到投影中心的矢量为滑动矢量。滑动角是滑动矢量与走向反方向（从投影中心向走向反方向画出的黑实线，黑虚线是从投影中心向走向方向画出的）之间的夹角，由所夹的节线线段对应的弧长来估计。为了便于估计滑动角，可在节线上用“+”标出滑动角为 45°、90° 和 135° 的位置。从图 9.12(c) 可清楚地看到，若第 1 节面为断层面（走向 251.6°），则滑动角为 153.0°，由此推断该断层错动是以右旋走滑为主、带有逆断层运动分量的错动；从图 9.12(d) 可清楚地看到，若第 2 节面为断层面（走向 349.2°），则滑动角为 16.9°，由此推断该断层错动是以左旋走滑为主、带有逆断层运动分量的错动。

图 9.13 中各图与图 9.12 中类似，但使用的数据是将图 9.12 所用初动符号全部变号得到的假想数据。所求震源机制节面 1 走向 251.6°，倾角 74.8°，滑动角 −27.0°；节面 2 走向 349.2°，倾角 64.0°，滑动角 −163.1°；P 轴走向 208.0°，俯角 29.7°；T 轴走向 302.2°，俯角 7.2°；B 轴走向 44.4°，俯角 59.3°。

从图 9.13 看到，投影中心位于 P 轴所在区，即未填色区。两个可能的滑动矢量的起点是投影中心，分别指向 C 和 A，其中的 C 点和 A 点与 P 点和 T 点处在同一大圆面上，该大圆面以 B 轴为法向矢量，A 点位于第 1 节线上，C 点位于第 2 节线上。若认为第 1 节面为断层面，第 2 节面为辅助面，则从投影中心到 A 点的矢量为滑动矢量；若认为第 2 节面为断层面，第 1 节面为辅助面，则从投影中心到 C 点的矢量为滑动矢量。滑动角是滑动矢量与走向方向（从投影中心向走向方向画出的黑实线，黑虚线是从投影中心向走向反方向画出的）之间的夹角，由所夹的节线线段对应的弧长来估计。从图 9. 13(c)可清楚地看到，若第 1 节面为断层面（走向 251. 6°），则滑动角为 -27. 0°，由此推断该断层错动是以左旋走滑为主、带有正断层运动分量的错动；从图 9. 13(d)可清楚地看到，若第 2 节面为断层面（走向 349. 2°），则滑动角为 -163. 1°，由此推断该断层错动是以右旋走滑为主、带有正断层运动分量的错动。

比较图 9. 12 和图 9. 13，当投影中心处于 *T* 轴所在区，即填色区时（图 9. 12），滑动矢量指向投影中心，滑动角为滑动矢量与走向反方向之间的夹角，其滑动角为正值，表明断层错动带有逆断层错动分量，逆断层错动分量与走滑分量的相对大小由滑动角的大小决定，滑动角越接近 90°，则逆断层错动分量所占比例越大，当滑动角接近 0°或 180°时，则以走滑为主，前者为左旋，后者为右旋；当投影中心处于 *P* 轴所在区，即未填色区时（图 9. 13），滑动矢量从投影中心向外，滑动角为滑动矢量与走向方向之间的夹角，其滑动角值应冠以负号，表明断层错动带有正断层错动分量，正断层错动分量与走滑分量的相对大小由滑动角的大小决定，滑动角越接近 -90°，则正断层错动分量所占比例越大，当滑动角接近 0°或 -180°时，则以走滑为主，前者为左旋，后者为右旋。

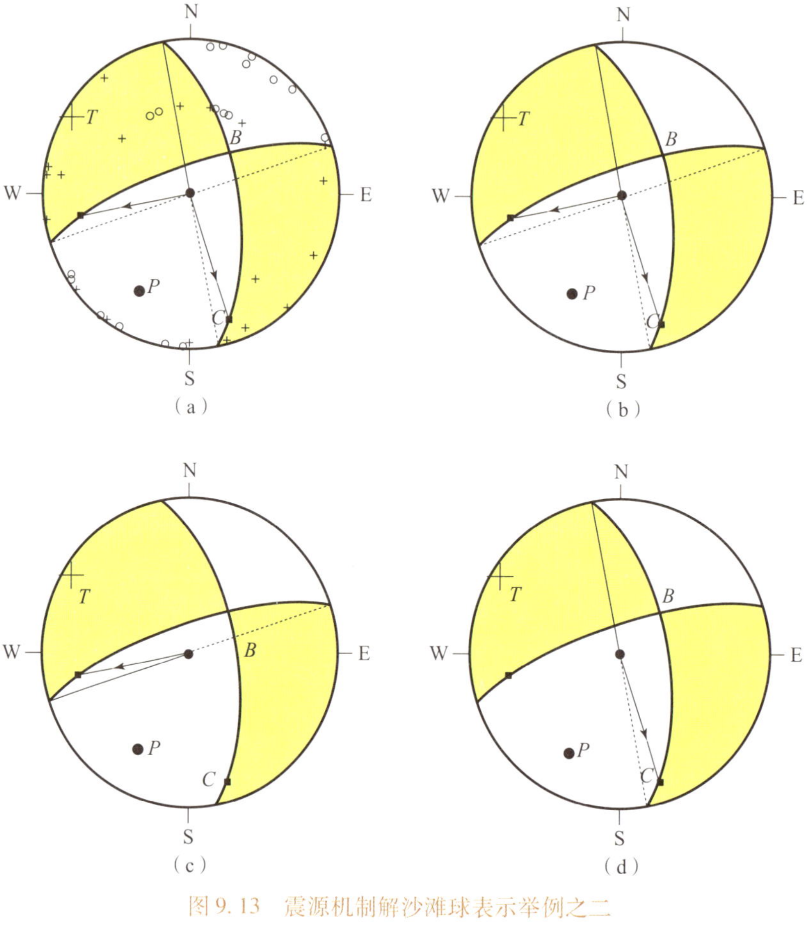

图 9. 13　震源机制解沙滩球表示举例之二

上述讨论表明，在震源机制解的沙滩球投影图中包括了滑动矢量表示之后，的确能提供更直观的信息认识该地震断层错动的特征。添加滑动矢量是由独立的程序完成的，是否在震源机制解的沙滩球投影图中表示滑动矢量，可根据应用场合而定。例如，在画出多个可接受的震源机制解时，不必每个解都显示滑动矢量，可只对选定的最佳机制解画出滑动矢量。

在绘出图 9.12 和图 9.13 的沙滩球投影图时，调用了《地震学导论》(万永革，2016)中提供的 beachboll_ea、pt2ds、dsrin、an2dsr_wan、v2trpl 等 Matlab 程序。

9.2.4.3　不同投影网对震源机制解图形的影响

比较三种不同的投影：切向球面投影（tangential stereographic projection，极射赤面投影，乌尔夫网就是用这种投影生成的），兰勃特等面积方位投影（lambert azimuthal equal-area，Schmidt net，斯密特网就是用这种投影生成的）和正交投影（orthographic projection，投影线垂直于投影面的投影）。给出当射线离源角为 β、方位角为 α 时，式（9.33）和式（9.34），即斯密特网和乌尔夫网的投影关系，类似地，根据定义，正交投影的投影关系是：

$$\left.\begin{aligned} r &= R\cdot\sin\beta \\ \theta &= \alpha \end{aligned}\right\} \tag{9.35}$$

为直观比较三种投影对震源机制显示的影响，参考图 9.14，可以看到，对于同一离源角 β，当 $0<\beta<90°$ 时，总是有 $r_o>r_l>r_s$，其中 r_o 为正交投影的投影点到投影圆心的距离，r_l 和 r_s 分别为斯密特网投影和乌尔夫网投影。这就是为什么与斯密特网投影相比，在乌尔夫网投影图上的中间部分更向中间集中，而正交投影的中间部分则向外扩展，见图 9.15 中的比较。

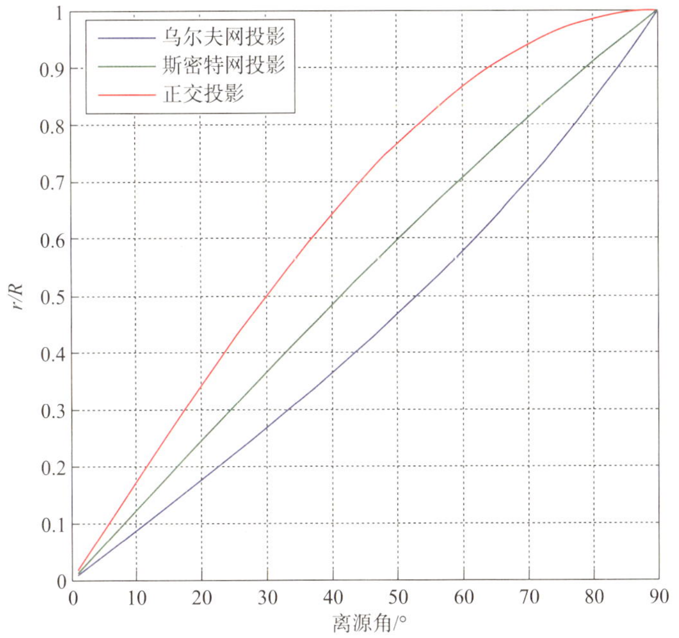

图 9.14　不同投影方法给出的投影点到圆心距离 r 与圆半径 R 的比值（使用 Matlab 程序 M09_02_project.m）

图 9.15 显示三种投影的差别。由图可见，极射赤面投影(a)即乌尔夫网中的图形向中心部分集中；正交投影(c)的图形向周边扩展；兰勃特投影(b)是等面积投影，即斯密特网，图形分布较为均匀。因此，现在由计算机软件生成矩张量图形显示和震源机制解图形时都采用斯密特网，尽管在手工作图年代曾广泛使用乌尔夫网。

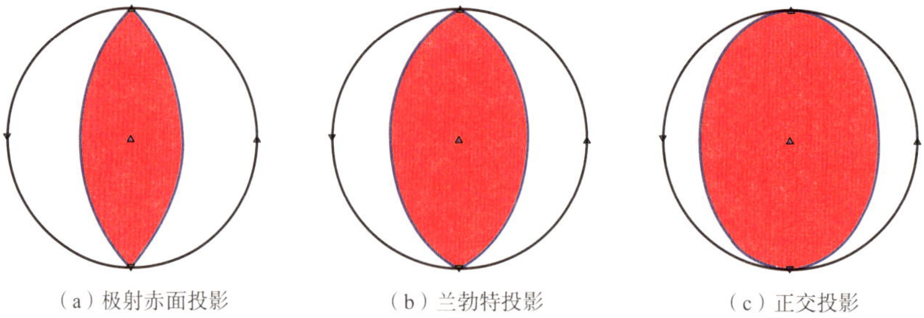

图 9.15　在 USE 坐标系下的矩张量 $\boldsymbol{M}=(1,0,-1,0,0,0)$ 代表一个倾角 45°的逆断层，使用 MoPaD 软件绘制（Krieger and Heimann，2012）

9.3　利用初动符号求震源机制解

利用 P 波初动符号分布求震源机制解是一种传统的求解方法，在没有引入计算机求解方法之前，主要是利用乌尔夫网进行手工作图得到震源机制解。在《测震学原理与方法》（中国地震局监测预报司编，2017）的第十二章第二节（赵仲和编写）中，具体介绍了用初动符号测定震源机制解手工方法的具体步骤，这里不再复述。

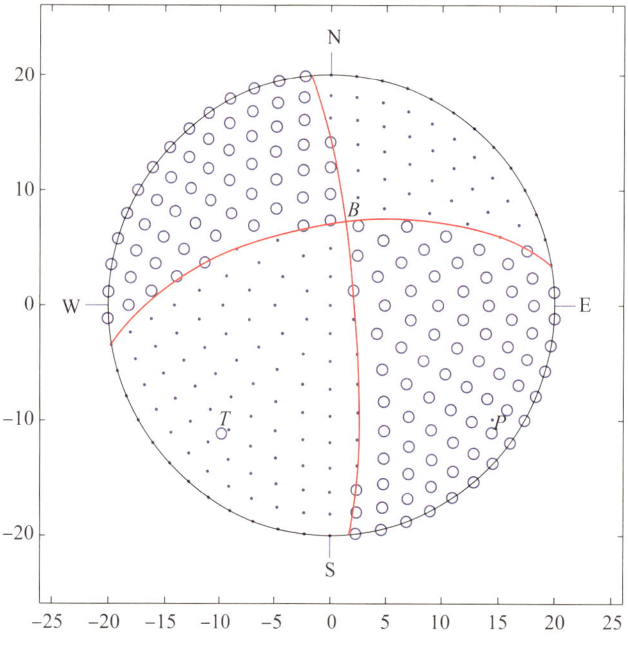

图 9.16　用给定的震源机制解计算的理论 P 波初动符号，每个点对应一对方位角和离源角，“•”代表初动符号向上，“○”代表初动符号向下（初动符号向上区域中的“○”表示 T 轴位置，初动符号向下区域中“•”表示 P 轴位置）。使用 Matlab 程序 M09_04_foc_syn_test.m

如前所述，地震发生时的断层错动会造成在包围震中的各台站垂直向记录的初动符号呈四象限分布。如果能找到一个可能的震源机制解，其在各台站预期初动符号的四象限分布与观测到的初动符号分布一致，则认为这个可能的震源机制解便是所求的机制解。实际上，由于观测到的初动符号可能存在误读，因此，通常以理论预期的符号与观测符号一致的比例最高的可能震源机制作为所求机制解。Wickens 和 Hodgson（1967）给出了用计算机程序搜索最佳震源机制解的早期算法。

图 9.16 显示给定震源机制解，是根据式（9.9）计算的 P 波理论初动符号。

9.3.1　几何问题

本节讨论利用初动符号求震源机制解算法的几何问题（Wickens and Hodgson，1967），以此来加深对计算机算法的理解。如图9.17所示，固定的直角坐标系 xyz 中原点为 O，x 正向指南，y 正向指东，z 正向指上。震源机制坐标系用 A、B、C 三轴表示，其中 B 轴为两个节面的交线（“零”方向），A、C 两轴分别为两个节面的法线方向。A、B、C 三轴也构成一个直角坐标系。

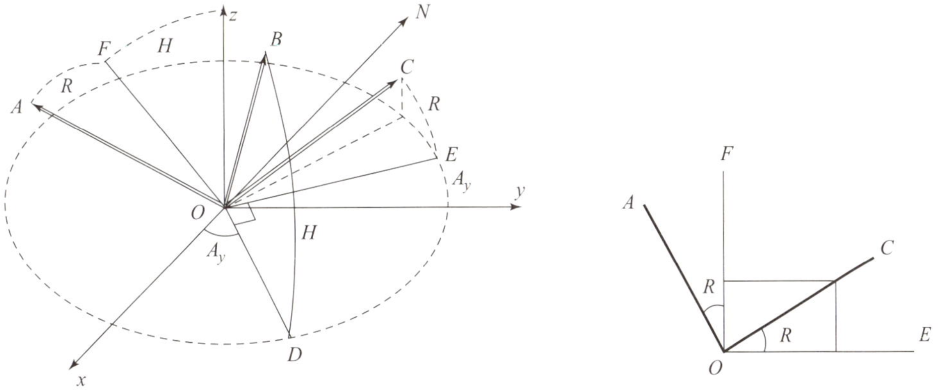

（a）震源球上的几何关系　　（b）图（a）中的ECFA平面直角坐标

图9.17　利用初动符号求震源机制解算法的几何问题关系图（据 Wickens and Hodgson，1967，重绘）

参考图9.17(a)，A、B、C 三轴与 x、y、z 三轴的相对位置由角 A_y、H 和 R 确定，其中由 A_y 和 H 确定了 B 轴，而 AOC 平面绕 B 轴转动，转动角度由 R 确定。图9.17(a)中 OD、OE、OF 为辅助线，OD 是 B 轴在 $x-y$ 平面上的投影，角 A_y 即为 x 轴与 OD 线之间的夹角，而 H 角为 B 轴与 OD 线之间的夹角，AOC 平面绕 B 轴转动时，必有一个位置使 C 轴落在 $x-y$ 平面上，此时 C 轴与 OE 线重合，$R=0$。OE 线在 $x-y$ 平面内的的位置是由 B 轴的位置决定的。当 B 轴在 $x-z$ 平面内时，A_y 角为零，此时，OE 线与 OY 重合。当 B 轴绕 z 轴转动（B 轴在 $x-y$ 平面的投影 OD 转动一个角度 A_y）时，OE 也相应地绕 z 轴转动，相对于 y 轴的转动角度也为 A_y，即 OE 与 OD 成直角。以该位置为出发点，当 AOC 平面绕 B 轴逆时针转动一个角度 R 时，A、C 轴处于图中所示位置，于是角 R 确定了 AOC 平面绕 B 轴转动的位置。在 C 轴与 OE 线重合，即 R 角为零时，A 轴处于辅助线 OF 的位置。OF、OA 是 AOC 平面绕 B 轴转动时的两个位置，说明 OF 线是在 AOC 平面上，故 OF 线与 B 轴垂直（B 轴垂直于 AOC 平面，故垂直于该平面上的所有直线）。由于 OE 和 OF 是当 R 角为零时 C 轴和 A 轴的位置，因此 OE 必与 OF 垂直，而 OE 垂直于 BOD 平面（因为垂直于该平面上的两条相交直线 OB 和 OD），所以 OF 线必在 BOD 平面内。由于 OD 垂直于 z 轴，OF 垂直于 B 轴，这4条直线又在同一平面内，因此知道 OF 线与 z 轴的夹角等于 B 轴与 OD 的夹角，即 H 角。但 OF 线不在 $x-y$ 平面内，除非 B 轴与 z 轴重合。

再参考图9.17(a)，当 R 角为0时，A 轴与 OF 线重合，C 轴与 OE 线重合，此时的 ABC 直角坐标系成为 FBE 直角坐标系，FBE 坐标轴 F 相对于 xyz 坐标系的 x、y、z 轴的方向余弦分别为：

$$\left.\begin{aligned} F_x &= -\sin H\cdot\cos A_y \\ F_y &= -\sin H\cdot\sin A_y \\ F_z &= \cos H \end{aligned}\right\} \tag{9.36}$$

B 轴对于 x、y、z 三轴的方向余弦分别为：

$$\left.\begin{aligned} B_x &= \cos H \cdot \cos A_y \\ B_y &= \cos H \cdot \sin A_y \\ B_z &= \sin H \end{aligned}\right\} \tag{9.37}$$

E 轴在 $x-y$ 平面上，对于 x、y、z 三轴的方向余弦分别为：

$$\left.\begin{aligned} E_x &= -\sin A_y \\ E_y &= \cos A_y \\ E_z &= 0 \end{aligned}\right\} \tag{9.38}$$

当 A、C 轴绕 B 轴逆时针转动一个角度 R 时，以 FBE 坐标系作为过渡，导出 A、C、B 轴相对于 x、y、z 轴的方向余弦。首先看 B 轴，因为 A、C 轴的转动并没有改变 B 轴的位置，故 B 轴对于 x、y、z 的方向余弦与 $R=0$ 的情况相同，于是 B 轴对于 x、y、z 三轴的方向余弦为式（9.37）。

然后看 C 轴。根据二维直角坐标的旋转关系，如图 9.17(b) 所示，因为 C 轴与 B 轴垂直，得到，

$$\left.\begin{aligned} C_E &= \cos R \\ C_F &= \sin R \\ C_B &= 0 \end{aligned}\right\} \tag{9.39}$$

于是，

$$\left.\begin{aligned} C_x &= C_E \cdot E_x + C_F \cdot F_x = -\cos R \cdot \sin Ay - \sin R \cdot \sin H \cdot \cos A_y \\ C_y &= C_E \cdot E_y + C_F \cdot F_y = \cos R \cdot \cos Ay - \sin R \cdot \sin H \cdot \sin A_y \\ C_z &= C_E \cdot E_z + C_F \cdot F_z = \cos H \cdot \sin R \end{aligned}\right\} \tag{9.40}$$

最后看 A 轴，因为 A 轴与 B 轴垂直，由

$$\left.\begin{aligned} A_E &= -\sin R \\ A_F &= \cos R \\ A_B &= 0 \end{aligned}\right\} \tag{9.41}$$

借助辅助线，可得到 A 轴对于 x、y、z 三轴的方向余弦分别为：

$$\left.\begin{aligned} A_x &= A_E \cdot Ex + A_F \cdot F_x = \sin A_y \cdot \sin R - \sin H \cdot \cos A_y \cdot \cos R \\ A_y &= A_E \cdot Ey + A_F \cdot F_y = -\cos A_y \cdot \sin R - \sin H \cdot \sin A_y \cdot \cos R \\ A_z &= A_E \cdot Ez + A_F \cdot F_z + A_B \cdot B_z = \cos H \cdot \cos R \end{aligned}\right\} \tag{9.42}$$

式中，利用了 $E_z=0$ 和 $A_B=0$。

设到达第 i 个台站的 P 波射线穿过震源球上的位置为 M_i，由位置矢量 $\boldsymbol{p}_i$ 对 x、y、z 轴的方向余弦 p_{xi}，p_{yi}，p_{zi} 确定：

$$\left.\begin{aligned} p_{xi} &= -\sin I_i \cdot \cos Z_i \\ p_{yi} &= \sin I_i \cdot \sin Z_i \\ p_{zi} &= -\cos I_i \end{aligned}\right\} \tag{9.43}$$

式中，Z_i 为震源到观测点的方位角（射线方位角），从北（$-x$ 方向）向东计量；I_i 为离源角，从 O 点向下垂线量至 $\boldsymbol{p}_i$ 矢量（图 9.3，离源角用 i_ξ 表示）。

对于图 9.17(a) 中的 A、B、C 轴给定的震源机制，震源 P 波辐射到震源球上 M_i 点的 P 波初动振幅是：

$$\psi_{\mathrm{P}i} = (\boldsymbol{p}_i \cdot \boldsymbol{A})(\boldsymbol{p}_i \cdot \boldsymbol{C}) \tag{9.44}$$

上式中 $\boldsymbol{A}$、$\boldsymbol{C}$ 两个矢量分别为两个节面的法向矢量，如果取以 $\boldsymbol{A}$ 矢量为法线方向的节面为断层面，则 $\boldsymbol{C}$ 矢量代表断层面的错动方向。

如果该震源机制恰是真正的震源机制，那么该理论初动符号应与第 i 台站观测到的初动符号一致，否则，理论符号与观测符号相反。对于多个观测台站，可以认为，观测符号与理论符号一致的台站个数越多，矛盾的符号越少，则该震源机制越接近于真实的震源机制。因此，可定义如下评分（Knopoff and Gilbert，1960）

$$\mathrm{Score}(A_y, R, H) = \left| \frac{\sum_{i=1}^{n} W_{\mathrm{P}i} \cdot \mathrm{sgn}(\psi_{\mathrm{P}i}) \cdot \mathrm{sgn}R_{\mathrm{P}i}}{\sum_{i=1}^{n} W_{\mathrm{P}i}} \right| \tag{9.45}$$

式中，$\mathrm{sgn}(\psi_{\mathrm{P}i})$ 是第 i 台的理论 P 波初动符号，初动向上为 +1，初动向下为 −1；$\mathrm{sgn}R_{\mathrm{P}i}$ 是第 i 台的观测 P 波初动符号，也是初动向上为 +1，初动向下为 −1；$W_{\mathrm{P}i}$ 是第 i 个台站的符号加权。9.3.3 小节将讨论基于理论辐射图像的加权。

9.3.2 射线在震源球上的方位角和离源角

在求震源机制解时，引入了震源球的概念。震源球是一个假想的球体，以地震点源为球心，震源球的半径是任意的，在求震源机制解时设定为长度单位 1。可以想象，震源球的半径不应太大，以保证震源球内的地球介质是均匀介质，因此在震源球内的地震射线是直线。设到某台站的某震相的射线方位角为 α_0，离源角为 β_0，按照取下半震源球的约定，对于下行波的地震射线，其在下半震源球上的出头点对应的方位角 α 和离源角 β 分别为：

$$\alpha = \alpha_0,\ \beta = \beta_0 \tag{9.46}$$

而对于上行波的地震射线，其在下半震源球上的出头点对应的方位角 α 和离源角 β 分别为

$$\alpha = 180^\circ + \alpha_0,\ \beta = 180^\circ - \beta_0 \tag{9.47}$$

9.3.2.1 地方震和近震的射线方位角和离源角

对于地方震和近震，一般以水平均匀分层地壳模型来计算射线方位角和离源角。取震中位置作为坐标原点，x、y、z 轴指向北、东、下，台站坐标为 (x_i, y_i, z_i)，则到达台站的射线方位角是，

$$\alpha_0 = \mathrm{atan2}(y_i, x_i)\ (\text{这是 Matlab 形式}, 0 \leqslant \alpha_0 < 360^\circ) \tag{9.48}$$

而离源角 β_0 则由射线路径确定。参考第 6 章中的图 6.25，当震源在地壳上层时，可产生下行波 Pb 和 Pn，设震源所在层中的 P 波速度为 v_j，以康拉德界面为顶面的一层中 P 波速度为 v_c，上地幔的 P 波速度为 v_n，则 Pb 射线的离源角为，

$$\beta_0(\mathrm{Pb})=\sin^{-1}\left(\frac{v_j}{v_b}\right) \tag{9.49}$$

Pn 射线的离源角为，

$$\beta_0(\mathrm{Pn})=\sin^{-1}\left(\frac{v_j}{v_n}\right) \tag{9.50}$$

如果震源在下地壳中，则可能的下行初至波只有 Pn，离源角为，

$$\beta_0(\mathrm{Pn})=\sin^{-1}\left(\frac{v_j}{v_n}\right) \tag{9.51}$$

对于上行波，离源角的计算和走时的计算是同时完成的，参考第 6 章中的图 6. 26，利用第 6. 6. 3. 1 小节给出的算法，在得到直达波走时的同时，得到上行射线在震源所在层顶界面的入射角 θ_j，由于离源角是过震源向下垂线与射线之间的夹角，所以上行波的离源角，

$$\beta_0=180°-\theta_j \tag{9.52}$$

9. 3. 2. 2　远震的射线方位角和离源角

对于远震，一般使用球对称地壳模型，其地震波速度只随到地心的距离 r 变化，根据球对称介质中的斯奈尔定律（参见安艺敬一和理查兹，1986，第一卷 102 页），射线参数，

$$p\equiv\frac{r\cdot\sin i(r)}{c(r)} \tag{9.53}$$

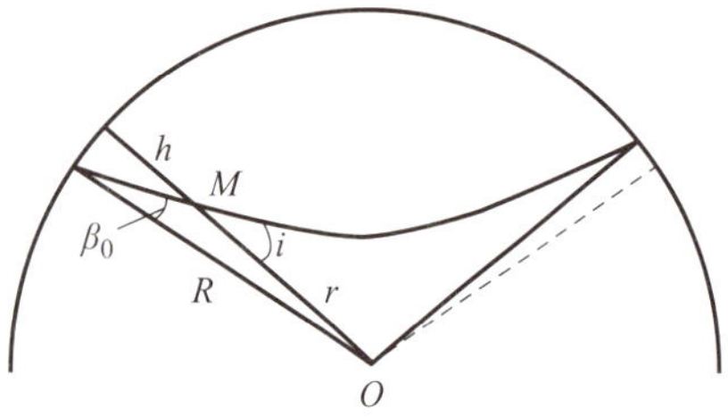

图 9. 18　球对称地壳模型中的射线路径示意图，图中夸大了震源深度

式中，p 单位是秒/弧度；r 的单位是 km；$c(r)$ 的单位是 km/s。如图 9. 18 所示，射线上的一点 M 到球心 O 的距离为 r，$i(r)$ 是在该点的射线与到球心连线 MO 间的夹角，$c(r)$ 是在该点的 P 波速度。在射线到达地面台站点处，$i(r)$ 即为射线的入射角，此时的 r 为地球的平均半径 R（6371km），$c(r)$ 为近地面的 P 波速度。对于给定的震源深度 h 和震中距 Δ，p 是一个常数，可以根据全球地震走时表计算出来，

$$p=\frac{\mathrm{d}T}{\mathrm{d}\Delta} \tag{9.54}$$

式中，$\mathrm{d}T$ 是走时表中给出的“表尾差”；$\mathrm{d}\Delta$ 是走时表中计算表尾差的震中距间隔。在震源处，$r=R-h$，$c(r)=c(R-h)$，于是得到离源角，

$$\beta_0=\sin^{-1}\left(\frac{p\cdot c(R-h)}{R-h}\right) \tag{9.55}$$

注意此式中的 p 单位是秒/弧度，$(R-h)$ 的单位是 km，$c(R-h)$ 的单位是 km/s。图 9. 19 给出用 IASP91 地壳模型计算出的震源深度 15km 的震源 P 波射线离源角随震中距的变化，使用 Matlab 程序 M09_03_apar_vel.m 计算，其中调用应用程序 TimeTaup.m。

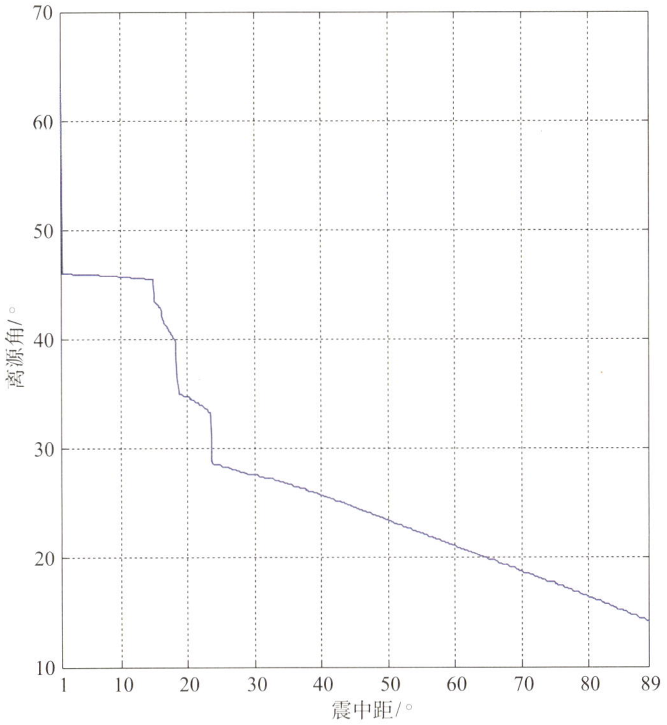

图 9.19　用 IASP91 地壳模型计算出的震源深度 15km 的震源 P 波射线离源角随震中距的变化

9.3.3　求震源机制解的网格搜索法

9.3.3.1　传统的网格搜索法

9.3.1 小节中给出，可用 A_y、R、H 角描述震源机制解的可能位置，因此，对 A_y、R、H 角以给定的步长进行网格搜索，来查找可能的震源机制，对每个格点，可用式（9.45）计算一个评分，然后在一组评分最高的格点中选出一个或多个可能的最佳解。

首先以步长 ΔA_y、ΔH、ΔR 转动试验节面位置。例如取 $\Delta A_y=5°$，A_y 取值 0°到 360°；$\Delta H=5°$，H 取值 0°到 90°；$\Delta R=5°$，R 取值 0°到 90°，合计 23328 个格点，对每个位置用式（9.45）计算评分。于是，对每个 A_y、R、H 角格点得到一个评分。

在找出震源机制节面解的 3 个角度 A_y、R、H 之后，便能利用式（9.42）、式（9.37）和式（9.40）求出震源机制解的 3 个轴 A、B、C 在 xyz 坐标系中的方向余弦，其中 B 轴为震源机制解两节面的交线，A 轴和 C 轴分别为两个节面的法线，当已知 A、B、C 轴在 xyz 坐标系中的方向余弦后，可进一步计算出 A 轴的走向 Strike$A$ 和俯角 Plunge$A$ 以及 C 轴的走向 Strike$C$ 和俯角 Plunge$C$：

A 轴的走向实际上是 A 轴在 $x-y$ 平面上的投影与北方向（图 9.17 中的反 x 方向）之间的夹角，即方位角，故有，

$$\text{StrikeA}=\text{atan2}(\text{Ay},-\text{Ax}) \tag{9.56}$$

A 轴的俯角是 A 轴与水平面之间的夹角，

$$\text{PlungeA} = \text{atan2}(\text{abs}(\text{Az}), \text{sqrt}(\text{Ax} \times \text{Ax} + \text{Ay} \times \text{Ay})) \tag{9.57}$$

表达式使用了 Matlab 编程中的函数表示方式，atan2(a1, a2)代表 a1/a2 的 4 象限反正切，sqrt(a)代表 a 的平方根，abs(a)代表取 a 的绝对值。

对 C 轴，有类似的表达式：

$$\text{StrikeC} = \text{atan2}(\text{Cy}, -\text{Cx}) \tag{9.58}$$

$$\text{PlungeC} = \text{atan2}(\text{abs}(\text{Cz}), \text{sqrt}(\text{Cx} \times \text{Cx} + \text{Cy} \times \text{Cy})) \tag{9.59}$$

然后可进一步得到对应于 A 轴的节面 A 的走向 StrikeAnod 和倾角 DipAnod，以及对应于 C 轴的节面 C 的走向 StrikeCnod 和倾角 DipCnod。

由于 A 轴是 A 节面的法线，必与 A 节面上的任何直线垂直，因此也与节面和 $x-y$ 平面的交线垂直，故节面 A 的走向与 A 轴的走向（过 A 轴的垂直平面与 $x-y$ 平面的交线，即 A 轴在 $x-y$ 平面上的投影）相差 90°。于是，

$$\text{StrikeAnod} = \text{SrikeA} + 90° \tag{9.60}$$

使用加 90°，而不是减 90°，是为了符合对断层面走向的如下约定：横跨断层站立，使断层的上盘在右手一侧，则人面对的方向为走向所指的方向。

类似地有，

$$\text{StrikeCnod} = \text{SrikeC} + 90° \tag{9.61}$$

9.3.3.2 可接受机制解的选取

可以设计不同的策略来选取可能最佳解。例如，只选取 1 个评分最高的格点，然后在其附近的给定范围以缩小的步长进行细搜索，从中选出评分最高者。可循环进行逐级细搜索，直到不能找到更高评分解或达到限定细搜索次数为止。另一种作法是从多个评分中选出指定个数一组评分最高解（例如 16 个解）。稳妥的方法是在斯密特网投影上显示这组解，然后根据这些解的分布，由分析人员选出最可能解。或者通过对这组解的聚类分析或取这组解的 Ay 中位值对应的解作为结果，由此避免采用孤立的评分高值解。

9.3.3.3 基于理论辐射图像的加权

为了利用计算机程序自动得到更可靠和准确的震源机制解，可能需要合适的加权。一方面，各台的初动符号数据不是同等可靠的，例如，由于台站处地动噪声的存在，靠近节线（断层面和辅助面与地球表面的交线）的台站观测符号不如远离节线的台站观测符号那样可靠（极端而言，在节线上应有零振幅，回顾图 9.5 及其解释），在这个意义上，对靠近节线的台站要给予较小的权重，而对远离节线的台站要给予较大的权重，以表示可靠性的差异。另一方面，对于震源机制解的限定能力而言，靠近节线的台站贡献要大于远离节线的台站，因此对靠近节线的台站又不能给予太小的权重，否则会降低初动符号分布对震源机制解的控制能力，即降低求解的分辨力。可见对于台站符号的加权，需全面考虑加以权衡。

再来考虑 9.1.3 中讨论的地震波远场辐射图像。第 i 个台的 P 波归一化初动振幅辐射图可由（参见式（9.9））

$$\psi_{Pi} = (\boldsymbol{p}_i \cdot \boldsymbol{A})(\boldsymbol{p}_i \cdot \boldsymbol{C}) = (\sin\theta_i \cdot \cos\phi_i)(\sin\theta_i \cdot \sin\phi_i)) = \frac{1}{2}\sin^2\theta_i \cdot \sin 2\phi_i \tag{9.62}$$

表示，$\boldsymbol{p}_i$ 是 i 点的位置矢量；$\boldsymbol{A}$ 为 A 节面的法线方向矢量；$\boldsymbol{C}$ 为 C 节面的法线方向矢量，A 节面和 C 节面中一个为断层面，另一个为辅助面；θ_i 是 $\boldsymbol{p}_i$ 与 C 轴的夹角；ϕ_i 是 $\boldsymbol{p}_i$ 与 A 轴的夹角，如果 i 点在一个节面上，则 $\sin 2\phi_i = 0$，于是理论归一化振幅为 0；如果 i 点在两节面中间，则 $\sin 2\phi_i = 1$，如果又有 $\theta_i = 90°$，则理论归一化振幅为最大值 0.5。辐射图像直接影响 P 波初动的信噪比，因而影响观测初动符号的正确性。于是，理论辐射图像可以作为对初动符号加权的基础。为此，可以直接利用 ψ_{Pi} 作为权重，即，

$$W_{Pi} = \psi_{Pi} \tag{9.63}$$

另一个可用的理论辐射图像加权公式是，

$$W_{Pi} = \left| 2\psi_{Pi} \cdot (1 - |\psi_{Pi}|) \right| \tag{9.64}$$

但还是应对靠近节线的台站给予一定权重，故取

$$W_{Pi} = \left| 2\psi_{Pi} \cdot (1 - |\psi_{Pi}|) + K \cdot \mathrm{sgn}\psi_{Pi} \right| \tag{9.65}$$

式中，$\mathrm{sgn}\psi_{Pi}$ 为 ψ_{Pi} 的符号；K 为预设的常数，例如取 $K = 0.3$（参见 Wickens and Hodgson, 1967）。

9.3.3.4　对传统网格搜索法的改进

Hardebeck 和 Shearer（2002）对传统的利用 P 波初动符号进行网格搜索求震源机制解的方法进行了改进。改进的新方法不仅考虑 P 波初动符号观测值的可能错误，还考虑了震源位置和地壳速度模型的可能误差对震源机制解的影响。

俞春泉等（2009）对网格搜索法做了几方面的改进。采用新的加权方法计算加权矛盾比，权重因子包括反映初动符号质量的权重以体现资料质量的影响，不包括反映观测点与节面距离的权重以避免因节面附近资料权重的双重减小带来的系统偏差，通过减小震源球上密集资料点的权重以部分地抵消震源球上 P 波初动符号资料分布不均匀对可能解的影响；在通过加权矛盾比筛选可能的震源机制解时，把震源球分为面积相对均匀的网格进行解的搜索，避免了因网格划分不均匀所导致的平均解的计算偏差；针对资料不足情况下震源机制解会受控于个别观测点 P 波初动符号的情况，借鉴刀切法（jackknife）技术，在可选解中增加了那些一个观测点被去除后的可选解，既对解的质量有了更好的把握，又增加了找到真解的可能性；还针对可选解存在多个解簇的情况，提出了通过聚类提供多组可选解的作法。

俞春泉等（2009）还针对目前缺乏对解的合理评价体系的现状，提出了主要基于解的离散度并参考加权最小矛盾比对震源机制解质量进行评价的新方案。

9.3.4　求震源机制解的遗传算法

Kobayashi 和 Nakanishi（1994）首次应用遗传算法利用 P 波初动符号确定震源机制，其

后有不少作者采用了类似的方法，证明了遗传算法在利用P波初动符号确定震源机制方面的有效性。安美建和石耀霖（1996）还在应用遗传算法时对遗传算法本身做了一些改进，兼顾了运行效率和保证搜索到全局最优解。

本书第6章中以地震定位问题为例，说明了遗传算法的基本原理（6.3.4小节），并给出了在Matlab环境中应用遗传算法进行地震定位的Matlab程序实现（6.3.4.5小节）。类似地，实现了在Matlab环境中应用遗传算法利用P波初动符号求解震源机制。利用在9.2.4.2小节中对2014年10月1日四川越西M_S5.2地震的震相数据（四川地震台网中心提供）中给出的初动符号，采用Jeopens/msdp V6.0（广东省地震监测中心，2016）提供的四川双层地壳模型，利用遗传算法反演得到震源机制解。使用的Matlab程序是M09_04_foc_GA.m，其中调用遗传算法函数（雷英杰等，2004），机制解显示调用beachball_ea.m（万永革，2016）。

9.4 利用P波和S波振幅比求震源机制解

9.1.3.1中给出了在均匀介质中双力偶源辐射的P波和S波地动位移，由此可得到相应地壳模型下P波和S波的最大振幅，进而得到振幅比的表达式。利用观测的P波与S波最大振幅比与给定地壳模型得到的理论振幅比进行比较，可反演出双力偶源的震源机制解。对于地方震和近震记录，可以使用水平均匀分层速度模型，利用不同的理论地震图计算方法得到理论的P波S波振幅比，通过与观测振幅比的比较，得到双力偶源的震源机制解。

9.4.1 P波和S波的理论位移振幅

根据式（9.9）、式（9.10）和式（9.11）(安艺敬一和理查兹，1986）给出的均匀地壳模型中的P、SV和SH波的辐射花样，可计算出给定震源机制解的理论P波、SV波和SH波的位移振幅。Matlab程序M09_04_foc_syn_test.m调用程序foc_syn_fun.m，计算P、SV、SH波的位移振幅在震源球上的分布。算例给定的震源机制解为：走向355°，倾角81°，滑动角29°。图9.20(a)显示的是P波位移振幅的分布，色标给出不同颜色对应的归一化振幅，可以看到，在P轴出露点和在T轴出露点附近的振幅绝对值最大，但P轴附近为负值，T轴附近为正值；在两条节线附近，P波位移振幅接近零。图9.20(b)和(c)分别给出在震源球上SV波和SH波的位移振幅。图9.20(d)显示的是SV和SH的矢量和振幅$U_S=(U_{SV}^2+U_{SH}^2)^{1/2}$，其中$U_{SV}$和$U_{SH}$为SV和SH的振幅。

安艺敬一和理查兹（1986）给出的均匀地壳模型中的P、SV和SH波的辐射花样采用的坐标系如图9.3所示，P波正向为图中的$\boldsymbol{r}$方向，即从震源球向外的方向，SV波的正向为图中的$\boldsymbol{p}$方向，即以离源角增大的方向为正方向，SH波的正向为图中的$\boldsymbol{\phi}$方向，它与$\boldsymbol{r}$、$\boldsymbol{p}$构成右手直角坐标系。

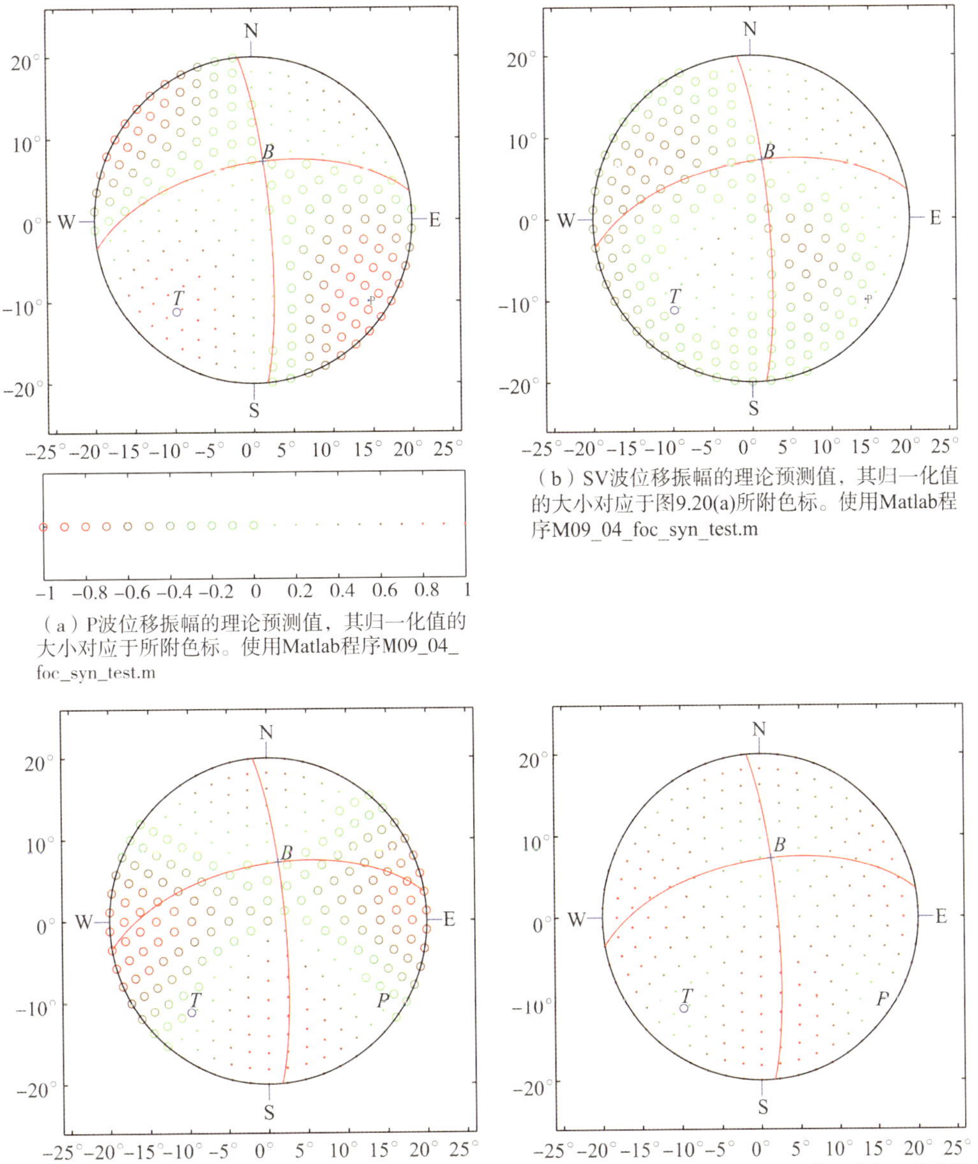

（a）P波位移振幅的理论预测值，其归一化值的大小对应于所附色标。使用Matlab程序M09_04_foc_syn_test.m

（b）SV波位移振幅的理论预测值，其归一化值的大小对应于图9.20(a)所附色标。使用Matlab程序M09_04_foc_syn_test.m

（c）SH波位移振幅的理论预测值，其归一化值的大小对应于图9.20（a）所附色标。使用Matlab程序M09_04_foc_syn_test.m

（d）S波位移振幅的理论预测值，其归一化值的大小对应于图9.20（a）所附色标。使用Matlab程序M09_04_foc_syn_test.m

图 9.20　P、SV、SH 和 S 波的震源机制解理论振幅

9.4.2　利用 P 波和 S 波垂直向位移振幅比求震源机制解之一：Kislinger

Kisslinger 等（1980）提出使用区域台网记录的直达 SV 波垂直分量最大振幅与 P 波垂直分量最大振幅之比，记为$(SV/P)_Z$，来估计震源机制的方法。在普遍采用宽频带三分量数字记录的区域地震台网取代了原来短周期单分量（垂直向）模拟记录地震台网的今天，讨论他们提出的方法，至少有四项意义：①在我国，曾经有大量的短周期模拟记录图记录了中小地震，对于这些地震，尽管也曾经利用垂直向 S 波与 P 波最大振幅比进行过震源机制研究，但仍然有许多地震研究不够或为空白，需要从那些模拟记录图中提取关于震源机制的信息，

所以，他们提出的基本方法仍然有用；②对于有数字三分量记录的现代中小地震，由于利用垂直向 S 波 P 波最大振幅比的方法简单，易于实现在短时间内对大量地震（如震群或大地震的余震）的快速处理，特别是易于开发实现振幅数据的在线自动读取，从而满足对大量中小地震震源机制的快速分析，所以该类方法仍具有现实的实用价值；③由于利用垂直向 S 波 P 波最大振幅比的方法中对观测值进行了许多修正，利用现代数字三分量记录对估计震源机制的方法进行对比研究，例如不同的三分量波形反演方法、利用 P 波初动符号的方法、利用 S 波和 P 波振幅比的不同方法（如 Kisslinger 方法），从而弄清楚不同方法的长处和短处，明确以往方法的实际能力，给予恰当评价，可以重新审视过去利用老方法得到的研究成果和结论的可靠性和局限性；④由于三分量波形反演的方法使用的地震记录波形的频带与利用 S 波和 P 波振幅比方法使用的波形频带显著不同，由此得到的震源机制可能反映的是震源的不同特性，因此，不宜轻易地用三分量波形反演方法取代振幅比方法，而是应该方法并存，结果对比，类似于估计地震矩和估计地震波能量的关系。

Kisslinger 等提出的利用 S 波与 P 波振幅比约束震源机制的方法使用的观测数据是区域地震台网记录的直达 SV 波垂直分量最大振幅与直达 P 波垂直分量最大振幅之比，在模拟地震记录图上不难得到。他们强调只使用震中距小于 100km 的台站，因为在更大震中距，会出现初至折射波 Pn 和 P 波段波形更加复杂的情况。

9.4.1 节中给出了在均匀介质中的双力偶点源辐射的 P 波和 SV、SH 波的位移振幅，但当地震波传播到地球表面时，由于入射 P 波和 S 波在自由表面的反射和转换，使得在地面观测到的垂直向 P 波和 SV 波的垂直分量与在介质内部不同，故需引入比值 W_{P} 和 W_{SV}，

$$W_{\mathrm{P}} = \frac{\mathrm{P}_z}{\mathrm{P}_0} \tag{9.66}$$

$$W_{\mathrm{SV}} = \frac{\mathrm{SV}_z}{\mathrm{SV}_0} \tag{9.67}$$

则有，

$$\left(\frac{\mathrm{SV}}{\mathrm{P}}\right)_z = \left(\frac{\mathrm{SV}}{\mathrm{P}}\right)_0 \left(\frac{W_{\mathrm{SV}}}{W_{\mathrm{P}}}\right) \tag{9.68}$$

因此，为了由均匀介质内部的 SV 波和 P 波位移振幅比值得到在自由表面的 SV 波和 P 波垂直分量的比值的理论预测值，需要进行转换，其转换因子

$$C_z = \frac{W_{\mathrm{SV}}}{W_{\mathrm{P}}} = \frac{\left(\frac{\mathrm{SV}}{\mathrm{P}}\right)_z}{\left(\frac{\mathrm{SV}}{\mathrm{P}}\right)_0} = \frac{\frac{\mathrm{SV}_z}{\mathrm{SV}_0}}{\frac{\mathrm{P}_z}{\mathrm{P}_0}} \tag{9.69}$$

图 9.21 给出当介质为泊松介质（泊松比 $\sigma = 0.25$）时，该转换因子随入射波在自由表面入射角 i_0 的变化（Kisslinger et al.，1981，Fig. 1）。从图中可以看出，当入射角小于 30°时，该转换因子随入射角变化明显，需要进行校正，但变化规律比较简单，因此校正是可行的，当入射角在 30°至 37°之间时，该转换因子随入射角剧烈变化，如果不能准确测定入射角，则不能得到可用的校正值，因此，在求震源机制解时应排除入射角在这一范围的 SV 与 P 比值数据。这一入射角范围是在 SV 波入射到自由表面反射为 P 波的临界角（SV 到 P 的全

反射）周围。当入射角在37°至80°之间时，该转换因子接近于1，考虑到利用SV与P垂直分量振幅比时的其他误差因素，在入射角的这一区间取该转换因子为1是可行的。

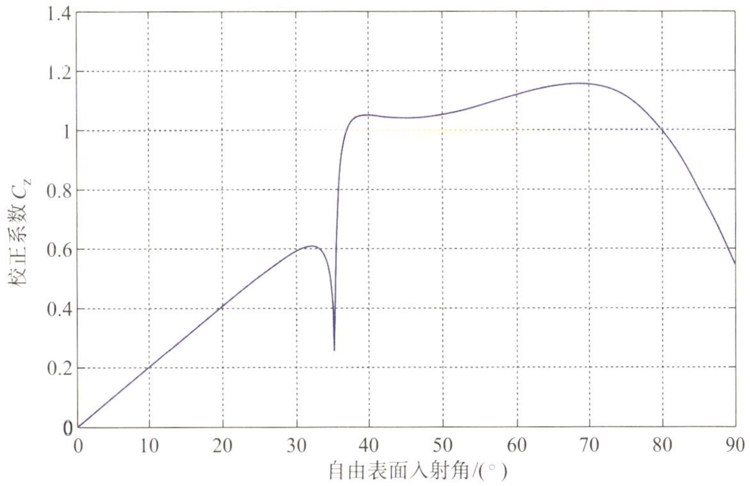

图9.21　泊松介质（$\sigma=0.25$）中对入射波垂直向记录S和P最大振幅比的校正系数 $C_z=(SV_z/SV_0)/(P_z/P_0)$ 随自由表面入射角 i_0 的变化，其S波入射的临界角为35.3°。用Matlab程序M09_05_freesurf_corr.m（移植Snoke（2003，2009）的FOCMEC软件包中的freesurfL.for）计算生成

在Kisslinger等（1980）提出的方法中，采用的是SV/P振幅比值，而不是单独使用SV波和P波的绝对振幅。一个重要的考虑是，对于SV波和P波，在地壳内的界面处有不同的透射系数，但有研究表明，在界面两侧地震波速度对比度的一个大的范围内和一个大的入射角范围，其SV波和P波的透射系数之比接近于1，因此，在利用垂直向SV与P振幅比估计震源机制解时不考虑地壳内界面的影响。

在Kisslinger等提出的方法中还忽略了介质非弹性对地震波传播的影响。Kisslinger等（1981）给出的数值分析结果表明，如果读取最大振幅的SV波的周期大于P波的周期，那么 $(SV/P)_z$ 随震中距的衰减几乎与完全弹性介质（其中的 Q 值为无限大）中的衰减完全相同，因此，在考虑震中距对振幅比的影响时，可以只考虑几何衰减。

Kisslinger等（1981）建议，在垂直分量记录的直达S波和P波（从震源出发的上行波）头3个半周期内读取最大峰-峰振幅作为SV和P波振幅，求其振幅比作为振幅比的观测值 $(SV/P)_z$。但Kisslinger等（1981）也指出，并非下行波不能使用，只要能确认SV和P有相同的传播路径，例如莫霍面的折射波。

在利用振幅比估计震源机制解时，射线到台站的入射角是否准确，对结果有很大影响，为此，需要有准确的震源位置，特别是震源深度。影响入射角的另一因素是地壳速度结构。尽管在求震源机制解时忽略了地壳内界面透射系数对地震波传播的影响，但还是应该利用分层速度模型计算地震射线在台站的入射角。在下文中讨论利用振幅比求震源机制解的其他方法中，这一点也很重要，在讨论Snoke的FOCMEC时（见9.4.4小节）还会提到。

上述讨论表明，Kisslinger（1980）提出的方法开创了利用地方震和近震P波和S波振幅比估计震源机制解的先河，特别是适用于当时还广泛使用的单分量（垂直向）模拟记录图。一系列简化假设使得该方法能被广泛使用。但由于受到当时观测条件的限制，尚没有使用三分量的记录，没有使用具有简单自由表面效应的 SH 波，对地壳模型的假设也过于简单（Kisslinger 等（1981）也认为应进一步研究），这些都使得该方法有很大的改进和发展空间。

9.4.3 利用 P 波和 S 波垂直向位移振幅比求震源机制解之二：梁尚鸿等

梁尚鸿等（1984）考虑层状介质中的点源位错震源模型，采用广义透射系数的快速算法，由计算给定震源机制的点源产生的垂直向记录直达 P 和 S 波的合成地震图得到各自最大位移振幅的理论值，通过其最大振幅比值与观测资料拟合的方式来确定震源参数。与 9.4.2 小节讨论的 Kisslinger（1980）提出的方法相比，相同的是仍然以垂直向记录的直达 P 波和 S 波最大振幅之比作为观测数据，主要不同点是其考虑了地壳内介质分层界面的透射系数对地震波传播的影响。

梁尚鸿等（1984）在理论研究的基础上开发了实用的计算机程序，该程序在我国地震行业得到了广泛应用，特别是已故地震学家、河北省地震局刁桂苓研究员在推广应用该程序利用 P 波和 S 波振幅比研究我国不同地区中小地震震源机制特征方面做出了突出贡献。

9.4.3.1 算法原理

根据梁尚鸿等（1984），考虑一点源位错震源位于层状介质的 B 层底界面处，远场直达 P 波和 SV 波的地表垂直位移分量的高频谱近似为：

$$\left.\begin{aligned}\bar{W}_{\bar{\mathrm{P}}} &= \frac{M_0}{2\pi\rho_{\mathrm{B}}R}\left[\sum_{m=0}^{2}A_m(\theta_{\mathrm{B}},\lambda,\delta)\cdot P_m\right]F(\omega)(R_{\mathrm{P}z})_{\kappa=\frac{\omega}{\alpha_{\mathrm{B}}}\sin i_h}\\ \bar{W}_{\bar{\mathrm{S}}} &= \frac{M_0}{2\pi\rho_{\mathrm{B}}R}\left[\sum_{m=0}^{2}A_m(\theta_{\mathrm{B}},\lambda,\delta)\cdot \mathrm{SV}_m\right]F(\omega)(R_{\mathrm{S}z})_{\kappa=\frac{\omega}{\beta_{\mathrm{B}}}\sin i_h}\end{aligned}\right\}\tag{9.70}$$

式中，R_{P_z}、R_{S_z}分别表示震源上方介质结构对入射 P 波和 S 波场的地表垂直位移响应，$F(\omega)$为震源脉冲谱；λ、δ、θ_{B} 分别表示震源位错面的滑动角、倾角和方位角；$1/R$ 是几何扩散因子；M_0为地震矩；ρ_{B} 是震源区介质密度；α_{B} 和 β_{B} 分别为震源区介质的 P 波和 S 波速度；i_h为射线的离源角；κ 为相应高频谱的波数。其他参量为：

$$\left.\begin{aligned}A_0(\theta_{\mathrm{B}},\lambda,\delta) &= \frac{1}{2}\sin 2\delta\cdot\sin\lambda\\ A_1(\theta_{\mathrm{B}},\lambda,\delta) &= \cos\delta\cdot\cos\lambda\cdot\cos\theta + \cos 2\delta\cdot\sin\lambda\cdot\sin\theta\\ A_2(\theta_{\mathrm{B}},\lambda,\delta) &= \frac{1}{2}\sin 2\delta\cdot\sin\lambda\cdot\cos 2\theta - \sin\delta\cdot\cos\lambda\cdot\sin 2\theta\end{aligned}\right\}\tag{9.71}$$

$$\left.\begin{aligned}P_0 &= \frac{2-3\sin^2 i_h}{\alpha_{\mathrm{B}}^2}\\ P_1 &= \frac{\sin 2i_h}{\alpha_{\mathrm{B}}^2}\\ P_2 &= \frac{\sin 2i_h}{\alpha_{\mathrm{B}}^2}\end{aligned}\right\}\tag{9.72}$$

$$\left.\begin{aligned}
\mathrm{SV}_0 &= \frac{\mathrm{i}\,\dfrac{3}{2}\sin 2i_h}{\beta_{\mathrm{B}}^2} \\
\mathrm{SV}_1 &= \frac{\mathrm{i}(2\sin 2i_h - 1)}{\beta_{\mathrm{B}}^2} \\
\mathrm{SV}_2 &= -\frac{\mathrm{i}\cdot\sin 2i_h - 1}{2\beta_{\mathrm{B}}^2}
\end{aligned}\right\} \tag{9.73}$$

记 $\bar{W}_{\bar{\mathrm{P}}}$、$\bar{W}_{\bar{\mathrm{S}}}$ 的傅里叶逆变换为 $W_{\bar{\mathrm{P}}}(t)$、$W_{\bar{\mathrm{S}}}(t)$，由式（9.70）可得

$$\left.\begin{aligned}
\bar{W}_{\bar{\mathrm{P}}}(t) &= \frac{M_0}{2\pi\rho_{\mathrm{B}}R}\left[\sum_{m=0}^{2}A_m(\theta_{\mathrm{B}},\lambda,\delta)\cdot\mathrm{P}_m\right]\int R_{\mathrm{P}_z}\cdot F(\omega)\mathrm{e}^{\mathrm{i}\omega t}\mathrm{d}\omega \\
\bar{W}_{\bar{\mathrm{S}}}(t) &= \frac{M_0}{2\pi\rho_{\mathrm{B}}R}\left[\sum_{m=0}^{2}A_m(\theta_{\mathrm{B}},\lambda,\delta)\cdot\mathrm{SV}_m\right]\int R_{\mathrm{S}_z}\cdot F(\omega)\mathrm{e}^{\mathrm{i}\omega t}\mathrm{d}\omega
\end{aligned}\right\} \tag{9.74}$$

以 W_{P_m}、W_{S_m} 分别表示 $W_{\bar{\mathrm{P}}}(t)$、$W_{\bar{\mathrm{S}}}(t)$ 中的最大振幅值，以 MR_{P_z}，MR_{S_z} 分别表示式（9.74）中右边傅里叶变换的最大值，并以 Q 表示 $\ln(|W_{\mathrm{S}_m}|/|W_{\mathrm{P}_m}|)$ 时，则有，

$$\begin{aligned}
Q &= \ln\left(\frac{|W_{\mathrm{S}_m}|}{|W_{\mathrm{P}_m}|}\right) \\
&= \ln\left(\left|\sum_{m=0}^{2}A_m(\theta_{\mathrm{B}},\lambda,\delta)\cdot\mathrm{SV}_m\right|\right) + \ln(|MR_{\mathrm{S}_z}|) - \\
&\quad \ln\left(\left|\sum_{m=0}^{2}A_m(\theta_{\mathrm{B}},\lambda,\delta)\cdot\mathrm{P}_m\right|\right) - \ln(|MR_{\mathrm{P}_z}|)
\end{aligned} \tag{9.75}$$

对某一记录台站而言，上式右方第一、三项仅是震源参数的函数，在介质结构已知的条件下，上式右边的第二、四项为常数项。若以 l 表示记录台站序号，台站总数为 N 时，式（9.75）可改写为，

$$Q_l = \ln\left(\left|\sum_{m=0}^{2}A_m(\theta_{\mathrm{B}},\lambda,\delta)\cdot\mathrm{SV}_m\right|\right) - \ln\left(\left|\sum_{m=0}^{2}A_m(\theta_{\mathrm{B}},\lambda,\delta)\cdot\mathrm{P}_m\right|\right) - C_l \quad (l = 1,2,\cdots,N) \tag{9.76}$$

式中，C_l 是依赖于台站位置的常数，与震源参数无关。

设震源参数真值为 $\bar{\lambda}$，$\bar{\delta}$，$\bar{\theta}_{\mathrm{B}}$，记录台站数为 N，各台记录中相应的振幅比观测资料记为 $\bar{Q}_l = \bar{Q}_l(\bar{\lambda},\bar{\delta},\bar{\theta}_{\mathrm{S}}), l = 1,2,\cdots,N$。如上所述，若位错震源的模型参数已知时，可经式（9.71）至式（9.76）计算得到理论振幅比值 $Q_l, l = 1,2,\cdots,N$。但式（9.76）表明，Q_l 与 $\lambda,\delta,\theta_{\mathrm{S}}$ 之间的关系是非线性的，梁尚鸿等（1984）用理论振幅比值与相应观测资料拟合的方式求解震源参数，自一组模型参数的初值开始，逐次迭代求解，其目标函数为，

$$f = \sum_{l=1}^{N}(Q_l - \bar{Q}_l)^2 \tag{9.77}$$

9.4.3.2　梁尚鸿等（1984）算法的程序实现

梁尚鸿等（1984）开发了一套 Fortran 程序，用于实现 9.4.3.1 中介绍的算法。程序包

括正演部分和反演部分。

在正演部分，程序读入ASCII码文件：①台站位置文件，其中包括各台站的经度和纬度，但没有包括台站高程；②地壳速度结构文件，其中包括各层的厚度和各层的P波速度；③地震振幅数据文件，其中允许包括多个地震的数据，对每个地震，给出其发震时刻、震级、震中经度、震中纬度、震源深度和使用的台站个数，然后是该地震使用的每个台站的台站代码、初动符号（直达P和/或莫霍面折射P）、垂直向记录P波最大振幅A_P和S波最大振幅A_S。正演程序的输出有两个文件，一个是ASCII码文件，给出各地震对应台站的震中距、方位角、离源角和输入的原始观测数据；另一个文件是二进制编码文件，是真正用于反演运算的文件。

在反演部分，再次读入振幅数据文件，并读入由正演部分给出的二进制编码文件，还要读入一个震源机制解初值文件。在初值文件中给出在震源球上大致均匀取样的若干个震源机制（走向、倾角和滑动角）作为初值，在程序的反演部分逐一按式（9.76）求得各台相应的振幅比理论值，然后在解空间中沿目标函数f（式（9.77））取极小的方向，经逐步迭代，最终获得各个相应的解。由于问题是非线性的，这些不同初值得到的解不尽一致，可从中选出若干拟合条件吻合较好的取值范围，作为可供选择的解域。然后在这些可供选择的解域中，再以较小间隔定出下一批初值，重复上述计算过程，以期找到目标函数全局极小值对应的解。对给定初值后的最优化迭代过程，需要使用Q_i对λ，δ，θ_s的偏导数，这在程序的反演部分中完成计算。

总之，梁尚鸿等（1984）提供的计算机程序为利用垂直向P波和S波最大位移振幅比估计震源机制提供了完整的计算工具。由于采用的是垂直向记录位移振幅比，特别适用于我国模拟记录时代区域地震台网的短周期位移平坦型记录，而且计算同一张地震图上的S波与P波位移振幅比，无需进行仪器响应校正，使得易于得到所需要的多台观测数据，便于对所研究地区的大量地震分析其震源机制。自该程序问世以来，出现了大量的应用成果，例如吴荣辉等（1989）。

9.4.4 利用三分量记录的P波、SV波和SH波初动符号和振幅比求震源机制解

为庆祝世界上第一批现代地震仪台站建立（19世纪末至20世纪初）和国际地震学与地球内部物理学协会（IASPEI）的前身“国际地震学协会（IAS）”成立一百周年，IASPEI教育委员会组织专家编写和出版了一套《地震与工程地震学国际手册》(Lee等主编，2003)，第85章介绍了向全世界推广的一些计算机应用软件，其中就包括要介绍的由Snoke等研发的Fortran程序FOCMEC（Snoke，2003，2009），用于利用P波、SV波和SH波的初动符号和振幅比计算震源机制解。由于该程序是向全世界开放的，而且是IASPEI推广的，使其得到迅速推广应用。在我国，刘杰等（2004）利用该程序（并加以补充）使用一些省地震局的数字地震台网得到的三分量数字地震波形资料，计算了一批中小地震的震源机制解，通过与原来只用P波初动符号得到的结果对比，表明FOCMEC方法是可行的。此后，通过刘杰等的推广，我国各区域数字地震台网中心都相继开展了利用FOCMEC计算震源机制解的工作，至今仍在应用，成为数字化三分量地震波形记录反演震源机制解的主要手段之一。例如，见陈章立（2007）、赵翠萍（2011）。

9.4.5　P、SV 和 SH 波振幅的自由表面校正

在利用 P、SV 和 SH 波位移振幅比估计震源机制解时，一个关键步骤是要对理论的入射波振幅进行自由表面校正，才能与记录的波形振幅比进行拟合。由于入射的 SH 波在自由表面的反射波仍为 SH，入射 SH 波受到的自由表面影响是使振幅增大为入射 SH 振幅的 2 倍，因此对 SH 入射波的自由表面效应校正最简单，与波的入射角及地球介质的速度结构无关。这也是为什么在许多求解震源机制解的文章中只使用 S 波的 SH 分量，而不使用 SV 分量。然而，SV 波也是很有用的，如 Kisslinger（1980）提出的利用垂直向记录求 P 波和 S 波的振幅比，使用的就是 SV 波。只有当有三分量记录时，通过水平向记录的旋转，从而得到径向分量和横向分量，才能在横向分量记录上量取 SH 波振幅。

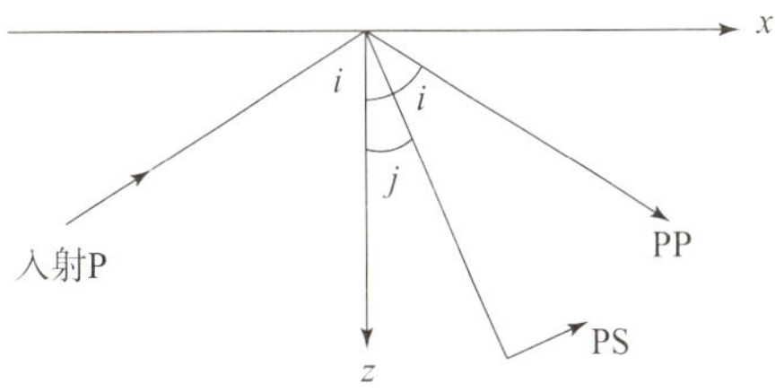

图 9.22　入射 P 波的反射波和转换波示意图，安艺敬一和理查兹（1986）的《定量地震学》153 页图 5.5 的左图

对于入射到自由表面（地面）的 P 波、反射 P 波和转换的 SV 波，其分量的正负号约定，取决于对各自的矢量正方向的约定。图 9.22 是安艺敬一和理查兹（1986）的《定量地震学》153 页图 5.5 的左图，其中给出入射 P 波的质点运动正方向的约定，于是上行的入射 P 波矢量可表示为（安艺敬一和理查兹，1986，表 5.1），

$$\boldsymbol{P}_{\mathrm{u}}(t)=S_{\mathrm{P}}(\sin i,0,-\cos i)\exp\left[\mathrm{i}\omega\left(\frac{\sin i}{\alpha}x-\frac{\cos i}{\alpha}z-t\right)\right] \tag{9.78}$$

由自由表面反射的下行 P 波的矢量表示为，

$$\boldsymbol{P}_{\mathrm{d}}(t)=S_{\mathrm{P}}(\sin i,0,\cos i)\ \overline{\mathrm{PP}}\exp\left[\mathrm{i}\omega\left(\frac{\sin i}{\alpha}x+\frac{\cos i}{\alpha}z-t\right)\right] \tag{9.79}$$

由自由表面反射的下行转换 SV 波的矢量表示为，

$$\mathbf{SV}_{\mathrm{d}}(t)=S_{\mathrm{P}}(\cos j,0,-\sin j)\ \overline{\mathrm{PS}}\exp\left[\mathrm{i}\omega\left(\frac{\sin j}{\beta}x+\frac{\cos j}{\beta}z-t\right)\right. \tag{9.80}$$

式中，S_{P} 是入射 P 波的振幅，反射 P 波的反射系数为（安艺敬一和理查兹，1986，式(5.26)），

$$\overline{\mathrm{PP}}=\frac{-\left(\dfrac{1}{\beta^2}-2p^2\right)+4p^2\dfrac{\cos i}{\alpha}\dfrac{\cos j}{\beta}}{\left(\dfrac{1}{\beta^2}-2p^2\right)^2+4p^2\dfrac{\cos i}{\alpha}\dfrac{\cos j}{\beta}} \tag{9.81}$$

反射 SV 波的转换系数为（安艺敬一和理查兹，1986，式 5.27），

$$\overline{\mathrm{PS}}=\frac{4\dfrac{\alpha}{\beta}p\dfrac{\cos i}{\alpha}\left(\dfrac{1}{\beta^2}-2p^2\right)}{\left(\dfrac{1}{\beta^2}-2p^2\right)^2+4p^2\dfrac{\cos i}{\alpha}\dfrac{\cos j}{\beta}} \tag{9.82}$$

以上各式中，α 为介质中的 P 波速度；β 为介质中的 S 波速度；角度 i 为入射 P 波的入射角；角度 j 是反射 SV 波的反射角，根据斯奈尔定律，反射 P 波的反射角等于 P 波入射角 i；p 是射线参数，是地震波在分层介质中传播的水平慢度，当 $0 \leqslant p < \frac{1}{\alpha}$ 时，$p = \frac{\sin i}{\alpha} = \frac{\sin j}{\beta}$，由式（9.78）、式（9.79）和式（9.80）得到入射 P 波产生的地面（$z=0$）地动位移矢量为，

$$\boldsymbol{A}_{\mathrm{Pg}}(t) = S_{\mathrm{P}}(\sin i + \sin i\,\overline{\mathrm{PP}} + \cos j\,\overline{\mathrm{PS}}, 0, -\cos i + \cos i\,\overline{\mathrm{PP}} - \sin j\,\overline{\mathrm{PS}})\exp\left[\mathrm{i}\omega\left(\frac{\sin i}{\alpha}x - t\right)\right] \tag{9.83}$$

由此得到（安艺敬一和理查兹，1986，第 209 页）

$$\boldsymbol{A}_{\mathrm{Pg}}(t) = S_{\mathrm{P}}(\sin i + \sin i\,\overline{\mathrm{PP}} + \cos j\,\overline{\mathrm{PS}}, 0, -\cos i + \cos i\,\overline{\mathrm{PP}} - \sin j\,\overline{\mathrm{PS}})\exp[\mathrm{i}\omega(px - t)] \tag{9.84}$$

式中，地动位移矢量的三个分量中，y 分量为 0，因为入射 P 波不产生 SH 波，x 分量（也就是地震记录的径向分量）的振幅为，

$$A_{\mathrm{Pg}x} = S_{\mathrm{P}}(\sin i + \sin i\,\overline{\mathrm{PP}} + \cos j\,\overline{\mathrm{PS}}) \tag{9.85}$$

垂直分量的振幅为，

$$A_{\mathrm{Pg}z} = S_{\mathrm{P}}(-\cos i + \cos i\,\overline{\mathrm{PP}} - \sin j\,\overline{\mathrm{PS}}) \tag{9.86}$$

当已知介质的 P 波和 S 波传播速度 α 和 β，以及入射 P 波的入射角 i，并利用斯奈尔定律，将式（9.81）和式（9.82）代入式（9.85）和式（9.86），便可得到以入射角 i 为自变量的地动位移振幅计算公式，这就是 Snoke（2009）提供的 FOCMEC 软件包中的自由表面校正程序 freesurfL.for 使用的计算公式：

$$A_{\mathrm{Pg}x} = S_{\mathrm{P}}(2\cot j\,\mathrm{DEN}) \tag{9.87}$$

$$A_{\mathrm{Pg}z} = S_{\mathrm{P}}[(1 - \cot^2 j)\,\mathrm{DEN}] \tag{9.88}$$

借用 Snoke(2009)的 FOCMEC 中使用的符号，定义，

$$\mathrm{DEN} = \frac{2\cos i}{\sin^2 j[4\cot i\cot j + (1 - \cot^2 j)^2]} \tag{9.89}$$

需要说明的是，在安艺敬一和理查兹（1986）给出的公式中，约定的 z 方向是向下为正，但在 Snoke（2009）中约定垂直向向上为正，所以在 Snoke 的 FOCMEC 软件包中的自由表面校正程序中给出的垂直向位移 A_{V} 与这里的 $A_{\mathrm{Pg}z}$ 反号，而径向位移 A_{r} 与这里的 $A_{\mathrm{Pg}x}$ 符号相同。对于 P 波入射，射线参数 p 的取值范围 $0 \leqslant p < 1/\alpha$ 对应于入射角 $0 \leqslant i < 90°$，图 9.23 给出 P 波入射时地动位移振幅垂直分量和径向分量振幅与入射 P 波振幅的比值，

$$\left|\frac{A_{\mathrm{Pg}z}}{S_{\mathrm{P}}}\right| \text{ 和 } \left|\frac{A_{\mathrm{Pg}x}}{S_{\mathrm{P}}}\right|$$

当入射波为 S 波时，其 SV 分量质点运动在包含地震射线的垂直平面内，图 9.24(a)是安艺敬一和理查兹（1986）的《定量地震学》153 页图 5.5 的右图，给出入射 SV 波的质点运动正方向的约定。当 SV 入射波的入射角 j 满足

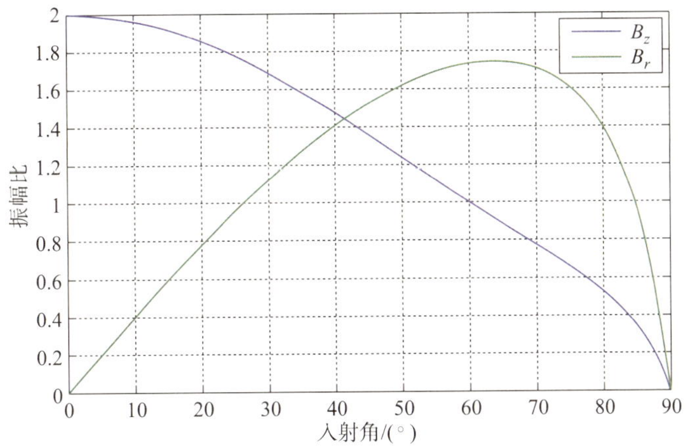

图 9.23　P 波入射时地动位移振幅垂直分量和径向分量振幅与入射 P 波振幅的比值 $Bz = |A_{Pgz}/S_P|$ 和 $B_r = |A_{Pgr}/S_P|$。(Matlab 程序 M09_05_freesurf_corr.m、调用程序 M09_05_fun_gdmot.m，移植自 FOCMEC 中的 freesurfL.for)

$$p = \frac{\sin i}{\alpha} = \frac{\sin j}{\beta} < \frac{1}{\alpha} \text{时,}$$

上行的入射 SV 波矢量可表示为（安艺敬一和理查兹，1986，表 5.1），

$$\mathbf{SV}_u(t) = S_{SV}(\cos j, 0, \sin j)\,\mathrm{e}^{\mathrm{i}\omega\left(\frac{\sin j}{\beta}x - \frac{\cos j}{\beta}z - t\right)} \tag{9.90}$$

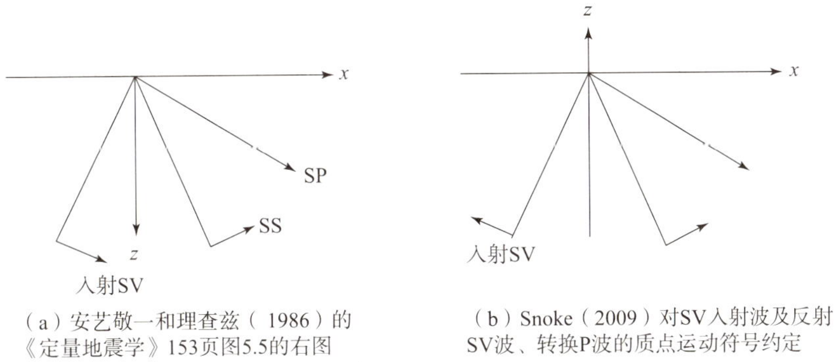

图 9.24　入射 S 波的反射波和转换图示意图

由自由表面反射的下行 SV 波的矢量表示为，

$$\mathbf{SV}_d(t) = S_{SV}(\cos j, 0, -\sin j)\ \overline{\mathrm{SS}}\exp\left[\mathrm{i}\omega\left(\frac{\sin j}{\beta}x + \frac{\cos j}{\beta}z - t\right)\right] \tag{9.91}$$

由自由表面反射的下行 P 波的矢量表示是：

$$\boldsymbol{P}_d(t) = S_{SV}(\sin i, 0, \cos i)\ \overline{\mathrm{SP}}\exp\left[\mathrm{i}\omega\left(\frac{\sin i}{\alpha}x + \frac{\cos i}{\alpha}z - t\right)\right] \tag{9.92}$$

式中，S_{SV} 是入射 SV 波的振幅，反射 SV 波的反射系数为（安艺敬一和理查兹，1986，式 5.31），

$$\overline{\mathrm{SS}}=\frac{\left(\frac{1}{\beta^{2}}-2p^{2}\right)^{2}-4p^{2}\frac{\cos i}{\alpha}\frac{\cos j}{\beta}}{\left(\frac{1}{\beta^{2}}-2p^{2}\right)^{2}+4p^{2}\frac{\cos i}{\alpha}\frac{\cos j}{\beta}} \tag{9.93}$$

反射 P 波的转换系数为（安艺敬一和理查兹，1986，式（5.30）），

$$\overline{\mathrm{SP}}=\frac{4\frac{\beta}{\alpha}p\frac{\cos j}{\beta}\left(\frac{1}{\beta^{2}}-2p^{2}\right)}{\left(\frac{1}{\beta^{2}}-2p^{2}\right)^{2}+4p^{2}\frac{\cos i}{\alpha}\frac{\cos j}{\beta}} \tag{9.94}$$

以上各式中，α 为介质中的 P 波速度；β 为介质中的 S 波速度；角度 j 为入射 SV 波的入射角；角度 i 是反射 P 波的反射角，根据斯奈尔定律，反射 SV 波的反射角等于 SV 波入射角 j，p 是射线参数。

当 $0\leqslant p<1/\alpha$ 时，由式（9.90）、式（9.91）和式（9.92），得到由入射 SV 波产生的地面($z=0$)地动位移的 x 分量（也就是地震记录的径向分量）为，

$$\boldsymbol{A}_{\mathrm{Sg}}(t)=S_{\mathrm{SV}}(\cos j+\cos j\,\overline{\mathrm{SS}}+\sin i\,\overline{\mathrm{SP}},0,\sin j-\sin j\,\overline{\mathrm{SS}}+\cos i\,\overline{\mathrm{SP}})\exp\left[\mathrm{i}\omega\left(\frac{\sin j}{\beta}x-t\right)\right] \tag{9.95}$$

由此得到（安艺敬一和理查兹，1986，第 209 页问题 5.6 的 2 式），

$$\boldsymbol{A}_{\mathrm{Sg}}(t)=S_{\mathrm{SV}}(\cos j+\cos j\,\overline{\mathrm{SS}}+\sin i\,\overline{\mathrm{SP}},0,\sin j-\sin j\,\overline{\mathrm{SS}}+\cos i\,\overline{\mathrm{SP}})\exp[\mathrm{i}\omega(px-t)] \tag{9.96}$$

式中，地动位移矢量的三个分量中，y 分量为 0，因为入射 SV 波不产生 SH 波，x 分量（也就是地震记录的径向分量）的振幅为，

$$A_{\mathrm{Sg}x}=S_{\mathrm{SV}}(\cos j+\cos j\,\overline{\mathrm{SS}}+\sin i\,\overline{\mathrm{SP}}) \tag{9.97}$$

垂直分量的振幅为，

$$A_{\mathrm{Sg}z}=S_{\mathrm{SV}}(\sin j-\sin j\,\overline{\mathrm{SS}}+\cos i\,\overline{\mathrm{SP}}) \tag{9.98}$$

当已知介质的 P 波和 S 波传播速度 α 和 β，以及入射 P 波的入射角 i，并利用斯奈尔定律，

$$p=\frac{\sin i}{\alpha}=\frac{\sin j}{\beta}$$

将式（9.93）和式（9.94）代入式（9.97）和式（9.98），便可得到以入射角 j 为自变量的地动位移振幅计算公式，这就是 Snoke（2009）提供的 FOCMEC 软件包中的自由表面校正程序 freesurfL.for 使用的计算公式：

$$A_{\mathrm{SV}gr}=S_{\mathrm{SV}}(-(1-\cot^{2}j)\mathrm{DEN}) \tag{9.99}$$

$$A_{\mathrm{SV}gz}=S_{\mathrm{SV}}(2\cot i)\mathrm{DEN} \tag{9.100}$$

借用 Snoke（2009）使用的符号，定义，

$$\mathrm{DEN}=\frac{2\cot j}{\sin j[4\cot i\cot j+(1-\cot^{2}j)^{2}]} \tag{9.101}$$

与 P 波入射的情况一样，由于在安艺敬一和理查兹（1986）给出的公式中，约定的 z 方

向是向下为正，但在 Snoke（2009）中约定垂直向向上为正，所以在 Snoke 的 FOCMEC 软件包中的自由表面校正程序中给出的垂直向位移 A_V 与这里的 A_{SVgz} 反号，而径向位移 A_r 与这里的 A_{SVgx} 符号相同。对于 S 波入射，射线参数 p 的取值范围 $0 \leqslant p < 1/\alpha$ 对应于入射角 $0 \leqslant j < \arcsin(\beta/\alpha)$，图 9.25 给出 SV 波入射时地动位移振幅垂直分量和径向分量振幅与入射 SV 波振幅的比值，包括这里讨论的情况以及下文讨论的 $\arcsin(\beta/\alpha) < j < 90°$ 的情况。

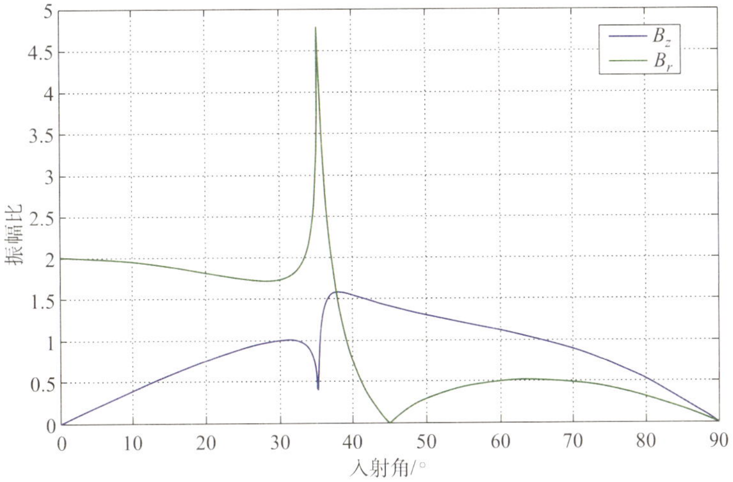

图 9.25　SV 波入射时地动位移振幅垂直分量和径向分量振幅与入射 SV 波振幅的比值 $B_z = |A_{SVgz}/S_{SV}|$ 和 $B_r = |A_{SVgx}/S_{SV}|$。设介质为泊松介质（$\sigma = 0.25$），其 P 波和 S 波的速度比为 1.7321，此时 SV 波入射到地表的临界角为 35.2644°，（Matlab 程序 M09_05_freesurf_corr.m，调用程序 M09_05_fun_gdmot.m，移植自 FOCMEC 中的 freesurfL.for）

在 SV 波入射角 j 从 0°增大到 $j_c = \arcsin(\beta/\alpha)$ 时，自由表面反射 P 波的反射角从 0°增大到 90°，j_c 为 SV 波入射的临界角。如果入射角 j 继续增大，即当 $j > j_c$ 时，SV 波在自由表面发生转换 P 波的全反射，生成的 P 波变为非均匀波。此时，$p = \dfrac{\sin j}{\beta} > \dfrac{1}{\alpha}$，在式（9.90）~ 式（9.94）中出现代之以 αp，$\dfrac{\cos i}{\alpha}$ 要代之以 $\pm \mathrm{i}\sqrt{p^2 - \dfrac{1}{\alpha^2}}$，式中的 ± 号对应角频率 ω 大于 0 和小于 0 两种情况。为与表示角度的符号 i 相区别，这里用正体 i 表示虚数。取角频率为正值，即取 $\dfrac{\cos i}{\alpha} = +\mathrm{i}\sqrt{p^2 - \dfrac{1}{\alpha^2}}$，式（9.93）和式（9.94）变为：

$$\overline{\mathrm{SS}} = \frac{\left(\dfrac{1}{\beta^2} - 2p^2\right)^2 - \left(4p^2 \dfrac{\cos j}{\beta}\sqrt{p^2 - \dfrac{1}{\alpha^2}}\right)\mathrm{i}}{\left(\dfrac{1}{\beta^2} - 2p^2\right)^2 + \left(4p^2 \dfrac{\cos j}{\beta}\sqrt{p^2 - \dfrac{1}{\alpha^2}}\right)\mathrm{i}} \tag{9.102}$$

$$\overline{\mathrm{SP}} = \frac{4\dfrac{\beta}{\alpha}p\dfrac{\cos j}{\beta}\left(\dfrac{1}{\beta^2} - 2p^2\right)}{\left(\dfrac{1}{\beta^2} - 2p^2\right)^2 + \left(4p^2 \dfrac{\cos j}{\beta}\sqrt{p^2 - \dfrac{1}{\alpha^2}}\right)\mathrm{i}} \tag{9.103}$$

相应地，地动位移矢量的 x 分量（也就是地震记录的径向分量）的振幅为，

$$A_{\mathrm{SV}gx} = S_{\mathrm{SV}} (\cos j + \cos j \, \overline{SS} + \alpha p \, \overline{SP}) \tag{9.104}$$

垂直分量的振幅为，

$$A_{\mathrm{SV}gz} = S_{\mathrm{SV}} [\sin j - \sin j \, \overline{\mathrm{SS}} + \mathrm{i} (\sqrt{\alpha^2 p^2 - 1}) \, \overline{\mathrm{SP}}] \tag{9.105}$$

将式（9.102）和式（9.103）代入式（9.104）和式（9.105），得到，

$$A_{\mathrm{SV}gr} = S_{\mathrm{SV}} [- (1 - \cot^2 j) \mathrm{DEN}] \exp \left(- \frac{4 \cot j \mathrm{CTA}}{(1 - \cot^2 j)^2} \right) \tag{9.106}$$

$$A_{\mathrm{SV}gz} = S_{\mathrm{SV}} (2 \mathrm{CTA} \cdot \mathrm{DEN}) \mathrm{i} \exp \left(- \frac{4 \cot j CTA}{(1 - \cot^2 j)^2} \right) \tag{9.107}$$

式中借用 Snoke（2009）的 FOCMEC 中使用的符号，定义，

$$\mathrm{DEN} = \frac{2 \cot j}{\sin j \cdot \sqrt{(4 \mathrm{CTA} \cot j)^2 + (1 - \cot^2 j)^4}} \text{ 和 } \mathrm{CTA} = \sqrt{1 - \frac{1}{\alpha^2 p^2}}$$

图 9.25 给出了上文讨论的 $0 < j < \arcsin\left(\frac{\beta}{\alpha}\right)$ 的情况和此处讨论的情况。

当 $(1 - \cot^2 j) = 0$ 时，由式（9.106）知，此时 SV 入射的地动位移径向分量振幅为 0，而相位为 ±90°，参考 Snoke（2009）的 FOCMEC，取为 +90°，相应的 SV 入射角 $j = 45°$。在 $\arcsin(\beta/\alpha) < j < 90°$ 而且 $j \neq 45°$ 时，由 SV 波入射产生的地动位移径向分量相对于入射 SV 波的相位角为 $\phi_0 = \arctan[-4\cot j \mathrm{CTA}/(1 - \cot^2 j)^2]$，由于 $4\cot j \mathrm{CTA}$ 和 $(1 - \cot^2 j)^2$ 都大于 0，所以 $\phi_0 < 0$，既然取 $j = 45°$ 时的相位为 +90°，则取 $\phi_r = \phi_0 + 180°$，因此，可以如 FOCMEC 中那样，

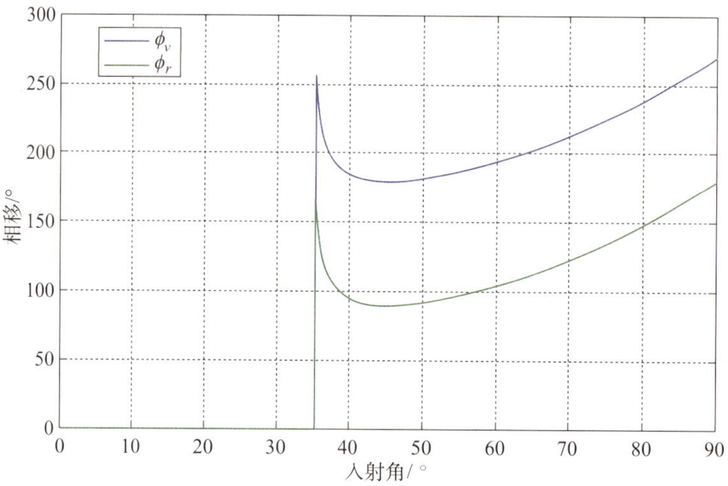

图 9.26　由 SV 波入射产生的地动位移径向分量相对于入射 SV 波的相移 ϕ_r 和垂直分量相对于入射 SV 波的相移 ϕ_v，设介质为泊松介质（$\sigma = 0.25$），其 P 波和 S 波的速度比为 1.7321，SV 波入射临界角为 35.2644°。（Matlab 程序 M09_05_freesurf_corr.m，调用程序 M09_05_fun_gdmot.m，移植自 FOCMEC 中的 freesurfL.for）

使用函数 $\phi_r = \arctan2[4\cot j\mathrm{CTA}, -(1-\cot^2 j)^2]$，式中的 $\mathrm{CTA}=\sqrt{1-1/(\alpha^2 p^2)}$。对于由 SV 波入射产生的地动位移垂直分量相对于入射 SV 波的相移 ϕ_v，对比式（9.107）和式（9.106），式（9.107）中多出虚单位 i，可知其垂直分量比径向分量的相移大了 90°。图 9.26 显示由 SV 波入射产生的地动位移径向分量相对于入射 SV 波的相移 ϕ_r 和垂直分量相对于入射 SV 波的相移 ϕ_v。

9.5　小震综合节面解

Aki（1966）首先提出了求小震综合节面解的方法。当一个小震的震源位置确定之后，每一个记到这个地震的台站都可以根据台站方位角和射线离源角求得台站在震源球上的位置，在该位置上标明初至震相的符号，如该台记到 N 个这样的小震，则在震源球上有 N 个初动符号。然后，将每个地震的震源球平移重迭在一起，即得到在一个震源球上有许多数据点，再通过类似求单个地震震源机制解的方法作出平均的小震节面解，或称小震综合节面解。同时，求小震综合节面解时初动符号的矛盾比可以作为一个指标，说明小区域中各小地震震源机制的一致性程度，进而推断该地区应力场的变化特征。根据多个小地震初动符号的矛盾比变化有可能发现大地震的前兆，小震综合节面解给出的应力主轴（P 和 T）取向的变化也可能反映地壳应力场的变化。所以，区域台网初动符号用于震源机制解和区域应力场分析对于研究地震孕育过程和地震预测也是很有意义的。

9.5.1　初动符号数据的选取

在求小震综合节面解时，为了得到可靠的结果，应对初动符号数据进行仔细的筛选。许忠淮等（1983）指出，尽管微震记录图是大量的，但真正三分向初动都能尖锐清晰、又能给出震中位置且为离散分布的地震的读数就不多了。他们在最后的计算中舍弃了所有震中距超过 150km 的直达 P 波初动方向读数，因为难以保证它们是真正的初动。此外，曾经认为读数还可以但可靠性欠佳的“二类”数据在最后的计算中也被舍弃。

闫明（1993）指出，其研究所用的资料为小区域内离散的小地震初动符号数据，虽然只取垂直向初动符号，但为了保证资料的可靠性，最好选用三分向都清楚的初动数据，并可随时根据三分向初动，参照震中位置检验初动符号是否正确。所谓“小震”是要能足以定出精确震中位置的地震，在地震目录中，震中位置精度为三类（震中误差估计大于 15km）或更差的地震被舍弃。对于京津唐地区，不使用震中距大于 120km 的直达 P 波初动符号，但这时可使用清楚可靠的 Pn 波初动符号。不使用震中距小于 15km 的初动符号，因为震中距越小其相对误差越大，这种误差会使离源角，乃至小震综合节面解的精度受到影响。

9.5.2　静态小震综合节面解分析

单个地震的 P 波初动方向记录包含了该次地震震源动力过程的信息，而离散分布于某一区域内的多个地震的 P 波初动方向记录的总和则包含着该区域的构造应力场和地壳介质性质的某些信息。所谓静态小震综合节面解分析，是指对所研究地区收集尽可能多的小震初动符号数据，然后根据一定的原则（例如区域构造特征、初动符号数据的分布、综合节面解的空间分辨力等）将所研究地区分成若干区块，对每个区块中的台站记录的小震初动符号求出最佳综合节面解，再根据得到的节面解的 P 轴和 T 轴推断各区块中的应力状态。其代表性的工作如许忠淮等（1979）对京、津、唐、张地区地震应力场方向特征的研究，该工作根据京、津、唐、张地区十余年地震的P波初动方向的记录，通过求与多个地震的平均节面相应的P、B、T轴来推断该地区的平均构造应力场的方向，探讨了产生本区地震的构造应力场的某些特征。汪素云、许忠淮（1985）对中国东部大陆地区，通过估计多个小震的综合节面解，得到相应的P、B、T轴来推断该地区的地震构造应力场。汪素云等（1987）采用类似方法分析了黄海、东海及邻区的地震构造应力场；许忠淮等（1989）利用多个小地震的P波初动方向数据推断了新疆和西藏部分地区主应力轴的方向。他们根据对华北、东部大陆和西南地区的工作结果，对个别地区补充新数据后重新作了分析，加上关于新疆和西藏地区的新结果，编制了我国大陆的地震构造应力场方向图，见图9.27。

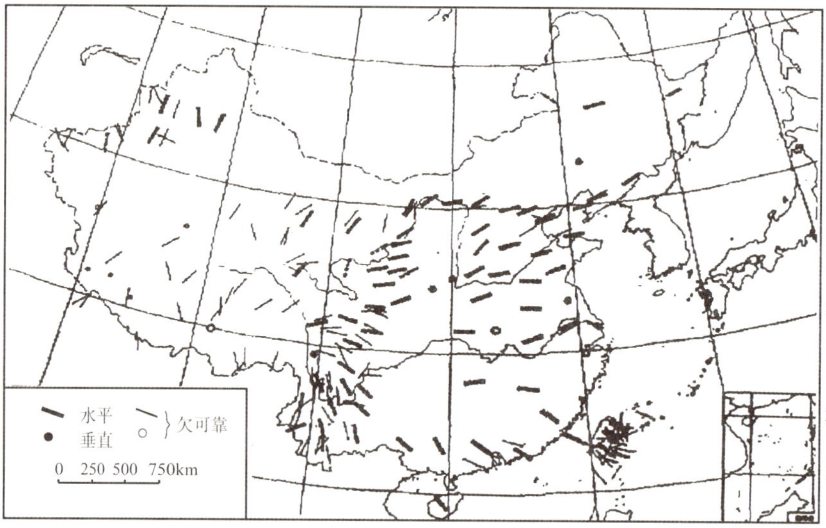

（a）P轴方向

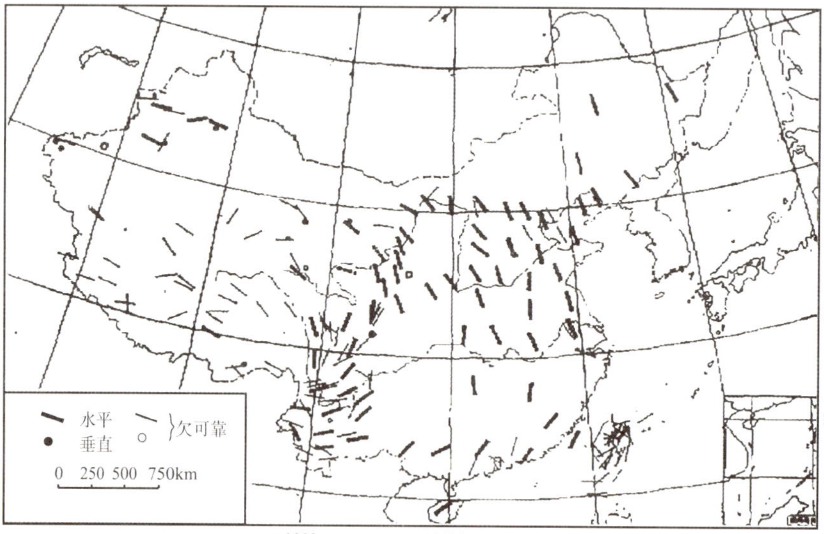

（b）T轴方向

图9.27　中国地震构造应力方向图。粗黑线段和大圆点为多个地震的平均结果，细线和圆圈为单个地震震源机制解结果（许忠淮等，1989，图4）

9.5.3 动态小震综合节面解分析

闫明（1988，1989，1991，1993）和闫明、赵仲和（1989）探讨了从小震初动符号资料中提取前兆信息的可能性。一方面，采用“结合区域构造特点，适当划分小区域，尝试不同时段”的分析方法，对所研究的京、津、唐、张地区，根据构造特征划分成若干“子区”，相邻子区可以有重叠部分，重叠部分中的台站记录的初动符号参与重叠子区的小震初动符号分析，从而使小震初动符号分布的空间特征变化具有一定的连续性。类似地，在划分时段时也是让相邻时段有适当重叠，从而增加了小震初动符号分布特征的时间采样点个数。另一方面，对整个研究区域作为一个空间区域，按长时段（一年）估计相应的小震初动符号分布特征参数，作为背景参数，与小子区和短时段的小震初动符号分布特征参数进行对比，以此考察是否存在和大地震关联的前兆信息和震后效应。在划分时段时，考虑每个子区在该时段的初动符号数不能太少，以保证结果的可信度，为此，给定时段内允许初动符号数的个数范围，据此设定各时段的长度。闫明（1988，1991）归纳的小震初动符号分布特征有：综合节面解主压应力轴（P 轴）的方位变化，看各子区的不同时段 P 轴的方位是比较稳定还是分布杂乱无章，无任何规律可寻；矛盾符号比 ψ 的变化，看各子区的 ψ 随时间的变化；最大主应力轴 P 和中等主应力轴 B 在乌尔夫网投影图上的位置随时间的变化特点，随时间左旋或右旋；P、T、B 轴方位随时间的变化特征。初动符号分析中要解决的问题有：需要充分而可靠的初动符号数据；需要改善定位精度，特别是震源深度数据，需要有实用的速度模型，这是得到可靠节面解的基础；还需要更大范围开展小震初动符号分析研究工作，以便进行多区域的对比分析、确认此方法的可信度、普适度，以及建立实用经验关系。闫明（1993）阐述了矛盾符号比与区域构造的关系，并应用于判断华北地区的地震活动趋势，通过十几年来对小震综合节面解矛盾符号比与强震关系的研究，发现矛盾符号比与区域构造有关。根据区域构造不同适当划分小区，则有的小区中矛盾符号比与强震关系明显，呈现“高—低—发震—高”的变化趋势。这样的小区形成强震孕育的“敏感点”，其他小区则无明显变化。一方面可以从“敏感点”中捕捉未来大震的信息；另一方面根据小区中矛盾符号的变化特点还可以判断地震序列的性质和预测强余震。姜长宁和董颂声（1997）依据1990—1996 年期间发生在 30°~34°N，119.5°~123°E 区域内 145 次中、小地震的 350 个初动符号，采用格点尝试法计算了南黄海 6.1 级地震前各年段的小震综合节面解。结果表明，平均主压应力轴方位由 NNE 向 NEE 方向偏移，矛盾符号比由高值趋向低值，反映了震前区内应力场的调整、集中和加强的过程。张玲等（2004）对山东地区各分区地震应力场特征进行了分析，对山东的胶东、沂沭、鲁西南等各分区小区域综合震源机制进行了计算，结合以往的工作结果，研究了山东区域背景应力场方向的总体特征和各分区主压和主张应力轴方向的动态变化，分析了应力场方向动态变化与本区中强地震的可能关系。

9.6 由波形拟合得到震源机制解的 CAP 方法

利用数字地震波形记录，通过合成地震图与观测地震图的拟合，可以反演地震矩张量，包括完全矩张量、矩张量的偏量部分或者纯偏矩张量，进而可以在一些假定条件下得到地震的震源机制解。在第 10 章中将讨论地震矩张量的测定方法与如何通过矩张量的求解得到震源机制解。然而，有一种广泛应用的波形拟合方法并不首先求得地震矩张量，而是通过地震波形拟合直接得到震源机制解，其代表算法是 CAP（Cut and Paste，剪贴法），该算法的计算机程序已在我国地震行业推广应用。

9.6.1 CAP 原型

CAP（Cut and Paste，剪贴法）的原型是 Zhao 和 Helmberger（1994）提出的，后经 Zhu 和 Helmberger（1996）进一步发展并命名为 CAP 方法。该方法的提出主要是考虑当使用震中距在约 14°以内的区域台网台站时，对于中等甚至更小的地震（例如 $M_L>3.5$），单独使用体波 Pnl 段或后续面波都难以得到好的反演结果，而若把体波和面波一起使用，又难以得到同时适用于体波和面波的区域地壳速度模型，因此提出将体波 Pnl 段与后续的面波段“切开”，分别进行波形拟合，在拟合过程中通过波形互相关方法使两个波形段各自引入适当的延时来弥补地壳模型的缺陷，从而使拟合更加稳定。由于将体波 Pnl 段和后续面波分别进行拟合，可以根据台站的记录波形特点，对两段波形加以不同的权重。这里，Pnl 波是指 P 波初至到 S 波到达这一段波形。考虑到台站附近地壳结构的复杂性，在使用这一段波形时要进行带通滤波，一般取 5～100s 之间的频带。

9.6.1.1 基本公式

下面是 Zhao 和 Helmberger（1994）提出的 CAP 原型算法。

用 $f(t)$ 和 $g(t)$ 作为观测和合成地震图，其中 f 和 g 可以是任何分量。对垂直分量可由下式计算合成地震图，

$$g(t)=S(t)*\sum_{i=1}^{3}W_i(t)A_i(\theta,\lambda,\delta) \tag{9.108}$$

对径向分量有，

$$g(t)=S(t)*\sum_{i=1}^{3}Q_i(t)A_i(\theta,\lambda,\delta) \tag{9.109}$$

对横向分量有，

$$g(t)=S(t)*\sum_{i=1}^{2}V_i(t)A_{i+3}(\theta,\lambda,\delta) \tag{9.110}$$

式中，$W_i(t)$、$Q_i(t)$ 和 $V_i(t)$ 分别为 3 个基本断层（即走滑、倾滑和 45°倾滑）在适当距离和震源深度的垂直向、径向和横向格林函数（Helmberger，1983），$*$ 号表示卷积。$S(t)$ 是震源时间函数，假定 $S(t)$ 是一个梯形，A_i 包含震源的辐射花样信息，即，

$$\left.\begin{aligned}
A_1(\theta,\lambda,\delta)&=\sin2\theta\cos\lambda\sin\delta+0.5\cos2\theta\sin\lambda\sin2\delta\\
A_2(\theta,\lambda,\delta)&=\cos\theta\cos\lambda\cos\delta-\sin\theta\sin\lambda\cos2\delta\\
A_3(\theta,\lambda,\delta)&=0.5\sin\lambda\sin2\delta\\
A_4(\theta,\lambda,\delta)&=\cos2\theta\cos\lambda\sin\delta-0.5\sin2\theta\sin\lambda\sin2\delta\\
A_5(\theta,\lambda,\delta)&=-\sin\theta\cos\lambda\cos\delta-\cos\theta\sin\lambda\cos2\delta
\end{aligned}\right\} \tag{9.111}$$

式中，θ 是台站的震源方位角减去断层走向；δ 是断层倾角；λ 是断层滑动角。

使用互相关函数能估计出数据 $f(t)$ 与合成波形 $g(t)$ 的相对时移，

$$C(t)=\frac{\int_{-\infty}^{\infty} f(\tau)g(t+\tau)\,\mathrm{d}\tau}{\left(\int_{-\infty}^{\infty} f^2(\tau)\,\mathrm{d}\tau\int_{-\infty}^{\infty} g^2(\tau)\,\mathrm{d}\tau\right)^{\frac{1}{2}}} \tag{9.112}$$

$C(t)$的最大正值给出最大互相关系数，对应于数据段与相应合成波形的最佳对齐，即在时移 t，$C(t)$达到正最大值。

由观测波形和合成波形的比较，还可给出该地震的地震矩，定义为共同时间段的观测波形峰值振幅与合成波形峰值振幅之比，

$$M_0=\frac{\max(|f(t)|)}{\max(|g(t)|)} \tag{9.113}$$

式中 $g(t)$ 是以单位地震矩计算出来的。

9.6.1.2　拟合误差

在这一算法中的误差估计可用 $L1$ 范数和 $L2$ 范数，定义为，

$$L1:\|f\|=\int_{t_1}^{t_2}|f(t)|\mathrm{d}t \tag{9.114}$$

$$L2:\|f\|=\int_{t_1}^{t_2}f(t)f(t)\,\mathrm{d}t \tag{9.115}$$

式中 $[t_1, t_2]$ 是所使用地震图的时间段。$L1$ 范数强调数据的高频成分，$L2$ 范数强调其低频成分。误差定义为，

$$e=\frac{\|f-M_0g\|}{(\|f\|\|M_0g\|)^{\frac{1}{2}}} \tag{9.116}$$

相应地定义 e_{L1} 和 e_{L2}。再由 e_{L1} 和 e_{L2} 定义误差，

$$e_1=\frac{e_{L1}+e_{L2}+(2e_{L1}^2+2e_{L2}^2)^{\frac{1}{2}}}{4} \tag{9.117}$$

为单个分量的误差估计。对一个台站，再定义一个 e_2，其定义与 e_1 相同，但在式（9.116）中用的 M_0 是该台站所用全部分量的平均地震矩，所以 e_2 是一个台站全部分量一致性的度量。简言之，e_1 强调单个分量的拟合，而 e_2 强调一个台站全部分量的一致性。按式（9.117）定义的误差形式，均等地考虑数据的低频成分和高频成分，因为在试图进行宽频带拟合时不能对哪个频率成分予以优先。在式（9.117）中纳入非线性部分是为了应对 e_{L1} 和 e_{L2} 相差太大的情况。

求震源机制解参数的过程是在 θ，δ，λ 整个参数空间对全部台站 $i=1,2,\cdots,n$ 进行网格搜索，当

$$\frac{1}{n}\sum_{i=1}^{n}(e_{1i}+e_{2i}) \tag{9.118}$$

在点（$\theta_0,\delta_0,\lambda_0$）达到其极小值时，即得到了对 n 个台站的最佳震源机制。对全部使用的数

据得到的平均 M_0 是地震矩。

震源机制的完全参数空间 Φ 是：$0°\leq\theta\leq360°$，$0°\leq\delta\leq90°$，$0°\leq\lambda\leq360°$。实际搜索时，由于两个节面的互易性，取震源机制空间范围为 $0°\leq\theta\leq360°$，$0°\leq\delta\leq90°$，$90°\leq\lambda\leq270°$ 已经足够。还可以利用记录波形的 P、SV 和 SH 的极性来约束搜索范围。

在参数空间搜索全局极小值可用两步完成。第一步运行使用稀网格寻找 θ，δ，λ，并找出极小值，下一步围绕这一极小值使用更细网格以得到全局极小值。

Zhao 和 Helmberger（1994）给出的试算例中，为了便于比较，采用了 Dreger 和 Helmberger（1993）的矩张量反演算法 TDMT（Dreger，2003；本书第 10 章）中使用的格林函数，即 Chandan Saikia 编写的 FKRPROG（Saikia，1994）。

在式（9.108）~式（9.110）中，$S(t)$ 是震源时间函数。对于 $S(t)$ 的选择，多少有些任意性。在 Lian-She Zhao 和 Helmberger(1994）给出的示例中，Sierra Madre 地震采用三角形震源时间函数，记为（0.5,0.5），表示三角形的上升沿和下降沿的持续时间各为 0.5s，这是由测量 PAS（Pasadena）台记录的横向分量直达 S 波宽度确定的。由于 PAS 台距震中只 21km，衰减可以忽略，而直达 S 波的宽度是震源时间函数的好的近似。Zhao 和 Helmberger（1994）还发现，取震源时间函数为梯形，例如（0.3,0.4,0.3)(表示上升沿为 0.3s，平坦部分 0.4s，下沿为 0.3s)，对那些较远的台站会拟合得更好。

9.6.2 CAP 的改进

Zhu 和 Helmberger（1996）把 Zhao 和 Helmberger（1994）提出的方法明确命名为 CAP（Cut and Paste，剪贴法)，并对其进行了修正。其核心是将 Zhao 和 Helmberger（1994）的拟合误差定义，

$$e=\frac{\| u-s \|}{\| u \|\cdot\| s \|} \tag{9.119}$$

修改为，

$$e=\| u-s \| \tag{9.120}$$

即采用波形的真振幅而不是归一化振幅进行拟合。Zhu 和 Helmberger（1996）指出，采用归一化振幅的好处是，因为 Pnl 的振幅通常小于面波振幅，这一归一化帮助给予 Pnl 和面波相等的权重。如果使用由不同震中距的多台，它还防止反演完全受最强台站（通常是最近台）的控制。但不好处是，在归一化过程中失掉了振幅信息。有些这类信息，如 Pnl 与面波的振幅比和 SV 与 SH 的振幅比，提供了对震源取向和震源深度的重要约束。这一归一化的更严重问题是它在震源参数空间中一些点会引入奇异值，即在合成波形时，由这些震源参数给定的震源取向会形成合成的节面，在那里合成波形的范数趋于零，因而式（9.119）的分母会趋于零。在数据中包含节面上记录的情况中，网格搜索将丢失真正极小值。

然而，使用真振幅波形进行震源反演，当台站分布在不同距离时，可能会出现最近台控制反演的问题，因此，Zhu 和 Helmberger（1996）引入了一个“距离标度”，即针对 Pnl 波段和面波段引入不同的距离加权，使震中距较大的台站有较大的权重。Zhu 和 Helmberger（1996）定义，

$$e=\left\| \left(\frac{r}{r_0}\right)^p \right\|\cdot\| u-s \| \tag{9.121}$$

式中，p 是一个乘数标度因子，使 $r = r_0/p$ 时的记录与参考距离 r_0 处有相同的权重。如果假定体波有球形几何扩散和面波有柱状几何扩散，则 p 的适当选择是体波 $p = 1$，面波 $p = 0.5$。对于南加利福尼亚，由 335 个地震得到的统计结果是，Pnl 的 $p = 1.13$，勒夫波为 0.55，瑞利波为 0.74，但参与统计的数据点相当离散。

9.6.3　CAP 反演方法

在 CAP 方法提出之前，以 θ，δ，λ 和地震矩 M_0 为待求参数的一种反演方法是 Liu 和 Helmberger（1985）给出的迭代阻尼最小二乘法。Dreger 和 Helmberger（1991）将该方法修改后用于反演单台记录的地方震和近震体波。由于问题的非线性，需要从一组初始参数出发进行迭代。通过使用多组初始参数和对解参数进行图形检验来确定解的唯一性。在 CAP 方法中采用网格搜索法，其优点是避免了计算偏导数。

9.6.4　CAP 采用的格林函数

现在版本的 CAP 中使用 Zhu 和 Rivera（2002）进一步改进的格林函数 F - K 算法。可从 Zhu 的个人网页（http://www.eas.slu.edu/People/LZhu/home.html）下载他开发的 F - K 算法最新版程序代码（最近一次访问在 2018 年 3 月，可下载 fk3.2），该程序代码可以计算 3 个基本断层错动和一个爆炸源的总共 10 个格林函数分量，如 Saikia（1994）的 FKRPROG.f 那样，可用于完全矩张量的反演。例如，Honn Kao（2012）在常规测定加拿大及相邻区域地震的矩张量时就采用了 Zhu 等提供的计算格林函数程序代码（Zhu and Rivera，2002），在必要时可反演非双力偶震源。当然，现在的 CAP 只用于反演震源机制的 3 个参数加上标量地震矩。

9.6.5　CAP 方法的具体实现

郑勇等（2012 数字地震资料应用培训班）推广的中国版 CAP 程序代码是以 Zhu 提供的程序代码为基础构成的，培训资料中包括所需的程序。

9.6.5.1　准备

为在 Linux 操作系统下运行 CAP 代码，首先需要在 Linux 操作系统中正确安装 GMT 和 netCDF 软件，例如，在 Linux 操作系统 CentOS6.4 下安装 64 位的 GMT4.5.12 和 netCDF4.3.1；还要从 IRIS 得到 SAC 可执行代码，因为在 CAP 软件中使用 SAC 格式的波形数据和格林函数，需调用 SAC 的一些功能；CAP 用到 pssac2 用于画结果波形图，所以还要基于该程序采用的 GMT 和 netCDF 版本，重新编译 pssac2。

9.6.5.2　需要使用的程序

运行 CAP 的接口程序是 do_depth.cmd，该 sh 命令程序用于接收用户给定参数，并在命令中设定绘制波形图等参数，具体执行的命令行是：

```
>sh do_depth.cmd a1 a2 a3 a4 a5 a6
```

其中 a1 是进行网格搜索的起始深度，单位 km(1)；a2 是搜索的最大深度，单位 km(20)；a3 是搜索深度间隔，单位 km(1)；a4 是格林函数文件夹的名称，字符串(uservmodel)；a5 是加权文件名，字符串(w1)；a6 是已经变换成径向、横向、垂直分量的波形数据文件的文件夹名称，字符串(data3)，括号内给出相应参数的赋值举例。

例如,

```
>sh do_depth.cmd 1 20 1 uservmodel w1 data3
```

在执行 do_depth.cmd 过程中，由 do_depth.cmd 生成的临时性 sh 命令文件 do2.cmd，在执行 do2.cmd 中调用 Perl 代码 cap.pl，cap.pl 将参数传递给可执行程序 cap，调用可执行程序 cap，完成震源机制网格搜索；并使用 cap.pl 包括(include)的 cap_plt.pl 实现画图，在 cap_plt.pl 中调用可执行程序 pssac2，在每个深度的输出 ps 图中画出 5 段观测波形和相应的理论波形；在 cap.pl 中还调用 drew_err.cmd，画出结果的拟合偏差随深度变化图。

要注意调用程序的路径。

9.6.6 关于 CAP 的讨论

就 CAP 方法而言，在求解时应注意：

（1）使用的分层速度模型，可以试用不只一个模型，看其结果。

（2）使用哪一种目标函数进行反演，是用归一化的还是不归一化的；是否使用距离标度因子对体波和面波加权。

（3）选择波形段的频段：体波 Pnl 段和面波段的频段。

（4）用什么方法计算格林函数，因有体波段和面波段，故以计算全波形格林函数的方法为好，如 F-K 方法。

（5）使用预先设定的震源时间函数（如根据近源台站 S 波形估计，或在反演中试用不同的时间函数来优选，涉及用三角形还是梯形），以及上升、平坦、下降沿的持续时间（中小地震的震源时间函数相对简单，可用三角形或梯形）。

（6）合成波形段相对于观测数据段（Pnl 和 sur）的对位延迟反映了地壳速度模型是否合适，如延迟太大（例如超过 1s）应调整速度模型。

（7）震源深度和标量地震矩之间可能会有折衷，如震源深度定得偏小，则给出的 M_0 也会偏小。因此，不能简单地认为拟合误差极小值对应的深度就一定可靠，要进行多个解的比较。

（8）根据拟合误差对倾角、滑动角以及对倾角、走向的等值线估计解的不确定性。

（9）CAP 方法是针对区域性宽带记录的求解方法，台站震中距以 300～1000km 最佳。为了估计更小地震的震源机制，应用更近台，但要引入台站的振幅校正（Tan and Helmberger，2007）。

（10）CAP 方法提出的初衷是为了能利用极少数（甚至只一个）台的区域宽频带记录反演震源参数，而且一开始就假定了双力偶震源，因此不适用于反演一般点源的矩张量，其扩展后的程序 gCAP 则可以反演完全矩张量（见第 10 章）。

9.6.7 SEIS-CAP

崔仁胜等在 CAP 程序的基础上，生成了震源机制反演软件 SEIS-CAP（中国地震局地震预测研究所，2016），适用于数字地震台网日常震源机制解反演计算的交互分析软件。SEIS-CAP 针对地震台网震源机制解常规产出工作的需求而设计开发，软件的核心是采用 CAP 方法进行震源机制解反演，生成震源参数目录。该软件提供了在 Windows 操作系统下运行的人机交互界面，支持多种通用数据格式，包括直接读取 EVT、SAC、SEED 格式数据文件（参见第 2 章）进行分析处理，并可将所处理的波形数据转储为 EVT、SEED、SAC、ASCII 等通用数据格式。在软件中集成了扣除仪器响应、滤波、波形旋转等数据预处理功能，以及标识震相，清除震相、加载震相、保存震相等震相分析功能，通过这些配套措施，使得便于在常规地震分析工作中求解震源机制解。

该软件已在我国各区域地震台网推广应用，成为地震台网日常分析中的工具之一。

9.7　结　　语

我国的区域地震台网中心已经能够常规地通过矩张量反演得到地震矩张量进而得到震源机制解，在这种情况下，利用初动符号以及利用短周期记录的 P 波、S 波振幅比等确定震源机制解似乎已变得可有可无。其实不然，类似于不同的震级标度反映震源不同方面的性质，使用不同数据得到的震源机制解也可能是震源不同方面特性的表现。粗略地说，由初动符号和由短周期震相的振幅比得到的机制解反映的是震源的初始破裂状态，而通过对地震记录的较长周期波形反演得到的震源机制解可能反映的是震源破裂后的静态结果。由于这三种情况得到的震源机制解大体相近，加上测定结果的误差和其他不确定因素，使得忽略了三者的差别。因此，建议分别使用不同类型的数据独立地测定震源机制解，并努力改善各自结果的准确度，进而能够找出它们之间的具有物理意义的差异。

第 10 章　地震矩张量反演

随着数字地震台网的普及，利用数字地震记录波形获取震源的更多信息成为可能，许多处理技术已成为地震记录常规处理的组成部分。其中，最为广泛应用的处理技术便是以点源模型为基础的地震矩张量反演。与第 9 章讨论的震源机制解测定不同的是，在反演地震矩张量时无需预先设定震源为断层错动，因此矩张量反演技术既可以应用于断层错动源，又可以应用于爆炸源等非断层错动源，为利用地震记录波形判别地震事件的类型提供了新的手段。同时，由于地震矩张量反演可以给出在断层错动源的假定下的震源机制解，从而成为测定构造地震震源机制解的有力手段。关于地震矩张量的基本概念和矩张量反演的理论基础，在一些地震学专著中已经作了充分说明，例如《定量地震学》(安艺敬一和理查兹，1986)、《地震学引论》(Shearer，2008)、《数字地震学》(陈运泰等，2000)、《地震参数——数字地震学在地震预测中的应用》(中国地震局监测预报司，2003，第三章地震矩张量与矩心矩张量反演，郑斯华)。本章不再从地震矩张量基本概念和矩张量反演理论的源头讲起，重点放在理解矩张量概念和实现矩张量反演的操作方面。

10.1　震源的一般描述

地震台站记录的地震波形可能来自不同类型的地震事件。一般按其成因将天然地震分成构造地震、陷落地震和火山地震，而非天然地震包括地下核爆炸、化学爆炸、空气枪以及其他由于人为活动造成的震动源。构造地震是由于地球内部的构造运动产生的，大多数构造地震，特别是浅源地震，是由于地球内部的断层错动引起的，因此可采用断层错动模型，其震源机制通常用双力偶（DC）矩张量描写，或更简单地用震源机制解（断层面的走向、倾角和滑动角）描写（见第 9 章）。具有非双力偶机制的事件较为稀少，对这类事件需要用矩张量的一般形式描述。多数非双力偶地震具有张性断层运动或张性与剪切断层运动的组合(Julian et al.，1998)，特别是在火山和地热区发现张性地震。一些微震的矩张量有少量非双力偶分量，可能表明一种具有少量张性裂隙的破裂过程（Vavryčuk et al.，2008）。地下核爆炸的一级近似可以认为是一个膨胀源，但由于其爆炸过程及爆炸环境的复杂性，实际的地下核爆炸会含有非爆炸源机制分量（何永锋等，2010）。其他人为活动造成的地震动源，如失事飞机对地面的撞击、建筑物的塌陷，则更难以用简单的震源模型来描述。幸好数量最多而且对人类影响最大的一类天然地震是构造地震，以及人们最关心的非天然地震是地下核爆炸，对于这两类震源，可以分别用断层错动模型和膨胀源模型来描述。

10.1.1 等效力与应力过量

描述震源的一般途径是以一个等效力波动方程来近似震源，等效力模型对应于线性波动方程而忽略近源区中的非线性效应。等效力定义为其在地球表面产生的位移与震源处物理过程的实际力在地球表面所产生的位移相同的力。等效力是由观测的地震图确定的，由于在地震图中包含关于震源和路径的信息以及由记录仪器造成的畸变，因此，要通过仪器和路径校正来分离出震源效应。这些等效力是由于模型应力（即遵从虎克（Hooke）定律的应力）和真实应力（实际物理应力）之差造成的（Backus and Mulcahy，1976）。由模型应力减去真实应力得到的差值称作“应力过量（stress glut）”。在震源区外不存在等效力，也不存在应力过量，应力过量的中心是在物理震源区中应力过量的加权平均位置，称为震源区的矩心（Backus，1977；安艺敬一和理查兹，1986）。对于描述地震的等效力源而言，采用应力过量的中心（如矩心矩张量解给出的“矩心”(centroid)，Dziewonski and Woodhouse，1983）所给出的位置似乎好于利用震相到时给出的震源位置（hypocenter)，因为后者描述的是初始破裂点所在位置（见第 6 章）。

下面以断层滑动为例，定性解释“应力过量”概念（Dahlen and Tromp，1998）。

考虑一个在垂直走滑断层上的地震。把断层看作是包含薄的断层泥的破裂带，在地震期间受到强烈变形，其围岩表现为线弹性。令 x 沿右旋滑动方向度量，y 沿垂直于断层方向向外度量。图 10.1 中示意显示同震滑动 S_x 和相应的剪切应变，

$$\varepsilon_{xy}=\varepsilon_{yx}=\frac{1}{2}\frac{\partial S_x}{\partial y}$$

使用虎克定律计算断层和原岩内的模型剪切应力，

$$T_{xy}^{\text{model}}=T_{yx}^{\text{model}}=\mu\frac{\partial S_x}{\partial y}$$

式中，μ 是介质的剪切模量。这是经典的弹性本构关系（constitutive relation）。但在断层泥内，其应变太大，这一关系不能成立。假定地壳是各向同性的，而且剪切模量（刚度）μ 在断层区内与在围岩内近似相等。由于连续性条件机制，在断层泥带内的真实剪切应力 $T_{xy}^{\text{true}}=T_{yx}^{\text{true}}$ 不能与周围弹性围岩内相差太大。在图 10.1 中分别用实线和虚线表示模型应力 T_{xy}^{model} 和真实应力 T_{xy}^{true} 的变化，于是在断层泥内的模型应力大大超过真实应力，形成“应力过量”。

随着破裂带变得更窄，真实应力基本保持不变，窄的垂直走滑断层的应力过量可近似表示为 $S_{xy}=S_{yx}=\mu(\partial S_x/\partial y)$。在无限薄断层的理想化情况中，位移 S_x 趋于阶跃函数，应力过量趋于狄拉克 δ 分布函数：$S_{xy}=S_{yx}=\mu\Delta S\cdot\delta(y)$，其中，$\Delta S$ 是在断层上的滑动。

实际上，在有限尺度的地震断层面上，各处的应力过量是不同的，在矩心矩张量求解过程中，就是要调节震源的位置，使其理论地震图与观测地震图拟合得最好，这时的震源位置正是断层面上应力过量密度的矩心（见 10.5 节）。

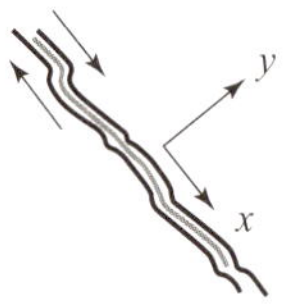

（a）右旋垂直走滑断层示意图，显示水平坐标x和y，阴影描绘理想化的断层泥带，其中虎克定律失效

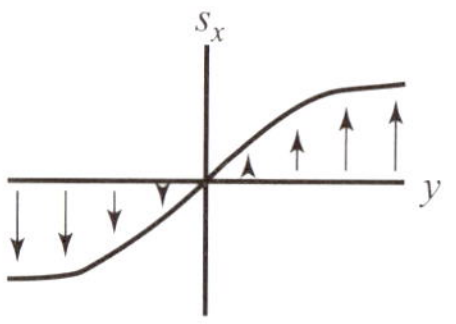

（b）在断层泥带内位移S_x随垂直距离y的变化

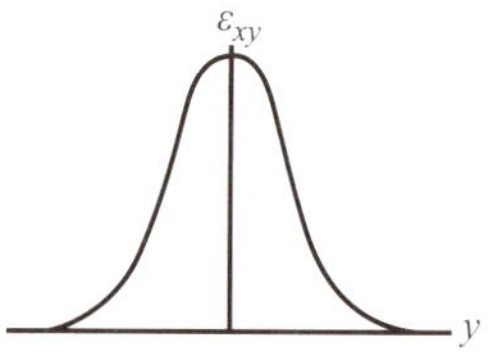

（c）相应的剪切应变ε_{xy}

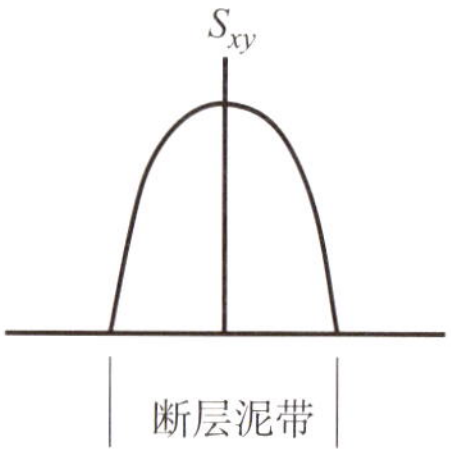

（d）模型应力和真实应力T_{xy}

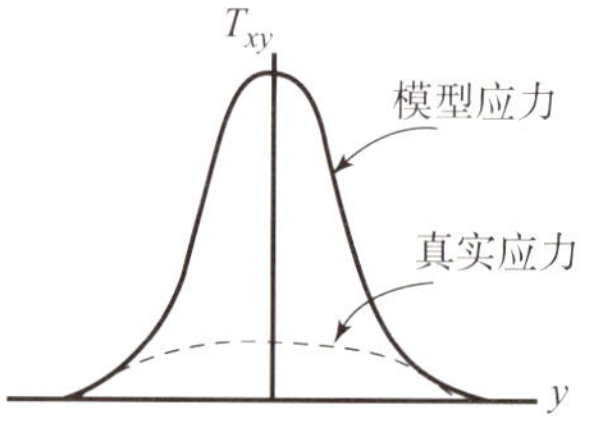

（e）在断层泥带之外的应力过量 $S_{xy}=T_{xy}^{\text{model}}-T_{xy}^{\text{true}}=0$

图 10.1　同震滑动与相应的剪切应变示意图（引自 Dahlen and Tromp，1998，Fig.5.3）

10.1.2　地震矩张量

如果震源尺度远小于所关注的地震波波长，则在空间上可把震源近似为一个点源，除了使用震中位置、震源深度、发震时刻和震级这些基本参数来描述地震震源外，地震矩张量也常规应用于描述地震点源。Gilbert（1970）引入地震矩张量来计算震源在自由表面产生的位移，该位移表示为矩张量元素乘以相应格林函数之和。下面参考许力生和陈运泰（中国地震局监测预报司，2003，第四章）、Lay 和 Wallace（1995）以及 Jost 和 Herrmann（1989）对点源地震矩张量与观测点地动位移的关系加以说明，所用符号可能与参考文献中的有所不同。

地震矩张量是一个一般概念，可描述各种震源模型。矩张量在一级近似的条件下完全地描述了一般地震点源的等效力。这些等效力能与物理震源模型关联，如在断层表面的突然相对位移的里德弹性回跳模型（elastic rebound model，参见 https://earthquake.usgs.gov/earthquakes/events/1906calif/18april/reid.php，最近一次访问在 2017 年 12 月），代表断层面上突然位移的等效力，形成双力偶。

点源地震矩张量和观测点 x 处 n 分量地动位移 $d_n(x,t)$ 的关系可用一般表达式来表示，

$$d_n(x,t)=\sum_{k=1}^{3}\sum_{j=1}^{3}\dot{m}_{kj}(t)*G_{nk,j}(t) \tag{10.1}$$

式中，$*$ 号代表卷积（叶其孝、沈永欢，2006，第 610 页）；$\dot{m}_{kj}(t)$ 称作地震矩率函数（moment rate function），是时间的函数，为地震矩元素 $m_{kj}(t)$ 对时间 t 的导数；$G_{nk,j}$ 为格林函数，假定在地震过程中震源机制不发生变化，即地震矩各元素的强度随时间的变化历程是相同的，即“同步源（synchronous source）”，有 $\dot{m}_{kj}(t)=M_{kj}S(t)$，其中 $S(t)=\dot{s}(t)=\mathrm{d}s(t)/\mathrm{d}t$，是震源时间函数 $s(t)$ 的一阶导数（一阶微商），称作“远场震源时间函数”。

图 10.2 给出三种常见的震源时间函数 $H(t)$、$R(t)$、$S(t)$ 示意图，其中，$H(t)$ 是阶跃函

数，代表震源发生一个阶跃错动，然后保持其错动；$R(t)$是一个斜坡函数，代表震源处的错动有一个上升时间τ；$S(t)$代表震源错动有两个阶段，第 1 阶段错动速度由慢而快，第 2 阶段错动由快而慢直至停止错动，然后保持。相应的远场震源时间函数分别为$\delta(t)$（δ 函数）、$B(t)$（矩形函数，或称箱车 boxcar 函数）、$T(t)$（三角形函数），这三个远场震源时间函数是在地震矩张量反演中常用到的震源时间函数，对于矩形和三角形震源时间函数，用其高度（幅度）和半持续时间（$\tau/2$）进行描述。在以下的讨论中，一般所说震源时间函数都是指远场震源时间函数。图 10.2 中的$S(t)$曲线是根据$T(t)$三角形积分生成的（Matlab M10_01_source.m），以帮助理解三角形震源时间函数对应的震源错动过程。

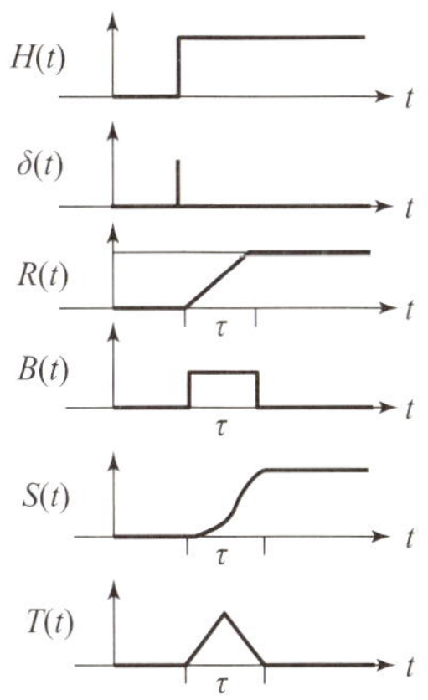

图 10.2　震源时间函数与远场震源时间函数示意图（参考 Lay and Wallace，1995，Fig. 8.21）

M_{jk}代表一个二阶张量 $\boldsymbol{M}$ 的各元素，是不随时间变化的，这个二阶张量定义为地震矩张量，即，

$$\boldsymbol{M}=\begin{bmatrix} M_{11} & M_{12} & M_{13} \\ M_{21} & M_{22} & M_{23} \\ M_{31} & M_{32} & M_{33} \end{bmatrix}$$

角动量守恒条件要求 $\boldsymbol{M}$ 是对称的，即 $M_{jk}=M_{kj}$，因此，矩张量最多有 6 个独立分量。由式（10.1）得到，

$$d_n(x,t)=S(t)*\sum_{k=1}^{3}\sum_{j=1}^{3}M_{kj}G_{nk,j}(t) \tag{10.2}$$

如果远场震源时间函数$S(t)$是狄拉克δ函数（图 10.2），即假定震源在时间上也是点源，则式（10.2）简化为，

$$d_n(x,t)=\sum_{k=1}^{3}\sum_{j=1}^{3}M_{kj}G_{nk,j}(t) \tag{10.3}$$

式（10.1）~式（10.3）中的格林函数$G_{nk,j}(t)$，依赖于源和接收器的坐标以及地壳模型，也是一个张量，$k=1$，2，3，$j=1$，2，3，对应于 9 个广义力偶（generalized couples）。就是说，这里的格林函数$G_{nk,j}(t)$是由一个广义双力偶(k,j)点源产生的地震波经过给定地壳模型到达接收器的地动位移 n 方向分量。格林函数$G_{nk,j}(t)$对应的点源远场震源时间函数是δ函数，当震源时间函数不为δ函数时，例如图 10.2 中所示$B(t)$或$T(t)$，则在求观测点位移时要与震源时间函数进行卷积，如式（10.2）所示。更一般地，如果为非同步源，则要回到式（10.1），分别对地震矩张量的不同元素进行卷积运算。在下文讨论的矩张量反演实现中都作同步源假设。对于 $k=j$，即当力的方向与力臂方向相同时，广义力偶为矢量偶极子（vector dipole），图 10.3 给出 9 个广义双力偶的图形表示（Shearer，2008），矩张量分量 M_{jk} 的大小给出相应的广义(k,j)力偶的激发程度。采用如下坐标系：x 轴指北，y 轴指东，z 轴向下即右手坐标系，简称 NED 坐标系（安艺敬一和理查兹，1986），见表 10.1。

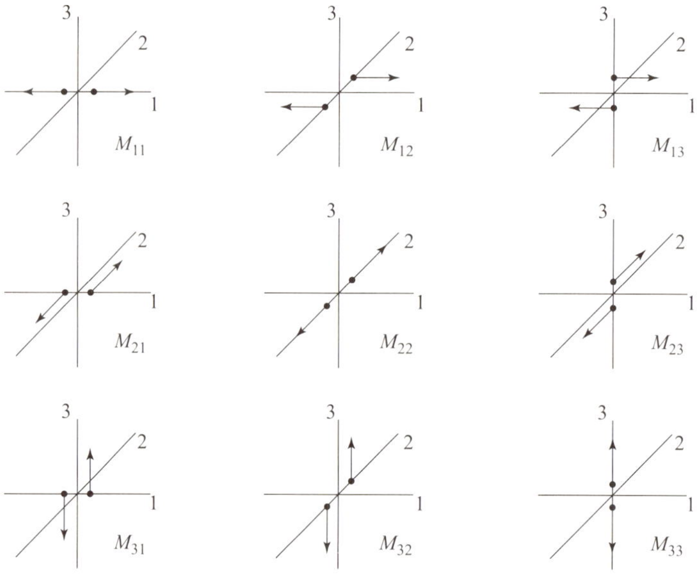

图 10.3　式（10.1）中 $G_{nk,j}(t)$ 对应的 9 个广义力偶（Shearer，2008，Fig. 9.2）

表 10.1　表示地震矩张量的几种基本坐标系

缩写	基本轴向及符号	使用者	参考文献
NED	北（N）、东（E）、下（D）	Jost and Herrmann	安艺敬一和理查兹，1986，第 130 页；Jost and Herrmann，1989
USE	上（U）、南（S）、东（E）	全球 CMT 目录	Lay and Wallace，1995，第 351 页
XYZ	东（E）、北（N）、上（U）	通常使用的公式	Jost and Herrmann，1989
$RT\phi$	径向（R）、横向（T）、切向（ϕ）	GMT 中绘制震源机制解的命令之一 psmeca	Wessel and Smith，2004
NWU	北（N）、西（W）、上（U）	Stein and Wysession	Stein and Wysession，2003，第 218 页

本节中，格林函数 $G_{nk,j}(t)$ 对应于 9 个广义双力偶，但在不同的矩张量反演算法中格林函数可能对应于不同的基本矩张量，从而简化反演过程，在后面的讨论中会具体说明。

10.2　地震矩张量的一般表示

地震矩张量的一般表示体现在两个方面：一方面是在不同坐标系中地震矩张量的表示，以及不同坐标系的矩张量表示的相互转换；另一方面是一般矩张量可以有不同的分解形式，以及由此导出的对震源特性的不同解释。

10.2.1　表示地震矩张量的基本坐标系及其相互转换

由于历史的原因，不同作者在描述地震矩张量时针对具体问题采用了不同的坐标系，导致对同一地震的矩张量描述会有基于不同坐标系的不同表示方式。

10.2.1.1　描述地震矩张量的常用坐标系

在地震矩张量的三维表示中存在不同的基本坐标系。表 10.1 给出在矩张量表示中使用的几种三维基本坐标系（Krieger and Heimann，2012）。

10.2.1.2　NED 与 USE 的变换关系

NED 坐标系是安艺敬一和理查兹（1986）描述断层空间取向时使用的基本坐标系，为后人广泛采用。USE 是全球矩心矩张量（GCMT）（见 10.3.2 小节）使用的基本坐标系，如图 10.4 所示，用 r,θ,ϕ 表示上、南（震源位置的余纬度增加方向）、东（震源位置的经度增加方向）。与 NED 坐标系中北(x)、东(y)、下(z)相应矩张量元素的对应关系如下：

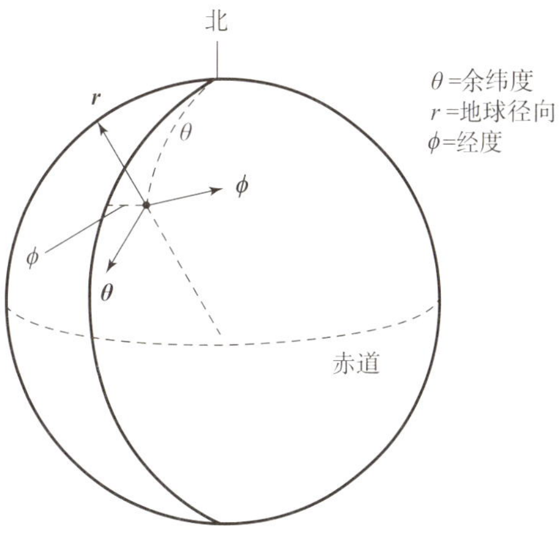

图 10.4　NED 和 USE 坐标系（据 Lay and Wallace，1995，Fig. 8. B3. 1 左图重绘）

$$\left.\begin{aligned} &M_{rr}=M_{zz} \quad M_{\theta\theta}=M_{xx} \quad M_{\phi\phi}=M_{yy} \\ &M_{r\theta}=M_{xz} \quad M_{r\phi}=-M_{yz} \quad M_{\theta\phi}=-M_{xy} \end{aligned}\right\} \tag{10.4}$$

r,θ,ϕ 对应于表 10.1 中的 U，S，E。

10.2.1.3　NED 与 NWU 的变换关系

Kanamori 和 Given（1981）在进行面波反演时使用 NWU 坐标系，NWU 坐标系与安艺敬一和理查兹（1986）使用的 NED 坐标系的关系是，

$$\left.\begin{aligned} &M_{nn}=M_{nn} \quad M_{ee}=M_{ww} \quad M_{dd}=M_{uu} \\ &M_{ne}=-M_{nw} \quad M_{nd}=-M_{nu} \quad M_{ed}=M_{wu} \end{aligned}\right\} \tag{10.5}$$

式中，等式左边是 NED 坐标系中的矩张量元素，右边是相应的 NWU 坐标系中的元素。注意到对角线元素代表的是沿坐标轴线的无矩偶极子，与所在坐标轴的哪一端指向正方向没有关系。

Kanamori 和 Given（1981）定义坐标系时，是取球对称的无转动的地球中心为球坐标系(r,θ,ϕ)的原点，极轴穿过震源，在震源处的地理北、地理西和穿过震源的极轴向上方向构成了在震源处的“北、西、上”坐标系，反演出的矩张量元素是在这个坐标系中表示。在穿过地球中心原点的“赤道”面（不是真正的地球赤道，而是穿过球心垂直于过震源极轴的大圆面与球面的交线）上平行于震源处的北和西引出“赤道”面上的北和西，而台站的球坐标就是在这个以地球中心为原点的球坐标系(r,θ,ϕ)中确定的。图 10.5

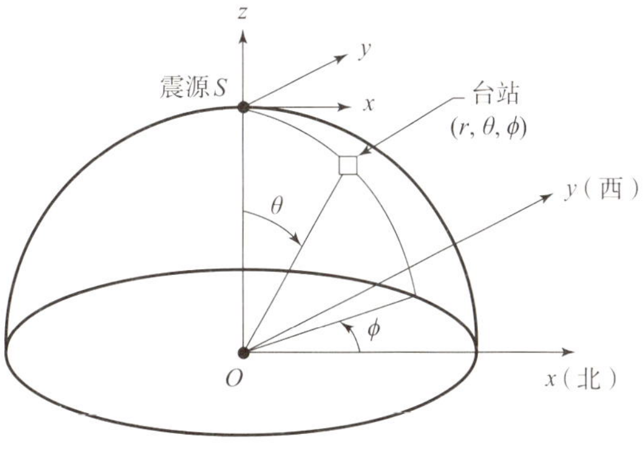

图 10.5　Kanamori 和 Given（1981）给出的 NWU 坐标系图示（据 Kanamori and Given，1981，Fig. 1）

是 Kanamori 和 Given（1981）给出的坐标系图示。

10.2.2 地震矩张量的分解

对于任意的点源，其矩张量可以有不同的分解方式，从而可以从不同的角度分析认识震源的特征，于是产生了如何进行矩张量分解的问题。矩张量的分解可分为两步，第一步是将矩张量对角化，第二步是对已经对角化的矩张量进行分解。以下内容引自 Jost 和 Herrmann（1989），震源坐标系为上小节所述 NED。Matlab 程序 M10_02_MT_decop.m 实现下面式（10.8）~式（10.30）给出的矩张量分解。

10.2.2.1 一般地震点源

本节讨论一般地震点源，而纯双力偶机制只是一般地震点源中的一类，或者说是一般地震点源在一定条件下的简化。一般地震点源矩张量可表示为各向同性部分（isotropic part）和偏量部分（deviatoric part）之和。其各向同性部分表示成一个标量乘以一个单位矩阵。

为了导出矩张量分解的一般公式，需使用矩张量的本征值和正交本征矢量。设正交本征矢量 $\boldsymbol{a}_i=(a_{ix},a_{iy},a_{iz})^{\mathrm{T}}$ 对应的本征值为 $m_i,i=1,2,3$，给出 $\boldsymbol{M}$ 的主轴变换：

$$
\begin{aligned}
\boldsymbol{M}&=[\boldsymbol{a}_1\quad \boldsymbol{a}_2\quad \boldsymbol{a}_3]\boldsymbol{m}\begin{bmatrix}\boldsymbol{a}_1^{\mathrm{T}}\\ \boldsymbol{a}_2^{\mathrm{T}}\\ \boldsymbol{a}_3^{\mathrm{T}}\end{bmatrix}\\
&=\begin{bmatrix}a_{1x}&a_{2x}&a_{3x}\\ a_{1y}&a_{2y}&a_{3y}\\ a_{1z}&a_{2z}&a_{3z}\end{bmatrix}\begin{bmatrix}m_1&0&0\\ 0&m_2&0\\ 0&0&m_3\end{bmatrix}\begin{bmatrix}a_{1x}&a_{1y}&a_{1z}\\ a_{2x}&a_{2y}&a_{2z}\\ a_{3x}&a_{3y}&a_{3z}\end{bmatrix}
\end{aligned}
\tag{10.6}
$$

由式（10.6）得到本征矢量分量和矩张量元素之间的关系：

$$
\left.\begin{aligned}
M_{xx}&=m_1a_{1x}^2+m_2a_{2x}^2+m_3a_{3x}^2\\
M_{yy}&=m_1a_{1y}^2+m_2a_{2y}^2+m_3a_{3y}^2\\
M_{zz}&=m_1a_{1z}^2+m_2a_{2z}^2+m_3a_{3z}^2\\
M_{xy}&=m_1a_{1x}a_{1y}+m_2a_{2x}a_{2y}+m_3a_{3x}a_{3y}\\
M_{xz}&=m_1a_{1x}a_{1z}+m_2a_{2x}a_{2z}+m_3a_{3x}a_{3z}\\
M_{yz}&=m_1a_{1y}a_{1z}+m_2a_{2y}a_{2z}+m_3a_{3y}a_{3z}
\end{aligned}\right\}
\tag{10.7}
$$

式（10.6）中的 $\boldsymbol{m}$ 是对角化矩张量，其元素是 $\boldsymbol{M}$ 的本征值。把 $\boldsymbol{m}$ 重写为，

$$
\begin{aligned}
\boldsymbol{m}&=\frac{1}{3}\begin{bmatrix}\mathrm{tr}(\boldsymbol{M})&0&0\\ 0&\mathrm{tr}(\boldsymbol{M})&0\\ 0&0&\mathrm{tr}(\boldsymbol{M})\end{bmatrix}+\begin{bmatrix}m_1^*&0&0\\ 0&m_2^*&0\\ 0&0&m_3^*\end{bmatrix}\\
&=\frac{1}{3}\begin{bmatrix}\mathrm{tr}(\boldsymbol{M})&0&0\\ 0&\mathrm{tr}(\boldsymbol{M})&0\\ 0&0&\mathrm{tr}(\boldsymbol{M})\end{bmatrix}+\sum_{i=1}^{N}\bar{m}_i
\end{aligned}
\tag{10.8}
$$

式（10.8）用于定义一般矩张量分解，其中 $\mathrm{tr}(\boldsymbol{M})=m_1+m_2+m_3$ 是矩张量 $\boldsymbol{M}$ 的迹，m_i 是一组对角矩阵，它们的和产生式（10.8）中的第二项，它可以是不同的对角矩阵的组合。矩张量的纯偏本征值 m_i^* 为，

$$m_i^* = m_i - \frac{m_1+m_2+m_3}{3} = m_i - \frac{1}{3}\mathrm{tr}(\boldsymbol{M}) \tag{10.9}$$

式（10.8）的右侧第一项描述矩张量的各向同性部分。矩张量各向同性部分的本征值对于定量确定震源中的体积变化是重要的，是爆炸源的矩张量所具有的特征。第二项描述由纯偏本征值构成的矩张量偏量部分，是从 $\boldsymbol{M}$ 的每个本征值减去 $\mathrm{tr}(\boldsymbol{M})/3$ 计算出的。矩张量的偏量部分能被进一步分解，在下一节中将讨论分解的项数或具体形式，可以看到，会有多种不同的分解形式。

本征值分解式（10.6）的作用是定义了一个由本征矢量给出的新的正交坐标系。在这个新坐标系中，由 3 个正交偶极源的线性组合完全地描述震源的激发。

在下面的讨论中，用正交本征矢量 $\boldsymbol{a}_1$（见式（10.6））构成的二元组 a_1a_1 描述沿本征矢量 $\boldsymbol{a}_1$ 方向的一个偶极，

$$\boldsymbol{a}_1\boldsymbol{a}_1=\begin{bmatrix} a_{1x} \\ a_{1y} \\ a_{1z} \end{bmatrix}\begin{bmatrix} a_{1x} & a_{1y} & a_{1z} \end{bmatrix}=\begin{bmatrix} a_{1x}^2 & a_{1x}a_{1y} & a_{1x}a_{1z} \\ a_{1x}a_{1y} & a_{1y}^2 & a_{1y}a_{1z} \\ a_{1x}a_{1z} & a_{1y}a_{1z} & a_{1z}^2 \end{bmatrix} \tag{10.10}$$

对 a_2a_2 和 a_3a_3 有类似的表达式。对任一矩张量 $\boldsymbol{M}$，都可以用其本征值和相应的本征矢量进行分解。

10.2.2.2　等效力双力偶

对于等效力双力偶，在各向同性介质中，式（10.2）的矩张量分量由下式给出，

$$M_{kj}=\mu A(u_k v_j + u_j v_k) \tag{10.11}$$

式中，μ 是剪切模量；A 是断层的面积；$\boldsymbol{u}$ 代表在断层面上的滑动矢量；$\boldsymbol{v}$ 是垂直于断层面的法向矢量。注意，断层法向矢量 $\boldsymbol{v}$ 和滑动矢量 $\boldsymbol{u}$ 在式（10.11）中的贡献是对称的。由矩张量 $\boldsymbol{M}$ 的对称性可知，矢量 $\boldsymbol{u}$ 和 $\boldsymbol{v}$ 的作用可以互换而不影响位移场，由此造成震源机制解中断层面与辅助面之间的二义性。断层面与辅助面之间的这种二义性不能由点源地震波辐射来解决，为了解决这一二义性，需要研究余震位置、表面断层、破裂方向或最终静态位移等的空间分布特征（Backus，1977）。

式（10.11）中的 $u_kv_j+u_jv_k$ 项构成一个张量 $\boldsymbol{D}$，描述一个双力偶。这一张量是实对称的，通过矩阵的对角化，给出实本征值和正交本征矢量，其中本征矢量给出主轴的方向。对应于零本征值的本征矢量 $\boldsymbol{b}$ 是张量的零轴（null－axis），对应于正本征值的本征矢量 $\boldsymbol{t}$ 给出张量的张力轴 T，对应于负本征值的本征矢量 $\boldsymbol{p}$ 给出张量的压力轴 P。对于纯双力偶源，这些轴能与断层面解的相应轴关联。P 轴是沿断层面上最大压运动的方向；T 轴是沿断层面上最大张运动的方向。要注意的是，由断层面上的运动推断出的 P 轴和 T 轴不一定与最大构造应力轴一致，因为运动可能在先前存在的薄弱面上而不在可能对应于最大构造应力的新形成的断层面上。然而，这一不确定性不能由地震波辐射解决。为了确定最大构造应力方向，需要有附加的地质数据，如现场应力测量和摩擦力测量。如果缺少这类信息，则通常假定由地震波辐射形成的 P 轴和 T 轴是构造应力方向的某种指示。正本征值和负本征值的绝对值相等，

因此三个本征值之和为零，即双力偶源矩张量的迹为零，而且，双力偶源矩张量的行列式值为零。

设 $\boldsymbol{t}$，$\boldsymbol{b}$，$\boldsymbol{p}$ 为式（10.6）所示本征值 $m_i(i=1,2,3)$ 对应的 3 个正交本征矢量，可用式（10.11）给出的两个矢量 $\boldsymbol{v}$ 和 $\boldsymbol{u}$ 来表示：

$$\left.\begin{aligned} \boldsymbol{t} &= \frac{1}{\sqrt{2}}(\boldsymbol{v}+\boldsymbol{u}) \\ \boldsymbol{b} &= \boldsymbol{v}\times\boldsymbol{u} \\ \boldsymbol{p} &= \frac{1}{\sqrt{2}}(\boldsymbol{v}-\boldsymbol{u}) \end{aligned}\right\} \tag{10.12}$$

反过来，可由矢量 $\boldsymbol{t}$ 和 $\boldsymbol{p}$ 得到一个节面的矢量 $\boldsymbol{v}$ 和 $\boldsymbol{u}$：

$$\boldsymbol{u} = \frac{1}{\sqrt{2}}(\boldsymbol{t}+\boldsymbol{p}) \tag{10.13}$$

$$\boldsymbol{v} = \frac{1}{\sqrt{2}}(\boldsymbol{t}-\boldsymbol{p}) \tag{10.14}$$

另一节面的矢量 $\boldsymbol{v}$ 和 $\boldsymbol{u}$ 为：

$$\boldsymbol{u} = \frac{1}{\sqrt{2}}(\boldsymbol{t}-\boldsymbol{p}) \tag{10.15}$$

$$\boldsymbol{v} = \frac{1}{\sqrt{2}}(\boldsymbol{t}+\boldsymbol{p}) \tag{10.16}$$

10.2.2.3 矢量偶极

矢量偶极是指沿同一轴线作用在一个点的大小相等方向相反的一对力。由于这对力作用在同一点，结果不仅合力为零，而且力矩也为零。

在式（10.8）中令 $N=3$ 并且

$$\bar{\boldsymbol{m}}_1 = \begin{bmatrix} m_1^* & 0 & 0 \\ 0 & 0 & 0 \\ 0 & 0 & 0 \end{bmatrix}, \bar{\boldsymbol{m}}_2 = \begin{bmatrix} 0 & 0 & 0 \\ 0 & m_2^* & 0 \\ 0 & 0 & 0 \end{bmatrix}, \bar{\boldsymbol{m}}_3 = \begin{bmatrix} 0 & 0 & 0 \\ 0 & 0 & 0 \\ 0 & 0 & m_3^* \end{bmatrix} \tag{10.17}$$

由式（10.8）、式（10.9）和式（10.10）得到第一个偏量项 $\bar{\boldsymbol{m}}_i(i=1)$，

$$m_1^* \begin{bmatrix} a_{1x}^2 & a_{1x}a_{1y} & a_{1x}a_{1z} \\ a_{1x}a_{1y} & a_{1y}^2 & a_{1y}a_{1z} \\ a_{1x}a_{1z} & a_{1y}a_{1z} & a_{1z}^2 \end{bmatrix} = m_1^* \boldsymbol{a}_1\boldsymbol{a}_1 \tag{10.18}$$

对式（10.17）中的 $\bar{\boldsymbol{m}}_2$ 和 $\bar{\boldsymbol{m}}_3$，利用 $\boldsymbol{a}_2\boldsymbol{a}_2$ 和 $\boldsymbol{a}_3\boldsymbol{a}_3$ 得到类似的表达式，用于描述第二和第三偏量项。结果，式（10.8）分解成各向同性部分加上沿 $\boldsymbol{M}$ 的 3 个本征矢量方向的 3 个矢量偶极：

$$\boldsymbol{M} = \frac{1}{3}(m_1+m_2+m_3)\boldsymbol{I} + m_1^*\boldsymbol{a}_1\boldsymbol{a}_1 + m_2^*\boldsymbol{a}_2\boldsymbol{a}_2 + m_3^*\boldsymbol{a}_3\boldsymbol{a}_3 \tag{10.19}$$

10.2.2.4　矩张量分解 1——双力偶

如在 9.1.2 小节中的定义，单力偶即大小相等、方向相反、距离很近的一对力。而双力偶是作用在同一点的一对力偶，其合力和合力矩都为零（图 9.2）。

将一个矩张量分解成一个各向同性部分和 3 个双力偶。对于式（10.8）中的偏量部分，令 $N=6$ 并且

$$\left.\begin{aligned}
&\bar{\boldsymbol{m}}_1=\frac{1}{3}\begin{bmatrix} m_1^* & 0 & 0\\ 0 & -m_1^* & 0\\ 0 & 0 & 0\end{bmatrix},\ \bar{\boldsymbol{m}}_2=\frac{1}{3}\begin{bmatrix} m_1^* & 0 & 0\\ 0 & 0 & 0\\ 0 & 0 & -m_1^*\end{bmatrix}\\
&\bar{\boldsymbol{m}}_3=\frac{1}{3}\begin{bmatrix} 0 & 0 & 0\\ 0 & m_2^* & 0\\ 0 & 0 & -m_2^*\end{bmatrix},\ \bar{\boldsymbol{m}}_4=\frac{1}{3}\begin{bmatrix} -m_2^* & 0 & 0\\ 0 & m_2^* & 0\\ 0 & 0 & 0\end{bmatrix}\\
&\bar{\boldsymbol{m}}_5=\frac{1}{3}\begin{bmatrix} 0 & 0 & 0\\ 0 & -m_3^* & 0\\ 0 & 0 & m_3^*\end{bmatrix},\ \bar{\boldsymbol{m}}_6=\frac{1}{3}\begin{bmatrix} -m_3^* & 0 & 0\\ 0 & 0 & 0\\ 0 & 0 & m_3^*\end{bmatrix}
\end{aligned}\right\}\tag{10.20}$$

式中每个 $\bar{\boldsymbol{m}}_i$ 等效于一个纯双力偶源。使用式（10.8）、式（10.9）和式（10.10）将式（10.20）中的 $\bar{\boldsymbol{m}}_1$ 和 $\bar{\boldsymbol{m}}_4$，$\bar{\boldsymbol{m}}_3$ 和 $\bar{\boldsymbol{m}}_5$，$\bar{\boldsymbol{m}}_2$ 和 $\bar{\boldsymbol{m}}_6$ 分别相加，得到的结果是一个矩张量分解成一个各向同性部分和 3 个双力偶：

$$\begin{aligned}\boldsymbol{M}=&\frac{1}{3}(m_1+m_2+m_3)\boldsymbol{I}+\frac{1}{3}(m_1^*-m_2^*)(\boldsymbol{a}_1\boldsymbol{a}_1-\boldsymbol{a}_2\boldsymbol{a}_2)+\\&\frac{1}{3}(m_2^*-m_3^*)(\boldsymbol{a}_2\boldsymbol{a}_2-\boldsymbol{a}_3\boldsymbol{a}_3)+\frac{1}{3}(m_3^*-m_1^*)(\boldsymbol{a}_3\boldsymbol{a}_3-\boldsymbol{a}_1\boldsymbol{a}_1)\end{aligned}\tag{10.21}$$

注意到 $m_i^*-{}_j^*=m_i-m_j\ (i,j=1,2,3)$，于是有，

$$\begin{aligned}\boldsymbol{M}=&\frac{1}{3}(m_1+m_2+m_3)\boldsymbol{I}+\frac{1}{3}(m_1-m_2)(\boldsymbol{a}_1\boldsymbol{a}_1-\boldsymbol{a}_2\boldsymbol{a}_2)+\\&\frac{1}{3}(m_2-m_3)(\boldsymbol{a}_2\boldsymbol{a}_2-\boldsymbol{a}_3\boldsymbol{a}_3)+\frac{1}{3}(m_3-m_1)(\boldsymbol{a}_3\boldsymbol{a}_3-\boldsymbol{a}_1\boldsymbol{a}_1)\end{aligned}\tag{10.22}$$

10.2.2.5　矩张量分解 2——补偿线性矢量偶极

与 10.2.2.4 小节的分解不同，一个矩张量还能分解成一个各向同性部分和 3 个另一种表现形式的矢量偶极的线性组合，这 3 个矢量偶极被称作补偿线性矢量偶极（CLVD）。

例如，使式（10.20）中的项 $\bar{\boldsymbol{m}}_1$ 和 $\bar{\boldsymbol{m}}_2$ 相加，则得到一个补偿线性矢量偶极：$2\boldsymbol{a}_1\boldsymbol{a}_1-\boldsymbol{a}_2\boldsymbol{a}_2-\boldsymbol{a}_3\boldsymbol{a}_3$。这一 CLVD 代表沿本征矢量 $\boldsymbol{a}_1$ 方向的一个 2 倍强度偶极（偶极的一对力是向外拉伸）和沿本征矢量 $\boldsymbol{a}_2$ 和 $\boldsymbol{a}_3$ 方向的两个有单位强度的偶极（每个偶极的一对力是向内互压）。于是，这一分解表示为，

$$\begin{aligned}\boldsymbol{M}=&\frac{1}{3}(m_1+m_2+m_3)\boldsymbol{I}+\frac{1}{3}m_1(2\boldsymbol{a}_1\boldsymbol{a}_1-\boldsymbol{a}_2\boldsymbol{a}_2-\boldsymbol{a}_3\boldsymbol{a}_3)+\\&\frac{1}{3}m_2(2\boldsymbol{a}_2\boldsymbol{a}_2-\boldsymbol{a}_1\boldsymbol{a}_1-\boldsymbol{a}_3\boldsymbol{a}_3)+\frac{1}{3}m_3(2\boldsymbol{a}_3\boldsymbol{a}_3-\boldsymbol{a}_1\boldsymbol{a}_1-\boldsymbol{a}_2\boldsymbol{a}_2)\end{aligned}\tag{10.23}$$

10.2.2.6 矩张量分解3——大双力偶和小双力偶

一个矩张量还可以分解成一个各向同性分量、一个大双力偶以及一个小双力偶。可以认为大双力偶是由双力偶对一个一般地震源的最佳近似，因为这一近似给出的矩张量主轴的方向保持不变。按如下方式构成大双力偶（Kanamori and Given，1981；Wallace，1985）：取绝对值最小本征值的本征矢量为零轴（null - axis），假定式（10.8）中 $|m_3^*| \geqslant |m_2^*| \geqslant |m_1^*|$，令 $N=2$ 并使用偏量条件 $m_1^*+m_2^*+m_3^*=0$，得到，

$$\bar{\boldsymbol{m}}_1=\begin{bmatrix}0 & 0 & 0\\ 0 & -m_3^* & 0\\ 0 & 0 & m_3^*\end{bmatrix},\ \bar{\boldsymbol{m}}_2=\begin{bmatrix}m_1^* & 0 & 0\\ 0 & -m_1^* & 0\\ 0 & 0 & 0\end{bmatrix} \tag{10.24}$$

使用式（10.8）、式（10.9）、式（10.10）和式（10.24）得到分解中的第一偏量项，对应于一个纯双力偶，称作大双力偶（major couple），

$$\boldsymbol{M}^{\mathrm{MAJ}}=[\boldsymbol{a}_1\quad \boldsymbol{a}_2\quad \boldsymbol{a}_3]\begin{bmatrix}0 & 0 & 0\\ 0 & -m_3^* & 0\\ 0 & 0 & m_3^*\end{bmatrix}\begin{bmatrix}\boldsymbol{a}_1^{\mathrm{T}}\\ \boldsymbol{a}_2^{\mathrm{T}}\\ \boldsymbol{a}_3^{\mathrm{T}}\end{bmatrix} \tag{10.25}$$

不用大双力偶，还可以用两个绝对值最大本征值的平均值代替式（10.25）中的 m_3^*，从而类似地构成最佳双力偶（Giardini，1984）。类似地，由式（10.24）中的 $\bar{\boldsymbol{m}}_2$，会给出分解中的第二偏量项，它也对应于一个纯双力偶，称作小双力偶（minor couple）。

$$\boldsymbol{M}^{\mathrm{MIN}}=[\boldsymbol{a}_1\quad \boldsymbol{a}_2\quad \boldsymbol{a}_3]\bar{\boldsymbol{m}}_2\begin{bmatrix}\boldsymbol{a}_1^{\mathrm{T}}\\ \boldsymbol{a}_2^{\mathrm{T}}\\ \boldsymbol{a}_3^{\mathrm{T}}\end{bmatrix} \tag{10.26}$$

于是，完整的矩张量分解为：

$$\boldsymbol{M}=\frac{1}{3}(m_1+m_2+m_3)\boldsymbol{I}+m_3^*(\boldsymbol{a}_3\boldsymbol{a}_3-\boldsymbol{a}_2\boldsymbol{a}_2)+m_1^*(\boldsymbol{a}_1\boldsymbol{a}_1-\boldsymbol{a}_2\boldsymbol{a}_2) \tag{10.27}$$

10.2.2.7 矩张量分解4——双力偶加CLVD

还能将一个矩张量分解成一个各向同性部分、一个双力偶和一个补偿线性矢量偶极。再次假定式（10.8）中 $|m_3^*| \geqslant |m_2^*| \geqslant |m_1^*|$，可把式（10.8）中的偏量部分写作 $N=1$ 的情况：

$$\bar{\boldsymbol{m}}_1=m_3^*\begin{bmatrix}-F & 0 & 0\\ 0 & F-1 & 0\\ 0 & 0 & 1\end{bmatrix} \tag{10.28}$$

式中，$F=-m_1^*/m_3^*$；$F-1=m_2^*/m_3^*$。注意 $0\leqslant F\leqslant 0.5$，对 F 的这一约束来自偏量条件 $m_1^*+m_2^*+m_3^*=0$。将式（10.28）分解成两部分，分别代表一个双力偶和一个CLVD：

$$\bar{\boldsymbol{m}}_1=m_3^*(1-2F)\begin{bmatrix}0 & 0 & 0\\ 0 & -1 & 0\\ 0 & 0 & 1\end{bmatrix}+m_3^*2F\begin{bmatrix}-\frac{1}{2} & 0 & 0\\ 0 & -\frac{1}{2} & 0\\ 0 & 0 & 1\end{bmatrix} \tag{10.29}$$

其中假定同一主应力产生双力偶以及 CLVD 辐射。于是，式（10.8）的完全分解为：

$$\boldsymbol{M}=\frac{1}{3}(m_1+m_2+m_3)\boldsymbol{I}+m_3^*(1-2F)(\boldsymbol{a}_3\boldsymbol{a}_3-\boldsymbol{a}_2\boldsymbol{a}_2)+m_3^*2F\left(\boldsymbol{a}_3\boldsymbol{a}_3-\frac{1}{2}\boldsymbol{a}_2\boldsymbol{a}_2-\frac{1}{2}\boldsymbol{a}_1\boldsymbol{a}_1\right) \quad (10.30)$$

可以看到，若 $F=0$，则只有双力偶部分；若 $F=0.5$，则只有 CLVD 部分。F 值反映了这两部分的相对比例。式（10.29）给出这两个矩张量的绝对值最大本征值分别为 $|m_3^*(1-2F)|$ 和 $|m_3^*2F|$，以此作为两个矩张量的强度，则双力偶部分与 CLVD 部分的比例为 $(1-2F)/(2F)$。

将一个矩张量分解成一个各向同性部分、一个双力偶和一个补偿线性矢量偶极的另一种形式是引入最佳双力偶的概念，最佳双力偶是用 $m_D^*=\text{sign}(m_3^*)\cdot(|m_2^*|+|m_3^*|)/2$ 代替 m_3^*，得到，

$$\boldsymbol{M}_{DC}=m_D^*\begin{bmatrix}0&0&0\\0&-1&0\\0&0&1\end{bmatrix}=\begin{bmatrix}0&0&0\\0&-m_D^*&0\\0&0&m_D^*\end{bmatrix} \quad (10.31)$$

$$\boldsymbol{M}_{CLVD}=\begin{bmatrix}m_1^*&0&0\\0&m_2^*&0\\0&0&m_3^*\end{bmatrix}-\begin{bmatrix}0&0&0\\0&-m_D^*&0\\0&0&m_D^*\end{bmatrix}=\begin{bmatrix}m_1^*&0&0\\0&m_D^*+m_2^*&0\\0&0&-m_D^*+m_3^*\end{bmatrix}$$

$$=\begin{bmatrix}(|m_3^*|-|m_2^*|)&0&0\\0&-\frac{1}{2}(|m_3^*|-|m_2^*|)&0\\0&0&-\frac{1}{2}(|m_3^*|-|m_2^*|)\end{bmatrix} \quad (10.32)$$

于是，

$$\boldsymbol{M}=\frac{1}{3}(m_1+m_2+m_3)\boldsymbol{I}+\boldsymbol{M}_{DC}+\boldsymbol{M}_{CLVD} \quad (10.33)$$

引入 $F_D=(|m_3^*|-|m_2^*|)/(2\cdot|m_D^*|)=(|m_3^*|-|m_2^*|)/(|m_3^*|+|m_2^*|)$，则，

$$\boldsymbol{M}_{CLVD}=m_D^*F_D\begin{bmatrix}2&0&0\\0&-1&0\\0&0&-1\end{bmatrix} \quad (10.34)$$

对于纯双力偶，$F_D=0$，故没有 CLVD 部分。

10.2.2.8　完全矩张量的可视化

第 9 章中介绍了利用震源球的投影图（沙滩球或称西瓜皮）显示断层面解，对应于地震的双力偶模型，这里介绍完全矩张量的可视化图示。可以用震源源点周围单位球上初动到达极性（垂直分量的正负号）的节线，即震源球上初动符号的正号区和负号区的分界线，或者说震源球上地动位移初至为零的假想线（在其两侧的地动位移初动符号相反），来表征在震源球上 P 波辐射花样。完全矩张量的可视化就是根据矩张量计算出在震源球上的节线，然后在震源球的二维投影底图上画出该节线的投影。Krieger 和 Heimann（2012）导出了震源球上的初动极性节线的闭合表达式，从而能实现完全矩张量的可视化，所提供的 Python

语言脚本程序 MoPaD（http://www.larskrieger.de/mopad/，最近一次访问在 2017 年 12 月）可在 Python 环境中实现这一功能，并已纳入绘图软件包 GMT，可通过 GMT 命令 psmeca 实现（Wessel and Smith，2004）。下面以刘超等（2008）提供的 2008 年 5 月 12 日汶川 $M8.0$ 地震的矩张量解数据为例，绘制该地震完全矩张量的图形表示，并利用式（10.8）~式（10.30）给出的矩张量分解公式，计算该矩张量的不同分解结果，再利用 MoPaD 软件绘制图形，从而加深对式（10.8）~式（10.30）给出的矩张量分解公式的理解。

刘超等（2008）给出的 2008 年 5 月 12 日汶川 8.0 级地震的矩张量解是：

$$M_{rr}=1.71 \qquad M_{tt}=0.24 \qquad M_{pp}=-1.22$$

$$M_{rt}=-0.03 \qquad M_{rp}=1.09 \qquad M_{tp}=-0.76$$

$$M_{\mathrm{DC}}=1.97 \qquad M_{\mathrm{EXP}}=0.24 \qquad M_{\mathrm{CLVD}}=0.10$$

以上各数单位为 $\times 10^{21}\,\mathrm{N\cdot m}$

$$M_{\mathrm{W}}=8.1$$

图 10.6 给出不同投影方式下的 2018 年 5 月 12 日汶川地震的矩张量解（刘超等，2008）图示。左为兰勃特投影（L）（斯密特网）；中为正交投影（O），右为极射赤面投影（S）（乌尔夫网），现在地震界一般采用兰勃特投影。图中的填色部分为初动符号的正号区，未填色部分为初动符号的负号区，两条蓝线显示该矩张量的双力偶部分确定的断层面解的节线。在 9.2.4.3 小节对投影图的差别做了说明。

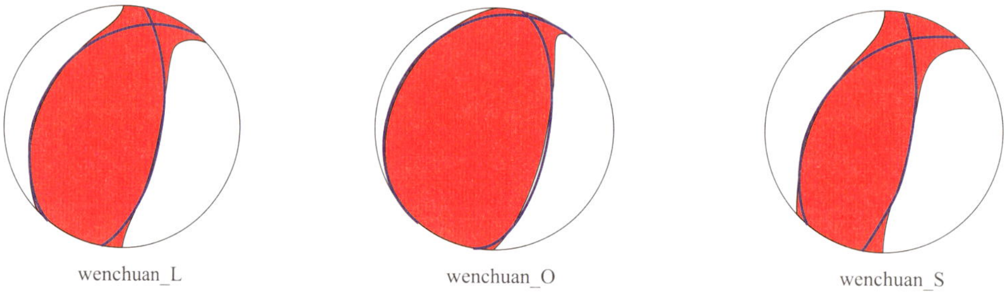

图 10.6 “5·12”汶川地震不同投影方式下的矩张量解图示。左为兰勃特投影（L）（斯密特网），中为正交投影（O）；右为极射赤面投影（S）（乌尔夫网）

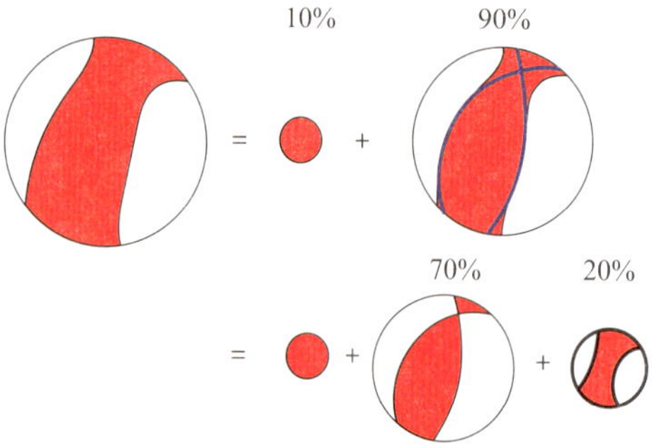

图 10.7 汶川地震矩张量（刘超等，2008）的两种分解

利用 MoPaD，可实现对矩张量的分解，图 10.7 是完全矩张量分解举例。图中显示汶川地震矩张量（刘超等（2008））的两种分解，第一种是分解成各向同性部分和偏量部分；第二种分解中偏量部分进一步分解成双力偶和 CLVD。图中的百分数给出各部分在完全矩张量中所占的百分比，图形标度按面积与所占百分比成线性。参见式（10.8）~式（10.30）中的相关公式。

10.2.2.9 典型矩张量举例

Stein 和 Wysession（2003）给出一些典型矩张量在 NWU 坐标系中的表示式以及图形表示（Stein and Wysession，2003，Fig. 4.4－6）。图 10.8 列出这些矩张量的表示式（NWU 坐标系）以及使用软件 MoPaD 绘出的相应图形，

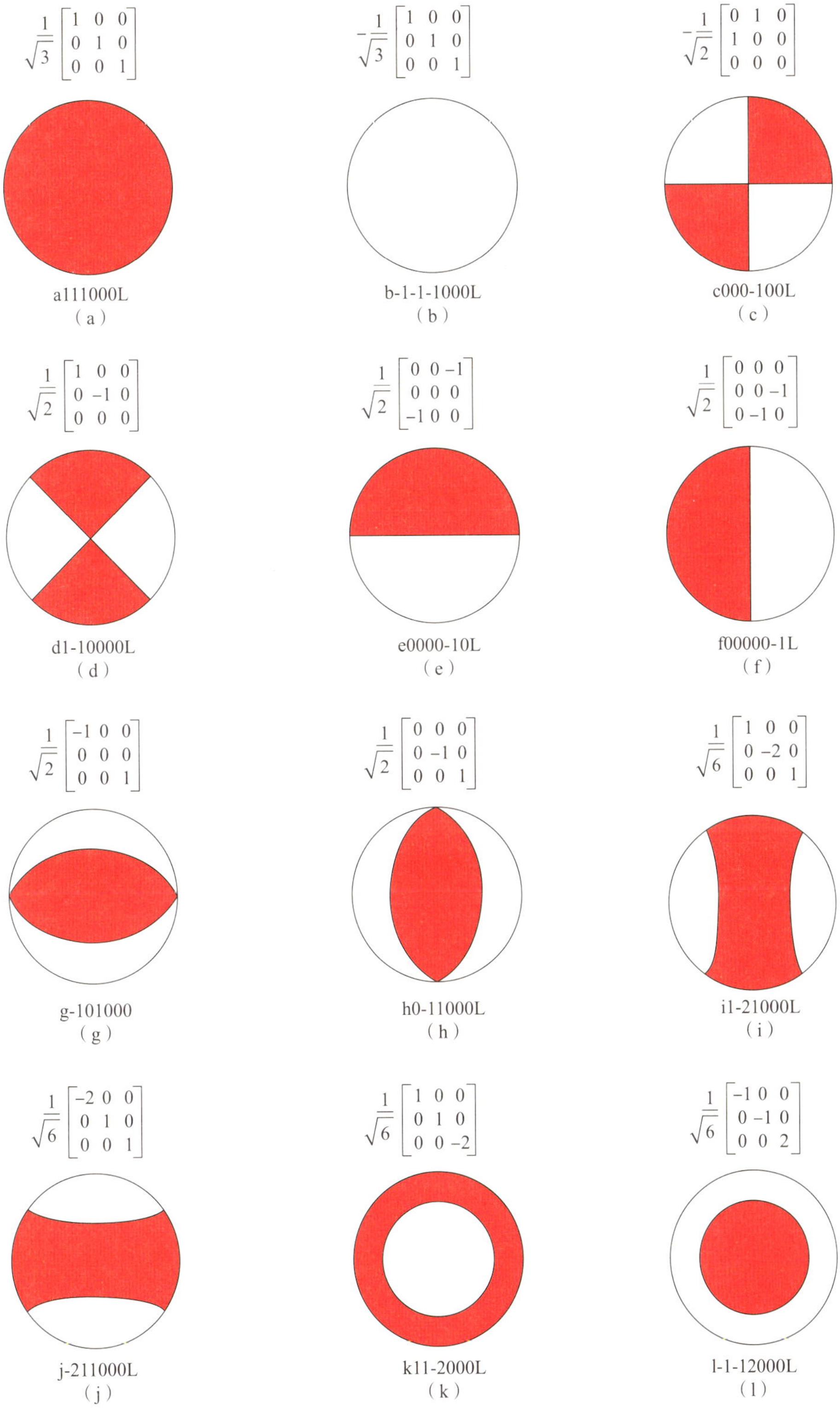

图 10.8　一些典型矩张量在 NWU 坐标系中的表示式以及在兰勃特投影（斯密特网）下的图形表示

采用的投影方法是兰勃特投影（等面积投影）。其中，图 10.8(a)为爆炸源，(b)为内爆源，(c)~(h)均是纯双力偶源，(i)~(l)均代表补偿线性矢量偶极（CLVD）。

10.2.2.10 剪切错动源的矩张量表示

由式（10.11）$M_{kj}=\mu A(u_k v_j+u_j v_k)$ 和 $\boldsymbol{u}$、$\boldsymbol{v}$ 的表达式，见第 9 章式（9.5）和式（9.6），可得到由地震矩 M_0 及震源机制参数 δ，λ，ϕ 表示的矩张量分量：

$$\left.\begin{aligned}
M_{xx}&=-M_0(\sin\delta\cos\lambda\sin 2\phi_s+\sin 2\delta\sin\lambda\sin^2\phi_s)\\
M_{xy}&=+M_0(\sin\delta\cos\lambda\sin 2\phi_s+\frac{1}{2}\sin 2\delta\sin\lambda\sin^2\phi_s)=M_{yx}\\
M_{xz}&=-M_0(\cos\delta\cos\lambda\cos 2\phi_s+\cos 2\delta\sin\lambda\sin^2\phi_s)=M_{zx}\\
M_{yy}&=+M_0(\sin\delta\cos\lambda\sin 2\phi_s-\sin 2\delta\sin\lambda\cos^2\phi_s)\\
M_{yz}&=-M_0(\cos\delta\cos\lambda\sin\phi_s-\cos 2\delta\sin\lambda\cos\phi_s)=M_{zy}\\
M_{zz}&=+M_0\sin 2\delta\sin\lambda
\end{aligned}\right\}\tag{10.35}$$

于是，矩张量 $\boldsymbol{M}$ 可以看作是与其有同一走向的 4 个基本矩张量的加权和，

$$\boldsymbol{M}=\cos\delta\cos\lambda\boldsymbol{M}^{(1)}+\sin\delta\cos\lambda\boldsymbol{M}^{(2)}-\cos 2\delta\sin\lambda\boldsymbol{M}^{(3)}+\sin 2\delta\sin\lambda\boldsymbol{M}^{(4)}\tag{10.36}$$

式中，

$$\boldsymbol{M}^{(1)}=M_0\begin{bmatrix}0&0&-\cos\phi_b\\0&0&-\sin\phi_s\\-\cos\phi_s&-\sin\phi_s&0\end{bmatrix}\tag{10.37}$$

$$\boldsymbol{M}^{(2)}=M_0\begin{bmatrix}-\sin 2\phi_s&\cos 2\phi_s&0\\\cos 2\phi_s&\sin 2\phi_s&0\\0&0&0\end{bmatrix}\tag{10.38}$$

$$\boldsymbol{M}^{(3)}=M_0\begin{bmatrix}0&0&\sin\phi_s\\0&0&-\cos\phi_s\\\sin\phi_s&-\cos\phi_s&0\end{bmatrix}\tag{10.39}$$

$$\boldsymbol{M}^{(4)}=M_0\begin{bmatrix}-\sin^2\phi_s&\frac{1}{2}\sin 2\phi_s&0\\\frac{1}{2}\sin 2\phi_s&-\cos^2\phi_s&0\\0&0&1\end{bmatrix}\tag{10.40}$$

$\boldsymbol{M}^{(i)}(i=1,2,3,4)$ 每一个有本征值 M_0，$-M_0$ 和零，因此，每一个都是剪切位错矩张量。当 $\delta=0$ 和 $\lambda=0$ 时，$\boldsymbol{M}=\boldsymbol{M}^{(1)}$，所以 $\boldsymbol{M}^{(1)}$ 是水平断层，其滑动方向为断层走向；$\boldsymbol{M}^{(2)}$ 是纯走滑断层（$\delta=\pi/2,\lambda=0$），$\boldsymbol{M}^{(3)}$ 是纯倾滑断层（$\delta=\pi/2,\lambda=\pi/2$），$\boldsymbol{M}^{(4)}$ 是倾角为 45° 的纯逆倾滑断层（$\delta=\pi/4,\lambda=\pi/2$）。由于 $\boldsymbol{M}^{(1)}$ 等于方位角为（$\phi_s-\pi/2$）的 $\boldsymbol{M}^{(3)}$，因此，使用 3 个基本矩张量的加权和就可以描述一个剪切位错矩张量了。

特别要提及的是，在描述点源矩张量与地震台站地震记录波形的关系时，可以采用 3 个

基本的断层震源机制和一个爆炸源机制计算格林函数。这为地震矩张量的反演提供了很大方便。这3个简单的断层震源机制是垂直走滑（记为SS）、45°倾滑（记为DD）和垂直倾滑（记为DS）断层。这3个断层面解构成一个完全系（complet set），在倾斜任意角度的平面上的一个位错所产生的地震辐射都能表示为这3个断层辐射的线性组合（Jost and Herrmann，1989）。

（1）垂直走滑断层。

假定震源机制：走向 $\phi_s=0^0$，倾角 $\delta=90^0$，滑动角 $\lambda=0^0$。由第9章中的式（9.5）和式（9.6），在断层面上的滑动矢量是 $\boldsymbol{u}=(1,0,0)$，垂直于断层面的法向矢量是 $\boldsymbol{v}=(0,1,0)$。矩张量各元素可由式（10.11）确定，式（10.11）中的 μA 即下式中的 M_0：

$$\boldsymbol{M}=\begin{bmatrix}0 & M_0 & 0\\ M_0 & 0 & 0\\ 0 & 0 & 0\end{bmatrix} \tag{10.41}$$

这一张量的本征值和本征矢量示于表10.2。对应于本征值零的本征矢量是震源机制的零轴 B，对应于正本征值的本征矢量是震源机制的张力轴 T，对应于负本征值的本征矢量给出压力轴 P。表中给出的两组本征矢量可得到相同的矩张量 $\boldsymbol{M}=\boldsymbol{VEV}'$，式中 $\boldsymbol{V}$ 为本征矢量，$\boldsymbol{V}'$ 是 $\boldsymbol{V}$ 的转置，$\boldsymbol{E}$ 是本征值构成的对角矩阵。表10.2～表10.5中的M10_02_MT_eig.m是一个Matlab程序，调用Matlab的求本征矢量和本征值的函数eig.m求各矩张量的本征值和本征矢量，与Jost and Herrmann（1989）给出的本征矢量小有不同。

表10.2　垂直走滑断层矩张量的本征值和本征矢量（NED坐标系）

本征值	本征矢量1（Jost and Herrmann，1989）	本征矢量2（M10_02_MT_eig0.m）
0	$(0,0,-1)$	$(0,0,1)$
M_0	$(\sqrt{2}/2,\sqrt{2}/2,0)$	$(\sqrt{2}/2,\sqrt{2}/2,0)$
$-M_0$	$(-\sqrt{2}/2,\sqrt{2}/2,0)$	$(-\sqrt{2}/2,\sqrt{2}/2,0)$

（2）45°倾滑断层。

假定震源机制：走向 $\phi_s=0^0$，倾角 $\delta=45^0$，滑动角 $\lambda=90^0$。由第9章中的式（9.5）和式（9.6），在断层面上的滑动矢量是 $\boldsymbol{u}=(0,-\sqrt{2}/2,-\sqrt{2}/2)$，垂直于断层面的法向矢量是 $\boldsymbol{v}=(0,\sqrt{2}/2,-\sqrt{2}/2)$。矩张量各元素可由式（10.11）确定，式（10.11）中的 μA 即下式中的 M_0：

$$\boldsymbol{M}=\begin{bmatrix}0 & 0 & 0\\ 0 & -M_0 & 0\\ 0 & 0 & M_0\end{bmatrix} \tag{10.42}$$

这一张量的本征值和本征矢量示于表10.3。对应于本征值零的本征矢量是震源机制的零轴 B，对应于正本征值的本征矢量是震源机制的张力轴 T，对应于负本征值的本征矢量给出压力轴 P。表中给出的两组本征矢量可得到相同的矩张量 $\boldsymbol{M}=\boldsymbol{VEV}'$，式中 $\boldsymbol{V}$ 为本征矢量，$\boldsymbol{V}'$ 是 $\boldsymbol{V}$ 的转置，$\boldsymbol{E}$ 是本征值构成的对角矩阵。

表 10.3　垂直走滑断层矩张量的本征值和本征矢量（NED 坐标系）

本征值	本征矢量 1 （Jost and Herrmann，1989）	本征矢量 2 （M10_02_MT_eig0.m）
0	$(-1,0,0)$	$(1,0,0)$
M_0	$(0,0,-1)$	$(0,0,1)$
$-M_0$	$(0,1,0)$	$(0,1,0)$

（3）垂直倾滑断层。

假定震源机制：走向 $\phi_s=0^0$，倾角 $\delta=90^0$，滑动角 $\lambda=90^0$。由第 9 章中的式（9.5）和式（9.6），在断层面上的滑动矢量是 $\boldsymbol{u}=(0,0,-1)$，垂直于断层面的法向矢量是 $\boldsymbol{\nu}=(0,1,0)$。矩张量各元素可由式（10.11）确定，式（10.11）中的 μA 即下式中的 M_0：

$$\boldsymbol{M}=\begin{bmatrix}0 & 0 & 0\\ 0 & 0 & -M_0\\ 0 & -M_0 & 0\end{bmatrix} \tag{10.43}$$

这一张量的本征值和本征矢量示于表 10.4。对应于本征值零的本征矢量是震源机制的零轴 B，对应于正本征值的本征矢量是震源机制的张力轴 T，对应于负本征值的本征矢量给出压力轴 P。表中给出的两组本征矢量可得到相同的矩张量 $\boldsymbol{M}=\boldsymbol{VEV}'$，式中 $\boldsymbol{V}$ 为本征矢量，$\boldsymbol{V}'$是 $\boldsymbol{V}$ 的转置，$\boldsymbol{E}$ 是本征值构成的对角矩阵。

表 10.4　垂直走滑断层矩张量的本征值和本征矢量（NED 坐标系）

本征值	本征矢量 1 （Jost and Herrmann，1989）	本征矢量 2 （M10_02_MT_eig0.m）
0	$(-1,0,0)$	$(1,0,0)$
M_0	$(0,\sqrt{2}/2,-\sqrt{2}/2)$	$(0,-\sqrt{2}/2,\sqrt{2}/2)$
$-M_0$	$(0,\sqrt{2}/2,\sqrt{2}/2)$	$(0,-\sqrt{2}/2,-\sqrt{2}/2)$

（4）爆炸源。

一般点源震源的矩张量如式（10.8）所示，当式中第 2 项为零时，即为爆炸源，因此，爆炸源的矩张量为：

$$\boldsymbol{M}=\begin{bmatrix}M_0 & 0 & 0\\ 0 & M_0 & 0\\ 0 & 0 & M_0\end{bmatrix} \tag{10.44}$$

如果 M_0为正值，则为向外爆炸，一般称为爆炸源，如果为负，则为向内爆炸，称为内爆源。要反演完全矩张量，而不是预先假定只有偏量部分甚至预先假定是断层错动，就必须考虑爆炸源，相应的本征值和本征矢量示于表 10.5。

表 10.5　垂直走滑断层矩张量的本征值和本征矢量（NED 坐标系）

本征值	本征矢量（M10_02_MT_eig0.m）
M_0	$(1,0,0)$
M_0	$(0,1,0)$
M_0	$(0,0,1)$

10.3　地震矩张量反演概述

为便于叙述，下面讨论同步源的情况，即从式（10.2）出发进行反演。对于更一般的情况，其基本思想与下面讨论的大体相同。由于地震矩张量是对称张量，可把式（10.2）改写为：

$$d_n(x,t) = S(t) * \sum_{k=1}^{3} \sum_{j=1}^{3} M_{kj} G_{nk,j}(t) = S(t) * \sum_{i=1}^{6} m_i \cdot G_{in}(t) \tag{10.45}$$

式中，

$$m_1 = M_{11}, m_2 = M_{12} = M_{21}, m_3 = M_{13} = M_{31}, m_4 = M_{22}, m_5 = M_{23} = M_{32}, m_6 = M_{33} \tag{10.46}$$

上面式中，$G_{in}(t)$为相应 6 个矩张量分量对应的格林函数。如果给定震源位置（x_0, y_0, z_0, t_0），其中 x_0, y_0 为震中位置，z_0 为震源深度，t_0 为发震时刻，和观测点位置（x, y, z）以及地壳模型（含地震波速度、介质密度和品质因数），可计算出各矩张量分量对应的格林函数，进一步给定远场震源时间函数 $S(t)$，便可以对任何给定的矩张量，计算出在观测点的地动位移波形，如果再与记录仪器的响应进行卷积，则得到合成地震图（理论地震图）。当把合成地震图与观测地震图进行比较时，如果两图波形吻合得足够好，则可以把用于计算合成地震图的矩张量作为所求的矩张量。但仅有一个观测点的某一个分量，不足以判定给定的矩张量就是所求，因此，在实践中要求有多个台站，并尽量包围震中分布。这样说来，地震矩张量反演，就如同地震定位一样，是一个最优化的问题，即找出能使多个合成地震图与观测地震图拟合得最好的那个地震矩张量。

由于地震记录波形中包含体波和面波，体波又包含纵波（P 波）和横波（S 波），每一种体波又包含多个震相，因此，衍生出利用地震波不同部分的矩张量反演方法。对于要反演的参数，可以是固定震源位置和发震时刻，作为已知量，只反演地震矩张量；也可以把震源位置和发震时刻作为在给定初值基础上的可改变量，从而要反演总共 10 个待定参数（例如 GCMT，见 10.4 节）；或者固定震中位置，对不同的震源深度进行反演，最终按给定判据选矩张量反演结果质量最好的解与震源深度作为最终结果。在反演矩张量时，可以预先不对震源性质做任何限定，从而得到有 6 个独立分量的完全矩张量，也可以预先限定地震为断层错动，其矩张量不包含各向同性部分，于是有约束条件，

$$M_{33} = -(M_{11} + M_{22}) \tag{10.47}$$

这时式（10.45）简化为，

$$d_n(x,t) = S(t) * \sum_{i=1}^{5} m_i \cdot G_{in}(t) \tag{10.48}$$

在求出前 5 个矩张量元素后，由式（10.47）求出 M_{33}。

可对式（10.48）进行傅里叶变换，得到合成地震图的频谱，然后在频率域通过合成谱和观测谱的拟合，得到矩张量解：

$$d_n(x,\omega) = S(\omega) \cdot \sum_{i=1}^{6} m_i \cdot G_{in}(\omega) \tag{10.49}$$

如果观测数据足够丰富，还可以同时反演出震源时间函数 $S(\omega)$，也可类似地约束震源为断

层错动，从而减少一个待定参数，提高解的稳定性。

10.4 全球矩心矩张量（GCMT）反演

矩心矩张量（CMT）计划始于1976年的哈佛大学，并在头20年中由Dziewonski领导，其后由Ekström领导。在此期间，该计划及其主要研究成果“地震机制目录”称作“哈佛CMT计划”和“哈佛CMT目录”（1982—2006）。在2006年，与CMT计划相关的研究活动转移到哥伦比亚大学的拉蒙特“全球CMT计划”名下，其主要任务是管理、改进和扩展地震震源机制的CMT目录。全球CMT计划成果主要分发点的互联网网址是http://www.globalcmt.org(最近一次访问在2017年12月)。

CMT方法是基于地震的第零阶矩张量表示式中的6个独立元素与地震产生的地动之间的线性关系（Gilbert，1970；Dziewonski et al. 1981）。只要地震（滑动的断层）的尺度与所考虑的地震波的周期相比是小的，那么这种线性关系就成立。矩心矩张量方法的“矩心”是指地震矩时空分布的中心，即震源处地震“应力过量”的中心（见10.1.1小节），由矩心的纬度、经度、深度以及矩心时间4个参数定义。这样，总共10个参数提供了地震的点源CMT表示。

Ekström等（2012）介绍了全球矩心矩张量（GCMT）常规分析的基本步骤。常规CMT分析是在实际地震时间之后2~3个月启动，以确保收集到该地震的尽可能完全的地震波形数据。目标是在4个月内完成分析，例如，在2010年2月发生的地震，分析工作从2010年5月开始，并在2010年6月将整月的结果添加到CMT目录中。

CMT的6个独立元素是在USE（记为$r\theta\phi$）坐标系（见表10.1）中给出的，分别为M_{rr}，$M_{\theta\theta}$，$M_{\phi\phi}$，$M_{r\theta}$，$M_{r\phi}$，$M_{\theta\phi}$，写成矩阵形式为：

$$\boldsymbol{M}=\begin{bmatrix} M_{rr} & M_{r\theta} & M_{r\phi} \\ M_{r\theta} & M_{\theta\theta} & M_{\theta\phi} \\ M_{r\phi} & M_{\theta\phi} & M_{\phi\phi} \end{bmatrix} \tag{10.50}$$

10.4.1 矩张量CMT反演方法

在CMT反演并修正震源位置的具体实现中，观测点的位移表示为（Gilbert and Dziewonski，1975）：

$$u_k(\boldsymbol{r},t)=\sum_{i=1}^{6}\psi_{ik}(\boldsymbol{r},\boldsymbol{r}_{\mathrm{s}},t)*f_i(t) \tag{10.51}$$

式中，$u_k(\boldsymbol{r},t)$是一组地震图中的第k个记录；接收器位置用矢量$\boldsymbol{r}=(r,\theta,\phi)$表示；震源位置用$\boldsymbol{r}_{\mathrm{s}}=(r_{\mathrm{s}},\theta_{\mathrm{s}},\phi_{\mathrm{s}})$表示；$\psi_{ik}(\boldsymbol{r},\boldsymbol{r}_{\mathrm{s}},t)$称做“激发核函数（excitation kernel）”，实质上是对应每个地震矩张量元素i的完全地震图格林函数，依赖于地球的性质，用各个简正振型的位移函数（本征函数）及其本征值（复频率）表示，计算震源和接收器激发核函数时使用PREM地壳模型（Dziewonski and Anderson，1981）；时间函数$f_i(t)$代表矩率张量$\dot{\boldsymbol{M}}(t)$的6个独立分量。假定为同步源，即矩张量各元素有同样的时间历程$S(t)$，有$f_i(t)=f_i\cdot S(t)$，f_i是矩张量的6个独立分量，在CMT反演中采用USE（上南东）震源坐标系（见表10.1和

10.2.1.2 及图 10.4），有 $f_1 = M_{rr}$，$f_2 = M_{\theta\theta}$，$f_3 = M_{\phi\phi}$，$f_4 = M_{r\theta}$，$f_5 = M_{r\phi}$，$f_6 = M_{\theta\phi}$，用卷积 $S(t) * \psi_{ik}(\boldsymbol{r},\boldsymbol{r}_s,t)$构成新的激发核函数 $\psi_{ik}(\boldsymbol{r},\boldsymbol{r}_s,t)$，于是，

$$u_k(\boldsymbol{r},t) = \sum_{i=1}^{6} \psi_{ik}(\boldsymbol{r},\boldsymbol{r}_s,t) \cdot f_i \tag{10.52}$$

这是关于矩率张量元素 f_i 的线性方程。如果估计的震源位置 $\boldsymbol{r}_s=(r_s,\theta_s,\phi_s)$ 和发震时刻 t_s 是正确的，则可通过使观测地动波形与式（10.52）给出的合成波形之差极小化，反演出矩率张量的 6 个独立元素。

但是，由 P 波初至估计的震源位置和发震时刻不是在矩张量反演中使用的最佳参数，因为：①从 P 波到时得到的标准震源位置参数本身存在误差；②标准震源位置参数对应的是震源的破裂点，但实际震源并不是集中在时间和空间上的一个点，而是在时间和空间上有某种分布，最佳点源应该是应力过量密度的矩心的位置，与标准震源位置参数存在差别；③参考模型中的误差或横向不均匀性，加上特定的台站分布，可能导致由长周期体波确定的点源位置发生偏移。在实践中，为解决这三种具有地球物理意义的效应问题，在 CMT 反演中把震源位置和发震时刻也作为可修正的参数，采用迭代求解方法。

假定矩率张量有初始估计值 $f^{(0)}$，这是在固定震源位置参数的条件下反演得到的。于是，针对震源坐标（r_s,θ_s,ϕ_s）和发震时刻 t_s 引入小扰动，式（10.52）展开成，

$$u_k - u_k^{(0)} = b_k \delta r_s + c_k \delta\theta_s + d_k \delta\phi_s + e_k \delta t_s + \sum_{i=1}^{6} \psi_{ik}^{(0)} \cdot \delta f_i \tag{10.53}$$

式中，$u_k^{(0)}$ 是对初始震源坐标和矩张量的初始估计计算出的理论位移；$b_k(t),c_k(t),d_k(t),e_k(t)$称作关于震源位置的核函数：

$$b_k(t) = \sum_{i=1}^{6} \frac{\partial \psi_{ik}^{(0)}}{\partial r_s} \cdot f_i^{(0)} \tag{10.54}$$

$$c_k(t) = \sum_{i=1}^{6} \frac{\partial \psi_{ik}^{(0)}}{\partial \theta_s} \cdot f_i^{(0)} \tag{10.55}$$

$$d_k(t) = \sum_{i=1}^{6} \frac{\partial \psi_{ik}^{(0)}}{\partial \phi_s} \cdot f_i^{(0)} \tag{10.56}$$

$$e_k(t) = \sum_{i=1}^{6} \frac{\partial \psi_{ik}^{(0)}}{\partial t_s} \cdot f_i^{(0)} = -\sum_{i=1}^{6} \frac{\partial \psi_{ik}^{(0)}}{\partial t} \cdot f_i^{(0)} \tag{10.57}$$

式中的 $\psi_{ik}^{(0)}$ 是震源位置 $\boldsymbol{r}_s=(r_s,\theta_s,\phi_s)$和发震时刻 t_s 的函数，也是观测点位置 $\boldsymbol{r}=(r,\theta,\phi)$的函数，注意式（10.57），$\psi_{ik}^{(0)}$ 随 t 的变化与随发震时刻 t_s 的变化是反向的。

利用多个观测点的式（10.53），采用通用的最优化方法可得到新的震源位置和发震时刻以及改善的矩率张量估计。在对新的震源位置和发震时刻重新计算核函数之后，将新的震源位置和发震时刻以及改善的矩率张量估计作为新的初值再次代入式（10.53），重复这一过程直至达到收敛。这时得到的震源位置和发震时刻就是所谓矩心的位置和矩心发震时刻。但如前所述，由于参考地壳模型中的误差或地球结构的横向不均匀性，加上特定的台站分布，可能导致由长周期波确定的点源位置发生偏移，所以，给出的修正震源位置和发震时刻只是达到观测波形与合成（理论）波形拟合最好的震源位置和发震时刻，与“真正的”矩

心应力过量密度的矩心有时还是有差异的。

10.4.2 事件选择

为常规产出全球矩心矩张量（GCMT），首先要选择可能产出稳健的 CMT 的地震，并进行初步分析，通常是 $M_W \geqslant 5.0$ 的地震。在实践中，选择报告震级（m_b 或 M_S）$\geqslant 4.8$ 的地震，以保证不漏掉 $M_W \geqslant 5.0$ 的地震。在初步分析后，所选地震当中约有 50% 被抛掉，或者是因为地震的矩震级小于 5.0，或者是由于其他原因，经常是因为与另一地震的信号相干扰，从而确认不能得到稳健的矩张量解，于是事件被抛掉。

10.4.3 地震数字记录波形的收集

使用来自 IRIS－USGS 全球地震台网（地震台网代码 II 和 IU）的数据，以及来自中国数字地震台网（IC）、Geoscope（G）、Mednet（MN）、Geofon（GE）和 Caribbean（CU）台网的补充数据（关于台网及其代码，可访问 http://www.fdsn.org/networks/，最近一次访问在 2017 年 12 月）。这些数据是从 IRIS 数据管理中心（DMC）请求和提取的，目前 IRIS DMC 有几种类型的数据，如时间序列数据、元数据、事件波形数据等，有几种访问数据的工具可供选择（http://ds.iris.edu/ds/nodes/dmc/data/#access，最近一次访问在 2017 年 12 月）。约 150 个台站的可用数据供分析，与此相比，在 GCMT 目录的第一年 1976 年，可用的地震台站只有 10～15 个（Ekström et al.，2012）。

对每个事件，提取全部可用台站的三分量数据。通过对仪器响应反卷积和与标准的无相移带通滤波器（取决于数据类型，见下一小节）卷积，使数据的仪器响应相等。自 2004 年起，考虑 3 种数据类型：①体波，定义为在小弧面波（minor－arc surface wave）到达之前的一个时间窗内的信号；②地幔波，又称地幔面波（mantle surface wave）波长多在两千千米以上，周期往往有 8～10 分钟之久，据认为几乎整个地幔参与了这种震动，由可长达 4.5 小时数据构成，通常包括 4 个长周期勒夫面波 G_1—G_4 和瑞利面波 R_1—R_4，图 10.9 给出作为地幔波的瑞利面波 R_1—R_3 的大圆弧路径，图 10.10 是 R_1—R_7 的记录举例，可以看到以小时计的地幔波持续时间；③中周期面波，它包括的时间窗以中周期面波小弧到时为中心。

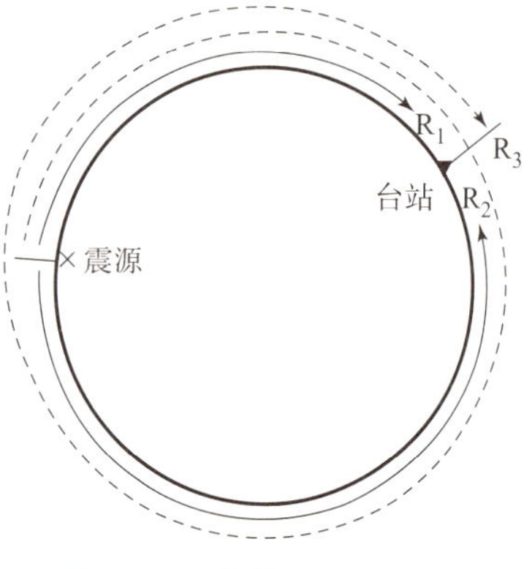

图 10.9 瑞利面波 R_1—R_3 的大圆弧路径（彼得·鲍曼，2006，图 2.17）

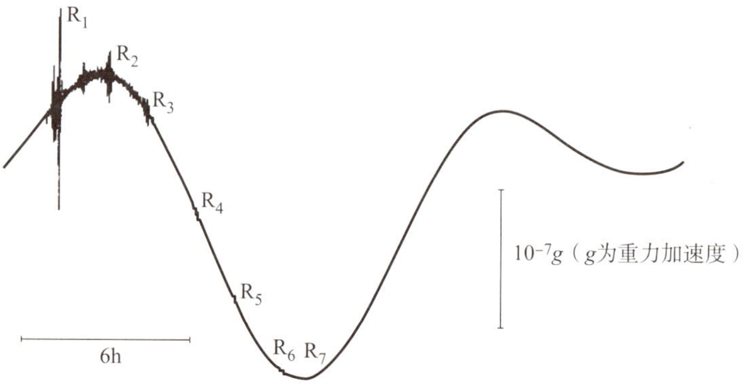

图 10.10 日本名古屋大学运行的 STS1 地震仪给出的大动态甚宽频带（VBB）记录的例子。克马德克群岛的一个 8.2 级地震（1986 年 10 月 20 日）产生的地震波群叠加在固体潮之上（彼得·鲍曼，2006，图 2.19）

10.4.4 滤波

滤波策略取决于数据类型和事件震级。$5.5 \leqslant M_W \leqslant 6.5$ 地震的体波数据被滤波成 150s 至 40s 之间的位移，在 100s 至 50s 之间有平坦响应；$M_W \leqslant 5.5$ 的地震，被滤波成有同样拐角频率的速度；$M_W \geqslant 6.5$ 的地震，体波被滤波成 150s 至 50s 之间的位移，其平坦响应在 100s 至 60s 之间。$M_W \leqslant 7.0$ 的地幔波数据被滤波成 350s 至 125s 之间的位移，平坦响应在 300s 至 150s 之间，只对 $M_W > 5.5$ 的地震考虑地幔波；$M_W > 7.0$ 的地震，滤波周期随地震大小逐渐移动，从而使 $M_W > 8.0$ 的地震的周期范围是 450s 至 200s。$M_W \geqslant 5.5$ 的地震，中周期面波被滤波成 150s 至 50s 之间的位移，平坦响应在 100s 至 60s 之间；$M_W < 5.5$ 的地震，响应被修改成速度，从而增强较短周期的信号，较短周期信号受噪声影响较小；对于深度大于 300km 的地震，不考虑中周期面波。

10.4.5 加权

上述三类数据提供了对震源的互补约束：体波以一种比较均一的方式对震源球取样；中周期面波由于它们的振幅大而受噪声影响较小，所以为较小地震提供了有用的数据集；地幔波的优点在于它在两个相反的方向对地震采样，而且由于其长周期特性，对震源在空间上的延伸和时间历程不敏感。在 CMT 反演中，对这三类波形地震图的加权方式是：对 $M_W < 5.5$ 的地震，地幔波不做贡献，对 $5.5 \leqslant M_W \leqslant 6.5$ 的地震，地幔波权重线性增大，对 $M_W > 6.5$ 地震则加全权；对 $M_W < 6.5$ 的地震，体波和面波加全权，对 $6.5 \geqslant M_W \geqslant 7.5$ 的地震，相对权重减小，而对 $M_W > 7.5$ 的地震则不做贡献，因为对于这样大的地震，由震源的空间和时间复杂性主导着较短周期的震源谱，而在 CMT 反演中不考虑这种复杂性。

10.4.6 约束

在 CMT 反演中，矩张量的对角元素之和被约束为零，即 $M_{rr}+M_{\theta\theta}+M_{\phi\phi}=0$，对应于假定矩张量没有体积变化分量。对于一些地震，还固定震源的空间矩心，特别是震源深度。当反演试图将震源放在比最小允许深度（12km）还小的深度时，震源被固定在 12km；当反演过程中深度表现出持久的不稳定性时也必须固定深度，固定在所报告的震源深度或认为对该震源区适当的深度。

10.4.7 震源时间函数

震源半持续时间是在反演过程中根据事件的标量地震矩假定的一个参数。使用由宽带矩率函数模拟导出的经验关系，

$$t_{\text{hdur}} = 1.05\times 10^{-8} M_0^{\frac{1}{3}} \tag{10.58}$$

来估计震源半持续时间，式中 t_{hdur} 是以秒度量的半持续时间，M_0 是以达因·厘米(dyn·cm) 为单位的标量地震矩。2004 年以前，在 CMT 反演中使用的矩率函数被模拟为矩形（boxcar）；自 2004 年起，矩率函数被模拟为有半持续时间 t_{hdur} 的三角形，参见图 10.2，$t_{\text{hdur}}=\tau/2$。

10.4.8 产出过程展示

图 10.11 显示 CMT 分析四步法的结果示例，图中显示日本北海道附近 $M_W=5.0$ 地震

CMT 分析四步法的结果，每个小图代表一个反演步骤的结果。小图顶部的圆圈显示台站的方位覆盖；左侧两个圆圈显示地震图体波部分的方位覆盖，其中左边的一个圆圈显示垂直分量地震图的方位覆盖，右边的一个显示水平分量；对每个地震图的拟合程度用这些图上“辐条”的色彩代表，绿色代表拟合得很好，黄色代表拟合得好，红色表示拟合的差；中间的两个圆圈代表长周期地幔波（本事件中没有），右边两个圆圈代表中周期面波；小图的中间部分以图形显示每次迭代中的事件参数；彩色编码反映每个估计量的值和稳定性，绿色代表好，黄色代表可接受，红色代表有问题；每个小图底部一行显示反馈的每次迭代中的深度和震源机制，自动编辑器修改不同步骤间波形和时间窗的选择，再每一步给出台站总数（NSTA）和地震图总数（NCOM）。

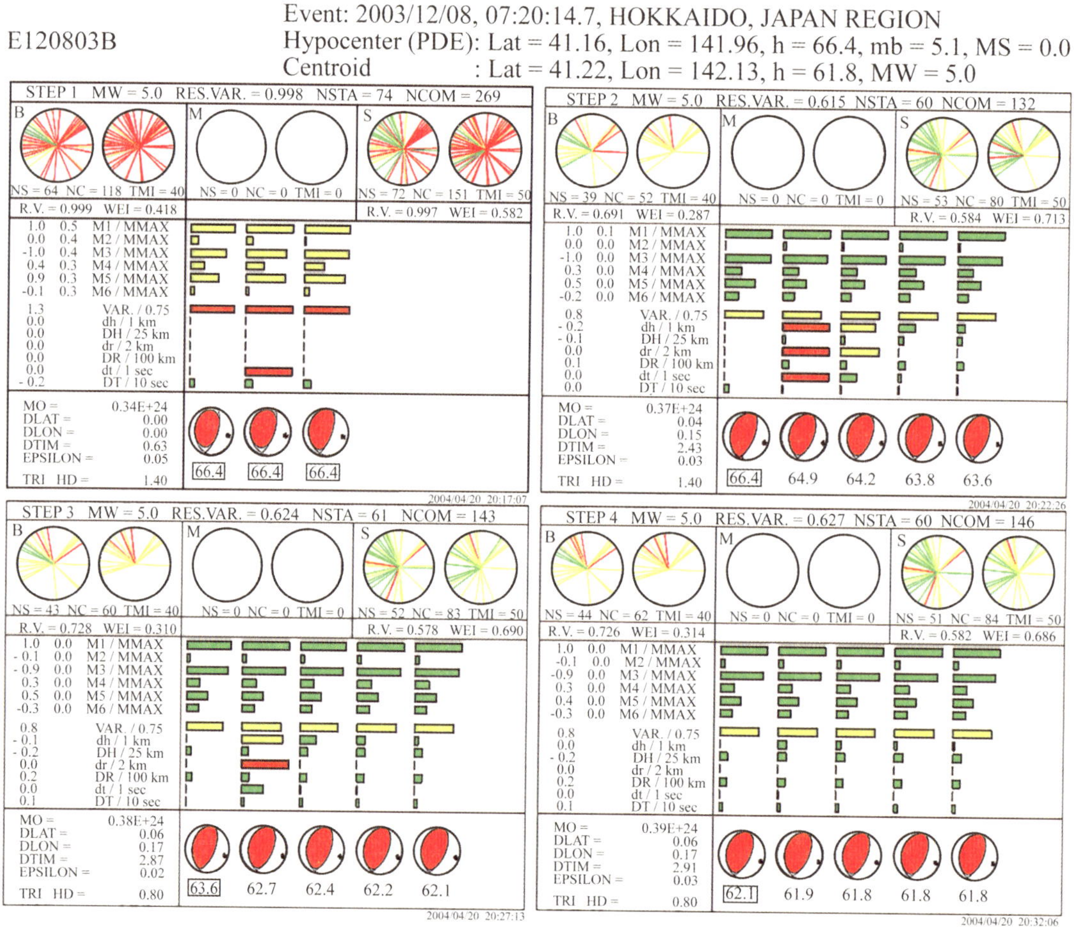

图 10.11 日本北海道附近 M_W = 5.0 地震 CMT 分析四步法的结果：step 1 至 step 4（Ekström et al.，2012，Fig.2）

10.4.9 降低 GCMT 震级下限

为了降低可测定 CMT 的地震震级下限，Arvidsson 和 Ekström（1998）对 CMT 方法进行了修正，从而可以使用区域距离上的台站记录波形计算中等大小地震的矩心矩张量。修正的 CMT 方法使用初至面波，低通滤波截止周期 40～60s。尽管较小事件能很好地激发这些波，但在标准 GCMT 分析中并没有包含这些波，因为它们对岩石圈不均匀性高度敏感。Ekström 等（1997）导出了全球相速度分布图，使得有可能计算这些波的传播频散特性，用于较正基频振型计算出的合成地震图。每个事件初始位置还是取自 PDE 报告，反演过程遵循 GCMT 算法的二步过程，与 GCMT 类似，计算震源和接收器激发函数时使用 PREM 地壳模型。

10.5　W 震相矩心矩张量（WCMT）反演

Kanamori（1993）在研究 1992 年 9 月 2 日的尼加拉瓜大地震的位移记录时发现，在 P 和 S 波之间有一个长周期（可达 1000s）的斜坡状震相，并命名为 W 震相。W 震相的群速度快，大部分 W 震相能量被包含在 P 波到达之后的一个短时间窗内，W 震相能比传统的面波快得多地带来地震的长周期信息。而且，在这个周期范围，这些振型的能量绝大部分留在其结构横向变化较小的地幔中，W 震相的传播不受海洋和大陆造成的浅层结构不均匀性的强烈影响。由于 W 震相的这些优点，Kanamori 等开发了利用 W 震相反演矩心矩张量（CMT）的方法，并成功用于实践（Kanamori and Rivera，2008），旨在大地震发生之后，能快速地给出矩张量和相应的矩震级 M_W，从而为预报可能的海啸及时提供震源信息。

10.5.1　W 震相

按地震射线理论，W 震相可被解释为 P、PP、S、SS、SP、PS 等若干震相的长周期能量的叠加。在简正振型理论中，W 震相是球形振型（即瑞利波）的基频振型以及一次、二次和三次谐频振型的长周期部分的叠加，其群速度略小于 P 波，在 4.5 ~ 9.0km/s。图 10.12 显示 2001 年秘鲁 M_W8.4 地震在 HRV 台的垂直向记录，其中的红色曲线是使用 GCMT 的矩张量解和矩心位置计算出的合成地震图，红色箭头指出 W 震相的位置。

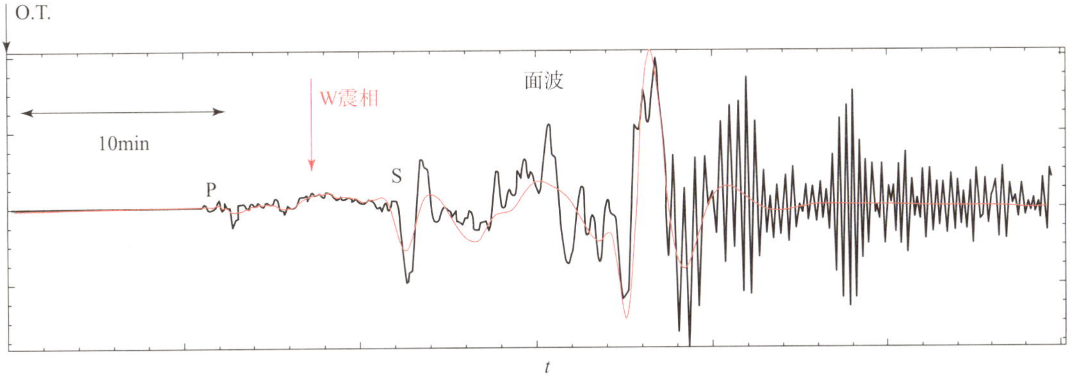

图 10.12　HRV 台站记录的 2001 年 Peru 地震（M_W = 8.4，Δ = 58.5°）的 W 震相以及使用 GCMT 解通过振型求和计算出的合成 W 震相（Kanamori and Rivera，2008，Fig. 1）

10.5.2　从观测数据中提取 W 震相波形

由于 W 震相的周期为 100 ~ 1000s 范围，在未经处理的地震记录上很难识别出 W 震相。

Kanamori 和 Rivera（2008）使用时间域反卷积方法（见 3.3.2.2 小节），从全球地震台网（GSN）的宽带记录中提取 W 震相。W 震相的带宽约为 0.001～0.01Hz，在大多数情况下用 0.001～0.005Hz 的带通滤波器对数据滤波。WCMT 反演是从垂直分量记录中提取出 W 震相，在对全部台站提取出 W 震相之后，按震中距增加的顺序将它们串联起来。对于矩张量反演而言，这种按震中距增加的顺序进行串联并非是必不可少的，但对于检验数据和拟合质量是有用的，其结果如图 10.13 所示串联的 W 震相，用于矩张量反演时的数据时间序列。

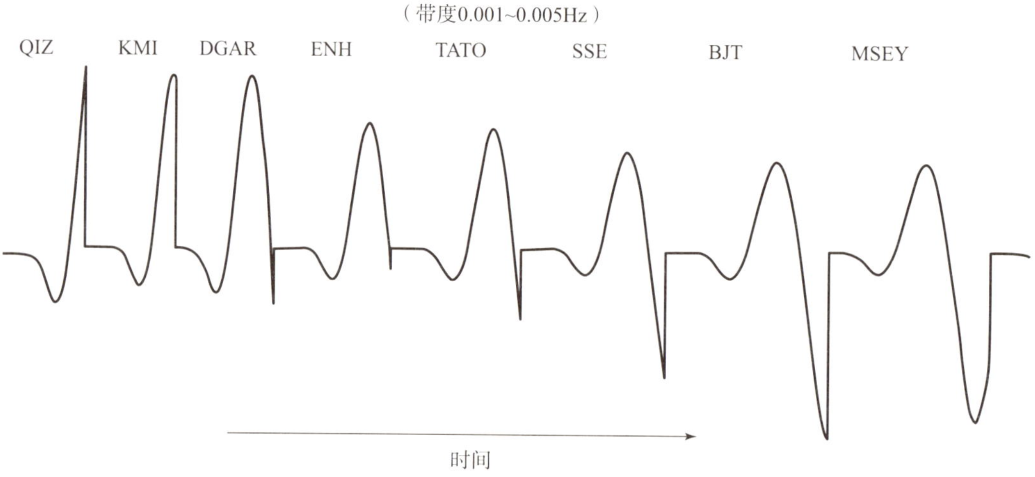

图 10.13　串联的 W 震相示意（Kanamori and Rivera，2008，Fig. 4）

10.5.3　WCMT 反演

利用 W 震相进行矩张量反演的核心步骤，是下面我们要描述的在给定矩心位置和震源时间函数后的线性最小二乘求解矩张量，并给出拟合偏差。在网格搜索中，对每个网格节点进行最小二乘拟合，最后找出拟合偏差最小的矩张量解。

10.5.3.1　给定矩心位置和震源时间函数反演矩张量并计算拟合偏差

在 W 震相反演时，假定一个空间上的点源作为初始矩心位置，这与全球矩心矩张量（GCMT）反演（见 10.4 节）类似。如果已知矩心位置和震源时间历程，则相对于矩张量元素 M_{ij}的反演是线性的，可写成如下公式，

$$\begin{bmatrix} u_{W1}^{1,1}(t) & u_{W1}^{2,2}(t) & u_{W1}^{3,3}(t) & u_{W1}^{1,2}(t) & u_{W1}^{1,3}(t) & u_{W1}^{2,3}(t) \\ u_{W2}^{1,1}(t) & u_{W2}^{2,2}(t) & u_{W2}^{3,3}(t) & u_{W2}^{1,2}(t) & u_{W2}^{1,3}(t) & u_{W2}^{2,3}(t) \\ u_{W3}^{1,1}(t) & u_{W3}^{2,2}(t) & u_{W3}^{3,3}(t) & u_{W3}^{1,2}(t) & u_{W3}^{1,3}(t) & u_{W3}^{2,3}(t) \\ \cdot & \cdot & \cdot & \cdot & \cdot & \cdot \\ \cdot & \cdot & \cdot & \cdot & \cdot & \cdot \\ \cdot & \cdot & \cdot & \cdot & \cdot & \cdot \\ u_{WN}^{1,1}(t) & u_{WN}^{2,2}(t) & u_{WN}^{3,3}(t) & u_{WN}^{1,2}(t) & u_{WN}^{1,3}(t) & u_{WN}^{2,3}(t) \end{bmatrix} \begin{bmatrix} M_{11} \\ M_{22} \\ M_{33} \\ M_{12} \\ M_{13} \\ M_{23} \end{bmatrix} = \begin{bmatrix} u_{W1}(t) \\ u_{W2}(t) \\ u_{W3}(t) \\ \cdot \\ \cdot \\ \cdot \\ u_{WN}(t) \end{bmatrix} \quad (10.59)$$

式中，M_{kl} 是震源矩张量的 kl 元素；$u_{Wi}^{k,l}(t)$是只有 $M_{kl}=1$ 的矩张量计算出的在台站 i 的位移；$u_{Wi}(t)$是在台站 i 的观测的 W 震相。这个方程对任何位移分量都成立，但 Kanamori 和 Rivera（2008）只使用垂直分量。为了计算 $u_{Wi}^{k,l}(t)$，首先对单位矩张量元素计算阶跃函数响应，即格林函数。然后将这个格林函数与震源时间函数（即矩率函数）卷积，并用观测地震图所用相同带通滤波器对它滤波，于是得到单位震源的合成位移 $u_{Wi}^{k,l}(t)$。

右手边的列矢量是串联的观测 W 震相，左手边矩阵的列矢量是对 6 个基本矩张量元素中的每一个计算出的单位源串联合成位移。

可对矩张量的全部 6 个元素用最小二乘法进行反演，或采用某些线性约束以减小元素个数。例如，如果假定震源没有纯体积变化，则可使用 $M_{33}=-(M_{11}+M_{22})$并对其余 5 个参数求解式（10.59），此时反演仍是线性的。

在得到矩张量元素的同时，还要计算波形拟合偏差，用波形拟合偏差的均方根作为反演结果质量的度量。

10.5.3.2　一维网格搜索寻找最佳矩心延时

在进行 10.5.3.1 小节所述反演时，假定矩心位置和震源时间函数是已知的，按 GCMT 求解所采用的过程，使用由 2 个参数(半持续时间 t_h和矩心延时 t_d)代表矩率函数来定义一个三角震源函数（见 10.4.7 小节）。半持续时间是三角矩率函数的半宽度，而矩心延时是从假定的发震时刻量起的三角中心的时间位置。由于 W 震相是很长周期的波，具有与 P 波类似的群速度，故只需知道这些参数的近似值。由于记录在甚长周期被滤波，所以半持时比较不重要。震源位置可以作为矩心位置的一级近似，因为 W 震相的群速度快，即使使用这一近似，其解一般适用于快速海啸警报的目的。最关键的参数是延时(时移)t_d，因为它对所有台站在时间上按同一方向按同一时间量移动 W 震相，因此，不适当的选择 t_d会导致大的波形拟合偏差。作为一级近似，可由初步震级粗略估计 t_d。可通过简单的一维网格搜索，对每个试验 t_d，进行 10.5.3.1 小节所述的反演过程，并计算每个 t_d 对应的波形拟合偏差，通过使波形拟合偏差的均方根(rms)达到极小，能得到 t_d的最好估计。

10.5.3.3　第二次网格搜索寻找最佳矩心位置

一旦确定了最佳 t_d，可使用震源位置作为矩心位置进行反演，反演的结果通常可满足快速海啸警报的要求。通过第二次网格搜索，能估计出最佳矩心位置。通常把深度固定在震源深度，只搜索矩心的经度和纬度。这样，通过这两次网格搜索，得到最终反演结果。

10.5.4　WCMT 反演中的格林函数

WCMT 反演使用的格林函数算法与 GCMT 的计算格林函数算法类似。下面讨论如何计算格林函数的全部分量，对于 WCMT 反演，只需计算垂直分量的格林函数。一般来说，对于 6 个独立矩张量元素，需要分别计算 3 个位移分量。这样，对每个台站需要计算总共 18 个格林函数。然而，对于球对称的地球，这些分量不是线性独立的，使线性独立的格林函数的个数减至 10 个。

10.5.4.1　方位角 ϕ 为 0 的情况

对于给定的深度和距离，考虑一个位于震源正北方 P 点的一个台站，即方位角 $\phi=0°$，于是，18 个格林函数中只有 10 个是非零的。使用(r,θ,ϕ) 表示垂直(上)、南、东（参见图 10.4，与 GCMT 中使用同样的坐标系)，由问题的对称性，有：

①对于一个垂直双力偶（$M_{rr}=1$)，$u_\phi=0$；

②对于一个北南双力偶($M_{\theta\theta}=1$)，$u_\phi=0$；

③对于一个东西双力偶($M_{\phi\phi}=1$)，$u_\phi=0$；

④对于一个剪切双力偶($M_{r\theta}=1$)，$u_\phi=0$；

⑤对于一个剪切双力偶($M_{r\phi}=1$)，$u_r=0$，$u_\theta=0$；

⑥对于一个剪切双力偶($M_{\theta\phi}=1$)，$u_r=0$，$u_\theta=0$。

如果用 $u_k(t;l,m)$表示由源 M_{lm}产生的第 k 个位移分量，则可把 P 点处的 3 个位移分量写成：

$$\left.\begin{aligned}u_r(t)&=M_{rr}u_r(t;r,r)+M_{\theta\theta}u_r(t;\theta,\theta)+M_{\phi\phi}u_r(t;\phi,\phi)+M_{r\theta}u_r(t;r,\theta)\\u_\theta(t)&=M_{rr}u_\theta(t;r,r)+M_{\theta\theta}u_\theta(t;\theta,\theta)+M_{\phi\phi}u_\theta(t;\phi,\phi)+M_{r\theta}u_\theta(t;r,\theta)\\u_\phi(t)&=M_{r\phi}u_\phi(t;r,\phi)+M_{\theta\phi}u_\phi(t;\theta,\phi)\end{aligned}\right\}\tag{10.60}$$

10.5.4.2 方位角 ϕ 不为 0 的情况

为计算方位角为 Φ(不为0)的 Q 点的位移，在源处将矩张量绕垂直轴旋转 Φ 角，并做以上同样的分析，旋转后的矩张量由下式给出，

$$\boldsymbol{M}'=\boldsymbol{RMR}^{\mathrm{T}}\tag{10.61}$$

其中，

$$\boldsymbol{R}=\begin{bmatrix}\cos\Phi&\sin\Phi&0\\-\sin\Phi&\cos\Phi&0\\0&0&1\end{bmatrix}\tag{10.62}$$

于是，在 Q 点的位移 3 个分量可写作：

$$\left.\begin{aligned}u_r(t)&=M'_{rr}u_r(t;r,r)+M'_{\theta\theta}u_r(t;\theta,\theta)+M'_{\phi\phi}u_r(t;\phi,\phi)+M'_{r\theta}u_r(t;r,\theta)\\u_\theta(t)&=M'_{rr}u_\theta(t;r,r)+M'_{\theta\theta}u_\theta(t;\theta,\theta)+M'_{\phi\phi}u_\theta(t;\phi,\phi)+M'_{r\theta}u_\theta(t;r,\theta)\\u_\phi(t)&=M'_{r\phi}u_\phi(t;r,\phi)+M'_{\theta\phi}u_\phi(t;\theta,\phi)\end{aligned}\right\}\tag{10.63}$$

其中，

$$\left.\begin{aligned}M'_{\phi\phi}&=M_{\phi\phi}\cos^2\Phi-2M_{\phi\theta}\sin\Phi\cos\Phi+M_{\theta\theta}\sin^2\Phi\\M'_{\theta\theta}&=M_{\phi\phi}\sin^2\Phi+2M_{\phi\theta}\sin\Phi\cos\Phi+M_{\theta\theta}\cos^2\Phi\\M'_{rr}&=M_{rr}\\M'_{\phi r}&=M_{\phi r}\cos\Phi-M_{\theta r}\sin\Phi\\M'_{\theta r}&=M_{\theta r}\cos\Phi-M_{\phi r}\sin\Phi\end{aligned}\right\}\tag{10.64}$$

上述表达式同样适用于在球型振型和环型振型。

10.5.4.3 具体实现

为了具体计算 $u_k(t;l,m)$，必须使用涉及本征函数和本征值的显式表达式，其具体的表

达式见 Kanamori 和 Given（1981），其中使用了 Kanamori 和 Cipar（1974）以及 Kanamori 和 Stewart（1976）中给出的计算公式。

10.5.4.4　构建格林函数库

Kanamori 和 Rivera（2008）预先对震中距范围 $0° \leqslant \Delta \leqslant 90°$，对震源深度范围 0～760km，以 0.1°间隔预先计算出 3 分量位移的格林函数。随着深度的增大，深度间隔从 2km 变到 10km。虽然 W 震相反演只需要前几个谐波的长周期振型，但为了完整，他们计算了到更短周期的所有振型，格林函数数据库有 103000 个球形振型、63000 个环形振型以及 152 个径向振型，直到周期 12s 都是完全的。

10.6　震源时间函数与矩张量的联合反演

如上节所述，CMT 反演先是采用矩形震源时间函数，后来改用三角形震源时间函数，其震源时间函数的半持续时间也是使用由以往数据构建的统计关系来预先设定，其他一些体波反演矩张量的方法也多是如此。对于较大地震，由于震源破裂过程有较长的持续时间，因此，如果能同时测定地震矩张量和震源时间函数，则可对震源破裂过程有更好的了解。刘超等（2008）提出的同步源矩张量反演方法，可以同时反演矩张量和震源时间函数，下面根据刘超等的相关文章，对这一方法做简要介绍。

10.6.1　震源时间函数与矩张量的联合反演方法

参照刘超等（2008）使用的符号，式（10.1）改写成，

$$U_i(\boldsymbol{r},t) = \sum_{k=1}^{6} G_{ik}(\boldsymbol{r},t;\boldsymbol{r}_S) * M_k(t) \tag{10.65}$$

式中，$U_i(\boldsymbol{r},t)$表示第 i 个记录震相；$\boldsymbol{r}$ 表示相应的台站位置；$\boldsymbol{r}_S$ 表示震源位置；$G_{ik}(\boldsymbol{r},t;\boldsymbol{r}_S)$表示第 i 个记录震相和矩张量的第 k 个分量所对应的格林函数；$M_k(t)$表示矩张量的分量。为使反演结果稳定，刘超等（2008）采用了同步源的假定，即假设矩张量的各个分量都具有相同的时间历史（Lay and Wallace，1995），通过迭代过程，得到具有相同时间历史 $S(t)$的矩张量元素，具体步骤如下。

①将矩张量 6 个分量的时间历史 $S_k(t)$和表示矩张量大小的量 M_{0k} 分离开来，

$$M_k^{(n)}(t) = \frac{\int M_k^{(n)}(t)\,\mathrm{d}t}{\left|\int M_k^{(n)}(t)\,\mathrm{d}t\right|} M_{0k}^{(n)} S_k^{(n)}(t) \tag{10.66}$$

式中，n 代表第 n 次迭代；$k=1,2,\cdots,6$。

②由矩张量 6 个分量的时间历史构建相同的时间历史，

$$S^{(n)}(t) = \frac{\sum_{k=1}^{6}\left[(M_k^{(n)}(t))^2 \dfrac{|S_k^{(n)}(t)| + S_k^{(n)}(t)}{2}\right]}{\sum_{k=1}^{6}(M_k^{(n)}(t))^2} \tag{10.67}$$

式中，$S^{(n)}(t)$是震源时间函数 $S(t)$的第 n 次迭代。

③将相同的震源时间历史 $S(t)$赋予地震矩张量的 6 个分量，

$$M_k^{(n+1)}(t) = \frac{\int M_k^{(n)}(t)\,\mathrm{d}t}{\left|\int M_k^{(n)}(t)\,\mathrm{d}t\right|} M_{0k}^{(n)} S^{(n)}(t) \quad k = 1,2,\cdots,6 \tag{10.68}$$

通过式（10.66）、式（10.67）和式（10.68）描述的迭代过程，便可以从观测资料中得到震源时间函数 $S(t)$。

在震源时间函数 $S(t)$已知的情况下，可以将地震引起的地面运动表示为，

$$U_i(\boldsymbol{r},t) = \sum_{k=1}^{6} [G_{ik}(\boldsymbol{r},t;\boldsymbol{r}_{\mathrm{s}}) * S(t)] \cdot M_k \tag{10.69}$$

此时，待解的未知数仅为表示矩张量大小的 6 个分量的幅值 M_k，从而不需要进行迭代计算。利用上述反演过程，可获得作为时间函数的地震矩张量解。在反演矩张量和震源时间函数时限定震源时间函数不能有负值，这符合绝大多数地震的实际情况。刘超等（2008）采用标准的全球速度结构模型（Kennett and Engdahl，1991）和反射率方法（Kennett，1983）计算所用的格林函数。Kennett 发布的反射率法计算合成地震图程序 ERZSOL3 的下载网址是，http://www.spice-rtn.org/library/software/ERZSOL3.html(最近一次访问在 2018 年 3 月)。

10.6.2 地震数字记录波形的收集和预处理

刘超等（2008）使用的数字波形数据取自 IRIS 数据中心，在选择资料时，主要依据以下三个原则：信噪比高；台站的方位分布尽量均匀；震中距范围为 10°～85°。针对不同地震的震源尺度和主要频率成分，采样不同的滤波带宽、截取波形长度和采样率，例如，对 2008 年 5 月 12 日汶川地震主震，使用台站 37 个，取频率范围 0.02～0.005Hz，对应周期 50～200s，截取波形长度 140s，数据采样率 1sps；对六次强余震，使用台站数 6～19 个不等，取频率范围 0.0625～0.005Hz，对应周期 16～200s，截取波形长度 35s，对一次强余震使用 19 个台站，取频率范围 0.05～0.005Hz，对应周期 20～200s，截取波形长度 45s，这 7 次强余震数据的采样率均为 5sps（刘超等，2008，表 1）。考虑到主震的持续时间很长，低频成分发育，在对主震做矩张量反演时，选用了低频响应较好的长周期（LP）记录，所选用的资料都是垂直向 P 波记录，没有使用干扰较大的水平向记录。

10.6.3 结果的确认

反演过程完成后，需要计算观测波形与合成波形的相关系数，以判定波形的相似性，要求多数台站的波形互相关系数达到 0.8 以上，据此确认反演结果是否可以接受。图 10.14 给出刘超等（2008）得到的 2008 年 5 月 12 日汶川大地震及其 7 次强余震的矩张量解、最佳双力偶解与归一化的震源时间函数，可以看到不同地震震源时间函数在形状上和持续时间上的差异。

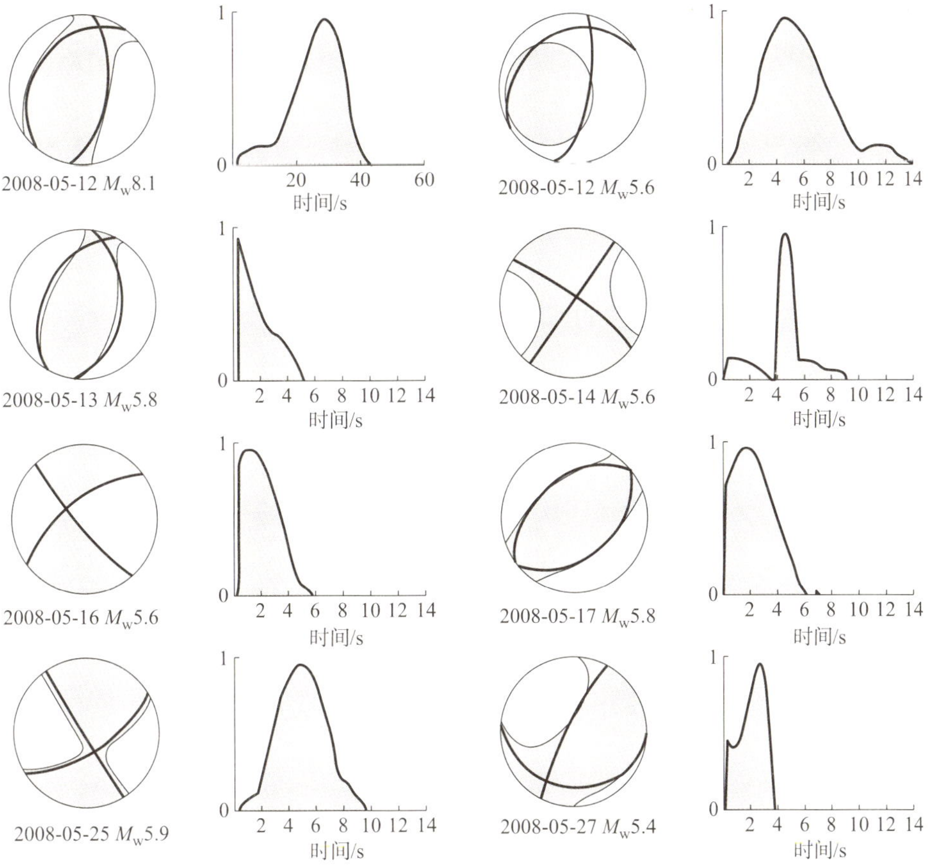

图 10.14 2008 年 5 月 12 日汶川大地震及其 7 次强余震的矩张量解、最佳双力偶解与归一化的震源时间函数

10.7 时间域区域矩张量反演算法 TDMT

世界上许多地区开展了常规的时间域反演区域地震矩张量。下面以 Dreger 等发展的时间域反演区域地震矩张量的方法（Dreger and Helmberger，1993）和软件包为例，说明反演地震矩张量的基本方法。该方法自 1993 年开始在美国北加利福尼亚地震台网应用并实现自动处理以来，已在世界上许多地区推广应用。

10.7.1 构建矩张量反演公式

对于一个完全的矩张量，即含有 6 个独立元素的矩张量，在空间和时间上都为点源的假定下，地面位移的解析解可表示为（Minson and Dreger，2008）：

$$\left.\begin{aligned} u_Z &= A_1 \cdot \mathrm{ZSS} + A_2 \cdot \mathrm{ZDS} + A_3 \cdot \mathrm{ZDD} + M_{\mathrm{iso}} \cdot \mathrm{ZEP} \\ u_R &= A_1 \cdot \mathrm{RSS} + A_2 \cdot \mathrm{RDS} + A_3 \cdot \mathrm{RDD} + M_{\mathrm{iso}} \cdot \mathrm{REP} \\ u_T &= A_4 \cdot \mathrm{TSS} + A_5 \cdot \mathrm{TDS} \end{aligned}\right\} \tag{10.70}$$

式中，u 是地面位移；Z、R、T 分别为位移的垂直分量(向下为正)、水平径向分量(离开震源方向为正)和水平切向分量(从径向顺时针方向为正)；函数 ZSS、ZDS、ZDD、RSS、RDS、RDD、TSS、TDS 与 ZEP、REP 是计算任意点位错源或点爆炸源在已知地球介质（例如分层均匀介质）产生的波场所需要的 10 个格林函数，其中 ZSS 是一个走滑型震源产生的 Z 分量位移，ZDS 是一个倾滑型震源产生的 Z 分量位移，ZDD 是一个 45°倾滑型震源产生的 Z 分量位移，这 3 个分量是为表示任何剪切位错源的 P－SV 运动所必需的分量；类似地，R 字头的 3 个分量对应于径向分量，T 字头的 2 个分量对应于切向分量；ZEP、REP 分别为爆炸源的垂直分量和径向分量，爆炸源不产生切向分量位移。式中 M_{iso} 是矩张量的迹的 1/3，

$$M_{\mathrm{iso}} = \frac{\mathrm{tr}(\boldsymbol{M})}{3} = \frac{M_{11}+M_{22}+M_{33}}{3} \tag{10.71}$$

式（10.70）中的系数 $\boldsymbol{A}_i$ 可用矩张量元素表示为，

$$\left.\begin{aligned}
A_1 &= \frac{1}{2}(M_{xx}-M_{yy})\cos(2az)+M_{xy}\sin(2az)\\
A_2 &= M_{xz}\cos(az)+M_{yz}\sin(az)\\
A_3 &= -\frac{1}{6}(M_{xx}+M_{yy}-2M_{zz})\\
A_4 &= \frac{1}{2}(M_{xx}-M_{yy})\sin(2az)-M_{xy}\cos(2az)\\
A_5 &= -M_{yz}\cos(az)+M_{xz}\sin(az)
\end{aligned}\right\} \tag{10.72}$$

将式（10.72）代入式（10.70），得到，

$$\begin{aligned}
u_Z = {} & M_{xx}\left[\frac{\mathrm{ZSS}}{2}\cos(2az)-\frac{\mathrm{ZDD}}{6}+\frac{\mathrm{ZEP}}{3}\right]+\\
& M_{yy}\left[-\frac{\mathrm{ZSS}}{2}\cos(2az)-\frac{\mathrm{ZDD}}{6}+\frac{\mathrm{ZEP}}{3}\right]+\\
& M_{zz}\left[\frac{\mathrm{ZDD}}{3}+\frac{\mathrm{ZEP}}{3}\right]+\\
& M_{xy}[\mathrm{ZSS}\sin(2az)]+\\
& M_{xz}[\mathrm{ZDS}\cos(az)]+\\
& M_{yz}[\mathrm{ZDS}\sin(az)]
\end{aligned} \tag{10.73}$$

$$\begin{aligned}
u_R = {} & M_{xx}\left[\frac{\mathrm{RSS}}{2}\cos(2az)-\frac{\mathrm{RDD}}{6}+\frac{\mathrm{REP}}{3}\right]+\\
& M_{yy}\left[-\frac{\mathrm{RSS}}{2}\cos(2az)-\frac{\mathrm{RDD}}{6}+\frac{\mathrm{REP}}{3}\right]+\\
& M_{zz}\left[\frac{\mathrm{RDD}}{3}+\frac{\mathrm{REP}}{3}\right]+\\
& M_{xy}[\mathrm{RSS}\sin(2az)]+\\
& M_{xz}[\mathrm{RDS}\cos(az)]+\\
& M_{yz}[\mathrm{RDS}\sin(az)]
\end{aligned} \tag{10.74}$$

$$u_T = M_{xx}\left[\frac{\mathrm{TSS}}{2}\sin(2az)\right]+$$

$$
\begin{aligned}
&M_{yy}\left[-\frac{TSS}{2}\sin(2az)\right]+\\
&M_{xy}[-TSS\cos(2az)]+\\
&M_{xz}[TDS\sin(az)]+\\
&M_{yz}[-TDS\cos(az)]
\end{aligned}
\tag{10.75}
$$

式（10.73）、式（10.74）和式（10.75）每个都可以建立一个矩张量反演算法。式（10.73）和式（10.74）用于一般情况，反演所预期的矩张量是一个各向同性部分和一个偏量部分的组合。基于切向数据的反演，即式（10.75），不能解出 M_{zz}，在这种情况下，要假定矩张量是纯偏量，并约束 $M_{zz}=-(M_{xx}+M_{yy})$。在寻找纯偏量矩张量的反演中也能对式（10.73）和式（10.74）应用同样的约束，即在式（10.73）和式（10.74）中，形式上令 $ZEP=REP=0$。

式（10.73）、式（10.74）和式（10.75）可合起来用矩阵形式表示为，

$$
\boldsymbol{d}=\boldsymbol{G}\boldsymbol{m} \tag{10.76}
$$

式中，$\boldsymbol{d}$ 为列矢量，每个元素为一个数据点，共有数据点数 k = 使用台站总数 × 每个台站的分量数 × 每道记录数据点数；$\boldsymbol{m}$ 为待求矩张量元素组成的列矢量，完全矩张量反演时元素个数 $n=6$，只反演矩张量偏量部分时，$n=5$；$\boldsymbol{G}$ 为 k 行 n 列的格林函数矩阵。

10.7.2 震源时间函数

式（10.70）至式（10.76）给出的简化表达式中，假定对于所有矩张量元素其震源时间历史是同步的，而且可用 δ 函数近似，参见图 10.2 的最上两小图，可以看到，当（远场）震源时间函数为 δ 函数时，相应的断层错动是一个阶跃函数（图 10.2 的最上一个小图）。这样就省去了格林函数与震源时间函数的卷积运算。这是在 TDMT 中的一个很重要的假设，对于 $M_W<7.5$ 的地震，这些假设一般是合理的，因为使用的是长周期波（周期大于 10 ~ 20s）。因此，TDMT 方法一般只适用于中等大小的地震。

10.7.3 地壳模型

要求使用的地壳模型能较好地解释低频地震波的传播，以此得到稳健的格林函数，从而确保成功完成地震矩张量反演。在 TDMT 中使用的格林函数计算程序 FKRPROG（Saikia, 1994）采用水平均匀分层模型，包括各层的厚度、P 波速度、S 波速度、介质密度、P 波 Q 值和 S 波 Q 值，其中各层内的 Q 值都设为常数，与频率无关。

考虑到地壳模型与实际地壳的差异，由地壳模型计算出的地震波走时会与实际情况不同，因此，在参数设置时可对每个台站单独给定到时延迟，并在观测波形与合成波形拟合时采用互相关运算自动使两个波形初至对齐。

10.7.4 时间域地震矩张量反演程序代码 TDMT_INVC

下面参考 Dreger（2002）的“时间域反演地震矩张量程序包使用指南”，对反演程序包做简要说明。

时间域矩张量反演软件包 TDMT_INVC 自 1993 年起在美国加州大学 Berkeley 地震实验室（BSL）用于自动分析北加州 $M_L>3.5$ 的事件（www.seismo.berkeley.edu/~dreger/mtindex.html,

最近一次访问在 2017 年 12 月)。该软件包还成功地用于日本国家地震科学与防灾研究所(NIED, http://www.fnet.bosai.go.jp/event/dreger.php? LANG = en, 最近一次访问在 2017 年 12 月),以及美国、欧洲和亚洲的一些研究者。软件包包括,用于计算格林函数库和反演宽频带数据以得到地震矩张量的一组程序,各种数据处理工具软件和 shell 脚本,以及用于展示如何使处理过程自动化的代码和脚本。软件包中还包括由 Chandan Saikia 编写的计算格林函数的频率-波数积分程序 FKRPROG (Saikia, 1994)。

时间域地震矩张量反演软件包(TDMT_INVC)可在 *International Handbook of Earthquake and Engineering Seismology*, *Part B*(W. H. K. Lee 等主编, 2002)中找到,通过解压,产生一个目录结构,其根目录名为 MTPACKAGE,包含若干子目录。源代码和 Makefile 位于 MT-CODE 子目录。该软件使用 Numerical Recipes for C(http://numerical.recipes/, 最近一次访问在 2017 年 12 月)和 Seismic Analysis Code(SAC)(http://www.iris.edu/dms/nodes/dmc/software/downloads/sac/, 最近一次访问在 2017 年 12 月),要由用户单独获取。当构建 numerical recipes library, nrcv2.a 时,必须使用标准 C(standard C)选项,而不是 ANSI.C。

TDMT_INVC 软件包中只解出偏量地震矩张量,反演产生 M_{ij},它被分解为标量地震矩、一个双力偶和一个补偿线性矢量偶极 CLVD (参见 10.2.2.7 小节),该分解表示为双力偶所占百分比(P_{dc})和 CLVD 所占百分比(P_{clvd})。因软件包不考虑各向同性部分,所以,各向同性部分所占百分比(P_{iso})总是 0,该双力偶进一步表示为两个节面的走向、倾角和滑动角。

10.7.5 时间域地震矩张量反演程序代码 TDMTiso_INVC

这一地震矩张量反演软件包是 Minson 和 Dreger (2005) 在 TDMT_INVC 基础上开发的,与上述 TDMT_INVC 一起组成 TDMT 软件包 MTPACKAGEv2.1 (Dreger, 2007)。Minson 和 Dreger (2008) 论证了所采用公式(见本书式(10.73)、式(10.74)和式(10.75))的正确性,因为在完全矩张量反演时,这 3 个公式与 Jost 和 Hrremann (1989) 给出的公式稍有不同。注意在编译 TDMT_INVC 所需全部可执行程序(包括格林函数计算程序 FKRPROG)之后再单独编译 TDMTiso_INVC,并使用 Minson 修改过的子程序。

TDMTiso_INVC 可以反演完全矩张量,包含各向同性部分和偏量部分。

10.7.6 TDMT 反演方法的具体实现及结果质量描述

在 TDMT 程序中,求解式(10.76)时采用的是经典的最小二乘法,即由式(10.76)得到正规方程组,

$$\boldsymbol{G}^{\mathrm{T}}\boldsymbol{d} = \boldsymbol{G}^{\mathrm{T}}\boldsymbol{G}\boldsymbol{m} \tag{10.77}$$

式中,$\boldsymbol{G}^{\mathrm{T}}\boldsymbol{G}$ 是 $n \times n$ 的方阵,n 是待求独立矩张量元素的个数,在偏量矩张量的限定下(TDMT_INVC),$n=5$,在完全矩张量反演中则 $n=6$(TDMTiso_INVC 中可由使用者指定 $n=5$ 或 $n=6$),这是该最小二乘反演问题的自由度。在求解时,对每个数据点和相应的合成波形点进行加权。该程序中采用台站震中距加权,设第 i 台的震中距为 dist_i,全部台站的震中距平均值为 dist_m,则第 i 台的权重为,

$$w_i = \frac{\mathrm{dist}_i}{\mathrm{dist}_m} \tag{10.78}$$

上式距离加权使得较远台站有较大权重，避免了反演主要受较强的近台波形控制。这与地震定位时对到时数据的震中距加权正好相反，在地震定位时，通常对近台数据给予较大权重。

对于单次求解，是对给定震中位置和震源深度进行的。在得到计算结果 **M** 后，程序还计算了可用于评价解的质量的参数。根据 Dreger 的 TDMT 程序包中主程序 tdmt_invc.c 和子程序 fitcheck2.c，计算观测波形全部数据点（全部台站，每个台站3分量，每个分量全部数据点，总点数记为 k）相对于合成波形的残差平方和。在计算此残差平方和的时候没有对残差加权：

$$\mathrm{var}=\frac{\sum_{i}^{k}(\mathrm{data}_i-\mathrm{synth}_i)^2}{k-n-1} \tag{10.79}$$

式中，k 为总数据点数；n 是待求独立矩张量元素的个数（5或6）。在TDMT中称这样定义的 var 为方差（variance）。

记每个台站的数据点数为 k_s，共 s 个台站，有 $k=k_s\times s$，k_s是每个台站的数据点总数（每道记录点数乘以分量数）。

对每个台站 j，计算单台的残差平方和：

$$E_j=\sum_{i}^{k_s}(\mathrm{data}_i-\mathrm{synth}_i)^2 \tag{10.80}$$

台站 j 的观测数据平方和为，

$$D_j=\sum_{i}^{k_s}(\mathrm{data}_i)^2 \tag{10.81}$$

于是，台站 j 的归一化“方差”为，

$$E_{nj}=\frac{E_j}{D_j} \tag{10.82}$$

根据每个台站的 E_{nj} 值，确定是否删除该台站。由式（10.80），var 又可写成，

$$\mathrm{var}=\frac{\sum_{j}^{s}E_j}{k-n-1} \tag{10.83}$$

式中，s 是台站个数。由各台的残差平方和 E_j 和观测数据平方和 D_j，可定义不加权的归一化“方差”，

$$E_{\mathrm{nom}}=\frac{\sum_{j}^{s}E_j}{\sum_{j}^{s}D_j} \tag{10.84}$$

或可定义加权的归一化“方差”，

$$E_{\mathrm{wnom}}=\frac{\sum_{j}^{s}w_jE_j}{\sum_{j}^{s}w_jD_j} \tag{10.85}$$

式中 w_i 是第 i 台的权重，见式（10.78）的定义，由此给出两个“方差减小程度”的定义，

$$\text{不加权：} \mathrm{VR} = (1.0 - E_{\mathrm{nom}}) \times 100.0 \tag{10.86}$$

$$\text{加权：} \mathrm{VR_w} = (1.0 - E_{\mathrm{wnom}}) \times 100.0 \tag{10.87}$$

将 E_{nom} 和 E_{wnom} 的表达式（10.84）和式（10.85）分别带入式（10.86）和式（10.87），得到，

$$\mathrm{VR} = \left(1.0 - \sum_j^s \frac{\left[\sum_i^{k_s} (\mathrm{data}_i - \mathrm{synth}_i)^2\right]_j}{\sum_j^s \left[\sum_i^{k_s} (\mathrm{data}_i)^2\right]_j}\right) \times 100.0 \tag{10.88}$$

$$\mathrm{VR_w} = \left(1.0 - \sum_j^s w_j \frac{\left[\sum_i^{k_s} (\mathrm{data}_i - \mathrm{synth}_i)^2\right]_j}{\sum_j^s w_j \left[\sum_i^{k_s} (\mathrm{data}_i)^2\right]_j}\right) \times 100.0 \tag{10.89}$$

在 TDMT 程序的文本输出中给出了这两个指标。

程序中还根据 VR 值对解的质量进行了分类，用 $Q=0,1,2,3,4$ 标识，4 类质量最好，判别标准是：如果 $\mathrm{VR}<20$ 则 $Q=0$；如果 $20<\mathrm{VR}<40$ 则 $Q=1$；如果 $40<\mathrm{VR}<60$ 则 $Q=2$；如果 $60<\mathrm{VR}<80$ 则 $Q=3$；如果 $80<\mathrm{VR}$ 则 $Q=4$。

程序中定义 $\varepsilon = |m_1|/|m_3|$，其中 m_1，m_2，m_3 是矩张量 $\boldsymbol{M}$ 的偏量部分的 3 个本征值，且 $|m_1| \leqslant |m_2| \leqslant |m_3|$，于是，双力偶部分（DC）所占百分比 $P_{\mathrm{dc1}} = (1-2\varepsilon)$，补偿线性矢量偶极（CLVD）所占百分比 $P_{\mathrm{clvd1}} = 2\varepsilon$，各向同性部分（ISO）所占百分比为 $P_{\mathrm{iso1}} = |m_{\mathrm{iso}}|/m_0$（见 10.7.7 小节）。然后，对刚才求出的 3 个百分比归一化：$P_{\mathrm{sum}} = P_{\mathrm{dc1}} + P_{\mathrm{clvd1}} + P_{\mathrm{iso1}}$，最后得到双力偶部分（DC）所占百分比 $P_{\mathrm{dc}} = 100 \times P_{\mathrm{dc1}}/P_{\mathrm{sum}}$，补偿线性矢量偶极（CLVD）所占百分比 $P_{\mathrm{clvd}} = 100 \times P_{\mathrm{clvd1}}/P_{\mathrm{sum}}$，各向同性部分（ISO）所占百分比为 $P_{\mathrm{iso}} = 100 \times P_{\mathrm{iso1}}/P_{\mathrm{sum}}$。

10.7.7 标量地震矩

在 TDMT_INVC 中，只反演偏量部分，标量地震矩定义为两绝对值最大本征值的均值，

$$m_0 = \frac{|m_2| + |m_3|}{2} \tag{10.90}$$

而在 TDMTiso_INVC 中，由于考虑了矩张量的各向同性部分，标量地震矩定义为，

$$m_0 = \frac{1}{3}\mathrm{tr}(\boldsymbol{M}) + |m_3| \tag{10.91}$$

式中，m_3 是 $\boldsymbol{M}$ 的偏量部分的绝对值最大本征值，$\mathrm{tr}(\boldsymbol{M})$ 是矩张量 $\boldsymbol{M}$ 的迹。

10.7.8 震源深度估计

不同于矩心矩张量算法，TDMT 程序中没有确定低频矩心位置（centroid location）。但可

通过迭代找出使方差减小 VR 最大的震源深度。再有，在不大可能是爆炸事件的区域，对确定震源深度有用的另一个测度是 RES/P_{dc}（均方差除以双力偶百分比），

$$\frac{\text{RES}}{P_{dc}}=\frac{\sqrt{\text{var}}}{P_{dc}} \tag{10.92}$$

式中的 var 由式（10.83）给出，该值趋向于使极小值更显著，由此可选出对应其极小值的震源深度。

10.7.9　TDMT 在我国的应用

区域地震矩张量的准实时反演软件 J_TDMT_INV，由广东省地震监测中心沈玉松等在 TDMT_INVC 软件基础上对原来的程序进行了优化，用 JAVA 语言重新编写而成，并集成在 JOPENS 系统中，成为区域台网处理系统 JOPENS 下的新增功能，可实现自动或人工产出地震事件的矩张量解。下面参考《TDMT 区域地震矩张量准实时反演软件用户使用说明书》（广东省地震监测中心，2017）作简要说明。

用户可在参数设置界面选择需要参与反演计算的台站，设置滤波时的阶数、格林函数使用类型（速度或位移）、是否对台站数据做去仪器响应处理、反演时震源深度搜索范围以及选择合适的格林函数库（程序配套预先根据各省的地壳速度模型生成了格林函数库），最后根据震级大小选择滤波频率、数据截取长度和数据使用长度，并可以按震中距、方位角、台站名三个选项选择反演台站。

在滤波过程中，可根据显示的台站信噪比和滤波结果再次挑选台站。如发现截取数据的长度太长或太短，可返回参数设置界面重新设置数据截取长度。

在矩张量反演过程中，显示在给定震源深度搜索范围内各个震源深度下的结果震源机制图解。可根据各震源深度反演结果的波形拟合度（VR 值，越大反演结果波形拟合越好），选择最佳的震源机制图解。

详细结果界面给出了四个部分，即波形拟合情况、参与反演台站分布、反演结果输出和震源机制示意图。在波形拟合图中，蓝色曲线为台站波形，灰色曲线为理论波形，可根据其 VR 值来判断波形拟合情况。参与反演台站分布界面可以点击鼠标左右键进行放大和缩小，方便用户观察使用台站的分布。反演输出结果一栏给出了事件的发震日期、发震时刻、震级、经纬度、反演使用深度、两个节面的走向、倾向、滑动角、矩震级、标量地震矩 M_0、双力偶矩张量 DC、补偿线性矢量偶极子矩张量 CLVD、各向同性矩张量 ISO，实际波形与理论波形之间的方差 Viarance、理论波形与实际波形的拟合度（0～100）Var.Red、实际波形与理论波形之间的方差与双力偶分量百分比的比值 RES/P_{dc}。震源机制示意图给出了震源机制投影图，方便用户判断震源机制类型。

对于矩张量反演中的选项，沈玉松等提出如下建议（广东省地震监测中心，2017），可供参考：①震级，$M>3.5$；②震中距一般小于 600km，按震级大小选择，一般 4 级以下，200km 以内；4～5 级，300km 以内；5～6 级，400km 以内；6 级以上，500km 以内；③建立合理的台站列表，选择原则为质量好的宽带台站、信噪比高、方位角无偏差、台站传递函数设置正确、波形不限幅，没有缺或断数据；④信噪比，最好大于 5；⑤反演台站的选择，方位分布均匀并且信噪比好的台站；⑥自动反演触发地震震级目前定为 $M\geqslant3.5$；⑦预处理滤波范围，$M<4.0$，0.02～0.1Hz；$4.0\leqslant M<5.0$，0.02～0.05Hz；$M\geqslant5.0$，0.01～0.05Hz；

$M>7.5$，0.005~0.02Hz；⑧反演结果可信度，三台以上台站分布比较均匀的情况下，波形拟合 VR≥70%，其结果比较可信，对于构造地震，DC 占的百分比较高，也不排除数据质量不高时，DC 所占的百分比有所下降；⑨矩震级，不能和 M_s 相差太大。

10.8 结　语

本章具体介绍了利用地震记录波形反演地震矩张量的一些有代表性的计算方法，包括全球矩心矩张量（GCMT）、用 W 震相反演矩心矩张量（WCMT）、矩张量和震源时间函数的联合反演方法、时间域反演完全矩张量（TDMT）方法等。实际上，自 20 世纪 70 年代以来，许多研究者针对具体的研究目的，已经开发出多种反演地震矩张量的方法，其中有些反演程序已在互联网上开放，成为后来者进行地震矩反演的有力工具。下面介绍几位研究开发成果供大家参考。

Zhu 和 Benzion（2013）在反演震源机制的 CAP（见 9.6 节）方法基础上，将其扩展成可用于反演完全地震矩张量的 gCAP，在 Zhu Lupei（朱露培）的主页上可以下载 gCAP 软件和配套的计算格林函数程序，网址是：http://www.eas.slu.edu/People/LZhu/home.html（最近一次访问在 2018 年 3 月）。李圣强等（2013）利用 gCAP 反演 2011 年 5 月中国东北 M_W5.7 深震的地震矩张量，首次将 gCAP 应用于中国的地震研究。

在互联网可下载由 Cesca 等开发的反演程序 VOLPIS（Cesca and Dahm，2008），用于在频率域中反演矩张量，下载地址是：http://www.spice-rtn.org/library/software/volpis.html，最近一次访问在 2018 年 3 月。需要使用者自行准备格林函数。

Kikuchi 和 Kanamori（1991）采用远震体波波形反演方法分析多重震源，并提供了开发的程序包（新版程序为 2004 年 8 月 7 日版），用于分析一次大地震包含的多个子事件。程序下载网址是：http://www.eri.u-tokyo.ac.jp/ETAL/KIKUCHI/，最近一次访问在 2018 年 3 月）。可惜 Kikuchi 博士英年早逝，该网页最后一次更新在 2006 年 3 月 16 日。

Zahradník 等（2005）将 Kikuchi 和 Kanamori（1991）的方法扩展到近震和地方震，并提供了开放的程序 ISOLA。最新版的 ISOLA 可用于自动反演矩心矩张量，用 Python 语言写成，可在如下网址下载（J. Vackář et al.，2017）：http://geo.mff.cuni.cz/users/vackar/isola-obspy/，最近一次访问在 2018 年 3 月。

在一些情况下，特别是对于较小的近震和地方震，利用记录震相的振幅或振幅比进行地震矩张量和震源机制反演，仍然不失为可以利用来从地震记录中发掘震源信息的一种手段。例如，原本利用初动极性和振幅比反演震源机制的程序 FOCMEC（Snoke，2003，2009，2017）被扩展成可以反演一般矩张量的程序（Jechumtálová and Šílený，2005），这是一个很有价值的启示。

第 11 章　震源参数与介质参数的测定

对于震级约在 M_W 5 级以上的地震，可通过全球矩张量反演获得地震矩张量，得到最佳双力偶对应的震源机制和标量地震矩等描述震源的参数。对于 M_W3.5 至 5 左右的中等大小地震，区域矩张量反演的各种方法可以测定完全矩张量或纯偏矩张量，进而导出描述震源的其他参数。这些已在第 10 章中讨论。

然而，对于震级约在 M_W3.5 以下的小地震，通过地震波形反演矩张量较为困难（如需要相对较为准确的一维或三维速度模型），因此，对于小地震，在频率域估计震源谱成为估计震源参数的主要方法之一。由于这种震源谱方法可以向较大震级的地震延伸，于是，矩张量反演方法和震源谱方法的适用震级范围存在一段重叠区间，在这一震级区间，两类方法同时可以适用，所得结果可以互相比较，甚至可以用一类方法的结果去校准另一类方法的结果。本章将讨论通过获取震源谱来估计震源参数的方法。

如在第 5 章中所述，震源参数、介质参数和台站场地响应都会影响到地震台站记录的事件波形及其频谱。利用台站波形记录获得震源谱，进而估计震源参数，有两种可能的情况：①如果已经积累了所研究地区的大量地震记录，其地震事件震源到记录台站的射线足够多，足以覆盖所研究地区，便可以利用地震记录谱联合反演震源参数、介质衰减参数和台站响应；②如果积累的地震记录不够多，或地震与台站的分布不足以覆盖所研究地区，则需要利用其他研究提供的台站响应和介质特性来估计震源参数。对单个地震震源参数的测定也属第二种情况，这时要利用已知的台站响应和介质衰减特性对观测的地震记录谱进行校正后得到震源谱，从而估计震源参数。

在第 5 章讨论台站场地响应的估计方法中介绍了震源参数、介质参数和场地响应的联合反演方法。为了减少重复，第 5 章对联合反演方法只作了概要说明，本章将对震源参数、介质参数和场地响应的联合反演方法进一步具体讨论，并把重点放在介质参数和震源参数的讨论上。文中许多公式参照了赵翠萍（2013）中的第 1 章和第 6 章。

11.1　数据准备

数据准备涉及地震信号分量的选用、波形段的截取、窗函数的使用以及对谱的平滑等。

11.1.1　地震信号分量的选用

早期地震记录谱分析时采用单个分量进行独立的谱分析。例如 Hanks 和 Wyss（1972）在求远场位移谱时，如果是 S 波谱，便选取两个水平分量中以 SH 占优势的那一个分量；如果是 P 波谱，则只使用垂直分量。Fletcher（1980）也是使用单个水平分量计算 S 波位移谱，但对得到的谱乘以因子$\sqrt{2}$，以补偿另一水平分量对谱的贡献。后来对 S 波谱的计算虽然仍使用水平分量，但一般使用两个水平分量的矢量和，例如在我国地震行业推广的“新参数地震目录”数据处理软件 ISDP（中国地震局分析预报中心，河北省地震局，2004）中使用的就是两个水平分量的矢量和。刘杰等（2003）将水平分量旋转得到从震中到台站的径向方向和与其垂直的横向方向，然后计算其横向分量，即 SH 波的位移谱。使用 SH 波在计算上有许多好处，如自由表面放大因子为 2，位移谱与离源角无关等。对于 P 波谱分析则使用垂直分量，例如彼得·鲍曼（2006）《新地震观测手册》的练习 3. 4 中给出了利用垂直向 P 波段记录来估计震源参数的基本步骤。

11. 1. 2 波形截取

S 波谱依赖于提取 S 波的窗长度。关注衰减的研究者一般选择围绕 S 到达的窄时间窗，而关注场地响应的研究者则使用较长的时间窗以提取更多能量。也有的作者采用固定的窗长度，例如，Drouet 等（2008）针对震源距 15 ~ 200km 的记录，选用的时间窗在 Sg 到达前 1s 开始，持续时间 5s，以兼顾选择大部分 Sg 波并排除其他震相，同时得到足够的能量来计算低至 0. 5Hz 的谱。

更一般的作法是根据截取的 S 波段中包含的能量占 S 波总能量的比例确定窗长度，使其包括主要 S 波能量，又不被后面的其他震相污染。一般使用的信号窗从 S 波到达前 1s 开始，至达到记录总能量的 80% 为止（Oth et al.，2011a）。Castro 等（1990）使用加速度记录，人工选定 S 波时间窗的起点，但自动选择终止时间，取能量达到总能量 95% 的时刻为 S 波时间窗的终点。为防止记录中包含后续事件，限定最大窗长，对不同震级区间给定不同的最大允许窗长。而为保证低频时有可接受的分辨力，又需限定最小窗长。

采用速度平方积分作为 S 波能量的度量，记地动速度信号为 $v(t)$，则信号能量可表示为，

$$J = \int_0^{\infty} v^2(t)\,\mathrm{d}t \tag{11. 1}$$

因此，要在计算机中估计给定百分数（例如 80%、90% 或 95%）的能量时，先要估计总能量，即选择一个合适的积分上限。

根据“包含 90% S 波总能量”的要求，高景春等（中国地震局分析预报中心，河北省地震局，2004）人工读取首都圈数字地震台网 1200 余条记录的震相到时和“S 窗”结束时间，发现“S 窗”长和 Sg 与 Pg 到时差存在一个线性关系，见图 11. 1，由此拟合出“S 窗”长 T_e 和 Sg 与 Pg 到时差的线性公式，

$$T_{Se} - T_{Sf} = 0.6321(T_{Sg} - T_{Pg}) + 9.0 \tag{11. 2}$$

式中，T_{Se}是“S 窗”的截止时间；T_{Pg}是直达 P 波 Pg 到时；T_{Sf}是首个 S 波震相的到时，如果该台有折射波 Sn 先到，则 T_{Sf}等于 Sn 到时；如果没有 Sn 则 T_{Sf}等于直达 S 波到时 T_{Sg}。

可以认为这是一个快速而有效的 S 波段长度选取方法，但从图 11. 1 中可以看出，回归直线与数据点的拟合程度较差，对每个具体地震事件，利用该公式不足以得到预期的 S 波 90% 能量波形段。因此，如果要使截取的时间窗更接近于包含 90% S 波能量，建议采用式（11. 1）具体度量 S 波能量的算法来确定 S 波窗长度。

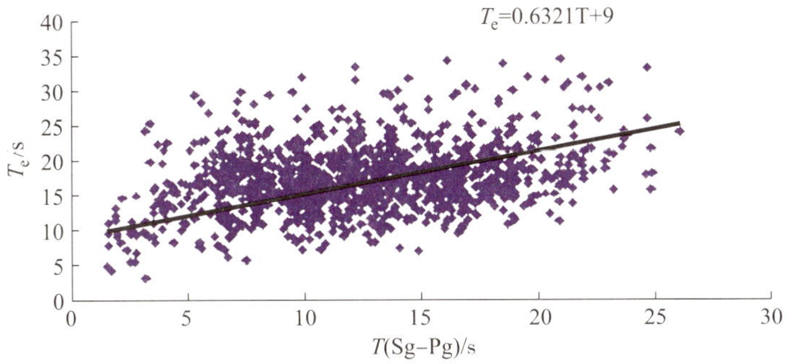

图 11.1　根据首都圈数字地震台网 1200 余条记录得到的“S 窗”长和 Sg 与 Pg 到时差的统计关系（中国地震局分析预报中心、河北省地震局，2004，图 6.3.1）

11.1.3　窗函数

截取的波形段要加适当的时间窗，以消除简单截断信号引入的虚假频率成分。

11.1.3.1　全段单道加窗

一般作法是对截取的整个波形段加窗。通常对选定的记录窗使用 5% 或 10% 的余弦窗，此时，S 波形段的起点应早于 S 波到达时刻，以保证余弦窗的尖灭作用不会影响 S 波主要脉冲部分，例如，Oth 等（2011b）对较大事件选取的 S 窗起始在 S 初至前 2s，而不是 1s。

11.1.3.2　平移窗

在“新参数地震目录”数据处理软件 ISDP 中采用平移窗谱方法（Chael，1987），以获得观测信号的稳定傅里叶谱。首先将“S 窗”内的波形分成若干个包含有 256 个采样点的小段，并使相邻小段之间有 50% 的重叠（图 11.2）。对于采样率为 50sps 的地震记录来说，每个小段的时间长度是 5.1s。在每一小段波形的起始和末尾加以 5% 的余弦窗后，通过快速傅里叶变换得到每个小段的傅里叶谱。然后对每个小段的傅里叶谱进行仪器响应校正，并通过下式得到整个“S 窗”内观测信号的位移谱振幅，

$$u(f)=\frac{\left\{\dfrac{\left[\sum\limits_{i=1}^{n}v_i^2(f)\right]\cdot T}{n\cdot t}\right\}^{\frac{1}{2}}}{2\pi F} \tag{11.3}$$

式中，$v_i(f)$是经过仪器响应校正的第 i 小段观测信号的傅里叶速度谱振幅；T 为“S 窗”的持续时间，该 S 窗包含了 n 个时间长度为 t 的 256 个采样点的小段。然后通过内插得到

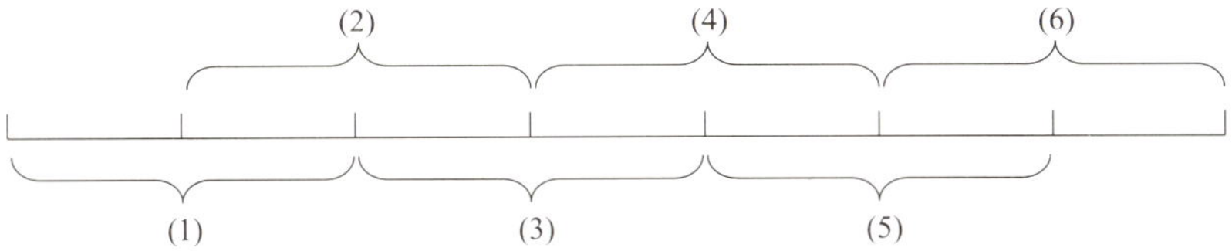

图 11.2　采用平移窗谱技术对“S 窗”划分的示意图（中国地震局分析预报中心、河北省地震局，2004，图 3）

对数频率为 0.0，0.05，0.1，0.15，0.2，…，1.3 的共计 27 个频率点的位移谱振幅值。

根据 P 波初动前 256 个采样点的噪声记录，通过下式计算归一到与信号相同持续时间的噪声位移谱振幅，

$$N(f)=\frac{\left\{\frac{v_{\mathrm{n}}^{1}(f)\cdot T}{t}\right\}^{\frac{1}{2}}}{2\pi f} \tag{11.4}$$

式中，$v_{\mathrm{n}}^{1}(f)$ 为经过仪器校正的噪声傅里叶速度谱振幅。扣除式（11.4）给出的噪声，得到经过噪声校正的位移谱振幅 $u'(f)$，

$$u'(f)=\left[u^{2}(f)-N^{2}(f)\right]^{\frac{1}{2}} \tag{11.5}$$

对于 S 波的两个水平分量分别进行上述处理，得到经过仪器响应校正和噪声校正的位移谱振幅，然后在频率域内合成得到 S 波水平分量的总的位移谱振幅：

$$A(f)=\left[u_{\mathrm{E}}^{2}(f)+u_{\mathrm{N}}^{2}(f)\right]^{\frac{1}{2}} \tag{11.6}$$

需要说明的是，Chael（1987）使用的平移窗谱方法是在估计平稳随机过程功率谱密度时通常采用的一种方法，即 Welch 方法（万永革，2012，第 249 页），通过对样本时间序列进行分段和叠加，对分段计算的功率谱密度进行平均，由于增加了计算功率谱的自由度，从而降低了功率谱估计的方差，见本书第 5 章中关于噪声功率谱的估计及降低方差的有关讨论。Chael（1987）在分析区域地震事件（震中距约 6 度）的 Pn 波列（起自 Pn 到达，止于 Sn 到达）时发现，Pn 波列是很好的平稳信号，因此采用了平移窗计算功率谱，以期减小功率谱估计的方差。Chun 等（1989）和 Zhu 等（1991）也是在分析 Pn 信号时，认为 Pn 波形段是稳态波形，所以遵循 Chael（1987）的平移窗方法估计信号的功率谱。Atkinson 和 Mereu（1992）将 Chael（1987）的平移窗方法用于 S 波段，并给出具体计算 S 波段频谱的公式，见式（11.3），其解释是为了得到傅里叶谱的稳定估计，但并未提及 S 波段是否可以被认为是平稳过程。因此，对平移窗方法在 S 波形段频谱分析中的作用还需进一步验证。

11.1.3.3 多窗口频谱分析

Edwards 等（2010）将多窗口频谱分析应用于确定标量地震矩的频谱法，并实现了用频谱法确定标量地震矩的自动化。

11.1.4 谱平滑

Castro 等（1990）选用 0.1Hz < f < 40Hz 中 26 个频点的加速度振幅谱，为使这些振幅尽可能代表选定频率的平均地动，采样了平滑谱处理。具体作法是使用中心频率 f_c 的 $(1-0.25)f_c$ 至 $(1+0.25)f_c$ 带宽构成可变频带进行平均，通过频带内积分，得到平滑速度谱。

Oth 等（2011a）对单个分量计算 S 波振幅谱，并在 0.2～40Hz 之间取对数标度等间隔约 40 个频点对谱进行平滑，平滑时使用 Konno 和 Ohmachi（1998）提出的窗函数，

$$W_{B}(f,f_{c})=\left[\frac{\sin\left(\lg\left(\frac{f}{f_{c}}\right)^{b}\right)}{\lg\left(\frac{f}{f_{c}}\right)^{b}}\right]^{4} \tag{11.7}$$

式中，参数 b 决定平滑的强度，但取参数 $b=40$ 的弱平滑与 $b=20$ 的强平滑的作用只有小的差别。王伟君等（2009）使用 Konno 和 Ohmachi（1998）窗函数，取 $b=40$，对记录水平向地脉动信号进行对数谱平滑。

Drouet 等（2008）对于加速度记录，在去掉线性趋势后计算每个记录的傅里叶频谱，然后将加速度记录除以 $\omega^2(\omega=2\pi f$，f 是频率)，得到位移谱，最后在 0.5Hz 至 3Hz 之间谱被平滑，其作法是在对数标度下常数宽度的频率上计算平均值，以降低谱中高频成分的涨落水平。

11.2　地震记录分析

在台站 j 的地震仪记录的第 i 个地震的地震图在时间域里可用下式表达：

$$U_{ij}^{\text{obs}}(t)=(S_{ij}(t)*P_{ij}(t)*L_j(t)*I_j(t))\cdot K_j\cdot\mathfrak{R}_{ij}\tag{11.8}$$

式中，$U_{ij}(t)$ 为地震图上记录的位移，对速度型地震仪和加速度型地震仪的记录，可通过一次和二次积分得到位移记录；$S_{ij}(t)$ 为第 i 个地震的震源项，有时也叫震源效应，它与地震的大小相联系，按说一个地震应该只有一个震源项，与台站无关，但对于不同台站的观测，由台站得到的是与观测台站 j 有关的震源项，最终得到的与台站无关的震源项是对台站观测震源项的最佳拟合结果；$\mathfrak{R}_{ij}$ 是地震波的辐射花样，取决于震源机制和台站相对于震源的位置；$P_{ij}(t)$ 为第 i 个震源至第 j 个台站之间的传播路径效应，描述地震波在传播过程中的衰减；$L_j(t)$ 为第 j 个台站的场地响应；K_j 是自由表面放大因子；$I_j(t)$ 为第 j 个台站的仪器响应；式中的“ * ”表示卷积运算。通过傅里叶变换，可把式（11.8）在频率域里表达为，

$$U_{ij}^{\text{obs}}(f)=S_{ij}(f)\cdot P_{ij}(f)\cdot L_j(f)\cdot I_j(f)\cdot K_j\cdot|\mathfrak{R}_{ij}|\tag{11.9}$$

在做了仪器响应 $I_j(f)$ 校正（见第 3 章）和自由表面放大因子 K_j 校正后，地震的地面运动位移谱可表示为，

$$U_{ij}(f)=S_{ij}(f)\cdot P_{ij}(f)\cdot L_j(f)\cdot|\mathfrak{R}_{ij}|\tag{11.10}$$

式（11.9）和式（11.10）中的辐射花样取为绝对值 $|\mathfrak{R}_{ij}|$，因为给出的是谱的振幅，不包含相位信息，而记录波形的初动符号正负取决于辐射花样。

如果记录谱是速度谱，则可除以 $2\pi f$ 换算成位移谱，如果是加速度谱，则要除以 $(2\pi f)^2$ 换算成位移谱。其中 f 是频率，实际计算过程中是取离散值 $f_k, k=1,2,\cdots,n_k$，n_k 为频率点数。

通常选取信噪比足够高的波形段（例如信噪比大于 3），从而忽略噪声的影响。

11.2.1　关于观测震源谱

在进行了仪器响应校正、台站响应校正、自由表面放大因子校正和路径效应校正后，得到了第 j 个台站对第 i 个地震的观测震源谱，它是震源项 $S_{ij}(f)$ 和地震波辐射花样绝对值 $|\mathfrak{R}_{ij}|$ 的乘积，

$$S_{ij}^{\text{obs}}(f)=S_{ij}(f)\cdot|\mathfrak{R}_{ij}|\tag{11.11}$$

许多研究给出震源谱的参数化模型，例如布龙的圆盘位错震源模型（Brune，1970，1971），

$$S_i^{\mathrm{Brune}}(f)=\frac{\Omega_{oi}}{1+\left(\frac{f}{f_{ci}}\right)^2} \tag{11.12}$$

式中，Ω_{oi} 为第 i 个地震离开震源质心一个单位距离（例如1km）处的震源位移谱低频渐近线值，或称震源位移谱的低频水平；f_{ci} 为低频渐近线与高频渐近线交点处的频率，称为拐角频率。

通常把式（11.12）称为 ω^{-2} 模型（$\omega=2\pi f$），但也有一些研究认为 $S_i(f)$ 应为 ω^{-3} 模型或更复杂的模型。计算目标是寻找合适的 Ω_{oi} 和 f_{ci}，使得式（11.12）给出的 $S_i^{\mathrm{Brune}}(f)$ 能最佳拟合由式（11.11）定义的多个台站给出的观测震源谱 $S_{ij}^{\mathrm{obs}}(f)$。具体的震源参数估计方法见本章其后各节内容。

11.2.2 关于传播路径效应 $P_{ij}(f)$

传播路径效应 $P_{ij}(f)$ 包括几何扩散 G_{ij} 和非弹性衰减 $q_{ij}(f)$，即，

$$P_{ij}(f)=G_{ij}\cdot q_{ij}(f) \tag{11.13}$$

11.2.2.1 几何扩散

地震波的几何扩散与频率无关，表示的是地震波在传播过程中，因波阵面逐渐扩大，通过波阵面单位面积的能量逐渐减少，相应地使地面运动位移减小。由于体波在全空间里传播，而面波在地表附近传播，因此，其几何扩散是不同的。对面波，

$$G_{ij}=R_{ij}^{-\frac{1}{2}} \tag{11.14}$$

式中，R_{ij} 为震源距。关于体波的几何扩散效应，其参数化表示见11.3.1小节。

11.2.2.2 非弹性衰减

$q_{ij}(f)$ 描述了由于介质的非完全弹性，地震波在传播过程能量的耗损，可表示为，

$$q_{ij}(f)=\mathrm{e}^{-\frac{\pi R_{ij}f}{vQ(f)}} \tag{11.15}$$

式中，v 为波速；Q 值描述由介质的非完全弹性造成的能量损耗。依此可把式（11.10）写成，

$$U_{ij}(f)=S_{ij}(f)\cdot|\mathfrak{R}_{ij}|\cdot G_{ij}\cdot L_j(f)\cdot \mathrm{e}^{-\frac{\pi R_{ij}f}{vQ(f)}} \tag{11.16}$$

介质的品质因子 Q 是地球介质的重要物理参数，描述由介质的非完全弹性和不均匀性造成的地震波在介质里传播过程中的衰减，其定义为，

$$\frac{1}{Q}=\frac{1}{2\pi}\frac{\Delta E}{E} \tag{11.17}$$

式中，E 为一定体积的地球介质在地震波一个周期 T 的运动中所积累的能量；ΔE 为同一体积的介质在地震波一个周期的运动中所耗损的能量。因此 Q 值反映了地球介质中有地震波通过时的能量耗损特征。由式（11.17）可见，地震波在 Q 值较大的介质里传播时耗损的能

量较小，波衰减较慢。

地震波在介质里传播，其能量的耗损主要是由内摩擦和波的散射造成的。内摩擦是指地震波在传播过程中，介质在短暂应力作用下，其微粒的运动须克服微粒间的摩擦阻力，从而使地震波的能量耗损，相应的 Q 值称为固有 Q 值，记为 Q_i；散射耗损是指由于地球介质不均匀，地震波在传播过程中遇到许多散射体，波发生散射，导致波场中的能量重新分配，在台站接收到的只是原来波的能量的一部分，相应的 Q 值为散射 Q 值，记为 Q_s。总能量耗损为这两部分能量耗损之和。根据 Q 值的定义，得到 Q 值与 Q_i 和 Q_s的关系，

$$\frac{1}{Q}=\frac{1}{Q_i}+\frac{1}{Q_s} \tag{11.18}$$

11.2.3　关于场地响应 L_j

场地响应是台站场地对地震地面运动的放大效应，也称台站的场地效应。场地响应是频率的函数，但一般认为基岩场地的放大效应为 1。不过有研究表明，不仅沉积层场地有明显的放大效应，风化的基岩场地也有这种放大效应。在第 5 章中已对估计台站场地响应的多种方法进行了讨论，本章中在讨论联合反演震源参数、介质衰减和场地响应时还要涉及。

11.2.4　自由表面放大因子

式（11.8）中的 K_j是自由表面放大因子，是由于入射到地表面的 P 波或 S 波在自由表面的反射波位移与入射波位移叠加的结果。入射 P 波会产生反射 P 波和转换的反射 SV 波，入射 SV 波会产生反射 SV 波和转换的反射 P 波，而入射的 SH 波只产生反射的 SH 波。对于 SH 波，反射 SH 和入射 SH 位移的叠加，造成自由表面放大因子等于 2，不受入射角的影响，因此校正起来很简单。对于入射 SV 波和入射 P 波，其自由表面放大因子是入射角的函数，因此，对于 SV 波和 P 波，要根据入射角确定自由表面放大因子。9.4.5 小节给出了 P 波入射到自由表面时引起的自由表明位移的垂直分量和水平分量与入射 P 波振幅之比，见图 9.23，还给出了 SV 波入射到自由表面时引起的自由表明位移的垂直分量和水平分量与入射 SV 波振幅之比，见图 9.25。如图 9.23、图 9.25 和表 11.1 所示，对于 SV 波和 P 波，自由表面放大因子与地震波的入射角有紧密关系。对于 SV 波的水平分量，在接近垂直入射时（入射角较小时），自由表面放大因子接近 2，因此，对于 S 波水平分量，取自由表面放大因子为 2 是一个合理的近似。

表 11.1　P 波垂直分量的自由表面振幅放大因子 K_a，α 是入射角（度）（P 波速度 $v_p=6$km/s，波速比 $v_p/v_s=1.73$，介质密度 $\rho=2.7$g/cm^3）（彼得·鲍曼，2006，第二卷，练习 3.4，第 685 页表 1）

α	K_a	α	K_a	α	K_a
0	2.00	30	1.70	60	1.02
5	1.99	35	1.60	65	0.90
10	1.96	40	1.49	70	0.79
15	1.92	45	1.38	75	0.67
20	1.86	50	1.26	80	0.54
25	1.79	55	1.14	85	0.35

根据台站和震源位置可以估计入射角（参见第6章），从而得到相应的自由表面放大因子。

11.2.5 辐射花样

在利用地震波谱估计震源参数时，往往因不知道震源机制而不能给出一个地震的地震波在各台站的辐射花样。因此，在由台站记录谱估计震源谱时，无法对每个台站的记录分别进行辐射花样校正。代替的作法是对多台的平均震源谱进行平均辐射花样校正。P、S、SH 波在全震源球表面的辐射花样均方根(rms)值分别为 $\mathrm{rms}(\mathfrak{R}_{\mathrm{all}})=0.52$，0.63 和 0.48，P、S 波在全震源球表面的辐射花样对数平均值分别为 $\mathrm{mean}(\lg|\mathfrak{R}_{\mathrm{all}}|)=\lg(0.33)$ 和 $\lg(0.55)$ (Boore and Boatwright，1984)，式中的 lg 是以 10 为底的对数。

在对震源的震源机制有粗略了解的情况下，例如已知为近垂直走滑断层，可对给定震中距范围（由离源角范围给出）的台站求平均辐射花样，不必采用全震源球的平均值，这对有限台站分布的多台站震源谱进行的辐射花样校正更为合理。

11.3 震源谱、介质衰减参数和台站场地响应的参数化联合反演

对震源谱、介质衰减参数和台站场地响应进行参数化联合反演，首先要根据假定的震源谱模型、介质衰减模型和台站场地响应模型，对震源谱、介质衰减和台站场地响应进行参数化，从而可以对比较少的待定参数进行联合反演，以保证反演结果的稳定性。与本章后面要介绍的非参数化联合反演相比，实现起来较为容易，因此是估计震源参数、介质参数和场地响应的较为通用的方法。

11.3.1 几何扩散效应的参数化

Atkinson 和 Mereu（1992）等采用互相衔接的三段几何衰减函数来描述加拿大东南部地震波几何衰减的特征，在 $R_{ij}\leqslant R_1$ 时为直达波，$R_1<R_{ij}<R_2$ 时直达波列中混杂有反射波等震相，$R_{ij}\geqslant R_2$ 时为非直达波，假定，

$$G_{ij}=\begin{cases}R_{ij}^{-b_1} & R_0\leqslant R_{ij}\leqslant R_1\\ R_1^{-b_1}R_1^{b_2}R_{ij}^{-b_2} & R_1<R_{ij}<R_2\\ R_1^{-b_1}R_1^{b_2}R_2^{-b_2}R_2^{b_3}R_{ij}^{-b_3} & R_{ij}\geqslant R_2\end{cases}\tag{11.19}$$

式中，R_1,R_2,b_1,b_2,b_3 为待定常数；R_0 是给定的震源谱归一化距离，选为小于最小震源距的一个距离，如果没有显式给出 R_0，则意味着取归一化距离 R_0 为 1km。指出这一点是必要的，因为在下文中不同场合引用的地动位移谱低频水平 Ω_0 与地震矩的关系式会有所不同：如果公式中不出现震源距，则隐含着其地动位移谱低频水平 Ω_0 被归一化到距点源震源 1km 处；如果公式中出现震源距，则表明其地动位移谱的低频水平 Ω_0 是归一化到以这一距离为半径的震源球上。

在“新参数地震目录”数据处理软件 ISDP 中采用 $b_1=1, b_2=0, b_3=0.5, R_0=1\mathrm{km}, R_1=1.5H, R_2=2.5H$，$H$ 是地壳厚度。

11.3.2　非弹性衰减的参数化

11.2.2.2 中所述表示介质非弹性衰减特性的 Q 值是频率的函数，通常的简化关系为，

$$Q(f) = Q_0 f^{\alpha} \tag{11.20}$$

式中，Q_0是频率为 1Hz 时的 Q 值；α 之值反映 Q 值对地震波频率的依赖关系。

Q 值的物理含义表明，Q 值的大小首先与介质的均匀程度相关联。介质的均匀程度低，则在地震波经过时能量耗损大，衰减较快，Q 值较低。一般说来，构造活动较稳定的地区，介质的均匀程度相对较高，因而 Q_0值较高，而 Q 值对频率的依赖关系较弱，α 值可能较小些。另外，Q 值还与波的类型有关。

将式（11.20）带入式（11.15），得到含有 Q_0和 α 两个参数的非弹性衰减项，参与联合反演。

11.3.3　迭代高斯－牛顿法

联合反演描述震源、波传播路径和场地特性参数问题是一个非线性问题，可以采用迭代高斯－牛顿法求解（Drouet et al.，2008）。首先要给定一个已知的初始模型，在此基础上进行迭代求解对初始模型的校正量，直至满足给定的收敛判据，其基本思路类似于地震定位的盖革法（见第 6 章）。为此，要找到地动位移谱相对于待求参数的偏导数。下面介绍 Drouet 等（2008）的求解方法，直接引用其方法的计算公式。

S 波位移谱 $A_{ijk}(r_{ij},f_k)$ 可写作震源、路径衰减和场地项的乘积，

$$A_{ijk}(r_{ij},f_k) = \Omega_i(f_k) D_{ij}(r_{ij},f_k) S_j(f_k) \tag{11.21}$$

式中，r_{ij}是从台站 j 到地震 i 的震源距；f 是频率。使用由布龙模型给出的远场位移谱（Brune，1970，1971），

$$\Omega_i(f_k) \propto \frac{M_{0i}}{1+\left(\dfrac{f_k}{f_{ci}}\right)^2} \tag{11.22}$$

式中，M_{0i}是事件 i 的地震矩；f_{ci}是事件 i 的震源谱拐角频率。远场近似条件需最小距离至少为几个波长，当所用频率低到 0.5Hz，意味着最小震源距不小于约 15km。

路径衰减项 $D_{ij}(r_{ij}, f_k)$ 涉及非弹性衰减和几何扩散，

$$D_{ij}(r_{ij}, f_k) = \exp\left(-\frac{\pi r_{ij} f_k}{Q(f_k) v_{\rm s}}\right) \times \frac{1}{r_{ij}^{\gamma}} \tag{11.23}$$

式中，$v_{\rm s}$是沿路径的平均 S 波速；$Q(f_k) = Q_0 f_k^{\alpha}$ 是在频率 f_k的品质因子；r_{ij}是震源距，几何扩散 r_{ij}^{γ} 中的指数 γ 可以不等于 1。

式（11.21）中的 $S_j(f_k)$是在台站 j 的场地响应。在无风化的岩石场地条件下，可以认为这一项在每个频率 f_k都等于单位 1。

由此，式（11.21）可写作，

$$y_{ijk} = m_{0i} - \lg\left[1+\left(\frac{f_k}{f_{ci}}\right)^2\right] - \gamma \lg(r_{ij}) - \frac{\pi r_{ij} f_k}{\ln(10) Q_0 f_k^{\alpha} v_{\rm s}} + S_{jk} \tag{11.24}$$

式中，ln 是以 e 为底的自然对数，

$$y_{ijk}=\lg[A_{ijk}(r_{ij},f_k)] \tag{11.25}$$

$$m_{0i}=\lg\left[M_{0i}\times\frac{2R_{\theta\phi}}{4\pi\rho v_s^3}\right] \tag{11.26}$$

$$S_{jk}=\lg[S_j(f_k)] \tag{11.27}$$

假定震源辐射花样 $R_{\theta\phi}$为常数，对 S 波，$R_{\theta\phi}=0.55$，对 S 波辐射花样取对数平均得到的，不同于 S 波辐射花样均方根值 0. 63（见 11. 2. 5 小节），ρ 和 v_s分别为介质的密度和速度，例如，假定 $v_s=3.5\text{km/s}$，$\rho=2800\text{kg/m}^3$。式（11. 26）中的因子 2 归因于假定近垂直入射时的自由表面反射，这对于 SH 波是严格公式，而对 SV 波则为合理近似。

要解一个方程组，其中未知量是：每个事件 i 的 m_{0i}值（与地震矩关联）和拐角频率 f_{ci}；每个台站 j 在每个频率 f_k的场地项 S_{jk}；衰减参数 Q_0，α 和 γ。记未知量矢量为 $\boldsymbol{X}$，其初始模型为 $\boldsymbol{X}_0$，第 n 次迭代结果为 $\boldsymbol{X}_n$，第 $n+1$ 次迭代要求出校正量 $\Delta\boldsymbol{X}$，第 $n+1$ 次迭代的结果 $\boldsymbol{X}_{n+1}=\boldsymbol{X}_n+\Delta\boldsymbol{X}$，$\Delta\boldsymbol{X}$ 满足线性方程：

$$\boldsymbol{G}_n\Delta\boldsymbol{X}=\boldsymbol{g}(\boldsymbol{X}_n)-\boldsymbol{d}_{\text{obs}} \tag{11.28}$$

式中，$\boldsymbol{G}_n$是 y_{ijk}相对于参数当前值的偏导数矩阵：

$$\frac{\partial y_{ijk}}{\partial m_{0i}}=1 \tag{11.29}$$

$$\frac{\partial y_{ijk}}{\partial f_{ci}}=\frac{2f_k^2}{\ln 10 f_{ci}(f_{ci}^2+f_k^2)} \tag{11.30}$$

$$\frac{\partial y_{ijk}}{\partial \gamma}=-\lg(r_{ij}) \tag{11.31}$$

$$\frac{\partial y_{ijk}}{\partial Q_0}=\frac{\pi r_{ij}f_k^{1-\alpha}}{\ln(10)v_s Q_0^2} \tag{11.32}$$

$$\frac{\partial y_{ijk}}{\partial \alpha}=\frac{\pi r_{ij}f_k^{1-\alpha}\lg(f_k)}{\ln(10)v_s Q_0} \tag{11.33}$$

$$\frac{\partial y_{ijk}}{\partial S_{jk}}=1 \tag{11.34}$$

以上式中，$\boldsymbol{g}(\boldsymbol{X}_n)$是以当前模型 $\boldsymbol{X}_n$计算出的 y_{ijk}构成的矢量；$\boldsymbol{d}_{\text{obs}}$是由观测的 y_{ijk}构成的数据矢量。可以采用奇异值分解最小二乘法或其他求解线性超定方程组的方法求解式（11. 28），得到校正量，从而得到第 $n+1$ 次迭代的结果。通过多次迭代，直至满足一定判据，例如迭代的校正量已经足够小，便可以停止迭代。

Drouet 等（2008）在实际处理数据时，为使迭代结果稳定，通过对场地响应施加约束来去掉一个自由度。一般认为位于岩石场地的一组台站的平均响应是一个好的参考，对于不了解的场地，其初始假定是在每个频率全部台站的平均场地响应为 1，由此进行第一次反演。然后从这组参考台站中去掉那些与平均值相比表现出放大峰或谷的台站，于是使用这一参考条件进行第二次反演。最后对最终结果进行检验，确认在参考组中使用的台站有接近理论岩石场地响应的平坦响应。

Drouet 等对初始模型的取值是，利用震级与地震矩的标度关系，根据地震的震级估算其地震矩，从而得到 m_{0i}，式（11.26）的初值；假定 $f_{ci}=6.5\pm6$，以覆盖整个拐角频率范围；取 $S_{ij}=0\pm1$，$\gamma=1\pm0.5$。对于非弹性衰减参数，可基于所研究地区的已知信息，选定初值范围，例如取 $Q_0=300\pm300$ 和 $\alpha=0.5\pm0.5$。为使线性反演有效，初始值不能与其真实值偏离太远，可利用不同的初始模型来检验反演结果是否依赖于初始模型。

采用参数化模型和迭代高斯－牛顿法进行震源参数、介质参数和场地响应的联合反演，优点是除了得到所需震源、介质和场地参数外，还可得到额外的有助于对参数质量进行评估的信息，包括相关矩阵和分辨矩阵，这是在得到反演结果后在解的附近计算的，即后验信息。属于实现高斯－牛顿法时进行奇异值分解的“副产品”，关于相关矩阵和分辨矩阵，可参见李汯鑑和斯图尔特（1984）。利用相关矩阵和分辨矩阵可估计参数之间的相互折衷程度，并识别分辨力差的那些参数，对于联合求解震源参数、介质参数和场地响应具有重要意义，因为在地动位移谱的表达式中，这些参数之间存在固有的相关性。

11.3.4 直接求解法

Atkinson 和 Mereu（1992）采用如下互相衔接的三段几何衰减函数，通过直接求解，进行震源参数、介质参数和场地响应的参数化联合反演。通过对式（11.16）的两边取对数（以 10 为底），构建线性方程组：

$$\left.\begin{aligned}
&\lg S_{ij}(f)=\lg U_{ij}(f)+b_1\lg R_{ij}+C_{ij}(f)R_{ij}-\lg L_j(f)-\lg|\Re_{ij}| && R_{ij}\leqslant R_1\\
&\lg S_{ij}(f)=\lg U_{ij}(f)+b_1\lg R_1+b_2\lg\frac{R_{ij}}{R_1}+C_{ij}(f)R_{ij}-\lg L_j(f)-\lg|\Re_{ij}| && R_1<R_{ij}<R_2\\
&\lg S_{ij}(f)=\lg U_{ij}(f)+b_1\lg R_1+b_2\lg\left(\frac{R_2}{R_1}\right)+b_3\lg\frac{R_{ij}}{R_2}+C_{ij}(f)R_{ij}-\lg L_j(f)-\lg|\Re_{ij}| && R_{ij}\geqslant R_2
\end{aligned}\right\}\tag{11.35}$$

式中，

$$C_{ij}(f)=\frac{\pi\lg e}{vQ_0f^{\alpha}}\cdot f\tag{11.36}$$

式中，$U_{ij}(f)$，R_{ij}和平均波速 v 是已知的，要求解的参数为 $R_1,R_2,b_1,b_2,b_3,L_j(f)$，$Q_0$和 α，其中 f 取值为频率点 $f_k,k=1,2,\cdots,n_k$。

与上节所述迭代法不同，直接求解方法不需要设定模型初值，也不需要计算振幅谱对待求参数的偏导数，关键是要设计出合适的目标函数。

定义残差 ε，

$$\varepsilon=\sum_{j=1}^{n_i}\sum_{i=1}^{n_0}\sum_{k=1}^{n_k}|D_{ij}(f_k)|\tag{11.37}$$

其中，

$$D_{ij}(f_k)=\lg S_{ij}(f_k)-\frac{\sum_{j=1}^{n_i}\lg S_{ij}(f_k)}{n_i}\tag{11.38}$$

式中，$S_i(f_k)$是由式（11.12）给出的理论震源谱，频率f取离散频点$f=f_k$；$S_{ij}(f_k)$是由式（11.11）给出的第j个台站得到的第i个地震的震源谱，为与给定模型的谱区别，称其为观测震源谱；n_i为记录到第i个地震的台站数目；n_0为所分析的地震数目。可通过直接求解方法，例如采用遗传算法，通过使ε为最小，解出上述参数$R_1, R_2, b_1, b_2, b_3, L_j(f)$，$Q_0$和$\alpha$。

与上节的情况一样，由于式（11.38）中采用了式（11.35）给出的$S_{ij}(f_k)$的对数平均，所以要使用辐射花样的对数平均。再有，为使结果稳定，对场地响应也要作与上节所述类似的约束。

在Atkinson和Mereu（1992）方法中没有对场地响应进行明确约束，存在场地响应与震源参数之间的折中，但这不影响对介质衰减的估计。因此，刘杰等（2003）只是利用Atkinson和Mereu（1992）方法得到介质非弹性衰减，而采用Moya等（2000）的方法进一步反演场地响应和震源参数（见第5章）。在ISDP软件（中国地震局分析预报中心，河北省地震局，2004）中也遵循这一技术路线。

通过联合反演，可以得到一个地区的介质传播效应和台站响应，这些数据可用于常规的单个地震的震源谱参数估计。联合反演中还得到参与联合反演的n_0个地震的Ω_0和f_c。不论是联合反演，还是单个地震求解，在得到了震源谱参数Ω_0和f_c之后，都可用本章后述的计算公式，式（11.81）~式（11.85）计算地震矩、应力降和震源特征尺度等震源参数。

11.4 布龙圆盘位错模型

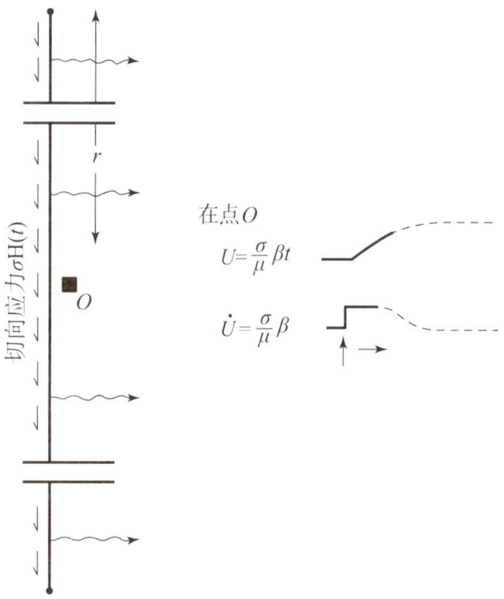

图11.3 位错面（断层面）附近一个观测点O的应力脉冲模型示意图。图中位移u与位错表面相切，在位错的内右表面上的一个剪切脉冲发射向右（正X方向）传播的剪切波，一个相反方向的波向左传播，r是等效圆盘位错的近似半径。（据Brune，1970，Fig. 1）

对于4级或更小的地震，用圆盘位错模型描述震源是当今通用的作法，其中又以采用布龙模型（Brune，1970，1971）居多。

这里讨论的是远场的位移谱。对于“远场”，其确切的定义与地震波的波长关联，即当观测点与点源震源的距离显著大于地震波波长时，观测到的地震波场为远场，说明远场与近场的划分与所研究的地震波的波长密切关联。例如，若研究频率在1Hz以上的地震波，取S波速度为3.5km/s，则1Hz波长为3.5km，因此，震源距大于10km左右的地震波便可作为远场处理。

布龙提出等效圆盘位错震源模型，把地震位错效应模拟为瞬时施加到整个位错表面的切向（tangential）应力脉冲，具体地说，是沿一个方向加到断层面一侧的应力脉冲和沿相反方向加到另一侧的同样大小的应力脉冲（图11.3），还假定在破裂过程中断层表面对剪切波完全反射。初始时，在断层中心附近的一点发生运动，由于断层并非无限大，当运动传播到断层端部时，会造成断层的某种端部效应，这种效应会向断层中心回传，但在断层的端部效应回传到断层中心之前，对于断层中心附近的运动而言，就好像该断层是无限大的一样。应力脉冲发射出纯剪切波，垂直于位错面向外传播，应力脉冲的初始时间函数是直接根据边界条件得到的，

$$\sigma(x,t)=\sigma \mathrm{H}\left(t-\frac{x}{\beta}\right) \tag{11.39}$$

式中，σ 是有效剪切应力；β 是剪切波速度；H(t) 是海维赛（Heaviside）单位阶跃函数：

$$\left.\begin{aligned}\mathrm{H}(t)=0 \quad t<0\\ \mathrm{H}(t)=1 \quad t>0\end{aligned}\right\} \tag{11.40}$$

与式（11.39）对应的 $x=0$ 处切向位移 u 为：

$$\left.\begin{aligned}u=0 \qquad\qquad t<0\\ u=\frac{\sigma}{\mu}\cdot\beta t \qquad t>0\end{aligned}\right\} \tag{11.41}$$

应力脉冲以剪切波速度 β 垂直于位错表面向弹性介质中传播，而应力脉冲造成的破裂沿位错面传播，破裂传播速度小于剪切波传播速度。对于靠近断层的一点，质点位移随时间线性增大，直至位错的边界效应达到这一观测点使位移的线性增大停止。对于位错表面中心附近的一个观测点，质点位移初始时由式（11.41）给出。

式（11.41）的谱是，

$$\Omega(\omega)=\int_0^{\infty}\frac{\sigma}{\mu}\beta t\mathrm{e}^{-\tau\omega t}\mathrm{d}t=-\frac{1}{\omega^2}\frac{\sigma}{\mu}\beta \tag{11.42}$$

初始质点速度是，

$$\dot{u}=\frac{\sigma}{\mu}\beta \tag{11.43}$$

11.4.1　布龙模型的远场辐射谱

为研究平均远场谱，布龙通过对近场位移（式（11.41））乘以一个指数函数来近似圆盘位错边缘的绕射效应，其衰减时间为 r/β 的量级，体现在指数衰减因子的系数上，为避免与下文讨论 P 波谱时使用的 P 波速度 α 混淆，用 ω_c 代替布龙文章中的 α，在下文中会看到 ω_c 与 β/r 成正比。此外，还乘以因子 $F\cdot r/R$ 以考虑球面扩展，其中 F 是一个待定系数，

$$u=F\cdot\frac{r}{R}\cdot\frac{\sigma}{\mu}\cdot\beta t''\mathrm{e}^{-\omega_c t''} \tag{11.44}$$

其中，

$$t''=t-\frac{R}{\beta} \tag{11.45}$$

于是，当 $t''=0$，即 S 波刚刚到达距震源 R 处，有，

$$\dot{u}=F\cdot\frac{r}{R}\cdot\frac{\sigma}{\mu}\cdot\beta \tag{11.46}$$

（11.44）式的傅里叶变换为，

$$\Omega(\omega)=F\cdot\frac{r}{R}\cdot\frac{\sigma}{\mu}\cdot\beta\cdot\frac{1}{\omega^2+\omega_c^2} \tag{11.47}$$

作为对来自圆盘位错的平均脉冲的近似，选择 F 和 ω_c 使得在长周期极限的谱与位错源的矩一致，并在高频极限的大距离上保持能量密度通量守恒。

在施加应力脉冲之后，能量立即从位错表面向外流出，在位错面附近的高频谱由式（11.42）给出，在其上发生能通量的总面积是 $2A$，因为等量的能量从相反表面流出。在大距离上，这一能量以 P 波和 S 波二者的形式穿过球形表面，表面的面积是 $4\pi R^2$，在高频的能量密度守恒给出，

$$S\cdot 2A\cdot\left(\frac{\sigma\beta}{\mu\omega^2}\right)^2=4\pi R^2\langle\Omega_s^2\rangle \tag{11.48}$$

式中，常数 S 是一个校正因子($0<S<1$)，因为有一部分 S 波转换成了 P 波；$\langle\Omega_s^2\rangle$是 S 波平均平方谱密度，是在球表面上的平均。对于面积为 $A=\pi r^2$ 的圆盘位错，于是给出，

$$\langle\Omega_s^2\rangle^{\frac{1}{2}}=\left(\frac{S}{2}\right)^{\frac{1}{2}}\cdot\frac{r}{R}\cdot\frac{\sigma}{\mu}\cdot\frac{\beta}{\omega^2}=(0.4)^{\frac{1}{2}}\Omega_s^{(\max)} \tag{11.49}$$

因为双力偶的辐射花样 $R_{\theta\phi}$ 有，

$$\frac{1}{4\pi}\int_0^{2\pi}\mathrm{d}\phi\int_0^{\pi}\mathrm{d}\theta\ R_{\theta\phi}^2=0.4 \tag{11.50}$$

参见 Boore 和 Boartwright（1984）的推导，对比式（11.47）有，

$$F=\left(\frac{S}{0.8}\right)^{\frac{1}{2}} \tag{11.51}$$

F 和 ω_c 应满足的要求是：通过 F 和 ω_c 的适当取值，使在长周期极限，其谱密度和一个与该位错有相同矩的双力偶产生的地震波谱密度一致。

11.4.2 由震源谱估计震源参数的基本公式

下面介绍由震源谱估计震源参数的基本公式。

由 Aki（1966）定义，地震的地震矩，

$$M_0=\mu A\bar{u}_d \tag{11.52}$$

式中，$\bar{u}_d$ 是断层面上的平均位错；A 是断层面积；μ 是断层所在处介质的剪切模量（刚性模量）。

对于半径为 r 的圆盘位错源，有，

$$A=\pi\cdot r^2 \tag{11.53}$$

根据 Keilis-Borok（1959），圆盘上一点的位错为，

$$u_d(x)=K\frac{\sigma}{\mu}\cdot\sqrt{r^2-x^2} \tag{11.54}$$

当为泊松介质（泊松比 =0.25）时，$\lambda=\mu$，Keilis-Borok（1959）给出 $K=\frac{24}{7\pi}$。式中 r

为圆盘半径，x 是圆盘上一点到圆盘中心点的距离。

在 $x=0$ 处，断层面上有最大位错：

$$u_{\mathrm{d}}(\max)=K\frac{\sigma}{\mu}\cdot r \tag{11.55}$$

式中的 σ 是完全应力降，即假定地震后的应力已降至零。在这种条件下，应力降等于初始应力。因此，$u_{\mathrm{d}}(\max)$ 是完全应力降（100% 应力降）时的最大最终位错。

为求得地震矩定义（式（11.52））中的平均位错，布龙将圆盘上的位错对整个圆盘取平均，得到，

$$\bar{u}_{\mathrm{d}}=\frac{2}{3}u_{\mathrm{d}}(\max)=\frac{16}{7\pi}\cdot\frac{\sigma}{\mu}\cdot r \tag{11.56}$$

简单计算过程如下，其中当用到为泊松介质（泊松比 =0.25）时 $\lambda=\mu$ 以及 Keilis-Borok（1959）给出的 $K=\dfrac{24}{7\pi}$：

$$\bar{u}_{\mathrm{d}}=\frac{1}{\pi r^{2}}\int_{0}^{r}u_{\mathrm{d}}(x)\mathrm{d}x\int_{0}^{2\pi}x\mathrm{d}\theta=\frac{2\pi}{\pi r^{2}}K\frac{\sigma}{\mu}\cdot\int_{0}^{r}\sqrt{r^{2}-x^{2}}x\mathrm{d}x$$

$$=\frac{2\pi r^{3}}{\pi r^{2}}K\frac{\sigma}{\mu}\cdot\int_{0}^{\frac{\pi}{2}}\cos\varphi\sin\varphi\mathrm{d}\sin\varphi=\frac{2\pi r^{3}}{\pi r^{2}}K\frac{\sigma}{\mu}\cdot\int_{0}^{\frac{\pi}{2}}\cos\varphi\sin\varphi\cos\varphi\mathrm{d}\varphi$$

$$=-\frac{2\pi r^{3}}{\pi r^{2}}K\frac{\sigma}{\mu}\cdot\int_{0}^{\frac{\pi}{2}}\cos^{2}\varphi\mathrm{d}\cos\varphi=-\frac{2\pi r^{3}}{\pi r^{2}}K\frac{\sigma}{\mu}\cdot\int_{1}^{0}y^{2}\mathrm{d}y=\frac{2r}{3}K\frac{\sigma}{\mu}=\frac{2}{3}u_{\mathrm{d}}(\max)$$

需要说明的是，在圆盘位错模型中采用 $\bar{u}_{\mathrm{d}}=\dfrac{2}{3}u_{\mathrm{d}}(\max)$，见式（11.56），但在野外观测中，采用 $\bar{u}_{\mathrm{d}}=\dfrac{3}{4}u_{\mathrm{d}}(\max)$（Brune and Allen，1967；Hanks and Wyss，1972）。Brune（1970）在其圆盘位错模型中曾采用野外观测中使用的 $\bar{u}_{\mathrm{d}}=\dfrac{3}{4}u_{\mathrm{d}}(\max)$，其后做了更正（Brune，1971）。

将平均位错表达式（11.56）代入地震矩定义式（11.52），得到 100% 应力降时的地震矩，

$$M_{0}=\frac{16}{7}\cdot\sigma\cdot r^{3} \tag{11.57}$$

在长周期极限($\omega\to 0$)，式（11.47）的谱变为，

$$\Omega_{\mathrm{S}}(\mathfrak{R},\omega\to 0,\theta,\varphi)=\mathfrak{R}_{\theta\phi}\frac{\sigma}{\mu}\beta F\cdot\frac{r}{R}\cdot\frac{1}{\omega_{\mathrm{c}}^{2}} \tag{11.58}$$

由此得到，

$$F=\frac{4}{7\pi}\left(\frac{\omega_{\mathrm{c}}r}{\beta}\right)^{2} \tag{11.59}$$

将式（11.59）的 F 表达式代入式（11.58），得到 S 和 ω_{c} 的下列条件：

$$\omega_c \cdot \frac{r}{\beta} = \left(\frac{S}{0.8}\right)^{\frac{1}{4}} \cdot \left(\frac{7\pi}{4}\right)^{\frac{1}{2}} \tag{11.60}$$

对于 $S=0.9$，由式（11.60）给出 $\omega_c=2.41\beta/r$，由式（11.51）给出 $F=1.06$；类似地，对于 $S=0.8$，有 $F=1.00$，于是由式（11.60）给出，

$$\omega_c = \left(\frac{7\pi}{4}\right)^{\frac{1}{2}} \cdot \frac{\beta}{r} = \frac{2.34\beta}{r} \tag{11.61}$$

式中用到如下近似，

$$\left(\frac{7\pi}{4}\right)^{\frac{1}{2}} \approx 2.34 \tag{11.62}$$

这是相关文献中常见的常数 2.34 的由来。因此，采用常数 2.34 意味着假定 S 波中的能量有 20% 转换成了 P 波能量，即转换因子 $S=0.8$。

于是，圆盘位错模型的 S 波辐射远场位移和相应的振幅谱是：

$$u(\mathfrak{R},t,\theta,\phi) = \mathfrak{R}_{\theta\varphi} \cdot \frac{\sigma}{\mu}\beta\,\frac{r}{R}t''\mathrm{e}^{-\omega_c t''} = \mathfrak{R}_{\theta\varphi} \cdot \frac{\sigma}{\mu}\beta\,\frac{r}{R}t''\mathrm{e}^{\frac{-2.34\beta t''}{r}} \tag{11.63}$$

$$\Omega_S(\mathfrak{R},\omega,\theta,\phi) = \mathfrak{R}_{\theta\phi} \cdot \frac{\sigma}{\mu}\beta\,\frac{r}{R}\,\frac{1}{\omega^2+\omega_c^2} = \mathfrak{R}_{\theta\phi} \cdot \frac{\sigma}{\mu}\beta\,\frac{r}{R}\,\frac{1}{\omega^2+\left(\frac{2.34\beta}{r}\right)^2} \tag{11.64}$$

式中，$\omega_c=2.34\,\dfrac{\beta}{r}$；$\omega_c=2\pi f_c$，$f_c$称为震源谱的拐角频率，是平均震源位移谱的长周期水平渐近线与高频衰减渐近线的交点对应的频率。

双力偶的远场 S 波辐射由下式给出（Brune，1970，1971），

$$\Omega_S(\omega) = \mathfrak{R}_{\theta\phi}M_0(4\pi\rho R\beta^3)^{-1} \tag{11.65}$$

式中，$\mathfrak{R}_{\theta\phi}$ 是辐射花样；M_0是双力偶源的一个力偶矩；ρ 是介质密度；β 是 S 波速度；R 是震源距，于是得到由 Ω_S和f_c估计地震矩 M_0和震源尺度 r 的表达式：

$$r = \frac{2.34\beta}{2\pi f_c} \tag{11.66}$$

和

$$M_0 = \frac{4\pi\rho R\beta^3\Omega_0(\mathrm{S})}{\mathfrak{R}_{\theta\phi}(\mathrm{S})} \tag{11.67}$$

假定地震时有完全的应力释放，于是造成的应力降为（参见式（11.57）），

$$\Delta\sigma = \frac{7}{16} \cdot \frac{M_0}{r^3} \tag{11.68}$$

该式为静态应力降的一个近似。

从上面的讨论可知，布龙模型中的公式和公式中的常数是经过一系列简化假设后得到的，不同的模型和不同的简化假设会给出不同的震源参数结果。

11.4.3　更一般的情况

Hanks 和 Wyss（1972）指出，空间上稳定的地震源或爆炸源产生的理论远场位移谱 $\Omega(\omega)$ 的一个一般性特征是存在拐角频率 f_c，可通过如下关系将 f_c 与震源尺度关联，

$$f_c = \frac{cv}{r} \tag{11.69}$$

式中，v 是在震源周围体波的弹性波速度；r 是震源尺度；c 是一个数量级为 1 的常数，取决于具体的震源模型。不论震源是爆炸源、剪切位错源还是应力松弛源（stress relaxation source），式（11.69）都成立。

Hanks 和 Wyss（1972）选择了 3 个可以在野外测量得到地震矩 M_0 记为 $M_0(F)$ 的浅源走滑断层地震，而且断层近乎垂直，由野外测量得到断层半长度 $L/2$。这 3 个地震有 WWSSN 长周期记录，且台站的方位覆盖较好，即加利福尼亚的一个 M_L6.4 地震、土耳其的一个 7.2 级地震和伊朗的一个 7.1 级地震。利用布龙模型，对这 3 个地震得到由多台 P 波远场位移谱计算的平均地震矩 $\bar{M}_0(\mathrm{P})$ 和由多台 S 波远场位移谱计算的平均地震矩 $\bar{M}_0(\mathrm{S})$，以及平均震源半径 $\bar{r}(\mathrm{P})$ 和 $\bar{r}(\mathrm{S})$。通过这 3 个地震的比较，表明利用地震的 P 波和 S 波远场位移谱可以测定震源的地震矩和震源尺度，从而为了解没有断层出露的中小地震的震源参数提供了一个有效手段。

Hanks 和 Wyss（1972）将 S 波谱与震源的关系推广到 P 波谱，给出与（11.67）和（11.66）类似的公式：

$$M_0(\mathrm{P}) = \frac{4\pi\rho R\alpha^3 \Omega_0(\mathrm{P})}{\mathfrak{R}_{\theta\phi}(\mathrm{P})} \tag{11.70}$$

$$r(\mathrm{P}) = \frac{2.34\alpha}{2\pi f_c(\mathrm{P})} \tag{11.71}$$

式中，$M_0(\mathrm{P})$ 是由 P 波谱确定的地震矩；$\Omega_0(\mathrm{P})$ 是 P 波的长周期谱水平；$\mathfrak{R}_{\theta\phi}(\mathrm{P})$ 是 P 波的辐射花样；ρ 是介质的密度；R 代表地球球型分层的几何扩散；α 是 P 波速度；$r(\mathrm{P})$ 是由 P 波谱确定的圆盘震源的半径；$f_c(\mathrm{P})$ 是 P 波谱的拐角频率。注意到，如果式（11.71）成立，则要求 $f_c(\mathrm{P})$ 与 $f_c(\mathrm{S})$ 之比为 α/β，对于泊松介质，该值为 $3^{1/2} \approx 1.73$。

从 Hanks 和 Wyss（1972）的工作可以看到，利用体波频谱测定震源参数并不限于中小地震，对于大地震，只要有宽频带记录，确保得到在拐角频率两侧的频谱低频部分和高频部分，便可以利用震源谱估计震源参数。因此，在相当宽的一个震级范围，可以采用频谱分析和波形反演分别得到地震矩等震源参数，进而可以彼此互相校准。

11.4.4　其他圆盘位错模型

关于 P 波谱和 S 波谱的拐角频率 $f_c(\mathrm{P})$ 和 $f_c(\mathrm{S})$ 的差别，不同的震源模型有不同结果。例如，安艺敬一和理查兹（1986）给出，根据 Sato 和 Hirasawa（1973）的模型，在各个方向对 P 波平均的拐角频率是，

$$2\pi\langle f_c(\mathrm{P})\rangle = C_{\mathrm{P}} \cdot \frac{\alpha}{r} \tag{11.72}$$

对 S 波是，

$$2\pi\langle f_c(S)\rangle = C_S \cdot \frac{\beta}{r} \tag{11.73}$$

式中，C_P 和 C_S 是破裂速度 v 的函数，当 $v/\beta=0.6$ 时，$C_P=1.25$，$C_S=1.70$；当 $v/\beta=0.9$ 时，$C_P=1.53$，$C_S=1.85$（安艺敬一和理查兹，1986，第二卷第 286 页），此时 $f_c(P)$ 与 $f_c(S)$ 之比为 $1.53\times6.0/(1.85\times3.5)=1.42$。彼得·鲍曼（2006）的练习 3.4 中表 2 给出常用的运动学破裂模型及参数，当换算成 C_P 和 C_S 时，对布龙模型（Brune，1970，1971），$v/\beta=0.9$ 时，$C_P=1.96$，$C_S=2.34$，此时 $f_c(P)$ 与 $f_c(S)$ 之比为 1.44；对 Madariaga(1976) 模型，$v/\beta=0.6$ 时，$C_P=1.10$，$C_S=1.32$；$v/\beta=0.9$ 时，$C_P=1.21$，$C_S=1.38$，此时 $f_c(P)$ 与 $f_c(S)$ 之比为 1.5。

在已知断层面取向的情况下，Sato 和 Hirasawa（1973）给出对各方向平均的拐角频率计算公式，

$$\langle f_c(P,S)\rangle = \frac{\int_0^{\frac{\pi}{2}} f_c(\theta)\sin\theta d\theta}{\int_0^{\frac{\pi}{2}}\sin\theta d\theta} \tag{11.74}$$

对有限数量的实际观测，采用如下近似公式，

$$\langle f_c(P,S)\rangle \approx \frac{\sum_i f_{ci}\sin\theta_i}{\sum_i \sin\theta_i} \tag{11.75}$$

式中的 θ 角是断层面的法线与地震射线的夹角。

以上列举的数值表明，采用不同的震源模型，假定不同的破裂传播速度，采用不同的波形段（P 或 S），会得到不同的震源尺度。与此关联的是，对于同样的地震矩 M_0，震源尺度的差别会导致计算出的应力降值的差别。

11.5 由震源谱测定震源参数

如前所述，对地震记录的地动位移振幅谱，见式（11.10）经过仪器校正、场地响应校正、自由表面放大效应校正、路径衰减校正后，得到单个记录台站给出的观测“震源谱”，见式（11.11），它是震源项 $S_{ij}(f)$ 和辐射花样绝对值 $|\mathfrak{R}_{ij}|$ 的乘积。在数值分析中是对离散频点计算的，故有，

$$S_{ij}^{\text{obs}}(f_k) = S_{ij}(f_k)\cdot|\mathfrak{R}_{ij}| \tag{11.76}$$

式中，频率 f_k 的下标 k 代表频点序号。由于台站相对震源断层面的几何位置的影响，一个地震在不同台站得到的震源谱是有差别的，因此，利用震源谱测定其低频水平 Ω_0 和拐角频率 f_c 时，要进行多台平均。在 11.3.4 的联合反演中介绍了一种对观测震源谱取对数得到线性方程组的方法，这里的方法采用的是均方根平均，两者的辐射花样均值是不同的。对每个频点，式（11.76）左侧的多台均方根值为，

$$S_i^{\text{obs}}(f_k)=\frac{1}{n_i}\sqrt{\sum_{j=1}^{n_i}(S_{ij}^{\text{obs}}(f_k))^2} \tag{11.77}$$

式（11.76）右侧的多台均方根值为，

$$\frac{1}{n_i}\sqrt{\sum_{j=1}^{n_i}(S_{ij}(f_k)\cdot|\mathcal{R}_{ij}|)^2}\approx S_i(f_k)\cdot\frac{1}{n_i}\sqrt{\sum_{j=1}^{n_i}(|\mathcal{R}_{ij}|)^2}=S_i(f_k)\cdot\mathcal{R} \tag{11.78}$$

式中，$S_i(f_k)$ 是第 i 个地震的观测震源谱，是 $S_{ij}(f_k)$ 的近似多台平均，$\mathcal{R}$ 为辐射花样在整个震源球上的均方根值，用于近似在多个记录台站的辐射花样均方根值，对 P、S 和 SH，分别为 0.52，0.63 和 0.48（Boore and Boatwright，1984）。由此可见，台站越多，分布越好（较均匀地分布在地震周围），则 $\mathcal{R}$ 的近似性越好。由式（11.78）可见，式中用的辐射花样在全震源球上的平均是均方根值，而在式（11.37）中使用的是对数平均。下面介绍测定观测震源谱参数 Ω_0 和 f_c 的方法。

11.5.1　单台人工测定 Ω_0 和 f_c

在人工测定震源参数时，早期的作法是先对单台的位移谱进行校正后画在双对数坐标纸上，纵坐标为位移谱，单位为 m/Hz，横坐标为频率，单位为 Hz，对低频部分，目测画出水平拟合线，其纵坐标值为 Ω_0；在高频部分，目测画出 f^{-2} 衰减拟合直线，其与 Ω_0 水平直线的交点对应的频率为拐角频率 f_c。

然后，对每个台站，利用下述式（11.81）~式（11.85）计算相应的震源参数，取多台平均作为最终结果。或者，先对各台求得的 Ω_0 和拐角频率 f_c 分别进行多台平均，得到一个地震的平均 Ω_0 和平均拐角频率 f_c，再利用式（11.81）~式（11.85）计算相应的震源参数。

11.5.2　多台震源谱叠加测定 Ω_0 和 f_c

将多个台站的位移振幅谱画在同一张双对数坐标图上，在叠加曲线上人工画出水平拟合线，其纵坐标值为 Ω_0；在高频部分，目测画出 f^{-2} 衰减拟合直线，其与 Ω_0 水平直线的交点对应的频率为拐角频率 f_c。

然后，利用式（11.81）~式（11.85）计算相应的震源参数。

11.5.3　多台震源位移谱的计算机拟合

在求解单个地震的震源参数时，用多台观测震源位移谱拟合的参数只有 Ω_0 和 f_c。

由式（11.77）得到 $S^{\text{obs}}(f_k)$（这里是单个地震，略去了式（11.77）中的下标 i），而理论震源谱（参见式（11.12）），

$$S^{\text{theo}}(f_k)=\frac{\Omega_0}{1+\left(\frac{f_k}{f_c}\right)^2} \tag{11.79}$$

定义理论与观测震源谱的残差 ε，

$$\varepsilon=\sum_{k=1}^{n_k}\frac{[S^{\text{theo}}(f_k)-S^{\text{obs}}(f_k)]^2}{S^{\text{theo}}(f_k)\cdot S^{\text{obs}}(f_k)} \tag{11.80}$$

式中，f_k为第 k 个频率点；n_k为频率点的数目。

由观测谱的形态估计 Ω_0和f_c的可能取值范围，选取不同的 Ω_0，f_c，用最优化算法，直至使 ε 不再显著减小，即得到 Ω_0和f_c的值。例如可采用遗传算法求解，图 11.4 是用 ISDP 软件（中国地震局分析预报中心，河北省地震局，2004）画出的震源谱拟合结果，图中细实线是各台站的观测震源谱，粗虚线是多台平均震源谱，由参数拟合得到 Ω_0和f_c后，按布龙模型画出理论震源谱曲线（为图中的粗实线）。

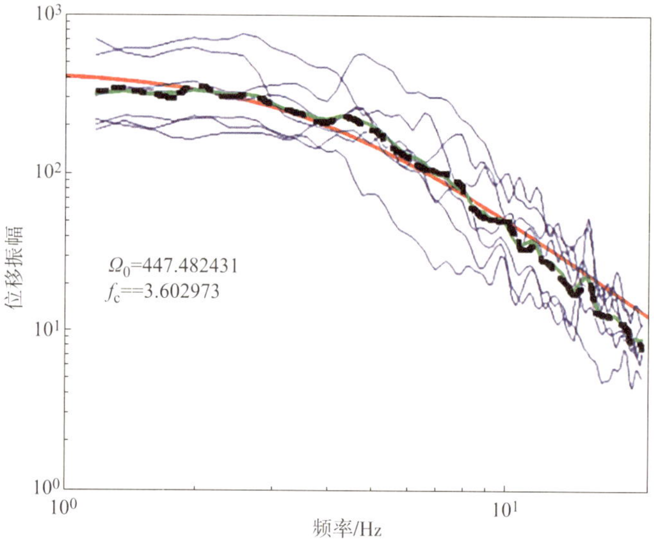

图 11.4　M_L 4.0 地震的观测谱位移拟合曲线

11.5.4　根据布龙模型计算较小地震的地震矩、应力降和震源特征尺度

在求出震源位移谱低频水平 Ω_0和拐角频率f_c 后，可根据选定的震源模型，计算地震矩 M_0、应力降 $\Delta\sigma$ 和震源半径 r。其中，应力降 $\Delta\sigma$ 是指震前和震后震源区应力之差，即静态应力降。震源特征尺度是震源区大小的一种度量，对于大地震，往往用地震断层长度来描述震源特征尺度。而对于小地震，可用薄的圆盘来描述地震的震源区，用圆盘半径 r 描述震源尺度。但地震的“大”和“小”是相对的，不同地区会不同。

当使用 S 波时，根据布龙模型，地震矩 M_0、震源半径 r 和应力降 $\Delta\sigma$ 由以下各式给出：

$$M_0 = \frac{4\pi\rho\beta^3 R_0 \Omega_0}{\Re} \tag{11.81}$$

$$r = \frac{K\beta}{2\pi f_c} \tag{11.82}$$

式中，R_0是在对地震记录谱进行衰减校正时的归一化距离，如果式（11.81）中不出现 R_0，则隐含的假设是记录谱的归一化距离是 1km；β 是 S 波速度(km/s)；ρ 是震源区介质密度，约为 2700～2800kg/m^3；$\Re$是地震波辐射因子全震源球均方根值，$\Re_S = (2/5)^{1/2} = 0.63$。

Keilis-Borok（1959）给出，

$$\Delta\sigma = \frac{7}{16}\frac{M_0}{r^3} \tag{11.83}$$

根据布龙模型，对于 S 波，$K=K_S=\sqrt{\frac{7\pi}{4}}=2.34$，式（11.83）又可改写成，

$$\Delta\sigma=\frac{\rho(2\pi f_c)^3\Omega_0}{K\Re} \tag{11.84}$$

由式（11.52）给出地震矩 $M_0=\mu\bar{D}A$，其圆盘震源面积 $A=\pi r^2$，在估计出震源半径 r 之后，可由地震矩 M_0 和震源半径 r 得到平均震源位错，

$$\bar{D}=\frac{M_0}{\mu A}=\frac{M_0}{\mu\pi r^2} \tag{11.85}$$

也可使用 P 波段求震源位移谱，得到 Ω_0 和拐角频率 f_c，通常采用垂直向记录波形。对于布龙模型，计算 M_0，$\Delta\sigma$ 和 r 的式（11.81）~式（11.85）中的 $K=K_P=3.36$（表 11.2）。

在理论上，由于用 S 波和 P 波谱得到的震源半径 r 应该是相同的值，因此拐角频率 f_{cS} 和 f_{cP} 的比值应该是，

$$\frac{f_{cP}}{f_{cS}}=\frac{K_P}{K_S}=\frac{3.36}{2.34}=1.44 \tag{11.86}$$

可见对于一个地震，同时使用 S 波段和 P 波段估计拐角频率，并求其比值，可以相互检验结果的正确性。对于马达里阿伽模型Ⅰ和Ⅱ（Madariaga，1976），这一比值是 1.5（表 11.2）。

表 11.2　常用震源破裂模型及参数（彼得·鲍曼，2006，练习 3.4 表 2）

震源模型	破裂速度 v_c	P 波 K 值	S 波 K 值
布龙模型（Brune，1970）	0.9β	3.36	2.34
马达里阿伽模型 I（Madariaga，1976）	0.6β	1.88	1.32
马达里阿伽模型 II（Madariaga，1976）	0.9β	2.07	1.38

注：表中的 β 是 S 波速度，K 值的作用见式（11.82）和式（11.84）。

11.5.5　计算 Ω_0 和 f_c 的频率域积分方法

也可以在频率域采用积分方法计算 Ω_0 和 f_c（Andrews，1986；Snoke，1987）。对已经考虑了场地响应、路径衰减和自由表面放大效应并归一化到给定震源距（例如 1km 或 10km，或其他距离，视最近台站到震源的距离）后的速度功率谱 $V^2(f)$ 和位移功率谱 $D^2(f)=V^2(f)/(2\pi f)^2$ 进行积分，得到，

$$S_{D^2}=2\int_0^\infty D(f)^2\mathrm{d}f \tag{11.87}$$

$$S_{V^2}=2\int_0^\infty V(f)^2\mathrm{d}f \tag{11.88}$$

式中，S_{D^2}，S_{V^2} 为能通量（energy flux）。实际计算时，积分下限受信号窗长度的限制，最低频率为窗长度的倒数；在高频处受限于奈奎斯特频率（采样率的一半），不过对于地震信号而言，影响不显著。

于是，得到地震波辐射能量，

$$E_{\mathrm{rad}}=4\pi\rho\beta R_0^2S_{V^2} \tag{11.89}$$

式中的R_0是在对地震记录谱进行衰减校正时的归一化距离，如果式（11.89）中不出现R_0，则隐含的假设是记录谱的归一化距离是1km。利用布龙模型（Brune，1970，1971）给出的震源位移谱模型，式（11.79），得到位移功率谱积分和速度功率谱积分与震源谱参数Ω和f_c的关系：

$$S_{D^2}=\frac{1}{4}\Omega^2(2\pi f_c) \tag{11.90}$$

$$S_{V^2}=\frac{1}{4}\Omega^2\ (2\pi f_c)^3 \tag{11.91}$$

于是，拐角频率，

$$f_c=\frac{1}{2\pi}\sqrt{\frac{S_{V^2}}{S_{D^2}}} \tag{11.92}$$

位移谱的低频水平Ω由下式给出，

$$\Omega^2=4S_{D^2}^{\frac{3}{2}}S_{V^2}^{-\frac{1}{2}} \tag{11.93}$$

视应力定义为，

$$\sigma_{\mathrm{a}}=\frac{\mu E_{\mathrm{rad}}}{M_0}=\frac{\rho\beta^2E_{\mathrm{rad}}}{M_0} \tag{11.94}$$

式中E_{rad}是地震波辐射能量，利用S波速度，

$$\beta=\sqrt{\frac{\mu}{\rho}} \tag{11.95}$$

将式（11.90）和式（11.91）带入式（11.92）和式（11.84），于是可用频率域积分式（11.87）和式（11.88）表示布龙应力降σ_{B}和视应力σ_{a}：

$$\sigma_{\mathrm{B}}=\frac{2\rho R_0}{2.34\ \Re}\cdot\frac{S_{V^2}^{\frac{5}{4}}}{S_{D^2}^{\frac{3}{4}}} \tag{11.96}$$

$$\sigma_{\mathrm{a}}=\frac{\rho R_0\ \Re}{2}\cdot\frac{S_{V^2}^{\frac{5}{4}}}{S_{D^2}^{\frac{3}{4}}} \tag{11.97}$$

以式（11.92）和式（11.93）作为拐角频率和低频谱水平的定义，则布龙应力降和视应力不是相互独立的参数，因为对任何形状的谱，

$$\sigma_{\mathrm{B}}=\frac{4}{2.34\ \Re^2}\cdot\sigma_{\mathrm{a}}\approx4.3\sigma_{\mathrm{a}} \tag{11.98}$$

式中S波辐射花样$\Re=\sqrt{2/5}=0.63$。

Andrews（1986）还引入了第3个独立测量的谱参数，称作Hanks动态应力降（Hanks and McGuire，1981），采用Boatwright（1982）提出的公式将其与均方根加速度联系起来。加速度功率谱$A^2(f)=(2\pi f)^2V^2(f)$，可计算积分：

$$S_{A^2} = \int_0^{f_m} A^2 \mathrm{d}f \tag{11.99}$$

$$S_{A^4} = \int_0^{f_m} A^4 \mathrm{d}f \tag{11.100}$$

积分上限 f_m 可以是大于 f_c 的任何一个有限频率，取加速度功率谱水平，

$$\langle A^2 \rangle = \frac{S_{A^4}}{S_{A^2}} \tag{11.101}$$

式（11.101）对积分上限 f_m 的选择不敏感。如果 $A^2(f)$ 是箱型，则式（11.101）给出严格准确的加速度谱水平。

于是，Hanks 动态应力降可表示为：

$$\sigma_{\mathrm{H}} = \frac{2\pi f_c \rho}{2.34\,\Re}\sqrt{\langle A^2 \rangle} \tag{11.102}$$

式中的数值系数是为了保证当震源谱具有布龙模型形状（式（11.79））时 $\sigma_{\mathrm{H}} = \sigma_{\mathrm{B}}$，当谱为其他形状时，$\sigma_{\mathrm{H}}/\sigma_{\mathrm{B}}$ 便不等于 1，因此可以用这一比值来检验震源谱是否符合布龙模型。

郑建常等（2008）采用 Andrews（1986）给出的功率谱积分公式计算了青岛崂山 $M_{\mathrm{L}}4.1$ 地震序列的应力降变化。

11.5.6　计算 Ω_0 和 f_c 的时间域积分方法

为有效处理大量数据以得到震源参数，在 Andrews（1986）方法的基础上，Urbancic 等（1996）提出了在时间域计算震源参数的方法，并用于在线处理诱发地震数据。其基本假设是认为绝大多数地震，包括构造地震和诱发地震，可被认为是剪切破裂，因而可采用布龙和马达里阿伽（Madariaga，1976）的圆盘位错模型。

在计算大多数震源参数时，需 3 个主要参数（Brune，1970；Andrews，1986；Snoke，1987），即低频谱水平（Ω）式（11.93）、拐角频率（f_c）式（11.92）和能通量 energy flux（J）式（11.88），其中 S_{D^2} 和 S_{V^2} 可由式（11.87）和式（11.88）给出，是频率域的积分。

若函数 $f(x)$ 平方可积，其傅里叶变换为 $F(\omega)$，则有 Plancherel 定理（巴士瓦（Parseval）定理的特例）：

$$\int_{-\infty}^{+\infty} |f(x)|^2 \mathrm{d}x = \frac{1}{2\pi}\int_{-\infty}^{+\infty} |F(\omega)|^2 \mathrm{d}\omega \tag{11.103}$$

应用式（11.103）、式（11.87）和式（11.88）定义的积分可转换成时间域的积分：

$$S_{D^2} = \int_0^{\infty} D^2(t)\,\mathrm{d}t \tag{11.104}$$

$$S_{V^2} = \int_0^{\infty} V^2(t)\,\mathrm{d}t \tag{11.105}$$

注意，在 Urbabcic 等（1996）中的式（4）和（5）中都在积分外面有系数 2，而 Trifu 等（2000）做了更正，去掉了系数 2，得到式（11.104）和式（11.105）。可以看到，这一修正对拐角频率 f_c 的计算没有影响，但对低频水平 Ω 的计算是有影响的。对于加速度记录，位移 $D(t)$ 是加速度的二次积分，速度 $V(t)$ 是加速度的一次积分。

Justinic 等（2013）应用了 Urbabcic 等（1996）的时间域方法，并采用了 Trifu 等（2000）作的更正，从而肯定了这一更正的必要性。Justinic 等（2013）对美国得克萨斯州的一个小地震序列进行分析，分别对 P、SV 和 SH 估计 S_{V2} 和 S_{D2}，并分别计算谱参数和震源参数，再取平均并计算相应的标准偏差。在垂直分量上分析 P 波列，时间窗从 P 波初动到 S 波到达。对 S 波，两个水平分量旋转成 SV 和 SH，S 波列在 S 到达起，延续到 2 倍 S 波走时，Justinic 等（2013）研究的小地震序列到台网内台站的震中距在几千米的量级，所以 2 倍 S 波走时也只有几秒的量级。在具体处理时，双力偶辐射花样对 P 波取 0.52，对 S 波取 0.63（没有分别考虑 SV 和 SH）；对 P 波，$K=2.01$，对 S 波，$K=1.32$，这是根据 Madariaga（1976）圆盘震源模型在破裂速度为 S 波速 0.9 倍时给出的值。

11.5.7 震源模型对估计震源参数的影响

表 11.2 给出常用的震源破裂模型及参数，从表中可以看到，采用不同的震源模型和假定不同的破裂速度，会有不同的 K 值，将其代入式（11.82）便得到不同的震源半径。由于应力降 $\Delta\sigma$ 与震源半径的三次方成反比，见式（11.83），导致应力降的估计更会有较大差异。而震源半径的差异又会使平均位错的估计值有较大差异，见式（11.85）。

11.6 双拐角频率模型

Kumar 等（2012）介绍了一个估计震源谱和震源参数的软件 EQ_SRC_PARA，该软件利用布龙模型和一个高频衰减滤波器（Boore，1983）估计震源谱参数，包括低频振幅谱水平（Ω_0）、拐角频率（f_c）（在 f_c 以上谱以速率 2 衰减）和再衰减拐角频率（f_{max}）及其衰减速率 N，将该震源谱模型称作“双拐角频率模型”。

对记录的水平分量波形，先利用仪器零极点给出的传递函数对记录波形进行仪器响应校正，然后按震中方位角将记录波形旋转，得到地动的 SH 分量。图 11.5 给出经处理后的 SH 波形举例（Kumar et al.，2012，Fig.1）。

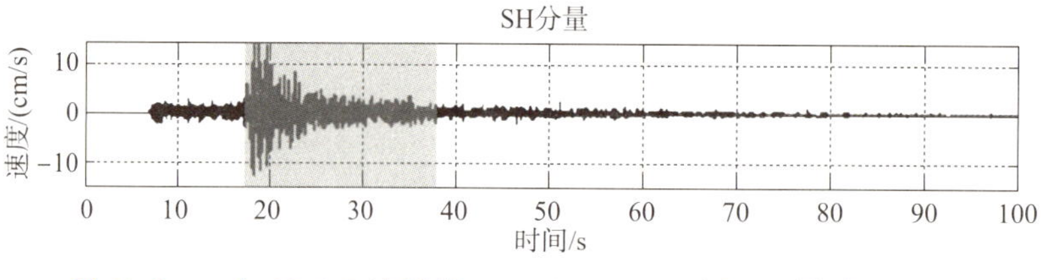

图 11.5　一个 M_W4.7 地震的 Srikot（SRIK）地震台短周期仪器记录经仪器响应校正和按方位角旋转后得到的地动速度 SH 分量波形图

对所得到的地动 SH 分量进行快速傅里叶变换，求出振幅谱后，进行路径衰减校正 $Q_c=Q_0f^\eta$，Q_0 和 η 是常数。对观测的加速度谱，采用布龙震源谱模型并使用巴特沃斯低通滤波器拟合高于 f_{max} 的频段（Boore，1983），得到加速度谱的“双拐角”理论模型：

$$A(R,f)=\frac{(2\pi f)^2\Omega_0}{1+\left(\frac{f}{f_c}\right)}\left[1+\left(\frac{f}{f_{max}}\right)^N\right]^{-\frac{1}{2}} \tag{11.106}$$

对位移谱则有，

$$D(R,f)=\frac{\Omega_0}{1+\left(\frac{f}{f_c}\right)}\left[1+\left(\frac{f}{f_{max}}\right)^N\right]^{-\frac{1}{2}} \tag{11.107}$$

软件 EQ_SRC_PARA（Kumar et al.，2012）可自动读取 4 个谱参数（$f_c, f_{max}, \Omega_0, N$）的近似值（参考图 11.6～图 11.8 给出的对图 11.5 所示 SH 分量自动估计 4 个波谱参数的结果）。

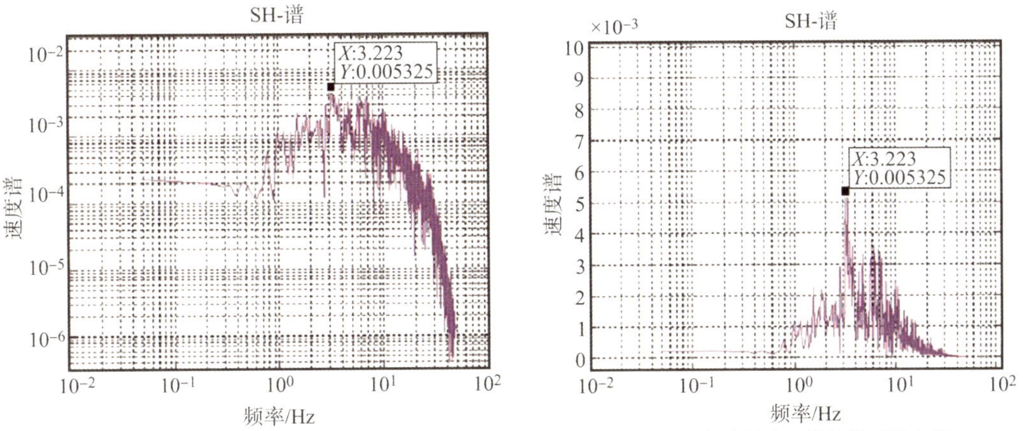

（a）双对数坐标　（b）频率轴为对数的单对数坐标

图 11.6　Kumar 等（2012）用于估计拐角频率 f_c 的速度谱图。f_c 是图中的谱峰值对应的频率

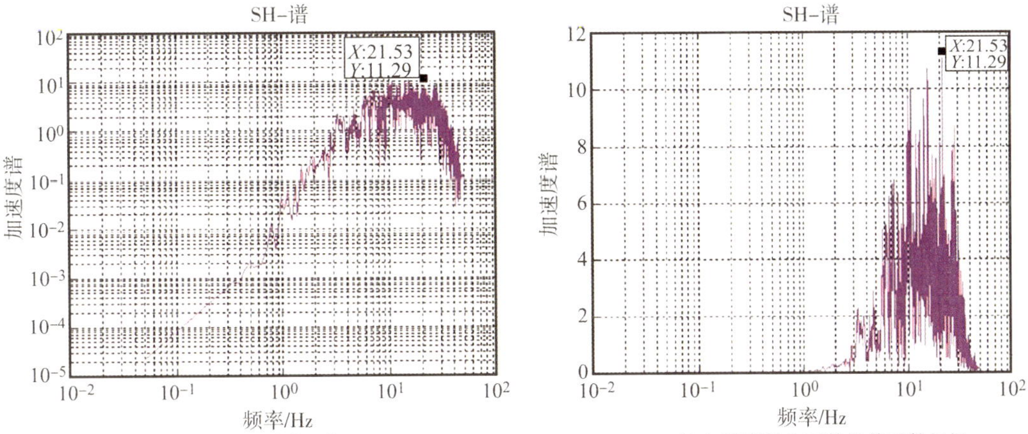

（a）双对数坐标　（b）频率轴为对数的单对数坐标

图 11.7　Kumar 等（2012）用于估计 f_{max} 的加速度谱图。f_{max} 是图中的谱峰值对应的频率

拐角频率 f_c 是由速度谱得到的，是速度谱峰值对应的频率，该峰值在对数－线性图上表现得比在对数－对数图上更清楚。

f_{max} 近似取加速度谱的二阶导数 $(2\pi f)^2A(f)$ 的峰值对应的频率。

取 f_c 和 f_{max} 之间的中间频率附近加速度振幅谱的平坦（常数）谱水平，记为 A_{IFL}，采用如下公式通过 f_c 将 Ω_0 与 A_{IFL} 关联，从而得到 Ω_0，

$$\Omega_0=\frac{A_{IFL}}{(2\pi f_c)^2} \tag{11.108}$$

为自动读取位移振幅谱的长周期水平 Ω_0，Glassmoyer 和 Borcherdt（1990）通过 f_c 将 Ω_0 与 A_∞ 关联，

$$f_c = \frac{1}{2\pi}\sqrt{\frac{A_\infty}{\Omega_0}} \tag{11.109}$$

式中，A_∞ 是在拐角频率 f_c 以上加速度谱的平坦谱水平。

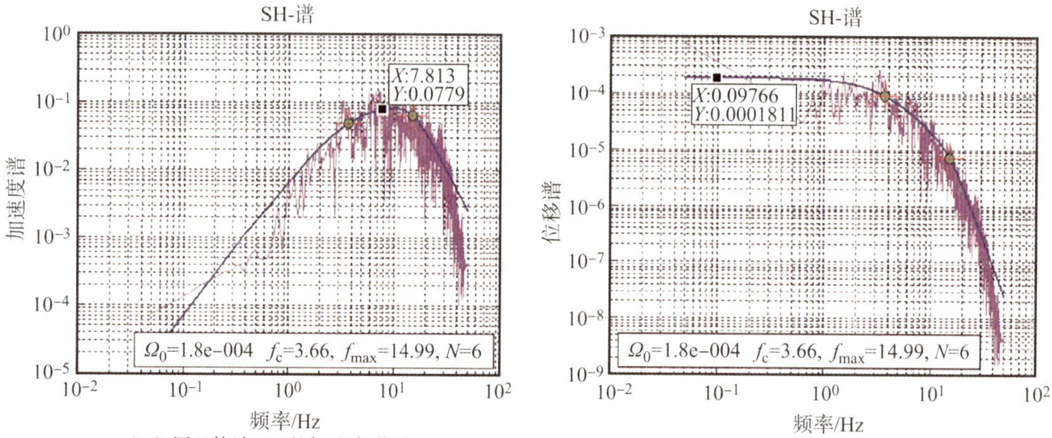

（a）用于估计 A_{IFL} 的加速度谱图　（b）用于估计 Ω_0 的位移谱图

图 11.8　Kumar 等（2012）用于估计 A_{IFL} 的加速度谱图和用于估计 Ω_0 的位移谱图

进一步用观测的加速度谱与震源谱模型进行拟合，在拟合过程中对 f_c、f_{max}、N 进行网格搜索，拟合时采用上述峰值方法测定的 f_c 和 f_{max} 确定试探值 f_{c1} 和 f_{max1} 的取值区间：f_{c1} 在 f_1 和 f_c 之间(f_1 是给定的一个低频率值)，取拟合均方根误差最小值对应的 f_{c1} 作为最后结果 f_c；f_{max1} 在 f_c 和 f_{NY} 之间(f_{NY} 是奈奎斯特频率 = 1/2 采样率)，取拟合均方根误差最小值对应的 f_{max1} 作为最后结果 f_{max}。图 11.9 给出拟合均方根值随 f_{c1} 取值和 f_{max1} 取值的变化。再由修正后的 f_c 用式（11.108）得到 Ω_0。最后在 2 和 10 之间选取 N 使观测谱与理论模型拟合偏差最小。图 11.10 给出原始波形的加速度谱(a)和位移谱(b)，图中粗实线是以最终得到的谱参数给出的拟合震源模型，实线上的两圆圈给出第一拐角频率 f_c 和第二拐角频率 f_{max} 的位置。

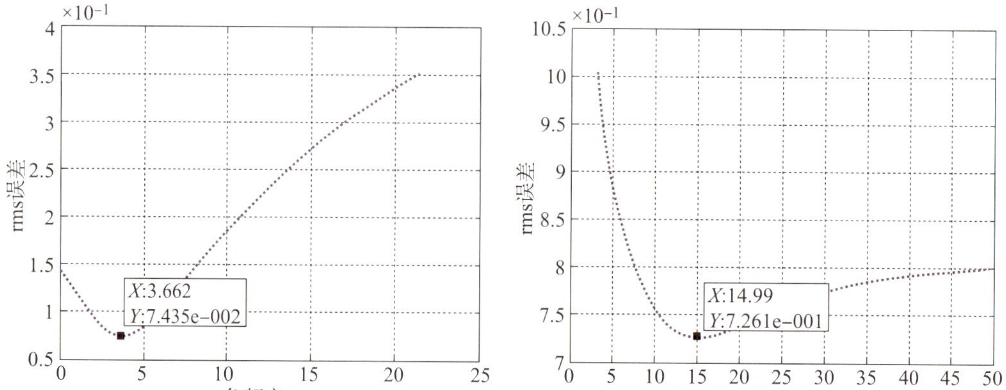

（a）角频率 f_c　（b）f_{max}

图 11.9　Kumar 等（2012）给出的理论模型与观测数据拟合的均方根（rms）误差图

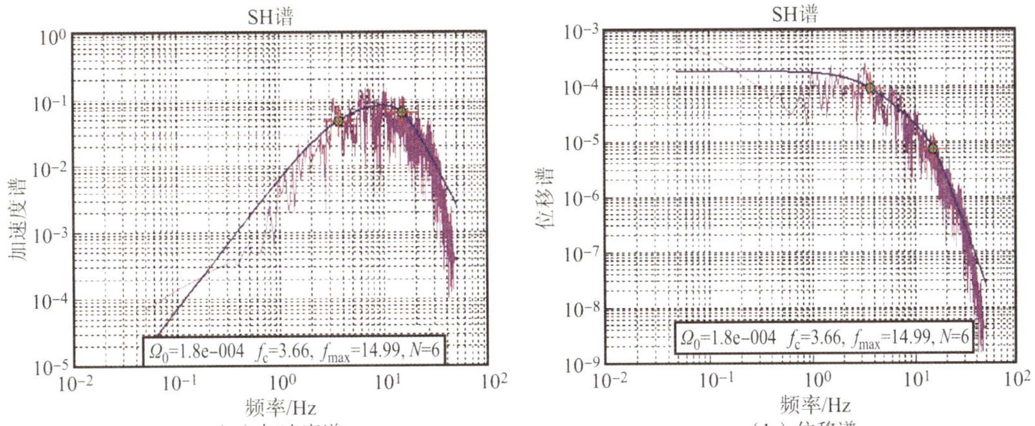

（a）加速度谱　　（b）位移谱

图 11.10　Kumar 等（2012）给出的加速度谱和位移谱

然后由 Ω_0，f_c 利用式（11.81）和式（11.82）计算地震矩 M_0 和震源半径 r，再用式（11.83）计算应力降 $\Delta\sigma$。在 EQ_SRC_PARA 中针对印度的情况，取平均密度 $\rho=2.67\text{g/cm}^2$，震源区剪切波速度 $\beta=3.2\text{km/s}$，自由表面放大因子取为 2，平均辐射花样 $\mathfrak{R}_{\theta\phi}$ 取值 0.63。注意，值 0.63 是对整个 S 波的辐射花样均方根平均，而对于 SH 波，采用 0.48（刘杰等，2003）似更为适当。

该软件中采用了比布龙模型更复杂些的震源谱模型，包含 Ω_0、f_c、f_{max} 和 N 共 4 个待定参数，在求解过程中不仅采用了位移谱，还采用了速度谱和加速度谱，通过计算机程序 Matlab 实现了自动求解，程序中根据多台得到的参数值进行平均给出最终结果并估计其测定误差。

11.7　震源谱、介质衰减参数和台站场地响应的非参数化联合反演

所谓震源谱、介质衰减参数和台站场地响应的非参数化联合反演，是指对震源谱和介质衰减的描述不预先定义其函数形式，只采用为求解方程组所必须的约束，从而可以研究两者的更复杂特征。但为了使反演结果稳定，仍需要对二者进行一些约束，实现起来较为复杂，且结果存在不唯一性。因此，在实现非参数化联合反演时要特别谨慎，要尽可能多地收集观测数据，提高对反演结果的约束能力，对反演结果的解释也要特别小心。

在非参数化联合反演中要引入算子 $A(f,R_{ij})$，见下述式（11.110）和式（11.126），注意本节的符号含义不同于 11.3 节的符号，其中隐性包含沿传播路径衰减的全部因素，包括几何扩散、非弹性和散射衰减、折射路径效应等，由于这些性质随距离变化很小，因此，$A(f,R_{ij})$ 只被约束为距离的平滑函数并在某一参考距离 R_0（取作一个单位距离）有值 $A(f,R_0)=1$。

非参数化方法的吸引人之处在于，假如数据集对距离的覆盖较好，则可能深入了解衰减特性的复杂性，无需预先定义算子 $A(f,R_{ij})$ 的表现。由于衰减算子的非参数化，震源谱

和场地响应将不依赖于对衰减过程的任何特定模型假设。这种独立性是非参数化技术的关键优点。

例如，Castro 等（1990）在研究墨西哥 Guerrero 消减带的场地响应、衰减和 S 波震源谱时，采用非参数化方法寻找一个平滑函数来描述平均振幅随距离的变化，进而使用该非参数化衰减曲线对谱振幅进行校正，以得到场地响应和震源谱。

可利用非参数化反演中得到的震源谱和衰减函数，在引入特定的震源谱模型和介质衰减模型后，求得震源参数和介质衰减参数。

11.7.1 非参数化方法之“两步法”

11.7.1.1 “两步法”的第一步：反演震源项和衰减函数

Castro 等给出非参数化反演的具体算法，以加速度谱分析为例（也可用速度谱或位移谱），对给定频率f, 加速度谱振幅表示为，

$$D_i(f,r)=M_i(f)\cdot A(f,r) \tag{11.110}$$

式中，$A(f,r)$是衰减函数；$M_i(f)$是依赖于震源 i 的标度因子；$D_i(f,r)$是事件 i 在震源距 r 和频率f的谱振幅数据。这里假定衰减函数隐性包含几何扩散和非弹性衰减，衰减函数与事件的大小无关。

要求$A(f,r)$为 r 的平滑函数，且在 $r=0$ 处的值为 1。Castro 等对选定的 26 个频点，每个频点用最小二乘法反演求解式（11.110），结果是离散化的衰减函数$A(f,r)$和每个事件的标度因子 $M_i(f)$。$A(f,r)$可归一化到 $r_0=30$km，即除以相应频点的 30km 函数值。用场地响应来模拟由反演得到的 $M_i(f)\cdot A(f,r)$与观测的 $D_i(f,r)$之间的离散差。

对式（11.110）的具体求解方法如下（Castro 等，1990，附录）：对式（11.110）两侧取对数，对每个频率f得到线性方程组：

$$d_{ij}=m_i+a_j \tag{11.111}$$

式中，

$$d_{ij}=\lg D_i(f,r_j) \tag{11.112}$$

$$m_i=\lg M_i \tag{11.113}$$

$$a_j=\lg A(f,r_j) \tag{11.114}$$

写成矩阵形式，

$$\boldsymbol{\Gamma x}=\boldsymbol{d} \tag{11.115}$$

式中，$\boldsymbol{d}$ 是包含元素 d_{ij}的矢量，下标 i 和 j 用于标识数据的来源；$\boldsymbol{x}$ 是解矢量，包含模型参数 m_i和 a_j；$\boldsymbol{\Gamma}$ 的元素示于式（11.116），在 $\boldsymbol{\Gamma}$ 中还包含了平滑约束。

$$
\begin{bmatrix}
1 & 0 & \cdots & 0 & 0 & 1 & 0 & \cdots & 0 & 0 \\
0 & 1 & 0 & \cdots & 0 & 1 & 0 & \cdots & 0 & 0 \\
0 & 0 & 1 & 0 & \cdots & 1 & 0 & \cdots & 0 & 0 \\
\vdots & \vdots & \vdots & \vdots & \vdots & \vdots & \vdots & \vdots & \vdots & \vdots \\
1 & 0 & \cdots & 0 & 0 & 0 & 1 & 0 & \cdots & 0 \\
0 & 1 & 0 & \cdots & 0 & 0 & 1 & 0 & \cdots & 0 \\
\vdots & \vdots & \vdots & \vdots & \vdots & \vdots & \vdots & \vdots & \vdots & \vdots \\
1 & 0 & \cdots & 0 & 0 & 0 & 0 & \cdots & 0 & 1 \\
0 & 1 & 0 & \cdots & \cdots & 0 & 0 & \cdots & 0 & 1 \\
\vdots & \vdots & \vdots & \vdots & \vdots & \vdots & \vdots & \vdots & \vdots & \vdots \\
w_1 & 0 & 0 & \cdots & \cdots & 0 & 0 & \cdots & 0 & 0 \\
-\frac{w_2}{2} & w_2 & -\frac{w_2}{2} & 0 & \cdots & 0 & 0 & \cdots & 0 & 0 \\
0 & -\frac{w_2}{2} & w_2 & -\frac{w_2}{2} & \cdots & 0 & 0 & \cdots & 0 & 0 \\
0 & 0 & -\frac{w_2}{2} & w_2 & \cdots & 0 & 0 & \cdots & 0 & 0 \\
\vdots & \vdots & \vdots & \vdots & \vdots & \vdots & \vdots & \vdots & \vdots & \vdots \\
0 & \cdots & 0 & \cdots & 0 & \cdots & 0 & \cdots & 0 & 0
\end{bmatrix}
\begin{bmatrix}
a_1 \\ \vdots \\ a_j \\ \vdots \\ a_k \\ m_1 \\ \vdots \\ m_j \\ \vdots \\ m_n
\end{bmatrix}
=
\begin{bmatrix}
d_{11} \\ d_{12} \\ \vdots \\ d_{1j} \\ \vdots \\ d_{1k} \\ d_{21} \\ \vdots \\ d_{2k} \\ \vdots \\ d_{nk} \\ 0 \\ 0 \\ \vdots \\ 0
\end{bmatrix}
\tag{11.116}
$$

式（11.115）的展开形式中的加权因子：w_1用于限定在 $r=0$ 时 $a_1=0$；w_2用于对二阶导数加权。如果限定衰减函数的二阶导数为零，则其一阶导数为常数，于是衰减函数线性下降，w_2值越大，则约束条件在方程组求解中的作用越强，衰减曲线越接近直线。离散函数 y_i 的一阶导数的差分近似是 y_i-y_{i-1}，二阶导数的差分近似是$(y_{i+1}-y_i)-(y_i-y_{i-1})=y_{i+1}-2y_i+y_{i-1}$。在实践中，在多轮运行过程中 w_2是变化的，可通过观察解的状况选择最佳加权。

对选定的频点，求解方程（11.115），得到广义逆解，

$$
\boldsymbol{x}=(\boldsymbol{\Gamma}^{\mathrm{T}}\boldsymbol{\Gamma})^{-1}\boldsymbol{\Gamma}^{\mathrm{T}}\boldsymbol{d} \tag{11.117}
$$

于是得到模型参数 m_i和 a_j，进而由式（11.113）和式（11.114）得到 $A(f,r)$和 $M_i(f)$。由于在式（11.110）中没有显式给出场地响应的影响，而是隐含在 $M_i(f)$中，因此，求解出 $A(f,r)$和 $M_i(f)$只是震源谱、介质衰减参数和台站场地响应的非参数化联合反演“二步法”的第一步。

11.7.1.2　由 $A(f,r)$确定其参数化模型

如前所述，$A(f,r)$包含几何扩散和非弹性衰减，有了 $A(f,r)$，则可以对假定的任何几何扩散形式 $G(r)$（见 11.3.1 小节）求出 Q。假定，

$$
A(f,r)=G(r)\mathrm{e}^{-\frac{r\pi f}{\beta Q}} \tag{11.118}
$$

$$
\lg A(f,r)=\lg G(r)-\frac{r\pi f}{\beta Q}\lg \mathrm{e} \tag{11.119}
$$

式中，$G(r)$为几何扩散；β 为剪切波速度。对给定的几何扩散模型 $G(r)$，例如 $1/r$ 或

$(1/r)^{1/2}$，可分别拟合出 $Q(f)$，关于 $Q(f)$ 的进一步讨论，见 11.3.2 小节。

11.7.1.3 “二步法”的第二步：震源项与场地项分解

利用得到的衰减函数 $A(f,r)$，对加速度谱 $D(f,r)$ 进行校正，得到路径衰减校正后的加速度谱振幅，

$$R_{ij}(f)=S_i(f)\cdot Z_j(f)=\frac{D_i(f,r)}{A(f,r)} \tag{11.120}$$

式中，$S_i(f)$ 是事件 i 在频率 f 的加速度谱函数；$Z_j(f)$ 是台站 j 的场地响应。对式（11.120）两侧取对数，得到线性方程组：

$$\lg S_i(f)+\lg Z_j(f)=\lg R_{ij}(f) \tag{11.121}$$

从而可以解出震源项 $S_i(f)$ 和场地项 $Z_j(f)$，这是震源谱、介质衰减参数和台站场地响应的非参数化联合反演“二步法”的第二步。令台网的全部台站的场地响应对数之和为零，该条件消除了震源函数与场地响应之间的线性依赖关系。否则，如果对场地项加上频率的任意函数，而从震源函数中减去该函数，式（11.120）仍然成立，会导致结果的不确定性。式(11.121)中的 $S_i(f)$ 不同于式（11.110）中的 $M_i(f)$，在式（11.110）中的隐含假定是对记录到事件 i 的全部台站，其 $\lg Z_j(f)$ 的均值为零。

将式（11.118）代入式（11.110），有，

$$D_{ij}(f,r)=S_i(f)Z_j(f)\mathrm{e}^{-\frac{r\pi f}{\beta Q}}G(r) \tag{11.122}$$

可进行与式（11.120）类似的求解。

11.7.1.4 误差估计

Castro 等（1990）对每个频点计算出的 $\lg D(f,r)$（式(11.110)），$\lg R_{ij}(f)$（式(11.121)），$\lg D_{ij}(f,r)$（式(11.122)）和 $Q(f)^{-1}$（当 $G(r)$ 分别取值 $30/r$ 和 $(30/r)^{1/2}$）计算残差均方根 rms，从而给出误差估计，具体公式如下。

定义，

$$\mathrm{rms}=\sqrt{\frac{1}{n}\sum(\mathrm{res}_i)^2} \tag{11.123}$$

对于式（11.110）中的 $D_{ij}(f,r)$，有，

$$\mathrm{res}_i=\lg D_i(f,r)-\lg[M_i(f)A(f,r)] \tag{11.124}$$

对于式（11.121）中的 $\lg R_{ij}(f)$，有，

$$\mathrm{res}_i=\lg R_{ij}(f)-\lg[S_i(f)Z_j(f)] \tag{11.125}$$

对于式（11.122）中的 $D_{ij}(f,r)$，有，

$$\mathrm{res}_i=\lg D_{ij}(f,r)-\lg[S_i(f)Z_i(f)\mathrm{e}^{\frac{-\pi fr}{\beta Q}}G(r)] \tag{11.126}$$

对于式（11.119）中的 $Q(f)^{-1}$，分别取 $G(r)=30/r$ 和 $G(r)=(30/r)^{1/2}$，有，

$$\mathrm{res}_i=\lg A_i(f,r)-\lg G(r)-\frac{r\pi f}{\beta Q}\lg \mathrm{e} \tag{11.127}$$

11.7.2　非参数化方法之“一步法”

非参数化方法中采用的广义反演技术（GIT）是将依赖频率的衰减特性、震源谱和场地响应彼此分离的通用方法（Andrews，1986；Castro et al.，1990），与前述分两步获得依赖频率的衰减特性、震源谱和场地响应的“二步法”相比，可称为震源谱、介质衰减参数和台站场地响应的非参数化联合反演“一步法”。这里，地动振幅谱一般可写成（比较式（11.9）和式（11.10））：

$$U_{ij}(f,M_i,R_{ij})=S_i(f,M_i)\cdot A(f,R_{ij})\cdot G_j(f) \tag{11.128}$$

式中，$U_{ij}(f,M_i,R_{ij})$代表震级为M_i的第i个地震在第j个台站的观测谱振幅，是指加速度；R_{ij}是震源距；$S_i(f,M_i)$代表第 i 个地震的震源谱；$A(f,R_{ij})$是用于考虑路径效应的衰减算子；$G_j(f)$是第j台站的场地响应函数。对式（11.128）取对数，使其线性化：

$$\lg U_{ij}(f,M_i,R_{ij})=\lg S_i(f,M_i)+\lg A(f,R_{ij})+\lg G_j(f) \tag{11.129}$$

这是一个形如$\boldsymbol{\Gamma x=b}$的典型线性方程组，其中$\boldsymbol{b}$包含对数谱振幅的数据矢量，$\boldsymbol{x}$是包含模型参数的矢量，$\boldsymbol{\Gamma}$是联系二者的方程组矩阵。这一方程组能用适当的反演算法求解，但要对衰减算子（Castro et al.，1990）以及震源或场地响应之一（Andrews，1986）施加某些约束。

一步法直接求解式（11.129），要求$A(f,R_{ij})$是距离的平滑函数，且$A(f,R_0)=1$，还需要对场地响应函数或震源谱给予某种约束。通过直接求解式（11.129），得到的衰减函数$A(f,R_{ij})$与加到场地响应或震源谱上的约束条件无关，不仅与其值无关，而且与约束方式无关，例如，约束平均场地响应或者约束一个给定台站的场地响应都不影响得到的衰减函数$A(f,R_{ij})$。场地约束的改变会造成对震源贡献的改变。这表明，即使给定的场地约束或震源约束不当，也能得到稳定的地震波衰减结果。

根据所用矩阵的稀疏性质，使用LSQR算法（Paige and Saunders，1982），解出衰减函数谱作为距离的函数。为评估反演结果的稳定性，在每个频点进行例如100次自助法（bootstrap）反演（Parolai等，2000，2004），并计算模型参数的均值和标准误差。

Oth等（2011b）将日本划分成5个分区，利用井下观测数据，使用一步反演方法，见式（11.129），进行了衰减特性研究。在具体计算时，设全部井下传感器的平均场地响应在全部频点都为单位1。如前述，对于计算衰减性质，这样选择参考场地不影响反演结果。

经衰减校正后的地动谱被用于对全部地震和全部台站求解，见式（11.121），以确定震源谱和场地响应函数。

11.8　结　　语

通过本章的介绍，可以看到，有多种方法能利用震源波谱估计标量地震矩等震源参数，包括选用不同的震源模型和模型参数（参见11.5.7小节），采用记录谱的参数化拟合或非参数化拟合方法（参见11.3节和11.7节），采用频率域积分方法（参见11.5.5小节）或时间域积分方法（参见11.5.6小节）等。对于震源谱的形态，可以假定为常用的单拐角频

率 ω^{-2} 模型（参见 11.4 节）或双拐角频率模型（参见 11.6 节），当然还可以是 ω^{-3} 模型等，在进行波谱分析时还可以采用不同的加窗方式（单个窗、平移窗或多窗口加窗，参见 11.1.3 小节）和谱平滑算法等。因此，应该对同一组波形数据采用多种方法进行处理，然后对得到的结果进行对比分析，再对合适的地震，利用波形反演矩张量的结果进行相互校准。这样会对采用的方法和取得的结果有更深入的认识，提高震源参数结果的可靠性和可用性。为此，建议开发具有多种功能的综合性震源谱参数分析软件。

第 12 章　震级的测定

震级是描述地震“大小(size)”的量度。就像不能只用身高或只用体重来描述一个人的大小一样，地震工作者也不能简单地只用一种量度来描述地震的“大小”。因此，自 1935 年里克特（Richter，1935）提出用“M_L震级”来描述地震大小以来，总的发展趋势是震级标度越来越多样，对地震大小描述的方面越来越广泛。可以肯定地说，多种震级的出现对于认识地震的不同方面是有积极意义的。但是，对于同一个地震给出多样震级，而且不同标度的震级值往往不一样，这不仅给公众带来困惑，对许多研究工作也带来不便。例如在分析地震活动性时，为建立震级与其他参数的关系，应该采用哪种震级带来抉择上的困扰。因此，需要研究如何从众多震级标度中选出一个最具代表性的震级标度或称优选的震级值来服务于公众和地震研究。所以，在震级标度的发展历程中始终存在多样化与单一化的矛盾，并且不应在强调矛盾的一个方面时忽略、甚至放弃另一方面。

多样化与单一化的矛盾还表现在每种震级的量规函数上。例如，在《地震观测手册》（时振梁等，1990）中收集了面波震级 M_S 的 23 个不同的量规函数，都是在古登堡提出面波震级（Gutenberg，1945）之后直到 20 世纪 70 年代发展起来的。最后，在国际上众多地震工作者的努力下，由国际地震学与地球内部物理学协会（IASPEI）于 1967 年推荐了一个面波震级量规函数（陈培善，1989），使得面波震级量规函数逐渐趋于统一。但由于世界上不同地区地震波衰减特性的差异、使用地震仪器的差异以及地震观测历史发展等诸多原因(例如为了保持本地区地震目录震级标度的连续性)，全世界各地区面波震级的测定规则和量规函数仍然存在小的差别。至于震级 M_L的量规函数，由于 M_L本身对区域地壳结构的敏感性，各地区并不适宜采用同样的量规函数。

在美国地质调查局（USGS）国家地震信息中心（NEIC）发布的地震信息中可以看到这种矛盾的两个方面。USGS/NEIC 的震级标度多样性体现出：①需要多角度描述地震的大小，单一标度不能满足这一要求；②接受不同贡献单位提供的不同震级，对震级类型不强求统一；③随着科学发展和技术进步，在条件具备时适时引入新的震级标度。但是，另一方面 NEIC 在其报告中还给出了一个唯一的所谓“正式的”或称“优选的”的震级值。

在关于地震学或地震观测的教科书中一般总能找到关于震级的定义、起源和测定不同类型震级的具体公式及量规函数，例如《地震学与地震观测》(中国地震局监测预报司编，2007)、《震级的测定》(刘瑞丰等，2015）和《测震学原理与方法》(中国地震局监测预报司，2017)。

现今世界上使用的震级标度可分为三大类：①基于地震图上直接测量值按一定公式计算出的震级，包括传统的 M_L，M_S，m_b，m_B等，属于里克特 - 古登堡震级体系的传统震级标度，持续时间震级 M_D也可归于这一类中（见 12.1 节至 12.4 节）；②矩震级 M_W和能量震级

M_e（见 12.5 节和 12.6 节），是利用地震记录波形分别独立计算出地震矩和地震能量后推导出来的；③快速响应震级，是为了地震快速响应（如地震速报、大地震预警、海啸预警）而发展起来的一些震级标度，例如 M_{WP}（见 12.7 节）。在下面的叙述中将分别予以说明。

与里克特震级时代不同的是，现今世界上大多数地震台站已从模拟记录台站更新为宽频带、大动态范围、高分辨率的数字化地震台站。为了利用数字化地震观测的优点，同时又能保持与传统震级标度体系的一致性，IASPEI 地震观测与解释委员会的震级工作组于 2005 年向 IASPEI 全体大会（智利圣地亚哥）提交了由数字记录波形数据确定震级的建议（IASPEI，2005）。该震级工作组的目的是推荐用数字记录波形数据测量若干种震级的标准过程，这些过程已得到 IASPEI 地震观测与解释委员会的认可，并期望所有地震中心实施。在此之后，震级工作组又在 2011 年和 2013 年对该建议内容进行了修改和补充（IASPEI，2013），下文中引用时简称为“IASPEI 标准过程（2013）”。

在 IASPEI 标准过程（2013）给出的震级公式中，使用的振幅通常是作为地震图波形曲线的波峰到相邻波谷或波谷到相邻波峰偏移最大值的一半给出的，波峰和波谷由一个过零线的点分开，有时把这种测量描述为“峰－峰振幅的一半”。测量的周期是测量振幅所用波峰和相邻波谷之间时间间隔的两倍；测量的“振幅震相”的到时是测量振幅所用波峰和相邻波谷之间过零点的时刻。

现代数字地震图分析程序通常以 nm（纳米，用于位移）或 nm/s（纳米/秒，用于速度）为单位测量振幅，而不是像经典震级公式中假定的那样以 μm（微米）为单位。所以，在 IASPEI 标准过程（2013）采用的公式中对一些常数作了相应的修改，例如面波震级公式中的 3.3 变成了 0.3，这在应用 IASPEI 标准过程（2013）时是要注意的。

在 IASPEI 标准过程（2013）中要求，利用数字地震波形记录测定某些震级时需要对记录波形进行地震仪仿真（或者称为滤波），为此，给出了三种标准地震仪及其参数。这三种地震仪是：伍德－安德森（Wood－Anderson，简称 W－A）地震仪，用于测定 M_L；世界标准地震台网短周期地震仪（WWSSN－SP），用于测定 m_b 和 m_B；世界标准地震台网长周期地震仪（WWSSN－LP），用于测定周期 20s（允许 ±2s）的面波震级 M_S。表 12.1 给出这些地震仪的零极点，图 12.1 是根据表 12.1 给出的参数计算出的这三种地震仪的位移振幅频率响应。

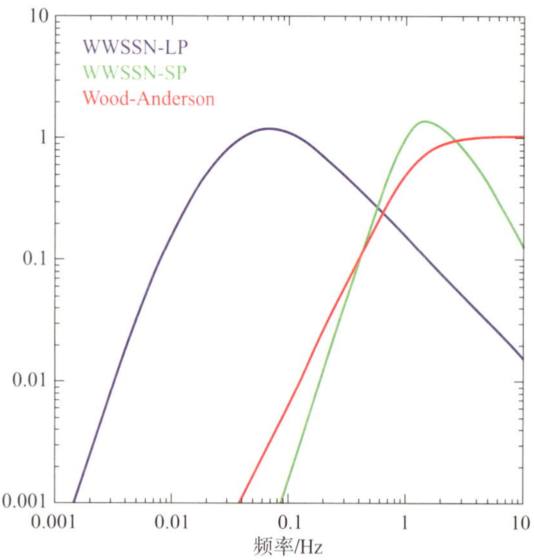

图 12.1 由表 12.1 给出的地震仪参数计算出的 WWSSN－SP，WWSSN－LP 和 W－A 地震仪的位移振幅频率响应，已归一化到频率 f_n，见 IASPEI 标准过程（2013）图 1

为了适应 ISF 地震数据交换格式（IASPEI，2001）的要求，IASPEI 标准过程（2013）中对震级的命名法作了改动，以使震级名称中的字符数不超过 5 个。在下面的叙述中，当直接引用 IASPEI 标准过程（2013）的公式时，采用 IASPEI 标准过程（2013）的命名法，其他场合仍保持常用的出版格式，在 IASPEI 标准过程（2013）的命名法中并不要求震级名称用斜体表示。

表 12.1 对应于 WWSSN－SP，WWSSN－LP 和 W－A 地震仪传递函数的零极点

地震仪	零点	极点	T_s/s	h_s	T_g/s	h_g	σ^2
WWSSN－SP	(0.0, 0.0) (0.0, 0.0) (0.0, 0.0)	(－3.72500, －6.22000)(＝p1) (－3.72500, 6.22000)(＝p2) (－5.61200, 0.00000)(＝p3) (－13.2400, 0.00000)(＝p4) (－21.0800, 0.00000)(＝p5)	0.867	0.5138	0.729	1.0935	
WWSSN－LP	(0.0, 0.0) (0.0, 0.0) (0.0, 0.0)	(－0.40180, －0.08559) (－0.40180, 0.08559) (－0.04841, 0.00000) (－0.08816, 0.00000)	15.29	0.978	96.18	1.045	
W－A	(0.0, 0.0) (0.0, 0.0)	(－5.49779, －5.60886) (－5.49779, 5.60886)	0.8	0.7			

注：零极点用角频率表示（弧度/秒），括号内的第 1 个数为复数零点或极点的实部，第 2 个数为虚部。T_S＝地震计固有周期，h_S＝地震计阻尼常数，T_g＝电流计固有周期，h_g＝电流计阻尼常数，σ^2＝耦合因子。对固有周期和阻尼常数已作少许调整，以便能在 $\sigma^2=0$ 的情况下正确模拟地震仪的响应。由表中给出的零极点得到的位移响应函数已是归一化的响应函数，其归一化频率 f_n 及相应的归一化因子 A_0 是：WWSSN－SP，$f_n=1$Hz，$A_0=532.14$；WWSSN－LP，$f_n=0.04$Hz，$A_0=0.97866$；W－A，$f_n=4$Hz，$A_0=1.0028$，见 IASPEI 标准过程（2013）表 1。

在我国应用宽频带数字地震波形测定震级时，为测定震级 M_L，要仿真 DD－1 型地震仪，为测定面波震级和体波震级，要仿真中长周期 SK 型地震仪和长周期 763 型地震仪。关于这些地震仪的仿真，已在第 3 章中进行了讨论，可以参阅。

2017 年 12 月 1 日新的国家标准 GB 17740—2017《地震震级的规定》实施，用以代替 GB 17740—1999，并由刘瑞丰等编写了新标准的宣贯教材（刘瑞丰等，2017）。本章在具体说明不同类型震级时，将使用 GB 17740—2017《地震震级的规定》中给出的定义。

12.1 里克特震级(M_L)及其演变

12.1.1 原始的里克特震级

里克特（Charles F. Richter，1900—1985）当初想要根据仪器记录来估计一次地震以地震波的形式释放出的能量，从而对美国南加利福尼亚地震的大小进行分级。他接受伍德－安德森（Wood－Anderson，W－A）地震仪的设计者之一伍德（Harry O. Wood，1879—1958）的建议，把这种度量称作“magnitude”。在我国内地定名为“震级”。在古登堡(Beno Gutenberg，1889—1960 年）的帮助下，里克特于 1935 年发表了他的震级标度（Richter，1935），后被称为里克特震级，在我国多年被称作近震震级，而在 GB 17740—2017《地震震级的规定》中使用“地方性震级”的称谓，以对应于里克特当初给出的名称“local magnitude”，记为 M_L。

里克特的基本思想是：如果知道地震到台站的距离和在该台站记录的最大记录振幅，便

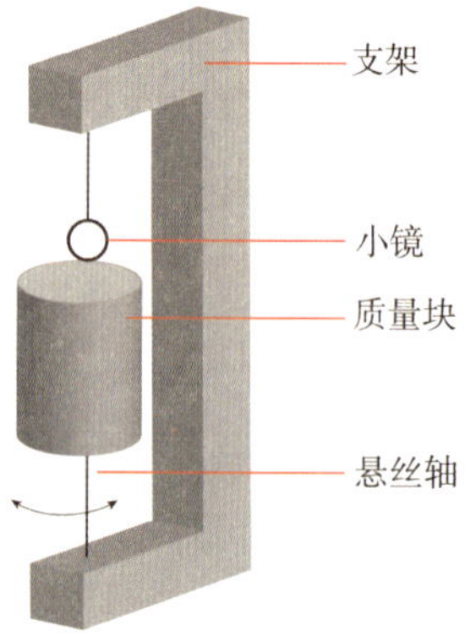

图 12.2 伍德－安德森扭摆地震计示意图。质量块（只有几克）悬挂在绷紧的偏心细丝上，可作微小转动。仪器高度 36cm。地震计放大倍数标称值 $V=2800$ 倍，固有周期 $T=0.8$s，阻尼常数 $h=0.8$（Havskov & Alguacil，2007，Fig. 2.12）

能够对地震的固有大小或者说强度作出经验的、定量的分级。里克特震级的原始定义是：标准短周期扭摆地震仪（即伍德－安德森地震仪）在震中距 100km 处记录的地震波形最大振幅（以 μm 为单位）的对数（以 10 为底）即为该地震的震级。所以，标准短周期扭摆地震仪在震中距 100km 处记录的地震波形最大振幅为 1μm 的地震即为零级地震。图 12.2 显示伍德－安德森地震仪地震计部分的示意图。

里克特利用 1932 年 1 月美国南加利福尼亚地震数据，绘出当时南加利福尼亚地震台网各台站地震记录最大振幅的对数与震中距的关系曲线（图 12.3），并归纳出振幅随震中距的衰减关系，称为量规函数或起算函数。图中粗虚线所示量规函数值使震中距 100km 处记录最大振幅为 1μm 的地震震级为零级。

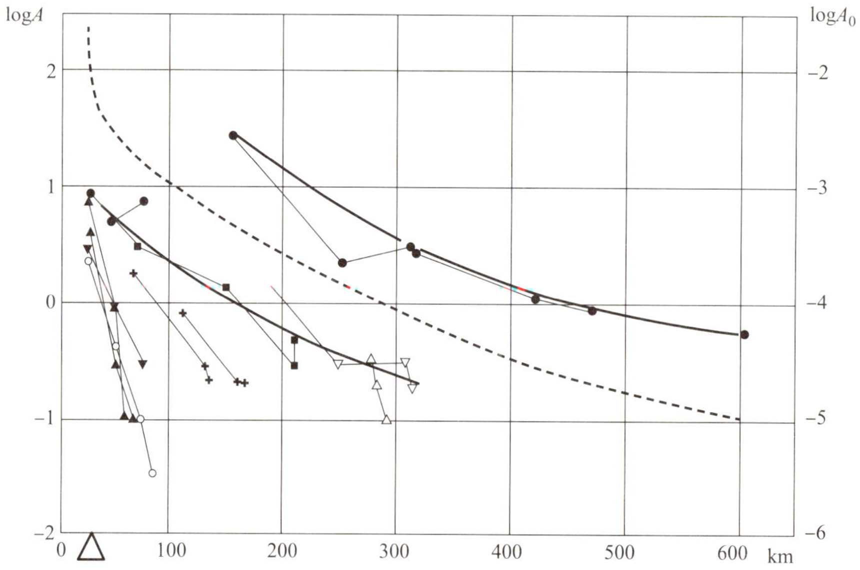

图 12.3 里克特震级标度的来源。图中给出里克特利用 1932 年 1 月美国南加利福尼亚地震数据得到的记录振幅随震中距的衰减关系（Richter，1958，Fig. 22－2）。图中粗虚线为以 10 为底的对数 $\lg A_0$（原图中标为 $\log A_0$），其纵坐标示于图的右侧，其他观测曲线的纵坐标示于图的左侧

于是，可用下式确定震级 M_L，

$$M_L = \lg A - \lg A_0(\Delta) \tag{12.1}$$

式中，A 为伍德－安德森标准地震仪记录的最大单振幅，单位为 mm；$-\lg A_0(\Delta)$ 是在震中距

Δ(km) 的量规函数。

可以用一个公式相当准确地代表从200～600(km)的 $\lg A_0$ 值，

$$A_0 = 2350\Delta^{-3} \quad 或 \quad \lg A_0 = 3.37 - 3\lg\Delta \tag{12.2}$$

里克特认为这一结果纯属偶然，没什么物理意义。在小于200km时，观测振幅小于公式给出的值，而且距离越近偏差越大。例如，当 $\Delta = 300$km 时，里克特表（Richter，1958，表22－1）给出的 $-\lg A_0(\Delta)$ 值为4.0，用式（12.2）计算出的值为4.06；$\Delta = 200$km 时，两值分别为3.5和3.53，二者相差无几；而在 $\Delta = 100$km 时，两值分别为3.0和2.63，到 $\Delta =$ 50km 时，两值分别为2.6和1.73，可见已相差甚远了。

里克特指出（Richter，1958，第343页），在使用有两个水平分量的标准地震仪时，正确的方法是从每个水平分量独立地确定震级，然后取两个测定结果的平均值，相当于先对两个振幅进行几何平均，即相乘后开平方，然后取对数计算震级。他认为这个方法优于对两个分量做矢量和，因为在两张水平分量地震图上的最大运动无需代表同一个波，而且在两个记录上的最大运动甚至可能发生在不同时刻。但是后来大多数研究者在建立各地区 M_L 震级量规函数和测定 M_L 震级时使用两水平分量各自最大振幅的算术平均值，这与里克特测定 M_L 时的作法不同，也与其他震级标度使用水平分量矢量和的作法不同。

12.1.2 早期引进中国的 M_L

李善邦先生于1959年将 M_L 公式表达成一般形式，一般形式的 M_L 公式说明如下。

如果使用里克特的原始公式，并进行相应的单位换算，有，

$$M_L = \lg A - \lg A_0(\Delta) = \lg\left(\frac{A_\mu \cdot V_{W-A}}{1000}\right) - \lg A_0(\Delta)$$
$$= \lg A_\mu + \lg(V_{W-A}) - \lg A_0(\Delta) - 3$$

简化成，

$$M_L = \lg A_\mu + R(\Delta)$$

于是有，

$$R(\Delta) = \lg V_{W-A} - \lg A_0(\Delta) - 3 \tag{12.3}$$

式中，A_μ 是最大地动位移，定义为地动位移矢量的两个水平分量（北南向和东西向）各自最大振幅的平均值，单位是微米；V_{W-A} 是对应于最大振幅信号周期的伍德－安德森地震仪放大倍数。

伍德－安德森地震仪的标准参数值是：静态放大倍数 $V_0 = 2800$，固有周期 $T_0 = 0.8$s，阻尼常数 $h = 0.8$，依此可计算出不同周期的动态放大倍数（参见3.2.4小节，并比较图12.1）。

伍德－安德森地震仪记录最大振幅的周期随震中距的增大而增大。1959年李善邦采用国外观测结果，当震中距为0～50km时，取横波优势周期约为0.25s，当震中距为600km左右时，取横波优势周期约为2s，区间内假设为线性变化。于是，对于不同震中距可给出地震信号的优势周期，得到相应的伍德－安德森地震仪动态放大倍数，利用式（12.3）得到 $R(\Delta)$。例如，设震中距600km的地震信号S波优势周期为2s，已知伍德－安德森地震仪的动态放大倍数为424，于是有，

$$R(600) = \lg(V_{W-A}) - \lg A_0(600) - 3 = \lg(424) + 5.1 - 3 = 4.7$$

表12.2列出李善邦1959年导出的量规函数（李善邦，1981，第154页）。

表 12.2　李善邦 1959 年导出的量规函数

Δ/km	0~15	50	100	250	500	750	1000
R（Δ）	1.8~2.0	3.0	3.4	3.9	4.5	4.7	4.8

针对不同类型的仪器，对 M_L 量规函数进行了改进，表 12.3 给出我国针对 62 型、64 型等短周期仪器的量规函数 $R_1(\Delta)$ 和针对 SK(基式) 等中长周期仪器的量规函数 $R_2(\Delta)$。

表 12.3　$R_1(\Delta)$ 与 $R_2(\Delta)$ 表(中国科学院地球物理研究所，1977，表 12－4；刘瑞丰等，2015，表 2.4)

Δ/km	62，64 型 $R_1(\Delta)$	基式(SK) $R_2(\Delta)$	Δ/km	62，64 型 $R_1(\Delta)$	基式(SK) $R_2(\Delta)$
0~5	1.8	1.8	290~300	4.3	4.1
10	1.9	1.9	310~320	4.4	4.1
15	2.0	2.0	330	4.5	4.2
20	2.1	2.1	340	4.5	4.2
25	2.3	2.3	350	4.5	4.3
30	2.5	2.5	360	4.5	4.3
35	2.7	2.7	370	4.5	4.3
40	2.8	2.8	380	4.6	4.3
45	2.9	2.9	390	4.6	4.3
50	3.0	3.0	400~420	4.7	4.3
55	3.1	3.1	430	4.75	4.4
60~70	3.2	3.2	440	4.75	4.4
75~85	3.3	3.3	450	4.75	4.4
90~100	3.4	3.4	460	4.75	4.4
110	3.5	3.5	470~500	4.8	4.5
120	3.5	3.5	510~530	4.9	4.5
130~140	3.6	3.5	530	4.9	4.5
150~160	3.7	3.6	540~550	4.9	4.5
170~180	3.8	3.7	560~570	4.9	4.5
190	3.9	3.7	580~600	4.9	4.5
200	3.9	3.7	610~620	5.0	4.6
210	4.0	3.8	650	5.1	4.6
220	4.0	3.8	700	5.2	4.7
230~240	4.1	3.9	750	5.2	4.7
250	4.1	3.9	800	5.2	4.7
260	4.1	3.9	850	5.2	4.8
270	4.2	4.0	900	5.3	4.8
280	4.2	4.0	1000	5.3	4.8

使用伍德－安德森地震图计算 M_L 震级时，利用地震记录图上得到的实际优势周期带入式（12.3），则可利用里克特原始量规函数得到针对该实际地震的量规函数 $R(\Delta)$，进而得到震级。这意味着不需要根据观测数据来建立地震记录的优势周期与震中距的统计关系，也

不需要建立新的量规函数表，只要每次地震时测量最大振幅的同时量出相应周期（即优势周期），便能利用伍德－安德森地震仪的动态放大倍数和里克特原始 M_L 量规函数计算震级 M_L。彼得·鲍曼（2006）第 2 卷第 665～670 页给出了这种作法的实例。

垂直分量记录波形也能用于确定 M_L，但须在公式中加一个校正值，即，

$$M_L = \lg A_Z + R(\Delta) + \alpha \tag{12.4}$$

α 值和地区有关。例如，北京遥测地震台网曾使用 $\alpha = 0.4$。

12.1.3　里克特 M_L 量规函数的隐含局限性

里克特震级的原始定义只适用于美国南加利福尼亚地区用特定类型地震仪（伍德－安德森扭摆地震仪）在 600km 范围内记录的地震波形。大多数加利福尼亚地震的震源深度小于 14km，作为一级近似，里克特震级没有考虑震源深度对震级测定的影响。由于地方震和近震的地震波传播衰减特性受区域地壳结构的影响，而不同地区的地壳结构存在差异，因此，适于某个地区的 M_L 量规函数不一定适于其他地区，应该根据本地区的地震波衰减特性建立自己的量规函数。

12.1.4　M_L 发源地的 M_L 新量规函数

在 M_L 震级的故乡——美国南加利福尼亚，Hutton 和 Boore（1987）遵循里克特的原始定义，利用密集的南加利福尼亚地震台网记录的大量地震数据进行统计，得到了修正的 M_L 量规函数。他们将同一台站的两个水平分量振幅读数作为独立数据进行统计，并对台站的北南向和东西向分别得到台站震级校正值。新的量规函数不再以震中距为自变量，而是以震源距为自变量，并给出新量规函数 $-\lg A_0$ 的解析表达式（见式（12.1）），

$$-\lg A_0 = 1.110 \times \lg\left(\frac{r}{100}\right) + 0.00189(r - 100) + 3.0 \tag{12.5}$$

式中，r 为震源距，单位为 km，考虑了震源深度的影响，采用伍德－安德森地震仪的静态放大倍数为 2800 倍。

图 12.4 给出新量规函数与里克特原始量规函数的比较。从图中可以看到，在震中距约 100～250km 范围，新量规函数与里克特量规函数吻合，在小于 50km 时，震源深度的影响明显（图 12.4 中的局部放大图），在震中距大于 300km 后二者的差别也相当明显。要说明的是，图中的实线是不包括 Mammoth 湖小震群序列时回归出的 $-\lg A_0$，虚线则包括了 Mammoth 湖小震群序列，可见数据集的选取对回归结果是有影响的。式（12.5）对应图 12.4 中的实线，即

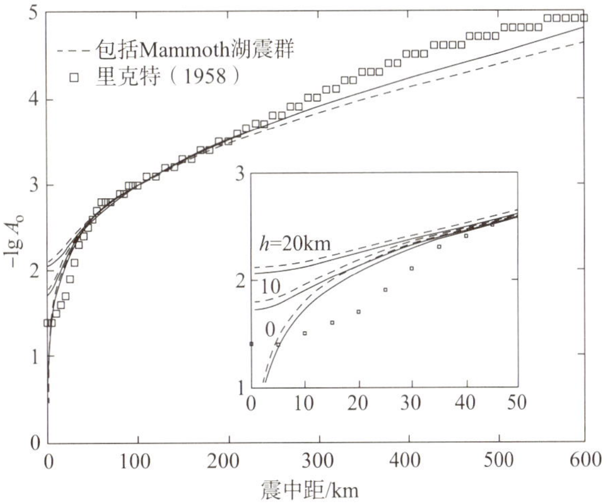

图 12.4　Hutton 和 Boore（1987）给出的 $-\lg A_0$ 曲线（震源深度分别为 0，10 和 20km）与里克特（Richter，1958）给出的 $-\lg A_0$ 的比较（据 Hutton and Boore，1987，Fig. 3）

排除了集中小震群的影响。

12.1.5 M_L零级地震的新定义

Hutton 和 Boore（1987）在对比了几个不同地区的 M_L震级标度后，认为用震中距 100km 的记录定义的零级地震在不同地区存在差异，因此建议以震源距 17km 的伍德 - 安德森地震仪记录最大振幅 10mm 的地震定义为 3 级地震。对于南加利福尼亚地区，该定义与里克特的原始定义是一致的。

12.1.6 IASPEI 标准过程（2013）的 M_L

对于其衰减特性类似于南加利福尼亚的那些地区中的地壳内地震，IASPEI 标准过程（2013）给出的标准公式是，

$$M_L = \lg A + 1.11 \times \lg R + 0.00189R - 2.09 \tag{12.6}$$

式中，A 为水平分量仪器输出经过滤波后的波形曲线上测量的最大振幅，单位是 nm，这里的滤波是要使地震仪或滤波器系统的响应再现伍德 - 安德森标准地震仪的响应，也就是使用仿真的伍德 - 安德森地震记录图测量最大振幅，但静态放大倍数为 1（见表 12.1 和图 12.1）；R 为震源距，单位是 km，通常小于 1000km；式（12.6）是 Hutton 和 Boore（1987）公式（见式（12.5））的展开；式（12.6）中的常数 -2.09 是取伍德 - 安德森地震仪静态放大倍数为 2080 得到的，该值是基于试验确定的（Uhrhammer and Collins，1990），而不是由地震仪生产厂家给定的标称放大倍数 2800。建立式（12.6）反映了 IASPEI 震级工作组这样的愿望：所报告的 M_L振幅数据不受伍德 - 安德森地震仪静态放大倍数不确定性的影响，因为从此之后，为测定 M_L所进行的仿真变成仿真放大倍数为 1 的 W - A 地震仪，不必再关心当初的实际 W - A 地震仪的放大倍数了。

对于包含两个水平分量的地震台站，振幅是对每个水平分量独立测量的，每个振幅作为单个数据对待。不试图测量在同一时刻的两个观测值，也不试图计算矢量平均。

对于其衰减特性不同于加利福尼亚近海地区的那些地区的地壳内地震，标准公式为如下形式，

$$M_L = \lg A + C(R) \tag{12.7}$$

式中 A 和 R 与式（12.6）中定义的相同。对于使用垂直分量地震仪测量震级的情况，标准公式为如下形式，

$$M_L = \lg A + C(R) + D \tag{12.8}$$

式中，R 与式（12.6）中定义的相同，而 A 是对垂直向地震仪记录的波形使用表 12.1 所示伍德 - 安德森地震仪的参数进行仿真，然后对仿真后波形测量得到的振幅；$C(R)$ 是适合于本地区的量规函数。如果使用垂直向地震仪的记录，则要引入校正值 D，用于补偿用水平地震仪记录波形测量振幅与用垂直向地震仪记录波形测量振幅造成的系统偏差。当年北京遥测地震台网曾在使用垂直向记录测量 M_L时，取 0.4 为该补偿值，参见式（12.4）。

下面解释怎样从 Hutton 和 Boore（1987）的公式——式（12.5）变成 IASPEI 标准过程（2013）给出的标准公式——式（12.6）。

将 Hutton 和 Boore（1987）的公式换算成地动位移并以 nm 为单位，并由 $1.11 \times \lg 100 = 2.22$，得到，

$$
\begin{aligned}
M_{\mathrm{L}} &= \lg A + 1.11 \times \lg R + 0.00189R + 3 - 6 - 2.22 - 0.189 + \lg 2800 \\
&= \lg A + 1.11 \times \lg R + 0.00189R \quad 1.962
\end{aligned}
$$

如果取 W－A 地震仪的放大倍数为 2080，则上式变为，

$$
\begin{aligned}
M_{\mathrm{L}} &= \lg A + 1.11 \times \lg R + 0.00189R + 3 - 6 - 2.22 - 0.189 + \lg(2080) \\
&= \lg A + 1.11 \times \lg R + 0.00189R - 2.09
\end{aligned}
$$

式中的 A 为地动位移（nm）。

如果仿真放大倍数为 V 的 W－A 地震仪，则在记录图上量取的振幅为 $A_r = A \cdot V$，而与此对应的量规函数应为，

$$-\lg A_0 = 1.11 \times \lg R + 0.00189R - 2.09 - \lg V$$

震级公式成为，

$$M_{\mathrm{L}} = \lg A_r + 1.11 \times \lg R + 0.00189R - 2.09 - \lg V$$

如果仿真的 W－A 地震仪的放大倍数为 1，于是 $A_r = A$，$\lg V = \lg 1 = 0$，则得到，

$$M_{\mathrm{L}} = \lg A + 1.11 \times \lg R + 0.00189R - 2.09$$

这便是 IASPEI 地震工作组 2013 年推荐的公式——式（12.6）。

由于 IASPEI 地震工作组采纳了 Uhrhammer 和 Collins（1990）对 W－A 地震仪静态放大倍数的修正，即从标称值 2800 修改成 2080（±60），因此，可以说以前使用 W－A 地震仪 2800 放大倍数或以此仿真地震图得到的 M_{L}震级比利用 IASPEI 标准过程（2013）公式（12.6）得到的 M_{L}震级系统偏小 $\lg(2800) - \lg(2080) = 0.13$。

12.1.7　不同地区的 M_{L}量规函数

世界上不少地区建立了自己的 M_{L}量规函数，其中有一些仍以震中距 Δ 作为自变量，但也出现了一些以震源距 R 作为自变量的 M_{L}量规函数公式。表 12.4 中列举了部分以震源距 R 为自变量的 M_{L}量规函数，资料取自《新地震观测实践手册》(彼得·鲍曼主编，2006）第 584 页表 2，感兴趣的读者可从那里找到这些公式的出处。可以看到，不同地区有其自己的特点。美国西部大盆地以震中距 90km 为界将量规函数分成了两段；希腊则按震级在 $M_{\mathrm{L}}3.7$ 以上和 3.7 以下使用不同的公式；在中欧，不同作者给出了不同的量规函数，1984 年发表的量规函数中有周期 T，而 2001 年发表的量规函数中则没有出现周期 T。

表 12.4　以震源距 R 为自变量的一些 M_{L} 量规函数

地区	$-\lg A_0$[1]	分向	适用范围/km	发表年份
美国南加利福尼亚州	$1.110\lg(R/100) + 0.00189(R-100) + 3.0$	水平	$10 \leqslant R \leqslant 700$	1987
美国中加利福尼亚州	$1.000\lg(R/100) + 0.00301(R-100) + 3.0$	水平	$0 \leqslant \Delta \leqslant 400$	1984
美国西部大盆地	$1.00\lg(R/100) + 0.0069(R-100) + 3.0$	水平	$0 \leqslant \Delta \leqslant 90$	1985
	$0.83\lg(R/100) + 0.0026(R-100) + 3.0$		$90 \leqslant \Delta \leqslant 600$	

续表

地区	$-\lg A_0$①	分向	适用范围/km	发表年份
希腊	$1.58\lg(R/100)+3.0$（当 $M_L\leqslant 3.7$）	水平	$100\leqslant\Delta\leqslant 800$	1984
	$2.00\lg(R/100)+3.0$（当 $M_L>3.7$）			
欧洲中部	$0.83\lg R+(0.0017/T)(R-100)+1.41$	垂直	$100\leqslant\Delta\leqslant 650$	1984
欧洲中部	$1.11\times\lg R+0.95R/1000+0.69$	垂直	$10<\Delta<1000$	2001
挪威/芬诺-斯堪地纳维亚	$0.91\times\lg R+0.00087R+1.010$	垂直	$0<\Delta\leqslant 1500$	1991
坦桑尼亚	$0.776\lg(R/17)+0.000902(R-17)+2.0$	水平	$0<\Delta\leqslant 1000$	1998

注：①A_0是伍德-安德森标准扭摆地震仪记到的一个 $M_L=0$ 地震的记录波形振幅（mm）(Richter，1935)。

②资料取自《新地震观测实践手册》(彼得·鲍曼主编，2006，第 584 页表 2)，表中 Δ 为震中距(km)，R 为震源距(km)，T 为周期(s)。

12.1.8 新国家标准《地震震级的规定》中的 M_L

在 GB 17740—2017《地震震级的规定》中，明确把震级 M_L称作地方性震级，规定测定地方性震级 M_L应使用仿真成 DD-1 短周期地震仪两水平向记录 S 波（或 Lg 波）的最大振幅，该最大振幅应大于干扰水平 2 倍以上，按下式计算，

$$M_L=\lg A+R(\Delta) \tag{12.9}$$

$$A=\frac{A_N+A_E}{2} \tag{12.10}$$

式中，A 为最大振幅，单位为微米(μm)；A_N为北南向 S 波或 Lg 波最大振幅，单位为微米(μm)；A_E为东西向 S 波或 Lg 波最大振幅，单位为微米(μm)；Δ 为震中距，单位为千米(km)；$R(\Delta)$ 为地方性震级的量规函数，取值见该标准的附录 A。在该标准中提供了 5 个量规函数 R_{11}，R_{12}，R_{13}，R_{14}，R_{15}，其中，R_{11}用于黑龙江、吉林、辽宁、内蒙古、北京、天津、河北、山西、山东、河南、宁夏、陕西；R_{12}用于福建、广东、广西、海南、江苏、上海、浙江、江西、湖南、湖北、安徽；R_{13}用于云南、四川、重庆、贵州；R_{14}用于青海、西藏、甘肃；R_{15}用于新疆。

该标准的附录 B 中的 B.1 给出 DD-1 短周期地震仪的仪器参数和传递函数。仪器参数包括拾震器固有周期 $T_1=1.0\text{s}$，拾震器阻尼常数 $D_1=0.45$，记录笔固有周期 $T_3=0.05\text{s}$，记录笔阻尼常数 $D_3=0.707$。

DD-1 短周期地震仪对地动位移响应的归一化传递函数为，

$$H(s)=\frac{s^3}{(s^2+5.655s+39.48)(s+4.545)}\cdot\frac{15791}{(s^2+177.7s+15791)} \tag{12.11}$$

式中，$s=\mathrm{i}\omega$，$\omega=2\pi f$，$\mathrm{i}=\sqrt{-1}$；f 为频率，单位为赫兹（Hz）。

要说明的是，式（12.11）中隐含了对拾震器（地震计）与记录笔之间的电子耦合部分的参数设定，详见 3.2.2 小节中对 DD-1 地震仪仪器特性的讨论。

12.2　面波震级

12.2.1　M_S_20——周期近 20s 远震面波震级

古登堡首先提出用面波测定震级的公式（Gutenberg，1945）。IASPEI 标准过程（2013）再次确认了利用周期 20s 左右面波测定 M_S 的 IASPEI 1967 公式（陈培善，1989），并将其记为 M_S_20，

$$M_S\_20=\lg\left(\frac{A}{T}\right)+1.66\ \lg\Delta+0.3 \tag{12.12}$$

式中，A 是由周期在 18 ~ 22s 之间的面波震相最大波形振幅测量得到的垂直分量地动位移，单位为 nm（所以式（12.12）中的常数为 0.3 而不是 3.3！），该波形是仿真 WWSSN - LP（世界标准地震仪台网长周期地震仪）的输出，A 等于最大波形振幅除以仿真 WWSSN - LP 响应在周期 T 的放大倍数；T 是周期，单位为 s($18\text{s}\leqslant T\leqslant 22\text{s}$)；$\Delta$ = 震中距，单位为（°），$20°\leqslant\Delta\leqslant 160°$。关于 WWSSN - LP 的仪器特性，见表 12.1 和图 12.1。

与 2005 年建议的 IASPEI 标准过程（IASPEI，2005）不同，在 IASPEI 标准过程（2013）中没有限定 M_S 的可测定深度要小于 60km，而是提醒如果要对深度大的地震测量 M_S，则应进行震级校正，例如，根据 Herak 等（2001）。

Herak 等（2001）采用 AK135 和 PREM - C 地壳模型，对随机选择的震源深度（1km ~ 600km）和震源机制，利用振型求和技术产生 5000 个合成事件的勒夫波和瑞利波三分量理论地震图。在这些理论地震图的三个分量上读取周期为 20 ± 2s 的面波振幅，得到振幅随深度变化曲线，从而得到对三个地动分量的面波震级深度校正值。将理论结果与 74480 个单台测量的面波振幅值进行比较（这些振幅值被归算到同一震中距、周期和地震矩），发现与采用 AK135 地壳模型理论预测值相当吻合。结合理论模拟和实际观测数据，给出 M_S的分段对数 - 线性深度校正 ΔM_S，式中 h 为震源深度：

$$\begin{aligned}
&\Delta M_S(h)=0 && \text{当 } h<20\text{km}\\
&\Delta M_S(h)=0.314\times\lg(h)-0.409 && \text{当 } 20\leqslant h<60\text{km}\\
&\Delta M_S(h)=1.351\times\lg(h)-2.253 && \text{当 } 60\leqslant h<100\text{km}\\
&\Delta M_S(h)=0.400\times\lg(h)-0.350 && \text{当 } 100\leqslant h<600\text{km}
\end{aligned}$$

图 12.5 给出该校正曲线，利用上述关系，当 $h=60\text{km}$，$\Delta M_S=0.15$；当 $h=100\text{km}$，$\Delta M_S=0.45$；当 $h=600\text{km}$，$\Delta M_S=0.76$。

Herak 等（2001）指出，在利用这一校正值之后，发现观测数据集的面波震级与标量地震矩的关系显著改善，变得与震源深度无关。

12.2.2　我国曾经使用的测量 M_S规定

《地震及前兆数字观测技术规范（试行）——测震部分》（中国地震局发布，2001）中的第 63 条对面波震级的测定作了明确规定。M_S的计算公式是，

$$M_S=\lg\left(\frac{A}{T}\right)_{\max}+1.66\lg\Delta+3.5 \tag{12.13}$$

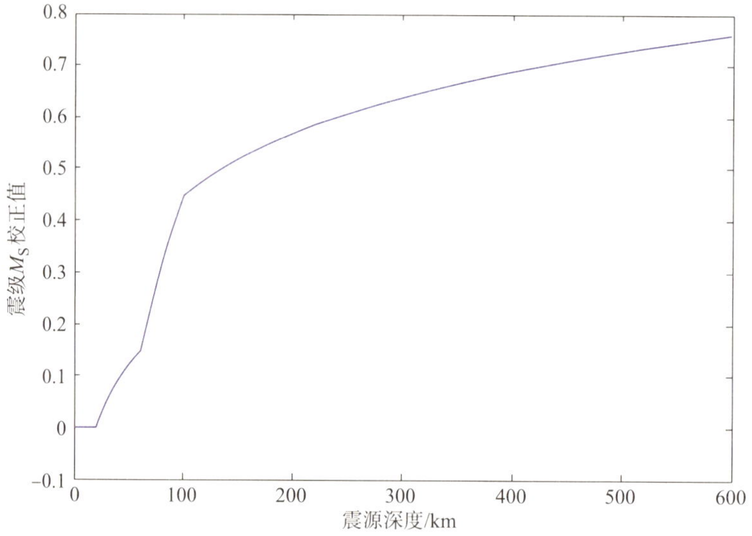

图 12.5 震级 M_S的深度校正值（据 Herak 等，2001）。Matlab 程序 M12_01_ms_correction.m 绘图

与上节所述 M_S_20 的主要区别在于：A 是使用基尔诺斯地震仪（SK，一种中长周期地震仪，参见 3.2.3 小节）两水平向面波最大地动位移的矢量和，单位为 μm；对最大地动位移的周期 T 没有做明确规定；适用的震中距范围是 $1° < \Delta < 130°$；震源深度≤80km。对于数字化地震记录，要求仿真（滤波）成中长周期记录（SK）。公式中的常数项为 3.5 而不是 3.3，这是我国震级测定的历史发展的结果。我国自 1966 年起，中国地震台网观测报告中的面波震级就是按此方法计算的（郭履灿，1981）。考虑到使用的仪器、震中距范围、周期 T、水平或垂直分向等因素，不能简单地认为我国测定的 M_S比 IASPEI 推荐的 M_S_20 有 +0.2 的系统偏差。

另一种选择是使用秦朝智等研制的 763 型长周期地震仪（秦朝智等，1983）垂直向记录或数字记录的 763 地震仪仿真垂直向记录波形瑞利波最大速度 $(A/T)_{max}$ 测定震级 M_S，记为 M_{S7}，适用范围是 $3° < \Delta < 177°$，周期 $T > 6$s，震源深度≤80km。M_{S7}的计算公式是（陈培善等，1988）：

$$M_{S7} = \lg\left(\frac{A}{T}\right)_{max} + \sigma_{763}(\Delta) \tag{12.14}$$

$$\sigma_{763}(\Delta) = 3.9 + 0.16\frac{\Delta}{T_P} + \frac{1}{3}\lg\Delta + \frac{1}{2}\lg(\sin\Delta) + \lg T_P \tag{12.15}$$

式中 T_P是瑞利面波垂直向最大速度 $(A/T)_{max}$ 对应的周期。

由于 763 型长周期地震仪的仪器参数与 WWSSN－LP 完全相同，因此，采用 IASPEI 推荐的 M_S量规函数也是合适的，参见式（12.12），即使用线性对数近似 $1.66\lg(\Delta)+3.3$ 代替式（12.15）给出的瑞利波衰减函数。

12.2.3 M_S_BB——由宽频带仪器得到的面波震级

IASPEI 标准过程（2013）推荐直接利用速度平坦型宽频带数字地震仪记录测定面波震

级，其计算公式为

$$M_S\_BB = \lg\left(\frac{V_{max}}{2\pi}\right) + 1.66\lg\Delta + 0.3 \tag{12.16}$$

式中，V_{max} 为面波波列中最大波形振幅所对应的地动速度，单位为 nm/s，该面波波列是在正比于地动速度的垂直分量地震图上记录的波列，其中的面波周期 T 应满足条件 $3s < T < 60s$；Δ = 震中距，单位为（°），$2° \leqslant \Delta \leqslant 160°$。

与 M_S_20 的情况类似，如果要对较深地震测定 M_S_BB，则应对震级进行深度校正。

我国地震工作者已多年直接使用速度平坦型宽频带数字地震仪记录测定面波震级，其与传统 M_S 测量值的对比结果表明两者在统计上的一致性，这成为 IASPEI 标准过程（2013）推荐 M_S_BB 的实践基础（P. Bormann、Liu（刘瑞丰）等，2007）。

值得注意的是，尽管 IASPEI 标准过程（2013）推荐了 M_S_BB，但同时仍然推荐了周期近 20s 远震面波震级 M_S_20，表明两者不可以相互替代。事实上，尽管在统计上，两者之间有某种线性关系，但就每个具体地震，得到的 M_S_BB 和 M_S_20 往往不同。M_S_BB 是在数字地震观测时代产生的一种新的面波震级，丰富了对地震大小进行描述的维度。

12.2.4　新国家标准《地震震级的规定》中的面波震级和宽频带面波震级

在 GB 17740—2017《地震震级的规定》中规定了两种面波震级，一种是我国传统使用的面波震级 M_S，另一种是宽频带面波震级 $M_{S(BB)}$。这两种面波震级都限于浅源地震，没有对中源和深源地震定义面波震级。

12.2.4.1　面波震级 M_S

该标准规定，测定浅源地震的面波震级 M_S，应将原始宽频带记录仿真成基式（SK）中长周期地震仪记录，使用水平向面波质点运动位移的最大值及其周期，按下式计算，

$$M_S = \lg\left(\frac{A}{T}\right) + 1.66\lg\Delta + 3.5 \quad (2° < \Delta < 130°, 3s < T < 25s) \tag{12.17}$$

式中，A 为水平向面波最大质点运动位移，取两水平向质点运动位移矢量和的模，单位为微米（μm）；Δ 为震中距，单位为度（°）；T 为 A 对应的周期，单位为秒（s）。在测量最大质点运动位移的两水平向分量时，应取同一时刻或周期相差在 1/8 周期之内。若两分量周期不一致时，则取加权和，T 按下式计算，

$$T = \frac{T_N A_N + T_E A_E}{A_N + A_E} \tag{12.18}$$

式中，A_N 为北南向面波质点运动位移，单位为微米（μm）；A_E 为东西向面波质点运动位移，单位为微米（μm）；T_N 为 A_N 对应的周期，单位为秒（s）；T_E 为 A_E 对应的周期，单位为秒（s）。

在该标准的附录 C 中给出了测定面波震级 M_S 时建议使用的面波周期 T 的范围，该标准的附录 B 中的 B.2 给出基式（SK）仪器参数，包括：拾震器固有周期 $T_1 = 12.5s$，拾震器阻尼常数 $D_1 = 0.45$，电流计固有周期 $T_2 = 1.2s$，记录笔阻尼常数 $D_2 = 5.0$，耦合系数 $\sigma^2 = 0.1$（水平向），$\sigma^2 = 0.3$（垂直向）。基式（SK）地震仪水平向对地动位移响应的归一化传递函数为，

$$H(s)=\frac{s^2}{(s^2+0.4472s+0.2693)}\cdot\frac{52.36s}{(s^2+52.36s+25.72)} \tag{12.19}$$

垂直向对地动位移响应的归一化传递函数为，

$$H(s)=\frac{s^2}{(s^2+0.4167s+0.2693)}\cdot\frac{52.40s}{(s^2+52.40s+22.10)} \tag{12.20}$$

式中，$s=i\omega$，$\omega=2\pi f$，$i=\sqrt{-1}$；f 为频率，单位为赫兹（Hz）。

本书 3.2.3 小节中对我国地震台站曾使用过的基式地震仪（即这里的 SK 地震仪）仪器特性进行了讨论。

12.2.4.2 宽频带面波震级 $M_{S(BB)}$

新标准规定，测定浅源地震的宽频带面波震级 $M_{S(BB)}$，应在垂直向速度型宽频带记录上量取面波质点运动速度的最大值，按下式计算，

$$M_{S(BB)}=\lg\left(\frac{V_{max}}{2\pi}\right)+1.66\lg\Delta+3.3 \quad (2°<\Delta<160°,\ 3s<T<60s) \tag{12.21}$$

式中，V_{max} 为垂直向面波质点运动速度的最大值，单位为微米每秒（μm/s）；T 为 V_{max} 对应的面波周期，单位为秒（s）；Δ 为震中距，单位为度（°）。

12.3 震级 m_b 和 m_B

震级 m_b 和 m_B 是所谓体波震级，m_b 是短周期体波震级，m_B 是宽频带体波震级，由于使用的是地震波到达初始体波部分，可以在面波尚未到达之前快速测定地震震级，因此，得到广泛使用。特别是一个地震的体波震级与面波震级的差异与地震事件的类型有关，因此，测定同一个地震的面波震级和体波震级并进行比较，是对核试验等非天然地震与天然地震进行鉴别的重要判据，见第 14 章。

12.3.1 m_b——短周期体波震级

根据 IASPEI 标准过程（2013）给出的定义，

$$m_b=\lg\left(\frac{A}{T}\right)+Q(\Delta,h)-3.0 \tag{12.22}$$

式中，A 为 P 波地动位移振幅，是由整个 P 震相波列中的最大波形振幅计算出的，单位 nm，选取最大振幅的时间窗范围包括 P，pP，sP，还可能有 PcP，宜取在 PP 之前；T 为最大 P 波波形振幅的周期，单位为 s，$T<3s$；$Q(\Delta,h)$ 为在垂直分量地震仪上记录的 P 波（PZ）的衰减函数，它是由 Gutenberg 和 Richter（1956b）以图形方式构建的，见图 12.6，为便于在计算机中使用，IASPEI 标准过程（2013）推荐了美国地质调查局国家地震信息中心（USGS/NEIC）使用的该图数字化数据（图 12.7）；Δ 为震中距，单位为度，$20°\leqslant\Delta\leqslant100°$；$h$ 为震源深度，单位为 km。周期和振幅是在垂直分量仪器的 WWSSN－SP 短周期地震仪仿真输出上测量，A 等于最大波形振幅除以仿真 WWSSN－SP 响应在周期 T 的放大倍数。关于

WWSSN－SP 的仪器特性，见表 12.1 和图 12.1。

图 12.6 是由 Gutenberg 和 Richter（1956b）建立的 P 波垂直向（PZ）的衰减函数 $Q(\Delta, h)$；Δ 为震中距，单位为度，$21° \leqslant \Delta \leqslant 100°$；$h$ 为震源深度，单位为 km。

图 12.6　P 波垂直向（PZ）的衰减函数 $Q(\Delta, h)$，图顶一行给出当使用 P 波水平分量时要加的校正值（Gutenberg and Richter，1956b，Fig.4 的电子版原图快照）

在使用计算机程序测定体波震级时，使用数字化的二维表代替 $Q(\Delta, h)$ 图件，图 12.7 是根据 IASPEI 标准过程（2013）提供的衰减函数 $Q(\Delta, h)$ 数据绘出的等值线图。可用于计算机测定体波震级时使用。在实际使用时，利用给定 Δ 和 h 点的相邻 4 点 Q 值进行线性内插。

Gutenberg 和 Richter（1956b）还给出了使用 PP 波和 S 波测定 m_b 使用的衰减函数 $Q(\Delta, h)$，见图 12.8。

12.3.2　m_B_BB——宽频带体波震级

根据 IASPEI 标准过程（2013）给出的定义，

$$m_B\_BB = \lg\left(\frac{V_{max}}{2\pi}\right) + Q(\Delta, h) - 3.0 \tag{12.23}$$

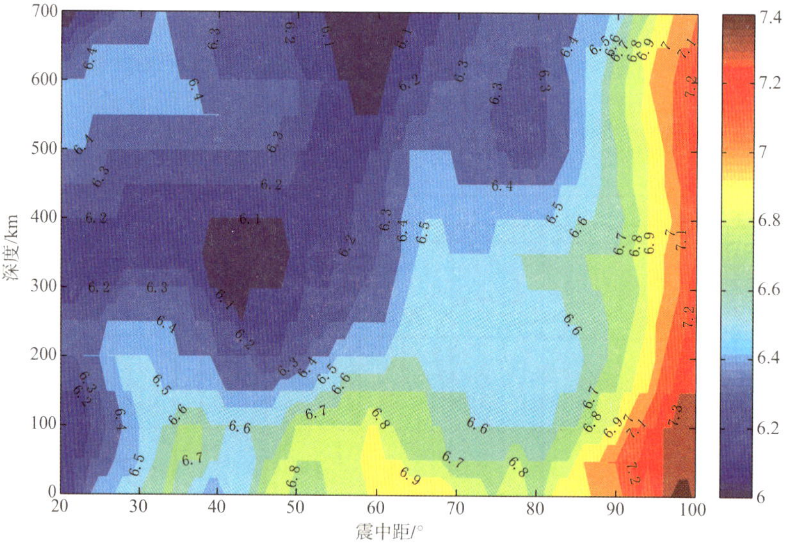

图 12.7 根据 IASPEI 标准过程（2013）提供的衰减函数 $Q(\Delta, h)$ 数据绘出的等值线图

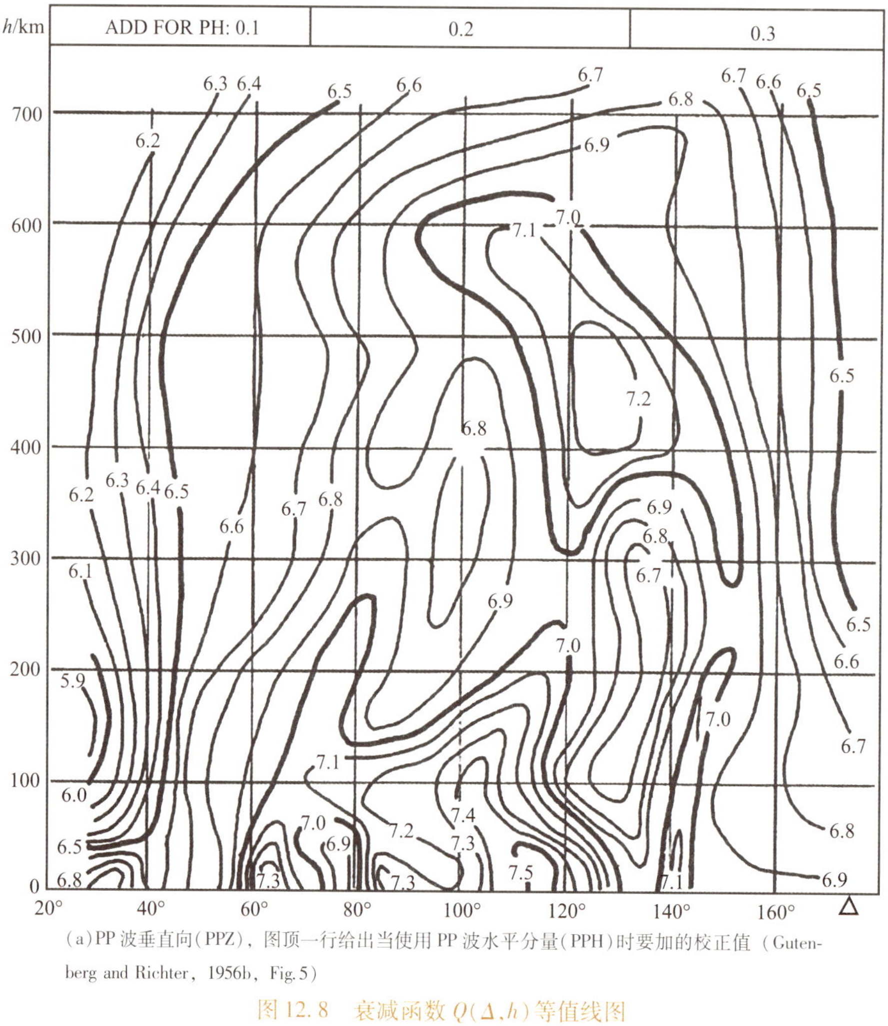

(a)PP 波垂直向(PPZ)，图顶一行给出当使用 PP 波水平分量(PPH)时要加的校正值（Gutenberg and Richter，1956b，Fig. 5）

图 12.8 衰减函数 $Q(\Delta,h)$ 等值线图

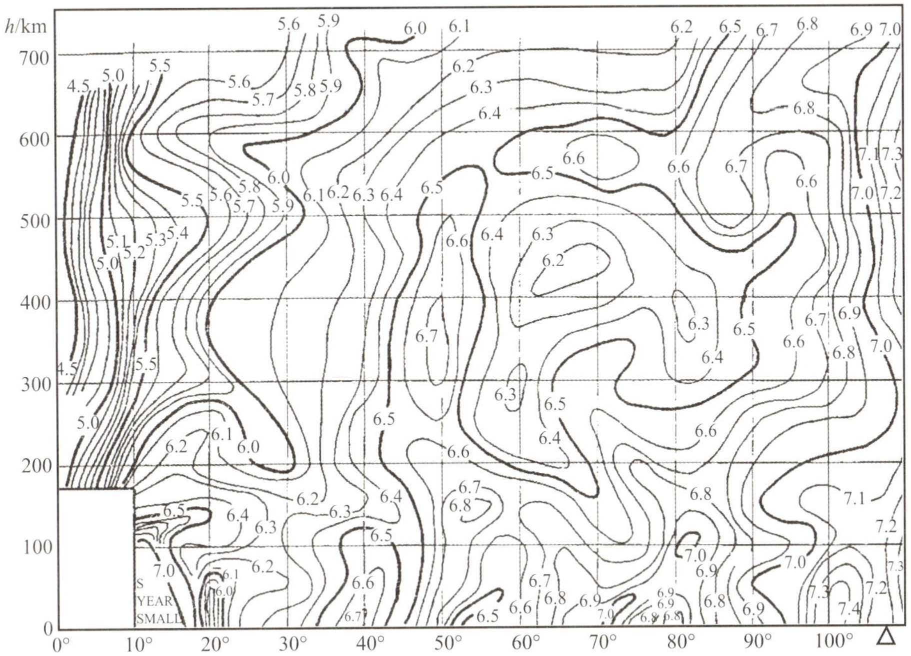

(b) S 波水平向（SH）(Gutenberg and Richter，1956b，Fig.3)

图 12.8（续图）

式中，V_{max}是由在整个 P 震相波列中的波形曲线最大振幅对应的地动速度，单位 nm/s，选取最大振幅的时间窗范围包括 P，pP，sP 还可能有 PcP，时间范围宜在 PP 之前结束，该波列是在正比于地动速度的垂直向仪器上记录的，其中的周期 T 应满足条件 $0.2s < T < 30s$；$Q(\Delta, h)$是由 Gutenberg 和 Richter（1956b）建立的 PZ 的衰减函数（图 12.6）；Δ 是震中距，单位为（°），$20 \leqslant \Delta \leqslant 100°$；$h$ 是震源深度，单位为 km。

由于采用 $\lg(V_{max}/(2\pi))$ 项代替经典的 $\lg(A/T)_{max}$ 项，在这个意义上，式（12.23）不同于 Gutenberg 和 Richter（1956b）的 m_B。

12.3.3　我国使用的 m_b 和 m_B 震级

我国多年来同时使用 m_b 和 m_B。测量 m_b 使用短周期位移记录（DD－1）或其数字仿真波形，在地震波初至到达后 5s 内量取 P 波振幅；测量 m_B 使用中长周期位移记录（DK－1，SK）或长周期（763 地震仪）记录或其仿真，在地震波初至到达后 20s 内量取垂直向 P 波质点运动最大速度所对应的地动位移振幅 A（μm）及相应的周期 T(s)，对于大地震，则允许延长至 60s。在测量 m_b 和 m_B 时都使用 m_b(或 m_B) $= \lg(A/T)_{max} + Q(\Delta,h)$ 和图 12.6 与 12.8 给出的 $Q(\Delta,h)$ 值。

可以看到，尽管都是体波震级，但在定义的细节上与 IASPEI 标准过程（2013）还是有些差别。

12.3.4　新国家标准《地震震级的规定》中的体波震级

在 GB 17740—2017《地震震级的规定》中规定了两种体波震级，即短周期体波震级和宽频带体波震级。与 IASPEI 标准过程（2013）建议的短周期体波震级 m_b 和宽频带体波震级 m_B_BB 相比（见 12.3.2 小节），其震中距范围从 $20° < \Delta < 100°$ 扩展为 $5° < \Delta < 100°$，相应的 P 波体波震级的量规函数（标准中的附录 D）也比 IASPEI 标准过程（2013）提供的量规函数（图 12.7 及相关说明）增加了 5°和 10°的值。

12.3.4.1 短周期体波震级

测定短周期体波震级 m_b，应将垂直向宽频带记录仿真成 DD－1 短周期地震仪记录，测量 P 波波列（包括 P、pP、sP，甚至可以为 PcP 及其尾波，一般取在 PP 波之前）质点运动位移的最大值，按下式计算，

$$m_b = \lg\left(\frac{A}{T}\right) + Q(\Delta, h) \quad (5° < \Delta < 100°, T < 3\mathrm{s}, 0 \leqslant h \leqslant 700\mathrm{km}) \tag{12.24}$$

式中，A 为 P 波波列质点运动位移的最大值，单位为微米（μm）；T 为 A 对应的周期，单位为秒（s）；Δ 为震中距，单位为度（°）；h 为震源深度，单位千米（km）；$Q(\Delta,h)$ 为垂直向 P 波体波震级的量规函数，取值见标准的附录 D。DD－1 短周期地震仪的仪器参数和传递函数见 12.1.8 小节。

12.3.4.2 宽频带体波震级

测定宽频带体波震级 $m_{B(BB)}$，应在垂直向速度型宽频带记录上测量 P 波波列（包括 P，pP，sP，甚至可以为 PcP 及其尾波，一般取在 PP 波之前）质点运动速度的最大值，按下式计算，

$$m_{B(BB)} = \lg\left(\frac{V_{max}}{2\pi}\right) + Q(\Delta, h) \quad (5° < \Delta < 100°, 0.2\mathrm{s} < T < 30.0\mathrm{s}, 0 \leqslant h \leqslant 700\mathrm{km}) \tag{12.25}$$

式中，V_{max} 为整个 P 波波列质点运动速度的最大值，单位为微米每秒（μm/s）；T 为 V_{max} 对应的面波周期，单位为秒（s）；Δ 为震中距，单位为度（°）；h 为震源深度，单位为千米（km）；$Q(\Delta,h)$ 为垂直向 P 波体波震级的量规函数，取值见标准的附录 D。

12.3.5 m_b_Lg——基于 Lg 振幅的区域震级

12.3.5.1 Nuttli 提出的 m_{bLg} 震级标度

通常的面波震级 M_S 和体波震级 m_b 可表示成如下简单表达式，

$$M = \lg\left(\frac{A}{T}\right) + C\lg D + B \tag{12.26}$$

式中，M 是震级；A 是体波或面波的地动位移振幅；T 是周期；D 是震中距；B 和 C 假定为常数。然而，B 依赖于周期为 T 的波动在震源区的激发水平，并非是常数，至少是依赖于震源谱的形状，因此是震级的函数。C 值与波的衰减系数有关，而衰减系数是波的周期的函数，又是震中距的函数。但为了简化计算，在给定震中距和周期范围内，B 和 C 近似为常数是可以的。

m_{bLg} 震级是 Nuttli（1973）提出来的，使用的是 WWSSN－SP 短周期地震仪垂直向记录的周期在 1s 左右的 Lg 波位移振幅。Nuttli（1973）认为，虽然 Lg 波是面波，但当将 Lg 波的激发水平与远台确定的短周期 P 波和长周期面波的激发水平相比较时，即比较各自的 B 值，见式（12.26），发现由 Lg 得到的震级与 m_b 的关系要比与 M_S 的关系更紧密，故列入体

波震级一类，称之为 m_{bLg}。但是，Nuttli（1973）认为，与其把震级按波的类型分成体波震级和面波震级，不如按周期分类，称为短周期震级和长周期震级，因为波的激发水平更依赖于波的频率而不是波的类型。就是说，对于相同震级的地震，所激发的体波和面波的频谱有大约相同的拐角频率，在这个意义上，可以说体波和面波的波谱形状相似。Nuttli（1973）基于在北美东北台站对北美中部几个地震记录波形的分析，结合面波衰减系数的理论公式，按照震中距分段线性对数近似关系，给出 m_{bLg} 的计算公式是：

$$m_{bLg} = \lg\left(\frac{A}{T}\right) + 0.90\lg D + 3.75 \quad 当\ 0.5° \leqslant D \leqslant 4° \tag{12.27}$$

$$m_{bLg} = \lg\left(\frac{A}{T}\right) + 1.66\lg D + 3.30 \quad 当\ 4° \leqslant D \leqslant 30° \tag{12.28}$$

式中，A 是 SSWWN－SP 地震仪垂直向记录的 Lg 波位移，以微米（μm）为单位；T 是相应的周期，单位为秒（s）。令由 1s 周期 Lg 波得到的 m_b 与远震 P 波或 Pn 波得到的 m_b 相等，从而确定了式（12.25）中的常数 C 和 B。当 $D=4°$ 时，用式（12.26）得到的后两项之和是 4.2919，用式（12.27）得到的后两项之和是 4.2994，两者相差 0.0075，可见在 4° 处两式衔接得足够好。美国地质调查局（USGS）的国家地震信息中心（NEIC）将 m_{bLg} 作为常规测定的一种震级并使用 Nuttli（1973）给出的这一公式。

为了能在 WWSSN－SP 短周期垂直向记录上读出一致的 Lg 振幅值，Nuttli（1986）给出 Lg 振幅 A 的识别判据：在群速度 3.6～3.2km/s 的时间窗口内的第 3 大振幅（不是最大，也不是次大，而是第 3 大）。如果在模拟地震图上读出这一振幅及相应值是很困难的，不同的分析人员可能给出不同的结果。但对于数字波形数据，利用计算机程序自动读出这一振幅及相应周期还是比较容易的。Patton（1988）给出利用计算机程序自动读出 Lg 振幅值的两种方法：首先是根据地震的发震时刻和震中距，对给定的群速度范围（Patton 使用的是 3.6～3.3km/s）计算出相应的 Lg 时间窗，然后，第一种方法是在给定的时间窗内的正负波动中读出第 3 大振幅及相应周期，作为 m_{bLg} 震级公式中的 A 和 T，第二种方法是计算时间窗内波动的均方根振幅，再用波形过零点的个数去除 2 倍时窗长度得到周期，这是时间窗内的平均周期。与第 3 大峰值相比，均方根振幅偏小，周期偏短，结果，由第 3 大波峰计算的 m_{bLg} 比用均方根振幅计算的 m_{bLg} 系统偏大 0.22 个震级单位。但从统计的角度，不能断定哪一种方法得到的振幅的一致性更好。

对于天然地震和地下核爆炸测定 m_{bLg} 震级和 M_S 震级，可用于鉴别地下核爆炸，还可使用 m_{bLg} 震级估计地下核爆炸的当量。因此，m_{bLg} 震级具有特别的重要性。

由于不同地区 Lg 波的衰减规律不同，需要对使用 Lg 数据的地区具体测定其衰减系数。Patton（1988）引入了一个外推到震中距 10km 处的 Lg 振幅表达式，

$$A(10) = A(\Delta)\cdot\left(\frac{\Delta}{10}\right)^{\frac{1}{3}}\cdot\left(\frac{\sin\left(\frac{\Delta}{111.1}\right)}{\sin\left(\frac{10}{111.1}\right)}\right)^{\frac{1}{2}}\cdot\exp\gamma(\Delta-10)$$

式中，Δ 是震中距，单位 km；111.1 是地球大圆弧的长度单位转换常数，即 1° = 111.1km，用于将以 km 为单位的震中距转换成以度为单位，从而计算其正弦值；$\gamma(\Delta-10)$ 是 Lg 波在震中距（$\Delta-10$）处的衰减系数值。根据 Nuttli（1973），北美中部的一个远震

P 波震级 m_b(P)等于 5.0 的地震在震中距 10km 产生的 1s 周期 Lg 振幅是 110μm，于是得到相对于远震 P 波震级的 m_b(Lg)震级是，

$$m_b(\mathrm{Lg}) = 5.0 + \lg\left(\frac{A(10)}{110}\right) \tag{12.29}$$

要精确确定 m_{bLg}，需要对所监测地区得到可靠的衰减系数 γ 估计值。Nuttli（1986）指出，必须对单个震源－接收器路径估计 γ 值，因为地壳结构的横向变化会显著影响 Lg 波的品质因数 Q 值。衰减系数 γ 与 Q 值的关系是，

$$\gamma = \frac{\pi}{Q \cdot U \cdot T} \tag{12.30}$$

式中，U 是 Lg 波的群速度；T 是波的周期；Q 是频率的函数。通常假定有如下形式，

$$Q(f) = Q_0\left(\frac{f}{f_0}\right)^{\zeta} \tag{12.31}$$

式中 Q_0 是在 $f=f_0$ 的品质因数，而 f_0 通常被设为 1Hz。通常假定在给定频率范围的 ζ 是常数，可以用 Aki（1969）提出的尾波方法或其他方法估计研究地区的 Q 值，关于 Q 值的讨论，见第 11 章内容。

12.3.5.2　IASPEI 推荐震级标度 m_b_Lg

基于 Lg 波振幅的区域震级在 IASPEI 标准过程（2013）中记为 m_b_Lg，有如下定义，

$$m_b\_\mathrm{Lg} = \lg A + 0.833\lg r + 0.4343\gamma(r-10) - 0.87 \tag{12.32}$$

式中，A 是在 1s 附近一个窄的周期范围测量的 Lg 振幅，以 nm 为单位，定义为与群速度在 3.6km/s 至 3.2km/s 对应的时间窗内的第 3 大振幅，周期范围是 0.7s 至 1.3s；r 是震中距，单位为 km；γ 是衰减系数，单位为 km^{-1}，通过式 $\gamma = \pi/(Q \cdot U \cdot T)$ 与品质因子 Q 关联，其中 U 是群速度，T 是 Lg 波的周期；γ 强烈依赖地壳结构，对使用 m_b_Lg 的地区要具体确定；A 和 T 是在垂直分量仪器的 WWSSN－SP 仿真输出上测量。利用所测振幅的到时和地震的发震时刻与震中距，可计算其群速度 U，U＝震中距/走时＝震中距/(到时－发震时刻)。式中的常数 0.4343＝lge，e＝2.71828。

对比 M_L 的定义式（12.1），记式（12.32）中的衰减函数为，

$$-\lg A_0 = 0.833\lg r + 0.4343\gamma(r-10) - 0.87 \tag{12.33}$$

则得到 Lg 波的衰减函数，

$$A_0 = c \cdot r^{-n}\exp(-\gamma(r-10)) \tag{12.34}$$

式中，$c=7.413$；$n=0.833$；γ 是衰减系数，因地区而异。

作为对比，对里克特（Richter，1958）给出的 M_L 量规函数进行拟合得到的衰减函数为(Kanamori et al.，1993)，

$$q(r) = c \cdot r^{-n}\exp(-kr),\quad r^2 = \Delta^2 + h_{\mathrm{ref}}^2 \tag{12.35}$$

式中，$c=0.49710$；$n=1.2178$；$k=0.0053\mathrm{km}^{-1}$；$h_{\mathrm{ref}}=8\mathrm{km}$，$\Delta$ 是震中距（km）。

由此可知，研究地区的震级量规函数，实质上就是研究该地区的地震波衰减函数，只是二者的最终目的不同，前者是为了测定震级，而后者是为了了解地球介质的特性。

12.3.5.3　我国的 m_b_Lg 测定

我国尚没有正式测定 m_b_Lg，也没有相应的 m_b_Lg 测定规范，但在我国针对区域地震事件的鉴别和当量估计的专题研究中已经在使用 m_b_Lg 震级（见第 14 章）。尽管在国家标准 GB 17740—2017《地震震级的规定》中尚未列出 m_b_Lg 震级标度，但随着 m_b_Lg 震级在区域距离上的核爆炸监测、鉴别和当量估计中的普遍应用，相信 m_b_Lg 震级测定将会纳入我国地震台网记录的常规处理之中。

12.4　持续时间震级

持续时间震级 M_D是在模拟地震观测时代发展起来的震级。因其利用地震信号的持续时间，不受记录限幅的影响，因此被各微震台网广泛使用。如今，在 HYP2000（即 HYPOINVERSE－2000）（Klein，2002）等地震定位程序中仍保留有计算持续时间震级 M_D的功能。

持续时间震级的一般公式可表示为，

$$M_D = a_0 + a_1 \lg \tau + a_2 \Delta \tag{12.36}$$

式中，τ为信号持续时间；Δ 为震中距，有不同方式确定信号或尾波的持续时间：

（1）从 P 到时到尾波终止（即信号消失在同频带地震噪声处）的持续时间；

（2）从 P 到时到尾波振幅衰减到一个给定阈值时的持续时间，该阈值是使用平均信噪比 SNR 或绝对信号水平给出的，例如 SNR＝2；

（3）总的延迟时间等于尾波阈值时间减去事件的发震时刻。

由于地壳结构、地震波散射和吸收的状况等因素，M_D公式中的系数会因地区而异，所以 M_D公式中没有通用的系数值，必须对给定的台站或台网具体确定这些系数，以使得到的 M_D与基于振幅的 M_L震级达到最好的一致性。再有，得到的具体系数依赖于对持续时间τ的具体定义、当地的噪声水平以及传感器的灵敏度。

傅瑀等（1987）在北京地震台网针对不同台站通过统计分析给出 $M_D = a_0 + a_1 \lg \tau + a_2\Delta$ 中的系数 a_0、a_1和 a_2，从而可利用单个台站的记录信号持续时间测定持续时间震级。他们发现，对于 $M_L < 4.8$ 和 $M_L \geq 4.8$ 的地震，应采用不同的 M_D系数，以保证 M_D与 M_L的一致性。关于持续时间的量取，在模拟记录地震图上当正常地脉动振幅峰峰值为 1mm 时，从 P 波初动开始量到尾波双振幅衰减到 2mm（包括 2mm），即正常地脉动振幅的 2 倍，并连续 5s 内不再出现 2mm 或 2mm 以上的振幅。

由于数字地震记录的动态范围比模拟记录的动态范围大得多，在模拟时代广泛应用的 M_D震级现在已不再广泛使用。但实践表明，当发生大地震时，近台限幅的情况时有发生，而且，与基于振幅测量的 M_L震级相比，持续时间震级几乎不受震源机制的影响，因此，可以单台测定。至今，在美国 NEIC 的地震报告中还会见到一些台站报告的持续时间震级，持续时间震级或其变种有可能再度受到关注。

12.5 矩震级

12.5.1 矩震级的原始定义

Kanamori（1977）以地震波辐射能量为桥梁，建立了震级与地震矩的关系，从而定义了矩震级。Kanamori（1977）利用 Knopoff（1958）提出的地震的弹性应力释放模型，在地震前后弹性应变能之差（或称弹性应变能降）W 可写作，

$$W = \bar{\sigma} \cdot \bar{D} \cdot S \tag{12.37}$$

式中，$\bar{\sigma}$ 是在断层错动过程中的平均应力；$\bar{D}$ 是破裂的平均位错量；S 是破裂面的面积。如果应力降是完全应力降，则应力降 $\Delta\sigma$ 等于 2 倍平均应力降，即 $\Delta\sigma = 2\bar{\sigma}$，由于地震矩 $M_0 = \mu \cdot \bar{D} \cdot S$，其中 μ 是断层处介质的剪切模量，于是有弹性应变能降与地震矩的关系，

$$W = \frac{\Delta\sigma}{2\mu} M_0 \tag{12.38}$$

在地震过程中，弹性应变能转换成摩擦热、破裂能量和地震波能量，因此，可以说地震波能量是应变能降的最小值，因此可近似地用地震波能量代表应变能降，即，

$$E_S = \frac{\Delta\sigma}{2\mu} M_0 \tag{12.39}$$

Kanamori（1977）给出，对于很大地震，$\Delta\sigma$ 几乎为常数，在 20 ~ 60bar，即 2×10^7 ~ 6×10^7(dyn/cm^2)，而在地壳—上地幔条件下剪切模量 $\mu = 3 \times 10^{11}$ ~ 6×10^{11}(dyn/cm^2)，于是 $(\Delta\sigma/\mu)$ 近似于 10^{-4}，从而得到 E_S 近似于 $M_0/(2 \times 10^4)$，可以使用地震矩 M_0 除以 2×10^4 得到完全应力降时通过地震波释放的应变能。利用浅源地震的应力降几乎为常数这一好处，式（12.39）简化为，

$$E_S = \frac{1}{2 \times 10^4} M_0 \tag{12.40}$$

Hanks 和 Kanamori（1979）再使用能量 E_s 和震级 M_s 的古登堡 - 里克特关系（Gutenburg and Richter，1956b），

$$\lg E_S = 1.5 M_S + 11.8 \tag{12.41}$$

式中，E_s 单位为尔格。Hanks 和 Kanamori（1979）通过使用式（12.40），在式（12.41）中用地震矩 M_0 替换 E，并引入 M_W 替换 M_S，得到，

$$\lg M_0 = 1.5 M_W + 16.1,\ M_0\text{单位为 dyn·cm(达因·厘米)} \tag{12.42}$$

$$\lg M_0 = 1.5 M_W + 9.1,\ M_0\text{单位为 N·m(牛·米)} \tag{12.43}$$

从而定义了矩震级 M_W。

12.5.2 IASPEI 标准过程（2013）的定义

IASPEI 标准过程（2013）对 M_W 的定义是，

$$M_W = \frac{\lg M_0 - 9.1}{1.5} \tag{12.44}$$

式中，M_0是由地震波形反演或由波形的振幅谱长周期渐近线确定的标量地震矩（见第 9 章、第 10 章和第 11 章），单位为 N·m，其 CGS 单位制等效公式是，

$$M_W = \frac{\lg M_0 - 16.1}{1.5} \tag{12.45}$$

式中 M_0单位为 dyn·cm。

美国地质调查局（USGS）2002 年发布的“震级发布规则”中指出，从地震矩 M_0转换成震级 M_W的优选公式是，

$$M_W = \frac{\lg M_0}{1.5 - 10.7} \tag{12.46}$$

式中 M_0单位是 dyn·cm（1 dyn·cm = 10^{-7}N·m）。在 Hanks 和 Kanamori（1979）文章中的另一形式为 $M_W = (\lg M_0 - 16.1)/1.5$，见式（12.42），这便是 IASPEI 标准过程（2013）中推荐的形式。乍看起来，两个公式是一样的，前者是后者展开后舍入的结果，但后者等效于 $M_W = (\lg M_0)/1.5 - 10.7333$。这种舍入误差偶尔会造成不同组织发布的矩震级估计值出现 0.1 的差别。因此，尽管 USGS 2002 年的震级发布规则中明确，凡 USGS 给出的矩震级都应该使用公式（12.46）从标量地震矩 M_0转换成矩震级，而 IASPEI 标准过程（2013）则推荐上述没有展开的式（12.44），可见二者还是有小的差异。

12.5.3　我国对 M_W 震级的测定

在我国，GB 17740—2017《地震震级的规定》中对矩震级 M_W赋予特别重要性，规定在可以得到矩震级 M_W的情况下，M_W作为震级 M 的优选震级，并使用 IASPEI 标准过程（2013）对 M_W的定义，即式（12.44）。

要得到可靠的矩震级，关键是测好地震矩 M_0。然而，对于如何测定地震矩 M_0，尚没有相应的国家标准或行业标准。在大地震之后，不同的机构或研究小组利用不同的波形反演技术和不同的波形数据测定地震矩和矩震级，各区域台网也已开始常规利用地震波形反演方法测定地震矩和矩震级，还利用地震记录频谱测定小地震的标量地震矩和矩震级。中国地震台网中心网站在大地震之后会及时发布由中国地震台网中心、中国地震局地球物理研究所、中国地震局地震预测研究所等单位提供的地震矩和矩震级测定结果。第 9 章、第 10 章和第 11 章具体介绍了测定地震矩 M_0的不同方法。

12.6　能量震级

基于地震波能量建立的震级标度称为能量震级。在 IASPEI 标准过程（2013）中没有推荐能量震级，而在美国地质调查局（USGS）的国家地震信息中心（NEIS）常规产出的震中初步报告（PDE）中已包括能量震级多年。本书介绍的能量震级计算方法是 USGS/NEIC 采用的常规计算方法（Boatwright and Choy，1986），采用的能量震级公式是，

$$M_e = \frac{2}{3}\lg E_s - 2.9 \tag{12.47}$$

其依据是 Choy 和 Boatwright（1995）根据全球 397 个地震得到的面波震级 M_s 与地震能量的关系，

$$\lg E_s = 1.5M_s + 4.4 \tag{12.48}$$

基于这一关系，认为古登堡－里克特关系 $\lg E_s = 1.5M_s + 4.8$ 高估了地震能量，式中能量 E_s 的单位是焦，参见式（12.41）。

矩震级和能量震级反映的是地震震源的不同特性，矩震级反映的是震源的静态特性，而能量震级反映的是震源辐射地震波过程的动态特性。因此，不能用测定 M_W 代替测定 M_e，反之亦然。

在我国尚未正式测定能量震级。测定能量震级的关键是测准地震能量，以下介绍如何测定地震能量。

12.6.1　地震波能量

地震发生的过程也就是地层中积累的应变位能释放的过程，在地震发生过程中释放的能量为地震总能量，包括：

（1）在震源破裂区，由于断裂两侧的摩擦及附近岩石破碎而消耗的能量，记为 $E_{摩}$。

（2）在塑性形变区，由于塑性形变而消耗的能量，记为 $E_{塑}$。

（3）在弹性形变区，由于弹性形变产生地震波，通过地震波将能量传播出去，这部分能量称作地震波能量，记为 $E_{弹}$。

（4）地震发生后，在新的平衡状态中还有剩余形变，即新的形变位能，记为 $E_{位}$。

这样，地震总能量为（傅淑芳等，1980，下册，257～258），

$$E_{总} = E_{摩} + E_{塑} + E_{位} + E_{弹} \tag{12.49}$$

可见地震波能量并非地震时释放能量的全部，而是其中由地震波携带的能量，这只是地震释放能量的一部分，但正是这部分能量对地震波掠过的地区造成了破坏，因此，从减轻地震灾害的角度，这部分能量的大小正是应特别关注的，而且，只有这部分能量是可以用地震图进行估计的，通常所说的地震能量实际上是地震波能量，而不是指地震发生过程中释放的总能量。

地震能量和地震矩都是由发生移位的震源物质的量以及这种移位的速度控制的震源基本参数。地震矩是地震所做的功多少的度量，与做功的速度无关，而地震能量则是在地震期间通过地震波释放的动能的度量。尽管大多数地震的能量与地震矩成正比，但当地震破裂速度比预期的要快或慢的时候，能量的释放便不同，在一些情况下会差一个量级（Newman and Okal，1998）。

根据 Kanamori（1977），在完全应力降的情况下，应变释放能量，即式（12.39），

$$E_S = \frac{\Delta\sigma}{2\mu}M_0$$

对于很大地震，可简化为式（12.40），

$$E_S = \frac{1}{2\times 10^4}M_0$$

快破裂的地震释放能量显著高于这个按给定地震矩所预期的值，因此会造成更强的震动，意味着对周围地区造成更高危险性。相反，对于破裂速度很低的事件，能量的释放会相当慢，而且会持续时间更长（Convers and Newman，2011）。这种事件主要发生在俯冲带的大型逆冲断层（megathrust）界面，往往造成特别大的海啸，因此被称作"海啸地震"（Kanamori，1972）。

地震以地震波形式辐射的能量主要集中在震源谱的拐角频率周围，因此能量震级 M_e 比矩震级 M_W 更适合描述地震的潜在破坏性（Boatwright and Choy，1986）。M_W 与震源谱的低频渐近线有关，描述震源的整个构造效应，而 M_e 是在震源谱的更大频率范围内算出的，所以更与具有工程意义的频率有关。

12.6.2 古登堡－里克特的能量震级关系

震级标度只是度量地震相对大小，只定量地比较大地震和小地震，没有给出有关震源物理性质的信息。因此，为了更精确地讨论震源性质，需要把震级标度与一个像能量这一类的基本物理参数联系起来。引入一个点源，它向各个方向均匀地辐射出一个波列（图 12.9），可得到如下地震波能量的近似估计。

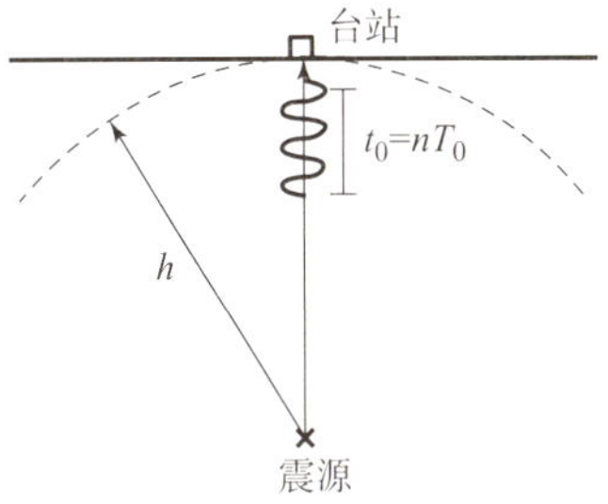

图 12.9 点源发出的地震波列的一部分到达震中处台站的示意图（《地震学与地震观测》，中国地震局监测预报司，2007，图 2.1.5）

假定一台站位于震中处，到达台站的地震波由地动位移，

$$x = A_0'\cos\left(\frac{2\pi t}{T_0}\right) \tag{12.50}$$

给出，那么，那里的地动速度是，

$$v = -\left(\frac{2\pi A_0'}{T_0}\right)\sin\left(\frac{2\pi t}{T_0}\right) \tag{12.51}$$

式中 A_0' 和 T_0 分别为波的振幅和周期。于是，单位体积的地动动能密度 e 为，

$$e = \left(\frac{\rho}{2T_0}\right)\int_0^{T_0} v^2\mathrm{d}t = \left(\frac{\rho}{2T_0}\right)\left(\frac{2\pi A_0'}{T_0}\right)^2\cdot\int_0^{T_0}\sin^2\left(\frac{2\pi t}{T_0}\right)\mathrm{d}t = \left(\frac{\rho}{4}\right)\left(\frac{2\pi A_0'}{T_0}\right)^2 \tag{12.52}$$

式中 ρ 是介质密度。如果波列的持续时间为 t_0，包含 n 个波动周期($t_0 = nT_0$)，并以速度 c 传播，那么在台站处通过单位面积的能流为 ct_0e。因此，沿半径为 h(震源深度)的球面上发自震源的全部动能，

$$E_k = 4\pi^3h^2ct_0\rho\left(\frac{A_0'}{T_0}\right)^2 \tag{12.53}$$

为了计算总地震能量 E，必须考虑下列因素：

（1）因为平均势能和动能相等，总地震能量 $E = 2E_k$。

（2）震中处自由表面的地动振幅 $A_0 = 2A_0'$，这里 A_0 代表在自由表面处记录的振幅。

（3）上面的计算涉及的是携带最大能量的波，在短距离处是 S 波，还必须把 P 波能量

加上，暂且假定它是 S 波能量的一半（Gutenberg and Richter，1956a）。

于是，

$$E = 3\pi^3 h^3 c t_0 \rho \left(\frac{A_0}{T_0}\right)^2 \tag{12.54}$$

取 $c = 3.4\text{km/s}$，$\rho = 2.7\text{g/cm}^3$，$h = 16\text{km}$（南加利福尼亚可能的震源深度），E 的单位是尔格，上式简化为，

$$\lg E = 12.34 + 2\lg\left(\frac{A_0}{T_0}\right) + \lg t_0 \tag{12.55}$$

古登堡和里克特（Gutenberg and Richter，1956b）对南加利福尼亚地震得到如下经验关系：

$$\lg t_0 = -1 + 0.4\lg\left(\frac{A_0}{T_0}\right) \tag{12.56}$$

$$\lg\left(\frac{A_0}{T_0}\right) = m - 2.3 \tag{12.57}$$

得到，

$$\lg E = 5.8 + 2.4m \tag{12.58}$$

式中 m 是用体波得到的所谓统一震级（统一的 Q 值图和表），将下式

$$m_B = 0.63\ M_S + 2.5 = M_S - 0.37(M_S - 6.76) \tag{12.59}$$

代入式（12.58），得到震级能量关系式（E 的单位是尔格）：

$$\lg E = 1.5M_S + 11.8 \tag{12.60}$$

这里 m_B 和 m 被混用。

古登堡和里克特利用理论上的简化推导，加上对南加利福尼亚实际观测数据导出的经验公式，建立了至今被广泛使用的面波震级与地震波能量的关系式（12.60）或

$$\lg E = 1.5M_S + 4.8\ (E\ 的单位焦) \tag{12.61}$$

前已提到，Choy 和 Boatwright（1995）根据全球 397 个地震得到的面波震级 M_S 与地震能量的关系是式（12.48），其常数项为 4.4 而不是古登堡和里克特（1956b）给出的 4.8。

根据式（12.61），人们通过测定面波震级，得到地震波能量的估计值。该表达式成为解释震级和地震波能量关系的经典公式：如果震级增加 1.0，则 E 的放大因子是 $10^{1.5}$，约等于 32。换句话说，震级 $M = 6$ 的地震的地震波能量约为 $M = 5$ 地震的地震波能量的 32 倍，约为 $M = 4$ 的地震的 1000 倍。

12.6.3 地震波辐射能量的直接估计——方法之一

如前所述，可以由面波震级估计地震波能量，也可以由地震矩估计地震波能量，但这都是一种统计关系，对于一个具体的地震，用这些统计关系得到的能量估计不足以反映地震个体在地震波能量释放方面的特性。因此，有必要采用直接的方法，利用地震图直接估计地震

波辐射的能量。在有了地震波辐射能量（以下简称地震能量）的独立估计之后，便可以根据地震能量独立测定能量震级 M_e。

12.6.3.1　使用 P 波群的速度记录图计算给定时间窗内辐射的能量

Boatwright 和 Choy（1986）具体说明了为计算给定时间窗内辐射的能量所作简化假设及使用的公式。下面根据 Boatwright 和 Choy（1986）及相关文章，说明估计浅源远震辐射能量的算法及公式中参数的选择或计算。为便于叙述，以下简称 BC86 算法，在 Newman 和 Okal（1998）中进一步作了简化。

以 P 波为例，在地震台站的能流密度（energy flux density）：

$$J=\rho\alpha\dot{u}^2(t) \tag{12.62}$$

式中，ρ 为接收器处的介质密度（例如 2700kg/m^3）；α 为接收器处的 P 波速度（例如 6000m/s）；$u(t)$是接收器处的质点位移，它是时间 t 的函数；能流密度 J 是单位时间穿过单位面积的能量，单位是 J/(s·m^2)，由能流密度可计算在台站的能流 ε。对于浅源远震，在初至 P 波段中叠加有近源地表反射的 pP 和 sP 波，因为难以和初至 P 波段彼此分开，故采用的波形记录是包括直接 P、近源反射 pP 和 sP 的 P 波群，记为 gP。在 BC86 算法中，对 P、pP 和 sP 的彼此干涉状况采用“中性”假设，即认为它们既不发生相长干涉，也不发生相消干涉，而是各自独立地对 P 波群能量辐射作出贡献。从远震台站记录的 P 波群 gP 的地面运动时间序列 $u(t)$ 出发，首先计算在台站的能流 ε，即地震过程中地震波通过单位面积传输的总能量，它是地动速度平方在 P 波群持续时间上的积分：

$$\varepsilon=\rho\alpha\int_0^{\infty}\dot{u}^2(t)\,\mathrm{d}t \tag{12.63}$$

式中 ρ 和 α 分别为在接收器处的本地密度和 P 波速度，积分上限已被外推到 $+\infty$。在实践中，最好是在频率域应用巴士瓦（Parseval）定理计算式（12.63），以便于对非弹性衰减效应进行校正，得到，

$$\begin{aligned}\varepsilon&=\rho\alpha\int_0^{\infty}\dot{u}^2(t)\,\mathrm{d}t=\frac{1}{2\pi}\rho\alpha\int_{-\infty}^{\infty}|\omega u(\omega)|^2\mathrm{d}\omega\\&=\frac{1}{\pi}\rho\alpha\int_0^{\infty}|\omega u(\omega)|^2\mathrm{d}\omega\end{aligned} \tag{12.64}$$

式中，$u(\omega)$是经过仪器响应校正后的地动位移谱；$\omega u(\omega)$则是速度谱，式中的分母为 π 而不是 2π，因为对频率的积分只取了正频率部分。

12.6.3.2　衰减因子 t^*

考虑地震波在地球介质中的衰减，引入 t^*，得到经过衰减校正的面能量密度 ε^*，

$$\varepsilon^*=\frac{1}{\pi}\rho\alpha\int_0^{\infty}|\omega u(\omega)|^2\exp[\omega t^*(\omega)]\,\mathrm{d}\omega \tag{12.65}$$

式中的 ε^* 已不是真正的台站能量，因为已引入了依赖于频率的地震波衰减项 t^*。

Choy 和 Boatwright（1995）在 NEIC 使用的衰减因子 t^* 被 Newman 和 Okal（1998）公式化为：

$$\left.\begin{aligned}t^*&=0.9-0.1\lg f\quad(f\leqslant0.1\text{Hz})\\t^*&=0.5-0.5\lg f\quad(0.1\leqslant f\leqslant1\text{Hz})\\t^*&=0.5-0.1\lg f\quad(f\geqslant1\text{Hz})\end{aligned}\right\} \tag{12.66}$$

12.6.3.3 几何扩散校正因子

通过使用几何扩散因子 R^{P}（又称传播算子），ε^{*} 被标度到单位半径的震源球上，如果没有显式给出单位半径，则约定为 1km，所有地球半径值的单位为 km，而不像 P 波速度那样换算成 m（如果用 m，则震源球单位半径取为 1000m，结果是一样的），得到围绕震源的每单位立体角离开震源的 P 波群中携带的能量 ε_{FS}^{*}，

$$\varepsilon_{FS}^{*}=(R^{P})^{2}\varepsilon^{*} \tag{12.67}$$

式中，R^{P}是球对称地球中 P 波的几何扩散校正因子，$R^{P}=R_0/g(h,\ \Delta)$，其中 R_0是地球平均半径（6371km），$g(h,\ \Delta)$是无量纲几何扩散系数，是震源深度 h 和震中距 Δ 的函数。

根据 Kanamori 和 Stewart（1976）给出的计算 S 波几何扩散系数 $g(\Delta)$的公式，

$$g(\Delta)=\sqrt{\frac{\rho_h\beta_h}{\rho_0\beta_0}\frac{\sin i_h}{\sin\Delta}\frac{1}{\cos i_0}\left|\frac{\mathrm{d}i_h}{\mathrm{d}\Delta}\right|} \tag{12.68}$$

式中，ρ_0，β_0，i_0 分别为在台站处的密度、S 波速度和入射角；ρ_h，β_h，i_h 分别为震源处的密度、S 波速度和离源角；Δ 是震中距（°）。如果计算 P 波的几何扩散系数，则应把相应的 S 波速度换成 P 波速度。参考《地震学教程》（傅淑芳等，1986，下册，第 24～30 页），有如下具体计算过程：①由走时表计算射线参数 $p=\dfrac{\mathrm{d}T}{\mathrm{d}\theta}$，$T$ 是走时，θ 是震中距（°）；②由 p 得到入射角 i_0，$p=r\cdot\sin i_0/v_0$，其中 r 是地球平均半径，取值 6371km，v_0 为接收器处 P 波速度，取值 6.0km/s，地球剥掉震源深度层后的大圆弧与地表大圆弧（震中距）之差 $\delta\theta=h\cdot\tan(i_0)/r$，其中取震源深度 h =15km；③离源角 $i_h=i_0-\delta\theta$；④利用式（12.68）计算几何扩散因子 $g(\Delta)$，15km 深度的 P 波速度取值 6.8km/s（图 12.10）。为简化计算，假定在震源和接收器处有类似的介质性质。

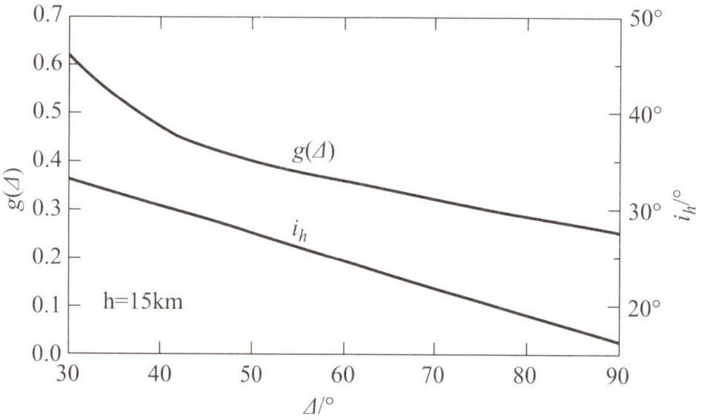

图 12.10 针对 Jeffreys－Bullen 速度模型和 α = 6.8km/s 的 P 波射线参数计算出的几何扩散因子 $g(\Delta)$（已被平滑）和离源角 i_h。震源深度 = 15km（Kanamori and Stewart，1976，Fig.8）

对台站方向的适当辐射花样进行校正并在震源球上积分，

$$E^{P}=4\pi\frac{<(F^{P})^{2}>}{(F^{gP})^{2}}\varepsilon_{FS}^{*}$$

式中，$(F^{P})^{2}$ 是 P 波的辐射花样平方，在震源球上的平均 $<(F^{P})^{2}>=4/15$；F^{gP} 是 P 波群的广义辐射系数，它与震源机制有关，见 12.6.3.5 小节。于是，

$$E^{P}=4\pi\frac{<(F^{P})^{2}>}{(F^{gP})^{2}}\varepsilon_{FS}^{*}=4\pi\frac{<(F^{P})^{2}>}{(F^{gP})^{2}}(R^{P})^{2}\varepsilon^{*}$$

$$=\frac{1}{\pi}4\pi<(F^{P})^{2}>\frac{(R^{P})^{2}}{(F^{gP})^{2}}\rho\alpha\int_0^{\infty}|\omega u(\omega)|^{2}\exp[\omega t^{*}(\omega)]\mathrm{d}\omega$$

$$=4\cdot\frac{4}{15}\frac{(R^{\mathrm{P}})^2}{(F^{\mathrm{gP}})^2}\rho\alpha\int_0^\infty|\omega u(\omega)|^2\exp[\omega t^*(\omega)]\mathrm{d}\omega$$

$$=\frac{16}{15}\frac{(R^{\mathrm{P}})^2}{(F^{\mathrm{gP}})^2}\rho\alpha\int_0^\infty\omega^2|u(\omega)|^2\exp[\omega t^*(\omega)]\mathrm{d}\omega \tag{12.69}$$

12.6.3.4　地震辐射总能量

当把 S 波群的贡献也加上去时，用下式计算震源辐射的总能量 E^{T}，

$$E^{\mathrm{T}}=(1+q)E^{\mathrm{P}}$$
$$=(1+q)\frac{16}{15}\frac{(R^{\mathrm{P}})^2}{(F^{\mathrm{gP}})^2}\rho\alpha\int_0^\infty|\omega u(\omega)|^2\exp[\omega t^*_{(\omega)}]\mathrm{d}\omega \tag{12.70}$$

式中，q 是震源处的地震波辐射能量在 P 波和 S 波之间的分配比例，其值有很大的不确定范围，Boatwright 和 Choy（1986）采用 $q=15.6$。

12.6.3.5　简化措施

为了在地震发生之后及时估计地震能量，需做一些简化假设，因为这时还没有得到震源机制的确切结果。

Newman 和 Okal（1998）利用 CMT/IRIS 的数据集得到关于 P 波群的广义辐射系数 F^{gP} 的统计曲线，如图 12.11 所示，其二次曲线拟合参数示于表 12.5。几何扩散采用震源深度 $h=15\mathrm{km}$ 的 $g(15,\Delta)$（图 12.10）。关于式（12.70）的积分上限，大多数情况下取 $f_{\max}=2\mathrm{Hz}$（$\omega_{\max}=4\pi\mathrm{rad/s}$），可提供对远震能量的适当估计。关于积分下限，取决于地震波形时间窗的长度，使用 P 到时起 70s 时间窗以不包括 PcP，且可覆盖震源的整个持续时间，这时可取 $f_{\min}=14\mathrm{mHz}$（近似于周期 71s），这对现代宽带地震计记录不是问题。最后，对于衰减校正，Newman 和 Okal（1998）采用式（12.66）给出的 t^*。

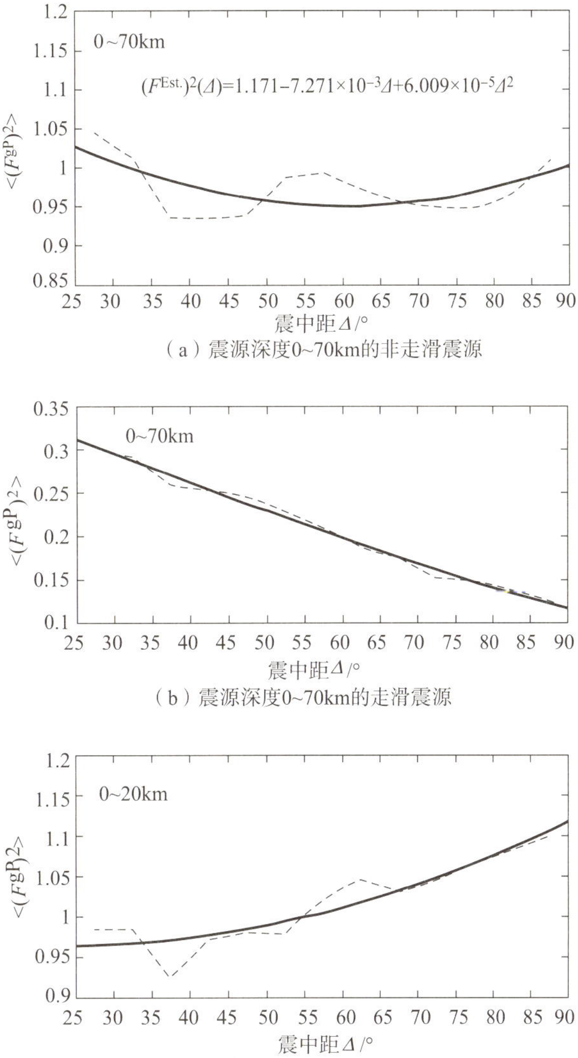

（a）震源深度0~70km的非走滑震源

（b）震源深度0~70km的走滑震源

（c）震源深度0~20km的非走滑震源

图 12.11　平方广义辐射系数 $(F^{\mathrm{gP}})^2$ 随震中距的变化。虚线显示由大量实际震源－接收器组合平均，实线代表最佳拟合虚线的二阶多项式曲线，注意图中的垂直标度不同（Newman and Okal，1998，Fig.1）

表 12.5 由 CMT/IRIS 数据集得到的平均辐射系数（Newman and Okal，1998，table 1）

数据集	事件个数	射线条数	$<(F^{P})^2>$	$<(F^{gP})^2>$	回归曲线 $(F^{Est})^2=a+b\Delta+c\Delta^2$		
					a	b	c
全部浅源事件	9695	608137	0.321	0.759	1.011	-8.590×10^{-3}	6.747×10^{-5}
非走滑事件	6808	442547	0.420	0.971	1.171	-7.271×10^{-3}	6.009×10^{-5}
仅走滑事件	2887	165590	0.060	0.194	0.407	-4.011×10^{-3}	8.783×10^{-6}
最浅（0~20km）非走滑事件	1107	72504	0.479	1.026	0.983	-1.605×10^{-3}	3.457×10^{-5}

12.6.4 IRIS 数据产品

Convers 和 Newman（2011）采用 BC86 算法（Boatwright and Choy，1986），计算了自 1990 年以来全世界 $M_W\geqslant6$ 的地震能量和能量震级，并在美国地震研究联合会（IRIS）的地震能量查询网站（http://www.iris.edu/spud/eqenergy，最近一次访问在 2017 年 10 月）公布。网站报告的产品是全球初始报告震级大于 $M_W6.0$ 并有 GCMT 矩张量解的地震释放的能量以及累积地震能量，结果包括远震距离（$25°\leqslant\Delta\leqslant80°$）记录的垂直向地震图给出的宽带和高频数据。能量估计过程是全自动进行，对结果不经人工审查。

每个地震，对可用台站产生高频（0.5~2s）和宽带（0.5~70s）累积能量图，该图是全部可用台站得到的累积能量随时间变化图相对于理论 P 到时对齐后叠加的结果。根据高频累积能量近乎直线增大渐近线与其后缓慢增大渐近线的交叉点，确定累积能量曲线的弯曲点，以这一点作为破裂持续时间的近似标记。用公式 $M_e=(2/3)\lg E(BB)-2.9$，将宽带能量换算成能量震级。计算等效的高频能量震级时，假定在所选较高频段中的能量只为地震能量的 1/5。

对每个台站，可根据叠加结果估计其单台偏差 = lg(Estation/Eaverage)。选震中距在 25°和 80°之间的台站是为了避免近距离时的走时曲线回折（near-field triplication）和离源角远离垂直线，从而可以只用垂直向记录；不超过 80°可避免路径污染（path contamination）和近地核的不均匀衰减。为避免台站分布不均造成偏倚，台站最小间距 5°。优选 GSN 台站，每个地震至少应有 8 个满足质量控制判据的台站数据。

图 12.12 是从该地震能量查询网站下载的 2014 年 8 月 3 日云南鲁甸 6.5 级地震的累积能量增长图（http://www.iris.edu/spud/eqenergy），其中，上图是宽频带累积能量曲线，下图是高频累积能量曲线。注意在图左上角标出 M_W（GCMT）为 6.2。图 12.13 是估计 2014 年 8 月 3 日云南鲁甸 6.5 级地震能量使用的台站分布，图(a)是计算宽带累积能量使用的台站，图(b)是计算高频累积能量使用的台站（http://www.iris.edu/spud/eqenergy，最近一次访问在 2018 年 3 月）。

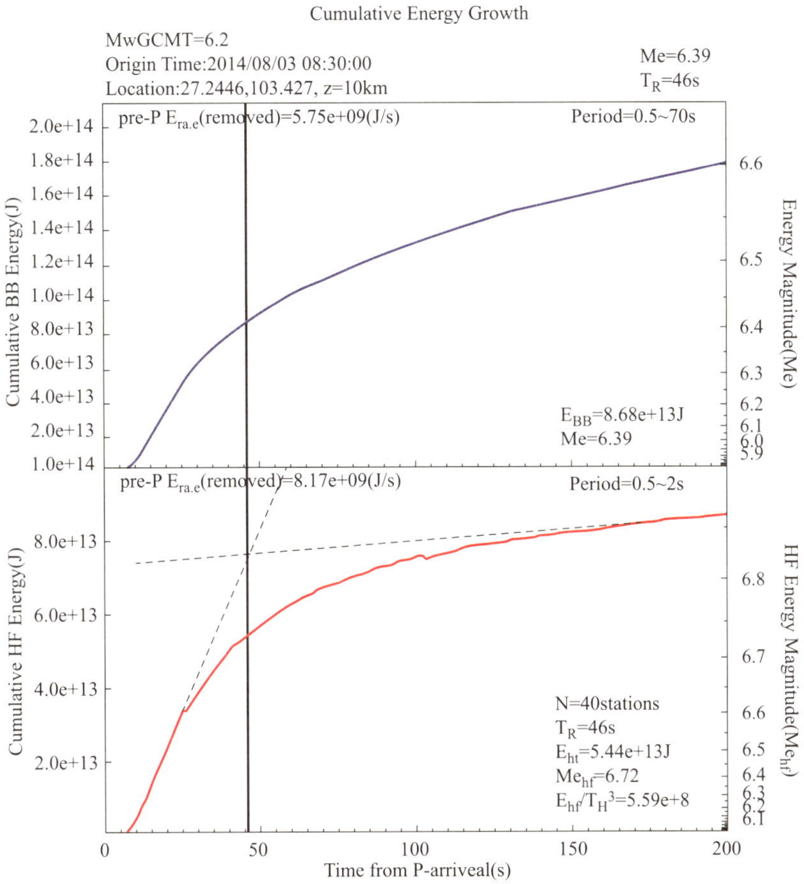

图 12.12　2014 年 8 月 3 日云南鲁甸 6.5 级地震的累积能量增长图

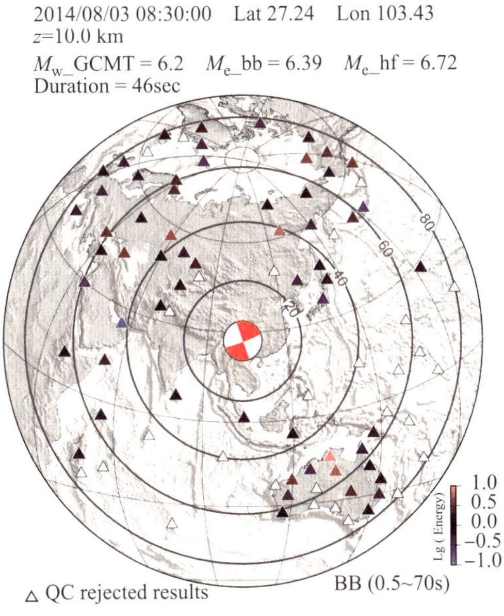

(a) 计算宽带累积能量使用的台站

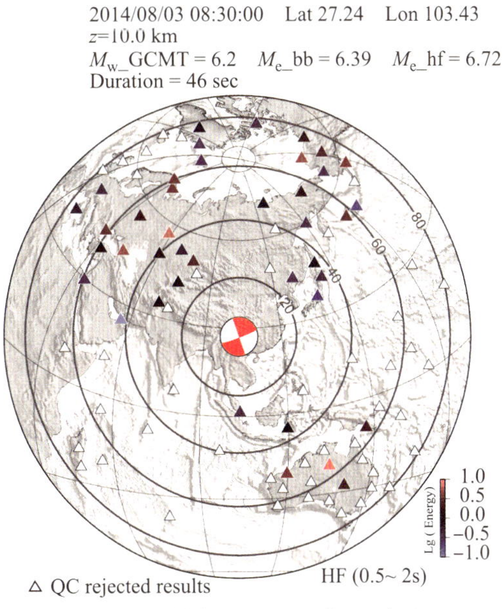

(b) 计算高频累积能量使用的台站

(http://www.iris.edu/spud/eqenergy)

图 12.13　估计 2014 年 8 月 3 日云南鲁甸 6.5 级地震能量使用的台站分布

12.6.5 Matlab 程序计算实例

基于 12.6.3 小节中给出的算法，并参考 12.6.4 小节介绍的 IRIS 数据产品，我们编写了 Matlab 程序，实现了利用台站宽频带记录估计远震地震波能量。下面以利用海拉尔地震台数字化垂直向地震波形记录估计 2014 年 8 月 3 日鲁甸 6.5 级地震的地震波能量为例，说明具体实现过程。

12.6.5.1 数据准备

因为要求 25°以外的远震波形，国内地震大多为国外台站记录，故从 IRIS（http://www.iris.edu/wilber3/find_event）下载 2014 年 8 月 3 日鲁甸 6.5 级地震波形。

①选事件；②选台站（震中距小于 60°）；③提交请求。通过 IRIS DMC 发来的邮件，得到下载网址：

TO DOWNLOAD your data, click on any one of the following URLs:

ftp://ftp.iris.washington.edu/pub/userdata/Zhonghe_Zhao

http://www.iris.edu/pub/userdata/Zhonghe_Zhao

下载了所要求的 seed 格式文件。请求 seed 格式，而不是直接请求 SAC 格式文件，可以得到完整的台站信息。

12.6.5.2 计算方法

采用 Newman 和 Okal（1998）的简化方法，计算地震波辐射能量随时间的演变，Matlab 程序为 M12_03_energy_NO98_time.m。

（1）几何扩散因子的计算。

根据 Kanamori 和 Stewart（1976）中的图 8（本节的图 12.10）中显示的 $g(\Delta)$ 曲线（对深度 15km 使用 Jeffreys – Bullen 地壳模型计算出来的），图中几何扩散因子 $g(\Delta)$ 和离源角 i_h 是对 Jeffreys – Bullen 速度模型和 $\alpha=6.8$km/s 的 P 波射线参数计算的，这些曲线适用于 P 波和 S 波，参考《地震学教程》（傅淑芳等，1986，下册第 24～30 页），利用 Matlab 程序 M12_03_g_delta.m，实现下述计算过程：由走时表计算射线参数 $p=\mathrm{d}T/\mathrm{d}\theta$；由 p 得到入射角 i_0，$p=r\sin i_0/v_0$，其中 $r=6371$km 是地球平均半径，$v_0=6.0$km/s 为接收器处 P 波速度，取震源深度 $h=15$km，剥掉震源深度后的大圆弧与地表大圆弧（震中距）之差 $\delta\theta=h\tan i_0/r$；计算离源角 $i_h=i_0-\delta\theta$；利用式（12.68）计算几何扩散因子 $g(\Delta)$，其中震源深度为 15km，P 波速度 $\alpha=6.8$km/s。

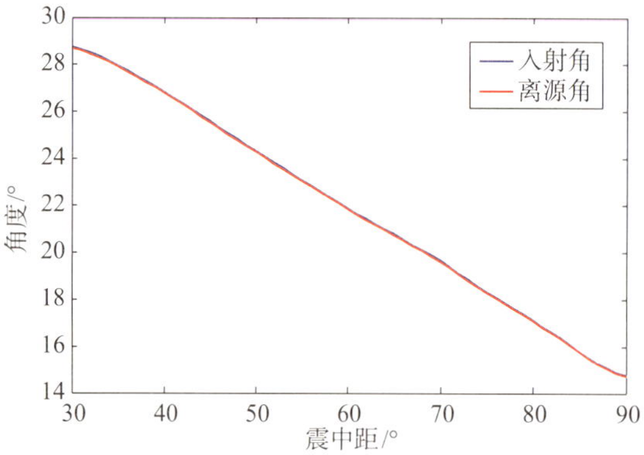

图 12.14 对 Jeffreys – Bullen 速度模型和 $\alpha=6.8$km/s 的 P 波射线参数计算的离源角。红线：离源角（°）；蓝线：入射角（°）。震源深度 = 15km，J – B 走时表

结果如图 12.14 和图 12.15 所示。

(2) 地震波辐射能量随时间的演变。

方法：Newman 和 Okal(1998)的简化方法。

程序：Matlab 程序 M12_03_energy_NO98_time. m。

计算结果：海拉尔台记录 2014 年 8 月 3 日云南鲁甸地震宽频带垂直向 P 波计算累积能量。图 12. 16(a)给出波形频带为 132s 到 0. 5s 的累积能量曲线，图 12. 16(b)给出波形频带为 88s 到 0. 5s 的累积能量曲线。

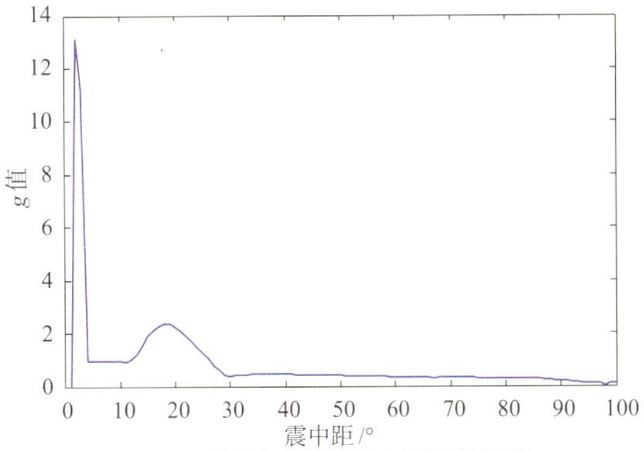

(a) P波几何扩散因子中的无量纲参数g

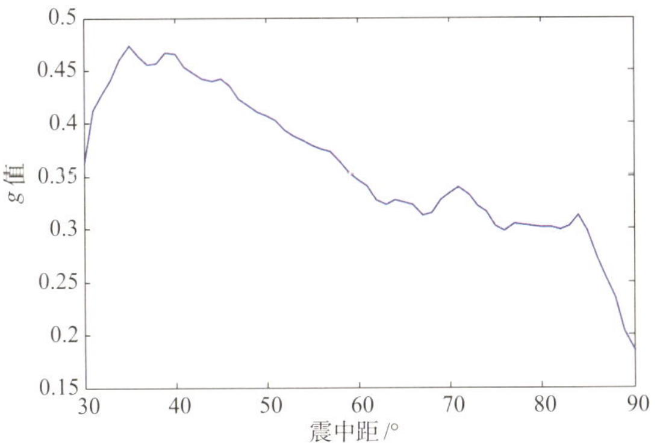

(b) 同图(a)，只画出震中距30°～90°区间

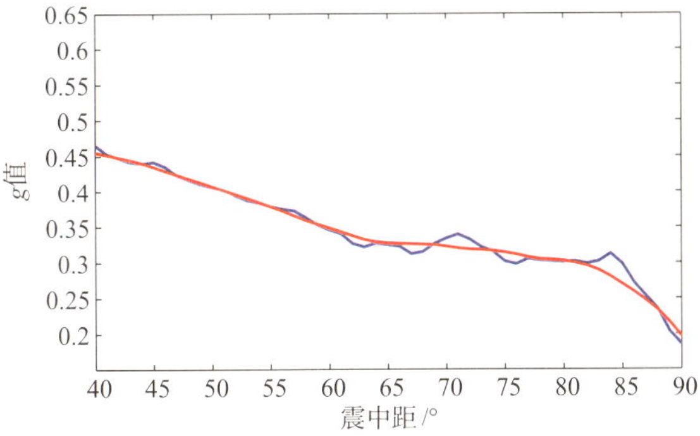

(c) 对图(b)所示g值进行平滑的结果。绿线：原g值，红线：平滑结果

图 12. 15　$g(\Delta)$值曲线

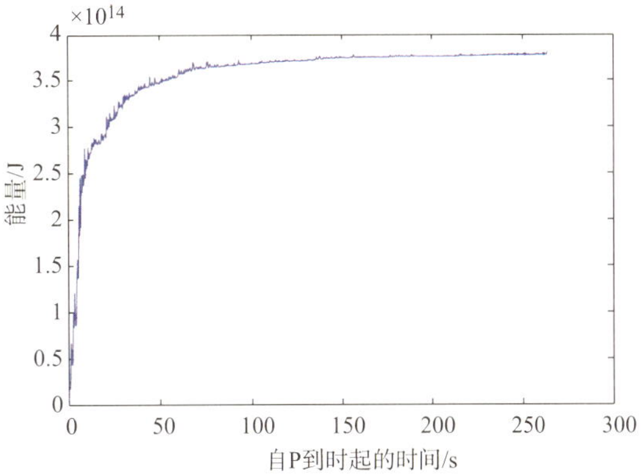

(a) 波形频带为132s到0.5s的累积能量曲线

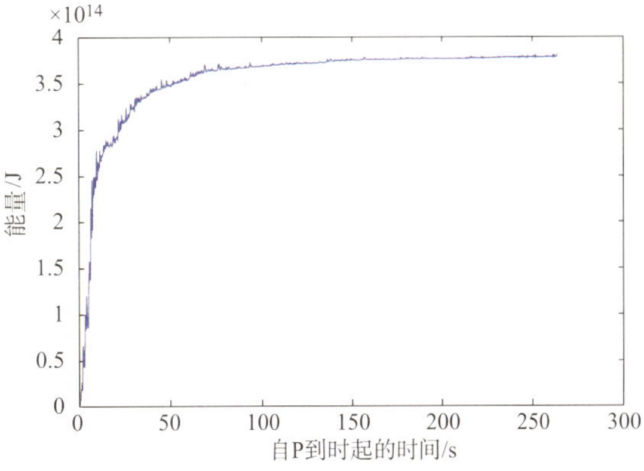

(b) 波形频带为88s到0.5s的累积能量曲线

图 12. 16　地震波辐射能量随时间的变化曲线

（3）结果分析。

计算结果与频带的选取有关：在低频端，选周期 133s 和 88s 对结果的影响很小；在高频端，选 0. 8Hz、2. 0Hz 和 4. 0Hz，可看到最终结果有明显差异，其时间进程的表现也不同，综合这两方面，高频端取 2Hz(周期 0. 5s) 截止较为合适。

采用 Newman 和 Okal（1998）的简化算法，这里只给定为走滑型震源机制，并没有考虑具体震源机制。只是单台的测定结果。

12. 6. 6　地震波辐射能量的直接估计——方法之二

德国地学研究中心(GFZ，波茨坦)的 Giacomo 等(2008)提出估计震中距 20°~ 90°的远震能量的一种方法。该方法中使用宽频带 P 波远震记录，利用由数值模拟格林函数导出的频谱振幅衰减函数，对地震波传播效应进行校正。该方法稳健、灵活，适用于海啸预报等需要快速测定远震地震波能量的场合。

12. 6. 6. 1　传播效应校正

在计算震源辐射的能量时，使用 20°~ 90°距离范围的宽频带 P 波远震记录测定浅源地震的能量震级 M_e，就必须计算地震波辐射能量，这时，要由地震图来计算地震波能量，就必须恢复地震波在传播过程中损失的能量。为此目的，必须计算出能用于全球的不同频率的频谱振幅衰减函数。通过对地震波传播效应进行校正，并且对 S 波到时前的累积 P 波窗计算震级 M_e。

使用参考地球模型 AK135Q(Kennett et al，1995；Montagner and Kennett，1996) 和 Wang (1999)的格林函数模拟程序代码计算了这些函数，可从如下网址下载由 Wang Rongjiang（汪荣江）开发的计算格林函数和合成地震图的软件：ftp://ftp.gfz-potsdam.de/pub/home/turk/wang/(最近一次访问在 2018 年 3 月)。

使用合成地震图的优点在于从已知的点源函数出发，可以计算各种不同频率的传播效应。设震源深度为 33km，计算远震 P 波地震图，在 20° ~35°距离范围内步长为 1°，从 35°开始步长为 2. 5°。由于在 20° ~35°距离范围内观测到的 P 波受到上地幔和转换带（transition zone）上速度与衰减显著变化的强烈影响，所以在这个范围内使用了更密集的空间采样。对每个距离，计算出 P 波波列的傅里叶谱，然后计算出给定周期每个距离上的频谱振幅。实践证明在 20° ~30°内的台站可以使用，因为包括在这一距离范围内的台站最后测定的震级 M_e 没有出现偏倚。在大地震发生之后，使用 20°~ 30°的台站可以使计算能量过程尽早启动。

从模拟的时间序列上导出了如下振幅衰减函数：对每个模拟的距离，计算出 P 波波列的傅里叶谱，然后计算出给定周期每个距离上的频谱振幅。

为了评估产生合成波形所用的震源机制的影响，对每个距离模拟了由许多震源参数组合产生的一组时间系列，并计算了每段距离上振幅衰减函数的中位值、25% 和 75% 的值。图 12. 17 中通过以一倍频程为增量绘在 1 ~16s 的时段上，从而突出了振幅衰减函数的频率依赖性。与预期的一样，图 12. 17 清楚地表明周期越短振幅衰减越快，周期越长函数间的差异性越小，8s 和 16s 的百分比范围已经重合。实际上，为了校正地震台记录的速度谱，在 1 ~60s 的时段上采用 1/3 倍频程振幅衰减函数的中位值，当对校正过的功率速度谱进行积分时，便有足够数量的频率可用。

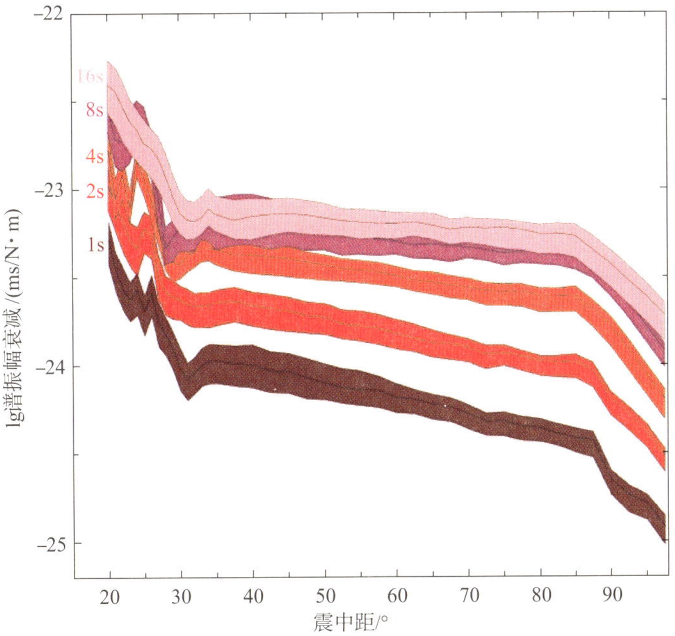

图 12.17　一倍频程步长的周期在 1 ~ 16s 之间的频谱振幅衰减函数。实线表示给定周期的频谱振幅衰减函数的中位值，阴影表示 25% 和 75%（Di Giacomo et al.，2008，Fig.1）

为了平均掉震源辐射花样的影响，所用的台站要保证对震源周围有很好的方位角覆盖。由于 Q 值模型仅得自于 1 ~ 3000s 显著周期的数据（Montagner and Kennett，1996），所以校正到 1s 为止。周期更短的衰减函数不可靠。积分中的这个周期下限意味着，目前的程序适用于测定震级大于 5.8 的地震，但这并不限制能量的测定，因为强震到特大地震的拐角频率落进了校正过的频带之内。此外，对现有数据的详细分析表明，高于 1Hz 的信噪比（SNR）很差，限制了高频频谱的使用。

12.6.6.2　E_s 和 M_e 的测定

弹性波释放的能量与地面运动速度的平方成正比。假设震源为点源，震源周围为均匀球面，就可用远震 P 波记录的垂直分量得出 E_s，

$$E_S = \left(\frac{1}{15\pi\rho\alpha^5} + \frac{1}{10\pi\rho\beta^5}\right)\int_{f_1}^{f_2}\left|\frac{\dot{u}(f)}{\frac{G(f)}{2\pi f}}\right|^2 \mathrm{d}f \tag{12.71}$$

式中，α,β 和 ρ 分别代表 P 波速度、S 波速度和震源处介质的密度；f_1,f_2 代表积分截断频率的最小和最大值；$\dot{u}(f)$代表 P 波速度谱；$G(f)$代表位移的格林函数谱；f 为频率。括号内的两项给出了 P 波贡献与 S 波贡献的比值，P 波对地震波辐射能量的贡献约为 S 波贡献的 5%。

当算出 E_S 后，可以通过下式得出 M_e，

$$M_e = \frac{2}{3}(\lg E_S - 4.4) \tag{12.72}$$

式中 E_S 的单位为焦，采用了 Choy 和 Boatwright（1995）给出的震级与能量关系式（12.48）。为了使程序适用于快速反应系统的实施，并考虑到破裂持续时间的效应，在计算 M_e 和 E_S 时，首先用 P 波到达后的 4s 窗长计算，然后不断增加窗长直到 S 波到达（可变时间累积能量窗）。

Giacomo 等（2008）认为，GFZ 对 M_e 的测定值平均来讲与美国地质调查局测定的更正规、更准确的 M_e 相当一致，但测定速度更快些。

通过位移谱与地震矩率函数的关系，

$$|\hat{\dot{M}}(f)| = \frac{4\pi\rho^3 v_{\alpha,\beta}^3 R_E \exp(\pi f t^*)\,|\hat{u}(f)|}{g(\Delta)R(\theta,\phi)C\,|\hat{I}(f)|} \tag{12.73}$$

式中，α 代表 P 波速度；β 代表 S 波速度；$v_{\alpha,\beta}$ 代表地震波 P 波或 S 波速度。可以建立矩率谱与地震波能量的关系，

$$E_R = \left(\frac{8\pi}{15\rho\alpha^5} + \frac{8\pi}{10\rho\beta^5}\right)\int_0^\infty f^2\,|\hat{\dot{M}}(f)|^2 \mathrm{d}f \tag{12.74}$$

12.7 M_{WP}

震级标度 M_{WP} 是为满足海啸预警需要制定的，已在日本气象厅常规使用，并将结果报告太平洋海啸预警中心。

在日本气象厅使用的 M_{WP} 有两种，即 Tsuboi 等提出的 M_{WP}（Tsuboi，1995）和 Nishimae 提出的 M_{WP}（Nishimae，2010）。

中国地震台网中心在地震自动速报系统中采用了 M_{WP}（Tsuboi），见梁建宏等（2015）。

12.7.1 M_{WP}（Tsuboi）的原始定义和测定方法

Tsuboi 等（1995）使用来自宽频带地震仪的初至 P 波波形位移地震图在不经震源机制校正的情况下估计矩震级。Tsuboi 等从哈佛大学 1992 年 CMT 目录中选出了发生在日本群岛附近的 55 个地震，震源深度都小于 100km，还补充了 1993 年发生的两个大地震的数据，总共所选地震的震级范围是 4.9 ~ 7.7，使用东京大学地震研究所运行的两个宽频带地震台站 Shiraki 和 Tsukuba 的记录波形，震中距在 50 ~ 1620km 之间，建立了测定 M_{WP} 的经验公式。测定 M_{WP} 的具体方法如下。

考虑由 x_S 处的双力偶点源激发的在球对称介质中接收器 x_r 处的远场 P 波位移垂直分量，

$$u_z(x_r,t) = \frac{F^P \dot{M}_0(t - T_p) R_s(x_r)}{4\pi\rho\alpha^3 R^P(x_r,x_s)} \cdot Q(t^*) \tag{12.75}$$

式中，F^P 是双力偶震源机制的辐射花样；$\dot{M}_0(t)$ 是矩率函数；T_p 是 P 波走时；$R_S(x_r)$ 是在台站处的自由表面放大因子；$R^P(x_r,x_s)$ 是几何扩散因子；$Q(t^*)$ 是非弹性衰减因子；ρ 和 α 是沿传播路径的平均密度和平均 P 波速度。对式（12.75）所示垂直分量积分，得到每个台站的矩历程 $M_0(t)$，

$$M_0(t)=\int u_z(x_r,t)\,\mathrm{d}t\,\frac{4\pi\rho\alpha^3 R^{\mathrm{P}}(x_r,x_s)}{F^{\mathrm{P}}R_{\mathrm{S}}(x_r)Q(t^*)} \tag{12.76}$$

并认为式（12.76）的最大值代表该事件的地震矩 M_0。为使用实际地震图由式（12.76）得到 M_0，作若干近似：对于震中距小于 1500km 左右的浅震，如果使用日本群岛的典型速度结构，有 $R^{\mathrm{P}}\approx 1.2r$，其中 r 是震中距。可取 P 波垂直分量的台站处自由表面放大因子 $R_{\mathrm{S}}=1.5$（关于自由表面放大因子，见 11.2.4 小节）。再有，如果取简单的衰减因子 $Q(t^*)=\exp(-\omega T_{\mathrm{p}}/(2Q_{\mathrm{p}}))$，其中 $T_{\mathrm{p}}\approx 10^2$，$Q_{\mathrm{p}}\approx 10^3$，于是 t^* 的平均值为 $t^*=T_{\mathrm{p}}/Q_{\mathrm{p}}\approx 0.1$。然后，如果认为 P 波的典型周期为 1s，则可取 $Q(t^*)\approx 0.8$，于是可在式（12.76）中近似 $R^{\mathrm{P}}/[R_{\mathrm{S}}\cdot Q(t^*)]\approx r$。现在，可从式（12.76）得到地震矩 M_0，

$$M_0=\max\left(\int u_z(x_r,t)\,\mathrm{d}t\right)\frac{4\pi\rho\alpha^3 r}{F^{\mathrm{P}}} \tag{12.77}$$

使用上地幔最上部分的代表性值 $\rho=3.4\times10^3\mathrm{kg/m^3}$ 和 $\alpha=7.9\mathrm{km/s}$，可以认为积分后的记录是近似的矩历程，读取 P 波到达后的第一个峰值。为了快速得到稳健的矩震级，不使用辐射花样校正，用下式得到每个台站的地震矩，

$$M_0=\left|\max\left(\int u_z(x_r,t)\,\mathrm{d}t\right)\right|\cdot 4\pi\rho\alpha^3 r \tag{12.78}$$

并使用标准的矩震级公式（Kanamori，1977），

$$M_{\mathrm{W}}=\frac{1}{1.5}(\lg M_0-9.1) \tag{12.79}$$

计算矩震级，其中 M_0 单位是 N·m。由于忽略辐射花样校正，M_{W} 给出的震级值小于由哈佛 CMT 解给出的震级。为补偿这一辐射花样校正，考虑一个简单的统计处理，去掉很靠近断层面解节线附近的台站的数据。如果某个事件有大量台站，可以计算 M_{W} 平均值，并去掉 1 个标准偏差范围以外的数据。Tsuboi 等（1995）只用了两个台，比较两台的结果，如果二者之差大于 0.5，则暂时去掉较小的那一个，如果二者之差小于 0.5，则取其平均值。考虑到 P 波辐射花样在整个震源球上的均方根平均 $(4/15)^{1/2}=0.52$，于是用因子 2 来校正由式（12.78）得到的平均地震矩，这等效于对平均矩震级增加 0.2。称这一震级为宽带 P 波矩震级 M_{WP}。

概括一下从宽频带地震图得到 M_{WP} 的方法：

①对宽频带速度地震图积分两次，以得到每个地震图的近似矩历程；

②读矩历程在 P 到时之后的第一个峰值，以得到标量矩 M_0；

③使用标准地震矩－震级关系计算 M_{w}，排除极端值并再次求平均；

④对平均 M_{W} 加 0.2 得到 M_{WP}。

M_{WP} 是为地震后的海啸预警开发的一种快速响应震级，其优点在于简单、快速，而且不会因大地震而饱和，应急响应之后，M_{WP} 即完成使命。

12.7.2　M_{WP}(Tsuboi)计算公式的修改

Tsuboi 等（1999）对 1995 年提出的计算 M_{WP} 的公式进行了修改，以能包括后续震相（如 pP）的影响。在 1995 年发表的公式中，如果后续到达有更大振幅且与直达 P 波极性相

反，则不能给出正确的 M_0。所作修改是：在位移记录的积分上读出第二个峰值（是波谷），然后取第一和第二峰值之差并与第一峰值比较，使用第一峰值与这个差值二者当中的较大者来确定 M_0，于是求 M_0的公式被修正为，

$$M_0 = \max(|p_1|, |p_1 - p_2|) \frac{4\pi\rho\alpha^3 r}{F^{P}} \tag{12.80}$$

式中 P_1和 P_2分别为位移地震图积分后的第一和第二峰值，其他假设与 1995 年的相同，在计算中不对每个台站进行辐射花样校正，而是如前那样给得到的 M_0加 0.2 的校正值。

如图 12.18 所示的位移积分第一峰值为最大峰值，而图 12.19 所示的位移积分第二个峰值大于第一个峰值，这两种情况下都可使用式（12.80）计算地震矩 M_0。

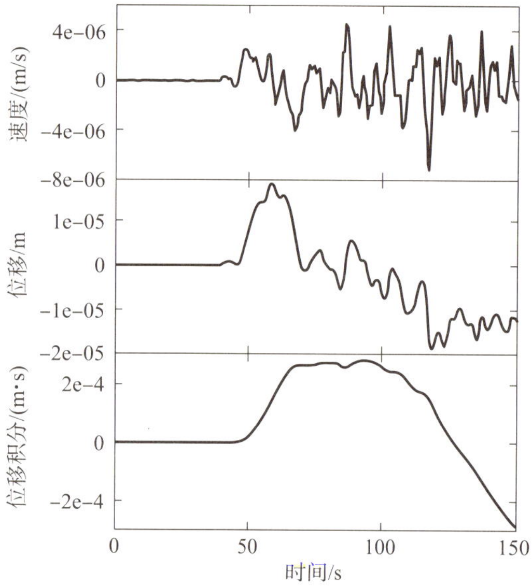

图 12.18　1992 年尼加拉瓜大地震 NNA 台的速度（上）、位移（中）和位移积分（下）地震图示例（Tsuboi，2000，Fig.2）

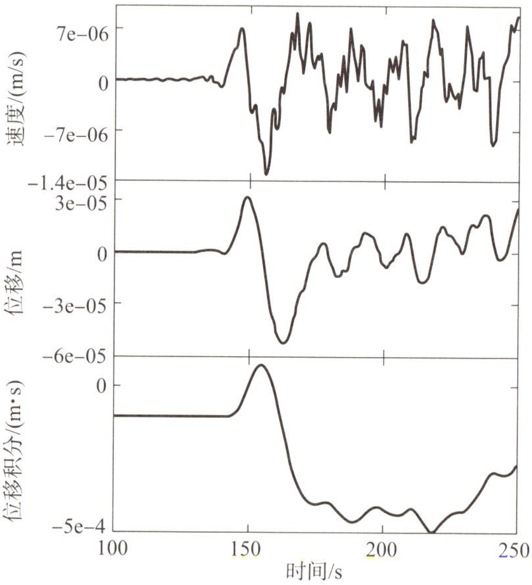

图 12.19　1992 年尼加拉瓜大地震 ANMO 台的速度（上）、位移（中）和位移积分（下）地震图示例（Tsuboi，2000，Fig.3）

Matlab 程序 M12_04_Mwp. m 给出对速度记录波形积分计算 M_{WP}的示例。图 12.20 是海拉尔台的鲁甸 6.5 级地震记录，三条曲线分别为速度（m/s）、位移（m）和位移积分（m·s）。从位移积分曲线得到信号到达前均值为 −0.0064m·s，信号绝对极大值为 0.0070m·s，极大值与均值之差为 0.0134m·s，作为计算 M_0的积分最大值。

取如下参数：P 波上地幔顶层速度为 7900m/s，密度为 3400kg/m³，震中距为 2780km，利用 Tsuboi 等（1995）公式得到地震矩 M_0 = 7.8225e + 17，进而计算 M_{WP}，得到矩震级 M_{WP} = 6.0622（已加 0.2 修正值），这与波形反演得到的 2014 年 8 月 3 日鲁甸 6.5 级地震矩震级相近（中国地震局地球物理所网站 http://www.cea-igp.ac.cn/Uploads/Attach/mrbj/2707346875.pdf，最近一次访问在 2017 年 10 月），其中刘超等给出 M_W为 6.3，张勇等给出 M_W为 6.1。

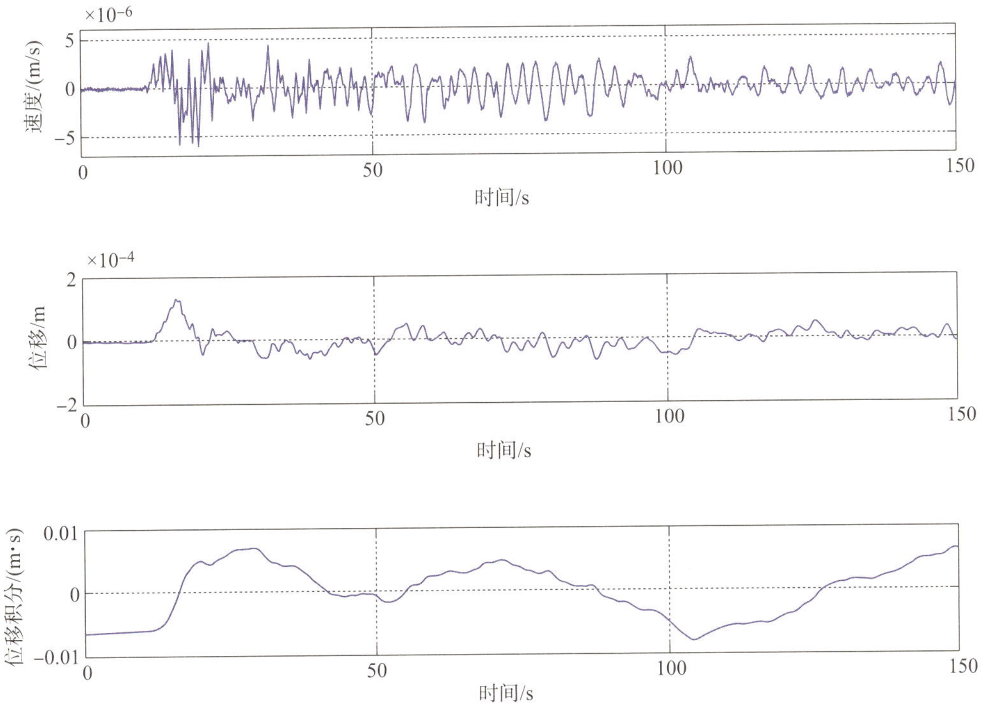

图 12.20 海拉尔台的鲁甸 6.5 级地震（2014 年 8 月 3 日）记录，三条曲线分别为速度（上）、位移（中）和位移积分（下）

M_{WP}的好处是快速测定，因为只需初至 P 波，可应用于大的震中距、震级和深度范围；缺点是积分间隔不明确，难于处置后续的 PP、S 等震相，特大地震可能低估震级。

Whitmore 等（2002）对 416 个地震的 M_{WP}结果与哈佛 M_W 进行了比较，发现 M_{WP}有依赖于震级的偏倚。当震级小于 6.8 时 M_{WP}偏高，而震级大于 6.8 时 M_{WP}偏低。通过对数据的最佳线性拟合，得到校正后的 M_{WP}为，

$$M_{WP}\text{corrected} = \frac{M_{wp}\text{initial} - 1.03}{0.843} \tag{12.81}$$

式中 M_{WP}initial 是原始的 M_{WP}。

12.7.3 M_{wp}(Nishimae)

日本气象厅西北太平洋海啸咨询中心（NWPTAC）还使用另一个 M_{WP}震级标度，是由 Nishimae（2009）首先提出的，为与 Tsuboi 等（1995）提出的 M_{WP}区别，记为 M_{WP}（Nishimae）。估计 M_{WP}（Nishimae）的方法是：对 STS－1(约 360s)、STS－2(约 120s)、CMG(约 100s)等地震计的宽频带垂直向速度记录进行带通滤波后积分得到位移记录，对位移记录的选定时间窗计算位移数据的均方根值 A，放入下式给出的经验公式，计算 M_{WP}，

$$M_{wp}(\text{Nishimae}) = a\lg A + b\sin\left(\frac{\Delta}{2}\right) + c \tag{12.82}$$

式中，a，b，c 是经验确定的常数；Δ 是震中距(度)。公式及常数是根据对哈佛大学 CMT

目录给出的矩震级（访问 GCMT 目录：http://www.globalcmt.org/CMTsearch.html，最近一次访问在 2018 年 3 月）进行最小二乘拟合得到的。计算位移数据均方根值 A 的时间窗长度可选 2,3,4,5 分钟之一。理论上，M_{wp}(Nishimae) 可应用于震级 5.5 以上且震中距范围为 $20°\leqslant\Delta\leqslant 80°$ 的台站。

Nishimae(2010) 给出两种情况下的常数 a，b，c 取值：利用 P 到时后 3 分钟波形数据时使用经验公式（12.83），利用 P 到时到 S 到时的波形数据时使用经验公式（12.84）：

$$M_W = 0.82027\lg A + 1.04289\lg\left[\sin\left(\frac{\Delta}{2}\right)\right] + 5.62775 \tag{12.83}$$

$$M_W = 0.83419\lg A + 0.98455\lg\left[\sin\left(\frac{\Delta}{2}\right)\right] + 5.63274 \tag{12.84}$$

式中 A 和 Δ 的定义见式（12.82）。

12.8 不同震级标度的转换关系

建立新的震级标度时，总是要与已经存在的震级标度建立尽可能 1∶1 的统计关系。但一旦建立了新的标度之后，用新标度测定的具体地震的震级一般会与旧的震级有所不同。对于具体地震，不能用统计意义上的震级换算关系换算出该地震的另一种震级值，正确的作法是根据每种震级的定义独立测量数据和计算震级。对于一个具体地震，如果用不同震级标度测定的震级值之间的差异超出了震级测定误差范围，那么这种差异可能正是该地震的某种特性。要尽量保留这种特性供进一步研究，不要试图用一种震级标度完全取代其他震级标度。例如矩震级和能量震级反映的是地震震源的不同特性，矩震级反映的是震源的静态特性，而能量震级反映的是震源辐射地震波过程的动态特性。又比如，m_b 和 M_S 都是鉴别地下核爆炸的重要判据，如果 M_S 是用换算关系从 m_b 变来的，那就没有任何鉴别意义了。

然而，根据不同震级标度之间的统计关系，进行震级标度的转换，可以扩展一种震级标度的震级覆盖范围，有助于进行地震活动性的统计分析等基于地震目录的研究工作。本节中简单介绍一些地区进行的震级标度转换和震级校准工作成果，其中的一些方法值得借鉴。

12.8.1 建立不同震级标度转换关系的基本方法

建立不同震级标度转换关系的基本方法是，基于一组地震的两种震级标度测量值，建立两种震级值之间的统计关系。这种统计关系多设定为线性关系，通过回归分析，得到线性关系中的系数，从而得到两种震级标度之间的线性转换关系。但根据观测数据的实际情况，也有采用二次曲线进行拟合的实例。

为此，首先要建立所需要的数据集。由于震级标度关系具有区域性，因此，首先应划定所研究的区域，当然也可以建立全球的（平均）转换关系，然后对所研究区域收集尽量多的地震样本，每个地震样本应具有独立测定的两种震级值。收集的地震样本震级跨度要尽可能大，因为地震样本的震级跨度决定最终建立的转换关系适用的震级范围。地震样本在各震级区间的数量要尽量均匀，以避免个别震级区间地震样本过于集中而影响回归分析结果。

12.8.1.1　线性回归算法

有三种线性回归方法，即标准最小二乘回归（SR）、反转标准最小二乘回归（ISR）和正交标准最小二乘回归（OSR）。对同一个数据集，这三种算法会给出不同的回归直线。通常认为，正交标准最小二乘回归（OSR）最好，但如果不知道数据值的绝对方差（在震级计算中经常是这种情况），可分别计算这三种回归，并对其结果进行比较，以确定使用最好的一个。

（1）标准最小二乘回归。

标准最小二乘回归（SR）是最为常用的回归方法，使拟合直线的垂直偏差极小化。在此回归中，水平坐标 x 是自变量，其误差→0，而垂直坐标 y 是因变量，有误差 >0。给出标准公式的形式是 $y=bx+a$，b 是斜率，a 是 y 的截距。x 值用于导出 y 值，但 y 值不能用于直接导出 x 值。

（2）反转标准最小二乘回归。

反转标准最小二乘回归（ISR）与 SR 类似，但使拟合直线的水平偏差极小化。垂直坐标 y 作为误差→0 的自变量，而水平坐标 x 是有误差 >0 的因变量。在此情况中，y 值用于导出 x 值，但 x 值不能用于导出 y 值。

（3）正交标准最小二乘回归。

正交标准最小二乘回归（OSR）使垂直于最佳拟合线方向的偏差极小化。该方法中，认为 x 和 y 都有测量误差 >0。使用正交回归，x 值能用于导出 y 值，y 值也能用于导出 x 值。

12.8.1.2　标度关系的误差分析

Goertz - Allmann 等（2011）对其得到的 $M_L - M_W$ 转换关系（见 12.9.3 小节）进行了误差分析。

（1）总误差 σ_{Mw}：定义为观测数据相对于标度关系的标准偏差，即对于给定 M_L 的事件，由观测数据直接得到的 M_W 值与使用标度曲线给出的 M_W 值之差为 M_W 误差，从而可计算出标准偏差，以此作为 M_W 的总误差 σ_{Mw}。

（2）回归不确定度（regression uncertainty）σ_r：考虑到新的标度关系部分地是在限定震级范围内通过回归分析找到的。可以通过自助重采样（bootstrap resampling）和高斯误差传播关系得到 σ_r，从而实现对 M_L 测定误差传播的定量估计。

例如，通过自助重采样，得到 N 个数据样本，Goertz - Allmann 等（2011）取 $N=1000$，按自助法的重采样规则，每个数据样本中包含数据点的个数与原始样本中的数据点个数相同，对每个数据样本计算其回归曲线，得到一组回归系数，例如，对于线性拟合震级段，$M_W=a+bM_L$，通过 N 次重采样，每次得到回归系数 a_i 和 b_i，$i=1$，…，N，于是可计算出 a 和 b 的协方差矩阵：

$$\begin{bmatrix} \sigma_a^2 & \sigma_{ab} \\ \sigma_{ab} & \sigma_b^2 \end{bmatrix} \tag{12.85}$$

式中，

$$\sigma_a^2=\frac{1}{N-1}\sum_{i=1}^{N}(a_i-\bar{a})^2 \tag{12.86}$$

$$\sigma_b^2=\frac{1}{N-1}\sum_{i=1}^{N}(b_i-\bar{b})^2 \tag{12.87}$$

$$\sigma_{ab}=\frac{1}{N-1}\sum_{i=1}^{N}(a_i-\bar{a})(b_i-\bar{b}) \tag{12.88}$$

$$\bar{a}=\frac{1}{N}\sum_{i=1}^{N}a_i,\ \bar{b}=\frac{1}{N}\sum_{i=1}^{N}b_i \tag{12.89}$$

然后应用高斯误差传播关系，有，

$$\sigma_r^2=\sigma_a^2\left(\frac{\partial M_W}{\partial a}\right)^2+\sigma_b^2\left(\frac{\partial M_W}{\partial b}\right)^2+2\sigma_{ab}\left(\frac{\partial M_w}{\partial a}\frac{\partial M_W}{\partial b}\right)+\sigma_{M_L}^2\left(\frac{\partial M_W}{\partial M_L}\right)^2 \tag{12.90}$$

由 $M_W=a+bM_L$，得到，

$$\frac{\partial M_W}{\partial a}=1,\ \frac{\partial M_W}{\partial b}=M_L,\ \frac{\partial M_W\partial M_W}{\partial a\partial b}=M_L,\ \frac{\partial M_W}{\partial M_L}=b \tag{12.91}$$

式中，σ_a^2，σ_b^2和 σ_{ab}是协方差矩阵的系数，$\sigma_{M_L}^2$是 M_L的不确定度。以上各式表明，σ_r^2 值是随 M_L变化的。表 12.7 中给出的是平均值。可类似地计算出二次曲线拟合的误差。

然而，由于会强制要求标度关系具有某种性质，例如在某震级段限定 M_W和 M_L有 1∶1 的线性关系，其差别仅在于常数偏倚，所以，从自助重采样和误差传播组合导出的误差 σ_r不能完全反映数据的实际离散程度，σ_r将低估 M_W的实际误差。因此，可将 M_W总误差 σ_{M_W}描述为回归不确定度 σ_r和残差误差 σ_e的组合

$$\sigma_{M_W}=\sqrt{\sigma_r^2+\sigma_e^2} \tag{12.92}$$

（3）残差误差 σ_e：描述由于对标定关系强加所述约束造成的误差，即 σ_e可归因于对模型的简化。估计 σ_e的方法是根据式（12.92），从估计的总误差 σ_{M_W}中减去 σ_r。σ_e和 σ_r的相对大小可用来度量对标度关系所加约束（相对于数据离散程度而言）的合理程度。

12.8.1.3 回归方法及误差估计的 Matlab 实现

在 Matlab 中有一些函数可用于实现数据集的回归分析和误差估计。

12.8.2 在中国采用的震级标度统计关系

在我国，目前广泛使用的震级 M_S、M_L和 m_b的转换关系是（中国地震局监测预报司，2007，第 41 页）：

$$M_S=1.13M_L-1.08 \tag{12.93}$$

$$M_S=1.59m_b-3.97 \tag{12.94}$$

其中，式（12.93）是 1971 年郭履灿等根据邢台地震余震资料得出的经验关系（时振梁等，1990，第 129 页），式（12.94）是 Gutenberg 和 Richter（1956b）给出的，这两个转换关系曾被用于我国地震台网大地震速报，当不能直接得到 M_S时，由 M_L或 m_b转换给出 M_S，作为国标震级 M 对外发布。

汪素云等（2010）根据 1990—2000 年《中国地震年报》和 2001—2008 年《中国数字地震台网观测报告》的大量数据，获得面波震级 M_S与近震震级 M_L二者之间新的转换关系。结果表明，自 20 世纪 70 年代使用至今的公式（12.93）已不适用于新的数据。考虑到测定震级的不确定性及数据的离散性较大等因素，认为采用如下关系式

$$M_S = 0.03 + 0.98M_L \tag{12.95}$$

作为新的经验关系更合理适用。高景春等（2011）采用正交回归方法对华北地区得到，

$$M_W = 0.716M_L + 0.543 \tag{12.96}$$

拟合标准差为 0.06。

12.8.3　瑞士地震服务中心的 M_L 与 M_W 的转换关系

在瑞士地震服务中心（Swiss Seismological Service（SED））通过建立 M_L 与 M_W 的转换关系，将 M_W 地震目录的震级下限扩展到 1 级（Goertz - Allmann et al.，2011），以图实现 M_W 的震级“全覆盖”。Goertz - Allmann 等分析了联合拟合法、谱叠加法和单极位移脉冲分析法等三种利用地震波谱测定小地震标量地震矩的结果，建立了 $M_L<2$，$2 \leqslant M_L \leqslant 4$ 和 $M_L>4$ 的三段转换关系。

使用不同方法估计 M_W，提供了一种手段来检验震级测定中可能由方法造成的偏倚。通过不同方法的比较，可找出 M_W 估计中造成偏倚的来源。图 12.21 显示的数据表明，在整个震级范围不能使用简单的线性标度关系。所以，SED 提出一个新的标度关系，在不同的震级范围有不同的斜率，并在小震级段和大震级段的两个线性标度之间拟合一个二次关系：对于 $M_L>4$，强制一个 1∶1 关系，但带有常数偏移 -0.3，即 $M_W = M_L - 0.3$；在中间部分做正交二次拟合，对 $M_L=4$ 处的斜率和截距加一约束以得到与 $M_L>4$ 的直线平滑过渡，拟合时使用正交回归，假定两种震级有相等的方差，以一阶范数（L1）极小化来减小离群值的影响；在 $M_L=2$ 以下，以二次曲线在 $M_L=2$ 处的导数所确定的斜率建立直线关系，在这一任意选定的震级，二次曲线的斜率对 $M_L<2$ 数据的拟合较好，同时保证这两个标度方式之间的连续过渡。

得到的三段标度关系列于表 12.6。图 12.21 显示，对 M_L0.1 到 M_L5.5 的组合数据集的总趋势拟合较好，在 $M_L=4$ 以上离散大，但从数据中不能导出显著的趋势。对于 $4<M_L<5.5$ 的 1∶1 标度与观测一致，得到 M_L 和 M_W 之间的常数偏移。

表 12.6　Goertz - Allmann 等（2011）的 M_L 和 M_W 三段标度关系

M_L 范围	标度关系
$M_L<2$	$M_W = 0.594M_L + 0.985$
$2 \leqslant M_L \leqslant 4$	$M_W = 1.327 + 0.253M_L + 0.085M_L^2$
$M_L>4$	$M_W = M_L - 0.3$

三个不同标度方式之间的边界 $M=2$ 和 $M=4$ 是任意选择的，这种选择把震级范围分成了三个近似相等的震级段。$M=4$ 以上和 $M=3$ 以下的数据表现不同，通过分段拟合使得整个震级范围上的拟合偏差大致相同，而且拟合参数较少。三个震级段有近似相等的震级宽度，保证在每段有足够多数据以足够大的统计显著性实现参数拟合。

Goertz - Allmann 等的实践表明，震级标度关系不一定总是在整个震级范围用一条直线拟合，可根据数据特点，建立合适的标度关系。使用三个震级段，尽管分段的边界选择带有一定的任意性，但也不是随意选择的。在建立本地的震级标度关系时，可根据数据情况选择

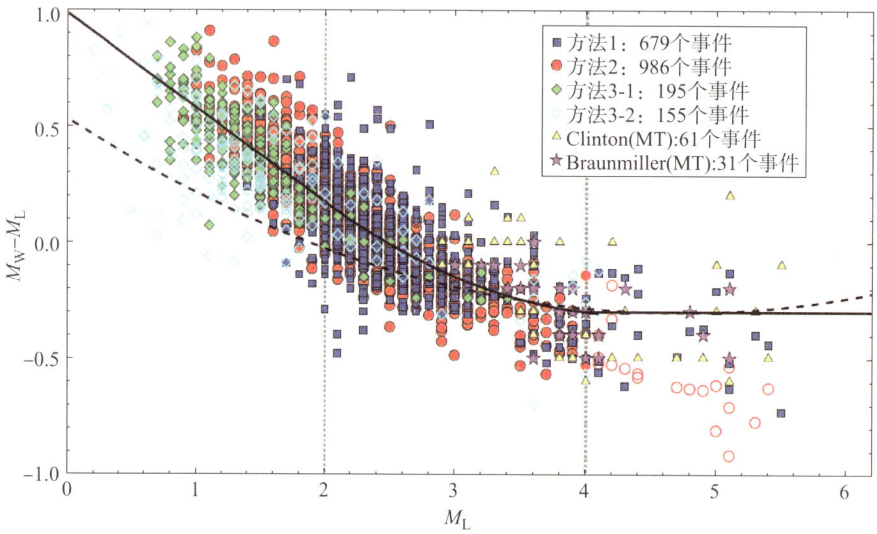

图 12.21　使用不同方法测定的 M_W 与 M_L 的差值随 M_L 的变化（据 Goertz – Allmann et al.，2011，Fig.4）。图中虚线是 Grünthal 等（2009）得到的标度关系，实线是表 12.6 给出的三段拟合关系，不同颜色的符号给出用不同方法得到的矩震级 M_W，其中：方法 1 是利用震源参数、路径衰减与台站响应联合拟合法；方法 2 是利用频谱叠加法；方法 3 – 1 和 3 – 2 是利用单极位移脉冲分析方法，方法 3 – 1 是使用瑞士巴塞尔城下地热田诱发地震数据，方法3 – 2 是利用 6 个地震序列的数据；Clinton（MT）是使用 Clinton 等（2006）给出的用矩张量反演得到的 M_W；Braunmiller（MT）是 Braunmiller 等（2005）给出的用矩张量反演得到的 M_W

是否分段，在哪里分段，是直线拟合还是二次拟合，但基础是两种震级的测定值都应是尽量准确可靠。

Goertz – Allmann 等对得到的 $M_L - M_W$ 转换关系进行了误差分析，由得到的三段标度关系从 M_L 转换 Mw 的误差估计见表 12.7，其中各量的含义见 12.8.1.2 小节，表 12.7 给出了假定 M_L 有不同不确定度 $\sigma_{M_L}^2$ 时三段的平均 σ_r。

表 12.7　利用三段标度关系转换 M_w 的误差估计（Goertz – Allmann et al.，2011，表 2）

M_L 范围	σ_{M_w}	σ_r（σ_{M_L}=0.1）	σ_r（σ_{M_L}=0.15）	σ_e
$M_L \leqslant 2$	±0.159	±0.069	**±0.096**	±0.127（σ_{M_L}=0.15）
$2 \leqslant M_L \leqslant 4$	±0.134	**±0.079**	±0.116	±0.108（σ_{M_L}=0.1）
$M_L > 4$	±0.175	**±0.105**	±0.153	±0.14（σ_{M_L}=0.1）

对于瑞士 SED 假定的 M_L 不确定度是：0.15（对 $M_L < 2$）和 0.1（对 $M_L \geqslant 2$）（表上的黑体数值），使用式（12.92），分别由这些 M_L 误差来估计残差误差 σ_e，在全部三个标度方式中 σ_e 残差误差稍大于回归不确定度 σ_r，估计的总误差 σ_{M_W} 对于常规处理而言是在可接受的范围内，证明了经验标度关系的可用性。

12.8.4　加拿大 M_L 震级标度的校准

Ristau 等（2003）用 M_W 标度来校准 M_L 标度，对加拿大西海岸外地震的 M_L 进行了校准。使用的 M_L 是加拿大地质调查局（GSC）采用类似 Richter（1935）原始定义的算法计算的，但使用的是垂直向记录，并已知得到的 M_L 值比其他震级标度至少低估 0.5 个震级单位。利用加拿大地质调查局和美国俄勒冈州立大学（OSU）测定的区域矩张量解以及哈佛大学矩心矩张量解导出的总共 240 个地震的矩震级 M_W 与 GSC 的 M_L 进行比较，其震级范围是 M_W3.4～6.7，他们将研究的加拿大西海岸外区域分成了北、中、南三个区域，得到 M_W 与 M_L 的统计关系。在每种情况中，都是假定 M_L 与 M_W 有 1∶1 关系加上常数偏移，其结果是，北区：$M_W = M_L + 0.28(\pm 0.08)$；中区：$M_W = M_L + 0.55(\pm 0.06)$；中区 + 南区：$M_W = M_L + 0.62(\pm 0.08)$；南区：$M_W = M_L + 0.69(\pm 0.10)$。他们继 Giardin 等（2003）之后又对加拿大西部陆地地区（西经 110 以西地区）的 M_W 与 M_L 关系进行了统计分析，这里不再一一介绍了。

Ristau（2009）还对新西兰地震的震级估计进行了比较，包括矩震级 M_W、地方震级 M_L 和远震体波震级 m_b。值得提及的是，对于震源深度 ≤33km 的地震和深度 > 33km 的地震，M_W 和 M_L 有显著不同的线性回归参数，而且用不同的回归方法得到的回归参数有明显差别。这使得 M_L 和 M_W 的关系变得复杂。而且，对于深度 > 33km 的地震，测定 M_L 的量规函数也需要改进。

Ristau（2009）采用三种线性回归算法（见 12.8.1.1 小节）建立 M_W 和 M_L 的统计关系。表 12.8 给出三种回归的结果。可以看出，三种回归结果略有不同，从给出的拟合误差看，正交最小二乘回归的结果稍好些。

表 12.8　采用三种线性回归算法建立的 M_W 和 M_L 的统计关系（Ristau，2009，table 1）

回归类型	浅震（≤33km）	深震（>33km）
正交最小二乘回归（OSR）	（b）0.88 ± 0.03 （a）0.73 ± 0.20	（b）1.09 ± 0.10 （a）0.05 ± 0.06
标准最小二乘回归（SR）	（b）0.83 ± 0.03 （a）0.96 ± 0.19	（b）0.91 ± 0.10 （a）0.95 ± 0.98
反转最小二乘回归（ISR）	（b）1.06 ± 0.06 （a）−0.45 ± 0.46	（b）0.79 ± 0.27 （a）0.67 ± 0.82

注：表中（b）代表斜率；（a）代表 y 截距。

12.8.5　中国台湾 M_L 量规函数的修正

Wu 等（2005）利用我国台湾地区震源深度 < 35km 的 56 个哈佛 CMT 震级在 4.7～6.2 的地震作为校准地震，建立 M_L 的新量规函数，使 M_L 更接近于 M_W。利用 M_L 震级的原始定义，

$$M_L = \lg A(\Delta) - \lg A_0(\Delta) \tag{12.97}$$

用 M_W 代替 M_L，并取 $\lg A_0$ 作为震源距(R)的函数，于是得到，

$$\lg A_0(R) = \lg A(R) - M_W \tag{12.98}$$

利用实际地震的 M_W 及观测振幅数据，可得到 $\lg A_0$ 曲线和台站校正，从而得到与 M_W 以及南加利福尼亚的 M_L 标度更一致的 M_L。具体作法是：选哈佛矩张量目录中 M_W 在4.7和6.2之间，震源深度小于35km的我国台湾地区地震共56个。由于 M_L 饱和问题，所以没有使用 $M_W>6.2$ 的地震。它们发生于1995年至2004年，全被我国台湾中央气象局地震速报系统（RRS）记录，所用79个RRS台站每个至少记录其中的8个事件。由记录的加速度图仿真伍德－安德森地震图（Kanamori 等，1999；本书3.3.2.2小节），并在两水平向上测量地动峰值，仍使用标准放大倍数2800倍。由两水平分量峰值的平均值作为每个事件－台站对的一个地动峰值。拟合 $\lg A_0$ 与地震矩关系曲线，采用线性回归模型，

$$\lg A_0 = A + B\cdot R + C\cdot\lg(R) - S_i \tag{12.99}$$

式中，A，B，C 是回归分析待确定的常数；S_i 是第 i 台的台站校正因子。考虑到岛外地震位置误差偏大，故台站覆盖孔隙角大于180°的地震在回归分析中权重减半。结果，以1898个RRS记录地动峰值作为输入，得到 $\lg A_0(R)$，

$$\lg A_0(R) = 0.247 - 0.000281R - 1.509\lg(R) \pm 0.279 \tag{12.100}$$

其中观测和预测值之间的残差近似正态分布，均值为零。上式中小的线性项 $0.000281R$ 没有通过 F 显著性检验（F 值为1.002），故略去。于是得到新关系，

$$\lg A_0(R) = 0.332 - 1.568\lg(R) \pm 0.280 \tag{12.101}$$

Wu 等（2005）得到的台站校正值范围从－0.40到0.52，均值0.01，标准偏差0.23。应用台站校正值后，使 M_L 与 M_W 之间的标准偏差从原来的±0.26减小到±0.19个震级单位。这些台站校正对于只在震中附近的台站记录的较小地震特别重要，因为此时记录台站或都在硬岩石上或都在软土上，会导致过低或过高估计震级达0.5级。

12.9 改进震级测定结果的质量

12.9.1 震级测定误差估计

定量估计震级测定误差有助于合理利用地震目录，震级测定误差还应该是评估地震台网震级测定能力的一个重要指标。下面以瑞士地震中心（SED）对瑞士地震目录中的震级误差分析为例，说明如何根据地震报告估计单台震级测定误差和地震目录中的事件震级误差。

在瑞士地震中心发布的关于地震目录的报告震级测定误差（Swiss Seismological Service，2011）的附录H中说明了对 M_L 震级的不确定性估计。文中讨论的是总体上对 M_L 震级不确定性的估计，如果问某台网震级测定不确定度，就应给出一个总的回答，但其方法也适用于对单个地震震级不确定的具体估计。具体分析方法如下：

（1）对所收集的全部事件进行分析：对瑞士 $M_L>0$ 的地震，宽频带记录2002～2008年，共3671个地震，有单台震级数据22831个，每个事件的台站震级数最少为1个，最多为37个，每个事件的震级读数个数的中位数是4，即超过4个读数的事件数和少于4个读数的事件数大致相同，以4居中。

（2）为使台站震级与瑞士地震中心震级的比较能有意义，只取最少3个台有震级读数

的事件，得到 3465 个事件，22006 个震级读数。此时每个事件震级读数个数的中位数是 5。对每个地震，取各台站震级值的中位值作为事件震级（不是全体平均，也不是截尾平均），绘出每个事件的单个台站震级与中位震级之差的柱状图和这些差值作为震源距（不是震中距）函数的分布图。由此得出两个重要结论：①距离小于约 10 ~ 20km 的瑞士 M_L 量规函数没有校准，除了这一段距离之外，没有看到可辨别出来的距离偏倚；②由这些差值计算出单个台站震级相对于每个事件中位值的离散有标准偏差 0.33。个别单个台站震级与中位值偏离超过 1 个震级单位，这在大多数情况下归因于分析人员，应看作是离群值。

（3）为进一步评估台站残差（即台站震级减去事件震级），把分析工作限于震级 ≥2.0 和每个事件至少有 7 个震级读数的数据集，以避免因事件震级偏差影响对台站残差的估计。结果共剩 360 个事件和 5601 个台站读数，与大数据集相比，离群值数量显著减少，但单个台站震级相对于事件震级的标准偏差仍为 0.33，而且对 10 ~ 20km 距离以外仍是没有可分辨的距离偏倚。

（4）事件震级的误差评估。每个事件中位震级值的不确定性是每个台站震级的不确定性和计算事件震级（中位值）的振幅读数个数的函数。如果对每个事件能得到这一信息，那么就能直接估计相应的震级不确定性。分析台站震级围绕中位值的离散程度得出单个台站震级的平均不确定度估计值为 0.33 个震级单位（1 倍标准偏差）。对 2002—2008 年的几乎所有地震，都知道参与计算中位值的振幅读数个数。于是，假定台站震级围绕中位值（对应于事件震级）的离散能用一个均值为零、标准偏差为 0.33 的正态分布来近似，便能够对每个事件震级赋予一个期望误差，其值是 0.33 除以该事件的震级读数个数的平方根。结果，对所有事件和全部震级的平均误差是 0.16 个震级单位，随每个事件震级读数个数增加，平均误差减小，对于至少 3 个读数，平均误差 0.15，对于震级 ≥2.0 和至少 7 个读数，平均误差 0.09。

考虑到事件震级是中位值舍入到小数点后一位，对于震级 >2.5 的地震，上文的计算方法，形式上计算出的平均误差小于 0.1，这在实践中是不实际的。为评估整个仪器目录的震级 M_L 不确定性，根据上述结果，提出如下误差估计（1 倍标准偏差）：$M_L \leq 1.0$，±0.20；$1.0 < M_L < 2.0$，±0.15；$M_L > 2.0$，±0.10。

由上述可知如何估算单个地震的震级不确定性和总体上的震级不确定性。上述对不同震级范围的误差估计不同，这实质上是源自单个地震的台站震级读数个数不同。可用不同震级范围的台站震级读数个数中位值来估计不同震级范围的台站读数个数，如上述，至少 3 个读数时的中位值是 5 个读数，5 的平方根是 2.24，以此估计震级误差为 0.33/2.24 =0.15。

可以参考上述方法来估计每个区域地震台网和国家台网的台站震级误差以及事件震级误差。

12.9.2 改进震级测定结果的若干措施

不管是哪一种震级标度，把震级值测好是首要的。为此，应考虑以下方面：

（1）震级值的稳健性。

对于传统的地方性震级 M_L、体波震级 m_b 和面波震级 M_S，为增强震级值的稳健性，建议采用如美国国家地震信息中心（NEIC）使用的“25% 截尾平均”（曾见于 http://earthquake.usgs.gov/regional/neic/neic_bulletins.php），取代我国现行的多台简单平均，从而消除个别台站的震级“离群”测量值对结果的影响。对于地震矩的测量，其实也是多台平均，也应有抛台规则（例如抛掉波形拟合相关系数低于90%的台站）。对多台平均的方位分布也要有要求，类似地震定位那样，参与定震级的台站相对于震中的空隙角（gap）应尽量小于90度。

自1983年8月起，使用25%截尾平均值（trimmed mean）计算NEIC的 m_b 和 M_S。25%截尾平均值（truncated mean or trimmed mean），是将得到的样本集合按大小顺序排列后，将其两端各去掉25%个样本，然后对剩余的样本求平均值。例如，8个样本的25%截尾平均要在样本集合的高端和底端各去掉2个样本，再对剩余的4个样本取平均。这样得到的平均值可不受太大和太小样本的影响，得到所谓稳健的估计值（robust estimater）。通常截尾（是指在两端各自截尾）的比例是5%至25%。（参见 http://en.wikipedia.org/wiki/Truncated_mean，最近一次访问在2018年3月）。

在Matlab中的函数trimmean可计算截尾平均值。M = trimmean(x，percent)，x为数据序列，进行排序后，去掉两端的部分极值，再对其计算算术平均值。参数percent为去掉x中极值的比例，例如总数8个，若percent = 25，则去掉8 × 25% = 2，即去掉2个数据，此时在数列两端各去掉1个数，上述25%截尾平均对应于这里的percent = 50。中位数是样本数据中心趋势的稳健估计，不受“离群值”的影响，Matlab中的函数m = median(x)。

（2）震级值的精度（precision）。

要改善测定精度，引入震级的台站校正值是必要的。目前，在我国大陆的震级测定中，不论是国家台网，还是区域台网，都不采用台站震级校正值。Wu等（2005）对我国台湾地区的台站再次测定震级 M_L 的台站校正值，从而提高了测定精度，值得借鉴。在许多地区开展了区域地震波衰减和台站场地响应的研究，这些结果可用于震级量规函数的修定和台站校正值的测定。

（3）震级值的准确度。

对于测量值，不但要看其精度，还要看其准确度。例如，关于震源参数、介质衰减和台站响应的联合反演，由于涉及的待定参数太多，而且彼此并不真正相互独立，因此，得到的地震矩和由此导出的矩震级尽管可以认为精度高，但准确度不一定高。Drouet等（2008）在进行震源、衰减参数和场地响应联合反演时，计算了被测定参数的相关矩阵，发现衰减参数和震源参数之间存在相关性。因此，需要有可用于作为标准的校准地震来对结果进行校准。可以将测得好的矩张量解得到的矩震级作为校准用震级，来校准其他测定矩震级的方法。例如，Mayeda等（2003）使用通过矩张量反演得到可靠矩震级的地震事件作为校准事件，建立起稳定的基于尾波的矩震级。

12.10 结　　语

从震级标度发展的历史可以看出，随着地震观测技术的发展，特别是有了数字宽频带地震记录之后，又出现了一些新的震级标度。新震级标度的出现，或由于已经能够常规地获取关于震源的相关参数，如地震矩和地震波辐射能量的独立测定产生了矩震级 M_W 和能量震级 M_e；或由于地震后快速测定震级的需要，如宽频带P波矩震级 M_{WP}。从震级标度的发展历程，可以认识以下几点：

（1）新震级标度的建立总是要采取一些简化假设，并且总是要以先前公认的震级标度作为参照物，如 M_W 和 M_e 标度以面波震级 M_S 为参照，M_{WP}以 M_W 为参照，力图在统计上新标度与参照标度保持一致。

（2）尽管在统计上新、老标度保持一致，但这只是一种统计上的一致，是在最小二乘意义上的一致，不是一对一的一致。

（3）在新标度建立之后进行的独立测量，往往能对地震个体特性的认识提供新的信息。可以说，在建立标度时的简化假设是“粗”的，但实际测量新标度时又是很仔细的，在对全球地震 M_e 震级的分析研究中充分表明这一点。因此，不能因为新标度（实际上也包括自 M_L 以来的所有震级标度）建立时的那些简化假设而不在实践中仔细地测定每种震级值。

（4）在震级标度发展过程中我国地震工作者也做出了许多贡献，如我国一直坚守的 m_B 震级又重新得到国际上的认可，我国多年来直接使用数字化速度记录测定 M_S，成为 IASPEI 推荐 M_S(BB)的实践依据(P. Bormann et al.，2007）等等。随着我国数字化地震观测的发展，以及地震预警、地震速报、地震预测的实际需要，必将会激发发展出适合我国实际进而推向世界的新震级标度。

（5）不论是新震级标度，还是基于不同震级测定值建立的震级标度关系，都需要长期的检验、必要的修正和坚持不懈的使用和推广，才能形成站得住脚的新标度或新关系。

（6）不论是新震级标度，还是基于不同震级测定值建立的震级标度关系，都要遵守算出的震级应与震中距无关，算出的震级应当对应于某些建立得很好的，为地震科学界已接受的震级标度，并达到震级的一致性和连贯性。

第 13 章　地震台阵数据处理

使用传感器阵列来提高对弱信号的接收能力和抗干扰能力已在许多领域得到广泛应用，其中最突出的应用当属接收无线电波的天线阵。在地震勘探领域，通常都是在勘探场地布设由多个地震检波器组成的检波器阵列，并相应地发展了各种多道地震信号处理方法（谢里夫和吉尔达特，1999）。在地震观测领域，地震台阵（Seismic Array）的出现是与核查禁止核试验条约的遵守情况密不可分的。在以美、苏两个超级大国为代表的冷战时代，由于不能在对方领土上架设地震台站进行近距离监测，便提出了利用地震台阵进行远距离监测的构想，并付诸实践。于是，自 20 世纪 50 年代末，在世界上出现了不同尺度、不同传感器数量和不同结构的地震台阵。自那以后，经过多年的发展，形成了现今以小型台阵为主流的、以地下核试验监测为主要目的的一类地震台阵。已经有不少中文参考书从不同侧面介绍了地震台阵的构成、功能和数据处理方法，例如《定量地震学》（安艺敬一和理查兹，李钦祖等译，1986，11.4 节，地震台阵数据分析，第二卷 61 ~ 76 页）、《地震观测技术》（国家地震局科技监测司，1995，第 5 章第 13 节，地震台阵，第 14 节，地震台阵数据处理方法和处理系统，220 ~ 234 页）、《新地震观测实践手册》（彼得·鲍曼主编，中国地震局监测预报司译，2006，第 9 章地震台阵，368 ~ 412 页）、《地震学与地震观测》（中国地震局监测预报司，2007，第 3 章第 5 节，100 ~ 102 页）和《地震观测技术与仪器》（Havskov 和 Alguacil，赵仲和等译，2007，第 9 章地震台阵，192 ~ 205 页），修济刚等（1988）编译的《宽频带数字地震学观测与研究》中收集了全球地震台阵的资料，并特别介绍了德国的格拉芬堡宽频带地震台阵，有兴趣的读者可参阅这些文献。本章将着重讨论这一类台阵的处理算法，以及台阵处理算法依据的基本条件。

关于地震台阵，并没有一个严格的定义，但最低要求是：有适当间距（取决于噪声和信号特性）的 3 个或更多个相同的地震传感器；中心化的数据获取；集成的实时处理。所有台阵都允许将台阵数据作为一个整体而非单个信道来进行分析，并且通常有共同的计时服务，以允许各单个台阵单元（本章称作台阵的子台）之间能准确地计量信号的到时差。

地震台阵数据处理的基本目的是：①从记录波形中提取有用的地震信号，特别是微弱的地震信号，为此，要进行一系列的台阵专有的或通用的数据处理，以压低干扰、增强所需信号，实现检测地震事件的目标；②对检测到的地震事件进行定位和估计其大小（定震级）；③鉴别事件的性质，鉴别是天然地震还是人工爆炸，特别是地下核试验；④对记录的地震波场进行详细分析。

台阵数据处理有两种方式，一是实时处理，完成波形数据收集、事件检测和波形自动处理和地震定位；二是人机交互处理，完成地震鉴别和地震波场的详细分析。

已经发展了多种地震台阵数据处理方法，本章只介绍其中的聚束、滑动窗聚束分析、频率－波数分析、滑动窗频率－波数分析、时间－波数分析、线性波数谱分析、*N* 次根处理、相位加权叠加、波形的互相关分析以及三分量地震台阵处理方法，更多方法可参见 Rost 和 Thomas（2002）的综述文章。

将台阵处理方法推广到“震源阵”，利用“震源阵”的震源叠加、震源阵和接收器阵组合的双聚束等，能进一步提高台阵处理技术的应用范围，可参见郝春月等（2012）。

随着数字三分量地震计的广泛应用，在台阵配置中越来越多地使用三分量子台。如在我国，多数已建成的永久性台阵全部子台都装备了三分量地震计（中国地震局监测预报司，2007），因此，本章还介绍一些三分量台阵的处理方法。但我国参与全面禁止核试验条约国际监测系统（IMS）的海拉尔台阵（HIA）和兰州台阵（LZDM）只有中心台是三分量子台，而其余子台均是垂直向记录。

在地震监测与研究领域，还有另一类被称作地震台阵的观测系统，这类观测系统由大量地震传感器构成，多为临时性地布设在一个区域，利用区域内和区域外的天然地震和人工震源作为信号源，其主要目的是精细探测地下结构，对各台站记录地震信号的相似性没有特别要求。为了将这类台阵与前一类台阵相区别，将其称作“科学台阵”，其实，在对这类“台阵”的数据处理中，更多采用的是地震台网的数据处理方法，这些方法已在本书其他章节讨论，不在本章中涉及。

然而，地震台阵和地震台网二者并无绝对的界限。对于地震台阵，特别是大孔径地震台阵（孔径 100km 以上），对其台阵范围内的地震活动、地下构造的研究采用的是地震台网的处理方法，而满足台阵基本条件的地震台网又可以作为台阵进行多道地震记录的组合处理。因此，本章中讨论的内容也适用于作为大孔径甚至超大孔径台阵的地震台网。

13.1　地震台阵响应函数

每个地震计有自己的响应函数，用来描述一个地震计对不同频率地震动的振幅和相位响应；类似地，每个地震台阵也有自己的响应函数(array response function)，用来描述一个地震台阵对从不同方向、以不同的视速度掠过地震台阵的地震波场的响应。认识一个地震台阵，首先要了解它的响应函数。

13.1.1　地震信号的视速度

从震源产生的地震波因其振动性质不同（如纵波和横波）和传播路径不同（如直达波和反射波）以及在传播过程中振动性质的转变（如转换波）等，在台站的记录上形成了具有不同特征的“震相”，地震震相的特征之一就是震相的视速度。

设观测点到震中的震中距为 Δ，地震波从震源到观测点的走时为 $t(\Delta)$。在观测点附近，当震中距有一小改变量，其走时也有相应的改变。视速度即为震中距的变化小量与相应走时变化小量之比在震中距变化小量趋于无限小时的极限，即，

$$V_{\mathrm{a}}=\frac{\mathrm{d}\Delta}{\mathrm{d}t(\Delta)} \tag{13.1}$$

视速度不同于地震波在地球介质中传播的真速度。如果在观测点下方该震相对应的地震

波传播真速度为 V，该震相射线的入射角为 i，则视速度 V_a 与真速度 V 的关系为，

$$V_a = \frac{V}{\sin(i)} \tag{13.2}$$

按通常的定义，入射角 i 为入射线和地面法线之间的夹角，见图 13.1。由式（13.2）可见，当入射角趋于零时，即当入射波接近于垂直入射到观测点时，其视速度趋于无限大。

真速度 V 的倒数称作慢度，而视速度的倒数称作视慢度，或称水平慢度。

在地震数据处理中，视速度往往和地震波的传播方向联系起来。为了处理方便，把地面上震源指向观测点的方向作为该震相视速度的方向，从而把视速度理解为一个矢量，可以表示成，

$$\boldsymbol{V}_a = V_a \boldsymbol{n} \tag{13.3}$$

式中，$\boldsymbol{n}$ 为一个单位矢量。对于台阵而言，由于台阵的孔径与地震的震中距相比较小，可以满足入射地震波为平面波的假设，因此，$\boldsymbol{n}$ 所指方向也就是地震波掠过台阵时地震波沿地面传播的方向，即地震射线方向在水平面上的投影，

$$\boldsymbol{n} = (\sin\alpha, \cos\alpha) \tag{13.4}$$

式中，α 是 $\boldsymbol{n}$ 所指方向与正北方向之间的夹角（图 13.1）。相应的视慢度矢量是，

$$\boldsymbol{S} = S\boldsymbol{n} = \left(\frac{1}{V_a}\right)\boldsymbol{n} \tag{13.5}$$

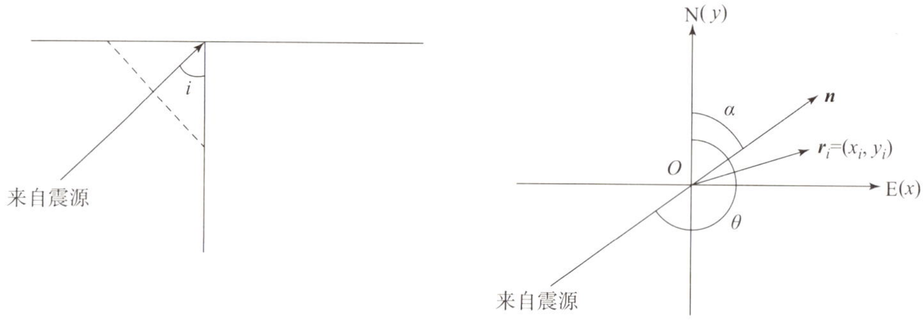

图 13.1 射线入射角的定义(左图)和视速度单位矢量 $\boldsymbol{n}$、射线方位角 α 及震中方位角 θ(反方位角)的定义(右图)

需要说明的是，式中定义的角 α 是射线方位角，与震中方位角 θ 相差 180°，

$$\theta = \alpha \pm 180° \tag{13.6}$$

震中方位角 θ（又称反方位角）是震中相对于观测点的方位角，定义为震中与观测点之间的大圆弧与观测点处地球子午线之间的夹角，从北方向顺时针度量，取值范围为 0°～360°。

对于地震台阵，假定台阵覆盖地区地质构造均匀、震中距又远远大于台阵的尺度，于是可以认为地震台阵各子台记录的同一个地震的同一震相的视速度矢量相同，即在这种情况下可以用一个视速度矢量来描述各子台的同一震相。

13.1.2 台阵响应函数的定义

地震台阵一般建在地下结构均匀的基岩上，而且各子台的高差很小（例如几十米的量级），因此，在分析台阵特性和进行台阵数据处理时，可以认为台阵子台分布于一个以子台

平均高程为高程的平面上，从而只用子台的平面坐标来描述子台位置。如图 13.1 中的右图所示，取台阵中心为坐标原点，于是台阵中心位置矢量 $\boldsymbol{r}_0=0$，第 i 个子台的位置矢量 $\boldsymbol{r}_i=x_i\boldsymbol{x}+y_i\boldsymbol{y}$，或记为 $\boldsymbol{r}_i=(x_i,y_i)$，式中 $\boldsymbol{x}$ 和 $\boldsymbol{y}$ 分别为直角坐标系中沿 x 轴和 y 轴的单位矢量。

设一段地震波形（例如 P 波段）以视慢度矢量 $\boldsymbol{S}=S\boldsymbol{n}$ 掠过台阵。记该波形段到达台阵中心的初至时刻为 t_0，而到达第 i 个子台的时刻为 $\mathrm{t_i}$，则到达第 i 个子台的地震波形相对于台阵中心的延时为，

$$\Delta t_i=t_i-t_0=(\boldsymbol{r}_i-\boldsymbol{r}_0)\cdot\boldsymbol{S} \tag{13.7}$$

式中，$\boldsymbol{r}_0$ 为台阵中心的坐标矢量，$\boldsymbol{r}_i$ 为第 i 个子台的坐标矢量；"·"表示矢量的内积。

如上所述，地震台阵部署在地下结构均匀的地区，且台阵的尺度相对于震中距较小，在此条件下对地震台站记录进行处理时，可以认为掠过台阵各子台的地震波形除了有一个时间延迟外，其波形形状完全相同。记台阵中心的地震波形为 $X(t)$，则位于 $\boldsymbol{r}_i$ 处的第 i 个子台的地震波形为，

$$X_i(t)=X(t-(\boldsymbol{r}_i-\boldsymbol{r}_0)\cdot\boldsymbol{S}) \tag{13.8}$$

如果对 n 个子台的地震信号分别引入这一延时，然后相加，得到的合成信号 X_s 为，

$$\begin{aligned}X_\mathrm{s}(t)&=\sum_{i=1}^{n}X_i(t+(\boldsymbol{r}_i-\boldsymbol{r}_0)\cdot\boldsymbol{S})\\&=\sum_{i=1}^{n}X(t+(\boldsymbol{r}_i-\boldsymbol{r}_0)\cdot\boldsymbol{S}-(\boldsymbol{r}_i-\boldsymbol{r}_0)\cdot\boldsymbol{S})\\&=\sum_{i=1}^{n}X(t)\\&=nX(t)\end{aligned} \tag{13.9}$$

上式为台阵信号延时相加的基本算法。

如果用地震波形的振幅与噪声均方根值之比作为信噪比，那么，延时相加使相似的地震波形增大为单台记录信号的 n 倍，而不相关的随机噪声相加使得噪声记录的均方根值只增大为原来的 $\sqrt{n}$ 倍左右，结果信噪比变为原来的 $\sqrt{n}$ 倍。所以，台阵子台个数(n)越多，通过延时相加提高信噪比的效果越明显。对于小台阵而言，考虑到性能与价格比等因素，通常取 n 为 9，16 或 25。

如果地震信号以视慢度 $\boldsymbol{S}=S\boldsymbol{n}$ 掠过台阵，但对地震信号以任意一个视慢度 $\boldsymbol{S}_1=S_1\boldsymbol{n}_1$ 进行延时相加，这时以子台个数 n 归一化的合成信号变为，

$$\begin{aligned}X_{\mathrm{s}1}(t)&=\frac{1}{n}\sum_{i=1}^{n}X_i(t+(\boldsymbol{r}_i-\boldsymbol{r}_0)\cdot\boldsymbol{S}_1)\\&=\frac{1}{n}\sum_{i=1}^{n}X(t+(\boldsymbol{r}_i-\boldsymbol{r}_0)\cdot\boldsymbol{S}_1-(\boldsymbol{r}_i-\boldsymbol{r}_0)\cdot\boldsymbol{S})\\&=\frac{1}{n}\sum_{i=1}^{n}X(t+(\boldsymbol{r}_i-\boldsymbol{r}_0)\cdot(\boldsymbol{S}_1-\boldsymbol{S}))\end{aligned} \tag{13.10}$$

记 $X(t)$ 的傅里叶变换为 $R(\omega)$，$\omega=2\pi f$，f 为频率，ω 为角频率，则有，

$$R(\omega)=\int_{-\infty}^{\infty}X(t)\mathrm{e}^{-\mathrm{j}\omega t}\mathrm{d}t \tag{13.11}$$

于是，$X_{s1}(t)$ 的傅里叶变换 $R_{s1}(\omega)$ 为，

$$\begin{aligned}
R_{s1}(\omega) &= \int_{-\infty}^{\infty} X_{s1}(t)\,\mathrm{e}^{-\mathrm{j}\omega t}\mathrm{d}t \\
&= \frac{1}{n}\int_{-\infty}^{\infty}\sum_{i=1}^{n} X(t+(\boldsymbol{r}_i-\boldsymbol{r}_0)\cdot(\boldsymbol{S}_1-\boldsymbol{S}))\,\mathrm{e}^{-\mathrm{j}\omega t}\mathrm{d}t \\
&= \frac{1}{n}\int_{-\infty}^{\infty}\sum_{i=1}^{n} X(t)\,\mathrm{e}^{-\mathrm{j}\omega[t-(\boldsymbol{r}_i-\boldsymbol{r}_0)\cdot(\boldsymbol{S}_1-\boldsymbol{S})]}\mathrm{d}t \\
&= \left(\int_{-\infty}^{\infty} X(t)\,\mathrm{e}^{-\mathrm{j}\omega t}\mathrm{d}t\right)\left(\frac{1}{n}\sum_{i=1}^{n}\mathrm{e}^{\mathrm{j}\omega(\boldsymbol{r}_i-\boldsymbol{r}_0)\cdot(\boldsymbol{S}_1-\boldsymbol{S})}\right) \\
&= R(\omega)\left(\frac{1}{n}\sum_{i=1}^{n}\mathrm{e}^{\mathrm{j}\omega(\boldsymbol{r}_i-\boldsymbol{r}_0)\cdot(\boldsymbol{S}_1-\boldsymbol{S})}\right)
\end{aligned} \tag{13.12}$$

上式表明，台阵信号延时相加的作用相当于一个滤波器，其归一化滤波因子为，

$$A(\omega,\boldsymbol{S}_1-\boldsymbol{S}) = \frac{1}{n}\sum_{i=1}^{n}\mathrm{e}^{\mathrm{j}\omega(\boldsymbol{r}_i-\boldsymbol{r}_0)\cdot(\boldsymbol{S}_1-\boldsymbol{S})} \tag{13.13}$$

定义波数矢量 $\boldsymbol{k}=f\boldsymbol{S}$，其模 $k=f\cdot S=1/(T\cdot v)=1/\lambda$，式中 f 是频率，S 是慢度值，T 是周期，v 是视速度，λ 是“视波长”，它不是地震波在地下传播时的真正波长，而是当地震波掠过地面时地震波以视慢度 $\boldsymbol{S}$ 沿平面传播表现出的波长。因此，可以说在地震台阵数据处理中的所谓波数，并非真正意义的波长的倒数，而是“视波长”的倒数。于是，

$$A(\boldsymbol{k}_1-\boldsymbol{k}) = \frac{1}{n}\sum_{i=1}^{n}\mathrm{e}^{\mathrm{j}2\pi(\boldsymbol{r}_i-\boldsymbol{r}_0)\cdot(\boldsymbol{k}_1-\boldsymbol{k})} \tag{13.14}$$

定义其模的平方，

$$|A(\boldsymbol{k}_1-\boldsymbol{k})|^2 = \left|\frac{1}{n}\sum_{i=1}^{n}\mathrm{e}^{\mathrm{j}2\pi(\boldsymbol{r}_i-\boldsymbol{r}_0)\cdot(\boldsymbol{k}_1-\boldsymbol{k})}\right|^2 \tag{13.15}$$

为台阵的传递函数，又称台阵响应函数(ARF)，其中 $\boldsymbol{k}=f\boldsymbol{S}$ 为参考波数矢量。

再有，由式（13.10）对归一化求和振幅的平方进行时间积分，可计算以波数矢量 $\boldsymbol{k}_1=f\boldsymbol{S}_1$ 延时相加信号的总能量，再利用巴士瓦（Parseval）定理，有，

$$\begin{aligned}
E(\boldsymbol{k}_1-\boldsymbol{k}) &= \int_{-\infty}^{\infty} X_{s1}^2(t)\,\mathrm{d}t \\
&= \int_{-\infty}^{\infty} |R_{s1}(\omega)|^2\mathrm{d}\omega \\
&= \int_{-\infty}^{\infty}\left|R(\omega)\,\frac{1}{n}\sum_{i=1}^{n}\mathrm{e}^{\mathrm{j}2\pi(\boldsymbol{r}_i-\boldsymbol{r}_0)\cdot(\boldsymbol{k}_1-\boldsymbol{k})}\right|^2\mathrm{d}\omega \\
&= \int_{-\infty}^{\infty} |R(\omega)|^2\,|A(\boldsymbol{k}_1-\boldsymbol{k})|^2\mathrm{d}\omega
\end{aligned} \tag{13.16}$$

式中，$R_{s1}(\omega)$ 为 $X_{s1}(t)$ 的傅里叶变换，见式（13.12），$R(\omega)$ 是 $X(t)$ 的傅里叶变换，见式（13.11），$|A(\boldsymbol{k}_1-\boldsymbol{k})|^2$ 是台阵的响应函数，见式（13.15）。

由式（13.16）可见，台阵记录以波数矢量 $\boldsymbol{k}=f\boldsymbol{S}$ 延时相加信号的总能量，由功率谱密度 $|R(\omega)|^2$ 和台阵响应函数(ARF)$|A(\boldsymbol{k}_1-\boldsymbol{k})|^2$ 确定，ARF 由台阵设计（孔径、子台个数、布局、子台间距）控制。令 $\boldsymbol{k}=0$，可画出 $|A(\boldsymbol{k}_1)|^2$ 图，即地震台阵的响应图。在画图时，以响应的极大值对应 0dB，画出以分贝(dB)表示的 $|A(\boldsymbol{k}_1)|^2$ 等值线图，自变量 $\boldsymbol{k}_1=(k_{1x},k_{1y})$ 的两个分量为平面直角坐标。

要说明的是，在式（13.11）~式（13.16）中使用的“傅里叶变换对”是，

$$\left.\begin{aligned} F(\omega)&=\int_{-\infty}^{\infty}f(t)\mathrm{e}^{-\mathrm{j}\omega t}\mathrm{d}t \\ f(t)&=\frac{1}{2\pi}\int_{-\infty}^{\infty}F(\omega)\mathrm{e}^{\mathrm{j}\omega t}\mathrm{d}\omega \end{aligned}\right\} \tag{13.17}$$

如果采用傅里叶变换对的其他形式，如，

$$\left.\begin{aligned} F(\omega)&=\frac{1}{2\pi}\int_{-\infty}^{\infty}f(t)\mathrm{e}^{\mathrm{j}\omega t}\mathrm{d}t \\ f(t)&=\int_{-\infty}^{\infty}F(\omega)\mathrm{e}^{-\mathrm{j}\omega t}\mathrm{d}\omega \end{aligned}\right\} \tag{13.18}$$

不会改变台阵响应 $|A(\boldsymbol{k}_1-\boldsymbol{k})|^2$ 的表达式。

Matlab 程序 M13_01_array_response.m 按本节给出的公式计算台站响应图。

13.1.3 子台布局对台阵响应的影响

台阵响应图如同地形等值线图，中间的主峰称作主瓣（main lobe），周围有许多次峰，称作边瓣（side lobe）。在本章后面的讨论中将会看到，主瓣越尖锐，说明台阵的分辨力越高；边瓣相对于主瓣越低，则台阵在搜索目标事件时误落入边瓣的可能性越小。所以，台阵设计时，总是希望其响应函数图中的主瓣尽可能尖锐，边瓣相对于主瓣尽可能低。还有，台阵响应函数的特征与台阵的子台布局形状有密切关系，主瓣的形状决定台阵的方向性，如果台阵的设计目标是全方位监测地震事件，那么主瓣的形状应该尽量地接近圆型，例如，环形台阵的台阵响应图主瓣没有明显的方向性，见图 13.2(a)，可以看到是“严格”的环形分

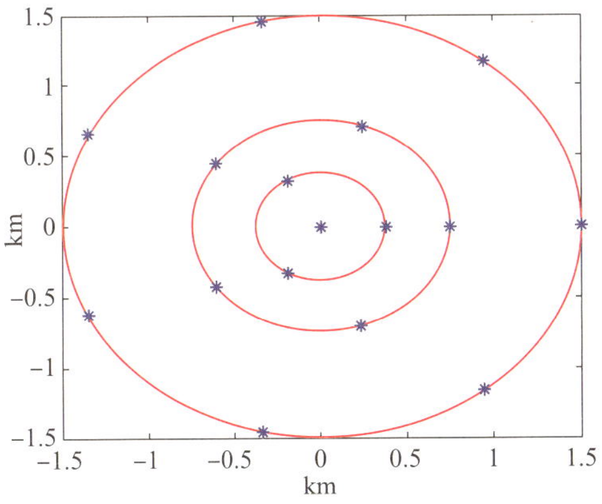

（a）规则环形台阵子台布局图(r_3=1.5km,r_2=0.75km,r_1=0.375km)

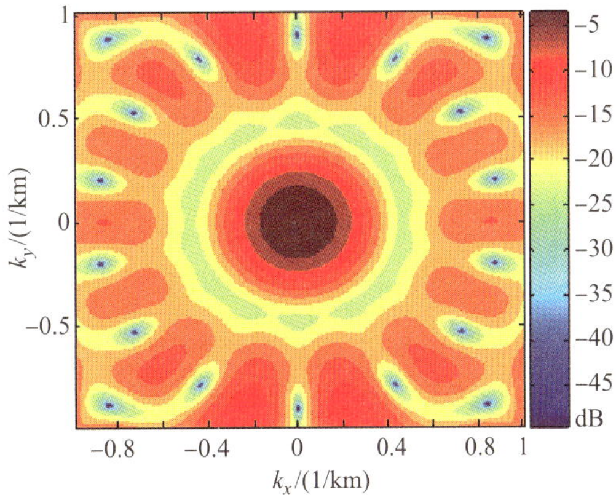

（b）规则环形台阵响应图(等值线间隔3dB)

图 13.2 16 个子台构成的环形台阵和它的响应图，色标为相对于最大值的分贝(dB)数

布，图 13.2(b)是相应的台阵响应图，而 L 形台阵的台阵响应图主瓣有明显的方向性，见图 13.3。如果目标是要建设一个环形台阵，但由于地形地貌等因素的影响，实际的台阵布局与环形有一定偏差，则台阵响应会有相应的变化。图 13.5 至图 13.7 给出对图 13.4 所示环形台阵子台位置引入随机偏移后台阵响应图的变化。所引入随机偏移的计算方法是：第 i 环上子台的半径 r_i 与理想环形的随机偏差为 $r_i \times [5 - \text{random}(10)] \times C$，其中 C 为常数，C 取值越大，则子台位置偏离理想环形的程度越大。random(10)表示以 10 为模的随机数，这个随机数使在第 i 环上各子台的位置偏离彼此不同。对比这些图形，可以得到以下几点认识：

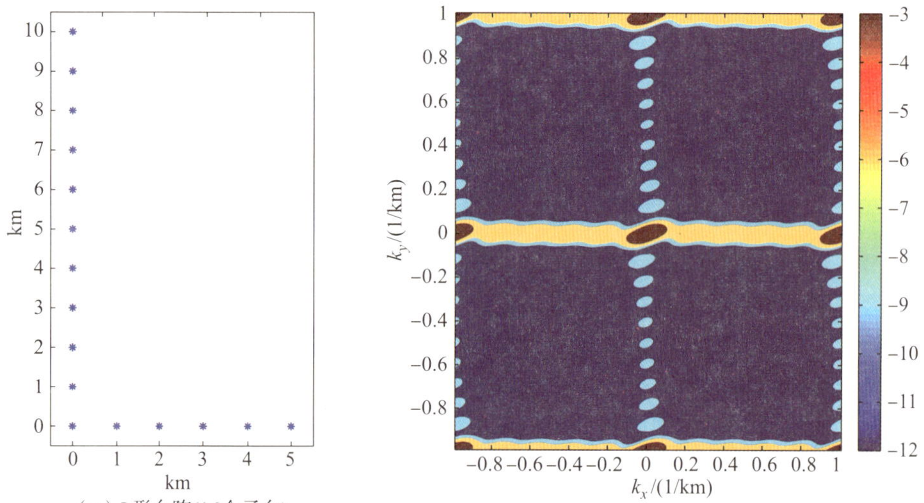

（a）L形台阵(16个子台)　　（b）L形台阵响应图(等值线间隔3dB)

图 13.3　16 个子台构成的 L 形台阵、相邻台站间距 1km 和左图所示 L 形台阵的响应图、色标为相对于最大值的分贝(dB)数

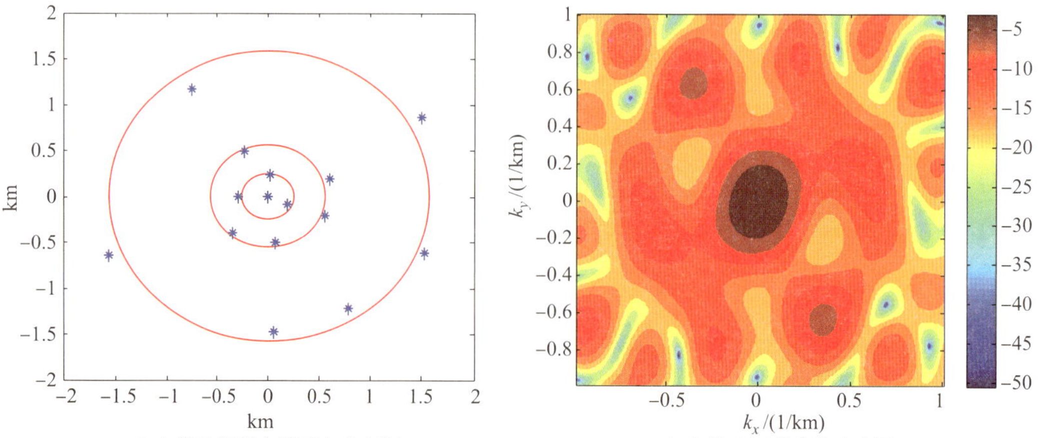

（a）勘选福州台阵子台分布图　　（b）勘选福州台阵响应图

图 13.4　一个近环形布局的台阵子台分布图和台阵布局的台阵响应图，等值线间隔 3dB

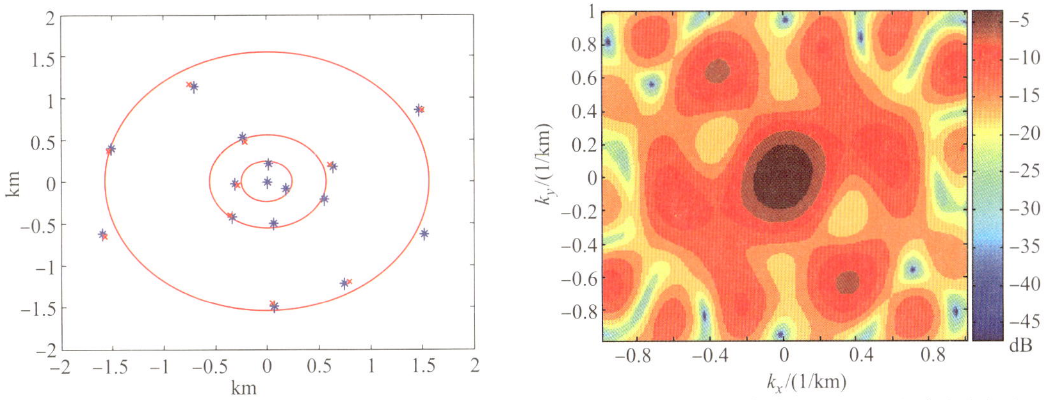

（a）随机移动子台位置3%后的福州台阵布局图　　（b）随机移动子台位置3%后的福州台阵响应图

图 13.5　图 13.4(a)所示环形台阵子台位置随机移动 3% 后的布局图（红色“+”为原始位置，即蓝色“*”为移动后的子台位置）和台阵响应图，等值线间隔 3dB

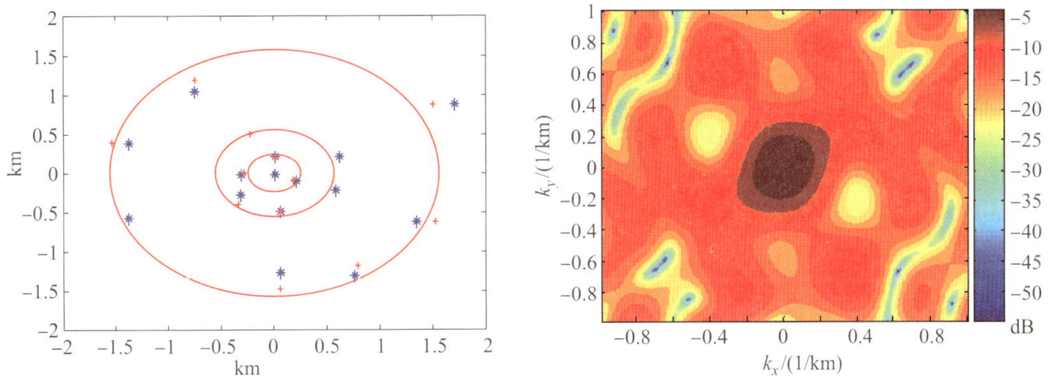

（a）随机移动子台位置10%后的福州台阵布局图　　（b）随机移动子台位置10%后的福州台阵响应图

图 13.6　图 13.4(a)所示环形台阵子台位置随机移动 10% 后的布局图（红色“+”为原始位置，蓝色“*”为移动后的子台位置）和台阵响应图，等值线间隔 3dB

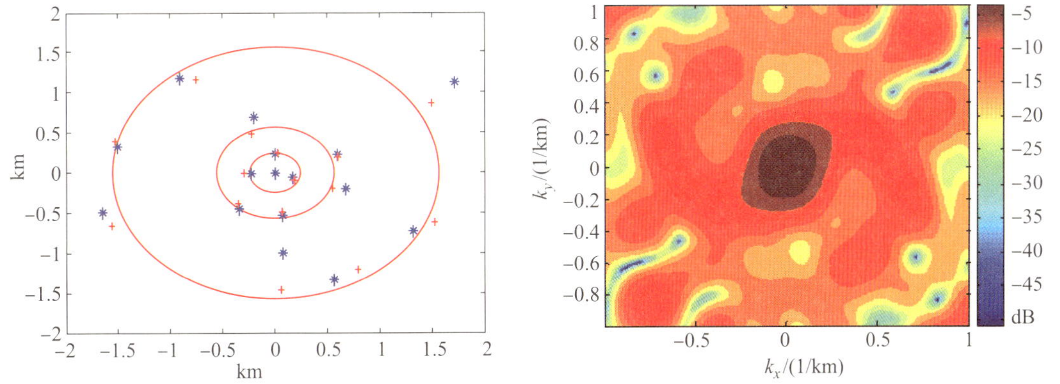

（a）随机移动子台位置20%后的福州台阵布局图　　（b）随机移动子台位置20%后的福州台阵响应图

图 13.7　图 13.4(a)所示环形台阵子台位置随机移动 20% 后的布局图（红色“+”为原始位置，蓝色“*”为移动后的子台位置）和台阵响应图，等值线间隔 3dB

（1）当子台分布与设计环形分布相差不大时，如图 13.5(a)的布局，其子台与设计环形分布的随机偏离距离不大于环半径的 3%，此时所得到的台阵响应图 13.5(b)仍保持环形台阵响应的特征，其主瓣的形状和宽度与设计环形台阵的响应没有明显差别。

（2）当子台分布与设计环形分布相差较大（随机偏离距离不大于环半径的 10%），但仍能看出某种环形结构，如图 13.6(a)的子台分布，其相应的响应图 13.6(b)虽然与图 13.4(b)相差较大，但也仍然保留环形台阵的基本特征。与图 13.4(b)相比，可以看出台阵响应的主瓣加宽，陡度降低。

（3）当子台分布与环形分布相差更大（随机偏离距离不大于环半径的 20%）时，如果没有圆环图形的暗示，则不再能看出环形结构，如图 13.7(a)的子台分布，其相应的响应图图 13.7(b)已不具有环形台阵响应的基本特征，但由于在台阵中心附近子台的密集分布，台阵响应仍保持一个明显的中心。

上述分析表明，尽管从计算机处理的角度，不规则形状的台阵与规则形状台阵的处理并无本质区别，但其响应特性是有差别的。如果目标是建立环形台阵，则其子台分布不应偏离环形分布太大。

从地震台阵的布设和应用历史看，台阵是为特定目的，特别是核爆炸监测而设计，并在一定频率范围内工作。随着时间的推移，演变出不同的设计。例如，图 13.8(a)给出加拿大 Yellowknife 台阵(YKA)布局，图 13.9 是该台阵的响应图。YKA 是英国 UK 型台阵，UK 型台阵有约 20 个子台沿 2 个近乎垂直的分支布设。其他 UK 型台阵有英国的 Eskdalemuir、印度的 Gauribidanar、澳大利亚的 Warramunga 和巴西首都巴西利亚附近的南美地震台阵（South America Seismographic Array，缩写为 SAAS）。为全面禁止核试验条约监测的需要，发展了以挪威的 NORES 台阵为样板的小型台阵，台阵孔径 3km 左右，图 13.8(b)是 NORES 台阵类型的 ARCES 台阵（挪威北部）的布局，图 13.10 是 ARCES 台阵的台阵响应图。我国建设的一系列小型台阵都属 NORES 类型，但台阵子台的数目都没有达到 25 个，而是 16 个或 9 个。德国格拉芬堡(Gräfenberg)台阵(GRF)是全部装备宽频带地震计的台阵，GRF 台阵的运行极大地推进了宽频带地震学与地震台阵技术的融合（修济刚等，1988），图 13.8(c)是德国 GRF 台阵的布局，图 13.11 是 GRF 台阵的台阵响应图。

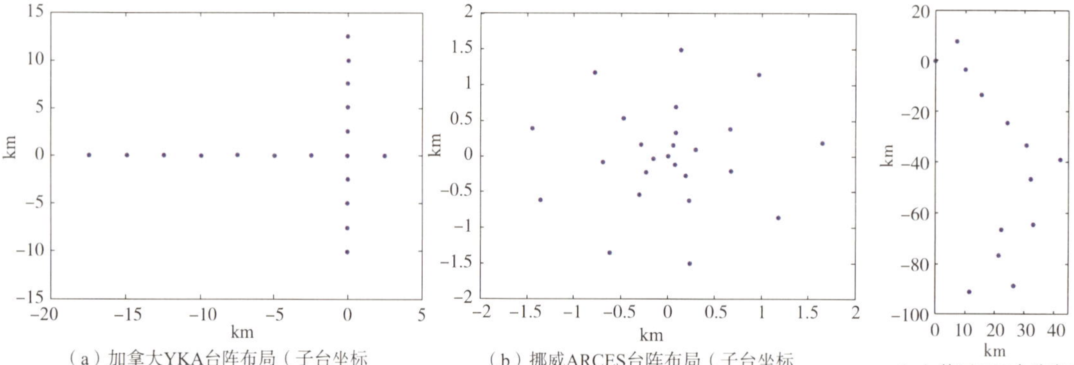

（a）加拿大YKA台阵布局（子台坐标数据取自：Bormann，2012，Fig. 9.3）

（b）挪威ARCES台阵布局（子台坐标数据取自：Bormann，2012，Fig. 9.1）

（c）德国GRF台阵布局（子台坐标数据取自：Stammler，2007）

图 13.8　加拿大台阵(YKA)与挪威台阵(ARCES)分布图

在台阵技术发展的历史上，还出现过大孔径的地震台阵，即美国的大孔径地震台阵LASA，LASA 台阵位于美国的怀俄明州，自 1965 年起运行至 1978 年。它是为监视当年苏联核试验而建的巨大台阵，孔径约 200km，有 630 个短周期子台，子台布设在位于同心圆上的子阵中。同一类型的台阵是挪威的 NORSAR。

从以上各台阵举例，可以看到台阵的子台布局对台阵响应的影响，总结四点如下。

（1）台阵孔径控制主瓣的尖锐程度，即台阵孔径限制波数分辨力，也就是说，孔径越大，波数分辨力越高。视波长是波数的倒数，因此，台阵不能分辨大于台阵孔径的视波长，在这种情况下台阵的作用如同一个高灵敏度的单台。视波长是波的视速度与周期的乘积，因此，如果一个台阵的应用目的是分析长周期波，那么台阵的孔径应该足够大。同时，视速度随震中距增大而增大，因此，要分析远震波形，小尺度台阵的作用也是如同一个高灵敏度的单台。所以，从波数分辨力的角度看，尺度在 3km 左右的小型台阵更适于近震波形分析。

（2）子台间距决定台阵响应函数边瓣的位置。子台间距越小，则台阵响应函数的边瓣与主瓣越分离。

（3）台阵子台的个数决定对地震信号的增强程度，因此，要在地震噪声中检测出微弱地震信号，台阵子台个数应足够多。

（4）布局形状决定台阵响应的方位依赖性。

理想情况是台阵响应函数的最大值尽可能接近一个 δ 脉冲，能强烈压缩台阵响应函数主瓣以外的能量，存在的边瓣应在感兴趣的波数范围之外。除了针对特定区域地震事件监测的台阵外，台阵响应应显示出很小的方位依赖性，即台阵确定慢度和方位角的精度不要显著依赖于方位角。加拿大 YKA 台阵的台阵响应图（图 13.9）显示出主瓣不尖锐，有较强的边瓣，而且台阵特性强烈依赖方位，所以不能给出理想的分辨力。国际监测系统（IMS）的现代台阵，如挪威的 ARCES 图 13.8(b)，显示出与 δ 函数相似得多的台阵响应图，有很小甚至没有对方位角的依赖（图 13.10），当然，它们的分辨力受其孔径小的限制。德国的 GRF 有非对称的形状，孔径大，显示出的台阵响应图介于上述两种情况之间（图 13.11），具有高分辨力的似 δ 峰值的极大值，但存在一些边瓣和依赖于方位的分辨力变化。

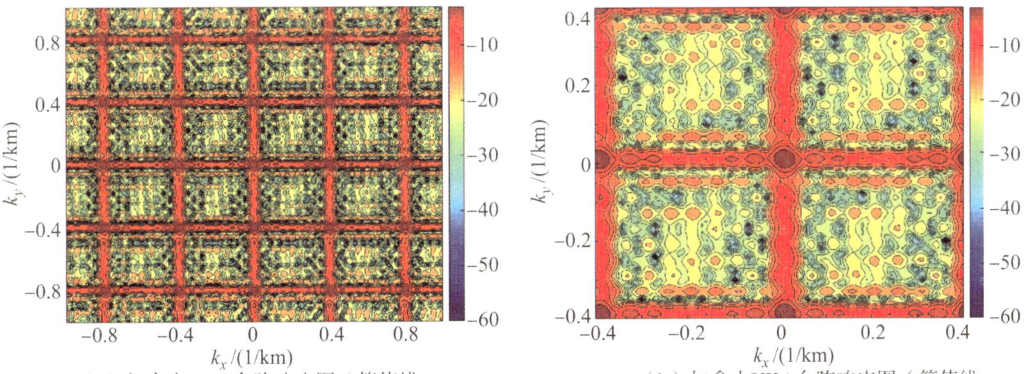

（a）加拿大YKA台阵响应图（等值线间隔3dB）

（b）加拿大YKA台阵响应图（等值线间隔3dB）的中心部分放大

图 13.9　加拿大台阵(YKA)响应图

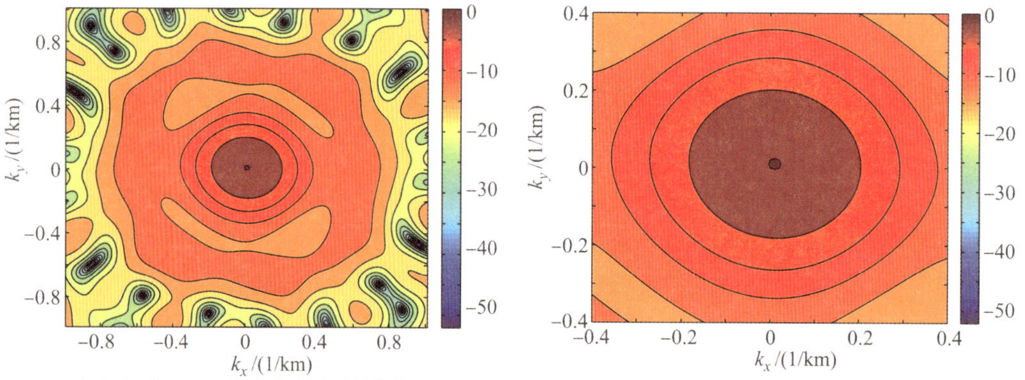

（a）挪威ARCES台阵响应图（等值线间隔3dB）

（b）挪威ARCES台阵响应图（等值线间隔3dB）的中心部分放大

图 13.10　挪威台阵(ARCES)响应图

这些讨论表明，台阵布局是台阵分辨力的决定因素。由台阵布局确定的分辨力还依赖于频率，如果台阵的孔径与波长同一量级，台阵会失掉其成为台阵的监测能力而作为一个单台工作。另一方面，如果信号波长太短，台站间的信号相干性变差，可能不足以应用台阵分析方法。

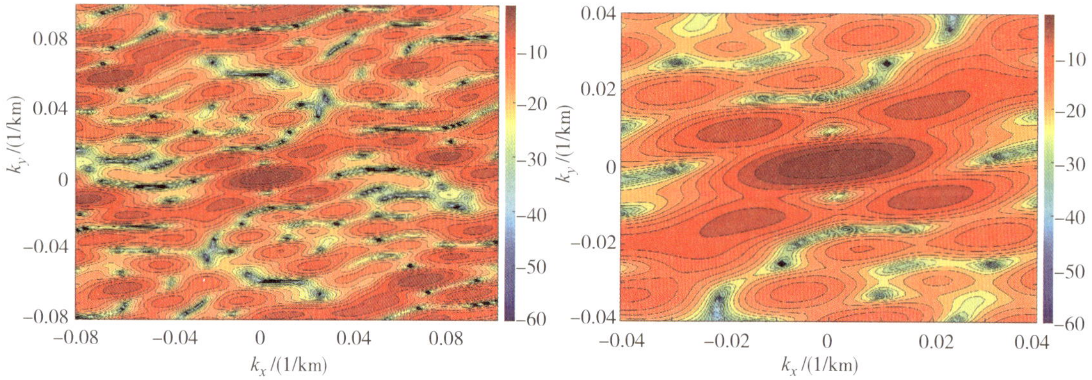

（a）德国GRF台阵的响应图(等值线间隔3dB)

（b）德国GRF台阵响应图(等值线间隔3dB)的中心部分放大

图 13.11　德国台阵(GRF)分布与台阵响应图

13.2　利用聚束方法估计事件方位角和视慢度值

建设地震台阵的一个重要目的是利用单个台阵估计到达地震波的视慢度矢量，即视慢度矢量的方位角和视慢度值，进而根据视慢度矢量估计地震事件的震中位置。通过对台阵各子台记录波形进行延时相加，形成最佳的延时相加信号，即为聚束过程（beamforming），是台阵估计视慢度矢量的基本方法。

13.2.1　利用聚束方法估计事件方位角和视慢度值的算法

由式（13.10），设 $\boldsymbol{S}$ 是待定视慢度，$\boldsymbol{S}_1$ 是在信号延时相加过程中的试探视慢度，当视慢度矢量 $\boldsymbol{S}_1=\boldsymbol{S}$ 时，

$$
\begin{aligned}
X_{s1}(t) &= \frac{1}{n}\sum_{i=1}^{n} X_i(t+(\boldsymbol{r}_i-\boldsymbol{r}_0)\cdot\boldsymbol{S}_1) \\
&= \frac{1}{n}\sum_{i=1}^{n} X(t+(\boldsymbol{r}_i-\boldsymbol{r}_0)\cdot\boldsymbol{S}_1-(\boldsymbol{r}_i-\boldsymbol{r}_0)\cdot\boldsymbol{S}) \\
&= \frac{1}{n}\sum_{i=1}^{n} X(t) = X(t)
\end{aligned} \tag{13.19}
$$

因此，利用延时相加信号估计事件方位角和视慢度值，就是给出若干个 $\boldsymbol{S}_1$，对每个给定的 $\boldsymbol{S}_1$，计算出延时相加的合成信号，根据一定的判据找出最佳的合成信号，它所对应的 $\boldsymbol{S}_1$ 便作为 $\boldsymbol{S}$ 的估计值 $\boldsymbol{S}_r$。根据定义，视慢度矢量 $\boldsymbol{S}_r$ 的方位角是射线方位角，对其加或减 180°，便得到事件相对于台阵中心的方位角，即震中方位角（也称反方位角）。根据视慢度值与震中距的关系，可由视慢度值求得震中距，进而利用球面三角关系，由震中距和方位角求得地震事件的震中经纬度。关于利用视慢度的大小估计震中距，已在6.4.3小节（关于三分量单台）和6.5.3小节（关于小台网对远震定位）中讨论过，不在此重复。关于利用地震的震中方位角和震中距计算震中经纬度，见6.2.4小节。

当把地动噪声 $n_i(t)$ 也考虑进去时，位置为 $\boldsymbol{r}_i$ 的第 i 个台站记录的时间序列可表示为：

$$
X_i(t) = X(t-(\boldsymbol{r}_i-\boldsymbol{r}_0)\cdot\boldsymbol{S}) + n_i(t) \tag{13.20}
$$

式中，$\boldsymbol{r}_i$ 代表台站 i 的位置矢量；$\boldsymbol{S}$ 代表视慢度矢量；$X(t)$ 是台阵坐标原点处的记录波形，它可以是实在的台阵中心台站记录，也可以是一个虚拟台站的虚拟记录波形；$\boldsymbol{r}_0$ 是台阵坐标原点的位置矢量，当取台阵坐标原点为直角坐标原点时，$\boldsymbol{r}_0=0$。当 $\boldsymbol{S}_1=\boldsymbol{S}$ 时，用式（13.19）能计算去掉延时后的 n 个子台叠加波形，

$$
\begin{aligned}
X_{s1}(t) &= \frac{1}{n}\sum_{i=1}^{n} X_i(t+(\boldsymbol{r}_i-\boldsymbol{r}_0)\cdot\boldsymbol{S}_1) + \frac{1}{n}\sum_{i=1}^{n} n_i(t+(\boldsymbol{r}_i-\boldsymbol{r}_0)\cdot\boldsymbol{S}_1) \\
&= \frac{1}{n}\sum_{i=1}^{n} X(t+(\boldsymbol{r}_i-\boldsymbol{r}_0)\cdot\boldsymbol{S}_1-(\boldsymbol{r}_i-\boldsymbol{r}_0)\cdot\boldsymbol{S}) + \frac{1}{n}\sum_{i=1}^{n} n_i(t+(\boldsymbol{r}_i-\boldsymbol{r}_0)\cdot\boldsymbol{S}_1) \\
&= \frac{1}{n}\sum_{i=1}^{n} X(t) + \frac{1}{n}\sum_{i=1}^{n} n_i(t+(\boldsymbol{r}_i-\boldsymbol{r}_0)\cdot\boldsymbol{S}_1) \\
&= X(t) + \frac{1}{n}\sum_{i=1}^{n} n_i(t+(\boldsymbol{r}_i-\boldsymbol{r}_0)\cdot\boldsymbol{S}_1)
\end{aligned} \tag{13.21}
$$

使用聚束处理，地震台阵的作用是一个波数滤波器。噪声被压低的程度取决于用于处理的台站个数。台阵信噪比（SNR）D 与单个子台站信噪比 d 的比值近似为，

$$
D \approx \sqrt{n} \times d \tag{13.22}
$$

式中 n 是台阵的子台个数，假定在每个台阵子台有完全相干的信号 $X_i(t)$ 和完全不相干的噪声 $n_i(t)$，但实际台阵只能是近似满足这一假设条件。

下面以福州地震台阵勘选阶段的临时台阵布局构成虚拟的“福州台阵”，以射线方位角

20°、视速度 8km/s 生成各子台的人工合成地震波形，并加入具有高斯分布的人工合成噪声背景，以此演示聚束方法的效能。定义地震波形的绝对最大振幅与地震波到达前噪声背景的均方根之比为信噪比，每道波形的信噪比为 10 左右。由于合成地震信号本身也加上了随机噪声，所以各道信号的绝对最大振幅不再是生成合成信号时的同一值，加上合成信号前的噪声的随机性，各道生成的带噪声合成信号的信噪比略有差别。图 13.12 自下而上显示 16 道合成波形，最上面的两道分别为简单相加并除以子台数（16）的波形（即简单相加，标为①）和按照给定射线方位角和视速度进行延时相加并除以子台数得到的波形（即延时相加，标为②）。从图中可以清楚地看到，两种相加的结果，随机噪声都有明显的减小，而延时相加生成的“聚束波形(beam)”与单道波形相似，但显得波形更光滑，更接近于不带噪声的原始合成信号，说明在延时相加的过程中地震信号本身叠加的随机噪声被压缩了。与此对照的是，简单相加的信号，尽管随机噪声被压缩，但合成地震信号本身也被压缩了，所以没有有效地提高信噪比。

为具体了解在加入随机噪声的情况下延时相加对信噪比的改善，对同样的合成信号及运算中单次产生的随机噪声，进行 1000 次重复运算，每次求出延时相加对信噪比的改善（定义为延时相加信号的信噪比与各道信号平均信噪比之比），最后得到 1000 次运行的平均信噪比改善为 4.75，最大的信噪比改善达到 8.54，最小信噪比改善为 3.30。由此可见，对于随机噪声，其信噪比的改善大体符合式（13.22）给出的关系 $D\approx\sqrt{n}\times d=4\times d$，式中 D 是延时相加信号的信噪比，d 是单道信号的（平均）信噪比，n 是子台总数。以上试验使用 Matlab 程序 M13_02_array_beam_n.m 实现，生成图 13.12。

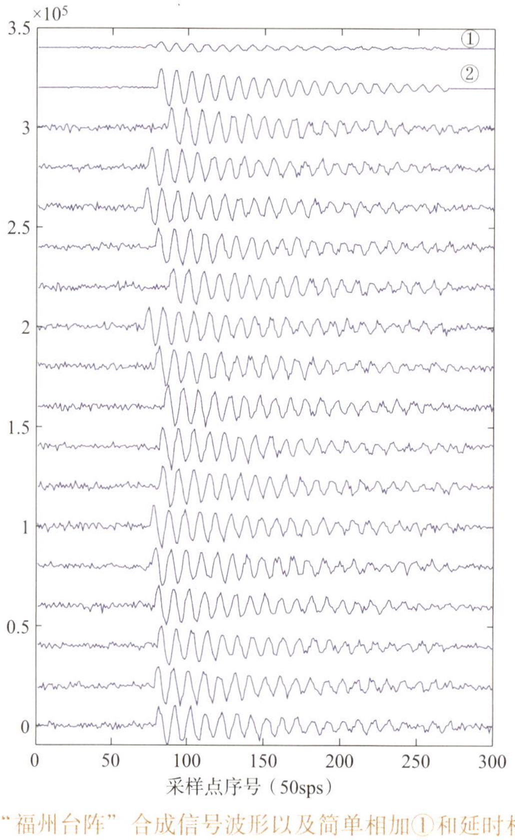

图 13.12 “福州台阵”合成信号波形以及简单相加①和延时相加②波形

13. 2. 2　设计实际算法时要解决的问题

在设计实际算法时要解决如下两个问题:

（1）如何选择该地震事件的地震信号波形段。

在所分析的事件信号较强的情况下，采用单道信号的短时绝对平均值与长时绝对平均值之比（STA/LTA）作为事件触发判据。对所分析的波形段滑动计算该比值，当该滑动值达到给定阈值时，便认为是地震信号到达。根据各道信号的触发情况，取到时前数秒处作为求延时相加信号的起点。

在更一般的情况中，为了同时检测出微小事件，需要利用台阵处理来提高信号的信噪比。此时单台 STA/LTA 判据可能不适用，这时要在较长的时间段内，按一定步长滑动分段进行延时相加处理，每段找出最佳视慢度估计和相应的合成波形，再对合成波形使用 STA/LTA 判据来找出可能的地震事件。与前一种作法相比，显然计算量大大增加，但这更符合台阵数据在线常规处理的实际需要，见 13. 2. 3 小节所述滑动窗聚束分析。

（2）如何根据聚束得到的信号，来判定对应的视慢度矢量 $\boldsymbol{S}_1$ 是待求视慢度矢量 $\boldsymbol{S}$ 的最佳估计值。

为在多个聚束信号中选出最佳信号，可采用以下两个判据之一或同时采用这两个判据。

一是“平方和”判据和“绝对和”判据。对整个聚束信号段求数据点值的平方和，以此作为判据，可称为“能量判据”，该判据值最大的那个聚束信号所对应的视慢度应是 $\boldsymbol{S}$ 的最佳估计值。该判据受个别点值的影响较小，结果较为稳定。但该判据的分辨力（灵敏程度）受所取信号段长度的影响，信号段越长则对视慢度的分辨力越低，须多次试验以选择合适的参数。作为该判据的一个变种，可采用整个聚束信号段数据点值的绝对值之和，这能减少计算量。

二是最大振幅判据。通过逐点比较，找出该聚束信号段中的单点最大振幅，以此作为判据，可称为“最大振幅判据”，取该判据值最大的那个聚束信号所对应的视慢度作为 $\boldsymbol{S}$ 的最佳估计值。该判据是以单个点值为判据，易受个别干扰的影响，但该判据的分辨力较高。该判据的一个变种是计算最大信噪比，即求单点振幅与信号平均噪声水平之比。信号平均噪声水平是利用聚束信号中地震事件波形之前的一段记录数据计算的。

在计算机处理能力允许的条件下，同时采用以上这两个判据是一个合理的选择。

另外，考虑到实际记录各道信号的噪声背景不同，在信号相加之前，各道信号应按其噪声背景归一化。

图 13. 13 是利用能量判据进行聚束的示例，仍使用勘选时期的福州台阵布局，用射线方位角 20°和视速度 8. 0km/s 引入延时，构成台阵各道合成波形，再对合成波形加上随机噪声，单道信噪比为 10 左右(图 13. 12)。对这样生成的合成波形，用能量判据搜索最佳聚束信号，使用程序 M13_02_array_fz_beam_n.m。结果给出的视慢度为 0. 126491s/km，对应的视速度为 7. 91km/s，方位角为 18. 4°。从图中可以看出，聚束能量分布的主峰与侧峰相比很明显，几乎不会出现误判，但主峰的 -3dB 等值线（图中主峰周围的最小圈）范围较大，在有噪声干扰的情况下，聚束结果的误差清楚可见。在本次聚束中，方位角误差约 2°，视速度误差约 0. 1km/s。方位角和视速度的分辨力根本上取决于台阵的孔径和子台的个数，孔径大、子台多，对方位角和视速度的分辨力就强。

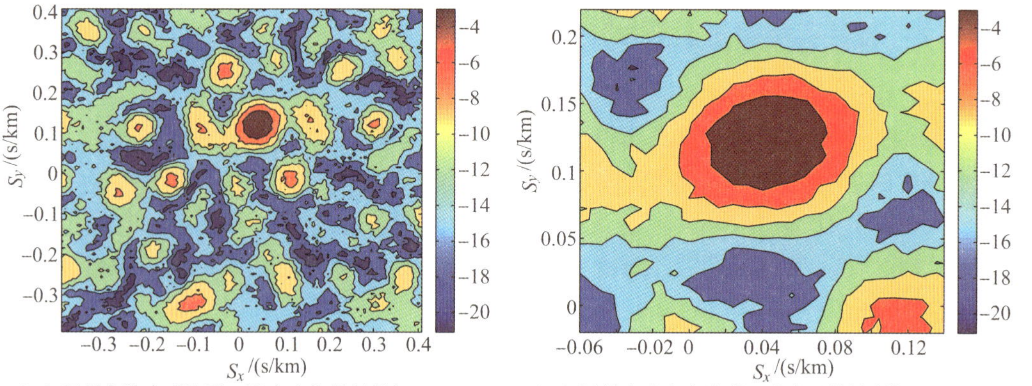

（a）福州台阵合成波形，聚束（能量判据），t_0=1.4s，t_1=2.56s，方位角18.4349°，视慢度 0.126491 s/km

（b）福州台阵合成波形，聚束（能量判据），t_0=1.4s，t_1=2.56s，方位角18.4349°，视慢度 0.126491 s/km

图 13.13 利用能量判据进行聚束的实例。计算能量的起始时刻(从信号波形起点算起) t_0 = 1.4s，计算能量时间窗长 t_1 = 2.56s，等值线间隔为 3dB；(b)是(a)的中心部分

13.2.3 滑动窗聚束分析

滑动窗聚束分析方法，是在给定滑动时间窗长度之后，按给定步长滑动时间窗，对每个时间窗进行聚束分析，计算对应每个视慢度网格节点的聚束波形段振幅平方和（能量判据）或振幅绝对和，找出其最大值和相应的视慢度矢量，从而得到最佳视慢度值和方位角。这就是说，在时间域每滑动一步，便得到一张聚束分析图，得到聚束波形和相应的视慢度值及方位角。

仍利用福州台阵的合成波形，进行滑动窗聚束分析。图 13.14(a)显示聚束能量极大值随时间（聚束波形段起始时刻）的变化，图 13.14(b)显示当滑动聚束能量最大值达到峰值时所对应的聚束分析图。使用 Matlab 程序 M13_03_array_beam_n_slid.m，调用函数 beam_func。

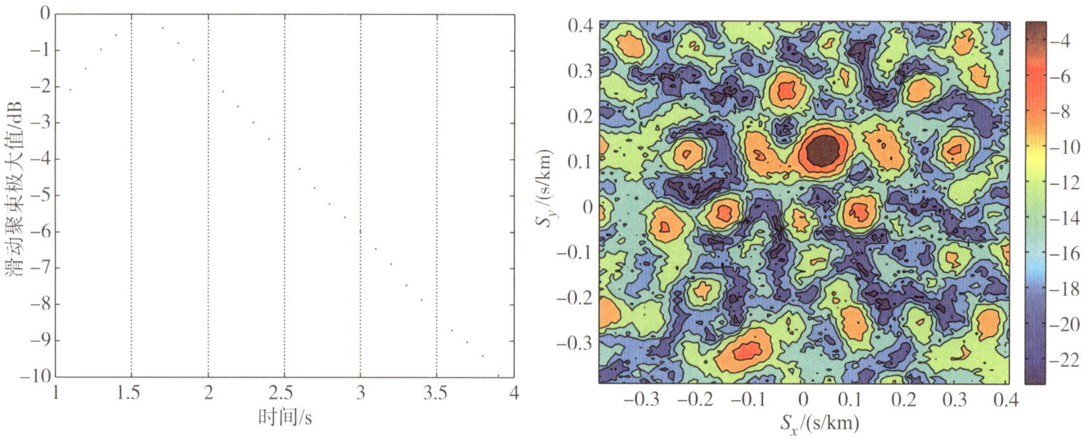

（a）聚束能量最大值随时间（聚束波形段起始时刻）的变化，滑动步长0.1s，时间窗长2.56s

（b）当滑动聚束能量最大值达到峰值时（t_0=1.6s）所对应的聚束分析图，等值线间隔3dB福州台阵合成波形，聚束（能量判据），t_0=1.6s,t_1=2.56 s，方位角18.4349°，视慢度 0.126491s/km

图 13.14 福州台阵合成波形聚束示例

滑动窗聚束分析给出聚束波形段的能量作为时间、方位角和视慢度值的函数。因此，利用滑动窗聚束分析不需在进行聚束分析之前先用其他判据找到地震事件的到达，可在滑动聚束的过程中找到最佳聚束波形段及其对应的方位角和视慢度。

13.3　垂直向记录波形的频率－波数分析

对地震台阵记录的地震波场进行频率－波数（F－K）分析是利用台阵估计入射地震波场的方位角和视慢度值的另一个基本方法。所谓波数矢量，如 13.2.1 中的定义，$\boldsymbol{k}=f\boldsymbol{S}$，$f$ 为频率，$\boldsymbol{S}$ 为视慢度矢量，其倒数为视速度。根据该定义，$\boldsymbol{k}$ 的模（大小）为视波长（视速度×信号周期）的倒数，故 $\boldsymbol{k}$ 的模的量纲为长度量纲的倒数。在以台阵中心为原点的平面直角坐标系中，$\boldsymbol{k}$ 可分解为 k_x 和 k_y 两个分量，$\boldsymbol{k}=(k_x, k_y)$。

进行 F－K 分析是要计算出台阵记录波场的频率－波数功率谱。由于台阵的子台在空间上的分布是离散的，因此，所得到的台阵记录功率谱估计是地震波场功率谱的空间加权平均，而加权因子就是台阵响应函数。对功率谱密度进行归一化，即令，

$$\frac{1}{2\pi}\int_{-\infty}^{\infty} |R(\omega)|^2 \mathrm{d}\omega = 1 \tag{13.23}$$

则由式（13.16）得到台阵记录以波数矢量 $\boldsymbol{k}_1=f\boldsymbol{S}_1$ 延时相加信号的总能量，

$$E(\boldsymbol{k}_1-\boldsymbol{k}) = |A(\boldsymbol{k}_1-\boldsymbol{k})|^2 \tag{13.24}$$

式中的 $\boldsymbol{k}=f\boldsymbol{S}$ 是实际掠过台阵的地震波的波数矢量。

13.3.1　利用频率－波数分析估计事件方位角和视慢度值的算法

以台阵进行 F－K 分析的作法是：先对给定的频率和波数值（因而是给定的视慢度）求出台阵聚束（采用延时相加方法），然后求该聚束的功率谱。为此，先求其自相关函数，再求其傅里叶变换。具体地说，设各子台（单分向）记录波形为 $a_i(t), i=1,2,\cdots,n, n$ 为台阵子台数，对于视慢度 $\boldsymbol{S}$，各道信号相对于台阵原点的延时为：

$$\tau_i = \boldsymbol{S}\cdot\boldsymbol{r}_i = \frac{\boldsymbol{k}\cdot\boldsymbol{r}_i}{f} \quad i=1,2,\cdots,n \tag{13.25}$$

式中 $\boldsymbol{r}_i$ 为第 i 个子台的坐标矢量，取台阵原点位于坐标原点，即 $x_0=0$，$y_0=0$。各道信号延时相加得到的聚束，

$$b\left(\frac{k_x}{\omega},\frac{k_y}{\omega},t\right) = \frac{1}{n}\sum_{i=1}^{n} a_i(t+\tau_i) \tag{13.26}$$

聚束的自相关函数，

$$R(k_x,k_y,\omega,\tau) = \frac{1}{2T}\int_{-T}^{T} b\left(\frac{k_x}{\omega},\frac{k_y}{\omega},t\right)\cdot b\left(\frac{k_x}{\omega},\frac{k_y}{\omega},t-\tau\right)\mathrm{d}t \tag{13.27}$$

而对应给定 k_x，k_y，ω 的功率谱值为，

$$P(k_x,k_y,\omega)=\int_{-T}^{T}R(k_x,k_y,\omega,\tau)\mathrm{e}^{-\mathrm{i}\omega\tau}\mathrm{d}\tau \tag{13.28}$$

式中，指数项中的正体 $\mathrm{i}=\sqrt{-1}$，不同于斜体标号 i，本章以下各式中均如此。根据式（13.28），可以在固定 k_x，k_y 的情况下计算仅依赖于频率的功率谱，此为频率谱；也可以在固定 f 的情况下计算不同 k_x，k_y 组合的功率谱，此为波数谱，以此来分析给定频率地震波场的空间特征。

在给定频率下，从不同 k_x，k_y 组合所对应的功率谱值中选出最大值，从而得到最大功率谱对应的 k_x，k_y 组合。由此 k_x，k_y 可得到相应的视慢度矢量 $\boldsymbol{S}$，因为按定义，$\boldsymbol{S}$ 的两个分量 S_x 和 S_y 分别为：

$$S_x=\frac{k_x}{f}=\frac{2\pi k_x}{\omega} \tag{13.29}$$

$$S_y=\frac{k_y}{f}=\frac{2\pi k_y}{\omega} \tag{13.30}$$

由此得到的视慢度矢量 $\boldsymbol{S}$ 的方位角加或减180°，即为事件相对于台阵中心的方位角。与延时相加的情况一样，根据视慢度值与震中距的关系，可由视慢度值求得震中距，进而利用球面三角关系由震中距和方位角求得地震事件的震中经纬度（见6.4.3小节和6.5.3小节）。

另一种计算信号功率谱（PSD）的算法是对式（13.26）给出的聚束信号先求快速傅里叶变换，再求其模的平方，与前面介绍的采用波形互相关求功率谱的算法相比，可以节省计算时间。对式（13.26）的两边取傅里叶变换，并利用式（13.25），于是，

$$\begin{aligned}F_b\left(\frac{k_x}{\omega},\frac{k_y}{\omega}\right)&=\int_{-\infty}^{\infty}b\left(\frac{k_x}{\omega},\frac{k_y}{\omega},t\right)\mathrm{e}^{-\mathrm{i}\omega t}\mathrm{d}t\\&=\frac{1}{n}\sum_{i=1}^{n}\int_{-\infty}^{\infty}a_i(t+\tau_i)\mathrm{e}^{-\mathrm{i}\omega t}\mathrm{d}t\\&=\frac{1}{n}\sum_{i=1}^{n}\int_{-\infty}^{\infty}a_i(t_i)\mathrm{e}^{-\mathrm{i}\omega(t_i-\tau_i)}\mathrm{d}t_i\\&=\frac{1}{n}\sum_{i=1}^{n}\left(\int_{-\infty}^{\infty}a_i(t_i)\mathrm{e}^{-\mathrm{i}\omega t_i}\mathrm{d}t_i\right)\times\mathrm{e}^{\mathrm{i}\omega\tau_i}\\&=\frac{1}{n}\sum_{i=1}^{n}F_i(\omega)\mathrm{e}^{\mathrm{i}\omega\tau_i}\\&=\frac{1}{n}\sum_{i=1}^{n}F_i(\omega)\mathrm{e}^{\mathrm{i}2\pi\boldsymbol{k}\cdot\boldsymbol{r}_i}\end{aligned} \tag{13.31}$$

于是，式（13.28）变为：

$$\begin{aligned}P(k_x,k_y,\omega)&=\left|F_b\left(\frac{k_x}{\omega},\frac{k_y}{\omega}\right)\right|^2\\&=\left|\frac{1}{n}\sum_{i=1}^{n}F_i(\omega)\times\mathrm{e}^{\mathrm{i}2\pi\boldsymbol{k}\cdot\boldsymbol{r}_i}\right|^2\end{aligned} \tag{13.32}$$

式中，

$$\boldsymbol{k}\cdot\boldsymbol{r}_i=f\times(S_x\times x_i+S_y\times y_i)$$

上述式中，f 是频率；S_x 和 S_y 是平面直角坐标下视慢度矢量的两个分量；x_i 和 y_i 是台阵子台坐标，是 $\boldsymbol{r}_i$ 的两个水平分量。

在实际计算时，针对数字记录波形和有限频段，可采用如下公式计算给定波数的台阵信号功率谱对给定频段的积分（王娟等，2010），即在全面禁止核试验条约核查中国国家数据中心数据处理系统计算频率波数谱对给定频段积分的计算公式，又称“宽带”F－K分析，其分母用于对功率谱积分归一化，

$$P(\boldsymbol{S})=\frac{\sum_{f=f_1}^{f_2}\left|\sum_{i=1}^{J}F_i(f)\exp(\mathrm{i}2\pi f\boldsymbol{S}\cdot\boldsymbol{r}_i)\right|^2}{J\sum_{f=f_1}^{f_2}|F_i(f)|^2} \tag{13.33}$$

式中，f_1，f_2 分别为所选频段的最低和最高频率；J 为台阵子台个数。

如大多数其他台阵方法一样，F－K分析假定平面波前到达台阵，但在台阵下方的局部结构不均匀性会改变波前形状并破坏信号的相干性，这可能改变F－K分析的结果。F－K分析只能应用于几秒长的短时窗，大的时间窗可能包含具有不同慢度矢量的若干不同震相，造成不同震相的混淆。

图13.15是按照式（13.33）对图13.12所示合成波形（但每次运算时附加的随机噪声会有所不同）进行“宽带”F－K分析得到的结果。使用Matlab程序M13_04_array_f k_n.m，结果给出的视慢度为0.118929s/km，对应的视速度为8.41km/s，方位角为19.65°。与图13.13所示聚束结果相比，视速度结果略差，但方位角结果略好。因为已知合成信号的卓越频率在5Hz左右，故采用的频率积分限是4～6Hz。对于实际信号，应预先了解信号的频率范围，以期得到好的结果。

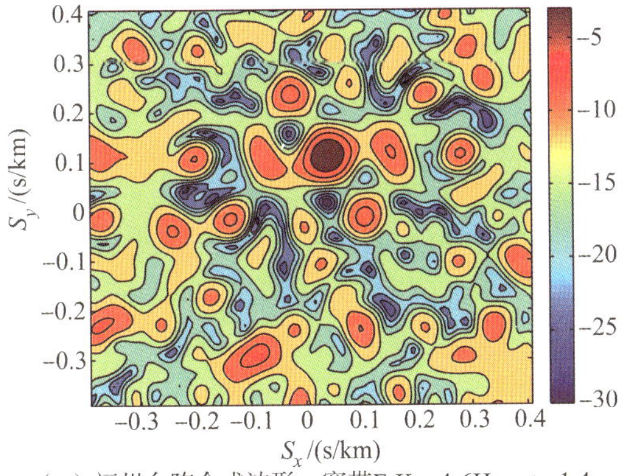

（a）福州台阵合成波形，宽带F-K，4-6Hz，t_0=1.4s，t_1=2.56s，方位角19.6538°，视慢度 0.118929 s/km

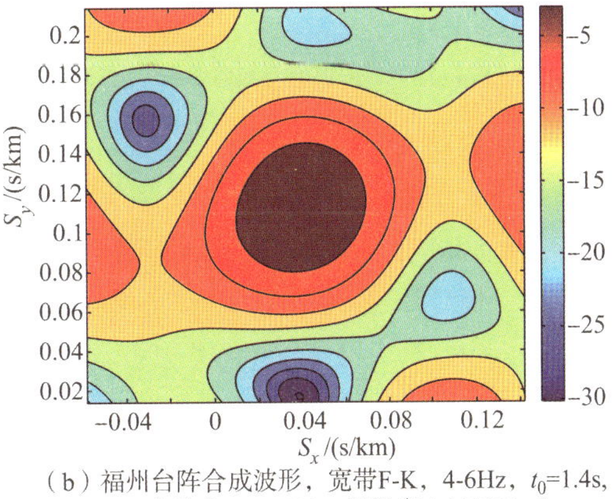

（b）福州台阵合成波形，宽带F-K，4-6Hz，t_0=1.4s，t_1=2.56s，方位角19.6538°，视慢度 0.118929 s/km

图13.15 “宽带”F－K分析示例，（b）是（a）的中心部分

13.3.2 滑动窗频率－波数分析

在13.3.1的所述方法中，F－K分析被限定在短时间窗内。如果F－K分析应用于大时间窗，则结果是含糊的。为避免这个限制，并分析慢度与方位角随时间的演变，发展了滑动窗频率－波数分析（sliding-window fk-analysis，Rost and Weber，2001）。

在滑动窗 F－K 分析中，一个不变宽度的短时窗以不变的步长沿地震图移动。在每个时间窗中进行 F－K 分析并存储 F－K 分析结果，即存储每一个时间窗信号的最大功率所对应的慢度和方位角以及相干性信息，于是将台阵记录转换成相干性、慢度和方位角时间序列。

为得到 F－K 分析中最好的可能结果，必须选择适当的时间窗和步长。窗的宽度由信号的优势周期及信号穿过台阵的时间确定。所以，合适的窗宽度依赖于台阵尺度和被分析信号的视慢度。各单个时间窗应有一定重叠，以识别视慢度和方位角的连续表现。

仍然利用图 13.12 所示合成波形（但每次运算时附加的随机噪声因其随机性而会略有不同），进行滑动窗 F－K 分析。从带噪声合成信号 0 时刻起始滑动，波形采样率为 50sps，滑动窗长 2.56s（128 个数据点，采用 2 的幂次，可提高 FFT 速度），滑动步长 0.1s（5 个采样点）。对每次滑动进行上节所述“宽带”F－K 分析，并记录得到的宽带 F－K 极大值。对全波形段共得到 34 个宽带 F－K 极大值，随时间的变化示于图 13.16，图中清楚可见，滑动到第 15 个窗口时，是这 34 个宽带 F－K 极大值当中的最大值，由此认定该窗口是对该事件波形进行 F－K 分析的最佳窗口。而这第 15 个窗口对应的起始时间是 1.4s，得到的结果与图 13.14 所示相同。

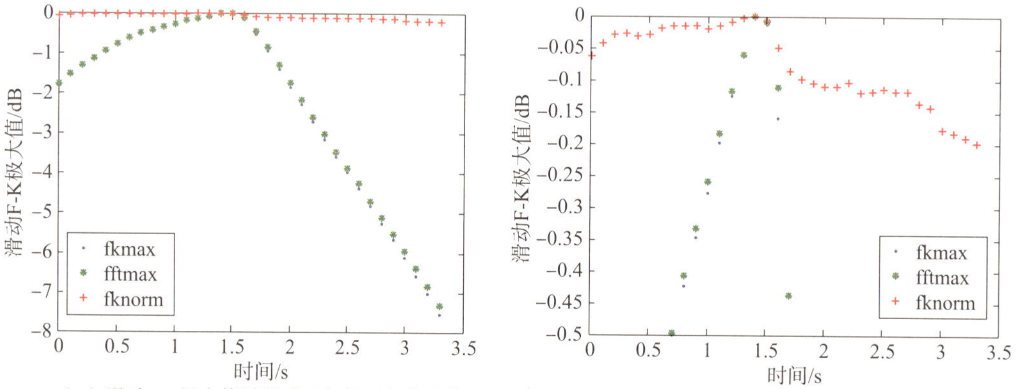

（a）滑动F-K极大值随滑动窗起始时刻的变化　　（b）相比(a)纵坐标尺度放大

图 13.16　滑动窗 F－K 分析示图

需要指出的是，对于单个时间窗的宽带 F－K 分析，在使用式（13.33）时，是否采用式中分母作为归一化因子，对结果的分贝图没有影响，但在滑动宽带 F－K 分析中则出现了不同情况。图 13.16(a) 显示在滑动时间窗里未归一化的 F－K 极大值（fkmax）（蓝色“＋”）即式（13.33）的分子、归一化的 F－K 极大值（fknorm）（红色“＋”）以及归一化因子（fftmax）（绿星）即式（13.33）的分母，为便于比较，都以各自的极大值为 0dB 化成了分贝值。从图中可以看到，fkmax 和 fftmax 总体上有相同的变化趋势，因此，利用未归一化的 F－K 滑动分析可以得到所期望的结果。但是，归一化的 F－K 滑动曲线尽管也可以找到正确的极大值，但在滑动过程中，该值的变化出现复杂的波动形态，这在对纵坐标尺度放大后的图 13.16(b) 中清晰可见。该示例表明，在进行滑动窗 F－K 分析时，使用未归一化的 F－K 分析结果似乎更为稳妥。这里采用 Matlab 程序 M13_05_array_fk_n_slid.m 并调用函数 fk_func.m 和 fk_func_norm.m。

13.3.3　台阵的慢度和方位校正

由于台阵地下结构的影响和台阵分辨力的限制，利用频率－波数分析等方法得到的地震事件的慢度值和方位角都存在偏差，因此需要进行系统校正。

郝春月等（2010）对兰州地震台阵的慢度值和方位角异常进行了分析，并利用地下结构模型对慢度异常分布进行了解释，通过引入台阵下方倾斜地壳结构，对视慢度值和方位角进行校正，从而减小了台阵估计视慢度值和方位角的系统偏差。王娟等（2010）通过对海拉尔和兰州地震台阵记录地震事件的频率 - 波数分析结果进行统计分析，得到在给定视慢度值和方位角网格区间内的校正值，其结果如图 13.17 所示，其横坐标和纵坐标的单位是 s/°（秒/度）。

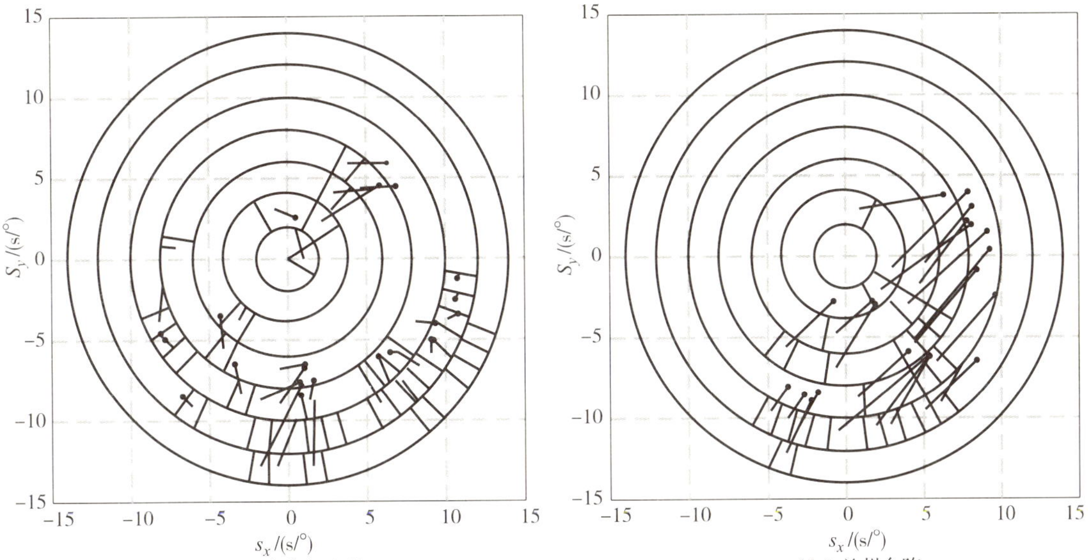

(a) 海拉尔台阵　　(b) 兰州台阵

图 13.17　地震台阵的慢度与方位角校正（王娟等，2010，图 4）

当然，由于台阵尺度、子台数量、子台分布等因素的限制，利用频率 - 波数分析得到的视慢度值和方位角总是会存在误差，如何提高台阵测定视慢度值和方位角的准确度，还需进一步研究，包括发展通用的处理方法和对具体台阵观测数据及台阵下结构的深入研究。

13.4　时间 - 波数分析

时间 - 波数分析又称聚束叠加（beampacking）(P. Bormann，2012，第 9 章)，对于给定时间窗的台阵记录波形，首先按给定的视慢度值网格格点，计算各子台的延时，以此延时进行聚束，对得到的聚束波形计算快速傅里叶变换模的平方，得到其功率谱，再在指定频段内积分得到该频段内的功率，由此画出聚束叠加图。比较各视慢度格点的功率，找出功率最大点，所对应的视慢度即为所求。

也可进一步对得到的功率进行归一化，其归一化因子是该时间窗内各道波形在相应频段的功率的平均值。为了改善聚束的时间分辨力，可在进行时间 - 波数分析之前提高记录波形的采样率（见 2.3.1 小节）。

仍然利用图 13.12 所示合成波形（但每次运算时附加的随机噪声因其随机性而会略有不

同)，取波形段起点 $t_0=1.4\mathrm{s}$（自波形起始点算起），窗长 2.56s，视慢度粗扫描网格范围是 x 方向和 y 方向分别为 −0.4～+0.4(s/km)，两方向各有格点 101 个；视慢度细扫描网格范围是 x 方向和 y 方向分别为 −0.1～+0.1(s/km)，两方向也各有格点 101 个。粗扫描的结果是方位角 18.4°，视慢度 0.126s/km；细扫描结果是方位角 17.9°，视慢度 0.124s/km。图 13.18(a)是慢度粗扫描得到的聚束叠加图，13.18(b)是慢度细扫描得到的聚束叠加图。使用的 Matlab 程序是 M13_06_array_beampacking_n.m，调用 beampacking_func.m。

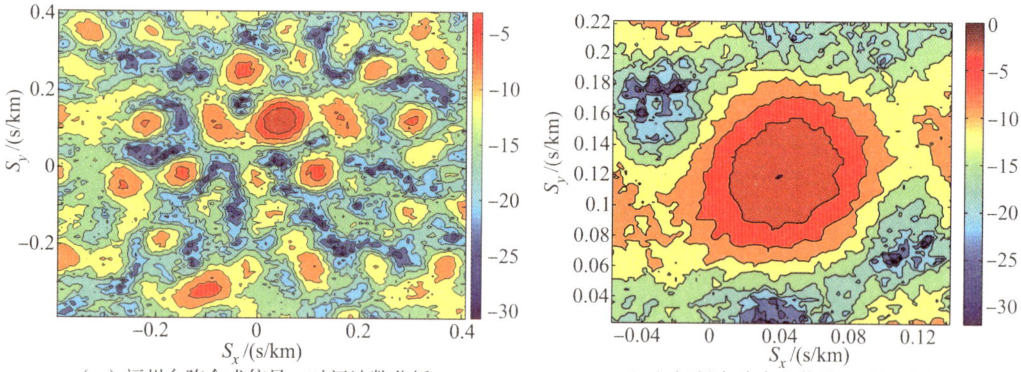

（a）福州台阵合成信号，时间波数分析，4-6Hz，t_0=1.4s, t_1=2.56s，方位角 18.4349°，视慢度 0.126491s/km

（b）福州台阵合成信号，时间波数分析，4-6Hz，t_0=1.4s, t_1=2.56s，方位角 17.8503°，视慢度 0.123968s/km

图 13.18　聚束叠加图示例

上述聚束分析是在时间域对各道信号进行适当延时后相加。频率－波数分析是对给定的波数（决定于视慢度和频率）在各道信号的频谱中引入相应的相位延迟，然后对引入相位延迟的各道频谱相加，根据其能量判据优选合适的视慢度矢量；而时间－波数分析是对给定的波数（决定于视慢度和频率）在各道信号的波形中引入相应的时间延迟，然后对引入时间延迟的各道信号相加，即进行聚束，再对聚束波形计算其功率谱，并根据其能量判据优选合适的视慢度矢量。

13.5　速度谱分析

如在 13.2.1 中讨论的那样，聚束方法能增强具有正确视慢度的信号。如果预先不知道到达震相的视慢度，就要尝试不同的视慢度，根据一定判据找出最佳结果。为确定到达信号的视慢度值或方位角，可使用“速度谱分析(vespa)”过程（velocity spectral analysis）。这一方法需要以视慢度值或方位角作为输入，速度谱分析将聚束增强信号的能力与慢度值或方位角的测量组合在一起。

13.5.1　线性速度谱分析

速度谱分析能估计以给定方位角和不同视慢度值到达台阵的地震能量（Davies et al., 1971）。其处理结果显示为速度谱分析图（vespagram），是到达信号的能量（或振幅）作为视慢度值或方位角以及时间的函数。也可以用反方位角（震中方位角）代替射线方位角来作图，该方法也被称作倾斜叠加（slant stack）。为避免混淆，在本章中的计算都采用射线方位角，简

称为方位角。对于给定的视慢度矢量，延时相加得到的时间信号是（参见式（13.19）），

$$X_s(t)=\frac{1}{n}\sum_{i=1}^{n}X_i(t+(\boldsymbol{r}_i-\boldsymbol{r}_0)\cdot\boldsymbol{S})$$

采用 13.2.2 中给出的判据，对于给定的视慢度值得到每个时间窗内的判据值随时间和方位角的变化，对于给定的方位角则得到每个时间窗内的判据值随时间和视慢度值的变化，从而画出速度谱分析图。

图 13.19 是速度谱分析的一个示例。仍然使用勘选时期的福州台阵布局，合成信号单道信噪比为 10 左右，用射线方位角 20°和视速度 8.0km/s 引入延时，波形见图 13.12。图 13.19(a)是固定视慢度为 0.125s/km(即视速度 8.0km/s)，图中显示能量聚束函数随方位角和滑动时间窗的变化，结果给出聚束能量最大值对应的方位角为 18°，滑动窗起始时刻为 1.6s；图 13.19(b)是固定方位角为 20°，图中显示能量聚束函数随视慢度和滑动时间窗的变化，结果给出聚束能量最大值对应的视慢度为 0.128s/km，相应的视速度为 7.8km/s，滑动窗起始时刻为 1.6s。使用 Matlab 程序 M13_07_array_vespagram_n.m，调用函数 vespa_func.m。

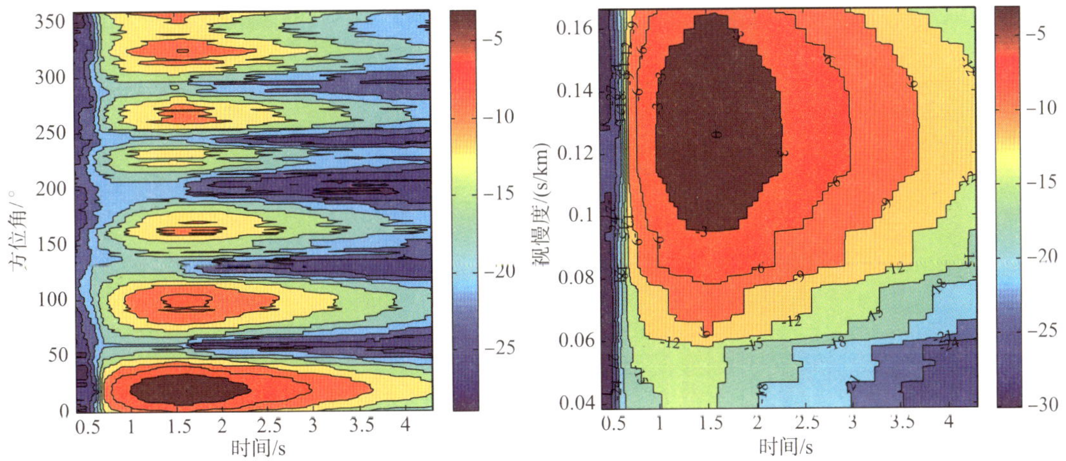

（a）福州台阵合成波形速度谱分析图（能量判据），视慢度0.125s/km，方位角峰值18°，起始时刻1.6s

（b）福州台阵合成波形速度谱分析图（能量判据），方位角20°，视慢度峰值 0.127564 s/km，起始时刻1.6s

图 13.19　速度谱分析示例一

图 13.20 是速度谱分析的另一个示例。使用勘选时期的福州台阵布局，分析的是台阵勘选期间垂直向记录的一个近震记录波形，采样率是 50sps。福建地震台网地震目录中给出的地震参数是：发震时刻：2007-11-01，22:38:49.7，震中纬度：24°20′(24.33°)，震中经度：119°09′(119.15°)，震级：M_L3.3，震中位置在晋江海域。已知该事件的震中方位角是 21.7°，因而射线方位角是 21.7+180=201.7°。给定该方位角作为速度谱分析中的固定方位角，看聚束信号的能量如何随视慢度值和时间变化（使用 Matlab 程序 M13_07_array_vespagram_2007.m，调用 vespa_func.m）。图 13.20(a)是 2007-11-01 福建晋江海域 M_L3.3 地震的福州台阵（勘选时期）记录波形；图 13.20(b)是 2007-11-01 福建晋江海域 M_L3.3 地震的福州台阵（勘选时期）记录波形速度谱分析图（能量判据）。由此得到视慢度峰值 0.171s/km，峰值对应波形起始时刻 11.9s，对应采样点序号 595，属于地震波形的 P 波段；图 13.20(c)作法与图 13.20(b)相同，但得到视慢度峰值 0.201s/km，峰值对应波形起始时刻 28.3s，对应采样点序号 1415，属于波形的 S 波段；图 13.20(d)与(b)的作法相同，但这

里给定视慢度 0.171s/km（视速度 5.85km/s），由此得到峰值方位角 205°，峰值对应波形起始时刻 11.9s，对应采样点序号 595，这是地震波形的 P 波段。图 13.20(c) 和(b)的等值线间隔均为 2dB。

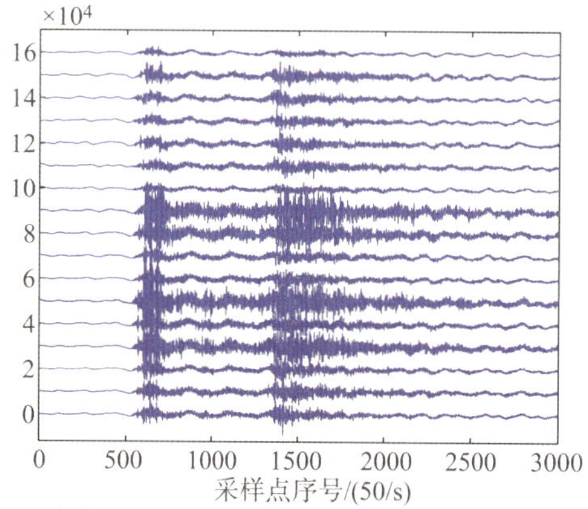

（a）2007-11-01福建晋江海域M_L3.3地震的福州台阵（勘选时期）垂直向记录波形

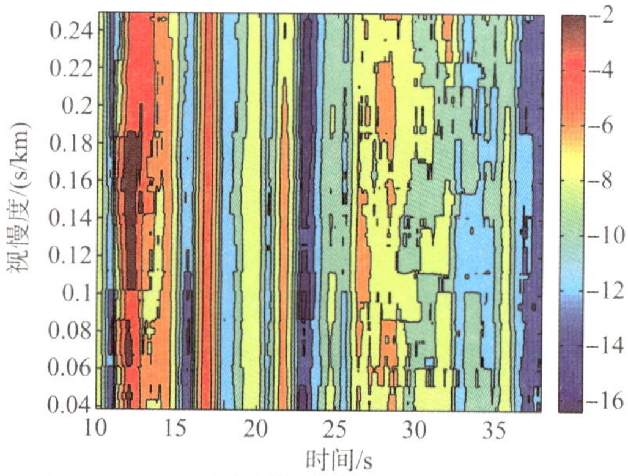

（b）2007-11-01福建晋江海域M_L3.3地震的福州台阵（勘选时期）垂直向记录波形速度谱分析图（能量判据），给定方位角201.7°

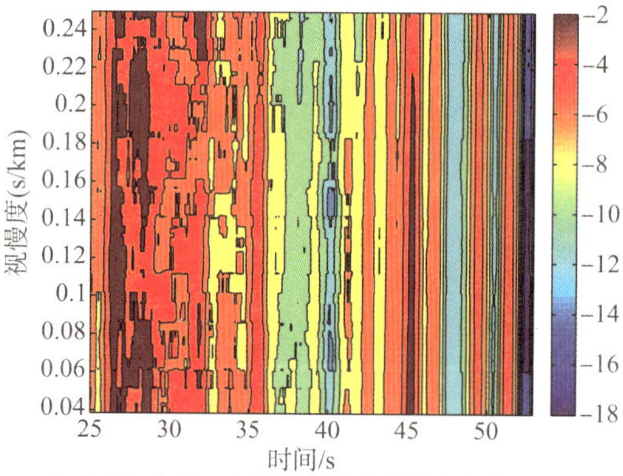

（c）作法与图(b)相同，但得到视慢度峰值0.201s/km，峰值对应波形起始时刻28.3s，对应采样点序号1415，这是地震波形的S波段，等值线间隔2dB

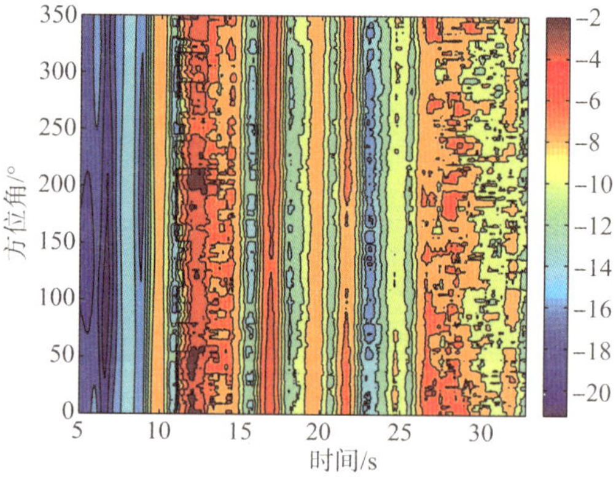

（d）作法与图(b)相同，给定视慢度0.171s/km（视速度5.85km/s），得到峰值方位角205°，峰值对应波形起始时刻11.9s，对应采样点序号595，这是地震波形的P波段，等值线间隔2dB

图 13.20　速度谱分析示例二

本节讨论的速度谱分析是 13.5.2 中描述的 N 次根处理的一个特殊情况，即 $N=1$ 的情况，所以，"通常的"速度谱分析有时被称作线性速度谱分析，以与 N 次根处理($N>1$)相区别。

13.5.2　N 次根处理

如图 13.19 和 13.20 中所见，线性速度谱分析的分辨力有限，不是总能分开有相近视慢度的信号的到达。N 次根($N>1$)速度谱分析（Kanasewich et al.，1973；Muirhead and Datt，1976；McFadden et al.，1986）能提高对视慢度的分辨力。

为计算 N 次根速度谱分析图，在对每个子台波形相加之前从波形中提取其采样点值绝对值的 N 次根($N=2,3,4,\cdots$)，同时保留每个采样点值的正负号，

$$X'_{s,N}(t)=\frac{1}{n}\sum_{i=1}^{n}\left(|X_i(t+(\boldsymbol{r}_i-\boldsymbol{r}_0)\cdot\boldsymbol{S})|^{\frac{1}{N}}\frac{X_i(t+(\boldsymbol{r}_i-\boldsymbol{r}_0)\cdot\boldsymbol{S})}{|X_i(t+(\boldsymbol{r}_i-\boldsymbol{r}_0)\cdot\boldsymbol{S})|}\right) \tag{13.34}$$

在相加之后，对聚束波形取 N 次方，仍保留符号，

$$X_{s,N}(t)=|X'_{s,N}(t)|^{N}\frac{X'_{s,N}(t)}{|X'_{s,N}(t)|} \tag{13.35}$$

单个子台波形的 N 次根减小了采样值的振幅差，所以减小了波形的振幅方差。这意味着有较小振幅的相干震相对相加波形的影响大于线性速度谱分析图中的影响。相加后的 N 次方再次增强了振幅差异。由于在提取 N 次根之后波形中的振幅差较小，因此，在信号叠加时，信号的相干性强弱程度要比到达信号振幅的大小起更大作用。所以，不相干噪声被有效压低，而相干震相被增强，从而使视慢度分辨力增强。

N 次根处理是非线性的。非线性的结果是信号波形畸变，这一事实使 N 次根处理不适于对波形本身的研究，但由于保留了每个采样点值的符号，见式（13.34），故可使用各震相的极性。

图 13.21 是 4 次根速度谱分析图，采用的合成波形与图 13.19 的情况相同，使用 Matlab 程序 M13_08_array_vespagram_N_n.m，调用 vespa_n_func.m。与图 13.19 比较，在给定视慢度的情况下，N 次根速度谱分析的确提高了方位角分辨力；在给定方位角的情况下，N 次根速度谱分析的确提高了视慢度值的分辨力。但对波形计算其 N 次根缩小了噪声和信号的振幅差异，会降低信噪比，所以，使用 N 次根还是 N 次方，要根据具体的应用目的而定。

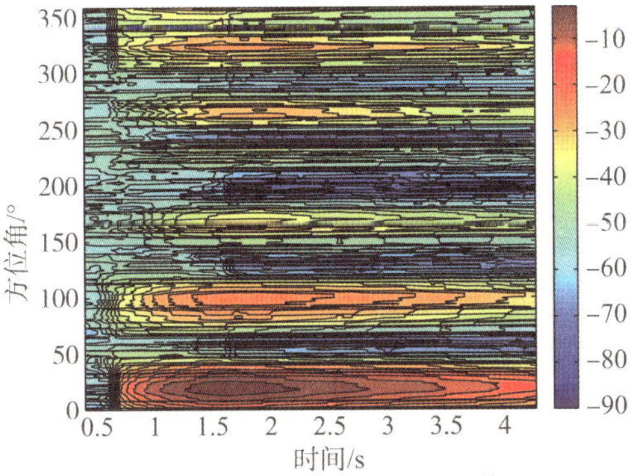

（a）视慢度0.125s/km，方位角峰值18°，起始时刻1.6s

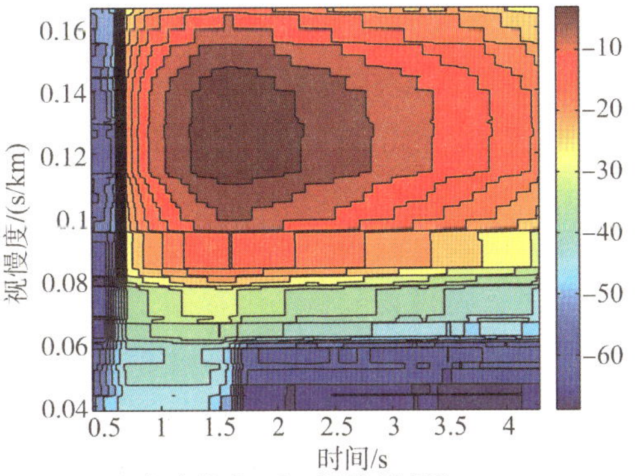

（b）方位角20°，视慢度峰值0.125321s/km，起始时刻1.6s

图 13.21　4 次根速度谱分析图示例

13.5.3　相位加权叠加

相位加权叠加（PWS）方法（Schimmel and Paulssen，1997）是在台阵记录中减小非相干噪声的另一种非线性台阵数据处理方法。

对于 PWS 方法，由地震波形 $x(t)$ 构建一个解析信号，或者说一个复波形 $X(t)$，解析信号包含地震信号 $x(t)$ 作为其实部，希尔伯特变换 $\mathrm{H}[x(t)]$ 作为其虚部（关于希尔伯特变换，见 4.5 节），表示为振幅 $A(t)$ 和相位 $\Phi(t)$：

$$X(t)=x(t)+\mathrm{i}\mathrm{H}[x(t)]=A(t)\exp[\mathrm{i}\Phi(t)] \tag{13.36}$$

式中，$A(t)$是地震波形$x(t)$的包络；$\Phi(t)$被称作瞬时相位。解析信号$X(t)$可看作是一个矢量，两个解析信号在固定时刻$t=\tau$按矢量相加方式求和：

$$C(\tau)=X_1(\tau)+X_2(\tau) \tag{13.37}$$

如果瞬时相位Φ_1和Φ_2相等，即这两个信号相干，则其和矢量的振幅$|C(\tau)|$将为最大值。对于不相干信号，振幅$|C(\tau)|$较小，如果$|X_1(\tau)|$和$|X_2(\tau)|$的振幅不同（通常是这种情况），并在大振幅噪声的情况下，噪声的和矢量振幅$|C(\tau)|$会大于小振幅相干信号的和矢量振幅。针对这一问题，对两个解析波形进行逐个采样归一化，即令其振幅为1。归一化使$|C(\tau)|$对瞬时相位变化敏感，所以对两个信号的相干性敏感。据此，针对给定的视慢度$\boldsymbol{S}_1$，可对n个波形定义一个相位叠加，参见式（13.19），

$$c(t,\boldsymbol{S}_1)=\frac{1}{n}\left|\sum_{j=1}^{n}\exp[\mathrm{i}\Phi(t+(\boldsymbol{r}_j-\boldsymbol{r}_0)\cdot\boldsymbol{S}_1)]\right| \tag{13.38}$$

式中，$0\leqslant c(t,\boldsymbol{S}_1)\leqslant 1$，$c(t,\boldsymbol{S}_1)$作为时间的函数，用于度量输入信号的相干性随时间的变化，与输入波形的振幅无关。对于完全相干信号，当$\boldsymbol{S}_1$为准确视慢度时，$c(t,\boldsymbol{S}_1)=1$，对于不相干噪声，$c(t,\boldsymbol{S}_1)=0$。

以式（13.38）给出的相干性测量值作为权重，对通常的线性叠加采样值加权，得到，

$$U_{\mathrm{PWS}}(t,\boldsymbol{S}_1)=\left(\frac{1}{n}\sum_{j=1}^{n}x_j(t+(\boldsymbol{r}_j-\boldsymbol{r}_0)\cdot\boldsymbol{S}_1)\right)\cdot\left|\frac{1}{n}\sum_{j=1}^{n}\exp[\mathrm{i}\Phi(t+(\boldsymbol{r}_j-\boldsymbol{r}_0)\cdot\boldsymbol{S}_1)]\right|^{u} \tag{13.39}$$

式（13.39）描述一个相位加权的叠加。相位加权的作用是一个滤波器，滤波器的尖锐程度受式（13.39）中的指数因子u控制。

图13.22是相位加权的速度谱分析图，使用的合成波形与图13.19的情况相同，使用Matlab程序M13_08_array_vespagram_pws_n.m，调用函数vespa_pws_func.m。与图13.19比较，在给定视慢度的情况下，相位加权的速度谱分析的确提高了方位角分辨力；在给定方位角的情况下，速度谱分析的确提高了视慢度值的分辨力。要利用好相位加权叠加的优点，就必须满足其先决条件：地震信号有足够好的相干性，而噪声是不相干的。

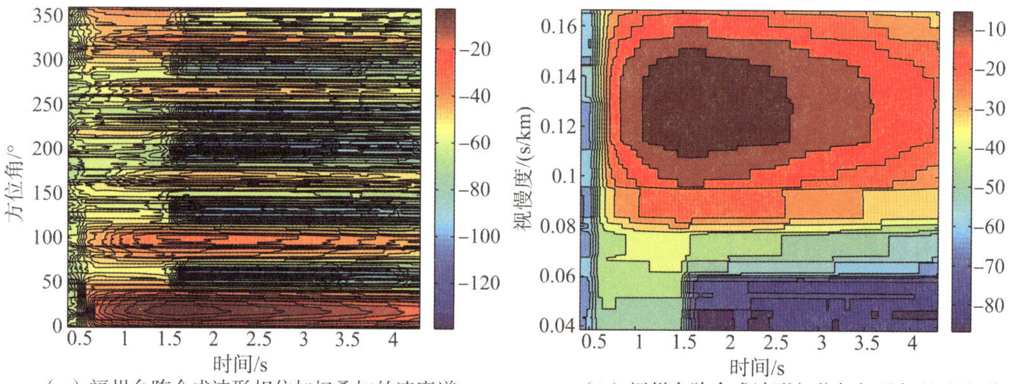

（a）福州台阵合成波形相位加权叠加的速度谱分析图（能量判据），视慢度0.125s/km，方位角峰值19°，起始时刻1.6s

（b）福州台阵合成波形相位加权叠加的速度谱分析图（能量判据），方位角20°，视慢度峰值0.125321s/km，起始时刻1.6s

图13.22　相位加权速度谱分析图示例

13.6　台阵记录波形的互相关分析

在 4.3 节中已说明了相关分析的具体算法，本节给出一个应用实例，说明如何利用台阵各子台记录地震波形的相似性，通过计算两道信号的互相关函数，来精确测定两子台的地震信号到时差。本例中的试验数据仍是本章 13.5.1 小节中使用的震例波形，见图 13.20(a)，其台阵子台布局如图 13.4(a)所示。

13.6.1　由波形互相关计算子台到时差

以台阵中心子台的记录为参考信号，计算其他子台记录波形与中心子台记录波形的互相关函数。在具体计算中，中心子台选取 P 波垂直向初始段，分别沿其他子台垂直向记录波形滑动，计算归一化互相关函数。使用的计算公式为，

$$\mathrm{corre}(i)=\frac{\sum_{j=1}^{n}x(j+j_0)\cdot y(j+j_0+i-i_0)}{\left\{\sum_{j=1}^{n}\left[x(j+j_0)\cdot x(j+j_0)\right]\cdot\sum_{j=1}^{n}\left[y(j+j_0+i-i_0)\cdot y(j+j_0+i-i_0)\right]\right\}^{\frac{1}{2}}} \tag{13.40}$$

式中，x 为台阵中心子台波形；y 为台阵其他子台的波形；采样点序号 i 取值 1 ~ 200，两波形段的相对延时为 $i-i_0$；n 为互相关波形段的长度；j_0 为 x 波形段的起点，在本例中取 $j_0=530$，$n=40$。数据采样率为 50sps，故 40 点对应于 0.8s。

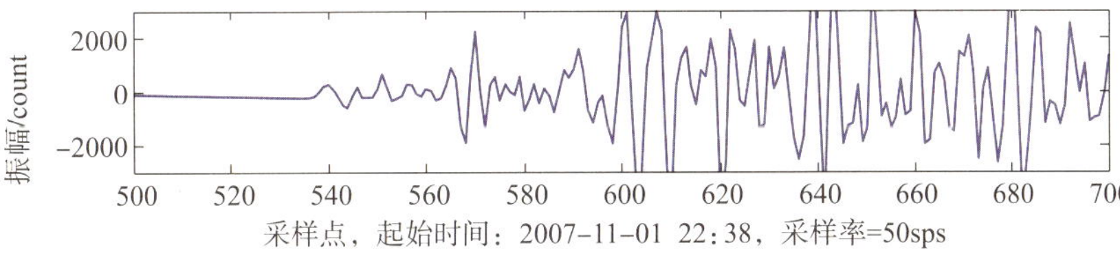

（a）st0高通滤波后的波形

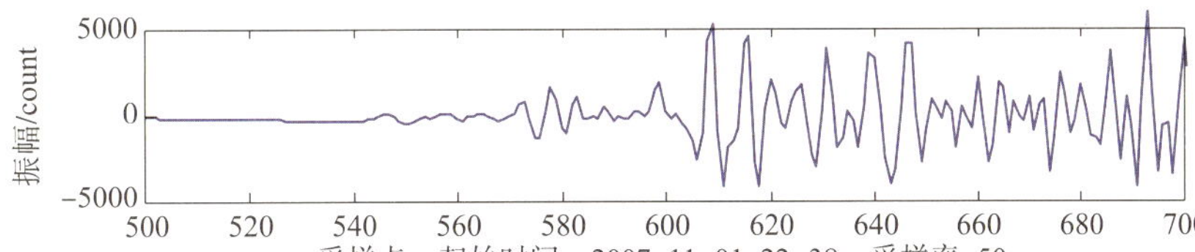

（b）s17高通滤波后的波形

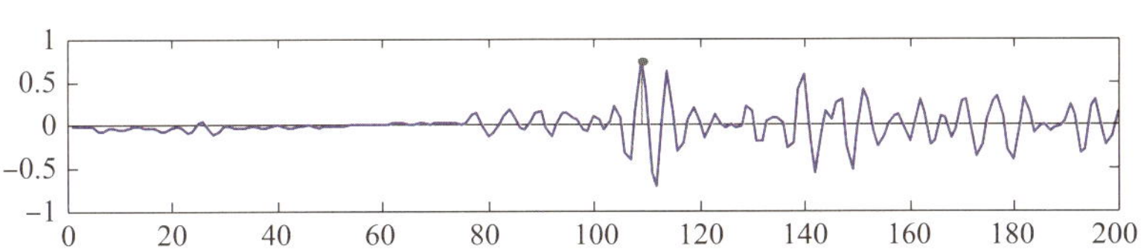

（c）s17与st0互相关函数corre-max=0.729899，s17-st0到时差=0.16s

图 13.23　s17 记录波形与 st0 记录波形的互相关分析

图 13.23 给出子台 s17 记录波形与台阵中心 st0 记录波形的互相关分析结果。图 13.20 (a)是 st0 记录波形（高通滤波后），(b)是 s17 记录波形（高通滤波后），(c)是 s17 与 st0 的归一化互相关函数。其最大值对应的互相关延迟时间 0.16s 作为两子台记录初至波的到时差。使用 Matlab 程序 M13_09_array_corre.m。

st0 子台用于计算互相关函数的波形段长度对到时差测定结果有影响。如表 13.1 所示，在 15 个到时差数据中，用 30 点和 40 点长度得到的到时差相同的有 6 个子台，相差 0.02s（相当于 1 个采样点）的有 4 个子台，相差 0.04s（相当于 2 个采样点）的有 1 个台，相差 0.10s（相当于 5 个采样点）的有 3 个台，相差 0.4s（相当于 20 个采样点）的有 1 个台。在下面的地震定位计算中除 s10 和 s11 采用 30 点长度的互相关函数测定到时差外，其余各子台均采用 40 点长度的互相关测定的到时差。

表 13.1 利用互相关方法测定的各子台相对于台阵中心子台的初至震相(P_f)到时差

子台	人读 P_f 到时差/s	互相关测定到时差/s（st0 长度 40 点）	互相关系数	互相关测定到时差/s（st0 长度 30 点）	互相关系数	利用互相关测定的到时差与理论到时差之差/s
st0		0.00	1.00			
st1	−0.02	0.00	0.91	0.00	0.90	−0.0027
st2	0.00	0.04	0.82	0.04	0.92	−0.0089
st3	−0.02	0.00	0.90	0.00	0.78	−0.0171
st5	−0.06	−0.06	0.90	−0.06	0.89	−0.0055
st6	−0.06	−0.04	0.78	0.06	0.64	−0.0321
st7	0.02	0.06	0.94	0.06	0.80	−0.0059
st8*	0.00	0.04	0.72	0.04	0.53	*
st9	0.04	0.06	0.92	0.04	0.75	−0.0004
s10	0.06	0.00	0.58	0.10**	0.58	0.0181
s11	−0.06	−0.34	0.56	−0.06**	0.58	0.0314
s12	−0.20	−0.22	0.65	−0.12	0.76	0.0454
s13	0.12	0.16	0.86	0.12	0.60	0.0380
s14	−0.06	−0.04	0.66	−0.06	0.65	0.0377
s15	−0.22	−0.22	0.79	−0.20	0.66	0.0230
s17	0.12	0.16	0.78	0.14	0.75	0.0084
						0.0244 残差均方根

注：* 暂无台站坐标；** 取此值参与定位计算，除此之外的子台，均取 st0 长度 40 点计算出的到时差。

根据相关系数的大小，可去掉个别相关性不好的子台，如去掉相关系数小于 0.7 的子台。

13.6.2 由子台到时差计算视慢度

由台阵各子台相对于中心子台的到时差可计算出视慢度，计算方法与地震台网的情况相同，见 6.5 节的地方台网远震定位，利用表 13.1 给出的到时差，计算出视慢度 =0.147s/km，

视速度 = 6.8km/s。对照第 6 章的表 6.4，该视速度值对应的震中距在 1°附近。据此判断，P 波初至还没有从直达 P 波完全过渡到 Pn。视慢度的两个分量 S_x = 0.0543，S_y = 0.1365，计算出地震射线方位角 = 21.7°。由此得到的各子台残差均方根为 0.024s，相当于 1 个采样点的偏差，表明各子台之间没有明显的地震波波速差异。

利用台阵中心子台记录波形，人工读出 S－P = 15.72s，假设读取的 P 和 S 都是直达波到时，取 S－P 的虚波速度为 8km/s，计算得到震中距 = 126km。根据已计算出的震中相对于中心子台的方位角和震中距，以台阵中心为原点，算出震中 y 坐标 －117.0742km，震中 x 坐标 －46.5793km。再根据台阵中心子台坐标算出震中纬度和经度分别为：24.34°和 119.16°。其结果与福建台网地震目录的结果（作为参考震中）很接近，当然，仅一个震例还不足以说明小型台阵对近距离小震有多好的定位能力。

13.7　三分量地震台阵

对于由三分量子台构成的三分量地震台阵，可以把各子台的同一分量（主要是垂直分量）看作是单分量台阵的一个子台，以上述各种方法进行处理。本节讨论三分量地震台阵独有的数据处理方法。

如 4.6.1 小节中讨论的那样，对于三分量地震台阵的每个子台，可以进行三分量记录的坐标旋转，由原来的北南分量（N 分量）和东西分量（E 分量）得到径向分量（R 分量）和横向分量（T 分量）。进而再加上垂直分量（Z 分量），得到沿 P 波质点振动方向（射线方向）的 L 分量和沿 SV 波质点振动方向的 Q 分量。可以应用三分量地震波形的偏振分析方法得到描述地震波偏振特性的偏振椭球，确定不同震相的质点偏振方向。因此，利用三分量记录有助于根据质点运动特性识别地震波类型。单分量垂直向台阵能测量到达波的视慢度矢量并能分开重叠的信号和噪声，增强相干的地震信号，压低不相干的地动噪声。三分量台阵可以把三分量地震信号处理方法与原来单分量地震台阵信号处理方法结合起来，构成三分量台阵的不同处理流程，从而能用于分析更多后续震相的特性和地球介质特性。

三分量台阵处理与单台三分量处理一样，除非能确保记录三个分量的地震仪有完全相同的响应特性，否则不能简单地直接使用仪器记录的地震波形，而是要在处理之前对三分量记录进行去地震仪器影响的处理，使其变成地动速度或地动位移波形。关于去地震仪器影响，可见 3.3 节。

13.7.1　三分量台阵的偏振分析

Jurkevics（1988）对三分量台阵的偏振分析方法是，先对于给定的视慢度确定各道延时时间窗，再分别对台阵各子台的三分量波形进行偏振分析，得到各子台波形的协方差矩阵（见 4.6.3.1 小节），然后求各子台协方差矩阵的平均值，作为台阵的偏振分析结果。这种方法比上节方法的好处是对视慢度的准确度要求不高，这是因为计算协方差矩阵各分量时对各道信号的时间延时准确度要求不高，而波形聚束则要求有准确的延时。图 13.24 给出 Jurkevics（1988）方法示意图（Rost and Christine，2002）。三分量单台的协方差矩阵描述质点运动特性，而对于三分量台阵，计算全部台站协方差矩阵的平均值，得到的质点运动显示出比单个台站小的方差，因而能以较小误差确定其质点运动特性。

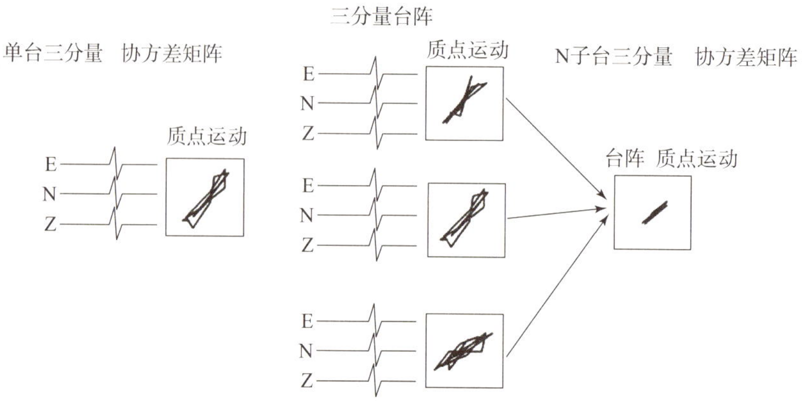

图 13.24　使用三分量台阵进行质点运动研究的原理（据 Rost and Christine，2002，Fig.18）

利用福州勘选台阵布局，采用方位角为40°、视速度为8km/s的人工合成波形，并加入随机噪声，进行三分量波形分析。由于引入的噪声是随机的，每次计算的结果会有所不同。使用 Matlab 程序 M13_10_array_3c_n_cov.m 进行计算，本次计算的结果是：用协方差矩阵单独测定16个子台的方位角分别为39.8388，39.9075°，40.8478°，40.2255°，40.4006°，40.5960°，40.2321°，42.3136°，39.3941°，40.5353°，39.4592°，41.2987°，39.7786°，41.4154°，40.6961°和41.0235°，其平均值为40.4977°，标准偏差为0.7738°，利用平均协方差矩阵得到的方位角为40.4981°。说明两种平均得到的方位角实质是相同的，与生成合成波形时给定的40°只有小的差别，这表明台阵处理对三分量波形分析的贡献。

在这次具体计算中得到的台阵平均偏振椭球的三个本征值的相对值依次为：3.6469 ±0.1311，0.1127 ±0.0120，0.0869 ±0.0119。式中 ± 号后面的值为1倍标准偏差，是由参与平均的全部子台计算出来的，可以看到单个子台的结果与平均值的差异。

13.7.2　三分量聚束的质点运动分析

如果以三分量台阵的每个分量构成一个单分量台阵，则可按已知的（或者说已测定的）视慢度对各子台同一分量波形进行延时相加（聚束），得到三个延时相加后的波形，可对其画出质点运动图。利用13.7.1中使用的合成波形数据，得到单个子台的质点运动图和聚束后三个分量给出的质点运动图。图13.25(a)是台阵中心单道合成波形水平质点运动图，其他个子台波形的水平质点运动图与此类似，(b)是聚束波形的水平质点运动，可见聚束波形包含的噪声被压缩，从而显著改善了质点水平运动的线性度。三分量聚束的质点运动分析使用的 Matlab 程序为 M13_10_array_3c_n_cov.m。

13.7.3　三分量台阵的衍生单分量聚束

如前所述，对三分量记录进行坐标旋转，可衍生出 R、T、L 和 Q 分量，本节介绍的一种台阵处理方法是先对三个分量各自聚束，再对生成的三个聚束单分量进行坐标旋转，得到聚束三分量的衍生单分量。

对于给定的视慢度矢量，可以得到相应的射线方位角 ϕ，又由视慢度值 s 和地壳上层 P

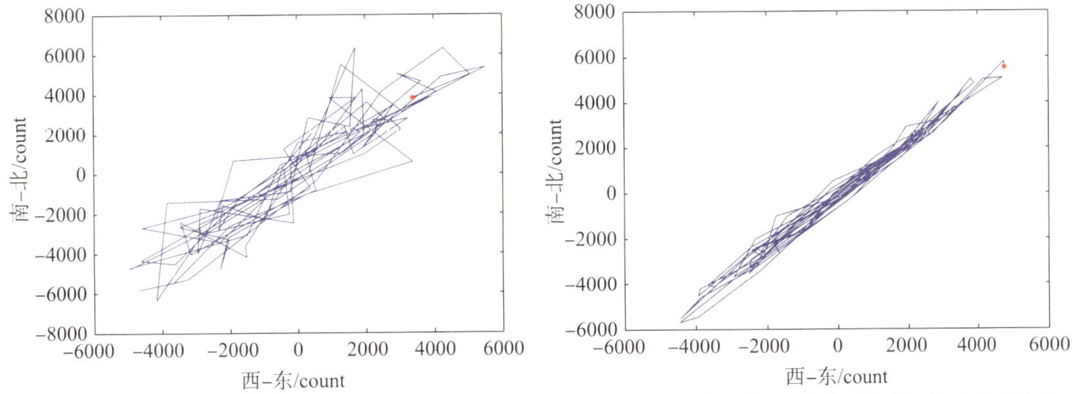

（a）台阵中心子台合成波形（方位角40°）水平质点运动　　（b）合成波形（方位角40°）聚束水平质点运动

图 13.25　合成波形水平质点运动图，图中的红星是该波形段起点位置

波速度 v，可得到 P 波射线的入射角 θ，

$$\theta = \arcsin(s \cdot v) \tag{13.41}$$

因此，对于台阵聚束过程中每个给定的视慢度矢量，都能得到相应的 P 波偏振矢量 $\boldsymbol{c}$，其三个分量对应于垂直向 Z(上为正)、北南向 N(北为正)和东西向 E(东为正)，

$$\boldsymbol{c} = \begin{bmatrix} \cos\theta \\ \sin\theta\cos\phi \\ \sin\theta\sin\phi \end{bmatrix} \tag{13.42}$$

利用这一偏振矢量，能把 Z、N、E 三个分量旋转到地震射线方向（L 方向）。对比第 4 章的式（4.31），这里的偏振矢量 $\boldsymbol{c}$ 是式（4.31）中的第 1 行，但其方位角 ϕ 是震源相对于台站的方位角，即所谓“反方位角”，本节中采用射线方位角，二者相差 180°，故在两式中的符号不同。

三分量台阵射线方向聚束方法的基本思路是（Al – Amri 等，2012）：以给定的视慢度矢量，对台阵各子台的三个分量分别进行聚束，构成三个聚束分量，再利用式（13.42）给出的偏振矢量与其内积，从而得到聚束三分量旋转而成的 L 分量，即聚束沿射线方向的分量。根据地震波的偏振特性，在给定的视慢度矢量为该地震信号的预期视慢度时，其聚束 L 分量应该有最大的聚束能量或振幅，由此得到了预期视慢度矢量和相应的 L 分量聚束波形。可以预期，这一分量中 P 波最发育，而其他震相则被相对压缩。

三分量台阵射线方向（L 分量）聚束的数学表达式是，

$$b(t) = \frac{1}{n}\ \boldsymbol{c} \cdot \begin{bmatrix} \sum_{i=1}^{n} z_i(t + (\boldsymbol{r}_i - \boldsymbol{r}_0) \cdot \boldsymbol{S}_1) \\ \sum_{i=1}^{n} n_i(t + (\boldsymbol{r}_i - \boldsymbol{r}_0) \cdot \boldsymbol{S}_1) \\ \sum_{i=1}^{n} e_i(t + (\boldsymbol{r}_i - \boldsymbol{r}_0) \cdot \boldsymbol{S}_1) \end{bmatrix} \tag{13.43}$$

式中，$z_i(t)$，$n_i(t)$ 和 $e_i(t)$ 为第 i 个子台的垂直、北南、东西三个分量；$\boldsymbol{r}_i$ 代表子台 i 的位置

矢量；$\boldsymbol{r}_0$ 是台阵坐标原点的位置矢量，当取台阵坐标原点为直角坐标原点时，$\boldsymbol{r}_0=0$。

类似地，可以利用第 4 章式（4.29）中的坐标旋转，由 N、E 聚束分量旋转到 R 分量和 T 分量的聚束，再利用式（4.30）由 Z、R 聚束得到 Q 分量的聚束。

13.8 结　语

如本章开头所述，地震台阵和地震台网之间本无绝对的界限。虽然本章中是以典型的小型地震台阵为例，介绍地震台阵数据处理方法，但这些方法不限于应用到那些典型的地震台阵。对于以监测本地区地震活动为主要目的的地震台网，在满足地震台阵基本假设的前提下，也可选用地震台阵处理方法对记录波形数据进行分析处理，从而产出更多的关于震源和地球介质的信息。典型的实例是利用台阵技术推断特大地震的震源破裂过程，如张红霞等（2008）用频率域台阵技术推测了 2001 年昆仑山口西大地震的破裂时间与几何特征。

对于我国建设的小型台阵，由于其自身尺度和子台数量的限制，单个台阵的作用不够明显，限制了台阵效能的发挥。但是，如果把多个台阵组合起来应用，并和国家的、区域的地震台网联合应用，则会对我国地震监测和地震研究做出更大贡献。例如在我国地震数据处理系统 Jopens/msdp（广东省智源工程抗震科技公司，2008）中提供的 Locsat 和 Hyposat 地震定位程序（参见第 6 章）中，都把台站方位角和震相到时一起作为地震定位的已知数据，而在测定震中方位角方面，地震台阵会优于三分量单台。事实上，Locsat 的研发初衷就是要把小型台阵测定的震中方位角融入到地震定位程序中。

第 14 章　地震事件类型判别

地震事件是指地球内部（主要在地壳中，也可能在近地面）发生的短暂能量释放，造成一系列地震波穿过地球内部或沿地球表面传播。地震波到达地面被地震台站的地震计记录，于是在地震图上可以看到一个个具有短暂持续时间和可辨识幅度的波列，它们构成了在地震图上的一个个地震事件。地震事件有多种类型，包括天然的地震事件和人为的地震事件。天然地震事件（简称地震）包括构造地震、火山地震和陷落地震；直接人为的地震事件有地下核爆炸，矿山、采石场和建筑工地的人工爆破等，统称爆破；还有一类是人为活动的后果造成的天然地震，即诱发地震，包括水库蓄水、煤矿开采、油田注水、核爆炸等诱发的地震活动。在记录图上，有时还把不同路径传播到地面的地震波形成的记录叫作不同事件，如反射事件、折射事件等，本章不讨论这类。

一方面，地震事件类型的判别既是一个历史问题，也是一个现实问题。20 世纪 50 年代国际上开始防止核扩散条约和部分禁止核试验条约谈判以来，核试验的监测和判别一直是政治家和科学家同时关注的问题。自 1996 年联合国大会通过全面禁止核试验条约以来，世界上仍有地下核试验，因此，核试验判别问题仍是一个现实要解决的问题。尤其是在缺乏先验知识的情况下进行核试验的判别会更加困难。

另一方面，随着数字地震台站的广泛布设，台网监测能力的震级下限不断降低，而社会经济的不断发展使人工爆破的数量猛增，导致在地震记录图上记录了更多小地震的同时也记录了大量人工爆破。为了建立可靠的区域地震目录以研究区域地震活动性，要求在地震目录中剔除人工爆破。除了可以从管理部门得到一部分工业爆破的具体信息外，还有相当多的爆破需要地震分析人员先行识别出来然后再设法确认。这又是地震台网数据处理中一个不可回避的任务。

水库诱发地震和山体滑坡关系到当地民众的生命财产安全和水库及相关建筑的安全，而正确判定地震事件的性质又往往涉及诸多利益诉求，不能有一丝不慎。

由于地震记录波形与大多数人工爆破的波形有明显区别，有经验的地震分析人员可以凭经验目视分辨天然地震和人工爆破，但仍有相当多的非天然地震事件不容易靠肉眼识别出来，而且不可避免人为的主观因素所造成的错判。因此，多年来，几代地震工作者致力于地震类型判别研究，取得了很多成果。特别是宽频带数字地震观测和数据处理技术的应用，为地震类型判别技术的发展提供了有利条件。

本章将综合介绍地震事件判别的各种判据，并举例说明其效能。

14.1 概　　述

14.1.1　建立地震事件类型判别判据的基本思路

为进行事件判别，需要建立判据。单个判据往往不能达到判别要求，因此需要多个判据的综合利用，一些综合判定算法已在地震判别中得到应用。综合判定的基础是要有好的单个判据。单个判据可以有不同的判别功能，例如有的判据只能把地震判定为地震，另一些判据则可以把地震判定为地震并能把爆破判定为爆破。

单个判据都是在有一定物理基础的情况下通过统计分析得到的。以地震和爆破的判别为例，一般过程是：首先要设计判别参数及其算法，针对目标区域收集已知的地震和爆破事件并对其编号，其中一部分构成学习（训练）数据集，另一部分构成测试数据集。利用学习数据集，对每个事件计算判别参数值，以事件序号为横坐标，以各事件的判别参数值为纵坐标，将判别参数值点在图上。如果选择的判别参数适当，则在该图上会发现这两类事件的点构成两个集群，于是可在两个集群之间画出判别参数值的分界线。一类事件的大多数处于该分界线的一侧，而另一类事件的大多数位于该分界线的另一侧。因此，该分界线构成了该判别参数的判据阈值。如果判别参数是两个量的比值，例如体波震级 m_b 与面波震级 M_S 的比值，也可以用这两个量作为纵、横坐标，将每个事件的这两个值画在图上，再画出两个集群的分界线。例如简单的线性分界，如本例中可建立 $M_S = am_b + c$ 直线作为分界。如果设计的判别参数算法不适当，则不能以足够高的判别概率设定判别线，这时就需要重新设计判别参数。

得到判别线后，首先用参与学习的部分地震事件和爆破进行检验，分别估计两类事件的内检验判别成功概率。然后用测试用数据集进行测试，得到外检验的判别成功概率。在一个数据集上测试表现良好的判据，在用到其他地方收集的数据集时则表现不佳的情况并不罕见。因此，要想把某种判别判据推广到其他地区，则必须用目标地区的数据进行检验，必要时，要针对地区修正判别线。

尽管地震事件类型多样，但针对具体地区和具体目的，对于地震事件的判别总是有可以利用的先验信息，借以预先圈定要具体判别的事件类型。因此，可以针对少数几种类型进行判别，例如地震与核爆炸的判别、地震与矿山爆破的判别、火山地震与构造地震的判别、水库诱发地震与构造地震的判别、矿山岩爆与构造地震的判别等。因此，构建一个综合判别系统，进行多类型地震事件判别，是一个具有科学和应用意义的目标。

14.1.2　核爆炸判别技术简述

对核爆炸的地震监测包括地震事件检测（发现地震信号并对各台站的记录信号进行组合，构成单个事件）、事件定位（估计其位置及其不确定范围）、事件判别（判定是否是一个核试验事件）和当量估计（如果是核试验事件，则根据地震信号估计其 TNT 当量）。在 20 世纪 60 年代至 20 世纪 90 年代，全球只有几个地下核试验场，因此，如果在这几个核试验场所在地发生了地震事件，而且发震时刻又在当地白天的某个整点时刻附近，便基本上可以认定这是一个核爆炸事件。然后，基于分析人员对事件记录波形总体特征的分析，加上几个基本的判据对事件记录波形进行检验，便能够认定该事件是地下核试验，进而估计其爆炸当量。

1963 年签订禁止大气层核试验条约以后，地震学成为特别重要的监测手段，因为核试验从空中转到了地下，因而能产生易于检测到的地震信号。大多数核试验产生的地震信号能在全世界观测到。20 世纪 60 年代初至 20 世纪 90 年代初，平均约每周有一次核爆炸。

Richards 和 Zavales（1990）归纳了地震和核爆炸三方面的基本差别：特征性震源位置的差别；震源几何特征的差别；在不同波长产生地震波的效率差别。

关于第一个差别，许多地震的震源深度大于 10km，而最深的地下核爆炸的深度在 2.5km 左右，当量 150kt 以下的核武器试验的深度都小于 1km。考虑到震源深度测定的不确定性，以及存在很深核爆炸的可能性，如果以高可信度确定震源深度大于 15km，则可以不含糊地确认该事件是一个地震。

关于第二个差别，即震源特征的差别，是由于震源产生地震信号的方式不同。地下核爆炸是一个高度集中的压缩波（P 波）源，以近似相同的强度向各个方向辐射地震波，这是因为爆炸物向爆炸造成的空穴壁施加相对均一的压强。与此相反，地震是巨大岩体破裂的结果，而且通常伴有沿断层面的剪切运动。由于这种剪切运动，地震能从破裂断层各部分辐射剪切波（S 波）。虽然地震辐射的 P 波也占很大比例，但辐射的初始运动呈现压缩和膨胀的四象限分布，而爆炸源向各方向辐射相对均一的压缩 P 波。因此，P 波初动符号的空间分布能成为判据之一。

关于第三个差别，即地震波的产生效率，由于地震的震源涉及的岩体一般大于爆炸涉及的岩体，故地震的尺度较大。震源体越大，震源产生的地震波的波长就越长。通过比较来自地震和爆炸的大约同样强度的地震信号时，发现在较长波长，地震的信号较强，而在较短波长，爆炸信号较强。也可用地震波频谱给出等效的描述，爆炸因其震源区较小却更强有力，通常在高频发出较强信号。然而也有例外，对于震级较小的事件，有混淆不清的，甚至相反的情况，因此，有必要进一步研究在较低震级时各自信号的频率成分差别，以期找到在较低震级可用的识别方法。

对于核爆炸的识别，在区分地震与核爆炸方面留下的基本困难只在较低当量的情况，而困难更多的是如何用地震学方法区分核爆炸和化学爆炸。在低当量水平，仅靠地震学方法不足以判别核爆和化爆，要靠多种方法综合判定。

早期的地下核试验监测是在远震距离上进行的，因为那时美、苏两大阵营还不允许在对方国家内布设地震监测台站，也不向对方提供本国的区域台网记录。为了提高对远震的监测能力，主要利用短周期地震计的记录进行核试验的监测和判别。我国 20 世纪 60—70 年代建立了一批专为监测国外核试验的高灵敏度地震台，在当时的中国科学院地球物理研究所有专门从事国外核试验监测的研究小组（对外称作 320 任务组），参考国外的经验和我国自行监测得到的资料，形成了自己的判别核试验的判据系列，在每次监测到国外核试验并判定为核试验之后，立即向国家有关部门报告其位置和估计当量（孙其政、吴书贵，2007，第 336 页）。随着部分禁止核试验条约的签订，在进行核试验的已签约国家区域内布设台站进行核试验监测成为可能，因此，区域核试验监测和识别方法得到发展，特别是随着核试验当量的降低，对小震级事件的识别引起了人们的重视，从核试验监测的角度，要求识别小当量的核试验、化学爆炸和天然地震。因此，核试验、化学爆炸、天然地震、甚至其他类型的地震事件的识别已经逐步融为一个总的地震事件类型判别问题。宽频带数字化地震观测技术的发展，使地震事件判别方法从模拟时代进入数字时代，从而将数字信号处理的一般方法引入到地震事件类型判别当中。结果，出现了各种各样的判别判据，其中不乏相互并不独立的判据，因此，有效地联合利用多个判据，也是地震判别的重要手段。

在1996年由联合国大会通过的《全面禁止核试验条约（CTBT）》的议定书附件2——“国际数据中心标准事件筛选定性参数清单”中，给出国际监测系统（IMS）测震部分的筛选判据。所谓筛选，是从地震事件目录中筛除肯定不是核爆炸的事件，留下需要进一步分析的待定事件。这些筛选判据是：事件位置；事件深度；面波震级与体波震级的比率；信号频率成分；震相间的谱比；频谱形状（spectral scalloping）；P波的初动；震源机制；不同震相的相对激发程度；与其他事件或事件组的对比度量；及适用的地区性判据（regional discriminants where applicable）。根据《全面禁止核试验条约》的规定，国际数据中心通过事件筛选过程对各缔约国提供协助，而对事件性质的最后判定则留给各国自己去完成。因此，为了发现和确认别国的核试验以及在必要时证明本国没有进行核试验，都需要发展本国的核试验监测能力。

已有一批相当稳健的识别方法，其中一些方法可把某些地震判定为地震（但不能把爆炸判定为爆炸）；另一些方法能把某些地震判定为地震，并把某些爆炸判定为爆炸。所以，判别过程是某种分选过程。

Zeiler和Velasco（2009）把核试验判别方法分成远震距离（20°~90°）、区域距离（200km~2000km）和地方震到近区域距离（0~200km）3个区间。在远震距离上只能对大当量事件进行监测，仅靠远震记录进行事件判别对于低震级事件（$m_b \leq 4$ 左右）已不实用。但在区域距离上的一些判据其实当初是针对远震距离发展起来的。

根据我国地震监测中的划分习惯，将地震事件按震中距划分为地方震（0至约100km或略远些）、近震（约100km至约13°），震中距大于约13°的地震视为远震。在地方震距离内，地震记录震相以Pg和Sg为主，在近震距离上，则出现Pn、Sn，且Lg发育，因其群速度与S波相近，所以在这种距离上的S波实际上是和Lg混合的。

一方面，全面禁止核试验条约（CTBT）把核试验的下限降至0kt，因此，从核试验监测的角度，对小震级地震、人工爆破（采石场、矿山、建筑工地）和核试验的判别也被关注。与单个爆破相比，相同当量的延时点火爆破产生的地震效应要小得多，因而增大了监测和判别的困难。另一方面，为了研究区域地震活动性，也要求在地震目录中能清楚标明地震类型，因此，即使不是为了核试验判别的目的，也需要建立合适的判据来区分小地震、各类爆破和诱发地震。

在下面的内容中，以识别方法为主线，并说明每种识别判据的可能适用范围（包括震中距范围）、长处和短处。

14.2　地震事件基本参数在地震事件类型判别中的应用

地震事件基本参数包括震中位置、震源深度、发震时刻和震级，这些参数对于地震事件类型判别有重要意义。

14.2.1　震中位置

如果确定震中在海洋地区但没有记录到水声信号，则可认定事件为地震。如果位置确定在陆地，在某些情况下仍可只基于位置将事件判别为地震，例如，如果该地点显然不适于核爆炸（比如靠近人口密集地区）或如果在该地区没有人类活动的证据。在历史上，世界上几个众所周知的核试验场地发生的地震事件，首先被怀疑是核试验。

对于化学爆炸，如采石场、矿山的生产作业进行的爆破，其场地的位置是已知的和相对固定的，因此，准确的震中位置有助于判定事件类型。

由于核试验和矿山爆破都有相对固定的场地，因此，利用已知的事件位置对新发生的事件进行精确的相对定位，可以得到准确的震中位置，对于重复发生的核试验和矿山爆破，震中位置是一个基本的判别手段。

当然，对于在未知场地进行的首次核试验或工业爆破，震中位置只能是一个辅助的参考判据。

关于地震定位方法，参见第 6 章和第 8 章。

14.2.2　震源深度

如果以高置信度确定震源深度大于 15km，该地震事件可被判别为地震。用深度作为判据的好处是它不依赖震级，只要信号质量合适，大、小地震事件都可用这一判据。然而，对于测定震源深度较浅（约小于 10km）的事件，不能单独用深度来区分化爆和核爆，也不能单独区分地震和核爆。当然，震源深度测得越准确，在判定事件类型方面越有用。

可用 P 波到时和/或 S 波到时测定震中位置和震源深度，也可用 P 和 pP 或 sP 波的到时差测定深度，罗艳等（2011）利用地震波形精细测定了一个发生在沉积盖层里的破坏性地震的震源深度，表明利用地震波形精细测定极浅源（在 1～5km 范围）地震震源深度的可能性，为利用震源深度判定震源类型提供了一个重要手段。关于震源深度的测定方法，参见第 7 章。

14.2.3　发震时刻

历史上，各国进行核试验时，起爆时刻一般都选在当地的白天整点时刻前后，因此，根据地震事件的发震时刻和震源位置，便可以有很大把握认定为在该试验场进行的核试验。然而，如果进行核试验的一方想要进行隐蔽的核试验，则会随机选定起爆时间，因此，发震时刻判据对于核试验监测已没有多大意义。

对于化学爆炸，特别是常规的采石场爆破，每个作业单位，起爆时间仍有一定规律。例如，蔡杏辉等（2013）对福建地区选取的爆破和地震事件按发震时刻进行统计，结果表明，爆破事件多发生在中午和下午，占爆破总数的 73%，而地震事件则没有明显的时间规律。发震时刻有助于判定事件类型，可以作为判别事件类型的判别因子之一。

14.2.4　震级 M_S 与 m_b

地下核爆炸记录测定的面波震级 M_S 和体波震级 m_b 与地震记录测定的面波震级 M_S 和体波震级 m_b 有系统性差异。这种差异基本上是爆炸激发体波（短周期）效率高、而地震激发面波（长周期）效率高的表现。在原始地震图上这种现象往往很明显，可用 m_b: M_S图表示。从图中可看到地震和核爆炸被分离成两个集群。如果一个事件清楚地位于其中一个集群里面，则可肯定该事件类型。但不能可靠地判别位于两集群之间的事件的类型。

Selby 等（2012）对 m_b: M_S事件筛选判据进行了重新评估。在 m_b: M_S图上，CTBT 核查国际数据中心（IDC）设定的试验性筛选线是，

$$M_S = 1.25m_b - 2.2 \tag{14.1}$$

2006 年和 2009 年的两次朝鲜核试验的 m_b: M_S值靠近这一筛选线，原因是朝鲜核试验的 M_S值与历史上有类似 m_b的核爆炸相比偏高，范娜等（2013）也指出，2006 年和 2009 年朝鲜两次核试验的面波震级偏高，因此不适用 m_b: M_S判据。尽管 IDC 没有把这两次核试验筛除，但还是有必要对这条筛选线进行修正，从而保证今后不会筛除任何可能的核爆炸。Selby 等（2012）校核了 409 个过去地下核爆炸的 m_b和 M_S震级。基于校核后的震级值，修正后的事件筛选线为，

$$M_S = m_b - 0.64 \tag{14.2}$$

在 IDC 的评估表明，对于 2008 年发生的事件，新判据筛除 42%，而老判据筛除 87%，可见新判据筛除事件数量明显减少，而留下来要进一步分析的事件数量增多了。修改后的暂时 m_b: M_S筛选线已于 2010 年 2 月得到 CTBT 准备委员会工作组下属波形专家组的认可，并在 IDC 开始试用。

边银菊（2005）对 248 次地震和 288 次爆炸，其中包括美国西部 28 个地震事件和 110 个爆炸事件、美国内华达试验场附近 54 个地震事件和 169 个爆炸事件、苏联的塞米帕拉金斯克和新地岛的 9 个爆炸事件以及苏联和中国的 166 个地震事件，用 Fisher 方法研究了判别爆炸的震级比 m_b: M_s 判据，分别对三个地区得到如下定量的线性分类方程：

美国西部 $$h(M_S) = 3.57M_S - 4.46m_b + 8.5 \tag{14.3}$$

内华达试验场 $$h(M_S) = 6.29M_S - 9.18m_b + 20.3 \tag{14.4}$$

苏联 $$h(M_S) = 11.88M_S - 13.59m_b + 22.4 \tag{14.5}$$

图 14.1 给出边银菊（2005）利用 m_b: M_S判别地震与核爆炸的分类结果。关于 Fisher 方法，见 14.10.3 小节。

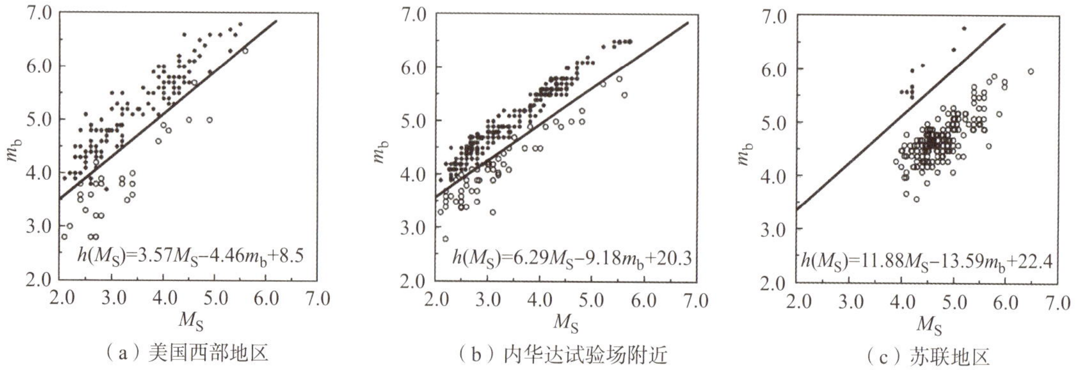

（a）美国西部地区　（b）内华达试验场附近　（c）苏联地区

图 14.1　利用 m_b: M_S判别地震与核爆炸的分类图举例。图中，*表示爆炸；◦表示地震（边银菊，2005，图 2）

采用 m_b: M_S 判据的基础是获得样品事件的准确 m_b 和 M_S 震级。关于震级测定，参见第 12 章。

对于较大事件，同时测定 M_S 和 m_b 不是问题，但对于较小事件(m_b 小于 4.0)，单用远震距离的台站则难以监测长周期面波。利用区域台站(震中距≤20°)可对小到 m_b = 3.0 或更小的事件得到 M_S。我国国家标准中规定的面波震级 M_S 的定义不限于使用周期 20s 附近的面波，使面波震级的可测距离拉近到 3°左右，对体波震级的适用范围也拉近到 5°(GB 17740—2017《地震震级的规定》)，从而可在较近震中距同时测定 m_b 和 M_S。对于小于 5°的距离，还可用 m_{bLg}（见 12.3.5.1 小节）代替 m_b。

然而，在近震距离上 m_b: M_S 判据的有效性还存在争议，还需要对两类震级的准确测定方法以及区域构造对面波、体波衰减的影响进行深入研究，并收集更多的震级样本数据，才可能对震级比判据的有效性给予恰当的评价。随着数字地震观测时代的到来，直接对比地震波形记录特征及其频谱特征具有了现实可行性，因此，传统的基于模拟记录图建立的震级比判据的重要性已经减弱，研究重点已放在利用地震事件记录波形进行事件类型判别了。

14.3　P 波垂直向初动符号分布在地震事件类型判别中的应用

由断层错动造成的构造地震在不同地震台站的垂直向记录初动符号有正有负，在地理分布上呈四象限分布（参见第 9 章），而爆炸源的地震台站垂直向记录初动符号应为正，因此，地震台站垂直向记录初动符号是否有四象限分布，成为判别地震与爆炸的重要判据。但这依赖于台站的地理分布，如果台站分布在地震波辐射花样对台站压缩象限内，初动符号也全为正。而且，由于地动噪声的干扰，加上个别台站可能出现的地震仪标定错误，不能因为个别台站垂直向记录为负号（初动向下），便“一票否决”其为爆炸的可能性。因此，尽管理论上，初动符号应该是一个好的判据，但实践结果可能不如预期的那样好。随着区域台网台站密度增大，获取更多可用且可信的初动符号资料成为可能。

刘莎等（2012）选取首都圈地区 2008 年 8 月至 2009 年 9 月 M_L 在 2.0~2.2 范围内的爆破、矿山塌陷和天然地震数据资料，发现爆破的初动方向向上，塌陷的初动方向向下，天然地震的初动方向依赖于台站的分布情况。但林向东在地震编目实践中发现首都圈震级 2.0~2.2 的塌陷事件大部分记录台站初动方向向下，但也有一定数量的台站初动向上。更进一步的结果还需要继续研究。

14.4　波形特征在地震事件类型判别中的应用

从地震事件的记录波形中寻找可用于事件类型判别的有效判据，是近些年来相关研究人员的努力重点，研究者试图寻找各种可能的特征量进行测试，也取得了许多成果。但对于同一特征量，不同的地区可能有不同的表现，有不同的判据阈值，其判据的有效性也受到地域的限制，因此需要对判别事件类型的目标区域的事件样本进行具体研究，不能简单地在一个地区套用在另一地区证明有效的判别标准。

14.4.1 不同震相的振幅比

可以对不同震相、不同分向、不同带通滤波后的记录波形测量其振幅，于是得到多个振幅。对这些振幅值进行不同的组合，计算其振幅比，再对这些振幅比进行综合分析，可得到地震事件判别因子。

在近震距离，短周期面波 Lg 发育，因此，可将 Lg 波的振幅与 Pn 振幅、Pg 振幅、Pmax（P 波段的最大振幅）求其比值，作为事件判别因子。可以通过多因子综合分析的方法提高其判别能力。对于地方震到近震的距离（0 至约 200km），Pn 不发育，而 S 又与 Lg 混在一起，因此，下文的讨论中，对于近震距离，使用的 Lg 和 S 实际上是指大体相同的波形段（Zeiler and Velasco，2009）。下面介绍测量信号幅值比的一般方法（潘常周等，2007；Zeiler and Velasco，2009）。

（1）预处理和滤波。

对事件的原始波形进行人机交互分析，去掉存在质量问题或事件重叠现象的波形数据，然后消除波形的线性趋势项，并分别用不同通频带的带通滤波器对波形进行带通滤波，例如，取 0.75～1.5Hz、1～2Hz、2～4Hz、3～6Hz 和 4～8Hz 的三阶巴特沃斯带通滤波器滤波得到不同频带的波形。

（2）计算信号的包络线。

对每个事件在不同台站的记录，根据滤波后的三分量波形，分别计算垂直分量、水平分量以及三分量合成信号的包络线。为此，首先分别按以下两式构建水平分量和三分量波形的组合波形 x_H 和 x_{3C}。

$$x_H(i)=\sqrt{x_E^2(i)+x_N^2(i)} \tag{14.6}$$

$$x_{3C}(i)=\sqrt{x_E^2(i)+x_N^2(i)+x_Z^2(i)} \tag{14.7}$$

式中，$x_Z(i)$、$x_E(i)$ 和 $x_N(i)$ 分别为垂直、东西和北南分量滤波后的波形采样；i 为波形采样点序号。取给定长度（例如 1s）的滑动时间窗（例如汉宁窗），计算窗口内的均方根幅值，求得 x_Z、x_H 和 x_{3C} 的包络线。

还可以利用 4.5 节中介绍的信号希尔伯特变换得到信号的包络。

（3）指定信号和噪声窗口。

根据各震相的视速度选定信号窗口。例如，潘常周等（2007）选 Pn、Pg、Sn 和 Lg 的速度窗口分别为 6.6～8.2km/s、6.2～4.8km/s、4.0～4.6km/s 和 2.8～3.7km/s。但在震相清晰的情况下，将相应信号窗口的开始位置置于震相到时前，整个窗口的长度保持不变。当震中距小于 1.8°时，只测量 Pg 和 Lg 的幅值。在震中距小于 1°的情况下，将 Pg 的信号窗口取作从其到时至 S 波到时的时间窗，而 Lg 的信号窗口则取作从 S 波到时算起长度为 10s 的时间窗。为计算信噪比，噪声窗口统一取为从第一个到达震相到时前 8s 开始至该震相到时前 2s 的时间窗。这样选取的震相信号窗口并不一定严格地仅包含某一震相的信号，如 Lg 的窗口有可能还包含了 Sn 或 Sg 的信号。Zeiler 和 Velasco（2009）对地方震震相 Pg，Lg 和 Rg 确定的速度窗口见表 14.1。

表 14.1　计算每个震相振幅时使用的速度窗口和滤波器拐角频率（Zeiler and Velasco，2009，表 1）

震相	速度/(km/s)	带通滤波器/Hz
Pg	5.5 ~ 6.5	4 ~ 8
Lg	1.25 ~ 3.5	$T-1/f_c \sim T+1/f_c (\Delta>0.36°)$
Rg	0.7 ~ 1.0	0.5 ~ 1.5

注：表中的 f_c 取值为 $f_c=0.2/(T\cdot\sqrt{\Delta})$；$T$ 是 Lg 波的周期；Δ 是震中距(°)。

（4）测量信号和噪声幅值。

在相应的窗口内，分别测量垂向分量(x_Z)、水平分量(x_H)和三分量(x_{3C})波形的包络线的峰值。然后，分别根据垂向、水平分量和三分量的信号幅值和噪声幅值，计算相应的信噪比和 P/S 震相幅值比，以便比较由不同分量幅值计算的 P/S 幅值比，来识别地震事件的差别。Zeiler 和 Velasco（2009）取初至周期之后的头两个周期，用于确定 Pg 的振幅，而不是使用初至振幅。

P/S 震相幅值比由下式计算，

$$R=\lg\left(\frac{(A_p|f_i)}{(A_s|f_i)}\right) \tag{14.8}$$

式中，$(A_p|f_i)$和$(A_s|f_i)$分别表示在第 i 个频带内测量的 P 波信号幅值和 S 波信号幅值，要求 P 波和 S 波的信噪比都大于给定阈值，例如 1.5。

（5）震中距校正。

由于不同震相对应的地震波随震中距的衰减速度不同，震相幅值比对震中距有很强的依赖性。因此，为了比较不同震中距的地震事件的震相幅值比，对于震中距大于约 100km 的情况，需对震相幅值比进行震中距校正。假设震相幅值比对震中距的依赖性可用下式描述（Fisk et al.，2000），

$$R_c=a+b\lg(\Delta)+c\Delta \tag{14.9}$$

式中，R_c为幅值比；Δ 为震中距（单位：km）；其他系数(a,b,c)与特定的震相幅值比类型(Pn/Lg 或 Pg/Lg 等)、频带和特定地区的介质结构有关。根据大量的样本事件，可以拟合得到这些系数，从而得到幅值比与震中距的关系曲线。根据对地震样本的拟合结果，按下式对观测幅值比 R 进行震中距校正，得到校正后的振幅比 R'，

$$R'=R-R_c=R-a-b\lg(\Delta)-c\Delta \tag{14.10}$$

下面是 Zeiler 和 Velasco（2009）得到的一些结果，他们只用了一个滤波器，所以没有用同一震相不同滤波器滤波后的比值。在地方震距离，不需使用距离校正。在利用多台振幅比时，取多台平均值可以提高判别能力，但同时应根据多台振幅值确定其平均值的误差，例如在比值图中画出相应的 1 倍标准误差条（图 14.2）。从图 14.2 中可以看出误差条的重叠。再有，在硬岩中和在软岩中的单次点火爆破与地震及矿山生产爆破的截断线（分界线）是不同的，说明在建立判别判据时，应考虑爆破所在位置的岩性。图 14.2 中所示 3 种比值有不同的表现，在硬岩中，Pg/Lg 能很好地将单次点火爆破与其他震源区分开；在软岩中，单次点火爆破一般能与矿山生产爆破分开，但由于地震有较大的 Lg/Rg 比值，只有 Lg/Rg 能将单次点火爆破与地震分开。

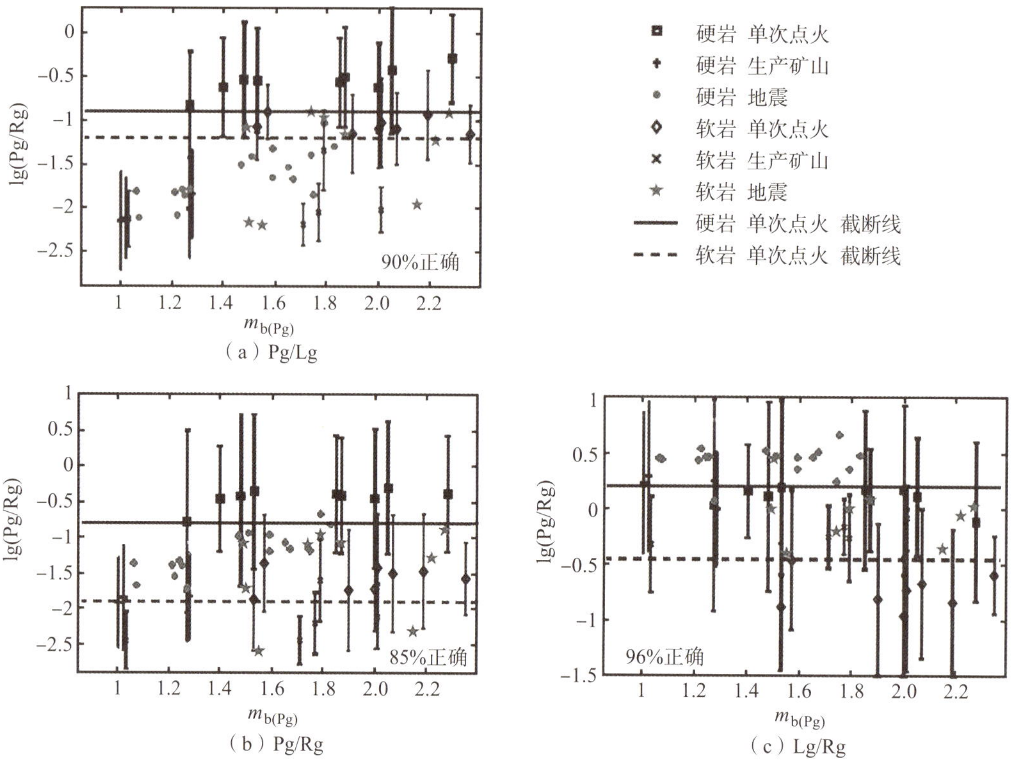

图 14.2　振幅比和判别线。每个小图中给出正确判别单次点火爆破的比例（Zeiler and Velasco，2009，Fig.4）

另外一些作者也使用 S/P 振幅比。例如，张萍等（2001）根据辽宁地震台网记录资料的研究结果给出爆破的振幅比为 1.5～1.8，而近震的振幅比为 3.2～4.0。陈飞等（2002）通过对江苏地区 30 个爆破及 20 个地震事件的预处理，发现 S/P 振幅比小于 2.0 的为爆破，大于 2.8 的为地震，综合认为 2.4 为一个判断界线。刘莎等（2012）对首都圈地区爆破、矿塌和天然地震的识别研究得到的结论是爆破和矿塌的面波比较发育，天然地震的 S 波与 P 波最大振幅比（A_S/A_P）大于爆破和矿山塌陷。蔡杏辉等（2013）对福建地震台网记录的 74 次爆破和 72 个天然地震的统计结果得出，对于直接在速度记录垂直向量取直达 P 波和 S 波最大振幅，统计结果是各地区爆破振幅比接近为 1，平均为 0.8～1.1，各地区地震振幅比明显大于爆破（个别地区除外），平均为 2.8～4.8，振幅比值随震中距的改变没有明显规律，各台的爆破振幅比值变化相对稳定，而各台的地震振幅比值变化波动较大，不同地区 S/P 震相幅值比有所差别。

爆破与天然地震的震源机制不同，从而导致其激发 S 波的能力不同，通常，对于同等震级水平的地震与爆破，爆破 P 波比天然地震强，S 波比天然地震弱，因此天然地震振幅比值（A_S/A_P）通常较爆破大。潘常周等（2007）对 1000 余次天然地震和 78 次地下爆炸（17 次核爆，20 次集中式化学爆炸和 41 次工业爆破），使用中国新疆地震台网的 WMQ、BLK、MUL 和哈萨克斯坦的 MAK 等 4 个台站上的宽频带地动速度记录，检验了较大震级情况下得到的区域 S/P 震相幅值比识别判据对低震级地震事件的适用性，其中天然地震主要分布在新疆地区，地下爆炸主要分布在哈萨克斯坦的塞米帕拉金斯克试验场、我国的罗布泊试验场和新疆吐鲁番、奇台等地区。天然地震的最小震级为 $M_L2.0$，近 200 次地震的 M_L 小于 3.0；地下爆炸的最小震级为 M_L1.3，除 17 次核爆炸外，其他大多数爆炸的震级为 M_L 小于 3.0；事件的震中距范围为 0.2°～15.8°。潘常周等（2007）的分析结果表明，对较大震级地震事件具有较好识别效果的 S/P 震相幅值比判据对低震级事件同样适用，而且对低震级事件也具有与较大震级事件大致相当的识别效果。据 WMQ、BLK、MUL 和 MAK 台的 25 个识别效果较好的 S/P 震相幅值比判据统计，大于 M_L3.5 和小于 M_L3.5 地震事件的误识率之差约为 2 个百分点。

上述研究结果表明，震相幅值比判据在不同地区有相同的趋势，但具体判据值有差别，因此对不同地区应根据实际观测数据统计出适于本地区的经验关系。

需要注意的是，在近震距离判别事件时，震源岩性、局部场地效应和大尺度地质特性都对振幅测量有影响（Zeiler and Velasco，2009），因此要采取相应的校正措施。

14.4.2　不同震相的能量比

魏富胜等（2012）在时间域定义了一个对比参量 a 值，

$$a=\lg\left(\frac{1}{k}\cdot\frac{\int_{t_{S0}}^{t_{S1}}S^2(t)\,\mathrm{d}t}{\int_{t_{P0}}^{t_{P1}}S^2(t)\,\mathrm{d}t}\right) \tag{14.11}$$

式中，$S(t)$是速度型垂直向地震记录信号；对于区域性地震事件，t_{S0} 和 t_{P0} 分别是直达横波 Sg、直达纵波 Pg 的到时，$t_{P1}=t_{P0}+\Delta t$，$t_{S1}=t_{S0}+\Delta t$，Δt 是积分限的时间窗宽度；k 是与地区有关的经验性常量，且 $k\geqslant1$。魏富胜等（2012）由 132 个台站记录的 22 个 1.7～5.1 级事件的垂直向波形分别得到 a 值，图 14.3 给出这 22 个不同类型地震事件的 a 均值分布（震中距小于 1000km）。数据显示，$a=0$ 的直线基本上能够将天然地震（蓝色三角形）与核爆（红色圆形）及化爆（粉红色菱形）事件区分开。

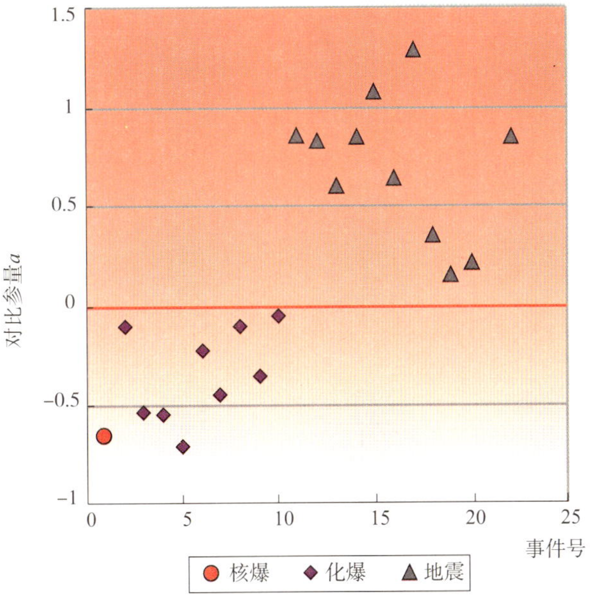

图 14.3　同一地区 22 个不同震源类型事件的 a 均值分布（魏富胜等，2012，图 1）

14.4.3 短周期 SH 波的激发

Pomeroy 等（1982）在归纳近震距离的地震核查判据时指出，“纯”爆炸不应产生 SH 波，对于同样大小的地震和爆炸，地震比爆炸更能激发 SH 波。因此，考察 SH 波的激发程度，也是识别地震与爆炸的一种方法。一种作法（Press et al.，1963）是取滑动时间窗（例如 8s），取该时间窗内的能量变化作为 SH 波激发的指标，具体指标是 SH 波到达后 4s 窗内的能量与前 4s 窗内的能量之比以及 SH 波能量上升的速度这两个参数作为判别指标。使用内华达试验场的 32 个爆炸和加利福尼亚—内华达地区的 13 个地震的分析结果表明，爆炸的平均能量比是 8.4 ±4.3，而地震是 41.2 ±32.8。虽然地震的 SH 激发变化幅度很大，但地震与爆炸的差别在统计上是很显著的。30% 地震的能量比高于全部爆炸，90% 地震的能量比高于 67% 爆炸。由于所使用的是单个台站，对个别地震，该台站可能处于 SH 激发花样的节面上。考虑到地震波辐射花样的影响，取多台平均可取得较好效果。虽然该类识别方法没有被广泛采用，但随着三分量数字化台站越来越多，该类方法值得进一步研究。

14.4.4 波形相似性

由于在同一场地发生的同类地震事件的波形具有相似性，因此，估计待判别事件与已知类型的参考事件波形的相似性，成为地震事件类型判别的手段之一。Harris（1991）将待判别事件波形与参考事件波形进行相关，根据其相关程度判别待定事件的类别归属。魏富胜等（2010）通过计算同一台站记录两个震源位置相近事件的波形相关系数，判断它们是否是重复事件，有助于利用已知的事件去判定另一事件的类型。

本书 4.3 节讨论了波形互相关分析的具体作法。

14.4.5 其他波形特征

还有其他基于波形特征的识别判据。例如，陈飞等（2002）对江苏 30 个爆破及 20 个地震事件，通过计算记录波形过零点的间隔估计波形的半周期，从而估算相邻周期的变化比值，统计结果表明，周期变化比最大值 $(T_{n+1}/T_n)_{\max}$ 小于 3.0 的是地震，3.0 ~ 3.5 为临界区域，大于 3.5 的是爆破；张春贺等（2006）用周期 – 频度谱指标自动识别小爆破；Su 等（1991）发现矿山爆破的尾波衰减速率比地震大得多；等等，不在此一一介绍。

14.5 频谱特征在地震事件类型判别中的应用

14.5.1 频率 3 次矩

Weichert（1971）提出的频率 3 次矩是一个频谱判别因子，代表了高频成分的相对比较。频率 3 次矩（TMF）的定义是，

$$\mathrm{TMF}=\frac{\int_0^5 f^3 A(f)\,\mathrm{d}f}{\int_0^5 A(f)\,\mathrm{d}f} \tag{14.12}$$

式中，$A(f)$是傅里叶谱振幅；f是频率(Hz)。这一公式对高频成分加了较大权重，所以爆炸通常会产生 TMF 高值。

这一判别判据对于远震很有效，但对于近震距离，该判据是否有效，还需进一步研究。

14.5.2　远震 P 波短周期频谱

Tiira 和 Allmann（1994）采用芬兰中南部的 4 个短周期台站记录，对远在前苏联塞米巴拉金斯克核试验场和我国罗布泊核试验场进行的核试验，以及周边地区的地震进行判别研究，属于使用短周期地震记录对远震进行判别的问题。由于问题很难，Tiira 和 Allmann（1994）采取了一些办法值得借鉴：对频谱判别算法进行了改进，给出 5 种频谱比，其中除了对原始记录数据进行 FFT 的标准算法外，还计算了经过噪声修正的频谱、经过数据修正的频谱、互相关图频谱以及由噪声修正谱和互相关相结合的方法获得的频谱；对核爆炸和地震这两类地震事件的已知样本频谱分别进行叠加，用于确定求频谱比和频率 3 次矩（TMF）的最佳频率窗口；通过人工神经网络利用多个判别因子进行综合判别，其综合系统的输入不是待定事件的各判别因子本身的值，而是把各判别因子在单项判别中与判别线的相对位置作为输入；根据单项判别时对地震与核试验的分辨能力对每个判别因子加权。下面对这些不同形式的频谱做简要说明。

（1）原始数据频谱，是对记录的原始数据进行 FFT 运算得到的频谱。

（2）噪声修正频谱，是在原始频谱中减掉噪声谱，以提高信噪比，这里的噪声谱是利用地震事件到达前一段噪声记录波形计算的。

（3）数据修正频谱，用于估计事件的频谱随时间的变化，用下式计算（Tiira and Allmann，1994），

$$G(f)=\frac{1}{L}\sum_{l=0}^{L-1}(G_l(f)-G_{l+1}(f)) \tag{14.13}$$

式中，$G_l(f)$是第 l 个时间窗的频谱；$G_{l+1}(f)$是紧跟着的时间窗的频谱，前一个窗的谱减后一个窗的谱，再求总共 L 个频谱差的平均值，以反映事件的频谱在时间进程中的变化。Tiira 和 Allmann 取第一个窗从 P 到时开始，窗长 4s，滑动步长为 1 个采样点，最后一个时窗从 P 到时后 16s 开始。当然，在现代数据处理方法中，如短时傅里叶变换、信号的时频分析等都能反映信号频谱随时间的变化，但用一个简单量来量化这一特性，上式的算法仍不失为一个可以利用的判据。

（4）相关图频谱，是利用互相关图原理设计的一个计算方法，信号的功率谱是信号互相关函数的傅里叶变换，相关图法是现今计算信号功率谱的主要方法之一。Tiira 和 Allmann 把事件 P 到达后的 16s 信号分成 4 段($M=4$)，对每一段用下式计算自相关函数，

$$R^{\Lambda}(\tau)=\frac{1}{T}\int_0^T y(t)y(t+\tau)\mathrm{d}t \tag{14.14}$$

式中，T 是信号段长度(取 $T=4$s)；t 是时间；τ是进行自相关计算的延时。对 M 段自相关函

数两两进行互相关，

$$R^{C}(\tau)=\frac{1}{T}\int_{0}^{T}R_{m}^{A}(t)R_{n}^{A}(t+\tau)\mathrm{d}t \tag{14.15}$$

式中的 m 和 n 是信号段的序号，见下式中 m 和 n 的取值，

$$\mathfrak{R}(\tau)=\frac{\sum_{m=1}^{M-1}\left[\sum_{n=m+1}^{M}R^{C}(\tau)\right]}{\sum_{h=1}^{M}(M-h)} \tag{14.16}$$

$\mathfrak{R}(\tau)$是各段自相关函数彼此作互相关之后的平均，是延时τ的函数。对$\mathfrak{R}(\tau)$进行 FFT，得到的频谱是信号的功率谱，称作周期图频谱。

Tiira 和 Allmann(1994) 使用这些不同的频谱来构成判别核爆炸和地震的频谱比判据。

关于信号频谱的计算，参见 2.4 节内容。

14.5.3 不同震相的振幅谱比

对于区域地震事件的频谱识别，主要是利用 P/S 谱振幅比作为判别量。在 2000km 距离范围内观测到的区域 P 波(Pg 或 Pn)和 S 波(Sg、Sn 和 Lg)的谱振幅比是区分区域距离内的地震和地下核爆炸的有效方法（韩绍卿等，2010）。历史上一些区域核爆炸记录只有垂直分量可用，如果有三分量的记录可用，S 波通常在水平分量上记录得更加清晰，振幅也更大。类似地，P 波则在垂直分量上记录得更加清晰，振幅也更大。因此，利用三分量记录会改善判别量 P/S 谱振幅比的识别能力。三分量的 P/S 谱振幅比，可有很多组合方法，如将水平分量旋转为径向分量和横向分量，然后使用 P 波的垂直分量、P 波的径向分量和 S 波的横向分量，但最简单的方式是将三个分量加以平均。根据使用震相的不同，又可分为同一频段内 P 震相和 S 震相的谱振幅比值、同一个震相内低频与高频的谱比值以及一个震相的高频与另一个震相的低频的谱比值。对于不同的地区，P/S 谱振幅比判别量达到最佳识别性能的频率范围是不同的。与 14.4 中所述振幅比的情况类似，利用谱比值时，如果样品数据的震中距范围较大(比如 3°～17°)，则应进行震中距校正。P/S 谱振幅比是依赖于地区的，对每一个地区，必须使用不同距离、方位角和震级的训练数据来寻找最佳的震相、频段和距离修正算法。

赵连锋等（2016）在对 2016 年 9 月 9 日朝鲜地下核试验进行地震学鉴别时，以朝鲜前 4 次地下核试验与邻近区域 4 个地震的大陆路径台站垂直位移记录 Pg/Lg、Pn/Lg 和 Pn/Sn 傅里叶频谱比的台网平均值作为区分地震和核爆事件的依据，并计算 2016 年 9 月 9 日事件的同类数据，结果表明，在 2～15Hz 频带，核爆与地震的 Pg/Lg、Pn/Lg 和 Pn/Sn 频谱比有显著差别。2016 年 9 月 9 日发生在朝鲜的事件明显落入爆炸震源的群组，是一次人为爆炸事件，如图 14.4 所示，红色为之前 4 次核爆的数据，黑色为 4 个地震的数据，蓝色为 2016 年 9 月 9 日事件。

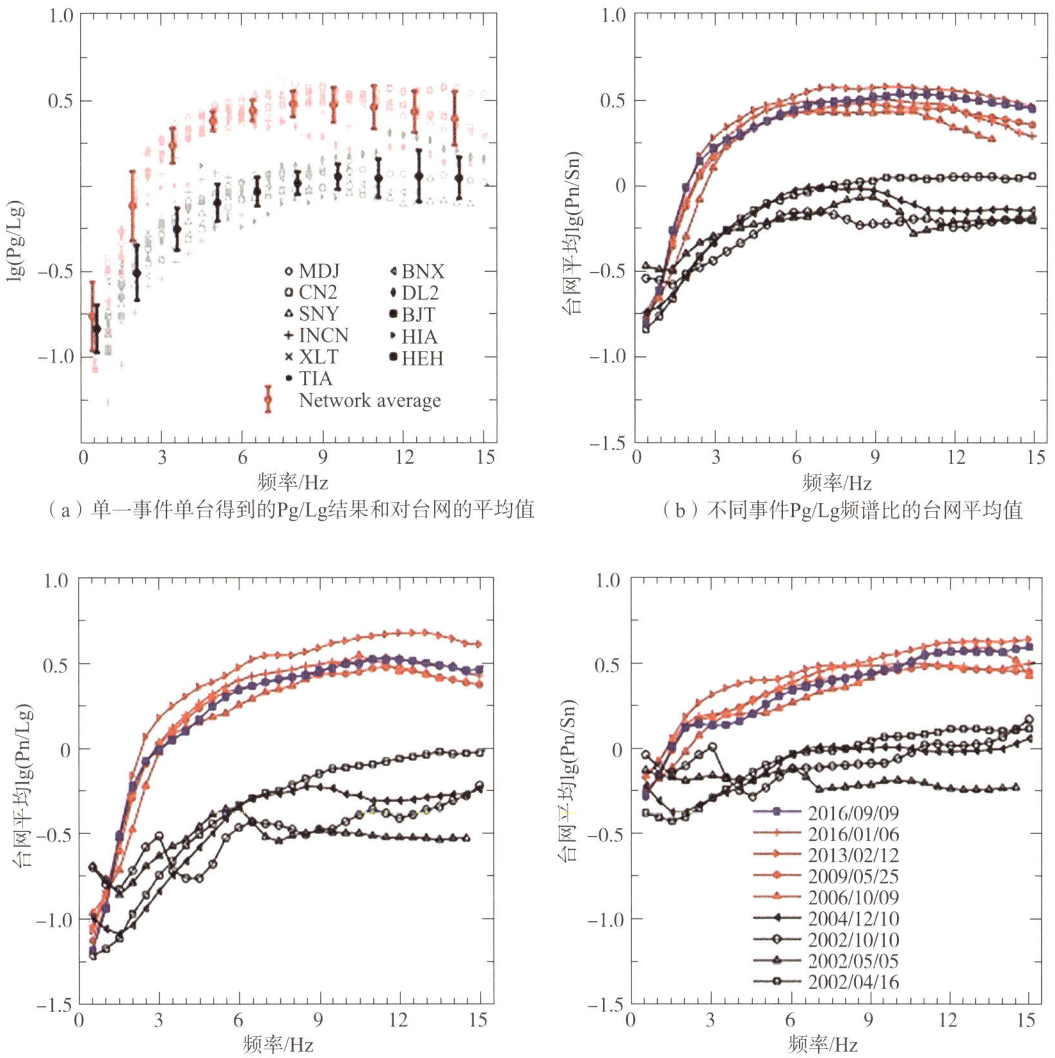

（a）单一事件单台得到的Pg/Lg结果和对台网的平均值

（b）不同事件Pg/Lg频谱比的台网平均值

（c）不同事件Pn/Lg频谱比的台网平均值

（d）不同事件Pn/Sn频谱比的台网平均值

图 14.4　核爆与天然地震事件频谱比的比较。红色曲线来自历史核爆，黑色曲线为天然地震，蓝色曲线来自 2016 年 9 月 9 日的事件，该事件显然落入爆炸事件的群组（赵连锋等，2016，图 2）

14.5.4　振幅谱特征参数

我国研究人员在对于地方震距离的地震事件进行判别研究时，采用 P 波段和 S 波段分别计算其速度谱和位移谱，计算各自谱的峰值 Ω_{mP} 和 Ω_{mS}，相应的频率 f_{mP} 和 f_{mS}，以及谱峰值处相对频带宽度 Δf_P 和 Δf_S（定义为谱峰值两侧 1/3 峰值点之间的频带宽度），谱的零频幅值 Ω_{0P} 和 Ω_{0S}，拐角频率 f_{cP} 和 f_{cS}。还利用 P 波段的功率谱，找出功率谱峰值频率 f_{mW} 和相应的频宽 Δf_W。

图 14.5 给出乌鲁木齐市附近人工爆破与地震的典型位移谱（夏爱国和刘贤伦，2002，图 2），图 14.6 给出乌鲁木齐市附近人工爆破与地震的典型功率谱（夏爱国和刘贤伦，

2002，图 3），由于频谱峰值 Ω_{mP} 和 Ω_{mS} 与事件的震级有关，故采用二者的比值 Ω_{mP}/Ω_{mS} 作为判别因子。

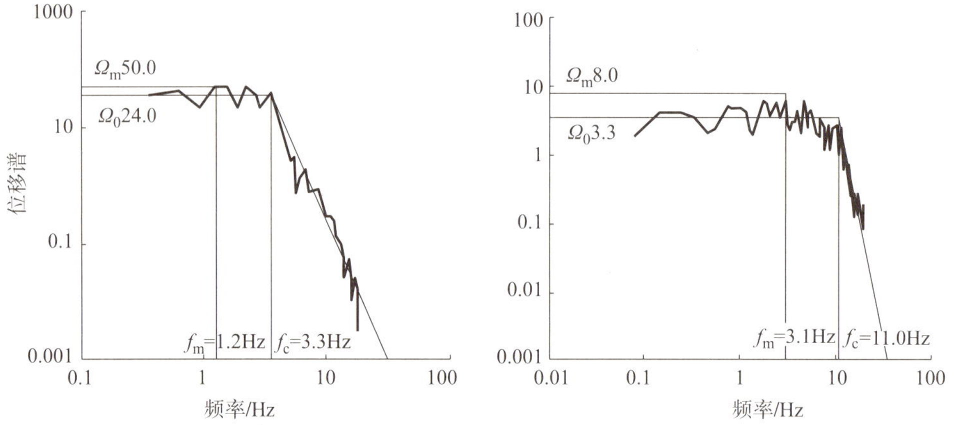

（a）S波段　　（b）P波段

图 14.5　乌鲁木齐市附近人工爆破与地震的典型位移谱（图(a)为爆破，图(b)为地震。夏爱国和刘贤伦，2002，图 3）

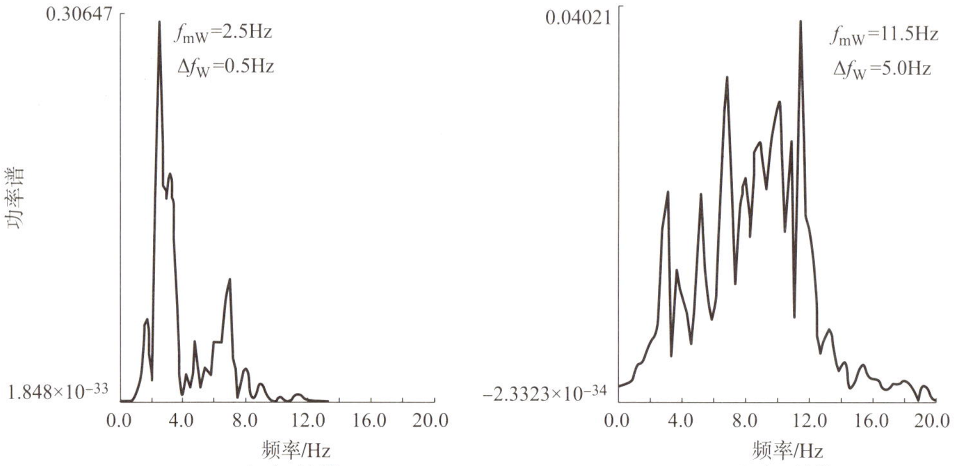

（a）S波段　　（b）P波段

图 14.6　乌鲁木齐市附近人工爆破与地震的典型功率谱。(a)为爆破，(b)为地震（夏爱国和刘贤伦，2002，图 3）

夏爱国和刘贤伦（2002）选取乌鲁木齐遥测地震台记录的乌鲁木齐市附近人工爆破与天然地震（M_L2.0~2.4、震中距 20~50km）资料，发现在震级与震中距相近的条件下，主要差异表现在天然地震的纵、横波拐角频率 f_{cP} 和 f_{cS} 明显大于人工爆破，两者比值约为2:1；天然地震的最大谱值比 Ω_{mS}/Ω_{mP} 也明显大于人工爆破，两者比值约为 3:1；地震 P 波功率谱的频谱特征量 f_{mW} 和 Δf_W 也比人工爆破大很多。

张萍等（2005）根据辽宁数字地震台网记录的爆破、矿区塌陷与地震的数字资料，采用波谱分析的方法，选取 4 个台站对其所在区域 182 个爆破、矿区塌陷与地震事件，震中距 20～100km、少数震中距达 400km（朝鲜境内）、震级 M_L1.0～4.1、绝大多数 M_L3.0 以下的记录，对比研究波谱特征，发现爆破、矿区塌陷与地震的纵横波拐角频率 $f_{c(P,S)}$ 及最大谱值等存在的差异。图 14.7 给出本溪地震台记录同一个地区（震中距 $\Delta<100$km）爆破、矿区塌陷和地震的拐角频率比较（张萍等，2005，图 6），结果显示矿区塌陷不如爆破和地震拐角频率稳定；地震拐角频率值的变化比矿区塌陷稳定，不同地区拐角频率值变化规律有差异性；少数爆破与矿区塌陷拐角频率数值比较接近，仅用拐角频率定量指标来区分爆破与矿区塌陷事件仍有一定的困难，还需要参考爆破和矿区塌陷发震的位置及波形特征等加以区别。刘莎等（2012）对首都圈地区使用自 P 到时起始至整个波形结束的完整波形段的频谱，得到了类似的结果，见图 14.8 和图 14.9（刘莎等，2012，图 5 和图 6）。

可以用速度功率谱和位移功率谱的积分确定拐角频率（Andrews，1986），还可以在时间域估计位移谱的拐角频率，见第 11 章，由此可以更客观地得到位移谱的拐角频率用于事件判别。

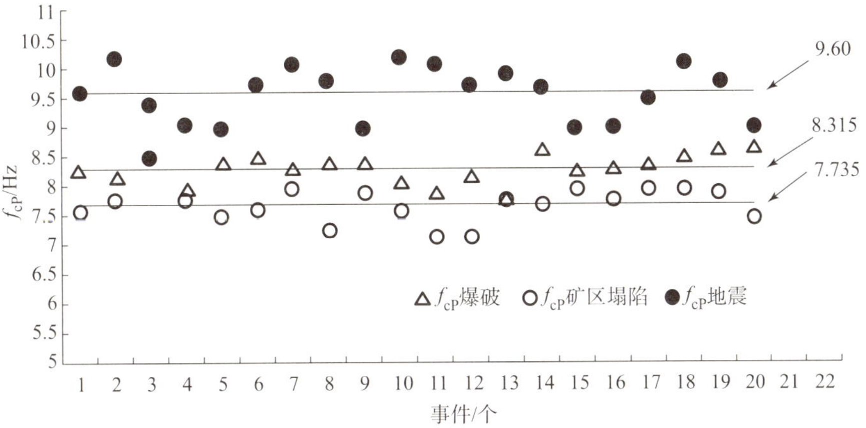

（a）P波

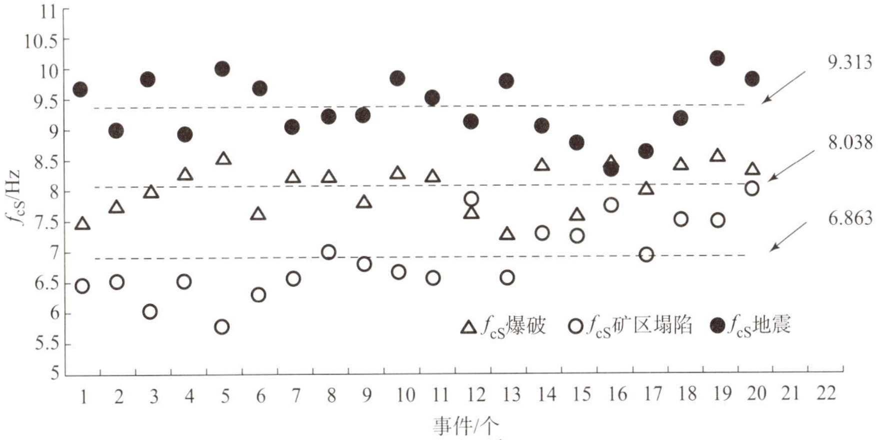

（b）S波

图 14.7 本溪地震台记录爆破、矿区塌陷和地震拐角频率比较

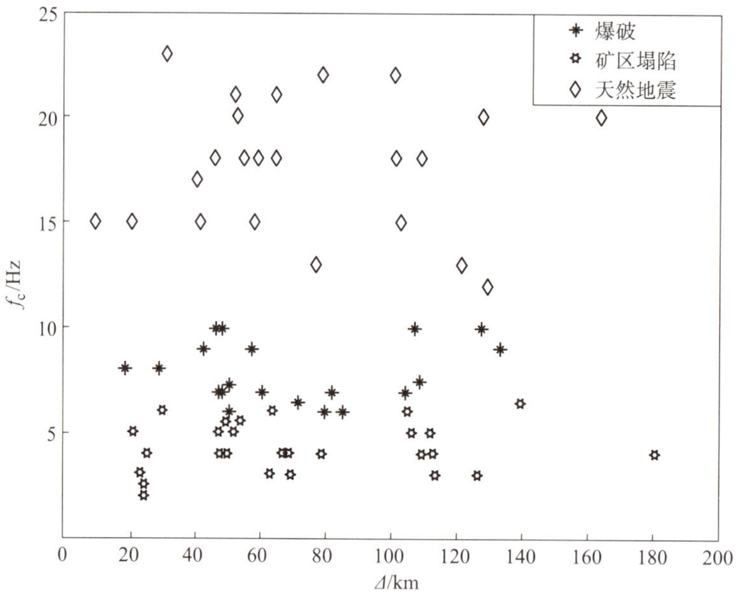

图 14.8　首都圈地区爆破、矿区塌陷和天然地震拐角频率分布（刘莎等，2012，图 5）

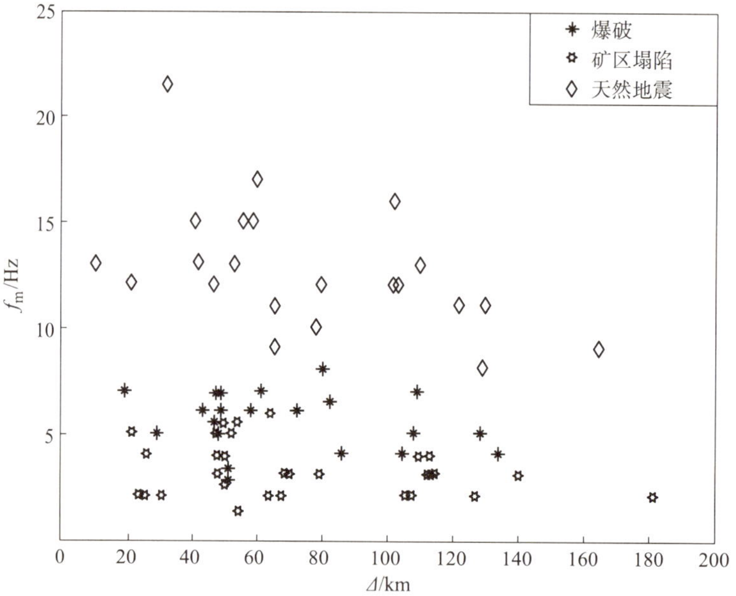

图 14.9　首都圈地区爆破、矿区塌陷和天然地震顶峰频率分布图（刘莎等，2012，图 6）

14.6　小波分析在地震事件类型判别中的应用

第 4 章中讨论了小波分析和小波包分析方法。杨选辉等（2005）提出利用小波包分量比方法识别地震和核爆炸，选取新疆乌鲁木齐地震台记录的 7 个哈萨克斯坦地震和乌鲁木齐台记录的前苏联在哈萨克斯坦塞米巴拉金斯克进行的 5 个核试验的波形进行分析，取 P 波段数据长度分别为 64、128、256 和 512 个数据点。

首先将信号按 2 进尺度在频域中进行小波包分解（参见 4.2.3 小节），得到信号的频谱分布；然后计算各频带内谱系数的平方和，以表示信号在该频带范围内所携带的能量；再以某个频带内的能量为基准，计算信号在其他频带的能量与该基准频带能量之比，并定义这个比值为小波包分量比。杨选辉等（2005）采用 9 阶 Daubechies 小波基（db9），对地震记录进行小波包分解。在分解尺度等于 3 时，发现地震与核爆的小波包分解系数之间有明显差别。图 14.10 给出了 7 个地震事件在尺度为 3 的小波包分解结果（杨选辉等，2005，图 7），U_3^0/U_3^1 表示频带为 0 ~ 1.25Hz 的信号与频带为 1.25 ~ 2.5Hz 信号的能量之比，U_3^0/U_3^3 表示 0 ~ 1.25Hz 信号与 3.75 ~ 5.0Hz 信号的能量比。

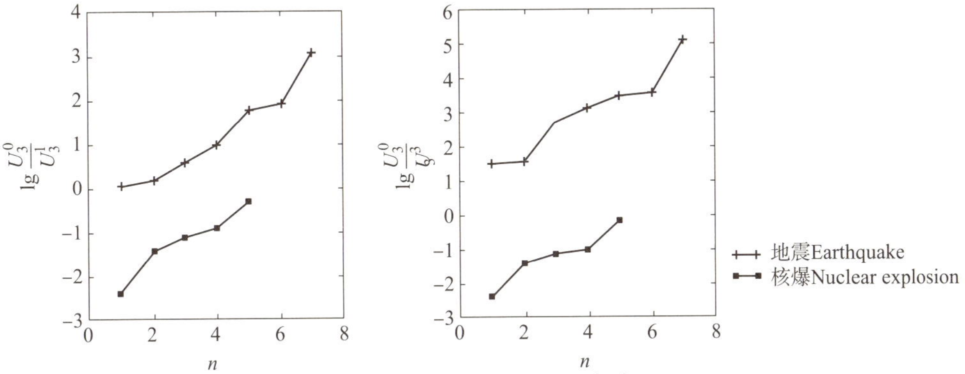

（a）U_3^0/U_3^1　　（b）U_3^0/U_3^3

图 14.10　地震与核爆炸的小波包分量比。横坐标 n 代表事件序号，地震 $n=1,\cdots,7$；核爆 $n=1,\cdots,5$（杨选辉等（2005），图 7）

利用小波包对信号空间进行多尺度分解，得到了信号在不同频带上的能量分布。结果表明，对于不同性质的震源，其能量比（小波包分量比）是不同的。杨选辉等（2005）的结论如下：

（1）地震信号的小波包分量比 U_3^0/U_3^1 一般都大于 1.0，即 $\lg(U_3^0/U_3^3)$ 一般都大于 0，而核爆信号该比值一般都小于 1.0。

（2）地震信号的小波包分量比 U_3^0/U_3^3 普遍大于 1.0，而核爆信号该比值一般在 1.0 左右，也有的表现出较大的值，但总的说来，地震信号的比值要远大于核爆信号的比值。

（3）由同一事件在同一台站的记录得到的小波包分量比值一般较稳定，而由不同台站的记录得到的比值存在一定的差别，说明分量比与台站（记录设备、仪器频响等）有一定关系。

（4）从数据长度取 64、128、256 及 512 的结果看，样本长度对结果基本无影响。

（5）比值 U_3^0/U_3^1 较稳定，一般不受地区的影响，可以作为识别地震与核爆的判据；而比值 U_3^0/U_3^3 则受地区影响较大，但地震与核爆的比值之间仍有较大的差别，因此可以作为识别核爆与地震的一个辅助判据。

杨选辉等（2005）还使用加拿大 Yellow Knife 台阵记录的 1998 年 5 月 11 日印度核爆炸波形进行了同样的分析，得到类似的结果。

黄汉明等（2010a）以选自不同地区、不同台站和不同震级的已知地震和人工爆破记录波形作为训练数据集，波形截取窗口以波形最大值为中心，窗长度为2000个数据点（采样率为50sps，故波形长度为40s），用db7小波基函数进行4层小波包变换（即分解尺度等于4）；然后对变换得到的最后一层小波包系数（16个子频带波形）提取三种波形特征，每个特征是16维向量。这三种波形特征定义如下：记S为原始信号，对其进行n层小波包分解，得到第n层小波包系数总共为N个。$S(i, j)$为信号S分解后的第i个小波的系数，小波系数的序号为j，长度为J，按如下定义计算从第i个小波的系数中提取出的能量比(E_{wt})、香农熵($E_{shannon}$)和对数能量熵(E_{lg})特征：

$$E_{wt}(i) = 100 \times \frac{\sum_{j=1}^{J} S(i, j)^2}{\sum_{n=1}^{N}\sum_{m=1}^{J} S(n, m)^2} \tag{14.17}$$

$$E_{shannon}(i) = -\sum_{j=1}^{J} S(i, j)^2 \lg[S(i, j)^2] \tag{14.18}$$

$$E_{lg}(i) = \sum_{j=1}^{J} \lg[S(i, j)^2] \tag{14.19}$$

黄汉明等（2010a）利用标准差标准化方法对特征向量集进行标准化，得到训练集的特征向量矩阵，作为支持向量机分类器的输入参数，构造分类器。再使用检验数据检验各波形特征的分类能力。用v－SVC支持向量机分类器对这三种特征的分类能力进行了外推检验。结果表明，这三种特征中香农熵特征的识别效果最好。关于支持向量机，见14.10.3.5小节。

王婷婷等（2014）对小地震与小爆破的小波包识别判据进行了研究，给出了相应的判据，从而扩展了小波包识别判据的适用范围。

上述标准差标准化（normalization也称归一化）方法，先计算参与标准化的数据的均值和标准差，然后每个数据减去均值再除以标准差，标准化后的数据在0上下波动，大于0说明高于平均水平，小于0说明低于平均水平。对于最大值和最小值未知的情况，或有超出取值范围的离群数据的情况，采用标准差标准化方法要比最大值－最小值方法更合适。最大值－最小值方法是数据减去最小值之后再除以最大值和最小值之差，这样数据被标准化到1和0之间，最小值对应于0，最大值对应于1。在Matlab中有函数zscore用于进行标准差标准化。

14.7 倒谱特征在地震事件类型判别中的应用

倒谱变换是地震波形分析的有力手段，在4.4节中已作了具体说明，本节以魏富胜的研究成果为例，说明倒谱变换在地震判别中的应用。在以往研究成果（魏富胜，2000）的基础上，魏富胜（2003）提出了一个判别震源性质的参数c，其依据是不同类型地震事件的震源差异在倒谱域呈现不同特征。通过对地动记录波形求其倒谱，滤除零时附近的峰值（倒谱自变量τ的量纲是时间，在$\tau=0$处存在峰值）后，看其是否还会发生明显峰值。魏富胜认为，事件的震源越复杂，其倒谱偏离线性的程度就越大。具体作法是：将地动信号的倒谱滤除零时附近的峰值，在最小二乘意义下进行线性拟合，定义参量 c 为其线性回归方程的剩余平方和，

$$c = \sum_{i} (y_i - \hat{y}_i)^2 \tag{14.20}$$

式中，$\hat{y}_i = b_0 + b_1 x_i$；$b_0$ 和 b_1 是实验数据 (x_i, y_i) 的线性回归方程系数。c 反映了线性拟合的拟合偏差，因此，可认为 c 是 y_i 与 x_i 的关系偏离线性程度的反映，用以衡量该倒谱偏离线性的程度，可将其作为震源识别的判别标准来使用。根据判据 c 值的取值范围，可以分析推断地动信号的震源类型，即是地震还是一次爆炸事件。魏富胜（2003）根据所收集样本测试，取 l 作为区分地震与爆炸的 c 值分界值。魏富胜（2003）的样本集中包括 7 次爆炸事件（4 次工业爆破，震级 2.2～2.7；1 次印度核爆炸，震级 5.0；2 次巴基斯坦核爆炸，震级 4.6 和 4.9）和 18 次地震（震级范围 2.9～7.9，包括近震和远震），合计 25 次事件。

图 14.11 给出单道记录的 c 值分布，可以看到单道波形的 c 值存在少量误判。但从图 14.12 可以看到，对于多台的平均 c 值，则能清楚地分辨地震与爆炸。所提供的样本是从全球选取的，具有一定的普适意义，但就其提供的 7 次爆炸而言，单靠 c 值还不能将核爆炸与人工爆破分开。

利用倒谱特性，还可以有效地识别延时点火的人工爆破，例如，Arrowsmith 等（2006）利用地震信号的倒谱，建立了自动鉴别延时点火矿山爆破的判别器，用于区分延时点火矿山爆破与其他地震事件，包括单次点火的矿山爆破。

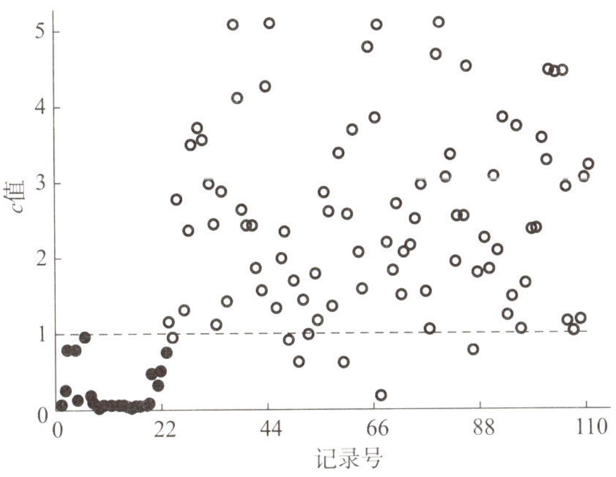

图 14.11　25 次事件 111 道记录的 c 值分布图。图中实心圆圈表示爆炸，空心圆圈表示地震（魏富胜，2003，图 3）

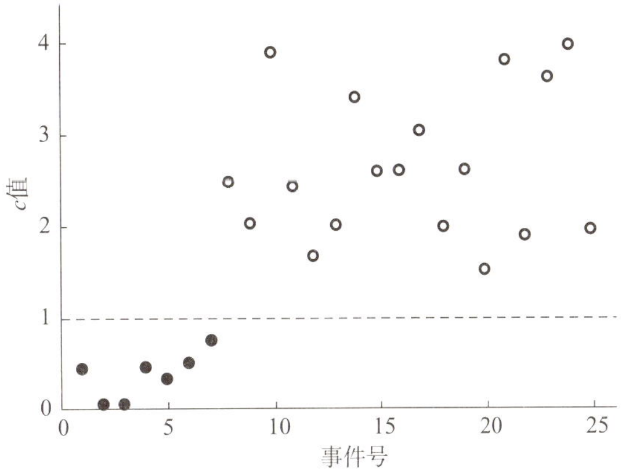

图 14.12　25 次事件的 c 值分布图。图中实心圆圈表示爆炸，空心圆圈表示地震（魏富胜，2003，图 4）

14.8　时频特征在地震事件类型判别中的应用

现代数字信号处理技术的发展，促使能对地震记录信号进行更详细的分析，从而提取更多信息，可从中筛选出有意义的地震事件判别判据。

14.8.1 瞬态谱

沈萍、郑治真（1999）采用非稳态的 Wigner 分布（Wigner Distribution，WD）理论，研究地下核爆炸和天然地震的瞬态谱特征和瞬时频率随时间的变化，发现地下核爆炸的瞬态谱主要分布在高频（大多数集中在 5 ~ 10Hz），天然地震的瞬态谱散布在低频到高频的较大范围，核爆的瞬时频率在起始阶段（$0<t<0.75$s）表现为线性，起始频率为负值，天然地震的瞬时频率以跳动形式迅速变化，起始频率正负交替。

14.8.2 短时傅里叶变换

不同类型震源产生的地震记录的不同震相会有不同的频谱特征，短时傅里叶变换（STFT）（见 4.1 节）可以反映地震记录信号的频率成分随时间的变化，因此可以基于短时傅里叶变换函数，为地震类型判别构建不同的判别因子。

崔鑫等（2012）利用短时傅里叶变换对地震和爆破信号进行分析，使用的原始数据为 2006—2008 年间首都圈周边地区震级介于 M_L2.6 ~ 2.8 的 5 次地震事件和 5 次爆破事件在 27 个宽频带台站记录到的 82 条记录。选定的记录包括 P 波到达前 5s 和 P 波到达后 35s。通过滤波，去除数据的零点漂移、倾斜以及噪声，最终确定的频率范围为 0.5 ~ 20Hz。最后将波形记录都归一化，使它们的振幅绝对值最大为 1。

崔鑫等（2012）发现地震和爆破具有不同的时频分布特征：①频率特征，地震与爆破的频谱形态不同，爆破事件的频率一般在低频端汇聚，主频一般出现在 1 ~ 2Hz 左右，而地震的频率分布在较宽的范围，一般在几赫兹到十几赫兹，主频也不固定，但一般都大于 2Hz；②时频特征，地震的时频呈现出“多峰”特征，而人工爆破的时频分布的峰值相对较少。

14.8.3 时频分析提取更多判别参数

安镇文和魏富胜（2011）通过研究 P 波瞬时频率随时间的变化、群延迟随时间的变化和瞬时振幅谱随频率的变化，提取出可以识别天然地震、核试验和人工爆破的 10 个参数判据。通过 2 个朝鲜核爆、2 个化爆和 9 个地震的波形数据进行了检验，结果表明，采用多台平均的参数判据可以清楚地区分核爆、化爆和地震，显示了这种多参数识别的应用前景。上述物理量的理论表达式参考唐向宏和李齐良（2008）的文章，在此不一一列举。

14.9 矩张量在地震事件类型判别中的应用

如第 10 章中所述，完全矩张量是利用力偶对任何地震点源的一般表示，矩张量分量 M_{ij} 不仅能描述剪切断层运动的双力偶（DC）性质，也能代表非双力偶震源。矩张量的各向同性分量 $M_{ij}^{iso}=\delta_{ij}(M_{11}+M_{22}+M_{33})/3$（当 $i=j$，$\delta_{ij}=1$；当 $i\neq j$，$\delta_{ij}=0$，下同）与伴随震源的体积变化有关，在爆炸源中显著存在。矩张量的偏量部分 $M_{ij}^{dev}=M_{ij}-\delta_{ij}(M_{11}+M_{22}+M_{33})/3$ 经常用于定义双力偶（DC）源，还能描述补偿线性矢量偶极（CLVD）（Volume-Compensated Linear Vector Dipole），并用 CLVD 解释深震活动（Knopoff and Randall，1970），还有证据表明 CLVD 源自复杂断层运动事件（Kuge and Lay，1994a）。张性破裂等复杂震源有偏量部分和各向同性分量的组合，一些火山事件的震源表现为张开破裂（opening-crack）(Foulger et al.，2004；Templeton and Dreger，2006)，而矿山塌陷表现为闭合破裂（closing-crack）(Pechmann et al.，1995)。因此，通过分析地震事件矩张量解的特征，可以推断地震事件的类型。图 14.13 显示三种震源类型的力偶、主轴坐标系中的矩张量以及辐射花样。

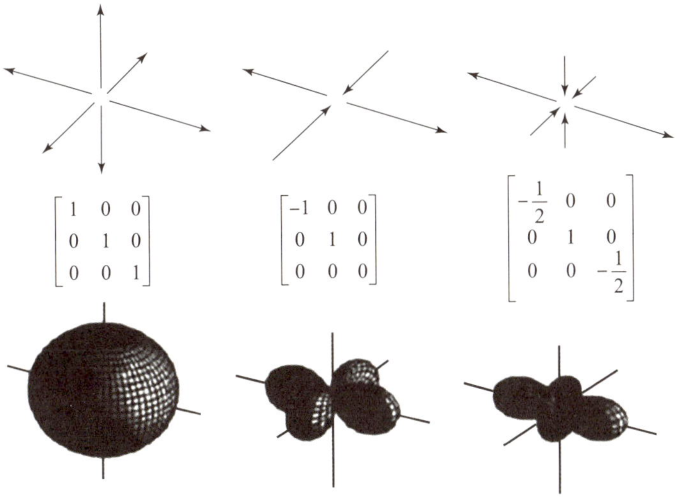

$$\begin{bmatrix}1&0&0\\0&1&0\\0&0&1\end{bmatrix}\quad\begin{bmatrix}-1&0&0\\0&1&0\\0&0&0\end{bmatrix}\quad\begin{bmatrix}-\frac{1}{2}&0&0\\0&1&0\\0&0&-\frac{1}{2}\end{bmatrix}$$

图 14.13　用于矩张量分解的三种震源类型的力偶、主轴坐标系中的矩张量以及辐射花样（Anthony，2011，Fig.6）

14.9.1　震源类型图

如第 10 章中所述，可对点源震源的矩张量进行不同形式的分解。为此，考虑矩张量的本征值和正交本征矢量，设 m_i 为矩张量 $\boldsymbol{M}$ 的本征值，对应的正交本征矢量是 $\boldsymbol{a}_i=(a_{ix},a_{iy},a_{iz})^{\mathrm{T}}$，使用本征矢量的正交归一性（orthonormality），写出 $\boldsymbol{M}$ 的主轴变换：

$$\boldsymbol{M}=\begin{bmatrix}\boldsymbol{a}_1 & \boldsymbol{a}_2 & \boldsymbol{a}_3\end{bmatrix}\boldsymbol{m}\begin{bmatrix}\boldsymbol{a}_1^{\mathrm{T}}\\ \boldsymbol{a}_2^{\mathrm{T}}\\ \boldsymbol{a}_3^{\mathrm{T}}\end{bmatrix}$$

$$=\begin{bmatrix}a_{1x}&a_{2x}&a_{3x}\\a_{1y}&a_{2y}&a_{3y}\\a_{1z}&a_{2z}&a_{3z}\end{bmatrix}\begin{bmatrix}m_1&0&0\\0&m_2&0\\0&0&m_3\end{bmatrix}\begin{bmatrix}a_{1x}&a_{1y}&a_{1z}\\a_{2x}&a_{2y}&a_{2z}\\a_{3x}&a_{3y}&a_{3z}\end{bmatrix}\tag{14.21}$$

矩张量的一般分解表达式为：

$$\boldsymbol{M}=\frac{1}{3}\begin{bmatrix}\mathrm{tr}(\boldsymbol{M})&0&0\\0&\mathrm{tr}(\boldsymbol{M})&0\\0&0&\mathrm{tr}(\boldsymbol{M})\end{bmatrix}+\begin{bmatrix}m_1^*&0&0\\0&m_2^*&0\\0&0&m_3^*\end{bmatrix}$$

$$
=\frac{1}{3}\begin{bmatrix} \mathrm{tr}(\boldsymbol{M}) & 0 & 0 \\ 0 & \mathrm{tr}(\boldsymbol{M}) & 0 \\ 0 & 0 & \mathrm{tr}(\boldsymbol{M}) \end{bmatrix}+\sum_{i=1}^{N}\bar{m}_i \tag{14.22}
$$

式中，$\mathrm{tr}(\boldsymbol{M})=m_1+m_2+m_3$ 是矩张量 $\boldsymbol{M}$ 的迹，定义各向同性部分的标量地震矩 $M_{\mathrm{iso}}=\frac{1}{3}\mathrm{tr}(\boldsymbol{M})$，$\bar{m}_i$ 是一组对角矩阵。矩张量可分解成不同对角矩阵的组合，即矩张量分解不是唯一的。矩张量的纯偏本征值 m_i^*（$i=1,2,3$）是，

$$
m_i^*=m_i-\frac{m_1+m_2+m_3}{3}=m_i-\frac{1}{3}\mathrm{tr}(\boldsymbol{M}) \tag{14.23}
$$

式中，m_1^*、m_2^* 和 m_3^* 分别是对应 N、P、T 轴的偏量主力矩（deviatoric principle moment），其中 $|m_1^*|\leqslant|m_2^*|\leqslant|m_3^*|$。式（14.22）的右侧第一项描述矩张量的各向同性部分，矩张量各向同性部分的本征值对于定量确定震源中的体积变化是重要的。为了分辨震源的类型以及一个复杂震源中不同类型震源成分所占的比例，定义如下两个参数（Ford et al.，2009）：

$$
\varepsilon=\frac{-m_1^*}{|m_3^*|} \tag{14.24}
$$

$$
k=\frac{M_{\mathrm{iso}}}{|M_{\mathrm{iso}}|+|m_3^*|} \tag{14.25}
$$

ε 度量偏量分量相对于纯双力偶机制的偏离程度，因为纯双力偶机制的 ε 为 0，纯 CLVD 的 ε 为 ±0.5；k 是体积变化的度量，$k=+1$ 是完全外向爆炸，即通常所说的爆炸，$k=-1$ 是完全内向爆炸。

在 Ford 等（2009）之前，Hudson 等（1989）使用参数 T 和 k 作为自变量绘出震源类型图，其中 $T=-2\varepsilon$。对于给定的地震矩张量 $\boldsymbol{M}$，先进行本征值分析，得到对应的矩张量迹 $\mathrm{tr}(\boldsymbol{M})$ 和 3 个偏量本征值 m_1^*、m_2^* 及 m_3^*，便可计算出 T（即 -2ε）和 k，用于对震源分类。

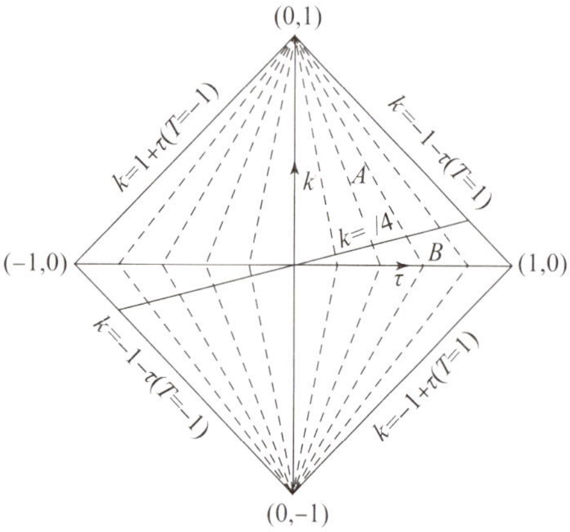

图 14.14　以在 $\tau-k$ 平面上画出的参数 T 和 k 代表震源类型，用断续线显示等 T 线，等 k 线是水平的等间隔线（引自 Hudson et al.，1989，Fig.1）

Hudson 等的震源类型图是在 $u-v$ 平面上绘出矩张量的（T，k）位置，而不是在 $T-k$ 平面上作图。为了将（T，k）点映射到 $u-v$ 平面上，采用如下映射关系：

定义新参数 μ 和 τ：

$$
\mu=\frac{M}{2k} \tag{14.26}
$$

$$
\tau=T(1-|k|) \tag{14.27}
$$

其值 $0<\mu<\infty$，$0<\tau<1-k$，$0<k<1$。图 14.14 给出在 $\tau-k$ 平面上画出的参数 T 和 k。然后，通过 $\tau-k$ 平面再过渡到 $u-v$ 平面，得到所需要的震源类型图。

对于（τ，k）的第二象限（左上象限，$\tau<0$，$k>0$）和第四象限（右下象限，$\tau>0$，$k<0$），令

$$\left.\begin{aligned} u &= \tau \\ v &= k \\ T &= \frac{\tau}{1+k} \end{aligned}\right\} \tag{14.28}$$

对于(τ,k)的第一象限(右上象限,$\tau>0,k>0$)，以$\tau=4k$ 线为界，在其上方的区域($\tau<4k$)有，

$$u=\frac{\tau}{1-\dfrac{\tau}{2}} \tag{14.29}$$

$$v=\frac{k}{1-\dfrac{\tau}{2}} \tag{14.30}$$

因此，

$$k=\frac{v}{1+\dfrac{u}{2}} \tag{14.31}$$

$$\tau=\frac{u}{1+\dfrac{u}{2}} \tag{14.32}$$

$$T=\frac{u}{1+\dfrac{u}{2}-v} \tag{14.33}$$

而在其下方的区域($\tau>4k$)有，

$$u=\frac{\tau}{1-2k} \tag{14.34}$$

$$v=\frac{k}{1-2k} \tag{14.35}$$

因此，

$$k=\frac{v}{1+2v} \tag{14.36}$$

$$\tau=\frac{u}{1+2v} \tag{14.37}$$

$$T=\frac{u}{1+v} \tag{14.38}$$

类似地，对于(τ,k)的第三象限(左下象限，$\tau<0,k<0$)，以 $\tau=4k$ 线为界，在其下方的区域($\tau>4k$)有：

$$u=\frac{\tau}{1+\dfrac{\tau}{2}} \tag{14.39}$$

$$v=\frac{k}{1+\dfrac{\tau}{2}} \tag{14.40}$$

因此，

$$k=\frac{v}{1-\frac{u}{2}} \tag{14.41}$$

$$\tau=\frac{u}{1-\frac{u}{2}} \tag{14.42}$$

$$T=\frac{u}{1-\frac{u}{2}+v} \tag{14.43}$$

而在其上方的区域（$\tau<4k$）有，

$$u=\frac{\tau}{1+2k} \tag{14.44}$$

$$v=\frac{k}{1+2k} \tag{14.45}$$

因此，

$$k=\frac{v}{1-2v} \tag{14.46}$$

$$\tau=\frac{u}{1-2v} \tag{14.47}$$

$$T=\frac{u}{1-v} \tag{14.48}$$

利用上述公式，可在 $u-v$ 平面上划分出 T 和 k 的取值范围，即 $-1\leqslant T\leqslant +1$（对应 $-0.5\leqslant \varepsilon\leqslant +0.5$）和 $-1\leqslant k\leqslant +1$，这对应于一个平行四边形，对应的 4 个顶点是 $(u,v)=(0,1),(0,-1),(-4/3,-1/3),(4/3,1/3)$，对应的 T,k 值是 $(T,k)=(0,1),(0,-1),(-1,-1/5),(1,1/5)$。

根据 Hudson 等（1989）的推导，在 $u-v$ 平面上绘制震源类型图，得到的是在如下意义上的等面积投影：在 T 和 k 的取值范围内，由 T 和 k 映射到 $u-v$ 平面上的点的先验概率密度是均匀的，各点的先验概率密度都是 3/8；而由 T 和 k 取值范围圈定的平行四边形的面积是 8/3，因此总概率为 1。由观测结果得到的 T 和 k 在震源类型图上的分布便不会受先验概率的影响，有利于对观测震源 T 和 k 值的分析，特别是对震源类型结论可靠性的分析。由于这一优点，Hudson 等（1989）的震源类型图已被广泛接受，称为等面积震源类型图。

图 14.15 给出等面积震源类型图的底图（俗称 baseball diamond “菱形图”），图 14.16 是根据上述式（14.26）至式（14.48）利用 Matlab 程序画出的等面积震源类型图的底图，图 14.17 给出在等面积震源类型图中用（T，k）坐标显示的一些关键点以及关键震源类型的位置，在虚线指出的区域内，震源的 P 波辐射花样中存在节面；在这一区域外部，P 波辐射全部有相同极性，在上区为正极性，在下区为负极性。

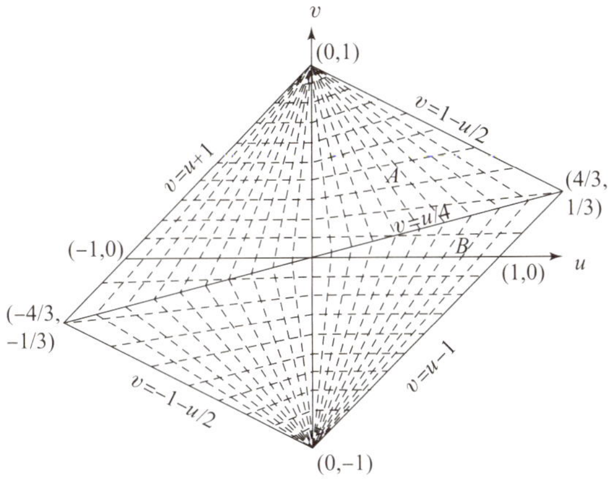

图 14.15　等面积震源类型图底图。用画在 $u-v$ 平面中的参数 T 和 k 代表震源类型，$u-v$ 平面给出震源类型在整个图上的均匀分布。断续线显示等 T 线（接近垂直）和等 k 线（接近水平）（引自 Hudson et al.，1989，Fig. 2）

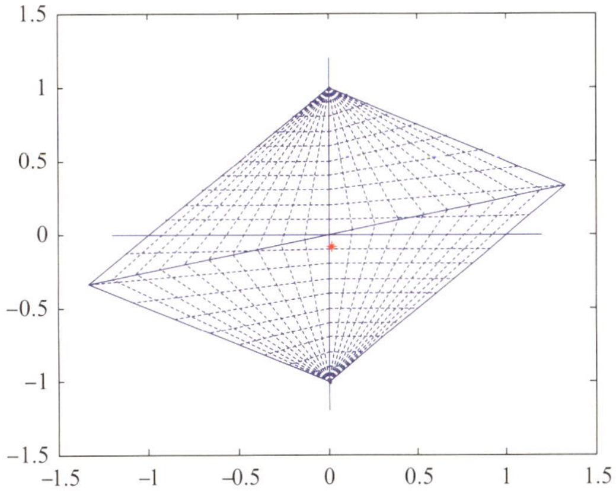

图 14.16　等面积震源类型图的底图。红色“·”位置代表“地震”（使用 Matlab 程序 M14_01_sourcetypeplot.m 绘制）

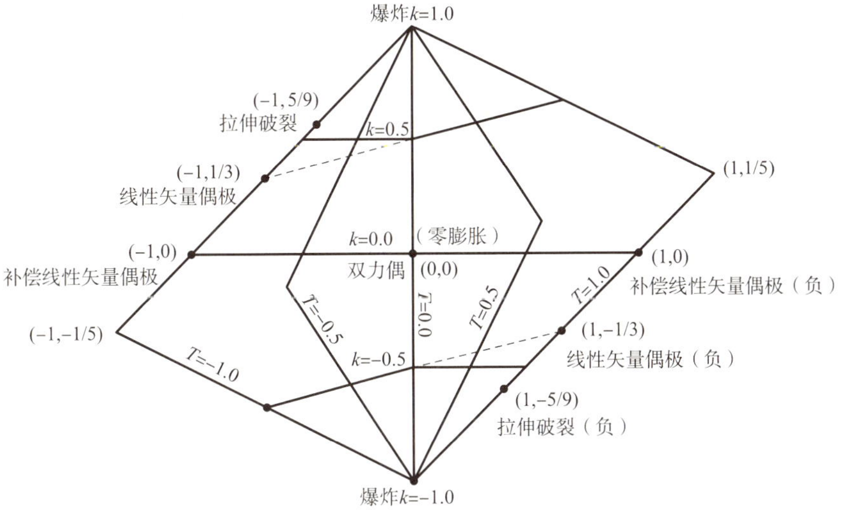

图 14.17　等面积震源类型图，用（T，k）坐标显示一些关键点以及关键震源类型的位置（引自 Hudson et al.，1989，Fig. 3）

在具体说明利用震源类型图显示震源类型之前，先以 Ford 等（2009）给出的矩张量实例，说明如何在震源类型图上画出相应震源的位置。

例：1992 Little Skull Mountain 地震的矩张量是，

$$\boldsymbol{M}=\begin{bmatrix}0.38 & -1.31 & -0.85\\ -1.31 & 2.16 & 0.81\\ -0.85 & 0.81 & -3.46\end{bmatrix}$$

利用 Matlab 函数［V，E］= eig(M) 计算本征矢量 V 和本征值 E，得到：

V = 0.1770　−2.8145　−8.3390

$$
\begin{matrix} -0.0988 & 5.0781 & -4.8188 \\ 1.0000 & 1.0000 & 1.0000 \end{matrix}
$$

$$
E = \begin{matrix} -3.6905 & 0 & 0 \\ 0 & 3.0456 & 0 \\ 0 & 0 & -0.2751 \end{matrix}
$$

其中，E 的对角元素为本征值，V 的列矢量为相应的本征矢量。张量 E 的迹的 1/3，$tr(E)/3 = (-3.6905 + 3.0456 - 0.2751)/3 = -0.3067$。将 E 的对角线元素减去迹 tr(E)，得到纯偏本征值：

$$
E1 = \begin{matrix} -3.3838 & 0 & 0 \\ 0 & 3.3522 & 0 \\ 0 & 0 & 0.0316 \end{matrix}
$$

按对角元素绝对值由小到大排序，得到：

$$
E2 = \begin{matrix} 0.0316 & 0 & 0 \\ 0 & 3.3522 & 0 \\ 0 & 0 & -3.3838 \end{matrix}
$$

于是，$\boldsymbol{M}$ 被分解成，

$$
\boldsymbol{M} = -0.3067\begin{bmatrix} 1 & 0 & 0 \\ 0 & 1 & 0 \\ 0 & 0 & 1 \end{bmatrix} + \begin{bmatrix} 0.0316 & 0 & 0 \\ 0 & 3.3522 & 0 \\ 0 & 0 & -3.3838 \end{bmatrix}
$$

根据（式（14.24）和式（14.25））定义，可得到该地震事件的 ε 和 k：

$$
\varepsilon = \frac{-m_1^*}{|m_3^*|} = \frac{-0.0316}{3.3838} = -0.0093
$$

$$
k = \frac{M_{\mathrm{iso}}}{|M_{\mathrm{iso}}| + |m_3^*|} = -\frac{0.3067}{0.3067 + 3.3838} = -0.0831
$$

于是，参数 $T = -2\varepsilon = 0.0187$，$\tau = T(1 - |k|) = 0.0187 \cdot (1 - 0.0831) = 0.0171$

由于$\tau > 0$，$k < 0$，是在$\tau - k$ 平面的第二象限，故 $u = \tau$，$v = k$，见式（14.28），在震源类型图上的位置如图 14.16 中的红星位置所示，与图 14.19(b)中的深灰圆圈给出的结果一致，表明上述的推算是正确的。

与描述震源机制解的沙滩球图（在我国俗称“西瓜皮”）相比，沙滩球图表示双力偶震源机制，包含震源取向的信息；而震源类型图显示不同震源类型的相对贡献，但不显示关于震源取向的任何信息。因此，这两种关于震源的图形显示方式具有互补性。图 14.18 显示关于震源的两种图形表示，图中③显示的 6 种不同取向的纯双力偶源在类型图上只占有中央的一个位置。

14.9.2 利用震源类型图对地震事件分类

如第 10 章所述，在进行矩张量反演时，为了确保解的稳定性，往往对矩张量附加某种约束，如在计算 GCMT（Ekstrom et al.，2012）时，令矩张量的迹为零，在用 CAP 方法（Zhu and Helmberger，1996）计算震源机制解时假定只有双力偶分量，因此不仅要求矩张量

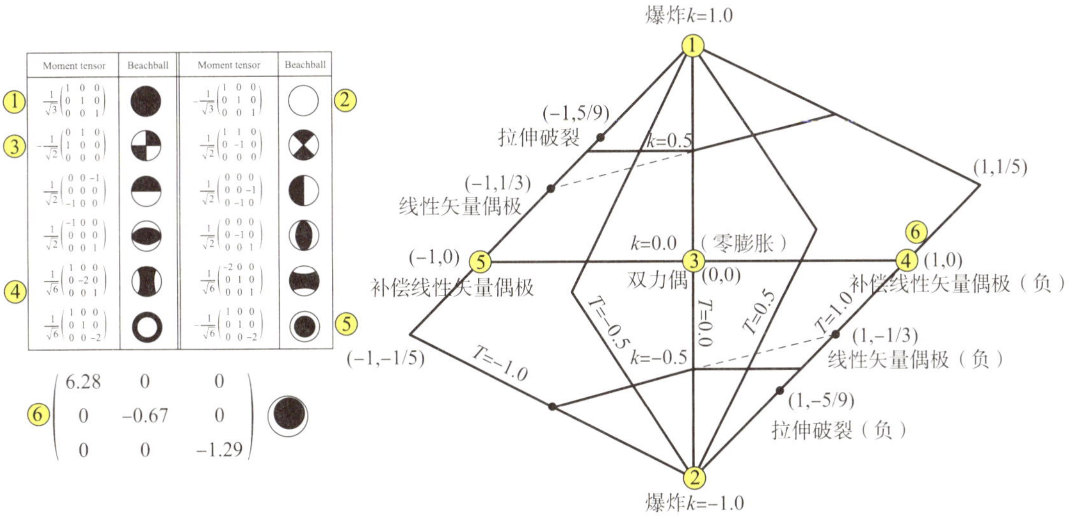

图 14.18　纯双力偶源③、纯 CLVD 源④⑤和纯爆炸源①②以及一个地震实例⑥的矩张量“沙滩球图”和“菱形图”（Anthony，2011，图 7）

的迹为零，而且要求矩张量的行列式为零。但是，为了利用震源类型图对地震事件进行分类，需要进行完全矩张量反演，不能预先设定震源类型。Minson 和 Greger（2008）设计了利用区域台站数据的时间域全波形反演点源完全矩张量的算法（详见第 10 章），Ford 等（2009）使用这一算法对内华达试验场的 17 个爆炸以及美国西部附近地区的 12 个地震和 3 个塌陷求解出完全矩张量，计算出了它们的偏量源分量和各向同性分量。根据这些事件的矩张量相对于纯双力偶的偏离程度和各向同性部分与偏量部分的能量比，将这些事件分离成特定的集群，从而能判别爆炸、地震及塌陷。在具体实现时，使用频率–波数积分方法（Saikia，1994）计算一维垂直模型的格林函数，构成合成位移地震图。对合成数据用 4 极点非因果性巴特沃斯滤波器滤波，其低端拐角频率为 0.02Hz，对于 $M_W \geq 4$ 和 $M_W < 4$ 的事件，高端拐角频率分别为 0.05Hz 和 0.1Hz。

在求得完全矩张量之后，按上节给出的定义，按照式（14.24）和式（14.25）计算 $T(=-2\varepsilon)$ 和 k，在 Hudson 等（1989）设计的震源类型图上，画出所分析事件的位置。图 14.19(a) 中给出 Little Skull Mountain 地震和内华达试验场的 HOYA 爆炸的 $T(=-2\varepsilon)$ 和 k，地震几乎在定义纯双力偶（DC）的原点，核试验接近于理论上爆炸应在的位置。

在常规的矩张量反演中都预先对矩张量加以约束，从而减少了参与反演的未知量个数，提高了解的稳健性。为了进行事件类型判别，要反演完全矩张量，并利用导出的参数 $T(=-2\varepsilon)$ 和 k 在震源类型图上点出事件位置，进而推断事件类型。这就要求对结果的误差范围进行估计，从而给出事件类型判定的可信度。

为了估计波形拟合中的有效误差（formal error），采用“自助法”对拟合残差替换组合 n 次，对于每个重新随机组合的残差集合，线性反演出一个完全矩张量，进而计算 $T(=-2\varepsilon)$ 和 k，分别得到 $T(=-2\varepsilon)$ 和 k 各自的集群，每个集群有 n 个值。对这两个集群进行正态分布拟合。图 14.19(a) 显示 DIVIDER 爆炸 $n=1000$ 的集群以及 95% 置信区间。取 $n=1000$ 已足够大，再增大 n 不会造成置信空间的改变。将 $T(=-2\varepsilon)$ 和 k 集群变换成 (u,v) 平面上的点（Hudson et al.，1989），所显示的图形将有相等的正态概率面积。以这种方式导出的图是震源类型图，图 14.19(b) 显示的 Little Skull Mountain 地震和 HOYA 爆炸就是震源类型图。图 14.19(b) 还显示 DIVIDER 爆炸变换后的自助集群及其相应的 95% 置信区域，这种变换符合误差分布的正态性假设，从图 14.19(a) 到(b)，明显改善了误差椭圆对自助集群的拟合程度。

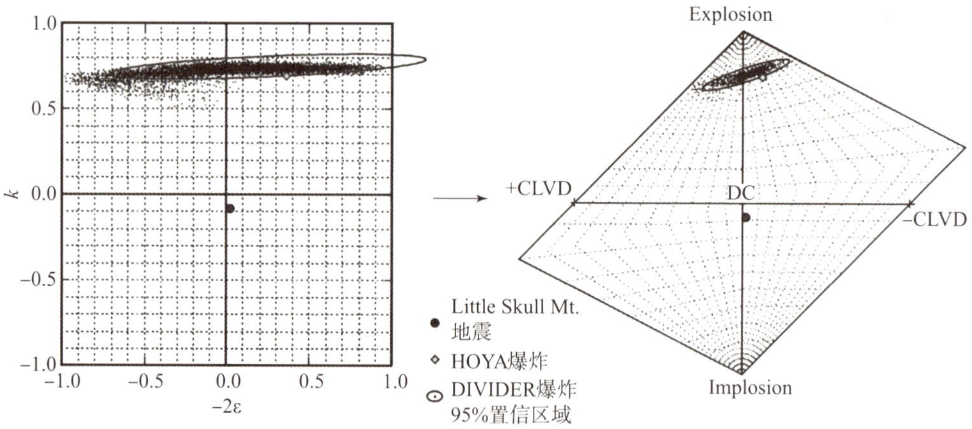

（a）在（k，−2ε）线性图上给出的震源类型参数　　（b）Hudson 等（1989）的震源类型图

图 14.19　Little Skull Mountain 地震(深灰圆圈)、内华达试验场 HOYA 试验(亮灰菱形)与 NTS 试验 DIVIDER 自助集群(黑点)及其 95% 置信区间(灰色椭圆)（Ford et al.，2009，Fig.4）

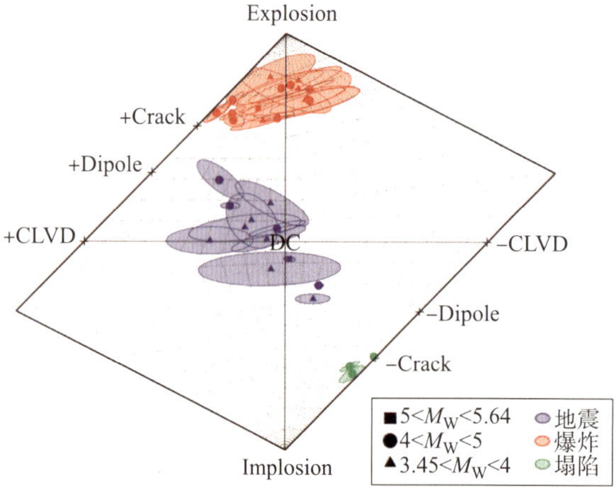

图 14.20　Ford 等（2009）分析的 12 个地震（蓝色）、17 个爆炸（红色）、3 个塌陷（绿色）以及它们的 95% 置信区域（阴影区）的震源类型图，事件的大小由符号给出。纵坐标度量震源体积变化量，横坐标度量与纯 DC 的偏离程度，还画出了理论上的震源机制（十字）供比较（Ford et al.，2009，Fig.5）

Ford 等（2009）还对另外 11 个地震和 3 个塌陷（一个洞穴，两个矿山）进行了类似的分析，并产生震源类型图（图 14.20）以及 95% 置信区间。核试验占据 $k>0.5$ 的区域，地震群集在原点附近，而塌陷几乎完全地落在（1，−5/9）附近，这个点是泊松介质（泊松比 = 0.25）中的破裂闭合所在位置。由此，根据震源类型参数，基于各向同性分量和偏量分量的相对大小，在震源类型图上分开了地震、爆炸和塌陷集群。

由于某些地震的矩张量会包含非双力偶分量，利用震源类型图参数 $T(=-2\varepsilon)$ 和 k 能测试一个事件是否有非双力偶分量。例如，在图 14.20 中，在地震组中最左上方的地震是 Frenchman Flat 地震，最小二乘误差分析允许以 95% 置信水平宣布该事件有显著的非 DC 分量，而且它画在了理论上的张开破裂震源附近，即图中的 + Crack 点位置。震源类型图的另一个优点是能显示出二维的误差区域，这对于估计判定结果的可信度十分重要。

需要指出的是，观测数据质量、台站布局、地壳模型、震源深度等因素都会影响完全矩张量的测定结果。因此，对于事件类型判别而言，要充分考虑这些影响因素。Kuge 和 Lay(1994b)指出，波形反演的不稳定性也会造成不真实的非双力偶分量。所以，获得稳定可靠的完全矩张量解是利用矩张量判别震源特性的基础。当然，对于小事件的判别，反演地震矩张量的难度增大，需要采取多种措施来提高小地震事件矩张量反演的准确度，参见第 10 章。

14.10　分类器在地震事件类型判别中的应用

14.10.1　模式识别

模式识别技术利用计算机算法对研究的对象进行分类，在错误概率最小的条件下使判别的结果与客观对象相符合，因此，模式识别技术特别适合于地震事件类型的判别。当然，模式识别在地震学领域还有许多应用，如在地震预测研究中提取具有预报意义的前兆特征并用于地震预测，在地震事件自动检测和自动读取震相到时的联机处理中提取震相特征并用于震相自动拾取等。本节结合地震事件分类这一具体问题，讨论模式识别算法的应用。

为便于应用模式识别技术，首先用模式识别技术中的术语来描述地震事件类型判别问题(杨淑莹，2008)。如果有 N 个地震事件，这些地震事件就是被观测对象。每个被观测对象称为样品，于是有 N 个样品。现在要把这些样品分成 M 个类别：ω_1，ω_2，…，ω_M，每个类别称为模式类。对于每个样品要确定一些与识别有关的因素作为识别的基本依据，每一个因素称为一个特征。模式就是样品所具有的特征的描述，每一个模式可能有多个特征，构成模式的特征集，可用一个特征向量表示。特征向量的每个元素称为特征，每个样品的特征向量处于同一多维空间，称为特征空间。如果一个样品 X 有 n 个特征，则可把 $\boldsymbol{X}_j$ 看作一个 n 维列向量，即特征向量：

$$\boldsymbol{X}_j = (x_{1j},\ x_{2j},\ \cdots,\ x_{nj})^{\mathrm{T}}$$

现在有 N 个样品，每个样品有 n 个特征，这些数值可以构成一个 n 行 N 列的矩阵，称为原始资料矩阵：

$$\boldsymbol{X} = \begin{pmatrix} x_{11} & x_{12} & \cdots & x_{1j} & \cdots & x_{1N} \\ x_{21} & x_{22} & \cdots & x_{2j} & \cdots & x_{2N} \\ \vdots & \vdots & \vdots & \vdots & \vdots & \vdots \\ x_{i1} & x_{i2} & \cdots & x_{ij} & \cdots & x_{iN} \\ \vdots & \vdots & \vdots & \vdots & \vdots & \vdots \\ x_{n1} & x_{n2} & \cdots & x_{nj} & \cdots & x_{nN} \end{pmatrix} \tag{14.49}$$

把 M 个类别的集合构成的空间称作解释空间，模式识别的过程就是要找到特征空间和解释空间之间的一种映射关系。代表一个模式的 n 维特征向量是 n 维特征空间 R^n 中的一个点。

实现模式识别功能的系统称为模式识别系统。一个典型的模式识别系统如图 14.21 所示，分为上下两部分：上部分完成未知类别模式的分类，下部分是分类器设计的训练过程，先要实现下部分，才能进行上部分。

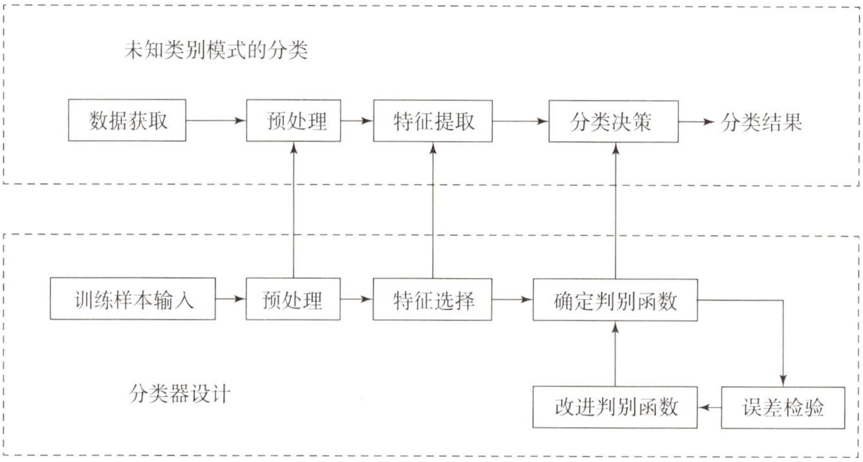

图 14.21　模式识别的过程（据杨淑莹，2008，图 1－1）

已经开发出多种用于模式识别的分类器。在《模式识别与智能计算——Matlab 技术实现》一书（杨淑莹，2008）中介绍了多种分类器，本章中除注明出处的引用外，主要方法和公式均源自该书，恕不再一一注明。

14.10.2　基于概率统计的贝叶斯分类器

贝叶斯分类器的算法利用了统计学中的贝叶斯公式。贝叶斯公式是由英国数学家贝叶斯（Thomas Bayes，1702—1763）发展用来描述两个条件概率之间的关系。具体化到模式识别问题，贝叶斯公式的表述为，

$$P(\omega_i \mid \boldsymbol{X}) = \frac{P(\boldsymbol{X} \mid \omega_i)P(\omega_i)}{\sum_{j=1}^{M} P(\boldsymbol{X} \mid \omega_j)P(\omega_j)} = \frac{P(\boldsymbol{X} \mid \omega_i)P(\omega_i)}{P(\boldsymbol{X})} \tag{14.50}$$

式中，$P(\boldsymbol{X}) = \sum_{j=1}^{M} P(\boldsymbol{X} \mid \omega_j)P(\omega_j)$ 称作全概率；M 是类别总数。

贝叶斯公式涉及三种概率，即先验概率、类条件概率密度函数和后验概率。其中，先验概率 $P(\omega_i)$，$i=1, 2, \cdots, M$，是指 M 类事件在自然状态下每类事件发生的可能性。如，根据统计，在北京遥测地震台网的地震记录中，$1.5 \leqslant M_L < 4.0$ 的天然地震事件和非天然地震事件（包含爆破和矿塌）的发生比例约为 3∶1（郑秀芬等，2006）。如果按这一比例选取天然地震（类别 1）和非天然地震（类别 2）的样本，那么就可以给定这两类事件（$M=2$）的先验概率分别为 $P(\omega_1)=3/4=0.75$，$P(\omega_2)=1/4=0.25$。

类条件概率密度函数 $P(\boldsymbol{X} \mid \omega_i)$，是指在已知某类别的特征空间中出现特征值 $\boldsymbol{X}$ 的概率密度。如前述，特征值 $\boldsymbol{X}$ 是一个向量，包含 n 个元素，即 n 个特征。假定在北京台网记录的已知事件集中只有一个特征，即 $n=1$，这个特征是事件在 24 小时内的发震时刻，根据对样本事件发震时刻的统计分析，得到两类事件的类条件概率密度函数 $P(\boldsymbol{X} \mid \omega_i)$，如图 14.22 所示。$P(\boldsymbol{X} \mid \omega_1)$ 曲线说明在白天（08 时至 20 时）天然地震事件出现的频度低于夜间（20 时至次日 08 时），尽管正常的地震活动在日夜时间上应该是均匀分布的，但由于白天的地动

噪声水平高于夜间，因此台网的夜间监测能力高于白天；而 $P(\boldsymbol{X}|\omega_2)$ 曲线说明人工爆破的发震时刻集中于上午 11 时前后。这两条曲线给出在各自的特征空间 ω_1 和 ω_2 中出现特征值 $\boldsymbol{X}$ 的概率。由此可见，对于非天然地震，在夜间发生的概率为 0。注意到两条曲线存在重叠部分，因此，如果记录到一个事件的发震时刻是 11 时 20 分，那么，仅根据这一个特征还不能确定其类别。但是，根据贝叶斯公式，可以给出它属于类别 1 和类别 2 的概率，这就是后验概率。后验概率是指一个未知样本呈现状态 $\boldsymbol{X}$（本例中是发震时刻）时，它分属各类别的概率。根据后验概率 $P(\omega_1|\boldsymbol{X})$ 和 $P(\omega_2|\boldsymbol{X})$ 的值，得到判别式：

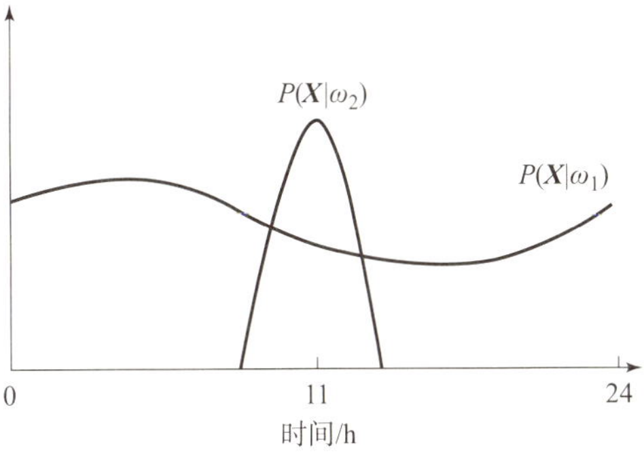

图 14.22　地震与爆破的频度变化示意图

如果 $P(\omega_1|\boldsymbol{X})>P(\omega_2|\boldsymbol{X})$，则 X 属于 ω_1 类；如果 $P(\omega_1|\boldsymbol{X})<P(\omega_2|\boldsymbol{X})$，则 $\boldsymbol{X}$ 属于 ω_2 类。

贝叶斯分类器判别函数的另一形式是似然比形式，记似然比

$$L(\boldsymbol{X})=\frac{P(\boldsymbol{X}|\omega_1)}{P(\boldsymbol{X}|\omega_2)} \tag{14.51}$$

如果 $L(\boldsymbol{X})>P(\omega_2)/P(\omega_1)$，则 $\boldsymbol{X}$ 属于 ω_1 类，如果 $L(\boldsymbol{X})<P(\omega_2)/P(\omega_1)$，则 $\boldsymbol{X}$ 属于 ω_2 类，$P(\omega_2)/P(\omega_1)$ 称为似然比阈值。

在上述讨论中用到了类条件概率密度函数 $P(\boldsymbol{X}|\omega_i)$。获得每一类别的类条件概率密度函数 $P(\boldsymbol{X}|\omega_i)$，需要对搜集的样本特征进行深入分析，这是利用贝叶斯方法的关键。如果样本特征的统计分析表明可以用正态分布来模拟特征量的统计分布，则可以大大简化问题，这时只要计算出各样本特征值的均值和协方差，便可完全描述其概率分布函数。显然，如果如上例那样以发震时刻为特征量，就不适用正态分布假设，但其他特征还是有可能做正态分布假定的。

靳平等（2007）针对中亚地区大量地震事件，基于贝叶斯决策原理，综合了不同台站和不同频带的 P/S 震相幅值比判据，并采用了正态分布假设。尽管没有给出具体观测值的统计分布柱状图和正态分布曲线拟合，但结果得到的综合判据误识率低于单个判据的误识率，也低于多判据线性组合方法的误识率。这从另一个侧面说明采用正态分布假设具有一定的合理性。

在多维特征向量的情况下，类条件概率密度函数可采用多维变量的正态密度函数来模拟，于是，

$$P(\boldsymbol{X}|\omega_i)=\frac{1}{(2\pi)^{\frac{n}{2}}\;|\boldsymbol{S}_i|^{\frac{1}{2}}}\exp\left[-\frac{1}{2}(\boldsymbol{X}-\bar{\boldsymbol{X}}^{(\omega_i)})^{\mathrm{T}}\boldsymbol{S}_i^{-1}(\boldsymbol{X}-\bar{\boldsymbol{X}}^{(\omega_i)})\right] \tag{14.52}$$

式中，$\boldsymbol{X}=(x_1,x_2,\cdots,x_n)^{\mathrm{T}}$ 为 n 维特征向量；$\bar{\boldsymbol{\mu}}=(\mu_1,\mu_2,\cdots,\mu_n)^{\mathrm{T}}$ 为 n 维均值向量；$\boldsymbol{S}=\boldsymbol{E}[(\boldsymbol{X}-\bar{\boldsymbol{\mu}})(\boldsymbol{X}-\bar{\boldsymbol{\mu}})^{\mathrm{T}}]$ 为 n 维协方差矩阵；$\boldsymbol{S}^{-1}$ 是 $\boldsymbol{S}$ 的逆矩阵；$|\boldsymbol{S}|$ 是 $\boldsymbol{S}$ 的行列式；$\bar{\boldsymbol{X}}^{(\omega_i)}$ 为 ω_i 类的均值向量。在 Matlab 中使用 mean 函数计算均值向量，用 cov 函数计算协方差矩阵，用 inv 函数计算逆矩阵，用 det 函数计算矩阵的行列式。

由于后验概率的贝叶斯公式（14.50）的右侧分母为全部类别的全概率，不因后验概率 $P(\omega_i|\boldsymbol{X})$ 中的 i 而改变，因此，可以用公式（14.50）的右侧分子作为判别函数，于是有 M 个判别函数，

$$h(i)=P(\boldsymbol{X}|\omega_i)P(\omega_i),\ i=1,2,\cdots,M \tag{14.53}$$

将特征向量 $\boldsymbol{X}$ 代入每个判别函数，得到 M 个值，其中最大者表示 $\boldsymbol{X}$ 属于该类的概率最大，因而发生错误判定的概率最小。这就是基于最小错误率的贝叶斯分类器。

当类条件概率密度函数可采用多维变量的正态密度函数来模拟时，根据判别函数式（14.52）和式（14.53）有，

$$h(i)=\frac{1}{(2\pi)^{\frac{n}{2}}\ |\boldsymbol{S}_i|^{\frac{1}{2}}}\exp\left[-\frac{1}{2}(\boldsymbol{X}-\bar{\boldsymbol{X}}^{(\omega_i)})^{\mathrm{T}}\boldsymbol{S}_i^{-1}(\boldsymbol{X}-\bar{\boldsymbol{X}}^{(\omega_i)})\right]P(\omega_i) \tag{14.54}$$

或取其对数判别式，

$$h(i)=-\frac{1}{2}(\boldsymbol{X}-\bar{\boldsymbol{X}}^{(\omega_i)})^{\mathrm{T}}\boldsymbol{S}_i^{-1}(\boldsymbol{X}-\bar{\boldsymbol{X}}^{(\omega_i)})-\frac{n}{2}\ln 2\pi-\frac{1}{2}\ln|\boldsymbol{S}_i|+\ln P(\omega_i) \tag{14.55}$$

因为上式用于比较各类别的判别函数，式中的常数 $-\frac{n}{2}\ln 2\pi$ 可以略去，于是 $h(i)$ 变成，

$$h(i)=-\frac{1}{2}(\boldsymbol{X}-\bar{\boldsymbol{X}}^{(\omega_i)})^{\mathrm{T}}\boldsymbol{S}_i^{-1}(\boldsymbol{X}-\bar{\boldsymbol{X}}^{(\omega_i)})-\frac{1}{2}\ln|\boldsymbol{S}_i|+\ln P(\omega_i) \tag{14.56}$$

如果进一步假定各类特征向量的协方差矩阵相等，即 $\boldsymbol{S}_1=\boldsymbol{S}_2=\cdots=\boldsymbol{S}_M=\boldsymbol{S}$，则判别函数又可进一步简化为，

$$h(i)=-\frac{1}{2}(\boldsymbol{X}-\bar{\boldsymbol{X}}^{(\omega_i)})^{\mathrm{T}}\boldsymbol{S}^{-1}(\boldsymbol{X}-\bar{\boldsymbol{X}}^{(\omega_i)})+\ln P(\omega_i) \tag{14.57}$$

对该式右侧展开并去掉对各类 i 相同的项，判别函数可进一步简化为，

$$h(i)=\boldsymbol{X}^{\mathrm{T}}\boldsymbol{S}^{-1}\bar{\boldsymbol{X}}^{(\omega_i)}-\frac{1}{2}\bar{\boldsymbol{X}}^{(\omega_i)\ \mathrm{T}}\boldsymbol{S}^{-1}\bar{\boldsymbol{X}}^{(\omega_i)}+\ln P(\omega_i) \tag{14.58}$$

然而，在对未知类别的事件进行实际分类时，并非识别错误率最小就是最佳选择，有时宁肯识别错误率（误识率）可能略高些，但可以使错误识别造成的损害减至最小，即误判的风险最小。例如，在地震与核试验的判别中，目标是找出可能的核试验，因此，尽量减少漏报核试验是首要任务。这时需要附加判据来保证识别的风险最低，这就是基于最小风险的贝叶斯分类器。

为此，引入权值 $\lambda(\alpha_i,j)$ 表示若实际属于 ω_j 的观测样品因采用决策 α_i 而被判为 ω_i 时造成的损失，于是观测样品 $\boldsymbol{X}$ 被判为 i 类造成的加权平均损失为，

$$R_i(\boldsymbol{X})=\sum_{j=1}^{M}\lambda(\alpha_i,j)h(i) \tag{14.59}$$

式中的 $h(i)$ 是进行基于最小错误率的贝叶斯判别时采用的判别函数。

合理选择 $\lambda(\alpha_i,j)$ 是实现最小风险贝叶斯判别的关键，通常被简化成，

$$\lambda(\alpha_i,j)=\begin{cases}0, i=j\\1, i\neq j\end{cases}\qquad i,j=1,2,\cdots,M \tag{14.60}$$

这表明，认为正确判别的风险为 0，而错误判别的风险为最大。在这种 0 或 1 损失函数假设下，基于最小风险的贝叶斯分类器等效于基于最小错误率的贝叶斯分类器，因而也就失去了进行风险评估的意义。

14.10.3 基于判别函数的线性分类器

每个样品的特征向量对应特征空间中的一个点，通常同一类别的样品构成的点集比较集中，而不同类别的点集彼此分离，因此，如果能找出不同类别的点集之间的分界线便可以将各类别分开。如果特征向量只有二个元素，特征空间为一个二维平面，于是类别的分界线为一条线，三维空间为一曲面，在多维空间则为超曲面。寻找这一分界线的方法称作判别函数法，其目标是寻找这一分界线的曲面方程。

基于判别函数的分类器分为线性分类器和非线性分类器两大类，线性分类器包括感知器算法、增量校正算法、最小均方差（LMSE）分类算法、Fisher 分类器和基于核的 Ficher 分类；非线性分类器包括分段线性判别函数、势函数法和支持向量机（杨淑莹，2008）。本节介绍属于线性分类器的几种分类器。

14.10.3.1 线性判别函数

如果用直线、平面或超平面来作为分界，则得到的判别函数为线性方程，即特征变量的线性组合，如二维的情况，其分界线是一条直线，判别函数为，

$$d(\boldsymbol{X}) = w_1x_1 + w_2x_2 + w_3 = 0 \tag{14.61}$$

式中，w_i为参数（权重）；x_i为坐标变量，即特征向量的元素。

对于多特征，两类间的判别边界为一个超平面。对于 n 维空间，用向量 $\boldsymbol{X}=(x_1,x_2,\cdots,x_n,1)^{\mathrm{T}}$ 表示增 1 模式向量，代表 n 维模式在末尾加 1，于是一般的线性判别函数的形式为，

$$d(\boldsymbol{X}) = w_1x_1 + w_2x_2,\cdots,w_nx_n + w_{n+1} = \boldsymbol{W}_0^{\mathrm{T}}\boldsymbol{X} \tag{14.62}$$

式中 $\boldsymbol{W}_0=(w_1,w_2,\cdots,w_n,w_{n+1})^{\mathrm{T}}$ 为权向量，或称参数向量。

于是，在两类的情况下，如果判别函数 $d(\boldsymbol{X})>0$，则 $\boldsymbol{X}$ 属于 w_1类；如果判别函数 $d(\boldsymbol{X})<0$，则 $\boldsymbol{X}$ 属于 w_2类；如果判别函数 $d(\boldsymbol{X})=0$，则处于两类边界。

下面介绍的 Fisher 分类器是一个线性的两类分类器。对于多类的情况，可以用两类 Fisher 分类器得到最接近待测样品的类别，然后用返回的类别和新的类别做两类 Fisher 判别，依此类推，直至所有类别都判别结束，得到未知样品的类别。例如，有地震、人工爆破和核试验 3 类已知样品，这时可以对待测样品先进行地震和人工爆破的两类判别，如果得到的结论是地震而不是人工爆破，则再做地震和核试验的两类判别，如果返回的结果是地震，则认定为地震，如果返回结果是核试验，则认定为核试验。

14.10.3.2 Fisher 线性判别的基本原理

为便于说明原理，假设样品的特征向量包含两个元素 x_1 和 x_2（例如核爆炸识别中使用的体波震级 m_{b}和面波震级 M_{S}），于是每一个样品的特征向量在(x_1,x_2)平面上对应一个点。如图 14.23(a)所示，如果把这些点投影到 x_1或 x_2轴都无法区分，但如果坐标轴绕原点转动，就可能找到一个方向，如果把样品点投影到以这个方向作为法线向量的直线上便能够将两类样品分开，见图 14.23(b)。利用 Fisher 算法，能将多维空间中的样品点投影到一维空间，从而能找到两类样品的分界点，利用这一分界点可对待测样品进行分类。

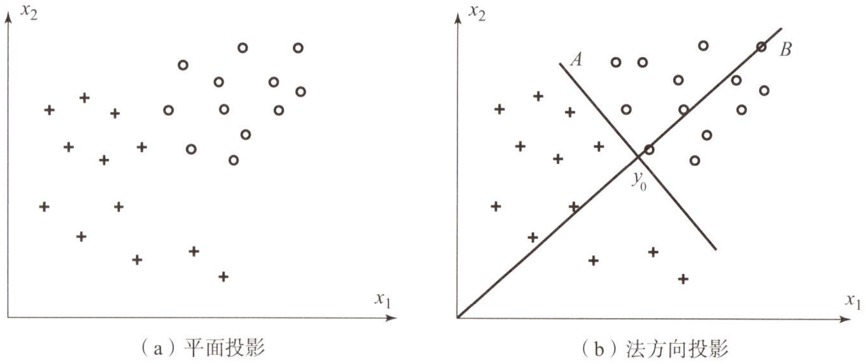

图 14.23 Fisher 线性判别原理示意图（据杨淑莹，2008，图 5-16 重绘），图(b)中的直线 A 为分界直线 B 的法线方向，所有样品投影到直线 B 上之后，可找出其分界点 y_0

为将高维特征空间中的样品点投影到一维的直线上并找出两类之间的分界点 y_0，需要用到 Fisher 准则函数。在下面的具体步骤④中将具体给出这一准则函数，Fisher 分类的具体步骤如下（杨淑莹，2008，第 111~112 页）：

①计算两类样品均值向量 $\boldsymbol{m}_i$，N_i是 ω_i类样品个数：

$$\boldsymbol{m}_i = \frac{1}{N_i}\sum_{i\boldsymbol{X}\in\omega_i}\boldsymbol{X} \qquad i=1,2 \tag{14.63}$$

②计算样品的类内离散度矩阵 $\boldsymbol{S}_i$和总的类内离散度矩阵 $\boldsymbol{S}_\omega$：

$$\boldsymbol{S}_i = \sum_{\boldsymbol{X}\in\omega_i}(\boldsymbol{X}-\boldsymbol{m}_i)(\boldsymbol{X}-\boldsymbol{m}_i)^{\mathrm{T}} \qquad i=1,2 \tag{14.64}$$

$$\boldsymbol{S}_\omega = \boldsymbol{S}_1 + \boldsymbol{S}_2 \tag{14.65}$$

③计算样品类间离散度矩阵 $\boldsymbol{S}_b$：

$$\boldsymbol{S}_b = (\boldsymbol{m}_1-\boldsymbol{m}_2)(\boldsymbol{m}_1-\boldsymbol{m}_2)^{\mathrm{T}} \tag{14.66}$$

④求向量 $\boldsymbol{W}^*$：

定义 Fisher 准则函数，

$$J_F(\boldsymbol{W}) = \frac{\boldsymbol{W}^{\mathrm{T}}\boldsymbol{S}_b\boldsymbol{W}}{\boldsymbol{W}^{\mathrm{T}}\boldsymbol{S}_\omega\boldsymbol{W}} \tag{14.67}$$

使得 $J_F(\boldsymbol{W})$取得最大值的 $\boldsymbol{W}^*$为：

$$\boldsymbol{W}^* = \boldsymbol{S}_\omega^{-1}(\boldsymbol{m}_1-\boldsymbol{m}_2) \tag{14.68}$$

在图 14.23 示例中，$\boldsymbol{W}^*$代表图 14.23(b)中的直线 B。

⑤将已知类别的训练集内的所有样品 $\boldsymbol{X}$ 投影到向量 $\boldsymbol{W}^*$，即 $\boldsymbol{X}$ 与 $\boldsymbol{W}^*$作内积，

$$y = (\boldsymbol{W}^*)^{\mathrm{T}}\boldsymbol{X} \tag{14.69}$$

每个样品 $\boldsymbol{X}$ 有一个标量值 y，沿一维的投影空间分布。

⑥计算在投影空间上的分割阈值 y_0：

在一维的投影空间上，各类本身的样品均值为，

$$\tilde{m}_i = \frac{1}{N_i}\sum_{y\in\omega_i} y \qquad i=1,2 \tag{14.70}$$

常用的阈值 y_0 选取方案是，

$$y_0 = \frac{N_1\tilde{m}_1 + N_2\tilde{m}_2}{N_1 + N_2} \tag{14.71}$$

另一种方案考虑两类的先验概率 $P(w_1)$ 和 $P(w_2)$：

$$y_0 = \frac{\tilde{m}_1 + \tilde{m}_2}{2} + \frac{\ln\left(\dfrac{P(\omega_1)}{P(\omega_2)}\right)}{N_1+N_2-2} \tag{14.72}$$

⑦对于待测的样品 $\boldsymbol{X}$，计算其在 $\boldsymbol{W}^*$ 上的投影点 y，

$$y = (\boldsymbol{W}^*)^{\mathrm{T}}\boldsymbol{X} \tag{14.73}$$

⑧对待测样品进行分类：如果 $y>y_0$，则 $\boldsymbol{X}$ 属于类别 ω_1；如果 $y<y_0$，则 $\boldsymbol{X}$ 属于类别 ω_2。

边银菊（2005）采用 Fisher 分类方法对 m_b/M_S 判据进行了研究，得到了美国西部、美国内华达试验场和苏联地区的识别地震与爆炸的判别方程，见 14.2.4 小节中的式(14.3)和式（14.5），其对地震和爆炸的误识率都低于 9%。

14.10.3.3　核函数的基本概念

在进一步讨论其他判别函数之前，要介绍核函数的基本概念。在上述边银菊（2005）提出的 Fisher 分类器中，特征向量包含两个元素：体波震级 m_b 和面波震级 M_S，特征向量所在空间为二维空间，由于特征空间的维数不高，对数据的处理不算困难。但是，如果采用的特征较多，特征空间的维数增大，便会给数据处理带来困难，造成所谓“维数灾难”。因此，对于高维数据，要采取降维措施，就是要把高维的数据空间映射到低维的特征空间，其中一种有效的方法是引入“核函数”。核函数方法并不是真正计算数据向量 $\boldsymbol{X}$ 的映射 $\boldsymbol{\Phi}(\boldsymbol{X})$，而是计算向量的内积变换：

$$\langle X_i, X_j\rangle \rightarrow k(X_i, X_j) = \boldsymbol{\Phi}(X_i)\cdot\boldsymbol{\Phi}(X_j) \tag{14.74}$$

式中的 $k(\boldsymbol{X},\boldsymbol{X})$ 称为核函数。于是，在对样品的特征向量进行的内积运算可变换成核函数给出的运算，可以甚至不知道具体的映射过程，从而使问题变得简单。在下面讨论的几种分类器中使用了不同的核函数。

核函数必须满足 Mercer 条件（源自 Mercer，1909）：如果对于所有平方可积函数 $g(x)$，实函数 $k(x,y)$ 有，

$$\iint k(x,y)g(x)g(y)\,\mathrm{d}x\mathrm{d}y \geqslant 0 \tag{14.75}$$

则称 $k(x,y)$ 满足 Mercer 条件。平方可积函数是一个实的或复值的可测定函数，其绝对值平方的积分是有限的，即，如果 $\int_{-\infty}^{\infty}|f(x)|^2\mathrm{d}x<\infty$，则 f 在实线$(-\infty, +\infty)$上平方可积。

满足 Mercer 条件的函数有很多，例如常数 1 就满足 Mercer 条件。在分类器应用中常用的核函数有：

（1）线性核函数：

$$k(\boldsymbol{X},\boldsymbol{Y}) = \langle \boldsymbol{X}\cdot\boldsymbol{Y}\rangle \tag{14.76}$$

（2）二次核函数：

$$k(\boldsymbol{X},\boldsymbol{Y}) = \langle \boldsymbol{X}\cdot\boldsymbol{Y}\rangle(\langle \boldsymbol{X}\cdot\boldsymbol{Y}\rangle + 1) \tag{14.77}$$

（3）多项式核函数：

$$k(\boldsymbol{X},\boldsymbol{Y}) = (\langle \boldsymbol{X}\cdot\boldsymbol{Y}\rangle + c)^{d} \tag{14.78}$$

式中，c 为常数；d 为多项式阶数。

（4）高斯径向基(RBF)核函数：

$$k(\boldsymbol{X},\boldsymbol{Y}) = \exp\left(-\frac{|\boldsymbol{X}-\boldsymbol{Y}|^{2}}{2\sigma^{2}}\right) \tag{14.79}$$

式中，$|\boldsymbol{X}-\boldsymbol{Y}|$ 为两个向量之间的距离；σ 为常数。在下面讨论基于核的 Fisher 分类器时，将用到高斯径向基核函数。

（5）多层感知器核函数（MLP，Multilayer Perceptron）：

$$k(\boldsymbol{X},\boldsymbol{Y}) = \tanh(a\langle x\cdot y\rangle - c) \tag{14.80}$$

式中双曲正切函数，

$$\tanh(x) = \frac{\mathrm{e}^{x}-\mathrm{e}^{-x}}{\mathrm{e}^{x}+\mathrm{e}^{-x}} \tag{14.81}$$

当 x 从 $-\infty$ 变化到 $+\infty$ 时，$\tanh(x)$ 从 -1 呈 S 形单调升至 $+1$；$x=0$ 时 $\tanh(x)=0$。在下面讨论支持向量机时，将用到双曲正切核函数。

由式（14.80）可知，该核函数中有两个可设置的参数 a 和 c，用于给出多层感知核函数的标度和偏倚，其中 a 必须大于 0，c 必须小于 0。

双曲正切核函数是 S 形函数（sigmoid function）的一种。S 形函数有许多种，除这里的双曲正切函数，常用的还有逻辑斯蒂函数（logistic function）。

（6）逻辑斯蒂函数：

$$k(\boldsymbol{X},\boldsymbol{Y}) = f(x) = \frac{1}{1+e^{-x}} \tag{14.82}$$

式中 $x=\langle \boldsymbol{X}\cdot\boldsymbol{Y}\rangle$，当 x 从 $-\infty$ 变化到 $+\infty$ 时，$f(x)$ 从 0 呈 S 形单调升至 $+1$；$x=0$ 时 $f(x)=0.5$。在下面讨论神经网络时，将用到逻辑斯蒂核函数。

在下文中还将结合核函数的具体应用，分析选取不同核函数及相应参数对分类结果的影响。

14.10.3.4 基于核的 Fisher 分类

当把核函数方法引入 Fisher 分类器时，Fisher 分类器显著提高了处置高维特征向量的能力。略去推导过程，下面具体说明基于高斯径向基核函数的 Fisher 分类器的运算步骤（杨淑莹，2008，118 页）：

（1）求 $N\times 1$ 矩阵 $\boldsymbol{M}_i$ 的分量 $(M_i)_j$：

$$(M_i)_j = \frac{1}{N_i}\sum_{m=1}^{N_i} k(X_j, X_m^{(\omega_i)}) \qquad i=1,2;\ j=1,2,\cdots,N \tag{14.83}$$

式中，i 为类别序号，Fisher 分类器是两类分类器；j 为 i 已知类别样品集中的样品在全部样品中的序号，共有 N 个样品，其中两类样品数各为 N_1 和 N_2。式中使用高斯径向基核函数：

$$k(X_j,X_m^{(\omega_i)})=\exp\left\{-\frac{|X_j-X_m^{(\omega_i)}|^2}{2\sigma^2}\right\} \tag{14.84}$$

可取常数 $2\sigma^2=1$。

（2）求：

$$\boldsymbol{H}=\sum_{i=1,2}\boldsymbol{K}_i(\boldsymbol{I}-\boldsymbol{L}_i)\boldsymbol{K}_i^{\mathrm{T}} \tag{14.85}$$

及

$$\boldsymbol{H}_\mu=\boldsymbol{H}+\mu\boldsymbol{I} \tag{14.86}$$

上两式中，$\boldsymbol{I}$ 为 $N_i\times N_i$ 的单位矩阵；μ 为一个小量（例如 0.001），以确保函数 $\boldsymbol{H}_\mu$ 为正定矩阵，从而存在逆矩阵；$\boldsymbol{L}_i$ 为 $N_i\times N_i$ 的矩阵，其所有元素都为 $1/N_i$；$\boldsymbol{K}_i$ 为 $N\times N_i$ 矩阵，$i=1,2$，其元素是核函数：

$$(\boldsymbol{K}_i)_{p,q}=k(X_p,X_q^{(\omega_i)})\qquad p=1,2,\cdots,N;\qquad q=1,2,\cdots,N_i \tag{14.87}$$

即 $\boldsymbol{K}_i$ 是第 i 类的核矩阵。

（3）求：

$$\alpha=\boldsymbol{H}_\mu^{-1}(\boldsymbol{M}_1-\boldsymbol{M}_2) \tag{14.88}$$

（4）求已知类别的训练集内所有样品 X_j 的投影：

$$y_j=\boldsymbol{W}^{\mathrm{T}}\cdot\boldsymbol{\Phi}(X_j)=\sum_{i=1}^{N}\alpha_i k(X_i,X_j)\qquad j=1,2,\cdots,N \tag{14.89}$$

（5）求均值：

$$\tilde{m}_i^{\Phi}=\frac{1}{N_i}\sum_{y_j\in\omega_i}y_j\qquad i=1,2 \tag{14.90}$$

（6）求分界阈值 y_0：

$$y_0=\frac{N_1\tilde{m}_1^{\Phi}+N_2\tilde{m}_2^{\Phi}}{N_1+N_2} \tag{14.91}$$

（7）对待测的样品 $\boldsymbol{X}$，求其投影点 y，参见式（14.89）：

$$y=\sum_{i=1}^{N}\alpha_i k(X_i,\boldsymbol{X}) \tag{14.92}$$

（8）对待测样品进行分类：如果 $y>y_0$，则 $\boldsymbol{X}$ 属于类别 ω_1；如果 $y<y_0$，则 $\boldsymbol{X}$ 属于类别 ω_2。

杨淑莹（2008，118 页）提供了一个 Matlab 程序，可实现基于核函数的 Fisher 分类器。

14.10.3.5 支持向量机分类器

支持向量机分类器是另一种对两类样品进行分类的分类器。关于支持向量机的基本原理可参考杨淑莹（2008）第 133 ~ 136 页。作为入门，本节介绍 Matlab 中提供的支持向量机分类器。

与其他模式识别分类器一样，支持向量机的实现分成训练步骤和分类步骤。在训练步骤，利用已知类别的样品对分类器进行训练，得到分类器参数和支持向量，所谓“支持向量”是由分类器优选出的一组已知样品的特征向量，由这些特征向量构成分类器的判别函数，从而能利用所构成的判别函数来判别未知类别样品的类别，因此说，正是这些支持向量“支持”着两类样品的分界面。在训练步骤使用的样品当中，被选为支持向量的特征向量通常是在两类分界面附近的特征向量，可以说距离分界面远的特征向量对构成分类器没有贡献，与以两类样品特征向量的重心之间某界面为分界的模式识别方法不同。选哪些特征向量为支持向量，取决于参与训练的样品的特征向量分布、选用的构成支持向量机的最优化算法和核函数及其参数的选择。在完成训练步骤之后，应保留在训练步骤中得到的支持向量及判别函数参数。在分类步骤则利用已得到的判别函数参数和支持向量对未知类别的样品进行分类。

在 Matlab 中有专用函数完成支持向量机分类器的训练和应用，其训练步骤包括：

①准备两类训练样品的特征向量矩阵和类别向量。特征向量矩阵是 N 行 n 列的矩阵，n 为特征向量包含的元素个数，N 是训练集中的样品个数；类别向量是一个有 N 个元素的列向量，其元素 y_i 为值 1 或 -1，如果元素 y_i 对应行样品的种类属于正样品子集 ω_1，则元素 y_i 为 +1，若属于负样品子集 ω_2，则元素 y_i 为 -1。

②指定核函数 $k(X_i, X_j)$ 的类型和相应参数值，关于核函数，见 14.10.3.3 小节。

步骤①和②是支持向量机使用者的任务，在下面给出的示例中可以看出，选用何种核函数以及相应的参数，对分类器的分类能力是有影响的，这需要使用者进行多次试验。

尚没有选取核函数及其参数的一般规律。为获得最好的分类器应针对具体问题和具体数据集对不同的核函数和参数进行试验比较，择其优者。

③利用 matlab 函数 svmtrain 求解如下判别函数：

$$f(\boldsymbol{X}) = \sum_{i=1}^{N} y_i a_i^* k(X_i, \boldsymbol{X}) + b^* \tag{14.93}$$

式中，a_i^* 是可变因子；b^* 是偏倚值。并非所有 $a_i^*, i=1,\cdots,N$ 都不为零，只有少数靠近分类超平面的样品点对应的 a_i^* 值不为零，这些不为零的 a_i^* 所对应的样品特征向量称为支持向量，正是这些支持向量“支持”着分类超平面，而远离分类超平面的样品则不起作用。

函数 svmtrain 返回数据结构 SVMStruct，在该结构中包含各支持向量构成的矩阵、因子 a_i^* 和偏倚值 b^* 的值、核函数类型及其参数等信息。

在训练过程中，利用 Matlab 中的辅助函数 groups = ismember(species, '1')；和[train, test] = crossvalind('holdout', groups)，可将已知样品随机分成训练样品和测试样品子集，在如上述利用训练样品完成训练步骤后，可利用分类步骤对测试样品进行分类，并将分类结果与已知类别进行比较，从而得到分类正确率，用来检验分类器的正确分类性能。

在获得分类参数之后，便可对未知类别的样品进行分类，其分类步骤包括：

（1）准备待测样品特征向量矩阵 $\boldsymbol{X}$。

（2）在 Matlab 中调用 svmclassify。Svmclassify 利用训练过程得到的结构 SVMStruct 中包含的因子 a_i^*、偏倚值 b^* 和核函数参数，使用 a_i^* 不为零的那些已知样品特征向量（即所谓支持向量），根据判别函数表达式（14.93）求解判别函数值 $f(\boldsymbol{X})$。根据 $f(\boldsymbol{X})$ 的正负号，判断该样品属于正样品子集或负样品子集，从而完成分类。

下面以假想的一组样品，利用 Matlab 提供的支持向量机函数进行已知样品的训练。这组样品由“地震”和“爆炸”构成，以震级 m_b 和 M_S 值为特征，“爆炸”的 M_S 不如“地震”的 M_S 发育，在 (m_b, M_S) 坐标系中“地震”类在上方，共 100 个样品，“爆炸”类在下方，共 69 个样品。图 14.24 给出选用不同核函数及参数的分类结果，由于在造成假想数据时是以 $M_S = 1.25m_b - 2.5$ 作为分界线，因此在结果中可以看到，线性核函数及接近线性的核函数能得到好的分类结果，而图 14.24(e) 给出的结果则不够好。应该说这只是为了演示

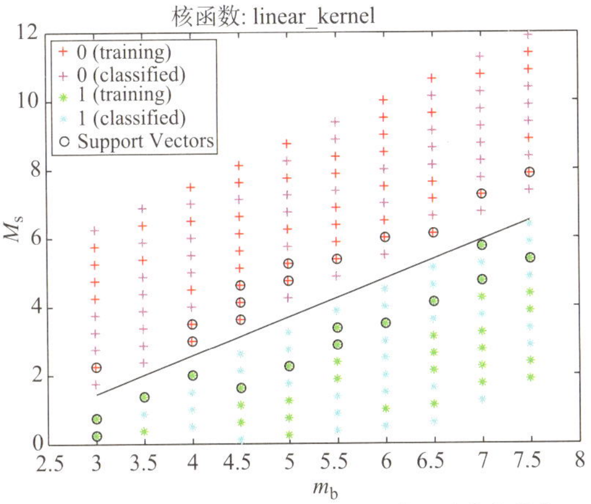

（a）SVM分类器示例：线性核函数，支持向量个数=27，c=0.4081，测试正确率=1，错分类0个样品

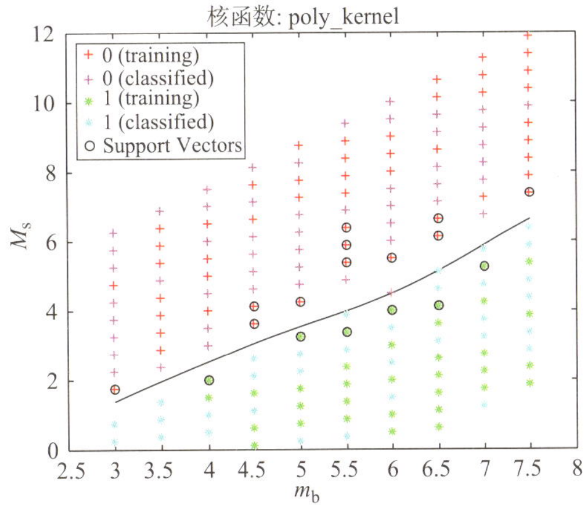

（b）SVM分类器示例：多项式核函数，阶数=3，支持向量个数=19，c=0.2812，测试正确率=0.9960，错分类0个样品

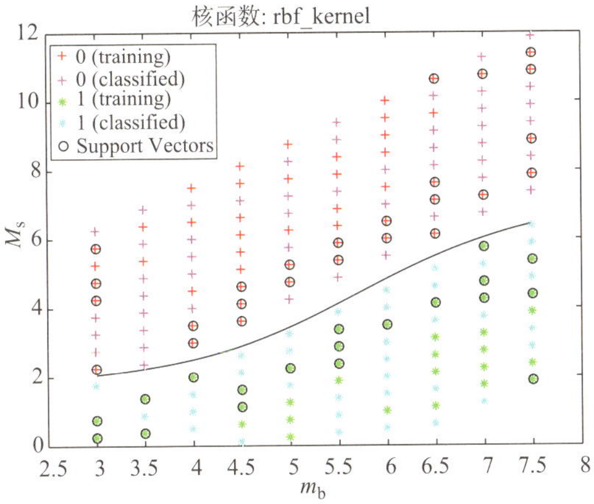

（c）SVM分类器示例：高斯径向基（RBF）核函数，核函数参数σ=1，支持向量个数=44，c=0.0722，测试正确率=0.9940，错分类1个样品

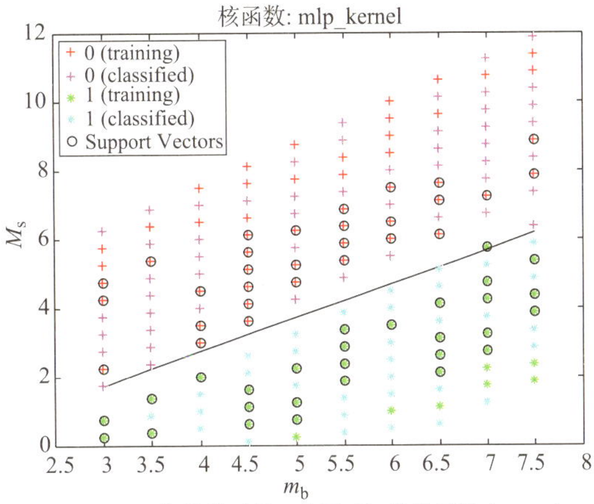

（d）SVM分类器示例：多层感知器核函数（MLP），核函数参数=[0.1, −0.1]，支持向量个数=60，c=0.2328，测试正确率=0.9940，错分类1个样品

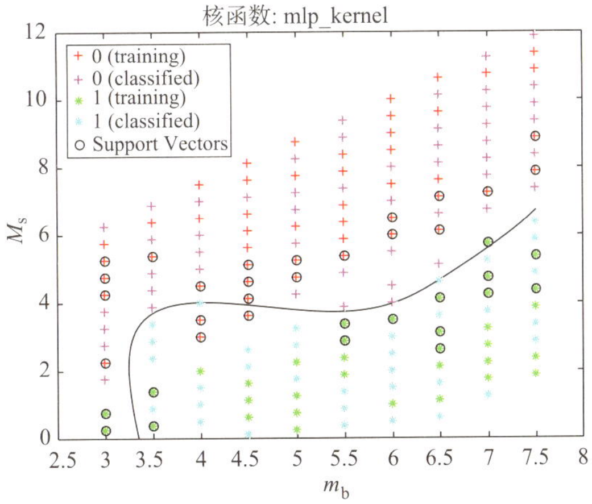

（e）SVM分类器示例：多层感知器核函数（MLP），核函数参数=[0.5, −1.0]，支持向量个数=36，c=0.7703，测试正确率= 0.9762，错分类4个样品

图 14. 24　选用不同核函数与参数的分类结果图

算法而造出的一个特例，在实际问题中，很少能简单地以线性分界为最佳分界。从示例图中还可以直观地看到，核函数及其参数决定了分界线的形状。因此选择合适的核函数及其参数对于构建最佳的支持向量机是至关重要的。示例使用的 Matlab 程序为 M14_02_mbmstest1.m。

支持向量机除了在样品分类方面的功能外，还有对样品进行回归分析的功能，已经开发出不同类型的支持向量机，在因特网上可以得到实用的支持向量机软件库和工具箱。例如，Chih-Chung Chang 和 Chih-Jen Lin(2013)开发并持续更新的支持向量机软件库 LIBSVM(下载网址 http://www.csie.ntu.edu.tw/~cjlin/libsvm)，目前提供的是 3.18 版；Gunn(1998)开发了在 Matlab 中实现的支持向量机工具箱(http://www.isis.ecs.soton.ac.uk/resources/svminfo/)，郭小荟和马小平（2007）介绍了该工具箱的使用。这些都为应用支持向量机作为分类器进行地震事件判别提供了有力的技术支撑。

利用支持向量机分类器进行样品分类的技术已在地震预测、地震事件类型判别方面得到应用，例如黄汉明等(2010a,2010b)采用支持向量机研究天然地震与人工爆破的波形小波特征。

14.11 结　　语

当今，监测和判别核试验，仍是对地震监测和分析能力的挑战。全面禁止核试验条约并没有阻止个别国家进行或准备进行核试验，而新试验场的可能出现和核试验当量的降低趋势进一步增加了核试验监测和判别的难度。国际上，地震核查仍是基于国际合作的一项重要研究课题，在网站 http://www.rdss.info/上可得到丰富的核试验波形数据和大量的研究成果报告。

在区域台网地震监测和地震编目工作中，判别非天然地震事件，并在地震目录中正确标注事件的类别，不仅是一个科学问题，还涉及到社会责任。在地震刊物上发表了不少关于地震事件判别研究的文章，也的确有不少研究成果，但大多限于对已知样品的分类，缺少用试验样品进行的检验，更是几乎没有涉及对未知样品的判别以及应用效能的报告。因此，在我国应大力倡导将事件判别判据研究与地震监测常规工作的结合，通过对研究成果的实际应用，一方面发挥研究成果在地震分析和地震编目工作中的作用，另一方面也能在实践中检验各判据的效能，推进研究工作的发展。

陈飞等（2002）研制了爆破与近震快速识别系统（EDCP）；张春贺等（2006）研制了一个可实时运行的自动识别小爆破的软件系统，并曾在中国地震局地球物理研究所的北京地震台网中心试运行；武安绪和魏富胜（2010）研制了一个爆炸地震识别辅助工具软件系统，有助于对待定事件的波形分析。如果在地震台网中心的地震波形数据汇集与处理系统中加上这类自动识别模块，通过它可以在全部地震事件中筛选出肯定的天然地震（例如占全部地震数的 70%），筛选出肯定的爆破事件（例如占全部非天然地震的 70%），剩余的不能由自动系统肯定其类型的事件交由类似武安绪和魏富胜（2010）爆炸地震识别辅助工具软件的系统进行人机交互分析，确定其中多数事件的类别，这样剩下的就只是极个别的特征不明显的事件了，对于这些事件可以进行专门研究。

通过借助辅助分析软件进行的人机交互分析，可以评估自动系统的效能，优化其判别参数。对人机交互判别，也要给出确定的判别参数，并通过更多样品来优选判据和优化判据参数。

希望通过训练—测试—应用—优化的循环过程，使地震监测与分析工作中的事件判别环节，逐步从现在的基于分析人员的经验和对地震记录图的视觉观察的定性分析，发展到以多种判据为依据的综合定量分析；从人工事后分析发展到以近实时自动分析为主、人机交互分析为辅的数字波形分析，这样才不枉现代数字地震观测所提供的丰富数据和现代数字数据处理技术以及提供的强有力手段。

参考文献

安美建，石耀霖．动态遗传算法及其在P波初动震源机制解中的应用．中国地震．1996，12（4）:394－402.

安艺敬一，P. G. 理查兹．定量地震学——理论和方法．李钦祖，邹其嘉，唐美华，吴宁远等译．北京：地震出版社，1986.

安镇文，魏富胜．震源性质的时频分析与事件识别．地震地磁观测与研究．2011，32（1）:1－9.

彼得·鲍曼．新地震观测实践手册．中国地震局监测预报司译．北京：地震出版社，2006.

边银菊．Fisher方法在震级比mb/MS判据识别爆炸中的应用研究．地震学报．2005，27（4）:414－422.

布伦，博尔特．地震学引论．李钦祖，邹其嘉译校．北京：学术期刊出版社，1988.

蔡杏辉，邵平荣，段刚等．福建地区人工爆破与天然地震的判定．地震地磁观测与研究．2013，34（1/2）:87－91.

陈飞，胡光武，殷翔等．EDCP－爆破与近震快速识别系统．地震地磁观测与研究．2002，23（6）:62－67.

陈培善．面波震级测定的发展过程概述．地震地磁观测与研究．1989，10（6）:1－9.

陈培善，左兆荣，肖洪才．用763长周期地震仪台网测定面波震级．地震学报．1988，10（1）:11－24.

陈棋福，刘澜波，王伟君等．利用地脉动探测北京城区的地震动场地响应．科学通报．2008，53（18）:2229－2235.

陈运泰，吴忠良，王培德等．数字地震学．北京：地震出版社，2000.

崇加军，倪四道，曾祥方．sPL，一个近距离确定震源深度的震相．地球物理学报．2010，53（11）:2620－2630.

崔鑫，许力生，许忠淮．低震级地震与人工爆破记录的时频分析．国际地震动态．2012，6：118.

DB/T 66—2016地震编目规范．中国地震局2016－12－29发布，2017－05－01实施．北京：地震出版社，2016.

Havskov J，Alguacil G. Instrumentation in Earthquike Seismology. 地震观测技术与仪器．赵仲和，赵建和译．北京：地震出版社，2007.

Shearer P M. 地震学引论．陈章立译．北京：地震出版社，2008.

GB 17740—2017地震震级的规定．中华人民共和国国家质量监督检验检疫总局，中国国家标准化管理委员会发布．北京：中国标准出版社，2017.

Kennett B. IASPEI 1991地震走时表．陈培善编译．北京：地震出版社，1993.

丁志峰，曾融生．京津唐地区震源深度分布初探．地震学报．1990，12（3）:242－247.

范娜，赵连锋，谢小碧等．朝鲜核爆的Rayleigh波震级测量．地球物理学报．2013，56（3），906－915.

GB/T 18207. 1—2008防震减灾术语第1部分：基本术语．中国国家标准化管理委员会发布．北京：中国标准出版社，2008.

GB/T 18207. 2—2005防震减灾术语第2部分：专业术语．中国国家标准化管理委员会发布．北京：中国标准出版社，2005.

傅淑芳，刘宝诚，李文艺．地震学教程．北京：地震出版社，1980.

傅瑀，张宏志，颉俊英等．近震震级测定方法研究．地震学报．1987，9（1）:52－64.

高景春，赵英萍，徐志国等．河北省测震台网中小地震矩震级的测定．华北地震科学．2011，29（2）:1－5.

高原，周蕙兰．不同意义下的震源深度．中国科学院研究生院学报．1997，14（2）:170－174.
高原，周蕙兰，郑斯华等．测定震源深度的意义的初步讨论．中国地震．1997，13（4）:321－329.
葛学哲，陈仲生．Matlab 时频分析技术及其应用．北京：人民邮电出版社，2006.
龚纯，王正林．精通 Matlab 最优化计算．北京：电子工业出版社，2009.
龚纯，王正林．Matlab 语言常用算法程序集．北京：电子工业出版社，2008.
郭仕剑，王宝顺，贺志国等．Matlab 7.x 数字信号处理．北京：人民邮电出版社，2006.
郭小荟，马小平．基于 Matlab 的支持向量机工具箱．计算机应用与软件．2007，24（12）:57－59.
国家地震局地球物理研究所．震相走时便查表．北京：地震出版社，1980.
国家地震局科技监测司．地震观测技术．北京：地震出版社，1995.
国家地震局．区域台网地震月报目录与地震观测报告编报技术规范．1997.
国家技术监督局，GB/T 10084—1988. 振动、冲击数据分析和表示方法（已废止）. 1988.
韩绍卿，李夕海，安跃文等．核爆、化爆、地震识别研究综述．地球物理学进展，2010，25（4）:1206－1218.
郝春月，牟磊育，郑重等．接收台阵、震源阵的传递函数与双聚束法的初步研究．地震地磁观测与研究. 2012，33（5/6）:79－87.
郝春月，郑重，郭燕平等．中国数字地震台网（CDSN）和 IMS/PS 台阵的监测定位能力评估．地震地磁观测与研究．2006，27（2）:56－63.
何斌，王恒知，张元生．基于视出射角与到时参数联合定位方法对高邮、宝应交界 $M4.9$ 地震序列的定位研究．地震工程学报．2014，36（4）:1081－1086.
何永锋，赵克常，张献兵．地下核爆炸的主要非爆炸源机制．地球物理学进展．2010，25（3），789－794.
和雪松，李世愚，沈萍等．用小波包识别地震和矿震．中国地震．2006，22（4）:425－434.
洪星，叶雯燕，邵平荣等．台湾海峡南部一次 5.0 级地震的 sPn 震相分析．地震地磁观测与研究．2006，27（1）:26－31.
华卫，陈章立，郑斯华．利用不同方法估算流动台站的场地响应．地震．2010，30（3）:30－44.
黄汉明，边银菊，卢世军等．2010b. v－SVC 算法在地震与爆破识别及窗长度选取中的应用．地震地磁观测与研究．2010，31（3）:24－3.
黄汉明，边银菊，卢世军等．天然地震与人工爆破的波形小波特征研究．地震学报．2010，32（3）:270－276.
姜长宁，董颂声．南黄海 6.1 级地震前江苏地区平均应力轴的变化．地震学刊．1997，2：77－79.
姜燕．地震定位程序 BLOC86. 北京大学硕士论文．1986.
姜燕．微机中的地震定位程序．北京大学学士论文．1986.
靳平，潘常周，肖卫国．基于贝叶斯原理的爆炸识别判据综合技术研究．地震学报．2007，29（5）:529－536.
雷英杰，张善文，李续武等．Matlab 遗传算法工具箱及应用．西安：西安电子科技大学出版社，2004.
李桂华，何家斌，颜其中．云南省区域数字地震遥测台网近震速报．地震地磁观测与研究．2005，26（3）:56－62.
李汯鑑，斯图尔特．微震台网的原理及应用．唐美华译．北京：地震出版社，1984.
李鸿吉．中国地震震源机制解和剪切位错矩张量．北京：地震出版社，1993a.
李鸿吉．震源机制解表达中的问题和标准化．国际地震动态．1993b，11：1－3.
李善邦．中国地震．北京：地震出版社，1981.
李圣强，陈棋福，赵里等．2011 年 5 月中国东北 Mw5.7 深震的非同寻常震源机制：区域波形反演与成因探讨．地球物理学报．2013，56（9）:2959－2970.
李万金．单台全球地震快速分析软件介绍及应用．地震研究．2013，36（2）:224－230.
李稳，张元生，何斌．地震波到时与视出射角联合定位方法研究．西北地震学报．2009，31（3）:34－39.

李志伟，黄志斌，王晓欣等．USGS地震目录中4～5级震源深度异常地震可靠性初步研究：以南北地震带若干地震为例．地球物理学报．2015，58（4）:1236－1250.
笠原庆一．地震力学．赵仲和，裴申，蒋乃芳，刘艺译．北京：地震出版社，1984.
梁建宏，孙丽，徐志国等．2013年四川芦山MS7.0级地震自动速报震级偏差分析及改进方法．地震学报．2015，37（6）:983－996.
梁金仓译．用三分向台站的数字化资料确定震源深度．世界地震译丛．1999（4）：54－64.
梁尚鸿，李幼铭，束沛镒等．利用区域地震台网P－、S－振幅比资料测定小震震源参数．地球物理学报．1984，27（3）:249－257.
廖诗荣，陈绯雯．应用概率密度函数方法自动处理地震台站勘选测试数据．华南地震．2008，28（4）:82－92.
刘超，张勇，许力生等．一种矩张量反演新方法及其对2008年汶川Ms8.0地震序列的应用．地震学报．2008，30（4）:329－339.
刘丁酉．矩阵分析．武汉：武汉大学出版社，2003.
刘杰．震源参数的应用．地震台网骨干杭州培训班讲座资料．2015.
刘杰，郑斯华，黄玉龙．利用遗传算法反演非弹性衰减系数、震源参数和场地响应．地震学报．2003，25（2）:211－218.
刘杰，郑斯华，黄玉龙．利用遗传算法反演非弹性衰减系数、震源参数和场地响应．地震学报．2003，25（2）:211－218.
刘瑞丰，陈翔，沈道康等．宽频带数字地震记录震相分析．北京：地震出版社，2014.
刘瑞丰，陈运泰，任枭等．震级的测定．北京：地震出版社，2015.
刘瑞丰，王丽艳，袁乃荣等．《地震震级的规定》宣贯教材．北京：地震出版社，2017.
USGS. USGS earthquake magnitude policy. MCEER Information Service News，1－3. 2002. 刘瑞丰译．美国地质调查局震级发布规则．世界地震译丛．2018，49（2）：91－92.
刘莎，杨建思，田宝峰等．首都圈地区爆破、矿塌和天然地震的识别研究．地震学报．2012，34（2）：202－214.
刘希强，杜贻合，徐波等．区域矿震与地震的定量识别方法及其应用．中国地震．2005，21（1）:50－60.
刘希强，沈萍，张玲等．用小波变换能量线性度方法识别天然地震与爆破或塌方．西北地震学报．2003，25（3）:204－209.
罗艳，倪四道，曾祥方等．一个发生在沉积盖层里的破坏性地震：2010年1月31日四川遂宁—重庆潼南地震．科学通报．2011，56（2）:147－152.
牟磊育，赵仲和，张伟等．用INGLADA与GEIGER方法实现近震精定位．中国地震．2006，22（3）:294－302.
潘常周，靳平，王红春．P/S震相幅值比判据对低震级地震事件的适用性检验．地震学报．2007，29（5）：521－528.
琴朝智，王鸣，杨业钰等．我国763型光记录长周期地震仪系统．地球物理学报．1983，26（4）:366－376.
任枭，刘瑞丰，梁建宏等．国家数字地震台网台站地动噪声功率谱分析．地震地磁观测与研究．2004，25（1）:23－28.
任枭，刘瑞丰，杨辉等．中国数字地震台网所使用的仪器及其传递函数的计算方法．地震地磁观测与研究．2009，30（5）:113－119.
邵磊，王健，林国庆．特定震源台站校正定位方法及在安徽霍山地区的应用．地球物理学报．2010，53（6）:1440－1450.
沈萍，郑治真．瞬态谱在地震与核爆识别中的应用．地球物理学报．1999，42（2）:233－240.
时振梁，张少泉，赵荣国等．地震工作手册．北京：地震出版社，1990.
史海霞，修济刚，陈章立等．用广义反演方法估算首都圈地区台站场地效应．地震．2009，29（2）:1－11.
宋锐，顾小虹，王永力等．国家数字地震台网中心实时处理及大地震速报软件系统．地震．20，21（4）：

47 – 59.
孙安辉，陈棋福，陈颙等．天山东北部地震的重新定位和一维地壳速度模型的改善．中国地震．2011，27（3）:235 – 247.
孙其政，吴书贵．中国地震监测预报40年（1966 – 2006）（上册）．北京：地震出版社，2007.
孙章庆，孙建国，韩复兴等．波前快速推进法起伏地表地震波走时计算．油气藏评价与开发，2007，30（5）:392 – 395.
唐国兴．用计算机确定地震参数的一个通用方法．地震学报．1979，1（2）:186 – 196.
唐明帅，王海涛．F检测算法及其在识别地震地表反射波震相中的初步应用．地震学报．2011，33（6）:776 – 787.
唐向宏，李齐良．时频分析与小波变换．北京：科学出版社，2008.
滕吉文，姚虹，周海南．北京、天津、唐山和张家口地区的地壳结构．地球物理学报．1979，22（3）:218 – 236.
田玥，陈晓非．水平层状介质中的快速两点间射线追踪方法．地震学报．2005，24（2）:147 – 154.
万永革．地震学导论．北京：科学出版社，2016.
万永革．数字信号处理的Matlab实现．北京：科学出版社，2007.
万永革．数字信号处理的Matlab实现（第二版）．北京：科学出版社，2012.
汪素云，王健，俞言祥等．基于中国地震台网观测报告的M_L与M_s经验关系．中国地震．2010，26（1），14 – 22.
汪素云，许忠淮，葛民．黄海、东海及邻区的地震构造应力场．中国地震．1987，3（3）:18 – 25.
汪素云，许忠淮．中国东部大陆的地震构造应力场．地震学报．1985，7（1）:17 – 32.
王椿镛，王溪莉，颜其中．昆明地震台网多事件定位问题的初步研究．地震学报．1993，15（2）:136 – 145.
王广福．地震观测系统的标定与检查．北京：地震出版社，1986.
王广福．用复曲线拟合方法确定DD – 1和DK – 1型电子放大地震仪的传递函数、频率特性和时间特性．地球物理学报．1984，27（5）:452 – 462.
王广福，于桂生，周公威．最小相位地震仪及其相频特性的确定．地震学报．1984，6（1），98 – 109.
王娟，邱宏茂，张波等　兰州和海拉尔核查地震台阵慢度和方位角校正方法研究．西北地震学报．2010，32（4）:330 – 333.
王俊，缪发军，詹小艳等．基于Matlab的准实时背景噪声计算分析软件研制．地震研究．2013，36（2）:231 – 237.
王俊，缪发军，詹小艳等．利用sPn震相精确测定江苏高邮、宝应交界$M4.9$地震震源深度．防灾减灾工程学报．2013，33（3）:354 – 360.
王婷婷，边银菊，张博．地震与爆破的小波包识别判据研究．地震学报．2014，36（2）:220 – 232.
王伟君，刘澜波，陈棋福等．应用微动H/V谱比法和台阵技术探测场地响应和浅层速度结构．地球物理学报．2009，52（6）:1515 – 1525.
魏富胜，黎明．震源性质的倒谱分析．地震学报．2003，25（1）:47 – 53.
魏富胜．识别震源性质的一种新方法．地震地磁观测与研究．2000，21（6）:32 – 38.
魏富胜，许忠淮，郭祥云等．识别地震与爆炸的一个新判据．国际地震动态．2012，6：119.
魏富胜，许忠淮，郭祥云．基于波形相关性的地震事件分类．地震地磁观测与研究．2010，31（3）:52 – 57.
吴荣辉，梁尚鸿，赵里等．北京地区中小地震震源机制及构造应力场研究．地震．1989，2：25 – 30.
吴忠良，黄静，周公威．震源深度与矩心深度的分布特征及其与震源机制类型之间的关系．中国地震．2002，18（4）:337 – 345.
武安绪，魏富胜．爆炸地震识别辅助工具的设计与研制．地震学报．2010，32（2）:245 – 253.
夏爱国，刘贤伦．利用乌鲁木齐遥测地震台记录识别人工爆破与地震．内陆地震．2002，16（4）:337 – 345.

项月文，罗丽，肖孟仁等．sPL震相在九江—瑞昌M_S5.7地震序列震源深度测定中的应用．华北地震科学．2014，32（2）:7－13.

谢里夫 R E，吉尔达特 L P．勘探地震学（第二版）．初英等译．北京：石油工业出版社，1999.

修济刚，李友博，刘小伟等．宽频带数字地震学观测与研究．北京：海洋出版社，1988.

徐德诗．地震震级的规定（GB 17740—1999）宣贯教材．北京：中国标准出版社，1999.

许健生，隗永刚，周建超．中国数字地震仪台网（CDSN）典型震相图集（1990－2012）．北京：石油工业出版社，2014.

许忠淮，刘玉芬，张郢珍．京、津、唐、张地区地震应力场的方向特征．地震学报．1979，1（2）:121－132.

许忠淮，汪素云，黄雨蕊等．由大量的地震资料推断的我国大陆构造应力场．地球物理学报．1989，32（6）:636－647.

许忠淮，闫明，赵仲和．由多个小地震推断的华北地区构造应力场的方向．地震学报．1983，5（3）:268－279.

薛年喜．Matlab在数字信号处理中的应用．北京：清华大学出版社，2003.

闫明．从小震初动符号资料中提取前兆信息的可能性．国际地震动态．1988，7：8－11.

闫明．矛盾符号比与区域构造的关系及其应用．地球物理学进展．1993，04：244－250.

闫明．矛盾符号比在地震预报中的应用．见：地震预报方法实用化研究文集—地震学专辑，439－447．北京：学术书刊出版社，1989.

闫明．区域小震平均节面解的时空分析．地震学报．1991，13（1）:9－20.

闫明，赵仲和．唐山强震前后京、津、唐、张地区小震初动符号的时空分析．见：地震监测与预报方法清理成果汇编——测震学分册，256－261．北京：地震出版社．1989.

杨淑莹．模式识别与智能计算——Matlab技术实现．北京：电子工业出版社，2008.

杨选辉，沈萍，刘希强等．地震与核爆识别的小波包分量比方法．地球物理学报．2005，48（1）:148－156.

杨选辉，沈萍，刘希强等．地震与核爆识别的小波包分量比方法．地球物理学报．2005，48（1）:148－156.

叶其孝，沈永欢．实用数学手册（第二版）．北京：科学出版社，2006.

俞春泉，陶开，崔效锋等．用格点尝试法求解P波初动震源机制解及解的质量评价．地球物理学报．2009，52（5）:1402－1411.

詹小艳，朱升初，王恒知等．sPL震相在江苏高邮M4.9级地震震源深度测定中的应用．地球物理学进展．2014，29（4）:1609－1614.

张诚．地震分析基础．北京：地震出版社，1988.

张春贺，梁建宏，郑秀芬等．周期－频度谱在小爆破自动识别研究中的应用．地震地磁观测与研究．2006，27（5）:24－28.

张关生．地震定位程序LOC－768．电信传输地震台网数据处理程序系统文集．地震地磁观测与研究．1984年增刊．1984.

张红霞，许力生，陈运泰等．用频率域台阵技术推测2001年昆仑山口西大地震的破裂时间与几何特征．地震学报．2008，30（1）:12－25.

张玲，周翠英，王锋吉等．山东地区各分区地震应力场特征分析．华北地震科学．2004，22（4）:12－15.

张萍，高艳玲，肖健等．辽宁地区记录的爆破、矿震和地震的识别．地震地磁观测与研究．2001，22（5）:29－34.

张萍，蒋秀琴，苗春兰等．爆破、矿震与地震的波谱差异．地震地磁观测与研究．2005，26（3）:24－34.

张瑞青，吴庆举，李永华等．汶川中强余震震源深度的确定及其意义．中国科学D辑：地球科学．2008，38（10）:1234－1241.

张善文，雷英杰，冯有前．Matlab在时间序列分析中的应用．西安：西安电子科技大学出版社，2007.

赵翠萍，周连庆，陈章立．2013 年四川芦山 M_S7.0 级地震震源破裂过程及其构造意义．科学通报，2013，20.

赵旭，李强，蔡晋安．三峡库首区最小一维速度模型研究．大地测量与地球动力学．2007，27（专刊）：1 -7.

赵仲和．多重模型地震定位程序及其在北京台网的应用．地震学报．1983b，5（2）:242 -254.

赵仲和．北京地区地震参数与速度结构的联合测定．地球物理学报．1983c，26（2）:131 -139.

赵仲和．区域地震台网地震定位能力分析．地震学报．1983a，5（4）:467 -476.

赵仲和，姜燕，张力群．地震定位程序 BLOC 及其变体．地震地磁观测与研究．1993，14（5）:6 -9.

赵仲和，牟磊育．单台地震自动定位网格搜索法及其 Matlab 试验．地震地磁观测与研究．2005，26（4）：1 -12.

赵仲和，牟磊育．关于在震源机制解的沙滩球表示中包括滑动矢量的建议．国际地震动态．2018，1：11 -15.

赵仲和，王玉秀，陈云桂主编．电信传输地震台网数据处理程序系统文集．地震地磁观测与研究．1984 年增刊．1984.

赵珠，曾融生．一种修定震源参数的方法．地球物理学报．1983，30（4）:379 -388.

郑建常，潘元生，万连初等．青岛崂山 M_L4.1 地震序列应力降变化研究．地震地磁观测与研究．2008，29（4）:17 -23.

郑秀芬，傅瑀，许绍燮．地震记录中小爆破的识别与判据研究．地震地磁观测与研究．2006，27（5）：29 -33.

郑钰，杨建思．双差算法的剖析及参数对定位的影响．地震地磁观测与研究．2008，29（3）:85 -93.

郑治真，沈萍，杨选辉等．小波变换及其 Matlab 工具的应用．北京：地震出版社，2001.

中国地震局．地震波形数据交换格式（DB/T 2—2003）．北京：地震出版社，2003.

中国地震局．地震及前兆数字观测技术规范（试行．北京：地震出版社，2001.

中国地震局发布．地震波形数据交换格式（DB/T 2—2003）．主要起草人：赵仲和，周克昌，冯义钧，刘瑞丰，王洪体，高景春，李广平，纪寿文，郑斯华，张伯明，2003.

中国地震局监测预报司．测震学原理与方法．北京：地震出版社，2017.

中国地震局监测预报司．地震参数——数字地震学在地震预测中的应用．北京：地震出版社，2003.

中国地震局监测预报司．地震学与地震观测．北京：地震出版社，2007.

中国地震局监测预报司．实用数字地震分析．北京：地震出版社，2009.

中国科学院地球物理研究所．地震仪器概论．北京：地震出版社，1975.

中国科学院地球物理研究所．近震分析．北京：地震出版社，1977.

中华人民共和国国家质量监督检验检疫总局和中华人民共和国标准化管理委员会．GB/T 19531.1—2004．地震台站观测环境技术要求第 1 部分：测震．2004.

周辉，董正宏．数字信号处理基础及 Matlab 实现．北京：中国林业出版社，2006.

周仕勇，许忠淮，韩京等．主地震定位法分析以及 1997 年新疆伽师强震群高精度定位．地震学报．1999，21（3）:258 -265.

周仕勇，许忠淮．现代地震学教程．北京：北京大学出版社，2010.

周荫清．随机过程导论．北京：北京航空学院出版社，1987.

朱介寿，周家纪，彭君维等．地震学中的计算方法．北京：地震出版社，1988.

朱良保．地震学实习教程．北京：武汉大学出版社，2010.

朱露培，曾融生，刘福田．一种新的三维速度结构反演模型参数化方法．地球物理学报．1990a，33（1）：34 -43.

朱露培，曾融生，刘福田．京津唐张地区地壳上地慢三维 P 波速度结构．地球物理学报．1990b，33（3）：267 -277.

朱元清，石耀霖，李平．一种确定地震深度的新方法．地震地磁观测与研究．1990，11（2）:4－12.

朱元清，夏从俊，李平．确定震源深度的 PTD 方法及其应用．地震地磁观测与研究．1977，18（3）：21－29.

Atkinson G M and Mereu R F. The shape of ground motion attenuation curves in southeastern canada. Bull. Seismol. Soc. Am. 1992，82（5）:2014－2031.

Arrowsmith S J，Arrowsmith M D，Hedlin M A H，and Stump B. Discrimination of delay-fired mine blasts in Wyoming using an automatic time-frequency discriminant. Bull. Seism. Soc. Am. 2006，96（6）:2368－2382.

Al-Amri A，Harris D，Fnais M，Rodgers A，and Hemaida M. A regional seismic array of three-component stations in central Saudi Arabia. Seismological Research Letters. 2012. 83（1）:49－58.

Abramowitz M and Irene A. Stegun. Handbook of mathematical functions with formulas，graphs，and mathematical tables. National Bureau of Standards. Applied Mathematics Series 55. United States Department of Commerce. Issued June 1964. Tenth Printing，December 1972 with corrections. p948：26. 6. 26.

Aki K and Chouet B. Origin of coda waves：source，attenuation，and scattering effect，J. Geophys. Res. 1975，80：3322－3342.

Aki K and Lee W H K. Determination of three-dimensional velocity anomalies under a seismic array using first P arrival times from local earthquakes：1. A homogeneous initial model. Journal of Geophysical Research. 1976，81（23）：4381－4399.

Aki K and Richards P G. Quantitative Seismology. 2nd Edition，University Science Books，Sausalito，California，2002.

Aki K. Earthquake generating stress in Japan for the years 1961 to 1963 obtained by smoothing the first motion radiation patterns. Bulletin of the Earthquake Research Institute，1966，44：447－471.

Aki K. Generation and propagation of G waves from the Niigata earthquake of June 16，1964，2，Estimation of earthquake moment，released energy，and stress-strain drop from G-wave spectrum. Bull. Earthquake Res. Inst.，Tokyo Univ. 1996，44：73－88.

Anderson J F and Lees，J M. Instrument corrections by time-domain deconvolution. Seismological Research Letters. 2014，85：197－201.

Andrews D J. Objective determination of source parameters and similarity of earthquakes of different size. In Geophysical Monograph Series 37：Earthquake Source Mechanics，S. Das，J. Boatwright，and C. H. Scholtz，Editors. American Geophysical Union，Washington，D. C. 1986，259－267.

Arvidsson R and Ekström G. Global CMT analysis of moderate earthquakes，MwP4. 5，using intermediate-period surface waves. Bull. Seism. Soc. Am. 1998，88（4）:1003－1013.

Boore D M and Boatwright J. Average body-wave radiation coefficients. Bull. Seismol. Soc. Am. 1984，74（5）：1615－1621.

Boore D M. Stochastic Simulation of high-frequency ground motions based on seismological models of the radiated spectra. Bull. Seismol. Soc. Am. 1983，73（6）：1865－1894.

Bondár I and Storchak D. Improved location procedures at the International Seismological Centre. Geophys. J. Int. 2011，186：1220－1244.

Bonner J L，Reiter D T，and Shumway R H. Application of a cepstral F statistic for improved depth estimation. Bull. Seism. Soc. Am. 2002，92（5）：1675－1693.

Bratt S R and Bache T C. Locating events with a sparse network of regional arrays，Bull. Seis. Soc. Amer. 1988，78（2）:780－798.

Виллемсон О В，Овчинников В М. Об определении глубины землетрясений по цифровым данным трехкомпонентной станции. Физика Земли. 1996.

Backus G and Mulcahy M. Moment tensors and other phenomenological descriptions of seismic sources. I-Continuous displacements, Geophys. J. R. Astron. Soc. , 1976, 46: 341 -371.

Backus G. Interpreting the seismic glut moments of total degree two or less. Geophys. J. R. Astr. Soc. 1977, 5L: 1 -25.

Benhama A, Cliet C, and Dubesset M. Study and applications of spatial directional filtering in three-component recordings. Geophysical Prospecting. 1988, 36: 591 -613.

Berger J, Davis P, and Ekström G. Ambient earth noise-a survey of the global seismographic network. Journal of Geophysical Research. 2004, 109: B11307.

Bettina P, Allmann G, Edwards B, Bethmann F, Deichmann N, Clinton J, Donat F, and Giardini D. A new empirical magnitude scaling relation for Switzerland. Bull. Seism. Soc. Am. 2011, 101 (6):3088 -3095.

Birgoren G and Irikura K. Estimation of site response in time domain using the Meyer-Yamada wavelet analysis. Bull. Seismol. Soc. Am. 2005, 95 (4):1447 -1456.

Boatwright J. A dynamic model for far-field acceleration. Bull. Seismol. Soc. Am. 1982, 72 (4): 1049 -1068.

Boatwright J and Choy G. Teleseismic estimates of energy radiated by shallow earthquakes. J. Geophys. Res. 1986, 91: 2095 -2112.

Boaz R I and McNamara D. E. PQLX, A data quality control system: uses and applicatons, ORFEUS Newsletter-June 2008.

Bogert B P, Healy M, and Tukey J. The quefrency analysis of time series for echoes: cepstrum, pseudo-autocovariance, cross-cepstrum, and saphe cracking. in M. Rosenblatt (Ed.), Time Series Analysis. John Wiley and Sons, Incorporated, New York, 1963: 209 -243.

Bondár I and Storchak D. Improved location procedures at the International Seismological Center. Geophys. J. Int. 2011, 186: 1220 -1244

Bonilla L F, Steidl H J, Lindley G T, Tumarkin A G, and Archuleta R. Site amplification in the San Fernando Valley, California: Variability of the site-effect estimation using the S-wave, coda, and H/V methods, Bull. Seismol. Soc. Am. 1997, 87 (3):710 -730.

Borcherdt R D. Effects of local geology on ground motion near San Francisco Bay. Bull. Seismol. Soc. Am. 1970, 60 (1):29 -61.

Bormann P, Liu R, Ren X, Gutdeutsch R, Kaiser D and Castellaro S. Chinese National Network magnitudes, their relation to NEIC magnitudes, and recommendations for new IASPEI magnitude standards. Bull. Seism. Soc. Am. 2007, 97 (1B): 114 -127.

Bormann P. New Manual of Seismological Observatory Practice (NMSOP-2). IASPEI, GFZ German Research Centre for Geosciences, Potsdam. http://nmsop.gfz-potsdam.de, 2012.

Brune J N and Allen C R. A low-stress-drop, low-magnitude earthquake with surface faulting: The Imperial, California, earthquake of March 4, 1966. Bull. Seismol. Soc. Am. 1967, 57: 501 -514.

Brune J N. Correction (to Brune (1970)). J. Geophys. Res. 1971, 76 (20): 5002.

Brune J N. Techtonic stress and the spectra of seismic shear waves from earthquakes. J. Geophys. Res. 1970, 75 (26):4997 -5009.

Bath M. Short-period Rayleigh waves from near-surface events. Phys. Earth Planet Inter. 1975, 10 (4):369 -376.

Chael E P. Spectral scaling of earthquakes in The Miramichi Region of New Brunswick. Bull. Seismol. Soc. Am. 1987, 77 (2):347 -365.

Castro R R, Anderson J G, and Singh S K. Site response, attenuation and source spectra of S waves along The Guerrero, Mexico, subduction zone. Bull. Seismol. Soc. Am. 1990, 80 (6): 1481 -1503.

Cerveny V, Klimes L, Psencik I. Paraxial ray approximations in the computation of seismic wavefields in inhomogeneous media. Geophys. J. Royal Astr. Soc. 1984, 79: 89 -104.

Cesca S and Dahm T. A frequency domain inversion code to retrieve time-dependent parameters of very long period volcanic sources. Computers & Geosciences. 2008, 34 (3):235 - 246.

Chapman C. Fundamentals of seismic wave propagation. Cambridge: Cambridge University Press, 2004.

Chopp D L. Some improvements of the fast marching method. SIAM J. Sci. Comput. 2001, 23: 230 - 244.

Choy G L and Boatwright J L. Global patterns of radiated seismic energy and apparent stress. J. Geophys. Res. 1995, 100: 18205 - 18228.

Chun K Y, Kokoski R G, And West G F. Source spectral characteristics of Miramichi earthquakes: results from 115 P-wave observations. Bull. Seismol. Soc. Am. 1989, 79 (1):15 - 30.

Cichowicz A. An Automatic S-Phase Picker. Bull. Seis. Soc. Amer. 1993, 83 (1):180 - 189.

Cliet C and Dubesset M. Polarization analysis in three-component seismics. Geophys. Trans. 1988, 34: 101 - 119.

Cooley J W and Tukey J W. An algorithm for the machine calculation of complex fourier series. Mathematics of Computation. 1965, 19 (90):297 - 301.

Crosson R S. Crustal structure modeling of earthquake data. Part 1. Simultaneous least squares estimation of hypocenter and velocity parameters. J. Geophys. Res. 1976a, 81: 3036 - 3046.

Crosson R S. Crustal structure modeling of earthquake data. Part 2. Velocity structures of the Puget Sound region, Washington. J. Geophvs. Res. 1976b, 81: 3047 - 3053.

Crotwell H P, Owens T J, and Ritsema J. The TauP Toolkit: Flexible seismic travel-time and ray-path utilities, Seismological Research Letters. 1999, 70: 154 - 160. http://www.seis.sc.edu/taup/index.html.

Dziewonski A M and Anderson D. L. Preliminary reference Earth model. Physics of the Earth and Planetary Interiors. 1981, 25 (4): 297 - 356.

Dennis M L. The proof of the position is in the testing: reliable accuracy determination for spatial data. 42nd Annual Alaska Surveying and Mapping Conference, 2008.

Dahlen F A and Tromp J. Theoretical Global Seismology. Princeton University Press, 1998.

Davies D, Kelly E, J. Filson. VESPA process for analysis of seismic signals. Nat Phys Sci (Lond), 1971, 232: 8 - 13.

De Kool M, Rawlinson N, and Sambridge M. A practical grid-based method for tracking multiple refraction and reflection phases in three-dimensional heterogeneous media. Geophys. J. Int. 2006, 167: 253 - 270.

Dewey J W. Seismicity and tectonics of western Venezuela. Bull. Sesi. Soc. Am. 1972, 62 (6):1711 - 1751.

Diehl T, Deichmann N, Kissling E, and Husen S. Automatic S-wave picker for local earthquake tomography. Bull. Seis. Soc. Amer. 2009, 99 (3):1906 - 1920.

Douglas A. Joint epicenter determination. Nature. 1967, 215: 47 - 48.

Dreger D S and Helmberger D V. Determination of source parameters at regional distances with three-component sparse network data. Journal of Geophysical Research. 1993, 98 (B5):8107 - 8125.

Dreger D S. TDMT_INV: Time Domain Seismic Moment Tensor INVersion. In International Handbook of Earthquake and Engineering Seismology, 81B: 1627. 2003.

Drouet S, Chevrot S, Cotton F, and Souriau A. Simultaneous inversion of source spectra, attenuation parameters, and site responses: application to the data of the French Accelerometric Network. Bull. Seismol. Soc. Am. 2008, 98 (1): 198 - 219.

Dziewonski A M and Woodhouse J H. Studies of the seismic source using normal-mode theory, in Earthquakes: Observation, Theory and Interpretation, Kanamori H and Boschi E, Editors, North-Holland, Amsterdam, New York, Oxford, 608 pp. 1983.

Dziewonski A M, Chou T-A, and Woodhouse J H. Determination of earthquake source parameters from waveform data for studies of global and regional seismicity. Journal of Geophysical Research. 1981, 86 (B4): 2825 - 2852.

Edwards B, Allmann B, Fäh D, and Clinton J. Automatic computation of moment magnitudes for small earthquakes and the scaling of local to moment magnitude. Geophys. J. Int. 2010, 183: 407 - 420.

Ekström G, Nettles M, and Dziewonski A M. The global CMT project 2004 – 2010: Centroid-moment tensors for 13, 017 earthquakes. Physics of the Earth and Planetary Interiors. 2012, 200 – 201: 1 – 9.

Ekström G, Tromp J, and Larson E W F. Measurements and global models of surface wave propagation, J. Geophys. Res: Solid Earth, 1997, 102 (B4):8137 – 8157.

Engdahl R E, van der Hilst R, and Buland R. Global teleseismic earthquake relocation with improved travel times and procedures for depth determination. Bull. Seism. Soc. Am. 1998, 88 (3): 722 – 743.

Fletcher J B. Spectra from high-dynamic range digital recordings of Oroville, California aftershocks and their source parameters. Bull. Seismol. Soc. Am. 1980, 70 (3):735 – 755.

Ford S R, Dreger D S, and William R. Walter. Identifying isotropic events using a regional moment tensor inversion, J. Geophys. Res. 2009, 114: B01306.

Foulger G R, Julian B R, Hill D P, Pitt A M, Malin P, and Shalev E. Non-double-couple micro-earthquakes at Long Valley Caldera provide evidence for hydraulic fracturing. Journal of Volcanology and Geothermal Research, 2004, 132, 1 (15):45 – 71.

Gutenberg B. Amplitude of surface waves and magnitudes of shallow earthquakes. Bull. Seism. Soc. Am. 1945, 35: 3 – 12.

Gabor D. Theory of communication. Part Ⅰ: The analysis of information. Part Ⅲ: Radio and communication engineering. Journal of the Institution of electrical Engineers. 1946, 93: 429-441. (http://genesis.eecg.toronto.edu/gabor1946pdf).

Galluzzo D, Del Pezzo E, La Rocca M, Castellano M, and Bianco F. Source scaling and site effects at Vesuvius Volcano. Bull. Seismol. Soc. Am. 2009, 99 (3): 1705 – 1719.

Geiger L. Herdbestimmung bei Erdbeben aus den Ankunftszeiten. Nachrichten von der Königlichen Gesellschaft der Wissenschaften zu Göttingen, Mathematisch-Physikalische Klasse, 1910, 331 – 349.

Geiger L. Probability method for the determination of earthquake epicenters from the arrival time only, Bulletin St. Louis University. 1912, 8: 60 – 71. (由 F. Peebles W. L., A. H. Corey 根据 Geiger (1910) 译成英文).

Giacomo D D, Grosser H, Parolai S, Bormann P, and Wang R. Rapid determination of Me for strong to great shallow earthquakes. Geophysical Research Letters. 2008, 35L: 10308.

Giardini D. Sysiematic analysis of deep seismicity: 200 centroid-moment tensor solutions for earthquakes betrveen 1977 and 1980. Geophys. J. R. Astr. Soc. 1984, 77: 883 – 914.

Gilbert F and Dziewonski A M. An application of normal mode theory to the retrieval of structural parameters and source mechanisms from seismic spectra, Philos. Trans. R. Soc. London, Ser. A, 1975, 278: 187 – 269.

Gilbert F. Excitation of the normal modes of the earth by earthquake sources. Geophys. J. R. Astr. Soc. 1970, 22: 223 – 226.

Goldstein P, Dodge D, Firpo M, and Lee. SAC2000: Signal processing and analysis tools for seismologists and engineers, Invited contribution to The IASPEI International Handbook of Earthquake and Engineering Seismology. Edited by Lee W H K, Kanamori H, Jennings P C, and Kisslinger C. London: Academic Press, 2003.

Gunn S R. Support Vector Machines for Classification and Regression. Technical Report. Image speech and intelligent systems research group, University of Southampton. 1998.

Gutenberg B and Richter C F. Earthquake magnitude, intensity, energy, and acceleration (second paper). Bull. Seism. Soc. Am. 1956a, 46 (2), 105 – 145.

Gutenberg B and Richter C F. 1956b. Magnitude and energy of earthquakes, Annali di Geofisica. 1956b, 9 (1):7 – 12.

Hartzell S H. Site response estimation from earthquake data. Bull. Seism. Soc. Am. 1992, 82 (6): 2308 – 2327.

Hao C Y and Zheng Z. P-wave back-azimuth and slowness anomalies observed by an IMS seismic array LZDM. Bull. Seism. Soc. Am. 2010, 100 (2):657 – 669.

Hanks T C and Kanamori H. A moment magnitude scale. J. Geophys. Res. 1979, 84: 2348 -2350.

Hanks T C and McGurie R K. The character of high-frequency strong ground motion. Bull. Seismol. Soc. Am. 1981, 71 (6):2071 -2095.

Hanks T C and Wyss M. The use of body wave spectra in the determination of seismic source parameters. Bull. Seismol. Soc. Am. 1972, 62, 561 -589.

Harris D B. A waveform correlation method for identifying quarry explosions. Bull. Seis. Soc. Am. 1991, 81 (6): 2395 -2419.

Haslinger F and Kissling E. Investigating effects of 3-D ray tracing methods in local earthquake tomography. Physics of The Earth and Planetary Interiors. 2001, 123 (2):103 -114.

Herak M, Panza G, and Costa G. Theoretical and observed depth corrections for Ms. Pure Appl. Geophys. 2001, 158: 1517 -1530.

Heyburn R and Bowers D. Earthquake depth estimation using the F trace and associated probability. Bull. Seism. Soc. Am. 2008, 98 (1): 18 -35.

Holcomb L G. A direct method for calculating instrument noise levels in side-by-side seismometer evaluations. USGS, Open-File Report 89 -214. 1989.

Hudson J A, Pearce R G, and Rogers R. M. Source type plot for inversion of the moment tensor. J. Geophys. Res. 1989, 94: 765 -774.

Hurukawa N and Imoto M. Subducting oceanic crusts of the Philippine Sea and Pacific plates and weak-zone-normal compression in the Kanto distric, Japan. Geophys. J. Int. 1992, 109: 639 -652.

Hutton L K and Boore D M. The ML scale in southern California. Bull. Seism. Soc. Am. 1987, 77 (6):2074 -2094.

Hardebeck J L and Shearer P M. A New Method for Determining First-Motion Focal Mechanisms, Bull. Seismol. Soc. Am. 2002, 92 (6):2264 -2276.

Julian B R, Miller A D, and Foulger G R. Non-double-couple earthquakes 1. Theory. Reviews of Geophysics. 1998, 36 (4):525 -549.

Jean V. Fast and accurate ray tracing by Hamiltonian perturbation. Journal of Geophysical Research: Solid Earth. 1991, 96 (B1):579 -594.

Jechumtálová Z and Šílený J. Amplitude ratios for complete moment tensor retrieval. Geophys. Res. Lett. , 2005, 32, L22303.

Jeffreys H, Swirles B. Methods of mathematical physics. Cambridge: Cambridge University Press, 1966.

Jordan T H and Sverdrup K A. Teleseismic location techniques and their application to earthquake clusters in the south-central Pacific. Bull. Seismol. Soc. Am. 1981, 71 (4):1105 -1130.

Jost M L and Herrmann R B. A student's guide to and review of moment tensors, Seismological Research Letters. 1989, 60 (2):37 -57.

Julian B R and Gubbins D. Three-dimensional seismic ray tracing. J. Geophys. 1977, 43: 95 -113.

Jurkevics A. Polarization analysis of three-component array data. Bull. Seism. Soc. Am. 1988, 78 (5):1725 -1743.

Justinic A H, Stump B, Hayward C, and Frohlich C. Analysis of the Cleburne, Texas, earthquake sequence from June 2009 to June 2010. Bull. Seismol. Soc. Am. 2013, 103 (6):3083 -3093.

Kennett B L N, Engdahl E R. Travel times for global earthquake location and phase identification. Geophys. J. Int. 1991, 105: 429 - 465.

Kafka A L. Rg as a depth discriminant for earthquakes and explosions: a case study in New England. Bull Seism Soc Am, 1990, 80 (2):373 -394.

Kanamori H and Cipar J J. Focal process of the great Chilean earthquake, May 22, 1960. Phys. Earth Planet. Inter. 1974, 9: 128 -136.

Kanamori H and Given J W. Use of long - period surface waves for rapid determination of earthquake source parameters. Phys. Earth Planet. Inter. 1981, 27: 8 –31.

Kanamori H and Rivera L. Source inversion of W phase: speeding up seismic tsunami warning, Geophys. J. Int. 2008, 175: 222 –238.

Kanamori H and Stewart G S. Mode of the strain release along the Gibbs fracture zone, Mid _ Atlantic ridge. Phys. Earth Planet. Inter. 1976, 11: 312 –332.

Kanamori H, Maechling P and Hauksson E. Continuous monitoring of ground motion parameters. Bull. seism. So. Am. 1999, 89 (1):311 –316.

Kanamori H, Maechling P, Hauksson E. Continuous monitoring of ground-motion parameters. Bull. Seism. Soc. Am. 1999, 89 (1): 311 –316.

Kanamori H, Mori J, Hauksson E, Heaton T H, and Jones L M. Determination of earthquake energy release and ML using TERRAscope. Bull. Seism. Soc. Am. 1993, 83 (2):330 – 346.

Kanamori H. The energy release in great earthquakes. J. Geophys. Res. 1977, 82 (20):2981 –2987.

Kanamori H. W Phase. Geophysical Research Letters. 1993, 20 (16):1691 –1694.

Kanasewich E R, Hemmings C D, Alpaslan T. Nth-root stack nonlinear multichannel filter. Geophysics. 1973, 38: 328 –337.

Kanasewich E R. Time sequence analysis in geophysics. Third edition. The University of Alberta Press, 1981.

Kao H, Shan S J, Bent A, Woodgold Ca, Rogers G, Cassidy J F, and Ristau J. Regional centroid-moment-tensor analysis for earthquakes in Canada and adjacent regions: An update. Seismological Research Letters. 2012, 83 (3):505 –515.

Konno K and Ohmachi T. Ground-motion characteristics estimated from spectral ratio between horizontal and vertical components of microtremor. Bull. Seism. Soc. Am. 1998, 88 (1):228 –241.

Keilis-Borok V I. On estimation of the displacement in an earthquake source and of source dimensions. Ann. Geofis. 1959, 12: 205 –214.

Kennett B L N and Engdah E R. Traveltimes for global earthquake location and phase identification. Geophys. J. Int. 1991, 105: 429 –465.

Kennett B L N, Engdahl E R, and Buland R. Constraints on seismic velocities in the Earth from traveltimes, Geophys. J. Int. 1995, 122 (1):108 –124.

Kennett B L N. Seismic wave propagation in stratified media. Cambridge: Cambridge University Press, 1983.

Kikuchi M and Kanamori H. Inversion of complex body waves—III. Bull. seism. Soc. Am. 1991, 81 (6): 2335 –2350.

Kimmel R and Sethian J A. Fast marching methods on triangulated domains. Proc. Nat. Acad. Sci. 1998, 95: 8341 – 8435.

Kissling E, Ellsworth W L, Eberhart-Phillips D, and Kradolfer U. Initial reference models in local earthquake tomography. Journal of Geophysical Research. 1994, 99 (10):19635 –19646.

Kisslinger C. Evaluation of S to P amplitude ratios for determining focal mechanisms from regional network observations. Bull. Seismol. Soc. Am. 1980, 70 (4):999 –1014.

Klein F W. User's Guide to HYPOINVERSE-2000, a Fortran program to solve for earthquake locations and magnitudes. 4/2002 version. USGS. Open File Report 02 –171 Version 1. 0. 2002.

Knopoff L and Gilbert F. First motions from seismic sources. Bull. Seismol. Soc. Am. 1960, 50 (1): 117 –134.

Knopoff L and Randall M J. The compensated linear-vector dipole-a possible mechanism for deep earthquakes. Journal of Geophysical Research. 1970, 75 (26):4957 –4963.

Kobayashi R and Nakanishi I. Application of genetic algorithms to focal mechanism determination. Geophys. Res. Lett. 1994, 81 (8):729 –732.

Konno K and Ohmachi T. Ground-motion characteristics estimated from spectral ratio between horizontal and vertical components of microtremor. Bull. Seismol. Soc. Am. 1998, 88 (1), 228 - 241.

Koulakov I and Sobolev S V. A tomographic image of Indian lithosphere break-off beneath the Pamir-Hindukush region. Geophys. J. Int. 2006, 164: 425 - 440.

Koulakov I. Code LOTOS-12 for 3D tomographic inversion based on passive seismic data from local and regional events, Novosibirik, Russia, December. 2012.

Koulakov I. LOTOS code for local earthquake tomographic inversion: benchmarks for testing tomographic algorithms, Bull. Seismol. Soc. Am. 2009, 99 (1):194 - 214.

Kreyszig E. Advanced engineering mathematics. John Wiley & Sons, Inc. , New York. 1993.

Krieger L and Heimann S. MoPaD—moment tensor plotting and decomposition: a tool for graphical and numerical analysis of seismic moment tensors. Seismological Research Letters. 2012, 83 (3):589 - 595.

Kuge K and Lay T. Systematic non-double-couple components of earthquake mechanisms: The role of fault zone irregularity, Journal of Geophysical Research: Solid Earth, 1994a, 99 (B8):15457 - 15467.

Kuge K and Lay T. Data-dependent non-double-couple components of shallow earthquake source mechanisms: Effects of waveform inversion instability. Geophysical Research Letters. 1994b, 21 (1):9 - 12.

Kumar A, Kumar A, Mittal H, Kumar A, and Bhardwaj R. Software to Estimate Earthquake Spectral and Source Parameters. International Journal of Geosciences. 2012, 3 (5):1142 - 1149.

Lachet C, Hatzfeld D, Bard PY, Theodulidis N, Papaioannou C. , and Savvaidis A. Site effect and microzonation in the city of Thessaloniky(Greece)-Comparison of different approaches. Bull. Seismol. Soc. Am. 1996, 86 (6): 1692 - 1703.

Lee W H K and Stewart S W. Principles and applications of microearthquake networks. Academic Press, Inc. New York London Toronto Sydney San Francisco, 1981.

Lermo J F and Chavez-Garcia F J. Site effect evaluation using spectral ratios with only one station. Bull. Seism. Soc. Am. 1993, 83 (5): 1574 - 1594.

Lin G and Shearer P. Tests of relative earthquake location techniques using synthetic data. Journal of Geophysical Research. 2005, 110: B04304.

Madariaga R. Dynamics of an expanding circular fault. Bull. Seismol. Soc. Am. 1976, 66 (3):639 - 666.

Malagnini L, Bodin P, Mayeda K, and Akinci A. Unbiased moment-rate spectra and absolute site effects in the Kachchh Basin, India, from the analysis of the aftershocks of the 2001 Mw 7.6 Bhuj earthquake. Bull. Seismol. Soc. Am. 2006, 96 (2): 456 - 466.

Malagnini L, Mayeda K, Akinci A, and Bragato P L. Estimating absolute site effects. Bull. Seismol. Soc. Am. 2004, 94 (4): 1343 - 1352.

Mayeda K, Hofstetter A, O'Boyle J L, and Walter W R. Stable and transportable regional magnitudes based on coda-derived moment-rate spectra. Bull. Seism. Soc. Am. 2003, 93 (1):224 - 239.

McFadden P, Drummond B, Kravis S. The Nth-root stack-theory, applications, and examples. Geophysics. 1986, 51: 1879 - 1892.

McNamara D E and Buland R P. Ambient noise levels in the continental United States. Bull. Seismol. Soc. Am. 2004, 94 (4):1517 - 1527.

Michelini A and Lomax A. The effect of velocity structure errors on double-difference earthquake location. Geophysical Research Letters. 2004, 31: L09602.

Minson S E and Dreger D S. Stable inversions for complete moment tensors. Geophys. J. Int. 2008, 174: 585 - 592.

Montagner J P and Kennett B L N. How to reconcile body-wave and normal-mode reference Earth models? Geophys. J. Int. 1996, 125: 229 - 248.

Montalbetti J F and Kanasewich E R. Enhancement of teleseismic body phases with a polarization filter. Geophys. J. R. astr. Soc. 1970, 21: 119 - 129.

Moya A, Aguirre J, and Irikura K. Inversion of source parameters and site effects from strong ground motion records using genetic algorithms. Bull. Seismol. Soc. Am. 2000, 90 (4):977 -992.

Muirhead K, Datt R. N-th root process applied to seismic array data. Geophys. J. R. Astron. Soc. 1976, 47: 197 -210.

Nakamura Y. A method for dynamic characteristics estimation of subsurface using microtremor on the ground surface. Quarterly Report of the Railway Technology Research Institute. 1989, 30: 25 -30.

Nakanishi I. Three-dimensional structure beneath the Hokkaido-Tohoku region as derived from a tomographic inversion of P-arrival times. J. Phys. Earth. 1985, 33: 241 -256.

Neele F, VanDecar J, Snieder R. The use of P wave amplitude data in a joint inversion with travel times for upper mantle velocity structure. J. Geophys. Res. 1993, 98: 12033 -12054.

(NMSOP -2), IASPEI, GFZ German Research Centre for Geosciences, Potsdam. 2012.

Nuttli O W. Seismic wave attenuation and magnitude relations for eastern north America. Journal of Geophysical Research. 1973, 78 (5):876 -885.

Nuttli O W. Yield estimates of Nevada test site explosions obtained from seismic Lg waves. Journal of Geophysical Research. 1986, 91 (B2):2137 -2151.

Oth A, Bindi D, Parolai S, and Giacomo D D. Spectral analysis of K-NET and KiK-net data in Japan, Part II: On attenuation characteristics, source spectra, and site response of borehole and surface stations. Bull. Seismol. Soc. Am. 2011b, 101 (2):667 -687.

Oth A, Parolai S and Bindi D. Spectral analysis of K-NET and KiK-net data in Japan, Part I: Database compilation and peculiarities. Bull. Seismol. Soc. Am. 2011a, 101 (2):652 -666.

Paige C C and Saunders M A. LSQR: An algorithm for sparse linear equations and sparse least squares, ACM Transactions on Mathematical Software. 1982, 8 (1):43 -71.

Parolai S, Bindi D, Baumbach M, Grosser H, Milkereit C, Karakisa S, and Zunbul S. Comparison of different site response estimation techniques using aftershocks of the 1999 Izmit earthquake. Bull. Seismol. Soc. Am. 2004, 94 (3):1096 -1108.

Parolai S, Bindi D, and Augliera P. Application of the generalized inversion technique (GIT) to a microzonation study: numerical simulations and comparison with different site-estimation techniques. Bull. Seismol. Soc. Am. 2000, 90 (2):286 -297.

Patton H J. Application of Nuttli's method to estimate yield of Nevada test site explosions recorded on Lawrence Livermore National Laboratory's digital seismic system. Bull. Seism. Soc. Am. 1988, 78 (5):1759 -1772.

Pechmann J C, Walter W R, Nava S J, and Arabasz W J. The February 3, 1995, ML 5. 1 seismic event in the trona mining district of southwestern Wyoming, Seism. Res. Lett. 1995, 66 (3):25 -34.

Phillips W S and Aki K. Site amplification of coda waves from local earthquakes in central California. Bull. Seismol. Soc. Am. 1986, 76 (3):627 -648.

Plešinger A, Zmeškal M, and Zedník J. Automated preprocessing of digital seismograms: principles and software, Version 2. 2. E. Bergman, ed. Prague & Golden. 1996.

Pomeroy P W, Best W J, and Mcevilly T V. Test ban treaty verification with regional data-a review. Bull. Seism. Soc. Am. 1982, 72 (6):s89 -s129.

Popovici A M, Sethian J A. 3-D imaging using higher order fast marching traveltimes. Geophysics. 2002, 67: 604 -609.

Press F, Dewart G, and Gilman R. A study of diagnostic techniques for identifying earthquakes. J. Geophys. Res. 1963, 68: 2909 -2928.

Qian J and Symes W W. An adaptive finite-difference method for traveltimes and amplitudes. Geophysics. 2002, 67: 167 -176.

Qin Li. TAUPTIME. Unverisity of Washingtong. 2002. qinli@ u. washington. edu.

Rastin S J, Unsworth C P, Gledhill K R, and McNamara D E. A detailed noise characterization and sensor evaluation of the North Island of New Zealand using the PQLX data quality control system. Bull. Seismol. Soc. Am. 2012, 102 (1):98 - 113.

Rawlinson N and Sambridge M. Irregular interface parameterization in 3-D wideangle seismic traveltime tomography. Geophys. J. Int. 2003a, 155: 79 - 92.

Rawlinson N and Sambridge M. Multiple reflection and transmission phases in complex layered media using a multistage fast marching method. Geophysics. 2004a, 69: 1338 - 1350.

Rawlinson N and Sambridge M. Seismic traveltime tomography of the crust and lithosphere. Advances in Geophysics. 2003b, 46: 81 - 198.

Rawlinson N and Sambridge M. Wavefront evolution in strongly heterogeneous layered media using the Fast Marching Method. Geophys. J. Int. 2004b, 156: 631 - 647.

Rawlinson N, Hauser J, and Sambridge M. Seismic ray tracing and wavefront tracking in laterally heterogeneous media. Advances in Geophysics. 2008, 49: 203 - 267.

Rawlinson N, Houseman G A, and Collins C D N. Inversion of seismic refraction and wide-angle reflection traveltimes for 3-D layered crustal structure. Geophys. J. Int. 2001a, 145: 381 - 401.

Rawlinson N, Houseman G A, Collins C D N, and Drummond B J. New evidence of Tasmania's tectonic history from a novel seismic experiment. Geophys. Res. Lett. 2001b, 28 (17):3337 - 3340.

Richards P G and Zavales J. Seismic discrimination of nuclear explosions. Annual Review of Earth and Planetary Sciences. 1990, 18: 257 - 286.

Richards P G, Waldhauser F, Schaff D, and Kim W Y. The applicability of modern methods of earthquake location. Pure and Applied Geophysics. 2006, 163: 351 - 372.

Richter C F. An instrumental earthquake magnitude scale. Bull. Seism. Soc. Am. 1935, 25 (1):1 - 32.

Richter C F. Elementary Seismology. Freeman, San Francisco, California. 1958.

Ristau J. Comparison of magnitude estimates for New Zealand earthquakes: moment magnitude, local magnitude, and teleseismic body-wave magnitude. Bull. Seism. Soc. Am. 2009, 99 (3):1841 - 1852.

Ristau J, Rogers G C, and Cassidy J F. Moment magnitude-local magnitude calibration for earthquakes in western Canada. Bull. Seism. Soc. Am. 2005, 95 (5):1994 - 2000.

Ristau J, Rogers G C, and Cassidy J F. Moment magnitude-local magnitude calibration for earthquakes off Canada's west coast. Bull. Seism. Soc. Am. 2003, 93 (5):2296 - 2300.

Robert B. Herrmann. A Student's guide to the use of P and S wave data for focal mechanism determination. Earthquake Notes . 1975, 46 (4): 29 - 39.

Romney C. Seismic waves from the Dixie Valley Fairview Peak earthquakes. Bull. Seism. Soc. Am. 1957, 47 (4): 301 - 319.

Rost S and Thomas C. Array seismology: methods and applications. Rev. Geophys. 2002, 40 (3):1008.

Rost S and Weber M. A reflector at 200 km depth beneath the northwest Pacific. Geophys. J. Int. 2001, 147: 12 - 28.

Storchak D A, Schweitzer J, and Bormann P. The IASPEI standard seismic phase list. Seismological Research Letters. 2003, 74 (6):761 - 772.

Steidl J H, Tumarkin A G, and Archuleta R J. What is a reference site? Bull. Seismol. Soc. Am. 1996, 86 (6): 1733 - 1748.

Stammler K. German Regional Seismic Network (GRSN) and Gräfenberg-Array (GRF), FDSN Network Report GRF/GRSN. 2007.

Saikia C K. Modified frequency-wavenumber algorithm for regional seismograms using Filon's quadrature: modeling of

Lg waves in eastern North America, Geophys. Journ. Int. , 1994, 118: 142 – 158.

Saltzer R L and Humphreys E D. Upper mantle P wave velocity structure of the eastern Snake River Plain and its relationship to geodynamic models of the region. J. Geophys. Res. 1997, 102: 11829 – 11841.

Sambridge M, Rawlinson N. Seismic tomography with irregular meshes. In: Levander, A. , Nolet, G. (Eds.), Seismic Earth: Array analysis of broadband seismograms. American Geophysical Union. 2005, Vol. 157: 49 – 65.

Sambridge M S. Non-linear arrival time inversion: Constraining velocity anomalies by seeking smooth models in 3-D. Geophys. J. Int. 1990, 102: 653 – 677.

Sato T and Hirasawa T. Body wave spectra from propagating shear cracks. J. Phys. Earth. 1973, 21: 415 – 431.

Scherbaum F. Of Poles and Zeros: Fundamentals of digital seismology. Kluwer Academic, Dordnecht. 2001.

Schimmel M, Paulssen H. Noise reduction and detection of weak, coherent signals through phaseweighted stacks. Geophys. J. Int. 1997, 130: 497 – 505.

Schisselé E, Guilbert J, Gaffet S, and Cansi Y. Accurate time-frequency-wavenumber analysis to study coda waves. Geophysical Journal of the Royal Astronomical Society. 2004, 158 (2): 577 – 591.

Scott J S, Masters T G, and Vernon F L. 3-D velocity structure of the San Jacinto fault zone near Anza, California-I. P waves. Geophys. J. Int. 1994, 119: 611 – 626.

Selby N D, Marshall P D, and David Bowers. mb: Ms event screening revisited. Bull. Seism. Soc. Am. 2012, 102 (1):88 – 97.

Sethian J A and Popovici A M. 3-D traveltime computation using the fast marching method. Geophysics. 1999, 64: 516 – 523.

Snoke J A. Stable determination of (Brune) stress drops. Bull. Seismol. Soc. Am. 1987, 77 (2):530 – 538.

Stein S and Wysession M. An Introduction to Seismology, Earthquakes, and Earth Structure. Malden. MA: Wiley-Blackwell, 2003.

Stroujkova A. and Reiter D. Regional depth phase detection and focal depth estimation: Application to events in southeast Asia. In Proceedings of the 28th Seismic Research Review: Ground-Based Nuclear Explosion Montoring Technologies, LA-UR-06-5471, 2006, 1: 520 – 529.

Su F, Aki K, and Biswas N N. Discriminating quarry blasts from earthquakes using coda waves. Bull. Seismo. Soci. Am. 1991, 81 (1):162 – 178.

Swiss Seismological Service. ECOS-09 Earthquake Catalogue of Switzerland Release 2011. SED/ECOS/R/001/20110417. ETH Zürich. 2011.

Templeton D C and Dreger D S. Non-double-couple earthquakes in the Long Valley volcanic region. Bull. Seism. Soc. Am. 2006, 96 (1):69 – 79.

Thomson C J and Gubbins D. Three-dimensional lithospheric modelling at NORSAR: linearity of the method and amplitude variations from the anomalies. Geophys. J. Royal Astr. Soc. 1982, 71: 1 – 36.

Thurber C and Eberhart-Phillips D. Local earthquake tomography with flexible gridding. Computers and Geosciences. 1999, 25 (7):809 – 818.

Thurber C H and Ellsworth W L. Rapid solution of ray tracing problems in heterogeneous media. Bull. Seism. Soc. Am. 1980, 70 (4):1137 – 1148.

Thurber C H. Earthquake locations and three-dimensional crustal structure in the Coyote Lake area, central California. J. Geophys. Res. 1983, 88: 8226 – 8236.

Thurber C H. Local earthquake tomography: Velocities and vp/vs-theory. In Seicmic Tomography: theoryand practice, edited by Iyer H M and Hirahara K. Chapmam & Half. London, 1993.

Thurber C. User's Manual for Simul3 (Third Edition), S. U. N. Y. at Stony Brook. 1985.

Tiira T and Tarvainen M. Discrimination of events in Central Asia with a local network of short period stations. Annali di Geofisicca. 1994, 37 (3):433 – 449.

Tramelli A, Galluzzo D, Pezzo E D, and Mauro Vito A D. A detailed study of the site effects in the volcanic area of Campi Flegrei using empirical approaches, Geophys. J. Int. 2010, 182: 1073 - 1086.

Trifu C I, Angus D, and Shumila V. A fast evaluation of the seismic moment tensor for induced seismicity. Bull. Seismol. Soc. Am. 2000, 90 (6):1521 - 1527.

Tsuboi S, Abe K, Takano K, and Yamanaka Y. Rapid determination of Mw from broadband P waveforms. Bull. Seism. Soc. Am. , 1995, 85 (2):606 - 613.

Tsuboi S, Whitmore P M, and Sokolowski T J. Application of Mwp to deep and teleseismic earthquakes. Bull. Seism. Soc. Am. 1999, 89 (5):1345 - 1351.

Uhrhammer R A and Collins E R. Synthesis of Wood-Anderson seismograms from broadband digital records. Bull. Seism. Soc. Am. 1990, 80 (3):702 - 716.

Um J and Thurber C. A fast algorithm for two-point seismic ray tracing. Bull. Seism. Soc. Am. 1987, 77 (3): 972 - 986.

Urbancic T I, Trifu C I, Mercer R A, Feustel A J, and Alexander J A G. Automatic time-domain calculation of source parameters for the analysis of induced seismicity. Bull. Seismol. Soc. Am. 1996, 86 (5):1627 - 1633.

Vackář J, Burjánek J, Gallovič F, Zahradník J, and Clinton J. Bayesian ISOLA: new tool for automated centroid moment tensor inversion. 2017. Geophys. J. Int. (2017) 210, 693 - 705.

http://geo.mff.cuni.cz/users/vackar/isola-obspy/.

Vavryčuk V, Bohnhoff M, Jechumtálová Z, Kolář P, and Šílený J. Non-double-couple mechanisms of microearthquakes induced during the 2000 injection experiment at the KTB site, Germany: A result of tensile faulting or anisotropy of a rock? Tectonophysics. 2008, 456: 74 - 93.

Velis D R and Ulrych T J. Simulated annealing two-point ray tracing, Geophys. Res. Lett. 1996, 23: 201 - 204.

Virieux J and Farra V. Ray tracing in 3-d complex isotropic media: An analysis of the problem. Geophysics. 1991, 56: 2057 - 2069.

Waldhauser F and William E L. A Double-difference earthquake location algorithm: method and application to the Northern Hayward Fault, California. Bull. Seism. Soc. Am. 2000, 90 (6):1353 - 1368.

Wallace T C. A reexamination of the moment tensor solutions of the 1980 Mammoth Lakes Earthquakes, J. Geophys. Res. 1985, 90: 11171 - 11176.

Wang J and Teng T. Identification and picking of S phase using an artificial neural network. Bull. Seismol. Soc. Am. 1997, 87 (5):1140 - 1149.

Wang R J. A simple orthonormalization method for stable and efficient computation of Green's functions, Bull. Seismol. Soc. Am. 1999, 89 (3):733 - 741.

Weichert D H. Short-period sprectral discriminant for earthquake and explosion differentiation. Z Geophys. 1971, 37: 147 - 152.

Wessel P and Smith W H F. A Map-Making Tutorial of The Generic Mapping Tools Version 3. 4. 4. 2004.

White D J. Two-dimensional seismic refraction tomography. Geophys. J. 1989, 97: 223 - 245.

Wickens A J. Computer reevaluation of earthquake mechanism solutions. Publications of the Dominion Observatory. 1967, 33 (1):1 - 560.

Wielandt E and Streckeisen G. The leaf-spring seismometer: design and performance. Bull. seism. Soc. Am. 1982, 72 (6):2349 - 2367.

William H K L, Kanamori H, Jennings P C, Kisslinger C. International Handbook of Earthquake and Engineering Seismology, Part B. Academic Press, 2002.

Williamson P R. Tomographic inversion in reflection seismology. Geophys. J. Int. 1990, 100: 255 - 274.

Wu Y M, Allen R M, and Wu C F. Revised ML determination for crustal earthquakes in Taiwan. Bull. Seism. Soc. Am. 2005, 95 (6):2517 - 2524.

Zahradník J, Serpetsidaki A, Sokos E, and Tselentis G A. Iterative deconvolution of regional waveforms and double-event interpretation of the 2003 Lefkada earthquake, Greece, Bull. seism. Soc. Am., 2005, 95 (1):159 – 172.

Zeiler C and Velasco A A. Developing local to near-regional explosion and earthquake discriminants. Bull. Seism. Soc. Am. 2009, 99 (1):24 – 35.

Zhang H and Thurber C. Double-difference tomography: the method and its application to the Hayward Fault, California. Bull. Seism. Soc. Am. 2003, 93 (5):1875 – 1889.

Zhao D, Hasegawa A, and Horiuchi S. Tomographic imaging of P and S wave velocity structures beneath northeastern Japan. Geophys. Res. 1992, 97: 19909 – 19928.

Zhao L S and Helmberger D V. Source estimation from broadband regional seismograms. Bull. Seismol. Soc. Am. 1994, 84 (1):91 – 104.

Zhu L and Benzion Y. Parametrization of general seismic potency and moment tensors for source inversion of seismic waveform data. Geophysical Journal International. 2013, 194 (2):839 – 843.

Zhu L and Helmberger D V. Advancement in source estimation techniques using broadband regional seismograms. Bull. Seismol. Soc. Am. 1996, 86 (5):1634 – 1641.

Zhu L and Rivera L A. A note on the dynamic and static displacements from a point source in multilayered media. Geophys. J. Int. 2002, 148: 619 – 627.

Zhu T, Chun K Y, and West G F. Geometrical spreading and Q of Pn waves: an investigative study in eastern Canada. Bull. Seismol. Soc. Am. 1991, 81 (3):882 – 896.

参考资料

北京港震机电技术有限公司．交互分析软件 EDSP – IAS 使用手册（版本：1.7.2），2005.

高景春．中国数字测震台网数据规范（VER1.0）. 2007.

广东省地震监测中心．TDMT 区域地震矩张量准实时反演软件用户使用说明书．2017.

广东省地震监测中心．数字地震台网中心数据处理软件系统 JOPENS6.0 人机交互 MSDP 使用指南．2017.

广东省地震监测中心．数字地震台网中心数据处理软件系统 JOPENS 6.0 用户手册．2016.

广东省智源工程抗震科技公司．数字地震台网中心处理系统软 JOPENS – 0.4.3 用户手册，2008.

国家测绘局关于启用“1985 国家高程基准”及国家一等水准网成果有关技术问题的通知．国测发［1987］365 号．1987.

JOPENS 开发小组．JOPENS – MSDP 地震台网数据处理系统使用指南 5.2 版．2013 – 5.

沈玉松．TDMT 区域地震矩张量准实时反演软件用户使用说明书．广东省地震监测中心．2016.

王成凤，李丽制作．张少泉审核．典型模拟地震波形图集（电子版），2003.

王为民，姚振兴，赵连锋．2008 年 5 月 12 日汶川 M8.0 地震的震源破裂过程，载于 http://www.csi.ac.cn，2008.

赵连锋，谢小碧，王卫民等．2016 年 9 月 9 日朝鲜地下核试验地震学鉴别和当量估计的初步调查结果. 2016. http://www.igg.cas.cn/xwzx/kyjz/201609/t20160910_4660761.html.

中国地震局地震预测研究所．SEIS – CAP 地震震源机制解反演软件使用手册．2016.

中国地震局分析预报中心，河北省地震局．“新参数地震目录”——数据处理方法与软件 ISDP 使用手册. 2004.

珠海市泰德企业有限公司．地震台网监测能力估计并绘图软件包．2008.

Anthony R. An Introduction to Non-Double-Couple Sources. 2011. Department of Earth and Environmental Science, New Mexico Institute of Mining and Technology.

Snoke J A. FOCMEC: FOCal MEChanism Determinations. 2003. 2009. 2017. http://ds.iris.edu/pub/programs/ focmec/.

Baren J V and Baren P V. Statistical properties of the random PSD. Vibration Research Corporation-Technical Papers. 2012.

Cakir R, Meng L, Foundotos M, Chen C. Automatic determination of depth phases and earthquake focal depth using Cepstral Stacking Method (CSM) and Standing Order of Data (SOD). 2010.

Richter C F. Elementary seismology, San Francisco: W. H. Freeman and Company Inc. , 1958.

Chang C and Lin C. LIBSVM: a library for support vector machines. 2013. http://www.csie.ntu.edu.tw/-cjlin/papers/libsvm.pdf.

McNamara D E and Buland R P. Ambient noise levels in the continental United States. Bull. Seismol. Soc. Am. 2004, 94 (4):1517 - 1527.

Moore D S, McCabe G P, and Craig B A. Introduction to the practice of statistics, 6th Edition. New York: W. H. Freeman and Company, 2009.

Minson S E and Dreger D S. Improved Full Moment Tensor Inversions. 2005. http://seismo.berkeley.edu/-dreger/mtpaper.

Minson S E and Dreger D S. Stable inversions for complete moment tensors, Geophys. J. Int. 2008, 174: 585 - 592.

Ma S and Motazedian D. Depth determination of small shallow earthquakes in eastern Canada from maximum power Rg/Sg spectral ratio. J. Seismol. 2012, 16: 107 - 129.

Ma S. Focal depth determination for moderate and small earthquakes by modeling regional depth phases sPg, sPmP, and sPn. Bull. Seism. Soc. Am. 2010, 100 (3): 1073 - 1088.

McNamara D E and Boaz R I. Seismic noise analysis system using power spectral density probability density functions: A stand-alone software package, USGS. Open-File Report 2005 - 1438. 2005.

Dreger D S. Time-Domain Moment Tensor INVerse Code (TDMT_INVC), Release 1. 1. 2002.

Dreger D S. Time-Domain Moment Tensor with ISOtropic INVerse Code (TDMTISO_INVC), Release1. 1. 2007.

Eaton J P. HYPOLAYR, a computer program for determination of hypocenters of local earthquakes in an earth consisting of uniform flat layers over a half space. USGS. Open-file Report, 1969.

Evans J R, Eberhart-Phillips D, and Thurber C H. Users manual for Simulps12 for imaging Vp and Vp /Vs; A Derivative of the "Thurber" tomographic inversion Simul3 for local earthquakes and explosions, USGS Open-file Report 94 - 431. 1994.

Fitch T J. Compressional velocity in source regions of deep earthquakes: An application of the master earthquake technique. Earth and Planetary Science Letters. 1975, 26 (2):156 - 166.

Fisk M, Bottone S, and McCartor G. Regional seismic event characterization using a Bayesian Kriging approach. 22nd Annual DoD/DOE Seismic Research Symposium Planning for Verification of and Compliance with the Comprehensive Nuclear-Test-Ban Treaty (CTBT). 2000.

Klein F W. User's Guide to HYPOINVERSE-2000, A Fortran Program to solve for earthquake locations and magnitudes. USGS. Open File Report 02-171 Version 1. 0. 2002.

IOC. Operational users guide for the Pacific Tsunami Warning and Mitigation System (PTWS). Intergovernmental Oceanographic Commission technical series No. 87, UNECO. 2009.

IASPEI. IASPEI Seismic Format (ISF). 2001. http: //www.isc.ac.uk/standards/isf/download/isf.pdf.

IASPEI. Summary of magnitude working group recommendations on standard procedures for determining earthquake magnitudes from digital data. 2013.

IASPEI. Summary of magnitude working group recommendations on standard procedures for determining earthquake magnitudes from digital data. 2005. ftp://ftp.iaspei.org/pub/commissions/CSOI/summary_of_WG_recommendations_2005.pdf.

Lockwood O G and Kanamori H. Wavelet analysis of the seismograms of the 2004 Sumatra-Andaman earthquake and its application to tsunami early warning. Geochem. Geophys. Geosystems. , 2006, 7 (9):Q09013.

Lay T and Wallace T C. Modern Global Seismology. Academic Press, 1995.

Lahr J C. HYPOELLIPSE: a computer program for determining local earthquake hypocentral parameters, magnitude, and first-motion pattern: USGS. Open-File Report 99 - 23, version 1. 1, 119 p. and software available at https://pubs. usgs. gov/of/1999/ofr - 99 - 0023/. 1999.revised 2012.

Lee W H K and Lahr J C. HYPO71 (Revised):a computer program for determining hypocenter, magnitude, and first motion pattern of local earthquakes, USGS. Open File Report 75 - 311. 1975.

Nishimae Y. Tsunami Advisory Information for the Northwest Pacific and Indian Oceans issued by the Japan Meteorological Agency. IUGG_WS_NISHIMAE. ppt. 2010.

Peterson J and Hutt C R. World-Wide Standardized Seismograph Network: A Data Users Guide, USGS. Open-File Report 2014 - 1218. 2014.

Peterson J. Observation and modelling of background seismic noise. USGS. Open File Report. 93 - 322, 1993.

Waldhauser F. hypoDD-A Program to compute double-difference hypocenter locations, USGS. Open File Report 01 - 113. 2001.

Zhang H. Double-difference seismic tomography method and its applications, a dissertation submitted in partial fulfillment of the requirements for the degree of Doctor of Philosophy (Geophysics) at the University of Wisconsin-Madison. 2003.